中华人民共和国林业部主持编写

中国森林

第 3 卷

阔 叶 林

《中国森林》编辑委员会 编著

中 国 林 业 出 版 社

图书在版编目(CIP)数据

中国森林.第3卷,阔叶林/《中国森林》编辑委员会编著.—北京:中国林业出版社,1999.12

ISBN 7-5038-2446-8

Ⅰ.中… Ⅱ.中… Ⅲ.①森林-中国②阔叶林-林型-中国 Ⅳ.S717.2

中国版本图书馆CIP数据核字(1999)第53857号

中国林业出版社出版

(100009 北京西城区刘海胡同7号)

中国科学院印刷厂印刷 新华书店北京发行所发行

2000年6月第1版 2000年6月第1次印刷

开本:787mm×1092mm 1/16 印张:43.625

字数:953千字 印数:1～2000册

定价:100.00元

林业部《中国森林》编写领导小组

第一届　1979—1982 年

组　长　汪　滨

成　员　（按姓氏笔画为序）

刘均一　刘永良　吴中伦　陶东岱　常紫钟

第二届　1983—1994 年

组　长　董智勇

成　员　（按姓氏笔画为序）

刘于鹤　刘永良　刘学恩　吴　博　吴中伦
吴兰芬　张华龄　陈　虹　钱或境　黄　枢

顾　问　汪　滨

第三届　1995—1999 年

组　长　刘于鹤

副组长　施斌祥

成　员　（按姓氏笔画为序）

马　福　王宏祥　刘效章　陈统爱　翁宜民
董启昌　甄仁德

顾　问　（按姓氏笔画为序）

刘永良　吴　博　吴兰芬　张华龄　汪　滨
黄　枢

领导小组办公室（编委会办事机构）

主　任　赵　棨

副主任　陈莲叶

成　员　李维绩　郎淑华　关允瑜　邱凤扬

《中国森林》编辑委员会

责任编辑　李德林
封面设计　黄华强
责任校对　沈惠英　苏梅

第3卷 目 录

第三篇 阔叶林

VOLUME THREE CONTENTS

PART THREE BROADLEAVED FOREST

第三篇

阔叶林[1]

① 执笔人：周光裕

阔叶林是由阔叶树种组成的森林，有落叶和常绿等多种不同生活型，分布在不同的自然环境中，气候条件各异，土壤也很不相同，形成多种类型的植物群落。它们起源多样，不同的阔叶林有各自特征的区系组成，所以阔叶林是森林中最为复杂的一类。

由于森林组成上的多样性，阔叶林在地球上的分布非常广泛，几乎整个欧洲大陆、亚洲东部、大洋洲、北美洲东部、南美洲、非洲中南部都普遍分布。地域辽阔，自然条件差别很大，地带性分布明显，就形成了众多性状各异的阔叶林。

落叶阔叶林是要求水热条件最低的阔叶林，它主要分布在温度较低的北半球北部，如西欧、中欧、亚洲东北部、北美洲东部等地，其气候特点是冬季寒冷且干旱，树木在这一时期落叶以适应严酷的生存环境。林下草本植物则地上部分枯死，或以种子越冬。在西欧与北美，由于受墨西哥湾暖流的影响，季节温度相对较高，因此落叶阔叶林的分布北界要比亚洲向北推进许多。特别在西欧，几乎可以达到北纬 60°左右。

区系组成古老，多为北极第三纪成分。在冰期时，由于受冰川影响，致使在欧洲和北美的森林严重消亡，因此目前残存的种类贫乏，尤其对西欧的摧残更为剧烈。在亚洲，由于受冰川的影响较轻微，因此保留着较为丰富的区系成分，植物种类繁多。

在人类活动的影响下，平原上的落叶阔叶林多已被砍伐，而代之以农业植物群落。

在中国，落叶阔叶林被认为是暖温带的地带性森林，但在温带，甚至寒温带也有分布，它们被认为是在原生的针叶林或针阔叶混交林破坏后形成的次生林。在亚热带或热带，落叶阔叶林是垂直带谱中的森林。但在基带上，由于原生林的破坏，往往也出现次生的落叶阔叶林。

中国的落叶阔叶林分布区中，由北向南其水热指标逐步增高，森林的种类组成也逐渐复杂起来。到了暖温带南部，已开始出现常绿阔叶树种，及至亚热带北部，常绿阔叶树种已成为群落的建群种之一，这种森林被称为常绿落叶阔叶混交林，是北亚热带的地带性森林。常绿落叶阔叶林是中国森林特有的类型。在国外文献中并无这一名称。

在中亚热带，其地带性森林为常绿阔叶林，这是以常绿阔叶树为主要建群种的森林。这种森林主要分布在东亚，而欧洲和北美洲只限于其南部少数地方。尤其在中国，分布面积辽阔而且均属水热条件优越的富饶地区，如“天府之国”的四川，“湖广熟天下足”的江汉平原和“鱼米之乡”的长江三角洲都属于常绿阔叶林分布区域。但由于几千年来的农垦，常绿阔叶林多被农田所代替。

亚热带常绿阔叶林同样是中国森林的特有称谓，因为无论在欧洲或北美洲，都没有把常绿阔叶林和亚热带联系在一起。即使在东亚的日本，也将常绿阔叶林作为温带森林的一部分。

硬叶林是比较特殊的森林类型，这是在地中海式气候条件下形成的森林，其生境特点是夏季炎热干旱，而冬季温暖多雨，树木具有革质的硬叶以适应夏季干旱的气候，形成了乔木、灌木等不同的生活型。中国的硬叶林和典型的硬叶林不同，它是由于地史原因形成的。当古地中海退去以后，自然条件起了变化，但这类森林却保留下来，不过无论是生境或群落的特征，都和地中海周围的硬叶林有较大的差别。另一类硬叶林为主要分布于大洋洲的桉树林，这种森林从地史上考证认为起源于中国西南，由于古地中海消失而不再生存。现在中国南方多从国外引种栽培桉树，生长很快，成林迅速，为常见的人工林。

季雨林和雨林是热带的地带性森林。前者主要分布于具有周期性干湿季节交替地区的森林，不连续的分布于亚洲、非洲和美洲等的季风热带地区，而以东南亚最为常见。中国的季雨林分布于台湾、海南、广东、广西、云南和西藏等地，其气候特别是降水条件独特，5～10月份降水占全年的80%以上，其他月份降水很少，是为旱季，在这一时期树木往往叶子脱落而成为季雨林。雨林则分布于全年降水充沛的热带。在地球上分为南美洲亚马孙河流域、非洲刚果盆地和亚洲印度马来地区三大类群。中国没有典型的雨林，只有属于印度马来类型北缘的山地雨林分布于台湾、海南和云南南部少数地区的山地沟谷中。

珊瑚岛常绿林是分布在热带珊瑚岛上的森林类型。由于生境、土壤的特殊性，所以群落特征与其他阔叶林颇多不同，这种森林也包括一些由灌木组成的群落。在世界上，珊瑚岛常绿林主要分布在南太平洋的一些珊瑚岛上。中国的珊瑚岛常绿林只见于南海诸岛。

在热带还有红树林，这是一类分布于生境为含盐量高的海滨盐土上的群落。由于树木生物学特性的一致，所以除乔木树种外，一些由灌木组成的群落也一并归入红树林中。红树林在世界上主要分布在东亚和中南美洲，中国见于热带和亚热带的台湾、福建南部以及海南、广东、广西等地的沿海呈不连续分布。

中国阔叶林类型繁多，分布上纵贯南北，跨越不同的气候带，反映了明显的纬向地带性。又由于地理位置、海拔高度和生境的差异，每一类型的阔叶林又形成众多不同的群落，反映了各地综合自然环境条件的特点。这些多种多样的阔叶林，为中国提供了丰富的森林资源，又为改善自然环境起到积极的作用。为此应该加强对阔叶林的研究，使它发挥更大的效益。

第一章

落叶阔叶林[①]

落叶阔叶林只在有利于阔叶树生长的季节内才有叶子，秋季就开始落叶，到寒冷时，树木完全没有叶子。乔木上的芽通常有芽鳞，这是抵抗不利于生长季节的一种保护结构。

在地球上，落叶阔叶林分布在西欧的温暖区域，俄罗斯的欧洲部分南部，克里米亚、高加索和俄罗斯远东区、堪察加半岛、萨哈林岛（库页岛），北部日本群岛，北美洲的大西洋沿岸各州。在南美洲，落叶阔叶林发育于巴塔哥尼亚。南半球的其他大陆上，由于没有适当的条件，落叶阔叶林并不发育。

中国是落叶阔叶林主要分布地之一，在东北东部和华北，地带性植被是落叶阔叶林。这些地区是中华民族主要发祥地之一，人为活动历史悠久，长期的农垦和其他经济活动，致使大部分的落叶阔叶林都被砍伐改作农田，所以当前在松辽平原、华北大平原和关中平原等处，都是中国北方的主要农业区。而在一些山地、丘陵上，则由于森林被破坏而影响到环境条件，以致童山濯濯，除少数深山沟壑、风景名胜地和寺庙附近外，已经见不到发育良好的落叶阔叶林，而原生林更是不复存在。

落叶阔叶林所在地的气候条件是一年中夏季至少有 4 个月且具有 10℃以上的温度。在中国，由于一年中四季气候分明，最冷月和最热月的温度振幅要比西欧、北美等主要落叶阔叶林分布区大得多。除沿海一带外，一般是冬季比同纬度各地寒冷，而夏季则较炎热。1 月份平均气温在 0℃以下，7 月平均气温为 24～28℃。年降水量除少数山岭外，平均在500～1 000mm。雨量的季节分配极不均匀，冬季仅占年降水量的 3%～7%，而夏季雨水丰沛，可占 60%～70%。这种水热同期的情况，对落叶阔叶林的生长发育节律是十分适应的。

树木营养期内的有利水热条件，使中生植物有可能繁盛发育，乔木上的叶具有阔的叶

---

① 执笔人：周光裕

片，因此，这样的森林被称为阔叶林。但也有一些落叶阔叶林的乔木叶片较小，由这类乔木构成的森林又叫做小叶林或杨、桦林。叶一般是鲜绿色的，因为它们生活于夏季潮湿的时期，所以具有相当柔嫩的构造。叶偶尔是非常大型的，或者是羽状的。一般说来，这些乔木叶的大小和形状，如果和热带森林的乔木比较起来，则变动得不大。此外，叶通常无茸毛。

落叶阔叶林的叶不适应冬季的不良环境，因此在冬季时落叶。此外，树干和树枝都有厚的树皮保护，芽有坚实的芽鳞，也常常受树脂保护着，这一切都是防止冬季蒸发的保护适应。

落叶阔叶林的外貌，在夏季和冬季非常不同。在群落结构上，树木强烈分枝，因此树冠发育良好。落叶阔叶林与热带森林一个明显的差异是前者从上面看去，其顶部像一个绿色的平面，而后者则顶部形成参差不平的形状。

在一般情况下，落叶阔叶林呈现出相当显著的成层现象。通常可以分出两个乔木层、一个灌木层、几个草本层和一个地被层。

和热带森林相比较，落叶阔叶林没有或几乎没有藤本植物、附生植物、老茎开花现象和板状根。虽然如此，但仍有少数藤本植物在某些落叶阔叶林中出现。通常缺少有花的附生植物，但是属于藓类、地衣、藻类的附生植物则有很多种，它们生长于树木的树皮上，特别是在树干的枝部。

在落叶阔叶林中，可以看到两个最高的光照强度时期，一个是在春季当乔木还没有长出叶子的时候，另一个是在秋季当森林叶子开始脱落，但生长仍在进行的时候。这样，春季植物开花是落叶阔叶林的一个极为典型的现象。而秋季则成为另一些林下植物的开花季节。

大部分树木的果实或种子都有翅或者适应于风力传播的构造，有利于森林扩展到新的地方。灌木层和草本层则以不同的方式进行传粉和散布果实。

第一节　栎　林①

落叶的栎林是中国落叶阔叶林中主要林系组之一，分布广泛，从东北的黑龙江到华南的海南，从东海之滨到西部高原，几乎全国都可见到。但作为主要的森林，却多分布在暖温带落叶阔叶林区域，而且是这一区域的代表性群落。在寒温带和温带，虽然也常见落叶栎林中的蒙古栎（*Quercus mongolica*）林，但它一般是由原生林破坏后的次生植被。只是在大兴安岭南部一带，偶尔见到原生的蒙古栎林，但这是很罕见的现象。在华北，落叶栎林的种类很多，各处都能见到，其中最有代表性的是辽东栎（*Q. liaotungensis*）林和麻栎（*Q. acutissima*）林，前者较耐低温和干旱，是暖温带北部的典型栎林，也多见于东北南部和黄土

① 执笔人：周光裕

高原，而在黄河以南就很难见到它的踪迹。后者要求的水热条件较高，虽然也分布到暖温带北部，但却远远比不上辽东栎林普遍。麻栎林是暖温带南部的代表性森林，在亚热带也能见到，散生的树木甚至可以分布到热带以至海南也有存在，是落叶栎林中分布最广的种类。槲栎（*Q. aliena*）林、锐齿槲栎（*Q. aliena* var. *acuteserrata*）林、槲树（*Q. dentata*）林也是暖温带的主要栎林，而栓皮栎（*Q. variabilis*）林则常见于暖温带南部，也分布到亚热带北部。白栎（*Q. fabri*）则只存在于亚热带，很少见有大树，多为森林破坏后发育起来的次生灌木林。

由于栎林分布在人口稠密的农业地区，所以受人为干扰严重，现存的天然林很少。栎类由于生长缓慢，也不作为造林树种，所以很难见到人工的落叶栎林，现存的多为天然次生林。然而栎类的材质坚硬，经济价值较高，而且它们的生态效益也是十分明显的。因此保护和发展落叶栎林是一个值得重视的问题。

2—1—1—1　蒙古栎林①

蒙古栎（*Quercus mongolica*）是栎属中最耐寒和耐旱的树种，为栎属在中国分布最北的一个种。在原生林内，为混交种；在次生林区，常自成纯林。在华北地区，除纯林外，蒙古栎也是混交树种之一，散见于暖温带落叶阔叶林内；在东北东部长白区系内，为一大残遗种类型，适应于逐渐旱生化生境。在深厚肥沃的土壤上，具深根性，生长良好；但也能在贫瘠的土壤上生长。因抗逆性强，并具有强烈的萌芽力和抗火性，故在石质土和干旱的阳坡上，能形成灌丛状的“栎矮林”；在肥沃的土壤上常被其他树种所排挤。

（一）分布与生境

蒙古栎及其林分广泛分布于寒温带、温带和暖温带。单株分布至华中地区。中国的现实分布：北自黑龙江边，向南达连云港附近的云台山，西至山西、陕西两省。

内蒙古自治区蒙古栎集中分布于大兴安岭北部山地的东南麓，北自嫩江西岸各支流流域，南至阿尔山及五岔沟呈大面积分布。小面积的蒙古栎林分布于大兴安岭南部山地：扎鲁特旗的罕山，燕山山地喀喇沁旗的七老图山、翁牛特旗的松树山，敖汗旗的大黑山，呼和浩特的大青山，凉城的蛮汗山以及额尔古纳河右岸的吉拉林附近。大兴安岭东麓，蒙古栎常与兴安落叶松构成大面积混交林。黑龙江蒙古栎分布的最北达黑龙江江边北纬53°；乌苏里江左岸，蒙古栎林可分布到沿江阶地、河谷平原和三江平原的残丘山，海拔600m以下可形成纯林或林分的优势种；作为红松林的伴生种或落叶阔叶林内的混交种，其分布高度可达海拔1 000m。小兴安岭山地，蒙古栎在400m以下成纯林分布，而其树木线可达700m的阳坡，伸延至小兴安岭南坡，蒙古栎林呈狭带状分布于汤旺河中、下游，以至完达山地，常见于河漫滩、平原谷地以及一些小河流的冲积阶地，甚至单株生长于苔草沼泽的边缘。分

① 执笔人：陈大珂

布于黑河至鸥浦及绥芬—兴凯平原的蒙古栎林具有森林草原性质，有草原化蒙古栎林之称。吉林栎林分布于全省山地。长白山林区，蒙古栎林的垂直分布介于300～800m。树木线可达1 200m，集中分布于延边朝鲜族自治州，辽宁多分布于1 000m以下的山地。1 000m以上的中山地带，蒙古栎仅呈星散分布，矮曲多枝，生长不良，并常与多种栎类混交。自千山西部至医巫闾山则与油松混生，呈现华北植物区系松栎混交林特征，直至分布于辽河平原。

整个华北地区内，蒙古栎林的分布，由东至西逐渐减少。河北的栎林中，蒙古栎所占面积最大，阳坡呈纯林，阴坡与多种栎类混交或与其他落叶阔叶树混交。

蒙古栎林向北伸入俄罗斯的远东地区及西伯利亚；蒙古东部，朝鲜半岛和日本亦有分布。

蒙古栎对环境有广泛的适应力，能适应南由华中地区直至东西伯利亚－56℃乃至－60℃的低温，在中国的分布区约在年均温 －3℃以上。年降水量在500mm以上，蒙古栎的垂直分布随纬度降低而升高。在大、小兴安岭的海拔250～400m范围内，蒙古栎常分布于低山顶部和山脊以及坡度小的各个坡向上。海拔400～600m直至长白山800m以下，蒙古栎能在坡度3°～35°的南坡形成纯林。甚至东北西部兴安岭以南地区，蒙古栎的分布高度可上升至870～1 600m。东部三江平原的残丘上也有生长。

蒙古栎适应较广的土壤类型，多生长在酸性或微酸性较肥沃的暗棕色森林土和棕色森林土上。人为破坏严重的山地，蒙古栎能在干燥阳坡，土体发育不全的粗骨土上成林，但其地位甚低。

蒙古栎林与生境的关系互为因果。锡霍特—阿林山脉的隆起，日本海的陷落，使中国东北地区逐渐大陆化，蒙古栎林作为残遗种的一个类型得到逐渐发展；而人为的反复破坏森林更促进了蒙古栎的形成，使干旱化加深。从而在红松阔叶林区，大面积蒙古栎林的形成使植被走向偏途顶极，即由湿润的红松阔叶林系列逐渐转化为干旱的蒙古栎林系列，给人们对环境质量的调控和林业生产带来困难。

（二）**组成结构**

从全球植被看，蒙古栎林在北方针叶林向夏绿林的过渡区，即针阔混交林这一群落交错区。在此区域内，以蒙古栎为优势的森林，常被称为“混交栎林”（Л. Д. Ярошенко，1956），“混有阔叶乔木（蒙古栎）的阔叶林”（黑龙江附近）（В. В. Алёхцн，1950）或栎林（黑龙江、乌苏里江沿岸）（В. В. Алёхцн，1950）。根据上述的分布区特征，蒙古栎林可分为三大类。

1. 草原化蒙古栎林

位于乌苏里江流域冲积平原的稍高处，沙质自然堤、残丘、阶地上，蒙古栎呈片状零星分布，通常面积不大，但在三江平原的抚远、穆棱河平原、残丘以及镜泊湖周围的低平地上，蒙古栎林通常呈大片分布。乔木层树种单纯，以蒙古栎占优势，经常伴生黑桦（*Betula davurica*），有时混有紫椴（*Tilia amurensis*）、色木槭（*Acer mono*）、白桦（*Betula platyphlla*）和山杨（*Populus davidiana*）。灌木层以榛子（*Corylus heterophylla*）和胡枝子（*Lespedeza bicolor*）为优势，少有其他灌木。特别在干燥及土壤排水良好的生境上，胡枝子占绝对优势。草本层由于地形及土壤性质的差异有很大变化。在排水良好的沙质自然堤及残丘上，旱生性植物占优势，如万年蒿（白莲蒿）（*Artemisia gmelinii*）、东北牡蒿（*Artemisia japonica* var. *mandshurica*）、桔梗（*Platycodon grandiflorus*）、土三七（*Sedum aizoon*）、黄花败酱（黄花龙牙）（*Patrinia scabiosaefolia*）、大油芒（*Spodiopogon sibiricus*）以及少数草原性的宿根亚麻（*Linum* sp.）和亚菊（*Ajania pallasiana*）等。兴凯湖附近的小丘陵上，林下的草本层受着邻近兴凯—绥芬平原的森林草原影响，具有较多的草原植物和旱生性植物，如细叶早熟禾（*Poa angustifolia*）、棉团铁线莲（*Clematis hexapetala*）、山葱（*Allium senescens*）、蔓麦瓶草（*Silene repens*）、中华隐子草（*Cleistogenes chinensis*）、岩败酱（*Patrinia rupestris*）、万年蒿、石竹（*Dianthus chinensis*）、防风（*Saposhnikovia divaricata*），但占优势的仍为大油芒以及少数的蓍草（*Achillea sibirica*）、东俄洛紫菀（*Aster tataricus*）、聚花风铃草（*Campanula glomerata* subsp. *cephalotes*）。在高阶地及镜泊湖湖岸缓坡上，则侵入一些中生及湿生植物，如东方铃兰（*Convallaria keiskei*）、舞鹤草（*Maianthemum bifolium*）、玉竹（*Polygonatum odoratum*）、小玉竹（*P. hymile*）、蓬子菜（*Galium verum*）、芍药（*Paeonia lactiflora*）、关苍术（*Atractylodes japonica*）、白藓（*Dictamnus dasycarpus*）等。在地表潮湿处，可见小白花地榆（*Sanguisorba parviflora*）、莓叶委陵菜（*Potentilla fragarioides*），甚至出现有小叶章（*Deyeuxia angustifolia*）及苔草（*Carex* sp.）。在这样的林下，有时出现草甸土，甚至草甸白浆土。在兴凯湖附近，由于过去蒙古栎、兴凯湖松（*Pinus takahasii*）混交林的进一步破坏，也形成了灌木状的蒙古栎纯林。在林内还常见到块状分布的匍匐性灌木兴安圆柏（*Sabina davurica*）。东北西部某些山前丘陵上的蒙古栎林，也具有草原化蒙古栎林的性质，是森林和草原的过渡。

2. 山地蒙古栎林

山地蒙古栎林在东北东部山地有广泛分布。除嫩江河谷两岸的大兴安岭部分有少数混有兴安落叶松的蒙古栎林外，大多数是单层纯林，愈恶劣的生境，林分愈纯。这与蒙古栎能适应极宽的气候和土壤条件有关。受到不同程度人为影响的林区，蒙古栎以其抗逆性强的特点不断扩大其分布范围。特别是在历史上曾受反复破坏及连年火烧的次生林区，蒙古栎以草原化疏林或“栎灌丛”出现。林下土壤遭受反复破坏，表土受侵蚀；土层变薄，厚度不超过30cm；土体干燥，土体内所含铁的氧化程度较高，全剖面呈红棕色，通常称粗骨质暗棕壤。以小兴安岭南坡胡枝子蒙古栎林下的土壤为例，其理化性质如表1—1。

根据现实分布及群落特征，历来对东北东部山地蒙古栎林型的划分，其基本林型和俄罗斯远东地区也基本一致，均有共同的认识。

（1）杜鹃蒙古栎林　经常出现在南或西南向的陡坡和急陡坡以及低山山脊。林分结构简单，林木组成为10栎＋黑桦或9栎1黑桦，极少有其他树种侵入，地位级为栎类林中最低者，经常在Ⅴ～Ⅴa。立地条件干燥。黑桦则为本林型的典型伴生树种。密度大的林分，通常

表1—1 小兴安岭胡枝子蒙古栎林土壤理化性质分析

层次及深度 (cm)		腐殖质 (%)	速效P (mg/100g土)	速效K (mg/100g土)	pH		代换盐基总量 (mmol/100g土)	水解酸度 (mmol/100g土)	盐基饱和度 (%)	(%)	
					H_2O	KCl				粘 粒 0.001mm	物理粘粒 0.01mm
A_1	2～7	8.35	2.0	48.0	5.6	4.8	15.10	7.88	65.71	26.23	56.16
A_2B	7～16	3.38	1.0	16.7	5.4	4.3	7.84	10.20	43.46	15.12	53.42
B	16～34	0.14		14.0	5.4	4.0	2.25	12.43	15.33	27.48	55.40
C	34～72	0.08			5.1	4.0	1.78	9.98	15.14		

在80年生时，发生强烈的稀疏；110年后逐渐减弱；140年时自然稀疏出现停止。在蒙古栎林发育过程中，因无竞争者，故林分始终保持相对稳定状态。

林下植物均为旱生型，主要灌木有兴安杜鹃（*Rhododendron dauricum*）及少量胡枝子。草本植物以乌苏里苔草（*Carex ussuriensis*）及羊胡子苔草（*C. callitrichos*）为背景，散生有万年蒿、宽叶山蒿（*Artemisia stolonifera*）、关苍术、单花鸢尾（*Iris uniflora*）、大油芒、莓叶委陵菜等三四十种植物，总覆盖度不过0.5～0.6。

(2) 胡枝子蒙古栎林 处于杜鹃蒙古栎林的下部，经常出现在南、东南或西南向的斜坡及陡坡上。局部有裸岩，地表常有季节径流及侵蚀现象。土壤排水吸水力较强，但仍属干旱类型。林分结构简单，林下层常混有少量白桦、山杨、糠椴（*Tilia mandshurica*）。上层林木组成仍与杜鹃蒙古栎林相似，多数为单层林，林木组成为8栎2黑桦（按断面积计）及9栎1黑桦。第二亚层为椴及其他树种所组成。地位级Ⅳ～Ⅴ，疏密度0.6～0.8，100～150年生林分，蓄积量在110～140m^3。下木种类稍多，除胡枝子及山顶下延的杜鹃外，还出现有榛子、刺玫蔷薇（*Rosa davurica*）、疣枝卫矛（*Euonymus pauciflorus*）、怀槐（*Maackia amurensis*）。草本植物较丰富，一些林间草甸植物沿缓坡向上蔓延，如独活（*Heracleum hemslyanum*）、地榆（*Sanguisorba officinalis*）、败酱、长瓣金莲花（*Trollius macropetalus*）等，并常出现五味子（*Schizandra chinensis*）及山葡萄（*Vitis amurensis*）。下木覆盖度30%～40%；草本覆盖度达60%～70%。

(3) 榛子蒙古栎林 常分布在开阔谷地的坡麓，但以南、西南及东南坡为多，坡度常在10°以下。土壤湿润肥沃。林木层中混有椴、山槐等。由于地势坦缓，不断受到人为影响，故本林型龄级不高。林木组成常为7栎3黑桦＋椴＋槐。地位级Ⅳ，最好者可达到Ⅲ或Ⅱ级。林内多攀援植物如穿龙薯蓣（*Dioscorea nipponica*），地被物总覆盖度可达1.0，并以多种苔草及蕨类为背景。林内成分复杂，旱生或草甸植物均有，早春植物异常发育。

许多次生山地蒙古栎林，由于林分长期趋向干燥，也常有某些草原种侵入，如百里香（*Thymus mongolicus*）、大针茅（*Stipa grandis*）、拂子茅（*Calamagrostis epigejos*）、大油芒及万年蒿等。

在所有山地蒙古栎林中，尚有一组旱生型的草本属于本类型的特有属，如山绿豆（山豌豆、山黧豆）（*Lathyrus quinquenervius*）、草藤（野豌豆）（*Vicia* sp.）、车叶草（*Asperula* sp.）、沙参（*Adenophora* sp.）、老鹳草（*Geranium* sp.）、婆婆纳（*Veronica* sp.）等。东北珍贵的食用菌猴头蘑也产于山地栎林内。

3. 混交蒙古栎林

混交蒙古栎林，广泛分布于华北暖温带落叶阔叶林（松栎混交林）区域。混生的树种有辽东栎（*Quercus liaotungensis*）、槲树（*Q. dentata*）、赤松（*Pinus densiflora*）、白桦、黑桦、山杨、色木槭、蒙椴（*Tilia mongolica*）、黄榆（*Ulmus macrocarpa*）、大叶朴（*Celtis koraiensis*）、花楸树（*Sorbus pohuashanensis*）等。林内的混交树种随立地条件的好坏为转移。立地条件越好，混交阔叶树越高，常为复层林。

下木层生长繁茂，有胡枝子、毛榛（*Corylus mandshurica*）、照白杜鹃（*Rhododendron micranthum*）、绣线菊（*Spiraea* sp.）、圆叶鼠李（*Rhamnus globosa*）、小叶鼠李（*Rh. parvifolia*）及溲疏（*Deutzia* sp.）、锦带花（*Weigela florida*）等。

地被物覆盖度较小，有矮生苔草（矮丛苔草）（*Carex humilis* var. *nana*）、唐松草（*Thalictrum* sp.）、猪殃殃（*Galium aparine* var. *tenerum*）、狼尾巴花（*Lysimachia barystachys*）、篦苞风毛菊（*Saussurea pectinata*）、小玉竹、独根草（*Oresitrophe rupifraga*）等。在土壤湿润肥沃的阴坡，尚可见三椏乌药（*Lindera obtusiloba*）、天女花（*Magnolia sieboldii*）及白檀山矾（白檀）（*Symplocos paniculata*）。

蒙古栎林分结构大部分为纯林，结构简单。立地条件好的地区及演替中的林分则结构（包括林木分化、年龄及层次结构）多变，层次复杂，但林木分化不如其他阔叶混交林。

演替中的次生蒙古栎林，现阶段仍以蒙古栎为优势；但在分层频度表（表1—2）中，已表现了将来层次结构的复杂性。

表1—2　蒙古栎林分层频度

层　次	蒙古栎	色木槭	春榆	黄榆	紫椴	糠椴	水曲柳	山杨	白丁香	鼠李	山荆子	出现样方数	频度	多样性指数
	频　度													
主林层	12.5											5	12.5	0.386 0.339
演替层	7.5	7.5	2.5		5.0							10	25.0	0.319 0.492
更新层	2.5	7.5	17.5	2.5	12.5	2.5	10.0	2.5	5.0	5.0	5.0	19	47.5	0.510 0.583
出现样方数	7	5	8	1	5	1	4	1	2	3	3	2.5		全小班
频　度	17.5	12.5	20.0	2.5	2.5	2.5	10.0	2.5	5.0	7.5	7.5		62.5	0.613 0.653

注：1. 进展种：榆树、椴树、色木槭、水曲柳　2. 衰退种：蒙古栎、山杨

次生蒙古栎林既有同龄林，也有貌似同龄林，实为异龄林的林分。一部分萌芽蒙古栎林幼林中，由于人为的多次破坏，也存在着异龄林。

从大范围的次生林资源结构分析，蒙古栎林由于发生的时间及不同的历史原因，一个地区的资源龄组结构差异很大，例如黑龙江省蒙古栎幼龄林面积占蒙古栎总面积的49％、中龄林占10.7％、近熟林占6.6％、近过熟林占33.7％。

（三）生长发育

蒙古栎具有较强的有性与无性繁殖能力。然而林木起源不同，即使在立地条件完全一致的情况下，林木的生长发育也有很大差别。据白山市林业局的资料，林木胸径在9cm以前，萌生蒙古栎林比实生蒙古栎林树高生长快，以后反之，林木胸径在6cm以前，萌生林木生长率高，以后反之，萌生林木胸径达28cm时，树高即近乎停止生长，而实生林胸径达35cm时才开始出现生长缓慢现象。只有原生蒙古栎林，林木生长30～50年后仍有一个较长时期的持续生长（表1—3）。

表1—3 原生林内蒙古栎生长过程

年龄	树高（m）			胸径（cm）			材积（m^3）		
	总生长量	平均生长量	连年生长量	总生长量	平均生长量	连年生长量	总生长量	平均生长量	连年生长量
10	2.1	0.210 0	0.230 0	1.3	0.130 0	0.170 0	0.000 2	0.000 02	0.000 22
20	4.4	0.220 0	0.230 0	3.0	0.150 0	0.190 0	0.002 4	0.000 12	0.000 60
30	6.7	0.223 3	0.180 0	4.9	0.163 3	0.200 0	0.008 4	0.000 28	0.001 12
40	8.5	0.212 5	0.170 0	6.9	0.172 5	0.210 0	0.019 6	0.000 49	0.001 84
50	10.2	0.204 0	0.130 0	9.0	0.180 0	0.210 0	0.038 0	0.000 76	0.002 49
60	11.5	0.191 7	0.120 0	11.1	0.185 0	0.210 0	0.062 9	0.001 05	0.003 23
70	12.7	0.181 4	0.120 0	13.2	0.188 6	0.220 0	0.095 2	0.001 36	0.004 36
80	13.9	0.173 8	0.130 0	15.4	0.192 5	0.210 0	0.138 8	0.001 74	0.005 39
90	15.2	0.168 9	0.100 0	17.5	0.194 4	0.200 0	0.192 7	0.002 14	0.005 93
100	16.2	0.162 0	0.100 0	19.5	0.195 0	0.200 0	0.252 0	0.002 52	0.007 41
110	17.2	0.156 4	0.080 0	21.5	0.195 5	0.180 0	0.326 1	0.002 96	0.006 61
120	18.0	0.150 0	0.090 0	23.3	0.194 2	0.160 0	0.392 2	0.003 27	0.007 72
130	18.9	0.145 4	0.080 0	24.9	0.191 5	0.160 0	0.469 4	0.003 61	0.007 93
140	19.7	0.140 7	0.080 0	26.5	0.189 3	0.160 0	0.548 7	0.003 92	0.008 95
150	20.5	0.136 7	0.080 0	28.1	0.187 3	0.140 0	0.638 2	0.004 25	0.008 83
160	21.3	0.133 1	0.070 0	29.5	0.184 4	0.140 0	0.726 5	0.004 54	0.009 34
170	22.0	0.129 4	0.060 0	30.9	0.181 8	0.140 0	0.819 9	0.004 82	0.009 68
180	22.6	0.125 6		32.3	0.179 4		0.916 7	0.005 09	

注：吉林省三岔子

蒙古栎的林木生长，因地区、林型和地位级而不同。张广才岭和完达山地区的蒙古栎林生长比小兴安岭好，小兴安岭南坡的蒙古栎林的生长又比小兴安岭北坡、大兴安岭和三江平原好。山地中缓坡的蒙古栎林的生长比陡坡或山脊的胡枝子蒙古栎林和杜鹃蒙古栎林好。以林型而论，榛子蒙古栎林生长最好；胡枝子蒙古栎林中等；杜鹃蒙古栎林最差（表1—4）。

表1—4 蒙古栎不同林型单株材积生长比较 单位：m^3

林型	年龄						
	10	20	30	40	50	60	70
杜鹃蒙古栎林	0.001 1	0.004 1	0.011 6	0.021 1	0.040 3	0.065 9	0.082 3
胡枝子蒙古栎林	0.003 8	0.015 0	0.024 7	0.042 3	0.093 1	0.133 7	0.156 7
榛子蒙古栎林	0.005 4	0.026 1	0.060 6	0.106 7	0.165 2	0.363 6	0.424 1

注：东北林学院调查设计院. 主要树种生长情况。1959（小兴安岭南坡）

蒙古栎林由于次生性很强，常常跨几个不同的立地条件，地位级十分不同。以分布较广的胡枝子蒙古栎为例，各地位级上，蒙古栎的生长均不相同（表1—5）。

表1—5 黑龙江省东部蒙古栎林各地位级蓄积、生长率随年龄变化情况

地位级	项目	年龄										
		10	20	30	40	50	60	70	80	90	100	110
Ⅰ～Ⅱ	蓄积(m^3)	33	70	130	172	189	200					
	生长率(%)	10.0	5.3	4.6	2.4	0.9	0.6					
Ⅲ	蓄积(m^3)	32	54	84	120	144	164	180				
	生长率(%)	10.0	4.1	4.0	3.0	1.7	1.2	0.9				
Ⅳ	蓄积(m^3)	24	44	72	96	120	140	160	180	190		
	生长率(%)	10.0	4.5	3.9	2.5	2.0	1.4	1.2	1.1	0.5		
Ⅴ	蓄积(m^3)	24	34	46	62	72	80	90	98	107	112	118
	生长率(%)	10.0	2.9	2.6	2.6	1.4	1.0	1.1	0.8	0.8	0.4	0.5
平均	蓄积(m^3)	30	50	70	94	114	130	150	164	180	180	193
	生长率(%)	10.0	4.0	2.9	2.5	1.7	1.2	1.3	0.9	0.9	0.4	0.3

根据黑龙江省林业总局资源调查管理局编制的小兴安岭北坡蒙古栎林的生长过程表中指出疏密度为10的林分，10年生每公顷蓄积量为24m^3，20年生为52m^3，30年生为74m^3，40年生93m^3，50年生111m^3，100年生177m^3，140年生201m^3。蒙古栎林地位指数见表1—6。

表1—6 蒙古栎林地位指数

年龄	树高						
	8	10	12	14	16	18	20
5	0.97～1.24	1.25～1.50	1.53～2.80	1.81～2.08	2.09～2.35	2.36～2.63	2.64～2.92
10	2.40～3.80	3.09～3.77	3.78～4.46	4.47～5.14	5.15～5.83	5.84～6.51	6.52～7.21
15	3.81～4.89	4.90～5.98	5.99～7.07	7.08～8.16	8.17～9.25	9.26～10.34	10.35～11.44
20	5.06～6.50	6.51～7.95	7.96～9.39	9.40～10.84	10.85～12.99	12.30～13.74	13.75～15.19
25	6.13～7.86	7.87～9.61	9.62～11.36	11.37～13.11	13.12～14.86	14.87～16.62	16.63～18.83
30	7.00～8.99	9.00～10.99	11.00～12.99	13.00～14.99	15.00～16.99	17.00～18.99	19.00～21.00
35	7.71～9.90	9.91～12.10	12.11～14.31	14.32～16.51	16.52～18.71	18.72～20.91	20.92～23.12
40	8.28～10.64	10.65～13.00	13.01～15.37	15.38～17.73	17.74～20.10	20.11～22.46	22.47～24.83
45	8.73～11.22	11.23～13.71	13.72～16.31	16.22～18.71	18.72～21.20	21.21～23.70	23.71～26.20
50	9.09～11.68	11.69～14.28	14.29～16.88	16.89～19.48	19.49～22.08	22.09～24.67	24.68～27.28
55	9.38～12.05	12.06～14.73	14.74～17.41	17.42～20.09	20.10～22.76	22.77～25.44	25.54～28.13
60	9.60～12.33	12.34～15.08	15.09～17.82	17.83～20.56	20.57～23.31	23.32～26.06	26.07～28.81
65	9.78～12.56	12.57～15.35	15.36～18.15	18.16～20.94	20.95～23.73	23.74～26.52	26.53～29.33
70	9.91～12.74	12.75～15.57	15.58～18.40	18.41～21.23	21.24～24.07	24.08～26.90	26.91～29.74

据1977年吉林省林业勘测二大队的样木资料表明，蒙古栎林在25～30年开始出现病腐，45年时病腐率达7%；70年时达30%，100年后达50%。即达到或接近数量成熟后，病腐现象逐渐增加，造成林木材质大幅度下降。

危害蒙古栎，影响林木生长的昆虫有：虎杖叶（*Galerucide bifasciata*）、赤天牛（*Oupyrrhidium cinnabarinium*）、栎大蚜（*Pterochlorus tropicalis*）、橡实象（*Curculio arakawai*）及各种蛾，计达十五六种。此外，为栎类常见的寄生菌猴头（即心材白腐 *Hericium erinaceus*）、硫色炮孔菌（*Lactiporus sulphureus*）等。

（四）更新和演替

蒙古栎15～20年后结实丰富，而萌生的蒙古栎约30年左右开始结实。实生幼苗在林内较难成立，更新初期，幼苗数量很大，但2～3年后，幼树因得不到上方光而逐渐死亡。蒙古栎萌芽力很强，40年为其高峰，持续到300 年以后，仍能行萌芽更新，但多代萌生后，林分质量甚差，通常在80年后，林分内实生苗渐占优势。以林型比较，杜鹃蒙古栎林更新最差；榛子蒙古栎林能获得良好的萌芽更新。在东北原始林区，以黑桦蒙古栎林更新状况最好，红松更新超过红松原始林的各林型，但蒙古栎更新甚差，在演替中，只能形成红松林的伴生树种。

蒙古栎林多为阔叶红松林屡遭破坏后形成的一种处于次生演替阶段，具有其自身特点的相对稳定的森林植物群落。其形成过程包括两种演替趋势：一种是由于对森林进行不合理的采伐或遭受森林火灾等原因致使森林向逆向演替方向发展。即在人的强烈作用下，不仅极大地改变了原阔叶红松林的植被，同时立地条件也发生了综合性的变化，趋向恶化。因蒙古栎具有对于干燥贫瘠土壤极端条件的忍耐性（适应性），以及极强的萌蘖性和抗火性等特点，使蒙古栎在同自然界其他树种的斗争中保存下来，形成一种相对稳定的次生蒙古栎林。但由于反复破坏人们往往可以看到在原来不同的立地条件下，发生着同一类型的蒙古栎群落，最后甚至会变成类似灌丛那样的蒙古栎林。我们可将这种逆向演替现象称之为人为的趋同；另一种是通过封山育林，加强山林保护等措施，制止了蒙古栎林的逆向演替，使林分能依其自身的特性逐步得到发展。蒙古栎在不同的立地条件上的生态选择表现的越发明显，类型的性状也逐渐地表露出来，形成了现今次生蒙古栎林中的不同类型，表现为一种自然分异。随着蒙古栎林中各种类型进展性演替不断发展，原生植物所具有的植物成分日趋增加，森林环境条件不断改善。从而有可能经过一段漫长的历史时期，最终恢复成为具有蒙古栎不同组成的阔叶红松林群落类型。如果通过人工诱导，可能加速这一时期的到来。

从对原生林的破坏程度来看，可分为两种情况：

一种是原来的蒙古栎红松林经不合理采伐造成的，破坏后的林分，仍保留有由原生林木—蒙古栎为优势组成的上层林冠，林分中原生的中小径木和林下的灌木及更新幼树基本没有遭到大的破坏，只是林分中优良的大径木（主要以红松为主的针叶树与珍贵的阔叶树）因被“拔大毛”而不同程度地减少，在林木组成树种结构发生了“量”的变化外，原生林的生态环境和林分特征没有遭到根本性的改变，树种更替的现象亦不像台地蒙古栎林那样明显。但由于原生林上层林冠被疏开，降低了林分的郁闭度，使林内的光照、温度、湿度等生态环境更有利于原生针阔叶树和次生阔叶树种的天然更新。据调查所见，除原生林的针叶树经反复“拔大毛”被采光而形成的蒙古栎纯林下，针叶树种更新不良外，在存有针叶树的蒙古栎林中，林冠下的天然更新一般均为良好，针叶树和珍贵的阔叶树天然更新的幼苗幼树的数量所占比重极大，而生长发育良好。就森林演替而言，本类型接近于原生林，但不如原生林稳定，而却优于次生林。它具有向两极发展的趋势。人们若能利用它的自然优势，采取合理的经营利用措施，则可以顺利地、定向地、持久地培育为优良高产多效益的以蒙古栎为优势的针阔混交复层异龄林。反之如继续破坏，将变成次生蒙古栎林，甚至沦为灌丛草地。就林分生产力而言，原生林每公顷立木蓄积平均在 300～400m^3，次生蒙古栎林平均为50～100m^3，而这类蒙古栎林每公顷蓄积平均为100～180m^3。不难看出，本类型森林在发生发展群落演替、林木生产力和需要的经营措施等方面，与前述混有蒙古栎的阔叶红松林和次生蒙古栎林均有不同，是二者之间的一种过渡性森林类型。

另一种是原来的阔叶红松林长期而频繁地遭受人为（采伐、开垦）和自然（火灾、病虫害）的严重破坏，使原生林的生态环境和林木组成树种结构发生了根本性的改变。随之出现了树种更替现象。原生林中耐荫性的针阔叶树被蒙古栎所代替，形成各类蒙古栎林。

蒙古栎林的起源，一直是学术界存在分歧的争论问题。根据近年来调查研究，这一问题已经基本解决。一般认为，按照欧亚大陆植被地带性的分布规律来看，分布大兴安岭东麓，小兴安岭及长白山麓的蒙古栎林应该属于中温型夏绿阔叶林的原生类型，并且是主要的地带代表性类型,它和华北的暖温型夏绿阔叶林在群落生态和区系发生上均有密切联系。但是实际上因为人类对森林的严重破坏。不少地区的蒙古栎林都是原生植被破坏后产生的次生植被类型或小区域气候干旱化使蒙古栎林得到扩展而成。

(五) 经营问题

蒙古栎木材坚硬，比重大（平均0.734)，耐水湿，抗腐力强，木材花纹美观，可供作枕木、造船、车辆、胶合板、烧炭和细木工用材，特别是制作酒桶板和高级地板的珍贵材料。橡籽含50%～75%的淀粉，可作饲料或酿造白酒和酒精，出酒率25%～50%。亦用于纺织工业浆纱。橡碗（壳斗）和树皮富含单宁，可作染料。橡叶为北方养蚕业的主要饲料，同时，蒙古栎的枝干也可用来培养木耳、香菇、猴头等食用菌类，可充分利用其资源多、分布广的优势，积极开展多种经营、综合利用。

鉴于蒙古栎在一定水平和垂直分布范围内，具有较强的适应能力，特别是在一些干旱瘠薄的向阳陡坡，其他树种不能生存的条件下具有可以单独成林的特征。因此为保护环境、防止水土流失，应该予以封禁或进行防护经营。

对于即使立地条件较好的蒙古栎林，在同样条件下，其生长速度和干形逊于其他树种，因此蒙古栎不宜作为用材林的主要树种，应继续采取林分改造措施，促进扩大经济价值和速生优质用材树种比例；加大林分密度，提高林地生产力，发挥森林多种效能。

蒙古栎林中、幼林、树叶在枝条上宿存过冬，尤其在纯林内，落叶很厚，立地条件干燥，坡度陡，故在森林经营中，应把防火工作放在首位。

对蒙古栎疏林及萌芽矮林，可采取补播补植及人工带状混交改造方法，育成混交林，以提高林分的生产力。在红松原始林区，实行栎林内红松人工更新，对恢复红松阔叶林，大有裨益。

在立地条件好的地段，分布有不少完美的栎林，应及时定向间伐，确定合理的工艺成熟期，保护林内各种幼树，以达到持续发展。尽量避免大面积皆伐，以防栎林退缩演替。

在全面合理的立体经营林区，可划定范围，发展养蚕业。

2—1—1—2 辽东栎林①

辽东栎(*Quercus liaotungensis*)林是暖温带落叶阔叶林区北部广泛分布的森林群落，为中国次生林区重要树种之一，多分布于各山地的陡坡、山脊地带，它根系发达，对陡坡土壤滑塌体、泻流面亦具有良好固定能力，因而对于维持森林环境及水土保持有其重要意义。

(一) 分布与生境

辽东栎林集中分布于暖温带北部落叶栎林亚地带。它常见于辽宁东部和辽东半岛丘陵山地，河北北部和西部的山地，在山西的分布则北起恒山，向西南延伸到吕梁山北端，南

① 执笔人：林璋德

面从阳城东南部经下川至翼城，曲沃向西到汾河以北地区，而以关帝、吕梁、太岳山地分布最为集中。向南逐渐减少，渐为槲栎、锐齿槲栎、栓皮栎等组成的混交林所代替。在陕西、甘肃境内，辽东栎林主要分布于秦岭和黄土高原一带。在陕西多分布于秦岭西段，中段较少，东段常呈个体出现；秦岭主梁两侧及其以北地区，向南逐渐减少，亦渐为锐齿槲栎林所代替。辽东栎林在甘肃见于六盘山及崆峒山、太统山。于宁夏境内主要分布于六盘山区的秋千架、蒿店一带。青海东部的孟达林区为辽东栎分布的最西缘。辽东栎在白龙江流域及川西北岷江流域上游的高山地带也有少量分布。此地带，辽东栎常与其他栎类、山杨、白桦、油松（*Pinus tabulaeformis*）等树种混生，形成该地带的落叶阔叶混交林，或散生于上述树种组成的林分中。此外，在温带针阔叶混交林区域南部及内蒙古草原东部的山地见有零星分布。

辽东栎林的垂直分布，可见于海拔300～2 700m 的地带。在其分布东北端的辽宁东部和辽东半岛，辽东栎林分布的海拔高度较低，常在海拔1 000m 以下的阳坡，1 000m 以上的地方仅见零星分布。在山西的恒山以南及吕梁山山地，则分布于海拔 1 200～2 000m 的阳坡，在阴坡与沟谷地带多与油松、白皮松（*Pinus bungeana*）等树种混交；在海拔 1 200m 以下仅见于山顶附近。陕西、甘肃境内的黄土高原，辽东栎分布高度为海拔 1 000～1 600m。多见于阴坡及沟谷。秦岭山地主要分布于海拔1 700～2 200m，上限与红桦林相接，下界于栎林带的锐齿槲栎林亚带；常见于阳坡和平缓的山脊，而阴坡亦有生长。六盘山南段辽东栎林分布于海拔1 500～2 200m 的山地，而在宁夏境内则主要分布于1 800～2 300m，局部达2 500m；其主要生长于阴坡，随地形变化呈块状分布。辽东栎林在青海的孟达林区分布于海拔2 000～2 700m 的地段；川西北的岷江上游亦见于2 000～2 700m 海拔高度的河谷阶地及山坡中下部。如此，辽东栎林的垂直分布，在东北，分布地带北端的海拔高度低；向西、西南分布呈海拔逐渐升高的趋势。以分布的坡向而言，辽东栎林在其分布范围的东北、北端，即辽东半岛、恒山、吕梁山地一带，主要见于阳坡；向西至秦岭，辽东栎林不仅分布于阳坡，亦生长于阴坡，而在黄土高原、六盘山区则主要分布于阴坡及谷沟。

辽东栎林分布区的气候特点是夏暖多雨，冬寒晴燥，属于温带湿润、半湿润而有明显干旱季节的气候类型。在其分布区内，年平均气温约6～12℃，因地而异；如辽东栎林在秦岭的分布地带，年平均气温为7～12℃，黄土高原为7～10℃，恒山以南山地及辽东半岛为8～10℃，而在宁夏境内的六盘山区年平均气温较低约6℃左右。夏季短而温和，最热月平均气温17.8～22℃，冬季寒冷，最冷月平均气温－5.5～－10℃，因不同地区而有一定幅度的差异。在辽东栎分布地带，年降水量 600～1 000mm；如秦岭，辽东栎林分布地段年降水量为600～750mm，有的高达800～1 000mm，黄土高原的年降水量为600～650mm，恒山以南山地600mm 左右，辽东半岛700～1 000mm。降水量集中于夏季，约占全年降水量的60％。水热条件的变化影响辽东栎林的分布。其水平分布的北界和垂直分布的上限受限于低温，一般在年平均气温低于 6℃则不见分布，其个体分布亦不低于500mm 降水量的等值线。

辽东栎林分布的土壤，秦岭一带主要是在砂岩、页岩、砂砾岩上发育形成的棕色森林土、山地灰化棕壤。恒山以南山地，棕色森林土尚发育于花岗岩、片麻岩等母岩上。辽东栎林分布于黄土高原的土壤，主要为山地褐色土。它是在富含碳酸盐的黄土母质上发育而成的。山地灰化棕壤主要出现于秦岭一带的辽东栎林下，向北灰化作用减弱。由于成土母质及成土过程的不同，所形成的各类土壤具有不同特点。土层较深厚，一般在 60～140cm，土壤发育层次不明显，土壤腐殖质含量的多寡与林分年龄及茂密程度密切相关。通常腐殖质含量 0.5%～7.0%，多集中于表层，并随土层深度递减，全剖面无碳酸盐或具碳酸盐反应，土壤酸性或微酸性至中性。土壤质地由中壤至轻粘土，具粒状或块状结构。盐基代换量为 10～15mmol/100g 土。

辽东栎性喜温湿，但也较耐寒、耐旱，对于气候和土壤的条件具有较广泛的适应性。所以，它既分布于温暖湿润、土壤条件较好的阴坡或阳坡，也生长于干燥瘠薄条件较差的陡坡或山脊地带。辽东栎在辽东半岛、恒山以南山地、六盘山、小陇山等地带可形成纯林，但一般多以辽东栎为优势种与其他树种混交组成的森林群落。由于各地生态条件的不同，反映在辽东栎林的种类组成、结构、林木的生长发育及生产量方面具有明显的差异。

（二）组成结构

辽东栎林层次结构明显，可分为乔木层、灌木层和草本层，一般没有苔藓层。系次生森林群落。

乔木层混交树种主要有山杨、油松、白桦及椴树（*Tilia tuan*）、槭（*Acer*）等树种。它们常出现于各地带的辽东栎林中。但在辽东栎林水平分布和垂直分布范围内，乔木层的混交树种常有一些变化。在其水平分布的不同地区，除上述常见树种外，在秦岭山地还出现华山松（*Pinus armandii*）、锐齿槲栎（*Quercus aliena* var. *acuteserrata*）、鹅耳枥（*Carpinus turczaninowii*）、漆树（*Toxicodendron verniciflum*）等树种；而在黄土高原的辽东栎林则常见杜梨（*Pyrus betulaefolia*）、野杏（山杏）（*Prunus armeniaca* var. *ansu*）等与之混生；恒山以南山地及吕梁山一带，辽东栎林混交树种以华北落叶松（*Larix principis-rupprechtii*）、白皮松、蒙古栎、槲栎等树种为常见；而在辽东半岛的辽东栎林，常有蒙古栎、黑桦（*Betula davurica*）、赤松等树种混生其中。因辽东栎林的垂直分布范围，混交树种在不同海拔高度而不同。如秦岭山地，分布于海拔 2 000m 以上的辽东栎林常有红桦与之混生，处于海拔 2 000m以下的则有锐齿槲栎生长其间；恒山、吕梁山北段，海拔1 600～2 100m 的辽东栎林常见有华北落叶松、青杄（*Picea wilsonii*）、油松、山杨等树种与之混交；吕梁中段、太岳山北段，海拔1 200～1 600m 的山地多与油松、白皮松、山杨、蒙古栎混生；而在吕梁山南段海拔 1 200m 以下的山地则有槲栎、锐齿槲栎、油松、白皮松等树种混交于辽东栎林中。反映了分布不同地区和不同海拔高度的辽东栎林，其主要混交树种与伴生树种的变化。

林下灌木层有50余种，主要以箭竹属（*Fargesia*）、榛属（*Corylus*）、虎榛子属（*Ostryopsis*）、蔷薇属（*Rosa*）、绣线菊属（*Spiraea*）、栒子属（*Cotoneaster*）、胡枝子属（*Lespedeza*）等落叶的种类组成。构成辽东栎林灌木层的主要成分也因地而异，如秦岭山地以箭竹（*Fargesia nitida*）为优势种，常见的有榛子（*Corylus heterophylla*）、美丽胡枝子（*Lespedeza formosa*）、甘肃山楂（*Crataegus kansuensis*）、桦叶荚蒾（*Viburnum betulifolium*）等种类。在山麓立地条件较好的局部地段，见有山橿（*Lindera reflexa*）、三桠乌药（*L. obtusiloba*）、泡花树（*Meliosma cuneifolia*）常构成下木第一层而伸入乔木层下部。六盘山的辽东栎林，常以箭竹、毛榛（*Corylus mandshurica*）、胡枝子（*Lespedeza bicolor*）、黄蔷薇（*Rosa hugonis*）为主。黄土高原则以胡枝子、黄蔷薇、虎榛子（*Ostryopsis davidiana*）、杭子梢（*Campylotropis macrocarpa*）、柔毛绣线菊（土庄绣线菊）（*Spiraea pubescens*）为林下灌木层的主要种类。而在恒山以南、吕梁山地的辽东栎林常以胡枝子、黄蔷薇、虎榛子及小檗，大叶鼠李等为灌木层的重要成分。林下灌木层覆盖度通常为40％～80％，高度0.6～3.0m，因立地条件和上层林木的郁闭度而有一定幅度的变化。

草本层的植物有70余种，苔草属占重要地位，如羊胡子苔草、披针苔草（*Carex lanceolata*）、宽叶苔草（*C. siderosticta*）常以优势种出现。在秦岭辽东栎林的草本层中，还常见有淫羊藿（*Epimedium brevicornum*）、糙苏（*Phlomis umbrosa*）、唐松草（*Thalictrum aquilegifolium* var. *sibiricum*）、假升麻（*Aruncus sylvester*）等种类。黄土高原则以狼尾巴花（*Lysimachia barystachys*）、山萝花（*Melampyrum roseum*）、异叶败酱（*Patrinia heterophylla*）、万年蒿（白莲蒿）等为常见。恒山以南及吕梁山一带，构成辽东栎林草本层的植物种类常以莎草、玉竹、柴胡（北柴胡）（*Bupleurum chinense*）、地榆、沙参（狭长花沙参）（*Adenophora elata*）以及蒿类为主。而柴胡、沙参、玉竹亦见于秦岭、黄土高原的辽东栎林中。林下草本层覆盖度30％～60％，高度0.3～1.2m，受制于上层林木郁闭度及灌木层的繁茂程度。

林内藤本植物很少，仅数种，如盘叶忍冬（*Lonicera tragophylla*）、葛藤（野葛）（*Pueraria lobata*）、北五味子（*Schisandra chinensis*）、三叶木通（*Akebia trifoliata*）等，仅见于秦岭沟谷阴湿地带的辽东栎林中。

以构成林下灌木层和草本层的植物种类而言，秦岭辽东栎林中多中生喜荫湿的植物，黄土高原、恒山、吕梁山一带则多中生耐旱的种类。

从上述辽东栎林各层次组成成分可见，呈现出明显的华北植物区系特征。由于华北区系在植物区系系统中的位置及邻近几个植物省的影响，使植物区系成分来源趋于复杂。一些北温带典型的科，如蔷薇科、禾本科、菊科、豆科、桦木科、松科、杨柳科、槭树科在辽东栎林的草本层及乔灌木层的组成成分中占有重要位置。同时，具有热带亲缘的科属，其种类如漆树、钓樟、三桠乌药、五味子、软枣猕猴桃（*Actinidia arguta*）、黄背草（*Themeda triandra* var. *japonica*）、野古草（*Arundinella hirta*）等；与西伯利亚植物区系有亲缘关系的种类，可以鹿蹄草（*Pyrola rotundifolia* subsp. *chinensis*）、舞鹤草（*Maianthemum bifolium*）为代表；欧亚大陆草原成分，则有针矛属（*Stipa*）的一些种类和冰草（*Agropyron cristatum*）等；属于东北区系的植物，常有刺五加（*Acanthopanax senticosus*）、毛榛等；属于喜马拉雅成分的华山松，在辽东栎林中为伴生树种。

辽东栎林种类成分组合的特点，随不同地域、海拔高度及地形特点、山坡方向而有明显变化。

辽东栎林的乔木层结构多为单层，主要以萌生起源，杂以实生林木。在恒山以南及吕梁山地，辽东栎常居于次林层。一般为同龄林，林龄多为40～80年。由于分布区域的不同，乔木层林木个体生长发育的差别及人为干扰的影响，也反映在辽东栎林外貌和结构上的差异。

（三）生长发育

1. 自然稀疏

萌生辽东栎林具丛生性。林木的分化及自然稀疏，在幼龄期主要表现在丛内。据甘肃小陇山林区调查资料，2年生植株每丛的萌条可达21株，随年龄增长，每丛株数渐减。丛内强烈稀疏出现在林龄10年以前，而后渐缓。10年生以后林分开始郁闭，丛内分化稀疏逐渐转向丛间。林龄10～30年，每公顷林木株数由6 600～7 300株锐减至1 600～1 700株；因自然稀疏而淘汰的林木株数占林龄10年时总株数的70％ 以上，而强烈稀疏则在10～20年。辽宁省林业勘察设计院编制的辽宁东部林区栎林生长过程表亦表明类似规律：林木强烈稀疏出现在10～15年，其间被淘汰的林木达 57.4％；30年生以后稀疏缓慢，林木株数基本保持较为稳定状态。

2. 径高生长

萌生辽东栎林具有早期生长快，数量成熟早的特点。随着林木年龄的增长，树高生长具有阶段性的变化。据小陇山林区和甘肃关山林区（甘肃六盘山南端）辽东栎林生长过程的研究表明，林龄10～20年为树高速生期，高生长接近直线上升，连年生长量0.36m，以后生长速度渐减，60年时仍有缓慢高生长。辽宁东部林区辽东栎林高生长的速生期出现在10～15年，以后生长速度减慢，林龄40～50年以后仍持续微量生长。其高生长速生期出现的时间相似或略早于秦岭山地的辽东栎林；其生长过程亦表现为各生长阶段出现时间早，早期生长快的特点。胸径生长亦随林木的年龄增长而不同。据小陇山林区调查资料，胸径速生期约在20～30年，出现于高速生长期之后。此期间，胸径连年生长量 0.47～0.53cm，而后生长速度逐渐减慢。辽宁东部栎类林生长过程表表明，胸径生长亦具相似规律。

萌生栎林不论树高或胸径的平均生长量与连年生长量相交年龄，均比实生起源的林分提早15～20年。如实生栎林，其平均生长量与连年生长量相交年龄，树高为40～50年，胸径为50～60年，而萌生林则分别提前为25～30年和35～40年；而且萌生代数越多，平均生长量与连年生长量相交年龄出现得越早。表明萌生的辽东栎林具有数量成熟早的特点。

3. 材积生长

材积生长旺盛期，秦岭山地的辽东栎林出现于20～40年，辽宁东部的栎林则在15～30年。50年后材积增长绝对值仍呈上升趋势。据六盘山南端的关山林区的调查资料，辽东栎最近5年材积连年生长量，当林木胸径达22cm 时，材积增长绝对值仍保持上升，因而能保持较长时期的高生长率为3.49％。

（四）更新演替

辽东栎是组成其分布区针阔混交林和落叶阔叶林的主要建群种之一。在秦岭海拔1 700～2 200m 形成地带性优势森林群落；在黄土高原、恒山以南山地、吕梁山一带及辽宁东部均可形成稳定群落。这类森林由于屡经火、采、垦等人为破坏，形成了现在的次生辽东栎林。无论是松栎混交林或落叶阔叶林演变，形成的次生辽东栎林，都与辽东栎这个树种的生物学、生态学特性相联系。在辽东栎与阔叶树种，如山杨、槭、椴等组成的混交林中，辽东栎常以其较广的适应性和较强的繁殖力、生活力，排挤其他树种而占据优势。辽东栎林经过人为或自然反复干扰破坏，其结果：环境条件尤其是土壤条件向着干燥贫瘠的方向改变；树种萌生的多代性所引起的生活力衰退，使其向灌丛方向发展或沦为荒草坡。辽东栎林遭破坏后，在自然条件下，它将逐渐恢复，向进展演替发展。如在黄土高原被破坏后的演替：先是多年生草本阶段，以茵陈蒿（*Artemisia capillaris*）、茭蒿（*A. giraldii*）、（万年蒿）铁杆蒿、白羊草（*Bothriochloa ischaemum*）、长芒草（*Stipa bungeana*）、黄背草、野古草、大油芒（*Spodiopogon sibiricus*）、达乌里胡枝子等为优势种组成的群落。然后演替为灌木阶段，以狼牙刺（白刺花、白刺花狼牙刺）、沙棘、虎榛子等为优势种组成的灌丛。狼牙刺群落主要见于阳坡、半阳坡，而虎榛子群落则多出现于阴坡、半阴坡。以后是先锋乔木阶段，狼牙刺群落发展为侧柏和以杜梨、野杏、大果榆（黄榆）（*Ulmus macrocarpa*）等为主的森林群落；虎榛子群落则发展为以山杨、白桦为优势种的森林。然后两者均进展演替为辽东栎林或以辽东栎为优势的混交林。

（五）评价及经营意见

辽东栎林分布广，为次生林区主要的森林群落之一，具多方面用途和经济价值。由于不合理采伐或破坏等因素的影响，形成萌生或多代萌生林，林分质量下降，生产力低。对现存林分应据其不同状况，采取适宜的经营管理措施。对于生长较好的辽东栎林应适时进行间伐。对于生产力低下，无培育前途的林分，应采取适当措施进行改造，其目的在于促使此类辽东栎林向进展演替方向发展，形成高生产力的林分。如辽东栎多代萌生成为灌丛的，可采用水平带状伐开，种植目的树种并注意保留优良母、幼树；如为辽东栎疏林，则以人工促进天然更新或林冠下引种目的树种为宜，借以形成栎类落叶阔叶混交林或针阔混交林。辽东栎成过熟林多星散分布于深山的山坡上部和山脊，具有保持水土、涵养水源的作用。不宜采伐，应加以保护。

2—1—1—3　麻栎林①

麻栎（*Quercus acutissima*）林是中国暖温带和亚热带地区有代表性的落叶阔叶林类型之一。与栓皮栎林、槲栎林等同为地带性的森林类型。麻栎既为用材树种，也可有多种经济价值。叶饲养柞蚕，橡实可提取淀粉，种实苞片（橡碗子）可提取栲胶。由于多分布山地，麻栎林的水源涵养和水土保持作用，也不应忽视。

在全新世早期，麻栎林与具有类似生态特性的其他栎类森林在长城以南至秦岭一带形

① 执笔人：许慕农，薛玉屏

成茂密森林。由于人类垦殖土地及无限制的滥伐，目前的麻栎天然林多呈块状分布于低山丘陵与部分中山。中国利用和经营麻栎林，历史悠久，据古农书记载，大约已有2600余年（见《诗经·小雅》）20世纪50年代初期起广泛进行了麻栎的荒山造林。

（一）分布和生境

麻栎林分布范围较广，北起辽东半岛南部，南至两广的北部直至海南岛也有零星植株，东达山东半岛、江苏云台山，西到陕西、四川、西藏东部及云南。大约在东经98°～123°，北纬23°～40°的广大范围内均有分布，但集中分布于山东半岛、泰沂山区、江淮丘陵、皖豫鄂交界处的低山丘陵、秦岭南坡及大巴山的低山丘陵区。大面积林分极少，多为块状分布。人工林多为纯林，天然林有少量纯林，多为麻栎占组成优势的混交林，越向南，混交树种越多。在天然林中，萌芽生成的次生林较多。

垂直分布低于栓皮栎林，在分布区东部（辽、冀、鲁、豫、皖、苏、浙）目前大都在海拔500～800m 以下，中部地区（湘、鄂）在海拔 800～1 100m以下，西部地区（滇、黔、川）最高至海拔2 300m。

麻栎林比栓皮栎林更喜温暖湿润。在年平均气温10～16℃，1月平均气温－4～4℃，极端最低气温－10～－19℃，7月平均气温26～30℃，极端最高气温30～36℃，年降水量600～1 600mm，生长期150～240 d 的气候条件下都能生长。但是成片林分在暖温带南部和亚热带北部较多。

麻栎林适生于中性至微酸性的轻壤、中壤、重壤及部分粘土的森林棕壤、山地褐土、黄棕壤、黄壤及山地红壤。在土层厚度30～50cm 的粗骨质土上虽能生长，但是由于长期干旱瘠薄，林木生长极缓慢。耐干旱瘠薄的能力低于栓皮栎林、槲栎林及白栎林。不耐水湿，在积水涝洼地方受涝而死。在常年流水或季节性流水的山沟两侧，生长旺盛，干形通直圆满，枝细而稀疏。

麻栎喜光性强，不耐上方庇荫，幼苗、幼树也需要充足的上方光照。侧方庇荫可促进树高生长和培养优良干形，能与多种喜光的针阔叶树混生在一起，形成较稳定的混交林，麻栎在林中往往占据林冠上层。

（二）组成结构

1. 暖温带麻栎林

主要分布于河北省燕山山脉东南部沿海低山丘陵区、山东省胶东半岛及泰沂山区、江苏省云台山及江南丘陵、河南省太行山、陕西省北部的桥山及黄龙山区。纯林较多，其中萌芽林占80％以上。层次结构多为三层，少数地方为二层，即乔木层—灌木层—草本层或乔木层—草本层。垂直分布多在海拔800m 以下，在太行山及桥山可达海拔1 000～1 300m。人工林比重约占40％，其余为天然次生林。林龄一般为 40～50年，萌芽林多为15～30年，放养柞蚕的灌丛式矮林多为当年生萌条。

麻栎组成在林中占 8～10成，位于林冠上层，林中混生栓皮栎、槲树、短柄枹树（*Quercus glandulifera* var. *brevipetiolata*）、臭椿（*Ailanthus altissima*），在河北省林中混生油松、

栾树（*Koelreuteria paniculata*）、辽东栎等。在山东省林中混生赤松、黑松、黑弹树（*Celtis bungeana*）、白檀（*Symplocos paniculata*）、乌柏（*Sapium sabiferum*）、黄檀（*Dalbergia hupehana*）、盐肤木（*Rhus chinensis*）等。在黄土高原南部，林中还有山杏、花叶海棠（*Malus transitoria*）等。其中槲树、短柄枹树、白檀、盐肤木、山杏及花叶海棠不能进入上层林冠，其他树种因系散生于林中，株数不多，不能形成第二层林冠。林分郁闭度 0.6～0.8，每公顷株数1 200～3 200株，平均高10～13m，平均胸径12～20cm。

林下灌木及草本植物大都是喜光的中生植物。灌木以达乌里胡枝子（*Lespedeza davurica*）、多花胡枝子（*L. floribunda*）、细梗胡枝子（*L. virgata*）、花木蓝（*Indigofera kirilowii*）、崖椒（*Zanthoxylum schinifolium*）、小叶鼠李（*Rhamnus pavifolia*）、酸枣（*Ziziphus* var. *spinosa*）、小花扁担杆（孩儿拳头）（*Grewia biloba* var. *parviflora*）等，在冀东山地，还有榛、欧李（*Prunus humilis*）、红花锦鸡儿（*Caragana rosea*）等。在山东省有三桠乌药、山胡椒（*Lindera glauca*）、荆条（*Vitex negundo* var. *heterophylla*）、多花蔷薇（*Rosa mutiflora*）等喜温暖树种。在陕北桥山地区，还有黄刺玫（*Rosa xanthina*）、山桃（*Prunus davidiana*）、胡颓子（*Elaeagnus pungens*）、黄蔷薇（*Rosa hugonis*）、毛叶丁香（*Syringa pubescens*）、虎榛子（*Ostryopsis davidiana*）等。

草本植物主要是黄背草、野古草（*Arundinella hirta*）、隐子草（*Cleistogenes* sp.）、荩草（*Arthraxon hispidus*）、苔草、多种堇菜、委陵菜（*Potentilla chinensis*）、多种蒿等。在山东省，林下还有小唐松草（*Thalictrum minus*）、大叶铁线莲（*Clematis heracleifolia*）、鸭跖草（*Commelina communis*）、星宿菜（*Lysimachia turtunai*）等喜湿润种类。也有白羊草（*Bothriochloa ischaemum*）、结缕草（*Zoysia japonica*）、苦荬菜（*Ixeris denticulata*）、小花鬼针草（*Bidens parviflora*）等耐干旱瘠薄种类。盖度20%～50%，高0.2～0.6m。

山东省泰安市泰山林场招军岭山坡中上部的28年生麻栎萌芽林有代表性。林地海拔550m，沙壤质山地棕壤，土层厚度71cm。平均树高13.0m，平均胸径16.3cm，每公顷660株，林分郁闭度0.6。该林分实施数次下层抚育法，林相较整齐。

暖温带麻栎林的天然下种更新不良，特别是受人为干扰的林地。陕北桥山地区麻栎天然更新较好，每100m²有60～90株幼苗幼树，多者达100株以上，高度30～40cm，主要原因是受人为破坏极轻。

2. 亚热带麻栎林

人工林中纯林较多，但是面积极小，大都是混交林，麻栎占5～7成。在亚热带中部和南部，常绿阔叶乔木及灌木种类增多，往往形成二层林冠，整个林分的层次为三层或四层。

在江西省北部低山丘陵，麻栎林中青冈（*Cyclobalanopsis glauca*）占2成，枫香（*Liquidambar formosana*）及椤木石楠（*Photinia davidsoniae*）各占2成，形成落叶阔叶树与常绿阔叶树混交林，在湖北省西南部清江以南的麻栎林中，与栓皮栎、化香（*Platycarya strobilacea*）、短柄枹树、杉木（*Cunninghamia lanceolata*）等混交。在陕西省，麻栎林主要分布于秦岭南坡及大巴山北坡海拔1 000m 以下的低山丘陵，为多次萌生幼林。在海拔较高的偏远山地，林相整齐，林龄40～50年，郁闭度0.7～0.8，平均高12～15m，胸径15～20cm；高达16m，胸径35cm以上的林分极少。林中有少量栓皮栎、化香、枫香、板栗（*Castanea mollissima*）、茅栗（*C. seguinii*）、漆树（*Toxicodendron verniciflum*）等落叶阔叶树及小叶青冈（*Cyclobalanopsis myrsinaefolia*）、银木（*Cinnamomum septentrionale*）、乌冈栎（*Quercus phillyraeoides*）、尖叶栎（*Q. oxyphylla*）等常绿阔叶树。在云南省的麻栎林中，主要有云南松、云南油杉、栓皮栎、槲栎、木荷（*Schima wallichii*）、黄毛青冈（*Cyclobalanopsis delavayi*）、旱冬瓜（*Alnus nepalensis*）。在滇东南部海拔1 100m以下的干旱低山丘陵区，麻栎林中混生云南黄杞（*Engelhardtia spicata*）、毛叶黄杞（*E. colebrookiana*）、牛肋巴（*Dalbergia latifolia*）、黄檀、偏叶榕（*Ficus semicordata*）、滇合欢（*Albizzia mollis*）等耐干热的阔叶树种。麻栎居于林冠中上层，其他阔叶树居于第二层（表1—7）。

表1—7 120年生麻栎混交林林分生长

树种组成	郁闭度	树高（m）		胸径（cm）		株数	蓄积量
		平均	最高	平均	最高	（hm^2）	（m^3/hm^2）
7麻 栎	0.6	13.1	17.0	33.0	44.0	140	68.7
2栓皮栎		12.8	14.0	30.0	36.0	50	20.8
1毛叶青冈		10.5	13.0	26.0	40.0	40	12.2
一偏叶榕		7.5	8.0	14.0	14.0	20	1.0
一老虎楝		6.0	7.0	13.0	16.0	20	0.8
一牛肋巴		7.0	7.0	10.0	10.0	10	0.2
一厚皮香		8.0	8.0	14.0	14.0	10	0.5

注：引自《云南森林》

表1—7中林分的林龄为120年，平均高13.1m，最高17m；平均胸径33cm，最大44cm。林分郁闭度0.6，每公顷蓄积68.7m^3，如在立地较好的条件下每公顷蓄积可达100～120m^3。

林下的灌木和草本要比其他森林类型简单些。在浙江、江西、湖北等地，灌木的优势种为山胡椒、美丽胡枝子、檵木（*Loropetalum chinensis*）、杜鹃、小蜡（*Ligustrum sinense*）、钓樟（*Lindera antiqua*）、石灰花楸（石灰树）（*Sorbus folgneri*）、荚蒾（*Viburnum dilatatum*）、大花溲疏等，高度0.8～1.2m，盖度30%左右。秦岭南坡及大巴山北坡麻栎林中的灌木种类较多，优势种为黄檀、马桑（*Coriaria sinica*）、火棘（*Pyracantha fortuneana*）、荆条、胡枝子、美丽胡枝子、杭子梢等，亚优势种有黄栌、软条七蔷薇（*Rosa henryi*）、山莓（*Rubus corchorifolius*）、山胡椒等及常绿种类柄果海桐（*Pittosporum podocarpum*）、小叶女贞（*Ligustrum quihoui*）、少齿小檗（*Berberis potaninii*）、南天竹（*Nandina domestica*）、柃木（*Eurya japonica*）、光叶高粱泡（*Rubus lambertianus* var. *glabar*）、黄栀子（*Cardenia jasminoides*）等，高度1.0～1.2m，盖度40%左右。在云南省东北部及东南部

麻栎林中，除马桑、火棘外，尚有川梨（*Pyrus pashia*）、乌鸦果（*Vaccinium fragile*）、乌拉尔芒种花（*Hypericum uralun*）、珍珠花（*Lyonia ovalifolia*）、水红木（*Viburnum cylindricum*）、牛奶子（*Elaeagnus umbellata*）、厚皮香（*Ternstroemia gymnanthera*）、云南含笑（*Michelia yunnanensis*）及多种杜鹃。在滇南低海拔和干热山坡，常见种类有圆锥水锦树（*Wendlandia paniculata*）、余甘子（*Phyllanthus emblica*）、羊耳菊（*Inula cappa*）、大叶黄皮（*Clausena dentata* var. *robusta*）及多种耐干热种类。特点是种类多，个体少。

各地区林下草本植物种类差异较大。在浙江省中部、江西省西北部、湖北省西南部、秦岭南坡、大巴山北坡，优势种有芒（*Miscanthus sinensis*）及五节芒（*M. floridulus*）、类白苔草（*Carex polyschoenoides*）、淡竹叶（*Lophatherum gracile*）、湖北野青茅（*Deyeuxia hupehensis*）、野菊（*Dendrathema indicum*）、龙须草（*Eulaliopsis binata*）、白羊草、白茅（*Imperata cylindrica* var. *major*）、黄背草、牡蒿等。在云南省，林下主要种类有毛蕨菜（*Pteridium revolutum*）、蕨菜（*P. aquilinum* var. *latiusculum*）、白茅、穗花兔儿风（*Ainliaea spicata*）、东紫苏（*Elsholtzia bodinieri*）、金发草（*Pogonatherum paniceum*）等，在滇低海拔的干热山坡，则为耐干热的棕叶芦（*Thysanolaena maxima*）、黄背草、芸香草（*Cymbopogon distans*）等禾本科及菊科种类。盖度20％～40％，高度0.2～0.6m。

（三）生长发育

麻栎林分生长量的大小，是植物自身的生物学特性与外界生态环境因子相互作用的结果，它是评价林分生产力和立地质量的重要指标。林分的材积生长，是各单株林木材积生长的总和。麻栎寿命长，可几百年，甚至上千年。

幼苗幼树地上部分生长缓慢，根系生长较快。1年生苗高 0.3～0.5m，根深 1.0～1.6m以上，侧根极少。4～5年生以后，地上部分生长量逐年增大，高达0.8～1.5m，主根上分生出较多侧根，有1～2 条粗壮侧根水平伸展，斜插于地下。10～15年时形成树冠。土壤水分和养分决定麻栎林的生长量，在干旱瘠薄的生境麻栎林虽能生长，30～40年生时才能长成小径材。麻栎林对土壤水分、养分及温暖气候的要求均超过栓皮栎、白栎、小叶栎及槲栎。山东省泰山林场在干瘠山地直播造林，树高年平均生长量0.12～0.18m，地径年生长量0.36～0.43cm。

小地形及山坡部位都直接影响到土壤水分和养分，也直接关系到麻栎林的生长量。山坡下部及沟谷的麻栎林，虽然土层较薄，但是因为水分较充足，树高和胸径的生长量均比山坡上部大40％～60％（表1—8）。

麻栎林在幼龄阶段侧方庇荫较多，上方光照充足的条件下，树高生长较快，主干通直圆满，侧枝稀疏而细，因此极适宜与其他喜光的针阔叶树混交。在此时期保持较大的林分密度和郁闭度（0.7～0.8以上），对林木生长有利，干形优良的林木株数占林木总数的60％以上；而林木稀疏、郁闭度较小（0.4～0.5）的林分、主干弯曲的株数达70％。表1—9是山东省泰山林场21年生麻栎萌芽林的生长随密度的变化。林地海拔高700～800m，阳坡中

表1—8　不同立地对麻栎林生长的影响

地点	立　地	林龄	株数（株/hm²）	平均高（m）	平均胸径（cm）	蓄积（m³/hm²）
浙江省	河流两旁	22		15.0	28.0	
	山谷厚层土壤	22	1 470	16.0	15.6	294
	山坡中下部中层土壤	26	1 395	18.0	14.6	109
	山坡中上部薄层土壤	22	1 695	9.0	9.4	59
河北省	西南坡上部中层棕壤	30	3 120	7.2	7.9	
	东南坡下部中层棕壤	30	1 800	13.1	11.0	
	向南沟谷中层棕壤	30	1 500	13.2	12.2	
江西省	北坡下部薄层黄红壤	10	1 920	9.3	9.1	60
	北坡上部中层黄红壤	10	1 920	6.6	5.9	29

注：引自《浙江森林》，《河北森林》，《江西森林》

层粗骨质山地棕壤。以每公顷2 055株林分的生长量最大，所以萌芽林的密度，20年生以下的，每公顷保持3 000株左右，30年生保持2 250株，实生林的密度还要增大。据在山东、河南等地的调查，大约以6%～8%的比例随着林龄的增大而递减。

表1—9　21年生麻栎林不同密度的生长情况

株　数（株/hm²）	林　分郁闭度	树　高（m）		胸　径（cm）		蓄积（m³）	
		总生长	年平均	总生长	年平均	单　株	每公顷
990	0.6	8.2	0.39	9.7	0.46	0.027 3	27.0
1 425	0.7	8.2	0.39	9.2	0.44	0.024 2	34.5
1 680	0.8	9.3	0.44	9.5	0.45	0.029 5	49.5
2 055	0.8	10.0	0.38	9.3	0.44	0.030 7	63.0

林分过密，树冠重叠率大。树冠重叠率不超过8%～10%的中龄林，林木分化极轻。

在暖温带，麻栎与油松、赤松、黑松、华山松、落叶松、侧柏等温性针叶树混交，组成较稳定的针阔叶混交林，而且不发生松栎锈病。在亚热带，麻栎与马尾松、杉木、柏木（*Cupressus funebris*）、柳杉（*Cryptomeria fortunei*）等针阔叶树混交，但是稳定期不及暖温带的针阔叶林长，而且与马尾松、黑松等混交，松栎锈病较严重。

综合各地解析木资料，麻栎树高生长过程变化较大。在暖温带，树高速生期萌生林在3～10年，实生林在5～15年期间出现，最大连年生长量0.6～0.8m，立地条件较好的林分，连年生长量1.2～1.5m，速生期延长到20～25年。胸径速生期萌芽林在5～15年实生林10～30年期间出现，连年生长量0.6～0.9cm，最大1.34cm（萌芽林）至1.0cm（实生林）。在亚热带，树高速生期在10～25年，连年生长量 0.4～0.75m，立地好的林分达0.8～1.0m 以上。胸径连年生长量0.4～0.76cm，速生期在10～35年，立地好的林分80年生时仍有较高的生长量（0.4～0.5cm，浙江省开化县林场）。

（四）更新演替

在暖温带，阳坡林地土壤干燥瘠薄，种实落地后多不能发芽成苗，种子天然更新成林的较少。但在阴坡麻栎林内，天然更新的麻栎实生苗也不少。林木被采伐后，萌生幼树较多，经保护抚育后可形成新的林分。在江西、云南等地，林缘及林中空地有天然更新的实生苗，每公顷达800株。在暖温带，麻栎林被采伐后，能生长成萌芽林，或与松树（如暖温带的油松、赤松和黑松，亚热带的马尾松）、其他阔叶树混交，形成以麻栎为主的针阔叶混交林。麻栎林经多次采伐，根蔸被刨后，则形成杂草灌丛，松树种子进入，可形成以松树为主的针叶林。在亚热带中部和南部，土壤肥力及水分条件较好的山麓、山沟，可能被常绿阔叶树种如苦槠、青冈、石栎、楠、木荷等代替，演替为常绿阔叶林。

（五）评价与经营意见

麻栎材质硬，坚韧，为建筑、造船、车辆、枕木、矿柱、地板及细木工等优良用材。枝干火力旺，烟少，为著名的薪炭材。干材也是培养银耳、木耳、香菇、灵芝等经济菌类的用材。幼嫩叶可放养柞蚕，这是中国第二个重要蚕丝资源。种实含淀粉50.4％，粗脂肪5.38％。枝、叶、树皮、壳斗（橡碗子）均含有鞣质，为提取栲胶的重要原料。麻栎林是多用途的林分类型。由于早期生长较慢，得不到足够重视，造林面积不大。现有林分大都是多代萌生的矮林，管理极差，病虫害严重，生产力很低。中国对麻栎林的经营，应遵循对栓皮栎经营的原则（详见栓皮栎林）。

2—1—1—4　麻栎尖叶栎混交林①

麻栎（*Quercus acutissima*）、尖叶栎（*Q. oxyphylla*）林为落叶常绿阔叶混交林，是中国北亚热带地区的地带性植被类型之一。它与栓皮栎、岩栎（*Q. acrodonta*）林分布于同一植被区，即“秦巴山地丘陵栎类林巴山松华山松林区”内，垂直分布的上限较低；组成种类大多相同，但建群种为落叶阔叶树的麻栎，常绿阔叶树中，尖叶栎较占优势。另外，出现樟科常绿乔木树种。麻栎尖叶栎混交林的科学意义及利用价值均同栓皮栎岩栎混交林。

（一）分布与生境

① 执笔人：刘昉勋，参考吴建恭、李家平材料

麻栎尖叶栎混交林分布于陕西省境内，秦岭南坡和大巴山北坡海拔600～1 000m 的丘陵、低山。主要分布在汉中、镇巴、西乡、留坝、略阳、城固、宁强、镇安、商南、安康、白河、岚皋、平利、镇坪及紫阳等地。

由于分布地基本同栓皮栎岩栎混交林，垂直分布的下限也相同，但上限稍低，以山麓下部为主，所以气温略高，降水量也较多，土壤主要为山地黄褐土，母质为花岗岩风化的残积物，以粗沙土为主，粘粒含量较少，甚至有碎石渣子，土层浅薄，一般不超过50cm，但风化层往往深达数米，排水良好，pH5.4。

（二）组成与结构

麻栎尖叶栎混交林外貌为麻栎占优势的栎类落叶常绿阔叶混交林。常绿阔叶树通常处于乔木亚层，群落结构可分为乔木、灌木及草本3层。乔木层高14～18m，郁闭度0.6～0.8。麻栎明显占优势地位，盖度达80%。其他落叶栎类有栓皮栎（*Q. variabilis*）、槲树、槲栎、短柄枹树、白栎（*Q. fabri*）及茅栗。此外，还有化香（*Platycarya strobilacea*）、山槐（*Albizzia kalkora*）、枫香、黄连木（*Pistacia chinensis*）及臭椿，有时还见有无患子（*Sapindus mukorossi*）、铜钱树（*Paliurus hemsleyanus*）。常绿阔叶树主要为壳斗科和樟科树种，它们在乔木层内的分布，不论是种类还是数量都不是均匀一致的，往往是一部分的种类同时出现，或极少种类甚至个别种类零星出现。总的趋势是低海拔林内多，高海拔林内少。常见种也是栎类为主，有尖叶栎、刺叶栎（*Q. spinosa*）、巴东栎（*Q. engleriana*）、匙叶栎（*Q. spathulata*）、岩栎、乌冈栎（*Q. phillyraeoides*）、橿子栎（*Q. baronii*）、曼青冈（*Cyclobalanopsis oxyodon*）、苦槠（*Castanopsis sclerophylla*）。其他常见树种有白楠（*Phoebe neurantha*）、黑壳楠（*Lindera megaphylla*）、乌药（*L. aggregata*）及女贞（*Ligustrum lucidum*）等，偶见的有湘楠（*Phoebe hunanensis*）、簇叶新木姜（*Neolitsea confertifolia*）、石楠（*Photinia serrulata*）及柞木（*Xylosma japonicum*）等。

灌木层高2～4m，盖度10%～20%。落叶灌木常见马桑（*Coriaria sinica*）、胡枝子（*Lespedeza bicolor*）、美丽胡枝子（*L. formosa*）、杭子梢（*Campylotropis macrocarpa*）、尖叶黄栌（红叶）（*Cotinus coggyria* var. *cinerea*）、荆条（*Vitex negundo* var. *heterophylla*）、多花木蓝（*Indigofera amblyantha*）、铁仔（*Myrsine africana*）、金丝梅（*Hypericum patulum*）。常绿灌木常见的有阔叶十大功劳（*Mahonia baelei*）、火棘（*Pyracantha fortuneana*）、菱叶海桐（*Pittosporum truncatum*）、金叶柃（*Eurya japonica* var. *aurescens*）、胡颓子（*Elaeagnus pungens*）、小叶女贞（*Ligustrum quihoui*）、少齿小檗（*Berberis potaninii*）、猫儿刺（*Ilex pernyi*）、枸骨（*I. cornuta*）、黄栀子（*Gardenia jasminoides*），偶见秦岭海桐（*Pittosporum rehderianum*）此外，还见有常绿针叶树粗榧（*Cephalotaxus sinensis*）。灌木层内，有时还见有灌木状生长的盐肤木（*Rhus chinensis*）和黄檀（*Dalbergia hupeana*）。

草本层内常见白茅、白羊草（*Bothriochloa ischaemum*）、湖北野青茅（*Deyeuxia hupehensis*）、大油芒、龙须草、突脉苔草、野菊（*Dendranthema indicum*）、牡蒿（*Artemisia japonica*）、薄雪火绒草（*Leontopodium japonicum*）、委陵菜（*Potentilla chinensis*）、北柴胡

（*Bupleurum chinense*）以及蕨（*Pteridium aquilinum* var. *latiusculum*）等。

藤本植物落叶的有葛藤（*Pueraria lobata*）、南蛇藤（*Celastrus articulatus*）、猕猴桃（*Actinidia chinensis*）、铁线莲（*Clematis florida*）；常绿藤本有络石（*Trachelospermum jasminoides*）、珍珠莲（*Ficus sarmentosa* var. *henryi*）、土茯苓（*Smilax glabra*）、扶芳藤（*Euonymus fortunei*）等。

（三）演替与利用

麻栎尖叶栎混交林因分布海拔较低，人为干扰破坏严重，有时群落外貌呈灌丛状。在陡坡原来土层即瘠薄的地方形成的灌丛地段，更易引起水土流失，即使加以保护管理，也难恢复成林。但在缓坡谷地的灌丛，经历较长时间的保护，是可以恢复落叶常绿阔叶混交林的。如果森林或灌丛彻底破坏，则为草丛所代替；有马尾松侵入生长的地方，加以抚育保护，可以形成马尾松林。

麻栎尖叶栎混交林是相对稳定的地带性植被类型，在秦岭、大巴山区海拔 1 000m 以下的丘陵、山麓坡地分布普遍，乃天然的水土保持和水源涵养林。历史上破坏严重，凡已形成灌丛分布的林分，如经过封山育林措施，可以恢复成林。居民点附近的灌丛，可以根据薪柴的需要量，划适当地段，经营薪炭林。

麻栎尖叶栎混交林主要由多种壳斗科树种所组成，它们的木材坚硬、耐久，可供材用，例如主要建群种的麻栎，木材可供建筑、舟车、家具及枕木等用；它们的树皮及壳斗均含鞣质，可提制栲胶；种子富含淀粉。麻栎种子淀粉含量高达50.4%。可以提取浆纱或酿酒原料；不少树种的叶片还可饲养柞蚕。

2—1—1—5　栓皮栎林①

栓皮栎（*Quercus variabilis*）林是中国暖温带及亚热带中山和低山丘陵区落叶阔叶林最有代表性的森林类型之一。由于对气候及土壤干旱的适应性强、寿命长，在其分布区内往往形成比较稳定的森林群落，在保持水土和涵养水源，改良土壤等方面起着重大作用。栓皮栎林的经济价值较高，木材坚硬、致密，用途较广泛：小材小料为培养香菇、银耳、木耳等食用菌的耳木；叶可饲柞蚕，种实含丰富淀粉，种实外苞片（橡碗）为提炼栲胶原料，树皮有较厚的木栓层，能剥制栓皮。

在中国古代，栓皮栎与栎属其他落叶栎林种类，如麻栎等，同为造林和经营的树种，历史悠久。20世纪50年代初期，中国政府提倡在山东、北京、河南、湖南、安徽、陕西、福建等地营造栓皮栎林，有的省还建立了生产栓皮的林场（如湖南省常德林场）。70年代以后，栓皮栎造林极少，经营管理水平较低，木材蓄积量下降。

在栓皮栎林中，天然林的面积约占25%，木材蓄积量约占40%。

---

① 执笔人：许慕农

（一）分布和生境

栓皮栎分布于北纬22°～42°，东经99°～122°之间的广大地区。南起广东北部、北至河北省的山海关、抚宁、青龙，山西省的陵川—临汾—乡宁一线以南，陕西省黄龙县东南部的大岭和月亮山一线；东达辽东半岛东南部、山东、江苏云台山及台湾；西达甘肃东部小陇山、麦积山至四川西部；西南至云南的蒙自、文山、西双版纳，贵州西北部及广西西北部的隆林、凌云至百色一线。尽管栓皮栎分布广泛，但是安徽省的大别山，河南省的伏牛山和桐柏山，陕西省的秦岭，鄂西和川东一带，是中国栓皮栎林的中心分布区。

天然林在大别山、太行山、伏牛山、桐柏山、秦岭南坡、云南、贵州、广西、湖南和四川大巴山等地较多。人工林以山东、河南、陕西、安徽及湖南等地较多。

垂直分布变动幅度很大，在中国东部沿海各地，海拔50～500m，浙江、福建、江西山地为800～1 300m以下，在山西、河南、安徽、湖北、陕西、河南、广西、贵州等地垂直分布的上限为海拔1 500～1 800m，在云南省则以海拔1 700～2 200m处最集中，台湾省的垂直分布在2 000m以下。

栓皮栎在年平均气温 7.3～21.7℃，1月平均气温 −5～2℃，极端最低气温 −24～−10℃，7月平均气温 28～32℃，极端最高气温 32～35℃；年降水量500～1 800mm，无霜期147～345d的气候条件下都可以生长发育。

栓皮栎林的土壤，在温带和暖温带主要是森林棕壤，山地褐土和淋溶褐土，pH值6.0～7.5。在亚热带主要是黄棕壤、山地黄壤、红黄壤、赤红壤及山地黄褐土。土层厚度和结构在不同地区有较大变异。在暖温带多为 30～60cm，砾质沙壤土和壤土，含砾量30%以上，疏松，通气性良好，较干旱、贫瘠。在亚热带土层厚度 50～100cm 以上，沙壤土、壤土和部分粘土，含钙量较高，也较湿润肥沃，特别是与常绿阔叶树混生的地方。

栓皮栎喜光，不耐上方庇荫。耐大气干旱和土壤干旱能力极强，超过油松、赤松、马尾松、黑松、云南松等针叶树及刺槐（*Robinia pseudoacacia*）、臭椿、枫香等阔叶树。

（二）组成结构

栓皮栎林中植物的种类组成，随着气候和土壤条件的变化，常绿树种类愈向南愈多，层次结构也是愈向南愈复杂。

1. 暖温带栓皮栎林

纯林多，混交林少。伴生的乔木树种有麻栎、槲树、短柄枹栎 、锐齿槲栎、橿子栎、臭椿、山槐（*Albizzia kalkora*）、黄连木（*Pistacia chinensis*）、杜梨（*Pyrus betulaefolia*）、油松、侧柏、赤松、黑松、黄檀（*Dalbergia hupeana*）、榔榆（*Ulmus parvifolia*）、乌桕（*Sapium sebferum*）、漆树、千金榆（*Carpinus cordata*）、山杏、苦木（*Picrasma quassioides*）、黑弹树（*Celtis bungeana*）、青檀（*Pteroceltis tatarinowii*）、化香等。

林下灌木种类分布很广，共同种类多，如荆条（*Vitex negudo* var. *heterophlla*）、酸枣、小花扁担杆（孩儿拳头）、多花胡枝子（*Lespedeza floribunda*）、达乌里胡枝子、细梗胡枝子（*L. virgata*）、花槐蓝（花木蓝） （*Indigofera kirilowii*）、小叶鼠李（*Rhamnus parvifolia*)、榛子（*Corylus heterophylla*)、红花锦鸡儿（*Caragana rosea*)、绒毛胡枝子（山豆花）（*Lespedeza tomentosa*)、截叶胡枝子（铁扫帚）（*L. cuneata*)、杭子梢、黄蔷薇（*Rosa hugonis*)、冻绿（*Rhamnus uilis*)、蒙古荚蒾（*Viburnum mongolicum*）等。盖度30%～40%，高0.4～0.6m。

各地林下的草本植物差异不大，以苔草（*Carex* spp.)、白羊草 、黄背草、堇菜（*Viola* sp.)、野古草（*Arundinella hirta*)、苦参（*Sophora flavescens*)、龙芽草（*Agrimonia pilosa*)、牡蒿（*Artemisia japonica*)、万年蒿（铁秆蒿）、火绒草、苦荬菜、荩草（*Arthraxon hispidus*)、翻白草（*Potentilla discolor*)、委陵菜（*P. chinensis*)、蓬子菜（*Galium verum*）等，高0.3～0.6m，盖度20%～30%。

层外植物稀少，白蔹（*Ampelopsis japonica*)、菝葜（*Smilax china*)、葛（*Pueraria lobata*)、络石（*Trachelospermum jasminoides*）等。

2. 亚热带栓皮栎林

（1）亚热带北部栓皮栎林　主要是大别山、桐柏山、湖北西北部、秦岭南坡、大巴山、湖南西北部及江西北部海拔1 200m 以上的山地栓皮栎林。

林中伴生树种比暖温带丰富，除麻栎、锐齿槲栎。短柄枹栎、山合欢、黄连木、黄檀、枫香、化香外，茅栗、白栎、小叶栎（*Q. chenii*)、马尾松等最为常见。在南部常绿种类增多，如山樱花、青冈（青冈栎）、苦槠（苦槠栲）、木荷（*Schima superba*)、樟（*Cinnamoum camphora*)、女贞（*Ligustrum lucidum*）、柞木、岩栎（*Q. acrodonta*)。尖叶栎、匙叶栎及杉木等。

灌木的盖度40%～60%，高 1.5～2.0m，荆条、多种胡枝子、酸枣、小花扁担杆（孩儿拳头）仍为常见种，此外有秦岭米面蓊（线苞米面蓊）（*Buckleya graebneriana*)、黄栌、山胡椒、白鹃梅（*Exochorda racemosa*)、檵木、六月雪（*Serissa foetida*)、野山楂、野鸦椿（*Euscaphis japonica*)、豆腐柴（*Premna microphylla*)、火棘等。常绿种类有假蚝猪刺（*Berberis soulieana*)、阔叶十大功劳、香叶树（*Lindera communis*)、秦岭海桐（*Pittosporum rehderianum*)、石楠（*Photinia serrulata*）等。

林下草本植物较稀疏，盖度10%～30%，高0.5～1.1m。除暖温带林下常见种类外，还有淡竹叶（*Lophatherum gracile*)、土麦冬（*Liriope spicata*)、芒、蕨菜（*Pteridium aquilinum* var. *latiusculum*)、狗脊蕨（*Woodwardia japonica*)、短距淫羊霍（*Epimedium brevicornum*)、疏花野青茅（*Deyeuxia sylvatica* var. *laxiflora*)、大叶风毛菊（*Saussurea rufostrigillosa*）等。

层外植物增多，除几种菝葜、络石外，尚有三叶木通（*Akebia trifoliata*)、紫藤（*Wisteria sinensis*)、猕猴桃（*Actinidia chinensis*)、华中五味子（*Schisandra sphenanthera*)、常绿种类有五月瓜藤（*Holboellia fargesii*)、大花牛姆瓜（*H. grandiflora*)、常春藤（*Hedera nepalensis* var. *sinensis*）等。

（2）亚热带中部及南部栓皮栎林　主要是福建省中部及东南部、湖南省中部及西部、广西北部、贵州及云南省海拔1 700m 以上山地的栓皮栎林。

常见的伴生乔木有马尾松、枫香、樟、南酸枣（*Choerospondias axillaris*）、石栎（*Lithocarpus glaber*）、锥栗、喜树、香椿。在滇西北还有黄毛青冈（*Cyclobalanopsis delavayi*）、云南松、滇油杉，在滇东北有光皮桦（亮叶桦）（*Betula luminifera*），在滇中南部有思茅松、西南木荷（红木荷）（*Schima wallichii*）、蒙自桦（*Betula alnoides*）、小果栲（*Castanopsis fleuryi*）、滇石栎（*Lithocarpus dealbatus*）等。乔木层分为2～3层。

林下灌木盖度30%～50%，常绿种类增多，除檵木、山胡椒外，尚有黄瑞木（*Adinandra millettii*）、山茶（*Camellia japonica*）、箬竹（*Indocalamus tessellatus*）、毛冬青（*Ilex pubescens*）、含笑、琴叶榕（*Ficus pandurata*）、楤木（*Aralia chinensis*）、金樱子（*Rosa laevigata*）、木姜子（*Litsea pungens*）、栀子（*Gardenia jasminoides*）、滇榛（*Corylus yunnanensis*）、乌拉尔芒种花（*Hypericum uralum*）、圆锥水锦树（*Wendllandia paniculata*）、余甘子（*Phyllantus emblica*）、地檀香（*Gaultheria forrestii*）等。

草本植物共生种类较多，除白茅、黄背草、芒、芒萁（*Dicranopteris dichotoma*）、淡竹叶外，尚有里白（*Hicriopteris glauca*）、铁芒萁（*Dicranopteris linearis*）、九里香（*Murraya paniculata*）、毛蕨菜（*Pteridium revolutum*），在云南中南部，以禾本科草为主，如刺芒野古草（*Arundinella setosa*）、四脉金茅（*Eulalia quadrinervis*）、旱茅（*Eramopogon delavayi*）、斑茅（*Saccharum arundinaceum*）、五节芒（*Mischanthus floridulus*）、金发草（*Pogonatherum paniceum*）。

层外植物以菝葜、络石、猕猴桃、木通、葛、藤黄檀（*Dalbergia hancei*）、买麻藤（*Gnetum montanum*）、薜荔（*Ficus pumila*）、爬山虎（*Parthenocissus tricuspidata*）、乌蔹莓（*Cayratia japonica*）、大血藤（*Sargentodoxa cuneata*）等为常见。寄生植物有毛叶桑寄生（*Loranthus yadoriki*）。

（三）生长发育

栓皮栎幼林生长极缓慢，地下部分比地上部分生长量大，长度相差176%～291.7%，粗度相差140%～250%。暖温带25～40年生的实生栓皮栎林，平均高7～12m，胸径10～25cm，每公顷1 500～2 400株，郁闭度0.5～0.8，林冠层厚度3～5m，每公顷蓄积 45 ～120m³，15～30年生的萌芽林平均高6～10m，平均胸径5～16cm，每公顷1 800～3 000株，郁闭度0.4～0.7，木材蓄积每公顷20～70m³。30～40年后进入中龄林，Ⅰ地位级的林分，36年生，平均高17m，平均胸径13cm，疏密度0.9，每公顷蓄积157m³（大巴山海拔1 000m以下的平缓山丘顶部）。秦岭南坡海拔 1 200～1 600m 的中山区，Ⅱ地位级52 年生的林分，平均高15.8m，平均胸径22.6cm，疏密度0.9（9栓皮栎1锐齿槲栎），每公顷蓄积114m³。云南省南盘江林业局三场60～80 年生的栓皮栎林（7栓皮栎2槲栎1黄毛青冈），平均高11.0m，平均胸径 25cm，每公顷蓄积60.9m³。进入成熟龄以后，树高生长缓慢，胸径仍保持一定的生长量，陕北黄土高原南部的100年生栓皮栎林，高18～ 20m，胸径30～32cm，林相整齐，生长旺盛。云南省绿春县牛孔乡依期村有一片130 年生的栓皮栎林（7栓皮栎2槲栎1麻栎），高

14.0m，最高17.0m，平均胸径33.7cm，最大 60.0cm，每公顷190株。生长正常。

人工林的生长发育进程可分为下列几个时期。

(1) *幼龄林阶段* 3～10年，林分未郁闭。树高生长缓慢，根系生长快，在后期树冠幅增大，树高生长量大。

(2) *壮龄林阶段* 此阶段10～30年，树高生长快，可保持0.6～0.8m 的生长量，树冠生长也较快，如果上方光照充足，侧方庇荫，可以养成通直圆满的主干。后期自然整枝开始，林木分化现象也已显露出来。

(3) *中龄林阶段* 30～60年，树高生长缓慢，胸径生长加快。在中后期，树冠重叠率大至20%～30%，林木分化严重，林中出现小径阶枯立木，多者达8%（一般为 2%～5%）胸径生长量变小，需进行抚育间伐。后期材积生长加快，林中更需光照。

(4) *成熟林阶段* 60～100年，树高和胸径生长量均极小，但胸径生长量仍缓慢增长，约0.2～0.3cm，由于气候、昆虫及人为影响，呈波浪式上升。材积生长仍保持上升趋势，只是在后期极缓慢。结实量大。

(5) *衰老阶段* 100～130年以上，材积生长量下降，枯枝多，抽枝短，树冠呈残缺状，结实少，病虫木和枯死木多，根桩处萌芽条旺盛。

在暖温带和亚热带，由于采伐薪炭材、饵木（培育食用菌用）和饲养柞蚕，已成为栓皮栎次生林丛，每公顷6 000～9 000株。

从各地汇集的解析木资料来看，栓皮栎的树高速生期在10～25年（实生林）及5～15年（萌芽林），连年生长量0.4～1.0m，以后各年的生长量锐减。在江西北部，50～60年生的栓皮栎林年高生长仍保持 0.23～0.30m。立地条件优良的实生林，速生期延至30～35年。胸径速生期在20～45年（实生林），或5～20年（萌芽林），连年生长量0.5～1.5cm，最大达2.0m。立地较好的林地，速生期可延至60年。有些地方 80 ～100年生的栓皮栎林，胸径生长量呈波浪形增长，年生长0.10～0.30cm。材积速生期在50～80年，100年仍能保持较大的生长量，但明显地逐年递减。安徽省萧县皇藏峪的萌生栓皮栎，100年生时材积生长量达最高峰，105年时达数量成熟龄。

栓皮是栓皮栎的主要副产品之一，栓皮材积约占树干材积的22%～34%，栓皮蓄积以湖北、陕西和河南3省最大。在土层深厚、湿润肥沃的立地栓皮产量高，质地细，夹杂物少，弹性大。栓皮厚度的单株产量与胸径大小呈直线相关。

（四）更新演替

种实粒大，结实丰富。栓皮栎林冠下及其附近的其他林分均有它的实生幼苗、幼树。如秦岭南坡及云南省中南部栓皮栎林，每平方米2～4年生的实生苗2～8株。

萌芽更新能力较强，有较强的耐干旱瘠薄能力，寿命长，因此是落叶阔叶林地区较稳定的森林群落，在干旱瘠薄地方更替栓皮栎的树种极少。林分被采伐后，向灌丛草坡演替，如长期封禁，可能形成新的实生林；附近有松林，也可形成新的松林，山东半岛的赤松林就是这样扩展的。

在亚热带中部和南部的栓皮栎林，在土壤湿润肥沃的地方，常绿树种侵入，形成常绿阔叶树与栓皮栎的混交林，福建省大田县桃源林场20年生栓皮栎人工林中，重新出现当地原生常绿阔叶树就是一例。但是在干旱瘠薄的生境，栓皮栎仍是林中的优势种。

（五）评价与经营意见

栓皮栎是多用途树种，既是用材林或薪炭林，又可作经济林经营和防护林经营。

木材坚硬、致密、容重大，顺压强度及耐冲击韧性均甚高，纹理直，淡黄褐色，有栗色斑纹，花纹美丽，为建筑、车辆、枕木、矿柱、体育器械等的优良用材。

栓皮制成软木，有抗酸、隔音、隔热、防震、不导电、不透水、不透气等特点。是救生用品、电绝缘材料、机器零件衬垫、隔音板、隔热板等原料。

橡实含淀粉50％～63.5％、粗蛋白3.72％、还原糖 4.45％、蔗糖 2.96％、复戊糖3.0％、脂肪4.5％、维生素 $B_2$1％～5％、单宁6％～17％、灰分 2.0％以上。可提制食用及工业淀粉、葡萄糖，还可以做豆腐、粉皮及粉丝，还可喂猪、酿制白酒（浙江省奉化酒厂的出酒率为19.86％）。

栓皮栎枝干可培育银耳、黑木耳、香菇等名贵食用菌，叶可饲养柞蚕。枝干还是中国重要的薪炭材。

栓皮栎林在改良土壤、保持水土、涵养水源等方面作用显著。根系发达，有菌根，能从土壤吸收林木必需的养分和水分。栓皮栎林凋落物量大，北京西山27年生栓皮栎林每公顷年凋落物 3 470.57kg。栓皮栎纯林生物量中营养元素积累量每年每公顷 1 326.06kg，其中 N 占18.63％，P 占0.6％，K 占11.18％，Ca 占63.76％，Mg 占3.64％。

枝、干有栓皮层，抗火烧，是营造防火林带的最佳树种。

对栓皮栎林的经营，可以遵循下列几方面原则。

1.在暖温带和亚热带中山地区，栓皮栎林是重要的森林类型，不应当因为幼年生长缓慢而不发展。在厚层土林地，以培育大、中径材为宜，其他地方则培养小径材。更应大力发展松栎混交林。

2.在水土流失的山地、水库的集水区营造栓皮栎与其他树种混生的混交林，每公顷4 500～6 000株，以发挥其防护效益。

3.村镇附近及交通方便的地方培育萌芽林，生长薪炭林、耳木并放养柞蚕。对生长衰弱的老根蔸要刨掉，重新造林。

4.作为生产栓皮或橡实的专用林，要选择优良立地，引进和选育优良品种，集约经营。生产种实的专用林要进行矮化和培育树形。要研究加工的工艺和技术，研制系列产品，以提高经济效益。

5.要广泛宣传该树种的重要用途，保护和发展栓皮栎林，严禁乱砍滥伐。对于栓皮栎林下的珍贵资源及药用植物要合理地加以利用。把蚕坡矮林改为乔林或栓皮栎与马尾松混交林。对栓皮栎的幼中龄林要及时修枝抚育和间伐。

2—1—1—6　栓皮栎岩栎混交林①

栓皮栎（*Quercus variabilis*）、岩栎（*Q. acrodonta*）混交林为中国东部，北亚热带“秦巴山地丘陵栎类林巴山松华山松林区”的落叶常绿阔叶混交林类型之一。具有地带性意义，其常绿成分主要为壳斗科的栎属（*Quercus*）树种，不同于地处其东面的“江淮丘陵落叶栎类苦槠马尾松林区”的落叶常绿阔叶混交林，它们的常绿成分主要为壳斗科的青冈属（*Cyclobalanopsis*）与栲属（*Castanopsis*），其次为石栎属（*Lithocarpus*）树种。

栓皮栎岩栎混交林由于分布在亚热带北缘地区，受到水热条件，尤其是热量条件的限制，林内常绿阔叶树不论在数量上还是种类上都明显地少于落叶阔叶树。研究具有这一基本特征的混交林类型，可以探索落叶阔叶混交林的起源、发育形成及其与落叶阔叶林的关系。

栓皮栎岩栎混交林分布于陕西省内汉江以北的秦岭南坡和汉江以南的大巴山北坡，海拔600～1 400m 的丘陵低山。其中海拔1 200m 以下，坡度约30°～35°，1 200m 以上坡度逐渐变陡，许多地方在40°以上。栓皮栎岩栎混交林主要见于略阳、汉中、南郑、城固、宁强、西乡、柞水、镇安、商州、商南、宁陕、石泉、旬阳、紫阳、岚皋及汉阴等地。

秦岭山体主要由花岗岩、片麻岩、片岩、石英岩以及碳酸盐岩等所组成。地势错综复杂山坡陡峻，土薄多石，但南坡则山势较缓，土壤类型亦较多。大巴山主要由坚硬的矽质灰岩、石英岩及花岗岩等组成；地势较秦岭稍低，山势缓和，多浑圆状和梁状山丘。秦岭、大巴山两地区，均受季风气候的控制，具有暖温带与亚热带两气候特征。秦岭高山区寒冷湿润，年平均气温6～8℃，极端最高气温27～31℃，极端最低气温－20～－25℃，年均降水量800～950mm，无霜期120～180d。低山、河谷和山间盆地，温和多雨，年平均气温11～14℃，极端最高气温35～39℃，极端最低气温－9～－13℃，年降水量800mm 左右，初霜期始于10月下旬或11月上旬，晚霜止于3月中下旬，无霜期200～240d。秦岭大巴山两山区的主要土类为黄棕壤、棕壤（包括灰化棕壤），其次为褐色土、黄褐土。

栓皮栎岩栎混交林在亚热带气候特征明显，土层厚、湿度大、有机质丰富的黄棕壤山坡或谷地，林内常绿阔叶树较多；林木生长也好，林相发育整齐。

栓皮栎岩栎混交林群落结构可分乔木、灌木及草本3层。

乔木层郁闭度0.75。落叶树中，栓皮栎显占优势地位，高可达14～18m，胸径20～30cm，冠幅4～5m^2，其次为麻栎、短柄枹栎、槲栎（*Quercus aliena*）、锐齿槲栎（*Quercus aliena* var. *acuteserata*）及茅栗等壳斗科树种。此外有枫香、化香、黄连木、山合欢（山槐）及臭椿。常绿树种，常见有岩栎高可达10m。还见有匙叶栎、橿子栎（半常绿）、乌冈栎（*Quercus phillyraeoides*）、巴东栎（*Q. engleriana*）、青冈及苦槠，在大巴山较多。乔木层内，有时还见有少量油松。

① 刘昉勋执笔，参考吴建恭、李家骏提供资料

灌木层一般盖度为30%左右。组成种类相当丰富。常见白栎、短柄枹栎、盐肤木（*Rhus chinensis*）、石灰花楸（*Sorbus folgneri*）、湖北花楸、水榆花楸、山合欢、阔荚合欢（*Albizzia lebbeck*）、黄檀等萌生或灌木状的落叶乔木树种。常见的落叶灌木有马桑、胡枝子、杭子梢、马棘、荆条、土庄绣线菊、三裂绣线菊、灰栒子（*Cotoneaster acutifolius*）、西北栒子（*C. zabelii*）、小花扁担杆（孩儿拳头）、虎榛子、卫矛、青荚叶（*Helwingia japonica*）、米面蓊（*Buckleya henryi*）、秦岭米面蓊（线苞米面蓊）（*B. graebneriana*）、圆叶鼠李（*Rhamnus globosa*）、连翘（*Forsythia suspensa*）、照山白（*Rhododendron micranthum*）、三桠乌药、山胡椒、榛及光叶黄栌等。偶见的有巴东小檗（*Berberis henryana*）及旌节花（*Stachyurus chinensis*）等。常见的常绿灌木有假蠔猪刺（*Berberis soulieana*）、阔叶十大功劳、香叶树、厚圆果海桐（*Pittosporum rehderianum*）及菱叶海桐（崖花子）（*P. truncatum*）等。偶见常绿灌木有南天竹（*Nandina domestica*）、少齿小檗（*Berberis potaninii*）、具柄冬青（*Ilex pedunculosa*）及毛萼莓（*Rubus chroosepalus*，半常绿）等。

草本层植物较少，盖度8%～14%。常见白茅（*Imperata cylindrica* var. *major*）、芒（*Miscanthus sinensis*）、宽叶苔草（*Carex siderosticta*）、突脉苔草、野青茅、龙须草，其次为大油芒（*Spodiopongon sibiricus*）、地榆、委陵菜，此外还见有土麦冬、北柴胡（*Bupleurum falcatum*）、石防风（*Peucedanum terebinthaceum*）、东亚唐松草（*Thalictrum flavum*）、乌头（*Aconitum carmichaeli*）、桔梗（*Platycodon grandiflorus*）及短距淫羊藿（*Epimedium brevicornum*）等。

藤本植物，常见的落叶种类有威灵仙（*Clematis chinensis*）、金佛山铁线莲（*C. gratopsis*）、钝齿铁线莲（*C. obtusidentata*）、三叶木通、白木通（*Akebia trifoliata* var. *australis*）、华中五味子（*Schisandra sphenanthera*）、葛藤、软枣猕猴桃及汉防己（*Sinomenium acutum* var. *cinereum*）、偶见青牛胆（*Tinospora sagittata*）、常绿藤本有络石（*Trachelospermum jasminoides*）、小叶菝葜、黑叶菝葜、日本木防己（*Cocculus trilobus*）、五月瓜藤、大花牛姆瓜、五味子（*Schisandra propinqua*，半常绿）、土茯苓（*Smilax glabra*）、珍珠莲（*Ficus sarmentosa* var. *henryi*）、小木通（*Clematis armandii*）及崖爬藤（*Tetrastigma obtectum*）。

通常林内更新苗不少，根据取样统计，乔木层树种更新苗每年100m^{2}内有32株，但因林内缺乏阳光，生长欠佳，故需适当疏伐立木，加强抚育管理以利林木生长与更新。

栓皮栎岩栎混交林是相对稳定的群落类型，但林内常绿阔叶林的种类及多度往往随着生境条件的差异而不同，高海拔林内少，低海拔林内多。在低海拔土层深厚肥沃的背风阴坡或谷地，气候温暖湿润，适宜常绿阔叶树的生长繁衍，因而其个体数量可以逐渐增加，当与落叶阔叶树基本相当时，即发育形成为典型的落叶常绿阔叶混交林。如遭严重破坏，林内小气候与土壤趋向干燥、贫瘠，常绿阔叶树恢复困难，残存植株，势必生长衰退，甚至消失，从而逆向演替为落叶阔叶林。

栓皮栎岩栎混交林在陕西省境内秦岭与大巴山区分布较普遍，大多在山坡谷地，由于其郁闭度较大，林木生长繁茂，故是良好的天然水土保持林和水源涵养林，而且林内多数树木均可材用，并有其他经济用途。例如建群种栓皮栎，木材坚硬，宜作梁柱、车辆及枕木等，木栓层发达，可制作软木，为工业重要原料；种子富含淀粉，可提取浆纱或酿酒；壳斗含鞣质，可提取栲胶。岩栎，木质坚硬，耐摩擦，为优良的车轴及农具柄等用材；种子也可提取淀粉或酿酒。所以，此类天然阔叶用材林宜加强保护，防止破坏；结合合理疏伐，进行抚育管理，提高森林生产力，充分发挥其生态经济效益。

2—1—1—7 槲树（波罗栎）林①

槲树（波罗栎）(*Quercus dentata*) 为一喜温落叶阔叶树种，在暖温带的落叶阔叶林区域，以及温带针阔混交林区域包括从黑龙江至华中和西南山地都有分布。蒙古、日本等国也有。其材质坚硬，易翘裂，用材价值不大，但它的树皮、壳斗富含单宁，种子含淀粉，叶可饲养柞蚕，因此，槲树林仍是一种经济价值较高的森林类型。

槲树林主要分布在中国的河北、山西、河南、山东、陕西及云南西北部横断山脉以及云南的中部、东南部。分布海拔各地不一，在河北太行山、河南伏牛山和太行山、陕西的秦岭分布海拔为500～1 300m；在云南怒山山脉、贡山一带，分布海拔1 900～2 800m。其分布地段多为阳向山坡或山脊。坡度一般多在25°以上。林下的土壤多为花岗片麻岩风化之粗砂母质上发育的棕壤、黄棕壤或山地红壤等。土层较薄，多在30cm 以下。

槲树为深根性、萌蘖能力强的喜光树种，喜温凉耐干旱，对土壤要求不严格，但不耐庇荫，需要充分的光照条件。

槲树林以混交林为主，纯林很少见到。林分林木稀疏，树冠彼此不连接，透光度大，一般在夏季林冠呈淡黄绿色，秋季为红褐色。被多次破坏形成的萌生林，树干多弯曲，林冠较密集。目前所见的槲树林，为多次萌发形成的矮生幼林，人为活动少的地方，槲树林保存较完整，以中龄林或成熟林为主。林木组成以槲树为主，在陕西、河南等地尚见有槲栎、锐齿槲栎、栓皮栎、漆树、青麸杨、山橘 (*Glycosmis cochinchinensis*)、山荆子 (*Malus baccata*)、黑榆 (*Ulmus davidiana*) 等伴生；渭北山地槲树林的伴生树种则为刺柏 (*Juniperus formosana*)、侧柏等，在云南高山地区分布的槲树林，伴生树种常见云南松、旱冬瓜、栓皮栎等。这些伴生树种约共占组成2～3成。

槲树林的结构比较简单，一般可分乔木层、灌木层和草本层。而乔木层绝大多数为单层混交林，复层林几乎不见。在林分中只见个别树种的树冠高于整个林冠之上。

由于林冠较稀疏，林内的灌木层以喜光类为主，其中优势种有胡枝子、杭子梢、槐蓝、忍冬等，尚见有马桑 (*Coriaria nepalensis*)、老虎麻 (*Wikstroemia pampaninii*)、栒子等。但分布不均，盖度约10%～15%。

① 执笔人：刘中天

草本层的植物种类组成较简单，主要有羊胡子草、万年蒿（铁杆蒿）、芒（*Miscanthus sinensis*）、白羊草（*Bothriochloa ischaemum*）等；在云南的槲树林下，还常见有蕨菜（*Pteridium aquilinum* var. *latiuscuium*）、红头蓼、香青（*Anaphalis sinica*）、马先蒿等。草本层的盖度一般为20%～40%。

此外，林内尚有少量的层间植物，常见有茜草（*Rubia cordifolia*）、三叶木通、菝葜等。

从保存尚好的林分看，林分平均高可达10～15m，平均胸径24～36cm，个别粗至50～60cm。林分郁闭度约0.4左右，每公顷蓄积为120～200m^3。被多次破坏形成的槲树矮生幼林，郁闭度0.6～0.8，树高在5m，平均胸径4～6cm，每公顷蓄积仅30m^3左右，而萌发次数较少的中龄林，平均高8～10m，平均胸径14～16cm，每公顷蓄积为90～100m^3。从其整个生长过程看，萌生槲树林幼年期生长较快，一般5年生，胸径可达3.4cm，年平均生长0.68cm；树高为4.6m，到10年生时，胸径生长为7.9cm，年平均生长0.79cm；树高10.1m，年平均生长为1.01m，可见其幼年生长较快。而到中龄以后，生长速度逐渐缓慢。槲树是个长寿树种。

槲树林林下天然更新不良，主要是鼠害严重，果实成熟就遭鼠害，所以林下很少见到槲树的幼苗幼树，只在林冠稀疏的林内，偶见少数幼苗，平均每公顷只有幼苗600株左右，分布不均，生长一般。虽然天然更新不良，但它具有较强的萌蘖能力，在新的伐桩上可见到萌条4～5株，多者达10余株。现在见到萌发形成的矮生幼林，大部分都是萌蘖更新起来的，如加强抚育管理，亦可恢复成林，若经反复火烧等破坏，林地很快就会被胡枝子、杭子梢等喜光耐干旱瘠薄的灌木占据，形成灌丛。

槲树材质坚硬，灰黄褐色。纹理直，结构粗，耐腐能力强，但木材易翘裂，干形弯曲，用材价值不大。但树皮含鞣质8.5%，壳斗含3.41%～5.13%，故可利用树皮、壳斗提取单宁，是栲胶的重要原料，同时种子含淀粉50%～65%，亦可作酿酒原料；叶还可放养柞蚕，所以，它还是具有一定经济价值的树种。槲树根系发达，固土性能较好，且多分布于阳向、山脊陡坡，这对水土保持和水源涵养具有一定的重要作用，因此，对现有的槲树林应予保护，作为水土保持林和水源涵养林来经营。

2—1—1—8 槲栎林①

槲栎（*Quercus aliena*）林多分布于大河源头，海拔较高的深山。由于根系庞大，寿命长，具有良好的防护和水源涵养作用。槲栎的木材质地细、坚硬耐腐、耐磨，可供枕木、矿柱、农具、家具等用材。槲栎林蕴藏着极其丰富的动植物资源。对槲栎林实行矮林作业经营，可利用其种实所含大量淀粉发展酿造、食品、饲料等加工工业，利用树叶喂养柞蚕，其总苞和树皮可提取单宁。槲栎也是中国广大缺柴地区重要的上等薪炭林树种。林内的野生动物和林

① 执笔人：周哲身，孙宝珍

副产品也有重要的生态和经济价值。

（一）**分布与生境**

槲栎林是中国暖温带地带性植被主要森林类型之一。其分布区的地理坐标为东经101°～125°，北纬24°～42°。槲栎林主要分布在华北松栎林区南部，并延伸至南方亚热带常绿阔叶林中，其垂直分布自北向南逐渐递增，在辽宁千山山脉的南部（辽东半岛和冀东抚宁）分布在海拔200～600m 的阳坡和沟谷两侧；在河南、河北、山东中南部山区海拔为700～1 500m；在陕西、山西、甘肃、湖北西部分布在海拔1 000～2 000m 的山坡或山脊；安徽岳西一带的山地，四川中部分布在海拔2 000m；在云、贵分布在海拔1 000～2 500m，呈散生或片林分布。在内蒙古东部、辽宁南部，分布区的东北部山地针阔叶混交林中，槲栎呈零星分布或混生在蒙古栎为主的落叶栎林中。在秦岭、大巴山、桐柏山、大别山和江南丘陵北缘地区，槲栎常以优势树种与栓皮栎、锐齿槲栎、辽东栎、枹栎（*Q. glandulifera*）、麻栎、苦槠、青冈等树种混交。纯林常呈片状群落。该林下的植物多属北温带成分与华北区系一致。

槲栎及其变种，属东亚（中国—日本）成分。起源于劳亚古陆第三世纪古热带。其分布区的气候条件较温暖湿润，但槲栎对气温的适应性较强，分布区年平均气温 7～12℃，年降水量500～2 000mm，最低气温－32℃，最高气温40℃的条件下均能生存。

槲栎喜光，稍耐荫，喜温暖潮湿的环境，较耐旱，喜酸性至中性土层深厚的土壤。在肥沃、湿度较大、排水良好的半阴坡、半阳坡及阳坡上生长良好，在土层瘠薄的向阳陡坡，槲栎亦可生长。槲栎主要在花岗岩、花岗片麻岩风化后发育成的棕壤（棕色森林土）及发育于砂岩上的山地棕壤上生长良好，而在褐色土上生长缓慢。

（二）**组成结构**

1. 槲栎林的组成结构

槲栎林的群落结构较简单，在北亚热带组成混交林。乔木层除槲栎外尚有其变种匙叶栎、锐齿槲栎。除此，还有栓皮栎、枹栎、短柄枹栎、槲树、黄连木、椴属、鹅耳枥属、华山松、黄山松、油松等，还常与少量的色木槭（*Acer mono*）、青榨槭（*A. davidii*）、盐肤木和化香树等伴生。

分布区的北界与温带夏绿阔叶辽东栎林相衔接的槲栎林中，混生有较多的辽东栎及少量白桦、油松、华山松等树种。局部地区伴生有崖桑（*Morus mongolica* var. *diabolica*）及小片的山杨林。

在槲栎的中心分布区多以槲栎为主的落叶阔叶混交林，在阴坡、半阴坡多为纯林，常与锐齿槲栎与匙叶栎、茅栗、山核桃（*Carya cathayensis*）、臭椿、君迁子（*Diospyros lotus*）、漆树等混生。有些地段与山杨、白桦呈片状纯林镶嵌分布。随着海拔的增加，锐齿槲栎比例增加，并伴生有色木槭、糠椴、栾树（*Koelreuteria paniculata*）、鹅耳枥（*Carpinus turczninowii*），在阳坡橿子栎的比重增加。在半阳坡则与栓皮栎、麻栎、合欢伴生。伴生树种的种类和数量的多寡与其立地条件密切相关，良好的立地条件有较多的伴生树种。

林下灌木层中主要有胡枝子、连翘、黄栌、榛、溲疏（*Dentzia scabra*）、卫矛（*Euonymus*

alatus)、陕西荚蒾（*Viburnum schensianum*)、六道木（*Abelia biflora*)、圆叶鼠李（*Rhamnus globosa*)、绣线菊数种、照山白、胡颓子（*Elaeaguns pungens*)、红丁香（*Cyringa villosa*)、伞形八仙花（*Hydrangea umbellata*)、中华胡枝子（*Lespedeza chinensis*）、白檀（*Symplocos paniculata*)、花槐蓝、钓樟（*Lindera umbellata*)、绿叶胡枝子（*Lespedeza buergeri*)、映山红、山胡椒（*Lindera glauca*)、三椏乌药等。藤本植物有三叶木通、鸡矢藤（*Paederia scandens*)、中华猕猴桃（*Actinidia chinensis*)、葛（*Pueraria lobata*）等。草本层植物种类亦很多，但覆盖度不大，主要有突脉苔草(*Carex lanceolata*)、糙苏(*Phlomis umbrosa*）、桔梗（*Platycodon gradiflorus*）、前胡（*Peucedanum decursivum*)、土三七（*Sedum aizoon*)、野古草（*Arundinella hirta*）、北苍术（*Atractylodes chinensis*)、泽兰（*Eupatorium japonicum*）、地榆、歪头菜、鬼灯檠、珍珠菜（*Lysimachia clethrcides*)、藜芦（*Veratrum nigrum*)、野棉花（*Anemone vitifolia*)、黄精（*Polygonatum sibiricum*）等北温带植物。典型科有禾本科、蔷薇科、菊科、十字花科、百合科、玄参科、石竹科、唇形科、豆科、松科、柏科、槭树科、桦木科，还有一些热带起源的乔灌木如臭椿、黄栌、荆条、酸枣及一些草本植物和藤本植物如华中五味子（*Schisandra sphenanthera*)、三叶木通、野葡萄（*Vitis* spp.）等，也有东北区系的风桦（*Betula costata*)、核桃楸、毛榛（*Corylus mandshurica*）等伴生，这些植物种类的出现，说明槲栎群系与中国华东、华中、西南的南方亚热带地区、东北区系等都有密切联系。

2. 槲栎林的层次结构及类型

中心分布区的槲栎林，林相较整齐，郁闭度多在0.5～0.8，有些可达0.9，乔木层高度一般为8～15m，山脊处多为3～8m。位于海拔较高，人类活动影响较小的深山区，林龄在30～50年槲栎林的郁闭度较高，林相整齐，生长较旺盛；海拔较低，人类活动影响较大的低山丘陵区，槲栎林的林相较差，林木密度普遍较低，多呈片状疏林。槲栎林依其在分布区内的差异，可划分为3个类型：草类槲栎林、胡枝子连翘槲栎林、落叶阔叶槲栎混交林。

（1）草类槲栎林　草类槲栎林多分布在海拔900～2 200m 以上的半阴坡、半阳坡（稀阳坡）的中部至上部。坡度一般为20°～40°，土壤层较深厚在 40～60（80）cm，且肥沃湿润。乔木层的建群种以槲栎为主，伴生树种多为其他栎类，还有少量桦木、春榆、黑心榆、千金榆（*Carpinus cordata*)、青榨槭、椴树、色木槭、山杨、漆树、山核桃、稠李（*Prunus padus*）等，林木郁闭度0.5～0.6，林木平均高7～12m，平均胸径10～18cm，每公顷蓄积为20～55m^3，林龄21～35年和50～70年生不等。灌木层主要有连翘、胡枝子，此外还有野蔷薇、珍珠梅（*Sorbaria sorbifolia*）、六道木、绣线菊、黄栌、荆条、杜鹃等。灌木层高度为1.5～2m，多丛生，小块状分布在林中空地，林木稀疏，光照强地段，覆盖度为10%。草本层生长旺盛，多为羊胡子苔草、披针苔草（*C. lanceolata*)、白羊草（*Bothriochloa ischaemum*)、黄背草（*Themeda triandra* var. *japonica*）等为主，还有菖蒲（*Acorus calamus*)、党参（*Codonopsis pilosula*)、地榆、铁杆蒿、圆叶鹿蹄草（*Pylora rotundifolia*)、丹参(*Salvia miltiorrhiza*)、桔梗、柴胡（*Bupleurum chinense*）等药用植物，草本层高度30～

50cm，覆盖度因林分的郁闭度，灌木层的覆盖度及其分布（指片状、丛状分布）的不同而异。而草本层的覆盖度则较高，在80%左右。层外植物有地衣、苔藓和葛藤、山葡萄（*Vitis amurensis*）。

在冀辽山地丘陵区，海拔1 200m 的草类槲栎林，伴生树种还有辽东栎、崖桑、蒙古栎、山杨、油松等。在局部地区槲栎林与小面积的山杨林、白桦林镶嵌分布。灌木以荆条、酸枣为主，还有少许胡枝子、榛、忍冬、黄栌。草本主要是白羊草、黄背草。

在秦岭北坡和太行山海拔1 500m 以上的草类栎林有华山松伴生。灌木与草本植物有胡枝子、黄栌、六道木、荆条、酸枣、绣线菊及白羊草、黄背草等。

林下天然更新很好，在条件较好的林内幼树（2～10年生）每公顷900～1 050株，幼树高0.5～3m，分布较均匀。

（2）胡枝子连翘槲栎林　胡枝子连翘槲栎林分布在海拔800～1 500m 的半阴半阳坡的中上部，坡度20°～40°，多为棕壤土，土层厚40～65cm，立地条件好。乔木层建群种：以槲栎为主或与锐齿槲栎镶嵌呈片状纯林，有少量的漆、山核桃、山杨、桦木、椋子（*Cornus walteri*）、蜡子木、鹅耳枥及栎属和松属树种伴生。乔木层郁闭度为0.4～0.6，林龄30～60年，平均立木高度8～14m，平均胸径16～24cm，每公顷立木蓄积25～65m^3。灌木层以胡枝子、连翘为主，此外有珍珠梅、杜鹃、榛、悬钩子、野山楂、黄栌、杜梨、野蔷薇等。在林中空地或林缘的灌丛多呈片状或散生分布。灌木层高1.5～2m，盖度为 15%～30%。草本层以羊胡子苔草、披针苔草为主，其他与草类槲栎林相似，但由于乔灌层的遮荫使一些种的数量明显减少，特别是不耐荫的种类少了。草本层的盖度10%～30%，层高20～50cm。

在晋陕黄土高原东部太岳山等局部地区有小块状或散生灌木槲栎林。其伴生树种为辽东栎、蒙古栎、山杨、白桦、鹅耳枥、槲树、榆、核桃楸、蒙椴、杜梨、山荆子、山杏等。灌木有胡枝子、柔毛绣线菊、金银忍冬（*Lonicera maackii*）、连翘、杭子梢、荚蒾（*Viburnum dilatatum*）、胡颓子、榛、黄刺枚、山楂、黄栌、荆条、三裂绣线菊。草本层有羊胡子苔草、糙苏、淫羊藿、黄背草、龙牙草、黄精、柴胡、北苍术、地榆、白头翁、歪头菜、牡蒿（*Artemisia japonica*）、万年蒿（铁杆蒿）等。

（3）落叶阔叶槲栎混交林　落叶阔叶槲栎混交林内槲栎的比重仅占40%～60%，而栎属的其他树种约占30%～50%，松属（华山松、油松、落叶松等）、漆树、臭椿等阔叶树与槲栎组成落叶阔叶槲栎混交林，在北亚热带还常与少量的色木槭、青榨槭、盐肤木和化香树等伴生，林分的郁闭度较大，为0.5～0.9，各树种间有时呈片状镶嵌分布，乔木层高度8～12m，林龄50～60年，平均胸径16～20cm，每公顷蓄积24～50m^3。林下灌木层以胡枝子、连翘、杜鹃为主，还有悬钩子、绣线菊等，灌木层高度1.5m，盖度15%；草本层有羊胡子苔草、披针苔草、野菊（*Dendranthema indicum*）、艾（*Artemisia argyi*）、石竹等。层高 40cm，盖度 10 %；层外植物有南蛇藤（*Celastrus orbiculatus*）、北五味子（*Schisandra chinesis*）、三叶木通、山葡萄、马兜铃（*Aristolochia debilis*）等。

在大别山北坡分布于山脊缓坡的槲栎林，槲栎为主，茅栗次之，其他有化香树，短柄枹栎、黄山松。乔木层郁闭度0.8～0.9，高8～10m。主要灌木有映山红、山胡椒、绿叶胡枝子、三椏乌药等。灌木层盖度约70%，高1.5～2.5m。常见草本植物有大油芒（*Spodiopogon sibiricus*）、三脉紫菀（*Aster ageratoides*）、球米草（*Oplimenus undulatifolius*）等，草本层盖度约10%。藤本植物有三叶木通、鸡矢藤、猕猴桃、葛等。

在辽东丘陵南部，土壤肥沃湿润的阴坡下部的槲栎林中有蒙古栎、椴树混生。林下为耐荫的灌木和草本如榛、毛榛、三椏乌药、瓜木（*Alangium platanifolium*）、无梗五加（*Acanthopanax sessiliflorus*）等；草本有宽叶苔草（*Carex siderosticta*）、山茄子（*Brachybotrys paridiformis*）、羊乳（*Codonopsis lanceolata*）、盾叶唐松草（*Thalictrum ichangense*）、蕨类等。

在泰山、沂山、蒙山海拔1 100m 左右处，槲栎林生长良好，主要伴生树种有麻栎、栓皮栎、油松。

在秦岭北坡中下部，海拔1 100～1 800m 的阴坡、半阴坡分布有槲栎林和锐齿槲栎林，有的呈混交林，亦有各自形成的片林。随海拔的增高，槲栎渐少，锐齿槲栎比重增加。林内伴生树种有栓皮栎、漆树、板栗、椴树、千金榆、四照花（*Dendrobenthamia japonica* var. *chinensis*）、鹅耳枥、刺楸（*Kalopanax septemlobus*）、鸡爪槭（*Acer palmatum*）、白鹃梅（*Exochorda racemosa*）、甘肃山楂（*Crataegus kansuensis*）、白蜡树（*Fraxinus chinensis*）、大叶朴（*Celtis koraiensis*）、三椏乌药、辽东栎等。灌木有胡枝子、杭子梢、绣线菊、黄栌、榛、连翘、卫矛等；草本主要有宽叶苔草、披针苔草、羊胡子苔草、野青茅（*Deyeuxia arundinacea*）、唐松草、野菊等。

（三）生长发育

槲栎生长缓慢，寿命较长，高可达25m。槲栎高生长速生期始于10年左右，速生高峰期为10～60年，依林分的立地条件而异。在较适宜的条件下，速生期开始早，持续时间长。在山西太岳山、中条山、吕梁山槲栎高生长的速生期开始于10年以后，速生高峰期为10～35年，河南伏牛山区为10～60年，其中伏牛山南坡较北坡的速生期长20年。径生长的速生期开始于20年之后，速生高峰期为20～90年，其中太岳山、中条山和吕梁山区的槲栎胸径生长的速生期为 30～40年，胸径的连年生长量为 0.3～0.5cm，最高达0.62cm，到50～100年时生长速度略有下降，连年生长量为0.2～0.3cm，103年生的槲栎胸径为24～32cm，连年生长量仍达0.28cm。而在伏牛山南坡的槲栎林胸径速生期为20～90年生，年均生长0.4cm，最高为0.6cm，到70～110年生时，胸径平均生长量有所下降，但仍在0.3～0.4cm，衰退迹象不明显。如100年生槲栎林平均胸径31.5cm（其变化幅度在23.6～42.8cm）。材积生长的速生期一般开始于40年生左右，可延续到110～130年以上，伏牛山北坡的槲栎林材积迅速生长期开始于50年生，伏牛山南坡则开始于30年生。根据《山西森林》资料，太岳山、中条山和吕梁山的统计材料，其幼龄林、中龄林和成熟林每公顷的立木蓄积分别为：16～40m^3，40～80m^3，75～95m^3。

由于河南伏牛山的水热条件优于太岳山、中条山区；伏牛山南坡又优于北坡，所以伏牛山南坡槲栎林的生长优于北坡，更优于太岳山、中条山和吕梁山区的槲栎林。

（四）更新演替

槲栎林主要靠种子和萌芽更新。槲栎结实量大，种实经动物取食后搬运，有些种子落入林内、草丛，或被动物贮藏在各个角落里，在适宜条件下，槲栎种子萌动发芽长成幼树。根据山西张天佑调查，郁闭度为0.3～0.5和0.5～0.7，Ⅰ～Ⅲ地位级林下幼树天然更新良好，幼树年龄为2～10年生，每公顷有900～1 050株。幼树分布均匀。槲栎林被采伐后，伐根上生长出萌芽条，形成槲栎萌芽林。槲栎的幼苗幼树有一定的耐荫性，在林冠下能正常生长，在林中空地或林缘处生长的幼树更为健壮，当上层林木被毁时，这些幼树就会取而代之。

槲栎林被破坏后，常被萌芽力强、结实量大、种子轻小易飞散，对霜冻和日灼抗性强，且能生长迅速的先锋树种所更替。例如可形成山杨桦木林。在立地条件较好（如阴坡或沟谷地）的采伐迹地上可形成小片状的核桃楸、色木槭林等，或与槲栎林镶嵌分布。在山杨、桦木林冠下，由于槲栎幼苗幼树具有一定的耐荫性，可以正常生长，加之槲栎长寿并最终替代山杨桦木，形成以槲栎为主的群落。

槲栎林遭破坏后，林木稀疏，此时由于光照条件的变化，在林中空地或林缘，有胡枝子、连翘等喜光灌木迅速繁殖生长，形成灌丛群落，或与槲栎呈片状镶嵌分布。如果林地遭到严重破坏，或经过开垦，由于表土干燥，则油松可作为先锋树种出现。但油松林不稳定，随着土壤条件的改善，槲栎可侵入而形成油松槲栎混交林。

（五）评价及经营意见

由于各种原因，历史上槲栎林遭到严重破坏。一些槲栎林演变成次生槲栎灌草丛群落，有的林地因不合理的垦复，水土流失严重，影响林木生长。1949年以来，经过造林、封山育林，使得荒山裸露地逐步恢复了森林植被。现存的槲栎林，由于长期粗放经营，林况较差，立木蓄积量低，如山西省槲栎林分区内的中龄林每公顷的蓄积仅有30～75m^3。为合理经营好槲栎林，应当因地制宜地进行林种规划（含多功能林种）按照水源涵养林、用材林、薪炭林等不同林种要求对槲栎林进行经营管理。因为现有槲栎林中的80％是低产林分，所以应特别重视低产林的改造。应按着适地适树的原则，选用优良种苗，营造槲栎混交林。

2—1—1—9 锐齿槲栎林①

锐齿槲栎（*Quercus aliena* var. *acuteserrata*）林分布暖温带落叶阔叶林区域的南部以及北亚热带的山地，甚而延伸至亚热带中部，常形成成片分布的纯林群落，或与其他多种树种组成混交林。锐齿槲栎林是广为分布的稳定群落，为我国次生林重要建群种之一，在森林资源的组成中占有一定的位置，有着重要的水源涵养及水土保持作用。

（一）分布与生境

锐齿槲栎林分布于华北中南部暖温带跨北亚热带落叶阔叶林地带，甚至可延伸至亚热

① 执笔人：林璋德

带的中部，山西的中条山、吕梁山的南段为锐齿槲栎林分布的北缘，常与槲栎相混生。锐齿槲栎较集中分布于陕西、甘肃境内的秦岭山地，以及北亚热带的秦巴山区、河南、湖北、安徽一带。在湖北，它主要分布于神农架林区和鄂西北等地。锐齿槲栎林在上述分布区常形成较大面积成片分布的森林群落。秦岭西段为其分布的西北隅；六盘山南端的关山林区仅见个体散生或混生于辽东栎林中。锐齿槲栎林尚可更向南分布于亚热带中部东段的江西北部瑞昌一带的低山、丘陵的石灰岩山地，为其群体分布的东南端；它亦见于云南的沟谷之地，常与红木荷、高山栲、栓皮栎、麻栎等多种树种混交，为锐齿槲栎林分布的西南缘。

锐齿槲栎林的垂直分布幅度大，自海拔150～2 500m 的范围内均有分布，但以海拔1 400～1 800m 为集中分布地带。由于它水平分布范围广，各地环境条件的差异较大，因而在不同地区的垂直分布上下限很不一致。锐齿槲栎林垂直分布的上下限，秦岭北坡为海拔1 200～1 800m，南坡1 400～1 900m，而大巴山却为1 400～2 000m，锐齿槲栎林在此地带的不同坡向、缓坡、陡坡及山脊等地均可生长，在神农架林区及鄂西北一带，它垂直分布的上下限为1 300～2 000m，局部可分布至2 100m。在此地带，锐齿槲栎林可分布于山坡的中、下部和上部、缓坡或较陡的阳坡、半阳坡，亦分布于地形较为开阔的丘陵山脊；在云南的分布，锐齿槲栎林可见于海拔1 000～2 500m 的山坡，为垂直分布幅度最宽的地带，但多星散间断，常沿沟谷成窄带或小块状分布；而在其分布赣北的瑞昌地区，分布的海拔高度较低，为150～1 500m 的低山、丘陵的石灰山地。可见，锐齿槲栎林分布的海拔高度，因地而异；且分布于多种地形。

锐齿槲栎林分布区地跨暖温带和北亚热带，甚而延伸至亚热带的中部地带，气候差异大；它分属于暖温带和亚热带湿润气候。

锐齿槲栎林水平分布，年平均气温7～17℃，最热月平均气温19～26.9℃，最冷月平均气温－4.4～7℃，稳定通过10℃ 的积温3 400～4 000℃，高的可达4 000～5 250℃。由于不同地带及地形的影响，热量条件呈现南北与垂直差异。以其分布的秦巴山地及秦岭西延部分的热量而言，年平均气温8.6～14℃，最热月平均气温19～21℃，最冷月平均气温－3.7～－4.4℃，≥10℃ 的积温3 500～4 000℃以上。其间以秦岭北坡和秦岭西段的热量较低，年平均气温为8.6～12℃，≥10℃ 的积温约在3 500～4 000℃。锐齿槲栎林在神农架及鄂西北集中分布地区，年平均气温7～10℃，最热月平均气温17～21.5℃，最冷月平均气温－2～－4℃，≥10℃的积量约在3 400℃左右，此热量低于上述地带。锐齿槲栎林在其分布的西南端云南及其分布的南缘江西北部瑞昌地区具有较高的热量条件，前者主要热量指标，年平均气温14～16℃，≥10℃积温4 000～4 500℃，而后者的年平均气温17℃左右，≥10℃积温可达5 250℃，为锐齿槲栎林分布地带热量最高的地区。但此地带锐齿槲栎林的分布面积小，且多星散间断分布，为其分布边缘地带。就热量条件而论，似以年平均气温7～14℃，≥10℃积温3 400～4 000℃以上的地带为锐齿槲栎林集中成片分布的地方。

锐齿槲栎林分布区的水分条件比较丰富，年降水量740～1 340mm，甚至可高达1 528mm。不同地区降水量差异较大，呈由南向北递减的规律。年降水量最大的地区为江西的瑞昌，达1 340mm左右，神农架及鄂西北的降水量亦较高，为1 027mm，局部地带（大九湖）高达1 528mm；向北降水量明显减少，秦岭、大巴山区为750～950mm，秦岭西段降至740～856mm；而最低降水量出现在山西的中条山、吕梁山南段，约在650mm左右。锐齿槲栎林分布的南端，5～6月多雨；秦岭、大巴山区降水集中于7～9月，可占年降水量的60%左右，此时期热量也较高，有利于生长。

锐齿槲栎林分布区的土壤，以山地棕色森林土为主，它见于中条山、吕梁山南端、秦岭、大巴山地、神农架及鄂西北地带。山地棕色森林土在多种母岩，如砂岩、页岩、花岗岩、片麻岩及石灰岩等发育形成土壤。土层较厚，其特点是具明显的粘化过程，剖面呈棕色，质地粘重，块状结构，微酸性反应，如发育于石灰岩则为中性反应。据神农架森林土壤调查（1960年）的土壤化学分析，盐基代换量4.7～12.8mmol/100g土，腐殖质含量0.63%～10.16%，多集中于表层，随土层深度而递减。神农架森林土壤还表明，在该地带锐齿槲栎林下的棕色森林土粘土矿物分解及粘化度较弱，矿物元素二氧化物、三氧化物无明显淀积、淋溶，土壤具较高肥力。

锐齿槲栎林分布于云南的林下土壤，主要是砂岩发育形成的山地黄红壤和山地黄壤，棕壤少见。土壤深厚湿润，腐殖质含量较高。江西瑞昌、德安一带的锐齿槲栎林下则为红壤所分布，它发育于石灰岩或紫色砂岩。

锐齿槲栎性喜温暖、微酸性或中性、土层深厚而湿润的土壤条件。它分布范围广，生境条件差异大。锐齿槲栎林在其分布区常形成纯林，也有以其为优势种与多种树种混交组成的森林群落。

（二）组成结构

锐齿槲栎林植物区系组成成分复杂而丰富，有许多亚热带成分、热带成分的属及其他地区相联系的植物种类分布，具明显过渡性的特征。但从各层次组成成分而言，其植物区系以北温带成分占优势。如栎属、槭属、椴属、杨属、柳属、松属、桦木属、鹅耳枥属、榛属、花楸属、蔷薇属、山楂属、栒子属、绣线菊属、忍冬属、胡颓子属、山茱萸属、蒿属等属的种类，在锐齿槲栎林中占有重要地位。在水热条件较为优越的地带，常有亚热带、热带亲缘的种类分布，诸如米心水青冈、曼青冈、小叶青冈、枫杨、栾树、漆树、钓樟、三桠乌药、山胡椒、杜仲、红木荷、截果石栎、木姜子、黄连木、黄栌、盐肤木、三叶木通等。表明锐齿槲栎林的植物区系组成与热带、亚热带的区系成分在某种程度上的联系。

在锐齿槲栎林中尚可见到属于东亚成分的猕猴桃、四照花属；东亚一北美成分的胡枝子属、六道木属、五味子属；中国喜马拉雅成分的箭竹属及华山松等。

锐齿槲栎林种类成分组合的特点，常因不同地域而有明显变化。

锐齿槲栎常形成茂盛的森林群落，林相整齐，在深山区尤其良好，而在浅山、近山由于人类活动频繁，生长状况渐差，通常为同龄林，林分年龄则由深山区向近山区而渐减。

锐齿槲栎林的乔木层、灌木层、草本层层次组合明显、苔藓层不发育。乔木层由锐齿槲栎林的纯林或以其为优势种组成的混交林构成，在树种组成中，锐齿槲栎常占 7～10成。

乔木层中与锐齿槲栎混交的树种因其分布地带不同而有变化。在秦岭、大巴山地的锐齿槲栎林，主要混交树种有华椴（*Tilia chinensis*）、小叶椴（*T. paucicostata* var. *dictyoneura*）、青榨槭（*Acer davidii*）、马氏槭（*A. maximowiczii*）、秦岭白蜡（*Fraxinus paxiana*）、山杨、白桦、漆树、华山松、油松等。在秦岭南坡、大巴山尚有米心水青冈（*Fagus engleriana*）、光皮桦（亮叶桦）（*Betula luminifera*）混生。通常形成单层林；局部地段，乔木层可分为两层，第二林层常由一些小乔木，如鹅耳枥（*Carpinus turczaninowii*）、千金榆、水榆花楸（*Sorbus alnifolia*）、刺楸（*Kalopanax septmlobus*）、血皮槭（*Acer griseum*）等组成。乔木层的混交树种还因不同生境而有差异，如秦岭西段，漆树、枫杨、栾树（*Koelreuteria paniculata*）等树种常见于坡麓、土壤深厚的湿润之地；分布在海拔 1 500m 以下的锐齿槲栎林常有栓皮栎、槲栎与之伴生，并随海拔高度的增加而消失；海拔 1 800m 左右则有辽东栎与之混交，在阴坡里有红桦（*Betula albo-sinensis*），其混交比随海拔的增加而增加，并逐渐取代锐齿槲栎形成辽东栎林或红桦林等，这些是锐齿槲栎林分布上限的群落。

分布于神农架及鄂西北一带的锐齿槲栎林，其混交树种主要有米心水青冈、亮叶桦、短柄枹栎、曼青冈、栓皮栎、漆树、小叶青冈（*Cyclobalanopsis myrsinaefolia*）、椴、槭、山杨；华山松等，表明其混交树种与上述地带有明显差异，尤其不同于秦岭西段和秦岭北坡。

而在西南缘分布的锐齿槲栎林，混交树种异于上述地带，其主要的如红木荷（峨眉木荷）（*Schima wallichii*）、高山栲（*Castanopsis delavayi*）、截果石栎（*Lithocarpus truncatus*）、栓皮栎、麻栎等，在滇西北海拔较高之地见有云南松与之混生，反映了云南地带性锐齿槲栎林种类组成的特点。

锐齿槲栎林分布的南端江西瑞昌、德安一带，则有白栎、化香树、黄檀、黄连木、冬青（*Ilex chinenesis*）、马尾松相混生。其混生树种与上述诸地带有较大差别，反映了不同地带性的生态环境迥异。

锐齿槲栎林灌木层种类组成及结构亦较复杂。总覆盖度30%～80%，一般可分为2个亚层。第一亚层由大灌木组成，覆盖度较小，通常在 20% 左右。其种类如甘肃山楂（*Crataegus kansuensis*）、陕西山楂（*C. shensiensis*）、水栒子（*Cotoneaster multiflorus*）、青荚叶（*Helwingia japonica*）、黄栌（*Cotinus coggygria*）、红叶（*Cotinus coggygria* var. *cinerea*）、泡花树（*Meliosma cuneifolia*）、钓樟、三桠乌药等。第二亚层由灌木或小灌木组成，覆盖度多在 40%～70%，因优势种的数量及茂盛程度而异。此亚层以优势种出现的种类有箭竹（*Fargesia nitiba*）、榛子、毛榛、胡枝子、美丽胡枝子、多花胡枝子（*Lespedeza floribunda*）、杭子梢、绢毛绣线菊、罗氏绣线菊、毛叶绣球菊。其他常见的灌木有腊莲绣球（*Hydrangea strigosa*）、桦叶荚蒾（*Viburnum betulifolium*）、小檗（*Berberis amurensis*）、六道木以及盐肤木、马桑等。在神农架及鄂西北一带尚有木姜子、剑叶木姜子（*Litsea lancifolia*）、短柱柃（*Eurya brevistyla*）、白檀组成林下灌木层。而分布在云南的锐齿槲栎林中，则有南烛（珍珠花）（*Lyonia ovalifolia*）、马缨花（*Rhododendron delavayi*）、柃木（*Eurya japonica*）、水红木（*Viburnum cylindricum*）等，灌木层一般高 2.0m，马缨花可高达4.0m。江西瑞昌、德安一带，锐齿槲栎林常由另一些种类组成灌木层，马棘（*Indigofera pseudotinctoria*）、小叶女贞（*Ligustrum quihoui*）、柘树（*Cudrania tricuspidata*）、山胡椒等。第二亚层由半灌木或小型灌木组成，其优势种为杭子梢、绒毛胡枝子（*Lespedeza tomentosa*）、绢毛绣线菊（*Spiraea sericea*）等。

由于锐齿槲栎林乔灌木层覆盖度较大，草本层发育较弱，覆盖度一般在15％～30％，多属于中生耐荫种类。其主要的如披针苔草（*Carex lanceolata*）、宽叶苔草（*C. siderosticta*）、羊胡子苔草、铃兰（*Convallaria majalis*）、碎米蕨（*Cheilanthes mysuriensis*）、疏花野青茅（*Deyeuxia sylvatica* var. *laxiflora*）等。它们常以优势种出现。其中铃兰多见于秦岭北坡，疏花野青茅常为江西北部锐齿槲栎林草本层的优势种群。其他种类以茖葱（*Allium victorialis*）、糙苏（*Phlomis umbrosa*）、假升麻、圆叶鹿蹄草、短距淫羊藿、龙芽草（*Agrimonia pilosa*）、结山楼斗菜、鬼灯檠（*Rodgersia aesculifolia*）、唐松草（*Thalictrum minus* var. *elatum*）、三褶脉紫菀（*Aster ageratoides*）等为常见。锐齿槲栎林的草本植物种类颇为丰富，约百种左右。

分布于温湿地带的锐齿槲栎林，藤本植物较多，尤其有一些较大型木质藤本分布于林内。其常见的如粉背南蛇藤（*Celaslrus hypoleucus*）、葛藤（野葛）（*Pueraria lobata*）、三叶木通、盘叶忍冬（*Lonicera tragophylla*）、鸡矢藤（*Paederia scandens*）、毛葡萄（*Vitis quinguangularis*）、大叶蛇葡萄（*Ampelopsis megalophylla*）、常青藤（*Hedera nepalensis* var. *sinensis*）、薯蓣（日本薯蓣）（*Dioscorea japonica*）、乌蔹莓（*Cayratia japonica*）及五味子属、猕猴桃属、菝葜属的一些种类等。林内藤本植物约40余种，自北而南随水热条件的增强而增多，种类分布亦有差别。

（三）生长发育

1. 分化与稀疏

锐齿槲栎林多为萌生起源，实生起源的林分少见。萌生锐齿槲栎具丛生性。据小陇山林区调查资料，锐齿槲栎林幼龄期的林木分化及自然稀疏主要表现在丛内。5～7年生的幼林尚未郁闭，但丛内稀疏已相当强烈，被淘汰的幼株可为萌发初期总数的50％左右。10年生的林分开始郁闭，林木分化及自然稀疏渐趋强烈，10～20年期间淘汰林木达10年生时总株数的64％；20～30年期间淘汰林木为20年时期总株数的37％；以后自然稀疏渐缓，30～40年间稀疏林木仅为30年时总株数的16％；50年后的林木株数趋于相对稳定状态。

2. 生长

萌生锐齿槲栎林具有早期生长快、数量成熟早的特点。

树高生长　锐齿槲栎树高生长具有阶段性变化。幼年间随年龄增长生长速度渐增，树高速生期出现在10～12年；多代萌生的林分树高最大生长量则在10年以前。20年前高生长接近直线上升；实生林可延至30年左右，而后生长速度减缓，60～70年高生长仍未停止。

胸径生长　随林木年龄的增长而异，表现为生长速度的阶段性。据小陇山林区调查资料，锐齿槲栎林的胸径生长自10年生以后逐渐加速，胸径速生期约在20～30年，晚于树高速生期；而后胸径生长速度下降，连年生长量低于平均生长量。连年生长量与平均生长量相交于31～32年。

材积生长 速生期出现在20～40年间，略晚于树高，相似于胸径生长速生期，且延长时间较长；30年出现高峰，40年左右连年生长与平均生长相交，呈数量成熟；往后连年生长低于平均生长量，但仍维持一定水平，连年生长率可达2.8%。

以锐齿槲栎林的箭竹锐齿槲栎林与胡枝子锐齿槲栎林两个林型的生产量作一比较分析，与它们在神农架分布区具相似生产力（表1—10）。

表1—10 锐齿槲栎林两个林型疏密度为1.0时的断面积蓄积量表

林 型	箭竹锐齿槲栎林		胡枝子锐齿槲栎林	
树高（m）	断面积（m^2/hm^2）	蓄积量（m^3/hm^2）	断面积（m^2/hm^2）	蓄积量（m^3/hm^2）
3			10.1	26
4			13.4	40
5	16.3	40	16.1	54
6	18.9	54	18.6	70
7	21.4	71	20.9	88
8	23.7	89	23.0	106
9	25.8	108	25.0	126
10	27.0	129	26.9	141
11	29.9	152	28.8	169
12	31.8	176	30.5	191
13	33.7	201	32.2	216
14	35.4	226	33.8	240
15	37.2	254	35.4	266
16	38.9	283	36.9	293
17	40.5	313	38.4	321
18	42.1	344	39.9	350
19		376	41.3	379
20	45.2		42.6	409
21	46.4	440	44.0	441
22	48.2	478	45.3	472
23	49.7	516	46.6	505
24	51.1	552	47.9	539
25	52.5	591	49.2	574
26			50.4	609

锐齿槲栎林分布于不同立地条件下，其生产量具有明显差异，尤其在人为影响较少的自然生长状态下，此种差异尤为显著。如分布于云南南盘江林区中山上部土壤深厚湿润的半阴坡，立地条件较好的成熟林，其组成为8锐齿槲栎1红木荷1高山栲，林分平均高24～26m，

平均胸径28～32cm，每公顷蓄积量达400m³左右，具较高生产量；而生长在中山中部和上部，立地条件中等的成熟林，其林木组成为4锐齿槲栎4麻栎1旱冬瓜1栓皮栎或6锐齿槲栎2红木荷1截果石栎1合欢，林分平均高19m 左右，平均胸径 32～34cm，每公顷蓄积量220～260m³，其生产力明显低于前者。而生产力较低的锐齿槲栎林尚见于云南的维西，分布于海拔较高的山坡下部，红壤的近熟林分，其组成9锐齿槲栎1云南松，林分平均高13m 左右，平均胸径12～16cm，每公顷蓄积量190m³左右。此林分各项主要生长指标均低于前二者。可见，分布于不同立地条件下的锐齿槲栎林，其林木组成及伴生树种各异，林分生产力亦有明显差别。

（四）更新演替

锐齿槲栎为喜光树种。在郁闭的林分及繁茂灌木层的影响下，通常更新不良，尤其以箭竹为优势种组成的灌木层，其根系盘结不利种子萌发更新。据调查，箭竹锐齿槲栎林每公顷更新幼树仅 1 000 株左右，而胡枝子锐齿槲栎林也只有 3 000 株左右。其更新树种主要有锐齿槲栎及少量的华山松、油松、栓皮栎、漆树、山杨等、在神农架一带的锐齿槲栎林尚偶尔有米心水青冈、大穗鹅耳枥（*Carpinus fargesii*）等幼树生长于林下。在云南一带的锐齿槲栎林，林下更新幼树仅有稀少的桢楠（*Phoebe zhennan*）、西南木荷（*Schima wallichii*）、高山栲（*Castonopsis delavayi*）等，而无锐齿槲栎幼树。可见，锐齿槲栎林林下更新状况均属不佳。

锐齿槲栎林下种子更新不良，而萌生能力却很强。在自然状态下往往以其强的萌生力恢复森林。同时，锐齿槲栎对于气候、土壤条件有较大的适应幅度，因而在人为反复破坏后的次生演替过程中得以恢复，并往往排挤其他树种而占据优势地位，或与之混交，从而形成该分布区的次生锐齿槲栎林。在秦岭、大巴山、神农架及湖北西北部等地，锐齿槲栎林具相对稳定性。

锐齿槲栎林在人为或自然因素的干扰破坏下，向逆行演替方向发展。它可以为山杨、油松、枹栎、光皮桦等树种所更替而成为另一类次生林，继而在无休止的破坏情况下作为森林环境的小气候特征渐趋消失，土壤条件恶化，使之向灌草丛方向发展，为芒草、蕨类胡枝子群落或其他灌草丛所占据，沦为荒山坡。锐齿槲栎林还由于人为毁林开垦、撂荒的结果，造成裸露地引起严重水土流失、岩石裸露，形成石质山坡。

锐齿槲栎林的演替是可逆的。在自然条件及采取人为措施影响下，可终止其逆行演替而向进展演替方向发展。如秦岭、大巴山地锐齿槲栎林破坏后的裸露地带由喜光树种油松侵入占据，形成先锋乔木阶段的油松林。林分郁闭后，油松幼树，渐被淘汰，而锐齿槲栎在其林冠下却能良好生长，并渐伸入林冠上层。在光照强度比较均匀的同一栎林林冠下，栎树幼树可以正常生长，而油松却往往死亡。在秦巴山地可见油松林被栎林演替的各个阶段。秦岭南坡 1 500～1 900m 的华山松林亦有可能被锐齿槲栎林所更替。

（五）评价及经营意见

锐齿槲栎林具有多种用途，且多分布于陡坡及山脊等地段，应注意发挥森林多种效益。

锐齿槲栎林由于人类活动的影响，常为多代萌生林分，生产力低。对于无培育前途的林分，应采取改变起源，引种目的树种，保留优良幼树及其他树种等措施，以中止逆行演替，促进向进展演替方向发展，形成高生产力的林分。对于生产力较高的林分，可通过间伐，培育中、大径级材来提高经济效益。锐齿槲栎林的成过熟林应依据其分布的地形、林木组成成分、年龄以及林内幼树状况，选择适宜的采伐和更新方式。

2—1—1—10 短柄枹栎林①

短柄枹栎（*Quercus glandulifera* var. *brevipetiolata*）林是中国亚热带及暖温带山地常见的落叶乔木树种，尤其在长江中下游一带，分布面积大，资源丰富。多为天然次生林，在山地森林垂直带谱中是地带性的森林群落，对维护亚热带山地生态环境，起着重要作用。

短柄枹栎林分布广泛，北自山东、河南；南至贵州、四川、广西、广东；东自安徽、江西、浙江；西至陕西、甘肃等地。垂直分布一般在海拔600～2 000m 地段。在湖北西部神农架、安徽南部牯牛降、安徽西部大别山、浙江西部天目山、河南西部伏牛山以及秦岭南部等地的中山地带海拔1 000～2 000m 地段，常见有天然次生纯林分布。而在低山、丘陵岗地，短柄枹栎多散生于次生阔叶林中，或由于不断遭受樵采和破坏，而形成丛生状的灌丛。短柄枹栎林在长江中下游的亚热带山地，多生于中山的中上部地段，在其主要的分布区范围内，一般年平均降水量900～2 000mm，6～7月常有梅雨现象。其气候特点是夏季日照强烈，常年受东南季风影响，雨量充沛，温暖湿润，林内空气湿度较大。多分布于阳坡或半阳坡，坡度为25°～40°。土壤为片麻岩、花岗岩、页岩、砂岩等风化而后形成的山地黄壤、山地黄棕壤，pH 值为4.8～5.5，地表枯枝落叶层发育好，土层较深厚疏松。但由于短柄枹栎适应性强，无论是水平分布或垂直分布其幅度均较大。因此各地短柄枹栎林的生境条件也有较大差异。生于土层较深厚的山坡，或沟谷两侧，其林分生长发育好，立木通直高大。倘若处于峰顶山脊或分水岭的恶劣立地条件下，由于日照强烈，气候干燥，风力强劲，土层瘠薄，林下腐殖质聚集少，则其林分稀疏，立木低矮弯曲。

在分布区范围内的海拔900～1 400m 地段，常见以短柄枹栎占绝对优势的群落类型，其群落夏季外貌鲜绿色，林冠较整齐，常随地形呈起伏波浪状。立木分布均匀，层次明显，可分乔木层、下木层、草本层。一般总郁闭度可达0.7～0.9。由于短柄枹栎林分布范围广，各地由于气候、地形、土壤等因素的差异。因此，各地短柄枹栎林的组成和结构也存在着差异。浙江西北天目山短柄枹栎林地处海拔1 000～1 400m 的山脊两侧。乔木层以短柄枹栎为优势种。短柄枹栎平均树高10m，平均胸径19cm。伴生树种有茅栗（*Castanea seguinii*）、湖北海棠（*Malus hupehensis*）、雷公鹅耳枥（大穗鹅耳枥）（*Carpinus viminea*）、苦枥木（*Fraxinus retusa*）、灯台树（*Cornus controversa*）、水榆花楸（*Sorbus alnifolia*）、四照花（*Dendroben-*

① 执笔人：吴诚和

thamia japonica var. *chinensis*）、吴茱萸叶五加（*Acanthopanax evodiaefolius*）、合欢（*Albizia julibrissin*）等。同时也出现少量的常绿阔叶乔木，如细叶青冈（*Cyclobalanopsis gracilis*）、木荷（*Schima superba*）、交让木（*Daphniphyllum macropodum*）等。下木层除华箬竹外，尚有大果山胡椒（*Lindera praecox*）、华东山柳（*Clethra barbinervis*）、马醉木（*Pieris polita*）等。草本层有三褶脉紫菀（*Aster ageratoides*）、东风菜（*Doellingeria scaber*）、鹿蹄草（*Pyrola rotundifolia* subsp. *chinensis*）、玉竹、苔草等。此外，层外植物种类有天门冬（*Asparagus cochinchinensis*）、纤细薯蓣（*Dioscorea gracillima*）、菝葜（*Smilax china*）、扶芳藤（*Euonymus fortunei*）等。

安徽西部大别山白马寨的短柄枹栎林，地处海拔1 000～1 200m，群落总郁闭度0.9，林分结构也较明显，可分乔木层、下木层和草本层。乔木层盖度60%～70%，短柄枹栎占所有乔木层立木株数的80%左右，一般高10～17m，平均胸径28.3cm。乔木层伴生树种依次为茅栗、川陕鹅耳枥（*Carpinus fargesiana*）、紫茎（*Stewartia sinensis*）、玉玲花（*Styrax obassius*）、山槐（*Albizzia kalkora*）、黄山松等。下木层较发达，盖度达60%，一般高1.5～2m。主要种类有映山红（*Rhododendron simsii*）、绿叶胡枝子（*Lespedeza buergeri*）、海州常山（*Clerodendron trichotomum*）、老鸦糊（*Callicarpa giraldii*）、白檀（*Symplocos paniculata*）、三桠乌药等等。草本层稀疏，盖度仅8%～10%，常见的种类有苔草（*Carix* sp.）、一枝黄花（*Solidago decurens*）、珍珠菜（*Lysimachia clethroides*）等。层外植物有华中五味子（*Schisandra sphenenthra*）、鸡屎藤（*Paederia scandens*）、黄独（*Dioscorea bulbifera*）等。

长江以南亚热带山地的天然短柄枹栎林幼苗幼树较多，更新良好，同时短柄枹栎的萌蘖性较强。因此，其群落在亚热带山地垂直带谱中处于稳定状态。然而，在低山丘陵地段，短柄枹栎林多因遭受人为砍伐破坏或樵采，往往逆向演替为灌丛甚至沦为以五节芒为优势种的高草群落。

短柄枹栎林多生于亚热带山地的中山上部或山脊、分水岭，具有保水、保肥和保土的作用，是亚热带及暖温带山区重要的水源涵养林，应有计划的加以保护和发展。

2—1—1—11　小叶栎林①

小叶栎（*Quercus chenii*）林是中国中亚热带与北亚热带低山丘陵分布的落叶阔叶林，小叶栎为壳斗科的落叶大乔木，深根性，须根发达，萌蘖力强；为优良的用材、工业原料和薪炭林树种。木材坚硬致密，纹理直，光泽强，韧度高，耐腐，耐磨，供建筑、车船、农具、家具、机械、图板和运动器材等用；坚果出仁率80%左右，种子含淀粉50%～60%，粗脂肪4%，还原糖4%，蔗糖2%，粗蛋白3%，可供酿酒、做酱油、豆乳和粉皮等用；壳斗、树皮、叶含鞣质17%～27%，能提制栲胶；木材树枝燃烧力强，又是优良的薪炭材；采伐剩余物、

① 执笔人：简根源

梢头、枝桠及锯屑等均可培养食用菌。天然林多呈混交林分布，也有人工培育的，常与马尾松组成为针阔叶混交林。加强现有小叶栎林的保护，积极发展人工林，除发挥巨大的经济效益外，更能利用它的深根性，落叶丰富等特性，改良土壤，提高地力，增强水土防护效能。

（一）分布与生境

小叶栎广泛分布于浙江、江西、安徽、江苏、福建、湖北和四川等地。地理位置东经109°～121°，北纬25°～33°。垂直分布在海拔100～700m，200～400m为常见，除小块状纯林外，常与苦槠、石栎（*Lithocarpus glaber*）、青冈（*Cyclobalanopsis glauca*）、白栎（*Quercus fabri*）、栓皮栎、刺栲（*Castapopsis hystrix*）、甜槠（*C. eyrei*）、赤杨叶（拟赤杨）（*Alniphyllum fontunei*）、木荷、枫香（*Liquidambar formosana*）、马尾松等混生，在混交林中多居林冠上层，喜光，多生于阳坡。

分布区的土壤为石灰岩、砂岩、红砂岩为母岩所形成的红壤和黄红壤，土层深厚，林地枯枝落叶发育良好，厚度2～4cm，盖度80%～90%，地被物有极少的地衣类和苔藓植物。小叶栎对土壤要求不严，在湿润的瘠薄红壤山地也能正常生长成林。在深厚肥沃中性重酸土壤长势旺盛。

（二）组成结构与类型

小叶栎林外貌为草绿色。树冠长圆，林相整齐，分布均匀，层次明显，生长良好。总郁闭度0.8～0.9。立木高度一般10～16m，最高30.5m，最大胸径为85cm。

根据现有调查资料，小叶栎林有以下几个主要林型：①野古草檵木马尾松小叶栎林；②阔叶土麦冬乌药枫香小叶栎林；③披针苔华山矾枫香小叶栎林；④披针苔粉绿竹小叶栎林等。

江西彭泽县黄花双灯天然林的阔叶土麦冬乌药枫香小叶栎林的标准地调查中，建群种为小叶栎，亚建群种为枫香。伴生树种有臭辣树（*Euodia fargesii*）、冬青（*Ilex purpurea*）、枸骨（*I. cornuta*）、黄檀、四蕊朴、乌桕等。下木主要种类有乌药（*Lindera aggregata*）、山胡椒、青灰叶下珠（*Phyllanthus glaucus*）、山矾（*Symplocos caudata*）、小蜡树（*Ligustrum sinense*）、白棠子树（*Callicarpa dichotoma*）、格药柃（*Eurya muricata*）、豆腐柴（*Premna microphylla*）、豆梨（*Pyrus calleryana*）、小槐花（*Desmodium caudatum*）及低矮的紫金牛（*Ardisia japonica*）等。其中乌药为优势种。下木高度一般0.5～2m，生长良好，盖度30%～50%，其中以常绿种品多数。

草本植物中主要种类有阔叶土麦冬（*Liriope platyphlla*）和苔草，以阔叶麦冬为优势种。层外植物有菝葜（*Smilax china*）、五加（*Acanthopanax gracistylus*）、天门冬（*Asparagus cochinchinensis*）、三叶木通、石岩枫（*Mallotus repandus*）、海金沙（*Lygodium japonicum*）及络石（*Trachelospermum jasminoides*），藓类极少，仅有少量大金发藓（*Polytrichum commune*）和尖叶提灯藓（*Mnium cuspidatum*）。

根据安徽南部低山丘陵的三褶脉紫菀荚蒾小叶栎林标准地的调查，该林型总郁闭度0.7～0.8，小叶栎占立木层总株数的50%，其他伴生树种有合欢（*Albizia julibrissin*）、枫香、白栎、黄檀、化香树(*Platycarya strobilacea*)等。下木层盖度40％～50％。种类有荚蒾(*Viburnum dilatatum*)、山胡椒、六月雪、野山楂 (*Crataegus cuneata*)、长叶冻绿 (*Rhamnus crenata*)、白檀、浙江柿 (*Diospyros glaucifolia*)、乌饭树 (*Vaccinium bracteatum*) 等。草本稀疏，种类单纯，如三褶脉紫菀 (*Aster ageratoides*)、苔草 (*Carex montana*)、白花前胡 (*Peucedanum praeruptorum*) 等。层外植物有菝葜、大血藤 (*Sargentodoxa cuneata*)、紫藤 (*Wisteria sinensis*)、牯岭蛇葡萄 (*Ampelopsis brevipedunculata* var. *kulingensis*) 等。

（三）生长发育

从江西省东乡县海拔90m 的山坡中部的一块小叶栎马尾松混交林0.06hm^{2}标准地调查材料表明：小叶栎36株，占总蓄积量的 47.4％。标准地内伐取一株 26年生小叶栎，其生长过程如表1—11。

表1—11　26年生小叶栎生长过程　　　单位：m、cm、m^3

龄阶	树高生长(m)			胸径生长(cm)			材积生长(m^3)			形数
	总生长	连年生长	平均生长	总生长	连年生长	平均生长	总生长	连年生长	平均生长	
5	2.20		0.44	0.80		0.16	0.000 6		0.000 1	0.54
		0.76			0.72			0.001 0		
10	6.00		0.60	4.40		0.44	0.005 8		0.000 6	0.64
		0.60			0.80			0.004 4		
15	9.00		0.60	8.40		0.56	0.028 0		0.001 9	0.56
		0.62			0.96			0.010 8		
20	12.10		0.61	13.20		0.66	0.081 9		0.004 1	0.50
		0.50			0.74			0.012 0		
25	14.60		0.58	16.75		0.67	0.142 1		0.005 7	0.44
		0.68			0.67			0.013 4		
26	15.28		0.59	17.42		0.67	0.155 5		0.006 0	0.43

从树干解析材料得知，树高连年生长最大值为 0.76m，其高峰年龄为5年，平均与连年生长相交年龄为10年。胸径连年生长最大值为0.94cm，最高年龄为15年，平均与连年生长相交年龄为25年，材积连年生长最大值为0.013 4m^3。树皮率为15.2％。

安徽省黄山市太平区游山林场海拔300m 一株52年生的解析木表明：树高为23.7m，胸径为39.1cm，材积为1.309 5m^3。20年树高为第一次生长高峰，之后逐渐下降。25 年材积达到第一次生长高峰，50年以后开始下降。

江西德兴梅岭山林区芒麻坞海拔140m，东坡下部，千枚岩发育的山地红壤天然混交林内一株78年生的树干解析材料，树高30.5m，胸径44.1cm，材积1.904 1m^3，树皮率11.7％。其树高生长，40年生以前为速生期，连年生长量均在0.44m 以上，20～30 年为生长高峰期，连年生长量达0.68m，平均生长量40年生为最大值达0.51m。胸径生长40～50年生为高峰期，连年生长量为0.72cm，材积生长30～78年生为速生期，连年生长量均在0.021 0m^{3}以上。60～70年生为生长高峰期，连年生长量0.048 0m^3，年均生长量20 年以后上升较快，78年生为0.024m^{3}仍持续较大幅度上升。这种现象为一般树种所少见，如能进行人工集约经营，完全可以培育成大径级优良用材。

（四）更新演替与利用

小叶栎大部分与落叶或常绿叶树组成混交林，组成错综复杂，兹根据野外的几个不同林型分析其演变规律。

江西东乡占圩下马村的披针苔华山矾枫香小叶栎林中，枫香幼树数量多，处于兴旺时期，为旺盛种群：小叶栎五级俱全，属成熟种群；苦槠、乌桕、马尾松仅有大的立木，无幼苗、幼树，属衰老种群，如果不加人工干预，这一类型很可能为枫香所取代。

江西彭泽黄花乡的披针苔粉绿竹小叶栎林，有黄檀幼苗，无立木属新生正常种群；臭辣树，只有立木无幼苗、幼树，趋向老衰；白栎有幼苗、幼树，也有少量立木，属旺盛种群；而小叶栎苗木、立木俱全，属成熟种群，而且林地的生态条件适于小叶栎生长，如能合理经营，小叶栎更将居于该类型的优势。

江西彭泽黄花双灯的阔叶土麦冬乌药枫香小叶栎林型中，小叶栎占立木总株数34％，占上层立木的50％以上，又有更新的幼苗、幼树，亚建群种枫香只占立木总株数的21％，占上层立木的19％，其中伴生树种的立木总株数量多，但都处于林冠的下层，而小叶栎则高居林冠的上层，而且生长良好。

江西东乡的一块马尾松小叶栎混交林，立木株数中小叶栎占36％，马尾松占 24％，而树冠投影面积小叶栎为50.7％，马尾松为20.6％，其他铁杉、柯等只占 28.7％。小叶栎、马尾松无论立木株数、蓄积量和树冠投影在林分中占绝对优势，而且小叶栎和马尾松生长均良好，生境也都适于这两个树种生长，这一群落是比较稳定的。在安徽的小叶栎与麻栎、栓皮栎、枫香组成的混交林中，枫香与小叶栎均为喜温暖的亚热带树种，喜光耐瘠，萌蘖力强，在群落中成为优势种，但枫香速生，而栓皮栎与麻栎也是中性偏喜光树种，群落比较稳定：如无人为干预，小叶栎很难长期保持优势。同样在安徽土层深厚、地势平缓的黄壤地带，小叶栎与较耐寒的苦槠或青冈组成落叶常绿阔叶混交林，这是北亚热带向中亚热带过渡地带，群落范围少，面积不大，在局部地段的特殊生境中是相对稳定的。

小叶栎木材、种子、树皮、壳斗，甚至采伐剩余物的梢头、枝桠及加工后的锯屑都有较大的经济价值，是一优良速生树种。同时小叶栎对土壤要求不严，是绿化大面积丘陵荒山的良好树种；小叶栎萌芽性强，也是经营薪炭林的理想树种。

小叶栎占优势的天然次生林，通过抚育、补种或截干重萌，可以培育与苦槠、木荷混交的落叶常绿混交林，或与马尾松混交的针叶阔叶混交林，对立地条件较好的小叶栎林分适当保留下木、草类，培育与培养食用菌为主的小叶栎纯林，也是较有发展前途的经营方式。

至于绿化大面积荒山或经营薪炭林，可以营造马尾松小叶栎混交林。小叶栎是喜光树种，但在光线较强的条件下，侧枝发达，其冠幅超过马尾松 64.4％，如与马尾松混交，可以形成侧方庇荫，创造上方光照条件，抑制侧枝生长，培养干形。小叶栎是落叶量较多的乔木树种，落叶富含灰分元素，其根深特性，又可多吸收地下养分，加速营养元素循环，改良土壤。同时通过混交还可减轻或抑制马尾松毛虫的发生与发展，又可抑制森林火灾的蔓延。

根据培育目的采用不同的混交比例，一般可以栎5松5。小叶栎幼林常多弯曲，在居民点密集，需柴较多的丘陵区种植时宜稍密，株行距采用1.7m×1.7m～2m×2m，小叶栎也可采用直播造林。如果把马尾松作为用材林经营，小叶栎可作为薪炭林培育，间伐小叶栎，发挥萌芽率强的特点，继续提供薪柴。反之，也可把小叶栎作为用柴林经营，间伐马尾松，培育下木，发挥小叶栎林的生态效益。

2—1—1—12　黄山栎林①

黄山栎（*Quercus stewardii*）为华东的特有种。可用作家具、农具、房屋建筑及室内装修等；果壳可提制栲胶；种子富含淀粉，可食用。木材较耐腐，材质轻软，加工容易。

黄山栎分布于中国亚热带山地的江西、安徽、湖北等省，是长江下游山顶部的一种群落类型。垂直分布一般在海拔 1 300～1 700m。黄山栎林多生于山峰顶部或陡坡之上，降水量达2 000mm，空气湿度大；由于所处生态环境条件严酷，风力强劲，日夜温差大，土层瘠薄或深浅不一，枯枝落叶分解缓慢。土壤为山地黄棕壤，pH 值5～5.5。黄山栎林由于山峰顶部不利的生态条件影响，形成了其特有的生物学特征，一般树干低矮，分枝多，树冠平顶，树干常有苔藓植物附生，有时往往呈矮林状态。

黄山栎林分布面积不大。以位于黄山西海至仙桃峰途中坡地的黄山栎林为例，海拔1 700m，总郁闭度达0.8～0.9，群落可分乔木层、下木层和草本层。

乔木层总郁闭度约0.6，黄山栎占绝对优势。树高7～12m，胸径12～20cm。除黄山栎外，常见的伴生种有茅栗（*Castanea seguinii*）、日本椴（*Tilia japonica*）、四照花（*Dendrobenthamia japonica* var. *chinensis*）、黄山花楸（*Sorbus amabilis*）、黄山木兰（*Magnolia cylindrica*）、湖北海棠（*Malus hupehensis*）及黄山松等。下木层盖度35％～50％，种类较多，且多为山地灌丛的建群种或优势种，如三桠乌药、南方六道木（*Abelia dielsii*）、黄山杜鹃（*Rhododendron anhweiense*）、白檀、水马桑（*Weigela japonica* var. *sinica*）、川榛（*Corylus heterophylla* var. *sutchuenensis*）、毛果漆（*Toxicodendron trichocarpum*）、具柄冬青（*Ilex pedunculosa*）等。此外，在局部地方的黄山栎林下常见有华箬竹（*Sasa sinica*）密集生长，其盖度可达70％以上。草本层较为稀疏，盖度仅25％左右，其组成种类多为山地草甸的建群种或伴生种，如沼原草（*Moliniopsis hui*）、野古草（*Arundinella hirta*）、华南落新妇（*Astilbe chinensis* var. *austrosinensis*）、一枝黄花（*Solidago decurens*）、藜芦（*Veratrum nigrum*）、大头橐吾（*Ligularia japonica*）、地榆、珍珠菜（*Lysimachia clethroides*）、苔草等。

① 执笔人：吴诚和

大别山皖西多云，位于海拔 1 600～1 700m 山顶坡地的黄山栎林，为纯林，平均树高 12.5m，最高为 16m，平均胸径 21.35cm。

黄山栎林是长江下游山地植被垂直带谱中的一种地带性森林群落类型，多位于中山顶部，受人为干预极少。由于地处严酷的生态环境条件之中，周围其他落叶阔叶树种很难与之相争，即使一些较喜光、耐干旱瘠薄的树种如茅栗、四照花、米心水青冈、黄山松等，侵入林窗、林缘，但黄山栎在群落中始终占居绝对优势，处于稳定的状态。然而，黄山栎林倘若遭受人为严重砍伐破坏或樵采，在这种恶劣的生境条件下是很难得到恢复和更新，必然逆向演替为山地灌丛，在迎风坡甚至可演替为山地草甸群落，这种情况在安徽、湖北毗邻的大别山区时有所见。此外，局部地方的黄山栎林由于林下耐荫的华箬竹丛生密集，严重地影响其天然更新，也可能演替为华箬竹林，而后由喜光灌木侵入，逐步演替为山地灌丛群落。

黄山栎林生长于长江下游中山顶部，呈岛状分布，面积很小，是华东地区特有的森林群落类型。它对当地山峰景观起着美化绿化作用；也是华东地区山顶的水源涵养林。为此，保护残存的天然黄山栎林是非常有意义的。

第二节　榆　林①

榆属（*Ulmus*）是中国乡土树种，常见的有 6 种，即：榆树（*U. pumila*）、裂叶榆（*U. lanciniata*）、大果榆（*U. macrocarpa*）、黑榆（*U. davidiana*）、春榆（*U. davidiana* var. *japonica*）、榔榆（*U. parvifolia*），能长成大乔木的，只有榆树、春榆和裂叶榆，其余种类均为小乔木或灌木。

榆树是中国分布比较广泛的一个树种，东北、华北、西北、华东及长江沿岸均有分布。由于榆树材质优良，历来为人们砍伐的对象，因此现存榆林不多。现在东北平原多有与榆树有关名称命名的村落如“榆树川”、“榆树屯”等，其他各省也多此种情况，陕北城市“榆林”尤为明显，都说明历史上榆林分布的普遍性。目前在不少地区的村前屋后，散生的榆树很多。尤其榆树能抗旱、耐盐碱，因此在西北不宜其他树木生长的地方，榆树就成为这一干旱地区村镇中最常见的散生树木，形成一种特有的景观。如甘肃河西走廊上的“年大将军树”就是清代遗留下来的古老高大榆树。但在全国各地，目前已少有榆林，只有一些面积不大的片林，而且常常与其他多种落叶阔叶树混交，形成一种杂木林。

由于榆树对气候和土壤适应能力很强，是落叶阔叶林中最耐寒的种类，对土壤要求不严格，在石灰岩地区尤能适应，在南方各种喀斯特地形上，分布着各种大小不等的榆林，成为石灰岩上特有的景观。此外，在气温较低的东北林区各处的沟谷旁，常常分布着带状的走廊式河岸春榆林，也是这地区的一种特色。

---

① 执笔人：周光裕

目前在辽河流域、黄河流域和淮河流域各地栽植较多，常成小片林分布，主要是培育中径材和部分大径材。四旁植树和渠道林带则是榆树木材的主要来源。

2—1—2—1 榆 林[①]

榆树又称白榆（*Ulmus pumila*）在中国分布十分广泛。在北方各地多见天然林，常构成草原荒漠疏林景观的主要成分；在南方为人工栽培，或为小片的人工林，或为成行或零散栽植。

在中国用材树种中，榆树以材性优良、耐湿耐腐著称。在良好的立地条件下的林分生长迅速，干形通直；也能耐干旱、风沙、盐碱、烟尘和毒气等恶劣生境。白榆枝叶繁茂，树体各部均有较高的经济价值。被广泛用作营造用材林、防护林、四旁和庭院绿化。

（一）分布与生境

榆树是第三纪或更早的古老树种之一。据植物学研究，在早第三纪时，中国北方的低山与河谷地带已经出现有榆属或榆树。进入晚第三纪以后，虽然经过漫长的古大陆和古气候的变迁，松柏类森林的面积有所增加，但至第四纪的更新世，榆树在中国东北、西北和华北地区分布仍相当普遍。直到全新世，在华北乃至淮河以北的暖温带落叶阔叶林区，榆树也还是主要成林树种之一。西北地区在大陆性气候的控制下，疏林草原曾一度向东发展，榆树随之扩展。但从榆树的起源看，干冷气候可能是它在特定条件下，经过长期繁衍适应的结果。这也可从蒙古人民共和国境内出现大量的榆树化石，以及现代榆树仍然是生长在很干旱的亚洲中北部冬季的唯一乔木得到证明。因此即使根据榆树现代分布格局，可以分为沙地、河谷、滩地等榆林，但它们的组成单纯、喜光和要求局部水分生境，反映了同一祖先的渊源关系。

在历史时期，随着人类经济社会的发展，榆树天然林的面积日趋减少。现在它在俄罗斯境内与中国新疆维吾尔自治区接壤的哈萨克斯坦的东部、中国内蒙古自治区大兴安岭以北的外贝加尔地区和乌苏里以东地区尚有分布。在蒙古人民共和国，除与中国内蒙古自治区阿拉善盟交界的戈壁滩外，境内几乎到处有榆树生长。在朝鲜半岛则主要见于北纬37°以北的地段。

榆树的自然分布在中国广及黑龙江、吉林、辽宁、内蒙古、北京、河北、河南、山西、山东、陕西、宁夏、甘肃、青海、新疆等地的全部和江苏、安徽、湖北等地的北部地区。

黑龙江、吉林、辽宁东北3省的榆林，主要分布在大小兴安岭、长白山地河谷地带和松嫩及辽河平原。在内蒙古，从东部的大兴安岭山地到西部的阿拉善盟，从北部的锡林郭勒草原到南部的鄂尔多斯高原都能见到榆树疏林或片林，其中以浑善达克沙地和科尔沁沙地的分布最为集中。北京、河北、河南、山西、山东等地，主要见于燕山、太行山、伏牛

① 执笔人：冯林

山、吕梁山等山地河谷，山东丘陵和山西高原及华北平原部分地区。在陕西、宁夏、甘肃等地，分布在陕北高原、关中盆地、汉中谷地、秦岭山地、宁夏平原、六盘山地、陇中高原和河西走廊。青海和新疆则见于海东地区的黄河河谷和阶地、准噶尔盆地、吐鲁番盆地、塔里木盆地的河谷滩地及天山山麓一带。

榆树在中国的垂直分布，东西差异悬殊。东部沿海出现在海拔十几米，甚至几米的平原地区。向西随地势增高，榆树分布也升高。在青海的海东地区榆树分布高达 2 500m。但低于海平面 150m 的吐鲁番盆地亦见有榆树生长。

榆树作为用材林、防护林和四旁绿化造林树种被广泛应用于中国南北各地。诸如吉林的白城、四平、长春，榆树人工林有 $268hm^2$。内蒙古现有榆树人工林 $64\ 300hm^2$，四旁绿化 3 800 万株。河北榆树四旁树株数占全省四旁树总株数的 20. 89%。河南榆树栽植面积更大。该省榆树四旁树 1. 327 2 亿株，占全省四旁树 10. 8 %。特别是近 20 年，榆树的栽培区远远超出其自然分布区，向南扩展到长江以南各地。已经引种成功的有浙江的杭嘉湖平原、湖北江汉平原、湖南滨湖区、江西赣中盆地、四川北部平原、贵阳地区、云南中部、广西桂林及西藏拉萨等地区。

综上可见，榆树分布地域辽阔。其自然分布区南北跨 21 个纬度（北纬 32°～53°）。从寒温带、温带、暖温带到北亚热带温度差异十分悬殊。年平均气温变动在－5. 5～15. 2℃，≥10℃积温为 1 100～4 500℃，极端最低气温－52. 3℃，极端最高气温 48. 0℃，无霜期 80～240d。榆树耐寒也耐高温，但在暖温带的气候条件下生长最旺，形质最好，生产力最高。

榆树东西分布的幅度也很大。横跨东经 74°～135°，跨越湿润、半湿润、半干旱和干旱 4 个气候区。张敦伦等根据榆树在中国从东到西自然分布区内降水量和干燥度的减增划分为 5 个区：

（1）旱季显著湿润区　包括东北东部山地和华北平原。年降水量 500～700mm，旱季雨季差异显著。干燥度 1. 0～1. 5。为最适生长区。

（2）中部半湿润区　年降水量 400～500mm。干燥度 1. 5～2. 0。东北平原、内蒙古高原东部和黄土高原东南部属于本区，为榆树适宜生长区。若土壤水分能基本满足，亦可培育成用材林。

（3）中部半干旱区　包括内蒙古高原中西部和黄土高原西北部。年降水量 250～350mm。干燥度 2. 0～4. 0。榆树生长缓慢，普遍呈小乔木状态。

（4）西部干旱区　包括阿拉善高原、河西走廊和准噶尔盆地。降水量 150～200mm。干燥度 4. 0～16. 0。这里榆树几乎呈灌丛状。

（5）西部极端干旱区　年降水量不足 50mm，甚至仅几毫米。干燥度则超过 16。如塔里木、柴达木和吐鲁番盆地，榆树虽有分布，却难以成材。这里需要提到的是在本区和西部干旱区，榆树生长主要靠河流或地下水补给，若有灌溉条件，榆树生长仍相当迅速，可培养用材。

在适生的大气水热范围内，榆树除不能生长在滞水性强的沼泽土外，森林地区的漂灰土、暗棕壤、灰黑土、棕壤、褐土、黄棕壤、红壤、黄壤，森林草原地区的黑土、黑钙土、白浆土、娄土、黑垆土、黄绵土，荒漠地区的灰漠土、灰棕漠土、棕漠土等地带性土壤，以及草甸土、盐碱土、风沙土等隐域性土壤均能生长，表现出榆树既喜水肥，又耐干旱、贫瘠和盐碱的生态特性。榆树还是喜钙树种。

在华北平原的村庄，如天津武清耕作层深厚，氮磷钾丰富的潮褐土或黑垆土，四旁植树的榆树，生长十分迅速，生产力极高。一般3～5年均可长成椽材，8～10年成檩材，生产梁材则只需15～20年。据新疆林业科学研究所资料，在10个当地造林树种中，榆树的耐盐力仅次于紫穗槐（*Amorpha fruticosa*）、沙枣（*Elaegnus angustifolia*）和胡杨（*Populus euphratica*）。据研究榆树在不同盐碱化程度的苏打盐土生长差异很大。当土壤中Na/(Ca+Mg)含量大于4.0时，Na^{+}可被榆树吸收而致害；盐基含量接近4.0的中度盐化碳酸盐草甸黑钙土，榆树尚能适应；在轻度盐化碳酸盐草甸黑钙土榆树生长尚可。试验结果表明榆树最耐盐，依次为旱柳（*Salix matsudana*）、小叶杨（*Populus simonii*）、胡枝子、美国白蜡（*Fraxinus americana*）、樟子松、黄波罗（*Phellodendron amurense*）、核桃楸（*Juglans mandshurica*）、兴安落叶松。

如前所述，榆树自然分布区和栽培区气候土壤差异甚大。由于地理隔离和自然选择，榆树形成了多种气候和土壤生态型。60年代初期，地处典型草原干冷气候的内蒙古乌兰察布盟达茂林场，引种山东产的榆树478hm²，造林后5年，因经受不住－39℃的严寒而冻死。地上部全部冻死的植株达68%，而利用当地种源造林的榆林仅冻死2.7%。显然，这是忽视气候生态型差异造成生产损失的实例之一。

（二）组成结构

榆林的组成结构因起源而异。天然林纯林居多。在自然界几乎很难找到混有其他树种的榆树混交林，也少见它渗入到其他森林之中。这可能与其长期生存在高纬度特定的干冷生境而形成的喜光耐干冷有关。

内蒙古锡林郭勒盟正蓝旗现保存有2 482hm²的榆林。它以“蓝旗榆”著称于内蒙古全区。这是榆树以其喜光耐干冷抗风沙的生态优势广为分布，在中国北方草原具有代表性的地段，正蓝旗位于浑善达克沙地的南缘，年日照时数3 123.1h，年平均气温1.7℃，极端最低气温－38℃，≥10℃年积温2 000℃，年降水量300mm，年蒸发量1 931.4mm，平均风速4m/s，全年≥8级的大风日90d，土壤为风沙土。在这种气候土壤生境严酷的条件下，榆树长势不旺盛，却能排斥异种形成地带性群落。

在山地河谷森林地带，榆树也多见纯林。其主要原因可能是榆树为极喜光的树种，在土壤水分能满足种子萌发幼苗生长的地段，榆树得以更新，随后借助繁茂的枝叶，林内庇荫，阻止其他树种侵入。若这些地段一旦被其他树种占据，榆树也难以侵入竞争。

榆树天然林虽林木组成很少异种，但林下植物为数不少，且因地带而异。在草原地带常见的灌木草本植物主要有小叶锦鸡儿（*Caragana microphylla*）、山杏（*Prunus armeniaca* var. *ansu*）、黄柳（东北沙柳）（*Salix gordejevii*）、木岩黄蓍（*Hedysarum fruticosum* var. *lignosum*)、冰草(*Agropyron cristatum*)、糙隐子草(*Cleistogenes squarrosa*)等草原植物种。由于林相稀疏,在空旷地或迎风坡常出现半灌木差巴嘎蒿(*Artemisia halodenron*)。在森林地带,榆林只见于宽阔的河谷滩地。因此,林下以珍珠梅(*Sorbaria sorbifolia*)、蓝靛果(*Lonicera caerulea* var. *edulis*)、绣线菊(柳叶绣线菊)(*Spiraea salicifolia*)、拂子茅(*Calamagrostis epigejos*)、大叶章(*Deyeuxia langsdorffii*)、多裂叶荆芥(*Schizonepeta multifida*)等喜光森林草甸植物种为主。

榆林的年龄结构也因地带而不同。在森林地带,多同龄林。在草原和荒漠地带,由于生境严酷、更新断续、疏林格局,常构成异龄林。

根据榆树地理分布不同而出现组成结构的异质性,张敦伦等将中国榆树天然林划分为以下主要类型(笔者略有调整和补充):

1. 暖温带落叶阔叶林区河谷滩地榆树密林

主要见于河北北部、辽宁西部和内蒙古赤峰山地及丘陵地带。如河北承德地区丰宁县邓栅子林场的天然榆林,沿河谷分布长达15km,面积约$100hm^2$,纯林,林龄30~40年,郁闭度0.7,平均高20.7m,平均胸径23.5cm,每公顷蓄积$320m^3$。内蒙古赤峰市克什克腾旗热水林场河滩地榆树天然林也是纯林,偶而混生单株蒙古栎和色木槭(*Acer mono*)。20~30年生,郁闭度0.7~0.8,平均高8~12m,平均胸径8~14cm,每公顷蓄积46~$102m^3$。这是榆树天然林生产力最高的类型。

2. 温带森林草原区沙地榆树疏林

在松嫩平原、西辽河平原河流两岸的沙地和起伏不大固定垄岗状沙丘上分布有面积不等的小片榆树疏林。如科尔沁沙地榆树常以纯林构成小片疏林分布的格局。林木层郁闭度0.2~0.3。50~60年生,平均高6~8m,平均胸径差异悬殊,8~24cm。林下灌木和草本植物十分发达。主要有小叶锦鸡儿、山杏、冰草等。

3. 温带典型草原沙地榆树疏林

这种类型与上一种类型相同之处均为沙地疏林,不同点是后者的疏林群落结构更加零乱。林木层由榆树组成,但稀疏,不连续成层,郁闭度仅0.1~0.3,且出现沙生灌丛如差巴嘎蒿与榆树疏林构成复合体。榆树树干低矮弯曲。老龄树木高也不超过8m。这种类型主要见于内蒙古境内锡林郭勒草原和呼伦贝尔草原沙地。

4. 黄土高原榆树密林

现在残存在黄土丘陵和沙丘草滩的榆林,呈块状散片分布。由于局部生境的土壤水分能供给树木生长所需,榆树尚表现出一定的生产能力。如陕西榆林地区靖边县张家畔王家庙,在冲积滩细沙土上24年生的榆树天然林,组成单纯,$100m^2$内有榆树122株,平均高11.2m,平均胸径17.4cm。代表植物有冰草、草原早熟禾(*Poa pratensis*)等旱中生草原植物。

5. 荒漠草原干河床榆树疏林

这一类型榆林主要分布在内蒙古高原北部间歇性的干河床或洪水能淹没的沙地上。如达尔罕茂明安联合旗西海流素沟,干河床宽50~100m,榆树疏林沿河床砾石滩地分布长达

10余km。林龄80～90年，林分疏密不均，郁闭度0.2～0.3，平均树高7.5m，平均胸径39.7cm，纯林，林间常见戈壁针茅（*Stipa gobica*）等荒漠草原植物和盐化草甸植物芨芨草（*Achnatherum splendens*）。

6. 荒漠河岸榆林

主要见于新疆准噶尔盆地南缘的现代冲积锥和沿河滩地。这些地段由于多数受到洪水泛滥和潜水补给，榆树生长迅速，类型较多。如玛纳斯河谷50年生榆林，平均高17.3m，平均胸径27.4cm。这里的榆林可分为4种林型：

（1）草甸草类榆林　多分布在现代冲积锥上的河床附近，常受洪水浸润。纯林居多。林木层有时混有少量的尖果沙枣（*Elaeagnus oxycarpa*）与胡杨，郁闭度0.5～0.6，一般树高10～15m。林下灌木稀生铃铛刺（*Halimodendron holodendron*）、金丝桃叶绣线菊（兔耳条）（*Spiraea hypericifolia*）。草本植物繁茂，主要是河漫滩草甸植物种，也夹有山地草甸种类成分，如芨芨草、赖草（*Aneurolepidium dasytachys*）、小獐茅（*Aeluropus littoralis*）、鹅绒委陵菜（*Potentilla anserina*）、苦豆子（*Sophora alopecuroides*）和芳香车叶草（*Cynanchica aparine*）等。

（2）草甸草类密叶杨榆林　见于现代河流中游地段。与密叶杨形成混交林，林分结构稳定，生产力较高。郁闭度0.5～0.7。平均高14～17m，平均胸径60～80cm。林下灌木草本植物繁多，主要有疏花蔷薇（*Rosa laxa*）、异柄小檗（*Berberis heteropoda*）、赖草、拂子茅和芨芨草等。

（3）蒿类榆林　出现在现代冲积锥下部的间歇性小河与潜水补给地段。纯林，偶而混生少量尖果沙枣。林相稀疏，郁闭度0.3左右。树木低矮、弯曲多杈。林间空地生长心叶驼绒藜（*Ceratoides ewersmanniana*）、半灌木和多种蒿类：耐盐蒿（*Artemisia schrenkiana*）、沙蒿（*A. arenaria*）、苦艾蒿（*A. santolina*）、地白蒿（*A. terrae-albae*）。此外尚有赖草和寸苔草（*Carex duriuscula*）等。

（4）胡杨榆林　分布在山前洪积平原上部沿河两岸。混交林，混生有胡杨和少量尖果沙枣，其中白榆占7～8成，胡杨占2～3成。郁闭度0.3，树木低矮弯曲。灌木草类稀少。主要有疏花蔷薇、籽蒿（*Artemisia salsoloides*）。

榆树人工林的组成结构取决于造林目的，但人们常根据榆树地理分布配置造林树种。总的看，人工林多纯林。若营造混交林，在西北地区则与银白杨（*Populus alba*）或小叶杨（*P. simonii*）混交；东北地区与蒙古栎、色木槭混交；华北地区多与刺槐（*Robinia pseudoacacia*）、紫穗槐混交；在华中和长江两岸混交树种有楝树（*Melia azedarach*）、兰考泡桐（*Paulownia elongata*）、枫杨（*Pterocarya stenoptera*）、水杉（*Metasequoia glyptostroboides*）等。

河南省将榆树人工林划分为两种类型①：

---

① 《河南森林》编委会. 河南森林（油印本）. 1982

（1）*平原河谷及山前洪积扇榆林* 见于孟州白墙水库库堤。15 年生，每公顷 2 340 株。平均高 14.5m，平均胸径 14.3cm。郁闭度 0.7。纯林。林下由狗尾草（*Setaria viridis*）和马唐（*Digitaria sanguinalis*）等 15 种草本植物组成。

（2）*盐碱地榆林* 以封丘县城郊水车乡的榆林为代表。13 年生，每公顷 2 500 株。平均高 7.3m，平均胸径 10.9cm。纯林。林下以碱茅（*Puccinellia distans*）等耐碱植物为主，共 8 种。林分生产力较低。

上述榆林人工林栽植密度和混交类型的模式，以及造林目的，基本上可看作是成功的实例。

（三）生长发育

榆树长寿。在分布区内一二百年，甚至三四百年的大树屡见不鲜。如河北赤城至今尚保存有两株高龄榆树，一株约 420 年，另一株 300 年左右。在内蒙古苏尼特右旗健壮生长着一株 340 年古榆树。黑龙江齐齐哈尔保留一株榆树约 250 年。在新疆玛纳斯林场也见有一株 200 年榆树。

榆树在其总生长周期中，树高、胸径和材积生长过程具有与其他乔木树种类似的规律。根据榆树树干解析资料，树高连年生长量盛期出现在 10 年前后，持续期约 10 年，胸径连年生长量盛期较树高连年生长量盛期稍后，但持续期较长。在华北地区榆树胸径连年生长量多有出现两次高峰的现象，第二次盛期出现时间在 30 年前后，且其生长量较第一次大。榆树的材积连年生长量盛期出现更晚，约 30 年。

以上为榆树总的高、径、材积生长进程，但其数值在不同地理区域有所差异。在东部湿润区，树高生长迅速，盛期出现早，持续期长。胸径和材积生长也有相似进程，表现出树体通直高大。一般树高可达 20m，胸径 20cm，年均生长量树高为 0.8～1.0m，胸径 0.8～1.0cm，单株材积接近 $1m^3$，达到速生标准。在西部干旱区，则树高生长远不及胸径生长，而形成主干低矮、胸径粗大的群体结构。如浑善达克沙地的榆林，50～60 年生，林分平均高 5～6m，平均胸径却达 35cm。后者除生境干旱，林相稀疏，不利林木高生长外，还与在干旱条件下，高径生长持续期不同有关。胸径生长持续期长，而且远远超过树高生长持续期，其结果在形态上表现树干低矮粗大。这里的树干还多弯曲，原因是榆树顶芽嫩弱，常随主梢干枯而死亡，从而导致侧枝代替主枝，形成弯曲的树干。这是榆树在干冷风大生境形成的生物学特征。

干旱地区榆树林除因所处的沙土贫瘠干旱，生长迟缓，或无生产力可言外，生长在具有钙积层淡栗钙土上的榆树呈现“小老树”的现象，也十分普遍和严重。如广布栗钙土的乌兰察布高原后山地区，50～60 年代以来营造 18 000hm^2 的榆林，经 10～20 年生长，绝大部分衰退形成“小老头林”，且逐渐死亡。仅 1980 年死亡面积就达 4 700hm^2。部分林场死亡率高达 80%。据研究，“小老头林”形成的主要原因是大气干旱和土壤缺水。当地地下水位深达 30～100m，普遍不能利用，年降水量 250mm，但蒸发量却为年降水量的十几倍，树木实际获得的有效水分甚微。降水通过土壤含水量影响林木生长。乌兰察布盟林业果树研究所曾对榆树林木生长量与土壤含水量的关系进行调查，二者基本呈正相关。该项研究还指出土壤水分对榆树生长量的影响与林龄密切相关。5年前当地的土壤含水量尚能维持其正常生长，随树龄增加，需水量增多，微量的土壤水分（不足5%）只能满足树木生理最低需水量，而不能促使有机质增长。因此，表现出未老先衰，若连续两年土壤含水率低于3%，树木便萎蔫死亡。

这种现象实质是反映了干旱地区土壤钙积层对榆林生长的影响。榆树根系对钙积层有一定的伸入和穿透能力。它能穿透薄层钙积层或沙性母质、黄土状母质、夹石砾、洪积物等类型的钙积层，而对于厚层钙积层或残积母质坚实的钙积层则难以伸入。肖龙山在70年代研究土壤钙积层对榆林生长的影响，如表1—12所示。

表1—12　钙积层对榆树幼林生长的影响（内蒙古红旗林场）

土　壤	树　高（m）	地　径（cm）	冠　幅（m）	地上部分/地下部分（鲜重比）
钙积层30cm	1.6	2.0	1.1	2.43
无钙积层	3.1	5.2	1.6	1.42

榆树人工林的生长，因立地条件和经营管理水平有很大差异。表1—13数据表明：山西、河北、山东、河南等地平原四旁榆树生长最快，树高年平均生长量1.5m，胸径年平均生长量1.5～1.8cm。生长最差的是内蒙古乌兰察布盟后山和甘肃定西地区的黄土高原，10～20年生榆树，树高1.01～2.95m，年平均生长量仅0.05～0.3m，胸径3.83cm或更低，年平均生长量0.3cm以下。新疆的榆树林带，虽处荒漠气候，因有灌溉条件，生长也较好。

表1—13　不同立地条件下榆树生长比较

调查地点	土壤类型	林种	年龄	株行距（m）	调查株数	平均树高（m）	平均胸径（cm）	树高年平均生长量（m）	胸径年平均生长量（cm）
新疆玛纳斯林场	灰钙土	小片林	22	2×2	51	10.97	12.73	0.50	0.58
新疆石河子市西林带	灰钙土	防护林带	23	3×1.5	62	14.25	13.56	0.62	0.59
宁夏盐池县林场	灰钙土	小片林	19	3×2	40	14.00	19.30	0.74	1.02
山西闻喜县礼元乡	褐色土	村内小片林	7	2×1	37	9.5	8.7	1.36	1.24
内蒙古达尔罕茂明安联合旗林场	栗钙土	片林	10	3×1	50	2.95	3.83	0.30	0.38
河北临漳县	浅色草甸土	行道树	10	2×6	25	12.50	12.93	1.25	1.30
山东定陶县	浅色草甸土	行道树	8	2×6	40	12.0	14.27	1.50	1.78
河南获嘉县	褐土化浅色草甸土	渠岸林	11	2×2	35	12.47	16.93	1.13	1.54
甘肃定西县	灰钙土	水土保持林	22	0.7×2.5	4	1.01	2.33（地径）	0.05	0.11（地径）

在湖北生长在湖区和江边冲积层和沙质壤土上的榆树长势更旺。如枝江市江边公路旁的榆树林带，22 年生平均高 22m，平均胸径 32.2cm，平均单株材积 0.666 2m^3。优势木高达 22.5m，胸径 47.9cm，单株材积 1.748 6m^3。公安县湖区榆树片林，17 年生平均高 19m，平均胸径 26.1cm，单株材积 0.396 6m^3。

（四）更新演替

榆树具有很强的种子更新能力。榆树年年结实，结实量大。一株成年树木结实 3～5kg，每千克果实产种子 12～20 万粒。果实具翅，随风散布远及 0.5～1.0km，也能随河水飘散。种子发芽率高达 70%～90%。发芽后扎根力强，主侧根迅速向下和向四周伸展，形成发达的根系。幼苗生长健壮，能抵御干旱、日灼、霜冻和杂草危害。因此，即便在干旱草原区的沙土，只要落种期地表有少量水分，种子就能迅速发芽成林。内蒙古高原现有的沙地榆树林，正是由于长期封禁，天然更新良好长成的。值得注意的是大部分沙地牲畜危害严重，常常是见苗不见树，或呈丛生状态。在阴山低山干旱阳坡，也时常见到榆树良好的天然更新状况，特别是在松散的坡积土上，落种期遇上透雨，榆树幼苗像雨后春笋般地茁壮成长，每公顷幼苗达 15 000 株。在新疆由于几大盆地地势低平，广泛分布有水源较好的内陆河流，榆树得以沿河生长，构成荒漠独特的森林景观，其原因之一是榆树种实具有随河水飘流散布更新的能力。

在遭到人为破坏时，榆树尚能依靠伐桩自然萌芽更新。这些萌芽林多成丛生长，每丛一般 3～4 株，多者达 8 株。牲畜危害也能促使榆树萌芽更新或自然发枝。

与其他成林树种一样，榆林也有自身的演替规律。在草原地区，榆树长期适宜干冷风沙的生境，林分组成结构比较稳定。例如内蒙古中西部的沙地榆林，在特定的立地，没有任何树种能与之竞争，不存在树种更替现象。但封育能发生由灌草丛向榆树疏林的进展演替；反之，遭到人畜严重破坏，则发生由榆树疏林向灌草丛的逆向演替。

在新疆的荒漠河谷滩地，由于水源较好而出现如前述的几种榆林的演替现象。如天山前山河谷密叶杨林遭破坏后，榆树侵入，形成草甸草类密叶杨榆林；山前洪积扇上洪水飘流的榆树种子，着留于砾石间，生成蒿类榆林，顺洪沟进入前山；河岸胡杨林经破坏或自然稀疏的条件下，也会形成胡杨榆林；草甸草类榆林，若连年放牧，榆树长势低下，更新幼苗幼树稀少，喜湿的草甸植物侵入，草根盘结，土壤过湿，不利榆树生长，而演变成草甸草原或盐生草甸。

（五）评价及经营意见

榆树自然分布广及北方半个中国，引种栽培区扩展到长江以南。在西北、华北及东北部的荒漠和草原地带，榆树既耐旱又耐寒，既耐贫瘠又耐盐碱，因而被广泛用作防风固沙、保持水土，作为三北防护林的重要树种组成部分。在东部和南部的森林地带，榆树生长迅速，材质优良，则培育用材林为主，兼作四旁和庭院绿化树种。榆树的造林绿化事业正在蓬勃发展，但是对榆林经营、保护和利用上，有几点应该引起注意：

1. 榆树既有强盛的天然更新成林能力，又极易遭牲畜危害，因此在有种源和牲畜危害严重的地区，必须强化封育管理，最大限度地利用自然力，发展和扩大特别是草原荒漠地区的榆树天然林。

2. 在气候、水土适宜的东部、南部和西北部分地区，可继续大面积营造榆树速生用材林和四旁绿化。鉴于榆树仍是一个原始的人工栽植种群，以及近10年全国性榆树种源试验所取得的初步成效，证明榆树树种改良潜力很大。建议除加强良种选育科学研究外，当前应利用已有成果，强化种子调拨管理工作，力争作到适地适树适种源，促进遗传增益。

3. 重视现有林的经营。不少地区由于造林初植密度过大，或成林后未能及时调整经营密度，出现许多问题，加上榆蓝金花虫和榆木蠹蛾危害十分严重，以致使榆树的地位低落，在部分地区的造林事业中有被淘汰的趋势。为此，必须加强经营密度（包括初植密度）、间伐中耕、林分改造、混交类型和虫害防治等研究工作，提高林分生产力，或增强防护效能。在人烟稠密地区，严格控制人为破坏。

4. 积极开展榆树资源综合利用。榆树除木材作多种用材外，枝条可用于组织发展编织业、培养木耳，榆叶作饲料，榆胶制药，榆实作化工原料等等。在草原荒漠地区，发展榆树“空中牧场”的生态林业建设，亦是综合利用榆林资源的重要组成部分。建议宣传推广。

2—1—2—2 大果榆林①

大果榆（*Ulmus macrocarpa*）林在中国分布较广，东北、华北、西北、安徽大别山与淮北地区、湖北神农架等地均有分布。东北、华北为其分布中心，一般海拔在1 000m以下。在中国次生林中常是一个混交树种。在植被反复遭受破坏，土壤变得贫瘠干燥，大果榆成为先锋树种，形成以大果榆为优势的森林群落。国外分布于朝鲜、日本、俄罗斯远东和西伯利亚以及蒙古。大果榆林可依其立地条件划分为山地大果榆林、沟谷大果榆林和沙地大果榆林等。

山地大果榆林一般分布于土壤条件较差地段，有的地方甚至为裸岩。山地大果榆林可分3层：乔木层、灌木层和草本层。乔木树种有：色木槭、蒙古栎、榆树、糠椴（*Tilia mandshurica*）、花曲柳（*Fraxinus chinensis* var. *rhynchophylla*）、元宝槭（*Acer truncatum*）、山楂（*Crataegus pinnatifida*）等；灌木有：野杏、土庄绣线菊（*Spiraea pubescens*）、胡枝子、细叶胡枝子（*Lespedeza hedysaroides*）、荆条（*Vitex chinensis*）、小叶朴（*Celtis bungeana*）、花槐蓝（花木蓝）（*Indigofera kirilowii*）、朝鲜丁香（*Syringa dilatata*）、杠柳（*Periploca sepium*）、小叶鼠李（*Rhamnus parvifolia*）等；草本植物有：中华隐子草（*Cleistogenes chinensis*）、针茅、火绒草（*Leontopodium leontopodioides*）、万年蒿（*Artemisia sacrorum*）、绿萼香茶菜（*Rabdosia glaucocalyx*）、大油芒（*Spodiopogon sibiricus*）、苔草、百里香、败酱、三出叶委陵菜（*Potentilla betonicaefolia*）等。山地大果榆林多呈矮林，常为散生或块状

① 执笔人：刘琪璟、王战

分布，灌木和草本植物盖度较大，一般在80%以上。

沟谷大果榆林分布在土层较厚、水分条件优越的沟谷或侵蚀沟两侧，大果榆生长旺盛，林分郁闭度可达0.9；树冠十分发达。混生的乔木树种有：色木槭、山杨、紫椴、糠椴、蒙古栎、元宝槭、榆树、黄波罗、花曲柳、山楂等；灌木有：山杏、金银忍冬、鸡树条荚蒾、李叶溲疏、锦带花（*Weigela florida*）、接骨木、榛子、胡枝子等；草本植物有大油芒、中华隐子草、万年蒿、狭叶益母草（*Leonurus manshuricus*）、绿萼香茶菜、棉团铁线莲、苔草、唐松草、地榆等。

沙地大果榆林主要分布在固定沙丘上，群落总盖度80%左右，高度3～6m，层次不明显。林木发育不良，林窗出现较多，郁闭度小，为稀疏的矮林外貌。以内蒙古科尔沁沙地大青沟为例，伴生的乔木树种有：色木槭、蒙古栎、榆树、山楂、桑（*Morus alba*）、蒙桑（*M. mongolica*）；灌木有：山杏、细叶胡枝子、叶底珠（*Securinega suffruticosa*）、乌苏里鼠李（*Rhamnus ussuriensis*）、小叶鼠李、华北卫矛（*Euonymus maackii*）、兴安茶藨（*Ribes pauciflorum*）等；草本植物有：狗尾草、万年蒿、苔草、苦买菜（*Ixeris denticulata*）、草白蔹（*Ampelopsis aconitifolia*）、沙参（*Adenophora elata*）、大油芒、光颖芨芨草（*Achnatherum sibiricum*）、展穗芨芨草（*A. effusum*）、土三七（*Sedum aizoon*）、蒙古蒿（*Artemisia mongolica*）、羊草（*Aneurolepidium chinensis*）、水棘针（*Amethystea caerulea*）、北野菊（*Chrysanthemum boreale*）、寸草、毛马唐（*Digitaria saguinalis* var. *ciliaris*）等。

大果榆结实量较大，种子具翅，能分散传播；也具有萌蘖更新能力。它不仅是裸地上的先锋树种，也能在林下更新。以辽宁西部为例，油松蒙古栎林为地带性植被，由于长期过度放牧、樵采挖根，使森林退化为灌丛、草地和裸岩。这样的地段造林很难成功，但可形成天然大果榆纯林。以后又逐渐演变为蒙古栎大果榆林。大果榆还能在油松林内更新，形成大果榆油松林。

大果榆是优良的用材树种，木材坚硬致密，不易开裂，纹理美观。适用于车辆、枕木、建筑、农具、家具等。大果榆种子产量较高，千粒重量76.1g，种子含油量为39.1%，其中癸酸占脂肪酸总重量的66.5%。这两种物质含量均居榆属之首。种子油可供食用和工业用，癸酸是重要的工业原料，种子还可酿酒、制酱油、入药。大果榆树皮、根皮富含纤维。树皮含纤维素54.85%，其中α-纤维素16.44%。纤维长度0.85mm，宽18.5μm。可供纺编、造纸、亦可提取栲胶，皮中胶质可做纸糊料。幼枝可作编织材料，树叶适作饲料。

大果榆树叶秋季变红，树冠大，适于城市及乡村四旁绿化。在植被恢复比较困难的干旱半干旱山区，应充分利用和发挥大果榆的固土保水作用，改善立地条件。尤其是人工造林困难的地段，应保护好大果榆，以防退化为草地、裸露地。在三北干旱半干旱地区，大果榆是防护林工程的树种之一。

2—1—2—3 春榆林[①]

春榆（*Ulmus davidiana* var. *japonica*）是长白植物区系的孑遗树种之一，为原生森林植被类型。为沿岸水曲柳鱼鳞云杉林、春榆红松林、春榆水曲柳林中的重要组成树种。其中春榆水曲柳林，还是长白山阔叶红松林区域内典型的无红松混交的原始阔叶林类型，目前在长白山林区所分布的春榆林，从其林分结构、生态特性、立地环境、演替趋势等方面观察与该类型多有相似之处，惟水曲柳的成分相对较少而已。这里所说的春榆林应理解为上述各类型遭到过量采伐后逆向演替的结果。

春榆林在我国主要分布在大兴安岭东部、小兴安岭、长白山等山区，包括黑龙江、吉林、辽宁以及河北等地。在国外，俄罗斯远东、朝鲜、日本、蒙古亦有分布。吉林省主要分布在长白山林区的低山地带和低山丘陵区的河谷漫滩以及平缓山麓和台地等地段，常沿溪河走向呈块状分布，集中连片者少。从行政区划上看，主要集中在通化、延边地区的森工企业局境内，吉林地区分布较少。其垂直分布范围，大致在海拔 300～1 100m，一般多集中在海拔 600～800m。富尔河和露水河流域一带上述高度的平缓坡地和宽溪谷地上分布较多。

春榆林现存面积不多。据统计，总面积不足 6 万 hm^2，蓄积量不足 300 万 m^3。其中属于过伐性质的成过熟林面积占 30.9%，近 1.8 万 hm^2，蓄积量占 68.6%，近 200 万 m^3。其余均为在同类立地条件下次生裸地上生长起来的以春榆为优势的次生林，这类林分主要分布在地方林业局境内，一般皆具有交通便利，人类活动频繁，开展经营活动方便等特点。

春榆林的适生范围较窄。一般喜生于滩地，宽平溪谷地（称“沟塘子”），排水良好的阶地，个别地方还见分布在各向坡麓和坡中下部以及缓坡的地段。陡坡、斜坡地形上极少分布。

春榆林的立地环境普遍较湿或重湿，土壤多为暗棕色森林土、谷地生草森林土以及白浆土。由于冲积、坡积作用的结果，致使林地土层较厚，带有丰富的有机质，对喜肥耐湿的春榆林生长颇为有利，林木生长较好。

属次生性质的春榆林分布比较广泛，除前述立地类型外，亦有分布在坡度较大、生境相对干旱的立地条件。这显然与喜肥沃、喜湿润的春榆生态特性不相适应。因此这类林分生长较差，且易为其他适生树种所更替。

林分结构多呈两种状态：一种是属于过伐性质的春榆林，上层为成过熟林，林木组成多为阔叶混交林。在富尔河、露水河一带，亦见有春榆占 6～7 成以上的纯林。混交树种中以水曲柳为主，尚有色木槭、核桃楸等多种阔叶树种和臭冷杉。由于立地条件优越，组成树种繁多，在吉林桦甸境内曾见到由 14 个树种混交的春榆过伐林。林木的层次结构具有明

① 执笔人：邵永礼

显的主林层、演替层、更新层。在演替层和更新层中，水曲柳、色木槭、春榆占优势，表明在自然状态下，下一代林分将是以水曲柳为优势的硬阔叶混交林。下木层有疣枝卫矛、簇毛槭等10多种，草本植物有蕨类、木贼等10多种。生长均很繁茂。

另一种是属于次生性质的春榆林。是一种以春榆为优势的阔叶混交林类型，其组成系数一般不超过5成。同一林分内的组成树种较过伐性质的春榆林明显减少，主要有色木槭、椴树、黄檗等乔木树种。植被的主要成分仍属阔叶红松林类型或原生的沿岸春榆鱼鳞云杉林的植物成分，无旱化迹象。灌木有东北茶藨、溲疏、暴马丁香等，草本植物有毛缘苔草等。林木胸径分布整齐，基本上属于同一世代。天然更新普遍较好。这类林分正处于中、幼龄阶段。

依立地条件、林分结构、演替趋势等特点，春榆林可划为如下两个林型：

1. 坡地春榆林

主要分布在长白山、张广才岭、完达山林区低山和低山丘陵地带的缓坡至斜缓坡中下部或坡麓和台地等地形上，阴坡和半阴坡居多。土壤为坡积母质上发育的暗棕色森林土以及少数白浆土，排水良好，土层较厚，湿度较大。

本林型多属原生的春榆水曲柳红松林经采伐或破坏后所形成。因此林木组成中，除红松几乎已经绝迹外，尚保留有少量水曲柳，其余大部分混交树种仍保留在原林分之中。其各树种的组成系数为：春榆4～7、水曲柳1～3、紫椴1、色木槭1，此外尚有蒙古栎、白桦、山杨、裂叶榆、风桦、核桃楸、黄檗等。密度中等，一般为Ⅱ～Ⅲ地位级，近、成熟林每公顷蓄积量200m^{3}以上。属次生性质的林分，每公顷蓄积量70～100m^3。

下木中密或密，主要有毛榛、刺五加、簇毛槭、东北山梅花、花楷槭、青楷槭、光萼溲疏、东北茶藨等。草本植物以湿—中生型居多，覆盖度较大，种类繁多，主要有山茄子、木贼、小叶芹、玉竹、毛缘苔草、美汉草、苔草、大猫眼等。

天然更新主要为色木槭、水曲柳。个别林分内还见有花曲柳幼树幼苗存在。

2. 溪谷春榆林

多见于山间宽平谷地、河滩地等地势低平地段。林内环境阴湿。土壤为发育在冲积、淤积母质的谷地生草森林土、冲积土，腐殖质含量丰富，土层深厚而肥沃，适宜春榆、水曲柳生长。

林木组成一般以春榆、水曲柳为主，其次为核桃楸、椴树、白桦、香杨、大青杨、粉枝柳。系原生春榆红松林和春榆水曲柳林在人为干扰下逆向演替的结果。第Ⅱ层中以水曲柳、色木槭为优势。

下木层中，以暴马丁香为主，其次为刺五加、山梅花、黄花忍冬、珍珠梅等。草本层有棠棣升麻、宽叶荨麻、假繁缕、小叶芹、蕨类、山茄子、木贼等。林分生产力为Ⅰ～Ⅱ地位级，郁闭度0.6～0.8，每公顷蓄积量250m^{3}左右。其具体林分状况参见表1—14。

春榆系大乔木，树高可达30m，胸径可达80cm以上，虽然春榆林分布面积较少，但却散生于许多森林类型中，总蓄积量可达3 800万m^3。

表 1—14　溪谷春榆林林分因子调查

林木组成	年龄	平均胸径 (cm)	平均树高 (m)	郁闭度	每公顷蓄积量 (m^3)	地点
Ⅰ层：春榆 5 水曲柳 2 色木槭 1 椴 1 其他 1	成熟林	25.4	23.4	0.71	237.4	桦甸
Ⅱ层：色木槭、水曲柳		8.0（水）				
Ⅰ层：春榆 4 水曲柳 1 槭类 2 椴树 1 核桃楸 1 白桦 1 其他 Ⅱ层：色木槭、水曲柳、春榆	成熟林	28.4	22.3	0.64	254.0	舒兰

据吉林省林业勘查二大队在敦化、延吉、桦甸一带的调查资料，春榆林的生产力较高，如生长在台地白浆土上的春榆林，疏密度变动在 0.6～0.76，地位级Ⅱ～Ⅲ，Ⅴ～Ⅶ龄级的林分，每公顷蓄积量 190～220m^3。另据吉林省森林资源统计资料，中龄林的林分枯损率为 0.51%，成熟林为 1.54%。在一般情况下，春榆林在不同生长发育阶段的生长率可用下列公式表示。

表 1—15　春榆林胸径、材积生长率公式　单位：%

类别	龄组	胸径生长率 $P_D=A\,D^B$		材积生长率 $P_V=A\,D^B$	
		A	B	A	B
森工区	中	6.488 17	0.283 24	25.257 48	0.194 50
森工区	成	5.250 72	0.263 31	18.136 36	0.199 68
地方区	幼中	5.507 47	0.343 40	21.623 70	0.230 73
地方区	成	9.580 32	0.192 54	32.783 85	0.144 04

综上所述，形成本类型的途径有二：其一是原生的沿岸水曲柳鱼鳞云杉林或谷地春榆红松林经过量采伐，伐去群落内的红松、水曲柳、鱼鳞云杉等珍贵树种，遗留下春榆、水曲柳、色木槭等硬阔叶树。伐后春榆的组成系数相对增多，且成为优势，形成现今的春榆林。如有针叶树种源，则可能发展成为针阔混交林。其二是河流沿岸的林分，遭严重破坏后，裸地上出现喜光，喜湿润，喜肥的大青杨。以后春榆、水曲柳等中性树种再次侵入，逐步更替大青杨，使林分由次生演替阶段过渡到硬阔叶林时期，并发展成榆树林。

应该进一步指出，水曲柳在硬阔叶树种间的竞争中，表现着显著的更新优势，故有可能发生水曲柳更替春榆的现象。

对成过熟林分应积极采伐利用，一般以择伐方式为宜，伐后依立地条件的不同，分别营造红松、鱼鳞云杉或落地松；对郁闭度达 0.8 以上的次生林可进行抚育间伐；溪河沿岸的林分应划为护岸林。

第三节　杨树林[①]

以杨属（*Populus*）树种为优势种组成的杨树林，中国有数十个森林类型，本书记述了 25 个类型。中国杨树林主要分布于温带、暖温带和亚热带山丘地区的溪谷两侧、缓坡山麓、河流沿岸及平原地。共同的特点是，要求湿润的土壤生境。

大多数杨树林类型极少大面积纯林，多为块状或带状分布以至散生。胡杨（*P. euphratica*）林和灰杨（*P. pruinosa*）林在新疆塔里木河的河漫滩上有较大面积天然纯林，人工林则呈零星分布。苦杨林则与新疆落叶松的分布区相一致，为阿尔泰准噶尔盆地和天山北坡的东部，在俄罗斯也有分布。甜杨分布在大、小兴安岭长白山的河流两岸。山杨（*P. davidiana*）林在小兴安岭、长白山等地区的针叶林和针叶混交林采伐迹地和火烧迹地上长成较大面积的纯林和混交林，而在河北、山东、山西等地的山丘地区则呈零星生长，陕西秦岭则为冷杉林破坏后的次生林。银白杨（*P. alba*）林和新疆杨（*P. alba* var. *pyramidalis*）林适生于温带干旱地区，在北京、山东、河南等地因不适应比较湿热的气候，生长不良，病虫害多，无经济效益。响叶杨（*P. adenopoda*）多散生于江淮间山丘地区的阔叶林中，大青杨（*P. ussuriensis*）林是小兴安岭及长白山的采伐迹地、火烧迹地上的次生林，在沟谷中常见到小片纯林或居于优势木的混交林中。

小叶杨（*P. simonii*）林、毛白杨（*P. tomentosa*）林、青杨（*P. cathyana*）林、河北杨（*P. hopeiensis*）林、二白杨（*P.* ×*gansuensis*）林及加杨（*P.* × *canadensis*）林是中国人工营造的杨树林，前 5 个林分类型是中国原有的杨树林，有天然林，也有人工林。欧美杨林是从国外陆续引进的多个无性系，人工栽培而成的人工林。

河北杨林是河北、山西、内蒙古南部及陕西渭河以北常见的人工林，青杨林除上述地区常见外，也是辽宁和内蒙古南部的人工林。二白杨林多见于甘肃、陕西的黄土丘陵区，有逐渐取代箭杆杨（*P. nigra* var. *thevestina*）之趋势。

毛白杨林是中国黄河中、下游各地平原农区常见的杨树林，只适应暖温带气候，要求湿润肥沃的厚层土壤，在淮河以南及北京以北（山西太原以北）都生长不良，蛀干害虫严重。其适生区多作为“四旁”植树及农田林网树种，纯林极少。

小叶杨林是中国分布最广的杨树林，在温带南部至暖温带的山丘沟谷、沙地、河漫滩尤为习见。更由于数十年各地涌现出众多的天然杂交系号和人工切枝杂交的系号，都自诩为优良“品种”，喧嚣一时，客观上也确实扩大了小叶杨林的分布范围。目前河北、山西、

① 执笔人：许慕农

内蒙古、辽宁、吉林、陕西渭河以北及甘肃东部和东北部仍有一定的面积和蓄积量。在山东、河南、江苏、安徽及陕西关中平原，已被欧美杨林取代。

欧美杨林是中国近数十年来兴起的人工林，林分面积和木材蓄积量在中国杨树林中居第一位。由于生长快，成材早，采伐期短，经济效益高，中国暖温带和北亚热带杨树林分布区中的优良立地，都被欧美杨林占据，特别是平原农区和水网地区。最早进入中国的欧美杨为加杨（*P.* ×*canadensis*），大约在20世纪30年代引入，至50年代才大规模人工造林，由于生长速度高于毛白杨和小叶杨等杨林，很快就成为华东、华北、华中及西北适生地区的主要造林树种。60年代起，由于加杨生长衰颓，病虫害多，中欧和东欧国家的欧美杨无性系，如健杨（cv. Robusta）、沙兰杨（cv. Sacrau 79）、波兰15号杨（cv. Polska－15A）、意大利214杨（cv. Ⅰ－214）等进入中国，代替了加杨，毛白杨林地也受到蚕食。20世纪70年代后期，美洲黑杨（*P. deltoides*）及其无性系，如69杨（cv. Ⅰ－69/55）和新的欧美杨无性系如63杨（cv. Ⅰ－63/51）、72杨（cv. Ⅰ－72/58）等系号进入中国，在北纬28°～36°的平原地区表现出特异的速生性能，由于喜暖温湿润气候，在此范围以南及以北地区栽植，生长量较小，但是仍大于一般杨树林。欧美杨林的材质虽然逊于中国原有的杨树林各类型，但其生长快，繁殖容易，采伐期短，木材广泛用于造纸和胶合板工业，经济效益颇高，欧美杨林仍缓慢地扩大面积。目前中国育成欧美杨、美洲黑杨与小叶杨等人工林杂交的系号，使欧美杨的适应性提高，造林范围扩大。

杨树林是中国落叶阔叶林的主要森林类型，林分面积和木材蓄积量仅次于栎林，在平原农区及水网地区，尚无取代杨树的树种。在吉林、辽宁、河北、内蒙古、宁夏、山西、陕西等地的某些立地，杨树是人工林的优势树种。今后中国杨树林的经营方针是，及时采伐更新成、过熟林，加强成林抚育，防治病虫害。在人工造林上，要强调“适地适杨”，要严肃对待那些繁多的杂交系号，不论是订名为种或品种，都应当明确介绍适生区域和速生丰产的生态条件、林业技术和木材学特性及用途，还要有一定范围和面积的中试测定材料。只有这样做，才能使杨树林资源发展走上正确道路，农民不受伪劣品种苗木之害。

2—1—3—1　甜杨林①

甜杨（*Populus suaveolens*）是中国东北和大兴安岭山地沿河两岸分布的天然速生树种。木材轻软、细腻、纤维长，是造纸、胶合板、人造纤维、火柴等工业的理想原料。甜杨林具有用材价值。但尤为重要的价值还在于它的生态效益。在内蒙古大兴安岭和东北山地大河两岸分布的甜杨林，它们在保持水土、固滩护岸、滞缓径流、美化环境以及保护森林动物和维护森林生态系统结构的稳定性均起着重要作用。

甜杨起源于东西伯利亚第三纪针叶林和白令古陆，属于鄂霍茨克植物区成分。甜杨林

① 执笔人：穆天民

在世界天然分布区很广，其北缘的界线大致与北极圈相平行，沿阿尔丹河以东向西南伸延，止于贝加尔湖东岸再折向东进入中国境内，然后越过大兴安岭山地北部到达小兴安岭和长白山区。甜杨由这里又继续向东伸延，越过朝鲜、日本，其南界一般不低于北纬 49°，甜杨林的垂直分布高度，因纬度不同而有差别，例如在大兴安岭北部，它多出现于 1 500m 以下的大河两岸，溯河而上随着海拔升高河谷渐趋狭窄，甜杨林逐渐为赤杨所代替。从水平与垂直分布看，甜杨分布相当广泛，但实际上甜杨林的出现只在大河的两岸。按多元顶极学说，甜杨林无疑也是一种相对稳定的群落，是多元顶极中的一个成分，它的存在，丰富了所在地群丛（association）类型的多样性和广域森林生态系统功能的完善性。

甜杨和钻天柳（*Chosenia arbutifolia*）一样，它在系统发育过程中形成了喜湿、喜肥、喜光和耐寒等特性。不过它对这些生态因子的需求程度，比起钻天柳尚有一定差异，即虽喜湿但不耐积水，虽喜肥但并不苛求。正因为如此，自然状况下大兴安岭山地大河两岸甜杨林与钻天柳林相比，所占据的地位是离河流较远的地段，它与钻天柳群落形成一定的空间分布格局。

甜杨林一般可划为三层：即乔木层、灌木层和草本层。各层内的种类成分因地而异。在大兴安岭林区，乔木层的主要伴生树是钻天柳，此外还有兴安落叶松（*Larix gmelinii*）、白桦（*Betula platyphylla*）、粉枝柳（*Salix rorida*）、稠李（*Prunus padus*）等。灌木层主要有红瑞木（*Cornus alba*）、茶藨子（*Ribes* sp.）、西伯利亚赤杨（*Alnus sibirica*）、蓝靛果（*Lonicera caerlea* var. *edulis*）、珍珠梅（*Sorbaria sorbifolia*）、刺玫蔷薇（*Rosa davurica*）、绣线菊（*Spiraea* sp.）等。林下草本层主要有荨麻（*Urtica* sp.）、蚊子草（*Filipendula palmata*）、东方草莓（*Fragaria orientalis*）、红花鹿蹄草（*Pyrola incarnata*）、小叶章（*Deyeuxia angustifolia*）、大叶章（*D. langsdorffii*）、木贼（*Equisetum hiemale*）等。

甜杨是一个速生树种，它的生长速度之快，可以与同一分布区的钻天柳、东北山地的大青杨（*Populus ussuriensis*）相提并论。其单株甜杨，树高可达 30m，胸径接近或超过 50cm，单株材积可超过 1.0m^3。甜杨天然林也有相当高的生产力。林龄 51 年生的甜杨林，林分平均树高 23.7m，平均胸径 24.5cm，折合标准林分的每公顷蓄积量为 343m^3。这比相同立地条件下（Ⅰ地位级）的落叶松林要高 49m^3。另一林龄 85 年生的甜杨林，其相应测树指标为 27.3m、33.6cm 和 543m^3，单位蓄积量为相同立地条件兴安落叶松林生长指标的 1.25 倍。现根据林业部《大兴安岭森林资源调查报告》的几块标准地资料，列表 1—16，可供参考。

甜杨林的更新和演替与河流和河谷的发育、变迁等自然地理过程有关。发育一定程度的河流，往往在河弯内侧形成砾石裸露的河滩。在植物生长季节内这里水分极其丰富，丰水期它们在短期为薄层流水浸淹，平水期地下水也多能浸渍滩地表层。当然河水也给这里带来丰富的营养物质并淤积了大量无机颗粒，从而为树种的更新创造了良好的环境。甜杨、钻天柳以及其他树种的繁殖体侵入滩地后，唯前两者更适于在这里发芽、生长并形成群落。当泥沙、腐殖质淤积速度较快，地下水位相对较深，雨季积水时间较短时，即当河滩地相

表 1—16　大兴安岭北部林区甜杨林生长指标

林木组成	地位级	林龄	平均高 (m)	平均胸径 (cm)	疏密度	蓄积量 (m^3/hm^2) (折合成 1.0)
9 杨 1 柳＋落	Ⅰ	91	29.8	35.6	0.75	547
9 杨 1 落＋柳	Ⅰ	87	29.7	36.3	0.66	496
9 杨 1 柳	Ⅰ	85	27.3	33.6	0.60	540
10 杨	Ⅰ	85	27.3	33.6	0.60	540
8 杨 2 柳＋落	Ⅰ	83	28.1	34.0	0.86	478
8 杨 1 柳 1 落	Ⅰ	77	28.9	34.8	0.85	500
8 杨 2 柳	Ⅰ	51	23.7	24.5	0.76	343
8 杨 1 柳 1 落	Ⅱ	56	19.3	17.4	0.76	268
6 杨 3 柳 1 落	Ⅱ	41	16.3	16.3	0.82	194

注：引自《大兴安岭森林资源调查报告》，第Ⅳ卷 P. 244～247

对较旱时，有利于甜杨生存，群落中甜杨的比重较大。相反则有利于钻天柳生存。目前所见到的钻天柳林分分布在近河岸处，向远处过渡为甜杨林的事实，就是这两个树种生物学特性与河流发育、变迁，以及河流两岸水分分布和季节性变化等因素相互作用的必然结果。

甜杨是个强喜光树种，因此在它的林冠下几乎无甜杨的幼苗和幼树。当群体生长发育达到成熟或过熟阶段时，老龄个体相继死亡，此时其他树种侵入。例如在大兴安岭山地有落叶松等树种侵入，渐渐演替为兴安落叶松林或白桦林。当河流摆动又一次冲击到这里并冲掉表层的土壤再次形成砾石滩时，群落的发生和演替又重新开始。

如果甜杨林遭到火灾、滥伐等外因的作用而突然消失，那么就会演变成由粉枝柳、稠李亚乔木和赤杨、红瑞山茱萸等灌木所构成的低价值的灌木林。

为了保护好现有甜杨林，加强培育后备资源，充分发挥其生态、经济效益，应采取以下措施。

1. 对现有天然林要严加管护，坚决制止滥砍滥伐。同时要严防森林火灾，保护好现存的甜杨天然林。

2. 所有甜杨林均应按护岸林对待，单独划为护岸林经营区，制定独特的经营方针和旨在维护和提高护岸等生态效益的经营措施。

3. 目前偏远林业局（场）有相当面积的成过熟天然甜杨林，其中大部分林木已达到或接近自然成熟，迟早会因自然死亡而导致森林系统的解体和防护效益的丧失，对这类森林应采用以人工更新为后继作业的经营采伐，采伐方式不宜采用择伐，因为弱度择伐对喜光树种甜杨的更新无济于事，而强度择伐又会造成其防护效益的丧失。另外择伐作业也不能创造有利于人工更新作业的场地和环境。为了维护甜杨林的防护效益，建议采用品字形排列或横河带状间隔的特小面积皆伐（0.09～0.25hm²），皆伐后尽快采用人工造林的方法恢复森林。

2—1—3—2 大青杨林①

大青杨(*Populus ussuriensis*)是中国东北山地的速生树种。大青杨林不仅具有水源涵养和水土保持作用，而且是营造速生丰产用材林和短伐期人工林的重要造林树种。

（一）分布与生境

大青杨天然林，在世界分布范围不广，在国外仅见朝鲜北部和俄罗斯远东地区，其主要分布区为中国东北黑龙江小兴安岭和吉林长白山两大林区，辽宁东部山区也有少量分布。

大青杨是中国东北山地阔叶红松林的伴生树种，其水平分布范围基本上与温带针阔叶混交林地带相一致。自然地理位置介于北纬 40°15′～50°20′，东经 126°～135°之间，包括黑龙江以南，乌苏里江以西，图们江、鸭绿江以北，西界大致在黑龙江北安—哈尔滨—吉林—通化—丹东连线以东，呈南北长东西窄的狭长地域。区内山峦重叠，地势起伏，主要有小兴安岭、完达山、张广才岭、长白山等主脉及其支脉，全区地势以长白山周围最高（主峰白云峰海拔 2 691m），向北、向西逐渐低缓，随地势的变化和纬度的增高，大青杨垂直分布界限也呈明显的差异：如在北纬 41°～43°的长白山区分布上限在海拔 1 100m 处，单株可达 1 300m，下限为海拔 500m；在北纬 43°～46°的张广才岭，上限可达海拔 900m，下限在 300m；而在北纬 47°以上的小兴安岭地区，上限达 700m，下限在 200～300m。说明大青杨有随纬度增高，雨量减少，气温降低，垂直分布递降的规律。

大青杨在生长发育过程中，不耐高温干燥的气候环境和土壤质地坚实贫瘠的条件，喜生于凉爽多雨和湿润松软肥沃的土壤。其自然分布区内年平均气温 0～6℃，1 月平均气温 －14～－28℃，7 月平均气温 20～26℃，年平均降水量 500～1 100mm，多集中在 6、7、8 三个月，年平均相对湿度 60%～75%，≥10℃积温 2 000～3 200℃，无霜期 100～160d，属温带湿润季风气候特点。区内地质主要为花岗岩、片麻岩和玄武岩，地带性土壤为暗棕壤，而以山地暗棕壤为主，这些生境条件，基本上满足了大青杨生长发育所要求的水、热、肥条件。但由于分布区的狭长地形，南北跨纬度 10°，自然环境条件变化幅度较大，从南到北年平均气温相差 5℃，年降水量相差 500mm，由于水热条件的不同，大青杨的生长发育和生产力也不尽相同。

大青杨中心分布区为长白山林区在北纬 41°～44°，东经 126°～131°范围内，海拔高 600～1 100m，年平均气温在 2～5℃，1 月平均气温 －6～－20℃，7 月平均气温 20 ～ 24℃，年降水量在 650～900mm，≥10℃积温 2 200～2 800℃，无霜期 110～140d，相对湿度70%～75%，在中心分布区深厚、湿润、腐殖质含量高达 6%～8%的土壤上，林木生产

① 执笔人：李华春

力很高。由于自然分布区内立地条件(水肥)的不同，对其生长发育和分布均有极大的影响。在自然分布区东经126°以西，属半湿润向半干燥过渡地带，气温升高，降水量减少，土壤肥力低，虽有零星分布，但生长发育不良。目前大青杨人工栽培，也仅限于东经126 °以东的湿润地区，超出其自然分布区均生长不良。

据吉林省1980年森林资源复查统计资料，大青杨林分布在向阳缓坡的占50%，河滩谷地占25%，阴坡和台地谷间各占12.5%。说明大青杨是喜光、喜肥、喜湿润的树种。

（二）组成结构

大青杨林是原始阔叶红松林遭受自然（火灾）或人为的采伐、开垦严重干扰之后，在次生裸地上作为先锋树种而形成的次生森林。林相整齐，是典型的天然同龄单层纯林。

大青杨林树种组成单纯，这是由于大青杨的初植密度较大，生长快，因而排挤了同时更新的山杨、白桦等喜光树种，且其他树种也难侵入。所以在成林阶段，大青杨占绝对优势，其组成株数蓄积均在8～9成，与之混生的香杨（*Populus koreana*）、山杨、白桦、春榆（*Ulmuspropinqua*）、水曲柳（*Fraxinus mandshurica*）、核桃楸（*Juglans mandshurica*）、紫椴（*Tilia amurensis*）、蒙古栎（*Quercus mongolica*）等为数很少，除香杨、山杨有时可占1～2成外，其余均不够1成。

大青杨林垂直结构简单，基本上可分为乔木、灌木、草本3层。乔木层只有1层，除香杨、山杨及少数水曲柳、春榆能与大青杨同列为乔木层外，其他树种多居于乔木层之下，且为数极少，构不成1个亚层。大青杨由于幼、中龄阶段立木密度大，林下灌木杂草不发达，随年龄增大，林木不断自然稀疏，林冠疏开，林下开始形成较稳定的灌木层和草本层，灌木和草本层植物的种类基本上与红松阔叶林下相一致，但种类和数量均较红松阔叶林少。

在灌木层中，主要种类有较耐荫的东北山梅花（*Philadelphus schrenkii*）、金花忍冬（黄花忍冬）（*Lonicera chrysantha*）、刺五加（*Acanthopanax senticosus*）、小花溲疏（*Deutzia parviflora*）、毛榛（*Corylus mandshurica*）等；在林冠疏开处又有一些喜光的种类侵入，如疣枝卫矛（*Euonymus verrucosus* var. *pauciflorus*）、鸡树条荚蒾（*Viburnum sargentii*）、胡枝子（*Lespedeza bicolor*）、刺玫蔷薇（*Rosa davurica*）等；在阴坡和较湿润林下还有暴马丁香（*Syringa amurensis*）、青楷槭（*Acer tegmentosum*）、花楷槭（*A. ukurunduense*）、稠李等，多呈单株零星分布，平均高1～ 2m，盖度10% ～ 15%。林下草本植物较繁茂，分布均匀，主要种类有山茄子（*Brachybotrys paridiformis*）、木贼（*Equisetum hiemale*）、四花苔草（*Carex quedriflora*）、毛缘苔草（*Carex campylorhina*）、掌叶铁线蕨（*Adiantum pedatum*）、白花碎米荠（*Cardamine leucantha*）、宽叶山蒿（*Artemisia stolonifera*）、粗茎鳞毛蕨（*Dryopteris crassirhizoma*）、大叶柴胡（*Bupleurum longiradiatum*）、美汉草（*Meehania uriicifolia*）等，平均高20～30cm，盖度80%～90%。在林内阳光充足处还有一些早春植物侵入，如东北延胡索（*Corydalis ambigua* var. *amurensis*）、黑水银莲花（*Anemone amurensis*）、小顶冰花（*Gagea hiensis*）、五福花（*Adoxa moschatellina*）等。层外植物仅见有少量单株的狗枣猕猴桃（*Actinidia kolomikta*）、软枣猕猴桃（*A. arguta*）、山葡萄（*Vitis amurensis*），

生长发育不良。

大青杨的生理特征需要较大的空间来满足生长发育过程中对水肥热等所需条件，尽管其初更新阶段幼树茂密，每公顷有 3 000～4 000 株，郁闭后自然稀疏急剧，达到中龄阶段，每公顷降到 1 000～1 500 株，到成熟阶段，每公顷仅保存 500～700 株，同样需要较充足的水肥、热量，郁闭度在 0.6～0.7，通常立木高度大体一致，形成单层同龄纯林。

大青杨林根据立地条件和生产力，可划分为以下 3 个林型。

1. 坡地大青杨林

本林型多分布在山地中下腹缓坡上，以阳坡较多，其次为半阳坡，阴坡很少，土壤为山地暗棕壤，土层深厚肥沃，单层纯林，大青杨组成 7～9 成，与之混生的树种有山杨香杨、白桦、紫椴、色木槭等，组成占 1～2 成，地位指数 26～28，属速生立地型，40 年生林分平均树高 28～32m，平均胸径 30～36cm，株数 500～650 株/hm^2，蓄积 400～500m^3/hm^2，年平均生长量 10～12m^3/hm^2，是各类型中生产力较高的类型。

2. 河滩谷地大青杨林

本林型分布在江河沿岸和山间宽溪谷地上，土壤多为冲积沙壤土和草甸土，土壤深厚肥沃，单层纯林，大青杨组成占 7～8 成，林内混生有少量水曲柳、核桃楸、裂叶榆、钻天杨等，组成占 1～2 成，由于光照不及阳坡，林地湿度较大，林木生长稍次于坡地大青杨林，地位指数在 22～24，个别地段可达 26，平均高 24～28m，平均胸径 26～30cm，株数 450～700 株/hm^2，蓄积 350～450m^3/hm^2，年平均生长量 7～9m^3/hm^2。

3. 台地大青杨林

本林型分布在台地和平缓岗地上，分布面积较少，土壤多为粘壤土或白浆土，排水和通气不良，地位指数在 16～18，个别有达 20 的。林木生长发育和生产力均低于上述两个林型，大青杨组成占 7～8 成，混生树种有山杨、白桦、色木槭、水曲柳、蒙古栎等，组成可占 2～3 成。个别林分（低湿台地）常混有臭冷杉、鱼鳞云杉幼树，构成一个演替层。50 年生林分平均高 18～22m，平均胸径 20～24cm，株数 600～900 株/hm^2，蓄积 200～ 300m^3/hm^2，年平均生长量 4～6m^3/hm^2。

大青杨过去未被人们重视，几乎没有人工林，20 世纪 70 年代以来，东北林区一些老森林工业局出现可采资源接近枯竭，后备资源接续不上的情况下，才开始在采伐迹地上营造人工用材林，绝大部分均为纯林，初植密度每公顷 1 500～3 000 株，而以 2 500 株较为普遍。据吉林省林业科学研究所调查，在长白山采伐迹地上，1975 年营造的大青杨人工速生用材林，株行距 2m×2m，每公顷 2 500 株，造林 5 年即郁闭成林，至 11 年生时，每公顷保留株数 1 500～2 000 株，平均树高 12～14m，平均胸径 11～13cm，每公顷蓄积 105～139m^3，年平均生长量 9.6～12.7m^3/hm^2，目前正开始进入速生期，预测培育到 20～25 年可主伐利用，每公顷蓄积可达 300m^3 以上。

（三）生长发育

大青杨是落叶大乔木，干形通直圆满，在自然分布区内，到处可见到树高达 30m 以上，胸径 100cm 以上，单株材积达 10m³ 以上，年龄在 100～150 年的老龄大树生于红松阔叶林内而居林冠上层，并较当地山杨、白桦具有寿命长、耐心腐、抗病虫害强的优点，其生长快，产量高，居东北山地森林诸树种之冠，深受人们喜爱。

为阐述大青杨生长发育各阶段的生长特性，今举其中心分布区长白山西坡海拔 800m 处，具有代表性的坡地大青杨林解析木生长过程加以论述（李华春等，1976）。大青杨树高在 15 年以前最快，连年生长量在 1m 以上，为高生长的速生期，15～25 年高生长减缓，连年生长量在 0.5～0.7m，30 年后高生长急剧下降，连年生长量在 0.2～0.3m，40 年后高生长近于停顿，连年生长量仅 0.1m 左右。胸径生长的速生期在 10～25 年时，连年生长量均在 1cm 以上，30 年以后开始缓慢。材积生长速生期较树高和胸径较晚，但持续期较长，一般在 15～35 年，连年生长量在 0.05m³ 上下，到 38 年时连年生长量与平均生长量曲线相交，达到数量成熟，但生长量下降趋势缓慢，到 50 年时连年生长量仍保持在 0.02～0.03m³，生长潜力很大。

大青杨在树高、胸径、材积的速生期来临早，生长量高，成熟期短，30～40 年即可主伐利用，据不同立地类型解析木资料分析，大青杨的数量成熟期为：速生型（地位指数26～28）25～30 年，中生型(地位指数 20～24)35～40 年，慢生型(地位指数 16～18)45～50 年。

大青杨生长的快慢与林分生产力高低及立地条件（土壤质地、厚度、水肥条件）密切相关，从所编制的"吉林省长白山林区大青杨地位指数表"（表 1—17）（迟金诚等，1986），及几个不同立地类型大青杨林分生产调查表（表 1—18）（李华春，1976），加以论述。

表 1—17 吉林省天然大青杨林地位指数表

年龄	地位指数						
	16	18	20	22	24	26	28
	树高						
10	6.2～7.8	7.8～9.3	9.3～10.8	10.8～12.4	12.4～13.9	13.9～15.4	15.4～16.9
15	8.2～10.2	10.2～12.1	12.1～14.1	14.1～16.0	16.0～17.9	17.9～19.8	19.8～21.7
20	10.9～12.9	12.9～14.8	14.8～16.8	16.8～18.8	18.8～20.8	20.8～22.8	22.8～24.7
25	13.1～15.1	15.1～17.1	17.1～19.1	19.1～21.1	21.1～23.1	23.1～25.1	25.1～27.1
30	15.0～17.0	17.0～19.0	19.0～21.0	21.0～23.0	23.0～25.0	25.0～27.0	27.0～29.0
35	16.7～18.7	18.7～20.7	20.7～22.7	22.7～24.7	24.7～26.7	26.7～28.7	28.7～30.7
40	18.1～20.1	20.1～22.1	22.1～24.1	24.1～26.1	26.1～28.1	28.1～30.1	30.1～32.1
45	19.3～21.3	21.3～23.3	23.3～25.3	25.3～27.3	27.3～29.3	29.3～31.3	31.3～33.3
50	20.3～22.3	22.3～24.3	24.3～26.3	26.3～28.3	28.3～30.3	30.3～32.3	32.3～34.3
55	21.2～23.2	23.2～25.2	25.2～27.2	27.2～29.2	29.2～31.2	31.2～36.2	33.2～35.2
60	22.0～24.0	24.0～26.0	26.0～28.0	28.0～30.0	30.0～32.0	32.0～34.0	34.0～36.0
65	22.6～24.6	24.6～26.6	26.6～28.6	28.6～30.6	30.6～32.6	32.6～34.6	34.6～36.6

注：标准年龄：30 年 级距：2m

表 1—18 长白山区不同立地类型大青杨林生产力

序号	立地类型	年龄（年）	平均树高（m）	平均胸径（cm）	株数（株/hm^2）	蓄积（m^3/hm^2）	年平均生长量（m^3）
1	山下腹，厚层暗棕壤海拔 800m	39	28.6	34.0	413	470.3	10.4
2	山中腹，厚层暗棕壤海拔 1 000m	50	29.0	33.0	540	500.0	10.0
3	河岸，中层冲积沙壤海拔 700m	37	27.0	29.0	550	329.8	8.9
4	河岸，薄层沙砾土海拔 850m	29	18.0	14.0	1 050	107.9	3.7
5	台地，白浆土，黄粘土海拔 820m	26	12.4	13.2	1 500	148.6	5.7

从表 1—17 和表 1—18 看出，地位指数和立地条件不同，直接影响大青杨林分生长发育和生产力。如 1 号和 2 号林分，立地条件优越，土壤深厚肥沃，地位指数 26，尽管海拔高相差 200m，林龄相差 11 年，林分生长和生产力基本相似，年平均蓄积生长量均在 $10m^3$；3 号和 4 号林分，立地条件同为河滩地，但土壤深厚及肥力不同，3 号为中厚层冲积壤土，地位指数为 24，4 号为薄层沙砾土，地位指数为 18，尽管 3 号林龄比 4 号大 8 年，4 号比 3 号立木株数多一倍，但 3 号林分的树高、胸径、蓄积生长量比 4 号分别高 50%、107%和 206%；5 号林分立地条件差，土壤质地粘重，排水通气不良的白浆土，地位指数为 16，26 年生大青杨林树高仅为 12m，平均胸径 13cm，每公顷蓄积 $148m^3$，年平均生长量 $5.7m^3$。生长发育和生产力较其他类型均低。

大青杨人工林生长早期快于天然大青杨林，更快于速生的长白落叶松人工林。据在长白山西坡临江林业局柳毛河林场调查，立地条件为山下腹缓阳坡，土壤为中层暗棕壤，新皆伐迹地，地位指数为 24，1975 年同时期营造的大青杨和长白落叶松，调查时林龄为 11 年，并与邻近的天然大青杨幼林（林龄 12 年）相比较，其结果如表 1—19。

表 1—19 大青杨人工林生长调查

林分类型	林龄（年）	平均树高（m）	平均胸径（cm）	株数（株/hm^2）	蓄积（m^3/hm^2）	年平均生长量		
						树高（m）	胸径（cm）	蓄积（m^3）
大青杨人工林	11	13.9	12.7	1 580	139.32	1.26	1.15	12.7
大青杨天然林	12	12.0	11.7	1 633	102.77	1.00	0.98	8.6
落叶松人工林	11	8.2	7.5	4 709	89.47	0.75	0.68	8.1

注：李春华 1986 年 10 月调查

从表 1—19 看出，11 年生大青杨人工林树高、胸径、蓄积生长比天然 12 年生大青杨林分快 21%、15%和 33%；比 11 年生长白落叶松人工林分别快 40%、41%和 37%。

（四）更新演替

大青杨为喜光先锋树种，具有结实丰富、种粒小、飞散远、易发芽、生长快的良好天然更新性能，但其种子只有落在光照充足、土壤裸露不生或疏生杂草的地段上，种子与土壤密切结合的条件下，才能发芽形成幼林，据调查所见，现存的大青杨成熟林，绝大多数是1949年以前的重火烧迹地、毁林开地种粮食、栽人参等，停耕后，由于地表裸露，大青杨得以落种成林。而在1949年后的一般采伐迹地、荒山荒地、林中空地，因杂草繁茂，大青杨不能更新成林，只有在林区的新修铁路、公路两侧，伐区拖拉机集材道和作业房舍拆除后的裸露地上，才出现大青杨的天然更新幼、中龄林。另外，大青杨是喜光树种，自身不能在林冠下更新延续成林，但为较耐荫的针阔叶树种创造良好的更新环境，在其成熟林下，经常见有红松、杉松、臭冷杉、鱼鳞云杉、红皮云杉、紫椴、黄波罗、色木槭、春榆、水曲柳、风桦等幼苗幼树，其中除色木槭、春榆、风桦较多外，其他为数很少。在自然发展过程中，大青杨林将被这些树种所更替。

从不同类型林分的更新成分预测其未来的演替趋势：在靠近红松阔叶林边缘的坡地大青杨林，其林下则有红松、杉松（*Abies holophylla*）、紫椴、风桦（*Betula costata*）、色木槭（*Acer mono*）等幼苗幼树，任其自然发展下去，大青杨林将被这些树种所更替，逐渐恢复为地带性森林植被类型——红松阔叶林；在靠近阔叶混交林无针叶树种种源，只有较耐荫的硬阔叶树如色木槭、风桦、春榆、黄波罗（*Phellodendron amurense*）、水曲柳等幼苗幼树，大青杨林最终将被演变为硬阔叶林；台地大青杨林下除有少量耐湿的水曲柳、核桃楸（*Juglans mandshurica*）外，臭冷杉（*Abies nephrolepis*）、鱼鳞云杉（*Picea jezoensis* var. *microsperma*）幼苗幼树较多，按自然演替过程，这类大青杨林将被云冷杉阔叶混交林所更替；河滩谷地大青杨林，一般是在春榆水曲柳林或核桃楸水曲柳林被破坏后而发展起来的，林下更新常见有水曲柳、春榆及少量核桃楸、臭冷杉等幼苗，自然发展下去，可能演替成原有森林类型。

综上所述，大青杨林是红松阔叶林和阔叶混交林经过严重人为干扰之后，作为先锋树种在特定的立地条件下而自然更新形成的次生林。是在森林形成过程中的一个不稳定的演替阶段。任其自然发展下去，必将经过硬阔叶林阶段最后发展成为地带性森林，即以红松或云冷杉为主的针阔叶混交林。但需要经过漫长的岁月才能实现。

（五）评价及经营意见

大青杨是生长快、成熟早、产量高的速生树种，具有较高的经济价值，其木材可供建筑、包装、坑木、火柴杆等多种用途，是当前胶合板、人造板、人造纤维和造纸等工业的重要原料。因此，发展大青杨是在较短时期内，解决木材供应紧张的一项积极有效措施。在本世纪70年代中，原始森林可采资源日益减少，后备资源接续不上的情况下，才开始引起各级林业部门对营造大青杨人工林的重视，解决了大青杨在采伐迹地上人工更新技术。据不完全统计，从1975～1985年，长白山林区采伐迹地人工更新的大青杨林达3万余 hm^2，虽然面积不大，但这些人工林生长茁壮，成林在望，充分显示其速生高产的优越性。为发展大青杨开创了新的途径。

对现有天然大青杨成熟林，在不影响水土流失的原则或林冠下更新不良的情况下，应采取皆伐方式，伐后进行人工更新，营造大青杨速生丰产用材林；更新条件好的，如台地大青杨林，林下云、冷杉幼苗幼树较多，应采用择伐，利用成熟的大径木，保留中小径木，伐后郁闭度保持在 0.5～0.6，促进云冷杉生长发育成林；河滩溪谷大青杨林对保土护岸有重大作用，宜采用窄带间隔皆伐，采伐带利用 2～3 年大苗造林，3～5 年后再采保留带，营造水曲柳或核桃楸、钻天杨等。对天然幼、中龄大青杨林，密度稀的进行封育，密度大的应进行疏伐，伐后郁闭度保持在 0.6～0.7，促进林木生长发育，缩短培育期。

根据大青杨的生物学特点与其演替规律，发展大青杨速生用材林，严格遵照适地适树原则，运用正确的栽植技术与行之有效的抚育管理措施，轮伐期可缩短为 20～30 年，每公顷立木蓄积可达 300～400m^3。如果营造人工造纸林、矿柱林，其轮伐期可缩短为 10 年左右。大青杨人工造林 5～6 年即可郁闭，发展大青杨林不仅可解决后备资源接续，保证木材均衡生产，对加速扩大森林覆盖率，保持森林生态平衡均将显示强大的作用。

2—1—3—3 山杨林①

山杨（*Populus davidiana*）林，在中国东北、华北、西北等地分布广泛。由于生长快、成熟早，是山区群众喜爱的用材林。它在扩大森林资源和保持水土方面起着重要的作用。

（一）分布与生境

山杨林广泛分布于东北、华北、西北、华中直到西南各林区，纬度变化范围从北纬 55°到北纬 27°。分布北到大兴安岭，南到东喜马拉雅山南翼高山峡谷，东起长白山，西达青海大通。跨中国寒温带、温带、暖温带及亚热带 4 个气候带。全国 17 省（自治区、直辖市）都有分布，在国外分布于俄罗斯远东、西伯利亚及朝鲜半岛。

在东北集中分布于大小兴安岭、长白山林区、辽宁的千山、医巫闾山、七老图山、努鲁儿虎山。垂直分布，在大兴安岭的甘河、多布库尔河中下游为海拔 250～600m，大片山杨林见于大兴安岭东西坡 1 000m 以下低山地带；小兴安岭分布在海拔 250～650m；长白山主要分布在缓坡或坡麓海拔 450～1 100m；辽宁东部分布在海拔 500m 上下的低山丘陵，西部分布在 1 000m 以下。

华北集中分布于冀北山地，北京远郊山区，山西的关帝、中条、吕梁林区，河南的太行山、伏牛山林区，陕西的秦岭、巴山、关山、黄龙山林区。其垂直分布，河北的恒山、小五台山分布于 700～1 600m，雾灵山最高达 1 750m；北京市分布在 600～1 750m，最低为 400m（密云县）；河南分布在海拔 1 000～1 500m，最高达 1 800m；陕西分布在海拔1 100～2 600m 山地。

西北集中分布于内蒙古的阴山山脉；宁夏的六盘山、贺兰山、罗山等林区，甘肃的子午岭、关山、白龙江、洮河等林区；青海的东祁连山南域大通河、湟水，西倾山北坡的隆

① 执笔人：张正崑

务河和黄河下段各林区。垂直分布，在内蒙古大青山、乌拉山分布在海拔 1 300～1 400m；在宁夏六盘山分布在海拔 1 700～2 700m，而以 2 000～2 400m 最为集中；在甘肃子午岭自黄土丘陵谷底梁峁顶部海拔 1 300～1 650m 常与辽东栎、白桦相间分布，在关山分布于 1 600～2 400m，北秦岭分布于 1 200～2 200m，南秦岭山地及白龙江中下游分布于1 800～2 300m，洮河中游为 2 100～2 300m，大夏河分布于 2 800m；在青海隆务河分布达3 200m 左右，祁连山最高不超过 2 900m，一般分布在红桦（*Betula albo-sinensis*）、祁连圆柏（*Sabina przewalskii*）之下，常与油松、青杄（*Picea wilsonii*）、白桦（*Betula platyphylla*）镶嵌混生。

在西南、华中集中分布于四川西部盆地边缘山区，高山峡谷及高原区南部；湖北分布于神农架林区。垂直分布在四川南坪海拔 2 000～2 800m，在大小金川分布于 2 600～3 400m，在金沙江上游白玉林区分布于海拔3 000～3 600m，在南部九龙林区分布于海拔 2 600～3 600m；在湖北神农林区集中分布于 1 400～2 300m，但在 1 700m 以上常构成山杨纯林。

西南集中分布于藏东南和滇西北林区。垂直分布，在藏东南海拔 3 000～4 100m 亚高山地带最为常见；在滇西北分布的海拔高度为 2 200～4 000m，尤以 2 700～3 500m 较为普遍。

从上述山杨林分布情况看，其分布范围很广，垂直分布一般规律随纬度升高而降低。

中国除山杨林之外。尚分布有欧洲山杨（*Populus tremula*）林。主要分布在新疆阿尔泰山西南坡、准噶尔西部的萨乌尔山、塔城、裕民和天山地区的伊犁各地、博乐、温泉、乌鲁木齐、米泉、阜康、奇台、木垒、哈密、巴里坤等地。垂直分布在阿尔泰山为海拔1 000～2 000m，在天山海拔为 1 400～2 400m。

山杨的喜光性仅次于落叶松和白桦。因为不耐荫，幼树在郁闭林下生长不良，长期庇荫则会死亡。

山杨耐寒，其分布要求低温湿润。其气候因子见表 1—20。从表 1—20 可以看出山杨能耐－50℃以上的极端低温，而且抗霜冻日灼，因而在各种迹地上都容易更新成林。由于山杨要求低温湿润，所以在高纬度地区垂直分布低，在低纬度地区垂直分布高。在华北和西北分布区内，低海拔干旱山地多分布在阴坡、半阴坡，在高海拔冷湿山地往往转向阳坡和半阳坡。

山杨对降水量要求不高，一般分布在 350～800mm，但在年降水量 250～300mm 草原区的山地阴坡或洼地也有群团分布。

总之，山杨对气候适应幅度很广，湿润区、半湿润区、半干旱区都能生长，唯湿润区生长良好。

表 1—20 山杨分布区主要气候因子

地 区	年均温（℃）	1月均温（℃）	极端低温（℃）	7月均温（℃）	极端高温（℃）	≥10℃积温（℃）	年降水量（mm）	相对湿度（%）	备 注
大兴安岭	2～4	−20～−30	漠 河 −52.3	17～20	35.1		350～500	70～75	生长期 90～120d
东北东部山地	2～5	−15～−20	牡丹江 −45.2	20～24	一面坡 38.2	2 500 左右	500～900		
北京百花山海拔 1 100～2 000m	3～7.1	−11.2～−16	−30	14～22	43.5	3 385～4 214	600～800	52	生长期 160d
河南山杨分布区	8～15	−3～−10	−23	21～24	44		800～1 100		生长期 170～210d
甘肃祁连山东段	2～4	−2～−12	−10～−30	12～24	25～35		600～800	55～75	
四川米亚罗	5.96	−3.2	−14.4	14	22.7		870		
云南中甸	5.7	−3.4	−22.9	13.3	24.6	1 300～3 700	550	69	
西藏亚高山海拔 3 000～4 000m	1.8	−7.8		9.8			600		

注：表内数字来自《中国山地森林》，《中国植被》，《西藏森林》，各省（自治区）《森林》

在一定温湿条件下的风沙土、黑垆土、漂灰土、白浆土、灰黑土、褐土、淋溶褐土、碳酸盐褐土、黄土、黄褐土、山地红黄壤、黄壤、黄棕壤、山地棕壤、暗棕壤、灰棕壤、山地草甸土、丘陵沙土、河滩冲积土、轻度盐碱土山杨都能生长。一般在棕壤和褐土上分布面积最大，在土壤深厚湿润有机质和氮磷含量较高，酸碱适中，山杨生长良好。但在极端干旱的薄土、石质粗骨土和排水不良的沼泽土不见生长。

（二）组成与结构

山杨结实频繁，根蘖力强，在皆伐迹地或火烧迹地上初期容易形成团块状纯林。待山杨林郁闭后，则其他针阔叶树会逐渐在林下更新起来，因而山杨纯林逐渐变成混交林。其混交树种因地而异，一般有落叶松、红松、云杉、冷杉、松柏类、桦类、柳类、栎类、槭类、椴类、榆类、漆树、花楸、枫杨等。其混交比，一般山杨占 6 成左右。但在个别地区有时占 9 成，有时在 6 成以下，特别达老龄期的山杨所占比例更少。

山杨有单层林和复层林。山杨纯林多为单层结构，与白桦混交也多为单层结构，与云杉、冷杉、槭树、椴树混交多成复层结构，乔木层林冠单一，林相整齐，郁闭度多 0.6～0.8，幼林常接近 1.0，有的为 0.4～0.5。下木和活地被物种类与顶极群落基本相同，但山杨林的林冠稀疏，林内透光较多，喜光的榛子（*Corylus heterophylla*）、虎榛子（*Ostryopsis davidiana*）和苔草数量种类增多，又如山地羊角芹（*Aegopodium alpestre*）在顶极群落下走茎繁殖，在山杨林下变为种子繁殖。复层结构，以山杨与云杉混交最为典型。Ⅰ、Ⅱ龄级时，山杨居上层，云杉居下层，Ⅲ龄级以后，云杉高生长逐渐超过山杨，而山杨退居下层处于被排挤地位。

山杨根蘖更新多发生在同一年份，因而多形成同龄林。根据在北京怀柔县山区调查，伐前组成为 4 栎 3 杨 3 桦混交林，1970 年皆伐，由山杨根蘖更新，变成山杨纯林。

山杨林也有异龄结构，据周立江在四川白玉 5 号标准地调查，年龄跨幅达 80 年。山杨林出现异龄，主要是稀疏山杨林或山杨林间空地上，连续多次更新所致。

山杨林是顶极群落被破坏后次生的。如祁连山东段海拔 2 000～2 600m 阴坡、半阴坡厚土层藓类山杨林，是青海云杉（*Picea crassifolia*）林次生的；河北海拔 800m 以下三裂绣线菊（*Spiraea trilobata*）山杨林，是油松栎类林次生的；海拔 1 000～1 500m 阴坡毛榛（*Corylus mandshurica*）山杨林，是蒙古栎林（*Quercus mongolica*）或辽东栎（*Quercus liaotungensis*）油松林次生的；秦岭海拔 1 200～1 800m 阳坡半阳坡胡枝子山杨林是油松或锐齿槲栎（*Quercus aliena* var. *acuteserrata*）林次生的；秦巴林区海拔 2 000m 以上草类山杨林是云杉或华山松（*Pinus armandii*）林次生的；黄土区海拔 800～1 200m 干旱沟坡针刺灌丛山杨林是油松辽东栎林次生的。总之，山杨林都是各地区顶极群落破坏后次生的，因此不需再单独划分林型。

（三）生长与发育

山杨林由于起源不同，生长有明显差异。实生山杨林，一般生长规律：高生长 10 年前最快，10～20 年连年生长量达 0.4～0.6cm，20 年后开始下降，30 年后明显下降，60 年后明显生长缓慢；胸径生长 10～20 年生长最旺，连年生长量达 0.4～0.7cm，30 年后生长缓慢，材积生长 20 年后加快，50 年达高峰，50～70 年达数量成熟。

根蘖山杨林，一般生长规律：5 年前树高生长最快，连年生长量达 0.6～1.0m，5 年后下降为 0.45m；胸径生长也是 5 年前最快，连年生长量达 0.6～0.7cm；由于高、径生长早期快，因而蓄积量 15～25 年可达高峰，每公顷连年生长量达 6.8～7.4m^3，约在 30～35 年生，连年生长量和平均生长量相交，达数量成熟龄。山杨生长过程见表 1—21。

表 1—21　山杨生长过程表

年龄	树高（m）			胸径（m）			材积（m^3）		
	总生长量	平均生长量	连年生长量	总生长量	平均生长量	连年生长量	总生长量	平均生长量	连年生长量
10	6.0	0.600 0		4.0	0.400 0		0.004 5	0.000 45	
			0.610 0			0.710 0			0.005 45
20	12.1	0.605 0		11.1	0.555 0		0.059 0	0.002 95	
			0.450 0			0.700 0			0.014 34
30	16.6	0.553 3		18.1	0.603 3		0.202 4	0.006 75	
			0.340 0			0.560 0			0.021 14
40	20.0	0.500 0		23.7	0.592 5		0.413 8	0.010 35	
			0.270 0			0.470 0			0.025 20
50	22.7	0.454 0		28.4	0.568 0		0.665 8	0.013 32	
			0.110 0			0.390 0			0.023 13
60	23.8	0.396 7		32.3	0.538 3		0.897 1	0.014 95	
			0.080 0			0.360 0			0.024 33
70	24.6	0.351 4		35.9	0.512 9		1.140 4	0.016 29	
			0.050 0			0.310 0			0.022 99
80	25.1	0.313 8		39.0	0.487 5		1.370 3	0.017 13	
			0.050 0			0.290 0			0.024 79
90	25.6	0.284 4		41.9	0.465 6		1.618 2	0.017 98	
			0.030 0			0.250 0			0.021 04
100	25.9	0.259 0		44.4	0.444 0		1.828 6	0.018 29	

注：引自《吉林森林》

从《吉林森林》一书中的山杨生长过程表得知，山杨高生长量极盛期为20年前，平均每年高生长量为0.6m，以后逐渐下降，30年生时平均生长量为0.45m，100年生时降至0.03cm。胸径生长的最盛期为20～30年，平均每年胸径生长0.70cm。以后逐年下降，40年生时平均生长量0.56cm，100年生时降至0.25cm。100年生山杨，树高25.9m，胸径44.4cm，单株材积为1.828 6m³。

山杨林生长与分布区有密切关系。如内蒙古东部昭乌达盟比西部乌拉山生长量高出一倍（见表1—22）。这是因为内蒙古东部水分条件比西部好。

表1—22　内蒙古东西部山杨林生长对比

地　区	林龄	平均高(m)	平均胸径(cm)	地位级	平均蓄积量(m^3/hm^2)	年平均生长量(m^3/hm^2)
东　部	34	17.8	15.9	Ⅰ	242	7
西　部	39	9.8	10.3	Ⅳ	117.2	3

注：引自《内蒙古森林》

山杨生长与地形—土壤条件有关。据黑龙江虎峰林场调查，山杨在陡坡山脊及山间谷地的生长都不及坡地中腹好。这是因为陡坡土壤干燥瘠薄，谷地土壤过湿所致。

关于山杨林的生物量，据在内蒙古大青山调查，33年生山杨林，平均高9m，平均胸径9.7cm，每公顷1 330株，植物总量46.30t，其中林木层为43.61t，下木层为0.68t，活地被物层为1.08t，枯落物层为0.90t，在林木层中树干为20.47t，树枝为6.28t，树叶为1.46t，树根为15.40t。按百分数计林木层占92%，其中树干占34.38%，根占32.4%，枝、叶、皮共占25.13%，下木、活地被物，枯落物只占8%。可见树干树根生物量最大。

（四）更新和演替

山杨的天然更新有种子更新和无性更新。山杨结实频繁，数量多，种粒小，传播远，新种子发芽率高（近100%），因此在湿润裸露地上容易更新。但种子发芽保存期短，在干燥环境很快失去发芽力。所以在干燥裸地或灌草盖度大的各种迹地上种子更新困难。

山杨的无性更新有萌芽和根蘖更新两种。伐桩萌芽力很弱，40年以上的伐桩不萌芽，40年以下的伐桩只有个别的伐桩萌芽，而且萌芽条弱，株数少，寿命短。所以萌芽更新无生产意义。山杨无主根，根蘖更新主要靠强大的水平根上的不定芽和休眠芽。据观察休眠芽可保存30年以上。一株25年生山杨，水平根总长达55.4m，52年生可达98m。山杨根幅30年生达150～300m²。根蘖更新一般规律：水平根粗1.5cm根蘖最多，占总株数85.35%，粗3cm以上无根蘖；水平根在土层深0～3cm根蘖最多，占总株数82.24%，土深超过8cm无根蘖；土壤过干，土温过低，枯落物过厚（超过6cm）均难产生根蘖；小面积皆伐比择伐更新好，小面积皆伐根蘖更新每公顷达几万株，最多达46.9万株。皆伐当年苗高1.15m，50%的择伐苗高0.64m，30%的择伐苗高0.55m。冬春进行皆伐萌条多，生长高，夏季次之，秋季最差；山杨与其他阔叶树混交，皆伐后山杨更新占优势（表1—23）。

表1—23　山杨、桦木及其他阔叶树混交林皆伐迹地更新调查

样地号	地势条件				过去林分组成	幼林年龄（年）	山场均高（m）	每公顷各种幼树株数（株）							
	海拔（m）	坡向	坡位	坡度(°)				山杨	白桦	栎类	椴树	槭树	榆树	山柳	合计
1	1 300	北	近分水岭	24	8桦2栎+椴	3	2.1	5 000	15 100	5 100	6 900				32 100
2	1 250	北	坡上部	20	8桦2椴+山—柳	3	2.4	22 000	9 100	3 700	1 700	19 000	1 600	1 200	68 300
3	1 250	北	坡上部	20	6桦2山1栎1槭+椴	3	2.6	19 143	9 576	973	4 040	417	2 360		36 517
4	1 100	北	坡中部	20	7山3桦—榆—椴	3	3.6	73 600	8 300	300	7 200		7 100		96 500
5	1 150	北	坡中部	25	5桦3山2椴+松	3	2.8	17 500	1 400	700	6 100	200			25 900
6	1 100	北到西北	坡中部	10～25	6桦2山2椴—栎	3	2.6	10 300	4 200	300	7 500	200			22 500
7	1 100	北到西北	坡下部	33	5山3椴2桦	3	2.5	26 100	1 100	1000	1 200	1 600			31 000
8	1 100	北到西北	坡下部	2～3	8山1栎1椴+槭	3	2.8	32 800	1 000	3 000	1 100	300			38 200
9	950	东北	坡谷中	10	6山4桦+栎+椴	3	1.9	9 100	4 400	1 600	2 600		2 100		19 800
10	1 280	西北	坡谷中	5	10山+桦	4	2.2	20 400	2 100						22 500
11	1 400	西北	坡谷中	2～3	6桦3山1桦	4	2.2	13 900	4 400						18 300
12	1 450	西北	坡中部	15～20	7桦3山	4	2.5	14 500	6 300						20 800

注：引自《河北森林》

山杨林为不稳定的次生群落，演替有逆向和顺向演替，演替类型有4类。

1. 山杨与云冷杉相互演替

当云冷杉林被破坏，其迹地光强，温差变化大，该环境云冷杉更新的幼苗很不适应。但山杨更新苗喜光耐寒，不怕霜冻日灼，因而在迹地上形成山杨林更替了云冷杉林。在形成山杨林之后，林下改变了光照条件，为云冷杉幼苗生长创造条件，30年后形成山杨与云冷杉的混交林，40～50年后云冷杉逐渐更替山杨。其演替过程见图1—1。

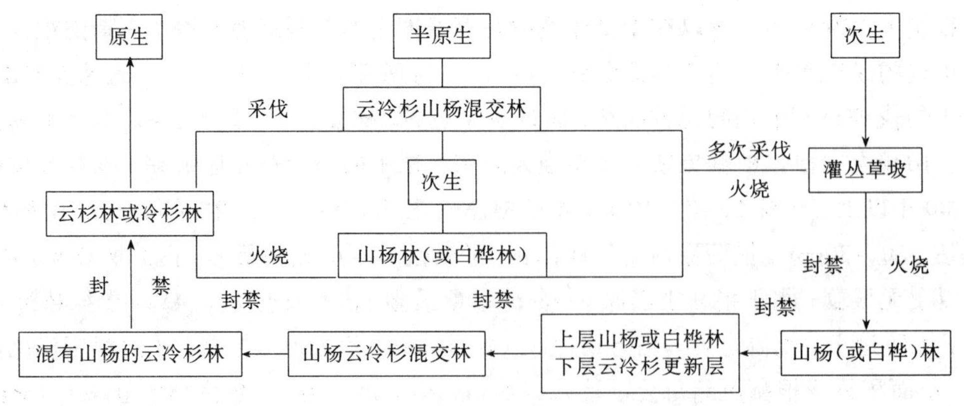

图1—1　山杨与云杉相互演替图式

2. 山杨与松类相互演替

中国落叶松（*Larix* sp.）、高山松（*Pinus densata*）、云南松（*P. yunnanensis*）、油松（*P. tabulaeformis*）等多为先锋树种，在有种源的各类迹地上常与山杨白桦同时更新。据四川九龙林区调查高山松火烧迹地每公顷有山杨 2 500 株，白桦 1 300 株，高山松 400 株，形成的是以山杨为主的针阔混交林；在四川云南松分布区伐后调查，每公顷有 2～4 年生幼树 1 600 株，其中云南松 1 200 株，山杨 120 株，桤木（*Alnus cremastogyne*）40 株；在华北海拔 600～700m 以上山地也常出现山杨油松混交林。由于山杨寿命短，松类寿命长，最终松类更替山杨。华山松和红松比较耐荫，它们与山杨更替过程同云冷杉林与山杨的相互更替相似。

3. 山杨与阔叶杂木林相互演替

在北京怀柔山区调查，1970 年皆伐，伐前组成为 4 栎 3 杨 3 桦，伐后变成山杨纯林，1985 年调查林下已出现栎、槭组成的更新层，此种情况，山杨将被栎类所更替；在黑龙江省湿润坡地的原始林被破坏后，一般先形成山杨林，之后林下多侵入较耐荫的水曲柳、色木槭、紫椴、春榆等，最后山杨被这些长寿的硬阔叶树所更替。

4. 山杨与白桦相互演替

山杨与白桦生态习性相近，常在同一迹地上同时更新形成混交林，但在土层瘠薄而湿度较大的环境，山杨生长不良，病虫严重，常被白桦更替。在土层厚而湿度较差的环境，白桦生长不良常被山杨更替。在良好的立地上二者也能混交到 150～160 年。

（五）评价及经营意见

山杨分布广，天然更新容易，培育山杨林对扩大森林资源和水土保持水源涵养具有重要作用。山杨干形通直，木材轻软，富弹性，比重 0.41，为建筑、人造纤维、胶合板、火柴杆、造纸等良好原料。

应利用天然更新培育山杨林，在湿润肥沃的土壤上可生产大、中径材。在干燥瘠薄土壤上山杨幼树生长不好，应通过除伐控制山杨的发生，并尽量保留其他阔叶树和针叶树。生产力高的山杨林应进行系统的抚育采伐，以缩短培育期限。山杨林达到材种要求或主伐年龄时，采用小块状皆伐或横山窄带皆伐。伐后及时清理迹地，以利于迹地更新。

2—1—3—4 欧洲山杨林①

欧洲山杨（*Populus tremula*）林属温带落叶阔叶小叶林类型，它与分布中国东北、华北、西北各地的山杨林在形态和林分特征甚为近似，是新疆天山和阿尔泰山山地森林中的次生林。为云杉、落叶松林更新的先锋树种。此外，它与产于日本的山杨（*P. tremuloides*）等亲缘极为密切，共同组成了一个横跨北半球温带的自然类群。

① 执笔人：杨昌友

（一）**分布与生境**

欧洲山杨早在上新世由欧洲逐渐移至新疆山地，在阿尔泰山自西向东成小片和块状分布，塔城、裕民、博乐、温泉也有少量分布，天山由西向东均有欧洲山杨与云杉、天山桦（*Betula tianschanica*）混交成林，小块状分布。此外在欧洲大陆、中亚、西伯利亚、蒙古北部和远东北部也有分布。

欧洲山杨喜光性强，都是在针叶林、阔叶林遭破坏后形成的次生群落，水平分布上为镶嵌的复合群落。山杨具有明显山地垂直带分布规律，垂直分布的高度随纬度的升高而下降。在天山北坡，山杨林分布可达 1 400～2 400m，阿尔泰山南坡其分布界限为 1 000～2 000m，甚至可下延海拔 400～500m 的平原河谷。上限则与云杉林相接，下限常与垂枝桦（*Betula pendula*）、天山桦或河谷银白杨、银灰杨（*Populus canescens*）呈小块镶嵌状混交。

欧洲山杨林既喜温暖湿润的气候又耐严寒，在山地针叶林和河谷林之间是它的稳定分布区域。

欧洲山杨林能够适应各种土壤类型，褐色森林土、灰化森林土甚至盐渍土等。土层厚 50～100cm。成土母质大部分为坡积或次生黄土状母质，个别地段有基岩分化物碎石夹杂于土层中。质地一般以轻、中壤为主，其有机质和腐殖质厚度因山杨和针叶林更新演替而差别颇大，有机质层一般厚 10cm，含量 2%～5%或更多，腐殖质层 5～8cm。pH 值 7.5～8。在自然状况下，山杨林很少有雌雄异株混合林分，雄株多生于瘠薄干燥的土壤上，所以它是雌雄异地，或同地而不同生境，常各自形成独立森林群落，很少混生。

（二）**组成结构**

中国欧洲山杨林与整个北半球温带一样，既能形成混交林，也能形成纯林，而且大都是天然萌蘖更新产生的。一般从幼林 6～7 年植株开始发生根蘖，8～9 年的植株能大量根蘖。山杨林在采伐之后，也能产生萌芽条，其保持时间在 3～20 年以上。

组成欧洲山杨林的种类、区系以及层次结构均较为简单。乔木层树种较单纯，混有垂枝桦、天山云杉（*Picea schrenkiana* var. *tianschanica*）、新疆云杉（*Picea obovata*）、天山桦、新疆落叶松（*Larix sibirca*）、新疆野苹果（*Malus sieversii*）等。

灌木层种类较多，覆盖度 20%～40%。主要有刺蔷薇（*Rosa acicularis*）、多刺蔷薇（*R. spinosissima*）、黑果栒子（*Cotoneaster melanocarpus*）、西伯利亚接骨木（*Sambucus sibirica*）、大叶绣线菊、黄花柳（*Salix caprea*）、谷柳（*S. taraikansis*）、茶藨子、蓝果忍冬（*Lonicera cyanocarpa*）、刚毛忍冬（*L. hispida*）、阿氏忍冬等。

草本层植物较多，覆盖度约在 60%以上。有拂子茅（*Calamagrostis epigejos*）、鸭茅（*Dactylis glomerata*）、早弯豆、羊角芹（*Aegopodium* sp.）、二色藁本（*Ligusticum discolor*）、野芍药（*Paeonia anomala*）、阿尔泰牡丹草（*Leontice altaica*）、高山羊角芹（*Aegopodium alpestre*）、菊苣（*Cichorium inlybus*）等。

在一些潮湿的山杨林中，还有苔藓。

由于环境条件的差异，因而在不同山地土壤植被条件下也形成不同的山杨林类型。其中主要有：

1. 草类欧洲山杨林

分布在阿尔泰山西南段喀纳斯湖北面，一级至二级台地上，海拔 1 400～1 500m，冲积腐殖质森林土和生草灰化湿润壤质森林土上。土层深厚、肥沃而排水良好。山杨呈纯林，郁闭度 0.7，林木健壮，生产力较高。也有与垂枝桦的混交林，郁闭度 0.6～0.7，欧洲山杨占 5～7 成，垂枝桦占 3～5 成，其中伴生有新疆云杉，生产力较前者稍差。林下灌木较多，有刺蔷薇、多刺蔷薇、大叶绣线菊、黑果栒子、蓝果忍冬、西伯利亚接骨木、黑果茶藨等，覆盖度 30%～40%。草本植物以喜湿润的草类为主，主要有问荆（*Equisetum* sp.）、拂子茅、鸭茅、早弯豆、羊角芹、二色藁本等，局部地区还有几种藓类。

2. 拂子茅欧洲山杨林

火烧迹地上形成的次生林。分布在阿尔泰和天山的西南或东南坡中上部，常形成小片灌木状纯林。山地坡度较大，土层干燥瘠薄，林分郁闭度 0.4，一般高仅 3～5m，灌木不多，有刺蔷薇、绣线菊和忍冬，覆盖度 20%～25%，林下以拂子茅为主，覆盖度 30%。

3. 灌木欧洲山杨林

分布在阿尔泰山和天山，生长在中山带河谷沿岸的针叶林缘，在阿尔泰山地，分布海拔 1 500～1 600m，林内伴生有落叶松，郁闭度 0.3～0.5，25 年生林分平均树高 13～15m，胸径 20～25cm，大者达 30cm 以上。林下灌木较多，有谷柳、黄花柳、多刺蔷薇、黑果栒子、茶藨、黑果茶藨、蓝果忍冬等。草类有蒿草。藓类不甚发达。在天山北坡海拔 1 700～1 900m，欧洲山杨常生长在河谷林缘，有时与天山云杉混交，郁闭度 0.3～0.5，林龄 30～50 年，高 15～20m，胸径 25～30cm。林下伊犁柳（*Salix iliensis*）天山茶藨、刚毛忍冬、阿氏忍冬、大叶绣线菊、黑果栒子。草类有高山羊角芹、乳菊等。在伊犁纳拉特山山坡中上部的欧洲山杨林，郁闭度 0.5～0.6，树高 5～6m，林内伴有新疆野苹果和野杏，土层干燥而瘠薄，林下灌木有伊犁柳、阿氏蔷薇、阿氏忍冬、黑果栒子、黑果小檗等。

（三）生长发育

欧洲山杨林在山地条件下，由于水热等生长因子的不同，生长发育也不一致。总的来说，山杨属于生长快的阔叶树种。30 年生的最好林分蓄积量约 150～300m^3/hm^2，最差仅 40m^3/hm^2，根据标准木计算，一般立地条件下，生长量约 2.2～2.4m^3/hm^2。

根据在新疆阿尔泰山和天山的调查，欧洲山杨林树高生长的旺盛期是在中龄林时期，即 20 年前，平均 0.44m/年，10～15 年达到高峰，15 年以后速度逐渐下降，平均生长量为 0.37～0.39m/年，40 年以后进入成熟林阶段，平均生长量降至 0.26～0.30m/年。胸径生长的旺盛期在 30 年以前，15～20 年达到高峰，平均生长量约 0.33～0.34cm/年，45 年生长速度开始下降。材积生长 20 年以后上升较快，但 20～30 年材积腐朽率可达 30%～35%，而年材积生长率只有 9%左右，腐朽率远大于生长率，因此，欧洲山杨林不宜培育大径材。

（四）更新演替

欧洲山杨在发育过程中，大约在 25～30 年以后，林木自然稀疏，林内光照提高，相对湿度降低，但温度则升高，此时给针叶林以入侵的机会，并最终被针叶林所演替。

欧洲山杨是山地成林树种中最耐火的树种，它只有在遭严重地下火并危害其韧皮部之后方停止萌生力。一般地表以上明火（急速火）非但危害不了它，反而能促使其根蘖萌生的能力。

2—1—3—5　银灰杨林①

银灰杨（*Populus canescens*）是中国阿尔泰河谷杨树林中的特有树种，是银白杨（*P. alba*）和欧洲山杨天然杂交种，变异较大，树形美观，是很好的用材林。银灰杨林是中国杨树林中的稀有类型之一，资源数量很少，是天然基因库，应保护发展。

（一）分布与生境

银灰杨原生于欧洲，冰川期后逐渐向东南部迁移，分布到温暖偏凉的新疆额尔齐斯河流域，其分布范围比较狭小，东起齐泊度，西止别列孜克河，包括特兰河、布尔津河、哈巴河、别列孜克河等，地理位置北纬 47°14′～48°20′；东经 85°32′～88°23′。垂直分布一般多在海拔 400～600m 范围以内，成片状或块状分布，此外在乌伦古河及海拔 1 400m 高处也有少量分布。国外如俄罗斯（欧、亚均有），东欧及英、法、意各国均有分布。

银灰杨林分布区年平均气温 3～4℃，极端最高气温 28～30℃，极端最低气温－22～－24℃，但－40℃左右也不受冻害。主要分布区河水常流，夏季洪水淹灌，土壤湿润。在大气湿度较低的地方如别列孜克河沿岸的沙丘和丘间荒漠地带仍见银灰杨疏林生长。

银灰杨林分布区的土壤是由河流冲积母质上发育形成的森林土，其特点是质地轻，土层较薄，有机质含量 2%～4%，盐分含量少，无盐渍化现象，同时因水分充足，草丛茂盛，生草化明显并常有草甸化、沼泽化，因而土类为河滩森林土、潜育化河滩森林土。

银灰杨多以根蘖成林，数株老树即能根蘖为单性团块状纯林。此外银灰杨还与银白杨呈镶嵌式分布，在哈巴河也与欧洲山杨镶嵌分布。在这种分布状态下，经长期相互天然传粉杂交，种内具有复杂变异，有的为中间性状，有的则显银白杨性状，多见于额尔齐斯河、克兰河，有的以欧洲山杨性状占优势，仅见于哈巴河。它们都比亲本生长好，能适应不利生态环境，形成片林。

（二）组成结构②

银灰杨林是半荒漠河谷草原的森林群落，受荒漠影响，群落结构分为 3 层，即乔木层、灌木层和草本层。乔木层由建群种、共建种和伴生树种组成，包括银灰杨、银白杨、额河杨、黑杨和少量疣枝桦等。一般是在实生的基础上通过水平根的根蘖形成片、块状，水平结构成镶嵌、单性、异龄复层林林分。由于人类破坏，现有银灰杨林的林分垂直结构，上层和下层株数较少，中层最多。林分年龄结构，若以胸径表示，则 10～30cm 占 68%～71%，

① 执笔人：李京陵
② 1958 年根据新疆林业设计院标准地资料统计．地点：哈巴河、布尔津河、北屯

其余大小径级不多。上层林平均林龄45～100年，树高21m以上，胸径30～50cm；中层林平均年龄31～45年，树高10～20m，胸径15～30cm；下层林平均林龄30年以下，树高10m以下，胸径15cm以下。

灌木层植物种类较多，约10种。常见的有红果山楂、刺蔷薇、鞑靼忍冬、蓝果忍冬、灰毛柳、油柴柳等，多生于林窗空地，林下较少，覆盖度20%～25%。

草本层植物约25种，主要有草甸和草原植物芦苇、苇状拂子茅、早熟禾、芨芨草（*Achnatherum splendens*）和蒿属植物，覆盖度60%～80%。

根据银灰杨林的立地条件、林分组成、森林植物种，可将其分为4个林型。

1. 草甸草类银灰杨林

分布在额尔齐斯河低湿河滩地、河湾和河心沙洲上。6～8月份有洪水漫溢，土壤为潜育河滩森林土，土壤厚1.5～2.0m。乔木层树高18～20m，胸径25～30cm，郁闭度约0.8，多为同性株组成异龄林。灌木极少，以红果山楂、稠李最多，覆盖度约10%。林下草类以草甸植物占优势，主要有苇状拂子茅、芦苇（*Phragmites communis*）、莎草（*Cyperus* sp.），覆盖度约70%。

2. 草类银白杨银灰杨林

分布在额尔齐斯河及其支流特兰河、哈巴河等河滩低阶地上。每年有不同程度的洪水漫灌，土层湿度不同，厚薄不等。银灰杨和银白杨多呈小块状镶嵌分布，银灰杨占5～6成，银白杨占4～5成，郁闭度0.6～0.7，平均树高15～18m，胸径15～22cm。有的林分中伴生有极少量的额河杨、黑杨（*Populus nigra*）。林下灌木长势较好，覆盖度约20%，有红果山楂、刺蔷薇、绣线菊等。草本植物主要有早熟禾、苇状拂子茅、蒿类，覆盖度60%。

3. 草甸草类灌木疣枝桦银灰杨林

分布在离河床较远的阶地上。除特大洪水淹灌外，一般靠地下水维持生长。土层较薄，林分郁闭度约0.4～0.5，银灰杨一般矮壮，平均树高13～15m，胸径25～30cm。伴生树种有白柳（*Salix alba*），高8～9m，数量极少。灌木生长在林窗空地上，主要有刺蔷薇、油柴柳（*Salix caspica*）、山楂等，覆盖度约20%。林下草类不多，有芦苇、冰草（*Agropyron cristatum*）、蒿属植物，覆盖度20%～40%。

4. 草类灌木银灰杨林

分布于哈巴河、布尔津河滩地上。水分条件较好，土壤肥沃，有小片状银灰杨和疣枝桦混交林，其中银灰杨占8～9成，疣枝桦占1～2成，郁闭度0.4～0.6，林龄20～30年，最长达75年。银灰杨平均树高20～22m，胸径22～24cm；疣枝桦高20m，胸径19～21cm。林分因光照条件差而灌木极少，有忍冬、灰毛柳、稠李，覆盖度约10%。草类主要有芦苇、拂子茅、蒿类，覆盖度约40%。

（三）生长发育

银灰杨林立木度平均390～570株/hm^2，最大林分密度每公顷1 050株。每公顷蓄积量210～270m^3。年生长量6～7.5m^3/hm^2。水分条件较好，土壤肥沃地上的草甸草类银灰杨林和草甸草类银白杨银灰杨林，每公顷蓄积量 267.9～703.5m³，年平均生长量 8.1～15.0m³；水土条件差的草类灌木银灰杨林每公顷蓄积量为 167.7m³，年生长量为 4.1m³/hm²（见表 1—24）。

表 1—24　银灰杨林各林型生长情况

林型	地区	土层厚度 (m)	林龄 (年)	郁闭度	树高 (m)	胸径 (cm)	单株材积 (m^3)	林分密度 (株/hm^2)	蓄积量 (m^3/hm^2)	年平均生长量 (m^3/hm^2)
草甸草类银灰杨林	北屯	1.5～2.0	33	0.7	22.2	24.7	0.47	570	267.9	8.1
草甸草类银白杨银灰杨林①	北屯	1.0～1.5	47	0.6	20.0	31.2	0.67	1050	703.5	15.0
草甸草类灌木疣枝桦银灰杨林	哈巴河	1.0～1.5	35	0.5	21.4	22.1	0.39	585	228.2	6.5
草类灌木银灰杨林	布尔津	0.5～1.9	41	0.4	16.9	26.8	0.43	390	167.7	4.1

① 生长最好的林分

额尔齐斯河谷为西伯利亚寒流过境孔道，气候条件差，植物的生长期短，银灰杨林生长较慢。其生长规律是：前 5 年高生长较快，连年生长量为 0.64～1.46m，15～20 年仍保持在 0.11～0.56m。胸径生长前 15 年较缓慢，15～25 年生长较快，此阶段连年生长量在 0.75～1.8cm，后 25 年连年生长量保持在 0.43～0.63cm。材积生长 20～35 年间最快，连年生长量 0.016 0～0.021 8m³，后 35 年下降，40 年后进入成熟林阶段（见表 1—25）。

表 1—25　银灰杨生长进程

标准木	树龄(年)	树高生长 (m) 总生长量	树高生长 连年生长	树高生长 平均生长	胸径生长 (cm) 总生长量	胸径生长 连年生长	胸径生长 平均生长	材积生长 (m^3) 总生长量	材积生长 连年生长	材积生长 平均生长
北屯3号标准木	5	4.7		0.94	5.95		1.19	0.002 1		0.000 4
	10	11.6	1.38	1.16	8.55	0.12	0.66	0.013 6	0.002 3	0.001 4
	15	14.8	0.64	0.99	10.60	0.81	0.71	0.043 8	0.006 0	0.002 9
	20	18.1	0.66	0.91	14.65	0.81	0.73	0.123 7	0.016 0	0.006 2
	25	19.6	0.30	0.78	18.40	0.75	0.74	0.240 8	0.023 4	0.009 6
	30	20.6	0.20	0.69	20.55	0.43	0.69	0.348 0	0.021 4	0.011 6
	33	22.2	0.53	0.67	23.70	0.63	0.72	0.413 6	0.021 8	0.012 5
布尔津8号标准木	5	2.50		0.50	0.80		0.16			
	10	8.20	1.14	0.82	5.40	0.92	0.54	0.007 5		0.000 8
	15	11.90	0.74	0.79	11.30	1.18	0.75	0.045 5	0.007 6	0.003 0
	20	13.30	0.28	0.67	15.10	0.76	0.76	0.101 5	0.011 2	0.005 1
	25	14.10	0.16	0.56	16.80	0.34	0.67	0.140 5	0.007 8	0.005 6
	30	14.65	0.11	0.49	19.50	0.54	0.65	0.211 0	0.014 1	0.007 0
	35	15.20	0.11	0.43	22.20	0.54	0.63	0.275 4	0.012 9	0.007 9
	40	16.75	0.31	0.42	24.90	0.54	0.62	0.364 7	0.017 9	0.009 1

（续）

标准木	树龄（年）	树高生长(m)			胸径生长(cm)			材积生长(m^3)		
		总生长量	连年生长	平均生长	总生长量	连年生长	平均生长	总生长量	连年生长	平均生长
哈巴河8号标准木	5	3.30		0.66	1.10		0.22			
			0.24			0.46				
	10	4.50		0.45	3.40		0.34	0.002 4		0.000 2
			1.46			0.82			0.003 7	
	15	11.80		0.79	7.50		0.50	0.021 1		0.001 4
			0.68			1.03			0.011 7	
	20	15.20		0.76	12.65		0.63	0.079 4		0.004 0
			0.40			0.75			0.014 4	
	25	17.20		6.69	16.40		0.66	0.151 2		0.006 0
			0.56			0.50			0.018 5	
	30	20.00		0.67	18.90		0.63	0.243 7		0.008 1
			0.28			0.63			0.023 0	
	35	21.40		0.61	22.05		0.63	0.358 8		0.010 3

从新疆生产建设兵团184团场的银灰杨人工林看，16年生胸径21cm，为天然银灰杨林的2～3倍，平均生长量0.011 1m^3，而15年生的天然银灰杨胸径7～11cm，单株材积0.021 1～0.045 5m^3，平均生长量0.001 0～0.003m^3，与人工林相比差距较大。因而要提高天然银灰杨林生长量必须从加强抚育，发挥杂种优势等技术措施入手。

（四）更新演替

银灰杨林更新方式有天然下种和根蘖，而以根蘖最普遍。实生苗起源于洪水漫溢过的新淤积地上，这里光、水充足，草类极少，易于成苗，最初形成草甸草类银灰杨林；也有银灰杨和银白杨同源，形成混交林；有时借根蘖繁殖形成镶嵌混交林，实生的两个林型是演替的基础。当受人类破坏活动，或河床下切，地下水位下降时，林分变疏，灌木侵入，形成草类灌木银灰杨林。破坏后的草甸草类银白杨银灰杨林，其下层为萌生，最初为小片混交，逐渐可过渡到草类银白杨林和草类银灰杨林。在疣枝桦林中，当疣枝桦被伐之后，银灰杨根蘖较快，3～4年后形成片林，占据采伐迹地，以后疣枝桦也相继萌生，形成草类疣枝桦银灰杨林。总之，新疆的河谷林，其林型因受人类活动或河流变迁影响而有所演变，不仅在同一建群种内如此，且可由某一建群种过渡到另一建群种，这是符合优胜劣汰，适者生存规律的结果。

银灰杨由于适生地的局限，人工林不多，新疆生产建设兵团农九师198团场营造一些人工林，林龄已有19年，从材积总生长量比较，人工林的生长量为天然林的2～3倍。

2—1—3—6　苦杨林①

苦杨（*Populus laurifolia*）是中国新疆北部山地中山带下部和低山带河谷林的主要建群种之一，对于防洪护岸、保持水土和涵养水源具有重要作用。

苦杨林在中国境内主要分布于新疆北部阿尔泰山、准噶尔西部山地和天山北坡东端的

① 执笔人：侯月欣

巴尔库山及哈尔雷克山，在巴里坤盆地北面的北山也有少量分布。其垂直高度为海拔 500～2 000m，俄罗斯和蒙古人民共和国也有分布。

苦杨较喜大气湿润，也能耐一定程度的大气干旱，适生于降水量较多的中山带或低山带河谷，常成断续带状或块状从山地草原带或荒漠草原亚带延伸到针叶林带中部，在阿尔泰山西北部和准噶尔西部山地中山带和低山带，气候较冷湿，河流较多，分布比较广泛，林分发育良好，与银白杨、银灰杨、欧洲黑杨、白柳、油柴柳（*Salix caspica*）、布尔津柳（*Salix bulkingensis*）、垂枝桦等落叶阔叶树种混生。在布尔津河和哈巴河中游与新疆云杉和新疆落叶松等针叶种树混交。在阿尔泰山东南部和天山北坡东端巴尔库山与哈尔雷克山海拔高度上升到 1 000～2 000m，气候干冷，年平均气温 2～6℃，河流较少，苦杨分布大为减少，多成小块状分布，林分发育较差，伴生树种较少。特别是天山北坡东端，基本上没有伴生树种出现。在准噶尔盆地西南部冲积扇中下部的人工苦杨林，尽管有良好的灌溉条件，终因大气比较干旱而生长受到影响，在干旱季节有时甚至出现落叶现象。苦杨较耐寒，在阿勒泰地区冬季气温常达 −40℃左右的低温下，一般无冻害现象出现。但是耐高温能力则较弱，在夏季气温高达 40℃以上时，生长往往受到抑制，叶子边缘常发生枯焦。苦杨较喜水湿而不耐涝，也不耐盐碱，喜生于河滩或河床边缘，在受洪水泛滥和极度轻微盐渍的沙质、沙壤质或壤质的冲积或洪积土上，生长不良，在重盐碱土上难以成活。

苦杨林通常只有乔木层、灌木层和草本层，或乔木层和草本层，在个别地段有苔藓植物出现。

苦杨林分布于西伯利亚、中亚、亚洲中部和蒙古等几个地理区之间，因此，区系成分比较复杂，北方的欧洲—西伯利亚成分无论在建群作用上还是在数量上都占统治地位，其中建群种和共建种主要有苦杨、银白杨、银灰杨、垂枝桦等，伴生树种有新疆云杉、新疆落叶松、欧洲山杨、白柳等，灌木层和草本层中的优势植物和重要的组成成分如欧荚蒾、西伯利亚接骨木、黑果栒子、药鼠李、湿生水杨梅（*Geum rivale*）、无芒雀麦（*Bromus inermis*）、假苇拂子茅等中生或湿中生植物。中亚成分在苦杨林内数量较多，特别是天山特有成分新疆野苹果、天山花楸在苦杨林分布区西南部有一定比重。此外，亚洲中部区系成分和蒙古区系成分在分布区的东南部中山带下部和前山带上部的河谷地带，也有少数种出现，但在群落组建中作用不大。苦杨林在中国新疆北部山地分布范围较广，因生态条件，群落组成和结构的不同，可分以下几种林型。

1. 草甸草类灌木苦杨林

主要分布在阿尔泰山额尔齐斯河和乌伦古河流流域，在准噶尔西部山地有少量分布，常生于海拔 500～1 500m 山地河谷河滩地带，特别是在常有洪水短期淹没的河滩上，土壤为草甸森林土，苦杨生长十分良好，郁闭度 0.5 左右，多为纯林，在稀疏的林内常混交有银灰杨、银白杨、欧洲山杨、白柳或垂枝桦等树种，多成小块状或团状嵌入苦杨林内，在额尔齐斯河和乌伦古河如哈巴河、布尔津河、克朗河、大青河、小青河等河流中游混有新疆云杉，林内尚有三蕊柳（*Salix triandra*）、灰柳（*S. cinerea*）等小乔木出现。林下灌木较多，草本植物十分茂密。

2. 草甸草类苦杨林

主要分布在阿尔泰山额尔齐斯河和乌伦古河河流，在天山北坡东端巴尔库山和哈尔雷克山地河谷地带也有少量分布。常生于河岸阶地或地下水位较低的河滩地上，土壤为河谷草甸森林土，土层较薄，林分发育较好，群落比较稀疏，郁闭度 0.3～0.4，林内伴生树种很少，在林间空地有时有团状或小块状的银白杨出现。林内灌木极少，草类植物较稀疏。

3. 草甸草类野扁桃苦杨林

仅分布于准噶尔西山地巴尔鲁克山东北部，生于山谷底部小溪边，土壤为山地草甸土，土层较薄，林分发育良好，郁闭度 0.3～0.4，林内常有天山桦（*Betula tianschanica*）伴生，在个别地段则有野苹果、天山花楸（*Sorbus tianschanica*）、林下灌木以野扁桃（*Prunus ledebouriana*）为主。草本植物较多。

4. 草甸草类灌木垂枝桦苦杨林

主要分布在额尔齐斯河中游河滩地带，在乌伦古河上游也有少量分布，土壤较薄，下垫层常有沙卵石，在个别地段卵石布满地表。由于在 6～8 月常有洪水浸漫，林分发育良好，苦杨占林木组成 6～8，桦木占 2～4，有时有银灰杨、银白杨、欧洲黑杨、三蕊柳、五蕊柳（*Salix pentandra*）、黄花柳加入，林下灌木较多。草本植物较多。

此外，在额尔齐斯河和乌伦古河流域中游河滩地带还有少量的苦杨与银白杨或银灰杨混交林，由于水分条件较好，林分发育较好，林下灌木较少，草甸草类植物丰富，覆盖度60%左右。

苦杨林是亚洲温带荒漠地带珍贵的山地河谷林，由于林草丰盛，长期放牧，遭受人为影响较大，成为河谷次生林。苦杨林通常靠种子繁殖，在中山带和前山带上部的河谷河滩地带，苦杨林多处于中龄林和成熟林阶段，林分发育良好，在前山带中下部河滩地带，多处在壮年林阶段，个别地段已进入衰老阶段。在布尔津河、克朗河下游和额尔齐斯河下游河湾、河滩地带，多为成过熟林，林间空地大量存在，树形弯曲，树势衰老，林内多有被牲畜啃食过的残缺的幼树，严重地影响苦杨林更新。在个别河滩地带，由于中游截水灌溉农田，河水有所减少，在局部地段的河滩有轻微盐渍化现象出现。不但影响苦杨林天然更新，而且往往逐渐被能够忍耐轻度盐渍化的银白杨所代替。在布尔津河、克朗河和哈巴河流入额尔齐斯河的河口地段，河滩经常被水浸淹，苦杨林常被较耐水浸的白柳、欧洲黑杨或额河杨（*Populus* × *jrlyschensis*）所代替。

2—1—3—7　帕米尔杨林[①]

帕米尔杨（*Populus pamirica*）也是中国杨树林中新记录的树种，是帕米尔地区的特有

① 执笔人：录叙德

种。帕米尔杨林分布于新疆西昆仑山北坡，天山南坡的一些地区，生长于海拔 1 800～2 000m 的山区河谷，多呈窄条状、片状分布，林子面积很小。国外在中亚南部也有分布。

帕米尔杨林适生区内年平均气温 3～4℃，1 月份平均气温－13℃，7 月份平均气温 17℃，气温较低，严寒日较长，生长期较短（约 120～130d）。林分结构较简单，林种单纯，灌木不多，草本层发育不良。林分郁闭度 0.3～0.4，树高 10～15m，胸径 20～50cm，多为异龄林。

帕米尔杨适应性强，分布于河流冲积森林土上，能在土层厚薄不匀，砾质土壤上生长，生长速度较快，是很好的乡土树种，应大力加强保护，抚育更新，扩大它的分布区。

2—1—3—8 新疆杨林①

新疆杨（*Populus alba* var. *pyramidalis*）在中国没有天然群落，据一般的说法是在很早的时期由中亚一带引进到新疆，经长期栽培驯化遂成为新疆重要的乡土树种。新疆杨树形高大、雄伟而美观，生长迅速。在宽行疏植下枝叶开朗，姿态雄伟，为美化环境、防风治沙的理想树种。

新疆杨在新疆的栽培区遍及于南北疆，平原多于山区，南疆盛于北疆。南疆的昆仑山北麓山前平原如和田、喀什和天山南麓山前平原如阿克苏、焉耆以至东疆吐鲁番盆地，新疆杨是深受当地人民喜爱的树种而广泛栽植。塔里木盆地的南缘和田、喀什一带尤为适宜。西北缘的阿克苏地区因极端最低气温可达－26～－31℃，故而发现大约有 30%的中龄立木的树干基部遭受冻害；而和田、喀什一带则未发现受冻害立木，当地极端最低气温为－18～－25℃。

新疆杨在北疆天山西段的伊犁河谷和天山北麓山前平原也广为栽植，但极端最低气温为－32℃以下，受冻害率超过 30%，甚至全部死亡。在阿尔泰山，极端最低气温－40℃以下，新疆杨则不宜栽植。看来，低温是限制它栽植的主要因子，能耐－25～－35℃的极端低温。

近年来宁夏、甘肃、陕西、山西、青海、内蒙古等地也多有引种栽培，甚至东北也有引种。

新疆杨叶片正面无气孔组织，气孔只分布在叶片背面，借以减少蒸腾，因而具有极耐大气干旱的能力。在年降水量小于 200mm，而地下水充足的南北疆山麓平原及贺兰山以西等地能旺盛生长。内蒙古的百灵庙—盐池一带，宁夏的新城一带及山西的大同盆地，新疆杨生长较差。

新疆杨一般可在砂砾土、沙土、沙壤土、壤土以至粘土上生长，以沙壤土、壤土为最好，沙土、粘土次之，砂砾土最差。新疆杨具有一定的耐盐能力，适宜在非盐渍化或弱盐渍

① 执笔人：录叙德，顾春光

化土壤中生长，以含盐量在0.2%～0.6%的轻盐化土壤最为合适，如盐分含量增加到1%左右，则虽能生长而长势不良。

根据南疆的喀什、阿克苏、巴音郭楞等地10株16年生树干解析木，分析新疆杨生长过程（代表生长良好的新疆杨）。树高连年生长与平均生长前6年最快，年生长量均在1.5m以上，以后逐年下降；胸径生长前2年较慢，连年生长与平均生长超过1cm，以后生长逐年加快，连年生长在8～10年，达到2cm左右；16年生的材积生长速度仍处在上升阶段。16年生树高19.7m，胸径26.1cm，材积0.568 9m^3。

新疆杨四旁绿化造林密度偏大，一般为0.5m×0.5m～1m×1m，农田防护林带造林密度一般为1m×1m～1.5m×1.5m，此密度对窄林带不算过大，据调查对于相当数量的宽林带则显然过密。新疆各地尽管普遍建起了农田防护林，但对已造林带抚育管理较差，特别是缺乏对林地的灌水，同时应适时进行疏伐。据调查，在新疆杨的采伐中，林龄不足15年，胸径不过20cm者约占总采伐量的80%，林龄超过15年，胸径20～30cm者只占20%，这种情况南疆更甚。采伐过早，造成极大的浪费。

2—1—3—9 银白杨林①

新疆的银白杨（*Populus alba*）林系欧洲植物在地史时期向东迁移时残留下来的森林，是目前人工造林的主要树种，天然银白杨林仅在新疆北部河谷中才有，资源极少，价值更高。其林分多由单性群体组成，雌雄混生林分极少。

（一）**分布与生境**

天然银白杨林在中国目前仅分布于新疆北部额尔齐斯河及其支流多郎河、布尔津河、哈巴河、别列孜河和阿克哈巴河等河谷区，呈片块状分布，其次乌伦古河也有少量林子存在，多生长在河湾、河漫滩和沿河阶地上。而以额尔齐斯河谷地带河流两岸为银白杨林的适生分布范围，垂直分布高度为海拔450～750m。国外则在地中海西部盆地，中欧和东欧、西亚和中亚河谷地带。

天然银白杨林与河谷气候有极为密切的关系。从分布区范围来看，最适宜温度为年平均气温2.5～4℃，1月份平均气温－17℃，7月份平均气温20～22℃，极端最低气温不低于－40℃，极端最高气温不高于36℃，年降水量不低于100mm，相对湿度在50 %以上。基本属中温耐寒、中生耐旱半荒漠草原带河谷森林群落。

银白杨林分布区的土壤是在河流冲积沙土或亚沙土母质上发育形成的森林土，成土过程受河水影响极深，可分为河滩森林土和河滩草甸森林土两类。由于草被覆盖度较大，每年凋落的枯枝落叶较多，厚度一般在5～10cm，腐殖质层厚度10cm，土壤养分条件较好，其中氮的含量0.1%～0.2%，P_2O_5含量0.08%～0.15%。在沙壤土上生长较好，风沙土上生

① 执笔人：录叙德

长不良。银白杨耐盐极限为0.2%～0.6%，较胡杨差，比新疆杨强些，属中等耐盐。

1949年以前，银白杨多为四旁植树的重要树种，仅见于和田、喀什、阿克苏和伊犁等地。60年代初在额尔齐斯河谷发现银白杨天然林和大量母树，曾有计划地组织采种，分布到南北疆各地育苗。1978年以后的银白杨林，除少数边远县外，遍及全疆的主要平原绿洲。

（二）组成结构

银白杨林植物组成比较简单，据不完全统计具有植物50余种以上，其中作为建群种和优势种的约占10%。林分垂直结构有乔木层、灌木层和草本层3层。

银白杨林的伴生树种多属欧洲、西伯利亚和特有成分组成，有额河杨、银灰杨、黑杨、苦杨和白柳。其中银白杨占6～7成，其他杨树3～4成。林龄组成中，10～30年占优势，31～45年次之，45年以上较少，100～150年极少；即幼龄林多，中龄林次之，成过熟林少，这是人为破坏的后果。郁闭度多为0.6～0.8，0.4～0.5居中，0.3以下较少。天然银白杨林在人为和牲畜啃吃下，幼苗幼树很少。银白杨有同龄林和异龄林；有实生林和萌芽林；有单层林和复层林；有雌株片林，也有雄株片林，而二者混合林分则很少。

灌木层不发达，多分布在林窗间（林下很少），覆盖度15%～30%。主要有红果山楂（辽宁山楂）（*Crataegus sanguinea*）、腺齿蔷薇（*Rosa albertii*）、石蚕叶绣线菊（*Spiraea chamaedryfolia*）、刚毛忍冬（刺毛忍冬）（*Lonicera hispida*）、接骨木（*Sambucus williamsii*）、稠李。

草本层植物较多，总盖度80%以上，其中林窗下密度较大，覆盖度60%～80%，林下较稀，有苇状拂子茅（*Calamagrostis epigejos*）、芦苇（*Phragmites communis*）、林地早熟禾（*Poa nemoralis*）、赖草（*Aneurolepidium dasystachys*）、梯牧草（*Phleum pratense*）等。

银白杨林在河谷条件下，由于河谷地形变化较大，土壤和水分状况的差异，一般可分为3个林型。

1. 草类银白杨林

分布广、面积大，是生产力较高的一种林型。主要分布在河漫滩、河湾和每年受洪水浸润的阶地上，土壤湿润肥沃，为河滩森林土和潜育河滩森林土。有实生起源的同龄林，也有实生和根蘖的复层林，生长旺盛，郁闭度0.6～0.8。林分中伴有额河杨、黑杨、银灰杨，为数不多。灌木较少，共计有6种，即稠李、山楂、忍冬、野蔷薇等仅限于林窗间，覆盖度15%～20%。草类近26种，覆盖度60%，常见森林有早熟禾、苇状拂子茅、冰草（*Agropyron cristaum*）和木贼（*Equisetum hiemale*）等。

2. 草类杨树银白杨林

主要分布在额尔齐斯河等地，多郎河和哈巴河一带河滩也有片状分布。建群种银白杨占6～7成，伴生树额河杨、欧洲黑杨，银灰杨，苦杨占3～4成，郁闭度0.6。灌木较少，多生长于林间隙地，共8种，主要有山楂、茶藨子、绣线菊、腺齿蔷薇等。覆盖度15%～20%。草本植物较多，约35种，主要有林地早熟禾、梯牧草、赖草、苇状拂子茅、蒿（*Kobresia* sp.）等，覆盖度80%～90%。林下草较少，更新较好。

3. 草类灌木银白杨林

分布在阶地上，土层厚薄不一，比较干旱，林相不整齐，郁闭度0.4～0.5，多系根蘖复层异龄林，主林层上部有少量高大银白杨。主林层由雌雄株混合分布，雄多雌少。伴生树种极少，有银灰杨、额河杨等，生产力低下。灌木以耐旱的为主，共7种，林下有铃铛刺（盐豆木）（*Halimodendron halodendron*）、腺齿蔷薇，林缘高地上有额河木蓼（*Atraphaxis jrtyschensis*）、红皮沙拐枣（*Calligonum rubicundum*）等，覆盖度30%。草本植物不多，约10种，以蒿属占优势，覆盖度15%～20%。林下更新较差。

（三）生长发育

河谷条件下的银白杨林，由于河水流渗幅度和漫溢程度、土壤薄厚等生态条件变化，各林型分布和生长状况差异较大，在河流交汇处和河湾间林木生长较好，形数0.51以上，干形饱满，尖削度小，出材量高，而在阶地和河心沙洲上，有流水经过地段，林分密度也较大，生长尚可。其他地上生长稀疏，生长量较差（见表1—26）。

表1—26 银白杨林生长状况

林型	立地条件		林龄（年）	郁闭度	密度（株/hm²）	平均树高（m）	平均胸径（cm）	标准木材积（m³）	每公顷蓄积量（m³）	年平均生长量（m³/hm²）
	地形	土壤厚度（m）								
草类银白杨林	河湾	1.5～2.0	30	0.7	915	20.0	33.0	0.61	558.2	18.6
草类杨树银白杨林	河滩	1～1.5	30	0.6	720	18.8	28.0	0.51	367.2	12.2
草类灌木银白杨林	阶地	1.0以下	35	0.4	405	15.2	20.0	0.43	174.2	5.0

银白杨高生长在10年前较快，连年生长量0.9～1.0m，11～15年的连年生长量为0.86m，15～25年0.51～0.63m，25年以后仍保持在0.13～0.35m。

银白杨胸径生长20年前较快，连年生长量0.75～1.15cm，20年后生长速度较慢，但仍保持在0.37～0.53cm。

银白杨材积生长15年前较慢，15～30年生长较快，连年生长量0.017～0.025m³，30年以后材积生长量保持在0.015～0.017m³，40年后进入成熟林阶段。

（四）更新演替

银白杨林起源于实生繁殖和根蘖繁殖两种方式，以后者为多。实生苗起源于洪水后的河湾和河漫裸地，或经洪水漫过后的林窗空地上。大多数是由根蘖成林，只要有3～4株成年母树，在适当条件下5年之内可由根蘖形成片林，林型为草类银白杨林。有时也有其他杨树落种与银白杨同时发生，但数量不及银白杨多，加之银白杨树冠开阔，其他杨树居于冠下，生长不如银白杨好；有其他杨树，也有银白杨根蘖幼树发生，凡此均可形成草类杨树银白杨林。随着河流摆动或下切，河漫地抬升为阶地，土层变干，天然下种困难，依靠根蘖更新，这时林间透光，中生草类得不到水分渐次退缩，耐干旱草类侵入，灌木发育较快，形成草类灌木银白杨片林。当土壤水分供给更困难情况下，林分就自然稀疏，郁闭度下降，大量蒿属和其他草类生长，林分逐渐衰退，演变为河谷稀树草原。

人工栽培的银白杨林生长速度远甚于天然林，根据新疆伊犁哈萨克自治州察布查尔林场 15 年生经过 3 次间伐后的人工林分的调查数据来看，平均树高 18.7m，最高可达 24.5m，平均胸径 20.2cm，最粗可达 35.4cm（见表 1—27）。

表 1—27 各林场银白杨人工林生长情况

地 点	林龄（年）	树 高（m）		胸 径（cm）		材 积
		总生长	平均生长	总生长	平均生长	（m^3/hm^2）
察布查尔林场	15	18.7	1.25	20.2	1.35	379.5
玛纳斯林场	18	20.5	1.14	25.2	1.40	420.0
北屯林场	30	20.0	0.67	33.0	1.10	558.0

（五）评价与经营意见

1. 新疆的银白杨林是中国仅有的天然银白杨林类型，是很好的基因库。目前由于林牧矛盾破坏较大，今后应该调整牲畜结构，减少骆驼，发展小畜，保护森林。

2. 银白杨林应采取人工更新，在有条件的地区发展人工林，特别是发展四旁树。

2—1—3—10 胡杨林①

胡杨（*Populus euphratica*）林为冈瓦纳古陆残遗树种组成的荒漠、半荒漠内陆河岸森林群落，称为荒漠河岸林，是荒漠碱性土特有的森林类型。尤以新疆塔里木河两岸的胡杨林最为典型。由于河岸的不断变动，以及胡杨林与之相依存的关系，形成了疏林多密林少，纯林多混交林少的林分特征。胡杨林也能在绿洲与沙漠之间广阔平原上生长，常与荒漠灌丛、盐生灌丛、草甸组成复合群落，起防止土地沙化，降低地下水位、改造盐碱地、保护畜牧业、维护绿洲安全等生态功能。是三北防护林体系的重要成林树种。

（一）分布与生境

胡杨林是由渐新世河岸林树种异叶杨（*Populus heterophylla*）、榆树（*Ulmus pumila*）、柳（*Salix* sp.）等组成的小叶林演变而来，水平分布地域相当广，北到哈萨克斯坦，南到肯尼亚，西到西班牙的埃尔切（Elche），从内蒙古往西，中经中亚细亚、巴基斯坦、阿富汗、伊朗、叙利亚、埃及到高加索河流沿岸沙丘地、潮湿盐碱地及绿洲边缘地带多生长着以胡杨为优势种的天然林。

① 执笔人：录叙德

在世界范围分布于北纬 23°～47°，东经 0°～112°，在中国，胡杨林分布于北纬 37°～47°，东经 78°～112°，即新疆准噶尔盆地的四棵树河、奎屯河、玛纳斯河、乌伦古河等地呈小块状分布；塔里木盆地的塔里木河、叶尔羌河、和田河分布较广，多为带状，河流交汇处则多为片状；甘肃的疏勒河、青海柴达木盆地托拉亥河、宁夏黄河一级阶地，内蒙古西部额济纳河也多为带状。河套平原向东一直到乌兰察布盟四子王旗北部的哈沙图查干淖尔附近是胡杨林向东分布的极限；而以塔里木河流域的胡杨林为最盛，是中国的集中分布区其盛况超过世界各地。

因受水热条件限制，胡杨林的垂直分布幅度各地也有所不同，新疆的塔里木盆地分布在海拔 800～1 100m，准噶尔盆地为海拔 250～600m（750m），分布最低点为吐鲁番的艾丁湖洼地，海拔－150m，帕米尔高原东坡分布上限为海拔 2 400m，天山南坡分布上限为海拔 1 800m，柴达木盆地垂直分布高度为海拔 2 900m，内蒙古西部最高为 1 200m。从垂直分布来看，胡杨林最适分布地区的海拔为 800～1 100m，其中以 800～900m 分布最盛，林分也较好。

胡杨林地理分布区横跨暖温带和温带，特点是夏热冬寒，春季温度多变，寒流较多，风沙频繁，属温带荒漠气候类型。这种气候条件下形成的河岸胡杨林喜温暖，也能耐寒，对温度的适应幅度较大。分布区年平均气温 4～12℃，极端最低气温－40～－42℃，极端最高气温40～45℃，≥10℃积温 2 500～4 500℃。从它分布的北界来看，大致与 1 月份平均气温－17℃等温线相一致，极端最低气温－31～－34℃；南界大致与 1 月份平均气温 －10℃等温线相近，极端最低气温－20～－25℃。从北向南，由温带过渡到暖温带，胡杨林分布相应增多。在气温 5～6℃时胡杨开始生长，最适宜的生长气温为 25～30℃，≥10 ℃的积温 4 000℃以上。

胡杨林分布在年降水量 10～250mm 以下的荒漠地带，年蒸发量高达 2 500～4 900mm，气候干燥，以河流沿岸为最适生分布区。

在年降水量超过 250mm 的地区向东分布到内蒙古乌兰察布盟四子王旗西北部锡拉木伦（塔布）河下游的哈沙图干淖尔附近，向西分布到新疆伊犁河霍城沙漠。这些地区，地下潜水淡化，空气相对湿度在 55%以上，不宜于高度大陆性荒漠旱生发育型的胡杨生长，因此病虫害发生频繁，竞争力低，呈单株分布的稀树草原型。

胡杨林的分布受河流塑造的地貌影响极深，无论是河漫滩地、阶地、干河床都随着河流迁徙而变化，导致水分、土壤基质、盐分、沙漠化的重新分配，胡杨林相应地由兴而衰，以河道的横断面可看出胡杨林分布与地貌联系的规律性。由现代河床至漠境，林龄由小到大，郁闭度由高到低，群落结构由复杂到简单，林分状况由好变劣，资源由多到少。这些规律的形成，是由局部地貌变化引起各生态因素变化所致。

胡杨林分布在河流冲积物沙土或亚沙土母质上发育形成的荒漠（杜加伊）森林土上。成土过程受河流变化的影响，土壤的发育经历着草甸、盐渍化、沙漠 3 个阶段，胡杨林也伴随着 3 个阶段由幼林到成熟林，直至衰亡。

胡杨林下的土壤属水成土系列，受荒漠气候影响较深刻，也受地下水和生物积盐双重作用，其亚类有草甸胡杨林土，是森林土形成初期，分布有胡杨幼龄林；盐渍化草甸胡杨林土为中龄林；成熟胡杨林下的土壤，土表为枯枝落叶层，其下为半分解粗腐殖质层，更下为淡红棕色腐殖质层、潜育层和淀积层。荒漠化后土地表面土壤沙化，多为过熟或衰退的胡杨林，土壤向着风沙土和盐土发展，林相简单而稀疏。

胡杨林地土壤质地较轻，以沙壤、轻壤和细沙较多，粒径0.05～0.01mm，粗粉沙占46%。土层中质地组合为壤间沙，沙间壤，全沙，壤间粒较少。土壤中夹有10～15cm粘泥层时，有不透水，积盐返碱特征，胡杨生长低矮，多为“小老头”树；在粘泥层较厚或地带性龟裂土上，胡杨呈孤立木分布。由此看来，胡杨是沙土或亚沙土上孕育出的树种，而在同类气候条件下，粘重土或龟裂土上则不能成林。

胡杨林下土壤养分类型属中肥速效型。养分水平在荒漠土壤中是较高的，有机质的含量2%以上，全氮0.077%，碳氮率较高(C/N 15.2)。全磷(P_2O_5)0.142%。水解氮6.9mg/100g土，供氮强度9.3%，速效磷1.26mg/100g土，供磷强度2.03%。有机质和养分的变化常与林龄和林分郁闭度及立地环境紧密相关（见表1—28）。随着林分荒漠化，有机质来源减少，有机质含量下降到1.12%，全氮全磷含量均降低。由中肥速效型转变为低肥速效型，林分逐渐衰败，雌株结果减少，瘦果量增多。

表1—28　不同林龄、郁闭度条件下土壤养分

林　龄	郁闭度	土 壤 类 型	有机质（%）	全氮（%）	全磷（%）
幼龄林	0.7	草甸胡杨林土	0.59	0.039	0.140
中龄林	0.6	盐质化草甸胡杨林土	2.08	0.070	0.151
成熟林	0.4	胡杨林土	2.89	0.079	0.143
过熟林	0.3	荒漠化胡杨林土	1.12	0.059	0.134
衰退林	0.2	胡杨林盐土	0.96	0.041	0.101

注：本文数据均在新疆测定（由录叙德提供，下同）

胡杨林分布在碱化、盐化和苏打化的土壤上，适应盐分组成为$-SO_4^{2-}-Cl^{-}-Na^{+}$、$SO_4^{2-}-Cl^{-}-Ca^{++}-Na^{+}$，pH值8～11或稍高。胡杨林适应盐碱土，是与其自身盐碱很高分不开的（见表1—29）。总碱度含量最高的土层与有机质含量最高的层次相一致，这就表明，生物起源的苏打来源于枯枝落叶，引起土层盐碱含量逐年增高。林分为适应土层的高盐碱，常有“胡杨碱 ”从树杈排出，林分逐年稀疏，更新困难，分布范围渐次缩小。

在干旱荒漠气候条件下，胡杨为典型的潜水旱生植物，适应于极端干旱的环境。河道的变迁，曲流摆动、河床下切，使胡杨林时盛时衰，始终离不开有流水的河岸。河岸是胡杨林分布的基础，河漫滩是林木发生的摇篮，地下潜水是林木生存的命脉。

表 1—29　胡杨林木盐分含量分析

取样部位	总盐(%)	盐分组成(%)							
		OH^-	CO_3^{2-}	HCO_3^-	Cl^-	SO_4^{2-}	Ca^{++}	Mg^{++}	K^+ Na^+
叶	42.339	1.345	12.254		8.65	1.84	0.69	0.13	17.43
枝	17.81			11.84	0.97	0.02	0.04	0.12	4.82
干	14.13			8.81	1.22	0.04	0.04	0.07	3.95
根	70.02		14.65	17.76	11.13	0.07	0.06	1.58	24.77

注：引自《阿克苏资源综合考察报告》1980 年

胡杨林与潜水位的关系大致是：潜水位 1～3m，林分生长良好，能根蘖更新；4～5m，生长停滞，林木稀疏，幼树枯死；6～8m，大树全部枯梢，树干心腐，草类缺乏；9m 以下林木枯死，倒木横陈，枯立木僵直，林地全部沙化。

河水流量大小和向两岸流渗，影响胡杨在河流两岸分布的幅度。如在塔里木河上游，胡杨林分布在两岸 300m 范围内，只有在顺河道两侧有叉流时，分布幅度增宽，一般宽在 500m 之内；中游河曲发育，河道分枝，水道网发达，胡杨林分布在 500～1 000m；下游河床变窄，流量减少，向两岸流渗幅度变窄，故在阿拉干的分布范围不足 200m，更下则河床干涸，地下水降至 15m 以下，小树全部枯死，仅残存着百年以上的孤立木，到罗布庄一带，“土丘林”（雅丹地貌）代替了胡杨林。

荒漠河床胡杨林，在长期自然历史发展长河中，渊源于河，受制于河，从现代河曲向沙漠演变，水分生态序列从湿—干—极干，林龄序列是幼—中壮—成熟—衰退，密度序列是密—中—疏，反映了胡杨分布特点与河流迁徙具有相应顺序，影响着土壤发育阶段，经历过和正在经历着草甸、盐渍化和沙漠化 3 个阶段。

（二）组成结构

胡杨林集中分布的塔里木河流域林分中，常见的植物约有 72 种，分别隶属 20 个科，38 个属，其中最多的是菊科和豆科，均 11 种，藜科 5 种，柽柳科 5 种，其他科仅 1～3 种。这些都是极度耐盐碱和干旱的植物，覆盖度极低。

根据胡杨林分布最集中的塔里木河流域的林况，可划分 11 个林型，分别隶属于 4 个林型组。

1. 河漫滩地草甸胡杨林林型组

（1）拂子茅柽柳（幼苗）胡杨幼林

（2）芦苇柽柳胡杨林

（3）草类柳树胡杨林

2. 阶地盐碱化胡杨林林型组

该组分布在地下水位 2～5m、中盐化草甸上。林分受地下水和生物积盐双重影响，林地普遍碱化，可划分 3 个林型。

（1）甘草柽柳胡杨林

（2）甘草罗布麻铃铛刺胡杨林

（3）柽柳胡杨林

3. 扇缘带盐土胡杨疏林林型组

林分水分条件尚好，地下水位 1～2m，土壤为潮湿盐土，全盐量 2%以上，土壤质地为沙壤—中壤，其间夹有粘泥层，常见有 3 个林型。

（1）芦苇胡杨林

（2）盐穗禾胡杨林

（3）芨芨草盐柴类胡杨林

4. 漠境超旱生灌木丛胡杨林林型组

分布在沙漠边缘干河床等地，水分短缺，沙漠化强烈，风蚀严重，养分很低，只有稀疏的超旱生灌木，很少有草类植物。

（1）沙漠化（柽柳）胡杨疏林

（2）梭梭柴胡杨疏林

11 个林型在新疆均有分布，而其他地区则不完全存在，其中以柽柳胡杨林是胡杨林中分布面积最大和相对稳定的林型，广泛分布于新疆塔里木河流的一级阶地、准噶尔盆地南缘哈密大南湖、伊吾淖毛湖、宁夏黄河等的一级阶地、甘肃河西一带，青海托拉亥河以及内蒙古额济纳河的阶地上。因此，凡河流泛滥所及之地，同样也广泛存在着拂子茅柽柳（幼苗）胡杨林及芦苇柽柳胡杨林两个林型。此外，甘草柽柳胡杨林及芨芨草盐柴类胡杨林两个林型，除新疆外，在甘肃、宁夏两地也普遍存在。

典型的胡杨成熟林，一般分为 3 层，即乔木层、灌木层和草本层。在地表干燥、土壤缺水、盐多的成熟林中，缺少草本植物层。乔木层的建群种为胡杨，个别林分中伴生种为灰胡杨（*Populus pruinosa*）、尖果沙枣（*Elaeagnus oxycarpa*）、大沙枣（*E. moorcroftii*）。胡杨河岸林，有同龄林和异龄林；实生林和萌生林；密林和疏林等。

灌木层以柽柳（*Tamarix* spp.）为主，多枝柽柳（*T. ramosissima*）占优势，还有刚毛柽柳（*T. hispida*）等，流动沙丘上还有沙生柽柳（塔克拉玛干柽柳）（*T. taklamakanenesis*）。随着土壤水分和盐分变化，还有铃铛刺（*Halimodendron halodendron*）、黑果枸杞（*Lycium ruthenicum*）、盐穗木（*Halostachys caspica*）、梭梭（*Haloxylon ammodendron*）侵入。灌木层多稀疏，盖度 20%～30%。只有在河漫滩草甸草类柽柳胡杨林中，灌木层盖度可达 50%～60%。

草本层多为根茎类草本植物。河漫滩林分中有藨草（*Scirpus triqueter*）、褐穗莎草（*Cyperus fuscus*）、灯心草（*Juncus* sp.）、红蓼（*Polygonum orientale*）、酸模叶蓼（*Polygonum lapathifolium*）、拂子茅（*Calamagrostis epigejos*）、假苇拂子茅（*Calamagrostis pseudophragmites*），共计 20～25 种，覆盖度 20%～30%。河岸阶地上，以耐盐碱草本为主。主

要有尖果甘草(*Glycyrrhiza glabra*)和胀果甘草(*Glycyrrhiza infata*)、大叶白麻(*Poacynum hendersonii*)、罗布麻(*Apocynum venetum*)、苦豆子(*Sophora alopecuroides*)、花花柴(*Karelinia caspica*)、疏叶骆驼刺(*Alhagi sparsifolia*)等15种,平均盖度15%。

(三)生长发育

河床的变化决定了生长于河流两岸的天然胡杨林的年龄,摆动着的河流,其河岸必然是弯曲的,于是水的流速就不一致,其急弯地段(凹岸)水流急,缓岸(凸岸)则水流缓。于是急处的河岸受冲击而造成塌方,而缓处的水流也因河水含沙量的沉淀而导致河床的增高。一塌一高之间造成了许多舌状形的河漫滩,这些河漫滩地表有一层清而软的非盐化淤泥,遂造成了胡杨种子天然下种的良好基地。随着时间的进展,新的河漫滩地又形成了,而老的河漫滩地离河床远变成了一级阶地,而更老的河漫滩则成为二级阶地属于冲积扇缘地带了。河漫滩、一级阶地、扇缘带是3种不同的地类(地貌),具有3种不同的水分条件,也是3种不同的林分年龄阶梯,大体上是幼龄林、中壮林、成过熟林。上节所划分的几个林型组,就是按这3种不同地类而区别的。

1. 生长

胡杨具有早期速生持续期长的树高生长特性,通过新疆塔里木河流域胡杨生长过程表明,在水分充足、盐分较轻的河漫滩地上,5年生时高生长年平均(下同)为24~46cm,10~24年为高速生长期,年生长量为41~62cm,以后至40年保持中速,年生长量28~35cm,约45年后,生长趋于缓慢,年生长量为20cm,60年后生长更慢,年生长量13cm。在干旱水少、盐分较重的生态环境中,高生长减慢,终止期提早。

胸高直径生长与树高生长基本上相适应。胡杨在10~40年生长旺盛,连年生长量为0.48~0.92cm,尤其在脱离洪水影响前,年生长量一般高达0.98~1.07cm,以后至60年,每年仍有0.2~0.4cm的生长,60年以后长势下降,几乎停滞。以地下潜水维持生长的胡杨林,其生长则不以树木年龄为转移,而是随着潜水位的变化而变动。潜水位1~3m时,胸径年生长量就大,一般0.7~0.8cm,潜水位在4m以下,年生长量降至0.1~0.2cm,甚至生长停滞。

材积生长旺盛期在20~40年,30~40年时达到高峰。未遭破坏,生长良好的胡杨林,当林分为10年时,平均胸径7~8cm,平均每公顷蓄积量14~18m^3,20年时平均胸径12cm,每公顷1 500株,蓄积量64.21m^3,40年时平均胸径18cm,760株,蓄积量74.34m^3,60年时,平均胸径50cm,112株,蓄积量129.4m^3。

胡杨林的生长,在河流的上、中、下游有别,兹以塔里木河成熟林为例(表1—30),加以比较。不但在河段上有别,就在同一河段内因地下水位依河道由近至远而递降,生长也有差异(表1—31),这是水盐条件不同造成的。

由表1—31看出,各林型生长量随水分盐分条件而变化,拂子茅柽柳胡杨林属于河漫滩地的幼龄林,而以下3个林型虽同属第二林型组,但离河越远,林况越差,至柽柳胡杨林已处阶地边缘,与扇缘带接近,林况更差,很为明显。

表 1—30　胡杨林测树因子

河段	地　点	立地条件	林龄（年）	郁闭度	每公顷株数	平均树高（m）	平均胸径（cm）	每公顷蓄积量（m^3）	每公顷年生长量（m^3）
上游	达吾斯东部	阶地	40	0.4	120	12.9	43.8	76.40	1.91
中游	库车种羊场	阶地	40	0.5	140	14.1	49.9	138.12	3.45
下游	阿拉干	阶地	50	0.3	100	11.8	39.5	58.59	1.16

注：引自录叙德．中国胡杨．1983

表 1—31　不同立地条件下各林型生长状况

林　型	离河道垂直距离（m）	地下水		采土层含水率（%）	林龄（年）	郁闭度	平均树高（m）	平均胸径（cm）	每公顷株数	每公顷蓄积量（m^3）	每公顷年生长量（m^3）
		深度 m	矿化度								
拂子茅柽柳胡杨林	100～150	1～2	0.2～1.5	12～20	6	0.7	3.2	4.0	626.7	14.8	2.5
甘草柽柳胡杨林	150～500	2～3	1.5～2.5	6～10	18	0.7	8.1	10.5	1 622	57.32	3.2
甘草野麻铃铛刺胡杨林	500～900	3～4	2.5～3.5	3～5	35	0.5	8.8	16.0	791	71.69	2.0
柽柳胡杨林	900～1 600	6 以下	3.5 以上	1 以下	70	0.3	14.9	48.0	106	112.57	1.6

注：引自录叙德．中国胡杨．1983

对胡杨生物量的研究很少，以下仅报道中国林业科学研究院陈炳浩对塔里木河中游轮台桑塔木林场胡杨林生物量的研究结果。

胡杨林是乔木层的主体。不同生长发育阶段的生物量有别，幼龄林 20.75t/hm²，中壮林为 54.45t/hm²，近熟林为 59.23t/hm²。年净生产力（t/hm²）分别为 3.46、2.87 和 1.8（见表 1—32）。近熟林同中壮林的生物量相比，二者大致相近似，而比幼龄林高 1.9 倍。相反，幼龄林的净生产力比近熟林高 1 倍，比中壮林高 0.2 倍。由此可见胡杨属早期速生树种。灌木层和草本层见表 1—33。

表 1—32　胡杨林乔木层生物量　　单位：t（干重）/hm²

类型	平均年龄（年）	地上部分				地下部分					总生物量（t/hm²）	年增生物量（平均）（t/hm²）
		干	枝	叶	小计	根茎	粗根	中根	细根	小计		
幼龄林	6	6.91	6.94	0.16	14.01	4.05	0.91	0.69	1.09	6.74	20.75	3.458
中龄林	19	29.22	6.40	0.93	36.55	11.60	1.55	2.10	2.64	17.89	54.45	2.866
近熟林	33	42.90	7.74	1.99	52.63	3.09	2.48	0.51	0.52	6.60	59.23	1.795

注：引自新疆林业科学研究院．塔里木河中游胡杨林考察报告．1983

表 1—33 胡杨林灌木层草本层生物量 单位:t(干重)/hm²

类 型	灌木层			草本植物层		
	干、枝、叶	根	合计	茎叶	根	合计
幼 林	0.90	3.13	4.03	0.01	0.01	0.02
中壮林	0.72	0.10	0.82	2.29	2.00	4.29
近熟林	1.85	0.60	2.45	1.85	0.63	2.52

注：引自新疆林业科学研究院．塔里木河中游胡杨林考察报告．1983

2. 发育

根据胡杨林生长发育特征，结合林木树高、胸径、材积、生长过程，以分布在塔里木河的天然实生胡杨林为例，可划分 6 个发育阶段。

幼龄林阶段 自种子萌芽至 10 年生的幼林，3 年前地上部分比根系生长为慢，第一年高生长为 6～8cm，而根系为 20cm；第二年高生长为 20～30cm，根生长为 30～40cm；第三年高生长为 30～40cm，根系生长为 40～50cm。第五年之后，高生长加快，树高 3m 多，胸径 4cm 左右，叶型为线状披针形。

中龄林阶段 11～20 年，为胸高生长高峰期。树高一般 5～8m（10m），胸径 6～10cm。树冠狭卵形，上部分尖塔形，树形开始疏阔，披针叶具稀疏锯齿，异叶形明显。

近熟林阶段 21～30 年，为胸径生长高峰期。树高 10～14m，胸径一般 11～16cm，个别可达 25cm。异型叶明显。

成熟林阶段 31～60 年。树高 14～18m，胸径 30～50cm。树干粗糙，有纵沟，树皮较厚。叶近肾脏卵型。

过熟林阶段 61～80 年，水分条件较好时可达 100 余年。树高 20m 多，胸径 50～70cm，有时可达 120cm。树皮很粗糙，厚达 5～10cm，纵沟深裂，自动脱落。树冠变小，不对称，特别疏阔，木材心腐开始，常有枯梢，树杈多“盐瘤”。

衰亡阶段 树木苟延，树干大都空心，枝叶极稀疏，林分中枯梢占 100%，倒木横陈，僵木直立，可历久不倒，林内沙化。

（四）更新演替

1. 更新

胡杨不能在自己的林冠下落种成林，而是从裸露地就地成林的。成林的方式是天然下种或根蘖萌生，水与种源是成败的关键。在荒漠环境下胡杨林天然落种到河水形成的河漫滩地，种子才能萌发成林。所以，胡杨幼林的发生与河曲发育过程相一致，河流汛期出现早，水情比较平稳，当年生长的幼苗就多，如内蒙古额济纳河的河漫滩上有幼苗 200～400 株/m²，多者达 1 800 株，新疆塔里木河河漫滩地上，幼苗呈团状分布，平均 20 团/m²，每团 10～15 株；反之，洪期晚来，洪峰多次反复，成苗的机会将减少。

在长期自然选择过程中，形成了胡杨种子成熟与汛期节律相同步，种子分化成早、中、晚 3 个时序，常与洪水来临时间相吻合，结实量也与洪水量成正比（见表 1—34）。

表 1—34 塔里木河洪水流量与种子成熟关系

类 型	月 份	流 量 (m^3/s)	种子成熟时的数量
早熟	6 月	97.4	种子数量少
中熟	7 月	630.0	种子成熟数量最多
晚熟	8 月	91～222	种子成熟数量减少

注：引自录叙德．中国胡杨．1983

根蘖更新是种子更新困难条件下主要的更新方式。胡杨是喜光树种，不能在大树和密灌丛庇荫下根蘖更新，只有在自疏后郁闭度低，地下水位 4m 以上的林型中，30 ～100cm 土层中尚未形成积盐层，水平根在母树的树冠投影范围之外才能发生根蘖。幼林阶段根蘖极少，一般在中龄—近熟林阶段根蘖力较强，每株上串根萌芽株 10～100 株以上。雄株形成雄性树群，雌树则形成雌树群。在水土条件较好的林分，100 年以后仍有根蘖能力。根据内蒙古乌拉特前旗蓿亥林场 1976 年的调查，一块 3.4hm^2 的胡杨林共 4 983 株，其中胸径 25cm 以上的有 34 株，10～25cm 的有 513 株，5～10cm 的有 402 株，5cm 以下的有 4 034 株，这 4 034 株是在 10 年内根蘖的，平均每年增加 403 株，扩大林地面积 0.29～0.33hm^2。1979 年再调查时已发展到 7.2hm^2，9 739 株，其中基径 2cm 以下的有 4 869 株，占 50%；2cm 的有 2 727 株，占 28%；4～10cm 有 1 032 株，占 10.6%；12～20cm 的有 974 株，占 10%；22～50cm 的有 136 株，占 1.4%。3 年以来从株数上看增加了 4 765 株，林地面积增加了 3.4hm^2，平均每年扩大 1.1hm^2。

胡杨根蘖苗呈丛状生长，最初每丛 12～37 株，后经自然稀疏，保留 2～3 株/丛。

采伐迹地更新非常困难，只有在水分条件比较好的林分下进行轻度择伐，以伐根萌蘖法进行更新，才有希望。

平原上的胡杨林常为四季牧场，林中较干燥，枯枝落叶含水率极低，易引起火灾。在放牧频繁的林地中，火灾尤多发生，火灾后变成盐碱不毛地。受洪水漫浸的林分，虽有火灾发生，胡杨还能根蘖更新。从塔里木河林区 20 块火烧迹地资料来看，在甘草柽柳胡杨林火烧迹地上能萌生胡杨、灌木及草类。柽柳胡杨林火烧迹地变化较大，在盐分不重，地下水位 4m 以上，2～3 年以后才有少量柽柳和胡杨萌生，形成柽柳胡杨疏林。地下水位 6m 以下的柽柳胡杨林，火烧后 5 年余，没有乔灌木发生，沙丘堆积，沦为沙漠。

2. 演替

森林生态环境和天然更新状况的改变都会引起胡杨林的演替。从河道变迁来看，胡杨林随洪水泛滥而就地发生，又为河流的废弃而衰退，如塔里木河从沙漠深处 80～100km，即北纬 40°20′附近向北部移动，胡杨林也随河北迁，到了近代百余年，塔里木河结束了动荡，河床趋于稳定，胡杨林也相对稳定下来。现代胡杨林自然演替发生在凸岸河漫滩裸地上，演替的方向取决于水分状况和盐渍化程度。在河滩地上，胡杨依靠天然下种，形成拂子茅柽柳胡杨林，随后喜湿性的草甸草类莎草、灯心草、藨草等植物相继侵入，胡杨密度虽不大，但它以发达的根系、高生长优势和喜光的特性，逐渐占据了上层空间，柽柳草甸草类死去，根茎类拂子茅相继稳定于中、下层。这时的林分处在地下潜水位高，水量丰富，盐碱轻，肥力较高条件下，每公顷都在1万株以上，林相整齐，林龄单一，树高和胸径生长相继进入高峰，是胡杨林生活史的草甸阶段，即林分全盛时期。嗣后河道变迁或河床下切，河漫滩上升为阶地，地下水位降至3m以下，林地不再受洪水漫浸，常年干燥，受地下水和生物积盐双重影响，盐分在土壤中大量积聚。喜湿的草甸植物相继消失，而被深根、耐盐多年生根茎类草甸植物所代替，形成芦苇柽柳胡杨林、甘草柽柳胡杨林。在有限的水分条件下，盐分不断增高，改变了林分草甸特征，植物种类渐趋单纯，胡杨失去天然下种更新条件而转为根蘖更新。林分向着异龄林发展，形成野麻铃铛刺胡杨林。

离河道远，地下潜水位越低，降至4m以下，草本植物锐减，中生铃铛刺也难得到深层水分而相继消失。林地沙化开始，旱生和超旱生的灌木占优势，胡杨根蘖更新十分困难，林分进入成熟的柽柳胡杨林。到了沙漠边缘一带，林内沙丘林立，遍地覆沙，胡杨浅根系开始死亡，根系更新终止，根系向土壤深层发展。草类缺乏，树木心腐，枝枯、叶疏，年轻树木枯死僵直，老树枯倒横陈，柽柳残株，借沙层悬浮水维持生长，形成沙漠化柽柳胡杨疏林，最后导致林地演变为沙漠。

在目前，农垦、放牧和农业的大量用水也会影响演替过程的速度和方向，但其演替总是与河流的变化同步，从大形势看，只要存在荒漠河流，河曲上游就有新林发生，胡杨林也就不会消失。

胡杨从成林至毁灭，可明显地分3个演替阶段，其主要过程见表1—35。

表1—35 胡杨林各演替阶段的主要特征

演替阶段	林型名称	地貌	起源	林分年生产潜力(m^3/hm^2)	下层群落生态、外貌特征	生境条件	
						水分状况	盐分状况(%)
草甸阶段	拂子茅柽柳胡杨林	低河漫滩	实生	2.5	湿生群落，以喜湿草甸草类和中生柽柳为优势	根系土层含水率25%以上	0.200
	芦苇柽柳胡杨林	滩地	实生	2.9	湿—中生草甸植物柽柳为优势	20%	0.230
	甘草柽柳胡杨林	沙滩地	实生根蘖	3.2	中生草甸草类植物柽柳为优势	15%～18%	0.241
积盐阶段	甘草野麻铃铛刺胡杨林	阶地	根蘖和实生	2.0	稍能耐盐 铃铛刺出现	10%	0.3～0.5
	柽柳胡杨林			1.6	旱生性喜光耐盐植物占优势	8%	0.6～1.2

（续）

演替阶段	林型名称	地貌	起源	林分年生产潜力 (m^3/hm^2)	下层群落生态、外貌特征	生境条件	
						水分状况	盐分状况 (%)
沙漠化阶段	柽柳胡杨疏林	沙漠古河床	根蘖	1.0	超旱生耐盐抗风沙植物占优势	5%	1.2～2.0
	超旱生稀疏柽柳				超旱生塔克拉玛干柽柳为优势	5%以下	

各演替阶段的胡杨林在建群种上没有变化，但在起源、生产力、生产潜力、材质及林下灌木草本层均发生变化，这种变化是环境条件变化的结果。

（五）评价及意见

胡杨林是中国西北部荒漠中最珍贵的森林资源，分布在沙漠与绿洲之间广阔冲积平原上具有防止河水冲刷，防风固沙，稳定绿洲，保护农牧业生产，阻挡沙漠移动、维护荒漠地带的生态平衡的重要作用。

其经营原则是：以生态防护为主，用材为辅，按林地生态条件和类型分别采取不同的措施。

1. 彻底进行河流流域规划　特别是塔里木河流域规划急需进行。规划的原则应该是：在确保绿色长廊的存在下统筹安排河流上、中、下游的用水计划。

2. 保护现有胡杨林资源　50 年代以后胡杨林资源不断减少。除自然因素外，人为地影响更为突出。据调查，塔里木河林区 30 年毁林开荒而遭破坏的胡杨林资源 8.31 万 hm^2，辟林放牧破坏资源 3.7 万 hm^2，烧荒失火烧毁约有 0.53 万 hm^2。蓄积量减少 60 %。出现了“农业吃林业，风沙吃农业，林农两败俱伤”的局面。

3. 胡杨林资源的合理开发利用　划定胡杨林自然保护区。在保护区内进行各种综合性的科学研究。该项工作在新疆的塔里木河流域已开始进行。

为了防止河流冲刷，巩固堤岸，对河流两岸、水库、湖泊周围的胡杨林应当留出 300～500m 带状森林，林内不宜砍伐或农垦。

为了固定沙丘，减免风沙对农田及公路的危害，在流沙、半流沙的周围，在流沙流动的主方向上下 200～500m，垂直方向 50～100m 范围内的胡杨林禁止砍伐。

加速进行胡杨林的复壮工作，按不同的破坏程度与要求选择针对性的技术措施。这是对凡有胡杨林分布的地区林业上的共同要求。

2—1—3—11　灰杨林①

灰杨（灰胡杨）(*Populus pruinosa*) 与胡杨同是荒漠河岸林建群种之一，它分布在胡杨

① 执笔人：录叙德

林分布的大范围内。在国外见于中亚、西亚、巴尔喀什、邑尔—阿姆达里等地多顺河道生长。中国分布在新疆的南部，北部只到达板城。

灰杨在新疆的南部有三个分布区：① 叶尔羌河流域林区，包括下马力、下河及亚苏克三个小区。在胡杨分布区内，与胡杨混交多为幼龄林，少有中龄林。② 和田河林区，分布在河心发育良好的大沙洲上，为幼龄林。③ 噶什喀尔河中下游林区，河水断流，灰杨林破坏严重，多伐后的萌蘖林，实生林极少，近几年经过保护稍有恢复。

灰杨林的适生环境比胡杨要求高，它生长在土壤水分好，盐分轻的沙地，多纯林；离河道稍远，土壤盐化程度高与胡杨组成混交林；到强盐化后就为胡杨纯林了。当土层盐分超过1%时，灰杨不易成苗，幼株大部分枯黄。

灰杨林为荒漠河岸林中最喜湿润的森林类型，在河漫滩地和低阶地才得以生存，故森林植物种类较胡杨林少。据初步统计约15个科30余属60余种。以喜湿的中生草甸植物占优势，林分结构简单。灰杨林纯林多，混交林较少。林分受河曲发育影响，不能形成宽带状森林，而是由草甸、灌丛镶嵌群落组成走廊状森林。中幼林多，成过熟林较少，其原因是当河道变迁，水盐条件变劣后，中幼林等不到成熟就衰退了。灰杨林可分为5个亚类型：① 河漫滩拂子茅灰杨林，② 芦苇柽柳灰杨林，③ 野麻铃铛刺灰杨林，④ 甘草野麻（柽柳）灰杨林，⑤柽柳胡杨灰杨混交林。

实生灰杨林5年前生长较慢，5年后进入生长旺盛期，10年前后郁闭，自然稀疏增强，林木分化明显。根蘖林生长较快，5年生幼林平均高4m，胸径2.5cm。萌芽林生长发育最快，成熟较早，材质低劣；第一代萌芽林，4年前丛内分化，4年后丛间分化，树高2m以上。多代萌芽林长势退化，丛内和丛间分化较晚，25年生平均高12.7m，平均胸径11.6cm，Ⅳ、Ⅴ级木全部死亡，心腐严重。灰杨属早期速生乔木，在不同的水盐条件下，生长量不相同。从河边至沙漠干河床，林分郁闭度下降，年生长量随之下降。实生林5和10年的林分材积年生长量分别为0.6、1.5m^3/hm^2；根蘖林5、10、20、30、40年的林分则为1.0、2.1、1.8、1.7、1.6m^3/hm^2，萌芽林分别为0.6、1.8、1.6、1.5、1.3m^3/hm^2。

灰杨更新有种子更新和萌芽更新两种方式。灰杨林的演替与胡杨林相近，只不过它比胡杨更喜湿润更不耐盐。

2—1—3—12　密叶杨林[①]

密叶杨（*Populus talassica*）林是中国新疆天山山地低山带和中山带河谷地带分布最广泛的落叶阔叶林，是天山北坡前山河谷地带和山前冲积、洪积平原较为重要的用材林。

（一）分布与生境

密叶杨林是亚洲中部及中亚荒漠地区主要的山地河谷林，在中国新疆天山山区分布较

① 执笔人：侯月欣

广，遍及天山南北坡低山带和中山带河谷地带，其中从奎屯河、玛纳斯河、呼图壁河、头屯河、乌鲁木齐河、开都河、阿克苏河等中上游和伊犁河中游及支流特克斯河、喀什河、巩乃斯河的中下游分布较多，在天山北坡东段哈尔雷克山，由于海拔高（1 800～2 200m），降水量少（250mm），出山河流少，河道狭窄，密叶杨分布较少，多成片状，团状分布。伊吾河及准噶尔阿拉套山地河谷也有少量分布。国外中亚西天山也有分布。

密叶杨喜光性强，不耐遮荫。喜生于肥沃、湿润、排水良好的沙壤质、沙石质的山地河谷草甸土上，较耐大气干旱，因此，成为天山山区非地带性的森林植被，由于天山西部林区降水量较多，而东部和南部降水量较少，气候比较干旱。致使密叶杨的分布及生长发育有着明显的差异。在新疆天山西部纳拉特山莫合谷地中山带和低山带上部，气候温暖而湿润。年平均气温 4～7℃，年降水量 500～600mm，十分有利密叶杨的生长发育，尤其是在海拔 1 500～1 700m 的河谷河滩的草甸森林土上，密叶杨生长极好。在海拔 1 700～1 900m 的半阴坡生长也良好，甚至在年降水量高达 800mm，年平均气温 2℃左右的平缓山顶也能茁壮生长。在低山带下部河谷地带，年平均气温 7.0℃，极端最低气温－37.21℃，极端最高气温 37.21℃，密叶杨仍然生长良好。

密叶杨通常生于山地土壤湿润、肥沃、排水性良好的河谷河滩地带，随着山地从西向东降水量逐渐减少而生长越来越差，分布面积逐渐减小。在降水量低于 200mm 的低山带，逐渐被榆树取代。同时，在中山带上部至亚高山带，随着山地海拔高度的增高，虽然降水仍比较丰富，大气湿度较大，但气温逐渐降低，从而限制了密叶杨的生长发育。

密叶杨为温带山地河谷地带的树种，较耐寒，在年降水量 300mm 左右的乌鲁木齐河中游河滩地带，年平均气温 5～6℃，极端最低气温达－40.7℃，无冻害发生，也为密叶杨适生基地。

（二）组成结构

密叶杨林的树种组成比较贫乏，往往成为单优群落，或者与大灌木或小乔木状的柳树构成混交林。或与雪岭云杉（*Picea schrenkiana*）、天山花楸（*Sorbus tianschanica*）、稠李等混交。中国天山山地跨中亚和亚洲中部两个地理分区，气候条件和区系成分各有不同，因而表现出由西向东，由北向南随着降水量的减少及距离中亚地区越远的林型组成逐渐趋向贫乏的现象。

在河流两侧或漫滩地带的密叶杨林，因河流流渗幅度伴随着河流流程而变窄，土壤水分含量逐渐减少，致使密叶杨林根蘖能力差别很大，往往形成复层林，林相一般不整齐；而在新河漫滩的实生林则林分发育良好，林相比较整齐。

密叶杨林有乔木层、灌木层、草本植物层 3 个层次，其植物种因分布地区不同差异较大，特别是亚建群种和优势种不同，因此，可分为以下 4 种林型。

1. 白花车轴草密叶杨林

主要分布在伊犁各地纳拉特山中山带中下部河滩地带，海拔 1 500～1 600m，分布面积较小，在分布区内，降水量较多，高达 600mm 左右，通常为细沙壤质土。密叶杨林相比较整齐，郁闭度可达 0.5 左右，个别地段可达 0.7。林内伴生树种极少，偶有新疆野苹果、天山桦等树种混入。林下灌木很少。草本层以白花车轴草（*Trifolium repens*）占绝对优势，盖度可达 90%以上，有时有少量的冬葵（*Malva crispa*）及羽衣草等生长。

2. 草甸草类沙棘密叶杨林

主要分布于天山北坡及伊犁各地河滩地。其中以伊犁谷地喀什河、特克斯河中上游和天山北坡中部头屯河等河流中游河滩地上较普遍。土壤为森林草甸土，多为细—中沙壤，土层较薄，下垫层为沙卵石质，河流水量比较丰富，河滩常因泛滥而被淹没，因而土壤十分湿润，林分发育较好，郁闭度 0.4～0.5。常与线叶柳（*Salix wilhelmsiana*）、天山花楸等树种混交，在伊犁谷地另有小叶白蜡（*Fraxinus sogdiana*）、天山槭（*Acer semenovii*）、天山桦等树种出现。而在天山北坡河谷地带，则有榆树加入。林下灌木层主要为沙棘（*Hippophae rhamnoides* ssp. *sinesis*），此外还有水柏枝（*Myricaria germanica*）、伊犁小檗（*Berberis iliensis*）、黑果小檗（*B. nignorata*）等。草本层主要有苔草（*Carex* spp.）、鸭茅、柳兰（*Chamaenerion angustifolium*）、金黄柴胡（*Bupleurum aureum*）、牛蒡（*Arctium lappa*）等草甸植物。

3. 草甸草类灌木密叶杨林

主要分布在天山南北各河流上游河谷地带，海拔 1 400～1 800m，密叶杨生长较好，郁闭度 0.4 左右。在天山西部伊犁各地，中山带河谷地带，林内常有雪岭云杉、天山桦、天山花楸等树种出现，在前山带上部则有天山槭、小叶白蜡、野苹果、山楂混入。在天山中段依连哈比尔朵山和博格达山河谷地带。通常偶有少量的雪岭云杉，天山花楸和榆树混入。林下灌木种类较多，主要有沙棘、水柏枝、黑果栒子、刚毛忍冬（刺毛忍冬）（*Lonicera hispida*）、弯刺蔷薇（落萼蔷薇）（*Rosa beggeriana*）、宽刺蔷薇（*R. platyacantha*）、金露梅、黑果小檗等，在伊犁谷地还有伊犁小檗、新疆卫矛（天山卫矛）（*Euonymus semenovii*）、欧荚蒾等灌木。林下草本层植物较多，主要有天山乳苣（*Cicerbita tianschanica*）、金黄柴胡，直立霞草（*Gypsophila kraschinnikovii*），林地早熟禾、柳兰、露珠草（*Circaea quadrisulcata*）、翅茎玄参（*Scrophularia umbrosa*）、有柄水苦荬菜（*Veronica beccabunga*）、单侧花（*Ramischia secunda*）、独丽花（*Monreses uniflora*）、短柱鹿蹄草（*Pyrola minor*）、草莓、准噶尔繁缕（*Stellaria soongarica*）等草甸植物。

4. 草甸草类密叶杨林

主要分布在准噶尔阿拉套山海拔 1 500～1 800m 的河谷河滩地带。土壤为冲积、淤积性森林草甸土，多为沙壤质，土层较薄，下垫层为卵石质，土壤湿润，密叶杨生长良好，多为中龄林，郁闭度 0.4～0.5，森林亚建种为较高大的灌木柳（*Salix saposhnikovii*），树高4～6m，占林木组成的 3～4 成，盖度可达 40%～50%，因密叶杨和灌木柳萌生能力强，各自常成小片状或团状沿河流镶嵌生长。林下灌木较少，偶有沙棘、水柏枝、准噶尔铁线莲（*Clematis songarica*），草本层多为草甸草类，主要有柄水苦荬菜、柳兰、龙芽草（*Agrimonia pilosa*）、乳苣（*Cicerbita azurea*）、水杨梅、林地早熟禾等。

（三）更新演替

密叶杨林除在伊犁谷地尼勒克和巩留山区中山带个别河谷地段为原始林外，一般都是遭受破坏的次生林。

由于密叶杨根蘖能力强，在遭到轻度采伐后，密叶杨林向裸露地带由侧根萌出幼树，往往构成复层林。在遭受严重采伐或火灾后，通常被水柏枝或沙棘灌木丛所代替，在伊犁有时为鹿蹄柳（*Salix pyrolaefolia*）、青冈柳（蒿柳）（*S. viminalis*）等柳树灌丛所代替。在河流上中游有母株存在情况下，若干年后，密叶杨仍可借河流漂流的种子，形成新的密叶杨林。

年降水量较多的伊犁山区，在中山带某些河谷较宽的地段，密叶杨往往是河漫滩的先锋树种，在不遭人为破坏或破坏轻微地段，当密叶杨林进入中龄阶段时，郁闭度开始增大，常有雪岭云杉侵入，由于密叶杨常因根蘖不断长出幼苗，继30年后形成草类灌木密叶杨雪岭云杉林，随之便逐渐被雪岭云杉所更替。但是，当云杉遭到严重砍伐后，则以草类灌木密叶杨林的林型延续发展。

值得指出的是天山北路山脉中部低山带下部河谷地带，虽然中山带和亚高山带降水仍然可达500～600mm，河谷水流充裕，但由于山前冲积—洪积扇和准噶尔盆地干风影响，加之河谷土壤盐渍化有所出现，密叶杨林从上而下逐渐被耐大气干旱、种子繁殖能力强、根蘖萌生能力较强的榆树林所更替，它们从草类（柏枝）沙棘，或柳密叶杨林过渡到草类水柏枝或柳榆树密叶杨林，最后完全被灌木（木蓼柳）榆树所代替。

2—1—3—13　额河杨林①

在新疆额尔齐斯河流域，生长着较多天然杨树林，产生了许多杂交种，其中分布广者为黑杨（*Populus nigra*）和苦杨（*P. laurifolia*）的杂交种——额河杨（*Populus* × *jrtyschensis*），它是多种杂种复合林，杂种后代形态分离明显，有的外貌似黑杨，有的似苦杨，有的成中间型，别具一格。

额河杨是新疆河谷林特有种，也是中国新记录的种源。天然分布仅限于额尔齐斯河流域的多朗河、布尔津河、哈巴河、别列孜河、阿克哈巴河沿岸的河滩地、阶地和河湾一带，其中额尔齐斯河的黄羊岛、三道湾、二道湾、克孜尔容克岛、渔岛、白岛、花岛、北湾和南湾等有成片分布。额河杨垂直分布海拔不高，在400～700m，集中于海拔500m左右。分布区的年平均气温3～4℃，极端最低气温－40℃，极端最高气温25℃，年降水量110～150mm。

额河杨林分布区的土壤，是由河流冲积物沙壤母质发育形成的森林土，在河水影响下形成草甸系列土类，可分为河滩森林土和潜育河滩森林土，河滩砾质森林土，局部低洼地

---

① 执笔人：录叙德

还有沼泽化森林土。比较肥沃的土壤，土层较厚，为1～1.5m，沙壤或轻壤相间。而河滩砾质森林土很瘠薄，土壤水分含量低，额河杨虽能成林，但是干形低矮，生产力低下，林分郁闭度低。

额河杨林森林植物约50余种，其中建群种和优势种占10%左右，以欧洲成分、西伯利亚成分和特有成分占优势。乔木层是由额河杨组成，伴生树种有欧洲黑杨、银白杨、银灰杨、苦杨等。有同龄林，也有异龄复层林，混交林；也有片或块状额河杨纯林。混交林中额河杨占6～7成，其他杨树占3～4成。额河杨林20～30年占多数，30～50年次之，50年以上最少，最大年龄可达200年。额河杨纯林为复层异龄林。

额河杨林下，遭受破坏严重，大径级林木砍伐殆尽。天然更新由于放牧和刈草，幼苗幼树数量很少。

林下灌木层不发达，多在林窗间生长，覆盖度15%～25%，主要有红果山楂（辽宁山楂）（*Crataegus sanguinea*）、腺齿蔷薇、石蚕叶绣线菊（*Spiraea chamaedryfolia*）、鞑靼忍冬（*Lonicera tatarica*）、稠李、接骨木（*Sambucus williamsii*）、油柴柳（*Salix caspica*）、灰毛柳、布尔津柳。

草本层植物种类较多，流域各地区有明显差异，相同的有芦苇、假苇拂子茅、老鹳草（*Geranium wilferdii*）。在布尔津河段林分中有野赤芍、四籽野豌豆（*Vicia tetrasperma*）、藏黄芪（*Astragalus tibetanus*）、哈巴河上的林分中有啤酒花、悬钩子（复盆子）（*Rubus idaeus*）、大芸等；北屯一带的林分中有早熟禾（*Poa* sp.）、赖草（*Aneurolepidium dasystachys*）、莎草（*Carex* sp.）、柳兰、梯牧草（*Phleum prateuse*）等。总覆盖度均在80%以上。

依据河谷地貌、水分和土壤等特征及森林植物组成的不同，可划分为4个林型。

1. 草类额河杨林

分布于额尔齐斯河河湾和河中沙岛上，多成片林，或沿小溪成带状分布。林分郁闭度0.7，由实生和根蘖起源，多为复层林。主林层上部常残存有高达20～22m的大树，胸径45cm。主林层树高18m，胸径24～26cm。林窗间更新较好，灌木多在林缘和林窗间生长，主要有红果山楂、油柴柳、灰毛柳、稠李等，覆盖度25%。草类有早熟禾、冰草（*Agropyron cristatum*）、拂子茅，盖度80%。在特别荫湿的林下，有木贼和苔藓生长。

2. 草类杨树额河杨林

是额尔齐斯河流域河谷中最普遍林型之一，分布在河漫滩和阶地上。额河杨与苦杨混交，额河杨占7成，苦杨占3成，伴生有垂枝桦、白柳。灌木较少，林下有稠李、接骨木、忍冬等，林缘有油柴柳、灰毛柳。林下有木贼、莎草、大戟（*Euphorbia* sp.）。

在河心沙岛及阶地上，由于河床下切，土层干旱较薄，多为额河杨与黑杨混交；有的林分中则和银白杨、银灰杨混交，其中额河杨占6～7成，其他杨树占3～4成，灌木不多，以油柴柳占优势，草类发达。这一林型系为林龄30年左右的中、近熟复层林，主林层高18～20m，每公顷蓄积量195～300m^3，林分更新较好。

3. 草类白柳额河杨林

主要分布在哈巴河、别列孜河，其次额尔齐斯河漫滩地也有分布，面积较小，林分组成中，额河杨占 7～8 成，白柳占 2～3 成，额河杨高 16m，胸径 20～23cm；白柳树高 12～14m，胸径 15cm，有时伴生有银白杨、银灰杨、黑杨。灌木不多，以油柴柳为主，其他有山楂、绣线菊等。草类层有芦苇、拂子茅、早禾熟等。林下更新较好，由于主林层遮荫，白柳和黑杨幼树生长不良。

4. 草类灌木额河杨林

主要分布在额尔齐斯河阶地上，土层较薄，厚度为 30～50cm，土壤干旱，林相稀疏，35 年生额河杨林树高 12～14m，胸径 18cm，年生长量很低。伴生有银白杨、银灰杨、黑杨，生长势较弱。灌木层种类不多，均系耐旱成分，成团状或小片状生长分布于林中，主要有野蔷薇、绣线菊，大量混生着荒漠灌木铃铛刺、额河木蓼（*Atraphaxis jrtyschensis*）、红皮沙拐枣（*Calligonum rubicundum*）、半灌木麻黄。草类以蒿草最多，其次有芦苇、冰草，覆盖度 20%，更新极差，多以根蘖萌生。

河谷条件下的额河杨林：由于分布在不同地貌的生境上，生态因子差异较大。在河湾和河滩地上土壤湿润条件下，37 年生草类额河杨林，平均树高 22.8m，胸径 31.0cm，林分蓄积量 375m^3/hm^2，年生长量为 10.1m^3；阶地上水土较差条件下，同样 37 年生草类额河杨林，平均树高 19m，胸径 25cm，林分蓄积量 210m^3/hm^2，年生长量为 5.7m^3/hm^2。此虽一例，可窥一斑。

在同一生境下，林型相同，树形不同的额河杨林，生长也不一致。圆柱型额河杨林，33 年生，平均树高 20.1m，胸径 36.3cm，蓄积量 387m^3/hm^2，年生长量 11.4m^3/hm^2，同年的圆锥型额河杨林，平均树高 18m，胸径 24.0cm，蓄积量为 249m^3/hm^2，平均年生长量 7.5m^3/hm^2。说明前者的生长优于后者。

土层薄厚不同，生长也有差别。生长在土层 2m 以上的林分，40 年生，平均树高 22.2m，胸径 36.2cm，蓄积量 426m^3/hm^2，平均年生长量 10.6m^3/hm^2；土层 0.9～1m 厚，40 年生林分，平均树高 18.8m，胸径 24.8cm，蓄积量 313.5m^3/hm^2，平均年生长量为 5.6m^3/hm^2。

根据新疆林业勘察设计院 1985 年额尔齐斯河标准地资料来看，额河杨林生长较快，5～15 年为高生长速生期，连年生长量为 0.63～0.82cm，25 年后仍保持在 0.62～0.82cm；15～25 年最快，单株平均生长量为 0.65～0.81cm，连年生长量 0.63～0.82cm；材积生长，15 年前较慢，20～35 年较快，连年生长量 0.013 7～0.045 5m^3，40 年后进入成熟阶段。

草类额河杨林是由种子起源于河滩裸地或林间空地，有时与银白杨、银灰杨、苦杨同源，形成草类杨树额河杨林。在土壤湿度较大的条件下，额河杨纯林中，有其他杨树侵入，林分稀疏，透光良好时，形成黑杨额河杨林，林分郁闭度增大后，黑杨减少，则发育成草类和其他杨树的额河杨混交林。在个别河段上，则形成草类白柳额河杨林。林分湿度大，郁闭度大时，白柳逐年衰败，林窗间阿尔泰山楂、腺齿蔷薇等灌木生长，河床下切后，水分减少，相继有荒漠铃铛刺、额河木蓼侵入，林下其他杨树和白柳更新困难，则林分演变成草类灌木额河杨林。

2—1—3—14　二白杨林①

二白杨（又名青白杨）(*Populus × gansuensis*) 是甘肃河西走廊的乡土树种，具有生长快、干形好、材质良和抗旱、抗盐、少病等优良特性，是群众喜爱的"四旁"绿化造林树种。用二白杨营造的用材林和防风固沙林，已成为河西走廊普遍林种。

（一）**分布及生境**

二白杨起源于箭杆杨和小叶杨的天然杂种，原产于甘肃河西走廊黑河中、下游的张掖、临泽、高台、酒泉、金塔等地。以高台、金塔两地分布较多，是二白杨的分布中心区。多年来经过自然繁衍和人工引种栽培，现已普及河西走廊各地，在东自古浪，西至玉门这一线洪积—冲积平原上均见生长分布，向南可达祁连山北麓 2 000m 以下的沟坡谷地，向北沿黑河两岸可到内蒙古额济纳旗。据近年来调查，河西走廊以外的地区，如内蒙古的呼和浩特、阿拉善左旗（巴彦浩特），甘肃中部干旱地区，也有引种栽培的二白杨林。

在河西走廊影响二白杨林分布的主要因素是水、热条件，对于水分，尤其是土壤水分，具有敏感的反应。因此，尽管大气十分干旱，只要有地下水或人工灌溉补给条件的地区，二白杨林都能生长分布。与其他杨树比较，二白杨要求日照较高的气候条件，故在祁连山山麓较高海拔的阴山区极少分布，绝大多数分布在走廊川地和沙漠边缘地带。

二白杨适生于河西走廊，属内陆气候，日照丰富，日射强烈，冬季寒冷，夏季酷热，温差悬殊，年平均气温 7.7℃，年降水量 200mm 以下，大气干旱，相对湿度一般为 50%左右，而且风沙大，年平均风速 3～4 级。

本区的土壤以灰棕荒漠土为主，盐土次之。有机质含量少，氮素缺乏，在走廊西部和西北部扇缘、扇前冲积平原地带为盐土区，pH 值在 7.5 以上，盐渍土含盐量 2% ～10%，盐分组成以硫酸盐为主，氯化物次之。

二白杨林适生于甘肃高台、金塔等地，地处走廊的西北部，黑河中、下游和山前冲积扇的扇缘地带，这里大气特别干旱，地下水位较高，土壤中盐分的积累高达 33.9%。在上述生态环境中，干旱的大气，强烈的日照，盐渍化的土壤，均能栽培二白杨林，但是，二白杨林分的速生丰产特性，只有在适生条件下才能充分发挥出来，与其他杨树一样，对生境方面最突出的共性是，喜水、喜肥、喜土壤透气，而其中最关键的是水。尽管也可以忍受大气干旱，但不能忍受土壤缺水，在河西走廊地下水位较高的地区或者是能利用人工灌溉条件的滩川、河岸阶地、"四旁"都能见到许多行道树及小片林，生长旺盛，属于速生丰产类型。但是在无灌溉条件的干沙梁，高平原或地下水位在 10m 以下的地区，造林后幼龄阶

① 执笔人：陈玉琪，曲永宁

段，土壤水分尚能满足幼林成活；当林木对土壤水分要求增加，难以满足其林木正常生长的需要时，林分迅速衰退形成“小老树”。据调查研究，二白杨的叶下气孔数目很少，叶面蜡质层较厚，并且根系发达，根系活力较强，这种根部强大的吸水能力和叶部控制蒸腾作用的结构，使二白杨具有特殊的抗大气干旱生理机制。

二白杨林生长于河西走廊的盐土地带，长期以来，它已适应于盐土地区生长发育，与其他伴生植物相比，它不具备盐生植物的形态结构，但在弱盐渍化土壤（含盐量0.3%～0.5%）和强盐渍化土壤（含盐量0.1%～2.0%）均能生长，主要是由于它的侧根发达，在40cm以内的浅土层分布稠密，并且在主干被沙埋后，可形成多层次的水平根系，而这些水平根系又具有萌生新的垂直侧根，表现为深根性的特性，二白杨根系的可塑性，使其对盐渍土有适应能力。

（二）结构

二白杨林基本上是纯林，并且是同龄单层结构。林下的草本层因立地条件而异，但其共同特点都是草原植物种，在具有灌溉条件的林下，多为田间杂草；沙区立地类型多为沙生植物种类。随着二白杨的林龄增加和林分郁闭度的加大，草本植物种类的多度、盖度和高度都在逐渐减少。

二白杨是喜光树种，因而在林分垂直结构上，凡被压植株，生长显著不良，被压林处于下层，多数枯死，林分郁闭度达0.4以上时，进行人工补植的植株，均生长不良。二白杨林的造林密度，据调查，50年代初期一般都在每公顷1万株以上，60年代起，每公顷从1万株下降到4 500～6 000株左右，近年来初植密度已降至每公顷1 500～3 000株，总的趋势是从密植变为稀植，经过间伐保持达到每公顷几百株的林分。

河西走廊的二白杨林，按立地条件可划分为灌溉区冲积平原荒漠土二白杨林；沙区边缘盐渍土二白杨林，两种类型。前者生产力高，每公顷蓄积量可达100m^{3}以上。

（三）生长规律

二白杨林生长速度较快，适应性强，无论1～2年生的幼苗，或是30年以上的大树，均生长良好。据调查研究，该林分有以下生长特点。

（1）苗期生长迅速　插条育苗的二白杨，当年高生长可达2m左右，地径1.5cm以上，大大超过其他引进杨树品种。见表1—36。

表1—36　张掖九龙江林场1年生各类杨树插条育苗生长比较

品　种	二白杨	箭杆杨	小叶杨	银白杨	加杨	新疆杨
树高（m）	2.25	2.16	1.65	1.29	1.70	1.35
地径（cm）	2.1	1.9	1.4	1.1	1.6	1.1

（2）林木生长进程　据金塔黑河东岸，海拔1 170m的草甸盐土上的二白杨林木树干解析分析，其高生长高峰期在12～14年，胸径生长高峰在16～18年，数量成熟期在20年左

右，此虽一例，仍可供参考。见表1—37。

表1—37　二白杨树的高径生长

龄级	树高(m)			胸径(cm)		
	总生长量	平均生长量	连年生长量	总生长量	平均生长量	连年生长量
4	3.3	0.825		2.4	0.600	
6	6.6	1.100	1.65	8.4	1.400	3.00
8	7.3	0.913	0.35	11.0	1.375	1.30
10	10.3	1.030	1.50	15.0	1.500	2.00
12	12.3	1.025	1.00	17.8	1.483	1.40
14	14.0	1.000	0.85	20.5	1.464	1.35
16	15.3	0.956	0.65	23.7	1.481	1.60
18	16.0	0.889	0.35	27.4	1.522	1.85
20	16.7	0.835	0.35	29.7	1.485	1.15
21	17.2	0.819	0.50	33.7	1.605	4.00

(3) 林分测树因子　据调查统计，河西走廊二白杨林，一般的平均年龄为8～12年，平均树高10～16m，平均胸径12～26cm，平均蓄积量每公顷60m³，因此，大部分属于中幼林阶段。二白杨四旁树生长比林分较快，树龄也较老，但最高树龄仅见30年左右，尚未发现30年以上的老树。

(4) 人工林的结构规律　据石羊河林场冯家滩二白杨人工林的调查分析，人工林的胸径、树高及形率均接近正态分布，并不因林分密度、抚育强度及林龄等影响而有所改变。林分相对胸径、相对树高的分布亦遵从正态分布。形率偏小为0.59。

(5) 与其他杨树比较　据调查，只要有灌溉条件的地方，土壤水分能达到一般田间持水量标准，二白杨林均生长良好，与其他引进杨树比较，二白杨生长量一般要高45%～65%左右。

(四) 造林更新

二白杨林在河西走廊是一个相当稳定的林分类型，其他树种很难侵入更替。但是该林分一旦破坏或采伐后，林地将沦为荒滩或沙地，成为干旱荒漠草原，在没有人为的干预下，靠天然更新很难恢复。因此，必须依靠人工更新造林，积极发展这一优良林分。二白杨的造林要求不严格，整地方式一般采用全整畦植和沟整沟植，用机械造林效果也很好。生产上多采用插条繁殖育苗，用2年生苗木进行植苗造林。

(五) 经营利用意见

二白杨林是甘肃河西走廊一个优良的速生抗旱林分类型。它不仅可作为城镇和四旁绿化林种，而且，也是一个防风固沙和用材林林种，有大力发展和推广的必要。

目前，河西走廊的二白杨林，大部分处于中幼林阶段，应采取合理的间伐抚育措施，科学经营管理。据石羊河林场 167hm² 二白杨人工林间伐利用经济效益的分析：如采用 40% 的强度，伐后两年每公顷蓄积量可达 50m³ 左右，而间伐下来的小径材仍可作各种用途，经济效益很大。

从防风固沙的观点来看，河西走廊沙地戈壁面积较大，风沙危害严重，过去营造防风固沙林多采用沙枣、梭梭、小叶杨等树种，经济效益不高，因此，今后应大力发展二白杨林，或二白杨、沙枣混交林，更好地发挥防护和用材双重作用。

由于二白杨起源于杂种，后代分离较大，同时常出现回交、复交现象，使二白杨的群体中出现各种各样的差异。所以，今后应进行选优工作，建立优良的无性系，加速林木良种化的工作，培育更加优良的二白杨林。

2—1—3—15 青海杨林①

青海杨（*Populus przewalskii*）在青海、西藏、甘肃、内蒙古等地都有分布，天然林仅分布在柴达木盆地东部布尔汗布达山北麓的乌拉斯泰（蒙语：杨树沟）沟底，沿流水线呈带状散生，绵延 15km，面积仅 330 余 hm²，四周为荒漠包围，无其他乔木树种。位于东经 97°09′，北纬 36°05′，海拔 3 010～3 230m，气候冬寒夏凉，干旱多风。年均温 3.8℃，1 月均温－10.6℃，7 月均温 16.8℃，极端最高气温 33.2℃，极端最低气温－26.6℃，≥10℃年积温 1 577.2℃，年降水量最大为 154.1mm。土壤系砾质冲积土，无结构，碳酸盐反应强烈，pH 8.0。林分极度稀疏，郁闭度最大不超过 0.4，每公顷 12～60 株，平均高在 10m 以下，胸径在 13.4～80.6cm，平均 37.2cm，每公顷蓄积量最多不超过 50m³，生长缓慢，103 年生胸径仅 44.1cm，树高 11.8m；周围和林下的自然植被稀疏，层次不明显。常见种有：膜果麻黄（*Ephedra przewalskii*）、紫菀木（*Asterothamnus fruticosus*）、红花岩黄蓍（*Hedysarum multijugum*）、合头草（*Sympegma regelii*）、沙蒿（*Artemisia desertorum*）、叉枝鸦葱（*Scorzonera divaricata*）、苔草、剪刀股（西伯利亚蓼）（*Polygonum sibiricum*）等。

青海省都兰县香日德寺院于 1945 年营造了小片青海杨人工林，生长良好，树势旺盛，树高 20m，胸径 34cm。1949 年以后，又在各地栽植，香日德农场用于农田林网，表现很好，抗性强，病虫害少，优于其他杨树，惟变异强烈，不够稳定。

青海杨显然是一个较为古老的树种，也是具有重大价值的树种资源，在干旱荒漠地带很有发展前途。目前，其天然林濒于灭绝，应当严加保护，进一步加强选优、育种和栽培试验，大力发展。

① 执笔人：魏振铎

2—1—3—16 毛白杨林[①]

毛白杨（*Populus tomentosa*）是中国特有的树种，已有 2 000 多年的栽培历史。人工林集中在山东、河南、河北中部和南部、北京、陕西关中一带以及安徽北部等地。北至辽宁南部，南至南京、宁波，西至甘肃天水亦有少量栽培。在分布区范围内的一些低山、沟谷和山麓有零散的根蘖更新的毛白杨天然林。毛白杨高大挺拔，生长快，寿命长，在杨树中材质最好。是城乡绿化的好树种，多用于四旁植树和林网造林，片林较少。

（一）**分布与生境**

中国毛白杨人工林大约分布在北纬 30°～40°，东经 105°～125°之间，基本上与中国暖温带落叶阔叶林区相吻合。在陕西，毛白杨分布的北界为长武、洛川、宜川一线，南界为汉中、南郑，集中分布于关中的长安、户县、周至一带。山西的汾河下游、沁河流域、滹沱河流域，晋东南的运城、临汾、平陆等地，海拔 200～1 000m 的平原、沟谷、坡麓等处的毛白杨人工林一般生长正常。河北的西部，张家口地区坝下的几个县，如万全、怀安、阳原、赤城、涿鹿、崇礼的县城和村庄都有毛白杨的栽培。河北东北部，长城以南唐山市的几个县毛白杨广泛栽培在四旁、农地边埂和沙荒地上。由此以南，在河北省广大平原、沿河沙地，低山沟谷和阶地上均有毛白杨的片林和林带，以及四旁植树。应该指出，在河北西部太行山南端，海拔高度 200～500m 范围内的沟谷和阶地有毛白杨根蘖起源的天然林，如在平山、井陉、赞皇、邢台、武安、涉县等地均可见到。山东各地有分布，但以位于华北平原的菏泽和聊城二地区栽植最多。在胶东丘陵和鲁中南山地，除了“四旁”栽植外，在山沟、山麓和河漫滩上亦有栽植。垂直分布于海拔 200～1 000m，但在山东一般在海拔 500m 以下。河南各地无论山区、丘陵、平原，均有毛白杨。在豫西、豫北丘陵山区主要分布于海拔 200m 以下的山麓、丘陵坡地、山谷、川地，呈零星分布。豫东、豫北平原广大区域，在沟渠河岩、道旁、村庄、城镇、农田、沙丘、荒地上到处可见到毛白杨，呈带状、行状、片状或零星分布。在淮河以南豫南丘陵山地，毛白杨有少量零星分布。豫西山地，南阳盆地，毛白杨呈行状或零星分布，也到处可见。目前毛白杨的栽培区已扩大到北至辽宁南部，西到甘肃兰州、青海西宁，以及云南昆明附近的呈贡、官渡（海拔 1 900m）等地。

毛白杨中心分布区年平均 9～14℃，1 月平均气温 0～2℃，极端最低气温－19℃。7 月平均气温 28℃以上。年降水量 500～1 000mm，全年雨量分布不均，冬季干旱，夏季多雨。无霜期 180～220d。

位于坡麓的毛白杨林，土壤为中、厚层褐土，含有一定量的石砾，质地为中壤。沙地毛白杨林，如豫东、豫北平原上，多系黄河泛滥沉积而成的黄潮土，有高沙地、沙丘地，多为粗沙或中沙，局部地段表层有细沙层，地下水位较高，均在 3～5m 以上。平原上的毛白

① 执笔人：郑均宝，周哲身，孙宝珍

杨林，土壤为深厚褐土，壤质，粉沙土，细沙土，黄潮土等，且多有灌溉条件。地下水位深浅不一。河漫滩毛白杨林，多为细沙土和沙壤土，或壤质褐土、潮土，地下水位1.5～3.0m，水分条件较好。

（二）组成结构

1. 毛白杨纯林

成片栽植的毛白杨林多为纯林，混交林很少。营造纯林的初植密度，以前较密，目前有稀植的趋势。栽植时的株行距为2m×2m（每公顷2 500株）时，生长正常的林分，4～7年后就要受到明显的抑制。初植的株行距为2m×3m（每公顷1 667株）时，用2年生苗造林，在造林后第5～6年可间伐蓄积1/2，在砍伐的木材中1/2为椽材，第10～15年时可再间伐一次，隔行去行隔株去株，此时砍伐的林木，可产生檩条材，这时保留木每公顷417株。

毛白杨纯林，除林木层外，尚有活地被物层，其种类为一般沙地或壤土地上的田间杂草，由于人们割草、放牧和践踏，破坏严重，盖度比较小。如黄泛粉沙壤土上的毛白杨林，林下活地被物有知风草（*Eragrostis ferruginea*）、狗尾草（*Setaria viridis*）、牛筋草（*Eleusine indica*）、小蓟（*Cephalanoplos segetum*）、苦菜（*Ixeris chinensis*）、节节草（*Equisetum ramosisimum*）、萹蓄（*Polygonum aviculare*）等。河漫滩壤土毛白杨林，活地被物种类有：鹅观草（*Roegneria kamoji*）、野古草（*Arundinella hirta*）、荻（*Miscanthus sacchariflorus*）、益母草（*Leonurus artemisia*）、鸭跖草（*Commelina communis*）、半夏（*Pinellia ternata*）、车前（*Plantago asiatica*）、紫菀（*Aster tataricus*）、龙牙草（*Agrimonia pilosa*）等。

2. 毛白杨混交林

毛白杨不宜与其他杨树混交，特别是不能与欧美杨品系杨树混栽。因为毛白杨在栽植初期（栽植后3年内）生长慢，缓苗期比欧美杨长，而且欧美杨具有早期生长快的特点，毛白杨受压，影响生长。造林实践证明，毛白杨与紫穗槐，或与刺槐混生较好。毛白杨与紫穗槐混生，不仅能改良土壤结构，提高土壤肥力充分利用空间和地力，促进毛白杨生长，同时还可以收获条子，供编筐用。毛白杨与紫穗槐混生，是路旁、沟旁造林的一种较好的混交方式。

河北省大名县卫东林场，1965年营造的毛白杨与刺槐的带状混交林，营造在冲积沙地上，带宽22m，株行距2m×2m。混交林内可以清楚地看到，离刺槐林带越近，毛白杨的生长越好，越远生长则越差，到了一定距离毛白杨的生长则变化不大了（见表1—38）。这是由于刺槐为豆科植物，有发达的根瘤；同时刺槐林分郁闭可以抑制白茅及其他杂草滋生，所以毛白杨与刺槐混生，可以提高土壤肥力，幼林郁闭快，林木生长迅速。据测定上述刺槐毛白杨带状混交林内，距刺槐越近土壤中养分含量越高。栽植在较好的立地条件下，刺槐生长很快，将会影响毛白杨的生长，所以最初1、2年内要采取平茬、截头等措施，抑制刺槐的树高生长，扩大树冠，形成林内郁闭，达到消灭杂草，促进毛白杨生长的目的。

表 1—38　距刺槐林带不同距离的毛白杨生长量比较

行次	距林带的距离（m）	平均树高（m）		平均胸径（cm）		平均冠幅（m²）		单株木平均材积（m³）	
		树高	（%）	胸径	（%）	冠幅	（%）	材积	（%）
1	2	6.03	139	6.37	162	8.0	296	0.016 08	379
2	4	5.50	127	5.13	131	5.0	185	0.009 96	235
3	6	4.57	106	4.30	109	3.5	144	0.005 38	127
4	8	4.33	100	3.93	100	2.0	100	0.004 24	100

注：%指各行与第 4 行的比值

3. 毛白杨与农作物混种

与农作物间种的毛白杨，有的采用初植密度 5～6m（每公顷 333 株），初植密度即主伐密度，生长过程中不再进行间伐。在立地条件较好，有灌溉条件的地方，株行距可扩大至6～7m，在栽植初期间种农作物，20 年时（连苗龄计算在内）林分高可达 22m，平均胸径可达 30cm。毛白杨与农作物带状混种时，间种的农作物有小麦、玉米、棉花、油菜等。

（三）生长发育

1. 生长过程

毛白杨生长期的开始和结束的时间，因年度间气温的不同和地区间气温的不同而有差异，一般是雄花芽在 2 月下旬平均气温 1.2℃时开始发育，5.9℃时绽开，10.5℃时（4 月上旬）花落尽。营养芽发育气温高于花芽，旬平均气温 7.9℃时（3 月下旬）开始加速膨大，13.3℃时开始放叶。春季营养生长期平均气温为 13.3～16.9℃，春季封顶期平均气温为 19.8℃（5 月上、下旬），夏季营养生长期气温变化在 21.6～29.3℃。温度降到 18.9℃时（9 月上旬）开始落叶，降至 6.9℃时（11 月上旬）开始大量落叶。在北京地区，毛白杨营养生长期，即从营养芽膨大到大量落叶共计 210d。

为了了解毛白杨树高、胸径、材积生长过程，现将河北省林业科学研究所试验场（易县梁各庄）立地条件较好的毛白杨人工林的解析木材料列入表 1—39。由表 1—39 可以看出，毛白杨的高连年生长量，从第一年起就很迅速，一直到 18 年也未减退，大约每年高生长是在 1.42～2.07m。胸径生长量大约在 0.7～2.4cm。材积生长量总的趋势是逐年增加的。

毛白杨雌、雄株生长特性有着差别，在河南、陕西、河北都对此作过调查研究。从调查的结果分析，凡雌株比雄株生长快的林木，调查的树龄都偏小，最大也不超过 20 年。表现出雄株较雌株生长快的树木，树龄都较大，最小也在 40 年生以上。根据提供的调查材料可以认为中幼龄阶段雌株较雄株生长快。

表 1—39　毛白杨生长过程

年龄	树高（m）			胸径（cm）			材积（m³）			形数
	总生长量	平均生长量	连年生长量	总生长量	平均生长量	连年生长量	总生长量	平均生长量	连年生长量	
1	2.07	2.07		0.7	0.7		0.000 10	0.000 10		1.208
			1.41			1.1			0.000 55	
2	3.48	1.42		1.8	0.9		0.000 65	0.000 33		0.915
			1.12			1.2			0.001 15	
3	4.60	1.53		3.0	1.0		0.001 80	0.000 60		0.551
			2.0			1.8			0.004 73	
4	6.60	1.65		4.8	1.2		0.006 53	0.001 63		0.547
			2.0			2.4			0.009 53	
5	8.60	1.72		7.2	1.44		0.016 06	0.003 21		0.472
			2.0			2.3			0.014 91	
6	10.60	1.77		9.5	1.58		0.030 97	0.005 16		0.414
			2.0			1.9			0.023 74	
7	12.60	1.80		11.4	1.63		0.054 71	0.007 82		0.425
			2.0			1.5			0.030 05	
8	14.60	1.83		12.9	1.61		0.084 76	0.010 60		0.437
			2.0			1.4			0.037 62	
9	16.60	1.84		14.3	1.59		0.122 38	0.013 60		0.459
			2.0			1.8			0.046 77	
10	18.60	1.86		16.1	1.61		0.169 15	0.016 92		0.446
			2.0			1.2			0.028 94	
11	20.60	1.87		17.3	1.57		0.198 09	0.018 01		0.407
			2.0			1.8			0.062 36	
12	22.60	1.88		19.1	1.59		0.260 45	0.021 70		0.402
			2.0			1.2			0.054 91	
13	24.60	1.89		20.3	1.56		0.315 36	0.024 26		0.396
			2.68			1.1			0.090 54	
14	27.28	1.95		21.4	1.53		0.405 90	0.028 99		0.414
			0.68			1.0			0.055 92	
15	27.96	1.86		22.4	1.49		0.461 82	0.030 79		0.423
			0.68			1.3			0.115 70	
16	28.64	1.79		23.7	1.48		0.577 52	0.036 10		0.400
			0.68			1.3			0.083 03	
17	29.32	1.72		25.0	1.47		0.660 55	0.038 86		0.401
			0.68			1.0			0.055 29	
18	30.00	1.67		26.0	1.44		0.715 84	0.039 77		0.415
带皮	30.00	1.67		27.0						0.417

2. 林分生长

将一些毛白杨片林及行道树林木的生长数据汇成表 1—40 和表 1—41。从汇集的材料可知毛白杨适宜生长在细沙土、轻壤和壤土上；从土类看，黄土、浅色草甸土、褐土都能生长。毛白杨是杨树中适应性较强的耐旱树种。毛白杨的生长与地下水位高低的关系十分密切，凡是地下水位较高（1.0～1.5m）而又不积水的土壤，比较适宜毛白杨生长，因为在这种立地条件下，毛白杨的根系可以直接吸收源源不断供给的地下水。土壤质地对毛白杨的生长量也有明显影响，如表 1—42 所示，无论是栽植 2 行还是栽植 1 行行道树，都以中壤质土壤毛白杨生长量高，沙壤和重壤土较差。

表 1—40　各地毛白杨片林的生长

地　点	立　地　条　件	年龄	平均树高 (m)	平均胸径 (cm)	每公顷株数	每公顷蓄积量 (m^3)
河北易县梁各庄	海拔 70m，沟谷河漫滩地，地下水位 1.35m，沙壤—轻壤	26	30.0	34.8	312	534.04
河北易县梁各庄	海拔 80m，低山黄土阶地，pH 7.0，地下水位 5m 以下	16	21.0	14.4	960	162.45
北京黄村	海拔 50m 以下，耕作草甸土，土层厚 105cm，地下水位 1.7m，轻壤质	18	18.7	18.9	630	157.19
河北易县梁各庄	海拔 100m，山麓，土层厚 80cm，沙壤质，地下水位 1.5m	20	27.7	26.5	630	360.36
河北深州后　屯	海拔 20m，浅色草甸土，土层厚 60cm 以上，细沙—轻壤，地下水位 4m	19	16.0	23.2	390	121.50
河北大名县卫东林场		15	16.1	17.5	705	114.15
河北晋州张家庄	海拔 40m，河漫滩地佃沙土，地下水位 3～7m	18		28.0	240	
河北深州刘屯乡	海拔 25m，滹沱河故道，沙土	24	17.3	24.5	500	202.70
河北威县白果树乡北刘庄	海拔 35m，黑龙港平原地下水位雨季 3m	15	15.0	26.0	312	127.00
河北磁县漳河林场	海拔 90m，漳河故道沙质土，地下水位雨季 5m	16	13.6	17.4	555	96.00
山　东	黄河泛区沙地	21	10.9	13.2	625	47.02
山　东	河漫滩佃沙地，地下水位 1.5m	14	15.8	11.2	1 666	96.59
山　东	有机质含量中等的河潮土	14	13.6	15.5	312	77.83
河南东部	沙丘，混有刺槐和侧柏	24	21.0	24.8		100.00

表 1—41　毛白杨行道树的生长

地　点	立　地　条　件	年龄	平均树高 (m)	平均胸径 (cm)	每千米株数	每千米蓄积量 (m^3)	备　注
河北临漳漳河林场	海拔 90m，漳河故道，地下水位雨季 5m，中壤质风沙土	22	24.0	35.5	250	225.9	水沟边，单株距离 4m
河北高碑店	海拔 60m	21	24.1	38.2	200	490.7	路宽 10m，每侧 1 行，株距 3m
河北定州堡子町塔	海拔 60m，山麓平原，轻壤，地下水位 4m	22	19.3	39.1	308	324.3	路宽 7m，每侧 1 行，株距 6.5m

（续）

地　点	立　地　条　件	年龄	平均树高（m）	平均胸径（cm）	每千米株数	每千米蓄积量（m^3）	备　注
河北正定南化林场	海拔 80m，山麓平原，粘土	30	20.9	35.7	500	488.6	2 行，株距 4m，行距 4m
河北唐山果　园	海拔 15m，平原，沙壤质草甸褐土，地下水位 3.7m	23	19.5	24.0	1 000	419.2	路宽 2m，株行距 4m×2m，4 行
河北易县龙泉庄	海拔 100m，山麓，土层深厚褐土，中壤质，地下水位 3m	16	22.8	38.4	185	206.4	单行行道树
河北晋州雷　阵	海拔 40m，沙壤土，土层深厚	16		28.8	286		
河北广平县南堡乡	海拔 45m，平原，重壤质沙潮土	16	17.5	24.5	666	265.4	公路宽 12m，每侧 1 行，株距 3m
河南北部	平原	16	21.0	23.9	620	180.0	道宽 5m，每侧 1 行，株距 1.5m

表 1—42　毛白杨行道树的生长量

土　壤	栽植方式	株距（m）	年龄（年）	每千米株数	年平均材积生长量（m^3/km）
中壤褐土	沿路 2 行	5	22	200	21.10
沙壤褐土	沿路 2 行	4	15	250	17.10
重壤褐土	沿路 2 行	4	30	250	16.30
中壤褐土	沿路 1 行	5	21	200	11.66
重壤褐土	沿路 1 行	6	25	166	6.11

（四）造林更新

目前中国在适于种植毛白杨的土地上多选择毛白杨优良无性系进行人工造林。营造丰产林，四旁绿化造林，与农作物间种造林等。

在河南、河北的一些山麓和谷沟有小面积的毛白杨天然根蘖更新的片林，采伐后仍有根蘖更新的幼林发生。此类林分有的混有旱柳、榆树等乔木树种。毛白杨为雌雄异株树种，结实很少，种子更新不易成功。

（五）评价与经营意见

1. 在毛白杨分布区的广大平原和低山坡麓沟谷地段，它是值得推广的优良绿化树种。在杨属诸树种中，其抗旱能力仅次于小叶杨，比黑杨派（如欧美品系）及青杨派品系的杨树耐干旱瘠薄的土壤。毛白杨长寿，树干通直，其材质为杨树中的佼佼者。但毛白杨并不适应于一切立地条件，或在任何立地条件上其生长均为杨树之冠。毛白杨在水肥条件较好的土壤上（如农耕地）不及欧美杨和某些杂交杨生长迅速。在这样的立地条件下欧美杨类、小美杨类等在10～15年长成檩材和梁材，而毛白杨却要20～30年。在干旱粗沙地毛白杨生长也不好，不如选择刺槐树种。

2. 零散栽植和成行栽植的毛白杨，在同样立地条件下比片林生长更为迅速。因此在发展毛白杨片林的同时，要注意发展零星栽植的毛白杨或成行、成带栽植的毛白杨林。应将毛白杨栽植在水渠旁、堤岸旁、河流两岸、宅旁、村庄以及道路两旁等。过去毛白杨造林的初植密度偏大，影响林木生长，又浪费种苗。毛白杨长成檩条的密度，株行距不应小于4m×4m或4m×3m。毛白杨与农作物间种是一个值得研究的课题。在生态环境、经济效益以及间种模式等方面都很值得深入探讨。

3. 毛白杨结实很少，它又是插条生根困难的树种。近年来由于嫁接、嫩枝扦插及硬枝插扦技术的研究成果得到推广，已基本上解决了其无性繁殖问题。毛白杨在造林的头几年有一个生长较慢的时期，人们称之为缓苗期。它的表现是林木生长很慢，侧枝下垂，皮色灰黑，叶片窄小稀疏，霉污病、蚜虫相继发生。要解决此问题，应选用大苗、壮苗造林，保护好根系，当地育苗就地造林，注意适时灌水。

4. 危害毛白杨的虫害种类繁多，发生历史较长，分布广，许多种类造成生产上的严重灾害，其中包括多种食叶害虫，枝干害虫及苗期害虫。如叶甲类、尺蛾类、舟蛾类、天牛类、金龟类、潜叶蛾类、蚜虫类，以及白杨透翅蛾等，常见的病害有20余种，以毛白杨锈病、根癌和黑斑病等危害苗木严重。应注意营造混交林，适时采用生物防治和药物防治的综合防治措施，控制病虫害的发展。这方面亦有不少研究成果，应注意推广应用。

2—1—3—17　响叶杨林[①]

响叶杨（*Populus adenopoda*）是在中国杨属植物中分布偏南的种类之一。主要分布于北纬25°～34°，东经104°～119°之间的广大地区。陕西秦岭、汉水、淮河流域以南地区，西至甘肃东南部、四川、湖北西部海拔1 600～2 500m，西南至贵州东部、云南中部，南至湖南、江西北部、浙江中部海拔1 000m以下，均有分布。垂直分布于海拔200～2 500m，常生于灌丛中和混生于落叶阔叶林中，或沿溪河两岸。响叶杨能在荒山迹地飞子成林，是中、北亚热带地区荒山荒地演替中的先锋树种之一。一般纯林面积较广，成小块分布。常见者多为与其他落叶阔叶树种混生的林分。

响叶杨系喜光树种，要求较温暖湿润的气候，不耐严寒，其分布区年平均气温10～18℃，极端最低气温－15℃，极端最高气温38℃，年降水量800～1 800mm。在页岩、板岩、石灰岩、砂砾岩、花岗岩等母岩上发育的红壤、黄壤、黄棕壤、黑色石灰土等均能生长，土

① 执笔人：祁承经，曹铁如

层一般较厚，pH5.5～7.5。响叶杨较耐贫瘠，对土壤要求不高，在荒坡、石砾多、土层薄的土壤和石灰岩荒土上均能天然繁殖。在土层深厚且肥沃的土壤上，生长更速，且可成长为大径材。如湖南张家界，海拔 400m，红色石灰土，55 年生，树高 55.5m，胸径 38.5cm，材积 1.278 2m^3。

调查湖南张家界的响叶杨林可分为：

1. 石灰岩山地响叶杨林

海拔高 500m，南坡，为单层林，乔木层高 12～16m，响叶杨为优势，其他有少量枫香、黄连木、板栗、枇杷等；灌木层有筱竹、白栎、山胡椒、香叶树、球核荚蒾、硬毛八仙花、山绿豆、马棘、竹叶花椒、地瓜等；草本层有苔草、三脉马兰、中国乌蕨（*Stenoloma chusana*）、秋牡丹、黄精等。

2. 紫色砂岩响叶杨林

经封禁后天然形成。海拔 390m，林分总郁闭度 0.7，乔木第一层高约 20m，有响叶杨、枫香等；第二层高 13～14m，有响叶杨、润楠、栓皮栎等；第三层高 6～8m，有响叶杨、香叶树、黄檀、白栎、檵木、樱桃、桑等。灌木层以檵木为主。

3. 枫香杉木响叶杨林

本类型为较常见的响叶杨混交林，多分布于丘陵和低山区，一般系封山育林后自然形成。林分为复层林，总郁闭度 0.7 左右，乔木第一层高 19～20m，有响叶杨、杉木、枫香和酸枣、檫木等；第二层高 12～14m，树种与第一层基本相同；第三层高 7～8m，有光叶柿、板栗、榉树、朴树、樱桃、柯楠树（*Meliosma beaniana*）、白辛树、润楠等。下层多为更新苗木，有枫香、光叶柿、板栗、杉木、漆树、润楠、大果冬青、四川朴、利川润楠等，还有油茶、山矾、新木姜、香叶树等灌木。草本稀疏，有头芒、苔草、金星蕨等。

响叶杨系速生树种，天然更新 3 年可接近郁闭，据湖南省 10 株解析木分析，响叶杨 2 年生以后开始速生，5～15 年平均年高生长超过 1m，胸径生长年平均接近 1cm。天然林分多为同龄林。45 年左右可达到数量成熟。解析木 55 年生，高 25.2m，胸径 42.3cm，材积 1.610 5m^3。高生长 4 年生以后加速，连年生长量 8～14 年为 1m，30 年生以后下降；胸径生长年平均生长量在 0.7cm 以上，高峰期在 8～12 年，连年生长量在 6～10 年时超过 1cm，最高为 1.35cm，材积生长年平均生长量在 34 年生以后超过 0.02m^3，到 50 年生开始下降，连年生长量 34 年生最高达 0.055 52m^3，材积连年生长量曲线和平均生长量曲线在 48～50 年相交。

响叶杨林是一种不稳定的林分。响叶杨与枫香、锥栗、榉树、板栗、黄连木等混生的森林，因为响叶杨较其他混生树种更喜光，寿命也较短，所以最先被淘汰，但保存下来的其他落叶阔叶树，终究将被常绿树种所代替，逐渐演替为常绿阔叶林或常绿落叶阔叶林。

响叶杨可作用材林树种培育。对现有响叶杨天然幼林可进行封禁，伐除一部分非目的树种，林分总郁闭度保持 0.6 以上，促进响叶杨生长。在响叶杨分布范围内，可适当营造响叶杨林，最好造混交林，与马尾松、麻栎、栓皮栎、常绿槠栲类树种等进行小块状或行间混交。

2—1—3—18　小叶杨林①

小叶杨（*Populus simonii*）林，是暖温带落叶阔叶林地带和温带草原地带的主要落叶阔叶林类型之一。由于小叶杨生长较快，适应性强，容易繁殖，材质松软，工艺价值较高，所以可做用材林经营（可用于造纸、火柴工业、民用建筑）。同时，这种森林类型保持水土和防风固沙的功能亦很突出。

中国栽培小叶杨已有 2 000 多年的历史。《尔雅》中记载的青杨，经辛树帜、王作宾考证，即现今的小叶杨。它长期以来为“四旁”绿化，保持水土，防护农田的树种。1949 年以来，小叶杨人工林有很大的发展，仅山西北部，内蒙古东部和吉林、辽宁的西部就营造人工林 67 万多 hm^2。

小叶杨人工林在立地条件较好，或经营强度较高时生长良好，但在干旱瘠薄的土地上生长缓慢，甚至形成“小老树”。20 年左右的林分，每公顷蓄积不足 $10m^3$。70 年代以后，注重了造林地的选择和造林技术，如降低造林密度等，新造幼林的生长量大大提高；另一方面对部分低产林采取了各种改造措施，林木的生长条件得到改善。但是大量杨树品种的出现，小叶杨林的比重正在逐年下降，只是在自然条件比较恶劣的地方仍然采用小叶杨进行造林。

（一）分布与生境

小叶杨在中国分布很广，跨温带草原，暖温带落叶阔叶林和亚热带常绿阔叶林 3 个植被带。分布区北缘东起朝鲜半岛北部，越长白山、大兴安岭南端，经阴山山脉、祁连山，到新疆天山南部；南部沿淮河、长江以北，经云南、四川北部到青海、甘肃。中心分布区为山东、河南、陕西、甘肃、山西、河北、辽宁等地，在植被类型上基本上属暖温带落叶阔叶林带和温带草原带东部草原亚带中的黄土丘陵东部草原区。

对小叶杨的垂直分布起决定作用的是热量。由于分布区南北气温相差悬殊，所以其垂直分布从南向北呈递降的趋势。如秦岭南坡垂直分布上限最高可到 2 500m，中部的河南、山西为 1 500～1 700m，而北部多在 1 000m 以下。

小叶杨林分布区的气候条件有很大变化，在分布区的南缘，年平均气温可达 14～18℃，降水量在 1 200mm 以上。在分布区北缘，极端最低气温为－41℃，年平均气温 3.2℃，年降水量仅 300mm 左右。小叶杨林生长的最适温度条件是年平均气温 6～15℃，年降水量500～700mm，相对湿度 50%～70%。

小叶杨林地宜于在湿润、肥沃、疏松、中性至微碱性的土壤上生长。不过，对土壤的适应较强，沙土—中壤，pH 值 8.5 以下，含盐量不超过 0.3%的土壤上均能正常生长。在粘重、具浅位厚度胶粘夹层或盐渍化过重的土壤上生长不良。小叶杨林对土壤的水分状况

① 执笔人：王宗汉

非常敏感，且甚于对养分的要求，所以在河流两岸、溪边、沟谷地方生长良好。

（二）组成和结构

小叶杨的天然林均为次生林，由于长期不合理的砍伐和破坏，所剩极少。以小叶杨为主要建群种的林分中常混交有榆树、桦木、山杨、青杨、椴树、刺槐等，且年龄各异，密度大小不等，林木分布不匀。年龄相差5年以下者多为单层林，反之则多形成复层林。破坏极严重的林分，郁闭度在0.4以下，林中常生长有胡枝子、沙棘、小檗等灌木，其生产力极低，无大利用价值。

小叶杨人工林的面积比重很大，尤其在三北地区的平川沙荒，固定沙丘和黄土丘陵区，占人工林的50%以上。这些林分因所处气候带及立地条件不同，组成、结构和生长有很大差异。

1. 平原沙地小叶杨林

此类林分多处在黄淮平原栽培植被区的山东、河南东部，河北南部的黄河、海河、淮河流域。年平均气温12～15℃，年降水量500～800mm，生长期在200d以上。多为冲积沙土，保水性差，肥沃度低。部分林地有浅位胶泥夹层，不利于根系发育。造林时多为纯林，层次及结构简单，郁闭度小的林分由于其他种子的侵入，逐步形成小叶杨、刺槐、柳树的混交林。如河南延津县林场14年生的刺槐小叶杨混交林，郁闭度0.7～0.8，林下地被物少。小叶杨的平均胸径17.6cm，树高16m，每公顷280株，蓄积量52.2m^3。

2. 间山盆地及川涧平原小叶杨林

范围包括黄河中下游、淮河、洛河、渭河等流域，年平均气温12～15℃，年降水量500～700mm。土壤肥沃，水分条件好。大都为纯林，部分为小叶杨与刺槐、柳树的混交林。由于刺槐根系有固氮和改良土壤的作用，落叶富营养，所以生长较好。在山坡下部及沟谷常有山杨、青杨、桦木、刺槐、柳树等与小叶杨混生的林分，人为砍伐严重者，林中空地常有大量的灌木出现。

林地生产力往往因土壤厚度和地下水位高低不同而有很大差异。如土层较厚，水肥条件较好的24年生林分，平均胸径25.4cm，平均树高16.0m，每公顷430株，蓄积量143m^3，而土层较薄的卵石滩生长较差。

3. 黄土丘陵区小叶杨林

这种类型主要分布在黄河流域中游的黄土高原上，海拔一般在800m以下，年平均气温7～12℃，年降水量400～600mm。土壤干旱瘠薄。多为以防止水土流失为目的水土保持林，组成单纯，也有与刺槐、油松、沙棘、柠条、锦鸡儿等乔灌木树种混生的混交林。因所处立地条件及管理条件的不同，生长量各异。分布在沟谷、溪边、河滩和冲积土上或具有灌溉条件的林分，生长量比较大，而在沟坡、残塬上则生长很差。如可灌溉的15年生林分，平均胸径31.1cm，平均高19.7m。陕北榆林青云山坡下部生长的小叶杨树高比沟沿上大90%，胸径大15%。

4. 温带草原沙地小叶杨林

温带草原带的辽宁西部、吉林西部、内蒙古中南部、河北北部、山西北部、陕西北部和宁夏、甘肃东部，营造了大面积的农田防护林。这个区域的气候特点是年降水量偏低，一般 300～500mm，蒸发量即达到 1 500mm 以上；冬季严寒，春季多风沙；土壤干旱瘠薄，旱季土壤含水率常在 5%以下，有机质含量大都在 0.5%～1.0%；多为风积沙土和粉沙土，无结构，渗透性强，保水保肥性差。部分林地土层 40cm 下具碳酸钙淀积层，结持力强，树木根系不易穿透。小叶杨同龄单层纯林居多。造林时为提高防护效果，栽植密度很大，一般每公顷 5 000～10 000 株。由于立地条件差，又未及时进行间伐，所以生长量低。过于干旱贫瘠的土地上，出现大面积“小老树”低产林。如山西朔县薛家庄林场风积沙梁上生长的 16 年生小叶杨，平均胸径 5.9cm，平均树高 3.48m，每公顷蓄积量 2.85m^3。山西大同落阵营林场 27 年生小叶杨林，平均胸径 7.2cm，平均树高 5.23m，每公顷蓄积量 8.7m^3，林木长势衰退，虫害严重，枝条和树干枯干。

5. 干旱地区河滩沟壑地小叶杨林

在温带草原地区的河滩、沟壑地区有零散分布的小叶杨林。由于土壤水分条件好，林木生长较快。如山西大同落阵营林场桑干河岸边生长的 23 年生小叶杨，平均胸径 17.2cm，树高 12.74m，每公顷蓄积量 244.8m^3。林相整齐。

6. 盐碱地小叶杨林

在山前洼地或河滩由于排水不良，盐渍化严重。这种林地上的小叶杨一般生长较差。林下植物稀少，只有少量沙米（*Agriophyllum squarrosum*）等。如薛家庄林场大西滩，为山前低洼地，地下水位 1.0～2.0m，pH 值 8.5～9.0，含盐量 0.84%，12 年生小叶杨林平均胸径 5.9cm，平均树高 5.1m，每公顷 1 935 株，蓄积量 17.25m^3。

（三）生长发育

1. 生长过程

在杨属的树木中，小叶杨是一个寿命长、生长速度中等的树种。根据各地解析木材料分析：

(1) 胸径生长　胸径的生长盛期在 5～20 年，生长高峰期在 5～15 年。立地条件好和经营强度高的林分，进入速生期早。由于立地条件和气候条件的差异，生长量相差悬殊。最大连年生长量近 3.0cm，最小 0.2cm。

(2) 树高生长　一般在 2～15 年。生长量 0.25～2.32m。生长高峰期在 10 年以前。

(3) 材积生长　材积速生期出现的晚，持续的时间长，一般为 10～35 年，高峰期15～30 年（表 1—41）。

2. 立地条件对林木生长的影响

在气候条件相同时，土壤条件对林木生长起决定作用。如山西大同落阵营林场海子洼 27 年生小叶杨林分，由于土壤水分条件好，每公顷蓄积量可以达到 271.95m^3，而水分条件很差的杜庄梁每公顷只有 8.7m^3。薛家庄林场夏关城虽然盐渍化较重，但由于水分条件好，林木生长反而比前者好（表 1—43）。

3. 密度对林木生长的影响

不同密度的林分，在生长迅速和生长量方面有很大差异。山西朔州薛家庄林场夏关城 14 年生小叶杨林（表 1—43），每公顷现存 1 065 株，蓄积量为 24.175 5m³，2 088 株者为 17.305 5m³，615 株者为 9.778 5m³；山西怀仁金沙滩林场风积沙梁上的 21～24 年生小叶杨林也具有同样的规律。即使气候温和的河南临汝，在贫瘠的卵石滩上栽植的 14 年生小叶杨，

表 1—43　不同地区小叶杨林生长过程

地　点	林地条件	龄阶（年）	树高（m）		胸径（cm）		材积（m³）	
			总生长量	连年生长量	总生长量	连年生长量	总生长量	连年生长量
河南洛宁方村	川涧平原河滩冲积土沙壤肥沃	5	6.6		5.4		0.006 7	
		10	12.5	1.18	16.0	2.12	0.106 0	0.019 9
		15	20.4	1.58	26.3	2.06	0.443 7	0.067 5
河南洛宁马店	黄土丘陵沟壑冲积土、壤土较肥沃，80cm 以下有砂礓	5	11.6		8.7		0.021 9	
		10	15.1	0.70	21.1	2.48	0.269 9	0.049 6
		15	19.7	0.92	30.0	1.78	0.645 9	0.075 2
河南陕县	海拔 1 500m 以上的山区河谷，水分条件好，沙壤，但 11 cm 以下有河卵石，60cm 以下有卵石夹层	5	3.6		1.7			
		10	8.2	0.92	6.2	0.90	0.014 6	
		15	10.2	0.40	14.0	1.56	0.079 4	0.013 0
		20	12.8	0.52	18.9	0.98	0.160 3	0.016 2
		25	14.8	0.40	23.2	0.86	0.257 9	0.019 5
		30	16.7	0.38	27.8	0.92	0.391 5	0.026 7
		32	17.0	0.15	29.0	0.60	0.431 1	0.019 8
宁夏银川南　郊		5	4.2		5.3		0.009 3	
		10	10.6	1.28	10.7	1.08	0.098 1	0.017 8
		15	14.4	0.76	16.2	1.10	0.217 5	0.023 9
		20	16.6	0.44	25.4	1.84	0.362 3	0.029 0
		25	18.6	0.40	28.9	0.70	0.530 8	0.033 7
		29	19.9	0.33	33.0	1.03	0.776 4	0.061 4
陕西定边乱井子林场	轻碱地小叶杨林	5	3.5		3.2		0.001 0	
		10	5.0	0.30	5.0	0.36	0.004 0	0.000 6
		15	6.7	0.34	7.3	0.46	0.012 0	0.001 6
		20	7.4	0.14	9.0	0.34	0.021 5	0.001 9
		25	8.0	0.12	9.9	0.18	0.028 5	0.001 4
	固定沙地小叶杨林	5	3.5		1.5		0.000 5	
		10	6.0	0.50	5.4	0.78	0.007 5	0.001 4
		15	7.7	0.34	7.4	0.40	0.020 0	0.002 5
		17	9.5	0.90	8.7	0.65	0.026 6	0.003 3

（续）

地　点	林地条件	龄阶（年）	树　高（m）		胸　径（cm）		材　积（m³）	
			总生长量	连　年生长量	总生长量	连　年生长量	总生长量	连　年生长量
山西朔州薛家庄林场	四　旁　树	5	5.6	1.20	7.5	2.54	0.013 3	0.027 6
		10	11.6	0.80	20.2	2.40	0.151 3	0.067 0
		15	15.6	0.68	32.2	1.44	0.486 5	0.080 1
		20	19.0	0.30	39.4	1.70	0.887 1	0.104 3
		21	19.3		41.1		0.991 4	
	干旱沙荒地小叶杨林	5	1.5	0.40	1.3	2.40	0.000 4	
		10	3.5	0.58	2.5	1.10	0.001 4	0.000 2
		15	6.4	0.25	8.0	0.40	0.015 0	0.002 7
		17	6.9		8.8		0.025 0	0.002 0

每公顷为 3 840 株时，树高为 12.5m，胸径 10.2cm，每公顷蓄积量 172.8m³；而每公顷 1 665株的林分，树高则为 14.5m，胸径 20.5cm，蓄积量为 324.5m³。这说明在干旱瘠薄的条件下，影响林木生长的主导因子是水分，密度过大会加剧林木之间的竞争，适当降低栽植株数，增加单株林木的营养面积，可缓和这种矛盾，有利于生长（表 1—44、表 1—45）。

表 1—44　不同土壤条件下小叶杨生长状况

地　点	林　地　条　件	林龄（年）	密度（株/hm²）	林　木　生　长		
				树　高（m）	胸　径（cm）	蓄 积 量（m³/hm²）
山西大同落阵营林场海子洼	河滩一级阶地河淤土，沙壤，疏松，pH 值 8.0，地下水位 1.0～1.5m	27	1 160	17.10	21.3	271.95
山西大同落阵营林场杜庄梁	风积粉沙土，贫瘠，40cm 下有淀积层，地下水位 7～10m	22	630	5.23	7.2	8.70
山西朔州薛家庄林场夏关城	粉沙土，地下水位 1.0～1.5m，pH 值 8.5，含盐量 0.5%	12	1 065	6.71	8.8	24.15

表 1—45　不同密度小叶杨的生长

地　点	立地条件类型	林龄（年）	密度（株/hm²）		林 木 生 长 现 状		
			初植	现存	树高（m）	胸径（cm）	蓄积量（m³/hm²）
山西朔州薛家庄林场	沙坡地下水位 1～1.5m，pH 值 8.5～9.0，含盐量 0.4%，有机质 0.6%	14	3 945	2 088	5.1	5.9	17.305 5
		14	2 415	1 635	5.8	7.0	19.456 5
		14	1 575	1 065	6.7	8.8	24.175 5
		14	900	615	5.8	8.1	9.778 5
山西怀仁金沙滩林场	山梁风积粉沙，有机质 0.5%	24	6 600	1 560	3.7	5.8	9.984 0
		24	6 600	1 005	4.5	7.8	8.944 5
		21	1 230	705	6.2	10.5	18.471 0

（四）更新与改造

1. 人工更新

因立地条件和经营目的不同而有各种方式。在土层厚，疏松、肥沃、地下水位 1～3m 或可进行灌溉的林地，采伐后进行全面整地，采用杨树新品种和大苗、大穴、大株行距造林，并进行施肥灌溉等措施，使林地生产力大大提高。如山西朔州薛家庄林场所营造的 8～10 年生的小黑杨、群众杨丰产林，株行距 4m×6m，每公顷蓄积量分别为 43.88m^3、45.92m^3、13m^3，比小叶杨林分别提高 27.46%、287.4%、627%。

地下水位较深又无灌溉条件，采用植苗或压条造林。各地经验表明，采用小叶杨实生苗造林，林木寿命长，生长量高。有的地方在小叶杨的根桩上嫁接适宜当地生长的杨树品种，前期生长量比较大，但 5 年后急剧下降。

立地条件很差的干旱沙梁上的小叶杨采伐迹地，采用其他树种进行更新。如气候温暖，降水量高的地区营造刺槐林，而在寒冷、干旱的中国三北地区，营造油松、樟子松等针叶林。金沙滩林场在黄花梁的小叶杨“小老树”采伐迹地上营造的油松林，12 年生平均树高 2.44m；山西雁北地区林业科学研究所在平川池地上栽植的 11 年生樟子松林，平均树高 2.2m，平均胸径 3.1cm，最大植株树高 3.4m，胸径 6.2cm。

2. 小叶杨低产林的抚育

针对“小老树”的成因，采取相应的抚育措施。

（1）间伐 根据密度和立地条件进行 2～3 次间伐，立地条件差者间伐强度大，好者小。最后每公顷保留 500～1 600 株。

（2）中耕松土 通过中耕松土可提高土壤的蓄水保墒能力，改善树木根系的生长发育。如吉林白城地区北大岗林场 12 年生小叶杨林，由于每年中耕一次，每公顷蓄积量达到 20.57m^3，比同样立地条件下 14 年未中耕林分提高 1.27 倍。

（五）评价

小叶杨是中国的乡土树种，在杨树中为抗性强者。但目前造林的比重急剧减少，为保护和发展这一重要的树种资源，应积极开展小叶杨的选优和树种改良工作，并保存一部分立地适宜、生长良好的小叶杨林，作为研究对象及种质资源。

2—1—3—19 青杨林①

青杨（*Populus cathayana*）林，是中国暖温带的落叶阔叶林的基本类型之一。在一些地区（如河北、山西等地）的海拔较高的溪流两岸，有小面积的天然林；但大多数为人工林。人工林栽培的范围和生境均较天然林为广。由于主干通直，圆满高大，是当地民用材的主要原料。所以青杨林可作为用材林经营；不过，在很多情况下，它也是水土保持林和防护林。

① 执笔人：原法宪

青杨在中国北部地区广为分布和栽培，北自黑龙江（哈尔滨）、辽宁、内蒙古南部经河北、河南、山东、山西，向南至四川，西至甘肃、青海、西藏和新疆。分布范围约在北纬30°～45°，东经 85°～127°。垂直分布幅度各地变化很大，在华北地区可达到 1 500m 左右，到四川西部可达 3 000m，在青海玉树的下拉秀，海拔 3 920m，也有分布。青杨林对土壤条件的要求，在透水性良好的沙壤土、河滩冲积土、沙土、砂砾土以及弱碱性的黄土、栗钙土上都能正常生长。适生于土壤深厚、肥沃、湿润的地方。在山地阴坡沟洼处，生长良好。不耐水淹。在排水不良的积水地方生长不良，甚至死亡。在盐碱地上不能生长。

青杨林乔木层中只有青杨一种。在天然林灌木层常混生有山柳（*Salix* sp.）、沙棘、胡枝子。人工林由于气候、土壤、地形条件不同，草本种类差异性较大。如山西五台山区，生长在山坡上的青杨林下，草本植物多是蓝花棘豆（*Oxytropis coerulea*）、华北马先蒿（*Pedicularis tatarinowii*）、鼠掌老鹳草（*Geranium sibiricum*）、迷果芹（*Sphallrocarpus gracilis*）；生长在河滩上的青杨林，草本植物多是白草（*Pennisetum flaccidum*）、筋骨草（*Ajuga ciliata*）、三叶委陵菜（*Potentilla freyniana*）、车前（*Plantago asiatica*）。而据魏振铎调查，青海玉树地区，生长在海拔 3 400m 以上河漫滩青杨林，草本植物则是矮嵩草（*Kobresia humilis*）、硬叶苔草（*Carex moorcroftii*）、华扁穗草（*Blysmus sinocompressus*）、滨发草（*Deschampsia littoralis*）、假苇拂子茅（*Calamagrostis pseudophragmites*）等。

青杨的造林密度，决定于环境条件、培育目的以及造林类型等。单行植树，株距 3～5m 为宜。成片造林的密度不宜过大，一般株行距 3m×4m，每公顷 840～1 100 株。立地条件差的情况下，适当稀植，采用混交，以期提早郁闭，增加林木群体的抵抗力，随着林木的生长及时间伐，促进林木生长。据研究，青杨林分平均树高和胸径的生长，随林分密度的增大而减小，林木材积也反映出随林分的密度减小而增大的趋势。青杨大都是纯林，但在土壤水分条件良好的情况下，青杨和沙棘可组成混交林。因沙棘有根瘤菌，能提高土壤肥力。

青杨林分的生长进程，在不同立地条件下有着明显的差异。以青海不同林地青杨林分解析木的生长进程为例，在厚层冲积土阶地上 20 年生，林木高 19.9m（西宁），厚沙土河滩地上，20 年生，高 16.9m（西宁），黄土丘陵坡地，20 年生，7.6m（湟中），河谷阶地 21 年生，9.1m（玉树），青杨黄土丘陵，16 年生，高 6.6m，据在山西五台山清水河流域调查，河滩潮湿淤积沙地，25 年生，高 24.0m，一级阶地粘土，25 年生，高 12m。

青杨林大都实行人工更新，但有时也可天然更新。在中、低山的窄沟沟底，有许多冲积卵石堆，无粘土淤积。每当 5、6 月份，青杨种子成熟飞絮时，遇连阴雨天，种子被径流带入石隙之中，萌发扎根，生长成林。多呈条带状，无一定株行距。如山西五台山区的文殊洞沟，海拔 1 750m，尚有 $13hm^2$40 年生的青杨天然林。每公顷 1 500 株以上，平均高 26.5m，平均胸径 110.8cm，平均冠幅 4.7m。主根较长，沿石缝下伸，由于卵石的作用，多数成扁平弯曲状。

对青杨林进行小面积皆伐后，迹地上即可无性更新。在河流沿岸卵石河滩上，当青杨林采伐后，根桩上和距地表 4～7cm 深处的侧根上，可生出萌芽条和根蘖苗，封禁后，经人工辅助留株、修枝，即可成林。如山西灵石白杨河大背沟，海拔 1 500m，1972 年采伐的青杨林，面积 0.3hm^2，1986 年 9 月 16 日调查，已萌蘖成林。保留林木 446 株，其中根蘖株占 93%，萌芽株占 7%。林木平均高 11.67m，平均胸径 12.79cm，平均冠幅 3.13m。生长良好。

青杨分布面积较广，在杨属的各树种中耐寒性仅次于山杨。1949 年以来，大面积栽植人工林，扩大了栽培范围。为重要的速生用材树种。

在具备青杨天然更新条件处，应注意封育青杨林。营造青杨速生丰产林，需在青杨天然分布的气候区内，选择地下水位较高（3～4m 以上）或者有灌溉条件的立地作为造林地。造林密度适当，而且要适时间伐，15 年的青杨林，每公顷保留 450～750 株。可适当发展青杨与沙棘的混交林，或进行其他林农间作的研究。注意防治病虫害。

2—1—3—20 河北杨林①

河北杨（*Populus hopeiensis*）天然林在陕西北部分布很普遍②，青海东部浅山湟水沿岸亦有小片天然林。由于雄株极少，繁殖困难，限制了这一树种的发展。长期以来，群众多采用挖根蘖苗在“四旁”零星栽植或营造小块片林。陕西榆林地区林业科学研究站 1959 年在米脂和榆林采得少量蒴果，并培育出实生苗，以后逐年采种进行种子繁殖，并培育出雄株。河北杨雄株的培育成功，对发展这一树种具有重要意义。20 世纪 70 年代以来，延安、榆林地区和青海省农林科学院林业科学研究所、西北林学院、宁夏农学院、甘肃农业大学林学院等单位研究河北杨扦插育苗，加速了河北杨的发展（薛德自等，1952；杨汝缓，1980；孙雪新，1990）。

（一）分布与生境

河北杨是一个广域性树种，北至内蒙古大青山，南至甘肃天水地区，西至青海东部浅山一带的民和县，东到河北的承德、保定地区均有分布与栽培。其地理位置处于北纬 34°～41°，东经 101°～116°范围内。跨越落叶阔叶林地带、森林草原、灌丛草原以至于草原等森林植物地带。集中分布区以黄河中游为主，陕西的北部和中部，山西的晋西北沿黄河一带，甘肃的陇东、宁夏的固原地区分布较多，陕西南至渭北黄土高原南缘的蒲城、耀县、永寿、凤翔等地，北至长城沿线风沙区的定边、靖边、榆林、神木、府谷等地均有生长，但以吴旗、横山、米脂、佳县分布最多。吴旗县约有河北杨林 733hm^2。其分布区的南界正好与毛白杨分布区的北界相衔接，局部地区有较狭窄的交错带。河北杨垂直分布于海拔 200～2 000m，但以海拔 900～1 300m 分布较广，其垂直分布有由东向西逐渐增高的趋势，陕西黄龙、乔山南部和清涧以北至榆林的七里河，靖边的张家畔，绥德以西的大里河中、上游

① 执笔人：罗伟祥

② 戴秀章，梅曙光．1980．河北杨分布形态特征及其生态学的调查研究．宁夏林学会第一届年会论文集，101～102

600～1 500m 处均有分布；其西界青海民和，河北杨可分布到海拔 1 800～2 000m，人工引种栽培的分布高度可达 2 340m（青海农林科学院院内，西宁。宋朝枢，1975）。近年来甘肃在研究推广中将河北杨分布向南推移 200km，向西推移 500km，生长良好。

河北杨分布区内，无论是平原、河滩、丘陵、山谷、梁峁、沙地以及高山均有生长，但以阴坡、半阴坡的坡积黄土及坡的中、下部及低湿滩地沙壤土生长最好。河北杨对于干旱和低温有较强的适应能力，在整个分布区内，年平均气温 3.4～10.5℃，1 月气温－6.9～－3.01℃，7 月气温 17.2～24.19℃，极端最低气温－33.8℃，极端最高气温 40℃，昼夜温差大，夏季日较差达 20℃以上，日较差在 15℃以上的达 100d 以上。夏季白天气温可达 35℃，但夜间却可低到 10℃以下，表明河北杨具有适应较大温差的能力。分布区降水量 300～500mm，东南可达 600mm，分布极不均匀，多集中于夏秋季，占年降水总量的50%～80%，降水年变率亦大，在 30%以上，且蒸发强烈，一般为降水的 3～7 倍，年平均相对湿度较低，在 40%～60%。河北杨集中分布区的吴旗、横山、靖边、定边等地，都是较干旱的地区，干燥度在 1.5～2.0 以上，这一带沙丘上，地下水位一般在 50m 以下，长势仍好，叶色浓绿。

河北杨分布区的地带性土壤为褐土、黑垆土、轻黑垆土、黄绵土、栗钙土、灰钙土等。多生长在坡积黄绵土、黑垆土、淤土（冲积土）、潮土、绵沙土、覆沙黄土上。甚至在红土和轻碱土上也能生长。土壤 pH7.3～8.7。据调查，河北杨生长的土壤较贫瘠，肥力较低，速效氮在 0.000 3%～0.003 1%，速效磷在 0.000 1%～0.005 5%，速效钾在 0.006 8%～0.069 1%，生长仍正常。又据陕西省林业科学研究所在旬邑调查，在有机质含量为 0.6%的沟坡白墡土上，河北杨长势十分旺盛；其年平均胸径生长为 0.90cm。因此，可认为河北杨是大陆性草原旱生发育的寡养树种（乐天宇，1965）。

河北杨的生长与土壤容量和透水性相当密切，以 1.12～1.27g/cm^3 土壤容重生长较好。超过 1.3g/cm^3，生长有所下降。沙盖黄土地比硬黄土地有利于根蘖苗的产生，1963 年在陕西横山石老庄乡沙岩村的调查，同为 1959 年营造的河北杨林，覆沙黄土地平均每株产根蘖苗 18 株，而硬黄地平均仅产 7 株（苏志才，1974）。

河北杨有一定的耐盐性，在土壤含盐量为 0.050 3%～0.085 1%，也未见其生长衰退和死亡。在含盐沙地的河北杨，8 年生树高 10m，胸径 12cm，而 8 年生小叶杨树高 8m，胸径 10cm。

（二）组成结构

河北杨由于根蘖力强，故能“独木成林”。如山西河曲曲峪村道黄沟支岔上，在 1 株 22 年生母树的周围，萌生幼树 141 株；在黄土覆沙坡地上有一小片 14 年生的河北杨，向坡上串根距母树达 23m 远（宋朝枢，1975）。陕西横山石湾乡大水沟村 1 株 16 年生的母树，伐后在 0.05hm^2 的范围内，产生根蘖苗 2 000 株，平均每平方米 4 株（余清珠，1975）。因此，河北杨常借根蘖萌生能力逐渐构成异龄复层纯林，常呈老幼同堂状况，为团块状或片状分布，郁闭度在 0.3～0.8。在一些地区，由于人为活动的长期影响，河北杨天然林分结构具有一定的特殊性。据甘肃农业大学在 14 块标准地上对 267 株样木进行的统计分析表明，河北杨立木株数、年龄、胸径树高的分布属左偏正态分布，林分表现为幼年性，其中小径木占有较大的比重（孙雪新，1990）。亦有河北杨与小叶杨、河北杨与山杨、河北杨与旱柳、河北杨与山杏等形成单层混交林；河北杨与紫穗槐、河北杨与沙棘、河北杨与柠条等混植形成的复层乔灌混交林。河北杨林灌木及草本植被随不同的森林植物地带而异。在暖温带半湿润落叶阔叶林地带，灌木有虎榛子（*Ostryopsis davidiana*）、河朔荛花（*Wikstroemia chamaedaphne*）、杭子梢（*Campylotropis macrocarpa*）、酸枣、沙棘、荆条（*Vitex negundo* var. *heterophylla*）、狼牙刺（*Sophora davidii*）、白芨草（*Buddleja alternifolia*）、蕤核（扁核木）（*Prinsepia uniflora*）、黄蔷薇（*Rosa hugonis*）等。草本层植物有荩草（*Arthraxon hispidus*）、狼尾草（*Pennisetum alopecuroides*）、大油芒（*Spodiopogon sibiricus*）、披针苔草（*Carex lanceolata*）、野古草等。在暖温带半干旱森林草原地带，林下灌木有锦鸡儿（*Caragana* sp.）、狼牙刺、蕤核、河朔荛花、白芨草、灌木铁线莲（*Clematis fruticosa*）、沙棘、杠柳（*Periploca sepium*）。草本植物有白羊草（*Bothriochloa ischaemum*）、达乌里胡枝子（*Lespedeza davurica*）、本氏针茅（长芒草）（*Stipa bungeana*）、甘青针茅（*Stipa przewalskii*）、冷蒿（*Artemisia frigida*）、万年蒿（铁秆蒿）（*A. gmelinii*）、百里香（*Thymus mongolicus*）等。在中温带灌丛草原或荒漠化草原地带，河北杨林的灌木有山桃（*Prunus davidiana*）、柽柳（*Tamarix* sp.）、蕤核、矮锦鸡儿（*Caragana pygmaea*）、母猪刺（*Caragana* sp.）、紫丁香（*Syringa oblata*）、沙棘等，草本植物有达乌里胡枝子、本氏羽茅、铁杆蒿、茵陈蒿（*Artemisia capillaris*）、百里香、大针茅（*Stipa grandis*）、冷蒿、星毛委陵菜（*Potentilla acaulis*）等（邹厚远，1980）。

由于立地条件不一致，各地萌生或栽植的河北杨林特点也各不相同，其主要类型如下：

1. 沟坡或梁峁坡地上的河北杨林

主要分布或栽植在沟坡或梁峁坡地上，坡度 10°～40°，土壤主要有黄绵土、绵沙土、黄墡土、白墡土、硬黄土、红土等。多为萌生林，林分的生产力受土壤侵蚀程度、地形条件及人为经营活动的影响。林分生长变幅很大，6～32 年生的河北杨，树高年平均生长量在 0.35～1.48m，胸径年平均生长量介于 0.47～1.40cm。

2. 川滩（阶地）河北杨林

多营造在洛河、无定河、芦河、延河、渭河上游以及湟水等河流沿岸及其阶地上。土壤以黄土性冲积土、砾石冲积土、淤土和潮土为主，地下水位较高，河北杨生长较好，12 年生树高 12.7m，胸径 16.0cm，年平均树高生长 1.06m，年平均胸径生长 1.33cm。

3. 高原地上的河北杨林

多栽植在渭北黄土高原和陇东黄土高原的塬面及坡间缓台地上，主要土壤为黑垆土、黄墡土、黄绵土等。坡度缓，地势较平坦，水土流失轻微，河北杨生长良好，旬邑职田乡恒安洲村用河北杨与大关杨、新疆杨混植组成的塬边防护林，9 年生树高 9.5m，胸径 11.2cm。

4. 沙丘(坡)地上的河北杨林

一般生长在榆林地区和宁夏中宁以南的固定沙丘的落沙坡或丘间低地上，土壤为沙壤土、沙土等。河北杨有抗沙埋的特性，生长很旺。榆林县青云沟，沙坡上的河北杨 9 年生，树高 10.03m，胸径 7.89cm。

在“四旁”栽植的河北杨林，由于土层深厚，管理精细，水肥条件好，生长十分迅速。靖边县人民政府院内的河北杨，14 年生树高 16.60m，胸径 32.00cm。吴旗铁边城高台村的河北杨，21 年生树高 20.20m，胸径 37.60cm。

（三）生长发育

河北杨虽耐旱耐寒耐瘠薄，但在不同的森林气候区及同一气候区的不同立地条件类型上生长相差十分悬殊。从各地调查材料看，河北杨树高年平均生长量为 0.35～1.48m，胸径年平均生长量为 0.47～2.42cm。在适生立地条件下，年平均树高生长量可达 1.0～1.5m，胸径年平均生长量可达 1.5～2.5cm。水热条件对河北杨生长有一定影响，据陕西省林业科学研究所和榆林地区林业科学研究所调查，同为 15 年生河北杨，生长在半湿润落叶阔叶林地带（旬邑）沟坡上的树高为 9.85m，胸径为 12.9cm，单株材积为 0.057 2m^3，而生长地半干旱森林地带（清涧）沟坡上的树高为 8.30m，胸径为 12.0cm，单株材积为 0.048 5m^3。地形条件对河北杨生长影响也较大，吴旗县调查材料表明，生长在沟谷的 15 年生河北杨，树高为 14.1m，胸径为 15.6cm，而沟坡上部的同龄河北杨，树高为 12.1m，胸径为 11.5cm，又据罗伟祥 1986 年 10 月在米脂调查，树龄同为 7 年生的河北杨，处于峁坡中部的平均高为 4.65m，平均胸径为 5.10cm，处于峁坡上部的平均树高为 3.00m，平均胸径为 3.85cm；而处于梁脊风口处的平均树高为 2.57m，平均胸径仅为 3.08cm。

河北杨以阴坡、半阴坡生长较好。据在甘肃通渭吊嘴山调查，在海拔 1 900m 的东坡较南坡生长好（表 1—46）（邹年根，1980）。

表 1—46　不同坡向河北杨生长比较

立地条件			树龄	生长情况					
						冠幅（m）		根系生长	
坡向	坡度（°）	海拔（m）	（年）	树高（m）	胸径（cm）	东西	南北	0～100cm 土层内根系重量（g）	（%）
南	25	1 900	11	4.37	3.50	2.42	2.48	121.6	100
东	18	1 900	10	8.00	6.80	2.74	2.60	546.6	449

陕西榆林地区栽植的河北杨也有类似情况，生长在东向坡积黄土上的 6 年生河北杨，平均高 4.9m，平均胸径 4.35cm；生长在南向坡积黄土上的 10 年生河北杨平均高 4.99m，平均胸径 4.45cm。

同一条件下，河北杨的雄株高生长速度较雌株快，18 年生河北杨雄株高 12.0m，年平均高生长为 0.67m，胸径 24cm，年平均胸径生长量为 1.33cm，积极发展雄株，不仅可以利用其生长快的特性，更重要的是可以增长有性繁殖，改良木材质量。

从河北杨树干解析材料，可以看出其生长进程。据调查，生长在沟坡上的河北杨树高速生期在 5～10 年，连年生长量可达 0.93～1.87m；胸径速生期 15～20 年，尤其 15 年前后生长较快，连年生长量可达 1.00～2.00cm；材积生长盛期在 20～25 年（表 1—47）。

表 1—47 不同立地条件下河北杨生长过程比较

地点	解析木号	年龄	树高（m）			胸径（cm）			材积（m^3）		
			总生长量	平均生长量	连年生长量	总生长量	平均生长量	连年生长量	总生长量	平均生长量	连年生长量
米脂县桥河岔艾家峁沟坡下部	1	5	2.5	0.50	0.62	2.5	0.50	1.20	0.001 30	0.000 26	0.003 82
		10	5.6	0.56	0.80	8.5	0.85	1.42	0.020 40	0.002 04	0.016 02
		15	9.6	0.64	0.56	15.6	1.04	1.29	0.100 50	0.006 70	0.025 75
		20	12.4	0.62	0.32	22.1	1.10	0.75	0.229 30	0.011 47	0.028 98
		25	14.0	0.56	0.14	25.8	1.03	0.52	0.374 20	0.014 97	0.021 90
		30	14.7	0.49	0.10	28.4	0.95	0.41	0.483 70	0.016 12	0.015 76
		35	15.2	0.43		30.5	0.87		0.562 50	0.016 07	
桥河岔艾家峁坡下部	2	5	3.6	0.72	0.40	1.3	0.26	0.67	0.003 40	0.000 68	0.000 44
		10	5.6	0.56	0.50	4.65	0.47	1.02	0.005 59	0.000 56	0.005 08
		15	8.1	0.54	0.40	9.75	0.65	1.54	0.031 00	0.002 07	0.017 61
		20	10.1	0.51	0.26	17.45	0.87	0.94	0.119 03	0.005 35	0.019 54
		25	11.4	0.46	0.20	22.15	0.89	0.31	0.216 75	0.008 67	0.006 63
		30	12.4	0.41		23.70	0.79		0.249 91	0.008 33	
佳县打火店林场沟坡坡脚	3	3	5.6	1.87	0.67	2.5	0.83	1.20	0.001 60	0.000 50	0.003 30
		6	7.6	1.27	0.93	6.1	1.01	1.40	0.011 50	0.001 90	0.007 70
		9	10.4	1.15	0.67	10.3	1.14	1.60	0.034 70	0.003 90	0.016 30
		12	12.4	1.03	0.60	15.1	1.26	1.70	0.083 70	0.007 00	0.026 90
		15	14.2	0.95	0.56	20.2	1.34	0.73	0.164 50	0.011 00	0.023 10
		18	15.9	0.88		22.4	1.24		0.233 80	0.013 00	

（四）更新演替

河北杨因其根蘖能力极强，又具有耐干旱瘠薄的特性，不仅能形成多代复层纯林，且生长较稳定。一旦郁闭之后，始终占据上层林冠，其他树种如山杏、榆树、紫穗槐（*Amorpha fruticosa*）因处于河北杨林下，光照不足，致使生长衰弱，这种关系在较好的立地条件下表现更明显，因此，河北杨不易被更替。但在恶劣立地条件下，即山瘠峁顶河北杨林，因土壤坚硬而干燥。河北杨根蘖受到很大影响，加之病虫危害严重，河北杨长势微弱，其他一些树种如沙棘则易侵入河北杨林地，竞相生长，最后将更替河北杨林。

（五）评价及经营意见

河北杨具有分布广泛，适应性强、生长迅速、根系发达、萌蘖力强等特性，是西北、华北北部黄土丘陵地区和风沙区水土保持、防风固沙、用材林和四旁绿化的优良树种之一。由于根蘖性强，常能独木成林，所以在恢复和建造森林中具有重要意义。建议将河北杨作为黄土高原和适宜的沙区的战略树种发展，迅速用于更替生产上一直沿用的不良树种。

河北杨用途广泛，材质好，色泽白，轻软有弹性，易加工。除民用建筑外，宜作桥梁、电杆用材，又是胶合板、家具、火柴和造纸工业原料。又因根系发达，水平根系分布尤广，能固着土壤，固沙保土力强。今后宜大力发展河北杨林。其栽培及经营方式如下：

1. 采用多途径繁殖，发展河北杨　① 根蘖繁殖是经营河北杨的主要方式。②扦插繁殖。③ 嫁接繁殖。④ 种子繁殖等。

2. 保持合理密度　河北杨根蘖力强，常形成密度较大的片林。为了保持适宜的立木密度，除挖掘部分根蘖苗用于造林外，一般在 10～15 年生时，可进行间伐，最后保持 3m×3m 或 4m×4m 的株行距，以培育大径材。

3. 进行自然类型和种（条）源试验　河北杨在长期的栽培和自然演化中，个体变异十分丰富，类型分化极为明显。陕西北部黄土高原是河北杨的起源中心，这里的河北杨分布最为集中，类型分化最为复杂（孙雪新，1990）。在定边县白马崾岭保存有 150 年生的古树，生于峁顶，胸径 85.6cm，材积 4.455m^3，列全国第一。经研究河北杨自然类型较多，不同的类型具有不同的生物学、生态学特性，生长速度差异大，应进一步深入进行河北杨自然类型的划分，从而选择优良类型，并进行种（条）源试验，在河北杨分布较多的地区建立大型良种繁殖基地，保证优良苗、种条的供应，从而提高造林数量和质量，以利培育优质速生的河北杨林。同时加强河北杨生物学、生态学及其防护效益与立地条件类型的研究，此外还应重视病虫害的防治试验，从而不断提高河北杨的生产力。

2—1—3—21　冬瓜杨林①

冬瓜杨（*Populus purdomii*）是中国特有树种，分布广泛，生长较为迅速，耐寒，耐瘠薄，是温带和寒温带阔叶林的组成树种之一。冬瓜杨林起固岸保土、水源涵养作用，也是用材林。

（一）分布与生境

冬瓜杨林广泛分布于河北、河南、陕西、甘肃、青海、湖北、四川等地海拔 1 000～2 000m 的山地，但多呈散生状态。以它为建群种组成的天然林分，在青海则集中分布于大通河、黄河（龙羊峡以下）隆务河流域各林区，包括互助北山、兰采、双朋西、冬果，坎布拉和孟达自然保护区，湟水流域和祁连林区也有零星分布。集中分布区的地理位置大致介于北纬 35°20′～38°50′，东经 99°50′～102°50′，海拔 700～3 000m，一般为 2 200～2 800m，地貌总的属于黄土高原向青藏高原的过渡地带，以山地为主，含有祁连山和西倾山两个山系，冬瓜杨多处于沟谷滩地或河岸阶地上，地势平缓，地下水位较高，其垂直带是随着沟谷的坡度而升降。在甘肃多分布于秦岭山地关山中部华亭以南，生于沟谷、坡麓和河滩阶地及部

① 执笔人：魏振铎

分山坡中部。集中分布区气候兼有温带和寒温带山地气候的特征，气温年较差和日较差都很大，干湿变化显著，冬长而寒冷干旱，夏短而温凉频雨，年平均气温 0.6～14℃，最冷月平均气温 －13.7～－8℃，最暖月平均气温 12.5～16.2℃，极端最低温－30.2℃，极端最高温 32.1℃，≥10℃的积温 716～1 803℃，生长期 100～150d；年降水量 400～800mm，集中于 6、7、8、9 月。

分布区土壤为褐色针叶林土的冲积土，土壤浅薄，厚度 20～40cm，结构疏松，沙壤质或沙土，含石砾较多，下层多为卵石或块石，枯落物分解好，A 层一般厚 10～ 15cm，微酸至中性。

（二）组成结构

冬瓜杨林常呈不连续的带状或片状分布，多为纯林，有时混有光皮冬瓜杨（*Populus purdomii* var. *rockii*）而不易区分，一些地区还伴生有小叶杨（*P. simonii*）、红桦（*Betula albo-sinensis*）、青杆（*Picea wilsonii*）和青海云杉（*P. crassifolia*），但这些树种通常占不到组成的 1/10。

现存的冬瓜杨天然林其立木结构由于人为的破坏而极不整齐，多呈异龄状态，每公顷 4 000～6 000 株，郁闭度 0.5～0.7，最大径级 50～60cm，小于平均胸径的株数占 65%左右，株数频率为非正态分布，大径级呈不连续分布。

组成冬瓜杨林的植物区系以北温带成分为主，约 60 余种。可划分为以下两种林型：

1. 忍冬冬瓜杨林

是分布面积最大的一个林型，多呈带状分布于河谷沟溪两岸和山麓台地上，海拔 2 100～2 800m，土壤为沙质或沙壤质冲积土，地位级Ⅰ～Ⅲ；大部分为中壮龄级的实生纯林，生产力高，生长快，通常分为 4 个层次：主林层由冬瓜杨、光皮冬瓜杨构成，有时混生有小叶杨，高度 16～22m，每公顷约 600～850 株，郁闭度 0.5～0.8，某些林区（孟达）中常形成多世代的异龄林，从 10 年生至百年以上老树均有，胸径 4～100cm，这是破坏所致。

下层木以忍冬属占优势，主要有陇塞忍冬（*Lonicera tangutica*）、蓝靛果（*L. caerulea* var. *edulis*）、红脉忍冬（*L. nervosa*）、小叶忍冬（*L. microphylla*）等，伴生种有直穗小檗（*Berberis dasystachya*）、匙叶小檗（*B. vernae*）、灰栒子（*Cotoneaster acutifolius*）、短叶锦鸡儿（*Caragana brevifolia*）、蒙古荚蒾（*Viburnum mongolicum*）、坡柳（*Salix myritillacea*）、川滇柳（*S. rehderiana*）等，林窗处有沙棘。层盖度 30%～60%，高度 1～2.5m。

草本层盖度 40%～70%，高度 20～50cm；主要有乳白香青（*Anaphalis lactea*）、宽叶羌活（*Notopterygium forbesii*）、甘肃棘豆（*Oxytropis kansuensis*）、湿生扁蕾（*Gentianopsis paludosa*）、东方草莓（*Fragaria orientalis*）、珠芽蓼、光叶黄华（*Thermopsis licentiana*）、小花草玉梅（*Anemone rivularis* var. *floreminore*）、鹿蹄草、贝加尔唐松草（*Thalictrum baicalense*）、铁棒锤（*Aconitum szechenyianum*）、藓生马先蒿（*Pedicularis muscicola*）、凹舌兰（*Coeloglossum viride* var. *bracteatum*）、玉竹（*Polygonatum odoratum*）、蒿类（*Artemisia* spp.）等。苔藓层主要由欧灰藓（*Hypnum cupressiforme*）组成，多不连续。

2. 杜鹃冬瓜杨林

分布于海拔 2 800～3 000m 的沟谷上部，土层更浅薄，含砾石 50%～80%，沙土，潮湿，气候高寒，生长缓慢，削度大，主林层多系纯林或混有少量糙皮桦（*Betula utilis*），高度 12～14m，偏冠，自然整枝不良，濒死木和枯立木较多，郁闭度 0.4～0.6，地位级 Ⅲ～Ⅳ，上部多为疏林地。

下木总盖度 50%～70%，高度 1～3m，主要有陇蜀杜鹃（青海杜鹃）（*Rhododendron przewalskii*）、烈香杜鹃（*Rh. anthopogonoides*）、头花杜鹃（*Rh. capitatum*）、坡柳等；其次还有直穗小檗、银露梅、陇塞忍冬、水柏枝等。草本层盖度 40%～70%，高度 20～50cm，种类有苔草（*Carex* spp.）、早熟禾（*Poa* spp.）、细叶芨芨草（*Achnatherum chingii*）、湿生萹蓄、火绒草（*Leontopodium* sp.）、绵穗马先蒿（*Pedicularis pilostachya*）、草麻黄（*Ephedra sinica*）、冷蕨（*Cystopteris fragitis*）等。藓类主要是欧灰藓。

（三）生长状况

在大通河林区黑龙沟测到胸径 144cm，树高 25m，年龄 148 年，单株材积 11.5m³ 的特大老树，生长依然良好，没有心腐。它既能在高海拔区或贫瘠的沙土甚至沙质土上正常生长，也能在条件好的地方迅速生长，但二者差异较大，以 40 年左右的林分为例，处在高海拔区（2 700m 以上）的树形低矮，平均高 13m，平均胸径 14cm，每公顷 630 株，蓄积量 78.5m³；而在低海拔地区条件较好的地方平均高达 16～18m，胸径 18～20cm，每公顷 765 株，蓄积量 167m³。

冬瓜杨早期生长优势明显，高生长在 3 年前比较缓慢，5 年后急剧生长，以 80cm 的连年生长量持续至 10 年左右，30 年后逐渐下降；胸径生长在 5 年前较慢，6～15 年间急剧加快；材积的数量成熟在 85 年左右（见表 1—48）。

表 1—48　冬瓜杨生长进程（青海大通河林区）

年龄	树高（m）			胸径（cm）			材积（m³）			形数	材积生长率（%）
	总生长量	平均生长量	连年生长量	总生长量	平均生长量	连年生长量	总生长量	平均生长量	连年生长量		
10	3.6	0.36		2.5	0.25		0.001 68	0.000 17		0.95	
			0.41			0.40			0.001 43		16.2
20	7.7	0.39		6.5	0.33		0.016 02	0.000 80		0.63	
			0.45			0.55			0.005 59		12.7
30	12.2	0.41		12.0	0.40		0.071 89	0.002 40		0.52	
			0.39			0.75			0.015 75		10.5
40	16.1	0.40		19.5	0.49		0.229 35	0.005 73		0.48	
			0.33			0.58			0.021 34		6.4
50	19.4	0.39		25.3	0.51		0.442 78	0.008 86		0.45	
			0.20			0.39			0.019 21		3.6
60	21.4	0.36		29.2	0.49		0.634 85	0.010 58		0.44	
			0.15			0.26			0.016 00		2.4
70	22.9	0.33		31.8	0.45		0.794 81	0.011 35		0.44	
			0.11			0.21			0.014 10		1.6
80	24.0	0.30		33.9	0.42		0.935 80	0.011 70		0.43	
			0.08			0.15			0.011 13		1.1
90	24.8	0.28		35.4	0.39		1.047 14	0.011 63		0.43	
			0.05			0.13			0.009 57		0.9
100	25.3	0.25		36.7	0.37		1.142 80	0.011 43		0.43	

注：引自高元洪，周长庚．1986．青海省森林资源消长变化分析（审定稿）

（四）更新与演替

冬瓜杨的结实能力强，种子数量多，小而轻，具有顽强的繁殖能力，随风飞播成林，在秦岭林区公路两旁的裸露地或沟地常见天然更新成小片状幼林，冬瓜杨林多是在由洪水造成的河漫滩裸地上发展起来的。它的更新条件除了适宜的热量和水分条件外，最重要的就是植被稀疏，土壤裸露，即使在石砾滩上也能生长，在种源充足的地方每公顷幼树可达 2～3 万株。因之在灌丛和覆盖度大的草地上更新不良，幼树很少；林冠下由于光照不足，枯落物厚，更新也差。虽然冬瓜杨可以扦插繁殖，但萌蘖能力很差，难以形成次生林。

在一般情况下，冬瓜杨天然林是一个过渡类型，当冬瓜杨在裸地上成林之后，林内条件逐渐改变，适应性较强的红桦、云杉等即行侵入，终将代替冬瓜杨；只有在冬瓜杨林被皆伐或破坏之后，重新形成裸地，经过天然下种和封育，才有可能再次形成冬瓜杨林。其演替图 1—2 如下：

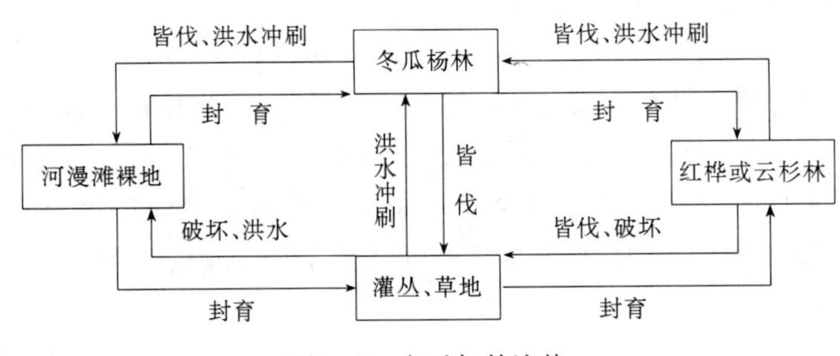

图1—2　冬瓜杨林演替

（五）评价与建议

1. 保护好现有冬瓜杨林的基础上，大力开展造林和人工促进天然更新工作。在适生区的河漫滩和沟谷阶地上，如果发展其他树种困难，可以培育冬瓜杨，尤其是在土壤裸露的砂砾滩上，发展冬瓜杨容易成功，成本也低。

2. 对现有冬瓜杨林要提高经营强度，主要是加强抚育，研究密度控制和采伐强度，特别是对多世代的林分更要加强管理。主伐利用时，可采用皆伐方式并进行人工植苗或促进天然更新。

3. 冬瓜杨林具有优良的林学特性，是一种重要的实生资源，应建立母树林、种子园和采穗圃，开展选优、育优和其他地区的引种驯化试验，加强种子工作，广为栽培努力扩大分布范围。

4. 进一步开展冬瓜杨林的生物生态学特征、生长发育规律、生态与经济效益、良种培育、造林技术等研究工作，为发展冬瓜杨林和加强经营工作提供科学依据。

2—1—3—22 吉隆缘毛杨林[①]

吉隆缘毛杨（*Populus ciliata* var. *gyirongensis*）林，是中喜马拉雅和西喜马拉雅地区分布很广的一种森林类型。在国外沿喜马拉雅分布于从克什米尔到不丹的狭长地域。木材纹理通直，加工容易，质量轻（0.456g/cm^3），易于干燥，可用于包装箱、火柴盒、胶合板等。用硫酸蒸煮法可得50%～52%的纸浆。

吉隆缘毛杨往往与乔松（*Pinus griffithii*）、通麦栎（*Quercus tungmaiensis*）、尼泊尔桤木（旱冬瓜）（*Alnus nepalensis*）、长叶云杉（*Picea smithiana*）等组成混交林，通常分布于海拔1 500～3 000m范围内，年降水量不小于600mm，年平均气温变动于8～15℃，无霜期160d以上，最冷月平均气温不小于0℃。

吉隆缘毛杨对土壤干旱有一定抵抗能力，但只有在与其他树种混交的湿润环境中才能获得较高的生长量，有时在河流的冲积物上形成纯林。林木生长较迅速，胸径年生长量可达1cm以上。

吉隆缘毛杨可作为中山湿润地区的造林树种。由于种子小，且大部分无发芽能力，除有新土裸露的地方有可能进行下种更新外，主要靠根蘖或插条进行繁殖。

2—1—3—23 长序杨林[②]

长序杨（*Populus pseudoglauca*）林主要分布于东喜马拉雅山脉和横断山脉的湿润森林区，即西藏的朗县、林芝、波密和八宿，四川的西部地区，云南的滇西北，海拔2 100～3 400m的溪流两侧的河漫滩上，地势平缓，有时有季节性浸水，土壤为薄土层薄腐殖质层冲积土，土壤质地疏松，并含有较多石砾。

下木总盖度约50%，主要由毛叶麸杨（*Rhus punjabensis* var. *pilosa*）、粉枝莓（二花莓）（*Rubus biflorus*）、马桑（*Coriaria nepalensis*）、栽秧泡（*Rubus ellipticus* var. *obcordatus*）、薄叶卷毛梾木（*Cornus ulotricha* var. *leptophylla*）、牛奶子（*Elaeagnus umbellata*）、鬼吹箫（*Leycesteria formosa*）、绢毛蔷薇（*Rosa sericea*）、槐蓝（*Indigofera* sp.）、小檗（*Berberis* sp.）、金丝桃（*Hypericum* sp.）等植物组成。

草本植物总盖度达80%，主要由蒿（*Artemisia* sp.）、细穗支柱蓼（*Polygonum suffultum* var. *pergracile*）、一把伞天南星（*Arisaema erubescens*）、龙牙草、加拿大白酒草（*Conyza canadensis*）、腺梗豨签（*Siegesbeckia pubescens*）、尼泊尔天名精（*Carpesium nepalense*）、凤尾蕨（*Pteris nervosa*）、酢浆草（*Oxalis corniculata*）、蛇莓（*Duchesnea indica*）、七叶一枝花（*Paris polyphylla*）、五叶草（*Geranium nepalense*）、双花堇菜（*Viola*

①② 执笔人：韩裕丰

bifora)、沿阶草 (*Ophiopogon bodinieri*)、鸭跖草 (*Commelina* sp.) 等植物所组成。

长序杨通常为纯林，有时混有部分尼泊尔桤木以及高山松 (*Pinus densata*) 和云南松 (*P. yunnanensis*) 等树种。林分平均胸径 44cm，树高 37.5cm，郁闭度 0.6，每公顷蓄积量可达 $400m^3$。

长序杨是一个速生树种。从树干解析资料来看，其胸径的连年生长量和平均生长量曲线早在 10 年生时已出现高峰，树高平均生长量曲线在 20 年生时出现最大值，连年生长量最高达 2m，平均生长量最大时为 1.4m。材积的连年生长量的最大值出现于 30 年，其平均生长量的高峰出现在 50 年左右。

长序杨在西藏分布并不普遍，然而生长迅速，单位面积蓄积量高，可以作为中山河谷的造林树种。

2—1—3—24　箭杆杨林①

箭杆杨 (*Populus nigra* var. *thevestina*) 林，是干旱、半干旱地区人工造林的重要用材树种之一。箭杆杨树冠呈窄圆型，侧枝向上耸立而密集，也是中国三北地区农田防护林的主要树种。箭杆杨是引进树种，在中国有较久的种植历史，1949 年前黄河中上游各地平原、沟谷、河旁已有栽培。1949 年后发展较快。箭杆杨林广泛栽培于中国的西北、华北、东北西部，即东经 75°～123°，北纬 37°～48°之间的干旱和半干旱地区。垂直分布海拔较高，一般在海拔 2 000m 以下，最高海拔可达 3 200m (青海共和县)。在新疆北部、内蒙古北部和东部、吉林北部和东部极少引种。以黄河中上游的甘肃、宁夏、山西、内蒙古西部、陕西和新疆中、南部栽培甚多，生长良好。此外，在北非、西亚、南巴尔干及塞浦路斯岛等地区也有栽植。

箭杆杨林分布区，年平均气温 4～14℃，1 月平均气温－4～－14℃，7 月平均气温 22～28℃，极端最低气温－20～－34℃。箭杆杨耐大气干旱。在年降水量 250mm 以下，干燥度大于 2.0 的干旱区，或在年降水量 300mm 左右，干燥度为 1.5～2.0 的半干旱区，如地下水位较高箭杆杨生长良好，栽植较多。箭杆杨栽培数量由西北至东南随着湿度增加而减少，总的趋势是：具有地下水供应的干旱区胜于半干旱区，半干旱区胜于湿润区。营造箭杆杨林宜选择在地下水位较高，深厚和沙壤质的土壤上，土壤有不同程度盐渍化，根据 1964 年在新疆阿克苏扎木台造林试验站所测得的资料 (焦启光)，当土壤总盐量小于 0.402%，造林成活率和林木生长量均较高；当土壤总盐量达到 1.024%，造林部分成活，生长很差；当土壤总盐量达 1.344%以上时，造林不能成活。箭杆杨林不耐水渍，当地下水位过高，常因积水导致林木生长停滞甚至死亡。

根据对新疆阿克苏、哈密、伊犁等地的箭杆杨所作解析木资料 (代表生长好的箭杆

① 执笔人：录叙德，李京陵，顾春光

杨)，树高生长 4 年前最快，连年生长与平均生长达 2m 以上，以后逐年减弱；4～10 年连年生长 1m 以上；10 年以后小于 1m，20 年以后仅 0.25m。材积生长 6 年前较慢，以后开始加快；连年生长 18～20 年达到高峰值（0.086 7～0.099 65m^3），以后缓慢下降。22 年生树高 25.8m，胸径 32.9cm，材积 0.937 2m^3。

现有箭杆杨片林密度一般为 1.5m×1.5m～2m×2m，农田防护林，不考虑林带宽窄一律采用 1m×1.5m～1m×1m，造林密度过大，限制了立木正常生长。建议根据材种和生产目的，因地制宜确定适宜密度。相当面积的箭杆杨林介壳虫、天牛和腐烂病十分严重，这是迫切需要解决的问题。

2—1—3—25　欧美杨林①

欧美杨林，是中国广泛栽培的外来速生人工林类型。在中国栽培试验的各种欧美杨中以 72 杨（*P.* × *euramericana* cv. San Martin（Ⅰ—72/58））、214 杨（*P.* × *euramericana* cv. Ⅰ—214）、沙兰杨（*P.* × *enramericana* cv. Sacrau 79）、健杨（*P.* × *euramaericana* cv. Robusta）等表现最好。它们适应性广、繁殖容易，速生高产，材性好，工艺价值高，因而在中国长江中下游湖滨平原、黄淮中下游平原地区栽培较广。欧美杨是制胶合板、纤维板、包装箱、高级纸浆纤维和火柴等的优良树种，因此大力发展短轮伐期的欧美杨人工林，对于缓解中国木材紧缺和发展林业经济有着十分重要的意义（徐纬英，1988，徐纬英等，1960，中国林学会，1981，《中国树木志》编辑委员会，1978）。欧美杨的栽培面积很大，约 22.2 万 hm^2，居中国阔叶树人工林的首位。

（一）分布与生境

今根据中国的气候条件及栽培经验，以 72 杨、214 杨和健杨为代表，分析它们的适生的生态指标与分布地域。

1. 72 杨

72 杨的最适栽培区的气候条件是：高温湿润，热量充沛，日照较短的南方地区。年平均气温 16～18℃，极端最低气温－2～－14℃，年降水量 800～1 200mm，≥10℃年积温 5 200℃，无霜期 250～280d，冬春无冻害或轻微冻害。主要以长江中下游平原为代表，包括洞庭湖、江汉平原、鄱阳湖平原、皖南长江沿岸平原、长江三角洲的杭、嘉、湖平原等。

72 杨的适宜栽培区的气候条件是热量条件较好，≥10℃积温 3 500～5 000℃以上，年平均气温 12～16℃，极端最低温度不低于 －20℃，年降水量 800～1 200mm，无霜期188～260 d，无冻害或轻微。包括长江下游，安徽、浙江平原区，陕南汉中等局部平原和黄淮平原的鲁南地区。

2. 沙兰杨和 214 杨

---

① 执笔人：陈炳浩

这两种杨树的最适栽培区的气候条件是：暖温带季风气候，年平均气温 11～16℃，最冷月平均气温－1～－5℃，年降水量 600～1 200mm，无霜期 240d。以河南、山东、陕西渭河平原为代表。

它的适宜栽培区的气候条件是：年平均气温 7～13.5℃，极端最低气温－20℃，年降水量 500～800mm，无霜期 150～180d 以上。适生的地域为山东南部，辽宁省沈阳以南和辽西滨海平原，北京市顺义和大兴县平原区，山西省运城、临汾和晋东南等平原、盆地。

3. 健杨

健杨最适栽培区的气候条件为年平均气温 12℃左右，极端最低气温－20℃，年降水量 700～900mm，无霜期 160～210d，主要包括黄河下游平原区，山东境内各地平原区，辽东半岛旅大、营口、盘锦等沿海平原区。

健杨的适宜栽培区的气候条件是：年平均气温 8～10℃，极端最低气温－20～－26℃，年降水量 500～800mm，无霜期 150～170d。包括辽宁沈阳以南、锦州地区沿海平原，山西晋南、晋中、晋中南等盆地，河北南部平原，北京顺义、大兴县冲积平原，宁夏引黄灌溉区。

欧美杨类无性系对土壤有较高的要求，共同的特点是：① 适生于疏松、湿润、肥沃、土壤通气良好的沙壤土、轻壤土、粘壤土、细沙土；不适生于干旱瘠薄的沙地和粗骨质土或物理性状不良的粘土、砂礓黑土；②最适的地下水位在 1.5～2.5m，土壤有效土层厚度 50～80cm 以上；③ 欧美杨是喜氮树种。据山东省杨树丰产林调查组材料（表 1—49），土壤中速效氮、磷、钾的含量与欧美杨高粗生长量呈正相关。

表 1—49　土壤养分等级与欧美杨年平均生长量比较

养分等级	速效氮 (mg/kg)	速效磷 (mg/kg)	速效钾 (mg/kg)	年平均生长量	
				树　高 (m)	胸 径 (cm)
高	＞41	＞11	＞61	＞3	3～4
中	21～40	6～10	31～60	2～3	2～3
低	11～20	2～5	＜30	1～2	1～7
极 低	＜10	＜2	＜30	＜1	＜1

（二）组成结构

1. 欧美杨纯林类型

栽植密度是一个很重要的问题。栽植密度决定着栽培技术的取舍、采伐年龄的迟早和将来收获木材的质量和数量。事实上，植距大小决定着整个林分的未来及其经济效益。植距的大小应根据欧美杨栽培品种的特征、栽培目的、材种需求、市场需要以及当地立地条件（土壤和气候）的好坏来确定。一般来说，密度越大（株行距小），越需进行间伐，间伐开始期也越早。反之，密度越小，采用集约栽培技术则可提前主伐，并可生产大径材。

总起来说，欧美杨栽培品种在幼龄时期，密植林分的生长量要比同龄稀植林分的生长量来得大。但是到达一定的年限以后，情况就变得相反，也就是稀植林分生产的木材比密植林分要多。

中国早期进行欧美杨密度试验的首推辽宁省营口市杨树研究所。试验地设在辽宁盖县大清河右岸，北纬41°10′，东经122°09′，海拔高22.2m，土壤为冲积淤积沙质壤土，土层深厚。年平均气温9.9℃，年平均降水量696mm，无霜期168d。适合加杨的生态要求。试验设计4个初密度：2m×2m 、3m×3m 、4m×4m 和5m×5m。各小区面积在0.2～0.4hm²。从解析木材料中可以清楚地看到加杨不同初植密度随着林龄的增长，对林木生长和林分产量影响的明显规律性（表1—50）：①总的看来，到成林时，林分的树高、胸径、单株材积和单位面积的蓄积量是随着密度的减小而递增。而且林龄越高，密度越小，其递增幅度越大。② 1～2年生时，各密度的林分的各项生长指标很不规律，这是因为林分尚未郁闭，密度对林分未产生多大影响。随着林分的逐渐郁闭，形成森林环境，便逐渐发生了有规律的变化。③ 蓄积量是受密度影响的一个最重要的指标。3m×3m的密度区，虽然单株材积的领先地位已在第4年就让位给4m×4m区，但每公顷蓄积量直到第9年还名列前茅，这是因单位面积上株数较多的缘故。当然单位面积上的株数过多，营养面积越小，又成了影响林木生长主要原因。如密度为2m×2m的试验小区，林木生长始终处于劣势。10年生以后，5m×5m的密度夺得了全林之冠，并且一直遥遥领先。到15年时，其蓄积量已达454m³/hm²的较高水平，分别为4m×4m（蓄积量为389m³/hm²）、3m×3m（蓄积量315m³/hm²）、2m×2m（蓄积量为292m³/hm²）的1.1倍、1.44倍、1.55倍。

确定什么样的初植密度，要根据生产单位的实际情况而定。要从树种的生物学特性和生态的特点出发，考虑到造林地的立地条件、营林目的、经营水平、机械化程度等诸因素，不能千篇一律。一般来说，如用欧美杨类营造用材林，确定2m×2m的初植密度时，必须在弱度郁闭（0.5～0.6）前疏开，可以提供75%的大苗用于绿化。否则是不经济的。3m×3m的密度，管理得好，较有前途。两次间伐能提供一定数量民需用材，最终可以获得大径级材。总的产量可能不很高，但在少林缺材地区，能及早获得木材（指间伐利用）还是很必要的。4m×4m也可以采用，但比5m×5m产量要低，如果培育年限较长还可间伐。5m×5m的密度，应有条件的提倡采用。这个密度产量高，木材径级大，苗木投放少，造林省工，管理方便，节约资金，有利于机械化作业。幼林时还可以间种作物，既能辅佐树木，又可一地多收。在较好的立地条件下，加强集约经营管理，培育15年左右，获得450m³/hm²的木材蓄积是不会太困难的。

法国和意大利栽培杨树的生产实践表明，栽植欧美杨无性系的株行距太密（应为4m×4m或5m×5m）是不合算的（FAO，1958，1974）。

2. 欧美杨混交林类型

50年代初，中国北方一些地区，利用加杨、小叶杨、青杨、刺槐、旱柳等在现代河流冲积沙地，内陆河流风成沙地和海岸沙地进行造林，许多纯林生长不良，形成小老树低产林。通过长期反复实践，利用刺槐和杨树混交，效果较好，引进刺槐改造杨树小老树低产林，成效也较显著。

表 1—50 各种密度条件下的欧美杨生长量比较

林龄	初植密度							
	2m×2m				3m×3m			
	树高(m)	胸径(cm)	单株材积(m^3)	蓄积(m^3/hm^2)	树高(m)	胸径(cm)	单株材积(m^3)	蓄积(m^3/hm^2)
1	2.48	1.6	0.000 66	1.650	3.25	1.6	0.000 60	0.600
2	3.90	3.2	0.002 87	7.175	6.30	5.9	0.007 81	8.679
3	7.30	5.6	0.008 46	21.150	9.30	9.3	0.030 27	33.670
4	10.00	7.7	0.021 88	37.925	12.40	11.8	0.058 96	65.505
5	12.00	8.8	0.032 63	46.880	15.00	13.7	0.093 14	109.304
6	14.25	10.0	0.048 53	60.125	16.90	15.0	0.129 61	143.997
7	15.25	11.0	0.066 67	75.236	17.80	16.2	0.154 94	160.892
8	16.35	11.7	0.079 54	85.957	19.20	16.6	0.177 09	175.666
9	17.50	12.7	0.098 61	101.842	24.40	17.2	0.211 43	198.571
10	18.40	13.8	0.122 33	121.601	21.50	18.1	0.240 86	218.200
11	19.10	15.1	0.164 90	157.062	22.35	18.9	0.256 84	228.859
12	19.90	16.1	0.187 01	175.480	23.10	19.4	0.290 48	251.297
13	21.25	17.0	0.220 50	203.377	24.00	19.9	0.309 80	264.183
14	22.36	17.6	0.245 90	224.535	24.45	20.2	0.323 45	273.288
15	23.54	20.6	0.328 11	292.900	24.66	22.2	0.386 47	315.292

林龄	初植密度							
	4m×4m				5m×5m			
	树高(m)	胸径(cm)	单株材积(m^3)	蓄积(m^3/hm^2)	树高(m)	胸径(cm)	单株材积(m^3)	蓄积(m^3/hm^2)
1	2.10	1.3	0.000 35	0.219	2.20	1.6	0.000 41	0.164
2	5.90	4.9	0.005 73	3.581	5.25	5.6	0.005 79	2.316
3	9.30	9.6	0.026 27	16.419	8.85	9.8	0.025 75	10.300
4	12.00	13.3	0.072 70	45.438	12.25	13.4	0.066 09	26.436
5	14.90	16.4	0.129 53	80.956	14.15	17.0	0.132 63	53.052
6	17.20	18.7	0.197 00	123.125	15.90	20.0	0.213 97	85.544
7	18.20	19.9	0.230 59	144.119	17.50	22.4	0.295 76	118.304
8	19.20	20.4	0.253 17	153.231	19.25	24.0	0.367 68	147.072
9	20.30	21.0	0.280 23	175.144	20.40	25.8	0.460 54	184.216
10	21.80	21.8	0.327 70	204.813	21.50	27.6	0.552 83	221.052
11	22.80	22.5	0.381 35	238.344	22.90	29.1	0.652 05	260.820
12	24.10	23.2	0.437 96	273.725	24.25	30.2	0.737 49	294.996
13	25.00	23.9	0.480 59	300.369	25.40	31.9	0.838 41	335.364
14	25.80	24.3	0.507 81	317.381	26.60	32.6	0.902 05	360.620
15	26.05	27.7	0.623 38	389.600	27.20	37.0	1.134 93	454.000

(1) 生长量的比较　杨树刺槐混交林与纯林相比有明显差异。北京市潮白河林场通体沙土上的 10 年生加杨刺槐混交林分和加杨纯林的蓄积量分别为 76.9m^3/hm^2 和 24.2m^3/hm^2。混交林是纯林的 3.2 倍（表 1—51）。

表 1—51　加杨纯林与混交林生长量比较

类　型	林龄（年）	树种	树高（m）	胸径（cm）	单株材积（m^3）	蓄积量（m^3/hm^2）	立木株数（株/hm^2）	百分率（%）
加杨纯林	10	加杨	7.6	8.9	0.024 1	24.2	1 004	100
加杨紫穗槐混交林	10	加杨	11.3	10.8	0.060 0	60.3	1 005	249.2
加杨刺槐混交林	10	加杨	12.7	11.7	0.081 2	76.9	500	317.8
		刺槐	10.0	7.3	0.029 7		1 220	

两种混交林与纯林相比加杨高生长差异显著，加杨刺槐混交林与加杨紫穗槐混交林两者相比略有差异，林木高、径、蓄积量以加杨刺槐林高于加杨紫穗槐林。

河北大名林场厚层细沙地上生长的 16 年生加杨刺槐混交林亦得出与上述类似的结果。

（2）*土壤养分和土壤物理性状的比较*　从表 1—52 可以看出，混交林各土层的有机质、氮含量均高于纯林中的相应层次，10 年生加杨刺槐混交林有机质含量比加杨纯林增加 197.8%，表层增加更多，为 491.5%，全氮含量为纯林的 1.6 倍。显然，混交林林地土壤营养状况获得了改善，其原因主要是刺槐根瘤的有益生物效应的结果。林地上刺槐根瘤很多，一株 5 年生刺槐 17cm 长度的根系上有根瘤 50～80 个。通过刺槐、紫穗槐等固氮树木

表 1—52　加杨纯林与混交林土壤养分和水分的比较

类　型	年龄（年）	土壤层次（cm）				
		0～20	20～40	40～60	60～80	80～100
土壤有机质含量（%）						
加杨刺槐混交林	10	0.515 1	0.195 7	0.381 5	0.212 9	0.145 3
加杨紫穗槐混交林	10	0.399 6	0.341 5	0.361 8	0.249 0	
加杨纯林（对照）	10	0.104 8	0.101 3	0.160 7	0.034 1	0.086 2
土壤含氮量（mg/kg）						
加杨刺槐混交林	10	399	131	284	147	150
加杨紫穗槐混交林	10	347	210	245	116	
加杨纯林（对照）	10	185	128	149	110	120
土壤含水量（%）						
加杨刺槐混交林	10	5.55	1.85	2.66	6.93	7.64
加杨紫穗槐混交林	10	2.45	2.61	3.33	4.11	
加杨纯林（对照）	10	4.74	4.36	6.82	5.96	11.51

的养分循环的生态作用，杨树可吸收的养分将使生长量成倍地增长。这是混交林两个树种共生互利、生态互补的生理生态学基础。

从表1—53可以看出，混交林中的土壤物理性质的变化，首先是土壤容重减小和透气性的增加；其次是土壤中有机质含量及毛管孔隙增多，最后是毛管最大持水量高，有较强的保水能力。如10年生加杨刺槐混交林与加杨纯林相比，土壤容重减小2.2%，总孔隙度提高8.1%，毛管孔隙度增多6%，毛管最大持水量增加8.2%。

表1—53　加杨纯林与混交林土壤物理特性比较

类型	林龄（年）	土壤容重（g/cm^3）	土壤孔隙度（%）			毛管最大持水量（%）
			总孔隙度	非毛管孔隙	毛管孔隙	
加杨刺槐混交林	10	1.36	48.43	4.00	44.42	32.73
加杨紫穗槐混交林	10	1.36	47.58	3.60	43.98	32.40
加杨纯林	10	1.36	44.80	2.88	41.92	30.25

（3）*小气候特征比较*　据王九龄等测定，混交林气温的日较差为7.2℃，纯林为7.4℃；混交林地面温度为13.2℃，日温差10.5℃，纯林地面温度为15.2℃，日温差14.9℃；土壤温度变幅也是混交林为小，并且一般在土深30cm时土温即基本上达到稳定，变幅只有0.6℃，而纯林同一深度的土壤温度变幅仍有2.5℃。混交林空气相对湿度高于纯林，两者的平均值分别为95.1%和92.6%。混交林内光照比纯林弱，光照强度分别为11 260 lx和26 280lx，差值为15 020lx，中午12：00差值更大，纯林比混交林光强大37 000 lx。

混交林对林内小气候的改变，必然在物候期的变化上得到反映。如1981年10月进行物候观测看到，在同一地区和相同的立地条件下，纯林的杨树叶片变黄快、落叶早，而混交林中的杨树叶片黄的慢，落叶晚，时间上可相差半月左右，与纯林相比，混交林郁闭度大，林内光线弱，气温低，蒸发量小，林地保水力强。从而为杨树生长和土壤微生物活动创造了良好的小生境。

（4）*林下杂草、病虫状况比较*　对潮白河林场王家场工区调查表明，加杨纯林有40%～60%的树干患有破肚子及溃疡病，天牛、介壳虫受害率达50%。而混交林内几无茅草，两种虫害率仅5%，加杨破肚子也仅见于林缘边行树木。这些都是混交林小气候生物效应的结果。混交林下的杂草少，一方面是林内光线弱，杂草生育差；另一个重要原因是刺槐根系分泌鞣酸物质。这种物质有利于抑制杂草滋生，并减少了与杨树争夺水分与养分的劲敌。

（三）生长进程

了解欧美杨无性系的特性和生长进程，对于制定林木栽培管理措施和确定最适伐期龄具有重要意义。

1.72杨

南京林业大学徐锡增、吕士行等对72杨不同密度试验的资料表明：

（1）各种密度的林分蓄积量的连年生长和平均生长量变化规律基本一致，仅在数值上存在差异（表1—54）。林分蓄积量的连年生长量的高峰值出现在5～6年，平均生长量至9年生时仍处于高峰生长阶段，两个生长量在8～9年相交（7m×7m的株行距，仍未相交），表明72杨林分此时达到数量成熟。

表1—54　不同密度林分蓄积量的平均生长量和连年生长量　单位：m^3/hm^2

无性系	株行距(m)	指　标	年龄							
			2	3	4	5	6	7	8	9
I—72杨	4×4	平均生长量	5.6	8.5	14.6	20.8	24.3	26.0	26.4	25.6
		连年生长量	14.3	32.8	45.7	42.0	35.9	29.8	19.0	
	5×5	平均生长量	3.3	5.9	11.2	17.3	21.9	24.7	24.4	24.2
		连年生长量	11.1	26.9	42.0	44.8	41.6	22.8	22.4	
	6×6	平均生长量	2.3	5.7	10.2	14.7	17.7	19.8	20.9	20.7
		连年生长量	12.7	23.7	32.4	33.1	32.1	29.0	18.4	
	7×7	平均生长量	1.8	5.5	6.8	10.6	13.6	15.6	16.5	16.4
		连年生长量	12.8	10.7	26.0	28.2	28.1	22.4	15.5	

（2）不同密度的72杨林分，9年生时每公顷蓄积量在147.3～230.6m^3之间变动（表1—55）。从材积的平均生长量上看，每年每公顷蓄积生长量仍保持16.4～25.6m^3，至9年生时，材积增长趋势犹未减弱。72杨4种密度不同年龄阶段的蓄积量变化动态表明，单位面积蓄积量主要是受单株材积和单位面积上株数制约的。

表1—55　72杨不同密度林分中的材积变化动态

无性系	株行距(m)	3年生		5年生		7年生		9年生	
		(m^3/株)	(m^3/hm^2)	(m^3/株)	(m^3/hm^2)	(m^3/株)	(m^3/hm^2)	(m^3/株)	(m^3/hm^2)
I—72杨	4×4	0.040 6	25.4	0.166 2	103.9	0.290 8	181.8	0.369 0	230.6
	5×5	0.044 2	17.7	0.216 5	86.6	0.432 4	173.0	0.545 6	218.2
	6×6	0.061 8	17.2	0.263 9	73.3	0.498 7	138.5	0.669 2	185.9
	7×7	0.080 5	16.4	0.260 4	53.1	0.536 2	109.4	0.721 7	147.3

不同栽植密度对林分的材积生长量变化是十分明显的。单株材积随着密度的增长而减少，单位面积蓄积量并没有因此而减少（表1—52），这说明在目前年龄阶段，密度对单位面积蓄积量的影响仍以株数起主要作用。单株材积的作用相对较小。因此在营造短周期工业用材林时，可适当加大造林密度，缩短轮伐期，充分发挥土地生产潜力，提高林分群体产量。

2. 沙兰杨、214杨

河南农业大学赵天榜、罗鸣福等在河南洛宁做的5株沙兰杨、3株214杨树干解析，分析其生长进程（表 1—56）如下：

表 1—56　沙兰杨和 214 杨的生长过程

年龄	树高（m）			胸径（cm）			材积（m^3）			形数	生长率（%）		
	总生长量	平均生长量	连年生长量	总生长量	平均生长量	连年生长量	总生长量	平均生长量	连年生长量		树高	胸径	材积
沙兰杨生长进程													
1	3.73	3.73		1.52	1.52		0.000 57	0.000 57		0.909			
			2.09			1.88			0.002 56		51.16	76.84	139.12
2	5.82	2.91		3.40	1.70		0.003 13	0.001 57		0.607			
			2.42			3.18			0.009 91		32.18	67.14	118.06
3	8.24	2.75		6.58	2.19		0.013 04	0.004 35		0.465			
			2.46			4.16			0.028 23		26.34	49.12	105.60
4	10.70	2.55		10.71	0.68		0.041 26	0.010 32		0.402			
			2.60			4.27			0.054 49		18.48	34.04	87.00
5	13.30	2.66		15.01	3.00		0.095 75	0.019 15		0.389			
			1.60			3.68			0.080 75		11.64	21.42	57.08
6	14.90	2.48		18.69	3.12		0.176 50	0.029 40		0.402			
			1.80			3.89			0.099 29		12.00	18.62	47.22
7	16.80	2.40		22.58	3.23		0.275 70	0.039 40		0.402			
			1.60			4.08			0.01 318		10.22	16.64	38.54
8	18.40	2.30		26.66	3.33		0.407 59	0.050 95		0.389			
			1.80			1.96			0.14 353		7.18	10.44	33.62
9	20.10	2.23		29.62	3.29		0.551 12	0.061 04		0.389			
带皮				30.12			0.615 89			0.401			
214 杨生长进程													
1	3.13	3.13		2.87	2.87		0.000 78	0.000 78		0.924			
			3.67			0.37			0.002 73		64.83	56.67	128.80
2	6.80	3.37		3.20	1.60		0.003 51	0.001 76		0.561			
			2.63			3.83			0.012 69		42.50	73.50	130.90
3	9.43	3.14		7.03	2.34		0.016 20	0.008 10		0.417			
			3.20			4.14			0.030 64		29.90	41.87	98.67
4	12.62	3.16		11.17	2.79		0.046 84	0.011 71		0.388			
			2.34			3.87			0.057 19		17.50	30.70	76.20
5	14.92	2.99		15.00	3.00		0.104 03	0.020 84		0.391			
			1.33			3.33			0.074 62		8.50	19.77	53.63
6	16.30	2.71		18.33	3.86		0.178 65	0.029 78		0.418			
			1.83			3.67			0.108 74		9.17	15.90	46.27
7	18.13	2.59		22.00	3.14		0.288 39	0.041 20		0.425			
			1.49			3.20			0.111 43		9.20	13.60	34.97
8	19.62	2.44		25.20	3.15		0.409 82	0.051 23		0.420			
			0.85			3.20			0.116 22		7.45	12.80	31.43
9	20.45	2.27		28.40	3.16		0.526 04	0.058 45		0.421			
带皮				28.80			0.528 04			0.411			

（1）**树高生长**　沙兰杨和 214 杨在 5 年生以前，树高生长较快，树高生长量处于高峰阶段。5 年后树高生长速度开始减慢。214 杨树高连年生长量至 9 年生时就急剧下降，比沙兰杨高生长衰退期来得较早。

（2）**胸径生长**　两种杨树在 1～2 年生时较慢，3～8 年生时胸径平均生长量渐快，分别在 2.67cm 和 2.69cm，自第 9 年后开始下降。

（3）**材积生长**　两种杨树的材积生长量在 3 年生以前增长缓慢，9 年生时沙兰杨和 214 杨的材积生长率分别为 33.6%和 31.4%，这说明还未达到生长成熟期，还处于持续生长阶段，所以沙兰杨和 214 杨的培育年限，在正常情况下应在 15 年或者还延长一点。

3. 健杨

从（表 1—57）健杨的单株树干解析资料可以看出：

（1）树高生长　在 1～9 年间高生长速度较快，10 年以后高生长减缓。

（2）胸径生长　在 1～10 年间胸径平均生长量都在 2cm 以上，第 11 年后，胸径增长开始逐渐下降。

（3）材积生长　在 1～3 年内材积增长不显著，4～11 年间材积生长量显著增加，与胸径增长趋势保持一致。自 12 年生起，连年生长量开始出现小于平均生长量，说明已到达数量成熟龄期。健杨用于作为短轮伐期工业用材的树种是适宜的。

表 1—57　健杨生长过程

树龄	树高（m）			胸径（m）			材积（m³）			形数	生长率（%）		
	总生长量	平均生长量	连年生长量	总生长量	平均生长量	连年生长量	总生长量	平均生长量	连年生长量		树高	胸径	材积
1	3.6	3.60		2.0	2.00		0.000 8	0.000 8		0.71			
2	7.5	3.75	3.90	6.5	3.25	4.50	0.011 2	0.005 6	0.010 4	0.45	70.28	105.88	173.33
3	9.6	3.20	2.10	9.2	3.07	2.70	0.026 6	0.008 9	0.017 4	0.42	24.56	34.40	92.06
4	13.6	3.40	4.00	10.9	2.72	1.70	0.043 0	0.010 8	0.016 4	0.34	34.48	16.91	47.12
5	14.8	2.96	1.20	13.1	2.62	2.20	0.081 4	0.016 3	0.038 4	0.41	8.45	18.33	61.74
6	16.8	2.80	2.00	15.0	2.50	1.90	0.127 0	0.021 2	0.045 6	0.43	12.66	13.52	43.76
7	18.7	2.67	1.90	16.6	2.37	1.60	0.167 0	0.023 9	0.040 0	0.41	10.70	10.13	27.21
8	20.7	2.59	2.00	18.1	2.26	1.50	0.221 9	0.027 7	0.054 9	0.42	10.15	8.60	28.16
9	22.4	2.49	1.70	19.4	2.16	1.30	0.273 3	0.030 4	0.051 4	0.41	9.28	6.93	20.76
10	24.3	2.43	1.90	20.7	2.07	1.30	0.335 0	0.033 5	0.061 7	0.41	8.14	6.48	20.29
11	25.0	2.27	0.70	22.0	2.00	1.30	0.394 8	0.035 9	0.059 8	0.42	2.84	6.09	16.39
12	25.4	2.12	0.40	23.2	1.93	1.20	0.458 5	0.038 2	0.063 7	0.43	1.59	5.31	14.93
带皮	25.7			25.0			0.528 9			0.42			

注：资料系辽宁省营口市杨树研究所提供

（四）更新

欧美杨人工林多数是由喜光树种组成的单层、同龄纯林，因而其主伐和更新方式必然是皆伐和人工更新。

在欧美杨人工更新过程中，杨树多茬连续栽培会造成土壤肥力锐减，病虫滋生，林木生长发育不良，林分生产力显著下降的后果。目前这种情况各地虽还不甚普遍，但随着时间推移，杨树人工栽培不断发展，杨树连作将会出现有增无减的趋势，从而就会出现较多的杨树低产林。这个问题应引起重视。

杨树采伐后，为了建立较稳定的林分类型有两种较好的途径：① 前茬杨树人工林采伐后，可先种植 2～3 年豆科农作物或绿肥牧草，以收改土增肥之效。然后营造杨树刺槐（或紫穗槐、沙棘等）复层结构混交林。② 轮作换茬，改栽其他树种。在杨树伐后的林地上，先种 3 年豆科农作物，然后更替树种，如栽刺槐等阔叶树或针叶树种。

（五）评价及经营意见

1. 欧美杨类栽培品种都具有生长快、轮伐期短的特点，大力发展欧美杨营造短周期工业用材林，对于缓解中国木材短缺和减少进口木材纸浆、胶合板，节省外汇等都有着十分重要的意义。它是扭转中国森林资源危机的战略措施。

2. 欧美杨木材的最大特点是轻软、纹理细致，易于加工，可作锯材、胶合板材、纸浆原料、农用建筑材和家具用材。沙兰杨木材纤维素含量较高（49.6%）、木素含量较低（21.9%），是人造纤维、造纸和胶合板的好原料。其缺点是木材力学性质偏低，受湿易腐，但经过化学处理，可以增加强度和耐磨性，可代替珍贵木材用于军工、造船及其他特种工业。

3. 近20年来，全国各地欧美杨人工林栽培有较大的发展。国家和地方已把营造速生杨树丰产林作为发展林业经济和缓解木材供应的重要措施。形成了国家、集体、个人一齐上的新局面。从发展的趋势来看是不平衡的，湿润、半湿润平原区有很大的发展，半干旱平原区有较大发展，干旱区绿洲平原区引种虽有进展但收效甚微。凡符合欧美杨的生态特性及其环境要求的地方，都取得了成功，如长江中下游沿江两岸及其湖滨平原地区湖北荆州、咸宁，湖南洞庭湖常德，山东临沂，河南周口，江苏淮阴等地都有较大面积的发展。另一个趋势是，凡是搞单一的杨树种植业，只能小规模的绿化而不能取得持续的大发展，只有林业、轻工等部门组合在一起联合经营，对杨树人工林资源进行综合开发与利用，形成“原料基地、木材加工和市场商品”综合体系，只有这样的开发模式，欧美杨速生丰产林基地建设才能有重大成就。造纸、木材加工部门才能获得永不枯竭的原料。例如上海市木材公司与湖北荆州、咸宁两地区8个县签订协议，每年包销杨木36万m^3；长沙胶合板厂、武汉综合制材厂、岳阳造纸厂都开始与本省杨树基地订立产销合同，并在资金上给予支持。

根据欧美杨生长快、轮伐期短的特性，一般10年成材，胸径可达30cm以上，即能采伐利用（指工艺成熟）。根据杨树的生理特性以及中国欧美杨资源状况和发展情况，如果每年以采伐3.3万hm^2，则杨木产量为500万m^3，同时还有200万m^3左右的采伐剩余物（出材率以60%计）可以利用。因此，合理开发利用杨树资源，既是刻不容缓的当务之急，又是一个亟待解决的新课题。

4. 中国杨树生产当前存在的主要问题：① 没有按照欧美杨的生物生态学特性及其对环境立地条件的要求，贯彻适地适树的原则。② 早期栽植密度过大，不及时间伐，单株或单位面积产量低。③ 集约栽培技术不配套、营林资金、物质和技术投入都很低。④ 低产林面积还很大。⑤ 杨木利用和病虫害防治跟不上去。但总的来看，中国欧美杨人工林的生产开始从粗放经营向集约经营转变，从地方自给木材向商品生产转变，杨树集约栽培科学技术正在转变为生产力。这显示了欧美杨人工林巨大的潜力和美好的前景。

5. 到1986年止，中国从国外引进的欧美杨无性系约有80种。有些成功，有的失败。究其原因，这与对杨树原产地自然条件和树种本身特性研究不够有关。对欧美杨栽培品种来说，低温、水分条件、光周期和土壤肥力等是不可忽视的4个生态因子。欧美杨生长快，同时也是对光、热、水、肥要求高的树种，在光、热、水、肥差的立地条件下生长不良。从这些因素综合考虑，欧美杨人工林发展布局应是：半湿润平原区可大力发展；三北半干旱平原区必须在“以水定林”的原则下，低温春旱不严重的地区可酌量发展；三北干旱区水源不足，春旱低温，长期干旱，生长期短的绿洲平原区原则上不发展。

6. 今后栽培技术措施方面的改进：① 坚持贯彻适地适树造林的基本原则；②增加林业投入（包括资金、劳力和技术引进等），增强林业后劲；③ 适当稀植；④ 施肥灌溉；⑤ 提倡立体经营，乔灌混交，在幼林早期未郁闭以前，树行间种农作物，经济作物，根瘤植物，兼收以短养长，以耕代抚的效果；⑥ 加强病虫防治。

7. 借鉴国外发展欧美杨无性系集约栽培和杨木综合利用的经验。按照经济效益的原则，选择适宜的杨树现代无性系（72 杨、69 杨、沙兰杨、健杨、45 杨等）在与之相适应的地域（长江中下游流域、辽东半岛的平原河谷等地），相对集中地投入资金、人力和配套的栽培技术，定向经营使之形成具有工业化规模的木材培育的产业。

第四节　柳林、钻天柳林①

柳属（*Salix*）是分布于北半球的树种，主要是从亚热带向北至暖温带、温带和寒温带，甚至到达北极还能成为低矮的小灌木。柳林的垂直分布可以从平原直至中山、亚高山和高山，但上升到树限以上时，柳树则只见到灌木种类。

柳是喜水湿的树木，主要分布于水分条件较好的地方，成为这样环境的一种标志。例如描写泉城济南是“家家流水，户户垂杨”，所指的垂杨就是柳。以及“四面荷花三面柳，一城山色半城湖”，就说明济南地下水的丰富。杭州西湖的“柳浪闻莺”，更为人们所乐道。所以现在所见的柳林，都在河流两岸及河漫滩上。渤海湾内黄河口外新淤积成的孤岛，就大面积的分布着柳林。东北三江平原的沼泽地上，柳树矮林也是最常见的植物群落。由于柳树耐水湿，生长又快，所以近年来一些易受水淹的地方，常常采用柳树造林。

在平原或山区，虽然地面水不丰富，但只要地下水位较高，也可以生长柳类。中国北方的村落中，到处柳树成荫，为这一地区的特有景观。即使在干旱的西北，柳树也是分布很广的。著名的丝绸之路上，两旁高大成行的旱柳（*S. matsudana*）俗称“左公柳”的，就是清代军民所栽，用以改善不良的环境，诗云：“遍栽杨柳三千里，引得春风渡玉关”是很好的写照。在荒漠、草原的沙地上，如果有稀疏的柳树灌木林，就说明这里有充足的地下水。在高寒地区以及高山上，柳林也是常见的植物群落。不过在这些环境条件下，由于气温较低，它们常常形成低矮的灌木林。

总之，柳林是中国分布范围很广的一类森林，它们适应多种多样的生境。虽然其经济价值不是很好，但却有重大的生态效益。

由柳属分出的钻天柳属（*Chosenia*）只分布于亚洲东北部，包括俄罗斯远东地区、朝鲜

① 执笔人：周光裕

半岛、日本东北部和中国。中国在大兴安岭、小兴安岭和长白山等地的山沟中，常常分布着钻天柳林。

2—1—4—1 白柳林①

白柳（*Salix alba*）林属温带河谷天然林，具有防洪护岸，维护草场生态的作用，有时栽植于渠道两旁，在地下水位较高的立地环境下，有着排水，降低水位，减少次生盐碱化的功能。

白柳天然林在中国分布地域较小，仅见于新疆极北部的额尔齐斯河及其支流哈巴河，别列孜河、布尔津河河滩地上，塔城南明一带也有少量分布。生长好，分布多，林相较好者为额尔齐斯河南湾、北湾、克孜尔卡因一带河湾；河漫滩地上，成片状或窄带状，常与杨树林呈镶嵌分布或混交成林。白柳林垂直分布不高，以海拔500～600m的河谷最多，700m以上多为散生，或在杨树林的外缘分布，500m以下多生于河漫滩地上。人工栽植的白柳林，垂直分布不一，最高为塔什库尔干城，海拔3 000m，最低为吐鲁番盆地，海拔170m。

白柳林天然生长区的年平均气温为3～4℃（额尔齐斯河谷和塔城南明一带），自成群落。在平均气温5℃以上，还未发现天然白柳林，但有人工林。白柳林能抵御寒流朔风袭击，在极端最低气温－40℃以下很少受冻，在年降水量稀少，7～8月气温高达47.6℃，大气湿度30%左右，常受焚风和灼热影响的吐鲁番盆地也能忍耐，白柳只能沿渠栽植。从白柳天然林分布地域来看，它是河谷地区草原气候条件下的森林类型，天然分布因受温度、湿度水热条件限制，难以向南延伸。

白柳林喜分布在洪水漫过的湿润、肥沃、排水良好冲积土上，土壤质地轻，土层深过1～1.5m，表层有机质含量2%～3%，25年生白柳林，郁闭度0.5，平均树高可达15m，胸径20～28cm；而在河床下切，洪水难以上岸的干旱土壤上生长的林分则未老先衰，才20～25年生林分，即枯梢严重，枯梢率达90%，树干心腐，不久即自然死亡。天然白柳林分布区，因河水漫流影响，土壤盐分轻微，pH值7～8，总盐量0.2%～0.4%，对林分生长尚无影响。而人工栽植下的白柳林，则具有较高的耐盐能力，据新疆生产建设兵团资料，在土壤含盐量为0.75%时，生长仍良好，当上升到1%时，即受抑制。白柳林的脱盐能力较强，据新疆生产建设兵团下野地试验站测定，5～6年生的白柳林带，带宽18m，林带内土层深为0～40cm的土壤含盐量为0.26%，离林带15m处同深度的土壤含盐量为0.34%；50m处为0.43%，100m处则为0.58%，150m处骤升至1%左右。从这个材料估计，白柳林带的脱盐能力至少可达离林缘100m处。

白柳林分布在多风的河谷条件下，林分根系特别发达，如额尔齐斯河天然林分，主根深扎1m余，侧根长达10m余，须根密，与土壤贴结紧密，在洪水河岸冲刷地段，起着防洪

① 执笔人：录叙德

护岸作用。在长达 10 余小时 8 级大风下，杨树风倒，而白柳则仍坚挺。

白柳林植物组成简单，根据新疆林业勘察设计院 1985 年调查，初步统计有 40 余种，分属 15 个科，近 30 个属。其中构成乔木层的树种比较少，约 5～6 种，主林层比重占多数的依次为额河杨、银白杨、黑杨、银灰杨等，一般占 2～3 成，伴生树种有 2～3 种，在河岸低湿地林分中为五蕊柳（*Salix pentandra*），河流冲积地林分中有三蕊柳（*S. triandra*），在河流沙洲微高地林分中有油柴柳（*S. caspica*）。白柳林内灌木和草类比较丰富近 30 余种。白柳林的层次结构明显，乔木层、灌木和草本层发育较好，层间植物发育较差。乔木层虽有实生起源的同龄林，但大多数为异龄林。乔木层上林层，有的林分中是上世代的白柳高出主林层 3～4m；有的则为杨树，高出主林层 3m，为数极少，组成不足 1 成。主林层是白柳林的基本层次，树冠重叠相接，郁闭度 0.4～0.6，平均树高 13～17m，胸径 25cm。

白柳林在种类组成上虽互有差异，但层次结构也和欧洲黑杨一样，各层片各占一隅，比较稳定。据别列孜河和额尔齐斯河河谷内白柳异龄林样地统计：其株数分别 150 株/hm^2 和 480 株/hm^2，最小径级 15cm，最大径级 1.5m，径级分布不均，很多中间径级无分布，因成林时，与河流不能浸漫，使天然更新受阻有关。同龄林主要分布在河湾及河漫滩地上。

白柳林由于森林植物组成的差异性，可划分为 3 个林型。

1. 草甸草类白柳林

这一林型主要分布在哈巴河县境内额尔齐斯河南湾一带和别列孜河，土壤为潜育河滩森林土，土层达 1.5m，轻壤，适于生长，林相较好，郁闭度 0.6～0.7，乔木层树高 15～20m，最大胸径 70～80cm，一般平均 40～50cm，由于林分过密，白柳有枯梢，林内伴生有少量杨树和疣枝桦，林下灌木较少，有 3～4 种，如灰毛柳、山楂等，覆盖度 10%，草本植物低矮，覆盖度 30%，林下白柳更新不良，只有少量杨树幼苗生长。

2. 草甸草类杨树白柳林

主要生长在额尔齐斯河漫滩、河湾和沙洲上，每年都能受洪水过境浸润，土层湿度大，土层深达 1.5m 为潜育河滩森林土。复层林相，高出于主林层的上层，为实生的白柳和杨树，二者比例为 7∶3，林层高 20m。主林层由实生和根蘖植株组成，层高 13～15m，胸径 8～25cm，白柳占 7～8 成，其他杨树合占 2～3 成，树高与白柳相差无几。林分郁闭度 0.6～0.7，密度较大，有未老先衰的现象。灌木较多，有红果山楂、稠李、忍冬、油柴柳、灰毛柳等。覆盖度 20%～30%。草本植物有拂子茅、芦苇、草、早熟禾等，覆盖度 40%～50%。林下更新良好。

3. 草类灌木白柳林

本林型多为成熟林，部分为中龄林，分布于额尔齐斯河及其支流。由于河床下切，土壤为河滩森林土，土层厚薄不一，比较干旱。乔木层建群种白柳，37 年生，平均树高 16.6m，胸径 38.7cm，由于长期没有洪水上岸，林分郁闭度低 0.4，成熟较早，大部分枯梢和心腐，20～25 年生立木树干全部心腐，只有边材尚可利用。林内伴生树种零星地有额河杨、银灰杨。灌木主要有油柴柳、多花蔷薇（*Rosa multiflora*）、少量红果山楂（辽宁山楂）（*Crataegus sanguinea*)，覆盖度10%～15%。在临沙丘的林分，则有荒漠铃铛刺、木蓼、红杆拐枣、麻黄等侵入。复林层最高达20m，胸径60cm，枝叶稀疏，有枯梢，郁闭度0.3，主林层平均高10m，胸径10～20cm。草本层植物覆盖度20%，有芦苇、拂子茅，二裂委陵菜、蒿属植物等，沙丘上有沙冰草、沙蓬、角果藜。林内有沙丘堆积，自然更新很少。

根据额尔齐斯河谷生态条件，白柳在易遭洪水的立地可以长得很好，因而在各林分生长过程，受地形变化，洪水过境影响极大。一般分布在水土良好的河湾及漫滩地上的林分，生长高大，寿命较长，心腐较晚，林龄可达100年以上，生长在阶地或沙洲上的白柳林，以土壤潜水维持生长，在特大洪水时，才有供水上岸，林分能间歇地得到足够水分，其寿命尚能达70～80年，40～50年开始心腐；立地条件较差林分，15年前后即开始衰退，枯梢增多，发生心腐。

栽植于平原条件下的白柳人工林，衰老较早，20～30年甚至15年后就衰老，如北屯183团，栽植在砂砾质土白柳，每年也灌水，18年生，平均高7.8m，胸径9cm，而在河漫滩地上栽植的白柳林，18年生，平均高16.8m，胸径38cm，树高比砂砾质土上大2倍多，胸径大4倍。成片造林常因水分不足而生长不良，在渠道旁或小溪边栽植1～2行效果较好，幼林生长较快，可以延迟早衰现象。

河谷白柳林在洪水期落种成林，在郁闭度0.6以上，水分条件良好，自疏现象明显，这时有杨树落种，形成草甸草类杨树白柳林。杨树达到优势后，白柳林渐被淘汰或挤在杨树外缘，最后成为杨树林。有时杨树种子与白柳同落于河滩裸地上，初期白柳生长迅速，杨树受排挤，当郁闭度过大时，白柳发生自疏，死亡率较高，杨树得到发展，形成杨树白柳林。阶地上白柳林，在河水供给良好条件下，也有杨树入侵，形成杨树白柳林。若河床下切，水分条件变劣，土壤变干后，有中旱生灌木加入，则发展成草甸灌木白柳林。如旱象持续，并有荒漠灌木入侵，排挤中生灌木，深根性根茎草本植物增多，林地开始沙漠化，残存有百年孤立白柳，在特大洪水进入林地或人工灌溉草场时，有水注入，林地生机渐苏，仍能有白柳幼苗发生，恢复原来的草类灌木白柳林。

2—1—4—2　旱柳林①

旱柳（*Salix matsudana*）林是中国分布广泛、栽植历史悠久的阔叶林。除作为用材林成片栽培外，旱柳还是保护堤岸、农田林网、固沙造林及“四旁”植树的主要树种。旱柳生长快，适应性强，易成林，用途多，与人民的生产和生活有密切的关系。旱柳林是中国北方河溪两岸、低湿地、湿润沙地及平原农业区的主要森林类型。

（一）分布和生境

旱柳林在中国的天然分布，北界在吉林南部，内蒙古的哲里木盟科尔沁沙地，伊克昭

① 执笔人：许慕农

盟达拉特旗，宁夏的银川、陶乐、灵武、吴忠；西至陕西的榆林，甘肃的张掖、酒泉；南达长江北岸；东至山东黄河口的孤岛。大约在北纬 30°～44°40′，东经 96°～118°52′。人工栽植的范围更广泛，北至黑龙江的牡丹江，内蒙古巴彦淖尔盟的河套地区，伊克昭盟的乌审旗、鄂托克前旗，宁夏的引黄灌区；西至甘肃的嘉峪关，新疆的喀什、莎车、叶城，青海的囊谦、格尔木；南至广东、广西；东到台湾。范围大约在北纬 18°30′～45°，东经 73°30′～135°。

天然林的垂直分布至海拔 1 600m，人工栽植的海拔高度至 2 807m（青海格尔木市）及海拔 1 800m（山西和顺县），一般地区均在海拔 1 000～1 200m 以下。

黄河中、下游，淮河流域及长江两岸各地是旱柳林集中分布和栽植的区域，在河漫滩集中成片，在低山丘陵多生长于溪沟两侧。山东黄河入海口的孤岛等地，有面积较大的天然林。

旱柳林适生于温暖湿润的气候，但是适应幅度极广，在年平均气温 2℃，极端最低气温 －39℃的寒冷气候，无冻害。在青海柴达木盆地的格尔木，年平均气温 4.2℃，1 月平均气温－10.9℃，7 月平均气温 17.6℃，极端最低气温－33.6℃，极端最高气温 33.1℃，年平均降水量 38.8mm，能正常生长。在年平均气温 21.9℃，年平均降水量 1 653.5mm 以上的台湾（台北）及年平均气温 23.9℃，平均降水量 1 885.6mm 的海南岛都有旱柳生长。

旱柳林在疏松、湿润、肥沃及通气性良好的沙壤、壤土及细沙土上，生长旺盛，产量高。在干燥瘠薄沙地、沙丘、粘土地上，均生长不良。干旱、地下水位过高（0.7m 以下）或过低（3.5m 以上）、地下水矿化度超过 0.8g/L 的地方，旱柳林的顶梢枯死率在 70％以上。在风蚀严重的沙丘上，旱柳的根系被风蚀而裸露 1/3 时，也能发生大量枯梢。土壤含盐量在 0.2％以下的轻盐碱地，旱柳林生长旺盛；在土壤含盐量在 0.3％以上的盐碱地，生长不良，枯梢严重。

旱柳林耐一定程度的水湿，林地被季节性洪水淹没后，10d 左右水中的枝干即生出大量的不定根，起吸水作用。据河南、山东等省的观察材料，旱柳林忍受季节性洪水淹没的天数与水位高度有密切关系，水位高度 2.0～2.3m，可忍受 70～85d；水位高度 0.5m，可忍受 140d，如果洪水将林冠大部分淹入水中，经过 60～85d，80％以上的林木死亡，存活的林木也很衰弱。死水潴积的低洼地，经过 40～60d 的浸泡，旱柳林即发生黄叶、落叶和枯梢，以至死亡。

沙地的旱柳林耐沙埋和沙压，被沙埋压的枝干，也能产生大量不定根，在湿润的沙地上这种情况尤为显著。在干燥瘠薄的沙地，地下水位深度在 5.0m 以上，久旱不雨（无雨天数 60d 以上），日温最高 35℃以上，月蒸发量 300mm 以上，即使在暖温带的河南、山东等地，旱柳林亦枯梢严重，林木大量死亡。旱柳林耐干旱瘠薄的能力不及刺槐林和榆林，在内蒙古展旦召黄河阶地地下水很深的大沙丘背风坡下部（沙土含水率 2.6％），人工栽植的旱柳林，3 年林分的保存率只有 7.3％，最大单株的高不足 1.0m。

旱柳林喜光，要求较强烈的直射光照。侧方庇荫大或密的林中，旱柳主干挺直、圆满；

侧方光照强烈，则树冠呈扁圆形，主干低矮、弯曲。

（二）组成和结构

纯林多，混交林少，与其他暖温带森林类型相似，都是单层结构，因为林中伴生的树种都是喜光的，与旱柳居于同一林层。

在水分条件较好的壤质河滩上，旱柳林天然下种生成不同年龄层次的幼龄林，但是由于人为破坏严重，多呈小块状的同龄林，很难形成异龄林。

在山东、河南等地的平原农业区，旱柳与毛白杨、刺槐、欧美杨等混交，林分郁闭度0.5～0.6以上。在农田林网中，以旱柳为主的林带中，除上述树种外，还有榆、苦楝等树种。此外，还有旱柳与紫穗槐、旱柳与杞柳等混交林，旱柳多为单行或双行栽植，行距3～10m，株距3～6m，灌木的株距1.0～1.5m，行距1～3m。林下的草本植物多为平原习见种类。在农田中，有旱柳与农作物间作的形式，旱柳多修剪成“头木”，行距15～20m，株距5～8m。农作物为小麦、大豆、谷子、甘薯、黄烟、玉米（矮杆）等。

旱柳林多为乔木层和草本层两层。在草本层中，常见的种类有白茅、荻、节节草（*Equisetum ramosissimum*）、小花鬼针草（*Bidens parviflora*）、猫眼草（*Euphorbia lunulata*）、苦菜（*Ixeris chinensis*）、小蓟（*Cephalanoplos segetum*）、鸡眼草。在河滩，主要优势种有野古草、狗尾草（*Setaria viridis*）、芦苇、旋覆花（*Inula japonica*）、细叶益母草（*Leonurus sibiricus*）、鸭跖草、车前（*Plantago asiatica*）、龙葵（*Solanum nigrum*）、水蓼（*Polygonum hydropiper*），在水湿的地方有苔属数种，针蔺（*Eleocharis palustris*）、灯心草（*Juncus effusus*）及水烛（*Typha angustifolia*）等，在盐碱地上，还有罗布麻（*Apocynum venetum*）。高度和盖度因立地和林分郁闭度而异，在林中光照充足的地方，高0.2～0.4m，盖度60%；在林分郁闭度0.8以上的地方，盖度不足20%。

河滩上的旱柳林大都作护堤、护滩及分洪之用，在山东都是雁翅形插干或埋枝造林，密度较大，每公顷10 000～12 000株，郁闭以后，进行间伐，每公顷留3 000～5 000株。内蒙古、陕西等地湿润沙地上的旱柳林，也是插干或埋干成林，每公顷为5 000～8 000株。在农田中，多栽植在林网、排灌沟渠及道路两边，呈带状，1～4行，株行距2～5m×2～6m。

（三）生长发育

在速生树种中，旱柳林寿命较长，50～60年生的大树仍能正常生长，200年以上的大树比较罕见，且树干易中空。

树高速生期，萌芽林在4～10年，实生林在6～14年，最大连年生长量为1.5～2.5m，最高可达3.0m；“四旁”零星栽植的旱柳，树高速生期在12～14年以后。胸径速生期在8～15年，最大连年生长量1.2～2.0cm，实生林的速生期可延续至20年，有的单株（“四旁树”）可延续至40年，但连年生长量较小，0.6～1.8cm。材积速生期在20年以后。

旱柳林的壮龄林在20～30年，25～35年即可达到成熟龄，以后即发生枯梢或基部主干腐朽。所以，旱柳林以培育小径材及中径材为主。

旱柳林的生长与林地的土壤质地及水分条件有密切关系。据梁立等对湖北黄岗地区长江沿岸的调查，沙土、粘性灰潮沙泥土及沙性灰潮沙泥土上的旱柳林，都是 6 年生，以沙性灰潮沙泥土旱柳林的生长量最大，平均树高为 7.7m，平均胸径为 9.2cm，每公顷蓄积量 50.28m^3、粘性灰潮沙泥土旱柳林的生长量居中，沙土旱柳林最次，其树高、胸径及蓄积量只有沙性灰潮沙泥土旱柳林的 68.5%、66.6%及 36.1%。

山东省泰安市林业科学研究所对大汶河沿岸 6 个县（市）的旱柳林进行了调查①，编制了地位指数曲线图及生长预测表。林龄 22 年，最好的立地优势木平均高为 20.2m；最差的立地优势木平均高为 9.6m。旱柳林最好的立地是地下水位 1.51～2.50m 的表层细沙、底层壤土的河滩地，14 年生，优势木平均高 16.91m；最差的立地是地下水位 0.5m 以下的沙丘，14 年生，优势木平均高仅 7.1m（表 1—58）。

表 1—58　山东泰安大汶河沿岸旱柳高生长预测（标准年龄：14 年）

地形	土壤种类	土壤肥力											
		低				中等				高			
		地下水位											
		0.5m 以下	2.5m 以上	0.51～1.50m	1.51～2.50m	0.5m 以下	2.5m 以上	0.51～1.50m	1.51～2.50m	0.5m 以下	2.5m 以上	0.51～1.50m	1.51～2.50m
滩地	松沙均质	7.10	7.64	8.18	8.72	8.14	8.68	9.22	9.76	9.18	9.72	10.26	10.80
	紧沙均质	8.10	8.64	9.18	9.71	9.14	9.68	10.22	10.76	10.18	10.72	11.26	11.80
	壤质厚沙心	9.10	9.63	10.17	10.71	10.14	10.67	11.21	11.75	11.18	11.72	12.25	12.79
	壤质厚沙腰	10.10	10.63	11.17	11.71	11.13	11.67	12.21	12.75	12.17	12.71	13.25	13.79
	壤均质土	11.09	11.63	12.17	12.70	12.13	12.67	13.21	13.74	13.17	13.71	14.25	14.70
	沙质厚壤心(腰)	12.08	12.62	13.16	13.70	13.13	13.66	14.20	14.74	14.17	14.71	15.24	15.78
阶地	松沙均质	8.23	8.77	9.31	9.84	9.27	9.81	10.35	10.89	10.31	10.85	11.39	11.93
	紧沙均质	9.22	9.76	10.30	10.84	10.27	10.80	11.34	11.88	11.31	11.85	12.38	12.92
	壤质厚沙心	10.22	10.76	11.30	11.84	11.26	11.80	12.34	12.88	12.30	12.84	13.38	13.92
	壤质厚沙腰	11.21	11.76	12.30	12.84	12.26	12.80	13.34	13.87	13.30	13.84	14.38	14.92
	壤均质土	12.21	12.75	13.30	13.83	13.26	13.79	14.33	14.87	14.30	14.84	15.37	15.91
	沙质厚壤心(腰)	13.21	13.75	14.29	14.83	14.25	14.79	14.33	15.87	15.29	15.83	16.37	16.91

注：本表引用时作者做了必要的修改

不同密度也影响旱柳林的生长量，据梁立调查，同是 7 年生，每公顷 1 815 株与每公顷 1 200株的林分，平均树高相差 2.5m，平均胸径相差 1.2cm，蓄积相差 10.47m^3。而且1 815 株的林分中，林木分化较严重，胸径 8cm 以下的林木占全林分总株数的 57.88%，11cm 以上的林木只占全林分总株数的 8.3%。在每公顷 1 200 株的林分中，胸径 8cm 以下的林木占全林分总株数的 29.4%，11cm 以上的林木占 43.5%。林中光照不足，常发生林木枯死，据对山东大汶河沿岸的调查，每公顷 2 250～3 000 株以上的林分，6～8 年生时即发生枯立木，密度越大，小径阶林木枯死的越多，平均枯死年龄在 6～7 年。

① 泰安地区林业科学研究所．大汶河沿岸低产林分调查．1983（铅印本）

（四）更新

旱柳林在适宜的立地，天然下种更新良好，例如在沿黄河漫滩上，山东大汶河的湿润泥质河漫滩及沾化县黄河入海口的淤积地上都有天然下种生成的幼树和幼林，1～2 年生的幼树、幼苗，每公顷达 60 000 株以上，4～6 年生的幼树、幼苗，每公顷达 12 000 株以上，与芦苇混生的幼林，每公顷不到 6 000 株。由于这些滩地上没有比旱柳林更能耐水淹，又能耐短期（枯水季节）干旱的树种生长，因此旱柳林始终成为比较稳定的群落。

（五）评价及经营意见

旱柳是中国栽植历史较早的树种，公元前 3 世纪的《尔雅》即有柳树的记载，以后的历代古籍对柳树的种类、分布和栽植技术都有阐述，最早栽植的时期开始于周朝。

旱柳生长迅速，易成林，成材早，木材干燥快，耐湿，材质轻软，无气味，为食品包装箱、炊具、矿柱、胶合板、家具、建筑等优良用材，枝条可编织筐篓及工艺品。花期早，花盘含蜜腺，为华北、西北地区早春的蜜源树之一。

根系强大，耐水淹，枝条和树干韧性强，具有较高的萌芽力，抗风、抗洪、抗沙埋的能力强，也是农田林网、护堤、固滩的好树种。在治理河道的工程中，常被用作柳坝、石柳坝、柳盘头、柳箔等生物工程措施的树种。

旱柳发芽早，长叶快，也是城镇及庭院绿化的好树种。

在黄河中、下游各地常采用头木林作业法，培育小杆材及椽材。即插干造林 5～6 年后，将距地面 2.5～3.0m 高处的主干锯断，枝条萌发后 1～2 年内，选择位置合适的粗壮条子定椽，砍去多余的条子。4～6 年后砍伐第一茬椽子，顶端萌生大量枝条，秋季砍去下垂枝，第二年春季发芽前定椽，每个椽茬上留 2～4 根，中间的椽茬要少留，并使椽条分布均匀，同时砍去多余的枝条。每隔 4～8 年砍椽 1 次，椽茬高度 3～5cm，以扩大树盘。树液停止流动期间砍椽，一般每次砍椽 20～40 根，生长旺盛的大树，1 次可砍椽 100 多根。这种头木林一般 40～60 年更新。

营造旱柳用材林，应选地下水位 1.5～2.5m 的沙壤及壤土地，或含盐量 0.20%以下的轻盐碱地。作护堤护滩或防风固沙的旱柳林，也要选择湿润沙地。在干瘠沙地或含盐量 0.20%以上的盐碱地，造林后生长缓慢，易干梢，早衰，不能成材。

4～6 年生的旱柳林即可郁闭，林分平均胸径达到 9～12cm 时，即进行第一次间伐，伐后保留每公顷为 1 200 株，郁闭度 0.6 左右。第二次间伐在造林后 10～15 年，伐后每公顷保留 600 株。如果林分密度不大，第一次间伐可在 10～15 年时进行。现在的林分密度一般偏大，阻碍生长。

各地选育的旱柳优良类型较多，以馒头柳和钻天柳两个类型最好，馒头柳是中、小乔木，树冠圆卵形，多作为行道树。钻天柳主干端直，侧枝细，分枝角度小，冠幅小，生长快，为优良用材树种。这两个类型均可大力推广。

2—1—5—1 钻天柳林①

钻天柳（*Chosenia arbutifolia*）生长快、成熟早、产量高，是中国北方的一个速生树种。钻天柳林在河岸地带发挥着保土固滩，护岸和滞缓径流等功能，同时也是经济价值很高的用材林。

（一）分布与生境

钻天柳林起源于东西伯利亚第三纪针叶林和白令古陆，属于鄂霍茨克植物区系成分。钻天柳林在世界上原始分布区很广，其北缘的界线基本上与北极圈相平行，沿阿尔丹河以东向西南伸延，止于贝加尔湖东岸再折向东进入中国。进入中国境内后越过大兴安岭和长白山，并继续向东延至朝鲜半岛和日本。

钻天柳在朝鲜主要分布在北部，如咸镜北道、咸镜南道、平安北道、平安南道，甚至向南延到北江原道。在日本主要分布在北海道和本州中部的长野县上高地，以及梓川上游沿岸。

在中国，钻天柳主要分布在大小兴安岭和长白山山地的大河两岸。在长白山山区的汪清、珲春、延吉、敦化、安图、抚松、长白、蛟河各地的河流两岸均有分布，然而集中成片分布的仅见于长白山西坡的漫江，北坡的古洞河和珲春河沿岸。钻天柳分布区的南界，在大兴安岭山地约在北纬 46°左右，在长白山区约在北纬 41°左右。其垂直分布因纬度和地域不同而有差异，在大兴安岭北部多分布在海拔 600～1 500m 的大河两岸；在长白山区多在海拔 750～1 100m，其高限也能达 1 500m。钻天柳虽然从水平与垂直分布上看范围非常广阔，然而实际上在其分布区内，它的个体和群体的分布仅局限于河流的两岸，从景观上看，钻天柳林是隐域性植被。

钻天柳在漫长的系统发育过程中形成了喜湿、喜肥、喜光和耐寒等生物学特性。分布在河滩沃土上的钻天柳与生长在河谷阶地上的相比，其个体长势好、群体生产力高，这表明了它的喜肥特性。钻天柳在底层被流水所浸渍的土壤上能够正常生长发育，枝和干长时间浸泡在水中而生长不受影响，这反映了它的喜湿性和耐水性。钻天柳在年平均气温 −5.3℃，极端最低气温 −49.6℃的额尔古纳林区（大兴安岭北部）和生长期不足百天，极端最低气温 −44℃的漫江一带（长白山西坡）这些酷寒地区能顺利完成个体发育的全过程，这充分反映了它的耐寒性。

（二）组成和结构

钻天柳林的组成和结构与当地河谷发育、河流变迁所造成的生境镶嵌格局，以及它们有规律地演变有密切关系。当在湍急水流的作用下形成砾石裸露的河滩时，侵入这里的诸多树种中唯钻天柳能在这种严酷环境下发芽、生长和定居。所以这里首先形成钻天柳纯林

① 执笔人：穆天民

或者有少量阔叶树伴生的混交林。随着时间推移，河流的摆动和钻天柳林对环境的改造，钻天柳成分减少，其他伴生树种渐增的现象，以至到河岸阶地以上可能过渡为其他树种占优势的森林。

钻天柳林的伴生树种因地区而异，在大兴安岭林区主要有甜杨、兴安落叶松、粉枝柳、榆树（*Ulums* sp.）等，而在长白山则有春榆（*Ulmus propinqua*）、大青杨（*Populus ussuriensis*）、紫椴（*Tilia amurensis*）、色木槭（*Acer mono*）等。

钻天柳林的灌木成分，在大兴安岭主要有刺玫蔷薇（*Rosa davurica*）、蓝靛果、红瑞木（*Cornus alba*）、东北茶藨（*Ribes mandshuricum*）等。在长白山该林冠下的灌木主要有珍珠梅（*Sorbaria sorbifolia*）、辽东桤木（西伯利亚赤杨）（*Alnus sibirica*）、稠李等。

钻天柳林下的草本植物主要为中生、湿生的草甸植物，有苔草（*Carex* sp.）、大叶章（*Deyeuxia langsdorffii*）、小叶章（*D. angustifolia*）、狭叶荨麻（*Urtica angustifolia*）、木贼（*Equisetum hiemale*）等20余种。

钻天柳林在大兴安岭林区只有河岸洼地钻天柳林。在长白山林区可划分为河滩钻天柳林和谷地钻天柳林两种林型。前者沿河分布，面积较大，一般钻天柳占8成以上，林下土壤深厚肥沃、湿度大或有季节性积水，混生的乔木常见的有春榆和大青杨。灌木以珍珠梅、辽东桤木（*Alnus sibirica*）、稠李为主。草本植物种类繁多，生长茂盛。后者多分布在离河较远，地势略高、水肥适中的环境下，伴生树种有大青杨、紫椴、春榆、水曲柳（*Fraxinus mandshurica*）等，高海拔处甚至混生有云冷杉。

（三）生长发育

钻天柳生长速度十分迅速。据东北林业大学在小兴安岭浩良河地区的调查研究，10年生的钻天柳林，林木树高达13.6m，胸径11.4cm，单株材积为0.114m³。而同龄的山杨林依次仅为5.83m，5.2cm和0.006m³，同龄的白桦林只有4.12m，4.0cm和0.004m³。如与同龄的针叶树相比则相差尤其悬殊，10年生钻天柳林木的树高、胸径和材积总生长，依次为云杉的14.3、14.2和459倍；为红松的12.8、14.6和459倍（见表1—59）。

表1—59　10年生钻天柳总生长与树种比较

测树因子	钻天柳	山杨	白桦	榛子蒙古栎林	胡枝子蒙古栎林	杜鹃蒙古栎林	冷杉	云杉	红松
树高（m）	13.60	5.83	4.12	4.24	3.22	2.00	1.34	0.95	1.06
胸径（cm）	14.40	5.20	4.00	4.00	3.10	3.00	1.50	0.80	0.78
材积（m³）	0.137 8	0.006 3	0.004 0	0.005 0	0.003 8	0.001 1	0.000 3	0.000 3	0.000 3

从林分上看，钻天柳林的生产力远高于同一气候区内的其他树种。据原林业部调查设计局资料，生长在大兴安岭甘河洼地的37年生的钻天柳纯林，平均树高达25.4m，胸径25cm，疏密度0.86的林分其木材蓄积量高达365m³（折合成1.0疏密度，蓄积量可达

424m³）。而同一地区林龄38年的兴安落叶松其平均高仅9.5m，平均胸径只有5.6cm，每公顷蓄积量97m³（折合1.0疏密度时也不过140m³），仅为同龄钻天柳林的1/4。

在上述同一分布区，一个组成为7柳3杨、林龄61年的钻天柳林，其平均树高为27.6m，平均胸径为29.0cm，疏密度0.78时的蓄积量385m³（折成1.0疏密度时为494m³）。它的相应各因子比一个林龄为68年的兴安落叶松林分别高8.4m、10.7cm、152m³（171m³），详见表1—60。

表1—60　钻天柳与落叶松林分生产力的比较

年龄组（年）	树种组成	林龄	平均高（m）	平均胸径（cm）	地位级	疏密度	每公顷蓄积量（m³）	所在地
30～40	10柳＋杨	37	25.4	25.0	Ⅰa	0.86（1.0）	365（424）	大兴安岭山地西坡
	9落1白	38	9.5	5.6	Ⅲ	0.69（1.0）	97（140）	大兴安岭山地西坡
	差值	－1	＋15.9	＋19.4			＋268（＋283）	
60～70	7柳3杨	61	27.6	29.4	Ⅰa	0.78（1.0）	385（494）	大兴安岭山地西坡
	10落＋白	68	19.2	18.3	Ⅱ	0.72（1.0）	233（323）	大兴安岭山地西坡
	差值	－7	＋8.4	＋10.7			＋152（＋171）	

注：原始资料引自于林业部调查设计局。森林资源调查报告，第四卷．P. 42～43，P. 38～39和P. 240～241

在长白山和小兴安岭林区，钻天柳林有更高的生产力。例如，吉林省松江河林业局漫江林场河岸（海拔850m）生长的林龄57年组成为8柳2榆的林分，其平均树高达31.3m，平均胸径60.0cm，每公顷蓄积量高达545m³。

正因为钻天柳个体如此速生，群体又有这样高的生产力，所以引起学术界的极大关注，有的单位正在研究它的无性繁殖，将为扩大钻天柳的人工栽培提供科学根据。

（四）更新演替

钻天柳林的形成和演替与河流的发育、变迁等自然地理过程有密切关系。发展到一定阶段的河流，往往在河弯的内侧形成石砾裸露的滩地。在这里只有同时具备以下诸生物生态学特性的树种才能占领这类河滩地：①其种子能借助风力和水力大量侵入；②一旦环境条件适宜便迅速发芽生长，形成同种幼小植株构成的稠密群体；③幼苗和幼树极耐水湿，甚至在长时间被水浸泡的情况下也能正常生长发育。能同时具备这3个条件的只有钻天柳等少数树种。它们首先占领这类滩头“阵地”并形成钻天柳纯林或混交林。随着时间的推移钻天柳幼林下的土壤日益加厚，积水时间缩短或消失。于是许多乔木、灌木和草本植物种子侵入，原来萧条的河滩变成动植物成分十分复杂的钻天柳占优势的群落。可是河弯继续外移，新河滩也相继形成，于是上述过程又重复出现。如此周而复始，造成了由大河向山麓形成由幼到老、由低到高阶梯式分布的钻天柳林。吉林漫江地区的情况就是如此。

另一方面，由于钻天柳是喜光树种。因此其林冠下几乎无同种的幼苗幼树。当钻天柳达到或超过成熟年龄而死亡时。更替它的则是别的树种。在大兴安岭多为甜杨、兴安落叶松，在长白山是大青杨、紫椴、春榆等树种。从而演替为其他阔叶林。

当钻天柳被人为强度干扰和破坏时它便不复存在，而演变为粉枝柳、赤杨、柳属等各树种所构成的灌木林或亚乔木林。

（五）评价和经营意见

钻天柳能长成树高25～30余m，胸径超过1m，干形丰满通直的高大乔木。它的木材结构细、纤维长、材质轻、纹理直、易干燥、不翘裂，除可作纤维造纸工业的原料外，还用作胶合板、火柴、建筑、家具制作等原材料。可见，钻天柳又是一个用途广泛、经济价值很高的树种。

但是，钻天柳林更为重要的价值还在于它的生态效益。在其自然分布区的大河两岸，唯有钻天柳等个别树种的种子能在砾石裸露的河滩上发芽、生长和定居，从而形成稠密的钻天柳的纯林或混杂着其他树种的阔叶混交林。当钻天柳的群体使裸露的砾石滩披上绿装时，便以其错综盘结的根系保护着它所占领的河岸地带，发挥着保土固滩，护岸和滞缓径流等功能。同时，它的存在也为野生动物提供了食源，创造了适宜栖息、饮水的优良环境。但目前在已开发的林区内已出现人为破坏极其严重的实际情况，中国已将它定为国家三级重点保护树种。保护和合理经营现有钻天柳天然林，加强培育其后备资源，扩大森林覆盖率充分发挥其生态效益和经济效益是当地林业机构的一项重要任务。

内蒙古、黑龙江、吉林山地分布于大河两岸的钻天柳天然林，在保持水土、固滩护坡、保护河堤、缓和地表径流等方面均发挥巨大作用。因此除建议在天然钻天柳林已被破坏或毁灭的大河两岸采用人工方法恢复这种防护效益极高的植被外，对现有的天然钻天柳林提出以下经营意见：

1. 所有钻天柳林都应按护岸林对待，单独划为护岸林经营区制定独特的经营方针和以巩固和提高其护岸功能为主旨的经营措施。

2. 对幼中龄林，一般任其自然发展，不加人工干预，只对个别密度特大的林分实施抚育采伐，对卫生条件极差的林分有条件时实行卫生采伐。

3. 成过熟钻天柳林，其中的林木均因接近或达到自然成熟（或过熟）阶段而迟早会发生自然死亡，从而导致整个林分的瓦解和防护效益的丧失。因此对这类林分应实行以人工更新为后续作业的经营采伐。经营采伐方式不宜选用择伐。因为弱度择伐对包括钻天柳林在内的喜光树种天然更新无济于事，强度择伐又会丧失林分防护效益。同时择伐这种方式不能提供良好的人工更新作业的环境和场地。建议采用品字形或横河带状间隔形式，小面积皆伐（小于0.25hm^2），皆伐后尽快采用人工更新方式恢复钻天柳或其他树种的森林。

4. 保护好现有钻天柳林。交通闭塞地区侧重于防火。对已开发林区除防止森林火灾外，还要防止居民对钻天柳的滥砍乱伐。

在大兴安岭林区人们争相锯“菜墩”致使交通便利之处的大树业已绝迹。如不严加保护，别说后备资源，就连种源，苗源也有断绝的可能。

5. 具有许多优良性状的钻天柳，客观上决定了它具有很大发展潜力。因此应在现存天然林分中选择母树林以提供种源和苗源。

第五节 桦木林①

桦木（*Betula*）林主要分布在北半球的暖温带、温带和寒温带，并可北达北极圈，还有少数见于亚热带。在中国，桦木林是主要的落叶阔叶林之一，遍布于各个林区的山地上。

桦木的生态习性是喜光和耐寒，但不耐高温。所以在低纬度地区，它们只见于海拔较高的山地。而在高纬度时，则垂直分布范围很大，如在东北，不仅基带上有桦木林，而且在树限尚有岳桦（*B. ermanii*）林，虽然由于高山风大而树形呈低矮弯曲，但仍然生长良好。

桦木喜光，所以在采伐或火烧迹地上，常和山杨一样，能够作为先锋树种而迅速成林。现在面积较大而且分布最广的是白桦（*B. platyphylla*）林，常见于东北、华北和西北的山地。其他桦木林种类不少，但大面积的林分并不多见。

由于桦木是喜光树种，不耐荫蔽，因此如果林下各种耐荫树木具有良好的生长发育条件时，则它们可以逐渐成林而取代桦木林。所以桦木林一般分布在土壤条件并不十分优越的地段上。

2—1—6—1 岳桦林②

岳桦（*Betula ermanii*）林，在亚高山常呈丛生灌木林状。萌芽性强，是森林破坏后的先锋树种，形成的林分起水源涵养作用。岳桦材质较坚硬，可供建筑、器具、火柴杆、枕木等用，木材和叶可药用，叶可作染料，也有一定经济价值。

（一）分布与生境

岳桦林天然分布主要在中国东北、内蒙古大小兴安岭及长白山林区，成小面积纯林或针阔叶混交林。在俄罗斯堪察加，朝鲜和日本也有分布。岳桦林主要分布在上述林区个别山峰的上部，成为森林分布的上限，在森林垂直分布带谱中常被称为“岳桦林带”、“亚高山矮曲林带”等。在长白山以北地区，其分布高度随纬度向北推移，呈逐渐下降的趋势。长白山主峰，北纬42°，为海拔1 800～2 000m，张广才岭北纬44°40′，为海拔1 450～1 760m，

---

① 执笔人：周光裕

② 执笔人：邵永礼

小兴安岭南坡白石砬子山，北纬 46°48′，海拔 950～1 100m，小兴安岭岭顶为海拔 700～1 050m。在俄罗斯的锡霍特—阿林中部地区（分布上限）海拔 900m，再往北到俄罗斯更北地区则下降到海拔 450m。因小兴安岭无特殊高峰，故岳桦林在小兴安岭的分布高度，不能视为中国东北北部分布界的最上限，只有张广才岭主峰岳桦林的分布才体现分布高度界限。长白山区岳桦林具有独特的森林景观，在高山冻原与暗针叶林之间，占据了数百米的宽度（海拔 1 460～2 100m），其中北坡为海拔 1 670～2 050m，西坡分布的下限为海拔 1 460m，上限为海拔 2 000m。在长白山以南地区，岳桦林的分布高度，则成另一种情况，比长白山的分布高度还低。辽宁省东部山地几座较高山峰，如桓仁县的老秃顶子、宽甸县的白石砬子和花脖山等海拔 1 100m 即有岳桦林出现。比高纬度的长白山低几百米之多。众所周知，在北半球每一地带性植被类型越往南，分布的海拔越高，岳桦林反而急速下降，表明岳桦林在东北东部山地的分布，不受大气条件的制约，而受小气候小生境的影响，缺乏垂直地带性与纬度地带性的相关规律。

岳桦林所处地带生境条件极为恶劣。如长白山主峰岳桦林带气候的主要特征是冷湿而多强风，1 月平均气温 －19～－20℃，7 月平均气温 10～14℃，≥10℃活动积温 1 000～5 000℃，相对湿度 74%，湿润系数 3.80～4.7，日照强，风力大，年大于 8 级大风日数可达 200d 以上，致使迎风面的岳桦林木呈矮曲状，向一边倒，构成了小气候小生境与岳桦林的个性统一规律的特有景观。从而不难理解，岳桦林在低海拔处的出现，主要是辽宁省东部山地，虽海拔不高，但只有少数较高的山峰孤山突起，造成风大，温度低（老秃顶子－42℃温度）的特殊气候条件。尤其是这些高山阻挡了由海面吹来的湿空气，造成云雾多、降水大、湿度高等因素，形成了冷湿气候区。由于岳桦喜湿、耐寒、能忍受高山恶劣气候和瘠薄土壤，具有顽强的更新能力，因而使其在这种生境恶劣的条件下形成森林群落，并成为森林分布的上限。岳桦林所占据的地形多系分布区的岭脊、岩石裸露、土壤侵蚀严重的陡峭坡地，地下水位较高，土壤冷湿有潜育现象的地段，条件十分恶劣，这也是岳桦在生长发育过程中很少有竞争者，能自成群落，并得以较为稳定存在的重要原因。

土壤为山地生草森林土。随坡位的上移，有机质含量渐减，一般没有明显的剖面分异，通常 A 层下面即为母质。因气候冷湿，凋落物分解缓慢。由于高山降水及大气潮湿，30cm 以下即见有地下水位（张广才岭主峰大秃顶子），致使 B 层出现一定的潜育现象。

（二）组成结构

岳桦林多为纯林，只有在其分布带的下限才有其他树种侵入。在长白山林区多为长白（黄花）落叶松（*Larix olgensis*），靠近暗针叶林带的林分多为长白鱼鳞云杉（*Picea jezoensis* var. *komarovii*）和臭冷杉（*Abies nephrolepis*）；小兴安岭一带的岳桦林常混有少量云、冷杉和花楸树（*Sorbus pohuashanensis*）；辽宁老秃顶子和白石砬子一带的岳桦林，因气候条件相对较好，侵入的树木种类也多，除上述树种外，还见有红松（*Pinus koraiensis*）、花曲柳（*Fraxinus rhynchophylla*）、色木槭（*Acer mono*）等。岳桦的自然寿命，一般为 120～150 年，高者可达 200 余年。林相多单层结构，仅个别林分有鱼鳞云杉或长白落叶松的树高明显高出岳桦的现象，但由于前者数量较少，不具划分林层条件。岳桦林的成林规律，一般是第一代为稀疏的单株，第二代才形成疏林，现实的岳桦林多系第二代、第三代林，其第一、二代大都已枯死。目前在林内看到的大径枯立木或倒木就是第一、二代岳桦的残骸。

岳桦林的下木种类比较贫乏，但因地域的不同，变化亦异。小兴安岭和张广才岭一带的岳桦，常与偃松（*Pinus pumila*）相伴为林，上层为岳桦，林下为偃松。因偃松也是一种分布在森林上限的多主干呈灌木状的树种，故这一带的岳桦林有亚高山偃松岳桦林之称。此外，尚有东北茶藨（*Ribes mandschuricum*）、蓝靛果（*Lonicera caerulea* var. *edulis*）、刺玫蔷薇（*Rosa davurica*）等。而长白山主峰和辽宁各山体上的岳桦林下，均无偃松分布。据记载和采集到的标本，在吉林长白山地区敦化北的琵琶顶子（海拔 1 397m）和长白朝鲜族自治县北部地区有分布，在长白山主峰还没有发现。据中国科学院沈阳应用生态研究所赵大昌、刘琪璟调查，从埋藏在火山灰下的木化石研究分析，发现有偃松残体，证明 1 500 多年以前，长白山火山爆发使偃松遭到毁灭的结果。辽宁的岳桦林没有偃松分布，则是由于纬度偏低，海拔不高，气候条件不适所致。其下木主要为牛皮杜鹃（*Rhododendron aureum*），高度30～50cm，盖度达 0.8，故有牛皮杜鹃岳桦林之称。其次下木层还有蓝靛果、兴安杜鹃（*Rh. dauricum*）、大叶蔷薇（*Rosa acicularis*）、越橘（*Vaccinium vitis-idaea*）、笃斯（*V. uliginosum*）、天栌（红北极果）（*Arctous ruber*）等。盖度大小不等。

草本层的分布常与灌木层盖度的大小有关，如下木总盖度为 1.0 的林分，草本层盖度仅有 5%，而且发育不良。这类林分在许多情况下，都有一个发达的苔藓层，如长白山北坡海拔 1 850m 的林分，苔藓层厚度达 10cm，总盖度达 90 %，其中塔藓（*Hylocomium splendens*）和大金发藓（*Polytrichum commune*）为主。只有下木层盖度小的林分，草本才能获得生存发育条件。如长白山海拔 1 980m 地势平坦背风处的林分，岳桦居于上层，下层几乎全是高草，只有零星散生的牛皮杜鹃、蓝靛果和棣棠升麻（*Aruncus asiaticus*）分布。第一层的高度在 1m 以上，且种类繁多，一般多在 20～30 种以上，主要有小叶章（*Deyeuxia angustifolia*）、大叶章（*D. langsdorffii*）、石松（*Lycopodium clavatum*）、舞鹤草（*Maianthemum dilatatum*）、小叶芹（*Aegopodium alpestre* f. *typicum*）、粗茎鳞毛蕨（*Dryopteris crassirhizoma*）。草本层发育良好的主要原因是先长草后成林，岳桦林长起来以后，林内光线不佳，致使部分植物发育不良，但它们能在林间草地上发育正常，至今在一些平坦地仍有林间草地存在，张广才岭就常见大叶章群落与岳桦林呈嵌镶分布，可见在自然状态下，由高草群落演替成岳桦林并非容易的事。林下有高草的林分，一般立地条件好，林分生产力较高，这类林分基本上无苔藓地衣层。还需指出的是在长白山林区内的岳桦林内，几乎没有藤本和草本缠绕植物。

岳桦林下普遍更新不良，更新树种主要为鱼鳞云杉、臭冷杉、长白落叶松、岳桦等。

（三）生长发育

岳桦属中乔木，长白山林区曾见有胸径 40cm 的立木，100 年生的树高可达 21m。立木生长好坏与林分立地条件，特别是立木所在位置小生境条件关系甚大。如张广才岭大秃顶子附近，生长在顶部的平均树高仅4m左右，在稍下部宽广台地上的平均树高可达10m以上；又如辽宁宽甸白石砬子山海拔1 100m近山顶的向阳鞍部生长的岳桦，30年生树高13～14cm，胸径达20cm，而在海拔1 200m的冲风陡坡生长的同龄林木，树高仅3～4m，胸径8cm。

从树干解析分析得知，岳桦在Ⅰ龄级时，树高生长缓慢，年生长量仅10cm，进入Ⅱ龄级以后，树高加速生长，至第Ⅴ龄级开始减缓，从而可以认为，其树高的速生期应在Ⅲ龄级左右，此间树高年生长量最大值（30～40年间）可达25cm；胸径与年龄之间的关系，在20～50年期间，基本上呈直线关系，50年后开始变缓，与树高相比要晚10年左右。材积的速生期始于40年，在以后的时间里，材积与年龄间亦近似呈直线关系，到调查时止，仍处于生长旺盛阶段。关于这一点，从连年生长量曲线还在继续上升的事实，亦可得到证实。同时表明，岳桦尚未达到成熟龄，即材积连年生长量最高时的年龄，可见岳桦在一般软阔叶先锋树种中寿命是比较长的。

岳桦林林木生产力不高，一般高者不超过Ⅳ地位级，低者常在Ⅴ地位级以下。因立地环境的不同，林分生产力相差悬殊。现引原中国科学院林业土壤研究所在长白山岳桦林带内设置的样地资料为例，杜鹃岳桦林，海拔1 990m，8岳桦2长白落叶松，年龄120年，郁闭度0.7，平均高9.0m，每公顷1 408株；每公顷蓄积62.0m^3。高草岳桦林，海拔1 980m，10岳桦，郁闭度0.7，平均高12m，每公顷1 000株，每公顷蓄积164.4m^3。

又据中国科学院自然资源综合考察委员会李文华等对岳桦林的生物量和生产量研究，其林型为高草岳桦林，组成10岳桦，郁闭度0.7，平均树高12m，平均胸径20cm，密度600株/hm^2，蓄积量164m^3/hm^2，测定结果如表1—61。岳桦林的生物量为130.62t/hm^2，其中地上部分为94.31t/hm^2，地下部分为36.31t/hm^2；其年生产量为5.15t/hm^2，其中地上部分为4.70t/hm^2，地下部分为0.45t/hm^2。

表1—61　岳桦林的生物量和年生产量

植被	生物量（t/hm²）					年生产量（t/hm²）	
	地上部分				地下部分	地上部分	地下部分
	叶	枝	干	小计			
岳桦	1.95	17.84	73.16	92.95	25.78	3.34	0.32
林下植物	1.36			1.36	10.53	1.36	0.13
合计	3.31	17.84	73.16	94.31	36.31	4.70	0.45

（四）评价与经营意见

岳桦林生产力很低，部分林木常呈矮曲状，经济意义不大。但由于所处位置多系山体顶部，岩石裸露的陡峻坡地和各高峰的跳石塘上，对土壤形成、保持水土、加速物质和能量循环等方面均具有重要意义。为更好地发挥岳桦林的防护性能和在维护东北林区生态平衡中的作用，对张广才岭主峰、小兴安岭的对面山、辽宁宽甸白石砬子等地的岳桦林，亦应仿效长白山主峰设立环状保护区，除必要的卫生伐外，不宜进行任何性质的采伐作业，以保持自然景观。

2—1—6—2 白桦林①

白桦（*Betula platyphylla*）是适应性较广、生长快、结实量多，萌生能力强的先锋树种。白桦林以天然纯林为主，有时与山杨（*Populus davidiana*）、栎（*Quercus* sp.）等形成以桦木为主的混交林。在原生群落内作为红松林、云冷杉林和落叶松林的伴生树种存在。白桦林是原生针叶林或针阔叶林受破坏后所形成的次生林，对恢复森林和维护森林的生态效益有重要意义。其木材也有一定的经济价值。

（一）**分布与生境**

白桦林广泛分布于中国北方，遍及东北、华北及西北和陕北、宁夏、甘肃、青海和西南的四川等地。国外分布于俄罗斯的东西伯利亚和远东、蒙古、朝鲜北部以及日本。中国境内白桦林分布范围从北纬 28°（四川木里）到 53°（黑龙江漠河），从东经 96°（青海囊谦吉曲）到东经 135°黑龙江东部边境三江口，南北跨纬度 25°，东西跨经度 39°，在新疆境内天山林区的阴坡与谷地云杉林中，能见到白桦存在，西藏米林甲格沟、太昭，林芝的森林中均有分布。

中国白桦林分布区内，白桦林分布的地理特点具有如下规律：由北向南、由东向西，白桦林的分布由多渐少，由各坡向逐渐集中阴坡、半阴坡；由低海拔逐渐转向高海拔，由连续分布逐渐转向间断分布。在东北林区集中了全国白桦面积和蓄积量的 2/3 以上，仅内蒙古大兴安岭北部的中心地带（指呼伦贝尔盟和兴安盟，就有白桦林 189.95 万 hm^2，约占全国白桦林 489.97 万 hm^2 的 38.8%。东北林区白桦林多为次生幼中林，分布于大小兴安岭、长白山和辽宁东部山地天然林的四周，除个别较高山峰外，能出现在海拔 1 000～1 200m 以下的各种坡向上，在阴坡、缓坡和谷地形成大片纯林或与山杨、椴树、色木槭、榆树等形成混交林。

在暖温带少林的华北地区，白桦林是主要的森林类型。分布在河北北部山地、阴山、太行山、恒山、吕梁山、太岳山、中条山 1 000m 以上至 2 000m 的中山阴坡。在山西省境内垂直分布范围在 1 400～2 400m，上限比落叶松（*Larix* sp.）林和云杉林低 200m，下限又比油松（*Pinus tabulaeformis*）林高 200m。在西北地区白桦林分布在延安以南山地、关山林区、秦岭山地、西秦岭、巴山北坡、六盘山、罗山林区、子午岭、祁连山等地，海拔 2 000～2 800m。白桦林在西南地区遍及四川西部山区，南达木里、白玉，分布海拔高度为2 000～4 000m 的中山和高山阴坡或半阴坡。

---

① 执笔人：詹鸿振

白桦耐寒，对极端低温（－50℃以下）、霜冻、日灼都有较强抗性，对温度条件要求不严格，但喜湿润生境，要求土壤水分充足，空气湿润，在大兴安岭北部，大部分地区年平均气温在 －2～－6℃，极端最低气温达－44～－52℃，≥10℃ 积温仅 1 500～2 000℃，生长季节 80～100d，年降水量只有 300～356mm，但这里相对湿度达 65%～70%，湿润系数超过 1，所以有大面积白桦林分布。

小兴安岭及东北东部山地，平均海拔 400～1 000m，年平均气温在 0℃以上，南部可达 8℃，1 月平均气温－14～－24℃，极端最低气温达－40℃以下，生长季 120～180d，降水量 800mm。气温较低，蒸发量小，空气湿润。降雨集中在气温较高的夏季。这些因素的配合有利于白桦生长，在谷地、低缓坡地和阴坡等土壤水分充足地方得到适宜条件形成以纯林为主的大片森林。

在华北地区，白桦最适宜的条件是在海拔 1 700m 以上的亚高山寒温带针叶林带内。这里地形高耸，雨水丰润，气温低寒，年降水量 600～800mm，年蒸发量 1 100～1 500mm，干燥度在 0.8 以下，年平均气温在 3～5℃，最冷月平均气温－20～－13℃，最热月气温在 18℃以下，结冻期达 6 个月，生长季 90～130d。这种条件下白桦组成纯林或组成占 6～7 成的混交林，林相整齐，干形良好。

西北地区白桦林跨温带、暖温带和北亚热带，地势较高，气候特点是冬季寒冷晴燥，夏季温暖多雨。全年湿度较大，除部分小范围地区属半湿润（子午岭西北、祁连山东端）或半干燥（白龙江下游）气候类型外，大多属于有明显干旱期的湿润气候型。年平均气温 5～11℃，最冷月平均气温 －2～－8℃，极端最低气温－10～－25℃，降雨集中夏秋季，占全年总降水量的 50%～60%，平均相对湿度 55%～75%。

西南地区白桦分布区的气候特点是干湿季明显，年平均降水量 700～900mm，年温差小，夏季凉爽，冬季不严寒，日温差变幅大，1 月平均气温为 2.5～－5.9℃，极端最低气温为－16℃，全年相对湿度在 50%～60%，6 月份降水开始增多，相对湿度增至 65%～75%。

分布区内影响白桦林出现的限制因子主要是水分亏缺的干旱条件和高温燥热。内蒙古呼伦贝尔草原，温度高于大兴安岭林区，但降水量为 300～350mm，林区为 350～452mm，水分不足限制了白桦林在草原上的出现。大兴安岭北部的沼泽地，水分过剩，白桦因温度过低而受生理干旱危害，让位于柴桦（*Betula fruticosa*）。同样，在高海拔，也因温度过低而发生生理干旱，使白桦受水分亏缺危害而不能出现。如大兴安岭 1 200～1 300m 以上让位于岳桦（*B. ermanii*），阴山到 2 000m 以上则为草甸。华北地区的低海拔和阳坡，因生长季内连续的气温燥热，限制了白桦的分布，这些地区白桦林都出现在较高海拔的阴坡上。

白桦林能分布在各种森林土壤上。在寒温带的大兴安岭山地分布在棕色针叶林土、漂灰土；暗棕色森林土、沼泽土上。温带的东北东部山地白桦林分布在暗棕色森林土、腐殖质潜育土、草甸土和完达山林区的白浆土上。华北、西北和四川的白桦林分布在山地棕色森林土和山地褐色土上。

白桦林分布的土壤肥力较高，有较多腐殖质，团粒结构，淋溶作用较弱，土壤反应呈中性或微酸与微碱性，土层为中层和厚层。以关山林区山地棕壤和子午岭林区山地褐土为例。棕壤的特点为：腐殖质层5～10cm，有机质含量由表层向下为1.2%～12%，剖面呈暗棕至棕色，心土黄棕色，土层深度60～80cm，深者达140cm，层次过渡不明显，核块结构，pH 6.0～7.0；褐土特点为土层厚60～80cm，最深达120cm，剖面棕褐，层次过渡明显，核块结构，有机质分解迅速，无粗腐殖质，有机质含量大多在5.5%～8%，肥力尚佳，pH6.5～8.1，由此可见，生长良好的白桦林要求肥沃湿润的土壤，但也可以生长在石质陡坡、河谷、沼泽及草甸上。

（二）组成结构

白桦林的组成较简单，以纯林为主，有时与山杨、栎属等树种形成混交林。白桦林的组成与林分年龄有关系，即幼壮林以纯林为主，成熟林则混有较多树种，并有针叶树种出现。混交的树种还与人为的干扰有关，在人为活动较少的边远林区和高海拔地区，常混有较多的针叶树种，而人为影响频繁地区则以纯林为主，或混有少量阔叶树种。

在大兴安岭的寒温带，白桦林以纯林为主，有时与兴安落叶松（*Larix gmelinii*）混交，组成从10白到6白4落，并混有少量山杨，在该地区北部混有樟子松（*Pinus sylvestris* var. *mongolica*）、南部混有蒙古栎（*Quercus mongolica*）。下木种类很少，主要有兴安杜鹃（*Rhododendron dauricum*）、刺蔷薇（*Rosa acicularis*）和绢毛绣线菊（*Spiraea sericea*）、越橘（*Vaccinium vitis-idaea*）等。草本植物覆盖度70%～90%，主要种类有凸脉苔草（*Carex lanceolata*）、大叶章（*Deyeuxia langsdorffii*）、歪头菜（*Vicia unijuga*）、地榆（*Sanguisorba officinalis*）、红花鹿蹄草（*Pyrola incarnata*）等。主要森林类型为草类白桦林和杜鹃白桦林，前者分布于平缓地草本盖度大，后者分布于山坡地，下木以兴安杜鹃为主。

在从小兴安岭到长白山等东北东部山地，白桦多为纯林，林龄以幼中龄为主，主要生长在中低山下部坡地和平缓谷地，混生树种主要是山杨，此外有少量大青杨（*Populus ussuriensis*）、紫椴（*Tilia amurensis*）、色木槭、核桃楸（*Juglans mandshurica*）、水曲柳（*Fraxinus mandshurica*）、春榆（*Ulmus propinqua*）等。下木种类很多，有毛榛（*Corylus mandshurica*）、珍珠梅（*Sorbaria sorbifolia*）、柳叶绣线菊（*Spiraea salicifolia*）、稠李（*Prunus padus*）、黄花忍冬（*Lonicera chrysantha*）、金银忍冬（*L. maackii*）、东北接骨木（*Sambucus mandshurica*）、毛接骨木（*S. buergeriana*）等。而辽宁省东部山地下木出现假色槭（紫花槭）（*Acer pseudo-sieboldianum*）、锦带花（*Weigela florida*）等。草本发育良好，种类丰富，有四花苔草（*Carex quadriflora*）、兴安鹿药（*Smilacina dahurica*）、东方草莓（*Fragaria orientalis*）、林问荆（*Equisetum sylvaticum*）、山茄子（*Brachybotrys paridiformis*）、大叶柴胡（*Bupleurum longiradiatum*）、铃兰（*Convallaria keiskei*）、粗茎鳞毛蕨（*Dryopteris crassirhizoma*）、猴腿蹄盖蕨（*Athyrium multidentatum*）、掌叶铁线蕨（*Adiantum pedatum*）等。

在华北地区，从河北北部山地到内蒙古的大青山、乌拉山、山西的太行山、吕梁山、中条山、太岳山等地，白桦同样以纯林为主，或白桦占6～9成，混交其他树种。混交的树种与海拔有关，海拔高1 700m以上，与落叶松、云杉、山杨混交。1 700m以下与山杨、栎、色木槭、椴、油松混交。下木种类很多，以胡枝子（*Lespedeza bicolor*）、忍冬、毛榛、绣线菊、栒子（*Cotoneaster* sp.）、荚蒾（*Viburnum* sp.）占优势，常见的还有悬钩子（*Rubus* sp.）、山茱萸（*Macrocarpium officinalis*）、小檗（*Barberis* sp.）、柳（*Salix* sp.）等，以及黄蔷薇（*Rosa hugonis*）、沙棘（*Hippophae rhamnoides*）、山楂（*Crataegus* sp.）、黄连木（*Pistacia chinensis*）等。草本层盖度40%～60%，可分两层，第一层高30～40cm，第二层高10cm，主要种类有山野豌豆（*Vicia amoena*）、尖叶唐松草（*Thalictrum acutifolium*）、苔草（*Carex* sp.）、二叶舞鹤草（舞鹤草）（*Maianthemum bifolium*）、升麻（*Cimicifuga foetida*）、地榆、藜芦（*Veratrum nigrum*）、大叶柴胡等。

在西北地区的陕西、甘肃、宁夏、青海等地，组成白桦林的植物成分较同属的红桦（*Betula albo-sinensis*）林复杂。白桦林层次结构明显，有乔木层、下木层、草本层和发育不甚好的层外植物。乔木层以白桦为优势，主要有山杨、辽东栎（*Quercus liaotungensis*）、锐齿槲栎（*Quercus aliena* var. *acuteserrata*）、色木槭（*Acer mono*）、茶条槭（*A. ginnala*）、三角枫（*A. buergerianum*）、椴、鹅耳枥（*Carpinus turczaninowii*）、千金榆（*Carpinus cordata*）、冬瓜杨（*Populus purdomii*）、榆树（*Ulmus pumila*）、灯台树（*Cornus controversa*）、北京花楸树（*Sorbus discolor*）等。针叶树有油松、华山松（*Pinus armandii*）局部地区有青海云杉（*Picea crassifolia*），崛蜈山有圆柏（*Sabina chinensis*）。下木层发育较好，种类很多，主要有榛属、胡枝子属、箭竹属（*Fargesia*）、绣线菊属、忍冬属、栒子属、蔷薇属、小檗属等80多种。代表种有三裂绣线菊（*Spiraea trilobata*）、虎榛子（*Ostryopsis davidana*）、多花胡枝子（*Lespedeza floribunda*）、牛奶子（*Elaeagnus umbellata*）、水栒子（*Cotoneaster multiflorus*）、红毛五加（*Acanthopanax giraldii*）、甘肃山楂（*Crataegus kansuensis*）、榛子（*Corylus heterophylla*）、毛樱桃（*Prunus tomentosa*）、木姜子（*Litsea pungens*）、美蔷薇（*Rosa bella*）、六道木（*Abelia biflora*）、小鼠李（*Rhamnus parvifolia*）等。草本层种类很多近90余种。主要优势种有宽叶苔草（*Carex siderosticta*）、寸草（*C. duriuscula*）、荻（*Miscanthus sacchariflorus*）、野棉花（*Anemone vitifolia*）、万年蒿（*Artemisia sacrorum*）、唐松草、珠芽蓼（*Polygonum viviparum*）、细叶沙参（*Adenophora stenophylla*）、淫羊藿（*Epimedium grandiflorum*）、鹿蹄草（*Pyrola rotundifolia*）、地榆、紫菀（*Aster tataricus*）、毛茛（*Ranunculus japonicus*）、风毛菊（*Saussurea japonica*）。层外植物有粉葛藤（*Pueraria pseudo-hirsuta*）、铁线莲（*Clematis florida*）、野葡萄（*Vitis quinquangularis*）、野山药（*Dioscorea nipponice*）等。

四川境内的白桦林基本上是灌木云杉林或灌木高山松（*Pinus densata*）林被破坏后形成的次生类型，多为中幼龄林，混生有川西云杉（*Picea balfouriana*）、黄果冷杉（*Abies ernestii*）、密枝圆柏（*Sabina convallium*）、高山栎（*Quercus semicarpifolia*）和高山松等。下木盖度50%～80%，高度2m，分布均匀，主要种类有木帚栒子（*Cotoneaster dielsianus*）、灰栒子（*C. acutifolius*）、长叶溲疏（*Deutzia longifolia*）、柳叶忍冬（*Lonicera lanceolata*）、四川忍冬（*L. szechuanica*）、峨眉蔷薇（*Rosa omeiensis*）、四川丁香（*Syringa sweginzowii*）等。

草本层盖度40%～70%，高度30～50cm，分布均匀，以苔草为优势，还有野青茅（*Deyeuxia* sp.）、早熟禾（*Poa* sp.）、蹄盖蕨（*Athyrium* sp.）、草莓、鳞毛蕨、拉拉藤（*Galium trillarum*）、轮叶黄精（*Polygonatum verticillatum*）、马先蒿（*Pedicularis* sp.）、秦艽（*Gentiana macrophylla*）等。苔藓植物发育不良，盖度为10%～30%，有的地区几乎无分布，常见种类有羽藓（*Abietinella* sp.）、曲尾藓（*Dicranum* sp.）、小金发藓（*Pogonatum* sp.）及拟垂枝藓（*Rhytidiadelphus triquetrus*）等。层外植物只有少量铁线莲攀缘于灌木上。

（三）生长发育

白桦在次生林区是生长比较迅速的树种。高和径生长高峰出现较早，数量成熟期、自然稀疏的起始期与结束期皆早于同属的风桦（*Betula costata*）、黑桦（*B. davurica*）、红桦（*B. albo-sinensis*）等，而与主要伴生树种山杨较接近。

白桦的树高生长节律与落叶松接近，属持续生长类型。以张广才岭地区观测资料为例，白桦高生长开始于5月3日，止于8月31日，为期110d。胸径生长可延至9月20日，为期140～150d。白桦幼苗阶段生长缓慢，3～5年后生长加快，年高生长可达70cm，初期生长不及山杨，但寿命高于山杨。张广才岭20年生白桦林平均高12.6m，平均胸径10.5cm，每公顷蓄积量$125m^3$。白桦林高、径生长前30年很快，高峰在20年，材积生长的高峰出现在30年，在小兴安岭南坡，60年生白桦林平均树高16.4m，平均胸径17.3cm，单株材积为$0.2032m^3$（见表1—62）。

表1—62　小兴安岭南坡白桦的树高、胸径、材积生长过程

生长指标	年龄（年）					
	10	20	30	40	50	60
	生长量					
树高总生长（m）	4.12	9.65	14.30	15.63	16.30	16.40
树高连年生长（m）		0.55	0.47	0.13	0.07	0.01
树高平均生长（m）	0.40	0.48	0.48	0.39	0.33	0.27
胸径总生长（cm）	3.17	8.66	12.77	14.00	16.80	17.30
胸径连年生长（cm）		0.55	0.41	0.12	0.28	0.05
胸径平均生长（cm）	0.32	0.43	0.43	0.33	0.33	0.29
材积总生长（m^3）	0.0040	0.0366	0.1069	0.1245	0.1343	0.2032
材积连年生长（m^3）		0.0033	0.0070	0.0018	0.0010	0.0069
材积平均生长（m^3）	0.0004	0.0018	0.0036	0.0031	0.0027	0.0034

注：引自《黑龙江森林》

在河北北部山地，根据解析木材料，白桦初期生长最快，51年生白桦高16.6m，胸径20.4cm，材积$0.26685m^3$，15年前高生长量为40～60cm，15年时达最高峰，15～40年为20～40cm，40～52年为10～20cm。材积生长15年前生长量较小，15～30年前生长量逐年增高，40～45 年时达最高峰，45～50 年后开始下降。最好的白桦林 42 年生平均高 14.3m，胸径 17.7cm，蓄积量 142.9m^3/hm^2（据《河北森林》）。

陕西黄龙桥山林区白桦生长的速生期在 10～30 年，高峰在 15～20 年，60 年后生长处于接近停滞阶段。

宁夏的解析木材料（据《宁夏森林》）接近陕西，树高生长较快，幼龄期连年生长量大，5～10 年最快，20 年前平均高生长在 50～60cm，20 年后高生长开始下降，胸径生长也很迅速，但高峰比高生长要晚，10～15 年间胸径连年生长量为 0.8cm 以上，10～25 年间为 0.7cm，20 年后虽然下降，仍在 0.5cm 以上。材积生长在 15～20 年进入速生期，20～25 年达最高峰，连年生长量可达 0.010 2～0.010 3m^3，数量成熟在 35～40 年。

甘肃的白桦林树高速生期在 10～30 年，连年生长量一般为 0.46～0.80m^3。高峰在 20 年前后，30～70 年为 0.2～0.3m，80 年后树高生长接近停止状态。胸径速生期为 10～50 年，连年生长量为 0.4～0.7cm，高峰在 10～20 年，50 年后胸径生长降低。大多数白桦林具有中等疏密度，0.7～0.8 很少，蓄积量在 100～200m^3/hm^2，少数 20～40 年生的白桦林为 50～60m^3/hm^2。小陇山 52 年生白桦林疏密度 0.8，蓄积量可达 164m^3/hm^2，46 年生疏密度为 0.7 的白桦林蓄积量达 150m^3/hm^2。白桦林的生长过程可参阅小陇山萌生白桦林的生长过程表（见表 1—63）。

表 1—63　甘肃小陇山林区萌生白桦林生长过程表

林　龄	平均高 (m)	平均胸径 (cm)	蓄积量 (m^3)	平均生长量 (m^3)	连年生长量 (m^3)
10	6.1	3.4	29	2.9	
15	8.4	5.6	51	3.4	4.4
20	10.4	7.7	86	4.3	7.0
25	12.4	10.6	117	4.7	6.2
30	14.0	13.3	138	4.6	4.2
35	15.4	15.5	158	4.5	4.0
40	16.3	17.2	174	4.4	3.2
45	17.2	18.5	188	4.2	2.8
50	17.7	19.5	198	4.0	2.0
55	18.2	20.5	206	3.7	1.6
60	18.6	21.4	213	3.6	1.4
65	18.9	22.1	219	3.4	1.2
70	19.1	22.6	224	3.2	1.0

注：引自中国林业科学研究院林业研究所等.1982. 甘肃小陇山次生林综合培育技术的研究

青海的白桦林高生长 5 年进入盛期，高峰在 5～30 年，连年生长量为 30～40cm，最高达 60cm，70 年后年高生长很少，约为 10cm，一般 20 年时树高 6～8m，40 年时为 10～12m。

白桦林胸径生长 15～30 年达高峰，连年生长量为 0.30～0.45cm，30～50 年为 0.15～0.25cm，20 年时平均胸径一般为 5～7cm，40 年时为 8～14cm，最大胸径能达到 40cm。全省白桦林平均年龄为 30～50 年，平均高为 10～12m，平均胸径为 12～13cm，每公顷蓄积量为 60m^3 左右。

四川境内金川地区 70 年生白桦，树高 16.6m，胸径 22.9cm，树高和胸径生长在 20 年后迅速增长，20～30 年生长最旺盛，树高连年生长量达 0.4m，胸径连年生长量达 0.52cm，材积连年生长量出现在 30 年以后。

白桦林有很可观的生物量，据在内蒙古东部七老山的调查，28 年生白桦林，平均高 14.8m，胸径 13.7cm，每公顷 1 320 株，生物总量 107.5t/hm^2，林木层 103.6t/hm^2，下木层 0.9t，活地被物层 0.9t。生物总量中各部分所占比重为：树干 54.6%，根 16.0%，皮 13.3%，枝 10.6%，叶 1.9%，下木 0.8%，活地被物 0.8%，枯落物 2%。

白桦林的自然稀疏过程开始较早，据在小陇山的调查，林分郁闭后至 25 年期间，林木处于激烈的分化稀疏阶段，大约 71.5%的林木被淘汰，25～40 年林木株数变化趋于缓和，但仍有稀疏，40 年后进入稳定阶段，至 70 年期间每公顷林木株数大体保持在 700～1 000 株。

白桦林的生长因环境条件的不同有明显差异。在黑龙江省湿润气候条件下，白桦的生产力与纬度关系密切，从北部大兴安岭到小兴安岭再往南到张广才岭，白桦林的生产力逐步提高（表 1—64），在疏密度为 1.0 的条件下，30 年生的白桦林的蓄积量在大兴安岭为 109m^3/hm^2，小兴安岭 142m^3/hm^2，张广才岭为 168m^3/hm^2。50 年时相应为 170、198、241m^3/hm^2。

表 1—64　东北各林区白桦生长比较（疏密度为 1.0 的蓄积量）　单位：m^3/hm^2

年　龄	大兴安岭	小兴安岭	张广才岭
30	109	142	168
40	146	172	212
50	170	198	241
60	185	218	258
70	197	233	267
80	205	244	268
90	213	252	269
100	217	257	270

注：引自黑龙江省林分生长一览表

白桦生长亦受到海拔影响。在海拔较低处比海拔较高处生长快些，在河北北部北山地海拔 1 100～1 200m 的白桦林，树高平均生长量为 0.5m，在海拔 1 350～1 600m 则为 0.32m。

白桦林的生长还受气候的湿润程度影响。在甘肃从子午岭、关山到小陇山，气候逐渐湿润，白桦林生长从子午岭到关山到小陇山逐渐提高（表1—65）。同样，内蒙古大兴安岭北部的根河与呼和浩特北部的大青山纬度相差9°，根河纬度虽高，但因处于湿润条件下，而大青山则较干燥，所以大青山的白桦林生产远不及根河。

表1—65　西北与东北不同地区白桦林的生长比较

地区	林龄（年）	郁闭度	地位级	密度（株/hm²）	树高（m）	胸径（cm）	蓄积（m³/hm²）
小陇山	27	0.66	Ⅱ.5	1 914	12.6	11.2	108.6
关　山	34	0.45	Ⅲ.5	1 036	11.2	14.3	98.7
子午岭	41	0.55	Ⅳ.5	1 005	11.3	12.8	56.6
大兴安岭北部（根河）	33			2 175	14.8	11.1	112.0
大青山	33			2 234	9.3	8.8	54.1

白桦林的生长也取决于它的起源。据在四川白玉林区的调查（《四川森林》），萌生林木早期胸径和材积生长较快，20年时树高3.8m，胸径3.7cm，材积0.000 3m³，实生林木20年时树高3.9m，胸径2.0cm，材积0.000 9m³。但随着年龄增大，实生林木生长加快，80年生时，实生白桦林树高11.1m，胸径16.4cm，材积0.104 9m³，都超过了同期萌生林（10.3m，13.9cm和0.068 8m³）。

（四）更新演替

白桦种子更新及萌芽更新能力都很强，中国现有的白桦林中实生起源与萌生起源都存在。天然生白桦在林龄达15～20年时即可产生大量种子，一株30年生的白桦年结实量达1.0～1.5kg，且结实频繁，隔1～2年丰收1次。白桦种粒小，具翅，可借风力飞散1～2km。5月初至5月中旬开花，8月下旬种子成熟，随即脱落。在采伐迹地、火烧迹地及其他生土化地段很容易获得良好的天然种子更新。白桦对光照条件要求很严格，属喜光树种，林冠下更新不良。白桦林冠下总是有一定耐荫能力的树种更新，如东北在有种源情况下，经常出现云杉、红松等幼苗幼树。白桦伐根萌芽力也很强，以萌芽更新形成的天然林很多，华北、西北的许多白桦林则属多代萌生林。利用白桦的萌芽能力培育萌生林方法简便，成材迅速。白桦的萌芽力以25～45年时最强，45～50年时萌芽能力渐衰，60～70年后的有效萌芽能力逐渐消失。冬春季节采伐，萌芽效果好，伐后不久就能发萌条，伐根损失养分很少，生活力强，萌生幼树当年生活期长，枝条木质化好，不遭受冻害。秋季采伐次之，夏季采伐最差。皆伐时萌芽效果好，择伐萌芽不良，因为白桦需充足光照条件才能很好萌芽。

白桦林在大兴安岭的出现是随着落叶松林被采伐火烧而发展起来的。大兴安岭原始林内的白桦多呈单株混生于落叶松林中，只占林分组成的1～2成。在森林经火烧与采伐后，几乎与落叶松同时发生。在大兴安岭北部，白桦林生长不如落叶松，随年龄增长，落叶松逐渐在林内占据优势，白桦落入劣势后株数逐渐减少，落叶松林很快得以恢复。在经过反复火烧和落叶松种源不足的情况下，白桦靠其萌芽能力和良好的结实与种子成熟后的传播能力形成较纯的白桦林。白桦林下落叶松与白桦更新皆不好，落叶松的恢复较慢，只有白桦衰老后或火烧后，落叶松与白桦可作为先锋树种同时出现，然而落叶松随年龄增加逐渐代替白桦恢复成落叶松林。在大兴安岭外围，由于连续性的火烧，落叶松已有种源不足的问题，这里的白桦林获得相对稳定性，有较大面积也有较大年龄的白桦林，这里如不采取人为措施，落叶松的恢复要延续很长时间。

小兴安岭与东北东部山地的白桦林是云杉林与红松林被白桦更替的结果。谷地与海拔较高的山地是云杉林采伐与火烧后白桦以先锋树种出现而形成的白桦林。山地上是红松林采伐与火烧后白桦靠其有效的繁殖能力而形成的以实生为主的林分。约经过10年时间白桦达到郁闭，白桦林不稳定，在有云杉、红松种源条件下，云杉与红松利用白桦林冠下荫蔽条件进行天然更新。白桦林冠下的条件很适合有耐荫能力的幼苗幼树生长，云杉、红松很快形成更新层，30年进入演替层，大约经过50～60年红松与云杉进入白桦林冠层，对白桦进行更新。在无红松云杉种源条件下，白桦林下的庇荫条件，不适于白桦本身的更新，而有利于中生树种如椴树、榆树、色木槭、水曲柳等树种的更新，白桦逐渐变为以中生树种为主的阔叶混交林，随时间的推移，恢复为针阔叶混交林，这要经过很长时间的演替过程。

华北地区的白桦林多为油松林（中、低海拔）和云杉、落叶松林（高海拔）被破坏后的次生群落，由于种源缺乏，白桦林经过反复破坏已成为多代萌生的残次林。西北地区及四川的白桦林为华山松和高山松林以及云冷杉林被破坏后所形成的。在高山地区，松、云杉种源有保证，白桦林内不同程度出现了松与云杉的更新，经过封禁保护，针叶树的恢复是有可能的。如在四川白玉林区的调查，火烧后的白桦与云杉同时更新，初期白桦最多，火烧10年后，更新幼树中白桦占54.5%，云杉占45.5%，20年后白桦占40%，云杉占53.3%，冷杉占6.7%，30年时，白桦占30.9%，云杉占55.5%，冷杉占13.6%，60年时云杉树高已超过白桦，100年时白桦已在林中被淘汰。大多数情况下，华北、西北许多地区已失去针叶树的种源，目前白桦林在没有人为破坏的自然发展过程中，出现向中生阔叶混交林转化的趋势，主要是栎类（辽东栎）得到发展，将有可能发展为以栎类为主的阔叶混交林。这种发展也属于进展演替，林分生产力较高。相当多的白桦林，继续受到人为破坏，林相残破，向疏林转变，再继续破坏下去，将成为灌丛和草地。所以必须进行封禁保护或集约经营，对残次林相进行改造。

总之，白桦林是一个不稳定的林分。它的演替趋势，在有种源的条件下，以三种方式向原来的针叶林恢复，一是由红松或其他松类取代白桦，一是由云杉取代白桦，一是由落叶松取代白桦（见图1—3）。这一演替过程时间不长，恢复原生林的前景在望，具有派生性质。在无种源又不断受到破坏的情况下，进行的是次生演替中最严酷的过程，白桦林沿逆行演替方向逐步向灌丛与草地甚至半荒漠退化，这在森林经营中是应尽力避免的。白桦林如得到封禁保护，会沿着进展演替向以白桦为主的混交林进一步发展为以栎为主的硬阔叶混交林。

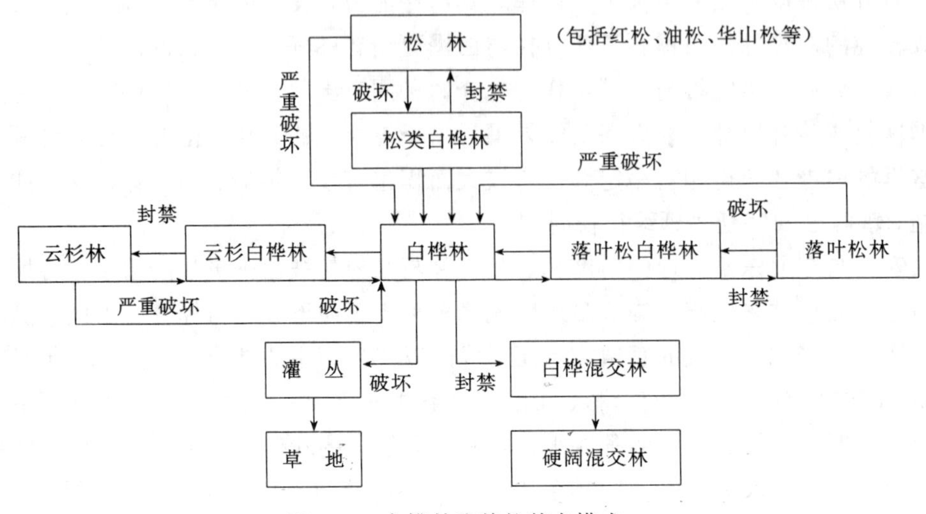

图1—3 白桦林演替的基本模式

（五）评价及经营意见

当森林遭受破坏后，白桦能首先占据次生裸地，对恢复森林和维护森林生态效益有重要意义。木材纹理直，结构细，易腐朽；可供胶合板、车辆、箱板、建筑、火柴杆、造纸及家具等用。树皮含鞣质 7.28％～11％，可提取栲胶，又可提取桦皮油，是重要工业原料。种子含油量 11.43％，叶可作黄色染料，树皮药用。春季树液流动时可采集桦树液，是做饮料的良好原料。

对白桦林的经营要从该林分的特点出发，白桦林是原生针叶林或针阔林受破坏后所形成的次生群落，结构不稳定，演替过程较迅速明显，受人为破坏和封禁后都在较短时间内出现明显变化；白桦林分布广，面积多，蓄积量大，在华北、西北等地区的木材生产中占有重要位置；白桦林生长快、成熟早、防护效益显著。基于以上考虑，对白桦林的经营，既要保证在条件允许情况下，尽可能地恢复较稳定、生产力高的针叶林或针阔叶混交林，又要因地制宜地采取合理措施，培育好现有的白桦林。

大小兴安岭及东北东部山地的白桦林是 1949 年后在皆伐迹地与火烧迹地上天然更新起来的先锋群落，在这些白桦林内，落叶松、云杉、红松已形成了更新或演替层，恢复原有顶极群落只是时间问题。这些森林应通过抚育间伐或更新改造引导向顶极群落转变。对那些分布于原生林边缘与外围，因缺种源，目前林内无针叶树种更新的白桦林应以抚育为主。培育白桦成材并遵循白桦林的演替规律使其向结构更复杂、稳定性更高、生产力更大的以中生树种为主的针阔叶林转化。进一步通过栽针保阔或林分改造等途径转化为针阔叶混交林。同时，在有加工能力的地区，发展短轮伐期的桦木林，以生产纸浆及白桦的细加工产品等也是可行的。面对相当数量的白桦林，东北林区应该相应地为白桦木材开辟新的市场，使白桦木材更广泛地进入民用材、农具材、造纸材市场，并通过木材的加工和综合利用寻找新的利用领域。

在河北、山西和内蒙古的大青山、乌拉山，白桦林面积很大，白桦在木材产量中占第一位。并对维护山地生态平衡发挥重要作用，其功能比生产木材更为重要。因此，该区应重视白桦林的保护和培育。陡坡薄土层的白桦林属于防护林范畴，应严加保护、封禁。阴坡、斜坡和缓坡生长旺盛的白桦林应注意抚育管理，通过抚育间伐缩短培育期，培育大径材。在抚育管理中应注意保护培育针叶树种如云杉、落叶松等和栎、椴等阔叶树种。对低劣的白桦疏林应进行改造，用小面积皆伐法或带状改造法伐除白桦，营造云杉、落叶松或椴树，或在林内补植针叶树。

西北地区气候条件恶劣，又处于江河的源头，林业建设的根本任务在于充分发挥森林以涵养水源为主的多种效益。白桦林繁殖力强、生长快、能在短期内郁闭成林且白桦根系发达，林下枯枝落叶较厚，土壤疏松，持水性好，对保持水土、涵养水源有较高的效能。西北地区森林面积少，木材短缺，在此条件下，白桦木材有较大的应用价值。是做农具、家具和农村房屋建设的重要材料，因此培育白桦林，有计划的进行木材生产以满足人们的生产生活需求有很大的现实意义。

四川林区的白桦林较少，多为原始林采伐与火烧后的次生群落，应采用云杉、冷杉、高山松等树种进行更新以恢复针叶林或针阔叶混交林。

2—1—6—3 黑桦林[①]

黑桦（*Betula davurica*）林天然分布在中国的寒温带、温带、暖温带山地，起着水源涵养、水土保持作用，同时也是用材林。

（一）分布与生境

黑桦林广泛生长在东北的大小兴安岭、长白山山地及华北的河北北部山地及山西北部山地。在国外，俄罗斯、朝鲜、蒙古、日本均有分布。黑桦的自然分布区西部北界达大兴安岭北部山地的黑龙江沿岸，沿大兴安岭山地南下到西辽河上游（老哈河及其支流）大兴安岭南部山地赤峰市的克什克腾旗，直至辽宁西北的努鲁儿虎山、松岭山地和华北的河北北部山地、太行山、燕山及山西北部高原；在东部黑桦广泛分布于小兴安岭、长白山山地。自然地理范围大致为北纬 40°00′～53°33′，东经 112°～134°，全国以黑桦为优势树种的林地面积约 600 万 hm^2，蓄积量 34 000 万 m^3，占有林地总面积的 0.8%。

在大小兴安岭的森林垂直带中，黑桦形成最低的一条分布带，海拔高在 300～600m，再向下界限不明显，与森林草原交错分布。在大兴安岭北部山地其上限在海拔 1 000m 左右，大兴安岭南部山地分布高度可上升到海拔 3 000m。黑桦主要生长在向阳陡坡，在起伏不大

① 执笔人：李永多

的丘陵地带常形成小斑块状纯林。

黑桦林的分布大致与蒙古栎林的分布区域相一致，但通常在山坡的上部乃至山脊被蒙古栎林所占据，其下部为黑桦林，有时向下可分布到草甸及沼泽化的土壤上。在沿河沙丘上及火山地区（如黑龙江省五大连池）也能生长。在阳坡及半阳坡蒙古栎（*Quercus mongolica*）及其伴生植物常常侵入黑桦林中，同时在山脊、阳坡黑桦及其伴生植物也渗入蒙古栎林中，成为蒙古栎林的主要伴生树种。

黑桦是半旱生、喜光树种，与蒙古栎相似，但黑桦的耐干旱及耐瘠薄的能力不如蒙古栎，而耐寒的能力则强于蒙古栎。黑龙江中上游，伊勒呼里山东及东北，气候寒冷，蒙古栎长势渐衰，常见到以黑桦为优势的小片状纯林。黑桦经常作蒙古栎林的混交树种，由开库康往北在林内的数量逐渐减少，直到漠河，在黑龙江沿岸的向阳干燥地上，还有少量分布。

由于黑桦适应性强，分布较广泛，可从年平均气温 －5℃，≥ 10℃活动积温 1 400～1 600℃，极端最低气温 －50℃的寒温带；分布到年平均气温 10℃，≥ 10℃的活动积温 3 500℃以上的暖温带。分布区平均降水量 400～600（800）mm，且多集中于 7、8、9 三个月。黑桦对生境要求比白桦为严，在土壤深厚，排水良好的地段上黑桦生长良好。既分布于大小兴安岭、长白山山地的棕色针叶林土上、暗棕壤上，又能生长在棕壤及大兴安岭南部的灰褐土上。

（二）组成结构

黑桦林的主要伴生树种为蒙古栎，两者生态学特性比较相近，在山上部蒙古栎混交比例大些，在坡麓黑桦比例多一些，有时还出现纯林。在大小兴安岭和河北北部山地黑桦林又常混生有白桦，在长白山地的山下腹土壤湿润肥沃的地段，又常混生有核桃楸（*Juglans mandshurica*）、裂叶榆（*Ulmus laciniata*）、春榆（*U. propinqua*）等树种组成的硬阔叶混交林。

黑桦林多为单层同龄林，典型林型为胡枝子黑桦林，其次有榛子黑桦林。

1. 胡枝子黑桦林

本林型结构简单，乔木层以黑桦占优势，其组成多为 8 黑桦 2 蒙古栎＋白桦＋椴，或 7（6）黑桦 2（3）蒙古栎 1 椴或核桃楸＋水榆＋柳类等。平均胸径 16～20cm，树高 14～16m，疏密度在 0.5～0.7。黑桦林的生产力高于一般蒙古栎林，地位级在 Ⅲ ～ Ⅳ，黑桦树干通直，病腐较轻，成熟林每公顷蓄积量可达 200m^3 左右。

胡枝子黑桦林，下木茂盛，平均高 1m 以上，而且分布均匀。优势种为胡枝子（*Lespedza bicolor*），其次为榛子（*Corylus heterophylla*），多呈块状丛生。此外，有少量的东北山梅花（*Philadelphus schrenkii*）及乌苏里绣线菊（*Spiraea ussuriensis*）。草本植物生长茂盛、高大，总盖度达 80%，以苔草（*Carex montana*）为背景，还有尾叶香茶菜（*Plectranthus excisus*）、类叶升麻（*Actaea asiatica*）、东风菜（*Aster scaber*）、蓬子菜（*Galium verum*）、轮叶婆婆纳（*Veronica spuria*）、单穗升麻（*Cimicifuga simplex*）、蕨菜（*Pteridium aquilinum* var. *latiusculum*）、山尖子（*Cacalia hastata*）等。藓类很少，仅在倒木及石块上有曲尾藓

(*Dicranum scoparium*)。

2. 榛子黑桦林

多分布于大小兴安岭及长白山地，海拔高300～600m的低山丘陵的上部或向阳陡坡及靠近居民点地段的阴坡。组成8（9）黑桦2（1）蒙古栎+椴，平均胸径10～16cm，平均树高12～14m，疏密度0.4～0.5，地位级Ⅳ（Ⅲ）～Ⅴ，每公顷蓄积量80～100m^3。榛子黑桦林和胡枝子黑桦林立地条件基本一致，只是土壤更贫瘠些，林下灌木发育良好，总盖度60%左右，平均高1m，以榛子占优势，能形成较为密集的灌丛。在遮荫地段有胡枝子，在榛丛中散生有绢毛绣线菊（*Spiraea sericea*）、刺蔷薇（*Rosa acicularis*），草本植物以小苞叶苔草（*Carex subebracteata*）、四花苔草（*C. quadriflora*）为优势，其次有大叶草藤（假香野豌豆）(*Vicia pseudo-orobus*)、万年蒿(*Artemisia sacrorum*)、黄芩（*Scutellaria baicalensis*）、蒙古山萝卜（窄叶蓝盆花）(*Scabiosa comosa*)、兴安百合（*Lilium dahuricum*）等。此外，在地被物中还包括一些能代表蒙古栎林特点的植物种类，而且发育很好，如白藓（*Dictamnus dasycarpus*），草本植物总盖度达70%。藓类较少，倒木及石砾上有曲尾藓和赤茎藓（*Pleurozium schreberi*）。

（三）生长发育

黑桦生长缓慢，分枝低，树干多弯曲，经济材出材率低。根据内蒙古索伦林区标准地资料，说明黑桦树高、胸径生长进程。黑桦树高连年生长量在20年时出现最大值，以后树高生长旺盛期结束，树高连年生长量明显下降；胸径连年生长量则相反，在20年以后开始加速生长，进入胸径生长的旺盛期，到25年生时连年生长量达最高峰，以后连年生长量开始下降。30年生黑桦树高10.1m，胸径12.8cm。

黑桦林自然稀疏过程10～20年每公顷由15 000株降到4 000株，20～30年变化缓慢，由4 000株下降到2 000株，30年后则渐趋稳定，直到60年尚保留1 000株左右。

（四）更新演替

黑桦林基本是由地带性森林植被经砍伐、火烧、垦殖等破坏后形成的天然次生森林植被。黑桦林随蒙古栎林的演替规律发展，经火灾后，由于黑桦具有肥厚的呈纵裂的不脱落的树皮，其受害程度较蒙古栎为轻，大部分能维持生命力。黑桦与蒙古栎在林分中的组成及生产力取决于火灾的程度，每经一次火灾，使黑桦幼树组成的比例加大。和蒙古栎林一样，黑桦林林冠下更新以萌生起源为主，在大兴安岭北部山地，当黑桦在林分中组成占9成以上时每公顷1～10年生幼苗幼树有1 300～2 000株，但黑桦最终将被蒙古栎所取代，或处于劣势地位。在黑桦林分中混有较多的蒙古栎及兴安落叶松时，林冠下天然更新状况良好，每公顷1～10年生蒙古栎5 000～20 000株，黑桦400～1 500株，兴安落叶松100株，但在这种情况下，黑桦有可能被蒙古栎代替。由此可见，黑桦林是森林演替过程中的一个过渡类型，群落很不稳定，其演替过程视生境和群落中树种组成比例的变化而不同。在干旱地区或土壤、水分条件较差的立地条件下，黑桦林具有一定的稳定性，如混有蒙古栎的黑桦林，由于黑桦具有与蒙古栎相似的抗逆性和适应性，或被蒙古栎取代，或与蒙古栎并存。当黑桦林遭受反复严重的破坏，则易退化为灌丛或灌草丛。

（五）评价及经营意见

黑桦木材结构细致、纹理通直、坚实耐久。用途广泛，可供建筑、枕木、矿柱、胶合板、造纸、火柴及薪炭材；树皮含单宁，可提取栲胶；树汁可酿酒和配制高级饮料。

黑桦林因受人为活动的影响比较频繁，虽然成林，但每公顷及单株出材率低。已往在森林经营中没有将黑桦列为目的树种，所以采取的经营措施，多以减少黑桦的组成为中心，人为的促进其他目的树种更替的过程；或将成片的黑桦林全面皆伐，以人工植苗的手段，将黑桦进行全面改造，使之直接变为针叶林。也有在林冠下栽植针叶树，进而诱导为针阔叶混交林的。

黑桦林的经营措施，对幼、中龄林应根据林木结构及其经济价值，选用间伐方式，及时进行抚育间伐，对林分密度小，林木干形不好的低价林应进行改造。但经营蒙古栎林时，应当注意保留黑桦，让其占有一定的比例，这样不但可以促进林下天然更新，还为蒙古栎林木形成良好的干形，创造了必要的侧方庇荫的环境条件。黑桦对干旱、瘠薄的土壤适应性很强，可作为阳向陡坡水土保持林的造林树种。

2—1—6—4 垂枝桦林①

垂枝桦（*Betula pendula*）是新疆北部山区重要的落叶阔叶林，生长迅速，干形较直，是阿尔泰山区较好的速生用材林，也是营造农田防护林和城镇绿化的优良树种。它根系发达，分布较广，在山区起着水源涵养和水土保持作用，在林业生产、稳定山地森林和环境保护方面都占有重要的地位。

（一）分布与生境

垂枝桦是欧亚大陆温带古老的小型阔叶树种，根据 A. H. 克里什托弗维奇（1957）、徐仁（1958）、K. K. 马尔科夫（1956）、E. B. 吴鲁夫（1936）等的资料，垂枝桦大约在白垩纪末期开始在较温暖而湿润的劳尔大陆北部陆续出现，在老第三纪早期便由欧洲、西伯利亚移居阿尔泰山、准噶尔西部山地，中新世前后相继大幅度发展起来。在渐新世末期，特别是第四纪更新世以后，新疆气候较前普遍变得干旱、寒冷，垂枝桦和苦杨（*Populus laurifolia*）在较湿润、温暖的阿尔泰山、准噶尔西部山区中山带发展成林，延续至今。后来种子随水漂流，分布到哈巴河和布尔津河下游河漫滩地上。

垂枝桦林垂直分布幅度较宽，一般海拔高度为 600～2 000m，其中在布尔津河、哈巴河中上游针叶林下限，海拔 1 300～1 600m 分布较多，1 800～2 000m 分布则较少；在布尔津河和哈巴河下游的河漫滩地上，海拔 600～800m 范围内也分布有垂枝桦纯林和杨桦混交林。

---

① 执笔人：侯文虎

在年降水量500～700mm的哈巴河、布尔津山区中山带平缓坡地及河滩地带，经常可以见到面积不大的块状、片状纯林，林分发育良好。在年降水量300～400mm左右的阿尔泰山东南端青河山地和准噶尔西部山地北部山区，仅在河谷地带才有垂枝桦生长，常与新疆云杉混交，有时与银灰杨混交，林分发育较差，林相也不整齐，树形较为低矮，耐旱的灌木也较多，森林明显地受干旱荒漠的影响。

在哈巴河和布尔津河下游，年降水量300mm左右，受荒漠气候影响，在洪水期经常流过的河滩地上，土壤为河滩草甸森林土，土层湿润，在个别地段生长有郁闭度0.6以上的垂枝桦纯林，或苦杨垂枝桦混交林。在土壤干旱的河岸阶地上，垂枝桦难以生存。

垂枝桦耐寒能力强，在阿尔泰山区能忍受－40℃低温。在哈巴河和布尔津河下游河滩、河湾地带的天然垂枝桦林，在极端最低气温－47℃，甚至在－50℃寒流的袭击下，安然无恙，很少有冻梢现象出现，但不耐春季霜冻，晚霜常常使幼嫩的枝叶受到轻微冻害。

（二）组成结构

分布在阿尔泰山山地垂枝桦林，由于所处的生态和人为干扰因素不同，林分组成也有差异，阿尔泰山西部哈巴河和布尔津山地中山带河谷垂枝桦林，年降水量高达500mm以上，多系同龄林。人为活动频繁之地也有异龄林、萌生林，密度稀稠不均。垂枝桦林纯林较少，混交林较多，其中垂枝桦占5～7成，新疆云杉、欧洲山杨或苦杨占3～5成。阿尔泰山东南部的垂枝桦林，比较干旱，年降水量300mm，生长势不良，干多弯曲，多异龄林，林分稀疏。

垂枝桦林一般具有明显的乔木层、灌木层和草本植物层，在水热较好的立地条件下，有不甚发育的苔藓层。

乔木层树种的种类成分，由阿尔泰山西北至东南部，依水热条件趋于贫乏，建群种或共建种几乎全为欧洲—西伯利亚成分，有新疆云杉、新疆落叶松、垂枝桦、苦杨和欧洲山杨。在河谷较低部位垂枝桦林中，除了欧洲黑杨、银白杨外还有阿尔泰特有成分额河杨（*Populus ertixensis*）。

灌木层种类较多，有灌木柳（*Salix saposhnikovii*）、拉庞柳（*S. lampponum*）、悬钩子、金露梅（*Potentilla fruticosa*）、阿尔泰忍冬（*Lonicera altaica*）等其他散生灌木，还有水栒子（*Cotoneaster multiflorus*）、大叶绣线菊等，覆盖度15%～20%。

草本植物更为丰富，主要有西伯利亚早熟禾（*Poa sibirica*）、红花鹿蹄草（*Pyrola incarnata*）、野豌豆（*Vicia sepium*）、足状苔草（*Carex pediformis*）、异燕麦（*Helictotrichon schellianum*）、蓝花老鹳草（*Geranium pseudosibiricum*）、假报春（*Cortusa matthiolii* var. *pekinensis*）等，覆盖度40%～60%。

在哈巴河和布尔津水分较好的山地、河谷，垂枝桦林中有金发藓（*Polytrichum strictum*）、塔藓（*Hylocomium splendens*）、赤茎藓（*Pleurozium schreberi*）和曲尾藓（*Dicranum scoparium*），一般发育不良。

垂枝桦林可分为以下几个主要林型：

1. 草类垂枝桦林

多分布于阿尔泰山西北部中山带下部山谷地带，海拔 1 600～1 800m。通常面积不大，成带状或成片状分布。林下土壤为灰褐色森林土。腐殖质层及土层均较厚和湿润。伴生树种主要有新疆云杉，偶尔有稠李、天山花楸等小乔木。

林内灌木有悬钩子、柳，草类有西伯利亚早熟禾、广布野豌豆（*Vicia cracca*）、红花鹿蹄草等。

2. 新疆云杉垂枝桦林

多分布于中山带下部、前山带和山前河谷中，海拔 1 200～1 600m。林分多沿河滩和河谷成岛屿状、片状分布，有时延伸到阴坡坡底。土壤为山地灰褐色森林土，肥沃而较湿润，呈微酸性。垂枝桦通常占据上层林冠。占树木组成的 5～7 成，高 20m，而新疆云杉往往形成较阴暗的第二层林冠，占 3～5 成。有时在稀疏的成熟林或过熟林遭受破坏的云杉林内，云杉树形高大通直，高达 30m 左右，而垂枝桦却处于发育旺盛的中龄林阶段。

林下灌木和草本层均较发达，藓类层则相应减弱，灌木主要有柳树、稠李、大叶绣线菊、金露梅等。草本有足状苔草、香碗豆（*Lathyrus odoratus*）、广布野豌豆等。

3. 欧洲山杨垂枝桦林

分布于阿尔泰山西北部，中部的中山带上中部缓坡及准平原化的山顶，海拔 1 500～2 000m。初期欧洲山杨和垂枝桦在乔木层中不分高低。由于垂枝桦高生长期长，而且寿命也较长，40～50 年后垂枝桦林冠往往超过欧洲山杨而占据第一层，欧洲山杨逐渐衰老而退居第二层，欧洲山杨在林内成小团状或小片状分布，有时混有少量新疆落叶松、新疆云杉。

林下土壤多为山地褐色森林土，腐殖质层较厚，生草化程度较强，酸性较高，林下灌木层较茂密，覆盖度可达 40%～50%，主要有大叶绣线菊、阿尔泰忍冬、刚毛忍冬、毛叶水栒子（*Cotoneaster submultiflorus*）等。草类层也较发达，约在 50%左右，主要有足状苔草、毛轴异燕麦（*Helictotrichon pubescens*）、蓝花老鹳草等。

4. 苦杨垂枝桦林

分布在阿尔泰山西北部和准噶尔西部山地和中山带下部的河谷及河漫滩，海拔 1 000～1 600m，面积不大，呈团状、块状分布，有时混有黑杨、银白杨，上部偶有零星的新疆云杉混生。林下灌木有柳、蔷薇、水柏枝（达乌里水柏枝）（*Myricaria germanica*）、野扁桃（野巴旦）（*Prunus ledebouriana*）等，草类层主要有老鹳草（*Geranium wilfordii*）、早熟禾。

5. 苔草蔷薇垂枝桦林

多分布在阿尔泰山西北部喀纳斯山中山带、河谷两旁，半阴坡、阳坡也有少量分布，海拔 1 100～2 000m，土壤为山地灰褐色森林土，土层较厚，中性，较为干旱。郁闭度 0.4 左右，垂枝桦高达 20m。林内偶有残存的新疆落叶松，高达 25m 以上，生长极度不良。灌木层以腺齿蔷薇（*Rosa albertii*）占优势。此外还有大叶绣线菊、刚毛忍冬、栒子等，草本层有苔草、早熟禾等。

（三）生长发育

垂枝桦一般在10～15年生后开始结实，但在林缘和林中空地上的稀疏林木，则可提早到7～8年，通常年年结实，每两年一次种子年。垂枝桦的寿命较长，一般80年后进入衰老期，在水土条件好的地方，可达100年以上。

垂枝桦具有旺盛的萌生力，在条件较好的山区，萌蘖能力可保持到70～80年。垂枝桦分枝性强，在稀疏的林分里，分枝很多，树干弯曲，而在密集的林分里，下部树枝大多数因自然枯死后脱落，树干比较通直，33～35年生，树高20m。

垂枝桦在1～3年生的幼苗时期，生长较为缓慢，在潮湿的沙壤土和壤土上，1年生幼苗高40～50cm左右，2年生幼苗高50～70cm，5年后高生长加快。在阿尔泰山区一些立地条件较好的地方，5年生树高5.6m，胸径3.6cm；10年生树高10.6m，胸径15.8cm；15年生树高14.3m，胸径23.8cm；20年生往往可超过18m，胸径可达30cm；50年生高30m，到70年生高可达35m，胸径70cm左右。

（四）更新演替

垂枝桦林的更新是与其立地条件、海拔高度、小地形的差异、人为活动有着密切的关系。在阿尔泰山和准噶尔西部山区中山带和低山带河滩、河谷地带个别地区的云杉过熟林，因林下幼苗幼树极少，加之某种原因（如病虫害）而造成云杉林大面积死亡，垂枝桦相继大量侵入，形成垂枝桦林。在新疆云杉林火烧迹地和皆伐迹地上，2～3年便被垂枝桦幼林所占据，以后云杉种子在垂枝桦林内逐渐长出幼苗。当垂枝桦的年龄达到50～60年，树高可达20m以上，生长趋向缓慢时，垂枝桦纯林便演替为新疆云杉垂枝桦混交林。当60～80年后，新疆云杉高出垂枝桦林冠之上，喜光的垂枝桦林便遭到压抑，逐渐死亡，百年之后，就完全被新疆云杉纯林更替。在阿尔泰山西北部海拔1 800m左右的中山带上部半阴坡上，在新疆云杉林和新疆落叶松林遭到火烧或皆伐后，在缺乏新疆落叶松下种母树的情况下，通常垂枝桦首先侵入，多发育成垂枝桦纯林，或成为垂枝桦山杨混交林。如果在有新疆落叶松种子的条件下更新为垂枝桦新疆落叶松混交林，发展成新疆落叶松纯林。

生长在中山带沟谷、河滩上的垂枝桦林，在大面积皆伐后，伐桩下部萌生出许多萌生苗，更新为萌生垂枝桦纯林。但是这些小叶林仍然是新疆云杉更新的“先驱者”，最后终将被新疆云杉更替。

在中山带下部和前山带河谷、河滩地带的垂枝桦纯林或垂枝桦苦杨混交林遭到火灾或皆伐后，通常仍发展为垂枝桦、苦杨等小叶林。

2—1—6—5　天山桦林[①]

天山桦（*Betula tianschanica*）林是天山山区中山带较常见的落叶阔叶林，通常分布在

① 执笔人：侯文虎

山地针叶林带的中部和下部的火烧迹地或皆伐迹地上。是针叶林的衍生群落类型，起着水源涵养及水土保持作用。天山桦通常为中等乔木或小乔木、材质较硬，富有弹性，结构细致，是建筑、桥梁、车辆、矿柱、家具的良好材料。

由许多古植物学和地理学资料表明，在老第三纪始新世或渐新世早期，天山桦便同雪岭云杉、山杨、新疆野苹果、核桃等树种在古地中海沿岸的天山、准噶尔阿拉套山等山区出现，渐新世后期受古地中海西退和第四纪冰川进退的影响，天山山区由湿润的亚热带气候变成干旱而寒冷的大陆性气候，迫使天山桦同新疆野苹果、核桃喜温湿的树种逐渐向较温暖湿润的中山带迁移。

天山桦林在中国主要分布于天山北坡中东部，在天山南坡山地，准噶尔西部山地南部及准噶尔阿拉套山地有少量分布。天山桦林向东分布到祁连山西部甘肃肃南县寺大龙林场一带，呈小块状。俄罗斯天山也有分布。

天山西部的伊犁山区，依其优越的地理位置和特殊的地势条件下，天山桦发育良好，树形高大，在海拔 1 400～1 800m 的中山带中下部山坡、谷底、河滩的火烧迹地和皆伐迹地上，以片状或块状出现，通常与雪岭云杉或山杨组成针阔叶混交林或阔叶混交林。在河谷河滩地带与密叶杨（*Populus talassica*）或新疆野苹果组成混交林。在天山东端的喀尔里克山，受蒙古高压反旋气流的影响，气候干旱、寒冷，降水量及年平均气温更低。较喜湿润的天山桦已上升到海拔 1 800～2 000m 的山坡下部谷底、溪边，生长不良，树形低矮，高仅 5m 左右，很少成林，多散生于雪岭云杉、新疆落叶松林间空地或林缘地带。天山桦多生于林缘、林间空地，或火烧迹地上。在火烧迹地上生长快，发育良好，一般在郁闭度 0.6 以下林分内，20 年生天山桦，树高 15m 以上，胸径 20cm 以上。

天山桦对土壤要求不苛刻，在草甸土、沼泽土、灰褐色森林土上都能生长，而以湿润排水良好的肥沃的森林土上生长最盛。天山桦适生于年平均气温 6 ℃左右中山带下部的河谷，并能忍受－30～－35℃低温而不被冻死。天山桦生长期较长，4 月底到 5 月初发叶，5 月中下旬开花，7 月果熟，10 月落叶，生长期 170～180d，寿命可达 50～70 年。

在较温暖和较湿润的天山中山带中下部，特别是新疆伊犁山区，天山桦林内植物种类仍比较丰富。据初步调查，高等植物约 45 科 200 多个属，近千种，其中以菊科（Compositae）、蔷薇科（Rosaceae）、唇形科（Labiatae）、伞形科（Umbelliferae）、毛茛科（Ranunculaceae）等占多数；玄参科（Scrophulariaceae）、禾本科（Gramineae）、百合科（Liliaceae）、豆科（Leguminosae）、石竹科（Caryophyllaceae）、十字花科（Cruciferae）、莎草科（Cyperaceae）等植物也较丰富；紫草科（Boraginaceae）、兰科（Orchidaceae）、虎耳草科（Saxifragaceae）、蓼科（Polygonaceae）、龙胆科（Gentianaceae）的植物也不少。常见的有山杨、天山柳、稠李、多种山楂、悬钩子、新疆忍冬（鞑靼忍冬）（*Lonicera tatarica*）、欧洲荚蒾（*Viburnum opulus*）、格氏香豌豆、绿草莓（*Fragaria viridis*）、羽衣草（*Alchemilla japonica*）、路边青（*Geum aleppicum*）、龙牙草（*Agrimonia pilosa*）、鸭茅（*Dactylis glomerata*）、短柄野芝麻（*Lamium album*）、林地水苏（*Stachys sylvatica*）等。天山特有成

分数量极少，有天山花楸、野苹果、天山卫矛（新疆卫矛）（*Euonymus semenovii*）、短矩凤仙花（*Impatiens brachycentra*）等都在天山桦林中起着重要作用。也有极少量北亚成分加入，通常较常见的北亚成分主要有腺齿蔷薇（*Rosa albertii*）、西伯利亚铁线莲（*Clematis sibirica*）等。

天山桦林的群落结构比较简单，有乔木、灌木、草本植物和苔藓地衣4层，多为单层林。天山桦可分为以下几种林型：

1. 草类灌木天山桦林

主要分布在新疆伊犁山区和博格达山区森林带中下部，喀拉成山和准噶尔阿拉套山海拔1 500～1 800m的阴坡，也有少量分布，为较干旱的灰褐色森林土，一般土层较厚，多为黄土母质。

在降水量较多的伊犁山区，天山桦林生长发育良好，树形较高大，伴生小乔木有天山花楸、稠李、天山柳、红果山楂（*Crataegus sanguinea*）、阿尔泰山楂（*C. altaica*）、准噶尔山楂（*C. songarica*），少量天山槭，林下灌木颇多，主要有天山卫矛、黑果小檗（*Berberis heteropoda*）、多种忍冬、栒子、新疆圆柏等。林下草本主要有乳苣、路边青、一枝黄花（*Solidago decurrens*）、林地水苏、益母草（*Leonurus heterophyllus*）、牛至（*Origanum vulgare*）、新疆鼠尾草（*Salvia deserta*）、林地早熟禾、白蘚等。

2. 草类山杨天山桦林

主要分布在新疆伊犁山地和博格达山北坡中下部，1 500～2 000m的坡地上。林下灌木稀少，有刚毛忍冬、蓝果忍冬（*Lonicera cyanocarpa*）、腺齿蔷薇等，在伊犁山区还有天山卫矛、悬钩子、伊犁忍冬（*Lonicera iliensis*）等。草类层发达，有短柄草、鹅观草（*Roegneria* sp.）、一枝黄花、高山羊角芹、香豌豆等。

3. 草类天山云杉天山桦林

在天山北坡阴坡林带中下部，海拔1 500～2 000m处经常见到。在混交林内，以天山桦为主，天山云杉组成约占1～2成，正处在幼、中年发育阶段。林下灌木很少，有蓝果忍冬、黑果小檗、蔷薇等。草类以中生杂草为主，主要有香豌豆、高山羊角芹、蓝花老鹳草等。此外还有较耐旱的鹅观草、鸭茅等禾草加入。

4. 河谷灌木天山桦林

主要分布伊犁山区海拔1 400～1 800m的中山带和前山带河谷河滩地带，通常沿河成小块状或断续的带状分布，林地土壤为冲积、坡积性母质上发育形成的森林土，下垫层为卵石、碎石质的薄土层上，底部有时发生潜育化。由于土壤受河流影响，湿度较大，土质肥沃，林木生长良好。伴生树种有密叶杨，零星的天山云杉；小乔木有新疆野苹果、天山花楸、稠李、多种山楂等。灌木颇多，主要有柳、水柏枝、多种忍冬、欧洲荚蒾、天山卫矛、伊犁小檗等。林下草本为中生、湿生的禾草和杂类草：苔草、乳苣（*Cicerbita azurea*）、龙牙草、路边青、柳兰（*Chamaenerion angustifolium*）、露珠草（*Circaea lutetiana*）、圆叶鹿蹄草、单侧花（*Ramischia secunda*）、独丽花（*Moneses uniflora*）、手掌参（*Gymnadenia conopsea*）等。

此外，在河谷、河滩地带还有草类密叶杨天山桦林、河谷天山云杉天山桦林，也多沿河阶地及河滩地成块状或带状分布，林下灌木和草本植物与河谷灌木天山桦林下成分基本相同。

天山桦以种子繁殖为主，萌生能力较垂枝桦弱。天山桦林和山杨天山桦林是天山云杉遭到火灾和皆伐后衍生的次生林，而云杉天山桦林是云杉林恢复过程中过渡阶段。因此天山桦林、山杨天山桦林只不过是云杉天然更新的先锋群落，最后被云杉完全代替。

2—1—6—6 红桦林①

红桦(*Betula albo-sinensis*)是中国特有种。红桦林面积大、分布广,是中国天然次生林的重要组成部分,对水源涵养、提供胶合板工业用材和家具用材等方面,都具有重要作用。

（一）分布与生境

红桦的分布范围比较广泛，北起河北北部山地，南至云南西北部的横断山区，西达青藏高原的东缘，东以伏牛山为界。横跨暖温带、北亚热带、中亚热带 3 个气候带。包括北京的百花山，河南的伏牛山、熊耳山、崤山，山西省管涔山、关帝山、太岳山，湖北的神农架林区以及房县、巴东、兴山等地，陕西甘肃的秦岭、大巴山、关山、小陇山，以及洮河和白龙江流域；四川西部地区的德格、甘孜、炉霍、红原、若尔盖、龙门山、峨眉山、九顶山、黄茅坝等山地，以大小金川、岷江上游最为集中；云南西部的中甸、德钦、维西、宁蒗、丽江一带；青海以大通河林区分布最多（约占该省红桦林的半数以上）其次为湟水、隆务河、黄河干流两侧山地的各林区。红桦林由于分布区的地理位置不同，垂直分布较悬殊，如在河南伏牛山分布于海拔 1 600～1 800m，北京百花山分布于 1 000～2 000m，秦岭分布于 2 000～2 300m，洮河中游林区分布于 2 300～3 400m，在云南的横断山区分布于2 700～3 500m 等。

红桦要求温凉湿润山地环境。垂直分布的气候特点大致是：冬季寒冷晴燥，林地有积雪，夏秋多阴雨，全年湿度大。年平均气温 5～10℃，1 月平均气温－8～－4℃，7 月平均气温 12～20℃，极端最低气温－15～－25℃，极端最高气温 30～35℃，年降水量 500～1 000mm，相对湿度 75％～85％。

红桦林下的土壤多为山地棕壤、暗棕壤或山地淋溶褐土，土层厚，一般在 60cm 以上，有时达 100cm 以上，地表枯枝落叶层分解良好，腐殖质层厚 20cm 以上，土壤肥沃，呈弱酸性反应。红桦多生长于中山向亚高山过渡地带的山坡中下部及沟谷两侧，在山坡上部和迎风坡面上少有分布。

（二）组成

红桦林常以单层纯林出现，或以红桦为优势种与其他针阔叶树种组成混交林，成层结

① 执笔人：张岂凡

构明显。以红桦为优势的林分，乔木层中伴生树种有巴山冷杉、岷江冷杉（*Abies faxoniana*）、川西云杉（*Picea balfouriana*）、华山松、牛皮桦、辽东栎、山杨、椅杨（*Populus wilsonii*）、亮绿椴（*Tilia laetevirens*）、杈叶槭（*Acer robustum*）、北京花楸（*Sorbus discolor*）、漆树（*Toxicodendron vernicifluum*）等。组成灌木的种类较多，主要由蔷薇科、忍冬科植物组成。常见者有峨眉蔷薇（*Rosa omeiensis*）、陇塞忍冬（*Lonicera tangutica*）、四川忍冬（*L. szechuanica*）、太白杜鹃（*Rhododendron purdomii*）、光叶云南冬青（*Ilex yunnanensis* var. *gentilis*）、冰川茶藨（*Ribes glaciale*）、陕甘花楸（*Sorbus koehneana*）、桦叶荚蒾（*Viburnum betulifolium*）等。当以箭竹为主的暗针叶林破坏后形成的红桦林，由于气候和立地条件仍然十分湿润，林下箭竹生长茂盛，常形成密集的层片，以华西箭竹（*Fargesia nitida*）和秦氏玉山竹（*Yushania chingii*）为优势种。

草本植物层常见种类有披针苔草（*Carex lanceolata*）、宽叶苔草（*C. siderosticta*）、大花糙苏（*Phlomis megalantha*）、碎米荠（*Cardamine hirsuta*）、木贼（*Equisetum hiemale*）、舞鹤草（*Maianthemum bifolium*）、鹿蹄草（*Pyrola rotundifolia*）、草叶细辛（*Asarum himalaicum*）、掌叶铁线蕨（*Adiantum pedatum*）、淫羊霍（*Epimedium grandiflorum*）、败酱草（异叶败酱）（*Patrinia heterophylla*）等。构成草本层的主要植物成分随生境不同而异，如在秦岭的红桦林下，多以苔草为主，洮河中游林区则以禾本科、莎草科的几个种及蕨类为优势种占据草本层。在灌木层以箭竹为优势的层片下，则草本植物稀疏，局部地区竟无生长，在山谷、坡麓积水生境的红桦林下，多生长耐荫湿的植物成分；在红桦稀疏的向阳坡段，也生长较耐旱的植物成分。

苔藓层以藓类占绝对优势，主要有羽藓（*Thuidium rubiginosum*）、毛梳藓（*Ptilium crista-castrense*）、赤茎藓（*Pleurozium schreberi*）、塔藓（*Hylocomium splendens*）等。

红桦林下的层外植物有北五味子（*Schisandra chinensis*）、藤山柳（*Clematoclethra lasioclada*）、黄花铁线莲（*Clematis intricata*）、盘叶忍冬（*Lonicera tragophylla*）、三叶木通（*Akebia trifoliata*）等。

（三）生长发育

红桦林冠整齐，植株侧枝粗壮，枝下高近于树高之半，干形通直，高生长速生期出现早，胸径生长延续期长，可培育成大径材。据大量树干解析材料和小陇山的林分生长过程表（表1—66）综合分析，林分一般平均高度17～20m，高生长速生期在10（20）～20（30）年，其间连年生长量35～40cm，生长好的林分可达60cm，以后逐渐变慢，70～80年后高生长仅数厘米；林分平均胸径16～17cm，胸径速生期大约在树高速生期末期出现，一般为20（30）～60年，这个时期的连年生长量一般为0.40～0.45cm，生长条件好的可以达0.60～0.80cm甚至1cm，胸径生长旺盛期可一直延续到90年以后，以后逐渐趋平缓下降。四川峨眉林区生长快的一株解析木，40年生，胸径达34cm，材积生长最旺盛期较晚，约在90～100年；四川马尔康林区一株170年生的解析木，胸径402cm，树高25.04m，材积连年生长量仍然大于平均生长量，两条曲线仍未相交。

表 1—66　箭竹红桦林生长过程表　　单位：hm^2

林龄	平均树高 (m)	平均胸径 (cm)	断面积 (m^2)	蓄积量 (m^3)	林木株数	形　数	单株材积 (m^3)	蓄积生长量 (m^3)		
								平均生长	连年生长	连年生长 (%)
10	5.0	3.5	8.0	24	8 330	0.611	0.002 9	2.4		
20	10.4	5.2	12.0	74	5 660	0.591	0.013 1	3.7	5.0	10.2
30	14.3	8.0	15.3	120	3 042	0.549	0.039 4	4.0	4.6	4.7
40	16.4	11.5	19.8	166	1 906	0.511	0.087 1	4.2	4.6	3.2
50	18.1	15.5	22.9	199	1 214	0.481	0.163 9	4.0	3.3	1.8
60	19.4	18.6	24.6	221	905	0.463	0.244 2	3.7	2.2	1.0
70	20.1	21.6	26.0	235	710	0.449	0.331 0	3.4	1.4	0.6
80	20.6	24.5	27.0	243	573	0.437	0.424 1	3.0	0.8	0.3
90	20.9	26.6	27.8	249	500	0.429	0.498 0	2.8	0.6	0.2
100	21.1	27.6	28.4	255	475	0.426	0.536 8	2.6	0.6	0.2

注：检验系数 +3.2%，小陇山林区，红桦 8 成，郁闭度 1.0

（四）更新演替

红桦除有少量伐根萌蘖更新外，大多由种子更新。红桦结实丰富而频繁，种子体轻，承风面积大，可飞扬传播到较远距离。在适宜的生境条件下，容易发芽，生长也迅速，因此采伐迹地或火烧迹地上常以先锋树种形成新林。

红桦幼树不耐庇荫，在林冠下更新能力差，在红桦为优势的林冠下，云、冷杉的幼苗幼树反而比红桦幼苗幼树多，这是因为林冠下光照不足限制了红桦的更新。

灌木草本植物繁茂，枯枝落叶层过厚都会影响红桦的更新效果。在陕西太白县五里峡沟娘娘池下面的竹子红桦林内，几乎见不到红桦幼树。这是由于竹子的盘根错节，限制了种子与土壤的接触和幼苗的生长。

森林采伐后，迹地上草灌木迅速生长，在这样的采伐迹地上红桦更新很差，几乎看不到红桦的幼苗幼树，而在火烧迹地上每公顷红桦幼苗可达 26 万株。根据采伐迹地上植被的变化和天然更新不良情况，60 年代初，在甘肃洮坪林场曾进行红桦采伐迹地林粮间作促进天然更新的试验。1960 年开始间作试验，1961 年调查，每公顷有 1 年生红桦 30 万株（幼苗大部分在作物带间），平均高 4.5cm；1962 年调查，每公顷有 2 年生幼苗 2 万株，1 年生幼苗 8 万株，共 10 万株，2 年生幼苗高 20cm，大部分生长健壮。在未间作地段上，虽少量幼苗更新，但生长纤弱（干物质重量比前者相差 8 倍），叶片发黄，难望成长。据观察，经间作能改善迹地小气候、土壤理化性质和保持水土，并能压制杂草滋长和加速地被物及泥炭的分解，为红桦更新创造了有利条件。

红桦林多系云、冷杉等暗针叶林破坏后演替的次生林，它是森林演替过程的一个过渡阶段，是一个不够稳定的植物群落。在天然更新过程中，如有云、冷杉种源，终究要经过红桦与云杉或冷杉混交林阶段，最终被比较稳定的顶极群落云、冷杉林代替。

红桦与铁杉的演替和红桦与云杉、冷杉的演替过程基本相似。红桦与云杉、冷杉、铁杉等暗针叶林的相互演替是一种普遍现象。在秦岭、关山等红桦林垂直分布带的中下部也有红桦林被椴树、槭树、花楸树、榆树、鹅耳枥等树种更新而形成中生性阔叶混交林，这种林分一般生产力较高。红桦林受到破坏被箭竹或柳灌丛更新，这类林分的生产力一般较低。而且很难再恢复为红桦林。

（五）评价及经营意见

红桦林是中国森林中的重要类型之一，红桦根系发达，林冠下植被繁茂，枯枝落叶较多，土壤疏松，截持地表径流能力强，对于中山、亚高山地带水源涵养、水土保持具有重要作用。同时红桦木材质地优良，林分生产力较高，主干高大，可培育成大材，以适应工农业生产和人民生活上的需要。

当前，主要分布区的红桦林多已成熟甚至过熟，腐朽现象日益严重，为了充分利用森林资源和维护森林的防护效能的发挥，对这类森林需要有计划地进行采伐更新：一般采用小面积皆伐，人工促进更新或辅之人工栽植松苗、云杉苗，培育针阔叶混交林。对防护林，宜择伐作业，以清除病腐木为主结合利用，同时采取相应的更新措施。红桦林内的针叶母、幼树，应严加保护，促其发展。

对现有红桦幼、中龄林，应适量间伐，改善林分生长条件，提高森林生产力。

2—1—6—7 光皮桦林①

光皮桦（*Betula luminifera*）为中国亚热带山地落叶阔叶林，起着重要的水源涵养和水土保持作用，其木材有一定经济价值，因此也是用材林。

（一）分布与生境

分布范围东起浙江天台山，西至云南维西，南起云南文山，北至陕西户县。地理位置为北纬 23°20′～34°10′，东经 99°10′～120°50′。主要分布于浙江天台山、天目山、临安、遂昌、龙泉；安徽大别山区的霍山、潜山、岳西、太湖及安徽南部山区的青阳、休宁、黟县、绩溪、祁门等地；江西的怀玉山、武夷山至九连山；福建的武夷山；湖南桑植、吉首、龙山、永顺；河南西峡、嵩县；湖北巴东、利川、兴山、神农架、来凤、宣恩、建始；陕西平利、户县、宁强、太白山；甘肃文县碧口；重庆城口、巫山、奉节、南川；四川平武、都江堰、乐山以及马耳康、大金、宝兴、天全、马边、峨边、峨眉山、洪雅、雅安、石棉；贵州平坝、遵义、普安、独山、桐梓、大方、瓮安、德江；云南富宁、文山、广南、蒙自、砚山、西畴以及

① 执笔人：谢正卓

丽江、维西；广西田林、龙胜、临桂；广东英德、乐昌等地。垂直分布高度在海拔 250～2 780m，较集中分布于海拔 1 000～1 700m。垂直分布高度东西差异较明显，东部天目山、武夷山一带，分布在海拔 600～1 200m；而西部四川、贵州等地则可达海拔 1 000～2 780m，云南丽江、维西均分布在海拔 2 500～2 900m。除海拔 1 000～1 700m 的中山山地，有较连续的片状分布外，其余都是零散分布，多为天然混交林，极少纯林。光皮桦喜温凉湿润气候，分布区年平均气温 6～17℃（指山地气候），1 月平均气温 0～4.8℃，7 月平均气温24～26℃，极端最高气温 43℃（非山地气候）。极端最低气温 −15℃。年平均降水量 800～2 000mm，降水集中在夏秋两季。如湖南桑植县天平山 6～11 月的降水量为全年降水量的 72.1%，水热同季，无霜期 240～270d，土壤为板岩、砂岩、页岩、石灰岩、花岗岩、片麻岩等发育形成的黄壤、红黄壤、黄棕壤。光皮桦对土壤要求不高，适应性强，在酸性、中性及微碱性的钙质土上均能生长，能耐干旱瘠薄，但在土层较厚、肥沃、湿润的酸性土上，生长最好，故光皮桦多分布于山坡下部或地形比较平缓的山坡。

（二）组成结构

光皮桦林分布地域辽阔，林分树种组成因地域不同而有较大差异。在北亚热带，常与其他落叶阔叶树种组成落叶阔叶林，树体高大，林相整齐，生产力较高，在中亚热带地区多分布于海拔较高的中山山地。在地带性的原生常绿落叶阔叶林中，光皮桦为乔木第一亚层的主要树种，混生树种较多，分层明显，林分受人为破坏，生产力较低。现将主要类型分述如下：

1. 太白杨光皮桦林

分布在秦岭海拔 1 500～1 900m 的山地，多在沟谷南坡的中部和下部，或沟谷底部顺宽沟漫坡而上，土壤为暗隐灰化棕色森林土，中质壤，地位级较高（Ⅰa～Ⅰ级），立木生长高大，干形端直圆满、林相整齐，林分生产力较高。乔木层以光皮桦为主，占乔木层的 60%～80%，其次是太白杨（冬瓜杨）（*Populus purdomii*），约占 10%，其他还有华西枫杨（*Pterocarya insignis*）、漆树（*Toxicodendron vernicifluum*）等，层高 15～27m。下木层种类繁多，以中湿生种为主，生长较高大，无明显优势，主要有荚蒾（*Viburnum dilatatum*）、青荚叶（*Helwingia japonica*）、木姜子（*Litsea pungens*）、茶藨子（*Ribes* sp.）、棣棠花（*Kerria japonica*）、旌节花（*Stachyurus chinensis*）等。层外植物常见北五味子（*Schisandra chinensis*）、中华猕猴桃（*Actinidia chinensis*）和盘叶忍冬（*Lonicera tragophylla*）等。草本地被植物种类较多，生长茂盛，多为喜温性种类，常见的有荨麻(*Urtica* sp.)、景天(*Sedum erythrostictum*)、红升麻（*Astilbe grandis*）及蕨类等。此林天然更新情况较好，但树种较多，分布不均。主要有光皮桦、锐齿槲栎、华山松、漆树、铁杉和油松等的幼苗、幼树。林内卫生状况良好，很少有病虫害发生。

2. 山杨光皮桦林

此类型在贵州西部海拔 500～2 000m 山地，较连续成片分布，大多为幼林。乔木层以光皮桦、山杨为主，林木组成为 6 光 4 山，总郁闭度 0.8，光皮桦 189 株/hm^2，平均高

5.4m，平均胸径 21.2cm，山杨 106 株/hm^2，平均高 5.16m，平均胸径 24.1cm。下木层高 0.50～1.5m，盖度在 60%左右，频率较高，数量较大的有白栎、麻栎、金丝桃等。其他常见种还有盐肤木、小果南烛、杜鹃花和茅栗等。草本层较稀疏，盖度一般在 20%～30%，高度 50cm 或更高，常见种有蕨（*Pteridium aquilinum* var. *latiusculum*）、槲蕨（*Drynaria baronii*）、芒（*Miscanthus sinensis*）、牡蒿（*Artemisia japonica*）、秋鼠曲草（*Gnaphalium hypoleucum*）等。

3. 雷公鹅耳枥光皮桦林

分布在湖南桑植县天平山何家湾，海拔 1 300m，总郁闭度 0.75，乔木第一亚层高 15m 以上，林木组成为 8 光 2 鹅＋枫。尚有光皮桦、雷公鹅耳枥（大穗鹅耳枥）（*Carpinus viminea*）、多脉青冈（*Cyclobalanopsis multinervis*）缺萼枫香（*Liquidambar acalycina*）、响叶杨（*Populus adenopoda*）等；第二亚层高 6～15m，有绵柯、红麸杨、中华石楠、四照花、长蕊杜鹃花、绒毛钓樟、盐肤木、三桠乌药、水马桑等。灌木层郁闭度 0.55，有中华绣线菊（*Spiraea chinensis*）、吊钟花（*Enkianthus quinqueflorus*）、巴东荚蒾（*Viburnum henryi*）、软条七蔷薇（*Rosa henryi*）、绣球八仙花（伞形绣球）（*Hydrangea umbellata*）。草本层有野古草（*Arundinella hirta*）、芒、渐尖毛蕨（*Cyclosorus acuminatus*）、华南落新妇（*Astilbe austrosinensis*）、麦冬、半夏（*Pinellia ternata*）。

（三）生长发育

光皮桦是喜光的速生树种，在适宜的生态条件下，生长快，成林迅速，20～30 年即可利用，如贵州纳雍县治昆区果来桠口的 20～25 年生光皮桦林分，蓄积达 133m^3/hm^2。秦岭山地的光皮桦林，33 年生，平均高 18.5m，蓄积达 247m^3/hm^2；光皮桦和太白杨的混交林 55 年生，平均高 27.4m，蓄积 217m^3/hm^2；光皮桦与榆、鹅耳枥的混交林，58 年生，平均高 23.6m，蓄积 170m^3/hm^2。

湖南慈利县金岩乡桑木湾，24 年生光皮桦高 22.6m，胸径 28.1cm。据湖南沅陵县的树干解析木分析，20 年生的天然立木高 14.6m，胸径 17.1cm，材积 0.141m^3。20 年内生长速度一直较快，5～10 年平均高生长为 0.56～0.63m，15～20 年为 0.73m。

在常绿落叶阔叶林中，光皮桦幼树因其他树种的遮荫，得不到充足阳光，生长较缓慢，但生长期持续较长，亦能长成高大乔木。如湖南莽山 250 年生解析木，树高 26.6m，年平均生长量 0.11m；胸径 61.3cm，年平均生长量 0.27cm，材积 3.233 1m^3，年平均生长量为 0.014 1m^3。20～30 年生长加快，树高连年生长量为 0.53m，胸径连年生长量为 0.69cm。40 年生树高生长明显下降，但胸径生长 60 年后才有下降，以后一直保持 0.27cm 的生长量，延续至 230 年尚未停止，材积生长一直上升趋势（详见表 1—67）。

近年来不少地方开展了光皮桦人工造林，生长速度亦较快。如湖南省林业科学研究所在立地条件较差的第四纪红壤上，营造的光皮桦林，6 年生树高 6.1m，胸径 6.95cm。

表 1—67　湖南莽山光皮桦生长过程表

年龄	树高 (m) 总生长	树高 平均生长	树高 连年生长	胸径 (cm) 总生长	胸径 平均生长	胸径 连年生长	材积 (m^3) 总生长	材积 平均生长	材积 连年生长	形数 (%)
10	2.3	0.23	0.47	2.1	0.21	0.42	0.000 8	0.000 1	0.001 2	0.880
20	7.0	0.35	0.53	6.3	0.32	0.79	0.012 3	0.000 6	0.008 9	0.567
30	12.3	0.41	0.08	14.2	0.47	0.67	0.101 2	0.003 4	0.015 4	0.528
40	13.1	0.33	0.12	20.9	0.52	0.49	0.254 7	0.006 4	0.018 6	0.567
50	14.3	0.29	0.05	25.8	0.52	0.37	0.441 1	0.008 8	0.015 4	0.576
60	14.8	0.25	0.03	29.5	0.49	0.24	0.595 5	0.009 9	0.011 0	0.588
70	15.1	0.22	0.04	31.9	0.46	0.16	0.705 4	0.010 1	0.017 7	0.638
80	15.5	0.19	0.06	33.5	0.42	0.23	0.882 5	0.011 0	0.005 3	0.576
90	16.1	0.18	0.07	35.8	0.40	0.15	0.935 7	0.010 4	0.010 6	0.835
100	16.8	0.17	0.05	37.3	0.37	0.21	1.041 5	0.010 4	0.013 2	0.567
110	17.3	0.16	0.06	39.4	0.36	0.16	1.173 6	0.010 7	0.015 2	0.883
120	17.9	0.15	0.08	41.0	0.34	0.19	1.298 7	0.010 8	0.011 8	0.558
130	18.7	0.14	0.03	42.9	0.33	0.14	1.450 5	0.011 2	0.015 5	0.533
140	19.0	0.14	0.02	44.3	0.32	0.16	1.605 2	0.011 5	0.016 1	0.570
150	19.2	0.13	0.03	45.9	0.31	0.21	1.765 8	0.011 8	0.016 3	0.556
160	19.5	0.12	0.06	48.0	0.30	0.19	1.939 1	0.012 1	0.017 3	0.549
170	20.1	0.12	0.02	49.9	0.29	0.18	2.112 2	0.012 4	0.016 8	0.538
180	20.3	0.11	0.07	51.7	0.29	0.20	2.280 4	0.012 7	0.020 5	0.535
190	21.0	0.11	0.08	53.7	0.28	0.28	2.485 6	0.013 1	0.020 9	0.523
200	21.8	0.11	0.05	56.5	0.28	0.21	2.694 6	0.013 5	0.020 7	0.493
210	22.3	0.11	0.08	58.6	0.28	0.14	2.901 7	0.013 8	0.015 6	0.491
220	23.1	0.11	0.12	60.0	0.27	0.13	3.058 0	0.013 9	0.017 5	0.509
230	24.3	0.11		61.3	0.27		3.233 1	0.014 1		0.451

注：树干解析木资料取自　林班：47　疏密度：0.7　坡向：西　坡度：40　海拔：1182m　组成：6 光 .2 圆槠 .1 枫香 . 水青冈 .1 其他

（四）更新演替

光皮桦为喜光树种，据调查，以光皮桦为主体的森林中，林下光皮桦的幼苗极少。但在采伐迹地、火烧迹地及林中隙地上，光皮桦因种子小，多而轻，萌芽能力强。因而幼苗多而密，分布均匀。据在湖南沅陵调查，海拔 700m 的皆伐迹地上，每公顷有光皮桦幼苗 15 840 株，白栎 1 665 株，黄檀 1 455 株，杉木萌芽条 930 株，盐肤木 990 株，野鸦椿 825 株，其他还有四照花、山桐子、山合欢、梾木、马尾松等 1 725 株。光皮桦以其生长迅速，树体高大的优势，占据第一林层，形成以光皮桦为主体的林分。同时一些耐荫的针叶树及壳斗科树种也逐渐生长，形成了郁闭的森林环境。在这种环境中，光皮桦幼苗因光照不足，生长发育受阻，数量极少。光皮桦衰老后，林下无幼树接替，因而经过一个世代或长一点的时间，光皮桦林将会逐渐消失。而被耐荫的针叶树和其他阔叶树所更替。因此，光皮桦林在森林自然演替序列上是过渡阶段的先锋林类型。

（五）评价及经营意见

光皮桦林是采伐迹地、火烧迹地的先锋树种，是森林自然演替过程中一个重要过渡类型。光皮桦对立地要求不严格，生长快，天然更新能力强，对迅速恢复森林环境，改良土壤具有重要作用。光皮桦材质好，纹理美观，硬度中等，切面光滑，不翘不裂，可作胶合板，军工用材。在森林过伐木材短缺的情况下，较之中山山地的其他森林类型，光皮桦能更快地提供木材，有着较大的经济价值。在人烟稀少，劳力不足的地方，对荒山及采伐迹地，采取封山育林的办法，若发展以光皮桦为主体的森林，则可适当进行抚育间伐，去劣存优，培育成质量较好的光皮桦林。

光皮桦可作为重要的用材树种，大力开展人工造林，可与多种针、阔叶树种混交，也可与马尾松混种培育为荒山先锋林。湖南省林业科学研究所，湘西土家族苗族自治州、怀化、邵阳等地区林业科学研究所于1970年开始，进行光皮桦人工造林的试验。1973～1980年湘西土家族苗族自治州、怀化、邵阳、永州（原零陵）等地区的部分县营造了小面积的光皮桦林。因此人工造林是大有希望的。

2—1—6—8 糙皮桦林①

糙皮桦（*Betula utilis*），是西南高山、亚高山地区的重要建群种之一。森林面积小，但在水源涵养方面有其特殊作用。

糙皮桦林的分布较广，在国内主要分布于陕西、甘肃、青海、四川以及西藏东南部的波密、林芝、米林、隆子、定结、聂拉木等地的亚高山、高山针叶林地带；印度、尼泊尔、锡金、不丹、阿富汗等国也有分布。糙皮桦林是落叶阔叶林中分布最高的一个森林类型，在秦岭分布于海拔2 500～2 800m，上接巴山冷杉林，下连红桦林；在甘肃的大夏河林区分布于海拔2 300～3 600m，在2 300～3 200m，常形成小片纯林；在青海祁连山多分布于2 700～3 600m；在四川主要分布于其西部高山峡谷地区，海拔2 500～3 600m，以岷江上游及其支流，大渡河上游及其支流分布最多。在西藏的珠穆朗玛峰地区甚至可生长到4 000m以上的灌木疏林中。糙皮桦林由于地处高寒，生境严酷，林分生长缓慢，林地生产力低。

糙皮桦林组成简单，伴生树种不多，通常为单层纯林，林分垂直结构明显，一般具有乔木层、下木层、草本植物层和苔藓层4个层次。糙皮桦为乔木层的建群种。在海拔较高的糙皮桦林，常有巴山冷杉（*Abies fargesii*）、丽江云杉（*Picea likiangensis*）、川西云杉（*P. balfouriana*）、岷江冷杉（*Abies faxoniana*）以及红杉（*Larix potaninii*）等针叶树种散生，其高度通常超过糙皮桦。海拔较低处，铁杉（*Tsuga chinensis*）、华山松（*Pinus armandii*）等针叶树以及红桦、青榨槭（*Acer davidii*）、毛花槭（*Acer erianthum*）、刺柏

① 执笔人：张岂凡

（*Juniperus formosana*）等常混生于糙皮桦林中。林下灌木丛主要由蔷薇科、忍冬科植物组成常见种有陇蜀杜鹃（*Rhododendron przewalskii*）、金背杜鹃（麻点杜鹃）（*Rh. clementinae*）、秀雅杜鹃（*Rh. concinnum*）、陕甘花楸（*Sorbus koehneana*）、峨眉蔷薇（*Rosa omeiensis*）、陇塞忍冬（*Lonicera tangutica*）、高山绣线菊（*Spiraea alpina*）、甘肃荚蒾（*Viburnum kansuense*）等。草本植物层主要是由毛茛科、菊科、莎草科植物组成。苔藓层发育良好，盖度 0.2～0.7，有的苔藓附生在林木或灌木的茎部。

糙皮桦一般生长不良，树干矮而多弯曲，树冠疏松而不整齐，多分枝。在分布上限甚至形成灌木状态。林木平均高 8～12m，平均胸径 8～10cm，每公顷蓄积量 30～80m^3。根据青海大通河林区糙皮桦 6 株平均木生长过程可看出，糙皮桦高生长 20 年时进入盛期，连年生长量 20cm 左右，40 年后逐渐下降，80 年生其连年生长量仅 5cm，100 年生高 9.18m。糙皮桦的胸径生长 25 年后速度加快，30～60 年连年生长量为 0.15cm 左右，此后生长逐渐缓慢。材积生长量高峰期在 90 年以后，100 年总生产量为 0.035 7m^3。

糙皮桦林多系云冷杉形成过程中一种过渡性的林分类型。在秦岭太白山地区可看到糙皮桦与巴山冷杉相互更替的情况。当巴山冷杉林遭到破坏后，糙皮桦作为先锋树种常是首先占领迹地形成糙皮桦林。糙皮桦林为巴山冷杉的种子发芽和幼苗生长创造了条件。在糙皮桦林下巴山冷杉的幼苗幼树得到很好地生长发育，当其逐渐生长进入乔木层林冠时，糙皮桦为争取光照，则长得细长而弯曲，终因不能适应而枯死，最后巴山冷杉林又更替了糙皮桦林。土壤重湿的特殊环境，使其他树种难以生存，在这种情况下，也可以保持一段相当长的稳定期。

糙皮桦林耐瘠薄、耐高寒，是中国落叶阔叶林中分布最高的一种森林类型，为了涵养水源，维护森林景观，一般生长于地形复杂，岩石裸露、土层浅薄地段的糙皮桦林，虽干形欠佳，生长缓慢，也应予以保护。对土层深厚，生境条件好的地段成、过熟糙皮桦林，可考虑进行经营择伐，人工引进冷杉或云杉，使其逐渐恢复为冷杉林或云杉林，对中、幼龄林可进行适度间伐。合理调整林分密度和改善林地卫生状况，促进林木生长，提高糙皮桦林的质量。

2—1—6—9　西南桦林①

西南桦（*Betula alnoides*）又称西桦，是桦木科分布较南的树种，树体高大，干形通直，材质细致优良，具有许多用途，且容易更新，适应性强，生长迅速，为常绿阔叶林破坏和采伐迹地上的先锋树种。目前所见到的西南桦林，大部分为常绿阔叶林破坏后形成的林分。不仅是用材林，对维护森林生态环境和森林恢复均起重要的作用。

西南桦林主要分布于云南滇中高原以南的文山、红河、思茅、西双版纳、德宏、保山

① 执笔人：刘中天

以及滇西北怒江峡谷山地；广西的百色、河池地区，龙胜、灵川、资源、兴安和融水等地也有分布。分布海拔一般为800～1 500m，但个别地区，如云南的屏边、河口分布最低海拔可至500m左右，分布最高见于云南新平县海拔1 900m处。西南桦为喜光树种，喜暖热湿润气候，其主要分布区的气候，年平均气温15～20℃，≥10℃的活动积温为5 000～6 000℃，年降水量800～1 600mm，年相对湿度一般在70%以上。对水湿条件要求较高。

它对土壤的适应性广，赤红壤、山地红壤、山地黄壤上均可生长，而在石灰土上不见分布。但在深厚疏松、排水良好的土壤上，生长很好，在公路下边坡的松土带上，生长更为迅速。其林下的土壤，多为发育在砂页岩、花岗岩和砂岩上的赤红壤、山地红壤和山地黄壤，土壤的厚度因地形而异，一般土壤都较深厚，为40～100cm，局部地区为薄层土，但大部分土壤都较疏松、湿润、透水性能良好。腐殖质层较厚，有一定的自然肥力，对林木生长极为有利。

西南桦林外貌较整齐，树干通直、春夏树冠一片翠绿，秋冬落叶，林内显得特别明亮。该林分纯林较少，大部分为单层混交林。林分系以西南桦为优势，一般可占6～7成或8成，而混交树种刺栲（*Castanopsis hystrix*）、短刺栲（*C. echidnocarpa*）、南酸枣（*Choerospondias axillaris*）、西南木荷（红木荷）（*Schima wallichii*）、毛八角枫（*Alangium kurzii*）以及血桐（*Macaranga* sp.）多种等。它们在林分中约占4～3或2成，其中以栲属和西南木荷为常见。但在思茅林区一带，又多见西南桦与思茅松（*Pinus kesiya* var. *langbianensis*）、喜树（*Camptotheca acuminata*）等组成了混交林，在稍干热地区可见与山黄麻（*Trema orientalis*）、白头树（*Garuga forrestii*）等混交；在海拔较高，气候较温凉湿润地区又常和旱冬瓜（*Alnus nepalensis*）组成混交林（典型的西南桦林，林分平均高17～18m，平均胸径28～30cm，郁闭度0.5～0.6，每公顷蓄积量达130～180m^3）。

西南桦林下灌木不甚发达，多为一些喜暖种类，覆盖度为20%～30%，平均高1.0m左右。常见种有野牡丹（*Melastoma candidum*）、圆锥水锦树（*Wendlandia paniculata*）、南烛（珍珠花）（*Lyonia ovalifolia*）、中国宿苞豆（*Shuteria sinensis*）、九节（*Psychotria rubra*）等。

草本植物也不发达，覆盖度30%～40%，平均高约80cm左右，常见有蔓生莠竹（*Microstegium gratum*）、紫茎泽兰（*Eupatorium adenophorum*）、飞机草（*E. odoratum*）、脉耳草（*Hedyotis costata*）、珍珠茅（*Scleria hebecarpa*）、山姜（*Alpinia* sp.）等。

西南桦的生长迅速，据46年生的解析木分析，树高31.6m，胸径36.1cm。其树高和胸径生长从10年生左右明显加快。树高的生长峰值出现在15年，年生长量达0.86m，到45年生后有下降趋势。而胸径生长峰值出现在40年生，年生长量达1.02cm，直到46年生时仍无下降趋势，年生长量仍有1cm左右。而材积生长到46年生时，平均生长量和连年生长量仍未相交，预期数量成熟林到来较晚。在云南南部低纬度地区，水热条件好的立地条件上，西南桦生长更为迅速，如云南西双版纳的普文林场，海拔950m山地生长的西南桦，40年生，树高29.7m，平均年生长量0.75m；胸径44.8cm，平均每年生长1.12cm；单株材积为1.903 4m^3。又如云南屏边大围山海拔980m的林中，7年生的幼树，树高已达8.2m，平均每年生长 1.17m，胸径 6.5cm，每年平均生长 0.93cm。可见，西南桦的生长是迅速的。

西南桦的结实相当丰富，但其种子小，易飞散。如林内灌木、草本不甚发达的条件下，其天然更新良好，每公顷有幼苗 3 000 株和幼树 1 000 株左右。在公路下边沟的新土带上，更新幼苗、幼树的数量更多，并可望成林。可见西南桦具有天然更新能力强的特点。如当分布区的常绿阔叶林遭受破坏后，只要种源有保证，迹地很快被西南桦所占领，更新成林。此外，西南桦具有较强的萌蘖能力，当西南桦采伐利用后，其伐桩很快以萌蘖来恢复林分，如加强除蘖等管理，亦易成林。

西南桦不仅适应性广，生长迅速，而且树干高大通直，为国产桦木中干形较好，径级较大的一个树种。其木材材质优良，加工性能、油漆性能和胶粘性能均为良好，是胶合板贴面、家具、造纸等优良用材。同时，其树木含单宁，因此又是良好的栲胶原料。

西南桦林大部分布在季风常绿阔叶林间，大面积的林分不多，同时现阶段对它采伐利用较多，因此，对现有的西南桦林应加强经营管理，并在今后的营林工作中应重视其发展。目前，在云南的速生丰产林基地建设规划设计中，已选用西南桦为速生丰产用材树种。由于它种子小，难于采摘收集，所以对其育苗、造林等技术应加强研究，以利林业生产的发展。

2—1—6—10　长穗桦林①

长穗桦（*Betula cylindrostachya*）林分布于西藏的察隅、波密及云南西北部；印度也有。长穗桦为喜暖树种，通常在山地亚热带常绿阔叶林受到采伐或火烧破坏后，形成小面积长穗桦林。

长穗桦林其垂直分布为海拔 1 500～2 500m，林下土壤为发育在坡积物上的薄土层，中腐殖质层酸性棕壤或黄棕壤，坡度较陡，可达 40°。分布区内年平均气温 10～16℃，≥10℃积温为 2 800～5 000℃，降水量通常在 1 000mm 以上，1 月份平均气温为 2～8℃，最热月平均气温 17～23℃，无霜期 190～260d。

西藏境内的长穗桦林，多处于幼林阶段，乔木层中除长穗桦外，尚混有红麸杨（*Rhus punjabensis* var. *sinica*）、水青树（*Tetracentron sinense*）、飞蛾槭（*Acer oblongum*）等。此外尚有头状四照花（*Cornus capitata*）、大花水东哥（*Saurauia megalantha*）、马蹄荷（*Exbucklandia populnea*）等小乔木。长穗桦在组成中通常占 8 成以上。

下木发达，盖度 50%以上，高度 2～3m，常见的有网脉悬钩子（*Rubus reticulatus*）、粗壮绣球（*Hydrangea robusta*）、接骨草（*Sambucus chinensis*）、水麻（*Debregeasia edulis*）等。

草本植物较发达，总盖度达 80%，常见的有喜马拉雅狗脊蕨（*Woodwardia himalaica*）、灰背瘤足蕨（*Plagiogyria glaucescens*）、沿阶草（*Ophiopogon bodinieri*）、堇菜（*Viola* sp.）、毛茛（*Ranunculus* sp.）、龙胆（*Gentiana* sp.）等植物。

---

① 执笔人：韩裕丰

苔藓层发育较弱，覆盖度不足20%，主要有曲尾藓（*Dicranum* sp.）、尖叶提灯藓（*Mnium cuspidatum*）、亮叶绢藓（*Entodon aeruginosus*）等。

长穗桦是速生树种，幼年生长迅速，从树干解析的资料可以看出，树高生长量在4年生时最高，连年生长量最大时达2m以上，胸径平均生长量以12年生时最大，材积生长量延续的时间较长。根据样地调查资料，17年生林分平均胸径13cm，平均树高18m，每公顷有立木320株，平均每公顷蓄积量达135.6m^3。

长穗桦林下更新不良。长穗桦虽系次生林，但林木生长迅速，木材质量较好，在调节木材供应，保持生态环境，促进目的树种更新和保持水土等方面都具有积极的作用。

第六节　赤杨林[①]

赤杨（*Alnus*）是主要分布在北半球的暖温带和温带的树木，常见于欧洲、北美洲和亚洲。但也存在于非洲北部以及南美洲等地。

赤杨要求温凉湿润的生境，在中国虽然分布较为普遍，但赤杨林的面积都不大。在东北、华北、华中、华东等地，以及东到台湾、西至云贵高原和西南山区的山地上，常在河谷或山沟中形成带状分布的走廊式森林，虽然数量零星，但在山区成为一种特有的景观。同时也表明了空气湿润、地下水位较高的特点，能够指示所在地的环境条件。

赤杨根部有放线菌与其共生而形成根瘤，有固氮作用，因此赤杨林能够改良土壤。如果用赤杨与其他树木营造混交林，则可以促进林木的成长。这一特点，在其他森林中是少有的。

2—1—7—1　赤杨林[②]

赤杨（*Alnus japonica*）林生长于低湿地和河岸、溪旁，起着护岸固堤及改良土壤的作用，其木材质量优良，可有多种用途，因此也是用材林。

（一）分布与生境

赤杨林天然分布，主要在中国辽宁南部、吉林、河北、山东、安徽、江苏、台湾等地。日本、朝鲜半岛也有分布。在中国分布的地理范围是北纬35°以北，东经117°以东的近海湿润地区。包括温带针阔叶混交林和暖温带落叶阔叶林区域。年平均气温2～4℃，最低平均气温－13～－25℃，极端最低气温达－42℃，最高平均气温为21～28℃，≥10℃年积温1 600～4 500℃，无霜期为100～240d，年平均降水量约600～1 000mm，该区域受夏季季风的影响，降水主要集中在7～8月，占全年降水量的50%以上，冬季降水量较少，因而常

① 执笔人：周光裕

② 执笔人：蒋学良．根据山东农学院许慕农调查资料

出现不同程度的春旱现象。

赤杨林分布面积虽然不大，但在阔叶红松林和落叶阔叶林区域的东部近海地带，经常可以见到呈小块状间断分布，在生态序列上处于上述森林群落的下限。垂直分布可达海拔1 000m 左右。该类型沿河流及沟谷地带延伸，通常地下水位较高，由于雨季有地表径流通过，常形成周期性地表积水。在水分条件好的地区，也常见其沿沟谷向上，顺阴坡延伸至山脊附近。在山坡上则多与其他树种组成混交林，或失去优势地位，但在人为破坏较严重的地方，由于赤杨有较强的繁殖能力，也常形成单优群落。

赤杨多分布于岩浆岩和变质岩风化母质所形成的土壤上，对土壤的适应性较强，在中性和微酸性土壤上生长较好，分布区多为发育在冲积母质，多腐殖质、有草甸化暗棕壤和潜育化暗棕壤土。

赤杨系喜光树种。喜湿润肥沃土壤，耐水湿，但不抗潴积死水，对空气湿度要求较高，因而多分布在沟谷及近海湿润气候区。主根不明显，侧根发达，常形成数条大侧根斜向插入土中，分布范围广而不深，主要密集于 30～40cm 的土层范围内。具根瘤，能固定游离氮供树木吸收利用，有利于林木生长。因此，有人将赤杨属称为“肥料树种”。沟谷、溪旁的群落，有的地段虽岩石裸露，土层较薄，但季节性流水带来的细土和有机质常沉积林地，因而肥力较高，林木生长良好。

（二）组成结构

赤杨喜水湿，常生于河滩、谷地，成小面积纯林或与其他树种混生。在分布区北部赤杨常与水曲柳（*Fraxinus mandshurica*）、春榆（*Ulmus davidiana* var. *japonica*）、枫杨（*Pterocarya stenoptera*）、毛赤杨（辽东桤木）（*Alnus sibirica*）林等交替分布。有时呈混交林，混交树种仅占 1～2 成。在山地上混交树种较多，占的比重也较大。还有风桦（*Betula costata*）、核桃楸（*Juglans mandshurica*）、色赤杨（*Alnus tinctoria*）、山皂角（*Gleditsia melanacantha*）、钻天柳（*Chosenia arbutifolia*）等，在坡地上还可见到黄波罗（*Phellodendron amurense*）、色木槭（*Acer mono*）、水榆花楸（*Sorbus alnifolia*）、花曲柳（*Fraxinus rhynchophylla*）和杉松（*Abies holophylla*）、长白落叶松（*Larix olgensis*）等。而在南部则常见有白蜡树（*Fraxinus chinensis*）、野茉莉（安息香）（*Styrax japonica*）以及豆梨（*Pyrus calleryana*）等树种。

下木层的盖度因分布生境和林分郁闭度不同有较大差异。在河滩地郁闭度较大的林分中，灌木的种类极其贫乏，植株呈点状散生；在沟谷及坡地灌木的种类较多，如在分布区北部主要的下木有柳叶绣线菊（*Spiraea salicifolia*）、珍珠梅（*Sorbaria sorbifolia*）、刺蔷薇（*Rosa acicularis*）、蓝靛果（*Lonicera caerulea* var. *edulis*）、金花忍冬（*L. chrysantha*）、稠李（*Prunus padus*）、红瑞木（*Cornus alba*）、暴马丁香（*Syringa amurensis*）等，高度一般1.5～2.0m，盖度 20%～30%。辽宁东部形成下木层的主要树种有星毛珍珠梅（*Sorbaria sorbifolia* var. *stellipida*）、细柱柳（*Salix gracilistyla*）、早花忍冬（*Lonicera praeflorens*）以及盐肤木（*Rhus chinensis*）、海州常山（*Clerodendron trichotomum*）、千金榆（*Carpinus cor-*

data)、八角枫（*Alangium chinense*)、三桠乌药(*Lonicera obtusiloba*)、白檀（*Symplocos paniculata*)、鸡树条荚蒾（*Viburnum sargentii*）等，盖度可达30%～40%。此外，还有藤本植物如五叶地锦（*Parthenocissus quinquefolia*）、蛇白蔹（东北蛇葡萄）(*Ampelopsis brevipedunculata*)、山葡萄（*Vitis amurensis*）等，常缠绕攀缘至树冠上部，影响树木生长。

草本地被物种类较多，主要是一些湿生和中生的植物。在辽宁半岛主要有尾叶香茶菜(*Rabdosia excisa*)、水金凤(*Impatiens noli-tangere*)、东北天南星（*Arisaema amurense*)、水珠草（*Circaea quadrisulcata*）、虎耳草（*Saxifraga stolonifera*)、地榆（*Sanguisorba officinalis*)、落新妇（*Astilbe chinensis*)、老山芹(*Heracleum barbatum*)、棠棣升麻(*Aruncus asiaticus*）、莓叶委陵菜（*Potentilla fragarioides*)、柔枝莠竹（*Microstegium vimineum*)、宽叶苔草（*Carex siderosticta*)、风轮菜（*Clinopodium chinense*)、珍珠菜（*Lysimachia clethroides*)、透骨草（*Phryma leptostachya* var. *asiatica*）等，在河滩地香蒲（*Typha latifolia*）成为主要的草本层，形成明显的层片。其他有大红蓼（*Polygonum orientale*)、鸭跖草（*Commelina communis*)、荠苎（*Mosla grosseserrata*）等。分布区北部尚有桂皮紫萁（*Osmunda cinnamomea* var. *asiatica*)、兴安鹿药（*Smilacina dahurica*)、木贼（*Equisetum hiemale*)、林问荆(*Equisetum sylvaticum*）、驴蹄草（*Caltha palustris*)、小叶芹（东北羊角芹）(*Aegopodium alpestre*）、二叶舞鹤草（舞鹤草）(*Maianthemum bifolium*)、山酢浆草（*Oxalis griffithii*)、唢呐草（*Mitella nuda*）、北附地菜（*Trigonotis radicans*）等。在林冠疏开处，尚有喜光的大叶章（*Deyeuxia langsdorffii*)、小叶章（*D. angustifolia*)、蚊子草（*Filipendula palmata*)、狭叶荨麻(*Urtica angustifolia*)、贝加尔唐松草(*Thalictrum baicalense*)等侵入。此外，地表层苔藓层发育，主要有粗叶泥炭藓（*Sphagnum squarrosum*)、羽藓（*Thuidium* spp.)、提灯藓（*Mnium* spp.）等。在分布区南部还常见野古草（*Arundinella hirta*)、水竹叶(*Murdannia triquetra*)、山柳珍珠菜(*Lysimachia clethroides*)，水湿地沿有灯心草（*Juncus effusus*)、针蔺（中间型荸荠）(*Eeleocharis intersita*)、柳叶箬（*Isachne globosa*）等。此外，在群落的草本层中，尚有以赤杨为寄主的无叶根寄生植物—草苁蓉(*Boschniakia rossica*)是该群落的特征种。

（三）生长发育

赤杨为速生树种，早期生长迅速，在正常情况下，林木4～5年生时即可达郁闭状态。开花结实较早，一般10～15年生时即开始大量结实，以后结实量仍趋增长，并在相当长的一个时期内保持丰富的结实量。林木生长量随着年龄的增长逐渐增加，达最高峰后，又渐趋降低，直至衰老后停止生长，通常的高生长的最高期出现在5～10年，连年生长量可达0.7～1.2m，至15年生时仍保持较高的生长量，以后生长渐次减弱。胸径生长的最高期出现在10～15年，至20～30年生时仍保持较大的生长量，连年生长量达0.8～1.3cm。材积生长的最高期出现在高、径生长量最高期之后，一般在30～35年，以后逐渐减慢。然而材积平均生长量的最高期远较材积连年生长量的最高期出现要晚，通常要到40年以后（见表1—68)。因而赤杨的数量成熟年龄一般在40～45年，然而，立地条件对林木的成熟有较大影响，例如河滩地长时期积水，可能使林木提前衰老，成熟期提前。

表 1—68　赤杨材积生长过程　单位：m^3

标准地号	解析木号	生长量	年龄 5	10	15	20	25	30	35	38	39	40	42
庄河		总生长量	0.0009	0.0199	0.0754	0.1622	0.2670	0.3852	0.4886			0.5919	0.6311
仙人洞	1	连年	0.0002	0.0038	0.0111	0.0174	0.0210	0.0236	0.0207			0.0207	0.0196
1		平均	0.0002	0.0020	0.0050	0.0081	0.0107	0.0128	0.0140			0.0148	0.0150
新金		总生长量	0.0127	0.0546	0.1005	0.1389	0.1886	0.2485	0.3219	0.3589			
安坡	3	连年	0.0025	0.0084	0.0092	0.0077	0.0099	0.0120	0.0147	0.0123			
1		平均	0.0025	0.0055	0.0067	0.0070	0.0075	0.0083	0.0092	0.0094			
新金		总生长量	0.0023	0.0167	0.0584	0.1869	0.1561	0.2239	0.2885		0.3380		
安坡	3	连年	0.0005	0.0029	0.0083	0.0097	0.0098	0.0136	0.0129		0.0124		
3		平均	0.0005	0.0017	0.0039	0.0054	0.0062	0.0075	0.0082		0.0087		

据在辽东半岛对天然林的调查，由于群落所在地离居民点较近，多数经受过不同程度的破坏，林木的郁闭度不大，一般在 0.5～0.7，10 年生的林分，平均高在 7～10m，平均胸径 8～12cm，蓄积量每公顷为 20～40m^3；25 年生的林分，平均高在 12～15m，平均胸径为 14～22cm，蓄积量每公顷 70～120m^3。庄河平均高 15.7m，蓄积量 140m^3；新金安坡乡宫家村 30 年生的赤杨林，蓄积量每公顷达 150m^3。人工林生长情况较天然林为好，该县沙包乡大胜村 15 年生的人工林，每公顷蓄积量达 143m^3；山东省中南部的蒙山，20 年生的人工赤杨林，平均高为 13.3m，平均胸径 14.5cm，每公顷蓄积量为 115m^3；胶东半岛的昆嵛山 23 年生的人工林，平均高 13.6m，平均胸径 17.2cm，每公顷蓄积量为 146m^3。

立地条件对赤杨林的生长有显著影响，一般坡地赤杨林生长量较低，沟谷水肥条件较好，生长量较高；河滩地根据土壤条件，生长量有较大差异。森林起源与林木生长也有密切关系：萌芽林通常较实生林早期生长迅速，常有较高的产量，但多代萌生林生产量显著下降。据在新金县内调查，坡地土层厚 70cm 棕壤上生长的 35 年生每公顷 500 株，树种组成为 7 赤杨 1 黑 1 核 1 栎＋梨的赤杨混交林，平均树高为 12.4m，平均胸径为 19.6cm，每公顷蓄积量仅为 88m^3；而沟谷，生长在腐殖质含量较高的草甸棕壤上，32 年生郁闭度为 0.6，每公顷 450 株，平均高 14m，平均胸径为 22.8cm 的赤杨纯林，每公顷 156m^3。河滩地，土壤条件明显地影响林木生长，在腐殖质较多的冲积细泥沙土上生长的 22 年生赤杨林，每公顷蓄积量达 172m^3；而在土壤比较贫瘠的多代萌生林，33 年生蓄积量每公顷仅 69m^3。

（四）更新演替

赤杨种粒较小，结实量丰富，几乎每年都能大量结实，种子具翅很易借风力自然散布，更由于赤杨具有喜光和生长迅速的特点，易于在各种迹地上发芽成长，因而在林缘和林窗中，常能发生多数天然下种的野生苗，有时密集成片，数量极为可观。据调查，更新良好处每平方米有1～3年生，高20～50cm的野生苗5～9株，更多的地方达10～20株。然而在林冠下则几乎无野生苗存在，这与赤杨的喜光性有密切关系，说明赤杨难以在自身林冠下获得更新。但是，当赤杨林被砍伐以后，由于具有萌芽及根蘖的能力，即能从伐根断面四周及近地表根系中发生大量萌芽条及根蘖苗，从而获得良好的更新。

赤杨易于在河滩、沟谷裸地以及水分充足的各类迹地上更新，群落形成以后，虽然不具备自身林冠下成长幼树的能力，但在河滩地由于缺乏竞争树种，有一定的稳定性，但在山坡地，当有其他针阔树种侵入时，极易被更替而形成针阔混交林或落叶阔叶混交林，以后逐渐失去优势地位。若上述混交林由于人为活动破坏后，赤杨可在迹地上借天然下种以及萌芽和根蘖的能力，将其他树种排挤掉而恢复其优势，再次形成赤杨林。现阶段天然赤杨林，系森林演替过程中的一个很不稳定的阶段。其成因有二：一为在迹地上形成的先锋群落，在采伐迹地上则多为萌生林；一为在混交林中选伐其他针阔叶树种的结果，由于伐去了其他树种，使赤杨得以发展，最后常形成单优群落。

（五）评价及经营意见

赤杨木材细腻、轻软、心边材区别不大，纹理通直，有光泽，耐水湿、抗腐朽，可供作水工设施、造船、建筑、坑木、矿柱、家具、胶合板、火柴杆、铅笔杆以及包装箱板等多种用途，尤为制作渔业生产的工具所需。树皮、果序单宁含量较高，可以提取栲胶，并可入药，其木炭可作为无烟火药的原料。

赤杨林在我国分布范围较窄，面积不大，且多呈带状或小块状间断分布，在多林地区常引不起人们的重视，至本世纪60年代后期，才逐渐开展人工培育苗木，造林面积日益扩大。赤杨耐水湿，但在死水长期潴积的地段，常因根系腐烂而死亡。因此，在沼泽地，常年积水的河滩地，应采用高台造林。赤杨生长迅速，叶含有丰富的灰分元素，易于分解成柔软的腐殖质。因此，可用于营造速生丰产林，亦可作为其他树种丰产林的良好伴生树种。与针叶树混交，可促进死地被物分解，有利于改良土壤，提高土壤肥力，如在湿润肥沃土壤上与枫杨、色赤杨、欧美杨（*Populus* spp.）、毛白杨（*Populus tomentosa*）、落叶松（*Larix* spp.）、赤松（*Pinus densiflora*）、水杉（*Metasequoia glyptostroboides*）等树种混交，都可获得良好效果。

2—1—7—2 毛赤杨林①②

毛赤杨（*Alnus hirsuta*）的木材用途广泛，可供建筑、造船、模型、乐器、器具、火柴杆之用；果实、树皮可作染料，树皮还可提取单宁。具有较高的经济价值。毛赤杨林生长在

① 执笔人：李永多

② 由黑龙江省林业勘察设计院李财德同志提供资料

各地和河岸、溪旁，具有一定的护岸和水源涵养作用。

（一）分布与生境

毛赤杨，乔木，树高可达20m，胸径40cm。是比较耐寒、喜湿的森林树种。

中国的寒温带、温带、暖温带都是有毛赤杨林分布，多生长在东北的黑龙江、吉林、辽宁及内蒙古东部和山东等地。在国外，朝鲜及俄罗斯的西伯利亚及远东地区，日本也有分布。在东北、内蒙古东部林区分布在沿河流两侧土壤排水良好、肥沃的地段上，形成小片纯林或与水曲柳（*Fraxinus mandshurica*）、核桃楸（*Juglans mandshurica*）、春榆、稠李（*Prunus padus*）等组成混交林。毛赤杨在地表长期滞水的水湿地上生长不良。萌蘖能力强，当年生萌条高可达1m。

毛赤杨分布区为寒温带、温带大陆季风气候区，主要特点为冬季受西伯利亚高气压控制，冬季漫长且干燥严寒，大地冻结、夜长昼短；夏季短暂，受海洋性季风影响温热多雨、昼夜温差较大。中心分布区年平均气温3.0℃，1月平均气温 −21.0℃，极端最低气温 −37.8℃；7月平均气温21.9℃。年降水量500～600mm，多集中在7、8、9三个月；生长期130d左右。

毛赤杨林生长在剥蚀、蚀山地的谷地、河流、沿岸冲积物上发育的较肥沃的潜育草甸暗棕壤上，这种土壤由于水分过多，有明显的潜育层，上部具有较厚的腐殖质层。土壤肥沃，腐殖质含量达21%，机械组成为粘壤土，土层内通气，排水不良。在长白山山地谷地、河流沿岸，地表排水良好的土壤上毛赤杨生长良好。

（二）组成结构

毛赤杨林主要伴生树种有水曲柳、核桃楸、白桦（*Betula platyphylla*）、春榆等。在地表排水良好的地段有少量核桃楸、水曲柳伴生；沿河流两岸与春榆、稠李混生；在地表季节性积水或排水不良地段与白桦、柳类（*Salix* sp.）等树种相混交。

毛赤杨林类型单纯，多为单层同龄块状纯林。典型林型有谷地毛赤杨林和水湿地毛赤杨林。

1. 谷地毛赤杨林

本林型林分结构简单，乔木层以毛赤杨为优势，组成多为8（10）毛赤杨2水曲柳、核桃楸，间或有少量的春榆和稠李。平均树高14～16m，平均胸径14～20cm，郁闭度0.6～0.8，密度通常为1 200～1 500株/hm^2，蓄积量120～180m^3/hm^2，该类型的林地生产力高于水湿地毛赤杨林，并且树干分枝较高，可作为用材林或其他林种进行经营。

谷地毛赤杨林下木发育较好，主要有红瑞木（*Cornus alba*）、珍珠梅（*Sorbaria sorbifolia*），其次还有暴马丁香（*Syringa amurensis*）、蓝靛果（*Lonicera caerulea* var. *edulis*），平均高1m左右，总盖度10%～20%。草本植物有苔草（*Carex* sp.）、菵草（*Beckmannia syzigachne*）、东北看麦娘（*Alopecurus mandshuricus*）、蚊子草（*Filipendula palmata*）、燕尾风毛菊（*Saussurea serrata*）、草乌头（*Aconitum kusnezoffii*）、光银莲花（*Anemone glabrata*）、紫花芹（*Sanicula rubriflora*）、朝鲜天南星（*Arisaema peninsulae*）等，总盖度60%～80%。

2. 水湿地毛赤杨林

本林型主要分布于林间或林缘的季节性积水或轻度常年积水的低湿地（轻沼泽地），土壤为浅育草甸土或沼泽土。由于立地条件的制约，毛赤杨林发育不良，且多以幼中龄林居多，因此，本林型是处于不稳定的过渡类型。林木组成 7～8 毛赤杨 3～2 白桦、柳或其他乔木树种。林木低矮，平均高 6～10m，平均胸径 6～10cm。林分较为稀疏，郁闭度 0.4～0.6，每公顷株数 1 500 株左右。林地生产力较低，平均蓄积为 40～60m^3/hm^2。主要下木有灌木柳（*Salix* sp.）、灌木桦（*Betula* sp.）、柳叶绣线菊（绣线菊）（*Spiraea salicifolia*）等，总盖度 10%～20%。草本植物有塔头苔草（*Carex tato*）、三棱藨草（*Scirpus triqueter*）、大叶章（*Deyeuxia langsdorffii*）、小叶章（*D. angustifolia*）、拂子茅（*Calamagrostis epigejos*）等，总盖度 60% ～80%。

（三）生长发育

毛赤杨是早期生长速度较快的阔叶树，以黑龙江省宝清县宝山林场谷地溪旁毛赤杨林一株 28 年生，树高 13.2m，胸径 14.1cm 解析木为例，说明毛赤杨的生育状况。从毛赤杨生长进程看出：它是速生树种，树高生长在 5 年生前就进入旺盛期，但胸径生长的旺盛期来的较晚，5 年后才开始出现。树高和胸径在 10 年前几乎同时进入生长旺盛期，但树高连年和平均生长量高峰过后，就急转直下，生长量逐年下降，在 15 年时树高生长旺盛期停止，生长旺盛期只持续 5 年。胸径生长则是另一种情况，平均和连年生长量最大值过后，生长量虽然开始逐年缓慢下降，但连年生长量在 20 年时又出现第二次生长旺盛期。

材积生长 5 年就进入旺盛期，20 年时进入材积生长最旺盛期，25 年时平均和连年生长量出现最大值，材积生长量最旺盛期可持续 10 年左右，材积生长量旺盛期持续 20 年之久，35 年开始进入数量成熟龄。

毛赤杨的生长规律是树高生长旺盛期早于胸径生长，树高和胸径生长最旺盛期在 10 年时几乎同时来临，但当胸径生长最旺盛期停止之时，即是材积最旺盛期来临之际（表1—69）。

表 1—69　毛赤杨生长进程

年龄	树高生长量（m）				胸径生长量（cm）				材积生长量（m^3）			
	总生长量	平均生长量	连年生长量	生长率（%）	总生长量	平均生长量	连年生长量	生长率（%）	总生长量	平均生长量	连年生长量	生长率（%）
5	3.00	0.60			1.50	0.30			0.002 36	0.000 47		
			0.93	17.5			0.90	24.0			0.001 96	27.0
10	7.67	0.77			6.00	0.60			0.012 16	0.001 21		
			0.42	4.8			0.42	6.0			0.003 51	16.8
15	9.75	0.65			8.10	0.54			0.029 71	0.001 98		
			0.27	2.5			0.52	5.5			0.004 81	11.5
20	11.10	0.56			10.70	0.54			0.053 77	0.002 69		
			0.26	2.2			0.36	3.1			0.005 07	7.6
25	12.40	0.50			12.50	0.50			0.079 11	0.003 16		
			0.27	2.1			0.27	2.1			0.004 20	4.9
28	13.20	0.47			13.30	0.48			0.091 72	0.003 27		

（四）更新演替

毛赤杨喜光、喜湿润肥沃的土壤，但寿命较短，既能种子更新，又能萌芽更新，天然更新多以萌芽更新为主。谷地毛赤杨林较为稳定，但在土、水、肥条件较好的地段，可被水曲柳、核桃楸所更替，这样将提高林分的质量及经济效益，无疑是人们经营森林所期望的。现实林分中水曲柳、核桃楸幼苗、幼树每公顷可达 1 000～2 000 株。这些树种待高出毛赤杨林层时，后者生长就受到抑制，将自然枯死，变为水曲柳核桃楸阔叶混交林。如受到火灾焚烧和人为的反复砍伐，就会变为草甸。

水湿地毛赤杨林是一个极不稳定的森林类型，现实林分多为幼中龄林，毛赤杨耐水湿的能力不如白桦，随着毛赤杨年龄的增长，将自然枯死，白桦林就将取而代之。反之，遭受反复严重破坏则将变为沼泽。

（五）评价及经营意见

毛赤杨林过去一直不被人们重视，任意樵采破坏，除采取行之有效的措施进行保护外，对现实的毛赤杨林应进行科学管理，加速成材和发挥其更大的生态经济效益。首先对河流溪旁的毛赤杨林划为水源涵养林进行经营，改善林内卫生状况，促进其天然更新。作为用材林经营的毛赤杨林应适时进行间伐，提高林分生长量和经济材出材率。由于毛赤杨具有喜肥沃湿润土壤的生态学特性，可作为河旁、水库固堤护岸的主要造林树种。

2—1—7—3　江南桤木林①

江南桤木（*Alnus trabeculosa*）林是中国亚热带中部及北部河滩和山间沼泽中常见的水泽森林。在沼泽水泽中多为纯林，而在山地黄壤上多为散生的混交林。

江南桤木林主要分布于河南南部、安徽大别山、江苏南部、浙江、江西、福建、湖南至广东北部海拔 1 300m 以下溪边、河滩、山间沼泽地带。尤以江西分布最多，在江西，江南桤木林见于靖安县的当归湖，在该县东源乡的中山地山间盆地尚有大面积的天然林分布，是江西山地过渡沼泽的森林植被类型。在江西的安远县高云山沟谷河岸仅有小面积的林分，井岗山湖阳一带山间地有 0.2～0.3hm^2 小片天然林。垂直分布在海拔 600～1 300m，以海拔 1 200m 的地带为典型。一般生于山间沼泽地及山地黄壤湿润沟谷两岸，立地条件较好，无岩石裸露。

土壤为花岗岩、砂岩、变质岩及泥炭土等所发育的山地黄壤及沼泽土，地下水位高，土壤潮湿多水。土层深厚，腐殖质层厚 50～60 cm，枯枝落叶层，厚度 6～8cm。

江南桤木林可分为乔木、灌木及草本植物 3 个层次，这与暖温带、温带的林型结构和组成极为相似，但显著不同的是，在下木层中有粉绿竹等常绿成分的灌木。主要类型有：

1. 沟蓼粉绿竹江南桤木林；

① 执笔人：黄兆祥

2．毛当归圆锥绣球江南桤木林；

3．庐山藨草＋毛当归粉绿竹＋圆锥绣球江南桤木林；

4．短尖苔草圆锥绣球江南桤木林；

5．线穗苔草腊莲绣球江南桤木林 5 个林型。

现以江西靖安县当归湖的沟蓼粉绿竹江南桤木林林型的调查材料进行分析。优势木为江南桤木，散生有几株泽柳（*Salix glandulosa*）。下木层种类很少，除优势种粉绿竹（*Phyllostachys glauca*）以外，仅有少数圆锥绣球和腊莲绣球（*Hydrangea strigosa*），生长良好，盖度 70%。草本层也很简单，除沟蓼（*Polygonum thunbergii*）外，仅有少数湿生的江南山梗菜（*Lobelia davidii*）、萱草和大齿当归（*Angelica grosseserrata*）等。无层外植物。其他几个林型的优势种分别为庐山藨草（*Scirpus lushanensis*），短尖苔草（*Carex brevicuspis*），线穗苔草（*Carex nemostachys*）。

林地天然更新良好，有萌芽生长的苗木，也有实生苗木，生长良好，高 0.5～1.5m。

江南桤木生长迅速，且干形圆满通直，分枝高，出材率大。在立地条件好的地区，30 年生的立木树高一般为 16～20m，少数单株树高在 25m 以上；胸径一般为 15～25cm，最大胸径达 40cm；单株材积 1.5m^3。从生长过程来看，10 年生平均树高可达 11m，平均胸径 12cm，平均单株材积为 0.3m^3。20 年生平均树高 15m，平均胸径 17cm，单株平均材积 0.5m^3。30 年生平均树高 20m，平均胸径为 24cm，平均单株材积为 1m^3，30 年以后生长开始缓慢，并有枯梢和死株现象。一般情况下，30 年左右的江南桤木林每公顷出材量可达 525m^3。

江南桤木林是中山沼泽地的一个相对稳定的喜光落叶阔叶林类型。只有在遭到人为破坏的情况下，才会演替为粉绿竹灌丛。

江南桤木经济用途较广，木材淡红褐色，散孔材，心材、边材区别不显著，纹理直，材质轻软，耐水湿，可供建筑、胶合板、火柴杆、铅笔杆、造纸、器具、家具、乐器等的用材。树皮富含有纤维。果实可提制栲胶。叶含氮在 2%以上，可作绿肥。由于江南桤木根系发达，又耐水湿，是绿化沼泽地、河边及防浪固堤的优良造林树种，也是很好的涵养水源树种。同时根系上有大量根瘤，能固氮改良土壤。

第七节　胡颓子林[①]

胡颓子属（*Elaeagnus*），分布于东欧、亚洲和北美，中国有 50 余种，各地均有分布。胡颓子一般是散生或偶尔作为伴生种出现。

胡颓子属的某些种类多见于西北地区，有时亦可成为植物群落的共建种，甚至由它作

① 执笔人：李承彪

为建群种组成森林，这类森林常见于西北新疆的一些河谷中。

沙枣（*E. angustifolia*）是胡颓子属的乔木树种，中国西北地区还有黄果沙枣（*E. oxycarpa*）及翅果油树（*E. mollis*），这些天然沙枣林是荒漠、半荒漠地区河岸的重要森林类型。

2—1—8—1 黄果沙枣林[①]

沙枣是胡颓子属（*Elaeagnus*）的乔木树种，该属植物在中国约有57种，分布在中国西北各地主要有3种，即沙枣（*E. angustifolia*）、黄果沙枣（*E. oxycarpa*）及翅果油树（*E. mollis*）。黄果沙枣林是中国西北荒漠、半荒漠地区荒漠河岸的重要森林类型之一，它对荒漠、半荒漠地区的生态平衡起着重要的维护作用，也为人们进一步改造利用荒漠资源，提供了有益的条件。同时，沙枣是第三纪地史时期的小叶林孑遗树种，在植物史的研究上有一定价值。它能耐大气干旱、酷暑炎热、盐碱、风蚀、沙压，能在瘠薄土地生长繁衍，适应性能强。枝叶繁茂，繁殖容易，木材、果、叶等均有一定经济价值。群众誉称为“宝树”。西北、华北、东北各地的林业部门都很重视沙枣的繁育发展，积极育苗、造林，沙枣成为各种人工防护林和四旁绿化的主栽树种或重要伴生树种之一。

（一）**分布与生境**

黄果沙枣林在世界上的分布区域主要是：地中海沿岸的一些国家和地区，中亚细亚和哈萨克斯坦南部，中国的西北部。在中国主要分布在新疆的塔里木河中、上游，准噶尔盆地西部各河流（玛纳斯河、奎屯河、古尔图河、四棵树河等）中下游及艾比湖、伊犁河等地；在额尔齐斯河、乌伦古河、伊吾河及天山北麓中部山间河谷地带也有少量分布。在内蒙古西部弱水下游的西河（木林河）两岸及黄河河套夹心滩地也有分布。属于荒漠河岸林类型。

黄果沙枣林在中国分布的地理位置为：东经75°～102°，北纬36°～49°。海拔高度为200～1 200m。在准噶尔盆地西部诸河流中下游为200～400m，在弱水下游为935～965m，在塔里木河中上游为1 000m左右，在天山北麓中部山间河谷地带，如白杨沟一带为1 200m左右。其分布区的降水量、干燥度和气温如下：在准噶尔盆地、河西走廊东部等干旱区，年平均降水量约150～200mm。准噶尔盆地各季降水比较均匀，冬季地面尚有雪覆盖；河西走廊东部降水多集中在夏末秋初，约占全年降水的60%。干燥度多在4～16。在塔里木盆地、新疆东部、河西走廊西部、内蒙古额济纳旗、青海柴达木盆地等极干旱区，年降水量一般在50mm以下，有些地方仅十数毫米，甚至有时全年无雨，是中国极干旱的地方也是世界上极干旱的地区之一。干燥度常大于16以上。以柴达木盆地的格尔木和准噶尔盆地的克拉玛依作南北界点，年均温3.4～8.1℃，1月极端最低气温为－29.3～－35.5℃，1月平均气温为0～2.5℃；7月极端最高气温为32.8～42.9℃，月平均气温为17.5～28.1℃。

① 执笔人：龚得福，董存友，侯文虎

沙枣分布区的土壤，属栗钙土、棕钙土、灰钙土、灰棕漠土、风沙土及灰漠土等土类，呈碱性反映，一般土层较薄，有机质含量少，而石膏、盐分、石灰累积增多，有时出现结层，最适生的土壤为冲积、淤积的沙壤质、壤质土。土壤含水率及含盐量是关系沙枣生长优劣或死亡的主导因子。据甘肃民勤治沙综合试验站的调查研究，土壤含盐量超过1.3%时，沙枣生长就受抑制，甚至衰亡；含盐成分不同，限制的指标也不一，镁离子含量在0.03%以上，氯离子含量超过0.08%，均抑制其成活生长。土壤含水率低至10%时，生长衰弱，出现枯梢；降至6.9%时，出现成片大面积的死亡；反之，在灌溉条件下，灌水过量或地下水位升高，也会造成大量死亡。适生的地下水位，一般深度保持在2～4m。

综上所述，天然沙枣林的生境条件主要是：中温带和南温带的干旱气候，海拔高为200～1 200m，生长范围为河谷、河漫滩、河岸阶地、平坦沙地、沙丘、轻盐渍化滩地、湖盆、地下水位较高的古河床等地，土壤水分、盐分是支配生长发育和繁衍存亡的主导因素。

人工沙枣林由原来的新疆、甘肃、宁夏、青海、内蒙古等地，扩展到辽宁西南部、陕西北部及山西、河南、河北、山东、江苏等部分地区。原造林地的栽培范围，也在逐渐扩大。如甘肃由河西走廊扩展到兰州、白银、定西、平凉、庆阳、天水、临夏等地。

（二）组成结构

1. 天然黄果沙枣林

天然黄果沙枣林的组成成分和层次结构，都较简单，多为混交林。伴生树种随着地理位置和生境的不同而异。在塔里木河中上游，伴生树种是胡杨（*Populus diversifolia*）、偶有灰胡杨（*P. pruinosa*）；在准噶尔盆地西南部诸河流下游河滩、河湾地带为胡杨、准噶尔柳，河岸阶地为胡杨或梭梭（*Haloxylon ammodendron*）；额尔齐斯河和乌伦古河下游河滩、河湾地带为油柴柳、银灰杨（*Populus canescens*）；在奎屯河和内蒙古弱水下游的河滩、河湾地带，胡杨为共建群种或伴生树种，河岸阶地，随着地下水位的降低，胡杨逐渐减少直至消失，代替的伴生树种为梭梭，地下水位再下降，黄果沙枣也逐渐消失，形成梭梭纯林。在冲积、淤积和沙质、沙壤质较肥沃湿润的土壤上，林木生长发育良好，林分上、中、下层次比较明显，上层为建群种和伴生种，中层为灌木，下层为草类，无苔藓植被层。林分郁闭度0.2～0.6。中层灌木多为较耐干旱、盐碱的中旱生植物，如刚毛柽柳（*Tamarix hispida*）、长穗柽柳（*T. elongata*）、多枝柽柳（红柳）（*T. ramosissima*）、短穗柽柳（*T. laxa*）、铃铛刺（盐豆木）（*Halimodendron halodendron*）等，有些地方梭梭、盐穗木（*Halostachys caspica*）、白杆沙拐枣、琵琶柴（*Reaumuria soongorica*）等也有少量。下层草本植物亦有赖草（*Aneurolepidium dasystachys*）、芨芨草（*Achnatherum splendens*）、盐生草（*Halogeton glomeratus*）、角果藜（*Ceratocarpus arenarius*）、嵩草（*Kobresia bellardii*）、猪毛菜（*Salsola collina*）等。覆盖度一般为15%～60%。

构成林分的植物，从植物区系的角度来看，基本上都是“外来户”。黄果沙枣、胡杨是由欧洲迁入或来自中亚的哈萨克斯坦的欧亚区系；柽柳是由古地中海南岸干旱植物区系发展起来，向东迁移而形成伊朗植物区系，它与北非植物区系密切相关，或属于北非植物区系；梭梭、猪毛菜、白杆沙拐枣、蒙古沙拐枣、琵琶柴、盐穗木等是中亚植物区系成分，其迁移过程与新疆、内蒙古的地史变迁息息相关；木蓼（*Atraphaxis frutescens*）属于地中海植物区系成分。草本植物的区系与上述木本植物的区系基本相同。

根据黄果沙枣林的植物群落特征，可分为以下5个林型。

（1）草类黄果沙枣林 分布于准噶尔盆地西部诸河流中、下游和塔里木河中游的河滩、河岸阶地，土壤为沙壤质轻盐碱化荒漠草甸土，通常呈小块状或团块状与伴生树种胡杨、准噶尔柳等镶嵌分布，林木稀疏，郁闭度0.4～0.5，部分地段达0.6。黄果沙枣树高6～8m。灌木有多枝柽柳、线叶柳等，高1～2m。林地内草本植物较多，主要有苦豆子（*Sophora alopecuroides*）、芦苇（*Phragmites communis*）、大花罗布麻、苔草（*Carex*）等。

（2）胡杨黄果沙枣林 分布于塔里木河中上游、乌伦古河中下游、准噶尔盆地西南诸河流下游和内蒙古弱水下游河漫滩；河岸低阶地上，面积较小，多呈团块状或小块状分布，有时与胡杨林组成复合体或镶嵌分布。林地土壤为沙壤质草甸土或灰棕色荒漠土，土壤水分状况良好，潜水深1～2m，一般无盐渍化现象。林木较稀疏，郁闭度一般0.3～0.4，有的可达0.6。黄果沙枣树高8～10m。在25～30年内供水条件不变的情况下，胡杨的生长发育占居优势，黄果沙枣受排挤而成为胡杨林的伴生树种。伴生树种在塔里木河中上游有灰杨、大果沙枣等；在准噶尔盆地西南部诸河下游和乌伦古河下游有准噶尔柳、线叶柳、油柴柳等。林内灌木主要有：长穗柽柳、多枝柽柳、短穗柽柳、疏花蔷薇等，高1～2m；层外植物有东方铁线莲。林地草本植物较丰富，主要有大花罗布麻、芦苇、苦豆子、牻牛儿苗（*Erodium stephanianum*）、冰草（*Agropyron cristatum*）、苔草、赖草等，覆盖度达50%～60%。

（3）准噶尔柳黄果沙枣林 主要分布在准噶尔盆地西南部诸河流及伊犁河的河漫滩地、河岸阶地，土壤为沙壤质草甸土。林分通常以小块状或小片带状分布，有时与准噶尔柳或胡杨组成复合群落。在伊犁河两岸部分地区尚有小叶白蜡、天山槭等树种伴生。林内灌木主要有多枝柽柳、线叶柳、列柳等。林内草本植物以禾草类为主，比较丰富，覆盖度达60%以上。

（4）多枝柽柳黄果沙枣林 主要分布在天山北麓冲积、洪积倾斜的平原诸河流两岸的低阶地及内蒙古巴彦淖尔盟、伊克昭盟境内的黄河夹心滩地，面积较小，多呈小块状或小片带状分布。土壤为冲积、洪积的沙质、沙壤质灰棕漠土或棕漠土，表层杂有小卵石，一般无盐渍化现象，仅在个别地段出现轻盐渍化土壤。林木生长发育较好，黄果沙枣树高达5～6m。灌木层多枝柽柳高1m左右，有时有零星的胡杨散生其中，还有刚毛柽柳、短穗柽柳，部分地区尚有柳、沙枣出现。林地草类较丰富，主要有赖草、冰草、苦豆子、芦苇等。

（5）梭梭黄果沙枣林 分布在准噶尔盆地西南部各河流中下游河岸阶地地表径流地带，地下水位多在5m左右。土壤为冲积、洪积沙壤质、壤质或粘质灰棕漠土，地表有时覆盖流沙，土壤较干燥，除个别地段有轻微盐渍化土壤外，一般无盐渍化现象。林分生长发育不良，林木稀疏，郁闭度只有0.2左右。黄果沙枣树高6～7m，梭梭4～5m。林内灌木较少，主要有刚毛柽柳、多枝柽柳、短穗柽柳、铃铛刺等。林内草类有长喙牻牛儿苗（*Erodium hoefftianum*）、白茎盐生草（*Hatogeton arachnoideus*）、角果藜、猪毛菜等。

2. 人工沙枣林

50年代以后，逐渐发展的森林资源。由于营造时间短，造后人为干扰多，尚未形成稳定的林型。但在实践中也初步形成了一些纯林和混交林的林分，现简略描述如下。

（1）纯林　人工沙枣纯林形成的原因有二，一是20世纪50年代沙枣种苗比其他树种种苗丰盛，能较大量的给群众提供造林需要的苗木；二是忽视适地适树原则，使同期同一林地栽种的其他树种，因不适地而死亡，只留下适应性强的沙枣成活生长起来。多为同龄林。造林密度一般为2 250～4 500株/hm^2，成林密度1 350～2 700株/hm^2，保护管理和土壤水分条件较好的地方5～7年，一般7～10年林分可达郁闭。林木平均高3～5m，平均胸径3～9cm。郁闭前林内杂草生长茂盛，郁闭后则逐渐消亡，形成单一结构层次的同龄沙枣纯林。郁闭度保持在0.4～0.7，林木生长发育正常，0.8以上往往生长不良出现枯梢现象。因林木密度大，导致土壤水分不足，同时由于林内通风透光不良，还会导致多种虫害的发生，给经营管理工作带来困难。甘肃石羊河下游的民勤县，由于对水资源不合理的盲目开发利用，引起地下水位急剧下降，致使该县境内营造的约占全县人工沙枣林总面积1/3的中、幼林衰败死亡。内蒙古巴彦淖尔盟，1951年营造的河套西部防风固沙林带，以后因过量灌水，导致地下水位上升，使沙枣大量死亡，保存面积不足造林存活面积的5%。两地事例，恰好揭示了人工沙枣林兴衰存亡与土壤水分的密切关系，应引起今后营造和经营管理沙枣林的重视。

异龄沙枣纯林，多是在同龄沙枣纯林内进行造林后局部补植或局部砍伐的地段更新重造而形成的。一般龄阶间距2～3年，个别10年左右，呈小块状或小带片状，分布零星，生长发育过程各林龄之间也无突出的变异表现。

（2）混交林　混交方式主要有：块状、带状、行间、株间混交4种。块状、带状混交多见于较大面积范围的造林；行间、株间混交多见于渠、路两侧和农田内营造的防护林带、林网。

总之，人工沙枣混交林、纯林，各地都不同程度的存在，由于营造时间短，多数林分处于中、幼林阶段，尚不稳定。

（三）生长发育

沙枣林的生长发育与立地条件的优劣和抚育经营措施的恰当与否，密切相关。据甘肃民勤治沙综合试验站对内蒙古额济纳旗弱水下游天然河漫滩沙地沙枣林进行的树干解析资料，50年生沙枣树高9.97m，胸径35.3cm，材积0.113 55m^3，均是在25年前连年生长量较大。在宁夏淤灌土沙枣林生长情况如表1—70。由于土壤较肥沃，又有灌水条件，沙枣林生长较好，在宁夏简泉农场一队，27年生沙枣，树高17.0m，胸径41.0cm。

表 1—70　宁夏淤灌土沙枣林分生长情况

地点	土壤质地	林龄（年）	树高（m）	胸径（cm）	立木材积（m^3）
贺 兰 县	沙 壤	17	13.5	30.6	0.446 63
银川南部	沙 壤	19	15.0	36.0	0.549 95
简泉农场四队	沙 壤	25	13.5	44.0	0.765 0
简泉农场一队	沙 壤	27	17.0	41.0	
青 铜 峡	沙 壤	27	15.7	32.8	0.234 2

注：表内数字引自《宁夏森林》沙枣林部分

（四）更新演替

沙枣林的种子天然更新普遍不良，林内幼苗、幼树很少。究其原因，一是林下土壤表层干燥，种子落地或入土后得不到足够水分，难能发芽；二是放牧活动的干扰；三是林内啮齿动物对种子的取食。据初步观察分析，胡杨黄果沙枣林和准噶尔柳黄果沙枣林两林型，在河流改道或断流后，地下水位下降，土壤表层逐渐变干或盐渍化后，准噶尔柳、黄果沙枣先后相继死亡，仅存胡杨；地下水继续下降，胡杨亦枯亡；最后替代的是梭梭、柽柳、铃铛刺等灌丛。内蒙古额济纳河（弱水）下游东河（纳林河）断流后，两岸天然胡杨黄果沙枣林林木消失，留给今人景观的只是大量的树木残根、桩茬和荒凉景象。这是河流断流导致天然沙枣林死亡的实例。梭梭黄果沙枣林类型，当地下水位下降，则黄果沙枣消退，而形成梭梭林，铃铛刺梭梭林，柽柳梭梭林；在被垦殖而弃耕的梭梭黄果沙枣林迹地上，通常先由盐生草、角果藜等旱生植物群丛入侵，随后梭梭相继而入，发展为梭梭林。

（五）评价及经营意见

当前保护、经营好现有天然沙枣林，积极发展人工沙枣林，是关系荒漠、半荒漠地区生境条件良好变化和社会经济繁荣发展的大事。

根据沙枣林的分布、生长发育特点和要求，在发展经营上应注意掌握以下几点。

1. 天然林　土壤水分的变化是导致沙枣林分兴衰存亡的主要因素。因之，在利用水资源的规划安排中，必须将流域范围的天然沙枣林用水量纳入计划，统筹安排，要适当留足沙枣林正常生长发育需要的水量，确保现有天然沙枣林面积不再减少。同时，应严格制止对天然沙枣林的乱砍滥伐、盲目垦殖、超载放牧等行为；对近熟龄或成熟龄林分，应有计划的进行采伐更新，更新后的幼林林分，要实行封护管理，严禁在林内放牧、樵采，以期尽快成林，达到永续利用的目的。

2. 人工林　从造林到经营利用全过程中，首先要重视林地的灌水或排水工程的设施、维护管理。这项工作做好了，林木的成活生长就得到保障。其次，幼林期严禁林内放牧。因为沙枣的嫩枝、叶，是家畜喜食的饲料，幼林内放牧就会影响林木的正常生长发育。第三，加强抚育管理，进行必要的修枝，间伐、灌水，适时防治病虫危害。

第八节　核桃林[①]

核桃属（*Juglans*）的核桃（*J. regia*）原产地为中国，故中国是世界原产地中心，核桃有栽培与野生的区别，但同属一个种。本节主要阐述新疆野生的核桃林，栽培的核桃林和漾濞核桃林将在经济林中予以叙述。本属的核桃楸（*J. mandshurica*），在东北多混生于山地阔叶红松混交林内，也与水曲柳、黄波罗组成珍贵阔叶混交林，是东北、华北珍贵阔叶树种之一。

2—1—9—1　核桃楸林[②]

核桃楸（*Juglans mandshurica*）是中国东北、华北珍贵硬阔叶树种之一。材质坚硬，纹理通直，易加工，美观光泽，是军工、家具、建筑、车船、木模等优良用材，种仁富含油脂，可制糖果和榨食用油，果壳、树皮可制栲胶。核桃楸林具有生长快、产量高和木材经济利用价值很高的特点，大力发展核桃楸，对国民经济建设和人民生活有着重要的意义。

（一）分布与生境

核桃楸是第三纪孑遗种，其自然分布范围仅限于亚洲温带东北部和暖温带北部地区，在国外仅见于俄罗斯远东地区，日本和朝鲜也有分布。在中国以小兴安岭、完达山、张广才岭、长白山、老爷岭和千山为集中分布区，其次在大兴安岭东坡、河北燕山、山西太行山、吕梁山以及山东、河南等山区也有零散分布。

核桃楸是东北山地阔叶红松林的主要伴生树种之一，其自然分布范围基本上和温带针叶阔叶混交林地带相一致，自然地理位置约介于北纬 40°～50°和东经 126°～134 °，本分布区在黑龙江以南，乌苏里江以西，图们江、鸭绿江以北，黑龙江北部的孙吴县经哈尔滨、长春、沈阳，至丹东一线以东的广阔山地。区内地形地势、气候、土壤等生境条件和垂直分布界限基本与阔叶红松林相一致。

核桃楸是喜光中生型喜湿喜肥树种，对生境条件要求较严，以其为优势种组成的林分，在其自然分布区内，喜生于江河沿岸漫滩阶地，低平的山间谷地及山坡中下腹缓坡地带，这些地段主要是发育在冲积（或坡积）母质上的沙壤土，生草森林土和暗棕壤，土层深厚，肥力高，湿润而不积水，对核桃楸生长发育极为有利，地位级均在Ⅰ～Ⅱ，能形成高大干形圆满的良材。每公顷蓄积量可达 200～300m^3。经常积水的低洼地和干燥贫瘠的山岗地，降水量在 500mm 以下的地区，虽能生长，但生长不良，多呈矮林，产量质量均差。由于其生境

① 执笔人：李承彪
② 执笔人：李华春

条件的局限，目前人工栽培的核桃楸林还不能超出其自然分布区。如在吉林西部半干旱草原区引种的核桃楸林，已成为“小老树”，无发展前途。而在吉林市松花湖林场，栽在排水良好，肥沃土地上，20年生核桃楸人工林树高达12.8m，胸径14.8cm，其生长速度超过天然林，说明核桃楸的生长和分布与水、肥条件极为密切。

（二）组成结构

核桃楸是原始阔叶红松林的主要伴生树种之一。一般在原始林遭受破坏后，保留的核桃楸植株，与其他阔叶树种混生，其株数组成比例很小，约占1～3成，分布面积也不多，一般均属过伐的阔叶杂木林范围。现存以核桃楸为优势的林分，绝大多数为原始红松阔叶林经过严重破坏后，在有核桃楸种源（包括伐根）的情况下而形成的次生森林植被类型。林龄多在50年生左右，林分平均树高20～30m，平均胸径22～26cm，每公顷蓄积量150～250m^3。

核桃楸林分组成结构较为复杂，在同一林分内常由多种树种组成，但以核桃楸占优势，蓄积组成一般占7～8成，与之混生的有春榆、水曲柳（*Fraxinus mandshurica*）、色木槭（*Acer mono*）、紫椴（*Tilia amurensis*）、黄波罗（*Phellodendron amurense*）、大青杨（*Populus ussuriensis*）、白桦等，其株数可占3～4成，蓄积量占1～2成，林分层次结构亦较复杂，多属复层混交林，可分乔木层、灌木层、草本层和更新层4层。其中乔木层又可分为2个亚层。第一层主要是核桃楸及少量的春榆、水曲柳、大青杨、白桦等；第二层多为色木槭、椴树、黄波罗及春榆、水曲柳等中小径木组成。灌木及草本层植物较发达，组成种类基本上以阔叶红松林下的植物为主。核桃楸林冠下天然更新一般良好，每公顷幼苗幼树株数平均在3 000～5 000株，更新树种组成为：槭类占6～8成，水曲柳、春榆各占2～3成，其他黄波罗、椴树等可占1～2成左右。

核桃楸林虽属复层混交林，但林分年龄结构不复杂，根据1986年在长白山西坡海拔760m的坡地核桃楸林调查材料证明，以核桃楸为优势种组成的上层林木，平均林龄45年，平均树高23m，胸径24cm，尽管径阶从14cm到32cm分布差距较大，但年龄变动仅在36～46年，不超过1个龄级，属同一世代的林木，与之混交的其他阔叶树种其年龄不超过核桃楸，这主要是由于原生林被严重破坏后，迹地上有核桃楸根和林地保留有种子，同其他阔叶树同时更新起来，核桃楸是喜光树种，生长又较快，所以能进入上层林冠。这种林分，在无自然和人为干扰下，能够保持完整的林相，其株数和蓄积按径阶分布，基本接近正态分布。

根据核桃楸生态特性、分布特点，可划分如下两个类型：

1. 坡地核桃楸林

主要分布在山腹中下部，坡向以阴坡或半阴坡为主，坡度均在20°以下。林内阴暗，灌木较多。土壤为发育在冲积母质上的暗棕色森林土，土层较厚，腐殖质层7～20cm不等，排水良好，林分生产力较高，一般为Ⅰa～Ⅰ地位级。林木组成变化较大，核桃楸居上层林冠，组成系数常变动在7～8，混交的树种有水曲柳、黄波罗、山杨、蒙古栎（*Quercus mongolica*)、白桦、色木槭、紫椴、春榆等，第二林层有色木槭、千金鹅耳枥（千金榆）(*Carpinus cordata*)、黄波罗、紫椴等，郁闭度 0.6～0.9。30～40 年生林分每公顷蓄积量 120～200m³，天然更新普遍较好，每公顷幼苗幼树 5 000～15 000 株，树种组成为：春榆 2～5，槭类 2～3，水曲柳 2～3，紫椴 1～2。

林下灌木主要有东北山梅花（*Philadelphus schrenkii*)、毛榛（*Corylus mandshurica*)、花楷槭（*Acer ukurunduense*)、刺五加（*Acanthopanax senticosus*)、东北茶藨（*Ribes mandschuricum*)、光萼溲疏（无毛溲疏）(*Deutzia glabrata*)、暴马丁香（*Syringa amurensis*)。草本植物有山茄子（*Brachybotrys paridiformis*)、木贼（*Equisetum hiemale*)、美汉草（芝麻花）(*Meehania urticifolia*)、小叶芹（东北羊角芹）(*Aegopodium alpestre*)、白花碎米荠 (*Cardamine leucatha*)、毛缘苔草（*Carex campylorhina*)、猴腿蹄盖蕨（*Athyrium multidentatum*）等，此外，尚有玉竹（*Polygonatum odoratum*)、宽叶荨麻（*Urtica laetevirens*）、酢浆草（*Oxalis corniculata*）等。层外植物有软枣猕猴桃（*Actinidia arguta*)、狗枣猕猴桃（*A. kolomikta*)、山葡萄（*Vitis amurensis*）等。

2. 溪谷核桃楸林

分布在江河两岸阶地、山间宽阔谷地，有时延至坡麓宽平的漫坡，坡度常在 5°～10°，地表有水切割或不同深度的小水沟分布，林内环境阴湿。土壤多为发育在冲积或坡积母质上的生草森林土和草甸化暗棕壤。由于冲积或生草作用的影响，土壤中富含腐殖质，表土结构良好，透水性能亦较好。但季节性地下水位较高，土壤湿度较大。

林分组成以核桃楸为主，水曲柳和春榆次之，其他混交树种有色木槭、黄波罗、钻天柳（*Chosenia arbutifolia*)、白桦（*Betula platyphylla*）、大青杨（*Populus ussuriensis*）椴、水曲柳、怀槐、稠李、柠筋槭及少量红松（*Pinus koraiensis*）等，年龄多在 80 年以下，疏密度 0.5～0.8，地位级 Ⅰ～Ⅱ，每公顷蓄积量 200～400m³。

林下天然更新以色木槭、水曲柳为主，春榆次之，此外还有怀槐、白牛槭、柠筋槭、稠李、水曲柳、花曲柳等。由于林内湿度较大，排斥了许多旱生植物的生长。下木主要有金花忍冬（*Lonicera chrysantha*)、东北山梅花、光萼溲疏以及暴马丁香、珍珠梅（*Sorbaria sorbifolia*)、刺五加、东北茶藨等。草本植物以耐湿润的山茄子、美汉草、木贼为主，尚有棣棠升麻（*Aruncus asiaticus*)、白花碎米荠、宽叶荨麻、光叶蚊子草（*Filipendula purpurea*)、假繁缕（*Pseudostellaria naximowicziana*)、落新妇（*Astilbe chinensis*)、驴蹄草（*Caltha palustris*）、野芝麻（*Lamium barbatum*)、猴腿蹄盖蕨、水金凤、轮叶王孙（*Paris quadrifolia*）等 20 多种。

核桃楸人工林组成结构比较简单，大多为同龄单层纯林，核桃楸分杈性强，初植密度宜大，一般每公顷造林密度为 6 000 株，既可加速郁闭，又能促进生长，形成良好干形。

（三）生长发育

核桃楸是中国东北林区的硬阔叶林中的速生乔木树种，树高可达 25m 以上，胸径可达 50～80cm，且树干通直圆满，能育成大材。实生林木的自然寿命可达 250 年以上，在分布区内属长寿阔叶树种。

核桃楸由于起源不同，生长差异甚大。天然实生林木树高速生期一般止于 30～50 年，胸径速生期持续时间稍长，可延续到 40～70 年。材积生长的速生期终止时间相对较晚，其最大平均生长量的年龄要在 150 年或更晚一些时间；萌生林木则相反，30～40 年生的林木，即可达数量成熟龄，比实生林木提早近百年时间，为具体揭示不同起源天然核桃楸林木的生长特点，现引自长白山林区坡地条件下的树干解析资料，如表 1—71。

表 1—71　核桃楸树干解析

年龄	树高（m）			胸径（cm）			材积（m^3）		
	总生长量	平均生长量	连年生长量	总生长量	平均生长量	连年生长量	总生长量	平均生长量	连年生长量
10	6.0	0.600 0		4.7	0.470 0		0.007 5	0.000 75	
			0.420 0			0.510 0			0.003 50
20	10.2	0.510 0		9.8	0.490 0		0.042 5	0.002 13	
			0.510 0			0.480 0			0.007 84
30	15.3	0.510 0		14.6	0.486 7		0.120 9	0.004 03	
			0.220 0			0.450 0			0.010 97
40	17.5	0.437 5		19.1	0.477 5		0.230 6	0.005 77	
			0.170 0			0.440 0			0.014 25
50	19.2	0.384 0		23.5	0.470 0		0.373 1	0.007 46	
			0.140 0			0.410 0			0.016 80
60	20.6	0.343 3		27.6	0.460 0		0.541 1	0.009 02	
			0.120 0			0.380 0			0.018 99
70	21.8	0.311 4		31.4	0.448 6		0.731 0	0.010 44	
			0.100 0			0.340 0			0.019 71
80	22.8	0.285 0		34.8	0.435 0		0.928 1	0.011 60	
			0.080 0			0.330 0			0.021 27
90	23.6	0.262 2		38.1	0.423 3		1.140 8	0.012 68	
			0.080 0			0.280 0			0.020 88
100	24.4	0.244 0		40.9	0.409 0		1.349 6	0.013 50	
			0.070 0			0.260 0			0.020 97
110	25.1	0.228 2		43.5	0.395 5		1.559 3	0.014 18	
			0.500 0			0.240 0			0.020 75
120	25.6	0.213 3		45.9	0.382 5		1.766 8	0.014 72	

人工核桃楸林木多实生，较天然实生林木生长相对较快，速生期到来早，但持续时间短，与萌生林木相比较，虽初期长势差，以后很快即超过萌生林木。据沈阳农学院的调查资料，35 年生萌生林平均树高 14.9m，平均胸径 16.1cm，同龄的人工林树高为 17.3m，胸径 17.1cm，说明已超过前者，又如吉林松花湖保护区核桃楸东沟南山西坡 25 年的人工核桃楸林平均树高 12.5m，平均胸径 12.0cm，最大胸径达 16.0cm，完全可以与同龄的萌生林木相媲美，说明培育短期采伐的核桃楸人工林是很有前途的。

为表明不同类型核桃楸林的林分生产力情况，引用吉林柳河县大北岔林场典型标准地调查资料，如表 1—72。

表 1—72 不同类型核桃楸林林分因子调查

标准地号	类型	林木组成	年龄	树高(m)	胸径(cm)	地位级	疏密度	郁闭度	每公顷 株数(株)	每公顷 断面积(m^2)	每公顷 蓄积量(m^3)
通柳9	坡地核桃楸林	6核1椴1桦1色1杂	31	16.4	16.9	Ⅰ	0.90	0.81	1 740	17.65	120.51
通柳10	谷地核桃楸林	5核3水1榆1黄	30	17.6	25.9	Ⅰa	1.08	0.89	1 160	27.40	194.38

核桃楸的生长速度虽然较快，但分杈性很强，在密度小的林分内，多自然整枝不良，枝下高较小，粗壮的侧枝常构成庞大的树冠。

（四）更新演替

核桃楸林系原生阔叶红松林屡遭破坏（人为的或自然的）后在相应立地条件下而形成的次生植被，属于阔叶红松林逆向演替过程中的一种过渡类型。

核桃楸属喜光树种，与其他硬阔叶树种，如水曲柳、黄波罗、榆树、槭树类等不同，极不耐庇荫，其种粒又大，不能飞散，自身又不能在林冠下更新，但确能为其他硬阔叶树种创造良好更新条件。不论坡地、溪谷核桃楸林林下的更新效果均好（表 1—73）。从演替观点看，现实核桃楸林的发展趋势，在不经过自然和人为的干扰情况下，任其自然发展下去，终将被其他阔叶林所更替，也有可能形成柳树林或珍珠梅灌丛。它是一个不稳定的类型。为了发展这一珍贵树种，就必须通过人为干预，用促进天然更新和人工更新的方式完成珍贵红松阔叶林的更新或仍然培育核桃楸林。

表 1—73 各类型核桃楸林下天然更新统计

典型标准地号	类型	更新幼苗（树）(株/hm^2)	更新幼树组成	更新幼苗（树）按树高（cm）级分配% 20cm以下	20～50	51～100	101～250	250以下	均匀度(%)
吉—7	坡地核	3 000	6色2水2榆	99	1				80
柳—4	桃楸林	5 750	8色2榆	9	57	26	4	4	70
吉—8	谷地核	51 500	10榆一色	96	3		1		60
吉—24	桃楸林	2 000	7色3水		25	75			50
柳—10		11 000	6色4水一榆	63	25	9		3	50

（五）评价及经营意见

由于长期以来，经营管理粗放、采多育少，以及核桃楸种粒大，不能在林冠下更新，所以核桃楸林面积和蓄积量日益减少，长此下去，必然会出现核桃楸资源枯竭的局面。当前，应重视提高核桃楸天然林的经营管理水平，大力发展人工林，扩大这个珍贵树种的资源。

1. 科学经营管理与合理利用现有天然林　目前东北林区的核桃楸林约有80%为中龄林，正值需要抚育的时刻。以核桃楸冠大、枝粗的特点，为抑制枝冠扩张，促进树干生长，在抚育间伐过程中，应该是"宁密勿稀"，间伐强度不宜过大。一般情况下，间伐强度可在15%～20%，抚育后郁闭度不得低于0.75。但要严格重视抚育质量和效果。克服单纯取材观点，对达不到抚育条件（立木密度低）的林分应封育起来，对少部分的核桃楸林应进行合理采伐利用，根据核桃楸林复层混交林较多，林内中小径木约占全林总株数50%左右的特点，要精心保护和培育其正常生长，防止乱伐，同时可采用择伐方式，合理利用其大径成熟林木，并及时补植针叶树，恢复成以核桃楸为优势的针阔叶混交林。

2. 积极开展人工更新造林　核桃楸是喜光树种，自身在林冠下难以更新，其种粒又大传播不易，完全依靠天然更新，必将大大限制其发展，50年代以来，核桃楸人工林各地虽有所发展，而进度较慢，成林面积不多，但积累了一定的经验，为发展人工林奠定了有利基础。据东北3省的经验，核桃楸人工造林用植苗和直播均易成功，只需按其生态特性和适地适树原则，加强技术管理，可迅速成林成材。而且还能提供多种林副产品及化工原料。

核桃楸人工林生长不仅比天然林快，在适宜密度下，其树高、胸径生长迅速近似速生的落叶松人工林。核桃楸可营造纯林，营造混交林更好，据调查吉林集安县热闹林场21年生核桃楸与红松混交林，面积100hm^2，混交比以7红3核和8红2核为最好，单位面积生长均超过同龄纯林，核桃楸混交比大于5成则红松被压；又据张国连对吉林桦甸县大勃吉林场调查，37hm^{2}核桃楸与长白落叶松混交，混交比为2核2落，混交方式为2行落叶松2行核桃楸，核桃楸生长非常好，干形直，少分杈，落叶松生长亦好，其蓄积量均比纯林高14%。另外，核桃楸与水曲柳在天然林中常形成混交林两者生长发育均好。不难看出，在发展单纯林的同时，大力开展核桃楸与其他针阔叶树种混交，不仅生长发育好，更有利防止病虫危害。

2—1—9—2　野核桃林①

新疆的野核桃（*Juglans regia*）与栽培核桃同属一个种，是新疆残遗野果林中的珍贵树种，亦是伊犁山地植被垂直带谱中落叶阔叶野果林群落的组成部分。它是现代栽培核桃的先祖，从经济林和硬阔叶用材林评论，都有重要的价值。

（一）分布与生境

野核桃远在哈萨克斯坦境内的西天山和帕米尔—阿赖山地有较大的天然群落。在中国新疆，仅伊犁谷地的极少谷沟中有自然分布，分布范围极其狭小，这种"孤岛状"分布状态，表明野核桃是更具有特殊性的一个树种。

新疆野核桃主要分布在伊犁谷地南部的比依克山东部北坡，即巩留县南部约20km的

① 执笔人：严兆福

前山深谷中，北纬 43°28′，东经 81°14′，当地称为野核桃沟。野核桃沟南北走向，由一条主沟和三条支沟组成，总长约 30km，沟谷狭窄，山势陡峭，坡度在 30°～50°，沟底有小溪，流水终年不断。野核桃的垂直分布高度在海拔 1 250～1 600m，集中分布在海拔 1 300～1 500m，成片和散生的面积约有 40 多 hm^2，共有大核桃树 3 000 余株。从坡向来讲，野核桃大部分在阴坡或半阳坡的坡面上；在斜坡面上，大部分分布在坡的下部。其上限分布高度没有超出坡面 200m 的范围。严格来讲，野核桃隐蔽在深谷的底部和两侧，远眺仅见草甸草原，见不到野核桃的景象。这里于 1982 年成立了野核桃自然保护区。

此外，在伊犁谷地北部的科古尔琴山南坡的大西沟内和小西沟内（北纬 44°19′，东经 80°46′）尚残存为数不多的野核桃林，这里也是天山苹果等落叶阔叶树的小片或零星分布地带。

大西沟的野核桃分布在海拔 1 450～1 500m 的坡度较大的半阳坡上，这里距离沟口 15km，是内沟小盆地。现有野核桃树 10 株（1980 年），最大的一株胸径 68cm，树龄在 200 年以上，无主干，覆盖地面约 0.04hm^2，生长良好，具有优良的结实能力。小西沟沟窄坡陡，沟底有湍急溪水，野核桃散生在海拔 550～1 590m 的半阳坡上，1980 年残存 21 株（1961 年为 47 株），平均树高 8～9m，最大胸径 40m，枝叶茂密，结实性良好。

在伊犁谷地野果林区的良好生境中，野核桃适生地更由小地形构成了局部优越气候条件。根据 1981 年 9 月至 1985 年 2 月在野核桃沟临时建立的气候观测哨的观测资料（表 1—74），野核桃林正处在冬季逆温层的中部地带，反映出冬暖夏凉的气候特点，年降水量在 600mm 以上，满足了核桃年生长发育的需求，但热量稍有不足，生长期较短（150d 左右）对核桃的产量和品质产生了一定的影响。

表 1—74　野核桃林区的气温、降水与平原比较

地　点	海　拔 (m)	1 月平均气温 (℃)	7～8 月平均气温（℃）	年平均气温 (℃)	≥10℃积温 (℃)	年降水量 (mm)
平原巩留县站	774.9	−10.5	20.55	7.4	3 055.4	256.6
野核桃林区	1 260.0	−6.5	19.3	7.24	2 163.2	624.5

表 1—75　强寒流入侵时极值低温的分布

地　点	1984-12 28～29 日	1984-02 21～22 日	1984-12 23～24 日	海拔 (m)
巩留县站（℃）	−25.2	−29.0	−33.0	774.9
野核桃幼林区（℃）	−17.1	−20.3	−23.0	1 000.0
气温增值（℃）	8.1	8.7	10.0	
逆温递增率	3.6℃/100m	3.9℃/100m	4.4℃/100m	

从表1—75来看，野核桃林区冬季的逆温强度有随着寒流强而增强的趋势，极端最低气温的增值比平原巩留县增高8.1～10℃。巩留县气象站24年的极端最低气温也只有－27.6℃左右，这样就保证了野核桃的生存和安全越冬。

处在荒漠地带的野核桃林，不同程度地受到某些自然因素的不利影响，这主要是干旱、大风和春季晚霜、雪的危害。1984年8月降水量最少为7.9mm，影响了生长和果实成熟；1983年7月24日刮了6个小时的6～8级大风，落果30%～40%；1983年5月中旬平均气温已达14.7℃，但22日突然降雪，23日晨野核桃林区出现－0.6℃低温，致使新梢和花芽受冻，1985年5月初，同样突降春雪，使野核桃毫无收成。

野核桃林下的土壤深厚肥沃，为淋溶黑钙土。根据剖面分析，枯枝落叶层5～10cm，疏松绵软的黑土层厚约30～40cm，淋溶深度可达60cm，A、B层有机质含量3.34%～5.51%，pH值7.0～7.7，呈中性—弱碱性反应；结实的黄土母质层有少量碳酸盐反应。这些在特定生态条件下的肥沃土质，为野核桃的生存繁衍提供了良好基础。

（二）组成结构

野核桃在伊犁谷地参与野果林的组成中所占范围极少，一般与中生性植物，或与偏湿耐荫的阔叶草类构成群落，属于典型的温带阔叶落叶林植被类型，是荒漠地区山地植被垂直带结构类型的独特的变型之一。

巩留野核桃林，按其生境、生态和植物组成，可分为3个林型。

1. 大羊茅天山苹果野核桃林

在野核桃林分布的下部即沟口，海拔1 250～1 350m，坡向北偏西，坡度20°～30°，地势较平缓，开朗，阳光较充足。野核桃树生长发育旺盛，呈半圆形树冠，树高8～14m，平均冠幅约13m，有良好的结实能力。野核桃与天山苹果（新疆野苹果）（*Malus sieversii*），构成稀疏的上层林，郁闭度0.5～0.6。天山苹果约占40%。伴生树种有野杏（*Prunus armeniaca*）。林内灌木较多，主要有兔儿条（金丝桃叶绣线菊）（*Spiraea hypericifolia*）、黑果小檗（*Berberis heteropoda*）、阿尔泰山楂（*Crataegus altaica*）、山柳（*Salix depressa*）、树锦鸡儿（*Caragana arborescens*）、刚毛忍冬（*Lonicera hispida*）、阿特曼忍冬（*L. altmanni*）、天山卫矛（新疆卫矛）（*Euonymus semenovii*）等，草本植物极为丰富，覆盖度50%～70%，以大羊茅（*Bromus benekenii*）占优势，还有鸭茅（*Dactylis glomerata*）、水杨梅（*Geum urbanum*）、龙牙草（*Agrimonia pilosa*）、荨麻（*Urtica dioica*）、短矩凤仙（*Impatiens brachycentra*）等。上述乔灌木和草类交织散生，形成了多层混交林，呈现出优美的自然景观。

2. 短矩凤仙野核桃林

分布在野核桃林中部即峡谷底部和阴坡，坡度在30°～50°，海拔1 300～1 450m。野核桃树生长高大郁密，树高15～17m，郁闭度0.7以上，野核桃树自然整枝能力强，形成类伞状或近圆锥形树冠，结实量甚少。林下几乎没有灌木，幽绿的林内洁净而清香。草被盖度40%～60%，主要是耐荫的阔叶草类：短矩凤仙（*Impatiens brachycentra*）高山羊角芹（*Aegopodium alpestre*）节竹菜（*Aegopodium podagraria*）等。在溪流两侧尚有少数欧洲鳞毛蕨

(*Dryopteris fillixmas*)。

3. 短柄草野核桃林

野核桃林的上部，分布在半阳坡下坡。海拔 1 400m 以上。野核桃树高 10～15m，郁闭度 0.5～0.6。在上部林缘有少数欧洲山杨（*Populus tremula*）加入。林内灌木较少，在林缘混生有山柳、天山花楸（*Sorbus tianschanica*），尚有小檗、药鼠李（*Rhamnus cathartica*）、栒子（*Cotoneaster* sp.）、忍冬、腺齿蔷薇（*Rosa albertii*）等。草被盖度 60%～70%，以中山性强的禾草为主，短柄草（*Brachypodium sylvaticum*）、大羊茅、林地早熟禾（*Poa nemoralis*），节竹菜等。

科古尔琴山的大西沟和小西沟，散生着 30 多株野核桃树，现存的分布区域海拔 1 450～1 590m。有天山苹果、野杏、阿尔泰山楂、小檗、金丝桃叶绣线菊、腺齿蔷薇、栒子、山李（*Prunus* sp.）、赛铁线莲（*Clematis sibirica*）等，还有高大的上层乔木天山云杉（*Picea schrenkiana* var. *tianschanica*）和密叶杨（*Populus talassica*）加入，呈混交状态，50 年代前，曾经是多种阔叶树的散生混交林型，随着人类的损害，这里的野核桃树逐渐减少，现在已失去作为建群种或亚建群种的意义。

（三）生长发育

野核桃树是比较高大的落叶乔木，一般树高可达 10～15m，在巩留野核桃沟内有近 200 年的大树，具有良好的树势和结实能力。

野核桃在林下天然萌发的幼苗生长较慢，林下阳光较弱，幼株细弱，容易遭受冻害。但人工培育则生长较快，2～3 年生苗可达 1m 上下。成年树新梢的年平均生长量 36.8m。

根据树干解析的资料，野核桃树的生长速度中等。在混交林和纯林中对 40 年生的圆形种类型的野核桃树所作的解析，可以看出它的 40 年生长过程。总的高生长趋势是：前期（10～15 年前）生长较快，中期（15～25 年或 15～30 年）生长较慢，而后期的高生长速度又明显增加。40 年平均的年生长量为 24.3cm。这种马鞍形的高生长过程，可能受到两种因素的影响，其一，当野核桃进入结果盛期时，高生长受到营养的制约，随后因根系的扩大和枝型的稳定，而增加了生育的机能；其二，可能是在那个时期，正遇到特殊不利的干旱的气候影响。野核桃树的胸径生长进展，表现的比较平稳，一般年平均生长量在 0.4～0.7cm。但是，混交林内的植株的年生长量还大，尤其是幼林期间（15 年前）的增长速度更快。

野核桃树与天山苹果比较，属于更喜光、更喜温暖，喜肥沃湿润土壤的树种，它在个体生育过程中，明显地反映出局部生境条件的影响，纯林内的植株（40 年生），树高 10.4m，干高（枝下高）4m，干粗（离地面 30cm 处，下同）20.5cm，树干端直，一级主枝 2 枝，由于一层纯林密度大（平均 300～375 株/hm^2），透光性差，枝条稀疏细软，树冠呈类伞形或近圆锥形。混交林内的植株（40 年生），树高 9.05m，干高 0.65m，干粗（胸径）31cm，有一级主枝 3 枝，二级主枝 9 枝，由于多层林相，密度较稀，透光性好，枝叶茂密，形成半圆形或圆头形树冠，具有很强的发枝结实能力。

综上所述，野核桃树的生长表现是：在高生长方面，纯林内的植株大于混交林内的植株；而粗生长方面，则混交林内的植株大于纯林内的植株，这是野核桃树在不同立地条件下的生态反映。

野核桃树的材积增长是与高、粗生长紧密联系的，纵观材积增长全程，以后期(30 年以后）增长量最大。混交林内的植株虽然材积（0.131 $3m^3$ 带皮）较多，但尖削度很大；纯林内植株的材积（0.083 $95m^3$ 带皮）虽然较小，但树干较长圆满端直，从用材林的观点来讲，具有较大的价值。

野核桃根系发达，系深根性树种。根系的垂直分布可深入土层 140cm 以下，但 90%～99%的根系分布 0～100cm 的土层内；须根（吸收根）非常发达，占总根量的 86.5%～92.5%，这些根都分布在 0～80cm 的 A、B 层内，尤以 0～40cm 的黑土层内更加密集。野核桃根系的水平伸展范围超出枝展距离以外，在 30°山坡上，180 年生的大树，最大冠幅直径为 13.5m，而两侧根展离树干合计为 20m，但以距树干 4m 的范围内密度最大，占总根量的 75.11%。

在山地生长的野核桃，其根势受坡度、坡位和土质的制约。随着坡度的增加，根系的扩展范围相应地有所减小，一般情况下，根系向下坡伸出最长，横坡次之，上坡最短但最深；横坡的根系密度最大，占总根量的 38.2%～43.9%，大部分由吸收根组成。野核桃喜松软肥沃的土壤，但其根系有穿透硬土层的能力。

野核桃的根系有强大的生命力，根据对 180 年生大树的观察，在 25 个观察断面上，没有发现根系的腐败和衰退等现象，这是野核桃树长寿的基础。

野核桃在 4 月下旬至 5 月上、中旬开花，8 月果实硬核，9 月中、下旬果实成熟，10 月初开始落叶，有的年份降雪早则强迫落果和叶落。野核桃有的单株开放第二次雄花，二次雄花在 6 月上旬出现，这与新疆栽培核桃的早实类的表现型有着密切的联系。

野核桃在适宜的条件下结实能力很强，大多数果枝上着生 2 个以上果实，最多 6 个，形成穗状，在光照充足，水、土条件优越的情况下，这种特性表现得尤为突出。在野核桃群体中亦存在丰产优株，根据调查，优株的发枝力强，一个母株上平均可以发生 4 个以上结果枝（包括部分营养枝），双果和多果率达 45%～73%，短果枝和中果枝占 95%～100%。毫无疑问，以经营果实为目的，采用丰产类型繁殖，可以获得丰收效益。

野核桃系自然杂交授粉，因此有一定程度的变异，类型较多。根据核果性状，大致可分为 3 种类型：即圆形、尖形、椭圆形（或近椭圆形），这些类型不仅果形有着差异，而且品质也不同（见表 1—76）。

表 1—76　巩留野核桃 3 种类型的核果品质

类 型	含油量（%）	蛋白质（%）	糖分（%）	出仁率（%）	平均壳厚（mm）	体积（cm^3）
圆　形	65.84	16.75	5.09	42.36	11.19	16.05
尖　形	67.06	19.04	4.94	47.54	1.18	12.75
椭圆形	68.06	14.84	4.89	37.93	1.86	12.40

野核桃的核果含有较高的油分，油的脂肪酸成分为：棕榈酸 6.8%，硬脂酸 2.1%，油酸 25.4%，亚油酸 46.1%，亚麻油酸 19.5%。此外，含有丰富的蛋白质和糖分，并且壳薄，易取全仁的特点，但核果较小，平均单果体积只有 13.7cm^3，这是野生性状的表现。

（四）更新演替

野核桃树无根蘖能力。但发现卧伏在湿润斜坡上的少数枝干（没有脱离母体）能发生根系，这种现象给研究无性繁殖提供信息。野核桃林的延续完全依靠自然下种，从种子萌发到幼苗出土这段较长的时间里，要求适宜的温度和水、土条件，所以野核桃林下的杂草种类，粗腐殖质层的厚薄，便成为野核桃林在自然繁殖中局限性因素之一。根据 1982 年调查，现今野核桃林下平均有 1～6 年生的幼苗 2 295 株/hm^2，其中短矩凤仙野核桃林内有幼苗 3 915 株/hm^2；短柄草野核桃林内有幼苗 1 365 株/hm^2。在不遭破坏的情况下，完全可以满足更新的需要。

由于野核桃对生态因素要求较高和它本身繁殖性能的单纯，因此，野核桃林遭到破坏，就不可能自然恢复其原状，将为草原化所代替。巩留野核桃沟，50 年代前，其分布下限曾至海拔 1 000m，后因砍伐，使现今分布上升到 1 250m，至今被砍伐区尚无 1 株自然滋生的幼树。在这种情况下，只有借助于人工更新。

野核桃有强大的生命力，当它成长或形成为林时，喜光的杂草（如禾本科之类）和灌木都不能成为野核桃的生存竞争对手，这样，野核桃能借种子繁殖，达到世代更新的相对稳定，短矩凤仙野核桃林的天然更新说明了这一点。

第九节　野生果树林①

多种蔷薇科树种组成了温带、暖温带落叶阔叶果木林，但有的种类呈野生状、组成了果木林。其中主要的种类如：野杏（*Prunus armeniaca*）林和新疆野生苹果（*Malus sieversii*）林是新疆所特有的野果林。前者分布于天山伊犁谷地的前峡谷地带，为山地草原之上和山地针叶林带之下，组成主要的落叶阔叶林。后者在伊犁谷地的南北两侧天山和塔城盆地的巴尔鲁克山，分布于北坡和荫蔽的洼地、或沿山间小河谷底的岸边上。

野生果树林系温暖湿润的落叶阔叶林类型，是地质历史和特殊地方性气候相结合的“残遗”森林类型。有着重要的科研与经济开发价值。

2—1—10—1　新疆野生苹果林②

新疆野生苹果（*Malus sieversii*）与野杏（*Prunus armeniaca*）等共同组成野果林类型。

① 执笔人：李承彪

② 执笔人：严兆福，严赓雪．根据张钊、林培钧原稿整理

分布在新疆西部天山伊犁谷地和塔城盆地的前山地带，它是荒漠地带山地森林垂直带谱中出现在天山云杉（*Picea schrenkiana* var. *tianshanica*）林带之下温暖湿润的阔叶林类型，是地质历史和特殊地方性气候相结合的“残遗”群落。这个群落面积不小，根据1959年的果树普查资料，新疆野生苹果林的总面积约有9 300hm²，其中新疆野生苹果林约占90%。野果林不仅是优美的天然果园，又是栽培种果树的发源地之一，有着重要的科研与经济开发利用价值。

（一）分布和生境

新疆野生苹果的分布区，北起准噶尔西部山地的塔尔巴哈台山，向西南经巴尔鲁克山、准噶尔阿拉套山北坡而至北天山（包括伊犁山地和哈萨克斯坦外伊犁阿拉套山），再经西南天山而至帕米尔—阿赖山地。在中国的分布，主要在新疆伊犁谷地南北两侧的天山前山地带，北纬43°22′～44°21′，东经80°38′～83°55′。垂直分布1 100～1 600m；其次准噶尔西南山地—塔城盆地南面的巴尔鲁克山和北面的塔尔巴哈台山，北纬46 °10′～46°51′，东经82°43′～84°23′垂直分布1 200～1 500m。在上述分布区内，新疆野生苹果呈带状或块状出现于各山系的宽厚的前山丘陵、河谷阶地和峡谷之中，充分表现出对局部地形气候的严格选择性和明显的残遗现象。

1. 伊犁谷地新疆野生苹果的分布

主要是在谷地东部的巩留县莫合地区的哈邦拜山和新源县交托海地区的可克乔克山，这里大片蓊郁的纯林，分布在水土条件好的北坡或河谷底部两岸。其次为霍城县的大西沟、果子沟和伊宁县皮里青、古里格郎地区的科古琴山。此外在巩乃斯河上游两岸亦有少量分布。

伊犁谷地东、南、北三面丛山矗立，西南开敞。这些天然屏障，使北冰洋的寒潮、东部蒙古—西伯利亚大陆反气旋和南部塔克拉玛干酷热的沙漠气流对伊犁谷地的影响大为减弱。向西敞开的缺口，有利于里海的湿气和巴尔喀什暖流的进入，随之向东遇高隆山峰的阻截，形成丰富的地形雨。因而伊犁地区降水量多，雨量的分布自西向东增多，谷地平原降水量较少，而山地较多，并随着山地海拔的增高，降水量递增十分明显（表1—77）。

表1—77　伊犁谷地不同海拔降水分布及气温状况

因　　素	巩留县站	新源县站	新源野果林场	新源茶站	雪崩站
海拔高度（m）	774.9	928.2	约1 000	148.0	1 772.2
平均降水量（mm）	256.6	463.1	580.3	781.9	811.1
1月平均气温（C）	—10.5	—8.3	—8.1	—6.7	—14.0
年平均气温（C）	7.4	8.5	7.7	6.1	1.6
资料年份	1961～1984	1961～1984	1964～1967	1972～1979	1969～1978

注：引自徐德炎野核桃生存繁衍的生态条件的研究．1986

表1—77说明：新疆野生苹果的垂直分布带，年降水量在600～800mm，这为其生存繁衍提供了良好的水分条件。保证新疆野生苹果自然生存的另一生态因素是温度条件。天山前山带野生果树林分布区，冬季出现明显的逆温层。从表1—77可知，谷地平原巩留县和中山带雪崩站，1月份平均气温分别为－10.5℃和－14.0℃，而新疆野生苹果分布带（海拔1 100～1 600m）的1月平均气温为－6.7～－8.1℃，这种明显的逆温状况是保证新疆野生苹果安全越冬和世代延续的重要条件。伊犁新疆野生苹果林分布的前山，通常覆盖着深厚的第四纪黄土堆积层，形成圆形的丘陵或缓斜的台地，与沟谷相间分布；或为有厚层冲积细土的扇形地和河岸阶地。新疆野生苹果林下土壤称为森林黑棕色土。根据调查分析，土表枯枝落叶厚约3～5cm，腐殖质层（A）特别发达，一般厚约20～50cm，腐殖质平均含量2%～6%，呈棕黑色，具小团粒结构，机械组成为中壤质，一般为弱碱性—中性反应，腐殖质淀积层（B）呈黄棕色，厚达50～70cm，块状结构，较坚实，质地较粘重，一般为重壤质，多少呈粘化。其下为富含碳酸盐的第四纪黄土母质层。

由于伊犁地区内部存在着不同的地方性气候和地文条件的关系，新疆野生苹果山地垂直分布有两个类型：

（1）显域地位的山地落叶阔叶林垂直带　如在纳拉特山北坡前山带，即新源交托海和巩留莫合谷地，这里的前山基部就开始了新疆野生苹果林的成带分布，丘陵起伏的前山，新疆野生苹果林成片出现在朝向北、西北、东北的斜坡，稍凹的台地和河谷阶地上，繁茂葱翠的景观，呈示出立地优越的自然条件。

（2）隐域地位的山地峡谷区的落叶阔叶林分布带　存在于次级的阴坡和半阴坡中，但面积不大，呈片段状。

2. 塔城盆地新疆野生苹果的分布

是在盆地的南、北两山系中。盆地南部的巴尔鲁克山的东部北坡，新疆野生苹果生长在沟谷底部或坡麓下缘，海拔1 200～1 500m，因水土条件较好，生长情况良好，有时与野巴旦杏（*Prunus tenella*）构成乔灌混交林。在盆地北部的塔尔巴哈台山，新疆野生苹果分布在该山南坡的深割峡谷中，海拔1 100～1 300m，因水土条件较差，生长势较差。

塔城盆地属于温带干旱荒漠地带，盆地东、南、北三面环山，西面开敞。既有利于削弱北冰洋寒流的袭击，又有利于湿润气流的进入，因而为新疆野生苹果天然分布创造了良好的条件。根据巴尔鲁克山和塔尔巴哈台山气象站资料：野生果树林区年平均气温5～6.5℃，1月份平均气温－10℃，冬季积雪深度1～1.5m，年降水量400～600mm，无霜期150 d左右。而塔城县气象站（海拔548m）的记载：年降水量291.6mm，1月份平均气温为－12.8℃（资料为1952～1980年）。所以这里的野果林也是处在水分比较充沛的山地“逆温层”之内。

塔城盆地按其水分状况，与伊犁谷地比较，虽有近似的特点，但由于纬度偏北，冬季又较寒冷，偶尔出现－34.5℃的极端最低气温，在这里新疆野生苹果的分布具有更明显的隐域性。

（二）组成结构

根据调查，组成新疆野生苹果林的各种常见高等植物约有130余种，其中森林乔灌木树种和木质藤本约39种；林下草本植物约100余种。分属于39科102属。其中蔷薇科19种，菊科约16种，禾本科约15种，唇形科8种，豆科7种。这些植物种类成分的生活型是多年生草本（或半草本）植物占优势，约有80种，占55%；其次是落叶乔灌木，约35种，占23%；1年生植物较少。

新疆野生苹果林区系植物的地理成分特点，首先是森林建群种和亚建群种比较单纯，属中亚成分，种类、数量仅占新疆野生苹果林植物区系的10%，却具有最大的群落建群作用。它们是新疆野生苹果、野杏、小叶白蜡（*Fraxinus sogdiana*）；草本层片的优势种短矩凤仙花（*Impatiens brachycentra*）；下木层中天山卫矛（新疆卫矛）（*Euonymus semenovii*）、新疆槭（*Acer semenovii*）、天山花楸（*Sorbus tianschanica*）等。其次是群落植物成分的基本部分——建群种是中亚当地残遗的，而其林下层片主要是北方迁移的成分。北方迁移成分占新疆野生苹果林植物成分的55%，几乎包括了新疆野生苹果林草本层的优势种和亚优势种，以及灌木层片中许多重要的种。这是北天山新疆野生苹果林与西天山新疆野生苹果林的显著区别。属于北方成分最有代表性的中生群落类型中最典型草本层片的优势种有：巨羊茅（*Festuca gigantea*）、鸭茅（*Dactylis glomerata*）、短柄草（*Brachypodium sylvaticum*）、羽状短柄草（根茎短柄草）（*B. pinnatum*）。属北方成分的重要草类有：野芝麻（*Lamium barbatum*）、水杨梅（*Geum urbanum*）、龙牙草（*Agrimonia pilosa*）、北方砧草（北方拉拉藤）（*Galium boreale*）、竹节菜（*Aegopodium podagraria*）等。典型北方成分的灌木有：稠李（*Prunus padus*）、复盆子（*Rubus idaeus*）、鞑靼忍冬（*Lonicera tatarica*）、欧洲荚蒾（*Viburnum opulus*）和藤本啤酒花（*Humulus lupulus*）等。欧洲山杨（*Populus tremula*）是在新疆野生苹果林带上部上层林的北方成分的乔木代表。

在伊犁新疆野生苹果林区系植物成分中，亚洲中部和北部的成分虽占有30%，但在群落结构中不起显著作用，然而它标志着天山和喜马拉雅山的联系，重要的种有：高山羊角芹（东北羊角芹）（*Aegopodium alpestre*）、小花水金凤（*Impatiens parviflora*）和蔓党参（*Codonopsis clematidea*）等。

根据新疆野生苹果建群种的生活型、群落学和生态学特征，应属于温带落叶阔叶林植被型。在特定山地条件下，在大陆性地区的山地变型，按其群落的生态分布特点可划分为7个林型：

1. 巨羊茅新疆野生苹果林

分布在纳拉特山的北坡阔叶林带的中部，海拔1 200～1 400m的缓斜丘陵阴坡、半阴坡、台地和古阶地，郁闭度0.5～0.7。土壤腐殖质十分发达，厚度为25～50cm。林分结构为两层。成年新疆野生苹果树高8～10m，成丛状分布，每丛3～5株。林下为淡绿色禾草层，覆盖度40%～90%，以巨羊茅为优势。随着林冠的稀疏，鸭茅和中生杂类草如水杨梅、龙牙草、野芝麻、竹节菜、短矩凤仙、车叶草（*Asperula maximowiczii*）等开始增多。林下灌木稀少，仅在林中空地有鞑靼忍冬、小檗（异柄小檗）（*Berberis heteropoda*）、阿氏蔷薇（*Rosa albertii*）和复盆子等，这是新疆野生苹果林中分布最广，最有代表性的林型。

2. 短柄草新疆野生苹果林

分布于海拔 1 350m，以上是阔叶林垂直带的上半部，由于降水量垂直递增，土壤湿润，淋溶过程加强，新疆野生苹果生长繁茂，树高 8～12m 以上，林冠郁闭度 0.6～0.8，构成高而密的果林。林内下木稀少。森林短柄草成为林下草层的优势种，尚有羽状短柄草、鸭茅、巨羊茅和耐荫的短柄凤仙等中生草本植物。

上述两种林型的林冠下，天然更新情况良好，新疆野生苹果幼苗、幼树每公顷约有 1 700～5 800 株。

3. 短柄凤仙新疆野生苹果林

通常为稠密的新疆野生苹果中龄（约 30 年生）林木构成，郁闭度可达 0.9。林下铺展着相当单纯的短矩凤仙草层片，覆盖度达 70%～80%。灌木和其他草类稀少，它分布在阔叶林带中部较低洼、阴湿地段。随着林龄增长而林冠稀疏，则有较多根茎性禾草类滋生。

4. 高山羊角芹云杉或山杨新疆野生苹果林

分布在海拔 1 400～1 600m 的阔叶林带上部，新疆野生苹果林内混有较多的欧洲山杨（*Populus tremula*）与天山云杉（*Picea schrenkiana* var. *tianschanica*），构成混交林，林相美观，新疆野生苹果高达 8～ 10m，郁闭度 0.5～0.6。其中混生稠李、天山花楸、阿尔泰山楂（*Crataegus altaica*）、准噶尔山楂（*C. songorica*）等，灌木有小檗、阿尔曼忍冬（截萼忍冬）(*Lonicera altmanni*)、阿氏蔷薇等。草类层盖度达 80%，以高山羊角芹 、水金凤(*Impatiens noli-tangere*)、短矩凤仙花占优势，其次有短柄草、巨羊茅，林地早熟禾（*Poa nemoralis*），天山党参等。

5. 河谷草类灌木新疆野生苹果林

分布在纳拉特山的低山河谷中，海拔 1 100～1 200m 处，阔叶林带的下部生长着繁茂的新疆野生苹果林，新疆野生苹果高可达 10～14m 或更高，郁闭度 0.3～0.4，混生有野杏、稠李、山楂等小乔木和多种灌木，如小檗、鞑靼忍冬、欧洲荚蒾、栒子(*Cotoneaster*)、复盆子、樱桃李(*Prunus cerasifera*)、药鼠李 (*Rhamnus cathartica*)等，此外还有藤本啤酒花。林间的草类高大而茂密，由复杂的中生和中湿生的草甸禾草与杂类草所构成。

6. 旱中生草类（禾草）灌木野杏新疆野生苹果林

在草原化山地的阴坡或阔叶林带中较干旱的半阴坡，新疆野生苹果林变得稀疏。林冠的郁闭度 0.3～0.4，高 4～6m 或稍高。林木组成中混有野杏，林下灌木较多，盖度 20%～40%，高 1.5～ 2.5m，有金丝桃叶绣线菊(*Spiraea hypericifolia*)、鞑靼忍冬、阿尔曼忍冬、准噶尔山楂、宽刺蔷薇（*Rosa platycantha*）、弯刺蔷薇（*R. beggeriana*）、药鼠李、栒子、天山卫矛等。草类层以鸭茅、巨羊茅和多种旱生中生草类。

7. 杂类草野巴旦杏新疆野生苹果林

分布在巴尔鲁克山东部的东北坡，海拔 1 200～1 500m，呈带状分布在沟谷两岸缓斜的阴坡坡底。树高3～5m，郁闭度0.3～0.5；在水分条件较好的沟旁溪边，郁闭度可达0.7。伴生树种有天山桦（*Betula tianschanica*）等。灌木以野巴旦杏占优势，树高0.8～1.5m，还有蔷薇（*Rosa spinosissima*）、宽刺蔷薇、阿尔泰山楂、多花灰栒子（水栒子）（*Cotoneaster multiflorus*）、小叶忍冬（*Lonicera microphylla*）、鞑靼忍冬、悬钩子、药鼠李等。草本层以中旱生为主，千叶蓍（*Achillea millefolium*）、小叶车前（*Plantago lanceolata*）、北疆雀麦（*Bromus sewerzowii*）、拂子茅（*Calamagrostis epigejos*）、落草（*Koeleria cristata*）、龙牙草等植物出现，覆盖度50%～70%。

除上述7种林型外，新疆野生苹果以亚建群种地位与野生核桃（*Juglans regia*）构成混交林，分布在巩留县南面野核桃沟口的开朗地带。

（三）生长发育

新疆野生苹果常形成密林，成年树一般高达8～12m，最高可达18m，100年生大树胸径80cm以上。但在一般较干旱的薄层石质土壤上，新疆野生苹果林则呈疏林状态或为个别散布的树丛，成年树一般高为5～6m。新疆野生苹果除单株生长外，有时3～5株丛生，合成一个树冠，这种丛生状态，有时是根蘖萌发而成，有时是自然落种实生而成。新疆野生苹果树干深灰色，一般主干高度约1～2m，再上则分生3～5个粗壮主枝，分枝角度大，密度中等，形成圆头形树冠。根系十分发达，垂直根深入黄土母质层中达6～7m，水平根伸展幅度10～15m。

新疆野生苹果的年周期生长发育，因类型以及海拔高度、坡向等立地条件的不同而有差异。一般4月下旬开始萌芽生长，5月份开花，9月果实成熟，10月开始落叶。果实的形状以球形者居多，尚有扁圆形、长圆形或圆锥形；果径一般为3～5cm，在良好生境中果径可达7～8cm；果面色泽有黄白色或淡红色，有彩霞或红晕；味酸甜或甜酸，有些类型稍带有苦涩味；果实含糖量3.2%～15%，平均为9%，含酸量为0.1%～1.2%，平均为0.2%。

巴比洛夫（Бабцлов）认为新疆野生苹果林是许多栽培苹果的发源地之一，是俄罗斯、西欧和美国的许多栽培种的原始种。现今的伊犁苹果如伊宁县栽培的品种缸干（阿留斯坦）、白果子（莫洛托圩孜）、缸底果子（卡巴克阿尔马）、黑果子（卡拉阿尔马）、苦漠尔（阿克阿尔马）等，都是从新疆野生苹果林中引种驯化而来的。新疆野生苹果实生苗，一般8～13年开始结果，50～80年为盛果期，单株产量可达90kg左右，80年后进入衰老期，干心开始腐朽，产量逐年下降。新源县野果树林改良场已经改良的80年生以上的大树，生机盎然，果实累累，足见新疆野生苹果是个生命力较强的树种。

（四）更新演替

新疆野生苹果具有种子繁殖和根蘖繁殖的更新能力，它根系发达，抗寒抗病能力较强，它与其他植物构成了较多样的群落类型，尤其在与巨羊茅和短柄草构成的纯林中，林下幼苗甚多，这表明：它虽然现代处于“残遗”状态，但在一定的生态条件下，表现为一个富于进展性的、稳定的建群种。

在阔叶林上部的羊角茅山杨新疆野生苹果林类型与山杨林以及天山云杉林有相互更替

关系，在阴湿的陡峭坡地，它让位给云杉林，但在较向阳的缓坡，新疆野生苹果林占有稳定的优势。

在阔叶林带的中部占优势的森林短柄草、新疆野生苹果林和巨羊茅、新疆野生苹果林遭到破坏后则形成丰茂的禾草草甸、羽状短柄草或鸭茅占优势，或在较低凹处出现极繁茂的杂类草高草甸。停止人为干扰后，尚有可能恢复为新疆野生苹果林。灌木野杏新疆野生苹果林林型是与山地中生灌丛相联系的类型，它们互相演替。但在草原带内，当稀疏的新疆野生苹果林被破坏后，演替为草原金丝桃绣线菊灌木丛或禾草草原，森林更新十分困难。从低山河谷带向下，新疆野生苹果林被杨、柳等组成的河谷林（下游）所更替。

2—1—11—1 野杏林①

新疆野杏（*Prunus armeniaca*）与栽培的普通杏同属一个种，它是伊犁谷地山地森林垂直带谱中落叶阔叶林的组成部分，亦是第三纪温带阔叶林的孑遗树种。在野杏林中有许多变异类型，其中有的果大、汁多、味甜，伊犁市场上偶尔也有出售，是栽培杏的直系先祖。野杏的适应性较强，是育种和嫁接砧木的良好原始材料，亦是森林植被的先锋树种。

新疆野杏林是中国现有野杏的集中分布地区之一。在新疆境内，分布在西部天山伊犁谷地前山地带，北纬43°22′～44°20′，东经80°40′～83°20′；垂直分布海拔800～1 400m，主要分布在阔叶林带下半部的山坡和河谷中，在陡斜的东坡和西坡也可见到它们构成的疏林。野杏的分布范围与数量仅次于新疆野生苹果，是伊犁野果林的主要建群种之一。分布在伊犁谷地伊宁县东部和新源县西部的所属山地；其次巩留县境内亦有少量分布。在伊宁县榆树沟、格里吉郎沟中段，新源县铁木尔勒克、吐尔拱及则克台阿友等沟中有纯野杏林。在巩留县大莫合、新源县的交托海，霍城县的大西沟、小西沟、果子沟等有新疆野生苹果和野杏的混交林。50年代以前，在伊宁县吐鲁番圩孜的前山边缘，海拔800m左右，尚有散生的野杏生长。目前野杏分布的下限在海拔1 000m以上。现在吐鲁番圩孜有优质高产的栽培杏园，其位置在海拔800m上下。伊宁县的吉里圩孜和吐鲁番圩孜一带，是伊犁谷地著名的野杏产地，这里的前山缓坡地可以引水灌溉。野杏林自然分布区，处在山地冬季逆温层范围内或在局部地形构成的冬季温暖的气候环境中。野杏林区的年降水量约为400～600mm。

野杏与草原化的灌木和草类构成小片疏林，纯林很少；通常是新疆野生苹果林的亚建群种、共建种或伴生种；稠密的新疆野生苹果林内很少野杏，而混生在草原化山坡野果林内。

1. 针茅灌木野杏林

气候干旱的半阳坡上的纯杏林。野杏生长健壮，树干明显，树高多为3～4m，树冠自然圆头形，郁闭度0.5～0.6。林下灌木有鞑靼忍冬、小叶忍冬、蔷薇、金丝桃叶绣线菊等，草

---

① 执笔人：林培钧

类主要是草甸草原成分：针茅（*Stipa kirghisorum*）、棱孤茅（*Festuca ovina*）、白羊草（*Bothriochloa ischaemum*）、落草（*Koeleria cristata*）、牛至（*Origanum vulgare*）、千叶蓍（*Achillea millefolium*）等。

2. 草原草类灌木新疆野生苹果野杏林

野杏与新疆野生苹果混交林，郁闭度0.3～0.4，树高5～6m。林间灌木较多，有忍冬、多种蔷薇、小檗（*Berberis heteropoda*）、栒子、阿尔泰山楂等，草类中有多种草原草类。

野杏是一种小乔木果树，一般树高3～6m，树冠开张呈自然圆头形。野杏系深根性且侧须根发达的树种，寿命较长，适应性较强。较喜暖、喜光，耐旱和耐瘠薄的土壤，能在碳酸盐性土壤上生长。在新源交托海的野杏林中，按照果实的性状可分为5个变型：圆杏、粘核大杏、甜杏、小扁圆杏、小红杏。从品质论：圆杏居上，粘核大杏、甜杏中等，小扁圆杏和小红杏最差。在交托海隔河相对的铁木尔勒克的杏林中，有果大、汁多、味甜、色美的野杏，它的品质与栽培种无异。野杏的天然更新，主要依靠种子繁殖，种子是依靠飞禽走兽和家畜传播的。

第十节　黄檗林①

黄檗属（*Phellodendron*）主要分布在亚洲，中国有2种，其中黄檗（黄波罗）（*P. amurense*）为东北林区的重要阔叶树种，常和其他阔叶树组成混交林或形成面积不大的纯林。由于材质优良，宜作为用材林造林树种，也是庭园绿化的好树种。

2—1—12—1　黄檗林②

黄檗（黄波罗）（*Phellodendron amurense*）是中国东北地区的珍贵阔叶用材树种，常称黄波罗、水曲柳、核桃楸为三大珍贵硬阔叶树种。应培育为珍贵用材林，或成为红松、落叶松的混交树种。

（一）分布与生境

黄波罗林天然分布主要在中国东北小兴安岭南坡、完达山、长白山区及河北燕山北部山地。俄罗斯远东、日本北海道及朝鲜半岛也有分布。最北界可达北纬52°，最南界在北纬39°，在分布区北部的垂直分布可达海拔高750m，在南部燕山山地可达1 500m。人工林面积不大，常作为红松（*Pinus koraiensis*）、落叶松、油松（*Pinus tabutaeformis*）林的混交林树种，纯林很少。

天然林中黄波罗多为伴生树种，散生在阔叶红松林中，也是次生林区常见的一种混交

① 执笔人：李承彪

② 执笔人：王义弘

树种，仅在火烧、采伐迹地上偶尔见到小面积的纯林。

天然生长的黄波罗多生于山中、下腹及缓坡地上。其嫩枝对霜冻特别敏感，因此，生长“霜穴”地上的幼树，如周围缺乏植被庇护，其嫩梢常受到晚霜危害，这是造成主干多叉弯曲的原因之一。

黄波罗喜湿润、肥沃土壤。在暗棕壤、淋溶黑土、棕壤及河岸冲积土上均能正常生长。以土层深厚、排水良好的湿润疏松腐殖土上生长最好。在这样的土壤上能形成发达的主根和侧根，具有很强的抗风力。土壤干燥瘠薄或排水不良的低洼地上黄波罗生长不良。在土壤含盐量小于0.15%；pH小于8.5的盐碱地上尚能生长。并具有天然更新能力。

（二）组成结构

黄波罗是喜温湿的古老孑遗植物，是阔叶红松林的主要伴生树种之一，在原始林和次生林区均以散生的伴生树种出现，成纯林或占组成优势者少且面积很小。在次生林区通常与水曲柳（*Fraxinus mandshurica*）、核桃楸（*Juglans mandshurica*）混交，成为沟谷硬阔叶林的组成树种。

以黄波罗、水曲柳、核桃楸等为主的硬阔叶林中，同时混交有春榆（*Ulmus davidiana* var. *japonica*）、裂叶榆（*U. laciniata*）、色木槭（*Acer mono*）等，在原始林区还残存有红松和臭冷杉（*Abies nephrolepis*），有时也混有某些软阔叶树种，如紫椴（*Tilia amurensis*）、山杨（*Populus davidana*）、香杨（*P. koreana*）、大青杨（*P. ussuriensis*）、风桦（*Betula costata*）、白桦（*B. platyphylla*）以及柳树（*Salix* spp.）等。组成复杂，变异很大，大多数林分为多代的复层结构。

下木层内，包括原始红松阔叶林中常见的种，如茶条槭（*Acer ginnala*）、青楷槭（*A. tegmentosum*）、东北山梅花（*Philadelphus schrenkii*）、暴马丁香（暴马子）（*Syringa amurensis*）、鸡树条荚蒾（*Viburnum sargentii*）、毛接骨木（*Sambucus buergeriana*）、刺五加（*Acanthopanax senticosus*）、黄花忍冬（*Lonicera chrysantha*）等。在林冠疏开的潮湿处，常见有稠李（*Prunus padus*）、珍珠梅（*Sorbaria sorbifolia*）、（柳叶）绣线菊（*Spiraea salicifolia*）等。

草本层植物有毛缘苔草（*Carex campylorhina*）、四花苔草（*Carex quadriflora*）、小叶芹（*Aegopodium alpestre*）、山茄子（*Brachybotrys paridiformis*）、粗茎鳞毛蕨（*Dryopteris crassirhizoma*）等外，还有一些耐湿性的植物，如木贼（*Equisetum hiemale*）、白花碎米荠（*Cardamine leucantha*）、金腰子（*Chrysosplenium alternifolium*）、乌苏里毛茛（*Ranunculus ussuriensis*）、水金凤（*Impatiens noli-tangere*）。由于人为干扰，进入一些早春植物及喜光杂草，如东北延胡索（*Corydalis ambigua* var. *amurensis*）、荷青花（*Hylomecon vernalis*）、五福花（*Adoxa moschatellina*）、侧金盏花（*Adonis amurensis*）、光银莲花（*Anemone glabrata*）、菟葵（*Eranthis stellata*）、小顶冰花（*Gagea hiensis*）及蚊子草（*Filipendula palmata*）、狭叶荨麻（*Urtica angustifolia*）、乌头（*Aconitum* spp.）等。

（三）生长发育

黄波罗的树高季节生长属短速类型，据在黑龙江帽儿山的观测，高生长始于5月上旬，止于6月20日左右。径生长可延续至8月上、中旬（1975、1976年）。生长期在黑龙江帽儿山地区为107～135d，在内蒙古呼和浩特约为115d，在前苏联乌克兰引种区可延长到163d。

在良好培育条件下，幼苗生长迅速，如东北林业大学帽儿山实验林场1959年培育的1年生苗，最高达75cm，最低40cm，平均65cm，地径最粗0.82cm，最细0.39cm，平均0.69cm。

实生黄波罗一般从林龄10年开始进入高、径生长的旺盛阶段，并可延续到35年左右。其单株生长相差悬殊，如黑龙江伊春天然林50年生高15m，胸径15.5cm；帽儿山沟硬阔林中的黄波罗，年龄35年，平均优势木高15.7m，平均胸径16.6cm，处于林分的下层，是沟谷硬阔叶林主要组成树种（春榆、水曲柳、核桃楸、黄波罗）中材积生长率最低的。在良好立地上，最大树高可达32m，胸径100cm，最高寿命可达300年。

据在小兴安岭带岭凉水林场28林班调查，低地位级黄波罗林单木（优势木、平均木、劣势木）的生长过程如表1—78。

表1—78　黄波罗的生长过程

年　龄	树　高　(m)			胸　径　(cm)		
	优势木	平均木	劣势木	优势木	平均木	劣势木
5	1.80	0.88	0.64	0.5	0	0
10	3.76	2.00	1.50	2.1	1.0	0.5
15	4.88	3.12	2.50	4.1	2.1	1.3
20	6.00	4.04	3.50	5.2	2.8	1.7
25	7.64	5.72	4.20	6.3	3.7	2.2
30	8.68	7.19	5.00	7.4	4.6	2.8
35	9.48	8.12		8.6	5.1	
近5年生长量	0.80	0.62	0.44	1.4	1.4	0.7
解析木年龄	37	37	32	37	37	32

注：小兴安岭带岭凉水林场，28林班低地位级。引自丁托亚毕业论文，1981年

黄波罗人工林较天然林生长迅速，如黑龙江哈尔滨植物园在淋溶黑土上营造的11年生人工林，平均树高为6.4m，最高达6.7m；平均胸径为7.6cm，最大达10.7cm，生长迅速，干形良好。又如辽宁新宾县三块石国营林场33年生的人工林在肥水条件一般的棕色森林土上，平均树高9m，最大树高达11m；平均胸径为12cm，最大达14cm，生长情况中等。黄波罗也是营造人工林的主要混交树种，在东北东部常与红松、落叶松混交。据在黑龙江山市林场调查，红松与黄波罗的混交林比红松纯林根量大，改善了土壤的理化性质，对黄

波罗的干形生长有促进作用，防止或减轻了霜冻危害。

黄波罗在黑龙江帽儿山地区于6月上、中旬开花，9月中旬开始果熟。天然生黄波罗开始结实年龄，在开旷处为7～10年，林内20～30年。结实较频繁经常丰收，种子千粒重12～15g，发芽力保持时间长，林地上土壤中埋藏着具发芽力的种子，尤其在火烧枝桠堆和火烧迹地上常见到较好的天然更新，是否火烧对其种子萌发有促进作用尚需深入研究。

黄波罗的无性繁殖能力很强，冬季采伐的伐根，翌春即可发出萌条，当年高生长可达0.5～1.0m。有萌芽力的伐根直径一般不超过30cm。

（四）更新演替

黄波罗是在火烧、采伐迹地上首先更新起来的先锋树种之一，而且幼年喜光不耐庇荫，在林冠下很少见到它的天然更新。虽能见到小片的幼龄纯林，但随着年龄的增大，逐渐降低其优势地位，被幼年速生的树种或中庸树种压抑，最终演替成伴生树种呈单株散生状态。

如1959年在黑龙江带岭林区东北林学院凉水实验林场28林班的火烧迹地调查资料，一小片15年生的黄波罗纯林，密度近10 000株/hm^2，当时林木组成为10黄波罗，1981年复查时，组成为6黄1槐1榆1色1椴＋杨、水－桦、蒙古栎、柳（按株数），按材积计算的组成为3黄3杨1椴1蒙古栎1槐1榆＋桦－水、色、柳。此期间黄波罗的枯死率达60%～70%，所以只能在幼龄林阶段见到黄波罗纯林，随郁闭成林后发生强烈的自然稀疏并在组成结构上发生明显的变化，这反映出它从幼林阶段占优势地位，逐渐变成伴生树种的过程。所以，通常见到的天然幼壮龄、成熟林分中，黄波罗均占组成比不大的混交树种。

黄波罗是十分珍贵的阔叶用材和采取栓皮的树种。目前，它同水曲柳、核桃楸、紫椴等树种一样受到重视，正在大力发展。尤其作为人工更新和人工造林的混交树种，正在越来越多的被采用。

（五）评价及经营意见

黄波罗木材坚韧致密，耐水湿、耐腐力强，纹理美观，具有光泽，有弹性，加工容易，可供枪托，飞机用材，又可供造船、建筑、胶合板、家具用。内皮鲜黄色，可作染料，内含小檗碱是重要的中药材，有健胃、解热、强壮作用，治胃肠炎、细菌性痢疾、腹痛、消化不良及黄疸等症。

栓皮为工业用软木材料，可作瓶塞、浮标、救生圈或用于隔音、隔热、防震材料。黄波罗花也是一种优良的蜜源植物。

在经营中，首先应在分布区内保护现有资源，70年代，由于乱采栓皮，使资源遭受破坏。目前强调对其资源的保护是有现实意义的。对采种、育苗工作应重视起来，保留一定母树，其种子可由鸟传播到很远的地方。在更新、造林工作中首先要注意立地的选择，生产力低和易遭霜冻的立地不宜营造黄波罗林，现有材料证明，黄波罗与落叶松、红松带状混交是比较理想的混交方式。幼林期应注意及时抚育和保持林分的稳定性。

第十一节　椴树林[①]

椴树（*Tilia*）林分布于北半球温带、暖温带及亚热带山地，是中国暖温带常见的落叶阔叶林类型之一。椴树分布区北自东北的大小兴安岭、长白山至华北山地比较湿润的阴坡，阳坡也有少量分布；南至长江流域山区也广为分布，但多为零星小片林或混生于阔叶混交林中，具有重要的涵养水源和保持水土作用，是群众喜爱的用材树种。

本林系组尚有紫椴和糠椴均形不成单优林分，故仅对蒙椴 1 个林系进行描述。

2—1—13—1　蒙椴林[②]

蒙椴（*Tilia mongolica*）林是中国暖温带常见的落叶阔叶林类型之一。面积一般较小，并且常与多种阔叶林混交。椴树为群众喜爱的用材树种，具有重要水源涵养和水土保持作用。

蒙椴主要分布在内蒙古、河北、山西等地。在内蒙古见于大兴安岭东南部，为蒙古栎林的伴生树种。在河北蒙椴分布在冀北山地海拔 750～1 250m，驼梁山 800～1 500m，恒山、小五台山 1 100～1 400m 范围内。在河北燕山山地蒙椴常为山杨林、白桦林、蒙古栎林的伴生树种，与色木槭（*Acer mono*）、花楸树（*Sorbus pohuashanensis*）等组成这些林分的第二层林木。但是也有以蒙椴为主的阔叶树混交林。在兴隆县五峰楼、雾灵山；青龙县都山；承德县五道河、北大山一带分布较多。在山西蒙椴主要分布在吕梁山、中条山及其以南地区，太岳山及太行山中段也有。不过，总的来说，山西很少见到以蒙椴为主的落叶阔叶林。蒙椴为较耐荫的树种，对土壤条件的要求严格，生长在湿润肥沃和土层深厚的土壤上。

蒙椴林基本上均为混交林，个别林分蒙椴组成可占到 80%以上。现以河北兴隆雾灵山的蒙椴林材料来说明蒙椴林的群落结构。林木层以蒙椴为主，有山杨、色木槭、辽东栎、春榆等。灌木层覆盖度为 40%左右，以毛榛（*Corylus mandshurica*）为主，其次有胡枝子（*Lespedeza bicolor*）、锦带花（*Weigela florida*）、东陵绣球（*Hydrangea bretschneideri*）、六道木（*Abelia biflora*）、北京丁香（*Syringa pekinensis*）、照山白（*Rhododendron micranthum*）、土庄绣线菊（*Spiraea pubescens*）、冻绿（*Rhamnus utilis*）等。草本层覆盖度较小，约 5%～10%，有羊胡子苔草（*Carex buergeriana*）、宽叶苔草（*Carex siderosticta*）、舞鹤草（*Maianthemum bifolium*）、铃兰（*Convallaria keiskei*）、团羽铁线蕨（*Adiantum capillus-junonis*）、蕨（*Pteridium* sp.）、糙苏（*Phlomis umbrosa*）、风毛菊（*Saussurea* sp.）、升麻（*Cimicifuga foetida*）、玉竹（*Polygonatum odoratum*）、藜芦（*Veratrum nigrum*）等。林冠下更新良好，幼树密度可达 9 000 株/hm^2，其中椴树占 39%，色木槭 20%，辽东栎 17%，

---

① 执笔人：李承彪

② 执笔人：郑均宝

其他幼树占 22%。

从河北宽城县冰沟林场的蒙椴解析木材料可知，实生蒙椴高生长从 20 年后开始加快，40 年才达到极盛期；胸径生长也是从 20 年开始加快，到 45 年才达到极盛期；材积生长从 25 年开始，到 55 年仍不见减退。现引兴隆县雾灵山林场，承德县北大山林场、兴隆县红旗林场的调查材料说明蒙椴杂木林的生长，见表 1—79。

表 1—79　河北蒙椴林的生长

地点	立地条件	林木组成	年龄	平均高 (m)	平均胸径 (cm)	蓄积 (m^3/hm^2)
兴隆县雾灵山	1 010m	4 椴 3 杨 2 槭 1 桦	34	14.0	16.2	138.9
	1 040m	8 椴 1 杨 1 槭	29	12.3	16.0	109.5
	1 180m	6 椴 4 槭	29	11.8	15.4	115.4
	1 000m	10 椴一核桃楸	29	14.0	16.9	192.6
承德县北大山林场	1 300m，阴坡厚土	3 椴 3 杨 2 桦 2 槭	28	10.8	10.4	72.6
兴隆县红旗林场	1 150m，阴坡中土	7 椴 2 杨 1 桦	38	10.5	15.7	36.4
	1 050m，阴坡中土	8 椴 1 桦 1 栎	35	9.8	12.8	37.3
	1 050m，阴坡中土	4 椴 3 桦 3 栎	30	9.5	13.2	32.7
	1 150m，半阳坡中土	4 椴 3 桦 2 杨 1 栎	35	10.1	11.3	38.9

注：根据河北林业专科学校调查材料综合而成

蒙椴木材轻、纹理直、结构细、色泽浅、有光泽和弹性，易加工，可供家具、板材、室内装修、造纸、铅笔杆、火柴等用，树皮可供纤维原料。蒙椴林分布在山地，水土保持和水源涵养作用显著。现有蒙椴天然林面积一般很小，应当积极地予以保护，同时，一些地方现已取得蒙椴育苗经验，应适当营造蒙椴人工林，在营造其他树种人工林时，也应注意将椴树作为混交树种。

第十二节　白蜡树林①

白蜡树林主要分布于北半球温带和亚热带山地。中国分布区从东北小兴安岭以南至华北、长江以南至广东、广西及西南均有分布。此外，新疆也有分布。其中主要是白蜡林(*Fraxinus chinensis*)，它不仅是经济价值很高的用材林，在华北平原又多为人工栽培而成条林，取其萌生枝条作编织之用。而且白蜡树又是白蜡虫的寄主，生产白蜡。水曲柳(*Fraxinus mandshurica*)林广泛分布于东北小兴安岭、完达山、张广才岭一带。水曲柳是原始红松阔

① 执笔人：李承彪

叶混交林的主要混交树种之一，特别是在谷地红松林中更为习见，也是次生林中的主要组成树种，有时也可成为建群种。

水曲柳与核桃楸、黄檗被认为是东北三大珍贵硬阔叶树种、经济价值很高。

2—1—14—1 水曲柳林①

水曲柳（*Fraxinus mandshurica*）落叶乔木，树高25～35m，胸径120cm左右，为中国东北林区阔叶红松林的主要伴生树种，也是该地带次生林的成林树种，具有一定的水土保持和水源涵养意义。水曲柳木材极其珍贵，早在世界木材市场享有盛誉。它树干通直圆满，材质优良，力学强度大，并富有弹性，纹理通直，花纹美丽，结构粗，但刨面光滑是胶合板和木贴面的主要原料，又是航空、车船用材。由于具有弹、韧性，适宜制运动器械，如杠木、滑雪板、冰球拍等。此外，室内装饰、机械制造、造船、车辆、家具、镶嵌木地板、工业配件、电杆横担木、工具把、枪托等均广泛使用。因此其经济价值也很高。

（一）**分布与生境**

水曲柳林天然分布在中国东北小兴安岭和长白山为主，地理位置在北纬30°～55°，东经100°～146°。国外朝鲜北部、俄罗斯远东和日本北部也有分布。

水曲柳林主要分布在中国阔叶红松林的分布区内，即东北东部山地的小兴安岭、张广才岭、完达山、长白山地。如黑龙江伊春林区现有天然水曲柳总蓄积211万m^3，吉林有水曲柳蓄积1 603万m^3。此外河北、内蒙古（大青沟）、山西（沁县、临汾）、河南（嵩县）、湖北（宜昌）、陕西（太白山）、甘肃（天水）也有少量分布。水曲柳人工林除东北东部有人工林营造外，西部的松嫩平原也有少量栽培。

水曲柳林在分布区内，垂直分布高度与阔叶红松林基本一致。在小兴安岭约在海拔200～600m；在长白山为400～1 000m。在大兴安岭的漠河、塔河、呼玛一带是国内分布的北界，通常生长在沿河较稀疏的甜杨（*Populus suaveolens*）、钻天柳（*Chosenia arbutifolia*）林中的下层，似小乔木状，个别也有长入主林层的高大乔木。在大兴安岭东部和南部低海拔处除河谷漫滩地外，其他地形部位几无生长，说明温度和水分限制了它的分布。

水曲柳林分布区内生境的年平均温度在－2.8℃以上，可耐 －40℃的极端低温，年平均降水量450～1 000mm。生长季出现 －2.5℃低温霜冻，即明显受害。主要生长在以花岗岩、玄武岩、片麻岩和变质岩为主的原积、塌积、冲积成土母质上发育的暗棕色森林土、草甸土和白浆土上。在轻盐碱土（pH＜8.0；含盐量小于0.147％）、黑钙土、淋溶黑土也能栽培。在草甸暗棕壤泛滥地土壤，且排水良好的生境条件生长良好，可长成高大的经济用材。

水曲柳是阔叶红松林的主要伴生树种之一，在山地缓、斜坡多伴生于风桦红松林中，在谷地，生于谷地红松林和有时形成春榆水曲柳林。在次生林中，常在沟谷溪流两岸与核桃

① 执笔人：王义弘

楸、黄波罗、春榆形成硬阔叶林。

（二）组成结构

水曲柳在谷地红松林中，成为伴生树种，其组成乔木有红松（*Pinus koraiensis*）、水曲柳、核桃楸（*Juglans mandshurica*）、大青杨（*Populus ussuriensis*）、春榆、柳（*Salix* sp.）、红皮云杉（*Picea koraiensis*）、臭冷杉（*Abies nephrolepis*）等混交。目前，谷地红松林多已被采伐、开垦，只有片段残留。

春榆水曲柳林亦是东北东部山地的原生植被，分布在河滩、谷地，是以古老孑遗种类组成的群落。所处生境条件是山地溪流下游的溪谷第一阶地，土壤是发育在冲积母质上的草甸化暗棕壤或生草暗棕壤。在群落组成上春榆、水曲柳、核桃楸、黄波罗（*Phellodendron amurense*）构成乔木层的主要组成树种，偶而少量混入大青杨和柳树。灌木层的优势种为暴马丁香（*Syringa amurensis*）、光叶山楂（*Crataegus dahurica*）、毛榛（*Corylus mandshurica*）、北亚稠李（*Prunus padus* var. *asiatica*）等。在长白山和小兴安岭南部尚有红松林内习见的灌木和藤本植物。草本植物占优势的有木贼（*Equisetum hiemale*）、粗茎鳞毛蕨（*Dryopteris crassirhizoma*）、猴腿蹄盖蕨（*Athyrium multidentatum*）、毛缘苔草（*Carex campylorhina*）、四花苔草（*Carex quadriflora*）、蚊子草（*Filipendula palmata*）、狭叶荨麻（*Urtica angustifolia*）、草乌头（*Aconitum kusnezoffii*）、小叶芹（*Aegopodium alpestre*）、黑龙江当归（*Angelica amurensis*）、细叶石芥花（*Dentaria tenuifolia*）、白花碎米荠（*Cardamine leucantha*）以及一些早春植物，如侧金盏花（*Adonis amurensis*）、东北扁果草（*Isopyrum manshuricum*）及东北延胡索（*Corydalis ambigua* var. *amurensis*）等。藓类层发育很弱。

东北东部的次生林区，水曲柳与核桃楸、黄波罗、春榆等形成硬阔叶林，往往以水曲柳占优势，并可发现小片的水曲柳纯林。这类林分分布在季节性流水的溪流两侧，直至集水区山脊的鞍部，这是因为这种立地条件下土壤深厚，排水良好和以风或水为动力传播种子（翅果）有关。沟谷硬阔叶林的林分特征如表1—80。这类林分与落叶阔叶林的林分结构特征相似，有层次分明的乔木层、灌木层和草本层，地表苔藓层一般缺乏，有时有藤本植物，如五味子（*Schisandra chinensis*）、山葡萄（*Vitis amurensis*）、狗枣猕猴桃（*Actinidia kolomikta*）、软枣猕猴桃（*A. arguta*）等攀缘林木。

表1—80　东北林业大学帽儿山实验林场沟谷硬阔叶林的林分特征

森林类型	地形部位	坡向坡度	土壤	林龄	郁闭度	林木组成	平均树高(m)	平均胸径(cm)	每公顷株数	每公顷蓄积量(m^3)	枯损率(%)
沟谷硬阔叶林	山中、下腹沟谷溪流沿岸	SW 5°～9°	草甸暗棕壤	28	0.84	6水2核2其他（黄、榆、椴、色、栎）	11.0	11.6	1 170	75.3	1.2

次生沟谷硬阔叶林多系采伐、樵采、火烧、弃耕后发生，萌生起源占一定比重，因此，

乔木层中一株多干及丛生现象较普遍，干茎变弯曲，心腐也增加。

（三）生长发育

据东北林业大学在帽儿山实验林场的观测，水曲柳的树高季节生长开始于5月10日左右，至7月15日基本停止，仅占65d的生长期。生长最高日（24h）生长量为2.67cm，总平均日生长量为0.287cm。胸径生长始于4月30日，至9月10日止，为期130d。

水曲柳生长较快，天然林木18年生树高13.5m，胸径12.05cm（吉林松花湖）。林龄30年前为高、径生长速生期，连年生长量可达60～70cm，最高可达1.0～1.5m。100年生左右树高20～25m，胸径40～60cm，最大树高达35m，胸径1m以上。兹举黑龙江水曲柳、核桃楸为主的次生林林分蓄积量标准表为例（表1—81）。

表1—81　黑龙江硬阔叶树（水曲柳、核桃楸）次生林林分蓄积量标准表

林分平均高 (m)	疏密度1.0时的每公顷		
	断面积 (m^2)	形　数	蓄积量 (m^3)
5	13.0	0.585	38
6	13.9	0.564	47
7	14.8	0.541	56
8	15.6	0.521	65
9	16.4	0.515	76
10	17.2	0.506	87
11	17.9	0.498	98
12	18.6	0.493	110
13	19.3	0.486	122
14	20.0	0.482	135
15	20.7	0.477	148
16	21.4	0.473	162
17	22.1	0.471	177
18	22.8	0.468	192
19	23.5	0.466	208
20	24.2	0.465	225

注：引自黑龙江省资源调查管理局综合队编．森林调查工作手册，第一册．1971

由表1—81可以看出，30年生水曲柳林分，平均高15m时，材积平均生长量接近5.0m^3/hm^2，这在东北次生林林分中生产力还是较高的。又根据硬阔叶林分测定生物量结果如表1—82。从沟谷硬阔叶林的林分叶面积指数看为5.3，是主要次生林类型中叶面积指数较低的，因此在中龄林阶段，加大林分密度和增加叶面积指数，对提高硬阔叶林的林分生产力是有益的。水曲柳是窄冠树种，16年生纯林的标准木冠幅南北为0.72m，东西为0.81m，平均为0.76m，增加林分密度和叶面积指数可抑制林下的下木和活地被物的滋生，对培养干形和提高林分生产力是有好处的。水曲柳林的根量较大，多分布在 0 ～20cm 的土壤表层，21～40cm 仅有少量根量，41～60cm，则寥寥无几。见表 1—83。

表 1—82　帽儿山沟谷硬阔叶林生物量统计

总生物量 (kg/hm²)	主林层生物量 (kg/hm²)						
	树干	活枝	死枝	叶	果实	枯立木	合计
108 767.47	49 012.85	9 614.12	1 552.86	4 090.31	84.9	824.85	65 143.88
100%	45.06	8.84	1.43	3.76	0.05	0.76	59.9
演替层生物量 (kg/hm²)	枯落物	根量	其他包括：幼苗幼树、下木、草本植物、真菌		主林层叶面积指数 5.3 演替层叶面积指数 0.2		
2 646.33	8 654.4	28 959.12	3 359.74				
2.43	7.96	26.63	3.04				
林木总生物量	树干	活枝	枯枝	叶	根		
93 229.26	49 012.85	9 614.12	1 552.86	4 090.31	28 959.12		
100%	52.6	10.3	1.7	4.4	31.0		

表 1—83　河谷硬阔叶林不同土层深的根系生物量

林分		土层深 (cm)				
		0～20	21～40	41～60	61～80	81～100
		根系鲜重 (kg/2.5m³)				
硬阔	择带 1	17.75	2.40	0	0	—
叶林	择带 2	18.50	2.85	0.431	0.065	—

注：表中数据均为破坏性择带中 5 个（每个 0.5m×1.0m）小样方取样的合计数

黑龙江帽儿山

（四）更新演替

水曲柳母树结实每 3 年中有 1 个丰收年，翅果在当年 8 月下旬成熟，每千克约 9 800 粒种子，千粒重 510～615g，含水量约为 11%。被秋风吹落少量，大量翅果宿存树上，直至冬季和翌春被风吹落。翅果的传播距离约为下风向的 2～3 倍树高，另外落在雪地上的翅果在春季融雪汛期也被流水传播到溪流两侧。翅果落地后，埋藏于枯落物中和腐殖质层的表层自然状态下 2.5 年仍具有活力，据东北林业大学帽儿山试验林场调查，在附近具有种源的阔叶林和人工落叶林下均埋藏具有生活力的水曲柳种子，这是它天然更新的基础。

可以说，只要有种源，水曲柳在原生林区的采伐迹地，次生林区的天然林和人工林的林冠下和林缘常有较好的天然更新。根据铁力林业局丰林林场的调查，发现凡有水曲柳母树的地方，在母树周围都有天然更新的幼苗幼树。母树上的翅果受风力传播至下风向的50～

60m 范围内，其中以离母树 20～30m 处发生的幼苗幼树密度最大。在皆伐迹地上 1～2 株母树，树高 12～16m，下种更新面积达 0.3hm²，所以每公顷均匀保留 10 几株左右的母树可满足天然更新的要求。经过整地促进的林地和畜力集材的集材道上水曲柳的天然更新明显高于其他林地。水曲柳的伐根萌芽力很强，萌株发育很好，伐根萌芽出现在采伐后第一年，根颈处也可萌芽，通常在伐根周围形成丛状的萌芽条，茁壮茂盛，生长迅速。

水曲柳在次生林区具有一定的天然更新优势，往往在撂荒地、河岸溪流附近和杨桦林下形成良好的天然更新，据在帽儿山林场对各种群落类型的更新调查，除干旱系列无水曲柳更新外，在中生系列和潮湿系列的各群落类型中，水曲柳的天然更新在更新组成中占 1～4 成，生长良好。更为有意义的是，在人工落叶松红松林中，附近只要有水曲柳母树存在，在其林冠下，往往也有许多幼苗幼树，个别林分每公顷可达数万株，其中有的可进入主林层与针叶树种混交。水曲柳在林冠下忍耐庇荫是有限度的，在上层林冠郁闭度较大时，大约可忍耐 5～7 年，在这一年龄阶段前，予以透光，是能够长入主林层的，否则大量枯死。

沟谷硬阔叶林，采伐、火烧、开垦后往往形成白桦林或草甸群落，当有水曲柳种源的情况下，可恢复成沟谷硬阔叶林。采伐后，也可能形成萌生的以水曲柳为优势的硬阔叶林。

（五）评价及经营意见

水曲柳生长迅速，在次生林区主要用材树种中，其生长速度仅次于山杨，速生期树高连年生长量可达 1.0～1.5m，因此成林迅速。它适生于东北东部山地的中生、潮湿和湿生立地，原生林型和次生林分均有以水曲柳为优势的类型，溪流两岸的原生谷地红松林、春榆水曲柳林和沟谷硬阔叶林有重要的水土保持和水源涵养意义。

水曲柳是阔叶红松林的主要伴生树种之一。现已证明它是人工林中落叶松、红松的理想混交树种。因此在今后发展混交林时是应首先考虑的阔叶树种。

水曲柳在次生林区的天然更新中占有优势地位，许多林分通过合理的经营活动，可期望加速演替进程，把软阔叶林培育成更加优质和稳定的硬阔叶林。

水曲柳的人工更新和造林，多采用直播、植苗的方式。直播可用种子（秋播），也可用隔年埋藏的种实（春播），以条播、穴播为好。植苗多用 1 年生苗和 2 年生的移植苗。为了培养干形，初植密度以 6 600 株（穴）/hm² 为好，也可与落叶松带状混交，行数以 4～6 行为宜。人工幼林需经 3～5 年的幼林抚育，成林后加以生长抚育，强度可逐步加大，以培育大径材的锯材原木为主，因此，不宜更多的发展萌芽林。

应该说，对于水曲柳的采种、种子处理、育苗、纯林和混交林的营造中的主要技术问题已经具有较成熟的经验，凡有条件的地区均应发展并在立地条件的选择、良种选育、母树林选择和森林经营等方面加以试验研究，一定会提高水曲柳的更新造林质量，迅速把这一珍贵树种发展起来，以丰富东北东部山地森林的多样性，并可作为多种针叶树种的混交树种，培育各种类型的混交林以提高林分稳定性和生产力。

2—1—14—2　新疆白蜡树林[①]

新疆白蜡树（*Fraxinus sogdiana*）是中国新疆珍贵的第三纪温带落叶阔叶林残遗树种，生长较快，树形高大，干形较直，材质较硬，结构细致，是新疆的一种阔叶用材树种，也是伊犁河河谷地带重要的水土保持树种，对于保护河岸和防止河滩冲塌具有重大作用。

天然新疆白蜡树林在中国分布面积比较狭小，仅产于新疆天山西部伊犁谷地喀什河、特克斯河和巩乃斯河下游河谷、河湾及河滩地带，海拔700～1 600m，前苏联中亚地区也有分布，由此而进入新疆，经过人工栽培遍及全疆各地。

在天山西部分布区内，气候温暖而较湿润，年平均气温在8～9℃，1月平均气温7.5℃，7月平均气温23℃，极端最低气温－30℃，极端最高气温可达36℃，年平均降水量350～400mm，年平均蒸发量1 300～1 750mm，无霜期160d左右。在河滩地带，土壤为草甸森林土，机械组成为细沙壤质或中沙壤质，一般都具有沙卵石下垫层。通常碳酸淋溶现象不明显。pH 7.4～8.0。在中山带下部和低山带（前山带）上部山坡，土壤为黑棕色土，机械组成为中壤质，pH6.5～7.7。在低山带下部干旱山谷地带，土壤为灰钙土或暗栗钙土，机械组成为中壤质或重壤质，pH8.0左右。

新疆白蜡树适应性较强，较耐寒冷，也较耐大气干旱，在乌鲁木齐新疆林业科学研究院六道湾林业试验站引种栽植的新疆白蜡树，在极端最低气温－41.5℃（1951年2月27日）的年份里，无冻梢现象出现。在极端最高气温42℃左右，蒸发量高约达2 500mm的塔里木盆地西南边缘绿洲地带，新疆白蜡树生长良好。新疆白蜡树喜光性较强，喜肥沃、湿润、排水良好的细沙壤质、中沙壤质或壤质土壤；在土层较深厚、肥沃、湿润的喀什河口河滩地上，新疆白蜡树生长良好，50年生树高26.6m，胸径46.5cm。在土壤干旱、瘠薄的喀什河谷下游西侧前山带沟谷内，生长不良，群落十分稀疏、低矮。新疆白蜡树能耐轻度盐碱，根据新疆林业科学研究院初步试验资料，在土壤总盐量小于0.37%～0.46%时，幼树成活良好，生长正常，当总盐量增加到0.58%～1.02%时，幼树成活率降低到60%以下，并有不同程度盐害现象出现：当总盐量上升到1.34%时，幼苗不能成活。

新疆白蜡树林结构简单，分层现象明显，层次较少，通常可分为3层，即乔木层、灌木层和草本层，林下苔藓植物极少。在生境条件比较差的地段，新疆白蜡树林仅有乔木层和草本层。在分布区内，由于四周被干旱的前山带所包围，这无疑给小叶白蜡树林的结构增添了新的特色，表现在个别地段上林间空地上往往出现某些低矮的旱生植物，如膜果麻黄、刺木蓼、鹿蹄木蓼（*Atraphaxis pyrifolia*）等，构成特殊的旱生小群落镶嵌于中生的新疆白蜡树林内，共同组成或镶嵌式的群落。

新疆白蜡树林分布范围狭窄，但由于各分布地段立地条件不同，群落组成成分及结构

---

① 执笔人：侯文虎

也各不相同，构成如下几个森林类型。

1. 禾草类铃铛刺新疆白蜡树林

分布于喀什河下游河口河滩地带，地下水位 2～3m，土壤比较湿润，土层较薄，为沙壤质，下垫层为粗沙和卵石，郁闭度为 0.3～0.4，伴生树种主要有密叶杨（*Populus talassica*）、准噶尔柳（*Salix songarica*）等。灌木层种类单纯，多为铃铛刺（盐豆木）（*Halimodendron halodendron*），偶有沙棘（*Hippophae rhamnoides* ssp. *sinensis*）出现。草本层以草甸羊茅（*Festuca pratensis*）、披碱草（*Elymus dahuricus*）、假苇拂子茅（*Calamagrostis pseudophragmites*）等禾草植物为主，其次有小量苦豆子（*Sophora alopecuroides*）、镰叶马蔺（*Iris scariosa*）、牛蒡（*Arctium lappa*）等杂草类加入。

2. 镰叶马蔺新疆白蜡树林

分布于喀什河口河滩地带，地下水约 3m 左右，土壤较湿润、肥沃，土层较厚，细沙壤质，腐殖质层 2～4cm，林分发育良好，林木高约 15m 左右，郁闭度可达 0.6～0.7，林内伴生树种极少，仅有零星的天山槭、天山桦等落叶阔叶树种在林缘生长，灌木少见，偶有楔叶茶藨（二刺茶藨）（*Ribes diacanthum*）、弯刺蔷薇（*Rosa beggeriana*）、伊犁小檗（*Berberis iliensis*）等。林下草本植物层较稀疏，其中以镰叶马蔺为优势种，此外还有少量长腺小米草（*Euphrasia hirtella*）、苦苣菜（*Sonchus oleraceus*）草甸类植物。

3. 草甸草类灌木密叶杨新疆白蜡树林

主要分布在喀什河下游河口河漫滩上。这里能够受到定期的洪水泛滥，地下水位较高，潜水深度 1～2m，土壤为草甸森林土，多为洪积细沙壤质，土层较薄，下垫层为沙卵石质，排水良好，通常不发生盐渍化。林分发育十分良好，郁闭度 0.7～0.8，林木高度约 18m，新疆白蜡树占林木组成 6～7，密叶杨 2～3，在河滩边缘可达 4 成，伴生树种主要有天山槭、天山桦。在个别地段还有准噶尔柳、稠李、辽宁山楂等小乔木。灌木层植物较茂盛，盖度可达 50% 左右，其中主要有伊犁小檗、弯刺蔷薇、毛叶水栒子（*Cotoneaster submultiflorus*），此外还有库页岛悬钩子（*Rubus sachalinensis*）、新疆忍冬、楔叶茶藨等。草本层盖度可达 30% 左右，主要有焮麻（*Urtica cannabina*）、水杨梅、龙牙草（*Agrimonia pilosa*）、柳兰（*Chamaenerion angustifolium*）、北方拉拉藤、大车前（*Plantago major*）草甸羊茅等草甸植物。

4. 禾类草柳新疆白蜡树林

主要分布在喀什河、巩乃斯河等河流下游河口河漫滩边缘，地下水位较高，一般 1～2m。土壤为草甸森林土，冲积细沙壤质，土壤较薄，下垫层为沙卵石质，排水良好，无盐渍化现象。由于在个别年份里有洪水泛滥，土壤湿润而肥沃。林分发育良好，一般为中幼林。这种森林类型为过渡类型，新疆白蜡树占据第一层林冠，而小乔木准噶尔柳或线叶柳则占第二层，构成暂时性复层林结构，通常在 30～40 年后，这种混交林则演变为草甸草类新疆白蜡树林。林下灌木较少，盖度不及 10%，主要有沙棘、蔷薇等。草本层植物较多，常见的多为中生禾草，主要有草甸羊茅、假苇状拂子茅等。此外，还有新疆黄精（*Polygonatum roseum*)、红车轴草（*Trifolium pratense*)、蒲公英（*Taraxacum mongolicum*)、羽叶千里光（*Senecio argunensis*)、牧地香豌豆（*Lathyrus pratensis*）等。

5. 草类灌木天山槭新疆白蜡树林

分布于喀什河中下游河谷阴坡中下部，土壤为黑棕色土，土表枯枝落叶层厚 3～4 cm，腐殖质层较发达，厚约 20 cm，机械组成为中壤质，剖面呈弱碱性—中性反应，pH 6.0 ～ 7.5，土壤肥沃而较湿润。林分发育颇好，郁闭度 0.5～0.6。新疆白蜡树占林木组成 6～7，天山槭占 2～3 成。伴生树种有新疆野生苹果、天山花楸、天山桦（*Betula tianschanica*)、欧洲山杨等出现。灌木层盖度可达 40%，主要有新疆忍冬、毛叶水栒子、黑果水栒子、黑果悬钩子、蔷薇、小檗、茶藨等。林下草类主要有黑芝麻、北方拉拉藤、水杨梅、龙牙草、烕麻、红车轴草、益母草、柳兰、林地早熟禾（*Poa nemoralis*)、短柄草等中生草类。

6. 蒿类新疆白蜡树林

主要分布于喀什河、巩乃斯河和特克斯河等河流下游前山带较干旱的沟谷底部。土壤为灰钙土，土层较厚，为洪积或坡积沙壤质或壤质，地表常夹杂有碎石，剖面呈碱性反应，土壤较干旱而贫瘠。林分发育不良，十分稀疏，郁闭度仅 0.3，中壮龄林木平均高仅 3～4m。伴生树种偶有天山槭，生长低矮，林下灌木很少，主要有木地肤、曲枝枸杞等。草本层植物也较稀疏，盖度 15% 左右，多为旱中生植物，其中主要有喀什蒿、博乐蒿等蒿类植物，其次还有多根葱、针茅、沟羊茅等植物。

新疆白蜡树常受人们的乱砍乱伐，同时林内放牧频繁也是影响新疆白蜡树林更新不良的重要原因。在地下水位较高的河流下游河口低河滩上，由于有季节性河水泛滥，常有较多的新疆白蜡树种子侵入，成为新疆白蜡树幼林，有时还有准噶尔柳或线叶柳入侵，形成草类柳小叶白蜡树林。在土壤较干旱，林分发育不良的高河滩皆伐迹地上因土壤干旱新疆白蜡树难以更新，通常向草原化甚至向荒漠化方向发展。在土壤湿润、土层较薄、林下草类较茂密的低河滩上，新疆白蜡树林被采伐，更新十分困难，一般被准噶尔柳或密叶杨所代替，在土层较薄的地段常为沙棘或铃铛刺（盐豆木）所更替。在中山带上部和前山带上部河谷地带，新疆白蜡树通常生于河边，河滩或山坡下部，林分发育良好，林下尚有少数幼苗、幼树，生长较好，在河边、河漫滩上的草甸草类灌木密叶杨新疆白蜡树林内，尽管密叶杨生命周期较新疆白蜡树短，但其根蘖能力强，根蘖苗生长较快。因此当这种森林遭到皆伐后，密叶杨首先占领迹地，形成草甸草类密叶杨林在密叶杨伐桩较少的个别地段，当新疆白蜡树种子侵入后，仍可恢复成为密叶杨与新疆白蜡树的混交林。其中山带下部山坡生长的草类（灌木）新疆白蜡树林，当遭到火灾或人为砍伐后，在有天然落种的情况下，新疆白蜡树林也是可以恢复的。但在缺乏天然下种和常遭到人为破坏的情况下，通常向灌丛方向演替。在土壤比较干旱、贫瘠的前山带中下部沟谷内的蒿类新疆白蜡树林遭到严重破坏后，由于这里土壤干旱、贫瘠，大气蒸发量高，这种稀疏、低矮的新疆白蜡树林是很难得到恢复的，一般向荒漠化方向发展或为蒿类群落所代替，或为木地肤、刺木蓼等旱生灌丛所演替。

新疆白蜡树林是一种稀有、珍贵的天然林。它的材质优良、干形优美、枝叶繁茂，又是一种良好的硬阔叶用材树种和绿化树种。这类林分集中分布于新疆喀什河下游河口漫滩，伊犁河谷地带，对护岸、防止水土流失、维护半干旱地区的生态环境更具有重要意义。应采取积极措施，切实保护起来。由于能适应干旱、严寒并耐轻度盐碱，在许多地方已成功地引种，可在新疆广为栽培。

第十三节　梓　林

2—1—15—1　楸树林①

楸树（*Catalpa bungeii*）林是中国暖温带低山丘陵的落叶阔叶林，多呈小块状分布。有时为单株散生。楸树材质优良，纹理美观，用途广，自古即有“木王”的美称，是黄河中、下游各地市场上售价最高的木材。由于采伐过度，楸树林资源急剧减少，应积极采取恢复措施。

（一）分布和生境

楸树在中国分布较广，遍及暖温带及亚热带。在北京的西南部，河北的中部及西部，山东的东部及中南部，山西的南部，河南的西部及西南部，陕西中部及南部低山丘陵，江苏的北部及南部丘陵，安徽西部及南部低山丘陵，以及甘肃的东部黄土丘陵均有分布。此外，浙江、江西、湖北、湖南、四川、贵州及云南等地亦有少量分布。集中成片栽植的地区有山东的胶东半岛（以烟台东部、海阳、文登、栖霞、莱阳最多），及泰沂低山丘陵区（以蒙阴、沂水、费县最多），江苏的云台丘陵区，河南西部黄土丘陵及崤山、熊耳山等低山丘陵，陕西秦岭南坡的低山丘陵。

楸树林的垂直分布上限为海拔 50～70m，散生树的垂直分布上限可达海拔 1 400m（河南卢氏县）。

楸树林分布区的气候温暖湿润，年平均气温 13～16℃，1 月平均气温 －4～2 ℃，7 月平均气温 25～32℃，极端最低气温 －12～－17℃，极端最高气温 28～35℃，年平均降水量 750～1 200mm。楸树林适生于空气湿润的气候，但是耐大气干旱的能力较强。在空气相对湿度 67%～76%以上的沿海丘陵及盆形谷地生长快，主干通直圆满。这些地方的年降水量在 800mm 以上，5、6 月间及 8、9 月较少出现高温干燥和久旱不雨的年景。在地处华北大平原南部的山东定陶县、曹县、巨野，楸树树高的年平均生长量为 0.4～0.5m，只有沿海丘陵地（崂山）的 40%～60%，在天气干旱的地方生长比较缓慢。

楸树的耐寒性较强，山西河曲县有单株楸树生长，该县年平均气温 8.8℃，1 月平均气

---

①　执笔人：许慕农

温 −11.3℃，并未发生冻害，生长量低是气候干燥造成的。

胸径生长与年降水量有密切的相关性（相关系数 r=0.740 887 9），特别是在 15～20 年生以前，尤为明显。山东泰安市徂徕山林场王家院分场 1966 年最干旱，年降水量 389.9mm，胸径连年生长量为 0.1cm；1964 年降水量 1 375.4mm，胸径连年生长量 0.70cm。年降水量相差 3.78 倍，胸径连年生长量相差 6 倍。山东海阳位于黄海之滨，特别干旱的年份（1966～1969）年降水量 600～700mm，胸径连年生长量仅 0.3～0.6cm，年降水量在 1 000mm 的年份，连年生长量至 2.0cm。

楸树林对土壤要求不很严格。在山东胶东半岛及江苏云台山，多为花岗岩、片麻岩母质发育成的森林棕壤；在泰沂低山丘陵区主要是石灰岩、页岩、沙岩母质上发育成的褐土，少部分为森林棕壤。在河南除了上述母质形成的褐土外，尚有黄土母质形成的褐土，还有黄棕壤及河潮土。适应微酸性到微碱性，在含盐量 0.10%的轻盐碱土上可以生长，超过 0.2%含盐量的地方，生长衰弱。在疏松、湿润、肥沃、排水良好的沙壤土及壤土上，林木生长迅速。

楸树根系不耐水涝，在短期间歇性流水的山沟、渠道及河滩上能正常生长。在积水涝洼地常烂根以至全株死亡。地下水位高于 1.0m 的地方，根系浅，易风倒。

在优良的小地形，即四面或三面山岭环绕、中间沟溪流水的盆形浅谷地，上方光照充足，侧方光照较少，空气湿润，林木生长量大，主干通直圆满，林相整齐。在开阔的平原地，由于干旱、燥热、光照强烈，主干矮，尖削度大。平原地区无楸树林，可能与此有关。

（二）组成和结构

楸树林的组成与其他森林类型有较大差异，一是大面积林分较为少见，二是与农作物间作的较多，林中伴生树种极少，而且多为人工栽植。林分的层次结构多为乔木层—草本层（农作物）的结构。林中萌蘖更新生成的幼树较多，但是由于人的干扰，不能形成 2 个层次。多年采用“拔大毛”式的采伐，常形成不同年龄的疏残林，郁闭度低（0.3～0.4）。

在楸农间作中，楸树成为上层林冠，第二层为农作物，不同季节有不同品种组成的层片。楸树为单行，栽植在地堰上，行距 20～30m，株距 3～5m，树龄 15～40 年，树高12～16m，胸径 20～35cm，平均冠幅 3.0～4.0m。地堰上有一些野生植物，高 0.6～0.8m，常见的种类有黄背草（*Themeda triandra* var. *japonica*）、狗尾草（*Setaria viridis*）、鹅观草（*Roegneria kamoji*）、知风草（*Eragrostis ferruginea*）、艾蒿（*Artemisia argyi*）、龙牙草（*Agrimonia pilosa*）、茅莓（*Rubus parvifolius*）、翻白草（*Potentilla discolor*）、花木蓝（*Indigofera kirilowii*）、苦参（*Sophora flavescens*）、铁苋菜（*Acalypha australis*）、藜（*Chenopodium album*）、鸡眼草（*Kummerowia striata*）、萹蓄（*Polygonum aviculare*）等。

楸树片林分布于山坡中下部，林中灌木常见的种类有胡枝子、多花胡枝子、扁担木、花槐蓝、荆条等，盖度 10%，高 0.4～0.5m。常见的草本植物有野古草、黄背草、狼尾草（*Pennisetum alopecuroides*）、突脉苔草（*Carex lanceolata*）、益母草（*Leonurus japonica*）、地榆、猪耳朵菜（*Saussurea ussuriensis*）等，盖度 20%，高 0.20～0.40m。葛（*Pueraria lobata*）也较多。

（三）生长发育

楸树寿命长，120～150 年的大楸树，全国很多地方都有生长。山东青州市范公亭公园内的古楸树，已有 800 余年的寿命[①]，胸径 280.4cm，树高 14m，树干部分中空，用水泥填补，但仍萌发新枝，枝叶茂盛。安徽临泉县一株大楸树，高 23.2m，胸径 210cm，已达 600 余年。

楸树高生长在 10 年以前比较缓慢，连年生长量 0.26～0.40m，特别是造林后的 1～5 年生长量极低。各地树高速生期出现时间不同，在土壤比较干燥的地方，树高速生期在 8～10 年以后出现，一直延续到 15～20 年，连年生长量 0.5～1.5m；在土壤湿润肥沃的地方，速生期可延续到 25～35 年，连年生长量 0.6～0.9m。一般在 25～30 年以后，生长量下降。胸径速生期，在立地较差的地方，7～10 年即出现，一直延续到 15～25 年，连年生长量 1.0～1.3cm，12～20 年是胸径生长最高峰，最大连年生长量达 2.1cm。在较好的立地，10～15 年以后，一直到 35 年（有的单株到 45 年）为速生期，连年生长量 1.0～2.1cm，最大的达到 2.4cm，35～40 年以后，连年生长量只有 0.4～0.8cm。材积生长在较差的立地，11～30 年为速生期，连年生长量 0.012 1～0.048 $8m^3$，30 年以后生长量下降；在较好的立地，25～50 年是速生期，连年生长量 0.021 33 ～0.057 $4m^3$。楸树林应以培育中径级材和大径级材为主。

研究材料表明，楸树林的地位指数 20 年生时（标准年龄），Ⅰ地位等级的指数为 20m，Ⅱ地位等级的指数为 18m，Ⅲ地位等级的指数为 16m，Ⅳ地位等级的指数为 12m，Ⅴ地位等级的指数为 10m，Ⅵ 地位等级的指数为 8m。在 10～20 年生时，各地位等级的指数均低于刺槐林和白榆林（平均优势高相差 0.35～2.98m），20 年以后又高于刺槐林（0.99～0.8m），这也说明楸树林的前期生长是缓慢的。

（四）评价及经营意见

楸树木材淡灰褐色（银楸）或淡黄褐色，带绿色色彩（金楸），边材窄，心材宽，含侵填体，纹理通直，花纹美观，有光泽，干燥容易，收缩率小，不翘裂，耐水湿，耐腐性强，不易虫蛀，加工容易，刨面光滑，油漆及胶粘力均佳，为建筑、家具、器具、室内装修、造船、矿柱、桥梁、枕木、农具、雕刻和乐器等用材；叶、树皮、种子均为中药材；花可炒食或提炼芳香油。开花时繁花满树，或紫红或白，主干挺拔高耸，冠如华盖，为园林绿化的好树种。

楸树林是中国栽植历史悠久的人工林，大约有 2 600 多年。《诗经·鄘风》（公元前 6～5 世纪）记载："树之榛、栗、椅、桐、梓、漆，爰伐琴瑟"。椅即楸。也有人认为古人梓、楸不分，梓即楸。西汉司马迁在《史记·货殖列传》（公元前 2～1 世纪中记载："淮北常山

---

① 此树不少材料误记为唐朝栽植，叫做唐楸。据《青州府志》记载，范公亭是青州人士为纪念宋朝范仲淹在青州作太守政绩卓著的建筑物，清朝康熙初年毁于大火，后又重建。此树最早栽植于北宋后期（约在公元 12 世纪）。青州人习称楸树为糖楸，因误传为唐楸。

以南，河济之间，千树楸”，并说其经济收入与“千户侯同”。宋朝陆佃（公元11世纪后期）在《埤雅》中称赞楸树是“美木也”，并誉之为“木王”，与“花王”牡丹媲美。古时将种植楸树的农户称为楸户。《述异记》记载：“中有楸户，掌楸木者……”。近年来，暖温带低山丘陵区楸树人工林面积迅速扩大。

在发展楸树林时应注意下列问题：

1. 在丘陵地，提倡梯田边栽植楸树，株距5～7m，行距20～25m，在株间种植矮化型的香椿、桃、樱桃、山楂等经济树种及金针菜、金银花、枸杞等经济植物。楸树生长旺盛，不影响梯田种植农作物，又有较高的经济收入。

在平原农田中采用楸农间作形式，要用3～4m以上的大苗造林，根系完整。株行距5m×20～30m。

2. 采用塔形金楸、金丝楸及银楸等优良品种造林，生长快，材质好，经济效益高。

3. 楸树根瘤线虫病（*Meloidogyne marioni*）及楸梢螟（*Omphisa plagialis*）都是楸树林的灾害性病虫，除积极防治外，要加强检疫，提倡扦插育苗，不用梓树（*Catalpa ovata*）作砧木嫁接，可减轻线虫病蔓延。

第十四节　泡桐林[①]

泡桐（*Paulownia*）是亚洲东部的特产树种，中国是它的主要产区，而且历年大量出口，远销日本等国。

泡桐在中国分布极广，北界是辽宁南部、北京、延安至平凉一线，南迄广东、广西，东起台湾，西至陇东、四川、云南。泡桐在中国生存的历史久远，在山东临朐县山旺村中新世地层中就有泡桐叶子化石。现在泡桐林分布在平原地区，多作为“四旁”植树或在山麓营造小片林，而农田防护林特别是近年来发展起来的林粮间作，在某些地区泡桐被选为首要树种。由于泡桐枝叶繁茂，可以改善农田的环境条件，提高空气湿度，减低风速特别是干热风的危害，生态效果明显。由此而增加农产品的产量，而且泡桐生长迅速，栽植后很快成材，这样就可以取得较大的经济效益。所以在华北平原尤其是河南、山东等地，桐粮间作的农田发展很快。

组成泡桐林的建群种通常有5个，即：楸叶泡桐（*P. catalpifolia*）、兰考泡桐（*P. elongata*）、毛泡桐（*P. tomentosa*）、光泡桐（*P. tomentosa* var. *tsinlingensis*）及白花泡桐（*P. fortunei*），其中白花泡桐原产长江流域，而其他泡桐则原产黄河流域。

由于泡桐林具有较高的生态和经济效益，所以很受群众欢迎，都乐于栽种。所产木材除自用外，其原木及产品多远销海外，换取外汇。因此宜大力发展这一林分。

---

① 执笔人：周光裕

2—1—16—1 毛泡桐林①

毛泡桐（*Paulownia tomentosa*）是中国泡桐属中分布最广泛的一种，栽植历史最悠久。中国古农书中描述的泡桐，主要是毛泡桐和白花泡桐（*Paulownia fortunei*）。毛泡桐主要分布于黄河流域各地，北至北京及辽宁南部，南至江苏、安徽、江西、湖北等地的北部。陕西关中平原及渭北黄土高原南部，河南、山西南部、山东及江苏北部，安徽北部栽植较多。由于生长速度比兰考泡桐慢，近年来栽植较少，逐渐被兰考泡桐代替。垂直分布最高达海拔 1 300m（陕西渭北高原）。

毛泡桐的耐寒性最强，在 1 月平均气温－5℃，极端最低气温－25℃的气候条件下，地上部分易受冻害（陕西的清涧、绥德、吴堡等地）。耐干旱，在年降水量 500～600mm 的地方生长正常。对气候适应的生态幅度较大，在江西的中部（抚州、吉安）及南部（赣州）都有野生和栽培的毛泡桐，适应年平均气温 16.4～19.5℃，1 月平均气温 3～7℃，年平均降水量 1 300～2 000mm 的亚热带气候。5 年生的毛泡桐林，胸径总生长量 14.4cm，树高总生长量 7.0m，每公顷蓄积 31.02m^3。

要求湿润、肥沃、疏松的土壤，pH 值以 7.0 左右最适宜，其适应幅度 pH 6.0～8.0，超过此范围，生长较差、不耐水淹，地下水位 1.5m 以上的地方，生长不良。表 1—84 是两种立地不同密度毛泡桐林的生长量。质地较好，又施入绿肥及化肥的河漫滩，毛泡桐林也能获得较大的生长量。毛泡桐耐干旱瘠薄的能力也是泡桐属中最强的一种。

表 1—84 不同立地下不同密度毛泡桐林的生长量

株行距 (m)	林龄 (年)	树高 (m)		胸径 (cm)		林分立地
		平均	年平均	平均	年平均	
3×3	7	5.93	0.85	8.13	1.16	沙质河漫滩，土壤贫瘠，林分缺乏管理
4×4	7	6.20	0.89	10.24	1.46	
5×5	7	6.12	0.87	10.49	1.50	
6×6	7	5.96	0.85	11.21	1.60	
7×7	7	5.98	0.85	10.63	1.52	
4×4	5	9.50	1.90	15.30	3.06	壤质河漫滩，曾在林内育苗，施肥

注：引自《陕西森林》

毛泡桐生长较慢。在河南郑州，同是 16 年生，兰考泡桐的树高总生长量比毛泡桐大 22.8%，楸叶泡桐比毛泡桐大 12.7%；胸径总生长量兰考泡桐比毛泡桐大 98.47%，楸叶

① 执笔人：许慕农，苏衍贤，孙兆发

泡桐比毛泡桐大51.7%；材积总生长量兰考泡桐比毛泡桐大382.3%，楸叶泡桐比毛泡桐大156.6%。

毛泡桐林在密度较大的情况下，树高生长量不大，主要原因是没有兰考泡桐自然接干的能力强，主干低矮，分枝角度60°～90°，平茬后，主干的粗细、高低仍不一致（江西奉新）。

毛泡桐林的树高、胸径和材积的生长进程与兰考泡桐相似，在一般情况下连年生长量比兰考泡桐小30%左右，在水肥土较好的立地，胸径连年生长量也能达到7.5～8.3cm（山东鄄城）。

毛泡桐的木材物理力学性质在泡桐属中较好，仅略次于光泡桐（*Paulownia tomentosa* var. *tsinlingensis*），泡桐属中生长最慢。气干容重0.315g/cm^3，顺纹压力极限230kg/cm^2，其他如顺纹拉力、顺纹剪力、硬度和横纹压力及劈开强度均为最高指标，为建筑、家具、文化用品、乐器、车船等方面的良材。毛泡桐出口价值比兰考泡桐高得多。

毛泡桐抗性强，特别是抗丛枝病的能力较强。今后要适当发展毛泡桐林，加强毛泡桐的科学研究，如选育生长较快，干形优良，抗丛枝病强的无性系，推广造林；研究合理的林分密度，培育优良干形，提高单位面积出材量。

2—1—16—2　兰考泡桐林①

兰考泡桐（*Paulownia elongata*）林是中国暖温带和亚热带生长快的落叶阔叶林类型之一。泡桐木材用途广泛、材质优良，“采伐不时而不蛀虫，清湿所加而不腐败，风吹日暴而不折裂，雨溅泥淤而不枯苏，干濡相兼而其质不变”（《桐谱》）。泡桐多采取桐农间作的形式，既生产木材，又促进了农作物生长，是中国采用广泛的混农林业的类型。

中国栽植泡桐林和利用桐木的历史悠久，例如公元3世纪的《秦记》中有“植桐数万株”的记载。《帝王世纪》记载：“禹衣衾三领，桐棺三寸”。宋朝陈翥著的《桐谱》（公元1049年），对泡桐的形态、生长特性、栽培技术和桐木利用等方面都有较详尽的叙述。泡桐林的大发展，从本世纪70年代后期开始，如今已成为中国平原农业区域的主要造林树种，河南、山东、江苏北部、安徽北部及陕西关中平原、山西南部栽植最多，桐木的蓄积量约占上述造林地区木材总蓄积量的1/4～1/6。

（一）分布和生境

原产区范围较小，主要集中分布于河南的开封、商丘、周口、许昌4个市及新乡、安阳两个市的东部，山东菏泽和济宁西部。大约在东经的113°10′～116°20′，北纬33°30′～35°50′的范围内，局限于黄河沿岸的泛积平原。垂直分布在海拔100m以下。

栽培范围较广，河北南部（石家庄以南），山西南部（长治—临汾以南），陕西的关中平

① 执笔人：许慕农，苏衍贤，孙兆发

原，湖北北部，安徽北部及江苏北部，江西东部和中部都有引种栽植，规模较大。在河南兰考泡桐的栽植株数约占该省泡桐总株数80%，山东约占该省60%。垂直分布在350m以下（河南洛宁为340m）。

兰考泡桐对气候的适应性较强，在年平均气温12.5～19.5℃，1月平均气温0～2℃，7月平均气温26～32℃，极端最低气温 −15～−20℃，极端最高气温36～40℃，平均降水量600～1 100mm的气候条件下均能正常生长。河北、山东、山西、河南等地冬春季干旱，土壤水分不足，枝条常被抽干、冻枯，有的大树树皮被冻裂。河北涿州在本世纪70年代大量引种兰考泡桐，连年受冻。兰考泡桐林最适生的气候是暖温带南部黄河沿岸雨、旱季分明的温暖湿润的气候。在中亚热带的江西抚州临川，年平均气温16℃以上，年平均降水量1 400mm以上，兰考泡桐的胸径年平均生长量3.5cm，在河北南部的临漳县与山西省南部平陆县，胸径年生长量3.7cm，在河南民权、商丘，山东菏泽、鄄城，江苏铜山、丰县、沛县等地，胸径年平均生长量4.0～4.5cm。高温、高湿，日照时数不足或是低温干旱，均影响兰考泡桐的生长。

（二）组成和结构

兰考泡桐林是人工栽培群落，层次和组成都很简单，兰考泡桐居群落上层，组成单层林冠，下层为稀疏的灌木和草本，或是农作物。林分有两种类型，即小面积片林和桐农间作林。今分述如下。

1. 小面积片林

(1) 暖温带兰考泡桐林　以山东、河南的兰考泡桐林为代表。林地为平原地沙壤质至粘壤质河潮土，农田闲弃地及河漫滩，面积1.5～10.0hm^2。以山东兖州小孟乡5年生兰考泡桐林为例，株行距4.5m×5m，郁闭度0.9，林下植物极稀少，过去在行间栽植紫穗槐（*Amorpha fruticosa*），以后因林中光照不足，生长衰弱，无经济效益。散生黄背草（*Themeda triandra* var. *japonica*）、白茅（*Imperata cylindrica* var. *major*）、小白酒草（*Conyza canadensis*）、紫菀（*Aster* sp.）、狗尾草（*Setaria viridis*）、画眉草（*Eragrostis pilosa*）、牛筋草（*Eleusine indica*）、小蓟（*Cephalanoplos segetum*）、鬼针草（*Bidens bipinnata*）、苦荬（*Ixeris chinensis*）等，高度10～40cm，总盖度10%。

表1—85 平原地河潮土兰考泡桐林乔木层结构（山东兖州，5年生）

树高（m）			胸径（cm）			树冠投影面积（m^2）			蓄积（m^3）		年平均生长量（m）		
最大	最小	平均	最大	最小	平均	最大	最小	平均	公顷	单株	树高	胸径	蓄积
15.3	10.1	12.2	26.0	13.8	20.7	55.0	9.8	31.5	83.38	0.208 5	2.44	4.14	1.111 8

注：引自《山东森林》

林分的平均高12.2m，平均胸径20.7cm（表1—85），林分结构仍处于正常状态，株数按树高分布的曲线高峰和株数按胸径分布的曲线高峰与平均数的离差极小，这说明兰考泡桐虽然生长很快，喜光性强，在幼龄期仍能保持较大的郁闭度。生长量较小的原因是土质粘重、贫瘠，经营管理水平不高。

（2）亚热带兰考泡桐林　江西奉新引种的兰考泡桐林，5 年生，每公顷 1 320 株，林地土壤为红黄壤，较肥沃。兰考泡桐为上层林木，林下植物主要为檵木（*Loropetalum chinense*）、杜鹃（*Rhododendron simsii*）、苦竹（*Pleioblastus amarus*）、杜英（*Elaeocarpus decipiens*）、淡竹叶（*Lophantherum gracile*）等。草本植物主要是蕨类、土茯苓（*Smilax glabra*）等，但是均较稀疏。乔木层树高平均 11.2m，胸径平均 17.9cm，每公顷蓄积平均 157.74m^3。

2. 桐农间作

在黄淮平原农业区较为普遍，兰考泡桐为群落上层，下层为小麦、甘薯、棉花、大豆、玉米、高粱等，城市及工矿区附近的兰考泡桐林下，种植西瓜及蔬菜。株行距 5m×20m、5m×30m、5m×40m，少数地方为 5m×10m、5m×15m 及 5m×50m。林分郁闭度 0.3～0.6。林下植物极稀少，主要是马唐（*Digitaria sanguinalis*）、龙牙草（*Agrimonia pilosa*）、细叶益母草（*Leonurus sibiricus*）、罗布麻（*Apocynum venetum*）等，只在株间出现，盖度极小。

3. 栽植密度

兰考泡桐林的栽植密度，山东、河南、山西等地都有研究，共同的意见是，栽植密度较大（如 3m×3m），林木主干较高，但是胸径较小。低密度林分的胸径和材积生长量都较大。林木主干高度除受林分郁闭度的影响外，林地的土肥水条件也有直接影响，在林地湿润肥沃的小密度林分，如 5m×20m、5m×15m 及 4m×7m，主干高度也能达到 6.6～7.5m，这是由于兰考泡桐树冠大，喜光性强，接干性能好，但是尖削度较大（表 1—86）。

表 1—86　不同林分密度对兰考泡桐林生长的影响

株行距 (m)	株数 (hm^2)	林分郁闭度	平均高 (m)	平均胸径 (cm)	主干高 (m)	树冠投影面积 (m^2)	单株蓄积 (m^3)	每公顷蓄积 (m^3)
3×3	1 110	0.96	9.95	14.2	7.73	15.20	0.083 9	93.168
3×4	840	0.98	9.85	15.7	6.88	19.30	0.101 8	84.870
3×5	660	0.89	9.79	16.0	6.54	17.40	0.105 9	70.603
4×4	625		10.20	18.0			0.106 4	60.554
3×6	555	0.84	9.16	16.3	6.65	19.20	0.104 3	57.919
3×7	480	0.83	9.58	17.3	6.29	18.60	0.121 0	57.599
5×5	400		11.00	20.7			0.151 8	60.797
4×7	360	0.87	10.74	20.4	7.24	28.00	0.184 9	66.039
6×6.5	257		11.90	25.8			0.255 1	65.433
5×10	200		13.20	34.8	6.30		0.483 1	98.620
5×15	133		13.10	33.0	6.60		0.466 5	62.040
5×20	100		13.50	41.0	7.50		0.773 6	77.360

注：引自《山东森林》，《河南森林》，《山西森林》，5m×10m 以后的密度为 11 年生，其他为 4 年生

（三）生长

兰考泡桐，高可达20m，胸径1m。它的主干生长与其他泡桐不同，不是年年上长，是一次长成，停几年以后再上长第二段，所以主干通直，常分两节，树冠分两棚，就是这样形成的。

兰考泡桐林树高生长有间歇性生长的特点，这是由于假二歧分枝特性所致。兰考泡桐第二年顶芽衰弱，粗壮侧芽萌发，抽生壮枝主梢，或是隐芽受刺激后萌发成壮枝，代替主梢，这就是人们所说的接干。兰考泡桐有2～4个速生期，第一个速生期较长，约2～4年，以后每个速生期只有1～2年，树高连年生长量，一般为1.5～2.0m。兰考泡桐林出材量较低，主要是树高生长量小，接干后，需按段造材，材长4.0m以上的极少，否则尖削度过大。

兰考泡桐的胸径生长量很大，为泡桐属中较快的一种，但速生期极短，出现于3～7年间，个别林木到第8年。连年生长量5.0～7.0cm，有的林木达9.4cm（山东鄄城）。立地较差的林分，连年生长量2～3cm，一般不出现两个速生期。

材积速生期出现于7～8年以后，延续到12～14年，最大连年生长量0.151 4～0.222 6m^3。目前采伐期过早，正值材积生长速生期，在经济上是不合算的，也是浪费木材资源。

土壤的水肥条件直接影响兰考泡桐林的生长。在地下水位3.0～5.0m的淤积或风积沙盖土（俗称“蒙金土”），生长量最大。根皮肉质，含水量高，因此兰考泡桐林不耐涝。地下水位1.0m以下，或土壤粘重，排水不良，土壤持水量80%以上，或积水3～4d，林木生长衰弱，黄叶，大量落叶，以致死亡。地下水位高低影响兰考泡桐林的生长，3.0～3.5m的林地，树高和胸径生长都较快，1.0～1.5m的林地，林分生长量最低（表1—87）。

表1—87 地下水位对兰考泡桐林生长的影响

地下水位(m)	林龄(年)	树高(m)		胸径(cm)		单株材积(m^3)		生长总评
		总量	年平均	总量	年平均	总量	年平均	
1.0～1.5	8	10.5	1.31	16.6	2.08	0.096 6	0.012 1	生长缓慢，主干矮，雨季黄叶
1.5～2.0	8	10.0	1.25	25.2	3.15	0.194 5	0.024 3	生长较差，7～8年生尚无接干能力
2.0～3.0	8	10.5	1.31	27.1	3.39	0.236 2	0.029 5	生长正常
3.0～3.5	8	13.2	1.65	29.4	3.68	0.349 5	0.043 7	生长较快

注：引自《河南森林》，本文作者略有改动

土壤质地对兰考泡桐林的生长亦有显著的影响，以沙壤土的生长量最大，壤土次之，以下的次序为：粘壤土、有粘土间层的细沙土、干瘠沙地及粘土地（表1—88）。

表 1—88　土壤质地对兰考泡桐林生长的影响

土壤质地	林龄	树 高 (m)			胸 径 (cm)			单株材积 (m^3)		
		总生长	年平均	比值	总生长	年平均	比值	总生长	年平均	比值
干瘠沙土	12	12.1	1.01	164	30.6	2.55	249	0.336 9	0.028 1	938
有粘质间层细沙土	7	12.3	1.76	166	28.1	4.01	228	0.329 4	0.047 1	918
沙 壤 土	11	12.4	1.13	192	56.1	5.10	456	1.007 7	0.091 6	2 807
壤 土	9	14.0	1.56	189	36.1	4.01	294	0.557 6	0.062 0	1 534
粘 壤 土	9	13.0	1.44	179	33.5	3.72	272	0.406 2	0.045 1	1 132
黑 壤 土	8	9.6	1.20	130	13.2	1.65	107	0.085 1	0.010 6	326
红 粘 土	11	7.4	0.67	100	12.3	1.12	100	0.035 9	0.003 3	100

注：引自《山东森林》、《河南森林》，本文作者对个别数字有改动

兰考泡桐林喜肥水，在湿润肥沃的土壤上能获得较高的木材产量。土壤中的有机质、氮、磷、钾含量的高低都对兰考泡桐林的生长有显著影响。从表 1—89 可以看出，序号 5 林地的有机质含量偏低（0.86%），磷的含量较高（83.0mg/kg），树高、胸径的材积生长量都较高，序号 3 林地亦有如此情况。序号 9～11 林地的氮、磷、钾、有机质含量均低，林木生长量也处于低水平。

表 1—89　土壤养分对 8 年生兰考泡桐林生长的影响

序号	有机质 (%)	速效氮 (mg/kg)	速效磷 (mg/kg)	速效钾 (mg/kg)	生 长 量		
					树高 (m)	胸径 (cm)	单株材积 (m^3)
1	1.35	51.3	55.9	23.1	13.0	39.5	0.621 3
2	1.20	64.1	29.2	73.0	14.0	34.7	0.516 4
3	1.18	52.0	109.0	57.0	13.6	36.5	0.555 0
4	0.97	40.2	26.6	48.0	12.5	36.1	0.499 0
5	0.86	51.0	83.0	45.0	14.5	36.0	0.575 6
6	0.94	52.4	17.5	52.1	13.0	29.5	0.346 5
7	0.74	42.8	10.9	36.8	12.5	32.3	0.399 5
8	0.76	22.1	5.9	4.5	12.0	28.6	0.300 6
9	0.27	27.2	14.3	25.8	10.5	27.1	0.236 2
10	0.43	19.2	14.8	29.4	11.2	26.1	0.233 7
11	0.42	27.8	22.0	4.8	11.2	26.9	0.248 2

注：引自《山东森林》

（四）评价与经营意见

兰考泡桐林生长迅速，为中国最速生的落叶阔叶林类型之一，8～12 年生即可长成大径

材。材质轻软，不翘不裂，易加工，易干燥，耐腐、耐磨、防潮隔热，绝缘性能和导音性能均良好，为农具、建筑、文化用品及乐器用材，但是木材物理力学性质的指标，为泡桐属中最低的一种。

根深、冠大，但是枝叶稀疏，透光量大，适宜桐农间作。

兰考泡桐林要求湿润肥沃，通气性良好的土壤，不耐干旱瘠薄，在黄淮平原农区最适宜生长。今后要以桐农间作为主要经营类型，株行距 5m×30m。过大过小都不适宜。小块农田闲弃地可以营造片林，株行距 5m×6m 或 5m×8m，4～5 年前可以间种农作物。

今后发展兰考泡桐林要提高科学营林的水平，以增强林分的效益，下列 5 个问题要优先考虑。

1. 兰考泡桐林生长快，采伐期短，经济效益高，各地栽植较多，因而在较大范围内树种单一，不利于生态平衡，特别是某些病虫的蔓延（如大袋蛾），应注意树种合理搭配。农田林网、道路及沟渠用欧美杨、窄冠毛白杨及杂交柳，农田间作用兰考泡桐。为了节约土地少占农田，凡是有林网的地方，可以不安排桐农间作。

2. 当前桐农间作的兰考泡桐，多为干矮（2～4m），冠大，出材量小，原木工艺品质差，影响农作物生长发育，造成减产。要提倡培育 2 年根 1 年干的高干（6m 以上）大苗，作为桐农间作苗木，不用 1 年生苗。

3. 采用 5m×20m 的桐农间作林。要采用定期隔带采伐的经营方式。我们曾在山东桐农间作区试验此种方式。即在泡桐长到第 6 年（5m×20m）或 8 年（5m×30m）时隔行采伐，使原来 20m 或 30m 的行距改为 40m 或 60m，采伐的泡桐胸径达 30～35cm，保留行的林木培养为大径材，到 10 年或 12 年生时采伐。原采伐行的林地种农作物 2～4 年，既解决泡桐连茬的问题，又扩大种植农作物的面积，2～4 年生的泡桐不影响农作物产量。保留行林木高大，影响农作物产量时已达到采伐年龄。用此种作业法，木材产量可提高 70%～90%，农作物产量可提高 40%。

4. 片林的造林密度宜大，3m×3m 或 3m×5m，以养成通直圆满的主干，4～5 年生时，间伐一次，改为 6m×9m 或 6m×10m，培养大材。小径材销售不畅的地方，可以用 5m×8m 或 5m×10m 的造林密度，不进行间伐。

5. 小密度的片林和桐农间作林都要及时进行接干修枝，特别是接干位置不符合经营要求或并生主梢，都要及时处理，树冠中的病枝和枯枝要在早春砍去，切勿砍伤树皮，切口要平滑。

2—1—16—3　白花泡桐林①

白花泡桐（*Paulownia fortunei*）林是中国长江以南各省最习见的泡桐林，栽培历史悠

① 执笔人：许慕农，苏衍贤，孙兆文

久。河南南部大别山区亦有分布，山东的泰安及菏泽地区，陕西省武功，北京有引种。在淮河流域能正常生长，武功、郑州、菏泽等地能安全越冬，其他地方大都栽在院内。在大田中枝干受冻害。垂直分布：浙江海拔 120～1 400m，鄂西及川东 600～1 300m，广西达 1 150～1 520m，峨眉山达 2 000m。

白花泡桐林适生于年平均气温 15～19℃，1 月平均气温 2～6℃，极端最低气温 −5～−14℃，7 月平均气温 26～30℃，极端最高气温 34℃，年降水量 1 400～1 800mm，年蒸发量 1 000～1 600mm 的气候。白花泡桐要求较高的空气相对湿度。林地的土壤多为黄棕壤、黄壤、黄红壤及红壤，要求土层深厚，有机质丰富（10%以上），湿润，通气性较好，pH 值 5.5～7.0，白花泡桐在肥水条件较好的地方才能速生。

在江西，白花泡桐林下植物较稀疏。散生少量马鞭草（*Verbena officinalis*）、菝葜（*Smilax china*）、酢浆草（*Oxalis corniculata*）、算盘子（*Glochidion puberum*）、野山楂（*Crataegus cuneata*）、大青（*Clerodendron cyrtophyllum*）等。

在长江以南的山丘地区，天然生的白花泡桐与杉木、马尾松、化香、黄檀、枫香、木荷等树种混交，但是白花泡桐不占优势。兰考泡桐和毛泡桐只能在林缘和沟溪边，不适应侧方庇荫。

白花泡桐虽属假二歧分枝，但是其茎端芽一强一弱，强芽萌发抽生壮枝，代替原顶梢，因而形成通直圆满有主干，与楸叶泡桐相近似，而与兰考泡桐及毛泡桐有显著区别。造林初植密度不宜过大，否则影响胸径生长。

树高生长在 6～10 年以前较快，连年生长量 1.0m 以上，最大 1.8～2.4m，在江西抚州、临川，最大连年生长量达 3.2m。只有一个生长高峰，与兰考泡桐和毛泡桐不同。6～10 年以后，树高生长递减，连年生长量 0.3～0.5m。

胸径速生期在 6～10 年以前，几乎与树高同步，最大连年生长量在 3～6 年间，3.8～4.7cm，在江西抚州，最大连年生长量达 7.3cm。10 年以后，连年生长量仍达 1.0～1.9cm，说明白花泡桐在后期仍有较大生长量。

材积速生期在 8～15 年期间，连年生长量 0.071～0.113m^3，后期生长虽然缓慢，连年生长量仍达到 0.063m^3，在各地立地条件较好的地方，15～17 年生的单株林木均能达到 1.0m^3 的蓄积。由于白花泡桐的主干高，通直圆满，虽然胸径生长量低于兰考泡桐，但是单位面积出材量高于兰考泡桐林 15%～20%。

土层厚度和土壤质地等因素对白花泡桐的生长有明显的影响。如《江西森林》中记载，白花泡桐林，林龄 8～9 年生，土层厚 100cm，树高 11.5m，胸径 27.8cm；土层厚 50～100cm，树高 8.0m，胸径 22.0cm；土层厚 30cm，树高 2.5m，胸径 6.0cm。又及，同为 6 年生，壤土上树高 12.5m，胸径 21.8cm，粘壤土，7.6m 和 18.0cm；重粘土 3.7m 和 8.0cm。这说明白花泡桐在肥水条件优良的地方才能速生。

白花泡桐的木材物理性质稍低于毛泡桐，高于兰考泡桐和楸叶泡桐。在中国亚热带，重点发展白花泡桐。在黄河流域各地，除个别地方外，不宜引种栽植白花泡桐。

第十五节 刺槐林[①]

刺槐（*Robinia pseudoacacia*）原产北美，中国的刺槐林系从德国引入山东造林开始。由于适应性强，生长迅速，经济价值较高，各地相继引种，目前已成为长江以北各地分布最广的落叶阔叶林之一，长江以南也有不少地方进行栽植。当前刺槐在中国已经“乡土化”而且形成不少地方类型。

2—1—17—1 刺槐林[②]

刺槐（*Robinia pseudoacacia*）林是中国落叶阔叶林中栽植范围最广泛的人工林，为黄河中下游、淮河流域、海河流域、长江下游诸省的主要用材林、薪炭林、水土保持林、海堤及河堤防护林。在维持生态平衡，提供用材和其他林产品（如作蜜源、青饲料）等方面有重大作用。

中国刺槐林的面积达 70 万 hm^2，木材蓄积量 1 242.07 万 m^3。另有“四旁”植树 16 亿株，木材蓄积 1 600 万 m^3。其中，以山东最多，林分面积占 28.69%，木材蓄积占 25.76%；河南分别为 18.57%及 16.34%，辽宁分别为 18.43%及 13.83%，河北分别为 15.71%及 9.98%，以下次序为陕西、山西、江苏、安徽、甘肃、湖北、湖南、江西等地。“四旁”植树以河南最多，株数占 43.75%，木材蓄积占 28.56%。

中国引种刺槐最早始于清朝光绪二年（1876 年），当时驻日本副使张鲁生寄刺槐种子给左宗棠，左宗棠植苗木于南京龙蟠里。陈嵘认为，中国大规模引种刺槐造林，始于清朝光绪二十四年（1898 年），种源来自德国，主要在青岛市及胶济铁路沿线，光绪三十二年（1906 年）引入辽宁，1914 年引入江苏江浦县老山。中国内陆各地都是在此以后从青岛陆续引进的，20 世纪 50 年代初期造林规模极大。旅顺、大连、秦皇岛、北京天安门内主道两侧及北海公园内的大树都是 20 世纪初从青岛引进的，现在树龄均在七八十年以上。大连市劳动公园内有一株 70 多年生的刺槐，树高 14m，胸径 110cm，为中国现存的最大单株。甘肃天水原天主教堂内及人民公园内的刺槐，种源来自美国，是 1935 年一个美籍德国传教士引进的。

（一）分布和生境

刺槐原产美国，天然分布于美国东部阿巴拉契亚山脉及奥萨克山脉。美国刺槐林的分布区大致在宾夕法尼亚州的东部、肯塔基州的东部、田纳西州的东北部、阿肯色州与俄克拉荷马州的交界处及密苏里州的南部暖温带至亚热带山地丘陵、山间平原及河流两岸的冲

① 执笔人：李承彪

② 执笔人：许慕农

积平原。垂直分布至海拔 1 400m，多生于多种阔叶树（栎、栗等）混生的林中。

刺槐在中国的栽植范围极广，大致在北纬 23°～42°，东经 84°～124°。北至辽宁的西丰、铁岭、铁法、新民、阜新、凌源，河北的平泉、承德、张家口、怀安，内蒙古的呼和浩特、包头、五原，宁夏的银川，甘肃的武威黄羊镇；西北到新疆的石河子、奎屯、伊犁、霍城；西到青海的西宁及黄河沿岸的贵德、尖扎和循化；西南至四川的雅安、云南的昆明；南到广东和广西的北部；东至辽宁的清原、新宾、桓仁、丹东，河北的秦皇岛，山东的威海、荣城，江苏的滨海滩地，浙江的舟山岛。

栽植区内刺槐林的海拔高度差异极大，一般从西向东、从北向南逐渐降低。例如，青海的湟水谷地为海拔 2 224m，甘肃的临洮为海拔 2 100m，青海的循化为海拔 1 800m，山西吉县为海拔 1 250m，河南、河北在海拔 1 000m 以下，山东最高的栽植地点为泰山朝阳洞，海拔 960m，海拔最低的刺槐林是河北的北戴河，山东的胶南、即墨和日照，江苏的射阳，海拔 10～50m。

刺槐林是暖温带及北亚热带的阔叶林类型。不耐寒冷，在高温高湿的气候条件下生长不良。在年平均气温 6℃以下、年平均降水量 400mm 以下的地区，如河北的张北、沽源，内蒙古的包头、五原，甘肃的定西、武威、陇西，新疆的伊犁、石河子、奎城等地，在开阔地形里，地上部分年年冻死，第二年春末夏初再萌条，呈灌木状；在避风向阳、水分充足的小地形里，可以长成乔木。上述这些地方是刺槐林的限制发展区。在年平均气温 6～9℃，年平均降水量 400～600mm（最高的可达 850mm），如新疆的伊犁、霍城，陕西的榆林，山西的忻州以北地区，辽宁的铁法、阜新、本溪、清源、桓仁，河北的张家口、承德等，刺槐虽能长成乔木，但是在幼龄及 1～3 年生枝条常遭冻害而枯梢，或主干树皮冻裂。只有在水分条件好、阳光充足的沟谷或细沙滩，能长成主干端直，林相整齐的林分。如河北张家口的南山，辽宁的阜新县周家店林场等地。上述地区是发展刺槐林的边缘区。在年平均气温 9～15℃，年平均降水量 700～1 100mm，极端最高气温 28～32℃，极端最低气温－12～－17℃的地方，刺槐林生长旺盛，10～15 年生的林分，树高年平均生长量 0.7m 以上，胸径年平均生长量 0.75cm 以上，每公顷蓄积量达 75～120m^3，而且干形较通直，尖削度小，林相整齐。如陕西的关中平原，山西的临汾、运城盆地，河南的黄淮平原，河北的黄河、海河、滦河冲积平原及滨海地带，山东的胶莱平原、鲁西平原、泰沂山区的低山丘陵中下部、河漫滩及滨海地带，江苏的苏北沿海地带及京杭运河大堤，安徽的淮北平原。这些是刺槐林的适生区，出现不少丰产地块。在年平均气温 15℃以上，年平均降水量 1 100mm 以上的地区，刺槐幼龄林生长快，极易早衰，主干分叉，弯曲，病虫害多，出材率低。如江苏、安徽的长江以南地区，河南的豫南山地，湖北的北部及湖南中部山丘地，江西的上饶、九江等地，也是发展刺槐的边缘区。福建、云南、贵州及两广北部，多为风景树，栽植极少。

刺槐怕风，在 7～8 级大风中即能发生风折，据山东泰安市徂徕山林场的调查，7 年生刺槐林，风折木占林木总株数的 74.4%，树高 4～7m 的风折木占总株数的 60%，树高 4m 以下的占 14.4%。大多数风折木都是在树干高度 1.0～2.5m 处折断，占风折木总数的

76%。大枝侧枝多、树冠稠密的林木、双叉木、偏冠木最易风折，占风折木总数的47.6%。

河漫滩、沙荒地，地下水位高的地方及土层薄的土坡上，刺槐根系浅，极易被大风吹倒或倾斜。迎风处的刺槐林生长缓慢，与背风处的林分相比，树高年平均生长量低32%～45%，胸径年平均生长量低32%～63%，材积年平均生长量低20%～65%。

刺槐喜光，不耐庇荫，造林后4～6年即可郁闭，林木争夺上方光照十分剧烈。如果林分密度较大，8～12年即发生林木分化。

刺槐林的土壤，在黄土梁峁丘陵区，多为含碳酸盐的灰色褐土、黄墡土、红胶土及黑垆土，结构疏松，腐殖质含量低，干燥瘠薄。在河南西部的黄土丘陵台地，为黄土覆盖，有些地方表土已被冲刷掉，留下红色淋溶褐土质地粘重，干燥瘠薄。丘陵下部洪积地及沟谷，水分和养分含量高。

在华北及辽宁东南部山地丘陵区，刺槐林的土壤主要是森林棕壤及山地褐土，土层厚度多为40cm以下，比较干燥瘠薄。褐土的质地较粘，含砾量高。山坡中上部的林地，生产力极低；山坡中下部及山麓坡积地，土层深厚。湿润、肥沃，生产力较高。

在江淮丘陵，多为黄棕壤及黄壤，质地疏松，生产力较高，有的低岗地，土层浅薄，或下层有粘盘层（黄粘土），干旱，易涝，刺槐林生长量低。

在黄淮海平原，刺槐林地的土壤主要是河潮土，即褐土型浅色草甸土，土层深厚，疏松。由于河流改道和决口泛滥，形成洼地、盐碱地、平沙地、沙丘，刺槐林多生长在沿河两岸的淤沙河漫滩及有淤泥间层的沙质河漫滩、平沙地和沙丘，地下水位0.5～3.0m。以地下水位1.5～2.0m的细沙地及淤土间层河漫滩上刺槐林的生长量最高。在江淮平原的北部及山东沂、沭河平原南部，部分刺槐林的土壤为砂姜黑土，质地粘重、紧密，在地下30～120cm处有1～2层铁锰结核，不透水，根系穿透不易，易旱易涝，生产力极低。

在渤海及黄海的海滨，刺槐林的土壤为海潮土，氯化物盐类的含量一般为0.3%以下。地下水位深在1.5m以上的地方，刺槐林的生产力极高。地下水位过高，刺槐林易烂根和枯梢。据江苏省林业科学研究所在苏北沿海的调查，地下水位小于0.5m的林分，烂根率达70%，枯梢多；地下水位0.5～1.0m的林分，烂根率45%，枯梢较多；地下水位1.0～1.5m的林分，烂根率20%，枯梢少。

（二）组成结构

有纯林和混交林，共同的特征是，层次结构为3层（即乔木层、灌木层和草本层），或2层（即乔木层和草本层）。在乔木层中，刺槐与其他树种混生，多为同一层次，而且同龄林多。

1. 刺槐纯林

占刺槐林总面积的70%以上，林龄4～25年，以8～15年的林分最多。

（1）*黄土梁峁丘陵刺槐林*　在甘肃东部、陕西中部、晋南及豫西的黄土丘陵地区。刺槐纯林大多在峁顶、峁坡及崩塌地上。梁、峁顶及阳坡比较干燥瘠薄，耐旱种类占优势。造林密度每公顷6 000株以上，10～15年的林分，每公顷3 000～4 000株，郁闭度0.5～0.7，平均高度 4.3～8.0m。在峁顶，林下常见的灌木有：酸枣、柠条锦鸡儿（*Caragana korshinskii*）、白刺花（*Sophora viciifolia*）、黄刺玫（*Rosa xanthina*）、达乌里胡枝子（*Lespedeza davurica*）等，高度 0.5～1.0m，盖度 5%～8%。草本植物以白羊草（*Bothriochloa ischaemum*）、草木犀黄芪（*Astragalus melilotoides*）、黄背草（*Themeda triandra* var. *japonica*）、铁杆蒿（*Artemisia gmelinii*）、茭蒿（*A. giraldii*）、长芒草（*Stipa bungeana*）等，高度 0.3～0.6m，生活力弱，盖度 30%，不形成群聚。

在较湿润的沟底及山麓崩塌地、缓坡上，每公顷林木 2 400～5 000 株，林下灌木除峁顶习见的种类外，尚有虎榛子（*Ostryopsis davidiana*）、杠柳（*Periploca sepium*）、细叶小檗（*Berberis poiretii*）等，高度 0.6～1.0m，盖度 20%。草本植物以羊胡子草（*Carex buergeriana*）、野古草（*Arundinella hirta*）、唐松草（*Thalictrum minus*）、地榆（*Sanguisorba officinalis*）等，高 0.20～0.80m，盖度 30%～40%，除羊胡子草可在局部地块形成小群聚外，其他种类多为散生。

（2）低山丘陵刺槐纯林 栽植范围遍及暖温带及北亚热带，林龄多在 20 年以下，以7～14 年的居多，林分郁闭度、单位面积株数、生长量、林下植物种类及生活力均随气候、地形及土壤条件而变异。

① 华北低山丘陵刺槐林 北从燕山南麓起，西至秦岭北坡及关中丘陵，南达山东的沂蒙山及江苏云台山，东北至辽东丘陵。

在干燥瘠薄、阳光强烈和多风的丘陵顶部及阳坡中部以上的地段，林木生长缓慢，平均高 5～10m，每公顷 3 000～6 000 株，郁闭度 0.6 左右，一般为水土保持林及薪炭林，林下植物为中生耐旱种类。灌木有荆条（*Vitex negundo* var. *heterophylla*）、铁扫帚（*Indigofera bungeana*）、酸枣、虎榛子、绢毛蔷薇（*Rosa sericea*）、达乌里胡枝子、大叶胡枝子（*Lespedeza davidii*）、小叶鼠李（*Rhamnus parvifolia*）、马棘（*Indigofera pseudotinctoria*）等，高0.5～0.7m，盖度 10%～30%，散生。草本植物有白羊草、黄背草、蒿、桔梗（*Platycodon grandiflorus*）、鬼针草（*Bidens bipinnata*）、苦荬菜（*Ixeris denticulata*）、草木犀黄芪、紫花地丁（*Viola chinensis*）、翻白草（*Potentilla discolor*）等，高 0.2～0.5m，盖度 30%，生活力中等。

在山麓、沟边、阴坡下部的刺槐林，由于土壤肥沃、水分充足，林木及林下植物生长旺盛，种类多。12 年生的林分平均高 11～13m，每公顷 1 200～3 300 株，郁闭度 0.7 左右。灌木有胡枝子（*Lespedeza bicolor*）、荆条、山槐蓝（*Indigofera macrostachys*）、花槐蓝（*I. kirilowii*）、榛子（*Corylus heterophylla*）、多花胡枝子（*Lespedeza floribunda*）、小花扁担杆（*Grewia biloba* var. *parviflora*）等，高 0.6～1.2m，盖度 20%～30%。草本植物以黄背草、野古草为主，其次为鹅观草（*Roegneria kamoji*）、霞草（*Gypsophila oldhamiana*）、火绒草（*Leontopodium hastioides*）、大油芒（*Spodiopogon sibiricus*）、白头翁（*Pulsatilla chinensis*）、紫花地丁、突脉苔草（*Carex lanceolata*）等，高 0.3～0.6m，盖度 30%。

②江淮丘陵刺槐林 大致在长江以北的江淮丘陵，河南南部，安徽西南部及湖北北部

的低山丘陵。土壤多为质地粘重，结构不良、干旱瘠薄。林分年龄 10～20 年，每公顷4 000～6 000 株，郁闭度 0.6～0.7 以上。平均高 6～9m。灌木有酸枣、黄荆（*Vitex negundo*）、黄檀（*Dalbergia hupeana*）幼树、柘树（*Cudrania tricuspidata*）、胡颓子（*Elaeagnus pungens*）、芫花（*Daphne genkwa*）、绿叶胡枝子（*Lespedeza buergeri*）、茅莓（*Rubus parvifolius*）、多花蔷薇（*Rosa multiflora*）及人工栽植的紫穗槐（*Amorpha fruticosa*）等，高0.3～1.0m，盖度 20%。草本植物以黄背草、白茅（*Imperata cylindrica* var. *major*）、牡蒿（*Artemisia japonica*）、野菊（*Dendranthema indicum*）、结缕草（*Zoysia japonica*）等为主，高 0.2～0.5m，盖度 20%～40%。

（3）平原刺槐林 主要是黄淮海平原、江淮平原、关中平原、山丘地的山间洪积平原及沿海滩地，包括河漫滩、风积沙地、海岸沙地、黄泛沙地、河堤、海堤、盐碱地、“四旁”隙地及废弃农田。每公顷 900～4 500 株，林分郁闭度 0.6～0.7，平均高 7～15m，这是由于水分状况及土壤肥力所造成的。灌木有荆条、酸枣、紫穗槐、胡枝子、柽柳（*Tamarix chinensis*）、锦鸡儿（*Caragana sinica*）、白蜡树（*Fraxinus chinensis*）等，高 0.8～1.2m，盖度 25%～40%。草本植物有狗尾草（*Setaria viridis*）、马唐（*Digitraia sanguinalis*）、牛筋草（*Eleusine indica*）、知风草（*Eragrostis ferruginea*）、中华隐子草（*Cleistogenes chinensis*）、黄背草等，林缘及林中空地尤为常见，高 0.6～1.0m，盖度 10%。此外尚有蒲公英（*Taraxacum mongolicum*）、小蓟（*Cephalanoplos segetum*）、藜（*Chenopodium album*）、萹蓄（*Polygonum aviculare*）、鸡眼草（*Kummerowia striata*）、车前（*Plantago asiatica*）、龙芽草（*Agrimonia pilosa*）等，高 0.10～0.40m，盖度 20%。除藜、萹蓄、鸡眼草可各自形成小群聚外，其他均为散生。在盐碱地上，尚有茵陈蒿（*Artemisia capillaris*）、猪毛蒿（*A. scoparia*）、罗布麻（*Apocynum venetum*）、节节草（*Equisetum ramosissimum*）、碱茅（*Puccinellia distanus*）、苍耳（*Xanthium sibiricum*）等，高 0.2～0.5m，盖度 20%。

2. 刺槐混交林

多为不规则混交，郁闭度 0.6～0.7，密度和树种组成也不一致。很多混交林是原造树种成活率不高，补植刺槐后形成的，树龄相差 1～3 年，未超过 1 个龄级。

混交树种，在黄河流域多为麻栎（*Quercua acutissima*）、栓皮栎（*Q. variabilis*）、油松（*Pinus tabulaeformis*）、黑松（*P. thunbergii*）、赤松（*P. densiflora*）、槲树（波罗栎）（*Q. dentata*）、侧柏（*Platycladus orientalis*）、臭椿（*Ailanthus altissima*）、杜梨（*Pyrus betulaefolia*）、山杏（*Prunus armeniaca* var. *ansu*）、核桃（*Juglans regia*）、枫杨（*Pterocarya stenoptera*）等，高 4～8m；在辽东半岛多为花曲柳（*Fraxinus chinensis* var. *rhynchophylla*）、假色槭（*Acer pseudo-sieboldianum*）、春榆、茶条槭（*Acer ginnala*）等，高 6～8m；在江淮丘陵，多为马尾松（*Pinus massoniana*）、麻栎、枫香（*Liquidambar formosana*）、栓皮栎、槲树、白栎（*Quercus fabri*）、短柄枹栎（*Q. glandulifera* var. *brevipetiolata*）、山槐（*Albizia kalkora*）、黄檀、湖北海棠（*Malus hupehensis*）等，高 7～9m；在平原地多为杨（*Populus* spp.）、旱柳（*Salix matsudana*）、榆树（*Ulmus pumila*）等混

交，高 8～10m。

（三）生长发育

1. 物候期

据中国科学院地理研究所的观测材料，各地刺槐的生长期为 169～306d，形成绿色树冠的天数 160～235d，超过榆树、梧桐（*Firmiana simplex*）、杏。花期短，9～17d，长沙和成都可长达 21d 及 33d。果熟期，长江以南在 7 月中下旬，长江以北在 8 月上中旬。落叶期一般在 10 月下旬至 11 月上旬。

2. 林分生长

造林后至林分郁闭前的一段时期为幼龄林期，一般为 4～6 年。在立地条件较差的林分，延长 5～8 年。造林后 1～2 年内，地上部分生长较慢，根系生长较快。据荀子英等调查，刺槐林生长 4 年以前垂直根系生长快，根深 1.3～1.5m，根幅 2～3m；4 年以后，水平根生长加快，根幅 5～10m，根深 1.5～3.0m。造林 4～6 年后，由于根系发达，地上部分生长加快①。

大约在造林后 6～8 年林分郁闭度达 0.7 以上时，达到树高速生期。树高连年生长量较大，一般为 1.0～1.5m 以上，立地条件较好的林分，连年生长量达 2～3m，个别地块的林木达 4.0m（甘肃天水沿河阶地上 28 年生刺槐林）。

大约在造林后的第 5～8 年开始，一直延续到第 14～16 年为胸径速生期。立地较好，管理水平较高的林分，可延至 20 年。在此阶段，树高连年生长量逐年变小，胸径生长量加快，连年生长量 0.5～2.0cm。树冠生长也很迅速，与胸径生长呈直线相关。这是刺槐林速生丰产的关键时期，林木要求充足的光照。如长期保持大郁闭度，林中小径木（胸径低于 6cm）株数多，以致出现枯死木。据陕西耀县柳林林场的材料，8 年生刺槐林，每公顷 2 700 株，出现枯死木；每公顷 5 550 株的林分，枯死木占总株数的 6.8%，在枯死木中，胸径 2cm 的占 71.7%以上。据在山东的调查，每公顷 3 330 株、15 年生的河漫滩刺槐林郁闭度 0.75，8 年生时即出现枯立木，10～12 年生时枯死木最多，占林木总株数的 4%。在此阶段，密度较大的林分（每公顷 5 000 株以上），要每隔 4～6 年调整一次林分密度，使林内通风透光，促进直径生长。

3. 刺槐林的生长与立地的关系

（1）刺槐林的地位指数　郝祖渊对河北磁县漳河林场刺槐林编制了地位指数曲线，地下水位低，无淤土间层的干瘠纯中沙及细沙地为最差的立地（Ⅴ地位级），标准年龄 12 年的林分，优势木平均高 4.8m，其数量成熟龄在 10～15 年；河岸阶地上的林分，优势木平均高 18m（Ⅰ地位级），20 年生仍处于旺盛生长阶段。

山东省临沂地区林业局对山东南部沂蒙山区及河漫滩、海滩细沙地的刺槐林编制了地位指数曲线干燥瘠薄的山坡、地下水位低、无淤土间层的沙地为Ⅴ地位级，标准年龄 12 年

① 荀子英，赵世衡．刺槐根系调查研究，调查研究报告 163—（3）．河南省林业科学研究所，1960

的林分，优势木平均高 9m。地下水位高、淤土间层厚的细沙地及山麓坡积土为 I 地位级，优势木平均高 17m。

(2) 刺槐林数量化立地质量评定　西北林学院用数量化方法研究陕西渭北黄土丘陵区刺槐林的立地质量，认为影响刺槐林生长的主导因子是：地形部位、土壤、海拔、坡形和坡度。

山东泰安低产林分调查组对大汶河沿岸 7 个县（市）刺槐林的立地，用数量化方法进行评定，认为土壤种类、土壤肥力、地形和地下水位是影响刺槐林生长的主导因子。

(四) 评价与经营意见

刺槐林是华北、西北等地区主要的防风固沙林、水土保持林及用材林。在河南中牟县黄泛沙区，造林后 4～6 年即郁闭成林，平均高 8.6m，平均胸径 9.16cm，固沙深度 30～40cm。山西河曲县沙畔村，地处内蒙古毛乌素沙漠风口，良田被沙覆盖，沙层一般厚达 2m，多者达 20 余 m。1953 年以后陆续营造了以刺槐为主的防风固沙林 253.5hm^2，风速降低，流沙固定，粮食产量提高五六倍。

据山西省林业勘察设计院在吉县的测定，刺槐林龄越大，改良土壤的作用越大。林地土壤中有机质的含量，5 年生林分为造林地的 2.37 倍，10 年生林分为 2.92 倍，20 年生林分为 6.16 倍。据山西省水土保持研究所的测定，林地土壤容量及孔隙度亦有改善。这是由于刺槐根瘤固氮，枯枝落叶量大，且易分解，因此刺槐林有较强的改良土壤作用。

刺槐林保持水土的效益极高，据陕西彬县水土保持站的测定，郁闭度 0.8 的刺槐林，可一次拦蓄降水 25.1mm。西北林学院水土保持系在陕西淳化县刺槐林中观测，9～14 年生的刺槐林，郁闭度 0.3～0.5 的，平均截留降水 40.83mm（截留率 8.3%）；郁闭度 0.5～0.8 的，截留降水 52.47mm（截留率 10.7%）；郁闭度大于 0.8 的，截留降水 78.09mm（截留率 15.9%）。林下枯枝落叶量每公顷达 5.00～6.25t，汛期蓄水 245.7～25t，挂淤泥沙 1～20t。刺槐林对降水的蓄存作用，林冠层约占 15%，枯枝落叶占 5%，土壤蓄存 80%①。

刺槐造林后一般 8～15 年即可长成小径材，每公顷出材量 30m^3；15～25 年可长成中径材，每公顷出材量 60m^3。

刺槐木材质地坚硬，每立方厘米气干容量 0.792～0.811g，稍低于麻栎，高于其他阔叶树木材。硬度变动在 678.3～864.7kg/cm^2（三面平均数），具较高的耐磨性，适宜作地板、滑雪板、木橇、农具零件、枕木等用材；耐腐力强，适宜作水工、土工、造船、海带养殖等用材；抗冲击强度及抗压强度都高，可做桥梁构件、工具把柄、运动器材等用材。原木及板材在气干状态下易干裂，翘曲变形，钉钉困难，刨切费力，易遭蠹虫、天牛等害虫蛀孔。

枝干是优良的薪炭材，易燃，烟少，着火时间长，火力旺，发热量大，1m^{3}刺槐木材，相当于 1.5m^3 松木，1.7m^3 杨木，热值 19 258.9kJ/kg。造林 3～4 年后每公顷可产枝柴

① 临沂地区林业局，临沂地区适地适树调查报告，1980

1 125～1 500kg。

叶粉（干）含粗蛋白 18.42%，粗脂肪 2.62%，粗纤维 9.45%，无氮浸出物 42.45%，粗灰分 15.2%，钙 1.37%，磷 0.21%，为猪、牛、羊、兔、鹿、鸡、鸭、鹅的优良饲料。花为重要蜜源。树皮纤维强韧，有光泽，易漂白和染色，供造纸和编织用。种子含油率 12.0%～13.88%，为制肥皂和油漆的原料。

今后发展刺槐林应注意以下几个问题：

1. 要因地制宜地确定刺槐林的经营目标　在刺槐林发展的边缘区，只适宜作薪炭林或作混交树种。在适宜区域，要选择低山丘陵的中下部，黄土丘陵的沟底和阶地，中地下水位的细沙河漫滩、海滩、河岸阶地、河堤和海堤，营造刺槐林，可获得较高的木材产量。在干旱瘠薄的山坡中上部、水土流失严重的梁峁顶部及沟坡、山坡、沙滩，含有结合层的砂姜黑土、风化岩石碎堆及干涸河床，刺槐只能作为水土保持林及水源涵养林，同时作为部分薪炭林。

2. 选用科学的作业法

(1) 刺槐林的更新期一般为 20～25 年，采用块状皆伐或带状皆伐。在河堤及海堤上采用径级择伐，一次的采伐强度为总蓄积量的 50%。采用萌蘖更新，第一代及第二代的产量较高，以后即剧烈下降。

(2) 以采叶为目的林分，特别是立地较差的林地，采用隔年隔带刈割的方法，并需注意养树。每年 9～10 月齐地面砍去地上部分，带宽 2～4m，使刺槐萌生成灌丛状。

3. 合理调节用材林密度　刺槐林的造林密度宜大，以培养优良干形，每公顷 2 500～3 330 株；郁闭后，林分密度要减小，以促进胸径及材积生长。通常用林木的树冠与胸径生长的回归方程来计算出每株林木应占有的地面及空间。山西省林业勘察设计院采用 $Y = 0.82D - 1.48$，作者采用 $CWD = 105.065 + 17.67D$ ($r = 0.992\,7$)，S（树冠表面积）$= 10.87 \times 1.092D$ ($r = 0.978$) 来编制林分密度表，作为调整用材林密度依据。

第十六节　黄檀林[①]

2—1—18—1　黄檀林

黄檀（*Dalbergia hupeana*）林分布广泛，东自山东蒙山、江苏、安徽、江西、浙江以及湖北、湖南；南至福建、广东、广西；西至四川、贵州等地。垂直分布幅度也较大，海拔 1 100m 以下的山地、丘陵、平原均有生长。

黄檀喜光，耐干旱瘠薄，在酸性土、中性土、微碱性土以及石灰性土上均能生长，是

① 执笔人：吴诚和

亚热带山地适应性较强的树种之一。黄檀林在安徽、江苏毗邻的江淮丘陵一带，海拔400m以下的丘陵岗地的阳坡，常见有小面积纯林分布，而在江南各地山区海拔1 000m以下，多散生于次生阔叶林中。以安徽滁州为例，黄檀林生长于海拔300m以下丘陵岗地，年平均气温14.3℃，年平均降水量939.9～1 031.2mm，≥10℃积温为4733℃，无霜期250d以上。土壤为普通黄棕壤或粘盘黄棕壤，pH值6～7，呈微酸性或中性反应。黄檀林适生于这一地区丘陵山麓或山坞，土壤为角斑岩风化所形成的微酸性普通黄棕壤上，pH值6左右，土层深厚，有机质含量较高，湿度较大，林分生长良好，郁闭度大，树干通直高大。而生长于岗地粘盘黄棕壤的黄檀林，由于土层30～50cm以下出现粘盘层，质地板结，通透性差，肥力低，pH 6.5～7。因此林分生长缓慢，树干常出现低矮弯曲现象。总之，黄檀林最适宜的生境是酸性的或微酸性的黄壤或普通黄棕壤，土层深厚肥沃，排水良好的向阳坡或低山丘陵的山麓。

群落外貌为林冠浓郁，呈黄绿色，整齐，层次较明显，可分乔木层下木层及草本层。以安徽东部江淮丘陵为例，位于滁州皇甫山北将军山的山麓向阳坡面海拔140m处，林分以黄檀占绝对优势的纯林，林冠整齐，立木分布均匀，可分3层，该处黄檀林曾数度抚育，对下木进行过砍刈樵采。但目前整个林分保存完整，人为活动较少，林地水土保持较好，未发现地表冲刷现象，下木得到一定的恢复，且杂草丛生。

乔木层为黄檀纯林，总郁闭度达0.7，组成极为单一，林冠较整齐，层次分明。通过无样方中心象限法在48m样线中，点距8m，样点6个的调查，立木分布均匀而稠密，平均株距2.18m，密度达22株/100m^2，黄檀平均高9.3m，平均胸径11.1cm。群落周围尚见有山槐（*Albizia kalkora*）、化香树（*Platycarya strobilacea*）、朴树（*Celtis sinensis*）、榔榆（*Ulmus parvifolia*）、白栎（*Quercus fabri*）、马尾松（*Pinus massoniana*）等。

下木层盖度约25%，组成种类较简单，一般高度1.5m，最高2.5m。常见的种类有牛奶子(*Elaeagnus umbellata*)、盐肤木(*Rhus chinensis*)、小花扁担杆(*Grewia biloba* var. *parviflora*)、金银忍冬(*Lonicera maackii*)、野花椒(*Zanthoxylum simulans*)、圆叶鼠李(*Rhamnus globosa*)、狭叶山胡椒（*Lindera angustifolia*）、白檀（*Symplocos paniculata*）、小叶女贞（*Ligustrum quihoui*）等，以及少量黄檀、朴树、化香等幼树、小苗。

草本层盖度达40%～60%，种类组成也不甚复杂，一般高度20～40cm，常见的种类有苔草（*Carex* sp.）、三脉叶紫菀（*Aster ageratoides*）、荩草（*Arthraxon hispidus*）、翻白草（*Potentilla discolor*）、紫花地丁(*Viola philippica* subsp. *munda*)、兔儿伞（*Syneilesis aconitifolia*）、茜草（*Rubia cordifolia*）等。

藤本植物稀少，仅见鸡矢藤（*Paederia scandens*）、南蛇藤（*Celastrus orbiculatus*）、海金沙（*Lygodium japonicum*）、千金藤（*Stephania japonica*）等。

黄檀为喜光树种，在林分郁闭度较大的情况下，黄檀树的小苗稀少。根据安徽东部江淮丘陵地调查，在黄檀林郁闭度达0.7～0.8以上，林下更新苗木极少，多见一些中性或中性偏耐荫的乔木树种苗木，一般仅在林窗或疏林下，才见有较多黄檀幼树或小苗。因此，在亚热带山地黄檀林是一种演替阶段中不稳定的过渡群落类型。若人为不加以干预，让其自然演替，最终将被一些较耐荫或中性的树种，如栲类、栎类、朴树、枫香（*Liquidambar formosana*）、竹叶椒（*Zanthoxylum armatum*）等所侵入，逐步演替为阔叶混交林。在亚热带低山丘陵地区黄檀林遭受砍伐破坏，往往逆向演替为五节芒（*Miscanthus floridulus*）、博落回（*Macleaya cordata*）、蕨（*Pteridium aquilinum* var. *latiusculum*）等为优势的高草群落；然后逐步演替为以喜光灌木白栎、山胡椒（*Lindera glauca*）、盐肤木、杜鹃（映山红）（*Rhododendron simsii*）、山鸡椒（山苍子）（*Litsea cubeba*）等组成的灌木林，或逐步以马尾松（*Pinus massoniana*）、化香树、枫香、栎类等组成的针阔叶混交林；这是亚热带低山地区常见的现象。

黄檀木材具有坚韧、耐冲击，富有弹性等特点，用途广泛，经济价值较高，尤其是装饰品、乐器、工艺雕刻等材料。

黄檀林是亚热带山地常见的类型之一，虽然其纯林的分布面积不大，但在次生林中普遍存在。由于黄檀具有喜光、深根性，耐干旱瘠薄，适应性强等特性，在绿化荒山荒地中起着先锋树种的作用。目前，淮河以南低山丘陵地区黄檀常受到不同程度的砍伐破坏，或在次生混交林中遭受强烈的择伐，使资源遭受严重的损失。为此，今后在亚热带低山丘陵的向阳坡地，应适当推广黄檀林营造，适度增加黄檀林或以黄檀为共建种的森林面积，以满足国民经济建设及人民生活的需要。目前安徽东部丘陵皇甫山一带尚保存约 700hm^2 黄檀林，实为难能可贵，应严加保护和进行合理经营，使资源保存和发展。

第十七节　檫木林①

檫木属（*Sassafras*）有 3 种，东亚—北美间断分布，中国有 2 种，一种是檫木（*Sassafras tzumu*）分布于长江以南各省区；另一种是台湾檫木（*S. randaiense*）产于台湾。

檫木林是亚热带落叶阔叶林，过去天然林分布较为广泛，在海拔 800m 以下的低山、丘陵地区均有分布，但由于人为的干扰破坏，天然林面积逐渐减少。从 60 年代开始，不少地区的国营和乡办林场，在低山、丘陵和岗地上先后进行人工植树造林，但是面积不是太大，未形成规模。

2—1—19—1　檫木林②

檫木（*Sassafras tzumu*）是亚热带落叶阔叶树种。檫木生长迅速，材质优良，不翘不裂，易加工，耐腐，耐水湿，可用于造船、水车、建筑及制造优良家具。种子含油率 20%，供油漆用。果、叶、根含芳香油，供工业用。根及树皮入药。是优良的用材树种。檫木树形挺拔，晚秋红叶悦目，是理想的风景树种。檫木广泛分布于中国长江以南各地，地理范围

---

① 执笔人：李承彪

② 执笔人：忻士文

大致在北纬 23°～32°，东经 102°～122°。垂直分布从丘陵到海拔 1 800m 左右。湖南鄢县海拔 1 500m 处有胸径 130cm 大树；安徽祁门有天然檫木大树混交林 30 多 hm^2；湖北通山县海拔 1 400m 处有号称千年古檫。人工林多栽植于海拔 800m 以下的低山丘陵。檫木为喜光落叶大乔木，不耐严寒、干旱、盐碱，在石灰性和积水地生长不良，适生于微酸性（pH 4.5～6.5）肥沃、疏松排水良好的厚层土。天然檫木多混生于常绿针阔叶林中，常与马尾松、杉木、毛竹、木荷、樟树、栲树等阔叶树及针叶树混生，组成复层林，居上层林冠。江西靖安县雷公尖垦殖场尚有大面积的天然檫木林。檫木为速生树种，云南西畴天然林中，73 年生，树高 30m，胸径 37.5cm，贵州水城杨梅林场，16 年生，树高 15.4m，胸径 31.4cm，年胸径生长量可达 1～2cm，人工林生长更快，安徽宣城檫木杉木混交林，6 年生檫木平均树高 9.8m，平均胸径 13.5cm。檫木人工林树高、胸径速生期大致在 2～10 年，天然林推迟 2～5 年。材积连年速生期在 8～25 年。大面积栽植人工林起始于 50 年代后期，至 70 年代各地先后营造了大面积檫木纯林。70 年代起在总结纯林和天然林调查研究基础上，相继进行了檫木混交造林试验，混交林可以避免檫木日灼之害，又能防止檫木主要害虫白轮蚧（*Aulacaspic* sp.）的发生和危害。据浙江、湖南、江西、安徽和广东等地报道，混交树种有杉木、金钱松、樟树、木荷、麻栎、毛竹和茶树等。湖北也曾选用柳杉、华山松及鹅掌楸等。从现有 10～20 年生混交林调查结果：檫木每公顷配植 450 株情况下，檫、金钱松和檫、麻栎的混交林生长稳定，此外檫、樟和檫、木荷的混交林也较稳定，在毛竹与茶园中疏植檫木作为遮荫树，对檫木和茶树的生长都是有利的。80 年代以来不再营造高密度纯林，多栽植混交林、疏植丰产林及四旁植树。

第十八节 枫香林①

枫香（*Liquidambar formosana*）林是中国亚热带常见的森林类型之一。以枫香属（*Liquidambar*）为主要建群种的森林，在《中国植被》和森林的有关著作中，被分别列入落叶阔叶林和常绿落叶阔叶混交林两个类型中。前者指以枫香属为主要建群种组成的群落，后者系以枫香属与常绿阔叶树种为共建种组成的森林。在天然状态下，常为小团状分布。

暖温带落叶阔叶林区域的地带性森林是落叶阔叶林，但枫香在这一区域中除了南部沿海个别地方有人工栽植成林外，却见不到天然林。甚至在北亚热带常绿落叶阔叶混交林地带，枫香林也不是常见的森林。

枫香在第三纪已普遍存在，经过第四纪冰期而在北方消失，但在南方却保存下来而繁衍至今，并发展形成了现代几个种，分别组成了不同种的枫香林。

① 执笔人：周光裕，李承彪

2—1—20—1　枫香林[①]

枫香（*Liquidambar formosana*）林是中国北亚热带至热带平地丘陵和山地常见的落叶阔叶林之一。枫香是优良的速生用材树种。树皮、果实、树叶也有一定的经济价值。

枫香树势雄伟，叶形美观，有很高的观赏价值，是中国南方著名的庭院绿化和风景林观叶树种。枫香适应性强，能耐干旱瘠薄，在粘土、山脊、石隙中均可生长。其适应性和生命力与马尾松相似，是绿化荒山荒地的先锋树种。而且枫香枝繁叶茂，根系发达，每年大量的枯枝落叶覆盖地面，是保持水土，改良土壤的优良树种。

（一）分布与生境

枫香林主要分布于秦岭、淮河以南，东至台湾，西至云南、西藏，南达海南岛，南北跨16个纬度，垂直分布一般在600m以下，在海南达1 000m，云南可达1 660m；此外朝鲜半岛南部，越南北部和老挝也有分布。枫香最适于生长的年平均温度为14～20℃，≥10℃的年积温5 600～6 800℃，年降水量900～2 000mm。分布区的土壤为砂岩、板岩、花岗岩等发育的红壤、黄壤和黄棕壤以及冲积土。在土层深厚肥沃湿润的谷地，山麓缓坡、沟边生长旺盛，长势数百年不衰。

枫香喜光，萌芽力强，现有枫香林多为萌芽更新的次生林，在丘陵和低山地的荒山，只要封山数年，常形成以枫香为优势树种的混交林。

（二）组成与结构

由于枫香林广泛分布于北亚热带至亚热带地区的平川、丘陵和山地，因而群落在外貌、结构和组成上均有明显差异。在水热条件较好的亚热带地区，枫香林的层次结构、区系成分均较复杂，立木层除落叶阔叶树种以外，也常出现一些常绿阔叶树种，下木层也会出现一些常绿阔叶灌木种类，草本层也有一些常绿的草本植物。

枫香林立木层一般有2～3个亚层。常与枫香组成为混交林的树种有马尾松、白栎（*Quercus fabri*）、枹栎（*Q. glandulifera*）、短柄枹栎（*Q. glandulifera* var. *brevipetiolata*）、小叶栎（*Q. chenii*）、槲栎（*Q. aliena*）、锐齿槲栎（*Q. aliena* var. *acuteserrata*）、麻栎（*Q. acutissima*）、栓皮栎（*Q. variabilis*）、栗属（*Castanea*）的锥栗（*C. henryi*）、茅栗（*C. seguinii*）、甜槠栲（*Castanopsis eyrei*）、栲树（*C. fargesii*）、苦槠栲（*C. sclerophylla*）、青冈（*Cyclobalanopsis glauca*），以及化香树（*Platycarya strobilacea*）、黄檀（*Dalbergia hupeana*）、槐树（*Sophora japonica*）、榆树（*Ulmus pumila*）、黄连木（*Pistacia chinensis*）、赤杨叶（*Alniphyllum fortunei*）、糙叶树（*Aphananthe aspera*）、朴树（*Celtis sinensis*）、青钱柳（*Cyclocarya paliurus*）、银鹊树（*Tapiscia sinensis*）、冬青（*Ilex chinensis*）、臭椿（*Ailanthus altissima*）、灯台树（*Cornus controversa*）、三角枫（*Acer buergerianum*）、光

① 执笔人：杨方西

皮树（*Cornus wilsoniana*）等落叶树种。在中亚热带地区也常与苦槠、青冈、栲树、甜槠栲、钩栲（*Castanopsis tibetana*）、南岭栲（*C. fordii*）、石栎（*Lithocarpus glaber*）、紫楠（*Phoebe sheareri*）、红润楠（*Machilus thunbergii*）、木荷（*Schima superba*）、樟树（*Cinnamomum camphora*）、山杜英（*Elaeocarpus sylvestris*）、树参（*Dendropanax dentiger*）等常绿阔叶树组成落叶与常绿阔叶树混交林。

下木层一般有两个亚层。主要的下木有杜鹃花属（*Rhododendron*）、山胡椒属（*Lindera*）、胡枝子属（*Lespedeza*）、楤木属（*Aralia*）、盐肤木属（*Rhus*）、野珠兰属（*Stephanandra*）、蜡瓣花属（*Corylopsis*）、野鸦椿属（*Euscaphis*）、山矾属（*Symplocos*）、乌饭树属（*Vaccinium*）、算盘子属（*Glochidion*）、山楂属（*Crataegus*）、柃木属（*Eurya*）、金丝桃属（*Hypericum*）、拓树属（*Cudrania*）、石楠属（*Photinia*）、忍冬属（*Lonicera*）、绣球属（*Hydrangea*）、槐蓝属（*Indigofera*）、鼠李属（*Rhamnus*）、女贞属（*Ligustrum*）、卫矛属（*Euonymus*）、六月雪属（*Serissa*）、檵木属（*Loropetalum*）、山茶属（*Camellia*）、荚蒾属（*Viburnum*）、绣线菊属（*Spiraea*）、紫珠属（*Callicarpa*）、豆腐柴属（*Premna*）、牡荆属（*Vitex*）、花椒属（*Zanthoxylum*）、瑞香属（*Daphne*）、悬钩子属（*Rubus*）、漆树属（*Toxicodendron*）、榛属（*Corylus*）、溲疏属（*Deutzia*）、刚竹属（*Phyllostachys*）、箬竹属（*Indocalamus*）、锦带花属（*Weigela*）、十大功劳属（*Mahonia*）、李属（*Prunus*）等一些种类组成，除乌饭树、紫金牛、六月雪、崖花海桐（海金子）（*Pittosporum illicioides*）、阔叶十大功劳、红淡、檵木、柃木、野山茶、刚竹和箬竹为常绿灌木及小乔木外，大部分为落叶灌木。盖度一般为25%～50%。

草本层较发达，种类丰富，一般也有2～3个亚层，主要由芒属（*Miscanthus*）、苔属（*Carex*）、紫菀属（*Aster*）、野青茅属（*Deyeuxia*）、败酱属（*Patrinia*）、白茅属（*Imperata*）、菊属（*Dendranthema*）、蹄盖蕨属（*Athyrium*）、地榆属（*Sanguisorba*）、双蝴蝶属（*Tripterospermum*）、一枝黄花属（*Solidago*）、泽兰属（*Eupatorium*）、百合属（*Lilium*）、野百合属（*Crotalaria*）、沙参属（*Adenophora*）、蓟属（*Cirsium*）、天葵属（*Semiaquilegia*）、黄芩属（*Scutellaria*）、黄精属（*Polygonatum*）、桔梗属（*Platycodon*）、莴苣属（*Lactuca*）、蓼属（*Polygonum*）、鸭跖草属（*Commelina*）、灯心草属（*Juncus*）、天南星属（*Arisaema*）、远志属（*Polygala*）、玉簪属（*Hosta*）、堇菜属（*Viola*）、鼠尾草属（*Salvia*）、过路黄属（*Lysimachia*）、淡竹叶属（*Lophantherum*）、大油芒属（*Spodiopogon*）、萱草属（*Hemerocallis*）、太子参属（*Pseudostellaria*）、蕨属（*Pteridium*）、星蕨属（*Microsorium*）、金粟兰属（*Chloranthus*）、紫萁属（*Osmunda*）、天名精属（*Carpesium*）、荸荠属（*Eleocharis*）等属的一些冬枯种类，常绿种有麦冬属（*Liriope*）、鹿蹄草属（*Pyrola*）、耳蕨属（*Polystichum*）、鳞毛蕨属（*Dryopteris*）、瘤足蕨属（*Plagiogyria*）、山姜属（*Alpinia*）的一些种类，盖度为10%～25%。

（三）生长发育

枫香生长迅速，且寿命长。分布于北亚热带安徽泾县小溪林场的枫香林，生长速生期长达数十年不衰。在该场海拔400m的阴坡洼地取解析木，树龄84年，树高27.20m，胸径44.7cm，材积1.869 94m³。其生长规律是树高生长在50年生以前生长较快，以后生长速度减慢，胸径生长也表现了相同趋势（表1—90）。湖北宣恩县高罗乡大湾山35年生的解析木资料，35年生树高20.7m，胸径19.7cm，材积0.272 23m³。

表1—90　枫香生长过程

立地条件：阴、洼地

龄阶	树高（m）			胸径（cm）			材积（m³）			形数（%）
	总生长	连年生长	平均生长	总生长	连年生长	平均生长	总生长	连年生长	平均生长	
10	7.6		0.76	5.0		0.50	0.008 67		0.000 87	
		0.40			0.72			0.007 69		
20	11.6		0.58	12.2		0.61	0.085 53		0.004 28	
		0.28			0.56			0.021 29		
30	14.4		0.48	17.8		0.59	0.298 47		0.009 95	0.838
		0.42			0.60			0.027 68		
40	18.6		0.46	23.8		0.59	0.575 29		0.014 38	0.695
		0.35			0.60			0.028 70		
50	22.1		0.44	29.8		0.60	0.862 31		0.017 25	0.570
		0.19			0.37			0.025 42		
60	24.0		0.40	33.5		0.56	1.116 50		0.018 61	0.527
		0.10			0.40			0.028 91		
70	25.0		0.36	37.5		0.53	1.405 61		0.020 08	0.509
		0.16			0.47			0.033 24		
80	26.6		0.33	42.2		0.53	1.738 06		0.021 72	0.467
		0.15			0.62			0.032 97		
84	27.2		0.32	44.7		0.53	1.869 94		0.022 26	0.438

注：地点：安徽泾县小溪林场

从位于中亚热带的湖南通道县53年生枫香解析木树高生长和胸径生长规律来看，枫香的树高、胸径和材积连年生长量在30年以后逐渐减慢。53年生树高24.4m，胸径29.2cm，材积0.675 1m³。江西上饶地区林业科学研究所的调查研究资料揭示了100余年生的枫香大树的生长发育过程和规律。解析木位于海拔400m的北坡山坳，树龄114年，树高29m，胸径64.7cm，单株材积3.416 9m³，树皮率14.7%。从树高、胸径生长速度来看，速生期一直延续到50年生左右，此后的生长速度才缓慢下降，材积生长速度直到100年以后才明显下降。

（四）更新演替

枫香是喜光树种，生态适应性广，萌芽能力强，极耐火烧，结实量大，种子轻而具翅，千粒重0.2g，发芽率60%，传播很广，且生长迅速，枫香树的这种生物学特性和生态学特性决定了它在自然演替过程中的地位和方向。在立地条件较差，植被稀少的灌木林地，或常绿阔叶林被砍伐、破坏，在采伐迹地或林窗下，枫香常与其他落叶树种如化香树、黄檀、小叶栎、短柄枹栎、山槐等，组成为落叶阔叶混交林。这种群落极不稳定，分化强烈，由于枫香更新良好，幼苗能耐一定程度的庇荫，生长快，在群落的发育过程中逐渐成为立木层的优势种，最后形成以枫香为建群种的纯林。在亚热带地区，这种群落发育成熟，立地环境也相应得到改善，从而创造了森林植物群落自然演替的良好条件。枫香林在继续发展过程中，林冠郁闭度增大，林内光照变弱，而耐阴湿的常绿阔叶树种苦槠、青冈、栲树等随即侵入而发展起来，这时枫香林在组成和结构上不断发生变化，逐渐形成以枫香为优势种的落叶阔叶树与常绿阔叶树所组成的落叶常绿阔叶树林。随着群落郁闭度继续增大，最终被常绿阔叶树种所更替，形成亚热带顶极森林类型的常绿阔叶林。特别是在立地条件良好的地方，这种顺向演替的速度更为迅速。所以说，枫香林在亚热带植被演替进程中是一个不稳定的过渡性类型。但是枫香林在亚热带植被演替的自然历史过程中，能够长期存在，衍续发展，其原因就在于枫香林具有独特的先锋群落作用。这种先锋群落作用是植被自然演替过程中不可缺少的一个演替阶段。

（五）评价及经营意见

枫香是重要的用材树种，又是有很高观赏价值，具改良土壤、保持水土的作用，枫香林适应性广，更新能力强，寿命长，极耐火烧等，因此，对枫香资源要认真保护，积极发展，合理利用。①对有限的枫香林资源应加强保护和管理。严禁砍伐枫香残次林 ，以保护现有资源。对枫香大树、古树要挂牌保护，建立大树、古树档案。②积极发展人工林；充分利用枫香天然下种能力强的优势，在有枫香母树的造林地、林中空地、采伐迹地，采取人工促进天然更新和人工抚育的措施，发展枫香林或以枫香为主的混交林。在有条件的地方应大力提倡封山育林。③对枫香树要进行全树综合利用和合理利用。

第十九节　珙桐林①

珙桐属（*Davidia*）为珙桐科的单种属，是中国特产的树种和第三纪孑遗种。珙桐（*D. involucrata*）别名水梨子、鸽子树等，分布于中国西南部、四川东南部、西部和西北部、湖北西部。是稀有的古生孑遗植物“活化石”，中国地处北半球南部，西南地区地质古老，康滇古陆和上扬子两大古陆的存在，给古生植物的遗存创造了良好的条件。1867 年，于四川东南和湖北西部发现珙桐，1871 年鉴定发表；1910 年又在四川宝兴发现变种——光叶珙桐，这就是现今世界上仅存的珙桐科珙桐属中唯一的一种和一个变种。

珙桐天然林面积不大，位于山地海拔高 1 000m 以上地带，景观美丽，可组成单优势纯林或与其他树种组成混交林。林中含有多种第三纪遗留下来的植物，因此珙桐实际上是含有大量古老成分的森林类型。

研究珙桐林，对于考古学、地质学、历史植物地理学的研究可提供宝贵资料。

2—1—21—1　珙桐林②

珙桐(*Davidia involucrata*)，为中国特产的珙桐科单型属植物，是第三纪古热带植物区

① 执笔人：李承彪

② 执笔人：杨业勤

系的孑遗树种（《中国植被》，1980）。其树体高大，花形奇特，盛花时如满树群鸽栖止，有中国鸽子树（Chinese dove tree）之称，在世界上有的国家早已有引种栽培，是世界著名的观赏树种。珙桐现为中国的一类保护植物，有较高的科研和应用价值。天然的珙桐林常以散生或以亚优势树种的形式和其他阔叶树混交，但在一些局部地区也可形成以其为优势的珙桐林类型。

（一）分布与生境

珙桐在地史时期中国第三纪古热带较为广泛分布，在江西的地层孢粉分析中就曾发现有过珙桐的孢粉（应俊生，1979），但现代珙桐在中国为星散分布，且范围较窄，资源也少。其分布区的南界约为北纬 25°，北界不超过北纬 32°，处于中国的中亚热带和北亚热带之间，在此区域内，珙桐仅呈星散地散布在有限的范围内，如云南的贡山、维西、镇雄、彝良（吴征镒等，1984）；四川的金佛山、古蔺、雷波、马边、屏山、峨眉山、天全、宝兴、都江堰（郑万钧等，1985）和卧龙自然保护区（钟章成，1984）；贵州梵净山，绥阳县宽阔水林区，桐梓县白菁自然保护区和赫章县部分地区（杨业勤等，1986）；湖南张家界，慈利县，桑植县的部分山区；湖北神农架及湘粤间的莽山等地。上述各地的珙桐，相互间不能形成连续分布，其中有一定的面积并形成以珙桐占优势的森林类型的地点就更少，仅在几个保存较好的天然林区有分布，如四川卧龙自然保护区和贵州梵净山自然保护区分别有珙桐林 60 多 hm^2，湖南桑植县八大公山自然保护区，湖北神农架自然保护区也有较大面积的珙桐林，在八大公山，较好的结果年份，曾采种达 3 000kg。

中国现有的珙桐林均为天然林，一般均分布于海拔 1 000～2 000m 的山间溪谷两侧，其分布区的基岩多为砂岩、板岩及花岗岩等酸性基岩，林下土壤亦为酸性，pH4.5～5.5。属山地黄壤或黄棕壤类型，常含大量碎石，质地疏松，潮湿，透水透气性均较好，土壤肥力也较高。

珙桐分布区的气候温凉潮湿，云雾多，湿度大，日照少，蒸发小，以梵净山小黑湾气象记录为例：年平均气温 12.4℃；7 月平均气温 22.0℃；1 月平均气温 0.43℃；极端最低气温－5.7℃；年降水量 2 600.9mm；以 6 月份降水量最大，为 557.6mm，1 月份降水量最小，仅 47.1mm；≥10℃年积温为 4 153.3℃。

（二）组成与结构

由于珙桐分布的海拔高度和纬度有较大幅度的变化，因此，含有珙桐的林分，其组成成分亦有较大的变化，一般在其分布的下限常绿阔叶树较多，以栲属（*Castanopsis*）、润楠属（*Machilus*）、石栎属（*Lithocarpus*）、木姜子属（*Litsea*）较为常见，而在分布的上限，则落叶阔叶树增多，以槭树属（*Acer*）、李属（*Prunus*）、荚蒾属（*Viburnum*）较多。

珙桐林均为常绿、落叶阔叶混交林，林分总郁闭度一般可达 0.7 以上，结构可分 3 层，乔木层、下木层、草本层。

乔木层一般高 15～25m，除珙桐外，落叶阔叶树较多，常见的有白辛树（*Pterostyrax psilophylla*）、缺萼枫香（*Liquidambar acalycina*）、华西枫杨（*Pterocarya insignis*）、青榨

槭（*Acer davidii*）。乔木上层中也有常绿阔叶树，但树冠一般略低于珙桐等落叶树，常见的有厚皮栲（*Castanopsis chunii*）、曼青冈（*Cyclobalanopsis oxyodon*）、石栎（*Lithocarpus* sp.）。乔木下层一般高 7～14m，常绿成分占的比重显著增加，如尖叶山茶（尖连蕊茶）（*Camellia cuspidata*）、西南红山茶（*C. pitardii*）、老鼠矢（*Symplocos stellaris*）、柃木（*Eurya* sp.）、交让木（*Daphniphyllum macropodum*）、头状四照花（*Cornus capitata*）和野樱（*Prunus* sp.）、花楸（*Sorbus* sp.）及上层立木的幼树。在乔木层中，珙桐的重要值常占第一位或第二位。珙桐林的乔木树种组成复杂而丰富，除上述树种外，经常出现的伴生树种还有水青树（*Tetracentron sinense*）、水青冈（*Fagus longipetiolata*）、亮叶水青冈（*F. lucida*）、天师栗（*Aesculus wilsonii*）、连香树（*Cercidiphyllum japonicum*）、野核桃（*Juglans cathayensis*）、青冈（*Cyclobalanopsis glauca*）和多种槭树。

下木层盖度 30%～60%，一般高度 3m 以下，常见的有木姜子（*Litsea* sp.）、山胡椒（*Lindera glauca*）、香叶子（*L. fragrans*）、卫矛（*Euonymus alatus*）、十大功劳（*Mahonia* sp.）、水马桑（*Weigela japonica* var. *sinica*）、中华旌节花（*Stachyurus chinensis*）、黄常山（*Dichroa febrifuga*）、接骨木（*Sambucus williamsii*）、中国绣球（*Hydrangea chinensis*）、猫儿刺（*Ilex pernyi*）、多种荚蒾（*Viburnum* sp.）、桃叶珊瑚（*Aucuba chinensis*）等，在海拔较高的地方还有箭竹或拐棍竹及多种杜鹃花（*Rhododendron* sp.）出现。

草本层覆盖度变异较大，可从 20%～80%，主要为耐荫植物，且多为药用植物，常见的有八角莲（*Dysosma versipellis*）、珠子参（*Panax japonicus* var. *major*）、雪里见（*Arisaema rhizomatum*）、七叶一枝花（*Paris polyphylla*）、万年青（*Rohdea japonica*）、荩草（*Arthraxon hispidus*）、吉祥草（*Reineckea carnea*）、楼梯草（*Elatostema* sp.）、山酢浆草（*Oxalis griffithii*）、苔草（*Carex* sp.）、莎草（*Cyperus* sp.）及多种蕨类。

层间植物常见的有附生于树、岩石及地表上的苔藓、石苇（*Pyrrosia* sp.）、石斛（*Dendrobium* sp.）。攀缘于树上的藤本主要有猕猴桃（*Actinidia chinensis*）、五味子（*Schisandra* sp.）、三叶木通（*Akebia trifoliata*）、南蛇藤及乌蔹莓（*Cayratia japonica*）、菝葜（*Smilax* sp.）等。

珙桐林的一个显著特点是含有较多古老和稀有植物，如水青树、白辛树、天师栗、连香树、八角莲等。珙桐林分布的特殊生境对这些古老植物和稀有植物提供了有效的保护。

（三）生长发育

珙桐为浅根性的落叶阔叶高位芽植物，天然分布的珙桐一般 4 月上旬萌芽，中旬始花，5 月中旬花谢，11 月落叶，但在其分布区的上限和下限，物候期约有 10d 的差异。

从珙桐的天然分布来看，适应疏松肥沃的酸性土壤。条件适宜时，其幼树生长十分迅速。在过于粘重的土壤和干燥的环境中生长不良，碱性土壤会导致植株死亡。人工栽培时，1 年生实生苗最高可达 50cm，3 年生幼树高可达到 180cm 。但珙桐林内的天然更新苗，生长较慢，据小黑湾珙桐解析木测定，前 10 年平均高生长只能达 27cm，胸径年平均生长量仅 0.25cm；105 年生的珙桐，高 21.5m，胸径 32cm，即年平均高生长仅 20cm，胸径平均生长 0.3cm。现存的珙桐林内多有百年大树。

珙桐有较强的萌生习性，伐桩或正常植株受到伤害之后，会从根颈部产生大量的萌条，在天然林中，珙桐能利用种子或萌条更新，但以种子更新为主。珙桐幼年期较耐荫，但林分郁闭度过大，特别是灌木层郁闭度超过 0.7 时，珙桐的幼苗和幼树不能正常发育，枝条纤细，叶片薄，色淡而柔弱。据试验，在海拔较低的地区，珙桐的幼苗和幼树也不能忍受长期的直接日照和干旱，在贵州江口县海拔 500m 左右的地方，在全光无遮荫的条件下，6～7 月份只要 5～7d 的连续晴天，就会形成叶片灼伤，进而植株地上部分枯死，但只要能搭荫棚遮荫，保证水分供应，幼苗就能正常生长发育，珙桐在幼年期虽较耐荫，但成年后仍需一定的光照条件。在天然林中，珙桐的成年植株大多处于林冠上层，若过度遮荫，会影响其生长发育和开花结实。

天然的珙桐林内，常有大量珙桐植株是数株合生的，特别在冲刷较重的陡坡上，其形成有两种情况，一种是珙桐实生苗形成的，珙桐种子是一核多室的，在合适的条件下，一粒核果可形成几个幼苗，而在其生长过程中形成为簇生，另一种是萌生条发育的珙桐，伐桩、倒木和因冲刷而偏倒的幼树，其根颈都会形成多数萌条，在发育成大树之后，会形成数株连生。

（四）更新演替与利用

珙桐林是星散分布在中国亚热带山区沟谷地带的一种常绿、落叶阔叶混交林，在林内珙桐利用种子和萌条更新，珙桐的种子有隔年发芽的特性，由于其种壳十分坚硬，粒大而沉重，很少动物取食，仅在种子萌发后，胚根或胚芽伸出时，有鼠类搬动取食的现象，因此，天然下种的珙桐种子其存留是有保障的。据试验（杨业勤，1982）珙桐种子可以通风干藏，也可以湿沙贮藏，干藏时种子不萌动；沙藏催芽，既可提高其发芽力，又可使出芽整齐，但必须保证湿度。珙桐分布区普遍降水量较大，但水分分配不均匀，冬季雨量小，在山脊和山腰上段常会因旱冬和伏旱造成地表干燥，不能保障珙桐种子萌动过程中所需要的土壤湿度，由残桩上产生的萌条苗适应性虽稍强，但实际不能扩展珙桐的分布，故在上述地方，基本上无珙桐林存在。在深切割的沟谷底部和山谷下部，由于地形造成的荫蔽和水流等影响，常能保证地表终年潮湿，而且土壤表层大多是粗骨质的坡积土，结构松散，山水冲刷因沟谷落差大和降雨集中而较严重，造成地表枯枝落叶层和草本层盖度减少，地表裸露较多，增加了珙桐种子接触土壤和被土壤覆盖的机会。同时，珙桐林分布的地带为常绿落叶阔叶混交林，由于受垂直地带性影响，耐荫性常绿阔叶林树种也难以组成单纯的林分，在该地带能较稳定地形成群落的水青冈等阔叶树又不耐过于潮湿的生境，在这种深切割的阴湿环境也难于占到绝对优势，这样既大大减少了其他树种与珙桐的竞争，又使林分郁闭度不致过大。故在这种生境条件下，只要有种源，珙桐常能顺利地天然更新，与其他一些古老树种相互共存，成为一种相对稳定的森林群落。

但是，珙桐林的这种稳定是比较脆弱的，天然的珙桐林只存在于一些特定的生境内，由于其更新上的特点，在自然状态下珙桐扩大分布范围较难。相反，由于其部分分布区生境的变化，如贵州宽阔水林区，由于伐木，樵采的影响使部分林地裸露土壤干燥，造成珙桐天然更新困难。使现有天然生长的珙桐有减少的趋势。珙桐木材黄白或浅黄褐色，心边材区别不明显，结构细，有光泽，均匀轻软，干燥后不翘裂，供雕刻、美术工艺和玩具等用途。由于珙桐能在合适的生境里天然更新，形成稳定的森林群落，因此，首先应对珙桐分布区的生境进行保护，现有的珙桐林群落只应作为科研基地和种源基地加以利用。

第二十节　水青冈林①

水青冈属（*Fagus*）约11种，分布于北半球温带及亚热带高山地区。中国6种，即：米心水青冈（*F. engleriana*）、水青冈（*F. longipetiolata*）、台湾水青冈（*F. hayatae*）、亮叶水青冈（*F. lucida*）、平武水青冈（*F. chienii*）与巴山水青冈（*F. pashanica*），它们均分布在秦岭淮河以南，分别组成纯林或伴生有常绿树种的混交林。

水青冈林虽然是全球落叶阔叶林中的主要类型之一，但在中国，它却不存在于落叶阔叶林区域，即使在北亚热带也很少见到。中国的水青冈林，主要是中亚热带常绿阔叶林带的垂直带上分布的一种非地带性森林。因此它的分布北界，要比欧、美及日本的水青冈林分布区偏南很多。

水青冈林在中国的历史悠久，早在中生代时就已广泛分布，经过新生代的第四纪冰期气候变化，对植被的影响很大，中国现存于亚热带的水青冈林，就是第三纪的残遗者。然而亚洲因受干旱化的影响较轻，所以水青冈林的种类组成要远比北美和欧洲来得丰富。

中国水青冈林主要分布在四川、贵州、湖北、湖南、江西、安徽、浙江、台湾等地，所在地海拔约在1 000～2 000m，其分布规律是在西部各地较高，向东则分布的海拔范围逐渐降低。其次，不同林系分布的海拔高度也不尽相同，例如水青冈林的高度就低于亮叶水青冈林。

由于水青冈林分布在海拔1 000m以上地带，因此虽然地处亚热带，但其气温条件却和温带相似。年平均温度为6～10℃，最热月为17～21.5℃，最冷月为－2～－6℃。极端最高气温为33～35℃，极端最低气温为－20～－24℃。≥10℃年积温为2 000～3 400℃。由于地处山地，因此年降水量可达1 200mm。森林多沿着山谷分布，可以由此直至山脊，所在地湿度较大，且又多云雾。虽然暖温带和北亚热带的热量条件与水青冈林的要求相符，但水分的不足是限制它分布的主要因素。限制的另一原因是土壤条件，水青冈林要求黄壤与山地黄壤，而暖温带和北亚热带却是棕壤、山地棕壤或黄棕壤、山地黄棕壤。

中国水青冈林的组成有两种情况，一种是以落叶阔叶树为主组成的森林，虽然其中也含有少量常绿阔叶林，但毫无疑问的可以认为是属于落叶阔叶林，这种类型主要分布在西部地区。但近年来在华东的安徽南部也曾发现过，被认为是很有意义的。另一种是常绿树

---

①　执笔人：周光裕

种较多，往往作为共建种出现，因此有人将这一类型列入常绿落叶阔叶混交林中。

中国大陆位于太平洋西岸，东部近海，水热条件比西部更为优越，因此在水青冈林的种类组成上，也是东部比西部丰富，尤其是常绿阔叶树的种类和数量都是东部较西部为多。有常绿阔叶树与之混交的水青冈林除在西部地区有分布外，更多的是见于东部各地。因此将水青冈林归属于常绿落叶阔叶混交林也是有一定依据的。

水青冈林的群落结构通常分为3层，即：乔木层、灌木层和草本层。乔木层可以再分为两个亚层，第一亚层多为水青冈属及其他落叶种类，有时也有少量常绿阔叶树。第二亚层则以常绿种类为主。灌木层常以稠密的箭竹类（*Fargesia*）占优势，草本层较稀疏。

由于林下植物过于繁茂，因而给水青冈的种子萌发带来困难，从而影响到它们的天然更新。有人认为依靠灌木层的空隙处以及竹类开花死亡之际，水青冈幼苗得以迅速成长，从而克服了成熟林易于消亡的不利条件。

2—1—22—1　巴山水青冈林①

巴山水青冈（*Fagus pashanica*）在四川南江县俗称“白光子”，以其树皮白灰色光滑而得名。它分布于四川（南江、旺苍、通江、青川、邛崃），重庆城口，陕西（镇坪、宁强、佛坪），湖北（西部），湖南（石门）及浙江（临安），海拔900～2 100m，巴山水青冈多散生于山地阔叶林中，以其为优势种形成的林分仅在四川米仓山南坡（南江）及浙江龙塘山（临安）有一定面积的巴山水青冈林，分布于海拔1 000～1 900m，处于山地常绿落叶阔叶混交林垂直地带。林下土壤多为山地黄棕壤，少数地段有黄壤，气候温凉湿润。巴山水青冈林是山地常绿落叶阔叶混交林的一种类型，乔木层树种较多，约26种，归19属，以温带分布属较多(15属20种)；热带分布属较少(4属6种)，在林分中优势度小。根据其林分特点的差异，本类型可分为城口青冈巴山水青冈林和木荷巴山水青冈林两个亚类型(表1—91)。

1. 城口青冈巴山水青冈林

本亚类型分布于四川米仓山南坡，是保存较为完整和面积较大的巴山水青冈林，海拔1 300～1 900m，其林分外貌近似落叶阔叶林，乔木层主要以壳斗科的高大落叶树种和比较小的常绿树种组成，通常以巴山水青冈占优势（表1—92）。壳斗科树种的重要值占2/3～4/5，其他仅1/5～1/3，林分中落叶阔叶树种的重要值约占2/3～3/4，常绿阔叶树种约占1/4～1/3。林分多为复层林，主林层以落叶阔叶树种占优势，混生有少量的常绿阔叶树种；次林层通常以常绿和落叶阔叶树种占优势，形成混交林层。林下灌木层多以箭竹（*Fargesia*）等小径竹占优势，总盖度40％～80％。

2. 木荷巴山水青冈林

本亚类型分布于浙江龙塘山(表1—91)海拔1 000～1 100m，其林分外貌具有落叶阔

① 执笔人：杨钦周、刘崇义

表 1—91　巴山水青冈林各亚类型乔木层特征

亚　类　型	城口青冈巴山水青冈林	木荷巴山水青冈林
分布地点	四川南江县米仓山	浙江临安龙塘山
北纬；东经	32°30′；106°30′	30°10′；118°56′
山岭主峰高度(海拔 m)	光雾山，2 507	清凉峰，1 750
常绿落叶阔叶林垂直带(m)	1 200～2 000	800～1 500
亚类型垂直分布(m)	1 300～1 900	1 000～1 100
林下土壤类型	山地黄棕壤或黄壤(少)	山地黄棕壤或黄壤
优势种	巴山水青冈、细叶青冈	巴山水青冈、木荷
巴山水青冈优势度	优势或共优势(少)	优势或共优势
主要伴生树种	城口青冈、巴东栎、多脉青冈	短柄枹栎、缺萼枫香、树五加
主要常绿树种	城口青冈、细叶青冈、巴东栎	木荷
阔叶乔木树种比例	7D3E①	9D1E①
疏密度或郁闭度	0.5～1.0	0.9
林分年龄(年)	70～100	50
林分平均胸径(cm)	22～32	24
林分平均树高(m)	20	12
林分蓄积量(m^3/hm^2)	230～520	230～240
温带分布：属/种	11/15	7/7
北温带分布：属/种	7/11	3/3
全部：属/种	14/20	8/8

注：①D=Deciduous 落叶的，E=Evergreen 常绿的

叶林的特点，多为复层林，绝大多数落叶阔叶树种组成乔木层，仅有木荷（*Schima superba*）是常绿阔叶树种，在组成中占有一定的比例（表 1—92）。巴山水青冈重要值占1/2强，为优势树种，木荷约占 1/4 弱，为亚优势树种，其他树种的优势度不显著，均为伴生树种，林下灌木层通常以浙皖山区特有的华箬竹为主，有时也以常绿灌木占优势。

巴山水青冈林的林冠下天然更新中等，在更新层中巴山水青冈通常占有一定的比例。四川米仓山海拔 1 400m，地处西坡，林分郁闭度 0.7 的复层林下，幼苗幼树约 6 000 株/hm^2，其中Ⅰ级苗木（高度＜0.33m）仅有 800 株/hm^2，Ⅱ级幼树有 5 200 株/hm^2，更新树种 4 种，巴山水青冈是唯一的落叶阔叶树种，仅有Ⅱ级幼树 800 株/hm^2，无Ⅰ级苗木；其余为城口青冈、细叶青冈和巴东栎 3 种常绿阔叶树种，在 5 200 株/hm^2 的更新木中，仅有 800 株/hm^2 Ⅰ级苗，其余 4 400 株/hm^2 均为Ⅱ级幼树。这些数据表明，巴山水青冈等落叶阔叶树种在林分郁闭度较大的林冠下天然更新处于劣势，常绿阔叶树种更新苗木较多的情况反映了林冠下小环境具有较为阴湿的特点。这种林分在长期的演替过程中，将会形成常绿阔叶树种暂时占优势的阶段，从而出现超演替顶极的现象，但持续时间不久。

巴山水青冈生长速度中等。根据米仓山解析木资料分析，树高生长旺盛期自 5 年开始，高峰期为 5～40 年，约 100 年时其高生长近于停止；胸径生长高峰期为 10～45 年；约 100 年时其材积仍在增长，尚未达到数量成熟。

表 1—92　巴山水青冈林各亚类型乔木层树种重要值

树种名称	林层分布	城口青冈巴山水青冈林				木荷巴山水青冈林				备注
		相对密度	相对显著度	相对频度	重要值	相对密度	相对显著度	相对频度	重要值	
巴山水青冈 *Fagus pashanica*	Ⅰ Ⅱ	39.08	85.18	15.2	119.46	57.5	68.3	42.2	168.0	D①
木　荷 *Schima superba*	Ⅰ Ⅱ					21.8	28.2	36.7	71.2	E
细叶青冈 *Cyclobalanopsis gracilis*	Ⅰ Ⅱ	11.35	5.77	10.9	28.02					E
城口青冈 *C. fargesili*	Ⅱ	13.03	2.34	10.9	26.27					E
多脉青冈 *C. multinervis*	Ⅰ Ⅱ	7.58	3.72	6.5	17.78					E
短柄枹栎 *Quercus glandulifera* var. *brevipetiolata*	Ⅰ Ⅱ	1.26	0.67	6.5	8.43	10.0	3.5	13.4	26.9	D
巴东栎 *Q. engleriana*	Ⅱ	5.46	1.57	8.7	15.78					E
槲　栎 *Q. aliena*	Ⅰ Ⅱ	3.78	5.43	4.3	13.51					D
檫　木 *Sassafras tsumu*	Ⅰ	3.78	6.26	2.2	12.25					D
吴茱萸叶五加 *Acanthopanax evodiaefolius*	Ⅰ Ⅱ					3.8	1.1	4.5	9.4	D
米心水青冈 *Fagus engleriana*	Ⅱ	4.20	2.62	2.2	9.02					D
大穗（雷公）鹅耳枥 *Carpinus viminea*	Ⅰ					2.5	1.4	4.4	8.3	D
缺萼枫香 *Liquidambar acalycina*	Ⅰ					2.5	1.3	4.4	8.2	D
五裂槭 *Acer oliverianum*	Ⅱ	2.94	0.76	4.3	8.00					D
白辛树 *Pterostyrax psilophyllius*	Ⅰ Ⅱ	1.26	1.96	4.3	7.51					D
香　桦 *Betula insignis*	Ⅰ Ⅱ	1.68	1.35	4.3	7.33					D
华鹅耳枥 *Carpinus cordata* var. *chinensis*	Ⅱ	0.84	0.65	4.3	6.79					D
紫　茎 *Stewartia sinensis*	Ⅰ					1.2	0.9	2.2	4.3	D
臭辣树 *Evodia fargesii*	Ⅰ					1.2	0.3	2.2	3.7	D
灯台树 *Cornus controversa*	Ⅰ	0.84	0.57	2.2	3.60					D
中华槭 *Acer sinense*	Ⅱ	0.84	0.46	2.2	3.60					D
鹅掌楸 *Liriodendron chinense*	Ⅰ	0.42	0.30	2.2	2.92					D
叶萼山矾 *Symplocos phyllocalyx*	Ⅱ	0.42	0.14	2.2	2.76					E
石灰花楸 *Sorbus folgneri*	Ⅱ	0.42	0.11	2.2	2.73					D
短柱柃 *Eurya brevistyla*	Ⅱ	0.42	0.11	2.2	2.73					E
四照花 *Dendrobenthamia japonica* var. *chinensis*	Ⅱ	0.42	0.04	2.2	2.66					D
合　计		100	100	100	300	100	100	100	300	

注：① D=Deciduous 落叶的 E= Evergreen 常绿的

巴山水青冈砍伐后萌生力较强，也可以天然下种更新，是一种优良的造林树种。以巴山水青冈为优势种的森林资源和面积已日益减少，应及早采取有力措施加以保护，以免遭到进一步的剧烈破坏。

2—1—22—2　亮叶水青冈林①

亮叶水青冈（*Fagus lucida*）是中国水青冈属中分布较广的一个树种，又是湿润亚热带

① 执笔人：朱守谦

中山常绿落叶阔叶混交林的稳定组成树种之一，亦有形成为单优群落而镶嵌分布于常绿落叶阔叶和针叶阔叶混交林带内。亮叶水青冈常绿落叶阔叶混交林的植物区系组成中，有不少稀有珍贵树种，如鹅掌楸（*Liriodendron chinense*）、珙桐（*Davidia involucrata*）、水青树（*Tetracentron sinense*）、领春木（*Euptelea pleiospermum*）、连香树（*Cercidiphyllum japonicum*）、七叶树（*Aesculus chinensis*）、天师栗（*A. wilsonii*）等，也混生有铁杉（*Tsuga chinensis*）、三尖杉（*Cephalotaxus fortunei*）等起源更为古老的树种，它对于这些稀有珍贵树种和起源古老的树种的生态特性研究及其保护、利用均具有重要的科学研究价值。这类森林大部分组成树种材质优良，用途广泛，出材等级高，是四川、贵州、湖南等地中山地区重要的森林资源。亮叶水青冈、多脉青冈（*Cyclobalanopsis multinervis*）、粗穗石栎（*Lithocarpus spicatus*）壳斗含有鞣质，可提炼栲胶，有的坚果富含油脂，可供食用或工业用。林内还繁衍有不少药用植物，具有较大经济价值。这类森林都分布在坡度较陡，切割较深的中山地带，亮叶水青冈纯林又都分布在山脊附近，具有重要的水源涵养，水土保持作用。

（一）**分布与生境**

水青冈属起源较古老，为温带区系成分。全世界约有 11 种，间断分布于北半球的欧洲、亚洲和北美洲。在欧亚大陆主要分布于温带海洋性气候地区，即西欧大西洋沿岸温带落叶阔叶林带和东亚太平洋沿岸日本北海道和本洲北部的温带落叶阔叶林带内。中国东北、华北旱季显著的湿润暖温带落叶阔叶林区域内没有分布。在东亚湿润亚热带湿性常绿阔叶林区域海拔较高的中山，水青冈属树种有较多分布，成为湿润亚热带中山地区常绿落叶阔叶混交林带的主要建群种之一。中国有水青冈属树种 6 种，其中大陆 5 种，台湾特产 1 种。水青冈属在中国境内向南分布的纬度基本上与第四纪冰川遗迹的南界（广西大容山）一致，因此，水青冈属植物向南分布这一情况可能与冰川南移有着密切的联系。其向西分布的界线，可视为中国—喜马拉雅森林植物区系与中国—日本森林植物区系的天然分界，也是亚热带东部湿性常绿阔叶林和西部偏干性常绿阔叶林的分界线。

亮叶水青冈主要分布于北纬 24°～30°5′的四川、贵州、湖南、湖北、浙江、福建、安徽、江西、广西等地。亮叶水青冈林在四川分布于盆地北缘的中山地带（南江），海拔 1 600～1 900m，湖南各地中山皆有，而以湘西北山地面积较大，海拔1 000～1 600m。湖北西部海拔 1 500～1 900m，江西西北部和南岭山地海拔1 100～1 400m，浙江西南和西北部海拔 1 000～1 700m，安徽大别山区、皖南海拔 1 000～1 600m 见有分布。贵州多见于海拔 1 400～2 000m，尤以 1 500～1 900m 数量较多，黔北宽阔水，黔东南雷公山，黔东梵净山，黔中息峰西山、丹寨牛角山等中山地区皆有分布，尤以宽阔水的亮叶水青冈林分布面积较大，原生性较强，成为该地区自然保护区的森林植被的主体和主要保护对象。垂直分布上限有自北向南，自东向西逐步升高的趋势。

分布区的气候条件具有温度略低，湿度较大，冬季寒冷而不干燥，夏季温凉而多暴雨，雨量充沛，冬有积雪，终年多云雾，日照少等山地气候特点。分布区北部的年平均气温 6～10℃，7 月平均气温 17～21℃，1 月平均气温－2～－6℃，≥10℃ 年积温 3 400℃，年降水量1 200mm以上。分布区中部的年平均气温10～15℃，1月平均气温1℃左右，年降水量1 800～2 400mm，年平均相对湿度85%～90%。分布区西部的年平均气温7～11℃，1月平均气温－7～－1℃，7月平均气温22℃，年降水量1 500～2 000mm，霜期、雪期为10月末或11月初至翌年3月中、下旬，积雪深度常达20～30cm。

亮叶水青冈林分布区多为地势起伏较大，切割较深，相对高差大，坡度陡峻的中山地貌。基岩有花岗岩、闪长岩、细砂岩、砂页岩、板岩、变质砂岩、紫色页岩、千枚岩等（见表1—93）。土壤主要为发育在上述基岩风化的残积、坡积母质上的山地黄棕壤和山地黄壤，具有土层深厚（60～100cm以上），酸性（pH4.5～5.5）。质地中庸（轻壤—重壤质），

表1—93 贵州及湖南亮叶水青冈林生境状况

地 名	最高海拔（m）	分布海拔（m）	地 形	坡度	相对高差（m）	出露岩层	土 壤
贵 州 宽阔水	太阳山 1 751	1 400～1 751	周围深切割的倾斜高台地	20～30	900	志留系砂页岩	黄棕壤 pH4.8～5.5
贵 州 梵净山	凤凰山 2 572	1 400～2 000	深切割的穹隆状山地	25～40	2 000	前震旦系板岩，变质砂岩	黄棕壤 pH4.5～5.5
湖南八 大公山	斗蓬山 1 894	1 400～1 890	纵谷岭脊	30～40	1 200	寒武系板页岩	黄棕壤 pH4.6～5.5
湖南城 步老山	金童山 1 780	1 500～1 780	中山山原	25～35	1 100	燕山期 花岗岩	黄棕壤 pH4.1～5.0

结构良好，持水能力强，排水良好，剖面发育完整等特点。特别是在长期少受人为影响的地段，在湿润凉爽的生物气候条件下，森林凋落物的分解速度中庸，有机质腐殖质化和矿质化过程的协调，表层有机质含量高达20%～42.8%，保持了较高的自然肥力（表1—94）。

表1—94 湖南箭竹亮叶水青冈林的土壤分析

地 点	海拔（m）	土壤采样深度（m）	吸湿水（%）	pH值（H_2O）	有机质（%）	全氮（%）	全磷（%）	全钾（%）	代换性盐基总量 mL/100g	代换量 mL/100g	盐基饱和度（%）
桑植天平山庙湾母岩为细砂岩	1 500	8～21	12.36	4.0	32.10	1.230	0.076	0.87	4.18	47.40	8.82
		21～52	7.87	4.9	6.36	0.242	0.044	1.32	1.33	17.25	7.71
		51～119	7.07	5.1	4.19	0.188	0.051	1.60	1.26	15.70	8.03
桑植八大公山斗蓬山粉砂岩	1 890	5～27	9.35	4.5	17.30	0.637	0.078	1.57	5.54	33.02	16.78
		27～36	7.99	4.9	8.51	0.335	0.064	1.66	2.10	20.65	10.17

注：引自湖南生态学会，林学会. 湘西八大公山自然资源综合科学考察报告

（二）组成结构

亮叶水青冈林的种类组成较丰富，从区系组成的地理成分看，热带、亚热带分布的科属较多，但所含种数极少，温带分布的科属次之，但所含种数较多，表明其与热带区系和温带区系都有密切关系，具有从温带到热带中山的过渡性质。据贵州宽阔水亮叶水青冈林20个样地19 200m^{2}面积上不完全统计，共有维管束植物160种，分属40科90属。其中，蕨类植物7种，裸子植物2种，双子叶植物145种，单子叶植物6种。含属、种数最多的是壳斗科（6属13种）、杜鹃花科（4属14种）、忍冬科（5属9种）、山茶科（3属8种）、漆树科（4属5种）、冬青科（1属8种）。区系组成中多稀有珍贵树种和起源古老树种，但裸子植物较贫乏。亮叶水青冈林组成虽较复杂，但通常明显具有优势度较大的建群种。如据调查，四川的多脉青冈亮叶水青冈混交林中400m^{2}样地中亮叶水青冈的株数和蓄积分别占14.3%和31.3%，多脉青冈占24.5%和20.9%。湖南南岳庄经殿的多脉青冈亮叶水青冈混交林中，亮叶水青冈和多脉青冈的显著度分别占22%和14%。贵州宽阔水各种亮叶水青冈林中，亮叶水青冈的重要值序多为1～3，据24个样地统计，各树种的平均重要值分别为：亮叶水青冈74.2，柃木（*Eurya japonica*）30.9，多脉青冈26.7，粗穗石栎14.9，石灰花楸（*Sorbus folgneri*）9.0，巴东栎（*Quercus engleriana*）6.8，小果南烛（*Lyonia ovalifolia* var. *elliptica*）7.8，小果润楠（*Machilus microcarpa*）7.7，巴东荚蒾（*Viburnum henryi*）7.5，硬斗石栎（*Lithocarpus hancei*）6.7。上述10个树种中，柃木、小果南烛、巴东荚蒾是构成立木第二亚层的树种，其余6个树种出现在立木层的两个亚层中。

亮叶水青冈常绿落叶阔叶混交林的外貌是由具扁平宽大的草质中型叶的落叶阔叶高位芽植物和具革质中型的常绿阔叶高位芽植物所决定。据贵州宽阔水亮叶水青冈林的统计，中、小高位芽植物分别占46.3%和25.0%，大高位芽和藤本高位芽植物较少，分别占8.1%和6.3%。这些种类中落叶、常绿树种分别占52.3%和47.7%，两者近相等。群落外貌随季节变化明显，生长季节为绿色，入秋时渐为黄色并混杂有深绿色和褐色、红色斑块，冬季以灰色为基色调。

亮叶水青冈林的层次结构清晰，立木层、灌木层发育较好，草本层发育较差，地被层中藓类发育也好，层间植物中藤本发育较差而藓类层片发育好，树干、地表布满苔藓，厚度可达3～5cm，附生于树干、树枝的高度可达10m以上。立木层常分化为2～3个亚层，大箭竹亮叶水青冈林和多脉青冈亮叶水青冈林的立木层是典型的具两个亚层，粗穗石栎亮叶水青冈林的立木层有时具3个亚层。林分中株数按高度的分配呈现连续变化的特点。通常第一亚层高16～20m，少数林木可达25～30m，密度变化为325～1 125株/hm^2，林木胸径一般为20～40（60）cm，亦有100cm以上大树，树冠不完全连接，盖度0.6～0.7。第二亚层高4～12m，密度725～3 200株/hm^2，胸径一般6～10cm，树冠往往相连接，盖度0.7～0.9。灌木层在密度、盖度上变化较大，多数分为两个亚层。有的以常绿灌木树种为主，有的则以竹类为主，第一亚层常见方竹属竹种如金佛山方竹（*Chimonobambusa utilis*），第二亚层常见箭竹种如大箭竹（仁昌玉山竹）（*Yushania chingii*），两亚层的竹种株数此消彼长。然而，灌木层中种类层片的发达是亮叶水青冈林的特点之一。

亮叶水青冈林的层片结构较稳定。以贵州宽阔水亮叶水青冈林为例，立木层中落叶阔叶高位芽和常绿阔叶高位芽层片，据 24 个样地统计，前者株数占 70.5%，后者占 29.5%。分层重要值统计表明：立木层第一亚层落叶阔叶高位芽占优势，重要值中落叶阔叶高位芽占 69.34%，常绿阔叶高位芽占 30.66%，第二亚层常绿阔叶高位芽层片占绝对优势，落叶的、常绿的株数比例平均为 28.36%和 71.64%，重要值比例为 31.76%和 68.24%。

亮叶水青冈常绿落叶阔叶混交林是复层异龄混交林。就亮叶水青冈种群的年龄结构而言，有异龄结构和相对同龄结构两种类型。贵州宽阔水 11 号样地亮叶水青冈种群是异龄结构。800m^2 样地内有亮叶水青冈 29 株，最小径级 8.8cm，最大径级 92.6cm，与典型的异龄结构相比，种群内缺乏大量小径级个体，这与其自行更新受阻有关。贵州宽阔水 4 号样地亮叶水青冈种群是相对同龄结构。800m^2 样地内共有亮叶水青冈 49 株，平均胸径 25.7cm，最大胸径 49.4cm，最小 5cm。据测定平均径级和最大径级的亮叶水青冈其年龄接近，胸径 4.5cm 和 24.5cm 的两样木年龄分别为 102 和 98 年，属于同一世代。

胸径 7.0、8.0、9.5cm 的样木年龄分别为 55、58、59 年，虽与上述林木不属同一世代，但此类小径木为数甚少，样地内胸径 10cm 以下的林木仅 3 株，因而可以认为它是基本上由同一个世代林木构成的相对同龄结构。贵州梵净山火烧迹地上形成的亮叶水青冈幼林则是典型的同龄结构。总的说来亮叶水青冈种群是以异龄结构为主。种群的年龄结构与群落类型并没有相关，即相同群落类型的亮叶水青冈种群可以有不同的年龄结构类型，或反之。这常决定于群落的形成条件和发生历史。相同年龄的林木，个体生长过程中曾有被压抑历史的，如林冠下因光照不足而受压，林冠疏开后又恢复生长等，常具有较小的胸径，反之则有较大的胸径。显然，这与亮叶水青冈对光照强度有很大的适应幅度和寿命较长密切相关。

（三）**生长发育**

亮叶水青冈生长速度中庸，但生长量稳定，持续时间长，百年以上大树亦无衰老的迹象，有利于培养大树。贵州梵净山海拔 1 450m 处的亮叶水青冈 131 年生树高 18.04m，胸径 26.95cm，材积 0.581 7m^3。其胸径生长在 10～50 年都比较迅速，年生长量平均达 0.25cm，直到 130 年仍无明显下降趋势，树高生长亦是在 10～60 年时较快，年生长量平均为 0.25m，80 年以后呈缓慢下降趋势。贵州宽阔水海拔 1 450m 处的亮叶水青冈，中等立地条件下 81 年生的树高为 19.1m，胸径 16.4cm，材积 0.207 7m^3，其生长过程如表1—95 所示。

表 1—95　亮叶水青冈的生长过程

龄阶（年）	1～10	11～20	21～30	31～40	41～50	51～60	61～70	71～80
胸径（cm）	0.15	0.23	0.20	0.18	0.23	0.24	0.24	0.16
树高（m）	0.26	0.28	0.17	0.31	0.23	0.21	0.22	0.22
材积（m^3）	0.000 05	0.000 32	0.000 70	0.001 35	0.002 63	0.004 42	0.004 43	0.005 37

注：地点：贵州省宽阔水　海拔：1 450m

亮叶水青冈的生长速度在个体间差异较大，表 1—95 所列几株解析木中，80 年生时的胸径相差 1 倍，这与个体的遗传特性及所处立地生境有关。据调查，较好生境下胸径最大连年生长量可达 0.60～0.68cm，连年生长量保持 0.5cm 左右的时间可持续到 70～80 年。较差生境中胸径最大连年生长量在 0.33cm 以下，连年生长量保持 0.3cm 左右的持续时间在 60 年以前。表 1—96 材料还表明亮叶水青冈的胸径生长过程较稳定，130 年时连年生长量仍保持在 0.25cm 的水平，之后亦未见到急剧下降并且还有上升的现象，这与亮叶水青冈寿命较长，能较长时期保持对环境变化的反馈作用有关。

表 1—96　亮叶水青冈的胸径总生长量、连年生长量　　单位：cm

解析木号	年龄																	
	10	20	30	40	50	60	70	80	90	100	110	120	130	140	150	160	170	178
宽－1			5.5/—	11.0/0.55	17.0/0.60	22.0/0.50	27.0/0.50	33.0/0.60	37.0/0.40	39.5/0.25	42.0/0.25	45.5/0.35	48.0/0.25	49.8/0.18	51.2/0.14	52.5/0.13	54.5/0.20	55.4/0.11
宽－2	0.9/—	7.2/0.63	14.0/0.68	19.9/0.59	24.7/0.48	29.7/0.50	34.8/0.51	38.0/0.32	41.0/0.30	44.3/0.33								
宽－3	1.5/—	4.2/0.27	7.3/0.31	10.0/0.27	13.3/0.33	16.4/0.31	19.0/0.26	21.4/0.24	23.0/0.16									
宽－4	1.5/—	3.8/0.23	5.8/0.20	7.6/0.18	9.9/0.23	12.3/0.24	14.3/0.20	15.9/0.16										

注：地点：贵州省宽阔水　分母为连年生长量（cm），分子为总生长量（cm）

多脉青冈生长较慢，据湖南城步县二宝顶海拔 1 800m 多脉青冈的树干解析分析，130 年时树高 11m，连年生长量波动较大，这与周围树木的竞争挤压有关，23～127 年时树高年生长量波动在 0.08～0.14m，最大连年生长量为 40 年生时 0.14m。130 年生胸径为 23.3cm，此时的连年生长量仍有 0.34cm，平均生长量为 0.18cm。130 年生材积为 0.22m^3，最大连年生长量和平均生长量分别为 0.001 7 和 0.006 68m^3。从生长趋势看，与亮叶水青冈类同，具生长量相对平稳（特别是胸径），持续期长，数量成熟较迟的特点。在人为集约经营时，可望加快其生长速度，有利于培育大径材。

（四）更新演替

亮叶水青冈有萌芽更新能力，在自然情况下主要依靠种子繁衍后代。成年树木结实量大，结实周期短，约 2～3 年，即使是种子小年偶遇结实单株，果实数量也很多，结实期长，这保证亮叶水青冈的种子更新有牢靠的物质基础。在亚热带中山温凉气候条件下，种子萌发生根的温湿度条件是极有保障的。幼树生长速度缓慢，但对光照强度的适应幅度很大，表现为既有较强的耐荫性，而在光照充足时生长更优。在郁闭度 0.95 的林冠下，幼树至少可生活 35 年以上。据调查，郁闭林冠下 35 年生幼树高仅 2m，年生长量波动在 4cm 左右。弱光下幼树在形态上常表现为枝叶平展，树冠狭小，顶芽年年枯死而又重新萌发，当光照条件改善后便能迅速生长进入林冠层。郁闭林冠下一些亮叶水青冈幼树的生长及形态特征见表 1—97。

表 1—97　一些亮叶水青冈幼树的生长、形态特征

年龄	树高 (cm)	根颈粗 (cm)	叶片数	叶片大小 (cm×cm)	冠幅 (cm)	主根长 (cm)	树高连年生长量（cm）			
							第一年	第二年	第三年	第四年
4	23.5	0.50	10	7.5×2.6	17	21.0	8.0	6.0	6.0	3.5
3	17.5	0.42	8	7.1×3.0	16	18.3	8.0	6.0	3.5	
4	19.5	0.50	6	6.4×2.0		18.4	4.5	5.0	7.0	3.0

注：主枝枯死无顶芽主梢枯死

在光线充足的林缘，林窗或迹地上，亮叶水青冈幼树远较郁闭林内生长健壮。亮叶水青冈的寿命很长，在群落中有明显优势地位，分布均匀，说明亮叶水青冈种群长期保持着强大的繁殖能力和更新潜力。

亮叶水青冈林下幼苗幼树的数量并不多，特别是林下箭竹茂密的大箭竹亮叶水青冈林，几乎很难遇到幼苗幼树。宽阔水林区一些常见树种的天然更新幼树数量见表 1—98。

表 1—98　各林型一些常见树种的幼苗幼树数量

类型	样号	亮叶水青冈		多脉青冈		硬斗石栎		桤木		巴东荚蒾		小果润楠		山矾		石灰花楸	
		株数	频度(%)	株数	频度(%)	株数	频度(%)	株数	频度(%)	株数	频度(%)	株数	频度(%)	株数	频度(%)	株数	频度(%)
大箭竹亮叶水青冈林	1	2	10			3	10	14	20	2	10	3	30	2	10	6	20
	3							1	10								
	5			1	10			2	10					2	10		
	9			1	10			4	10			4	30	8	30		
	10			2	20	2	10			3	10	1	10			3	10
	11	4	20									4	30				
多脉青冈亮叶水青冈林	2			5	30	2	20		40					10	30		
	4			7	50			2	20	4	20	4	20	27	70	11	30
	6	5	50	4	20			54	90	5	30	3	30	4	30		
	7	1	10	4	40	7	10	6	30			7	20	19	80		
	8			10	30			38	80	3	20	24	70			1	10
	12			6	30	12	40	35	60			7	20	21	30	0	20
	13					12	70	9	40			2	10	10	60		
	15	2	10	1	10	3	30	15	40								
	21			2	20	1	10	11	40	1	10			2	10		
粗穗石栎亮叶水青冈林	16	3	30	3	30	2	10	24	50							2	20
	17	3	10	1	10	1	10			4	10	8	20	3	10		
	18	2	10	1	10			7	20	1	10	11	50	1	10	3	
	19	1	10			1	10			1	10			1	10		

注：地点：贵州省宽阔水　株数：株/800m²

动物种群的活动是影响亮叶水青冈天然更新进程的原因之一。据调查，贵州宽阔水大箭竹亮叶水青冈林中，几乎每棵树的根部都为鼠穴所围绕，这种现象在面积较大的林区是很难见到的。除啮齿类动物大量取食、搬运、贮藏种子外，角雉、金丝猴在树上也取食种子。幼苗幼树形成后，很多植食动物如毛冠鹿、林麝、苏门羚亦喜食其叶，从而使幼苗幼树稀少。当然，动物亦取食其他树种，如多脉青冈、硬斗石栎、粗穗石栎的种子和幼苗幼树，因此，林下幼苗幼树为数较少，常零星单株分布。高密度的大箭竹层片，其盘结的根系造成的竞争压力是大箭竹亮叶水青冈林下幼苗幼树稀少的主要原因。至于林下光照较弱，尽管影响到幼苗幼树的生长，但根据亮叶水青冈对光照强度适应幅度较大的特性，它并不是制约更新过程的关键因素。

亮叶水青冈的天然更新幼苗、幼树较少，但这并不意味着它是一个不稳定而要被演替的群落。质言之，在亚热带中山地区亮叶水青冈林仍是一个稳定的森林类型。调查材料表明多脉青冈亮叶水青冈林和粗穗石栎亮叶水青冈林中，亮叶水青冈的幼苗幼树虽不多，但其种群径级结构仍保持其连续性（表 1—99），加之其他树种的不断更新，群落仍将以多优势种的形式保持其稳定性。大箭竹亮叶水青冈林中亮叶水青冈种群的径级结构常不够完整（表 1—100），但是基于其寿命长，较长时期保持其繁殖能力和更新潜力，在大箭竹周期性开花或山火等其他原因引起衰败出现的间隙，亮叶水青冈能在这种间隙自行更新，排除一些寿命较短的树种形成相对同龄的单优群落，从而保持群落的稳定性。不同类型的自行更新格局是长期自然适应的结果，亦造成亮叶水青冈林类型分化过程中，形成单优群落和多优群落，同龄结构和异龄结构同时并存的局面。

表 1—99　亮叶水青冈种群的径级结构

类　型	样方号	乔木层各径级的株数（株/800m²）					
		＜5cm	6～10cm	11～20cm	21～30cm	31～40cm	＞40cm
多脉青冈亮叶水青冈林的亮叶水青冈	2	1	2	14	9	5	4
	4	1	2	18	17	9	3
	6	1	1	6	8	5	2
	7	2	1	5	3	2	1
	8		2	11	16	9	3
	12	3		8	2	1	2
	13	7	1		2	1	4
	15	1		1	1	2	3
粗穗石栎亮叶水青冈林的亮叶水青冈	16	6		2	3	1	1
	17			2	4	1	
	18				3		1
	19	1	1	1	2	1	1

注：地点：贵州省宽阔水

表 1—100　亮叶水青冈种群的径级结构（大箭竹亮叶水青冈林）

样方号	乔木层各径级的株数（株/800m²）								
	<5cm	6～10cm	11～20cm	21～30cm	31～40cm	41～50cm	51～60cm	61～70cm	>70cm
1			4	7	2	6	6	3	2
3		1	4	6	4	6	1	1	2
5	2		6	18	14	5	2	3	1
9			2	7	2	8	4	1	
10	3	1	1	6	7	1	3	2	2
11		1	2	1	3	5	9	4	4
25		1	2	2	1	6	4	2	1

注：地点：贵州省宽阔水

（五）评价及经营意见

水青冈属植物是第三纪延续至今的古老植物，它在东亚不仅种类多，而且形态多样，中国中部山地是它的现代分布中心。古老的水青冈林在研究物种演化、古地理、古生态等方面有其极大科学价值。加之亮叶水青冈林内珍稀树种和珍贵动物较多，因此，现存较成片集中的亮叶水青冈林应作为自然保护对象，其经营首先着眼于以保护为主。

亮叶水青冈林多分布在中中山、高中山山地，由于山势陡峭，加之夏季多暴雨，水土流失的潜在危险性较大。亮叶水青冈林由于有丰富的凋落物，土壤富含有机质，保水性能良好，是涵养水源、保持水土的优良防护林。亮叶水青冈林的经营应注重其防护效能的充分和持续发挥。

亮叶水青冈林组成树种的材质优良，是优良建筑用材，在四川、贵州、湖南等地用材林资源中占有一定比重。根据亮叶水青冈林的结构特点，采用择伐促进天然更新为主要方式的合理利用亦是值得研究的。

中国亚热带中山地区的造林树种并不丰富，研究亮叶水青冈林主要优势种的生物生态习性、采种、育苗、造林技术有广阔的前景。

2—1—22—3　米心水青冈林①

米心水青冈林（*Fagus engleriana*）是中国水青冈属中水平分布最北，垂直分布最高的树种，产于浙江西部，安徽南部和西部，河南西部，陕西西南部，湖北西部，湖南西北部、贵州东北部、云南东北部和四川东部的盆地周围山地，东经 102°20′（四川天全）～119°40′（浙江临安），北纬 27°30′（贵州江口）～34°30′（河南灵宝），北达秦岭南坡个别地方可至黄

---

①　执笔人：杨钦周，刘崇义

河中游的南岸，南至贵州梵净山，西起四川二郎山东坡，向东直抵浙江天目山，南北纵跨 7 个纬度，东西横越 17 个经度，主要分布于中国中部山地，生于海拔 800～2 400m。

米心水青冈虽然水平分布范围很广，垂直分布幅度较大（1 600m），但目前多呈单株散生于山地阔叶林中，以其占优势或共优势的林分较少，主要见于四川东北部的米仓山南坡，湖北西部的神农架和贵州东北部的梵净山，向东零星分布于浙江西北部的西天目山北坡和安徽南部的黄山，山体高度由西向东和由北向南递减。米心水青冈林垂直分布于海拔 800～2 200m，其林分分布的上线和下线均由西向东，由南向北递减。林下土壤多为山地黄棕壤，少数为棕壤，气候凉爽湿润，处于山地常绿落叶阔叶混交林垂直地带，属于含常绿阔叶树的落叶阔叶林类型（表 1—101）。

米心水青冈林虽然零星疏散，但因分布较广而有明显的地域性特点，组成树种较多，据初步统计（表 1—101），约 36 属，近 70 种，其中温带成分 29 属（52 种），热带成分 7 属（15 种）。米心水青冈林的乔木层组成树种，不论是区系成分特点还是常绿和落叶阔叶树种的分布与数量都明显地呈现出地域分异特点，可分为 3 个亚类型。

1. 城口青冈米心水青冈林

本亚类型分布于中国中部大巴山脉的米仓山（南坡）和神农架地区（表 1—101），乔木层以落叶阔叶树种占优势，常混有少量的城口青冈、细叶青冈（*Cyclobalanopsis gracilis*）等常绿树种。多为复层林，主林层除米心水青冈为优势种外，常伴生有锐齿槲栎（*Quercus aliena* var. *acuteserrata*）、短柄枹栎、香桦、红桦（*Betula albo-sinensis*）等落叶阔叶树种，有时混生有很少的常绿阔叶树种（青冈属）。次林层建群作用较小，由城口青冈、细叶青冈、多脉青冈 、巴东栎、刺叶栎（*Quercus spinosa*）等几种常绿阔叶树种，与华鹅耳枥（*Carpinus cordata* var. *chinensis*）等多种落叶阔叶树种共优势形成混交林层。整个林分形成含有常绿阔叶树的山地落叶阔叶林，具有落叶阔叶林的外貌，但仍属山地常绿落叶阔叶林类型。由于垂直分布的上界紧接着山地暗针叶林垂直地带的下线，所以，其上部常常混生有单株的铁杉、麦吊云杉和巴山冷杉等山地暗针叶林的主要建群树种。在大巴山脉的山地常绿落叶阔叶混交林垂直地带内对应分布的巴山松林是亚演替顶极，巴山松单株木常散生于米心水青冈林内，与本类型演替关系密切。林下灌木层以小径竹占优势，常见有鄂西玉山竹（*Yushania confusa*）、箭竹（*Fargesia spathacea*）、华西箭竹（*F. nitida*）和巴山木竹（*Bashania fargesii*）等。

2. 褐叶青冈米心水青冈林

本类型分布于中国中部山地的梵净山（表 1—101），乔木层中的米心水青冈通常与亮叶水青冈（*Fagus lucida*）、扇叶槭（*Acer flabellatum*）、鸡爪槭（*A. palmatum*）共占优势居于上层林冠，形成落叶阔叶林外貌，林木普遍分枝低矮，常有较多的植株呈丛状生长。林层中常混生有较多的常绿阔叶树种，如褐叶青冈（*Cyclobalanopsis stewardiana*）、细叶青冈、包果石栎、灰石栎和巴东栎等。林冠下层中常散生有更多的热带分布属的树种，如黄肉楠（*Actinodaphne reticulata*）、簇叶新木姜（*Neolitsea confertifolia*）、紫新木姜（*N. purpuras-*

表 1—101　米心水青冈林各类型乔木层特征

亚　类　型	城口青冈米心青冈林		褐叶青冈米心水青冈林	香槐米心青冈林	
分布地点	四川南江县米仓山	湖北神农架	贵州梵净山	安徽黄山	浙江吉安县龙王山
北　纬	32°30′	31°40′	27°55′	30°08′	30°23′
东　经	106°50′	110°45′	108°42′	118°09′	119°23′
山体主峰高度(海拔 m)	光雾山，2 507	大神农架，3 053	凤凰山，2 572	莲花峰，1 841	龙王尖，1 587
常绿落叶阔叶林垂直带(m)	1 200～2 000	800～2 000	1 300～2 200	800～1 500	800～1 500
各类型垂直分布(m)	1 400～2 200	1 700～2 200	1 800～2 100	1 350～1 450	1 100～1 200
林下土壤类型	山地黄棕壤或棕壤	山地棕壤	山地黄棕壤	山地黄棕壤	山地黄棕壤
优势树种	米心水青冈、锐齿槲栎	米心水青冈、锐齿槲栎	米心水青冈，亮叶水青冈	米心水青冈、槭、椴	米心水青冈
米心水青冈优势度	优势或共优势	优势或共优势	共优势	共优势	优势或共优势
主要伴生树种	短柄枹栎、香桦	漆树、山杨、红桦	褐叶青冈、槭、樱	天目紫茎、灯台树、香槐	蕈枫香、短柄枹栎、香槐
主要常绿阔叶树种	细叶青冈、城口青冈刺叶栎	城口青冈、刺叶栎	褐叶青冈、包果石栎、巴东栎、细叶青冈	细叶青冈、交让木	细叶青冈、交让木
阔叶乔木树种比例	7D3E①	9D1E	6D4E	9D1E	8D2E
林分疏密度或郁闭度	0.4～0.7(－1.0)	0.4～0.9	—	—	0.9
林分年龄(年)	60～80	100	—	—	—
林分平均胸径(cm)	20～30	12～24	—	—	14
林分平均树高(m)	18～20	14～18	6～12	14～18	10
林分蓄积量(m^3/hm^2)	50～200	102～120	—	—	167
温带分布：属/种	14/23	14/16	5/8	16/20	9/9
北温带分布：属/种	10/19	9/11	4/7	10/14	4/4
总计：属/种	17/30	15/17	9/14	21/27	12/12

注：D=Deciduous 落叶的 ，E=Evergreen 常绿的

cens）等，这也是与其他类型相区别的重要特征之一。在梵净山地区的山地常绿落叶阔叶混交林垂直地带内对应分布的大明松林是亚演替顶极，大明松林中常混有多种常绿和落叶的阔叶树种，在森林演替过程中大明松每当林分郁闭度增大时常被阔叶树种代替，林分郁闭度减小时大明松得以更新发展成林。本类型林下灌木层中具有较多的小径竹短锥玉山竹（*Yushania brevipaniculata*），这也是米心水青冈林东西部地区亚类型之间的明显区别点之一。

3. 香槐米心水青冈林

本亚类型分布于中国东部的黄山和西天目山（表1—101），乔木层中虽然含有泡花树（*Meliosma*）、冬青（*Ilex*）、山矾（*Symplocos*）、八角枫（*Alangium*）等热带分布属的一些树种，但优势度很小，全层林木中绝大多数是落叶阔叶树种，以北温带分布属成分为主，米心水青冈占优势或共优势，其他落叶阔叶树有黄山栎（*Quercus stewardii*）、短柄枹栎、茅栗（*Castanea seguinii*）、山樱花（*Prunus serrulata*）、日本椴（*Tilia japonica*）、糯米椴（*T. henryana* var. *subglabra*）、色木槭（*Acer mono*）、五裂槭（*A. oliverianum*）、化香树（*Platycarya strobilacea*）、缺萼枫香、青钱柳（*Cyclocarya paliurus*）、灯台树（*Cornus controversa*）等，常绿阔叶树种很少，通常混生有少量的细叶青冈、交让木（*Daphniphyllum macropodum*）、木荷（*Schima superba*）等。林木中的香槐（*Cladrastis wilsonii*）是本类型中具有地区性特征的一种标志树种，不论在黄山还是西天目山的林分中都有出现，为中国华中至华东分布种，自贵州向东经湖南、湖北、江西直达安徽、浙江各地，其属成分属于东亚和北美洲间断分布类型。在本类型分布的安徽、浙江两地的山地常绿落叶阔叶混交林垂直地带内，对应分布的黄山松林是一种亚演替顶极，与本类型常有一些共有树种，如茅栗、黄山栎、短柄枹栎、化香树、缺萼枫香、小叶青冈等，它们通常是阔叶林或混有黄山松的阔叶林中的共优势种或亚优势种，表明其间具有密切的演替关系。林下灌木层中有较多的安徽、浙江山地特产的华箬竹（*Sasamorpha sinica*），这也是区别于西部类型的重要标志之一。

米心水青冈林冠下天然更新较差，幼苗和幼树有1 000～3 000株/hm^2，以落叶阔叶树种占优势，其次有很少的常绿阔叶树种和华山松、铁杉、红豆杉等针叶树种。根据四川米仓山400m×4m＝1 600m^2的样方调查统计，约3 000株/hm^2，其中落叶阔叶树种约占69%（米心水青冈12%），常绿阔叶树种22%（青冈类占14%），针叶树种9%（华山松5%），株数虽然较少，但一般可靠，生长良好。

米心水青冈生长速度中等，80年生的林木，树高达20m，胸径达30cm，单株材积达0.8m^3。在生长过程中，树高生长旺盛期在10～50年，高峰期在20～50年，最大年生长量达0.56m。胸径生长旺盛期在20年以后，高峰期在30～45年，最大年生长量达0.6cm。80年立木其材积仍在继续增长，尚未达到数量成熟，最大年生长量可达0.018m^3。

米心水青冈原是中国中部至东部山地常绿落叶阔叶混交林的建群种之一，以其占优势或共优势的林分也是主要森林类型之一，它是一种较为稳定的顶极群落，具有较好的群落结构和一定的森林资源。但是，目前的米心水青冈其种群优势度在植被中已经逐渐减弱或近于消失，残存的林分多呈零星分布于河流的源头和上游，所以，对于米心水青冈林的经营利用时，应以发挥森林的防护功能和效益为主，进行经营性择伐利用为辅。

2—1—22—4　长柄水青冈林[①]

长柄水青冈（*Fagus longipetiolata*）是中国水青冈属中分布最广的种，产于四川、湖北、贵州、云南、湖南、广西、广东、福建、浙江、江西、安徽、陕西南部和甘肃南端。越南北部边缘（沙坝）也有分布。在中国的分布范围约为东经 102°20′（四川天全）～121°20′（浙江奉化），北纬 22°40′（云南河口）～32°40′（甘肃文县），海拔 300～2 400m。常呈单株散生于山地常绿阔叶林或常绿落叶阔叶混交林中。现在仅于局部地区尚可见到以长柄水青冈占优势的或与其他阔叶树种共优势的林分，很少有纯林。长柄水青冈林目前主要见于四川南江米仓山，湖北利川星斗山，贵州江口梵净山，湖南衡山，江西宜丰黄冈山，福建连城铁山，广东乳源莽山和英德滑水山。海拔 600～1 900m。林下土壤多为山地黄壤和山地黄棕壤，仅在个别地方出现山地黄红壤（湖南衡山），气候温凉湿润，年平均温度 10～11.5℃，年降水量1 600～1 900mm，年平均相对湿度 78%～96%。

长柄水青冈虽是零星分布，但地域辽阔，不论是地形或气候，都具有显著的地域差异。组成树种复杂，据初步统计约 60 余属（110 多种），其中温带成分 31 属（53 种），热带成分 29 属（57 种）。长柄水青冈林的乔木树种具有强烈的地域性特点，米仓山—星斗山—梵净山—莽山—滑水山从北到南，铁山—黄冈山—衡山—梵净山从东到西，反映为温带分布属的种和落叶阔叶树种递减，热带分布属的种和常绿阔叶树种递增，长柄水青冈在林分中的优势度递减（表 1—102）。

长柄水青冈林通常为复层林，主林层（Ⅰ）常以落叶阔叶树种占优势，次林层（Ⅱ）多为常绿阔叶树种占优势或共优势，根据不同地理环境的树种组成和林分外貌，长柄水青冈林可以分为 5 个亚类型，其主要特征见表 1—102。

1. 城口青冈长柄水青冈林

本类型分布于四川南江米仓山南坡，海拔 1 300～1 900m，土黄棕壤，是山地常绿落叶阔叶混交林垂直地带的类型（表 1—102、表 1—103），林分外貌近似落叶阔叶林特点，常为复层林，主林层通常全为落叶阔叶树种，常以长柄水青冈占绝对优势，混生有少量短柄枹栎（*Quercus glandulifera* var. *brevipetiolata*）、檫木（*Sassafras tsumu*）、香桦（*Betula insignis*）、华鹅耳枥（*Carpinus cordata* var. *chinensis*）等，很少有常绿阔叶树种。次林层由城口青冈（*Cyclobalanopsis fargesii*）、巴东栎（*Quercus engleriana*）等常绿阔叶树种和一些落叶阔叶树种混交组成，间或有少量红豆杉（*Taxus chinensis*）出现。灌木层常以小径竹类占优势，如鄂西玉山竹（*Yushania confusa*）、巴山木竹（*Bashania fargesii*）、箭竹（*Fargesia*

① 执笔人：杨钦周，刘崇义

spathacea）等。

表 1—102　长柄水青冈林各类型乔木层特征

亚类型	城口青冈长柄水青冈林	多脉青冈长柄水青冈林	绵石栎水青冈林	甜槠栲长柄水青冈林			蕈树长柄水青冈林	
分布地点	四川南江米仓山	湖北利川星斗山	贵州江口梵净山	湖南衡山衡　山	江西宜丰黄冈山	福建连城铁　山	广东乳源莽　山	广东英德滑水山
北纬	32°30′	31°20′	27°55′	27°10′	28°30′	25°30′	24°40′	24°25′
东经	108°50′	108°50′	108°42′	112°25′	114°30′	116°45′	113°0′	113°30′
常绿落叶阔叶混交林垂直带(m)	1 200～2 000	1 200～2 100	1 300～2 200	800～1 400	800～1 500	800～1 400	800～1 300	850～1 200
各类型海拔(m)	1 300～1 900	1 000～1 500	1 000～1 700	700～1 400	800～1 400	900～1 200	600～1 200	700～900
土壤类型	山地黄棕壤或黄壤(少)	山地黄棕壤	山地黄棕壤或黄壤	山地黄壤或黄棕壤	山地黄壤或黄棕壤	山地黄壤或黄棕壤	山地黄壤	山地黄壤
优势树种	长柄水青冈短柄枹栎	长柄水青冈多脉青冈	长柄水青冈绵石栎	长柄水青冈甜槠栲	长柄水青冈甜槠栲	长柄水青冈甜槠栲	长柄水青冈大果马蹄荷	长柄水青冈刺　栲
长柄水青冈优势度	优 势	共优势	共优势	共优势	优 势	优 势	共优势	共优势
主要伴生树种	城口青冈、香桦	枫香、云山青冈	巴东栎、厚皮栲	云山青冈、缺萼枫香	红润楠、玉兰	鹿角栲、红润楠	缺萼枫香、蕈树、甜槠栲	缺萼枫香蕈树、钩栲
乔木树种比例	9D1E①	4D6E	3D7E	4D6E	3D7E	4D6E	3D7E	3D7E
林分疏密度	0.3～0.9	—	—	—	—	—	—	—
林分郁闭度	—	—	—	0.8～0.9	0.8～0.9	0.6～0.7	—	0.7
林分年龄(年)	70～100	30～50	—	—	—	—	—	—
平均胸径(cm)	20～30	10～20	—	—	30～50	—	—	30～50
平均树高(m)	17～25	10～15	10～15	12～20	18～22	20	20	20～25
蓄积量(m^3/hm^2)	100～280	—	—	—	—	—	—	—
温带:属/种	13/15	6/6	13/13	8/9	8/8	6/6	5/6	8/8
总计：属/种	14/16	11/12	25/31	15/19	15/15	9/11	15/19	18/21

注：①D=Deciduous 落叶的，E=Evergreen 常绿的

2. 多脉青冈长柄水青冈林

本类型分布于湖北利川星斗山（表 1—102），海拔 1 000～1 500m，土壤为山地黄棕壤。单层林，乔木树种以长柄水青冈、多脉青冈（*Cyclobalanopsis multinervis*）、枫香（*Liquidambar formosana*）为共优势种，另外混生有包果石栎（*Lithocarpus cleistocarpus*）、云山青冈（*Cyclobalanopsis nubium*）、虎皮楠（*Daphnipyllum oldhamii*）、山楠（*Phoebe chinensis*）等较多的常绿阔叶树种，热带分布属较前一类型显著增多。灌木层以长蕊杜鹃（*Rhododendron stamineum*）占优势。

表 1—103　城口青冈长柄水青冈林林木组成特点（组成系数/年龄）

环境因子	标准地号															
	4		3		13		30		31		32		33		34	
海拔（m）	1 520		1 630		1 510		1 550		1 600		1 500		/		/	
坡向	W		N				E		N		NE		N		N	
坡度（°）	35		41		42		10		40		10		15		20	
林层	Ⅰ	Ⅱ	Ⅰ	Ⅱ	Ⅰ	Ⅱ	Ⅰ	Ⅱ	Ⅰ	Ⅱ	Ⅰ	Ⅱ	Ⅰ	Ⅱ	Ⅰ	Ⅱ
树种	组成系数															
长柄水青冈	10/100	3/70	4/85	5/50	10/70	5/30	7/90	7/40	7/90	6/35	5/95	4/15	7/70	4/40	7/75	3/40
城口青冈		—/85	1/85	4/50		+/40		1/50	—/80	—/40		2/50		3/45		3/50
鹅耳枥						3/40	—/80	+/45		+/35	—/85	1/45	+/70	2/40		1/50
白辛树		5/90														
槭　树						2/40		1/40		1/40				+/45		—/35
樱　桃											—/90	1/45		1/45		1/35
檫　木							1/95	—/40	1/95	2/45	3/45					
米心水青冈		1/45														
香　桦			—/70	—/30			1/85	1/40	1/80	1/35	1/90	1/45	1/70	—/40	1/75	1/40
灯台树			—/70	—/30							—/90	—/45	1/70	—/45	1/80	1/50
巴山水青冈		1/50														
短柄枹栎			5/85				1/95	—/40	1/90	+/40	1/90	—/45	1/75	—/80	—/50	
四照花				1/40												
红豆杉						+/40										
化　香													+/80	—/45	1/80	—/40
华　椴			—/70	—/30												

3. 绵石栎长柄水青冈林

本类型分布于贵州江口梵净山（表 1—102），海拔 1 000～1 700m，土壤为山地黄壤或黄棕壤。其林分树种组成中常绿阔叶树种有时略占优势，常为复层林。主林层除长柄水青冈外，常混生有枫香、檫木、漆树（*Toxicodendron vernicifluum*）等落叶。阔叶树种，有时共占优势，常绿阔叶树种很多，主要有绵石栎（*Lithocarpus henryi*）、硬斗石栎（*L. hancei*）、多脉青冈、云山青冈、青冈（*Cyclobalanopsis glauca*）、城口青冈、银木荷（*Schima argentea*）等，其中只有绵石栎占有一定优势；次林层以常绿阔叶树种占优势，如黔桂润楠（*Machilus chienkweiensis*）、巴东栎、厚皮栲（*Castanopsis chunii*）、硬斗石栎及多种青冈等。灌木层几乎全为常绿阔叶种类，如杜鹃属、山茶属、柃木属和冬青属的一些种类。

4. 甜槠栲长柄水青冈林

本类型分布较广（表 1—102），海拔 700～1 400m，土壤为山地黄壤或黄棕壤，单层林见于江西宜丰县黄冈山，长柄水青冈在乔木层中占绝对优势，伴生的常绿阔叶树种通常有甜槠栲（*Castanopsis eyrei*）、红润楠（*Machilus thunbergii*）、虎皮楠等。复层林见于湖南衡山县衡山和福建连城县铁山，主林层仅有长柄水青冈，或混生有甜槠栲、云山青冈、宁冈青冈（*Cyclobanopsis ningangensis*）、缺萼枫香（*Liquidambar acalycina*）等阔叶树种，次林层以常绿阔叶树种为主，常见有甜槠栲、鹿角栲（*Castanopsis lamontii*）、罗浮栲（*C. fabri*）、红润楠、华杜英（*Elaeocarpus chinensis*）、细叶青冈（*Cyclobalanopsis gracilis*）等，落叶阔叶树种有枫香、锥栗（*Castanea henryi*）、青榨槭（*Acer davidii*）等。灌木层以常绿阔叶种类为主。

5. 蕈树长柄水青冈林

本类型分布于广东乳源县莽山和英德县滑水山（表 1—102），海拔 600～ 1 200m，土壤为山地黄壤。总的特点仍是常绿落叶阔叶混交林，长柄水青冈、缺萼枫香、光皮桦（*Betula luminifera*）、香桦是主要的落叶阔叶树种，前两种常为共优势种。在莽山以甜槠、大果马蹄荷（*Exbucklandia tonkinensis*）、蕈树（*Altingia chinensis*）、鹿角栲等常绿阔叶树种较占优势；滑水山以长柄水青冈、缺萼枫香等落叶阔叶树种较具优势，但常绿阔叶树种较多，如刺栲（*Castanopsis hystrix*）、钩栲（*C. tibetana*）、蕈树、木荷（*Schima superba*）等。由于地处中亚热带南部而接近南亚热带，除栲属、石栎属、青冈属、木荷属等较多的常绿阔叶树种外，还有更多的热带属种类，如网脉山龙眼（*Helicia reticulata*）、蕈树、大果马蹄荷、五列木（*Pentaphylax euryoides*）、猴欢喜（*Sloanea sinensis*）、厚叶红淡比（厚叶肖柃）（*Cleyera pachyphylla*）等。热带成分显著增多是与前 4 个类型的主要区别，其中与米仓山则形成了极为鲜明的对比。长柄水青冈通过本类型再向南分布，进入含有落叶阔叶树的常绿阔叶林，如树五加（*Acanthopanax gracilistylus*）、水仙石栎林，云南西畴县草果山的长柄水青冈在树五加（*Acanthopanax gracilistylus*）、水仙石栎（lithocarpus naiadaum）林中为亚优势种，长柄水青冈处于次要优势（重要值＝18.70）或伴生地位，这里显然已是长柄水青冈在群落中具有一定建群作用的最南界。

长柄水青冈更新苗木不耐荫，在郁闭度 0.8～0.9 的林冠下，其幼苗和幼树很少，相反地一些常绿阔叶树种更新良好，幼苗和幼树都较多；郁闭度 0.6～0.7 的林冠下，长柄水青冈幼苗较多，发育良好。看来长柄水青冈的更新过程中需要较大的透光度，所以在一些枯死和倒伏的朽树旁边形成的林窗或林缘出现较多的幼苗和幼树。长柄水青冈林在其分布区范围内是一个具有代表性和广布的顶极群落，可以认为昔日的山地常绿落叶阔叶混交林垂直地带，曾经广泛分布着长柄水青冈参与建群（即建群种之一）的常绿落叶阔叶混交林。其演替关系与常绿阔叶林密切相关，当林分郁闭度大的情况下，暂时适合于常绿阔叶树种发展，从而形成超演替顶极，以常绿阔叶树种占优势，这种混交林实际上是属于山地常绿阔叶林垂直分布的上延部分。长柄水青冈林也常向下出现于山地常绿阔叶林垂直地带，成为预演替顶极。

长柄水青冈为速生乔木树种，50 年生的立木高达 30m，胸径达 80cm，5 年前生长缓慢，5～10 年生长速度加快，25～35 年生长开始缓慢，35～50 年生长量显著下降，所以，长柄水青冈的轮伐期应以 50 年为宜。

长柄水青冈是一种优良用材树种，其干形圆满通直，分枝较高，材质细密，用途广泛，病虫害少，可作为中国中亚热带东部山地黄棕壤地带的造林树种。长柄水青冈虽然分布较广，但以其为优势种的森林目前已不多见，应加强保护，以保存物种资源。

第二十一节　赤杨叶林[①]

2—1—23—1　赤杨叶林

赤杨叶（*Alniphyllum fortunei*）林是中国长江以南各地常见的落叶阔叶林。赤杨叶木材纹理直，材质轻软，富有弹性，粘胶性能良好，易干燥，切割容易，是做胶合板、米尺、三角板、造纸、牙签、火柴杆、文具、板料等的良好用材；种子可榨油供工业用。赤杨叶是落叶大乔木，属深根性树种，萌芽力强，在杉木产区的杉木赤杨叶混交林，对改善杉木生态环境，促进杉木生长有显著作用。

（一）分布与生境

赤杨叶广泛分布于长江以南各地的常绿阔叶林区。地理位置：东经 98°～122°，北纬 22°～33°。包括云南、贵州、广西、四川、广东、湖南、湖北、江西、安徽、浙江、福建、台湾等地。垂直分布在海拔 1 000m 以下，云南可达 2 100m，而以海拔 400 ～600m 的深山区为常见。常与杉木组成针阔叶混交林，并与常绿阔叶林和竹林交错分布。在溪沟两旁林缘，呈走廊式的带状分布，有时也呈零星小片分布于常绿阔叶林的林窗间。赤杨叶为喜光树种，喜温暖气候。产地年平均气温 14～20℃，年平均降水量 1 300～2 000mm。分布的山坡立地条件好，坡度 20°～35°，多为阴坡或半阴坡的凹形坡或浅洼地。土壤为花岗岩、板岩、片岩、砂岩、红砂岩等母质发育而成的红黄壤、黄壤和山地黄棕壤，土层厚度在 50cm 以上，轻壤或中壤土，pH 值 4.5～6.5，土层暗褐色，深土层浅黄色，腐殖质层厚 10～20cm。枯枝落叶层发育良好，厚度 4～10cm，盖度 80%～90%，土壤表面无地衣类，仅有少量的苔藓植物，盖度 10%左右。

（二）组成结构与分类

赤杨叶林冬季及早春枝条呈灰暗黑色，夏秋枝叶繁茂，呈碧绿色，立木分布均匀，生长茂盛，层次明显，树干圆满高耸，林冠长圆形，不整齐。总郁闭度 0.8～0.9，立木高度 15～20m，最高达 25m，胸径一般 18～30cm，最大胸径为 50cm，树皮率 0.8%。

赤杨叶纯林少见，多与其他阔叶树混生。按其组成结构和生态习性可分为以下几个主要林型：

1. 山姜檵木赤杨叶林；2. 狗脊刚竹赤杨叶林；3. 芒毛药红滇赤杨叶林；4. 狗脊檵木赤杨叶林；5. 狗脊细叶柃阔叶箬竹赤杨叶林；6. 淡竹叶山姜伞花绣球赤杨叶林；7. 芒杜鹃花赤杨叶林；8. 狗脊鹿角杜鹃花赤杨叶林。以赤杨叶为优势的林分，其伴生树种有鹿角栲

---

① 执笔人：简根源

(红钩栲)(*Castanopsis lamontii*)、罗浮栲(*C. fabri*)、青冈(*Cyclobalanopsis glauca*)、云山青冈(*C. nubium*)、红润楠(*Machilus thunbergii*)、檫木(*Sassafras tsumu*)、枫香(*Liquidambar formosana*)、马尾松(*Pinus massoniana*)、香果树(*Emmenopterys henryi*)、小叶白辛树(*Pterostyrax corymbosus*)、杉木(*Cunninghamia lanceolata*)、蓝果树(*Nyssa sinensis*)、薯豆(*Elaeocarpus japonicus*)、浙江柿(*Diospyros glaucifolia*)、山槐(*Albizzia kalkora*)、稠李(*Prunus padus*)、大叶桂樱(*Prunus zippenliana*)、腺叶桂樱(*P. phaeosticta*)、毛竹(*Phyllostachys pubescens*)、灯台树(*Cornus controversa*)、刺楸(*Kalopanax septemlobus*)、光皮桦(*Betula luminifera*)、木蜡树(*Toxicodendron sylvestre*)、山桐子(*Idesia polycarpa*)、海州常山(*Clerodendron trichotomum*)、海通(*C. mandarinorum*)、光叶石楠(*Photinia glabra*)、虎皮楠(*Daphniphyllum oldhamii*)、头状四照花(*Dendrobenthamia capitata*)、山羊角树(*Carrierea calycina*)、山拐枣(*Poliothyrsis sinensis*)、银鹊树(*Tapiscia sinensis*)、越南山香圆(*Turpinia cochinchinensis*)及华榛(*Corylus chinensis*)等。

下木常见的种类有:野鸦椿(*Euscaphis japonica*)、海金子(*Pittosporum illicioides*)、山橿(*Lindera reflexa*)、窄瓣绣球(*Hydrangea angustipetala*)、杜鹃(*Rhododendron simsii*)、鹿角杜鹃(*Rh. latoucheae*)、油茶(*Camellia oleifera*)、毛花连蕊茶(*C. fraterna*)、乌饭树(*Vaccinium bracteatum*)、细枝柃(*Eurya loquiana*)、台湾榕(*Ficus formosana*)、阔叶箬竹(*Indocalamus latifolius*)、箬竹(*I. tessellatus*)、山香圆(*Turpinia arguta*)、毛冬青(*Ilex pubescens*)、腊莲绣球(*Hydrangea strigosa*)、旌节花(*Stachyurus chinensis*)、栓皮木姜子(*Litsea suberosa*)、石木姜(*L. elongata* var. *faberi*)、喜马拉雅珊瑚(*Aucuba himalaica*)、青荚叶(*Helwingia japonica*)、巴东荚蒾(*Viburnum henryi*)及水红木(*V. cylindricum*)等。

草本层主要有芒(*Miscanthus sinensis*)、蕨(*Pteridium aquilinum* var. *latiusculum*)、齿头鳞毛蕨(*Dryopteris labordei*)、狗脊(*Woodwardia japonica*)、江南星蕨(*Microsorium fortunei*)、华东瘤足蕨(*Plagiogyria japonica*)、花葶苔草(*Carex scaposa*)、阔叶土麦冬(*Liriope platyphylla*)、山姜(*Alpinia japonica*)、淡竹叶(*Lophantherum gracile*)、冷水花(*Pilea notata*)、赤车(*Pellionia radicans*)、竹叶草(*Oplismenus compositus*)、三白草(*Saururus chinensis*)及蝴蝶花(*Iris japonica*)等。

层外植物较少,常见种有中华猕猴桃(*Actinidia chinensis*)、毛花猕猴桃(*A. eriantha*)、野木瓜(*Stauntonia chinensis*)、肖菝葜(*Heterosmilax japonica*)、流苏子(*Coptosapelta diffusa*)、钩藤(*Uncaria rhynchophylla*)等。

(三)生长发育

赤杨叶是速生树种,但适宜的立地条件才能发挥其速生性。表1—104所示4株树干解析木,其生长差异很大。

表 1—104　不同生境赤杨叶生长情况比较

地　点	海拔高（m）	部位	年龄	树高生长（m）		胸径生长（cm）		材积生长（m^3）		形数
				总生长	平均	总生长	平均	总生长	平均	
临　江	620	沟谷	47	22.6	0.48	35.8	0.76	0.996 5	0.021 2	0.42
金盆山	310	中下部	33	13.3	0.40	19.3	0.56	0.172 3	0.004 7	0.44
金盆山	310	中部	53	19.4	0.37	16.1	0.29	0.215 7	0.003 6	0.55
桂竹帽	440	中下部	60	21.0	0.35	21.0	0.34	0.337 3	0.005 3	0.46

注：临江——湖南通道，金盆山——江西信丰，桂竹帽——江西寻乌

从表 1—104 可见，赤杨叶在高海拔的生长量大于低海拔地带。立地条件越好，生长越快。位于沟谷地带（海拔 620m）的湖南通道县临 江生长的赤杨叶无论树高、胸径和材积的平均生长均大于处于山坡中部的赤杨叶。

表1 105 是湖南通道县临江（海拔 620m）赤杨叶的生长过程表，借以说明赤杨叶的生长过程。

表 1—105　赤杨叶的生长过程

龄阶	树高生长（m）			胸径生长（cm）			材　积　生　长（m^3）			形数
	总生长量	连　年生长量	平　均生长量	总生长量	连　年生长量	平　均生长量	总生长量	连　年生长量	平　均生长量	
5	2.5		0.50	1.8		0.36	0.000 76		0.000 15	1.23
		1.22			0.80			0.002 89		
10	8.6		0.86	5.8		0.58	0.015 22		0.001 52	0.67
		1.00			1.52			0.016 12		
15	13.6		0.91	13.4		0.89	0.095 83		0.006 39	0.50
		0.18			1.52			0.032 58		
20	14.5		0.73	21.0		1.05	0.258 73		0.012 94	0.52
		0.18			0.96			0.027 14		
25	15.4		0.62	25.8		1.03	0.394 41		0.015 78	0.49
		0.28			0.46			0.019 14		
30	16.8		0.56	28.1		0.94	0.490 09		0.016 34	0.47
		0.36			0.34			0.024 01		
35	18.6		0.53	29.8		0.85	0.610 13		0.017 43	0.47
		0.40			0.44			0.030 80		
40	20.6		0.52	32.0		0.80	0.764 15		0.019 10	0.46
		0.30			0.52			0.029 34		
45	22.1		0.49	34.6		0.77	0.910 83		0.020 24	0.44
		0.25			0.60			0.042 83		
47	22.6		0.48	35.8		0.76	0.996 48		0.021 20	0.42

从表 1—105 可知，临江的赤杨叶 10 年生以前树高连年生长量最高值为 1.22m，平均生长量 15 年生为最高值，即 0.91m，以后生长下降。胸径 20 年连年生长量最大值为 1.52cm，平均生长量 20 年最快为 1.05cm，以后生长下降。材积连年生长量 20 年生较大直至 47 年连年及平均生长量仍为上升期，平均生长量最高值已达 0.021 20m^3。可见，赤杨叶培养大径材大有发展前途。而培养中径材则以 15～20 年采伐为宜。

江西瑞金县锦江林场 1981 年营造了 38.67hm^2 杉木赤杨叶混交林，每公顷 3 600 株，其中杉木 2 700 株，赤杨叶 900 株。1986 年 9 月 12 日调查，赤杨叶平均胸径 9.9cm（比杉木大 1.8cm），最大 14.5cm；平均高 8.6m（比杉木高 2.2cm），最高 9.6cm；每公顷蓄积

56.7m^3，其中杉木 42.75m^3，赤杨叶 18m^3。该县为供应年需赤杨叶木材 2 400m^3 的县铅笔厂，陆续营造了杉木赤杨叶混交林，均生长良好。

（四）更新演替

赤杨叶林多为次生群落。采伐迹地、撂荒地、火烧迹地或新造林地，因林地裸露，阳光充足，赤杨叶种子细小飞 落林地易发芽生根，因其生长迅速，很快在林地占有优势。在 200m^2 样地调查，有赤杨叶 20 株，还有红钩栲、罗浮栲、枫香、山合欢、浙江柿、薯豆、香果树和小叶白辛树等苗木，生长良好。

江西寻乌县桂竹帽垦殖场，调查一块山姜檵木赤杨叶林，罗浮栲属初生正常种群，赤杨叶五级俱全属成熟种群，马尾松、杉木属衰老种群。从江西中部调查的狗脊细枝柃阔叶箬竹赤杨叶林和江西北部武陵县的芒杜鹃赤杨叶林，赤杨叶均为五级俱全，林内虽杂有常绿树种较多，下木、草本及层外植物的常绿种类也多，但赤杨叶的多变频度和盖度均大，生长旺盛，在原生林遭到破坏的情况下，是比较稳定的森林群落。但各林型内均有红钩栲、红润楠、枫香、鹿角栲、山合欢、薯豆、浙江柿及枫香、香果树、小叶白辛树均生长良好的旺盛种群，如果赤杨叶林遭到人为破坏，有向常绿落叶阔叶混交林发展的趋势。

（五）评价及经营意见

赤杨叶由于过去没有得到合理利用，加之采伐后如不及时处理和调运，很快会变质成废材。因此，人们一般不重视培养赤杨叶人工林。甚至在抚育杉木人工林时，大量伐去林中的赤杨叶幼树。

近年来，随着加工工业的发展，发现赤杨叶是优良的胶合板材，也是出口的三角板、米尺生产中必不可少的良材，林业生产单位才开始重视培育赤杨叶林。

江西等地的胶合板厂、铅笔厂和生产三角板、米尺的木材厂，有的已营造赤杨叶林，作为供应原料的基地。立地条件较好的深山地区，则仍利用其现有的资源优势，通过改造天然次生林培育赤杨叶林。其改造方式有二：在以赤杨叶占优势的林分内，去妨碍赤杨叶生长的其他低价值树木，促进赤杨叶的生长；在稀疏的赤杨叶林分内，结合抚育，补植赤杨叶苗木。

赤杨叶结实多，种子轻，有翅，利用风力，常可天然飞子造林，成为各种迹地更新的先锋树种。

赤杨叶是深根性树种，可以吸取林地下部的养料，通过落叶返回林地，改善林地土壤肥力。据调查，杉木林分内每公顷枯枝落叶量为 6 993kg，而赤杨叶林分达 31 393.5kg，为杉木的 4.5 倍。经分析，赤杨叶含全氮 1.912%（指干物质，下同），全磷 0.091%，全钾 0.93%，其含氮量高于针叶树和一般的阔叶树，为含氮量较高的黑荆树的 74.4%，为富含氮素的紫云英的 69.5%。江西杉木著名产区的安福陈山，过去一直采用小面积皆伐、炼山、全垦、插杉、间种农作物，数年抚育间伐时，保留林内天然下种的赤杨叶。这种作业方式为永续经营杉木林创造了有利的条件。因此，培育杉木、赤杨叶混交林，既可永续培育杉木速生丰产林，又可同时生产优良的赤杨叶木材。针对赤杨叶采伐后木材容易腐烂变质的特点，一方面要在毗邻需材厂区建立赤杨叶生产基地；另一方面要有周密的生产计划，在采伐、制材、运材各个工序上密切配合。及时加工成板材，合理堆放晾干，是保证赤杨叶木材质量的一个重要环节。

赤杨叶是天然易繁殖的先锋树种，但适宜生长在阴坡、半阴坡，土层深厚，疏松肥沃土壤的优越环境条件。其要求的立地条件不会低于杉木。营造赤杨叶人工林必须重视这一先决条件，否则生长不良，不能发挥其速生特性。

第二十二节　臭椿林[①]

2—1—24—1　臭椿林

臭椿（*Ailanthus altissima*）林是广布于华北、西北等地的落叶阔叶林类型。由于树姿美观、抗烟尘、盐碱，臭椿是城市工矿及盐碱地绿化的重要树种。

（一）分布与生境

臭椿原产中国北部和中部，现分布很广。在国外，美、英、德、意、法、印度等国都已引种，主要用作行道树和护堤树种。中国臭椿林的水平分布是北纬22°～43°，北至辽宁，南到江西，东起海滨，西至新疆；其中华北、西北是分布中心区。垂直分布西北到1 800m，山西西部1 500m，河北西南部1 200m。

臭椿林分布的年平均降水量是400～1 400mm，年平均气温是7～18℃。在西北有些地区能耐极端最高气温47.8℃和极端最低气温－35℃。

臭椿林的土壤变异很大，有微酸性、中性和石灰性土壤之别，以排水良好的沙壤至中壤土上生长最好，沙土次之，在粘重土及水湿地生长不良。据河北省林业科学研究所的调查，在河北滨海盐碱地，在土层厚度0～60cm土壤含盐量为0.3%（根际土在0.2%）的条件下，臭椿幼树仍能正常生长。

（二）组成结构

天然生长的臭椿在华北、西北等地，无论是平原“四旁”、田埂地埝、坡地、沟谷河滩，黄土高原随处都可见到，大都呈散生状态，有些为小片林。

人工造林主要用于“四旁”和行道栽植，成片造林少。笔者曾于1972年在陕西合阳县合阳村见到一处集中连片的臭椿人工林，面积有9.3hm²。该片林分布在一条南北向的黄土侵蚀沟坡和沟岸上，9～10年生，林分已郁闭。其中生长较好的片段，平均树高9m，胸径8cm。

臭椿是极喜光树种，林内植株分化明显，林分结构不稳定。臭椿天然纯林很少，林内

① 执笔人：韩敦义

常混生其他树种。在河北的太行山和燕山山系的低山丘陵区（海拔 800m 以下），林内伴生树种有栓皮栎（*Quercus variabilis*）、槲树（波罗栎）（*Q. dentata*）、栾树（*Koelreuteria paniculata*）、山槐（*Albizia kalkora*）、小叶白蜡（*Fraxinus bungeana*）等树种，形成单层或复层林；灌木有酸枣（*Ziziphus jujuba*）、荆条（*Vitex negundo* var. *heterophylla*）、胡枝子（*Lespedeza* sp.）、榛子（*Corylus heterophylla*）；草本植物有白羊草（*Bothriochloa ischaemum*）、黄背草（*Themeda triandra* var. *japonica*）、蒿类（*Artemisia* spp.）、狗尾草（*Setaria viridis*）、苔草（*Carex* sp.）、卷柏（*Selaginella* sp.）等。在中山区（海拔 800～1 500m）的伴生树种有栓皮栎、辽东栎（*Quercus liaotungensis*）、山杨（*Populus davidiana*）等树种；灌木有绣线菊（*Spiraea* sp.）、胡枝子、榛子、毛榛（*Corylus mandshurica*）；草本植物有蒿类、地榆（*Sanguisorba officinalis*）、东亚唐松草（*Thalictrum flavum*）、苔草等。臭椿天然林郁闭度一般在 0.3～0.8。

臭椿人工林绝大部分是纯林，生长良好的成林郁闭度可达 0.7～0.8。

臭椿造林密度，在平原“四旁”、沟谷阶地和黄土塬上可采用 1.5m×2m 或 2m×2m。在石质山坡和黄土高原的沟坡、梁坡上，如营造用材林或水土保持林，一般在中鱼鳞坑（1.0m×0.7m×0.5m）内每坑栽 3 株，坑中心距 2m×2.5m，每公顷 5 850 株；如为大鱼鳞坑（1.5m×1.0m×0.7m），每坑栽 4 株，坑中心距 3m×3m，每公顷 4 350 株。

（三）生长发育

1. 平原“四旁”

除重盐碱、低湿、粗沙和粘土地外臭椿都能生长，一般能长成中、大径级材（胸径分别是 22cm 和 28cm）。在平原“四旁”臭椿生长较迅速，年平均高、径生长量分别在 0.5m 和 1.1cm 左右（见表 1—106）。

表 1—106　河北大名县平原臭椿林生长情况

样地号	林龄	生境	土壤	雌雄	株数	树高（m）		胸径（cm）		单株材积（m^3）
						平均	年平均生长量	平均	年平均生长量	
1	12	农田	细沙土	雄	10	6.13	0.51	13.49	1.12	0.061 32
				雌	10	5.74	0.48	12.50	1.04	0.049 23
2	12	荒沙岗	细沙土	雄	10	6.61	0.55	13.95	1.16	0.071 01
				雌	10	6.18	0.52	11.80	0.98	0.047 33
3	12	农田	细沙土	雄	3	6.57	0.55	14.20	1.18	0.072 85
				雌	5	5.42	0.45	11.90	0.99	0.048 18
4	12	道旁	沙壤土	雄	73	7.48	0.62	15.90	1.33	0.008 67
				雌	49	6.50	0.54	14.50	1.21	0.006 26
5	21	农田	细沙土	雄	19	9.95	0.47	24.20	1.15	0.320 39
				雌	9	8.74	0.42	21.50	1.02	0.222 14
6	21	荒沙岗	细沙土	雄	8	7.49	0.36	16.10	0.77	0.106 75
				雌	4	6.48	0.31	14.30	0.68	0.072 15

臭椿树高生长以前10年最快，20年后减弱；胸径生长也是10年左右生长较快。如河北沙河1株24年生臭椿，10年生时树高9.26m，胸径15.4cm；20年生时树高12.76m，胸径23.8cm；24年生时树高13.25m，胸径26.3cm，单株材积0.288 0m³。

2. 华北石质山区

华北石质山区横跨山东、河北、河南、山西、陕西等地。河北省林业科学研究所曾对该省太行山低山丘陵区的臭椿林进行调查（共调查了48块标准地）。该区土薄、干旱，自然条件恶劣。以土层厚度作为主导因子，划分了以下3种类型：

（1）*薄层土* 土层厚0～25cm。因为土层薄，水分条件差，臭椿生长不良，年平均高、径生长量在0.5m和0.5cm以下（见表1—107）。

表1—107 河北太行山区臭椿林生长情况

地点	立地条件	整地规格	起源/年龄	郁闭度	树高（m）		胸径（cm）	
					平均	年平均生长量	平均	年平均生长量
唐县北大洋村小古鹿坨	海拔270m，石灰岩母质，阳坡薄层壤土	小穴	播种/7		1.0	0.14	1.8①	0.26
灵寿县下庄林场台子沟	海拔320m，片麻岩母质，阴坡薄层砂壤土		天然/11	0.7	5.2	0.47	5.8	0.53
平山县青杨树村	海拔290m，片麻岩母质，阴坡中层轻壤土	小穴	播种/17	0.3②	6.6	0.39	12.1	0.71
涞水县紫石口村	紫色页岩母质，阴坡厚层轻壤土	小穴	播种/8	0.6	5.8	0.73	7.9	0.99
平山县南滚龙沟村	海拔860m，片麻岩母质，阳坡厚层轻壤土	一镐植苗	21	0.2②	8.0	0.38	12.8	0.61
平山县前大地林场场部附近	海拔1 030m，坡脚厚层壤土		天然/16	0.8	9.7	0.61	14.0	0.88

注：① 系地径 ② 调查时部分优势木已伐去

（2）*中层土* 土层厚26～50cm。由于土层较厚，臭椿生长比较正常，年平均高、径生长量分别在0.5m和0.7cm左右，一般可长成小径级柱材。在土厚超过40cm的条件下能长成中径级材。

（3）*厚层土* 土层厚51cm以上。因为大都是坡积、塌积母质，土层深厚，臭椿生长良好，年平均高、径生长量分别在0.5m和0.9cm左右。25年生左右能长成中径级材，30～35年生能长成大径材。

在华北石质山地还分布有大面积的石灰岩、白云岩，由这些母质发育成的碳酸盐褐土等土壤，干旱、粘紧，碳酸盐反应强烈。在这类土壤上刺槐生长不良；侧柏虽然适生，但生长速度缓慢；然而，臭椿能适生，在中、厚层土上生长速度明显能超过侧柏。

3. 黄土高原区

除粘重过湿地和重盐碱地外，其他各种土壤几乎都能生长。位于本区北界的山西雁北地区，臭椿仍能正常生长。境内朔县薛家庄林场的四旁树，19 年生平均树高 12.5m，胸径 26.8cm，单株材积 0.324 7m^3。

表 1—108　山西黄土高原区臭椿树生长情况

分布地点	立地环境	树龄	树高（m）		胸径（cm）	
			平均	年平均生长量	平均	年平均生长量
永济县	海拔 342m，靠近水渠边，沙壤土，含有石砾	8	10.2	1.28	11.9	1.49
永济县东照德黄河滩	海拔 380m，地下水位 12m 左右，黄土较厚较肥沃，微碱性	11	9.1	0.83	18.3	1.66
绛　县	海拔 360m，地下水位 45m，红色粘土，肥力尚好，在村院内	10	9.6	0.96	16.2	1.62
夏　县三贤庄	海拔 535m，地下水位 60m，黄土有石灰反应，肥力差，在村边	16	10.5	0.66	20.5	1.28
河津县赵家庄村	海拔 410m，旱垣地	7	7.5	1.07	8.5	1.21
浮山县西关村	海拔 850m	11	9.6	0.87	16.9	1.54
保德县	海拔 1 100m，黄土丘陵区，西南向沟坡	20	8.0	0.40	24.4	1.22
兴　县张家圪坨	海拔 1 000m，黄土丘陵区，梁顶	10	4.0	0.40	10.0	1.00
河曲县阴山林场	海拔 1 280m，东南坡，沙土，刺槐臭椿混交林中的臭椿	16	5.0	0.31	7.5	0.47

注：引自《山西森林》

在本区南部臭椿生长迅速（见表 1—108），据山西省林野调查队在晋南所作的解析木资料；生长较好的，8 年生，树高 10.2m，胸径 11.9cm；生长较差的，10 年生树高 4m，胸径 10cm。8～20 年生臭椿树高年平均生长量 0.31～1.28m，胸径年平均生长量为 0.47～1.66cm。

本区土层深厚、干旱，从各地资料分析，臭椿宜在水分条件较好的“四旁”、沟谷、梁坡及峁坡的中下部和黄土塬上发展。

（四）更新

臭椿结实量多，飞籽和根蘖成苗能力很强。在有散生母树时或疏林内，很易进行天然更新。通常在平均每公顷有50～60株臭椿母树并分布均匀的山坡上，只要封禁多年，就能良好地进行更新。如位于太行山区的河北邢台东庄村，海拔720m，在阳坡薄层土山坡上封山19年，面积为600m^2的标准地内，有3株臭椿母树，树高7～7.5m，胸径13～17cm，树龄24～30年生。1985年调查时标准地内有臭椿幼树177株，树高0.5～3.5m，大部分是实生起源；另有24株栓皮栎树，树高4～11m，胸径3.4～27.2cm。林木郁闭度0.3，幼树、下木、活地被物盖度为90%。

臭椿很耐干瘠土壤并能在全光条件下进行更新，因此是华北、西北山地、高原造林更新的先锋树种之一。例如在太行山中、南部，伏牛山，山东中部、南部山地，当天然次生林遭破坏后，经过长期封育，一般的规律是先成为茂盛的草坡，后演变成灌木，最后成为乔林。坡上如有少数栓皮栎、槲树、臭椿、山合欢、黄檀（*Dalbergia hupeana*）等乔木先锋树种母树，并且土层较为深厚，草丛可不经灌木林而直接演变成乔林。但是臭椿是极喜光树种，随着林分郁闭度的增大，林冠下臭椿幼苗、幼树的生长势逐渐变弱，不能良好地进行更新，而被一些幼林期能较耐荫的树种所代替。因此常可见到在郁闭度不大的林分内臭椿幼苗、幼树分布多，生长茁壮；密林内数量少，生长势弱。

（五）评价及经营方向

臭椿树干通直，材质坚硬，色黄；生长较迅速，为良好的用材树种。臭椿种子可榨油，油可食用或工业用，臭椿叶可饲蚕，树皮、根、果都可入药。臭椿树姿美观，对烟尘和氯气等有毒气体的抗性很强，比较耐干旱瘠薄土壤。

臭椿又是中国华北、西北的乡土树种，抗逆性强，生长稳定且种源丰富，易于更新。各地散生的天然臭椿树很多，如能加强封育，许多椿树能成材成林。

在臭椿分布区内的平原四旁，黄土山地以及石质山地均为良好的用材树种和水土保持树种。在平原大力发展杨树的同时，不可忽视臭椿的发展。随着工业的迅猛发展，臭椿今后将是城市工矿区的重要绿化树种。

第二十三节　黄栌林[①]

2—1—25　黄栌林

黄栌属（*Cotinus*）植物，为落叶小乔木或灌木。世界分布5种，中国有3种和3个变种。黄栌对环境适应性很强，水平根系发达。黄栌林对中低山区保持水土，涵养水源起着重要作用，并具有较高的观赏价值。

黄栌属分布于中国很多地方的中低山区，其具体分布因种而异。

① 执笔人：张正崑

欧黄栌（*Cotinus coggygria*），树高达8m，分布于中国的西南、华北各地，垂直分布于海拔600～1 500m。在国外南欧、叙利亚、伊朗、巴基斯坦及印度也有分布。欧黄栌在中国有3个变种。

黄栌（*Cotinus coggygria* var. *cinerea*），也称红叶或灰毛黄栌，树高3～5m，分布于中国的北京、河北、山东、河南、湖北、四川、陕西、甘肃等地。垂直分布在海拔70～1 620m。所以在北京构成有名的“西山红叶”风景。

毛黄栌（*C. coggygria* var. *pubescens*）树高2～4m，分布于中国贵州、四川、甘肃、河南、湖北、山东、山西、江苏、浙江等地。垂直分布在海拔800～1 500m。国外分布于欧洲东南部经叙利亚至俄罗斯的高加索。

粉背黄栌（*C. coggygria* var. *glaucophylla*），树高3～4m，分布于中国云南、四川、甘肃、陕西等地。垂直分布在海拔1 620～2 400m。

四川黄栌（*C. szechuanensis*），树高2～5m，分布于中国四川西北部，垂直分布于海拔800～1 900m。

矮黄栌（*C. nana*），为矮小灌木，高0.5～1.5m，分布于中国云南的西北部。垂直分布于海拔1 500～2 500m。

中国的黄栌虽然种类不一，分布地区不同，但生物学特性和生态适应性基本相似。

黄栌喜光也略耐荫，自然分布多在各坡向的林中空地，森林边缘，草灌丛中或裸岩山地。

黄栌极耐干旱，在北京西山地区，3～5月旱季蒸发量高达259mm，4月份土壤含水率只有8%，黄栌生长正常。但毛黄栌比较喜荫湿，所以常生长在溪谷岸边。

黄栌不耐严寒，因此垂直分布多在中低山区，只有粉背黄栌和矮黄栌，耐寒性较强，分布上限能达到海拔2 000m以上的亚高山。

黄栌对母岩和土壤要求不严，在页岩、花岗岩、石灰岩、硬沙岩和辉绿岩母质上发育的棕壤、褐土和含石砾多的薄土以及无土的石缝里都能生长。不过湿润肥厚的土壤生长好，干燥薄土和无土石缝生长差。黄栌能适应中性和石灰性土壤，也能适应酸性土壤，一般在pH 6.5～7.5的沙壤土上，生长良好。

黄栌无主根，垂直根较短，水平根发达。据在北京门头沟区军庄乡东山村，对黄栌天然林调查：树高3m，胸径3.4cm，垂直根深35cm，在15cm深的上下生长14条水平根，在30cm深的上下又生有4条水平根，每条水平根长均在1m左右，最长达1.6m。发达的水平根系是黄栌耐旱性强的主要原因之一。

天然黄栌林，混交林多，纯林少。据在北京市门头沟东山村调查，海拔300m，北坡，天然黄栌林，林分组成：黄栌占70%，槲树（波罗栎）（*Quercus dentata*）占20%，大果榆（*Ulmus macrocarpa*）、鹅耳枥（*Carpinus turczaninowii*）、山桃（*Prunus davidiana*）、山杏（*Prunus armeniaca* var. *ansu*）共占10%。

其垂直结构可分为乔木、亚乔木、灌木和草本4层。

乔木层主要为散生槲树，树高 4.5m，亚乔木为黄栌、大果榆、鹅耳枥、山桃、山杏、平均树高 3.23m，其中黄栌占绝对优势。乔木及亚乔木林分郁闭度为 0.5。

灌木层组成有蚂蚱腿子（*Myripnois dioica*）、荆条（*Vitex negundo* var. *heterophylla*）、胡枝子（*Lespedeza bicolor*）、绣线菊（*Spiraea* sp.）、榛子（*Corylus heterophylla*）、小花扁担杆（*Grewia biloba* var. *parviflora*）、鼠李（*Rhamnus* sp.）、卫矛（*Euonymus alatus*）、溲疏（*Deutzia* sp.）、雀舌木（*Leptopus chinensis*），因为林分位于阴坡，所以蚂蚱腿子占优势，平均高 1m 左右，总盖度为 50%。

草本层比较稀疏，主要组成有披针叶苔草(*Carex lanceolata*)、铁杆蒿(*Artemisia sacrorum*)、委陵菜（*Potentilla chinensis*）、黄背草（*Themeda triandra* var. *japonica*）、隐子草（*Cleistogenes* sp.）、野青茅（*Deyeuxia sylvatica*）、大油芒（*Spodiopogon sibiricus*）、北苍术（*Atractylodes chinensis*）、沙参（*Adenophora* sp.）、唐松草（*Thalictrum* sp.）、中华卷柏（*Selaginella sinensis*）等，总盖度为 10%。层外植物有白蔹（*Ampelopsis japonica*）。

黄栌有种子更新与萌芽更新两种。天然林多由种子更新起源，遭到人为砍伐破坏后多形成萌芽林。有时一个林分两种起源兼有。一般天然林下和人工林下种子更新良好。据对北京黑龙潭黄栌人工林下调查，种子更新的幼苗幼树有黄栌、山桃、山杏、油松(*Pinus tabulaeformis*)、侧柏（*Platycladus orientalis*）、臭椿（*Ailanthus altissima*）、槲树等。其中数量最多的为黄栌，每公顷在 1 500 株以上，其他树种总株数在 100 株左右。

据对 30 年生人工黄栌林的树干解析，其生长过程见表 1—109。

表 1—109　黄栌 30 年生人工林生长过程

年龄	树高 (m)			胸径 (cm)			材积 (m^3)				形数
	总生长量	平均生长量	连年生长量	总生长量	平均生长量	连年生长量	总生长量	平均生长量	连年生长量	生长率 (%)	
5	1.10	0.22					0.000 28	0.000 06			
			0.26						0.000 04	2.4	
10	2.40	0.24		1.00	0.10		0.000 30	0.000 03			1.59
			0.24			0.34			0.000 21	25.5	
15	3.60	0.24		2.70	0.18		0.001 36	0.000 09			0.659
			0.11			0.12			0.000 24	12.3	
20	4.15	0.21		3.30	0.17		0.002 57	0.000 13			0.724
			0.06			0.18			0.000 42	11.6	
25	4.45	0.18		4.20	0.17		0.004 68	0.000 19			0.759
			0.05			0.13			0.000 47	8.0	
30	4.70	0.16		4.85	0.16		0.007 02	0.000 23			0.808
带皮	4.70						0.008 08				0.698

从表 1—109 看出，树高生长 5～10 年间生长最快，连年生长量为 0.26m，其后下降；胸径生长 10～15 年生长最快，连年生长量达 0.34cm，其后缓慢下降；材积生长是逐年上升的，20 年后上升变快。

黄栌的生长与坡向、坡度，森林起源、组成有密切关系。见表 1—110。

表 1—110　30 年生黄栌不同林分生长的比较

样地号	地　点	海拔高 (m)	坡　向	坡度	起源	组成	株　数	平均树高 (m)	平均胸径 (cm)	每公顷蓄积量 (m^3)
1	黑龙潭	130	东偏南	9°	人工	纯林	70	4.7	5.32	60.25
2	黑龙潭	80	北	25°	人工	纯林	81	4.0	5.76	62.05
3	黑龙潭	80	西	18°	人工	纯林	121	3.3	3.34	30.06
4	黑龙潭	70	西	20°	人工	人工	油松 90	4.7	8.2	29.0
						混交	黄栌 56	4.5	4.84	37.09
5	东山村	300	北	32°	天然	天然	槲树 10	4.5	4.64	34
						混交	黄栌 63	3.23	4.00	

注：样地面积 10m×10m

从表 1—110 看出人工林比天然林生长好；北坡比其他坡向生长好；但人工混交林又比纯林生长好；人工纯林西坡生长最差，但是西坡的人工混交林又是生长最好、生长量最高的林分。

当中低山的原生林遭到砍伐、火烧、垦荒、放牧等破坏后，由于黄栌种子更新和萌芽更新能力强，其幼苗幼树又能适应各种恶劣生态环境，因而在次生裸地上，形成以黄栌占优势的次生林代替了原生林，这是逆向演替的结果。如果停止破坏，则会逐渐恢复原生树种组成的稳定森林群落，这种过程为进展演替，但需时很长。

黄栌喜光、耐旱，能适应各种恶劣生态环境，其造林保存率高（北京西山林场截干造林保存率在 80%～97%），种子天然更新和萌芽更新能力很强。所以黄栌是绿化荒山的先锋树种。黄栌具有强大的水平根系，对保持水土，维护生态平衡起着重大作用。干虽曲，材质硬，耐久似柏，所以是建房、农具、薪柴、烧炭的优良材料。黄栌秋叶变红，颇具有观赏价值。其材色黄，曾为古代黄色染料，叶含单宁可供制栲胶；叶含芳香油为调香原料；枝叶根皮可入药能消炎清湿热，因此也具有一定经济价值。

在干旱贫瘠的低山丘陵，特别是游览区，采用黄栌造林，既可制止水土流失，改良土壤，又可增添景色。

第二十四节　化香林

2—1—26—1　化香林①

化香（*Platycarya strobilacea*）是适应性较强的落叶阔叶树种，其水平分布及垂直分布

① 执笔人：吴诚和

幅度大，产中国河南南部，陕西南部，江苏，安徽的淮河以南，江西、福建、湖北、湖南、广东、广西、四川、贵州、云南以及台湾等地。在海拔 2 000m 以下中山、低山丘陵的次生林或灌木林中为习见的树种。

化香为喜光树种，耐干旱瘠薄，适应性强，在酸性土、中性土或钙质土上均能生长，为荒山荒地先锋树种之一。多生于亚热带低山丘陵的向阳坡地，也是这一地区的石灰岩山地常见的森林群落建群种和伴生树种。化香林适于亚热带山地土层深厚、排水良好的酸性土壤上，尤其是山麓或向阳坡面，往往形成以化香为优势种的乔木群落。起着保持水土、涵养水源的作用，其木材为家具、胶合板、农具及纤维工业原料。

安徽东部丘陵地带的化香林，受到林业管理部门的保护，如滁州皇甫山一带的化香林。乔木层高 10～15m，郁闭度 0.6～0.7，以化香为主，为 5 成。其他有山槐（*Albizzia kalkora*）、枫香（*Liquidambar formosana*）、板栗（*Castanea mollissima*）等少数落叶阔叶树种，偶有黄连木（*Pistacia chinensis*）、野柿（*Diospyros kaki* var. *sylvestris*）、朴树（*Celtis sinensis*）或马尾松（*Pinus massoniana*）等，立木胸径 15～20cm。化香分布均匀。下木层以落叶阔叶灌木或小乔木为主，并含有少量常绿灌木及少数乔木树种的苗木幼树。下木层高 1～1.5m，部分灌木或幼树高可达 2m 以上，盖度一般 50% 左右。灌木种类主要有白檀（*Symplocos paniculata*）、多花蔷薇（*Rosa multiflora*）、苦茶槭（*Acer ginnala*）、圆叶鼠李（*Rhamnus globosa*）、小叶女贞（*Ligustrum quihoui*）、槲栎（*Quercus aliena*）、山胡椒（*Lindera glauca*）、小花扁担杆（扁担木）（*Grewia biloba* var. *parviflora*）、牛奶子（*Elaeagnus umbellata*）、野鸦椿（*Euscaphis japonica*）等及枫香、黄檀等的幼树幼苗。草本层盖度较大，达 55%，一般高度 15～20cm，常见有荩草（*Arthraxon hispidus*）、苔草（*Carex* sp.）、天南星（*Arisaema erubescens*）、蛇莓（*Duchesnea indica*）、丝穗金粟兰（*Chloranthus fortunei*）、茜草（*Rubia cordifolia*）等。层外植物稀少，仅见海金沙（*Lygodium japonicum*）、扶芳藤（*Euonymus fortunei*）等。

在林分郁闭度较大的情况下，林下化香幼苗幼树极少，有栎、茶条槭、枫香、黄檀、野鸦椿等幼苗幼树。因此当立木衰老时，逐步被其他落叶阔叶树种所侵入，演替为落叶。常绿阔叶混交林，甚至最终演替为于该地区垂直带谱中基带相一致的地带性常绿阔叶林类型。所以化香林是亚热带山地一种不稳定的森林群落类型。该群落若反复遭受砍伐破坏，即逆向演替为灌丛。对化香林应加以保护，采取封山育林措施。

第二章

常绿落叶阔叶混交林[1]

在中国的暖温带南部，落叶阔叶林下有常绿灌木出现，并偶尔在乔木层中见到个别较为耐寒的乔木常绿种类。随着由北向南气温递增，常绿乔木数量逐渐增多，从而形成了混交林。到了亚热带中部，水热条件优越，常绿阔叶树非常发达，当发展到占绝对优势地位时，就成为常绿阔叶林。而那种既有落叶阔叶树，又有常绿阔叶树与之混交的群落，是一种由落叶阔叶林向常绿阔叶林过渡的森林类型，即常绿落叶阔叶混交林。

在中国以往的文献中，将这种混交林分别称为暖温带混交林和落叶阔叶—常绿阔叶混交林等。在《中国植被》专著中，称其为常绿落叶阔叶混交林，并作为与落叶阔叶林及常绿阔叶林并列的一种植被型。这一植被型下再分 3 个植被亚型，即：落叶常绿阔叶混交林、山地常绿落叶阔叶混交林和石灰岩常绿落叶阔叶混交林。

究竟什么是常绿落叶阔叶混交林，尚没有见到确切的定义。钱崇澍等（1958）对暖温带混交林的描述是："上层以喜暖温的落叶阔叶树为主，夹以一些耐寒的常绿或半常绿阔叶树、竹类和比较中生喜温的针叶树"。高沛之（1958）认为落叶常绿阔叶混交林是"森林群落，其中夏绿乔木与照叶乔木灌木都在群落外貌上占有显著的地位"。侯学煜（1960）对落叶阔叶常绿阔叶混交林的描述是"落叶阔叶乔木常常在乔木层中占据着最高的层片，而常绿阔叶层片则是在落叶阔叶层片的下面，呈亚乔木状态"。而吴征镒等（1980）只指出"是落叶阔叶林与常绿阔叶林之间的过渡类型，但是有相对的稳定性"，并没有给予确切的定义。然而常绿落叶阔叶混交林的概念，现在已被中国学者所普遍接受。

目前，除中国外，国际上尚没有见到常绿落叶阔叶混交林作为植被分类的记载。在欧、

---

① 执笔人：周光裕

美及日本等地，以落叶阔叶树为主要建群种的植物群落，通常都被称为落叶阔叶林，尽管在许多情况下，林中也混生着常绿阔叶树。

由于缺乏定量的指标，所以在区分常绿落叶阔叶混交林与落叶阔叶林及常绿阔叶林之间的界限是很困难的。因为在落叶阔叶林中，往往也伴生着常绿阔叶树，而落叶阔叶树也常常存在于常绿阔叶林内，本书记载的常绿落叶阔叶混交林多属后一类森林。在落叶阔叶林与常绿阔叶林之间，存在着一个种类组成上的量变过程。这个阶段作为一种过渡类型固然不可否认，但是否作为一个独立的植被型是值得商榷的。

森林是植被的主要部分，森林分类理应融合在植被分类系统之中。因此，常绿落叶阔叶混交林作为一个和落叶阔叶林及常绿阔叶林并列的分类等级——林纲，也还是值得探讨的。但考虑到目前许多人都接受了《中国植被》的这一有关分类方案，所以在本书中也就将常绿落叶阔叶混交林作为一个林纲而列出。

第一节　水青冈常绿阔叶混交林①

本书前面（第三卷第一章第二十节）已阐明水青冈林的生物特性及由于中国暖温带的气候特点，致使水青冈不能以纬度地带性森林出现于暖温带，并以垂直带谱的森林出现在亚热带的山地上。从而就常常在其分布的垂直带下部与组成纬度地带性常绿阔叶林上限的常绿阔树种组成混交林。这种现象为中国所特有，具有重要的科学研究价值。

水青冈与常绿阔叶树所组成的混交林也与以水青冈为优势建群种森林一样多分布中亚热带，而北亚热带则很少见。这类林分随着地区的变异而不同，本书只就水青冈（*Fagus*）和青冈（*Cyclobalanopsis*）与石栎（*Lithocarpus*）的混交类型加以描述。

2—2—1—1　水青冈曼青冈杨梅叶蚊母树混交林②

水青冈（*Fagus longipetiolata*）、曼青冈（*Cyclobalanopsis oxyodon*）、杨梅叶蚊母树（*Distylium myricoides*）混交林为中国东部中亚热带垂直带谱上的常绿落叶阔叶混交林。有广泛的代表性。研究其组成、结构及地理分布，不仅可以了解常绿落叶阔叶混交林的发育形成，而且可以探索其与常绿阔叶林的关系，对于进一步研究常绿阔叶林的发育形成过程具有重要意义。

（一）分布与生境

水青冈曼青冈杨梅叶蚊母树混交林见于江西省西部边缘主峰海拔 1 870m 的武功山脉，广泛分布于山体中腹部海拔 800～1 400m 的阳坡，坡度较缓，一般为 15°～25°。在紫极

① 执笔人：赵　桀
② 执笔人：刘昉勋

宫、观音岩等处，因地处偏僻，人烟稀少，所以保存有林相整齐、发育良好的林分。武功山因地势高耸的影响，气温和日照均随海拔增高而递减，湿度却递增。至于降水量则较低海拔丘陵山区为丰富。水青冈曼青冈杨梅叶蚊母树混交林分布地段一般冬季降雪结冰，夏季较凉爽，有云雾，降雨多，风力缓。土壤为黄壤，母质大多为太古代的片麻岩，由于林木总郁闭度大，枯枝落叶多，土壤深厚，富有机质，有团粒结构。表层灰棕色至浅灰褐色，含硝酸态氮比较丰富。土层深 50～100cm，表层只有 10cm 左右，30～40cm 以下即是半风化的母岩碎块，pH5.0～6.0。

（二）组成与结构

这一混交林外貌为常绿阔叶树占优势的常绿落叶阔叶混交林。林冠郁茂，上部起伏，远眺如波浪滚涛，色泽多变化，深浅绿色和白色斑块交错镶嵌，林内阴暗，树干上有藤蔓悬垂。群落结构可分乔木、灌木及草本三层。

乔木总郁闭度约 0.8。常绿阔叶树以曼青冈与杨梅叶蚊母树占优势地位，局部地段绵石栎（*Lithocarpus henryi*）占优势地位。其他常见的立木有：银木荷（*Schima argentea*）、江西石栎（*Lithocarpus kiangshiensis*）、豹皮樟（*Litsea chinensis*）、凹叶冬青（*Ilex championii*）、具柄冬青（*I. pedunculosa*）、假大柄冬青（*I. macropoda* var. *pseudocropoda*）、隐脉杨桐（*Cleyera obscurinervia*）等。落叶阔叶林中，枫香（*Liquidambar formosana*）在局部地方略占优势；常见有水青冈、亮叶水青冈（*F. lucida*）、鸦头梨（*Melliodendron xylocarpum*）、兴山榆（*Ulmus bergmanniana*）、椴树（*Tilia tuan*）、紫弹树（*Celtis biondii*）、糙皮桦（*Betula utilis*）、雷公鹅耳枥（*Carpinus viminea*）、中华槭（*Acer sinense*）、天台槭（*A. amplum* var. *tientaiense*）、白背叶（*Mallotus apelta*）、黄皮树（*Phellodendron chinense*）及香槐（*Cladrastis wilsonii*）等。此外，还星散分布有楠竹（*Phyllostachys pubescens*）和不少枯枝死的楠竹植株，可见在郁闭的林内，楠竹的生长，日趋衰退，最终被自然淘汰。

灌木层内，常见曼青冈、杨梅叶蚊母树的幼树，其次为绵石栎的幼树，其他灌木多为常绿的，植株不多，常见有尖连蕊茶（*Camellia cuspidata*）、簇叶新木姜子（*Neolitsea confertifolia*）、少脉山矾（*Symplocos oligophlebia*）、薄叶山矾（*S. anomala*）及茶条果（*S. ernestii*）等。

草本层植物茂密，皆喜阴湿植物，多蕨类，常见有江南短肠蕨（*Allantodia metteniana*）、齿头鳞毛蕨（*Dryopteris labordei*）、武功汝蕨（*Arachniodes wukungensis*）、革叶耳蕨（*Polystichum neolobatum*）、黄连（*Coptis chinensis*）、条纹铁角蕨（*Asplenium laciniatum*）及变异铁角蕨（*A. varians*）等。常生长在有水流经过的岩石上；骨牌蕨（*Lepidogrammitis rostrata*）、瑶山瓦韦（*Lepisorus kuchenensis*）、耳羽岩蕨（*Woodsia polystichoides*）、庐山石韦（*Pyrrosia sheareri*）、书带蕨（*Vittaria flexuosa*）及柳叶剑蕨（*Loxogramme salicifolia*），常生在巨大岩石山上或岩缝中。其他耐荫植物以沿阶草（*Ophiopogon japonicus*）为主，此外为宽叶土麦冬（*Liriope graminifolia* var. *latifolia*）、鹿蹄草（*Pyrola rotundifolia* subsp. *chinensis*）、偏花斑叶兰（*Goodyera schlechtendaliana*）。藤本植物有络石（*Trachelospermum jasminoides*）和栝楼（*Trichosanthes kirilowii*）等。

草本层中也有大量的曼青冈、杨梅叶蚊母树的幼苗，其次为绵石栎的幼苗。水青冈曼青冈杨梅叶蚊母树混交林的乔木层据姜恕等 1954 年调查，大部分树木高 15～20m，胸径 50cm 以上，为 50～80 年生的巨大乔木。曼青冈、杨梅叶蚊母树树冠庞大，遮荫力很强，在它们的下方几无灌木生长，只有在林木稀疏的地方以及林缘才有其他常绿和落叶乔木树种生长，所以水青冈、曼青冈、杨梅叶蚊母树混交林已逐步发育到了老龄阶段，灌木层林木高 4～7m。草本层高多在 1m 以下，以蕨类植物占优势。

（三）更新演替与利用

水青冈、曼青冈、杨梅叶蚊母树混交林发育到老年龄阶段时，其中的常绿阔叶树，尤其是建群种曼青冈与杨梅叶蚊母树生长繁茂，落叶树种则被挤到阳光尚好的疏林或林缘；由于林内环境阴暗，已不利于落叶树种子发芽，幼苗更新。因此在灌木层和草本层内多为曼青冈和杨梅叶蚊母树的更新苗，次为绵石栎的幼树和幼苗，可见水青冈、曼青冈、杨梅叶蚊母树混交林在中亚热带的气候条件下，正向常绿阔叶林的方向发展，将为由曼青冈、杨梅叶蚊母树为主的常绿阔叶林所代替。

这类以常绿阔叶树占优势的混交林，包括原生性的和常绿阔叶树破坏后出现的次生性林，在无人为因素的影响之下，将自然发展或恢复为常绿阔叶林，广泛分布在中国东部中亚热带地区，不少地区现存的次生性常绿阔叶林的面积往往超过典型地带性类型——常绿阔叶林，这对于维护生态平衡，有极为重要的作用。因为它们是天然的水土保持林。林中多材种树种资源和林副产品，显然是一种多功能、多效益的森林类型，应严禁破坏，加强保护，以期发挥应有作用。

2—2—1—2　水青冈包果石栎混交林①

水青冈（*Fagus longipetiolata*）和包果石栎（*Lithocarpus cleistocarpus*）为中国秦岭以南亚热带山地分布的阔叶树用材树种，其中水青冈为落叶或半常绿阔叶树，而包果石栎为常绿阔叶树，两者常在中国亚热带山地组成混交林。

水青冈包果石栎混交林，为中国中亚热带西部植被垂直带谱上的落叶常绿阔叶混交林类型分布于中亚热带北缘向北亚热带过渡的地带，见于四川东北部边缘，主要在南江、通江、万源、城口以及巫山、巫溪一带海拔 1 500～2 000m 的中山地带，其分布上缘与针阔混交林或以水青冈为建群种的落叶阔叶林相连接，下缘则与常绿阔叶林或低山落叶栎林或次生灌丛相连接。

分布区气候润湿多雨，年降水量 1 000mm 以上，平均相对湿度 80%。水热条件东段稍

① 执笔人：刘昉勋

高于西段。土壤为二叠纪石灰岩、侏罗纪与白垩纪砂页岩为母质发育形成的山地黄棕壤或山地棕色森林土。

水青冈、包果石栎混交林的群落外貌为落叶阔叶树占优势的落叶常绿阔叶混交林，呈绿色，林冠大体整齐、层次清楚，明显可分乔木、灌木、草本3层。

乔木层中，落叶层片稍高于常绿层片之上；组成复杂，无明显优势种。常见有水青冈（*Fagus longipetiolata*）、米心水青冈（*F. engleriana*）、巴山水青冈（*F. pashanica*）、亮叶水青冈（*F. lucida*）、青榨槭（*Acer davidii*）、小叶青皮槭（*A. cappadocium* var. *sinicum*）、桦叶红色槭（*A. tetramerum* var. *betulifolium*）、川康长尾槭（*A. caudatum* var. *prattii*）、三角枫（*A. buergerianum*）、深裂中华槭（*A. sinense* var. *longilobum*）、鹅耳枥（*Carpinus turczaninowii*）、华千金榆（*C. cordata* var. *chinensis*）、千筋树（*C. fargesiana*）、大穗鹅耳枥（*C. fangiana*）、千金榆（*C. cordata*）、昌化枥（*C. tschonoskii*）、多脉鹅耳枥（*C. polyneura*）等。植株高大，树冠突出于常绿层片之上。其他落叶阔叶树有光皮桦（*Betula luminifera*）、红桦（*B. albo-sinensis*）、糙皮桦（*B. utilis*）、华椴（*Tilia chinensis*）、漆树（*Toxicodendron vernicifluum*）、枹栎（*Quercus glandulifera*）、栓皮栎（*Q. variabilis*）、石灰花楸（*Sorbus folgneri*）、微毛樱桃（*Prunus clarofolia*）、山楂（*Crataegus pinnatifida*）、三桠乌药（*Lindera obtusiloba*）、山胡椒（*L. glauca*）、野核桃（*Juglans cathayensis*）、四照花（*Dendrobenthamia japonica* var. *chinensis*）、灯台树（*Cornus controversa*）、梾木（*Cornus macrophylla*）、刺楸（*Kalopanax pictus*）、藏刺榛（*Corylus ferox* var. *thibetica*）、四川五加（*Acanthopanax setchuenensis*）、野茉莉（*Styrax japonica*）等，局部地段还见有檫木（*Sassafras tsumu*）、领春木（*Euptelea pleiospermum*）、水青树（*Tetracentron sinense*）、连香树（*Cercidiphyllum japonica* var. *sinense*）及珙桐（*Davidia involucrata*）的分布。常绿层片中，常有包果石栎、青冈（*Cyclobalanopsis glauca*）、小叶青冈（*C. myrsinaefolia*）、细叶青冈（*C. gracilis*）、曼青冈（*C. oxyodon*）。此外还见有四川山矾（*Symplocos setchuanensis*）、薄叶山矾（*S. anomala*）、黄背叶柃木（*Eurya nitida* var. *aurescens*）、新木姜子（*Neolitsea aurata*）及狭叶冬青（*Ilex fargesii*）。

下木层，以竹类层片占优势地位，常见种为川鄂箭竹（*Sinarundinaria wilsonii*）、巴山木竹（*Arundinaria fargesii*）等。其他灌木稀少，常见有川榛（*Corylus heterophylla* var. *szetchuanensis*）、宜昌荚蒾（*Viburnum ichangensis*）、心叶荚蒾（*V. cordifolium*）、腊莲绣球（*Hydrangea strigosa*）、山梅花（*Philadelphus incanus*）、胡枝子（*Lespedeza bicolor*）、南烛（*Lyonia ovalifolia*）、川莓（*Rubus szetchuenensis*）、青荚叶（*Helwingia japonica*）、毛花绣线菊（*Spiraea dasyantha*）、棣棠（*Kerria japonica*）、小果蔷薇（*Rosa cymosa*）、猫儿刺（*Ilex pernyi*）、长蕊杜鹃（*Rhododendron stamineum*）、四川杜鹃（*Rh. sutchuenense*）、粉红杜鹃（*Rh. fargesii*）、银叶杜鹃（*Rh. argyrophyllum*）、杜鹃（映山红）（*Rh. simsii*）、异叶榕（*Ficus heteromorpha*）、黄花远志（*Polygala arillata*）、野鸦椿（*Euscaphis japonica*）、中华旌节花（*Stachyurus chinensis*）、大花淫羊藿（*Epimedium grandiflorum*）、尖叶淫羊藿

(*E. acuminatum*) 及崖椒 (*Zanthoxylum schinifolium*) 等。

草本层常见落新妇(*Astilbe chinensis*)、鬼灯檠(*Rodgersia aesculifolia*)、黄水枝(*Tiarella polyphylla*)、酢浆草(*Oxalis corniculata*)、鹿蹄草 (*Pyrola rotundifolia*)、天麻(*Gastrodia elata*)、细辛 (*Asarum sieboldii*)、延龄草 (*Trillium tschonoskii*)、土麦冬 (*Liriope spicata*)、轮叶王孙 (*Paris quadrifolia*)、球米草 (*Oplismenus undulatifolius*)、单穗升麻 (*Cimicifuga simplex*)、大百合 (*Cardiocrinum giganteum*)、鹿药 (*Smilacina japonica*) 及川党参 (*Codonopsis tangshen*) 等。此外还有日本金星蕨 (*Parathelypteris nipponica*)、对马耳蕨 (*Polystichum tsussimense*)、变异鳞毛蕨(*Dryopteris varia*)、半岛鳞毛蕨 (*D. peniusulae*)、华里白 (*Hicriopteris chinensis*)、友水龙骨 (*Polypodium amoenum*)、假耳羽肠蕨 (*Allantodia okudairia*) 等蕨类植物。

藤本植物少，常见种有菝葜 (*Smilax china*)、肖菝葜 (*Heterosmilax japonica*)、薯蓣 (*Dioscorea opposita*)、北五味子 (*Schisandra chinensis*)、假栝楼 (*Trichosanthes cucumeroides*) 及忍冬 (*Lonicera japonica*) 等少数种类。

水青冈、包果石栎混交林在少受人为因素影响的地段，其生长繁茂，发育良好，乔木层总郁闭度为 0.5～0.7。落叶层片中的水青冈属、槭属及鹅耳枥属等树种大多高大，树冠处于乔木最上层，一般高 15～25m，胸径 20～50cm。灌木层盖度 25%～85%，草本层种类稀少，盖度 20%～80%。

水青冈包果石栎混交林为落叶阔叶树占优势地位的山地落叶常绿阔叶混交林，林内常绿树种少，在长期人为因素的影响下，自然更新困难，势必日益更少，从而混交林逆向演替，向落叶阔叶林的方向发展。

水青冈包果石栎混交林在四川盆地北缘的山地大巴山、米仓山，分布面积较广，不但是天然的水土保持林和水源涵养林，而且林副产品丰富。它是重要的生漆生长基地之一。也是天麻、延龄草、鹿药、细辛等著名药材的重要产地。林内的栎类树种可用以培养黑木耳、银耳；它们的树皮和壳斗是提取栲胶的重要原料；坚果含丰富淀粉，可供纺织工业用。很多树种如水青冈属木材坚实、可供家具、农具、矿山、枕木、模具等用。应加强保护、合理开发利用。

第二节 青冈落叶阔叶混交林①

青冈落叶阔叶混交林类型，分布于北亚热带的基带和中亚热带的低、中山地带。该类型在中亚热带的石灰岩山地上，可作为原生性的森林出现，成为地域性的地带性森林。其组成特点是常绿树以青冈属 (*Cyclobalanopsis*) 种类为主，并混有其他属，但落叶阔叶树种类十分复杂。

① 执笔人：李承彪，周政贤

本林系组常见的有青冈短柄枹栎混交林，铜钱树青冈混交林，青冈交让木米心水青冈混交林，细叶青冈白木乌桕混交林，云山青冈亮叶水青冈混交林。

青冈短柄枹栎混交林，在水平与垂直分布上，其南缘和下限均与常绿阔叶林衔接，为北亚热带典型的地带性森林类型。

铜钱树青冈混交林，是中国东部北亚热带、中亚热带石灰岩山地具有代表性的森林类型。

青冈交让木米心水青冈混交林，是中国东部中亚热带山地垂直带谱中，具有过渡性的森林类型。

细叶青冈白木乌桕混交林，是中国东部中亚热带山地垂直带谱上，发育较好的森林类型，并具有地带性意义。

云山青冈亮叶水青冈林，是中国东部南亚热带季风常绿阔叶林地带垂直带谱上原生的森林类型。

2—2—2—1 青冈短柄枹栎混交林[①]

青冈（*Cyclobalanopsis glauca*）的耐寒性略弱于苦槠（*Castanopsis sclerophylla*），在亚热带也是分布较北的常绿乔木树种，以它为建群种之一的常绿落叶阔叶混交林——青冈短柄枹栎（*Quercus glandulifera* var. *brevipetiolata*）林，其分布范围基本上同苦槠白栎林，但稍偏南些，在水平与垂直分布上，其南缘和下限均与常绿阔叶林衔接，为北亚热带的典型地带性类型之一。

（一）分布与生境

本林系分布于中国东部北亚热带及中亚热带北缘，在江苏、安徽常见于海拔 150 ～ 400m 的丘陵山地。在低海拔地带，由于人为破坏严重，往往只残存小片分布。分布地的气候条件，以江苏分布面积较大的苏州为例，年平均气温 15.8℃，≥10℃年积温 4 962.9℃，极端最低气温均值－6.72℃，极值－9.8℃，最冷月均温 3.1℃，年平均降水量1 026.6mm。土壤多为酸性岩母质发育形成的黄棕壤，其剖面性状举例如下：0～2cm，湿润，未腐的残落物层，pH 6.1；2～8cm，润，暗灰棕色壤土，颗粒状，疏松并有菌丝体，有大量植物根分布，pH 6.1；8～16cm，稍润，浅棕色沙壤土，多细根，有根孔，疏松，少量菌丝，pH6.12；16～29cm，润，浅棕色沙壤，较紧，少量根，个别菌丝，pH6.2；29～ 47cm，同上层，但夹有较多的浅色砂岩半风化物；47cm 以下，半风化的砂岩及母质裂隙中少量细土。

（二）组成结构

群落外貌为郁茂的栎类常绿落叶阔叶混交林，林冠波状起伏，层次结构清楚，可分乔木、灌木及草本 3 层。本林系在北亚热带东部的低山丘陵或山麓，常由于破坏或樵采而形

① 执笔人：刘昉勋

成为灌木状的次生林，而在保存较好的地段，林相整齐，乔木层郁闭度可达 0.8，有的还可分为两个亚层，第一亚层常以落叶乔木为主；第二亚层常绿乔木往往较显著。

现以江苏的典型样地为例：乔木层郁闭度 0.7～0.8，树高 8～10m，常绿树种中青冈占优势地位，其次为冬青（*Ilex purpurea*）、苦槠、石栎（*Lithocarpus glaber*），在江苏太湖沿岸山丘，有时还见有杨梅（*Myrica rubra*），落叶阔叶树以栎类为主，短柄枹栎（*Quercus glandulifera* var. *brevipetiolata*）常占优势地位，常见种还有白栎（*Q. fabri*）、茅栗（*Castanea seguinii*），有时还有栓皮栎（*Q. variabilis*），其他落叶树种有黄檀（*Dalbergia hupeana*）、山槐、黄连木（*Pistacia chinensis*）、野柿（*Diospyros kaki* var. *sylvestris*）、盐肤木（*Rhus chinensis*）、郁香野茉莉（*Styrax odoratissima*）等。

灌木层种类繁多，常绿灌木常见马银花（*Rhododendron ovatum*）、乌饭树（*Vaccinium bracteatum*）、米饭花（*V. sprengelii*）及檵木（*Loropetalum chinense*）等；落叶灌木占优势的为杜鹃（映山红）（*Rhododendron simsii*）、满山红（*Rh. mariesii*）、六月雪（*Serissa serissoides*）、华东槐（木）蓝（*Indigofera fortunei*），其次为山鸡椒（*Litsea cubeba*）、荚蒾（*Viburnum dilatatum*）、山胡椒（*Lindera glauca*）、白檀（*Symplocos paniculata*）、杭子梢（*Campylotropis macrocarpa*）、小叶石楠（*Photinia parvifolia*），偶见红脉钓樟（*Lindera rubronervia*）、江浙钓樟（*Lindera chienii*）、大青（*Clerodendron cyrtophyllum*）、山莓（*Rubus corchorifolius*）及青皮木（*Schoepfia jasminodora*）等。

草本层植物稀少，常见疏花野青茅（*Deyeuxia sylvatica* var. *laxiflora*）、芒（*Miscanthus sinensis*）、淡竹叶（*Lophatherum gracile*）、山白菊（*Aster ageratoides* var. *bervius*），其次为麦冬（*Liriope spicata*）、黄花龙芽（*Patrinia scabiosaefolia*）、苔草（*Carex* sp.）、杏香兔儿风（*Ainsliaea fragrans*）。蕨类植物常见有日本金星蕨（*Parathelypteris nipponica*）。

藤本植物常见络石（*Trachelospermum jasminoides*）、菝葜（*Smilax china*）、小果菝葜（*S. davidiana*）及土茯苓（*S. glabra*）等。

此外，在安徽大别山南坡的青冈、短柄枹栎林中，常伴生有苦槠、小叶青冈（*Cyclobalanopsis myrsinaefolia*）、石栎；在皖西太湖县境内还可出现栲树（*Castanopsis fargesii*），在皖南山地的此类型中，除可出现甜槠（*Castanopsis eyrei*）、细叶青冈（*Cyclobalanopsis gracilis*）、天竺桂（*Cinnamomum japonicum*）、马银花（*Rhododendron ovatum*）等外，有时还可见到锥栗（*Castanea henryi*）、檫木（*Sassafras tsumu*）等落叶树种。

（三）**演替**

青冈、短柄枹栎混交林在北亚热带地区，是具地带性意义相对稳定的群落类型，如遭严重破坏，由于常绿阔叶树更新恢复困难，往往逆向演替为落叶栎林，甚至落叶栎类树种也少存在，为荒山先锋树种，如化香（*Platycarya strobilacea*）、山槐及黄檀等为建群种的落叶阔叶林所演替。青冈、短柄枹栎林在中亚热带地区，特别是常绿阔叶林破坏后出现的这类次生性栎类混交林，经过封山育林保护，可以发育或恢复为常绿阔叶林。

（四）评价及经营意见

青冈、短柄枹栎混交林在东部中亚热带丘陵山地分布范围广，林内不仅蕴藏多种硬木用材资源，而且更为重要的是，起着防止土壤流失，涵养水源的作用。但是，由于历史上长期的破坏，现在各地往往只零星残存小片分布。鉴于该林在东部中亚热带地区生态适应性广，而且具有较高的生态经济效益，故宜加强保护，根据适地适树的造林原则，有条件的地方可以人工造林；土层深厚地段的马尾松（*Pinus massoniana*）林，也可考虑改造为这类常绿落叶阔叶混交林，从而扩大分布，连成大片，或为丘陵山地的基本覆盖森林，发挥更大的生态、经济效益作用。

2—2—2—2　青冈铜钱树混交林①

青冈（*Cyclobalanopsis glauca*）铜钱树（*Paliurus hemsleyanus*）混交林是中国东部北亚热带、中亚热带石灰岩山地具代表性的常绿落叶阔叶混交林，以含有石灰岩丘陵、山地特有树种如铜钱树（*Paliurus hemsleyanus*）、山拐枣（*Poliothyrsis sinensis*）、水冬哥（*Adina racemosa*）、雪柳（*Fontanesia fortunei*）以及榆科树种为特征；是研究石灰岩山地植被及石灰岩山丘造林树种的典型天然资料。

青冈铜钱树混交林，分布于江苏、安徽亚热带地区海拔150～400m的丘陵低山，阳坡为主，坡度10°～15°，气候条件以江苏主要分布地宜兴为例，年平均气温15.7℃，≥10℃年积温5 002.5℃，极端最低气温均值－8.16℃，极值－12.9℃，无霜期240天以上；年平均降水量1 158.0mm，为江苏省水热资源最为丰富的气候条件。土壤为红壤，呈酸性－微酸性反应。取样土壤剖面性状为：0～2cm，稍润，暗灰棕色壤土，碎块一粒状，有较多植物根，pH 6.6；2～8cm，稍润，灰棕色壤土，碎块状，较紧实，有较多植物根，较多孔隙，pH6.6；8～22cm，棕色壤土，碎块状，较紧实，夹有小石块，较多根，有孔隙，pH 6.7；22cm以下，鲜棕色壤土，块状，胶膜明显紧实，有较多石块，有少量植物根，个别菌丝，pH 6.6。

群落外貌为林冠郁闭的常绿落叶阔叶林，深绿色的常绿树冠与淡绿色的落叶树冠，镶嵌结合，秋季落叶树冠叶片颜色逐渐转为黄色，或经过红色阶段再转黄色，以常绿树的浓绿色树冠为衬托，异常美丽夺目。群落结构明显可分乔木、灌木及草本3层。

乔木层郁闭度0.6～0.9，常绿树主要为青冈，其次为冬青（*Ilex purpurea*）；落叶阔叶树中有明显突出的石灰岩山丘指示树种铜钱树；较占优势的为黄连木（*Pistacia chinensis*）、化香树（*Platycarya strobilacea*）、锐齿槲栎（*Quercus aliena* var. *acuteserrata*），其次为黄檀（*Dalbergia hupeana*）、白花龙（*Styrax confusa*）、小叶朴（*Celtis bungeana*）、山槐、榉树（*Zelkova schneideriana*）、水冬哥，再次为野柿（*Diospyros kaki* var. *sylvestris*）、长梗大果冬青（*Ilex macrocarpa* var. *longipedunculata*）、豆梨（*Pyrus calleryana*）、盐肤木（*Rhus*

① 执笔人：刘昉勋

chinensis）等。有时还见有山拐枣、雪柳、糙叶树（*Aphananthe aspera*）、栾树（*Koelreuteria paniculata*）、毛梾（*Cornus walteri*）等树种。

灌木层种类较多，常绿灌木常见小叶女贞（*Ligustrum quihoui*）、枸骨（*Ilex cornuta*）、胡颓子（*Elaeagnus pungens*）、乌饭（*Vaccinium bracteatum*），有时还见有檵木（*Loropetalum chinense*）、海金子（*Pittosporum illicioides*）、南天竹（*Nandina domestica*）、紫枝瑞香（*Daphne odora* var. *atrocaulis*）等；落叶灌木常见山胡椒（*Lindera glauca*）、白檀（*Symplocos paniculata*）、一叶荻（*Securinega suffruticosa*）、六月雪（*Serissa foetida*），其次为老鸦糊（*Callicarpa bodinieri* var. *giraldii*）、卫矛（*Euonymus alatus*）、扁担杆（*Grewia biloba*）、牡荆（*Vitex negundo* var. *cannabifolia*）、华东槐（木）蓝（*Indigofera fortunei*）及云实（*Caesalpinia sepiaria*）等。

草本层植物稀少，常见矛叶荩草（*Arthraxon lanceolatus*）、紫苏（*Perilla frutescens*）、野菊（*Dendranthema indicum*）、天名精（*Carpesium abrotanoides*）、阔叶土麦冬（*Liriope platyphylla*），有时还见有万年青（*Rohdea japonica*），局部地方有薮苎麻（*Boehmeria japonica*）分布。

藤本植物常见络石（*Trachelospermum jasminoides*），伏地生长繁茂，盖度可达20%，其他常见有木通（*Akebia quinata*）、三叶木通（*A. trifoliata*）、乌蔹莓（*Cayratia japonica*）、茜草（*Rubia cordifolia*）、何首乌（*Polygonum multiflorum*）及天门冬（*Asparagus cochinchinensis*）。

青冈铜钱树混交林主要分布中亚热带地区，虽然水热条件较佳，对林内常绿阔叶树种的生长、更新是有利的，但是该混交林分布地为石灰岩山丘，通常土壤瘠薄，偏干燥，不利于常绿阔叶树的生长繁衍，因此，它不可能发展。故该类森林是比较稳定的混交林类型，但在土层深厚的阴坡谷地，则可发展为常绿阔叶林。

青冈铜钱树混交林，在石灰岩山丘起着重要的水土保持，水源涵养等生态效益作用。林内多种树种如青冈、冬青、榉树、小叶朴、黄檀、豆梨等皆为优质硬木树种，供各种用途。其中青冈、冬青的树皮以及青冈的壳斗、化香的果实，可提取栲胶。紫枝瑞香的纤维可造高级用纸，鲜花可提取名贵香油，浙江钓樟的叶片也含芳香油，可以提取利用。特别值得提出的，特有树种如铜钱树、水冬哥、山拐枣、雪柳以及榆科树种，可为目前尚少造林树种的石灰岩山地提供适宜的种质资源，综上所述，可见铜钱树林兼有较高的生态与经济效益，宜加强保护、抚育、合理开发利用，将有较好的发展前景。

2—2—2—3 青冈交让木米心水青冈混交林①

青冈（*Cyclobalanopsis glauca*）交让木（*Daphniphyllum macropodum*）米心水青冈（*Fagus*

① 执笔人：刘昉勋

engleriana）混交林为中国东部中亚热带山地植被垂直带谱中的群落类型，出现于海拔1 000m以上，是以常绿阔叶树占优势地位的常绿落叶阔叶混交林，其分布下缘，一般衔接常绿阔叶林，上缘则衔接落叶阔叶林或落叶常绿阔叶灌丛。分布地区虽在浙江省南部，但因所处的海拔较高，气温低，组成成分几乎都是浙江北部地区分布的种类，极少南部种类，与同纬度低海拔的森林组成显然不同，研究其组成，生态地理分布，对于了解中国中部中亚热带山地植被垂直带谱的结构特点，有重要意义。

青冈交让木米心水青冈混交林分布于浙江南部中山地带，根据在景宁东坑乡上山头的观察，所在地为海拔 1 200～1 500m 的西北向宽阔沟谷，冬季易受来自北方的冷空气侵袭，终年少直射阳光，林内阴湿，气温低，据当地群众说，即使在夏季晴朗的中午，在林内也觉寒凉，不能久留。地面苔藓植物生长繁茂，枯枝落叶层厚。因坡度较陡，土层发育不深，通常为 20cm 左右。其剖面性状举例如下：3～6cm，黑褐色，沙壤，具小块状或团粒结构，多植物残体，有机质含量丰富。6～18cm，黄褐色沙壤，具大块结构，含少量植物根，有机质含量少。

群落外貌为发育成熟的稠密常绿与落叶阔叶混交林，林木生长繁茂，树冠密接，秋季深浅不同的黄色、红色及绿色斑块相间，非常美丽。群落结构可分乔木、下木及草本 3 层。

乔木层总郁闭度 0.9 以上，高 4～5.5m；青冈、交让木、其次绵石栎（*Lithocarpus henryi*）3 种常绿阔叶树占优势地位。落叶阔叶树米心水青冈占次优势地位。此外还见有川陕鹅耳枥（*Carpinus fargesiana*）。

下木层高 3m 左右，种类丰富，有米心水青冈、黄山木兰（*Magnolia cylindrica*）、水榆花楸（*Sorbus alnifolia*）等乔木树种的幼树。灌木种类中阔叶箬竹（*Indocalamus latifolius*）占优势地位，次优势种有细齿柃（*Eurya nitida*）、簇花茶藨子（*Ribes fasciculatum*）、猴头杜鹃（*Rhododendron simiarum*）、毛冬青（*Ilex pubescens*）、白檀（*Symplocos paniculata*），其次为茵芋（*Skimmia reevesiana*）、茶荚蒾（*Viburnum setigerum*）、新木姜子（*Neolitsea aurata*）、红脉钓樟（*Lindera rubronervia*）、川山矾（*Symplocos setchuanensis*）、尖连蕊茶（*Camellia cuspidata*）。此外，还有云锦杜鹃（天目杜鹃）（*Rhododendron fortunei*）（它可以生长达乔木层）、野珠兰（*Stephanandra chinensis*）、扁枝越橘（*Hugeria vaccinioides*）、吴茱萸五加（*Acanthopanax evodiaefolius*）、水马桑（*Weigela japonica* var. *sinica*）、青荚叶（*Helwingia japonica*）、三桠乌药（*Lindera obtusiloba*）、落霜红（*Ilex pedunculosa* var. *continentalis*）、毛叶石楠（*Photinia villosa*）、红果钓樟（*Lindera erythrocarpa*）、中华绣线菊（*Spiraea chinensis*）、下江忍冬（*Lonicera modesta*）、吊钟花（*Enkianthus chinensis*）及狭叶山胡椒（*Lindera angustifolia*）等。

林中木本植物生长茂密，郁闭度大，林内阳光少，所以草本植物稀少，且多为耐荫湿的种类，常见有苔草（*Carex* sp.）、宽叶油点草（*Tricyrtis latifolia*）、华东唐松草（*Thalictrum fortunei*）、窄头橐吾（*Ligularia stenocephala*）及黑鳞耳蕨（*Polystrichum makinoi*）等。

藤本植物常见有南蛇藤（*Celastrus orbiculatus*）、华东菝葜（*Smilax sieboldiana*）、爬山

虎（*Parthenocissus tricuspidata*）及毛葡萄（*Vitis quinquangularis*）等。

青冈交让木米心水青冈混交林是中国东部中亚热带中山地发育成熟的常绿落叶阔叶混交林，是相对稳定的群落类型。林内常绿阔叶树种类及其数量的分布，并不均匀，而与局部环境条件关系密切，在低海拔或谷地较多，因此存在进一步发育为常绿阔叶林所演替的潜在趋势。在高海拔、开阔的坡地，林内常绿阔叶树较少，森林可以相对稳定在典型混交林的组成状况，即林内常绿树与落叶树基本相当，起着几乎等同的建群作用。

青冈交让木米心水青冈林的林冠茂密，郁闭度很大的常绿落叶阔叶混交林，由于分布海拔较高，一般均在1 000m以上，是中山地带重要的水土保持林和水源涵养林。林内多用材树种，在条件具备的情况下，缓坡地的林分，可抚育管理为阔叶树用材林。宜制定轮伐制度，逐年有限度地结合抚育疏伐取木，以供国家建设的需要。

2—2—2—4　细叶青冈白木乌桕混交林[①]

细叶青冈（*Cyclobalanopsis gracilis*）白木乌桕（*Sapium japonicum*）混交林，为中国东部中亚热带发育较好的常绿落叶阔叶混交林，往往为垂直带谱上的群落类型，具地带性意义。其分布上缘如为开旷的阳坡，与山地落叶阔叶林相接，如为阴暗的深谷，则与山顶矮林相接；它的下缘与常绿阔叶林镶嵌交错。常绿阔叶林的优势树种与细叶青冈混交林的常绿树种相似。细叶青冈材质优良，为半环孔材，纹理直，结构粗略匀，坚重，有弹性，抗压，耐磨；供建筑、车辆、运动器材、纺织器材、工具柄、农具及细木工等用。白木乌桕种子榨油供工业用，根皮及叶可药用。

细叶青冈白木乌桕混交林，在中国中亚热带东部的常绿落叶阔叶混交林中，具有广泛的代表性，是研究混交林及植被垂直带谱的组成与结构的典型群落材料。

细叶青冈白木乌桕混交林见于安徽南部的黄山、浙江西部的龙塘山，分布在海拔600～1 200m的低中山地，它在龙塘山分布面积较大，少受人为因素的影响，可以代表所在地和附近地区同纬度山地常绿落叶阔叶混交林的基本情况，所在地多为山体的腹部及峡谷两侧的坡地。往往山势险峻，多峭壁深谷，局部气候条件阴湿，在沟谷地段温暖湿润的生境中，发育较好。土壤多为酸性黄棕壤，阴坡土层发育较深厚，有机质含量也较高，土壤剖面性状举例如下：0～12cm，黑褐色沙壤，具团粒结构，多植物根，疏松，有机质丰富，pH5.0；12～38cm，灰褐色，沙壤，具团粒和块状结构，有植被根，紧实，多有机质，pH5.0；38～64cm，黄褐色，沙壤，具团粒和小块状结构，有少量植被根，较松，有机质少，pH5.5；64～88cm，浅黄色，沙壤，碎块状结构，疏松，有机质缺乏，pH6.0；88cm以下为母岩。

细叶青冈白木乌桕混交林外貌为郁茂的常绿落叶阔叶混交林，秋季深绿色的常绿成分林冠与淡绿色的落叶成分林冠紧密镶嵌，茂密郁闭。组成种类复杂，在阴、阳坡种类差别

① 执笔人：刘昉勋

不大；明显可分乔木、灌木及草本 3 层结构。

乔木层细叶青冈与白木乌桕明显占优势地位，取样 240m² 内，前者 27 株，后者 16 株，其他种类没有超过 10 株的。乔木层内常见檫木（*Sassafras tsumu*）、油柿（*Diospyros glaucifolia*）和黄山木兰（*Magnolia cylindrica*）3 种落叶阔叶树，生长特别高大，常见其明显突出树冠层之上。其他常见树种有木荷（*Schima superba*）、吴茱萸叶五加（*Acanthopanax evodiaefolius*）、石灰花楸（*Sorbus folgneri*）、白蜡树（*Fraxinus chinensis*）、短柄枹栎（*Quercus glandulifera* var. *brevipetiolata*），其次为多花泡花树（*Meliosma myriantha*）、树参（*Dendropanax dentiger*）、华东山柳（*Clethra barbinervis*）、化香（*Platycarya strobilacea*）、赛山梅（*Styrax confusa*）、蜡瓣花（*Corylopsis sinensis*）、宽叶蜡瓣花（*C. platypetala*）、紫茎（*Stewartia sinensis*）、枫香（*Liquidambar formosana*），再次为七裂槭（*Acer pubipalmatum*）、青冈、木蜡漆（*Toxicodendron sylvestre*）、毛漆树（*T. trichocarpum*）、川陕鹅耳枥（*Carpinus fargesiana*）、山合欢（*Albizia kalkora*）、黄檀（*Dalbergia hupeana*）、紫树（*Nyssa sinensis*）、四照花（*Dendrobenthamia japonica* var. *chinensis*）及中华石楠（*Photinia beauverdiana*）等。

灌木层种类繁多，优势种有马银花（*Rhododendron ovatum*），其个别植株高生长达乔木层，鹿角杜鹃（*Rh. latoucheae*）、格药柃（*Eurya muricata*）、细齿叶柃（*E. nitida*），其次为豹皮樟（*Litsea chinensis*）、青灰叶下珠（*Phyllanthus glaucus*）、宜昌荚蒾（*Viburnum ichangense*）、茶荚蒾（*V. setigerum*）、胡颓子（*Elaeagnus pungens*）、唐棣（*Amelanchier sinica*）、日本马醉木（*Pieris japonica*）、大青（*Clerodendrum cyrtophyllum*）、窄瓣绣球（*Hydrangea angustipetala*）、尖连蕊茶（*Camellia cuspidata*）、满山红（*Rhododendron mariesii*）、猫乳（*Rhamnella franguloides*）、山橿（*Lindera reflexa*）、美丽胡枝子（*Lespedeza formosa*）、野珠兰（*Stephanandra chinensis*）、尾叶冬青（*Ilex wilsonii*），再次为薄叶山矾（*Symplocos anomala*）、八角枫（*Alangium chinense*）、瓜木（*A. platanifolium*）、桦叶荚蒾（*Viburnum betulifolium*）、浙江荚蒾（*V. shensianum* var. *chekiangense*）、光叶海桐（*Pittosporum glabratum*）、紫金牛（*Ardisia japonica*）、百两金（*A. crispa*）、山胡椒（*Lindera glauca*）、太平莓（*Rubus pacificus*）、棣棠（*Kerria japonica*）、米饭花（*Vaccinium spregelii*）、中华绣线菊（*Spiraea chinensis*）、福建卫矛（*Euonymus fokienesis*）及老鸦糊（*Callicarpa giraldii*）、青皮木（*Schoepfia jasminodora*）。灌木层内有时还见有三尖杉（*Cephalotaxus fortunei*）。

因林内阴暗湿润，草本层植物稀少，除在林窗或林缘见有喜光植物如野菊（*Dendranthema indicum*）、三褶脉紫菀（*Aster ageratoides*）及珍珠菜（*Lysimachia clethroides*）等外，其他耐荫植物，常见有淡竹叶（*Lophatherum gracile*）、球米草（*Oplismenus undulatifolius*）、白穗花（*Speirantha gardenii*）、南岭兔儿风（*Ainsliaea macroclinidioides*）、建兰（*Cymbidium ensifolium*）、大花斑叶兰（*Goodyera schlechtendaliana*）、冷水花（*Pilea* sp.）及黑足鳞毛蕨（*Dryopteris fuscipes*）等。

林内藤本植物种类较多，常见鸡矢藤（*Paederia scandens*）、土茯苓（*Smilax glabra*）、缘脉菝葜（*Smilax nervo-marginata*）、粉菝葜（*S. glauco-china*）、多花勾儿茶（*Berchemia floribunda*）、异叶爬山虎（*Parthenocissus heterophylla*）、爬山虎（*P. tricuspidata*）、木通（*Akebia quinata*）、三叶木通（*A. trifoliata*）、羊瓜藤（*Stauntonia duclouxii*）、雀梅藤（*Sageretia thea*）、大血藤（*Sargentodoxa cuneata*）、中华猕猴桃（*Actinidia chinensis*）及山木通（*Clematis finetiana*）等。

细叶青冈白木乌桕混交林生长繁茂，乔木层郁闭度达0.9。一般林木高6～7m，而檫木油柿和黄山木兰3种落叶树高达8～9m，显著突出林冠层之上。

灌木层盖度70%，高4～5m。根据林木组成结构及树种间生态关系的协调配置，可知细叶青冈白木乌柏混交林发育是较成熟的，因而是相对稳定的森林类型。

这一混交林虽然是相对稳定的群落类型，但就其组成性质而言，它应是落叶阔叶林与常绿阔叶林之间的过渡性群落类型。林内常绿阔叶树的分布，在海拔不同地段，并非均匀一致的，特别是在垂直分布带宽的地方，明显可以看到，随着海拔增高，常绿阔叶树递减。所以其演替总的趋势，高海拔地段有可能为落叶阔叶林所演替，低海拔地段有可能为常绿阔叶林所演替。

细叶青冈混交林生长繁茂，郁闭度大，是天然的水土保持林和水源涵养林。林内含有多种优质材用树种，故宜抚育兼为阔叶用材林。由于林木区系组成丰富，在浙西龙塘山较少人为因素影响，宜划定适当地段，建立为浙江西部森林植物区系自然保护区。

2—2—2—5　云山青冈亮叶水青冈混交林①

云山青冈（*Cyclobalanopsis nubium*）亮叶水青冈（*Fagus lucida*）混交林是中国东部南亚热带季风常绿阔叶林地带垂直带谱的原生性森林，分布区地理位置偏南，落叶树的比重较低，但群落组成以亚热带中山特有的成分为主，仍属于山地常绿落叶阔叶混交林，其中常绿阔叶林中一些较喜暖的建群种可上升至此类森林中成为常见种以至次优势种，而与中亚热带垂直带谱的典型类型有别。

这类混交林主要见于广西的桂西北山原东部，由于长期的破坏，目前仅在田林老山尚保存有较大片的森林，垂直分布于海拔1 500～1 900m，在此范围内，茂密的森林多属这种群落。分布区属南亚热带东部向西部过渡的地方，河谷低地气候相当干热，如田林城年平均气温20.9℃，年降水量1 190mm，随着海拔的增高，气温大幅度降低，根据田林老山海拔1 560m处定位站5年的记录，年平均气温13.7℃，最冷月平均气温6.4℃，最热月为20.7℃，冬季3个月，没有夏季。历年极端最低气温变动于－2.7～－7.5℃，平均为－5.5℃，极端最高气温平均值27.8℃，极值28.8℃，冬冷夏凉；由于分布在山原东部迎风

① 执笔人：李治基，苏宗明

面，东南来的暖湿气流沿着山地抬升，多地形雨，年降水量 1 800mm，水热系数为 3.6，属于潮湿的气候类型，一年中低于 50mm 的月份有 4 个月（12～3 月），其余 8 个月均大于 100mm，雨季长而旱季短，所在地的海拔较高，处在雾线以上，时而处在云海中，大气湿度很大。山地主要由三叠纪百逢砂页岩构成，以细砂岩为主。林地土壤为黄棕壤，厚度一般超过 50cm，全剖面酸性反应，pH4.5～5.0，质地为中壤，地表枯枝落叶层可达 20cm，表土层厚 10cm 以上，深灰棕色，腐殖质含量丰富，土体杂有大量碎石，从全面衡量，土壤肥力较高。

群落外貌为以常绿树占优势的混交林，树种繁多，生长茂密，郁闭度 0.9 以上。乔木层分化为 3 个亚层，第一亚层林木一般高在 20m 左右，最高达 25m 或更高，覆盖度 80%以上，在 $800m^2$ 的样地内共有 64 株，由常绿阔叶树与落叶阔叶树混合组成，相对密度分别为 70%与 30%。常绿阔叶树中以云山青冈为主，占这亚层重要值指数 20%左右；其次小红栲（*Castanopsis carlesii*）、鹿角栲（*Castanopsis lamontii*）、褐叶青冈（*Cyclobalanopsis stewardiana*）、银木荷（*Schima argentea*）、桂南木莲（*Manglietia chingii*）、海南树参（海南五加木）（*Dendropanax hainanensis*）等的重要值指数均在 5%以上；其他较常见的有木莲（*Manglietia fordiana*）、深山含笑（*Michelia maudiae*）、罗浮栲（*Castanopsis fabri*）、栲树（*Castanopsis fargesii*）、广东润楠（*Machilus kwangtungensis*）、厚叶肖柃（*Cleyera pachyphylla*）、罗浮槭（*Acer fabri*）、红茴香（*Illicium henryi*）等。落叶阔叶树中以亮叶水青冈为主，重要值指数约 12%，生长高大，胸径 40～60cm，最大达 100cm，特别醒目，其次缺萼枫香（*Liquidambar acalycina*）、云贵山茉莉（*Huodendron biaristatum*）、野漆树（*Toxicodendron succedaneum*）、五裂槭（*Acer oliverianum*）、光皮桦（*Betula luminifera*）等重要值指数也达 5%以上，零星分布的还有两广樱花（*Prunus adenodonta*）、大果冬青（*Ilex macrocarpa*）、椴树（*Tilia tuan*）等。

第二亚层林木一般高 8～15m，覆盖度 40%～50%，样地内共有 59 株，绝大部分为常绿阔叶树，相对密度占 88%，以羊角杜鹃（多花杜鹃）（*Rhododendron cavaleriei*）、滇琼楠（*Beilschmiedia yunnanensis*）、黄丹木姜子（长叶木姜子）（*Litsea elongata*）和木莲较多，其次为桂南木莲、云山青冈、日本杜英（*Elaeocarpus japonicus*）、凸脉冬青（*Ilex editicostata*），零星分布的有山矾（*Symplocos caudata*）、腺山矾（*S. glandulifera*）、华南杜鹃（猴头杜鹃）（*Rh. simiarum*）、樱叶石楠（*Photinia prunifolia*）、榕叶冬青（*Ilex ficoidea*）、红楣（*Anneslea fragrans*）、深山含笑和红茴香等。落叶树种类少，亮叶水青冈占有较重要地位，晚花吊钟也较普遍。

第三亚层高 8m 以下，覆盖度 30%～40%，几尽为常绿阔叶树，种类与第二亚层大致类似，其中以滇琼楠最多，占该层重要值指数 1/3 以上；云山青冈、羊角杜鹃、冬青等也较多；仅见于这亚层的有波缘山矾（*Symplocos sinuata*）、四角柃（*Eurya tetragonoclada*）、西南香楠（*Randia henryi*）、枫荷桂（*Dendropanax dentiger*）、星状山矾（*Symplocos stellaris*），以及落叶树的山柳（*Clethra faberi*）等一般零星分布，处于从属地位。

整个乔木层树种繁多，重要值指数的分配比较分散，优势种并不很明显；但还是可以看出，云山青冈株数较多，生长较大，分布均匀，重要值指数为39左右，名列第一；其次亮叶水青冈和滇琼楠重要值指数大体相当，约为26，名列第二或第三位，但前者高居于主导层，后者只在中下层占优势。由于分布区的地理位置偏南，属于南亚热带范围，一些常绿阔叶林的优势种如栲树、小红栲、罗浮栲等可以上升到海拔1 500m以上，成为这类混交林的常见种或次优势种；而在中亚热带如桂东北相同的或甚至更低的海拔高度，这些种类完全绝迹。分布区虽紧接西部亚热带，但水热条件的结合状况，仍显示出东部亚热带的气候特点，反映在群落组成上主要属于东部亚热带的或与西部亚热带共有的成分如栲树、大果冬青、滇琼楠等，而东西部树种错杂分布现象并不鲜明。

灌木层一般高2m以下，覆盖度50%～60%，大节竹（*Indosasa crassiflora*）和尖尾箭竹（*Fargesia cuspidata*）占去一半以上，其他零星分布的多为乔木层的幼树，真正的灌木种类不多，有黔野锦香（*Blastus cavaleriei*）、尾叶山茶（*Camellia caudata*）、心叶山茶（*C. cordifolia*）、九节风（*Sarcandra glabra*）等。

草本层很不发达，覆盖度5%～10%，高1m以下，种类也少，以喜阴湿的蕨类占多数，如倒叶瘤足蕨（*Plagiogyria dunnii*）、鳞轴短肠蕨（*Allantodia hirtipes*）、奇数鳞毛蕨（*Dryopteris sieboldii*）等；此外，两广沿阶草（*Ophiopogon chingii*）也较常见。

层间植物种类和数量都不多，常见有冷饭团（*Kadsura coccinea*）、三叶木通（*Akebia trifoliata*）、柳叶菝葜（*Smilax lanceifolia* var. *lanceolata*）和野木瓜（*Stauntonia chinensis*）等小型藤本。

由于高度郁闭的林冠和厚的枯枝落叶层，影响更新层的发展，幼树数量较少，每公顷有4 275株，但树种组成繁多，大多数的常绿阔叶树获得更新，其中以云山青冈的幼树最多，其次为滇琼楠，而且它们都具备不同发育阶段的种群，在群落发展中仍将持续其优势地位。至于落叶树种中，亮叶水青冈占优势的地方，它的苗木很少见，而多出现在其他树冠之下或局部林窗中，看来基本上还是能适应群落的环境，在林中的优势地位也是比较稳定的，虽然它的母树改变了局部环境，对它的年青一代发展不利；其他大多数的上层落叶树，在密闭的林冠下很少幼苗幼树，也缺乏中下层立木，属于衰退型的种，有被排除的倾向；而在林缘或局部林冠空隙处，却有它们的年青个体，由于中山上风大、雪多，此种老熟林也易发生风倒雪压使郁闭破坏，为它们提供更新和成长的较为适宜的环境，而不致完全被淘汰。总之，这类混交林处在相对稳定阶段，是和地处南亚热带的桂西北山原中山的气候、土壤相适应的原生性森林。如遭受滥伐，如50年代末进行森工式的大面积皆伐的地段，1975年调查时，已为光皮桦、旱冬瓜、盐肤木（*Rhus chinensis*）、小果赤杨叶（*Alniphyllum fortunei* var. *microcarpu*）等组成的单优或混交的落叶阔叶林所取代，林下更新层中尚未出现原生性森林中的常绿阔叶树成分，也缺乏亮叶水青冈、缺萼枫香等多种落叶阔叶树，如停止干扰，向上演替，恢复原有森林的面貌，将要经过漫长的历程。有的地段则沦为以五节芒（*Miscanthus floridulus*）或蕨（*Pteridium aquilinum*）为主的草丛，在频繁烧山的情况下，形成所谓偏途演替的顶极群落。

云山青冈亮叶水青冈混交林蕴藏着不少经济价值高的树种可供利用，但分布在陡峭的中山山地，对保护土壤、涵养水源所起的作用更为重要。根据定位观测，1983～1986 年 4 年平均，林内地表径流量为 12.38mm，相当于同一立地条件草丛的 50.7%；年泥沙流失量 7.68kg/hm^2，相当于草丛 30.06kg/hm^2 的 25.5%，即林外大于林内 3 倍，可见这类混交林将地表径流转为土内径流以及降低土壤冲刷功能之强。目前主产地的广西田林老山已划为保护区，在做好保护管理工作的基础上，宜对此类群落及其所含的优良用材树种进行生态学的研究；并划出一定地段进行小面积的抚育采伐更新等营林试验，群落中壳斗科、木兰科和光皮桦以及其他优良树种，宜就地进行人工繁殖栽培试验，为在山原中山推广造林做好技术准备工作。至于分布在其他地方的小片森林，可用经营采伐方式合理利用，保证更新。此类森林土壤肥沃，往往成为游耕毁林垦荒的对象，此种掠夺自然资源的现象，后患无穷，应厉行杜绝。

第三节 栲类落叶阔叶混交林①

栲类（*Castanopsis*）和青冈一样，也是比较耐寒种类。以苦槠（*C. sclerophylla*）为共建种组成的混交林，多分布于北亚热带。但在中亚热带的低、中山地上，偶尔也有分布。由于所在地区的纬度较高，接近暖温带，因此森林的组成种类往往北方成分较多，又由于受人为干扰影响较大，所以该类型森林林相不甚整齐。

本林系组常见的有：苦槠白栎混交林，尾叶甜槠缺萼枫香混交林。前者是中国亚热带偏北地区耐性最强，分布最北的常绿落叶阔叶混交林，也是地带性的森林类型。后者是中国中亚热带山地常绿阔叶林带的垂直带谱上的森林类型，是中山山地冷湿的气候条件下，发育的相对稳定的原生性森林类型。

2—2—3—1 苦槠白栎混交林②

苦槠（*Castanopsis sclerophylla*）是中国亚热带偏北地区耐寒性最强、分布最北的常绿乔木树种。所以，以苦槠为建群种之一的苦槠、白栎落叶常绿阔叶混交林，就其形成来说，是落叶阔叶林随着水热条件递增，林内出现常绿树种，并逐渐增多，从而出现最早的落叶常绿阔叶混交林，就其分布来说，是落叶常绿阔叶林中分布最北的群落类型，它在纬向分布上，北接落叶阔叶林。因此，研究苦槠白栎混交林组成，结构及分布，可以了解其与落叶阔叶林的关系及落叶常绿阔叶混交林的发育形成。

---

① 执笔人：李承彪，周政贤
② 执笔人：刘昉勋

苦槠白栎（*Quercus fabri*）混交林，主要分布在中国东部北亚热带地区，具有地带性意义。但在中亚热带也有分布，并有时成为垂直带谱中的群落类型。在江苏、安徽两省境内，常见于丘陵和低山阳坡。江苏主要分布于宁镇山脉南段、茅山山脉及太湖沿岸山丘。气候条件以典型分布地无锡为例，年平均气温15.4℃，≥10℃，年积温4 895.1℃，最冷月均温为2.5℃，极端最低气温均值−8.13℃，极值 −12.5℃；年平均降水量1 027.8mm。土壤为黄棕壤，多沙壤质，较深厚，有机质含量较多，微酸性反应。

群落外貌为郁茂的栲栎类混交林，层次结构清楚，明显可分乔木、灌木及草本三层。

乔木层郁闭度0.7～0.8。常绿阔叶树以苦槠为主，其次有青冈（*Cyclobalanopsis glauca*）、冬青（*Ilex purpurea*）；有时还见有石栎（*Lithocarpus glaber*）、石楠（*Photinia serrulata*）。在太湖沿岸山丘的林内，有时还见有杨梅（*Myrica rubra*）。落叶阔叶树以栎树为主，主要为白栎，其次为短柄枹栎（*Quercus glandulifera* var. *brevipetiolata*），并常见麻栎（*Q. acutissima*）、栓皮栎（*Q. variabilis*）、偶见槲栎（*Q. aliena*）、小叶栎（*Q. chenii*）。其他落叶树有山槐（*Albizzia kalkora*）、黄檀（*Dalbergia hupeana*）、化香树（*Platycarya strobilacea*），其次为黄连木（*Pistacia chinensis*）、枫香树（*Liquidambar formosana*）及木蜡漆（*Toxicodendron sylvestre*）等，在太湖沿岸山丘的林内，有时还有刺柏（*Juniperus formosana*）。

灌木层盖度40%～50%，常绿灌木常见乌饭树（*Vaccinium bracteatum*）、格药柃（*Eurya muricata*）、胡颓子（*Elaeagnus pungens*）、小叶女贞（*Ligustrum quihoui*），落叶灌木常见杜鹃（映山红）（*Rhododenron simsii*）、满山红（*Rh. mariesii*）、山胡椒（*Lindera glauca*）、白檀（*Symplocos paniculata*）、六月雪（*Serissa foetida*），其次为算盘珠（*Glochidion puberum*）、野鸦椿（*Euscaphis japonica*）、野蔷薇（*Rosa multiflora*）、金樱子（*R. laevigata*）及长叶冻绿（*Rhamnus crenata*）等。

草本层盖度约40%左右，常见有菅草（*Themeda triandra*）、金茅（*Eulalia speciosa*）、芒（*Miscanthus sinensis*）、野古草（*Arundinella hirta*）、疏花野青茅（*Deyeuxia sylvatica* var. *laxiflora*）、淡竹叶（*Lophantherum gracile*）、一枝黄花（*Solidago decurrens*）及蕨（*Pteridium aquilinum* var. *latiusculum*）等。

藤本植物常见菝葜（*Smilax china*）、粉菝葜（*S. glauco-china*）、葛藤（*Pueraria lobata*）、络石（*Trachelospermum jasminoides*）及茜草（*Rubia cordifolia*）等。

苦槠白栎混交林纬向分布幅度较广，从北亚热带至中亚热带北缘均有分布。除为中亚热带垂直带谱上的群落类型外，林内常绿阔叶树是随着纬度递减而逐渐增加的，在纬度偏北地带，如遭破坏，往往逆向演替为落叶阔叶林。但在北亚热带南缘或中亚热带垂直带上，由于水热条件较佳，只要注意保护，则可向常绿阔叶林的方向发展。

苦槠白栎混交林，为北亚热带山地水平和垂直地带具有代表性的地带性植被类型之一，因此也是该地带内自然分布的主要阔叶林。众所周知，阔叶林尤其是常绿落叶阔叶混交林，其防止水土流失，净化大气等生态效益的作用，比针叶林强。另外，其主要组成成分，如苦槠、白栎，其次短柄枹栎等栎类树种，皆可利用。尤其是苦槠的木质坚韧，富有弹性，经久耐用，为建造轮轴及运动器具等的良材。这些栎类树种的果实富含淀粉，可供纺织工业用；壳斗及树皮含有鞣质，可提取栲胶，供工业原料用。所以，苦槠白栎混交林特别是在北亚热带地区应予重视，加以保护，以充分发挥其生态效益，并合理开发利用。

2—2—3—2 尾叶甜槠缺萼枫香混交林①

以尾叶甜槠（*Castanopsis eyrei* var. *caudata*）、缺萼枫香（*Liquidambar acalycina*）为主的常绿落叶阔叶混交林为中亚热带常绿阔叶林带的垂直带谱的类型，它是在东部中亚热带中山山地冷凉潮湿的气候条件下，达到相对稳定的原生性森林。

这类混交林分布于东部中亚热带的南部，主要见于广西东北部一带的中山山地，垂直分布在1 300～2 000m的范围内。其下界紧接银木荷（*Schima argentea*）、小红栲（*Castanopsis carlesii*）、甜槠（*Castanopsis eyrei*）等常绿阔叶林。所在地的气候可以越城岭真宝顶的同禾药材场海拔1 450m的记录为代表，年平均气温13.1℃，最冷月（1月）平均气温2.1℃，最热月（7月）平均气温22.2℃，极端最低气温达－11.9℃，夏季仅1个月（7月）；年降水量达2 065mm，比较集中在3～8月，年平均相对湿度在85%以上。立地的土壤为由砂、页岩和花岗岩发育而成的黄棕壤，pH 4.5～5.0。

尾叶甜槠缺萼枫香混交林大都是老熟林②，林冠遭受风吹雪压，郁闭度并不大，一般约0.7左右，树冠基本连接或密接。乔木层仍可分为3个亚层。

第一亚层林木一般高20m左右，胸径在30～50cm，常绿和落叶阔叶树种数量大致相等，落叶阔叶树除缺萼枫香较多之外，主要还有中华槭（*Acer sinense*）、裂叶白辛树（*Pterostyrax leveillei*）、银钟花（*Halesia macgregorii*）和野漆（*Toxicodendron succedaneum*）等，其他常见有华南桦（*Betula austro-sinensis*）、腺毛泡花树（*Meliosma glandulosa*）和水青冈（*Fagus longipetiolata*）等。常绿阔叶树除尾叶甜槠、曼青冈（*Cyclobalanopsis oxyodon*）较多之外，常见还有硬斗石栎（*Lithocrpus hancei*）、银木荷（*Schima argentea*）和半枫荷（*Dendropanax dentiger*）等。

第二亚层林木以常绿阔叶树为主，优势种不明显，常见有美山矾（*Symplocos decora*）、香港四照花（*Dendrobenthamia hongkongensis*）、大八角（*Illicium majus*）以及上层乔木的一些种类。

第三亚层林木亦以常绿阔叶树为主，除中、上层林木的一些种类之外，常见有红岩杜鹃（*Rhododendron haofui*）、广福杜鹃（*Rh. kwangfuense*）、多花卫矛（*Euonymus myrianthus*）等。有的地方还可见到较多的摆竹（*Indosasa shibataeoides*）分布。

灌木层植物主要为乔木的幼树，真正的灌木不多，常见的种类有茵芋（*Skimmia*

① 执笔人：苏宗明，莫新礼

② 群落材料由广西植被协作组提供

reevesiana）、临桂绣球（*Hydrangea linkweiensis*）、榛叶荚蒾（*Viburnum corylifolium*）、青荚叶（*Helwingia japonica*）等。有的地方则以摆竹占优势。

草本地被层植物以喜阴湿的种类为主，常见有锦香草（*Phyllagathis cavaleriei*）、羊刀尖（*Fordiophyton polystegium*）、尼泊尔肉穗草（*Sarcopyramis nepalensis*）、无盖鳞毛蕨（*Dryopteris scottii*）和倒叶瘤足蕨（*Plagiogyria dunnii*）等。

层间植物不多，常见有冷饭团（*Kadsura coccinea*）、过山风（*Schisandra viridis*）、野木瓜（*Stauntonia chinensis*）和巴东清风藤（*Sabia emarginata*）等。

尾叶甜槠缺萼枫香混交林是一种已达到相对稳定的群落。在遭受滥伐后常可为桦木及槭类组成的次生落叶阔叶林所取代，如停止干扰，便逐渐恢复成多层结构的混交林。如果反复火烧或烧垦撂荒，则沦为五节芒（*Miscanthus floridulus*）或白茅（*Imperata cylindrica*）等草丛。这时如不加以人为干预，要恢复森林是困难的，或是非常缓慢的。

尾叶甜槠缺萼枫香混交林中虽然有不少的优良用材树种，但这类林分分布于海拔较高的中山山地，对保持水土、涵养水源具有重大的作用。因此，应作为水源林加以保护，进行经营择伐，保证森林的不断更新、培育和利用。

第四节　木荷落叶阔叶混交林①

木荷落叶阔叶混交林，分布于中亚热带山地。该森林类型多以常绿阔叶树为主组成群落，其种类组成特点是，以木荷（*Schima*）为优势种，并混有青冈属、栲属等壳斗科常绿种类。落叶阔叶树以鹅耳枥属（*Carpinus*）、槭属（*Acer*）等为最常见。

该森林类型是中国东部中亚热带山地典型的常绿、落叶阔叶混交林。林分发育成熟，相对稳定，但分布下缘的低海拔地段，因温湿条件较佳，有利于常绿阔叶树种的生长发育与更新，使其在林分中处于优势地位，从而逐渐为山地常绿阔叶林所代替。

本林系组仅有1个林系，现叙述如后。

2—2—4—1　木荷耳叶石栎大穗鹅耳枥混交林②

木荷耳叶石栎大穗鹅耳枥混交林，为中国东部中亚热带山地的常绿落叶阔叶混交林，其中以常绿阔叶树占优势，其分布下缘因海拔渐低，在沟谷条件下，温湿度显然增高，因而常绿阔叶树成分增加，并逐渐为常绿阔叶林所演替。所以研究其组成结构及生态地理分布，即可了解它与常绿阔叶林之间的相互关系。

（一）分布与生境

木荷（*Schima superba*）耳叶石栎（*Lithocarpus grandifolius*）大穗鹅耳枥（*Carpinus*

① 执笔人：李承彪，周政贤
② 执笔人：刘昉勋

viminea）混交林在浙江南部青田、景宁等山地分布较为普遍。林相发育完整，为中亚热带山地典型常绿落叶阔叶混交林类型。通常分布于海拔800～950m的沟谷和山坡，坡向不一，正北向的易受北方冷空气的侵袭，全年直射阳光较少。坡度20°～40°，林地较阴湿，通常苔藓植物生长繁茂，枯枝落叶层厚。土壤深厚，从上层到下层有机质含量由丰富到少量，质地由沙壤到沙土。剖面性状举例如下：0～8cm，黑褐色沙壤，具块状或团粒结构，有机质丰富，多植物残体；8～17cm，褐色沙壤，块状并有少量团粒结构，有机质含量减少，有植物根；17～70cm，黄色沙土，具块状结构，有机质少，有植物根；70cm以下为母岩。

（二）组成与结构

木荷耳叶石栎大穗鹅耳枥混交林，其外貌为郁茂的山地常绿落叶混交林，林木生长繁茂，发育良好，林冠深浅绿色镶嵌，林冠起伏，状似浪涛，群落结构可分为乔木、灌木及草本3层。

乔木层又可分为上、下两个亚层。上层中，常绿阔叶树种类显然少于落叶阔叶树，一般约为种类总数的1/3，但株数与盖度均超过落叶阔叶树，因此群落外貌以常绿树占优势。本层以木荷和耳叶石栎为优势种，其频度均达100%，其次为大穗鹅耳枥，频度为80%。其他常见树种有湘椴（*Tilia endochrysea*）、水青冈（*Fagus longipetiolata*）、红枝柴（*Meliosma oldhamii*）、臭辣树（*Evodia fargesii*）；再次为甜槠（*Castanopsis eyrei*）、化香树（*Platycarya strobilacea*）、青冈（*Cyclobalanopsis glauca*）。有些地方还出现有南酸枣（*Choerospondias axillaris*）、红润楠（*Machilus thunbergii*）、刨花润楠（*M. pauhoi*）、长果桂（*Cinnamomum subavenium*）及朴树（*Celtis tetrandra* ssp. *sinensis*）等乔木下层除大穗鹅耳枥外，有稀疏分布的石灰花楸（*Sorbus folgneri*）、野鸦椿（*Euscaphis japonica*）、小叶青冈（*Cyclobalanopsis myrsinaefolia*）及虎皮楠（*Daphniphyllum oldhamii*）等，有时还偶见有杉木（*Cunninghamia lanceolata*）夹杂其内。此外，灌木层的鹿角杜鹃花（*Rhododendron latoucheae*）、老鼠矢（*Symplocos stellaris*）、杜鹃（映山红）（*Rhododendron simsii*）、及青皮木（*Schoepfia jasminodora*）等高生长也到达立木层内。

灌木层种类较多，优势种为鹿角杜鹃花、硬细齿柃（*Eurya nitida* var. *rigida*）糯米条子（宜昌荚蒾）（*Viburnum ichangense*）、钓樟（*Lindera umbellata*），其次为中国绣球（*Hydrangea chinensis*）、米饭花（*Vaccinium sprengelii*）、老鼠矢，再次为青皮木、满山红（*Rhododendron mariesii*）、杜鹃（映山红）、朱砂根（*Ardisia crenata*）、鄂莓（*Rubus hupehensis*）、矩叶鼠刺（*Itea chinensis* var. *oblonga*）。此外，还见有石斑木（*Raphiolepis indica*）、红果山胡椒（*Lindera erythrocarpa*）、乌药（*L. aggregata*）、中华旌节花（*Stachyurus chinensis*）、新木姜子（*Neolitsea aurata*）。在纬度偏南的地方，还出现有较多的东方古柯（*Erythroxylum kunthianum*）以及中华野海棠（*Bredia sinensis*）、秀丽野海棠（*B. amoena*）等南方树种。

由于乔、灌木层植物生长繁茂，盖度大，林内阳光少，因此草本植物生长稀少，只有耐荫植物狗脊（*Woodwardia japonica*）比较常见，此外，还有黄精（*Polygonatum* sp.）及建兰（*Cymbidium ensifolium*）。

藤本植物不多，最为常见的为含羞草叶黄檀（*Dalbergia mimosoides*），其次为大血藤（*Sargentodoxa cuneata*）。此外，还有粉菝葜（*Smilax glaucochina*）、土茯苓（*S. glabra*）、三叶木通（*Akebia trifoliata*）、盘柱南五味子（*Kadsura peltigera*）、长叶猕猴桃（*Actinidia hemsleyana*）及黄独（*Dioscorea bulbifera*）等的零星生长。

木荷耳叶石栎大穗鹅耳枥混交林是发育成熟的常绿落叶混交林，郁闭度 0.75～0.95，林内阴暗，润湿，多枯枝落叶，草本只有很少耐荫植物零星生长。乔木上层内落叶树树冠突出在林冠之上，像锈叶椴，一般高达 9m，优势种常绿阔叶树木荷、粗穗石栎高为7～8m。乔木下层一般高不超过 3.5m，盖度 60%左右。

（三）演替与利用

木荷耳叶石栎大穗鹅耳枥混交林发育成熟，相对稳定，但其分布下缘的低海拔地段，因温湿条件较佳，有利于常绿阔叶树种的生长与更新，使它们在林内将更趋向于优势地位，从而逐渐为山地常绿阔叶林所代替。

这一混交林在浙江南部山地分布普遍，林木生长茂盛，林冠郁茂，是生态效益显著的天然水土保持和水源涵养林。林内木荷、壳斗科常绿树种以及水青冈、锈叶椴等皆为各种特殊用途的用材树种，还有其他林副产品，如壳斗科树种的壳斗可提取栲胶，种实含丰富淀粉，均为工业用原料。宜加强保护，并以阔叶树用材林为目标，加强抚育和改造，合理开发利用。

第五节　石栎落叶阔叶混交林①

石栎落叶阔叶混交林，分布于中国中亚热带西部地区的中山地带。乔木层常绿阔叶树以石栎（*Lithocarpus*）为主，次为青冈属，有的群落内栲属也占重要地位。落叶阔叶树中有水青树属（*Tetracentron*）、桦木属（*Betula*）、椴树属（*Tilia*）和槭树属（*Acer*）等。这一混交林灌木层以箭竹属（*Fargesia*）为优势的多种竹类混交为特征。

该林系组森林常见的有：多变石栎水青树混交林，包果石栎珙桐混交林。前者是中国中亚热带西部山地植被垂直带谱上的森林类型。后者也是中国中亚热带西部山地植被垂直带谱上，比较稳定的常绿阔叶与落叶阔叶混交林。

2—2—5—1　多变石栎水青树混交林②

多变石栎（*Lithocarpus variolosus*）水青树（*Tetracentron sinense*）混交林，为中国中亚

① 执笔人：李承彪，周政贤
② 执笔人：刘昉勋

热带西部植被垂直带谱上的常绿落叶阔叶混交林类型，林内常绿阔叶树较占优势地位，以多变石栎和水青树为共优势种。多变石栎木材坚重致密，材质优良，供舟车、桥梁、器械用。水青树为稀有的单种科属树种，特产中国西部及缅甸、越南，木材轻软，不耐腐，供一般家具和胶合板用。

多变石栎水青树混交林主要分布在四川省西南部山地黄茅梗以西的布拖、金阳、越西、甘洛以及泸定、石棉等地海拔 1 600～2 400m 的中山山地。其分布下缘多与云南松（*Pinus yunnanensis*）林或以多变石栎、高山栲（*Castanopsis delavayi*）等为主所组成的常绿阔叶林相接，分布上缘连接亚高山常绿针叶林。

所在地全年干湿季较明显，冬季无严寒、夏季不酷热。年平均气温 11℃左右，年降水量在 1 000mm 以上，平均相对湿度 75%以上。土壤多为石灰岩发育形成的山地黄棕壤。

林冠不整齐，群落外貌为深绿色镶嵌着黄绿色和褐绿色斑块。层次结构明显可分乔木、灌木及草本 3 层，其中乔木层又可分为上下两亚层。

乔木上层中，常绿阔叶树较占优势，常见有多变石栎、包果石栎（*Lithocarpus cleistocarpus*）、硬斗石栎（*L. hancei*）、曼青冈（*Cyclobalanopsis oxyodon*），大多为老龄大树。落叶树种类多，有水青树、白辛树（*Pterostyrax psilophylla*）、灯台树（*Cornus controversa*）、糙皮桦（*Betula utilis*）、漆树（*Toxicodendron vernicifluum*）、多毛椴（*Tilia intonsa*）、青榨槭（*Acer davidii*）、化香树（*Platycarya strobilacea*）等。其次常见种有天师栗（*Aesculus wilsonii*）、金钱槭（*Dipteronia sinensis*）、五小叶槭（*Acer pentaphyllum*）、三角枫（*A. buergerianum*）、云南枫杨（*Pterocarya delavayi*）、黄檀（*Dalbergia hupeana*）、苦木（*Picrasma quassioides*）、臭椿（*Ailanthus altissima*）等。乔木下层常见种有青檀（*Pteroceltis tatarinowii*）、川鄂山茱萸（*Macrocarpium chinensis*）、山杨（*Populus davidiana*）、滇八角（*Illicium yunnanense*）、菱叶钓樟（*Lindera supracostata*）、卵叶钓樟（*L. limprichtii*）、西南山茶（*Camellia pitardii*）及数种花楸（*Sorbus* spp.）在近干热处则见有头状四照花（鸡嗉子）（*Dendrobenthamia capitata*）、云南鼠刺（*Itea yunnanense*）、白楠（*Phoebe neurantha*）、油樟（*Cinnamomum longepaniculatum*）、柳叶黄肉楠（*Actinodaphne lecomtei*）及皱皮杜鹃（*Rhododendron wiltonii*）等的分布。

下木层种类多，在阴湿处华西箭竹（*Fargesia nitida*）常呈片丛生，盖度可达40%左右，但在干燥地方盖度仅 10%。常见灌木种类有挂苦绣球（*Hydrangea xanthoneura*）、西南绣球（*H. davidii*）、多花槐蓝（*Indigofera amblyantha*）、二翅六道木（*Abelia macrotera*）、大果花楸（*Sorbus megalocarpa*）及水麻（*Debregeasia edulis*）。此外，还见有川梨（*Pyrus pashia*）、川滇海棠（*Malus prattii*）、通脱木（*Tetrapanax papyriferus*）、喜马拉雅旌节花（*Stachyurus himalaicus*）、滇白珠（*Gaultheria yunnanensis*）、金丝桃（*Hypericum chinense*）、猫儿屎（*Decaisnea fargesii*）、水红木（*Viburnum cylindricum*）、喜马拉雅野扇花（*Sarcococca hookeriana*）、大叶海桐（*Pittosporum daphniphylloides*）、云南冬青（*Ilex yunnanensis*）、异叶梁王茶（*Nothopanax davidii*）、波叶山蚂蝗（*Desmodium sinuatum*）及中华青荚叶（*Hel-*

wingia chinensis）等。

草本层种类不多，常见麦冬（*Ophiopogon japonicus*）、延龄草（*Trillium tschonoskii*）、玉竹（*Polygonatum odoratum*）、七叶一枝花（*Paris polyphylla*）、线柱苣苔（*Rhynchotechum* sp.）、高山露珠草（*Circaea caulescens*）、黄金凤（*Impatiens siculifer*）、鸭儿芹（*Cryptotaenia japonica*）、卵叶水芹（*Oenanthe rosthornii*）、披针叶荩草（*Arthraxon lanceolatus*）、滇川唐松草（*Thalictrum finetii*）、复豆菜叶唐松草（*T. saniculaeforme*）、滇丹参（*Salvia yunnanensis*）、羽叶鬼灯檠（*Rodgersia pinnata*）、山酢浆草（*Oxalis griffithii*）等。此外还有蕨类植物：蕨萁（*Botrychium virginianum*）、变异铁角蕨（*Asplenium varians*）、对马耳蕨（*Polystichum tsus-simense*）、大叶贯众（*Cyrtomium macrophyllum* f. *muticum*）及鳞毛蕨（*Dryopteris* sp.）等。

藤本植物有串果藤（*Sinofranchetia chinensis*）、软枣猕猴桃（*Actinidia arguta*）、钻地风（*Schizophragma integrifolium*）、木香马兜铃（*Aristolochia moupinensis*）、红花五味子（*Schisandra rubriflora*）、雪胆（*Hemsleya chinensis*）、五叶薯蓣（*Dioscorea pentaphylla*）及茜草（*Rubis cordifolia*）等。

多变石栎水青树混交林，乔木层郁闭度0.5～0.7。乔木上层中的主要常绿阔叶树如多变石栎、包石栎、绿叶石栎等壳斗科树种，一般高15m，胸径10～30cm；主要落叶树种如水青树、白辛树、多毛椴、灯台树、糙叶桦等一般高12m左右，胸径10cm左右。灌木层盖度30%～80%，草本层盖度40%左右。苔藓类活地被植物不多，盖度仅10%～30%。

多变石栎水青树混交林组成中，常绿阔叶树较多于落叶阔叶树，在其垂直分布带的下限常绿阔叶树比分布带的上限多，如无人为活动的影响，常绿阔叶树得以正常更新繁殖生长，最后自然演替为常绿阔叶林，从而使原来与其衔接分布的常绿阔叶林的分布上限向上延伸。如果不予保护，任意砍伐破坏，常绿阔叶树更新繁殖困难，生长逐渐衰退，以致最后被淘汰导致为次生性落叶阔叶林所演替；原来竹类植物繁多的地方，则形成竹丛或竹林。

多变石栎水青树混交林内多种常绿与落叶树皆为用材树种。灯台树为优质树脂树种；林内还有七叶一枝花、雪胆、延龄草、五味子、薯蓣等多种中草药，是植物资源较为丰富的森林类型，宜加强保护，并有计划地抚育为用材林，同时选择保留其他资源植物，促使其更新生长发展，提高林副产品产量，以便合理开发利用。

2—2—5—2　包果石栎珙桐混交林①

包果石栎（*Lithocarpus cleistocarpus*）珙桐（*Davidia involucrata*）混交林是中国中亚热带西部山地植被垂直带谱上，比较稳定的常绿落叶阔叶混交林类型。林中有珍稀树种及众多用材树种是资源较多的混交林。包果石栎木材稍坚重，不甚耐磨，供建筑、枕木、农具、

① 执笔人：刘昉勋

家具等用途，珙桐为中国特产的单种科珍稀树种，也是著名的观赏树。木材有光泽，结构甚细、均匀、轻软，强度小至中；供雕刻、玩具及美术工艺品等用。

包果石栎珙桐混交林，主要分布于四川盆地边缘山地海拔 1 800～2 300m 的地带，在雷波、马边、屏山以及盆地西缘山地的峨眉、天全、芦山、宝兴等地，其次在北川、平武、都江堰和南川的金佛山有分布。此外，古蔺县也有零星分布。其分布下缘通常以峨眉栲（*Castanopsis platycantha*）、木荷（*Schima superba*）等为主所组成的山地常绿阔叶林相衔接，上缘则与山地常绿针叶林相交错。

立地条件大多为阴坡或半阴坡地。年平均气温 10℃左右，1 月份平均气温在 1℃上下，7 月份平均气温 18～19℃，年平均降水量 1 000mm 以上。土壤大多是志留纪黄、灰色岩为母质，发育形成的山地黄棕壤；土层深厚，湿润，有机质含量高，pH 值 4.5～5.5。此外，还有三叠纪紫色砂页岩为母质所发育形成的酸性山地紫色土。

群落外貌为郁茂的常绿落叶阔叶混交林，在水热条件较好的地段，常绿树种较占优势地位，反之则落叶树种较占优势地位，树冠夏季浓绿色，入秋出现黄褐树冠斑块。明显可分乔木、灌木及草本 3 层。

乔木层又可分为上下两亚层。乔木上层中常绿树通常以包果石栎、峨眉栲为主，有时还出现大叶石栎（*Lithocarpus megalophyllus*）、硬斗石栎（*L. hancei*）、瓦山栲（*Castanopsis ceratacantha*）、曼青冈（*Cyclobalanopsis oxyodon*）及青冈（*C. glauca*）等树种，生长高大，是构成常绿层片的主体。落叶树种类较多，不少为稀有特产树种，常见有珙桐、水青树（*Tetracentron sinense*）、连香树（*Cercidiphyllum japonicum* var. *sinense*）、香桦（*Betula insignis*）、扇叶槭（*Acer flabellatum*）、疏花槭（*A. laxiflorum*）、川康长尾槭（*A. caudatum* var. *prattii*）等组成落叶层的主体。此外，还见有长穗鹅耳枥（川黔千金榆）（*Carpinus fangiana*）、白辛树（*Pterostyrax psilophylla*）、青榨槭（*Acer davidii*）、领春木（*Euptelea pieiospermum*）、泡花树（*Meliosma cuneifolia*）、大叶椴（*Tilia nobilis*）、多毛椴（*T. intonsa*）、漆树（*Toxicodendron vernicifluum*）、华西枫杨（*Pterocarya insignis*）、糙皮桦（*Betula utilis*）、雷波桦（*B. lepoensis*）、峨眉桦（*B. trichogemma*）等。乔木下层中，优势种有川山矾（*Symplocos szechuenensis*）、薄叶山矾（*S. anomala*）、老鼠矢（*S. stellaris*）、厚皮香（*Ternstroemia gymnanthera*）、云南冬青（*Ilex yunnanensis*）、美容杜鹃花（*Rhododendron calophytum*）、矩圆叶柃（*Eurya oblonga*），其他种类还有叶萼茶条果（*Symplocos phyllocalyx*）、西南山茶（*Camellia pitardii*）、异叶梁王茶（*Nothopanax davidii*）、中华木荷（*Schima sinensis*）、小果冬青（*Ilex micrococca*）、刺叶冬青（*I. pernyi* var. *veitchii*）、芒刺杜鹃（*Rhododendron strigillosum*）、总梗女贞（*Ligustrum peduncular e*）、黄背叶柃木（*Eurya nitida* var. *aurescens*）、棠梨刺（*Pyrus pashia*）、三桠乌药（*Lindera obtusiloba*）、刺榛（*Corylus ferox*）、山苍子（山鸡椒）（*Litsea cubeba*）、润楠（*Machilus pingii*）、花楸（*Sorbus pohuashanensis*）等。

灌木层大多以箭竹（*Fargesia nitida*）占优势地位，而在雷波山棱岗和古蔺、筠连一带则以罗汉竹（*Indosassa angustifolia*）占优势地位，在南川则出现多种竹类如金佛山方竹

(*Chimonobambusa utilis*)、水竹 (*Phyllostachys congesta*)、淡竹 (*P. nigra* var. *henonis*) 等。由于竹类植物生长茂密，覆盖度大，一般灌木种类稀少，常见桃叶珊瑚 (*Aucuba chinensis*)、宝兴茶藨 (*Ribes moupinense*)、长序茶藨 (*R. longiracemosum*)、川溲疏 (*Deutzia setchuenensis*)、褐毛溲疏 (*D. pilosa*)、山梅花 (*Philadephus incanus*)、毛柱山梅花 (*P. subcanus*)、绣球 (*Hydrangea macrophylla*)、挂柱绣球 (*H. xanthoneura*)、心叶荚蒾 (*Viburnum cordifolium*)、蕊帽忍冬 (*Lonicera pileata*)、中华旌节花 (*Stachyurus chinensis*)、云南旌节花 (*S. yunnanensis*)、喜马拉雅旌节花 (*S. himalaicus*)、垂丝卫矛 (*Euonymus oxyphyllus*)、柳叶卫矛 (*E. salicifolia*)、茵芋 (*Skimmia reevesiana*)、四川蜡瓣 (*Corylopsis willmottiae*)、峨眉蔷薇 (*Rosa omeiensis*)、川莓 (*Rubus setchuanensis*)、猫儿屎 (*Decaisnea fargesii*)、川滇海棠 (*Malus prattii*) 及华西臭樱 (*Maddenia wilsonii*) 等。在金佛山还有特产的麻叶杜鹃 (*Rhododendron coeloneurum*)、金山杜鹃 (*Rh. chienianum*) 分布。

草本层大多为耐荫潮湿种类，常见有苔草 (*Carex* sp.)、凤仙花 (*Impatiens* sp.)、山酢浆草 (*Oxalis griffithii*)、棒叶沿阶草 (*Ophiopogon clavatus*)、粗齿冷水花 (*Pilea fasciata*)、小叶赤车 (*Pellionia brevifolia*)、六角莲 (*Dysosma pleiantha*)、赤胫散 (*Polygonum runcinatum*)、鹿蹄草 (*Pyrola rotundifolia*)、苕叶细辛 (*Asarum himalaicum*)、东方草莓 (*Fragaria orientalis*)、蟹甲草 (*Cacalia adenostyloides*)、藏三七 (*Panax pseudoginseng*)、珠子参 (*Panax japonicus* var. *major*)、羽叶三七 (*P. japonica* var. *bipinnatifidus*)、黄连 (*Coptis chinensis*)、天麻 (*Gastrodia elata*)、落新妇 (*Astibe chinensis*)、马先蒿 (*Pedicularis* sp.)、甘西鼠尾 (*Salvia przewalskii*)、类叶牡丹 (*Leontice robustum*)、西南银莲花 (*Anemone davidii*)、川乌 (*Aconitum chinense*) 等。此外，还有蕨类植物：肠蕨 (*Diplaziopsis* sp.)、膜蕨 (*Hymenophyllum* sp.) 等。

藤本植物常见阔叶猕猴桃 (*Actinidia latifolia*)、中华猕猴桃 (*A. chinensis*)、葛枣猕猴桃 (*A. polygama*)、狗枣猕猴桃 (*A. kolomikta*)、显脉猕猴桃 (*A. venosa*)、小萼猕猴桃 (*A. tetramera*)、红花五味子 (*Schisandra rubriflora*)、披针叶五味子 (*S. sphenanthera* var. *lancifolia*)、木通 (*Akebia quinata*)、三裂叶蛇葡萄 (*Ampelopsis delavayana*)、川西藤山柳 (*Clematoclethra actinidioides*)、常春藤 (*Hedera nepalensis* var. *sinensis*)、肖菝葜 (*Heterosmilax japonica*)、南蛇藤 (*Celastrus orbiculatus*)、忍冬 (*Lonicera japonica*)、托柄菝葜 (*Smilax discotis*)、防已叶菝葜 (*S. menispermoidea*) 及香花崖豆藤 (*Millettia dielsiana*) 等。

包果石栎珙桐混交林生长繁茂，发育成熟。在乔木上层中组成常绿层片的石栎属和栲属树种，一般高 15～20m，健壮高大。组成落叶层片的主要成分如珙桐、水青树、连香树及槭属树种，高 14～22m，胸径 30～60cm。乔木下层的组成树种，高 6～10m。灌木层盖度 70%左右占优势的竹类层片中，方竹一般 1.5～3m。草本层盖度 20%左右，多为耐湿植物，苔藓类活地被物，在局部阴湿地方，盖度可达 90%以上，厚 3.5cm。

这类较稳定的常绿落叶阔叶混交林，在其垂直分布范围的下部，林内常绿阔叶树较多，如无人为影响，可以发育为常绿阔叶林，从而使衔接其下缘的原来常绿阔叶林的分布上限向上伸延。倘使砍伐破坏，也会形成次生性落叶阔叶林；原来竹类层片发达的地方，则形成为竹丛或竹林。

包果石栎珙桐混交林中产黄连、天麻、三七等名贵药材；栲、石栎、桦木及连香树等多种树木是良好的家具、建筑用材；香桦可提取芳香油。还有很多稀有珍贵树种，如珙桐、水青树、连香树等皆为国家保护的珍稀、濒危树种。箭竹丛生的地方是中国活化石动物大熊猫栖息的场所之一。在天全、宝兴、芦山一带的林下，是稀有珍贵动物岩鹿、水鹿出入的地方。所以包果石栎珙桐混交林应重点加以保护，合理开发利用。

第三章

常绿阔叶林[①]

常绿阔叶林是分布于地球表面热带以北或以南中纬度亚热带区域的地带性森林，在北半球其分布位置大致在北纬 22°～34°（40°）。在欧亚大陆东南部，常绿阔叶林主要分布于中国的长江流域至珠江流域一带；朝鲜半岛、日本列岛南部也有分布。此外，非洲的东南沿海和西北部大西洋中的加那利与马德拉群岛；北美洲的东南端和墨西哥；南美洲的智利、阿根廷、玻利维亚，巴西的一部分；大洋洲东岸以及新西兰的北岛等地均有常绿阔叶林分布；其中以中国长江流域至珠江流域的常绿阔叶林区最为典型，面积最广，资源丰富，也是中国农业经济最发达的区域。

中国的常绿阔叶林分布区属于亚热带季风气候区域，正处于欧亚大陆的东南岸，西依青藏高原，北邻西伯利亚内陆，东南濒临广大的太平洋海域。主要受东亚季风气候的孕育，暖季有较为丰富的降水，通常季风越强，则降水越集中。因而夏季高温湿润，冬季干燥而寒冷的大陆气流由大陆中心向海洋移动，降水少，无严寒，但有时出现霜雪。亚热带东部四季较为明显，南部无冬，春夏多雨；西部干湿季明显，夏秋多雨，冬春干暖。年平均气温 14～22℃，最热月平均气温 26～29℃，最冷月平均气温 1～12℃，极端最低气温在 0℃以下；≥10℃年积温 4 500（最低可达 4 000℃）～7 500℃（最高可达 8 000℃）；无霜期 210～330 天。年降水量在 750～2 000mm，但分配不大均匀，降雨主要在 4～9 月，特别是在 4、5、6 和 9 月份，此时雨量占全年的 50%左右；冬季降水稀少，但无明显的干旱。由于夏季风的关系，夏季降水特别充沛，且雨热同期，十分有利于亚热带常绿阔叶林的发育。

常绿阔叶林主要是发育在亚热带季风气候区域的一种常绿双子叶阔叶树众多树种组成的森林类型，它首先是亚热带海洋性气候下的产物，并常受季风的作用，属于亚热带湿润

① 执笔人：林英

性常绿阔叶林。曾经有些学者把欧亚大陆东南岸，中国暖温带的落叶阔叶林、北亚热带的常绿与落叶阔叶混交林以及中亚热带的典型常绿阔叶林三者统称为“暖温带雨林”（Warmtemperate rian forest），而将中国北回归线南北两侧南亚热带的季雨常绿阔叶林以及中国热带雨林统称为“亚热带雨林”（Subtropical rian forest），这显然是对欧亚大陆东南部的亚热带与温带的概念理解不同而提出的森林类型概念。因为，欧亚大陆东南部，亚热带及热带的北缘均处在太平洋西岸，东亚季风气候的影响之下，热带的北界仅仅达于北纬22°，而北纬22°～34°为亚热带，是热带至温带的广阔的过渡地带，同时宽达12个纬度的亚热带，由于气候由南向北逐渐过渡的梯度变化，表现在森林种类组成上有较为明显的差异，亚热带常绿阔叶林带显著地区分为南、中、北3个亚带，即：南部亚热带季雨（有人称季风）常绿阔叶林、中部亚热带典型常绿阔叶林、北部亚热带常绿与落叶阔叶混交林。它们同是亚热带的常绿阔叶林，建群种均为常绿阔叶树，但是由于立地条件随着纬度逐步升高，森林植被的发育条件有差异，种类组成有变化，表现在南部亚热带混入部分热带植物区系成分，同样的，北部亚热带也混入部分暖温带植物区系成分，仅中部亚热带保持着典型亚热带植物区系成分；显然，随着气候南北逐渐梯度变化，森林类型也呈现其逐渐过渡的性质。其次是常绿阔叶林的分布区主要在亚热带，但也可以随着局部地形或气候条件的适应性而在暖温带局部避风地形或者在热带的山地垂直带上有所出现，比如，有暖温带沟谷常绿阔叶林或热带山地常绿阔叶林存在等。

组成常绿阔叶林的立木都是常绿双子叶阔叶树种为主，以壳斗科、樟科、山茶科、木兰科等的常绿乔木为典型代表，种类组成相当丰富，呈多树种混生且常有着明显的建群种或共建种，伴生树种也众多。林冠终年常绿，林相整齐，由于树冠浑圆，林冠呈微波状起伏。群落中以高位芽植物为主。整个群落全年均呈营养生长，特别是夏季更为旺盛，色彩比较一致，褐黄与暗绿相间的杂色外貌。只有当上层树种的季节性换叶或开花、结实时，才出现嫩绿。上层多为壳斗科、樟科。山茶科常绿树种的树皮厚而粗糙，呈棕色或灰褐色，常有鳞片状、条沟状剥裂，但也有些种类的树皮稍薄而平滑。乔木树干耸直，分枝多在6～10m以上。

森林群落的内部结构较温带落叶阔叶林（夏绿林）复杂得多，仅次于热带雨林。可明显分为乔木层（立木层）、灌木层（下木层）与草本层；发育良好的乔木层可分为2～3亚层，第一亚层高度在16～20m，很少超过25m以上；总郁闭度0.7～0.9，树冠多相连续。乔木层多数以壳斗科的常绿树种为主，如青冈属（*Cyclobalanopsis*）、栲属（*Castanopsis*）、石栎属（*Lithocarpus*）；樟科的润楠属（*Machilus*）、楠属（*Phoebe*）、樟属（*Cinnamomum*）、厚壳桂属（*Cryptocarya*）；山茶科的木荷属（*Schima*）、杨桐属（*Adinandra*）、厚皮香属（*Ternstroemia*）；木兰科的木莲属（*Manglietia*）、含笑属（*Michelia*），金缕梅科的马蹄荷属（*Exbucklandia*）、半枫荷属（*Semiliquidambar*）等等，乔木的胸径常在20～45cm。灌木层可分为2～3亚层，除有乔木层的幼树之外，发育良好的灌木种类有时也伸入乔木的第三亚层中；比较常见的灌木为山茶科、樟科、杜鹃花科、茜草科、越橘科，野牡丹科和紫金牛科的常绿灌木为主。草本层以常绿草本为主，常见有姜科、莎草科、禾本科以及蕨类植物等。藤本植物以常绿木质的中小型藤本为主，粗大或扁茎的藤本极少见。附生植物以地衣和苔藓为主，次为有花植物，包括兰科、胡椒科以及附生蕨类为主。并有半寄生于枝桠上的桑寄生科植物以及腐物寄生于林下树根的水晶兰（*Monotropa*）等植物出现。与热带雨林相比，乔木树种一般均无板状根，茎花及叶附生等典型现象，仅在中亚热带的南部以及南亚热带的季雨（季风）常绿阔叶林中，其乔木树种具有小型板状根、茎花（榕属 *Ficus*）、滴水叶尖及叶附生苔藓等常有出现。

中国亚热带常绿阔叶林中也常伴生具有扁平叶型或扁平枝叶的常绿裸子植物，这些针叶树生态上与常绿阔叶树很相似，除具有光泽而扁平叶片或扁平线形叶片外，大部分的针叶树的叶片在小枝上排列呈羽状复叶状，并与光线垂直。如红豆杉属（*Taxus*）、白豆杉属（*Pseudotaxus*）、榧树属（*Torreya*）、三尖杉属（*Cephalotaxus*）、罗汉松属（*Podocarpus*）、穗花杉属（*Amentotaxus*）、杉木属（*Cunninghamia*）、油杉属（*Keteleeria*）、铁杉属（*Tsuga*）、黄杉属（*Pseudotsuga*）、银杉属（*Cathaya*）、扁柏属（*Chamaecyparis*）、福建柏属（*Fokienia*）等；甚至在中亚热带南部尚有阔叶状的裸子植物小叶买麻藤及罗浮买麻藤等倪藤属（*Gnetum*）的常绿藤本出现。

中国亚热带常绿阔叶林植被演替的基本情况和亚热带整个植被演替的规律是相一致的，包括有其向上演替（顺向演替）和向下演替（逆向演替）两个方面。常绿阔叶林是湿润亚热带地区森林植被向上演替的气候顶极森林类型，也就是在亚热带自然地理和气候条件下长期自然历史发展的产物。既然是亚热带地区相对稳定的最高级森林植被类型，其群落的生物量比较高，森林资源也相当丰富，是湿润亚热带地理景观生态平衡的具体表现。这种常绿阔叶林一旦遭到人为砍伐或连续破坏之后，就会引起原来的森林生态环境迅速瓦解而发生变化，有沿着向下演替的危险。如果不再受人为干扰的情况下，采伐迹地上立即被强喜光的先锋树种马尾松所飞散的种子侵入迹地上生长，也还有经过萌生的灌木和马尾松、赤杨叶、枫香、白栎、山槐等喜光阔叶树种以及一些稍为耐荫的木荷、毛竹等常绿树种形成为针阔叶树混交林或者常绿与落叶阔叶树混交林等过渡类型。如果人为干扰和破坏终止，这些过渡阶段的马尾松针阔叶混交林或者常绿与落叶阔叶混交林就会逐步随着时间的进展，而逐渐恢复为次生的常绿阔叶林。另一方面是向下演替，就是由于原生或次生的常绿阔叶林遭到连续不断被砍伐或刀耕火种的破坏，在亚热带高温多雨，而且在雨量相对集中的严重情况下，势必引起砍伐迹地水土流失的加剧，以致于土层瘠薄，石砾毕露，便形成为荒山草地植被，或甚至于变成为光山秃岭的半荒漠状况，因而造成为自然环境恶化的不毛之地，甚至就连强喜光的马尾松林也难于自然演替，而人工造林则更是困难重重。这就是自然界植被相互演替的外因。由于外因和内因长期以来交替影响，所以现代亚热带常绿阔叶林既有自然界长期历史发展所形成的原生常绿阔叶林类型，也有受人为影响而形成的次生常绿阔叶林类型存在，实际上，原生常绿阔叶林现在已是凤毛麟角。这就说明了亚热带常绿阔叶林是最能够适应于湿润亚热带条件下的气候顶极森林植被类型，它们几千万年来自行调节、自行施肥，又能自行更新，因而一直繁衍至今而不衰的主要原因。

亚热带常绿阔叶林中蕴藏着极为丰富的生物资源，其中木材资源除有多种硬木之外，杉木、红豆杉（*Taxus*）、银杏（*Ginkgo*）、黄杉（*Pseudotsuga*）、樟（*Cinnamomum*）楠（*Phoebe*）、檫木（*Sassafras*）、花榈木（*Ormosia*）、青冈（*Cyclobalanopsis*）栲（*Castanopsis*）、石栎（*Lithocarpus*）等等均为著名的良材。但现代大部分林区均已被开垦，开辟为大片的杉木人工林基地；次为马尾松、毛竹、茶树、油茶、油桐、乌桕、漆树等樟脑、鞣料资源以及柑、橘、橙、柿树等水果资源。动物资源中也极为繁多，珍稀动物较多，如熊猫、大熊猫、金丝猴、猕猴、短毛猴、毛冠鹿、梅花鹿南方亚种、云豹、华南虎、金猫等等。鸟类更多，如白鹇、黄腹角雉、白颈长尾雉、环颈雉、大拟啄木鸟、发冠卷尾、红头穗鹛、红嘴相思鸟、白腰文鸟、寿带鸟、三宝鸟、画眉、竹鸡、赤红山椒鸟等等。各种爬行类，包括蜥，蛇，眼镜蛇，眼镜王蛇，金、银环蛇以及平胸龟等等。真菌资源更是丰富，其中供食用的达 30 多种以上，如银耳、黑木耳、毛木耳、香菇、白斗菇、鸡纵、丛枝菌、鸡油菌、紫革耳、侧耳、紫红菇、菱红菇、绒紫红菇等等。其中药用真菌也达 20 多种，除银耳、香菇、木耳之外，紫芝、灵芝、云芝、红栓菌、黄多孔菌、隐孔菌、平缘托柄菌、裂褶菌等等。此外有毒真菌也有 20 多种。在食用真菌中，除银耳、香菇、紫芝、灵芝早已被人类引种培养之外，伞菌科的鸡纵资源也极为丰富，尚未进行人工培养，是野生食用真菌中营养价值比较高，且味极鲜美，向为席上珍品，均有待于开发和引种利用。

纵观中国亚热带常绿阔叶林的生态环境、植被性质、组成与结构、演替规律，主要生态功能以及其丰富的资源等，明确了亚热带常绿阔叶林生态系统在中国亚热带地区的重要意义。必须格外珍惜占据中国 14 个省（自治区）这些珍贵的财富，加深研究，掌握其森林生态系统的特性和规律，从实际出发，运用森林生态学和生态经济学的观点和方法，结合亚热带综合农林牧一体化的生态农林业体系，去发展亚热带常绿阔叶林的综合利用。首先是在维护亚热带常绿阔叶林的顶极作用前提下，充分发挥亚热带生态平衡的机能，使其畅通无阻，相应地进行合理的综合利用。而不是像过去，采取彻底消灭亚热带常绿阔叶林的杀鸡取蛋办法，去发展松、杉、竹单纯的做法。同时在发展天然林或人工精心经营的亚热带人工林时，都应当趋向于结合亚热带森林生态的要求，尽可能采取多树种、多层次结构的营林措施，以期充分利用林地的生态空间，可以获得较多的经济实惠。而且在保持林地上具有有效的覆盖植物或有枯枝落叶层和腐殖质层的存在，就能够保持土壤肥力和水分的涵蓄，降低土壤的坚实度增加土壤的渗透性，促进林地土壤肥力不断提高，从而最大限度地提高森林的生产力和森林生态功能，减少水旱灾害的影响，以达到亚热带常绿阔叶林生态系统在其森林生态环境和森林资源中最佳的生态效益以及社会效益，以持续发展的观点科学经营利用亚热带丰富的森林资源。

第一节　常绿栎林[①]

栎属（*Quercus*）在中国约60种，有落叶、半常绿和常绿等不同习性。落叶种类最多，分布广泛，在全国各省、自治区都有分布。半常绿种类较少，主产于华北地区。常绿种类产于秦岭及秦岭以南，主产西南高山地区。但常绿种类中的高山栎组（Sect. *Suber*）由于其形态和生态习性特殊，由它们组成的森林被归入到硬叶林中，作为与常绿阔叶林并列的另一类森林。因此，现在所称的常绿栎林系指半常绿的如橿子栎（*Q. baronii*）林及其他常绿种类组成的森林。

常绿栎林的面积不大，所以在常绿阔叶林中并不占重要地位。多零星散布在其他常绿阔叶林中。此外，在华南和西南山区，也可以见到一些常绿栎林。总的说来，常绿栎林数量虽然不多，分布范围也不很广，但在植物地理上却有一定的意义。本书只记述橿子栎林。

2—3—1—1　橿子栎林[②]

橿子栎（*Quercus baronii*）林为半常绿的小乔木或灌木群落。橿子栎树干弯曲多杈，木材坚硬，生长缓慢。历史上群众多用作燃料及马车车轴、家具等原料，目前多用来烧制木炭，很受群众欢迎。橿子栎林多生长在土壤瘠薄的陡急土地上，起着很好的水土保持作用。

橿子栎林主要分布于北亚热带和暖温带地域的西部山地。北起山西中条山，南至湖北、湖南，西到四川岷山以及甘肃东南部，东界仅限于湖北武当山和河南的伏牛山。其中心分布区主要为河南、陕西、山西3省，成片林多见于山西中条山、河南伏牛山及豫北山地、陕西秦岭及巴山。橿子栎林多分布于海拔2 000m以下山地，在太行山南端及中条山，一般分布于海拔500～1 500m，800～1 400m山地最为集中。橿子栎林多分布于险峻的山地，地形起伏，坡度多在30°以上，甚至为悬崖陡壁及半裸露岩石山地，在秦岭、巴山一带常出现在山脊梁顶以及贫瘠的石砾质山坡。林木多生长于石隙中，形成稀疏林相。

橿子栎林能适应大陆性气候。中心分布区伏牛山、秦岭、巴山和太行山南端为北亚热带和暖温带。伏牛山南坡年均气温为13～15℃，≥10℃积温4 766.1℃，年降水量800mm左右；中条山橿子栎林分布区年均气温8～12℃，≥10℃积温2 800～4 200℃，年降水量550～700mm；陕西巴山北坡年均气温7～16℃，≥10℃积温2 300～4 500℃，年降水量1 000～1 400mm。从上述情况看，橿子栎林对气候条件的适应幅度比较大，在水、热条件好的地方生长较好。橿子栎分布的中心区域的土壤，主要为花岗岩、片麻岩、砂岩、石灰岩上发育的山地淋溶褐土和山地棕壤。由于坡度大，土层一般较薄，厚度多在30cm上下，

① 执笔人：周光裕
② 执笔人：王国祥

有些为岩石裸露地和粗骨土，肥力较低。只有少数生长于坡度较缓的阴坡，林下土壤较肥厚，有中等厚度的腐殖质层，生长较好。总之，橿子栎分布区大部分立地条件较差，坡陡土薄，林分生长欠佳。

橿子栎林除小片纯林外，混交林也较多。混交树种有鹅耳枥、栓皮栎、辽东栎、槲栎等阔叶树，以及华山松、油松、白皮松、侧柏等少数针叶树，在中条山一带的橿子栎林内，还混交有白桦、五角枫、核桃楸等。林内灌木较多，主要有黄栌、荆条（*Vitex negundo* var. *heterophylla*）、荚蒾、酸枣、多种胡枝子（*Lespedeza* spp.）、葱皮忍冬（*Lonicera ferdinandii*）等。林下的草本植物较稀疏，多不成层，盖度在4%以下，种类有凸脉苔草（*Carex lanceolata*）、大油芒（*Spodiopogon sibiricus*）、野薄荷（*Mentha haplocalyx*）、丛生隐子草（*Cleistogenes caespitosa*）、铁杆蒿（*Artemisia gmelinii*）、草木犀状黄芪（*Astragalus melilotoides*）、牛尾蒿（*Artemisia subdigitata*）、白羊草（*Bothiochloa ischaemum*）、野菊（*Dendranthema indicum*）等。

橿子栎林的层次结构比较简单，纯林林冠多为一层，林木高3～7m。混生有其他树种的混交林，有些伴生树种高度可大于主林层。生长较好的橿子栎林，其乔木层、灌木层和草本层比较明显。林冠下灌木层高度多为1m左右，灌木层以下为草本层。但是相当一部分橿子栎林，由于立地条件差，加上人为破坏，林相参差不齐。由于灌木种类较多，一些灌木如黄栌等，生长较高，致使乔灌分层不明显，林分生长较差。

目前的橿子栎林主要为天然次生林，是屡遭破坏天然恢复起来的，致使林木参差不齐，树龄大小不一。一般林龄多为中龄林。例如山西中条山区的橿子栎林，林分中幼龄林占28.6%，中龄林占67.9%，而成熟林面积只占3.5%。从上述情况还可以看出，橿子栎林多呈疏林状态，面积占一半左右。

橿子栎林由于屡遭破坏，所以系多代萌生的天然次生林，常成丛生小乔木或灌木状，生长缓慢，干形不良。由于经济价值较小，分布面积不大。根据山西省1984年对中条山橿子栎林抽样调查资料，其林龄多在30～50年；郁闭度多为0.2～0.5，少数可达0.6～0.8；平均胸径多为6～10cm，少数林分可达15～17cm；平均树高3～7m；平均每公顷蓄积只有15～20m^3。个别林分生长较好，例如在山西垣曲县境内，海拔900m的阴向陡坡山地上的44年生橿子栎林，平均胸径12.1cm，平均高6.9m，郁闭度0.7，林木组成为7橿2苦楝1栾树一山杨，每公顷蓄积量54.6m^3。在河南伏牛山西峡县一带，橿子栎林生长亦较好。

橿子栎林林冠下种子可以自然更新，形成一代新林，也可通过松鼠、鸟类使种子向林缘和荒地上传播，逐渐更新，扩大林分面积。橿子栎伐根萌芽力强，采伐后往往在伐根上萌生新的植株。所以许多橿子栎林砍伐后，常萌生成丛状，往往长成灌木状小乔木。在一些林地上萌生林木和实生林木混生在一起。

橿子栎林具有耐瘠薄抗干旱的特性，所以在条件恶劣的陡坡薄土上，它作为保持水土、涵养水源作用的防护林和薪炭林，还是有着积极意义。要对橿子栎林加强保护，封山育林，促其生长发育。

第二节 青冈林[①]

青冈属（*Cyclobalanopsis*）在中国约70种，产于秦岭及淮河以南各地，常组成常绿阔叶林的主要成分。青冈林为常绿阔叶林中比较耐寒的林分，所以分布在常绿阔叶分布区中气温稍低的地方。

由青冈（*C. glauca*）组成的青冈林具有代表性，分布很广，北至青海、陕西、甘肃等地南部，东至江苏、福建、台湾，西至西藏，南至广东、广西、云南等地。其他各种青冈林分布在不同地区。

青冈林有纯林，但常由青冈类与其他常绿阔叶树组成常绿阔叶混交林。若与落叶阔叶树组成常绿落叶阔叶混交林，则不属于常绿阔叶林的范畴。

青冈类萌生能力很强，因此被砍伐或破坏后，常形成各种萌生枝，以致林相往往不整齐。

青冈林分布海拔不高，所在地人为活动频繁，因此很难见到发育良好的青冈林。

2—3—2—1 细叶青冈林[②]

细叶青冈（*Cyclobalanopsis gracilis*）是中国东部湿润亚热带地区常绿阔叶林中较为常见的树种之一，分布广、资源丰富、在水土保持、美化环境、维护生态平衡中有重要作用。

由细叶青冈组成的常绿阔叶林主要分布于长江以南至南岭山地，西北达甘肃、西达四川、贵州。垂直分布在海拔1 000～1 800m的中山地山坡和山间浅谷地带。以海拔1 000～1 300m的中山地较为普遍，常与甜槠林、曼青冈（*Cyclobalanopsis oxyodon*）林相交错，其上限为多脉青冈（*Cyclobalanopsis multinervis*）林或曼青冈林所盘踞，其下限为青冈、红润楠林所分布。分布区的气候条件是温凉湿润，湿度大，一般相对湿度80%以上，年平均气温13～19℃，年降水量1 700～2 200mm，分布较均匀，土壤为砂岩、泥质片岩或花岗岩母质发育的山地黄壤或黄棕壤，土层较厚，约为30～70cm，稍疏松湿润，枯枝落叶层厚6～7cm，而以坡下为最厚，覆盖率98%，下层分解良好，有机质含量丰富。

细叶青冈林系外貌深绿色，林冠浑圆而波状参差不整齐，高12～18m，总郁闭度0.85。

细叶青冈林，纯林罕见，多以混交林出现，有时组成为优势林分，组成结构较复杂、层次明显，一般可分为乔木层、下木层、草本地被物层。由于立地条件和区系组成的不同，层次结构也有所差异。

据江西井冈山狗脊箬竹云山青冈+细叶青冈林调查资料的统计，自然状态下，组成结构复杂，其中乔木层种类达30多种（表3—1），以细叶青冈与云山青冈（*Cyclobalanopsis*

---

① 执笔人：周光裕
② 执笔人：吴文谱。周家骏提供部分材料

表 3—1　狗脊箬竹云山青冈细叶青冈林型立木综合分析

编号	植物名称	分级 Ⅰ	Ⅱ	Ⅲ	Ⅳ	Ⅴ	分层 1	2	3	频度(%)	总株数	材积(m^3)	备注
1	细叶青冈	750	4 250	7	140	91	154	77	7	100	5 238	34.556	
2	云山青冈	2 000	2 000	7	252	84	154	147	42	100	4 343	52.443	
3	薯豆	1 500	750	7	42	7	7	28	21	75	2 306	4.550	
4	红楠	2 250	250	0	14	0	7	7	0	100	2 514	1.722	
5	木荷	750	250	0	14	42	56	0	0	50	1 056	32.887	
6	光叶石楠	500	750	0	28	42	56	0	28	75	1 278	0.868	
7	甜槠	500	1 000	0	0	7	7	0	0	75	1 507	4.935	
8	硬斗石栎	500	250	7	0	0	0	0	7	75	1 507	0.203	
9	榕叶冬青	0	500	7	56	0	7	49	7	50	563	3.969	
10	杉木	0	0	0	7	49	56	0	0	50	56	35.392	
11	水青冈	0	0	0	4	7	14	7	0	50	20	7.917	
12	硬斗石栎	0	0	7	14	7	28	0	0	25	28	5.488	
13	大穗鹅耳枥	0	0	0	21	7	7	0	21	50	28	3.144	
14	斑点樱桃(斑点椆)	250	0	0	14	0	0	0	14	25	264	0.476	半用材
15	黄山松	0	0	0	0	10	14	0	0	25	14	16.002	
16	豆梨	0	0	0	0	14	14	0	0	25	14	11.256	果树
17	红枝柴(羽叶泡花树)	0	0	0	14	0	7	7	0	25	14	2.072	
18	猴欢喜	0	0	0	7	0	0	7	0	25	7	0.980	
19	罗浮柿	0	0	0	14	0	0	14	0	25	14	0.714	
20	杨桐	0	0	0	14	0	0	0	14	25	14	0.518	
21	山合欢	0	0	0	7	0	0	7	0	25	7	0.469	
22	交让木	0	0	0	14	0	14	0	0	25	14	1.512	
23	红豆杉	0	0	0	14	0	0	7	7	25	14	0.994	
24	丝线吊芙蓉	0	0	0	21	0	0	0	21	25	21	0.651	半用材
25	马银花	0	0	14	7	0	0	7	14	25	21	0.525	药材
26	粤桂柯	0	0	0	7	0	0	7	0	25	7	0.357	红叶缘
27	紫树	0	0	0	7	0	0	0	7	25	7	0.329	
28	乌饭树	0	0	0	14	0	0	0	14	25	14	0.294	半用材
29	槭树	0	0	0	7	0	0	0	7	25	7	0.189	薪材
30	短尾越橘(卡氏乌饭树)	0	0	7	7	0	0	0	14	25	14	0.133	半用材
31	江浙山胡椒	0	0	0	7	0	7	0	0	25	7	0.532	
32	漆树	0	0	0	7	0	0	0	7	25	7	0.189	
33	大叶含笑	750	0	0	0	0	0	0	0	25	750	/	
34	树五加	250	250	0	0	0	0	0	0	25	500	/	
35	青榨槭	250	0	0	0	0	0	0	0	25	250	/	
	合　计										22 683	226.578	

注：海拔：1 100～1 140m　地区：井冈山牛颈里及牛颈排，坡度：24°～33°，面积：$1hm^2$，坡面 SE64°SW76°　编号：662035 (1966-04-13)，662050 (1966-04-21)

nubium）为共建种。一般可以分为 3 个亚层：第一亚层以壳斗科和樟科为主，次为山茶科、杜英科，如甜槠、硬斗石栎、木荷、薯豆、水青冈（*Fagus longipetiolata*）、光叶石楠、多穗石栎、粤桂石栎（美叶石栎）（*Lithocarpus calophyllus*）、红润楠等。第二亚层种类较多，如榕叶冬青（*Ilex ficoidea*）、猴欢喜、交让木（*Daphniphyllum macropodum*）、南方红豆杉（*Taxus chinensis* var. *mairei*）、乌饭树（*Vaccinium bracteatum*）、大叶含笑、木莲、罗浮柿、丝线吊芙蓉（*Rhododendron westlandii*）。第三亚层多为一些小树，除杜鹃花属、乌饭树属、柃木属以外，尚有树参属、山矾属、野茉莉属等小树。随着人为的影响而侵入的针叶树有杉木及一些喜光先锋树种，如赤杨叶、光皮桦、山合欢（*Albizia macrophylla*）等。其他落叶阔叶树种有紫树、豆梨、青榨槭（*Acer davidii*）、玉兰、木蜡树等也常渗入林中。下木层约 20 多种，以阔叶箬竹（*Indocalamus latifolius*）、短柱柃、黄牛奶树等为主，其次为樟科、五加科、山茶科、紫金牛科、茜草科等植物种类，其中常绿灌木有 20 种，落叶灌木不足 10 种（表 3—2）。草本层较稀疏，层盖度 10%左右，地表苔藓植物也较贫乏，主要是由于林

表 3—2 井冈山牛颈里及牛颈排下木综合分析

编号	植物名称	高度（m）	盖度（%）	数量（株）	生活强度	物候期	分布情况	备注
1	箬竹	1.2	26	18 000	一般	—	稍匀	
2	短柱柃	1.5	5	10 000	良	—	稍匀	
3	黄牛奶树	0.6	3	500	良	—	稍匀	
4	柏拉木	0.5	2	1 000	一般	—	稍匀	
5	短毛柃	2	小	62	良	—	不匀	
6	尾叶山矾	1.5	小	250	一般	—	不匀	
7	披针柃	3	小	125	一般	—	不匀	
8	天竺桂	1.4	小	562	良	—	稍匀	
9	赤楠	0.4	小	187	良	—	不匀	
10	石斑木	0.5	小	1 375	一般	—	稍匀	
11	披针叶山矾（光叶山矾）	1	小	125	良	—	不匀	
12	鸡屎树	0.6	小	625	一般	—	稍匀	
13	饭汤子	0.5	小	625	不良	—	不匀	
14	朱砂根	0.4	小	125	良	—	不匀	
15	东方古柯	0.3	小	625	一般	—	不匀	
16	西藏钓樟	0.3	小	1 000	良	—	不匀	
17	乌药	0.2	小	125	不良	—	不匀	
18	杜茎山	0.2	小	125	一般	—	不匀	
19	香叶树	0.1	小	125	不良	—	不匀	
20	伞花木姜子	0.2	小	250	不良	—	不匀	
21	小树参	0.3	小	500	一般	—	不匀	
22	鼠刺	0.5	小	250	一般	—	不匀	
23	小叶鹅掌柴	0.4	小	187	一般	—	不匀	
24	小叶女贞	0.2	小	250	一般	—	不匀	
25	粗叶木	0.1	小	125	一般	—	不匀	

注：面积：1hm^2，编号：662035，662050

下的枯枝落叶层比较厚的缘故。草本层以狗脊为主，次为花葶苔草、华东瘤足蕨以及鳞毛蕨等。见表 3—3。层外植物不多，以木质藤本为主，如香花崖豆藤、土茯苓（*Smilax glabra*）、白木通、流苏子及胡颓子（*Elaeagnus pungens*）等。附生苔藓植物以悬藓为主。

表 3—3　草本地被物综合分析

编号	植物名称	高度(cm)	盖度(%)	多度	生活强度	物候期	分布情况	备　注
1	狗脊	0.4	12.5	sp	一般	井	稍匀	
2	润叶苔草	0.6	7.0	sp	一般	—	稍匀	
3	瘤足蕨	0.4	5	sp	良	—	不匀	
4	鳞毛蕨	0.2	小	un	一般	井	不匀	
5	细叶苔草	0.2	小	un	一般	—	不匀	

注：编号：662035，662050

浙江庆元万里林场（海拔 1 450m）调查资料，乔木层高 8～16m，总郁闭度 0.90，分为 2 个亚层，第一亚层高 11～6m，层盖度 0.6，组成树种除细叶青冈外，尚有天竺桂（土肉桂）（*Cinnamomum japonicum*）、硬斗石栎、木荷、厚皮香及落叶阔叶树有银钟树（*Halesia macgregorii*）、秀丽槭、石灰树以及针叶树黄山松等。第二亚层高 8～10m，主要有木荷、尾叶冬青（*Ilex wilsonii*）、柃木、延平柿（君迁子）（*Diospyros tsiangii*）、蜡瓣花等。下木层高 2～5m，盖度 50%，主要种类有马银花、石斑木、柃木、厚皮香、尖叶山茶（*Camellia cuspidata*）、老鼠矢、浙闽木姜子、杜鹃、鹿角杜鹃及细叶青冈、甜槠、硬斗石栎等上层乔木的更新幼苗。草本层稀疏，高约 50cm，盖度 20%，有华中瘤足蕨、光里白、苔草等。藤本有长叶菝葜，此外，地面和树干均有苔藓附生，厚约 2～4cm，盖度 20%。

从以上情况，说明细叶青冈林是随着纬度的北移和海拔的升高，区系组成常绿成分减少，落叶成分增多，层次结构由复杂到简单，层外植物由多到少。这是符合于亚热带常绿阔叶林的组成规律的。

细叶青冈是地带性的稳定森林类型，在亚热带的气候条件下，经过长期的孕育而发展起来，在环境没有剧烈变化的情况下，可以持续更新。但由于细叶青冈有多种用途，常遭人们砍伐，以致林地暴露，便于马尾松、赤杨叶、光皮桦、山合欢等喜光树种侵入，但原有的细叶青冈，甜槠等耐荫阔叶树经萌芽更新，仍可经一段混交时期后，逐渐恢复原有林相。但如继续砍伐，加上放火炼山，林地则演替为灌木草丛，甚至成为光山秃岭。森林恢复将要经过漫长的时间，由草本阶段、灌木阶段到乔木阶段，最后到气候顶极植被细叶青冈林。

细叶青冈林为山地丘陵天然林，是亚热带优良珍贵树种之一，至今残存的已不多，且多在深山交通不便的地区。因此，保护好细叶青冈林是当务之急。细叶青冈天然更新力强，通过封山育林以恢复森林是有效途径之一。与其他针叶树组成的混交林也颇有前途。木材纹理直，结构粗而匀、强度大、耐磨损，为国内制作织布木梭的主要用材，也广泛用于土木工程、运动器械、船舶、车辆、乐器、农具等。由于油漆性能良好、花纹美丽、硬度大、适用于拼花地板，家具，走廊扶手，仪器箱盒等。也是薪炭材的良好树种。

2—3—2—2 褐叶青冈林①

褐叶青冈林（*Cyclobalanopsis stewardiana*）亦称黔椆。为中国特有种。

（一）分布与生境

褐叶青冈林主要分布于湖北、安徽歙县黄山和休宁岭南五龙山、江苏、贵州梵净山和宽阔水、湖南、江西及浙江昌化龙塘山。分布范围为东经107 °～120°，北纬26°～35°，海拔800～2 300m，多见于中山中上部的阳坡或山脊，阴坡极少有分布。分布区的岩石主要由板岩、千枚岩、石英岩、页岩及花岗岩等构成。从地貌上看，由于山体抬升，河流切割作用强烈，因此，河谷多呈"V"字形。河谷两侧是相对高差达1 400m以上的山地，山坡坡度通常均在30°以上。纵观分布区的地貌，有高山、陡坡、谷深的特点。

分布区的气候，从水平地带来看，属亚热带季风性湿润气候类型。夏季受来自太平洋的东南季风的影响，具有冬无严寒，夏无酷暑的特点。但是，以褐叶青冈为优势的林分，多分布于海拔1 600m以上的山地，在这一带，随着海拔高度的增加，气温降低，降水增多。年平均气温为4～17℃，最热月（7月）平均气温约22℃，最冷月（1月）平均气温高于－3℃，属于垂直地带上的暖温带至中温带气候。由于山地相对高度较大，气候的垂直分异明显，冬季山体上部有凌冻，并有短期的冰雪覆盖。褐叶青冈林分布地区的降水量丰富，年降水量在1 100～2 600mm，降水多在5～10月；有时，在7～8月出现伏旱，冬季降水较少。

土壤主要为发育在非碳酸盐类岩石上的山地黄棕壤，其次有黄壤或黄红壤。土壤厚度各地不一，多在1m以内，全剖面呈酸性反应，pH值4～5；代换量较高，但盐基饱和较低。

林分集中分布区多在山体中上部，其分布的海拔高度，在南部（如贵州梵净山）分布较高，上限可达2 300m，而在北部（安徽黄山）则分布较低，上限仅达1 800m。以褐叶青冈林分布面积较大的贵州东北部的梵净山为例，其分布下限为1 150m，上限为2 300m，在1 800～2 100m的剪刀峡、回香坪至白云寺一带，有以褐叶青冈为优势的林分。

总之，酸性的土壤，温凉的气候充沛的雨量，向阳的山体上部南坡及山脊地带是最适宜于褐叶青冈林生长繁衍的生境条件。

（二）组成与结构

褐叶青冈林内植物的组成，根据梵净山16个样地5 400m² 面积内的统计，约有维管束植物70余种，分属43属26科。植物种属的地理成分如下：

属世界广布成分的有龙胆属的流苏龙胆（*Gentiana panthaica*）和悬钩子属的山莓

---

① 执笔人：杨龙

(*Rubus corchorifolius*)；属泛热带成分的有五加科树参属的树参；属热带美洲和热带亚洲成分的有樟科楠木属一种（*Phoebe* sp.），山茶科柃木属的细齿叶柃（*Eurya nitida*），半齿柃（*E. semiserrulata*），短柱柃，细枝柃（*E. lonquiana*）等；属旧大陆热带成分的有紫金牛科的杜茎山；属热带亚洲（印度—马来西亚）成分的有樟科的柳叶黄肉楠（*Actinodaphne lecomtei*），山茶科的尖叶山茶(尖连蕊茶)，木荷，禾本科的大箭竹；属北温带成分的有槭属中的中华槭，水青冈属的亮叶水青冈（*Fagus lucida*），米心水青冈（*F. engleriana*），栎属的乌冈栎（*Quercus phillyraeoides*），巴东栎（*Q. engleriana*），花楸属的华西花楸（*Sorbus wilsoniana*），栒子属的平枝栒子（*Cotoneaster horizontalis*），报春花属的卵叶报春（*Primula ovalifolia*），马先蒿属的马先蒿（*Pedicularis* sp.），杜鹃花属的长蕊杜鹃（*Rhododrndron stamineum*），腺果杜鹃（*Rh. davidii*），百合花杜鹃（*Rh. liliiflorum*），松属的大明松，水晶兰属的水晶兰（*Monotropa uniflora*）等；属东亚—北美成分的有枫香，铁杉；属东亚成分的有吊钟花属的毛叶吊钟（*Enkianthus deflexus*）和灯笼花（*E. chinensis*）等。综上所述，褐叶青冈林中植物的区系组成是以各类热带成分和东亚成分占优势。

褐叶青冈的林分结构可分为乔木层、灌木层、草本层和地被层四层。乔木层一般可分为两个亚层，在海拔 2 000～2 100m 一带，乔木仅有一层，层郁闭度为 0.7～0.85。乔木上层郁闭度为 0.2～0.6，主要常绿树种有褐叶青冈、木荷和小红栲；落叶树种有亮叶水青冈、米心水青冈、枫香、中华槭、华西花楸和毛序花楸等；乔木下层郁闭度为 0.35～0.5，主要树种除褐叶青冈和亮叶水青冈外，尚伴生有总状山矾（*Symplocos botryantha*）、薄叶山矾（*S. anomala*）、半齿柃、细齿叶柃、尖叶山茶、灯笼花及心叶荚蒾（*Viburnum cordifolium*）等。灌木层盖度受上层林冠的影响较大，在林冠茂密的地带灌木较稀疏，反之则较茂密。层盖度为 0.1～0.6，主要种类是大箭竹，其次有银叶杜鹃（*Rhododendron argyrophyllum*）、百合花杜鹃、美丽马醉木(*Pieris formosa*)、华南十大功劳(*Mahonia japonica*)、山莓等，此外有褐叶青冈和木荷之幼树。草本层十分稀疏，层盖度在 30% 以下。常见的草本有流苏龙胆、宽叶缬草（*Valeriana officinalis* var. *latifolia*），匙叶草（*Latouchea fokiensis*），卵叶报春、散序地杨梅（*Luzula effusa*）、水晶兰、马先蒿（*Pedicularis* sp.）以及石松（*Lycopodium clavatum*）等。地被层主要有为苔藓和地衣，枯枝落叶层亦较厚。

在梵净山地区，褐叶青冈林在不同的海拔高度上，植株的高度也不相同，其高度表现出随海拔的增高而降低的规律。在 1 400～1 500m 地带，褐叶青冈林一般高 12～18m，最高可达 25m；在海拔 1 750～1 900m 地带，一般高 5～8m，最高不超过 10m，而在海拔 2 000～2 160m 地带，其高度更低，仅 2～3m，最高不超过 5m，而呈山顶矮林状态。

褐叶青冈生长缓慢，根据生长锥钻取的胸径、年轮数据资料，在海拔 1 900m 一带的优势林分中，树龄最高的植株为 277 年，但树高仅 9m，胸径为 95cm。林中以胸径小于 5cm 的幼树最多；胸径 6～25cm 的中龄树次之，而大部分植株的树龄在 180～190 年（胸径在 75～85cm）时，即开始枯亡。

（三）更新演替

褐叶青冈林的更新方式有二，一是靠种子繁殖。在 1 200m^2 的样地内，就有褐叶青冈的幼苗 83 株，尽管它们多是生长在大箭竹之中，但生长良好。幼树的分布受灌木层大箭竹的影响十分明显，在大箭竹稀疏地方，幼树的生长就十分茂盛。大箭竹成批枯死，大大改变了林下的光照条件，褐叶青冈的种子可以迅速萌发、生长起来，当大箭竹再次生长起来时，幼树已超过低矮的灌木高度。褐叶青冈林的另一种更新方式是以“根出条”进行繁殖。即在母树基部的四周萌生出大量的萌条，当母树死亡时，这些根出萌条已经逐渐形成了自己的根系并长成大树。一般树种要长成大树，通常须经过种子萌发和幼树这一脆弱阶段，这种幼苗最没有竞争能力，且死亡率最高。根出萌条的繁殖方式使褐叶青冈的更新可以不经过实生苗这一脆弱阶段而长成大树。褐叶青冈林这种双重的更新方式，不但确立了褐叶青冈林在山体上部的优势地位，而且其他树种在长期的演替过程中均无力取代褐叶青冈林，除非有新的树种侵入，而且具有超过褐叶青冈林的更强的更新能力。

从演替上看，褐叶青冈林是梵净山山体上部南坡在顺向演替过程中形成的“顶极群落”。在无自然因素（如天然火灾、风灾、火山、地震及山崩等）的影响和人为破坏的情况下，褐叶青冈林在较长时期内将保持其稳定状态，林中其他树种均难以取代而形成另一种类型。演替的形式将是以褐叶青冈林周期性的自行更新为主。但是，如不加以保护而使褐叶青冈林遭到破坏，则喜光的落叶树种将迅速生长起来，褐叶青冈林则难以恢复。因此，对褐叶青冈林加以保护以阻止这种逆向演替发生是十分重要的。

（四）评价及经营意见

褐叶青冈林是中国亚热带东段山地一定海拔高度上的湿性常绿阔叶林。它是山地森林生态系统的一个组成部分，有较强的更新能力。其终年常绿的开阔树冠对截留大气降水，减少雨水对土壤的冲刷，涵养水源起着良好的作用。在贵州梵净山地区的八条河中的四条，即马礌河、黑湾河、牛尾河和肖家河之源头均在褐叶青冈林内，故为梵净山地区重要的水源涵养林，能充分发挥森林生态系统特有的各种生态效益。从经济价值上看，褐叶青冈生长缓慢，树干弯曲，且林区交通不便，故作为建筑用材的意义不大，但褐叶青冈萌生能力强，材质坚硬，有计划的间伐可以为山下居民提供部分农具用材或薪炭材；从科学研究方面看，对于褐叶青冈的起源和成为山体上部稳定状态的类型的原因，以及作为山体上部一类特殊的常绿阔叶林类型，都有待于进一步深入的研究。因此，对本林分应认真加以保护，并可适当组织人力在其分布区内采集种子，进行人工栽培试验。

2—3—2—3　多脉青冈林①

多脉青冈（*Cyclobalanopsis multinervis*）是中国亚热带中山地常绿阔叶林中的用材树种，

① 执笔人：祁承经，曹铁如

材质坚韧，用途广，是优良的中山地带造林树种。

（一）分布与生境

多脉青冈分布于中国中亚热带东部中山山地，大致在北纬 25°～31°，东经 108°～119°，在安徽南部、四川东部、湖北西部、福建、浙江、江西、湖南、广东北部、广西北部有多脉青冈混交林或小面积纯林生长。垂直分布于海拔 1 000～2 000m，为中国亚热带山地植物垂直带谱中常绿落叶阔叶混交林带的主要组成树种之一。

多脉青冈分布区气候较温凉，冬季常有积雪和冰冻，夏季无高温，降水量较多，湿度较高，一般年平均气温在 13.5～9℃，极端最低气温－15℃，极端最高气温 34℃。年平均降水量 1 700～2 300mm。如生长有多脉青冈、亮叶水青冈林的湖南南岳山，海拔 1 200m 处气象因子记录如下：平均气温 11.2℃，1 月份平均气温 －4℃，7 月份平均气温 21.6℃，极端最低气温－13.8℃，极端最高气温 32.4 ℃。年降水量 2 231.9mm，年均相对湿度 85.0%，年均降水日数为 182.1d。多脉青冈林生境母岩有花岗岩、板岩、砂岩等。土壤一般为山地黄棕壤，土层较厚，但在土层较薄的山脊山顶亦有分布，在此类立地上多脉青冈分枝低，呈矮枝状态。如湖南城步县明竹老山海拔 1 690m 处多脉青冈、亮叶青冈林土壤情况如下：母岩为花岗岩，枯枝落叶层厚 3cm，疏松，呈半腐烂状；A 层厚 22cm，黑褐色，较松，团粒结构，有机质含量 30.31%，全氮量 0.841%，全磷量 0.135%，全钾量 2.91%，pH4.8；B 层厚大于 60cm，黄棕色，较紧，小块状结构，有机质含量 28.45%，全氮量 0.614%，全磷量 0.27%，全钾量 2.11%，pH 值 5.3。林地苔藓植物较多。

（二）组成与结构

多脉青冈林是一种原生性群落，一般乔木层多为多脉青冈与其他常绿和落叶阔叶树所组成，下木层以常绿成分占优势。常见多脉青冈林型有下述几种：

1. 裸地长蕊杜鹃多脉青冈林

此类林分见于湖南西北部和南部。据在湖南西北部天平山海拔 1 440m 处调查，乔木上层以多脉青冈为优势，下层以长蕊杜鹃为优势。样地面积 1 000m^2，总郁闭度 0.8，乔木上层有 17 种 103 株，其中常绿阔叶树 4 种 45 株，分别占 23.5%和 43.7%。多脉青冈有 37 株，占该层 35.9%。乔木下层有 9 种 61 株。其中常绿种有 7 种 59 株，分别占 87.5%和 96.7%，落叶树有 2 种 2 株，分别占 12.5%和 3.3%；长蕊杜鹃有 44 株，占该层的 72.1%。下木以箭竹为主。湖南南部都庞岭山地多脉青冈林乔木层的下木层多以云锦杜鹃和羊角杜鹃为优势，据在湖南道县月岩林场调查，海拔 1 825m，225m^2 样地，总郁闭度 0.85，乔木上层有树种 7 种 32 株，其中常绿种 5 种 30 株，分别占 71.4%和 93.7%，多脉青冈有 18 株，占该层总株数的 56.3%；乔木下层有 7 种 27 株，其中常绿种为 5 种 22 株，分别占 71.4%和 81.5%，云锦杜鹃有 8 株，占该层株数的 29.6%。下木层盖度 50%，以南岭箭竹为优势。草本稀少。

2. 苔草箭竹亮叶水青冈多脉青冈林

本林型分布于湖北西部、湖南北部、西南部、西北部海拔 1 000m 以上的山地。据在湖南西北部桑植县天平山海拔 1 550m 处调查此类林分，总郁闭度 0.8，乔木第一层高 16～20m，以多脉青冈和亮叶青冈为优势，两者重要值比为 1：0.38；第二层高 8～13m，有扇叶槭（*Acer flabellatum*）、荞草、交让木、长蕊杜鹃等；第三层高 5～8m；主要为长蕊杜鹃、尖叶山茶等。下木层以箭竹为优势。草本层稀疏，有苔草、蕨类、土麦冬等。

3. 锦香草甜槠多脉青冈林

见于广西东北部砂页岩山地，分布于海拔 1 300～2 000m 的范围内，郁闭度为 0.7，乔木上层中常绿阔叶树种和落叶阔叶树种的数量大致相当，常绿树种以多脉青冈与甜槠为多，落叶阔叶树除有较多的缺萼枫香外，还有中华槭、白辛树（*Pterostyrax psilophylla*）、银钟树、野漆树等。乔木中、下层以常绿阔叶树为主，常见种有美丽山矾（*Symplocos decora*）、尖叶山茶、滇山茶（*Camellia reticulata*）、大八角、榕叶冬青、凹脉红淡比（*Cleyera incornuta*）、龙胜钓樟（*Lindera lungshengensis*）、新木姜（*Neolitsea aurata*）等。下木层中除乔木层中某些种的幼树外，常见种有茵芋、临桂绣球（*Hydrangea linkweiensis*）、荚蒾、青荚叶等。草本层盖度 30%左右，常见有锦香草（*Phyllagathis cavaleriei*）、羊刀尖（*Fordiophyton polystegium*）、楮头红（*Sarcopyramis nepalensis*）、大叶凤仙花（*Impatiens siculifer* var. *porphyrea*）、蕨类等。

4. 麦冬柃木鹅掌楸多脉青冈林

见于浙江西南部的枫岭、洞宫山和湖南桑植县天平山以及湖南江永源口自然保护区等海拔 1 000～1 600m 的山地。据在浙江调查，该类型乔木第一层以多脉青冈为主（重要百分值 25.5）、还有鹅掌楸（重要百分值 16.8）、小叶青冈（12.8）、粉叶椴（10.9）、交让木（6.2）。第一第二层以常绿种为主，以多脉青冈、小叶青冈为多，其他有硬斗石栎、绵石栎（绵槠）、苦槠栲（槠栗）、交让木、百山祖八角、显脉冬青等。草本层稀疏，有麦冬、华冬瘤足蕨、苔草等。藤本有长叶猕猴桃、异叶爬山虎、扶芳藤、鸡矢藤等。

（三）生长发育

多脉青冈生长缓慢，据调查天然更新，1 年生苗平均高 10cm 左右，3 年生后每年可高生长 20cm 左右，7 年生高可达 1.5m，大约 7～10 年才能郁闭。据在湖南城步县明竹老山海拔 1 800m 森林中解析的多脉青冈，生长情况如下：130 年生，高 11m，胸径 23.3cm，材积 0.22m^2，平均年高生长量最高为 0.14m，出现于 40 年生，高连年生长量最大值为 0.27m，出现于 30 年生。胸径生长量一直呈上升状态，最高平均生长量为 0.18cm，连年生长量最高值为 0.34cm。材积生长量呈上升状态，平均最高值为 0.001 7m^3，连年最高值为 0.006 68m^3，130 年尚未达到达数量成熟龄。

（四）评价与经营意见

多脉青冈林为稳定性群落，其结实量大，繁殖力强，幼苗耐荫，所以林内幼苗和幼树较多。与其伴生的其他乔木树种大多能自然更新。此类林分择伐后可自然而恢复，若皆伐后未保留母树，则成为灌丛或落叶阔叶林，若皆伐后保留一定的母树，将迹地封禁，则可逐渐恢复为有较多的多脉青冈生长的林分。

多脉青冈林生长于亚热带中山山地，一般较偏远，交通不便，多为溪河的发源地林内有多种具有科学研究价值和经济价值的植物，这类森林目前保存面积较少，应予以保护，禁止采伐。多脉青冈木材坚韧，可供建筑，车辆、农具和运动器材，也可作各种细木工用材等；种子可制淀粉和酿酒，树皮及果壳可提取栲胶，所以也是一种经济价值较高的树种，可作为中亚热带中山山地造林树种，目前有许多地区做了栽培试验，效果较好。

2—3—2—4　黄毛青冈林[①]

黄毛青冈（*Cyclobalanopsis delavayi*）是中国西南地区，特别是云南和四川南部的特有树种。黄毛青冈林是中国亚热带常绿阔叶林西部地区的一个典型类型。它分布广，适应性强，材质优良，是其分布区内荒山荒地的主要绿化造林树种。

（一）分布与生境

黄毛青冈的分布范围广泛，主要分布于云南滇中高原、四川南部和黔西南山地，分布海拔为1 900～2 500m，也常顺峡谷下降至1 600m左右，个别可下延到海拔1 100m，在云南西北部的丽江、中甸一带海拔3 000m的山地上，亦有分布。

其分布地区的气候条件大体与滇青冈林分布区相同，系属高原季风气候，年平均气温15～17℃，冬暖夏凉，年降水量均在1 000mm左右，干湿季分明。它的适应性广，在土壤深厚肥沃、湿润的立地条件上，生长良好，而在土壤较瘠薄、干燥的环境中，也能生长。其林下的土壤以山地红壤为主，间或有山地黄棕壤或棕壤。土壤厚薄不一，偏酸性。土壤母质大部分为各种颜色的砂页岩、玄武岩风化物，间或有石灰岩和紫色砂岩。

（二）组成结构

黄毛青冈是一种比较喜光耐旱的常绿阔叶树种，叶质硬，背面披黄色绒毛，树皮粗厚，分枝多，是它长期适应干湿季明显的季风气候之结果。所以，它是中国亚热带常绿阔叶林西部地区云南高原上，具有一定代表性的树种。以黄毛青冈为优势的常绿阔叶林，其外貌一般为暗绿色，树冠圆形，由于林内常参杂一些落叶树种或针叶树种，而出现有各色斑点的季相变化。整个林相较稀疏，林内一般显得较明亮。

其林分结构较简单，多为单层混交林，纯林少见。同时它的组成树种也较单纯，优势种明显，但组成树种往往因地而异。如在滇中地区，主要以黄毛青冈为优势，混交树种有滇青冈、白穗石栎（*Lithocarpus craibanus*）、元江栲（*Castanopsis orthacantha*）、川西栎（*Quercus gilliana*）、滇石栎（*Lithocarpus dealbatus*）、云南松、青皮木（*Schoepfia jasminodora*）、云南油杉（*Keteleeria evelyniana*）、大叶栎（*Quercus griffithii*）等；而在黔西南一带，常见的混交树种有峨眉栲（*Castanopsis platyacantha*）、银木荷、毛枝青冈（*Cyclobalanopsis helferiana*）、贵州石栎（*Lithocarpus elizabathae*）、大叶栎、滇青冈、绵石栎（绵槠）、甜槠、

---

① 执笔人：刘中天

云南樟（*Cinnamomum glanduliferum*）等。

黄毛青冈林林下的灌木较发达，覆盖度常在40%～50%，平均高0.5～1.0m，最高可达1.5～2.0m。灌木层组成的种类，以爆仗杜鹃为常见，其次为水红木（*Viburnum cylindricum*）、大白花杜鹃（*Rhododendron decorum*）、珍珠花（南烛）（*Lyonia ovalifolia*）、乌鸦果（*Vaccinium fragile*）、铁仔、四川槐蓝（*Indigofera szechuenensis*）、鸡爪刺（*Rubus delavayi*）等，个别林下尚见有箭竹分布。

其林内的草本植物种类多而分散，覆盖度30%～50%，平均高为40cm。其中以蕨类为常见，习见者有多羽肢节蕨（*Arthromeris mairei*）、紫柄假瘤蕨（*Phymatopsis crenatopinnata*）、尖裂假瘤蕨（*P. oxyloba*）、疏叶蹄盖蕨（*Athyrium dissitifolium*）、基生鳞毛蕨等，此外尚有钩苞大丁草（*Gerbera delavayi*）、黑果土当归（*Aralia melanocarpa*）、杏叶防风（*Pimpinella candolleana*）、黄花堇菜（*Viola delavayi*）、芽生虎耳草（*Saxifraga gemmipara*）以及多种兔儿风（*Ainsliaea* spp.）等。

林内藤本植物和附生植物较少，仅见有一些小藤本，如山金银（*Clematis fasciculiflora*）、粘山药（*Dioscorea hemsleyi*）、毛宿苞豆（*Shuteria pampaniniana*）、小花党参（*Codonopsis micrantha*）等。而附生植物仅以耐旱的扭瓦韦（*Lepisorus contortus*）等较为常见。

（三）生长发育

黄毛青冈的生长中等，其林分生长情况因地而异，如分布在云南禄劝县北部海拔2 500m处的林分，其平均高为20m，最高可达24m，平均胸径30～50cm；又如分布在云南景东县境内的黄毛青冈林，林分平均高14～16m，平均胸径24～28cm，郁闭度为0.5，每公顷蓄积量为120～150m^3；分布在南盘江流域的林分，由于水湿条件较好，林木生长也较好，一般林分平均高可达25m左右，平均胸径38～42cm，郁闭度0.7，每公顷蓄积量高达450～480m^3。可见，黄毛青冈林在立地条件优越的地方，其生产力也是不低的。

（四）更新演替

黄毛青冈林的林下天然更新较差，它虽然结实较丰富、种粒大，但因其种子富含淀粉，易受虫和鼠危害，再则林地一般较干燥，果熟时干季已到，所以种子萌发条件差，造成林下天然更新差的原因，但它具有一定萌蘖能力，在它被砍伐后，其伐桩萌蘖株数较多，如不再破坏，加强除蘖管理，它可恢复成林。

黄毛青冈林是个较稳定的森林类型，这种森林一旦被砍伐破坏后，常形成萌生的幼林或通称的栎类灌丛。在这些幼林和灌丛中的空旷之处，则有喜光性的云南油杉、云南松入侵，因此常形成松栎混交林，现有的黄毛青冈林也包含了这类林分。如果黄毛青冈林经受反复的砍伐破坏，将导致形成灌丛或草坡地。

（五）评价及经营意见

黄毛青冈的分布范围广，适应性强，防护性能较好，所以黄毛青冈是其分布区中的主要造林树种。同时，其材质优良，为辐射散孔材，木材红褐色（俗称之为“红栎”），质硬，耐磨耐腐，可供建筑、桩柱、桥梁、造船、地板条、农具、水车轴、推刨木等用材。群众对它甚为喜欢。此外，其树皮含单宁，可作栲胶原料。

目前现有的黄毛青冈林，分布面积小而零星，对它应加强管理。对那些被破坏形成的萌生幼林或灌丛状的，应封山育林，并可结合樵采进行修枝抚育，使其尽快地生长成林。在一些适宜黄毛青冈生长的荒山荒地，可营造黄毛青冈林，或发展黄毛青冈与云南松等组成的混交林。对现有分布在山顶、沟头等地的黄毛青冈林，可作为水源涵养林或水土保持林来经营。

2—3—2—5 云山青冈林①

云山青冈（*Cyclobalanopsis nubium*）又名短柄青冈栎、云山椆、杨梅栗。为中国亚热带常绿阔叶林常见树种之一。

云山青冈林分布于江苏、江西、浙江、湖南、湖北、福建、台湾、广东、广西、四川、贵州等地；日本也有分布。在中国主要分布于中亚热带季风气候区，适生于光照充足，温暖湿润的环境，年平均气温为16～19℃。年降水量为1 400～2 100mm，年日照时数2 925h，无霜期280d左右，≥10℃年积温5 372.5℃。成土母质为第三纪红砂岩、页岩、紫红色砂岩。土壤为红壤和黄壤。垂直分布于海拔1 000～1 700m的谷地沟边和山地阴坡与半阴坡上，多出现在常绿阔叶林分布区域的上限，以江西永修县云居山的云山青冈林面积较大，林相整齐，是研究云山青冈林的理想基地。

云山青冈林，外貌保持终年常绿，树冠浑圆状。由于云山青冈林多分布在海拔800m左右的地段，因而常侵入一些落叶阔叶树种，如水青冈、槲栎、枳椇（*Hovenia acerba*）、光皮桦等。

群落的植物种类组成和结构是植物群落学最主要的特征。云山青冈林的种类组成较为复杂，是长期历史发展所形成的一种天然多树种、多层次的常绿阔叶树林。在云居山调查云山青冈林1 600m^2标准地中，云山青冈立木总株数计480株，其中有Ⅰ级幼苗40株，Ⅱ级幼树360株，Ⅲ级小树12株，Ⅳ级壮树43株，Ⅴ级老树25株，是五级齐全的成熟种群。云山青冈占据了林中的大部分空间，总郁闭度为75%。在分层中，各层云山青冈的株数是：第一层有29株，第二层有39株，第三层有12株，立木层中其他伴生树种有潺槁木姜子（*Litsea glutinosa*）、浙江新木姜（*Neolitsea aurata* var. *chekiangenis*）、厚皮香、紫楠、闽楠、赤杨叶、水青冈、槲栎、枳椇、鹿角杜鹃、紫茎（*Stewartia sinensis*）、毛竹、豆梨、青榨槭、冬青、栲树、四照花、鹅耳枥、黄檀、山樱花、红果钓樟（*Lindera erythrocarpa*）、鸡爪槭、杉木、黄连木（*Pistacia chinensis*）、乌桕、薄叶山矾、山矾等28种，见表3—4。

① 执笔人：黄兆祥

表 3—4　云山青冈林立木分级分层分析

编号	植物名称	分级①					分层②			总株数	频度（%）
		Ⅰ	Ⅱ	Ⅲ	Ⅳ	Ⅴ	3	2	1		
1	云山青冈	40	360	12	43	25	12	39	29	480	100
2	潺槁木姜子	40	640	15	13	0	1	2	7	698	100
3	浙江新木姜	120	520	5	0	0	3	1	1	645	100
4	厚皮香	40	40	1	0	0	1	0	0	240	50
5	柴楠	120	120	0	0	0	0	0	0	240	50
6	闽楠	40	0	0	0	0	0	0	0	40	100
7	赤杨叶	0	0	0	5	4	1	3	5	9	100
8	水青冈	0	0	0	3	1	1	1	2	4	100
9	紫茎	0	0	0	2	3	0	1	4	5	100
10	槲栎	0	0	0	1	1	0	1	1	2	100
11	枳椇	0	0	0	0	1	0	0	1	1	50
12	鹿角杜鹃	0	0	6	15	0	18	2	1	21	50
13	毛竹	0	0	2	13	0	0	2	13	15	100
14	豆梨	0	0	16	2	0	3	15	0	18	50
15	青榨槭	0	0	12	1	0	6	7	0	13	50
16	冬青	0	0	5	1	0	3	3	0	6	100
17	榜树	0	0	2	1	0	2	1	0	3	100
18	四照花	0	0	1	3	0	2	2	0	4	100
19	鹅耳枥	0	0	1	2	0	2	1	0	3	100
20	黄檀	0	0	0	8	0	4	3	1	8	100
21	山樱花	0	0	0	2	0	2	0	0	2	50
22	红果钓樟	0	0	2	0	0	2	0	0	2	50
23	鸡爪槭	0	0	1	0	0	0	1	0	1	50
24	杉木	0	0	1	0	0	1	0	0	1	50
25	黄连木	0	0	1	0	0	0	1	0	1	50
26	乌桕	0	0	1	0	0	0	1	0	1	50
27	薄叶山矾	0	0	1	0	0	0	1	0	1	50
28	山矾	0	40	0	0	0	0	0	0	40	50

注：①分级标准：Ⅰ级幼苗高度 33cm 以下；Ⅱ级幼树高度 33cm 以上，胸径小于 2.5cm；Ⅲ级小树胸径 2.5～7.5cm；Ⅳ级壮树胸径 7.5～22.5cm 以上；Ⅴ级老树胸径 22.5cm 以上

② 分层标准：第一层树高 10～15m 以上；第二层树高 6～9.9m；第三层树高 3～5.9m

③地点：江西永修云居山，海拔：820m，时间：1986-03-22，面积：1 600m^2

下木层有油茶、连蕊茶、柃木、箬竹、乌饭树、米饭花（*Vaccinium sprengelii*）、香楠（*Randia canthioides*）、绿冬青（亮叶冬青）（*Ilex viridis*）、光叶山矾、杜鹃、狗脊、小叶女贞、大果卫矛、野漆树、荚蒾、老鼠矢、酸味子等 17 种，以油茶为优势种。

草本层植物稀疏，主要是林冠郁闭度较大所致，以阴性或耐阴性的苔草（*Carex* sp.）、狗脊为多。此外有肺形草、春兰等。草本层总盖度为 15%，以苔草为优势种，其盖度占总盖度的 70%左右。

层外植物稀疏，只有零星分布的一些菝葜和牛尾菜等。

云山青冈是一种良好的材用树种。其材质坚硬、木材可供桥梁、建筑、车辆运动器械、农具等用。种子富含淀粉，可供食用，做饲料，加工磨粉，可制豆腐、酿酒等。其树皮，壳斗含鞣质，可提制栲胶。林内伴生树种，如黄连木、杉木、紫茎等都为优良的硬木用材。下木、草本及层外植物中供药用的也较多，如乌药。油料植物如油茶，有很大的开发价值。

云山青冈林终年常绿，林相整齐。对调节气候、美化环境、维护生态平衡、保护水土具有重要的作用。所以要对云山青冈林进行保护与加以发展，作为用材林、水源林、木本粮食林进行综合的开发利用。

2—3—2—6　福建青冈林①

福建青冈（*Cyclobalanopsis chungii*）又名钟氏栎，俗称黄槠、黄杜、槠木、红槠、铁槠、石槠、黄丝槠、黄丝椆木，为中国特有的珍贵用材树种。在中国东部湿润亚热带常绿阔叶林区能形成为优势林分，是中亚热带常绿阔叶林重要类型之一。木材黄红褐色；材质坚重，纹理直、有光泽；耐腐、耐磨、耐水湿。可供作纺织梭棒、船舶槽舵、车辆骨架、机械配件、运动器材，水工建筑、电杆横担木、高级地板等特殊用材，尤为农民所喜爱的农具特用材。社会用材量大，过去长期砍伐利用，很少人工造林，现存天然林资源不多。

（一）分布与生境

福建青冈分布于中国东南部武夷山脉的福建、江西和南岭山脉的广东、广西、湖南等地。福建分布范围较广，北至崇安、浦城；南止安溪、华安；东到闽清、永泰；西达武平、长汀，约 30 个县。广东省分布 6 个县市：平远、龙川、梅县、仁化、连州，封开。江西省赣县、永丰。湖南洞口、沅陵。广西金秀。地理位置东经 110°～119°，北纬 24°～28°30′。垂直分布一般在海拔 800m 以下，中山区可上升到 1 200m（闽西梅花山）。地形多是河谷、山谷、沟谷两侧多石质陡坡。福建青冈群聚性强，在分布区内不是遍地散生，而只是局限生长在某段河谷或峡谷、沟谷的山头地段。面积不大，呈小沟带状聚生，一般不易发现。闽清县雄江乡保存一片面积达 200 多 hm^2 的福建青冈天然林，实属罕见。

适生于温暖、湿润。年平均气温 18～21℃，最冷月（1 月）6～10℃，最热月（7 月）21～31℃；年降水量 1 400～2 000mm。以闽清县雄江乡气象要素为例：年平均气温 20.4℃，1 月平均气温 10.6℃，7 月平均气温 29.1℃，极端最低气温－3℃。小地形多属沟谷、峡谷的岩崖陡坡地和山麓石质坡地，坡度 35°以上。母岩一般为砂岩、石英岩、凝灰岩、片麻岩、千板岩及花岗岩等。

土壤：土壤为酸性红壤、黄壤。土层厚薄不一，一般厚度 40～70cm 土层多夹碎石。

（二）组成结构

① 执笔人：张炳荣

福建青冈为常绿大乔木，树高可达20m以上，胸径60cm（漳平赤水）。在悬崖陡坡立木较稀（2～7株/100m²），树干常倾斜，分叉多，偏冠，干材不圆。雄江的福建青冈林，立木较密（19株/100m²），树干通直，枝下高5m以上，树冠不大。林分外貌为波状起伏，春梢和夏梢锈棕色斑明显，4～5月花期，雄花穗米黄色，秋冬外貌为褐黄绿色。当年果熟，常见成熟的坚果在树上发芽。在种子采运途中也常会发芽。

乔木层树种约20多种，以福建青冈为优势种。主要伴生树种有青冈、栲树、甜槠、多穗石栎和山茶科的木荷，樟科的樟树、红润楠，杜英科的华杜英。还有冬青科的毛冬青，蔷薇科的光叶石楠等，落叶树种有枫香、赤杨叶。针叶树有马尾松。

下木常见有柃属（*Eurya* sp.）、檵木、乌饭树、杜鹃（*Rhododendron* sp.）、鼠刺、罗伞树、木莓（*Rubus swinhoei*）、刚竹（*Phyllostachys viridis*）等。

草本植物主要有：狗脊、芒萁、华里白、芒、黑莎草、苔草（*Carex* sp.）。

藤本有：藤黄檀、藤紫珠（*Callicarpa peri*）、东北蛇葡萄（山葡萄）（*Ampelopsis brevipedunculata*）、大血藤（*Sargentodoxa cuneata*）、南蛇藤（*Celastrus orbiculatus*）、酸果藤、粉背菝葜、阔叶猕猴桃（*Actinidia latifolia*）等。

常见林型有：

1. 狗脊柃木青冈福建青冈林

分布于福建闽清县雄江乡梅洋村，林分比较集中，有4个林班，面积232hm²，为中龄林和近熟林。经省人民政府批准于1985年8月设立为福建青冈林自然保护区。

树种构成：在800m²样方内有22个树种，共228株，其中福建青冈151株，占总株数的66.3%，平均19株/100m²，伴生树种77株，占33.7%，林分平均高度14m，总郁闭度0.85。乔木层可分两个亚层，各层组成树种如表3—5。

表3—5　乔木层各层树种组成

种　　名	株数	层次	平均高度(m)	平均胸径(cm)	胸高断面积合计(m)	相对显著度(%)	相对多度(%)	相对频度(%)	重要值
福建青冈	151	1	14	16	3.015 9	83.0	6.2	10.3	159.5
多穗石栎	3	1	10	12	0.033 9	0.9	1.3	7.7	9.9
栲树	6	1	12	14	0.092 4	2.5	2.6	10.3	15.4
秀丽栲 *C. jucunda*	6	1	12	12	0.069 7	1.9	2.6	5.1	9.6
青冈	15	1	12	14	0.230 9	6.4	6.6	10.3	23.3
甜槠	4	1	18	13	0.053 1	1.5	1.8	5.1	8.4
樟树	5	2	5	6	0.014 1	0.4	2.2	2.6	5.2
枫香	2	1	14	16	0.040 2	1.1	0.9	2.5	4.5
朴树 *Ceitis tetrandra* ssp. *sinenis*	6	2	5	8	0.030 2	0.8	2.6	2.6	6.1
檵木	7	2	3	4	0.008 8	0.2	3.1	10.3	13.6
华杜英	2	2	4	5	0.003 9	0.1	0.9	2.6	3.6
乌饭	2	2	3	4	0.002 5	0.1	0.9	2.5	3.6
黄瑞木	4	2	3	4	0.005 0	0.1	1.7	5.1	6.9

（续）

种　名	株数	层次	平均高度(m)	平均胸径(cm)	胸高断面积合计(m)	相对显著度(%)	相对多度(%)	相对频度(%)	重要值
野桐	2	2	3	4	0.002 5	0.1	0.9	2.6	3.6
野漆	1	2	2	3	0.000 7		0.4	2.5	2.9
油柿（野柿）	2	2	3	4	0.002 5	0.1	0.9	2.6	3.6
薯豆	2	2	5	4	0.002 5	0.3	0.9	2.5	3.5
马尾松	1	1	15	12	0.011 3	0.1	0.4	2.6	3.3
野茉莉	2	2	3	4	0.002 5	0.1	0.9	2.5	3.5
石栎	1	1	10	8	0.005 0	0.1	0.4	2.6	3.1
山乌桕	2	2	5	4	0.002 5	0.1	0.9	2.5	3.5
小果石笔木 *Tutcheria microcarpa*	2	2	3	4	0.002 5	0.1	0.9	2.6	3.6
合　计	228				3.632 6	100	100	100	300

地点：闽清县雄江乡梅洋村　样方面积：800m²　海拔：650m　时间：1986 年 9 月　绝对频度 975

下木主要种有：柃木、檵木、乌饭、刺毛杜鹃、杜鹃、绒毛润楠、山矾、百两金、罗伞树、杜茎山、鼠刺、蒿香（*Tarenna pallida*）、荚蒾、石斑木等。

草本植物主要有：狗脊、华里白、黑莎草、铁线蕨、乌毛蕨（*Blechnum orientale*）、麦冬、芒萁、芒等。

藤本有：粉被菝葜、藤黄檀、藤紫珠、玉叶金花、小果蔷薇（*Rosa cymosa*）、石松等。

2. 芒萁乌饭树广东润楠福建青冈林

见于福建南平夏道乡洋头村，海拔 250～600m。林分高度 8～10m，总郁闭度 0.80；在 400m² 样方内有乔木 11 种，共 101 株，其中福建青冈 70 株，占 69.3%。下木层盖度 30%，高度 1～2m，以乌饭树居多，混有檵木、朱砂根、细齿叶柃、光叶山矾、毛冬青等。

草本以芒萁骨占优势，聚生，混生大量五节芒（*Miscanthus floridulus*）、华里白。

藤本只见几种菝葜。

乔木层树种组成如表 3—6。

表 3—6　南平市植被调查

种　名	层次	平均高度(m)	平均胸径(cm)	相对多度(%)	相对频度(%)	相对显著度	重要值
福建青冈	1	7.4	8	69.31	20.00	94.65	183.96
广东润楠	1	6.8	8	7.92	15.00	1.24	24.16
马尾松	1	14	20	4.95	10.00	3.02	17.97
罗浮柿	1	6.3	8	4.95	10.00	0.48	15.43
石栎	1	8	10	2.97	10.00	0.27	13.24
华杜英	2	6.5	8	2.97	10.00	0.17	13.14
黄瑞木	2	6.5	8	1.98	5.00	0.08	7.06
乌饭树	2	5.5	6	1.98	5.00	0.04	7.02
虎皮楠	2	5.5	10	0.99	5.00	0.03	6.02
米槠	2	5.7	6	0.99	5.00	0.01	6.00
黧蒴栲	2	6	4	0.99	5.00	0.01	6.00
合　计				100	100	100	300

注：调查日期：1984-07

① 多度、频度和显著度的总绝对值分别为 101 株、500%、26.01m²

3. 乌毛蕨苦竹福建青冈林

见于福建省樟平县梅水坑，海拔 450m，浅沟谷陡坡、砂岩、岩石裸露 20%。

林分结构比较简单，400m² 样方内，出现 8 个树种，共 60 株，其中福建青冈 36 株，占总株数的 60%；多穗石栎 13 株，占 22%；青冈 9 株，占 15%；黄瑞木、枫香、南酸枣、毛冬青、亮叶猴耳环（*Pithecellobium lucidum*）单株出现，合占 3%。林分总郁闭度 0.5，中上层乔木有 21 株，福建青冈 16 株，占据大部分空间，有 6 株生于岩缝上，平均胸径 19cm，平均高度 14m，年龄 56 年（平均木），最大胸径 29cm，高度 18m，分枝高度 5.8m。中上层乔木组成树种如表 3—7。

表 3—7　乔木层各层树种组成

种　　名	株数（株）	层次	平均高度（m）	平均胸径（cm）	胸高断面积（m²）	相　对显著度（%）	相对频度（%）	重要值	
福建青冈	16	1	13.8	19	0.453 6	77.38	76.19	40.00	193.57
青冈	1	2	10	16	0.020 1	3.43	4.76	20.00	28.19
黄瑞木	1	2	8	16	0.020 1	3.43	4.76	10.00	18.19
枫香	1	1	15	28	0.061 6	10.51	4.76	10.00	25.27
多穗石栎	2	1	12	14	0.030 8	5.25	9.53	20.00	34.78
南酸枣		幼树							
毛冬青		幼树							
亮叶猴耳环		幼树							
合　　计	21				0.586 2	100	100	100	300

注：面积：400m²

下木分布不均匀，局部密，盖度 35%，高度 1～3m，主要种类有：苦竹、罗伞树、九节、冬青、荚蒾、盐肤木（*Rhus chinensis*）、鹅掌柴、杜鹃、木莓等。

草本及地被物有：乌毛蕨、芒、苔藓等。

藤本有：玉叶金花、海金沙（*Lygodium japonicum*）、鸡血藤、藤黄檀、葡蟠（*Broussonetia kazinoki*）等。

（三）立木生长

福建青冈天然林立木生长比较缓慢。50 年生树高 11.5m，胸径 15.3cm（带皮）。胸径 31.6cm（漳平赤水）树龄 127 年。现以闽清雄江福建青冈林平均木树干生长进程分析如表 3—8。

（1）树高生长　15 年以内，生长很慢，年平均生长量0.10～0.14m，连年生长量0.10～0.22m。20～35 年为速生期，年平均生长量 0.23～0.27m。连年生长量 0.30～0.50m。40 年后趋缓。

表 3—8　福建闽清雄江福建青冈树干生长过程

龄期	树高（m）			胸径（cm）			材积（m³）		
	总生长	平均生长	连年生长	总生长	平均生长	连年生长	总生长	平均生长	连年生长
5	0.5	0.10					0.000 2	0.000 04	
			0.10						0.000 14
10	1.0	0.10					0.000 9	0.000 09	
			0.22						0.000 36
15	2.1	0.14		2.0	0.13		0.002 7	0.000 18	
			0.50			0.26			0.001 04
20	4.6	0.23		3.3	0.17		0.007 9	0.000 40	
			0.38			0.32			0.001 88
25	6.5	0.26		4.9	0.20		0.017 3	0.000 69	
			0.32			0.38			0.002 86
30	8.1	0.27		6.8	0.23		0.031 6	0.001 05	
			0.30			0.32			0.003 20
35	9.6	0.27		8.4	0.24		0.047 6	0.001 36	
			0.12			0.36			0.004 04
40	10.2	0.26		10.2	0.26		0.067 8	0.001 70	
			0.12			0.36			0.00676
45	10.8	0.24		12.0	0.27		0.101 6	0.002 26	
			0.14			0.50			0.002 74
50	11.5	0.23		14.5	0.29		0.115 3	0.002 31	

（2）胸径生长　20 年内生长缓慢，年平均生长量 0.13～0.17cm，连年生长量 0.26cm。25 年后生长加速，50 年生还处于高生长期，年平均生长量 0.29cm，连年生长量 0.50cm。

（3）材积生长　20 年内为缓生期，25 年后开始增快，到 50 年保持直线上升。

福建青冈人工林生长表现较快。据福建林学院辛口林场测定：15 年生（测量 6 株）平均树高 10.6m，最大直径 16.0cm。呈现中等生长速度。根据现场分析，福建青冈对土壤要求较宽，可从沟谷窝地一直种到山坡中部。肥沃的山地可种，较瘠薄的山地也可以种植。有栽培发展的前景。

（四）更新与演替

成年母树常见开花结果，当年结实。岩崖陡坡的福建青冈矮林，3～4m 高就有结果，果枝较短，着果不多。坚果苦味，鸟鼠嫌食。成熟果实常在树上发芽。落果容易发芽更新，林内幼树幼苗较多。幼树萌芽率强，裸根部位常有不定芽萌发成丛株。在石质沟谷的福建青冈林，五级立木齐全，为成熟种群，能够稳定生存、发展。由于石质陡坡的水土条件较差，福建青冈的繁殖、传播、生长、发育都受到限制，资源分布区较狭窄。在毗连的湿润、无石质、深土层的山地，福建青冈反而不见生长，说明在优越的水土条件下，其他阔叶树种生长更快，福建青冈竞争不过。福建青冈天然被采伐破坏之后，则变成萌丛矮林。在闽清县雄江福建青冈林的采樵迹地上，芒萁骨、五节芒（*Miscanthus floridulus*）遍生，稀生马尾松、石栎、鬣蒴栲、木荷、赤杨叶、枫香、山乌桕、乌饭树、黄瑞木、檵木等乔、灌木树种。

（五）评价与经营意见

福建青冈是一种稀有的特用材树种，分布区窄，过去只砍伐不造林，资源稀缺，当前工业特用材和农村器具用材对福建青冈的需求量很大，分布区内成片皆伐，大批生产，资源破坏很大。许多林业专家建议把福建青冈列为珍稀树种加以保护。在做好调查资源分布的基础上，重点地区、山头，应挂牌封禁保护；一般地区应禁止皆伐，实行择伐，促进天然更新。一般器具和农具用材，尽量选用资源较多、分布较广的如青冈、多穗石栎、米槠、栲树等。国营林场、国营伐木场应有计划营造人工林，引野生为栽培。当前，人工植树造林成活率不高，多采用直播造林。总结、推广速生丰产技术，积极扩大资源。

2—3—2—7　滇青冈林①

滇青冈（*Cyclobalanopsis glaucoides*）林是中国中亚热带西部的地带性森林植被类型，为石灰岩山地所特有。目前，尚存面积不大，在“风景区”、“庙宇”、“龙山”等处有较完整的保存。

（一）分布与生境

以滇青冈为优势所组成的常绿阔时林，主要分布于滇中高原和川西南一带，并以滇中为分布中心。目前在云南的昆明、嵩明、富民、禄劝、路南、易门、双柏等县境内有小片保存。分布海拔为 1 300～2 500m，其中海拔 2 000～2 200m 分布较为集中。

分布区属高原季风气候，年平均气温在 15～17℃，冬暖夏凉，年降水量均在 1 000mm 左右，干湿季十分明显。在这种气候条件下，它生长尚好。但土壤母质和地形条件制约其分布，所以常见它分布在石灰岩山地、玄武岩陡坡地段以及河谷两侧的坡地或喀斯特残丘上，其林下的土壤多为山地黄红壤、山地红壤，土壤一般较厚，潮湿。个别林下也为石灰土，土层薄，林木生长较差。

（二）组成结构

滇青冈林系以滇青冈为优势组成的一个常绿阔叶林类型。此类型的优势种较明显，在林分中滇青冈常占组成的 5～6 成，林内参杂的其他树种约占组成的 5～4 成。而参杂混生的树种却因地而异，一般常见的有滇石栎、云南油杉、滇润楠、长梗润楠（*Machilus longipedicellata*）、石楠（*Photinia serrulata*）、佛氏石楠（*Ph. franchetiana*）、大果冬青（*Ilex macrocarpa*）、山枇杷、窄叶石栎（*Lithocarpus confinis*）、光叶石栎、山玉兰（*Magnolia delavayi*）、光叶海桐（*Pittosporum glabratum*）、新樟（*Neocinnamomum delavayi*）等。此外尚有少量的落叶树种伴生，如滇合欢（*Albizia mollis*）、锐齿槲栎（*Quercus aliene* var. *acuteserrata*）、旱冬瓜、野漆、大叶榉（*Zelkova schneideriana*）、鸡嗉子、云南鹅耳枥（*Carpinus monbigiana*）等。常绿的松柏类树种有时也混生在其中，如云南松、云南油杉等。在川西、滇北一带分布的滇青冈林，还常见有硬叶常绿栎类混生在林内，如黄背栎（*Quercus pannosa*）等，可见滇青冈林与硬叶常绿栎类林有着生态上和地理分布上的渊源联系，并使之成为中国常绿阔叶林西部类型的有力佐证。

① 执笔人：刘中天

滇青冈纯林少见，多为单层混交林，从滇青冈林的结构看，乔木层下尚有灌木层和草本层以及不太明显的层外植物层。

随着地形的变化和林分郁闭的差异，灌木层中的灌木种类和优势度常随之相应变化，但在生态习性上，均以半喜光的种类为多。常见的有云南含笑、铁仔、水红木、爆仗杜鹃、高原瑞香（*Daphne feddei*）、沙针（*Osyris wightiana*）、小叶女贞、来江藤（*Brandisia hanceana*）、竹叶椒（*Zanthoxylum planispinum*）、梅氏十大功劳（*Mahonia mairei*）、西藏青荚叶（*Helwingia himalaica*）、芒种花、矮杨梅（*Myrica nana*）、臭荚蒾（*Viburnum foetidum*）、小冻绿树（*Rhamus rosthornii*）等。灌木盖度小，一般为20%～30%，平均高1～2m。在干旱的石灰岩地段盖度更小，而在土壤湿润肥沃地段，灌木发育良好，但盖度也不超过50%。

草本层植物比较发达，组成的种类也较多样，且随土壤、坡向等变化，以及林分郁闭度的大小，种类组合的状况而发生变化。如在郁闭度较大的林下，因水湿条件较好，多出现蕨类植物的种类，常见有对马耳蕨（*Polystichum tsus-simenes*）、丰产鳞毛蕨（*Dryopteris fructuosa*）、凤尾蕨、疏叶蹄盖蕨、栗柄金粉蕨等多种蕨类植物。除此尚有一些耐荫喜湿的种类如竹叶草（*Oplismenus compositus*）、沿阶草、粗齿冷水花（扁化冷水花）（*Pilea fasciata*）、长柄苔草（*Carex longipes*）等。在林分郁闭度较低的林下，禾本科的草类增多，如刚莠竹常在局部林下成片生长，而高大的姜科植物草果药、野姜（*Zingiber striolatum*）、喙花姜（*Rhrnchanthus beesianus*）等也屡见不鲜，同时还见有粗毛牛膝（土牛膝）、倒卵叶兔儿风（*Ainsliaea triflora* var. *obovata*）、腺花香茶菜（*Rabdosia adenantha*）、尾叶蓼（*Polygonum urophyllum*）等，在透光较大处，常常出现有芸香草（*Cymbopogon distans*）、石椒草（*Boenninghausenia sessilicarpa*）、美味草（*Micromerie biflora*）等；在人为活动频繁地区，多见顶花艾麻（*Laportea terminalis*）、短穗铁苋菜（*Acalypha brachystachys*）、爵床（*Rostellaria procumbens*）、九头狮子草（*Peristrophe japonica*）等。

藤本植物种类多，但数量少，分布也不均匀，且无大藤盘绕，只有一些木质和草质小藤本。它们一般都处于下木层中，仅个别绕着树干爬到较高处。常见的种类有铁叶菝葜（*Smilax siderophylla*）、土茯苓、大菝葜（*Similax ferox*）、巴豆藤（*Craspedolobium schochii*）、香花岩豆藤、五爪金龙（*Tetrastigma hypoglaucum*）、多花勾儿茶（*Berchemia floribunda*）等。

附生植物也少见。仅在树干基部偶见柔毛石韦（*Pyrrosia mollis*）、长柄石韦（*Pyrrosia gralla*）等散生。个别石灰岩山地的滇青冈林下，也散生一些半附生的岩生植物，如扇蕨（*Neocheiropteris palmatopedata*）、裸叶粉背蕨（*Aleuritopteris duclouxii*）、石筋草（*Pilea platanifolia*）等。此外，由于局部湿度的影响，亦常见有云南拟蕨藓（*Pterobryopsis yunnanensis*）、大羽藓（舟叶羽藓）（*Thuidium cymbifolium*）、刀叶树平藓（*Homaliodendron scalpellifolium*）、帚状曲尾藓（*Dicranum scaparium*）等。

（三）生长发育

在现有的滇青冈林中，其林分平均高一般为15～20m，个别大树可高至25m左右，胸径24～30cm，郁闭度0.4～0.7，每公顷蓄积量120～180m^3。其实林木的生长因受立地条件和人为干扰程度的影响，各地很不一致。在干旱瘠薄的石灰岩山地或人为干扰频繁处，林分平均高仅8～12m，且林木稀疏，郁闭度小，仅0.4左右。在玄武岩地段或土壤潮湿肥沃处，以及人为干扰较小的地区，林木生长良好，如云南易门县大龙口的滇青冈成熟林，其林分平均高可达20m左右，胸径约30cm，郁闭度0.5～0.7，每公顷蓄积量在150m^3左右。其中优势树种滇青冈平均高18～19m，胸径24～28cm，每公顷蓄积量达80～90m^3。

（四）更新演替

滇青冈林的天然更新较差，一般在林内很少见有更新幼苗和幼树。但它萌蘖更新能力较强，个别破坏严重的地区，往往以萌蘖更新形成幼林，由于萌条较多，人为樵采又频繁，生长一般，如加强除蘖管理和封山，可望成林。

滇青冈林是中国亚热带西部的地带性森林植被类型，也为石灰岩山地所特有。由于长期受人为的干扰破坏，原始林分几乎全部遭受破坏，而变成光秃的石山，目前所见到的林分，面积都不大，只是在"风景区"、"庙宇"、"龙山"等处有小面积的保存，如昆明西山一带的滇青冈林保存较完整。这类森林反复破坏后，将成为栎类灌丛，甚至形成荒山秃岭。生境恶化，水土流失，到那时要恢复森林，将十分困难。因此，必须加强对滇青冈林的经营管理。

（五）评价和经营意见

滇青冈是属石灰岩山地的主要乔木树种，它生长虽然较慢，但其材质优良，是人们喜欢的用材树种，它的用途广泛，可供建筑、农具、家具等用材。同时，它多分布在石灰岩山地，对水土保持和水源涵养都有其重要作用。由于该类森林大部遭受破坏，保存者不多，因此在今后的营林工作中，应重视它的发展。

第三节 栲类林①

栲类（*Castanopsis*）约130种，分布于亚洲热带和亚热带地区。中国有70余种，是常绿阔叶林的主要建群种，通常认为产于长江以南。但由于树种较多，生态习性有所差异，因此分布广泛，有些种类可见于秦岭淮河一线，其中苦槠栲（*C. sclerophylla*）为比较耐寒的种类，是组成中国分布最北的栲类林之一。栲类林主产地为云南、广西和广东，但南方其他各省包括台湾和海南也均有分布。

栲类林不仅水平分布很广，而且垂直分布差异也很大。它们主要见于丘陵和低山区，但在平地和亚高山也能成林，在西南高山林区的垂直分布可高达2 500m。这种分布环境不同

① 执笔人：周光裕

的原因在于它的生物学习性，虽然栲类林喜温暖潮湿的生境，但有些种类则比较耐干旱和耐寒，所以除在水热条件优越处分布外，也能在较为干旱和寒冷的地方见到。所以在常绿阔叶林中，栲类林可以被认为是最重要的类型之一。

栲类既能组成纯林，也可以和其他常绿阔叶树构成混交林。栲类由于树木材质坚硬，尤以红锥类的木材最为坚重，色泽美观，是建筑和家具的优良用材。白锥类虽然材质较松软，且不耐腐，但作为日用杂材和制作农具仍属上品。尤其自古以来就用栲类烧炭，所以不论红锥类抑或白锥类就成为群众砍伐利用的主要对象。由于人为干扰过度，因此栲类林虽然多种多样，但每一种栲类林都很少有大面积的存在。这是当前值得重视的问题，恢复常绿阔叶林是热带和亚热带地区保持生态平衡的重要手段，为此首先就要重视保护和营造对生境要求比较宽广的栲类林。

2—3—3—1 苦槠栲林①

（一）分布与生境

苦槠栲林是以苦槠栲（*Castanopsis sclerophylla*）为建群种的常绿阔叶林类型，广泛分布于中国中亚热带长江流域中、下游以南各地。北至秦岭、伏牛山、大别山，但西南和南岭南坡以南均不产，以华东、华中地区为其主要分布区。垂直分布以海拔 1 000m 以下较为普遍，主要分布于海拔 50～700m 之间的红壤丘陵和低山。立地条件较好，一般无岩石露头，坡度在 25°～30°，相对湿度约 80%～90%，主要分布区的年降水量为 1 200～1 600mm，年平均气温 16～18℃，≥10℃年积温为 5 100～5 700℃。

母岩为花岗岩、砂页岩、千枚岩、第三系红岩、第四系红色粘土。土壤一般为红壤，分布海拔较高处为黄壤，土层一般较厚，达 50～100cm。枯枝落叶较多，主要为阔叶树的枯枝落叶和果壳，针叶树成分较少，厚度 3～5cm，盖度 80%～90%，形成的柔软腐殖质层厚 15～20cm，有机质含量 5%～10%，土壤表面地衣和苔藓地被物较稀疏，盖度 10%～30%。

（二）组成结构

在自然状态下，苦槠栲极少数形成为纯林，多与常绿阔叶树一起生长，也可以和少数落叶树种组成为常绿与落叶混交林。苦槠栲林的乔木层组成树种约 30 种，以苦槠栲为建群种，也常与豺皮樟、石栎等组成共建种群落，伴生树种由于自然地理条件的不同而有差异，在其分布区的北部，主要有山合欢、枫香、野柿、白栎、小叶栎、短柄枹栎、黄檀、麻栎、冬青、青冈等，极少数与杉木、马尾松混交；在其分布区的南部，主要伴生树种以常绿阔叶树为主，有木荷、甜槠栲、青冈、栲树、樟树、石楠、四川山矾、杜英、小红栲等。

常见的下木有檵木、黄栀子、苦竹、粗叶木、乌饭树、乌药、六月雪、细齿叶柃、尾叶山茶、饭汤子、山胡椒、杜鹃、臭黄荆、叶下珠、赤楠、史氏米饭花、山矾、算盘子、野

① 执笔人：陈冬基

桐、大青、盐肤木、白檀、铁扫帚、白乳木、山樱花、野茉莉、满山红、长叶鼠李、枸骨、油茶、紫薇、芫花等。其中以檵木、黄栀子、苦竹、粗叶木最多，为下木的优势种。下木层以金缕梅科、山茶科、茜草科、樟科、杜鹃花科、越橘科、紫金牛科的灌木为主。

草本层种类较稀少，分布不匀，盖度10％～20％，在林缘或林内光照较强处，草本植物较多。常见的草本植物有狗脊、淡竹叶、苔草、白茅、沿阶草、铁芒萁、鳞毛蕨、阴行草、韩信草、珍珠菜、白花蛇舌草、纤毛鸭嘴草、野荆芥、拟金茅、五棱飘拂草、狗尾草、酸模芒、野古草、荩草、桔草、星宿莱、紫花地丁、春兰、蕨等。其中以狗脊、苔草、山姜、淡竹叶为最多，常为草本层的优势种。

层外植物常见的有菝葜、南五味子、紫藤、藤黄檀、三叶木通、金银花、鸡血藤、海金沙、络石、胡颓子、野葡萄、娃儿藤、葛藤、百部、流苏子、薜荔、南蛇藤、木防己等。有些苦槠栲林内，常有半寄生植物、桑寄生寄生于树梢的枝桠上。

苦槠栲林在其分布区的北缘，常与一些落叶阔叶树混交，成为北亚热带常绿落叶阔叶混交林的主要地带性森林类型；在其分布区的南缘，森林中苦槠栲的成分逐渐下降，并让位于栲树、南岭栲和鹿角栲林。

由于苦槠栲林分布较广，南北水热条件相差较大，具体地点立地条件也很不相同以苦槠栲为优势种组成的纯林或混交林的组成结构也有很大差异，根据组成结构和立地条件的不同，苦槠栲可以划分4个林型。即：① 苔草檵木苦槠栲林；②淡竹叶黄栀子苦槠栲林；③狗脊柃木苦槠栲林；④ 山姜苦竹豺皮樟＋苦槠栲林。

1. 苔草檵木苦槠栲林

分布于湖南邵阳县、江西赣北地区、福建北部、浙江西北部及安徽南部、江苏等地的海拔50～500m的低山丘陵地区。组成结构比较简单，乔木层除建群种苦槠栲之外，主要伴生树种有枫香、石栎、冬青、野柿、黄檀、白栎及少量马尾松、山合欢等。据江西彭泽县海形乡调查材料分析：群落结构分层明显，有乔木树种10种，其中阔叶树种8种，针叶树种2种，分属壳斗科（3种）、豆科（2种）、金缕梅科、冬青科、柿树科、松科、杉科（各1种），其中苦槠栲占总株数的70.3％、频度为100％；枫香占2.1％ 、频度100％；石栎占1.58％、频度50％；白栎1.58％、频度50％。其中常绿成分占73.5％，落叶成分占7.9％，针叶树占18.6％。

下层木以檵木为主，还有六月雪、腐婢、山胡椒、山姜、华紫珠、算盘子、牡荆大叶胡枝子、乌药等。

草本层以苔草为主，尚有三脉叶马兰、香薷、千里光、球米草等。

层外植物有菝葜、鸡矢藤、紫藤、薯蓣。

2. 淡竹叶黄栀子苦槠栲林

是江西中部地区的主要森林类型，据江西新建县望城岗梁村调查分析，该林型为次生林，有三个亚层，苦槠在各亚层均占优势。第一亚层有苦槠栲、枫香、石栎、青冈、冬青、花榈木、白栎、黄檀；第二亚层较发达，主要为苦槠栲、青冈、石栎、其次为白栎、樟树、冬青。枫香和木荷；第三亚层以苦槠栲、石栎、枫香、冬青为主，其次为四川山矾、野漆树、黄檀、黄连木、石楠、小叶栎、野柿、乌桕、山合欢、杉木、马尾松、栲树。

乔木层组成主要为壳斗科 6 种，蝶形花科、漆树科各 2 种，樟树、山茶科、金缕梅科、冬青科、山矾科、大戟科、柿树科、蔷薇科、含羞草科、松科、杉科各 1 种。标准地内苦槠栲占总株数的 42.4%，白栎占 19.3%，其余均在 5%以下，按生活型，常绿树种占 65.3%，落叶树种为 34.7%。该类型虽然混生少量落叶阔叶树种，但从整个组成来看，仍以常绿阔叶树占明显的优势，呈现中亚热带常绿阔叶林的外貌，而与北亚热带常绿落叶阔叶林外貌有明显区别。

3. 狗脊柃木苦槠栲林

本林型分布于安徽南部地区，海拔 500m 左右的山坡谷地，乔木层以苦槠栲为建群种，伴生种有青冈、冬青、蓝果树、山合欢、构树等。下层木有柃木、六月雪、连蕊茶、马银花、茶树、石斑木、檵木、乌饭树、杜鹃、老鼠矢、白檀、山胡椒、野鸦椿等。草本层有狗脊、沿阶草、铁芒萁、鳞毛蕨、荩草、萱草等。层外植物有菝葜、土茯苓。海金沙、三叶木通、紫藤等。林下苦槠栲的幼苗树较多，下木以常绿的种类占优势。

4. 山姜苦竹豺皮樟苦槠栲林

本林型分布于江西井冈山荇洲下角山，群落结构分层不明显，乔木层组成主要有壳斗科、山茶科、蔷薇科各 3 种、樟科、冬青科、山矾科、安息香科、榛科、槭树科、交让木科、杜英科、杨梅科、藤黄科、竹亚科各一种，此外还有两种针叶树，其中苦槠栲占总株数的 27.5%，豺皮樟 12.7%、红润楠 3.7%、鹅耳枥 3.9%、五裂槭 2.3%、杉木 1.5%。从生活型看，该类型大部分为常绿树种，只有鹅耳枥、五裂槭为落叶树种。

下层木稀密不一，约有 20 余种，层盖度 70%，以山茶科、茜草科、樟科、杜鹃花科、越橘科、紫金牛科为主。草本层有山姜及狗脊。

（三）生长发育

据江西上饶地区林业科学研究所在赣东北海拔 400m，西坡肥力中等的山地天然混交林中所做的树干解析说明，苦槠栲生长中等，54 年生，树高 15.8m，胸径 24.6cm，单株材积 0.346 2m^3。树高和胸径生长量均以 20 年生最大，其连年生长量分别为 0.50m 和 0.47cm。材积生长在 10 年生前缓慢，随着年龄的增加则缓慢上升，54 年生长量为 0.110m^3，平均生长量 0.006m^3，仍处在继续上升阶段。又据江西彭泽地区调查，每公顷有立木蓄积 211.2m^3，其中苦槠栲为 141.45m^3，占林分蓄积量的 67%，其他伴生树种杉木、马尾松、枫香、山合欢、石栎、冬青、黄檀、野柿等共有蓄积量 69.75m^3，仅占林分蓄积量的 33%。在赣中南昌，据标准地调查，每公顷立木蓄积量 117.9m^3，其中优势种苦槠栲为 96.75m^3，占林分蓄积的 82%，伴生树种石栎、木荷、花榈木、樟树等共有蓄积量 21.15m^3，仅占林分蓄积量的 18%。在赣西南井冈山调查，每公顷立木蓄积 327.15m^3，而优势种苦槠栲有蓄积量 201m^3，占林分蓄积量的 61%，伴生树种豺皮樟、樟树、鹅耳枥、五裂槭、杉木等，共有蓄积量 126.15m^3，占林分蓄积量的 39%。

（四）更新演替

苦槠栲幼年耐荫，根株萌芽力很强，母树结实量大，在母树林下，经常出现大量幼苗、幼树，具有较强的无性更新和有性更新能力，是中亚热带低山、丘陵地区较稳定的常绿阔叶林类型。在人口稠密的低山丘陵地区，虽经多次樵采，仍可萌芽更新经过封山育林，能恢复以苦槠栲为优势的常绿阔叶林，如采取烧山，则迹地常为马尾松飞子所代替，或沦为白栎、檵木、金樱子灌丛，或退化为刺芒野古草、黄背草等草丛。苦槠栲易在马尾松枫香林下更新，并逐渐代替马尾松枫香林，形成不稳定的针阔混交林，最后恢复以苦槠栲为主的常绿阔叶林。

在人为干扰较少的赣西南地区，森林群落演替过程中的树种更替现象不甚明显，表现相对稳定的状态。如赣西南的山姜苦竹豺皮樟苦槠栲林，其林木年龄结构见表 3—9。

表 3—9 山姜苦竹豺皮樟苦槠栲林立木种群年龄结构分析

种群分级	初生种群	旺盛种群	成熟种群	始衰种群	中衰种群	老衰种群
树种名称	虎皮楠、猴欢喜、黄瑞木、小叶石楠、光叶石楠、老鼠矢、杨梅、多花山竹子	滇楠、刺稠李	苦槠栲、豺皮樟	红润楠、冬青、大穗鹅耳枥、五裂槭、杉木、毛竹	罗浮栲	红淡比、柃木、南方红豆杉、小叶白辛树、粤桂石栎

从表 3—9 可以看出，虎皮楠、猴欢喜、黄瑞木等树种只有苗木，没有上层立木，属初生种群；滇南、刺稠李有幼苗幼树及三级林木，属旺盛种群；苦槠栲、豺皮樟 5 个等级齐全，属成熟种群；红楠仅缺四级立木，冬青、大穗鹅耳枥、五裂槭、杉木、毛竹只有一级苗木，二级幼树和五级老树，属始衰种群；罗浮栲仅有三四级立木，没有幼苗，属中衰种群；南方红豆杉、红淡比、粤桂石栎、柃木、小叶白辛树只有五级或四级大树，属衰老种群。从种群分析中可以明显地看出，该类型的初生种群全为常绿阔叶树，老衰种群中除一些常绿的伴生树种外，是一个比较典型的落叶阔叶树种，为小叶白辛树，说明常绿阔叶林在更新演替过程中，较耐荫的常绿阔叶树必然取代喜光的落叶阔叶树种的规律。

又如赣中地区的淡竹叶、檵木、苦槠栲林，其种群年龄结构是：黄连木、石楠、四川山矾、野柿、山合欢、乌桕等树种仅有苗木，而无上层立木，属初生种群；青冈、枫香、白栎、冬青、黄檀、花榈木及小叶栎等树种，除苗木外，还有三四级立木，只缺五级或四级立木，属旺盛种群；苦槠栲、石栎、木荷等树种五级齐全，属成熟种群；樟树、杉木只有二级幼树和三四级立木属中衰种群，见表 3—10。该群落缺乏老衰种群，说明在人为干扰的情况下，使生态环境发生了有利于喜光树种生长的变化，因而使一些喜光树种尚能残存，初生种群既有较耐荫的常绿阔叶树种，也有较喜光落叶阔叶树种。

表 3—10 淡竹叶檵木苦槠栲林种群年龄结构分析

种群分级	初生种群	旺盛种群	成熟种群	始衰种群	中衰种群	老衰种群
树种名称	黄连木、石楠、野柿、四川山矾、山合欢、乌桕	青冈、枫香、白栎、冬青、黄檀、小叶栎、花榈木	苦槠栲、石栎、木荷	樟树、杉木	野漆、栲树、马尾松	—

在赣北地区，由于受人为干扰更为频繁，森林的组成结构更为简单，为赣北的苔草檵木、苦槠栲林的种群年龄结构是：白栎仅有二级幼树，属初生种群；苦槠栲则五级齐全，属成熟种群；枫香、杉木、山合欢、石栎、黄檀、冬青、野柿只有三四级立木属中衰种群；马尾松只有四五级大树、老树，属老衰种群；该群落无旺盛种群也无始衰种群，种类较为贫乏，从群落中出现白栎初生种群来看，该类型在遭受人为频繁干扰以后，有向喜光常绿、落叶阔叶林发展的趋势，见表 3—11。

表 3—11 苔草檵木苦槠栲林立木种群年龄结构分析

种群分级	新生种群	旺盛种群	成熟种群	始衰种群	中衰种群	老衰种群
树种名称	白 栎	—	苦槠栲	—	枫香、石栎、冬青、杉木、山合欢、野柿、黄檀	马尾松

（五）评价与经营意见

苦槠栲木材心材灰红褐色、边材暗褐黄色，材质坚韧、耐水湿、不受虫蛀、耐磨损、不易开裂、富有弹性，可供建筑、家具、车辆、运动器材、农具等用材。坚果味苦，出仁率80%，种仁含淀粉及可溶性糖 69.91%，粗蛋白质 2.32%，粗脂肪 1.31%，单宁 5.82%，经水浸泡去涩后，可制苦槠栲豆腐、粉皮，供食用。因此，苦槠栲可作为用材和木本粮食树种来经营。

苦槠栲枝叶繁茂，叶厚革质，群落组成复杂，是中亚热带低山丘陵地区保护环境、防风防火、涵养水源、保持水土的理想森林类型。同时，苦槠栲林内的资源丰富，很多林下植物是重要的药用资源，如栀子、乌药、朱砂根、白马骨、枸骨、虎刺、大青、麦冬、白花蛇舌草、阴行草、韩信草、狗脊、淡竹叶、鸡血藤、菝葜、南蛇藤等。还有许多油料、化工原料、淀粉、纤维植物。江西彭泽县农村习惯维护苦槠栲林，既是防护林又是用材林和经济林。因此，在低山丘陵地区保护和发展苦槠栲林，有着重要的经济利用价值和保持水土，改善环境的生态效益。

2—3—3—2　甜槠栲林①

甜槠栲（*Castanopsis eyrei*）又名甜槠、石栗子，是中国长江以南分布最广的栲类树种，除云南和海南岛之外江南各省均有分布，在山坡和沟谷地带常与刺栲、栲树、木荷、杜英、黄瑞木混生，多为主要建群种；有时成小面积纯林；在山脊上多与马尾松、小红栲、木荷等组成混交林出现。木材用途多，种仁可食或制粉丝、酿酒等用。

（一）分布与生境

甜槠栲林是中国栲类林分中分布最广、面积最大的类型之一。在其分布区海拔较高的山地有两个变种，其一为牯岭甜槠栲（*C. eyrei* var. *caudata*），叶先端尾状，下面有银白色蜡质层；其二为红甜槠栲（*C. eyrei* var. *neocavaleriei*），叶下面有红褐色蜡质层。

甜槠分布于范围大致在北纬 24°～32°，东经 107°～119°。在栲属树种中仅有甜槠栲和苦槠栲于长江中下游越过长江分布到大别山南坡；四川东南部是其分布区的西北缘；西到贵州中部；南到广东的中部；东至福建。是中国东部中亚热带山地分布面积大、适应性广、稳定性较强的常绿阔叶林类型之一。在江苏南部、浙江、福建、安徽南部、湖北西南部、四川东南部、江西、湖南、广东北部、广西北部贵州东部等省均有一定面积的甜槠栲林生长。垂直分布在海拔 500～1 600m 处，成片的林分多分布在海拔 600～1 400m。

甜槠栲分布区具有明显的季风气候特征，四季明显，是中国典型的季风亚热带中部气候区。生境温暖湿润，水热条件较好，多生长于山峦重叠的山坡和谷地，在土层较薄部分亦有分布。平原和低丘地较少见。其分布区平均气温 12.5～21℃，年降水量 1 200～2 000mm。最适合分布区平均气温 13～15℃，年降水量 1 300～1 800mm。处于罗霄山脉南部的湖南桂东县海拔 800～1 300m 的山地有成片的甜槠栲林分布，该县气象站海拔高 865.9m，历年气象记录平均值如表 3—12。

表 3—12　历年气象资料

年　份	平均气温（℃）	极端最低气温（℃）	极端最高气温（℃）	≥10℃积温（℃）	平均相对湿度（%）	平均年降水量（mm）	平均年霜　日（d）
1958～1970	15.3	－8.7 出现于 1 月	34.2 出现于 6 月	4 600.2	82	1 696.2	26.2

甜槠栲林生长区母岩有砂岩、板岩、页岩、花岗岩等。以板岩发育的土壤生长较好（表 3—13）。土壤有黄红壤、黄壤和黄棕壤。土层厚度中等或厚，一般疏松湿润，pH 值4.5～

① 执笔人：祁承经，曹铁如

6.5。在土层浅薄处生长的甜槠栲分枝低，树干尖削度大。

表 3—13　不同母岩地区生长的甜槠栲林

调查地点	海　拔 (m)	母　岩	10 年生		20 年生		30 年生		40 年生	
			平均高 (m)	平均胸径 (cm)	平均高 (m)	平均胸径 (cm)	平均高 (m)	平均胸径 (cm)	平均高 (m)	平均胸径 (cm)
莽山	1 320	花岗岩	2.5	1.5	6.5	4.3	7.5	10.8	10.5	17.4
城步	1 480	板　岩	4.3	3.8	7.3	14.9	8.7	24.7	9.3	30.2

注：调查地点：湖南莽山；湖南城步

据中南林学院森林植物研究室于湖南调查几处甜槠栲林土壤分析如表 3—14。

表 3—14　甜槠栲林土壤养分分析

地　点	海拔 (m)	母岩	剖面层次	土层厚度 (cm)	pH 值 (水浸)	有机质 (%)	全 氮 (%)	全 磷 (%)	全 钾 (%)
大庸市	640	砂	A_1	3～12	5.3	6.10	0.262	0.003	1.57
			AB	13～23	4.9	4.38	0.190	0.038	1.53
		岩	B	24～80	4.8	2.44	0.108	0.045	1.36
武冈县	1 250	板	A_1	4～13	4.4	12.13	0.408	0.025	3.67
			AB	14～34	4.2	8.00	0.285	0.045	3.67
		岩	B	35 以下	4.2	1.52	0.064	0.022	4.09
资兴市	1 300	花	A_1	10～25	4.1	27.93	0.892	0.123	1.08
		岗	AB	26～37	4.4	5.54	0.192	0.038	1.28
		岩	B	38～60	4.6	2.55	0.109	0.080	1.62
			C	70 以下	4.4	1.06	0.037	0.032	5.16

注：郭玉生．湖南甜槠栲林的群落学研究．中南林学院硕士论文

（二）组成结构

甜槠栲林分布区水热条件优越，所以组成种类较丰富。据样地资料调查，组成甜槠栲林常见的乔灌木有 230 余种，隶属于 53 科 122 属。其中常绿树种所属有壳斗科、樟科、山茶科、冬青科、杜英科、山矾科、交让木科、杨梅科等；落叶树种所属科有槭树科、金缕梅科、野茉莉科、漆树科、五加科等。草本层有 17 科 40 多种。主要有乔本科、莎草科和蕨类植物；其次有紫金牛科、百合科、蔷薇科等植物。藤本植物以木通科、葡萄科植物为常见。

在区系组成上，据中南林学院森林植物研究室调查湖南甜槠栲林，26 个样地（计 11 913m^2）中有乔灌木 229 种，其中全热带分布的种有 65 种，占 28.4%；东亚—北美洲间断分布和北温带分布的种各为 36 种，各占 15.7%，热带亚洲（印度—马来西亚）和东亚各

为27种，各占11.8%；其他分布成分所占比重较小。从起源来看，具有明显的热带性质，热带和亚热带成分占优势。如青冈属(*Cyclobalanopsis*)、润楠属(*Machilus*)、新木姜属(*Neolitsea*)、红淡比属（*Cleyera*）、含笑属（*Michelia*）、交让木属（*Daphniphyllum*）、山胡椒属（*Lindera*）、山矾属（*Symplocos*）、杜英属（*Elaeocarpus*）、冬青属（*Ilex*）、野茉莉属（*Styrax*）、石笔木属（*Tutcheria*）、紫金牛属（*Ardisia*）、海桐花属（*Pittosporum*）、柃木属（*Eurya*）、木姜子属（*Litsea*）、楠属（*Phoebe*）等。从北温带区系成分占有一定比例来看，说明甜槠栲林分布区的过渡性，甜槠栲主要分布于热带向温带的过渡地带，同时在分布区一般生长于海拔较高的地段（海拔800m左右），所以有较多温带成分。

组成甜槠栲林的植物种类丰富和地理成分复杂，所以甜槠栲林类型也多样。1953年林汝昌在《厦门大学学报》上发表福建龙岩的"薏莱氏栎林"即（甜槠栲林）描述了4种甜槠栲类型，即乌饭杜鹃甜槠栲混交林，马尾松甜槠栲混交林，闽粤栲甜槠栲（黧蒴栲）（*Castanopsis fissa*）林，甜槠栲纯林。60年代到80年代对甜槠栲林的研究更广泛、细致。综合起来，甜槠栲林的类型依乔木层优势种组成分为纯林和混交林两类，乔木层以甜槠栲为绝对优势的称为纯林；乔木层优势种为甜槠栲和其他常绿或落叶树种的为混交林。甜槠栲纯林多生长于土层瘠薄的山脊或山坡上部，在土层较厚的山坡亦有甜槠栲纯林。甜槠栲混交林是较常见的类型，在海拔较低处常与栲、石栎、木荷、楠木类混生；在海拔较高的中山常与水青冈、鹅耳枥、檵木、桦类等落叶树种组成常绿落叶阔叶林。甜槠栲林乔木层中常混生有亚热带山地扁平叶型针叶树，如杉木、长苞铁杉、南方红豆杉等。

下面分述主要甜槠栲林类型：

1. 甜槠栲林

乔木层甜槠栲占绝对优势的森林为甜槠栲纯林。这类森林在福建西部、安徽宣城南部、湖南西南和西北等处有小面积分布。此类森林依草本、下木组成种类划分林型主要有如下两类：

(1) *中华里白柃木甜槠栲林*　此类森林乔木层为甜槠栲，混生有少量常绿、落叶阔叶树种；下木层以柃木（*Eurya*）、杜鹃（*Rhododendron*）为主。多分布于海拔1 000m左右的山脊和山坡上部。福建寿宁县坑底海拔1 040m的山坡中上部甜槠栲林，总郁闭度0.9，乔木第一层甜槠栲占绝对优势，零星有木荷、黄山松；第二层有甜槠栲、木荷、青栲、青冈等。下木层盖度40%，以细齿柃（*Eurya nitida*）、薅弯杜鹃（*Rhododendron henryi*）为主。草本层有中华里白、胎生狗脊（*Woodwardia prolifera*）等。湖南武冈县云山海拔1 250m处的甜槠栲林，生于山顶部分，总郁闭度0.75，乔木层除甜槠栲外混生有少量的银木荷、水青冈、阔瓣白兰花等。下木层以鹿角杜鹃（*Rhododendron latoucheae*）为多。草本稀疏生有苔草（*Carex*）和蕨类植物。

(2) *裸地南岭箭竹甜槠栲林*　主要分布于南岭山地海拔1 000m以上的山坡或山脊，立地较湿润，土层较薄，其结构乔木和下木层较明显，草本稀少。如湖南资兴市东南部海拔1 320m有成片的甜槠栲林，母岩为花岗岩，林分总郁闭度0.8。样地面积400m^2，乔木第一层高 11～17m，以甜槠栲为主，有少量的银木荷和青冈；第二层高 5～8m，有马银花、鹿角杜鹃、山矾、野桂花、金叶新木姜、薯豆等。下木层高 1 ～ 1.5m，盖度 80％，主要为南岭箭竹（*Sinarundinaria basihirsuta*），由于郁闭度高，箭竹密集，所以草本和幼苗稀少。

2. 甜槠栲混交林

依乔木层优势种组成情况，主要有如下林型。

（1）蕨柃木木荷甜槠栲林　此类森林是甜槠栲混交林中分布较广、面积较大的类型（表 3—15）。在江西井冈山、广东和广西北部、湖南雪峰山、安徽南部、浙江和福建西部、

表 3—15　蕨柃木木荷甜槠栲林立木分级分层

植物名称	分级（株）					分层（株）			总株数	频度	物候
	Ⅰ	Ⅱ	Ⅲ	Ⅳ	Ⅴ	3	2	1		（%）	期
甜槠栲 *Castanopsis eyrei*	500	500	10	20	70	10	50	40	1 100	100	A—
木荷 *Schima superba*	1 000	1 000		20	50		30	40	2 070	100	A—
薯豆 *Elaeocarpus japonicus*	1 500	1 500		140		60	70	10	3 140	100	—
福建柏 *Fokienia hodginsii*		500		20	10		10	20	530	100	—A
光叶石楠 *Photinia glabra*	3 000	3 000		20		30	30		6 020	100	—
榕叶冬青 *Ilex ficoidea*	500	500	10	60		10	50	10	1 070	100	—
大叶含笑 *Michelia fallax*	2 500	3 000		80			70	10	5 580	100	—
玉兰 *Magnolia denudata*		1 000		20			20		1 020	100	—
大穗鹅耳枥 *Carpinus viminea*	1 000			10		10			1 010	100	—
丝线吊芙蓉 *Rhododendron westlandii*		2 500	30	110		60	10		2 640	100	—
杉木 *Cunninghamia lanecolata*				10	60		30	40	70	100	*
黄山松 *Pinus taiwanensis*				10	40		10	50	50	100	*
虎皮楠 *Daphniphyllum oldhamii*				60	10		70		70	100	—
红润楠 *Machilus thunbergii*				20			20		20	100	—
树参 *Dendropanax dentiger*			10	60		20	50		70	100	—
冬青 *Ilex purpurea*	500			40			20	20	640	50	—
小叶青冈 *Cyclobalanopsis myrsinaefolia*				70	30	10	20	70	100	50	—
云山青冈 *Cy. nubium*	1 300				10		10		1 310	50	—
山矾（灰木）*Symplocos* sp.	3 000	3 000		10			10		6 010	50	—
青冈 *Cyclobalanopsis glauca*				10		10			10	50	—

注：分级标准：Ⅰ—高度 33cm 以下，Ⅱ—高度 33cm 以上，胸径 2.5cm 以下，Ⅲ—胸径 2.5～7.5cm，Ⅳ—胸径 7.5～22.5cm，Ⅴ—胸径 22.5cm 以上

分层标准：1—树高 10～15m 以上；2—树高 6～9.9m；3—树高 3～5.9m

物候期：—营养期，表示植株生长尚未开花；A 花蕾显出；* 种子成熟和撒出

地点：老井冈山轿子石至牛颈里　海拔：800～1 200m　面积：1 000m²

贵州东北部海拔 800m 以上山地均有成片的分布。乔木层一般可分两个亚层，除甜槠栲和木荷之外，组成种类有 20～30 种。下木和草本成分因分布不同而有差异。下面以甜槠栲林分布区的东部、中部和西部各举一例加以说明。

福建东部将石地区常绿阔叶林以木荷甜槠栲林分布最广。林分总郁闭度为 0.9，乔木层可分为 2 层。第一层几乎全为甜槠栲和木荷，稀生有细柄蕈树，平均高 15～20m；第二层除甜槠栲外，有杨梅、厚皮香、石栎、石楠、虎皮楠、华杜英、密花树、赤楠等，平均高 7～10m。下木层高 0.1～4m，盖度 30％～40％，常见种有木蜡树、乌饭树、短圆叶鼠刺、薄叶山矾、石斑木、狗骨柴、杜鹃、满山红、乌药、小叶乌药、沿海紫金牛等，每一样地有 30 余种。草本层组成简单，一般有芒萁、狗脊、复羽叶耳蕨及莎草科的某些种类。高 0.2～0.5m，盖度 10％～30％。层外植物有链珠藤、粉菝葜、鸡矢藤等。

甜槠栲林分布区中部江西井冈山的木荷甜槠栲林分布于海拔 800～1 200m，乔木层树种约 30 种，样地面积 1 000m^2，乔木第一层有甜槠栲、木荷、华南石栎、小叶青冈、薯豆、细叶青冈、罗浮柿等；第二层有光叶石楠、榕叶冬青、大叶含笑、木莲、红润楠、树参、米饭花、乌饭树、马银花、猴头杜鹃等；第三层主要为第一、二层的小树，以及杜鹃花属、越橘属、冬青属、山矾属、四照花属、柃木属、山茶属、华鼠刺等种类。此外，还有亚热带山地扁平叶型针叶树及少量落叶阔叶树种（表 3—7）。下木种类较多，以柃木为优势，其他有天竺桂、新木姜、紫金牛、硃砂根、杜茎山、密花树，粗叶木、东方古柯等。草本较稀疏，以蕨类为主，有瘤足蕨、狗脊、里白，还有宽叶苔草、小斑叶兰等。

甜槠栲分布区西达贵州东北部的木荷甜槠栲林，生长于海拔 1 200m 以下山地。乔木层以甜槠栲、木荷、峨眉木荷为多，其他有米槠、石栎、岭南石栎、桢楠、小叶桢楠、泡花楠、黄樟、黄杞、广西木莲、蕈树、马蹄荷、华杜英、猴欢喜等。平均树高 22～27m，平均胸径 42～54cm。下木层以羊角花、马银花为主，高 2m 左右，其他有柃木、杨桐、乌饭树、中华蜡瓣花、光叶海桐、五月茶、玉叶金花等。林下草本以蕨类为多，有光里白、中华里白、狗脊等，还有金粟兰、苔草等。

(2) *蕨柃木银木荷甜槠栲林*　本类型在湖南省雪峰山、罗霄山脉分布较多，其生境为潮湿多雨的重山，海拔一般在 700～1 300m。甜槠栲与银木荷在林分中组成比例的变化规律一般是：此林型形成初期，银木荷居多，待林分发展到一定时期，甜槠栲比例增大，形成较老的林分，即稳定性林分，甜槠栲占优势。其结构有明显的乔木、下木、草本地被层。据湖南资兴八面山海拔 1 120m 处调查，母岩为花岗岩，乔木第一亚层高 10～14m，主要为甜槠栲（重要值百分率为 33％）、银木荷（重要值为 21％），还有小叶青冈、青冈、黄山松、金叶白兰、南方铁杉、石栎等；第二亚层由小乔木组成，有鹿角杜鹃、山矾、老鼠矢、乌冈栎等。灌木层盖度 50％，有柃木、南烛、乌饭树等。林下甜槠栲幼树较多（表 3—16、3—17）。草本稀疏，有蕨和苔草等。

表 3—16　蕨栲木银木荷甜槠栲林型乔木层立木分析

树　种　名　称	株数	相对多度（%）	频度（%）	相对频度（%）	胸高断面积（m^2）	相　对显著度（%）	重要值	重要值序
甜槠栲 *Castanopsis eyrei*	23	28.8	100	10.5	1.161 17	58.7	98	1
银木荷 *Schima argentea*	19	23.8	100	10.5	0.560 37	28.3	62.7	2
鹿角杜鹃 *Rhododendron latoucheae*	14	17.5	100	10.5	0.037 46	1.9	29.9	3
山矾 *Symplocos caudata*	4	5	50	5.3	0.013 67	0.7	11	5
老鼠矢 *S. stellaris*	2	2.5	50	5.3	0.013 25	0.7	8.5	8
小叶青冈 *Cyclobalanopsis myrsinaefolia*	3	3.8	50	5.3	0.027 47	1.4	10.5	6
乌冈栎 *Quercus phillyraeoides*	5	6.5	50	5.3	0.057 66	2.9	14.5	4
马银花 *Rhododendron ovatum*	2	2.5	50	5.3	0.004 34	0.2	8	9
青冈 *Cyclobalanopsis glauca*	1	1.3	50	5.3	0.007 09	0.4	7	10
鼠刺 *Itea chinensis*	1	1.3	50	5.3	0.002 38	0.1	6.7	
黄山松 *Pinus taiwanensis*	1	1.3	50	5.3	0.066 51	3.4	10	7
金叶白兰 *Michelia foveclata*	1	1.3	50	5.3	0.007 70	0.4	7	
新木姜 *Neolitsea aurata*	1	1.3	50	5.3	0.005 41	0.3	6.9	
南方铁杉 *Tsuga chinensis*	1	1.3	50	5.3	0.001 96	0.1	6.7	
东南石栎 *Lithocarpus harlandii*	1	1.3	50	5.3	0.007 39	0.4	7	
齿缘吊钟花 *Enkianthus serrulatus*	1	1.3	50	5.3	0.002 64	0.1	6.7	

注：地点：湖南资兴　　面积：400m^2

（3）淡竹叶云和新木姜水青冈甜槠栲林　这类常绿、落叶阔叶混交林一般分布于中南亚热带东南部海拔 700～1 400m 的山地。因立地不同甜槠栲和水青冈组成的比例有异，一般山坡下部水青冈比例较高，山坡上部甜槠栲比例增高。据湖南衡山南岳海拔 1 000m 处调查，母岩为花岗岩，乔木第一层高 12～20m，水青冈和甜槠栲为优势种，水青冈比例较高，还有云山青冈、缺萼枫香、黄毛枳椇、兴山榆、宁冈青冈、中华槭等。第二层高 5～9m，有厚皮香、香冬青、长蕊杜鹃、华杜英、小叶青冈、杨桐、光叶石楠、尾叶冬青、青皮木、刺叶樱、青榨槭等。下木层有云和新木姜子、尖萼柃、尖叶山茶、粗叶木、含笑、满山红、红紫珠等。草本层不甚明显，稀疏生有淡竹叶、狗脊、球米草、斑叶兰、麦冬、长尾复叶耳蕨等。此类林分中水青冈幼苗和幼树较少，发展下去，甜槠栲比例增高，将成为甜槠栲为主的林型。

（4）淡竹叶连蕊茶红润楠甜槠栲林　此类林型为湿润肥沃立地的类型，多生长于沟谷两侧。安徽黄山温泉和湖南鄢县桃源洞等地有分布，一般在海拔 700～900m。安徽黄山温泉慈光寺东南谷地保存有较好的红楠甜槠栲林，甜槠栲衰老树较多，但更新良好，红楠生长旺盛，还生有豹皮樟、毛竹、枫香、蓝果树、木莲等。下木层种类较多，常见者有连蕊茶、长果桂翅柃、硬叶柃、绿冬青、檵木、浙江新木姜、石斑木、马银花、薄叶冬青等。草本层生长有淡竹叶、苔草、禾叶麦冬等。

表 3—17　薮柃木银木荷甜槠栲林型灌木幼树统计分析

植　物　名　称	株数	相对多度（%）	频度	相对频度（%）	高度（m）		相对高度（%）	相对数总值百分率（%）
					一般	最高		
茅栗 *Castanea seguinii*	1	0.026	50	4.3	1.0	1.0	3.2	3.4
柃木 *Eurya japonica*	5	0.128	100	8.7	0.58	2.9	9.1	10
鹿角杜鹃	3	0.077	100	8.7	1.4	4.2	13.2	9.9
齿缘吊钟花	1	0.026	50	4.3	1.5		18.0	8.3
单耳柃 *Eurya weissiae*	3	0.077	50	4.3	0.4	1.2	3.8	5.3
新木姜 *Neolitsea aurata*	1	0.026	50	4.3	1.7		5.4	5.1
乌冈栎	2	0.051	100	8.7	0.45	0.9	2.8	5.5
甜槠栲	9	0.231	100	8.7	0.9	8.1	25.6	19.1
南岭山柳 *Clethra esquirolii*	1	0.026	50	4.3	0.7		2.2	3.0
鼠刺	1	0.026	50	4.3	0.3		0.9	2.6
银木荷	1	0.026	50	4.3	1.0		3.2	3.4
南烛 *Lyonia ovalifolia*	2	0.051	50	4.3	0.4	0.8	2.5	4.0
翅柃 *Eurya alata*	1	0.026	50	4.3	0.5		1.6	2.8
乌饭 *Vaccinium bracteatum*	3	0.077	50	4.3	1.1	3.3	10.4	7.5
满山红 *Rhododendron mariesii*	1	0.026	50	4.3	0.8		2.5	3.1
青冈	1	0.026	50	4.3	0.4		2.5	3.1
吴茱萸五加 *Acanthopanax evodiaefolius*	1	0.026	50	4.3	0.4		1.3	2.7
蜡瓣花 *Corylopsis sinensis*	1	0.026	50	4.3	0.6		1.9	2.9
细叶青冈 *Cyclobalanopsis gracilis*	1	0.026	50	4.3	1.0		3.2	3.4

注：地点：湖南资兴　　面积：400m²

（三）生长发育

甜槠栲属于生长速度中等的高大乔木，一般天然林 10 年生高平均超过 4m，胸径 9～10m；40 年生高超过 10m，胸径 20cm 左右，单株材积 0.2～0.3m³；60 年以上的甜槠栲林平均高 15～20m，最高可达 30m，胸径 28cm 以上，最大胸径超过 1m。天然种子更新在无林地需 8～10 年才能郁闭，萌芽更新 5～6 年可郁闭。郁闭后立木开始分化，15～20 年时林木分化出 5%～10%的被压木，部分出现枯立木。30～50 年生自然稀疏缓和。

据 5 株不同地点的甜槠栲解析木分析，总生长情况大致接近（表 3—18）。因生境不同，各龄期生长情况有差异。一般来说，海拔较低，土壤为板页岩发育、土层较厚，且在山坡下部者比海拔较高、花岗岩土壤、山坡上部、土层浅薄者生长量要高（表 3—19、表 3—20）。

表 3—18　甜槠栲解析木总生长情况

解析木地点	海拔 (m)	年龄 (年)	树高 (m)	胸径 (cm)	材　积 (m^3)
湖南莽山	1 320	63	17.2	28.1	0.526 9
湖南资兴	1 250	65	15.0	28.4	0.477 3
江西井冈山	1 000	73	17.2	29.7	0.569 0
湖南沅陵	650	37	16.4	19.1	0.304 0
湖南城步	1 480	42	9.4	30.9	0.410 0

表 3—19　湖南不同海拔和母岩生长的甜槠栲比较

调查地点	海拔	坡位 (m)	母　岩	10 年生		20 年生		30 年生	
				树高（m）	胸径（cm）	树高（m）	胸径（cm）	树高（m）	胸径（cm）
沅陵	650	山坡	板岩上部	4.1	1.9	9.6	8.9	14.4	15.1
莽山	1 320	山坡	花岗岩上部	2.5	1.5	6.5	4.3	7.5	10.8

表 3—20　湖南不同坡位和母岩甜槠栲生长情况比较

调查地点	海拔 (m)	坡位	母　岩	10 年生		20 年生		30 年生	
				树高（m）	胸径（cm）	树高（m）	胸径（cm）	树高（m）	胸径（cm）
城步	1 480	山谷	板岩	4.5	3.8	7.3	14.9	8.7	24.7
资兴	1 250	山坡上部	花岗岩	2.0	3.6	8	9.4	12.3	14.4

根据 5 株解析木分析，甜槠栲的高、胸径、材积生长情况大致如下：

树高生长：5 年生以前生长缓慢，平均年树高生长在 0.2～0.3m，5 年生以后加速，10 年到 30 年生为速生期，平均年生长量为 0.4～0.5m，30 年生以后减缓。甜槠栲林一般在 30～40 年生达到林分的相对稳定高度，以后增长极缓慢。如湖南沅陵交木溪同一林分中 110 年生甜槠栲高 18m，而 37 年生高已达到 16.4m。

胸径生长：10 年生以前胸径生长较慢，年平均生长量为 0.27cm，10 年生以后胸径加速，10 年到 70 年生平均年生长量在 0.45cm 以上，最高年生长量达 1.11cm。70 年以后胸径生长下降。

材积生长：10 年生以前缓慢，以后逐渐加速，70 年生材积生长仍呈上升状态，最高年平均材积生长量为 0.009 56m^3。解析木最大年龄为 73 年，尚未达到数量成熟。

据调查生长正常的典型甜槠栲林，40 年生每公顷有立木 3 300 株，蓄积量 237m^3，其中甜槠栲立木 2 100 株，蓄积量 170m^3；100 年生每公顷立木 1 590 株，蓄积量 503m^3，其中甜槠栲立木 675 株，蓄积量 315m³。但是衰老立木多的林分蓄积量减少。在海拔较高处（1 300m 以上）和山脊部分的林分，因分枝低，冠幅面积大，树干矮，单位面积株数少，蓄积量也较低。

（四）演替与更新

甜槠栲林是较稳定的群落。现有甜槠栲天然林，是经过长期自然演替而形成的，具有自行调节能力的森林群落。据调查，在人为干扰较少的甜槠栲林中，各龄期立木均有生长，且分布于各层，这说明甜槠栲林能自行调节，自然更新。见下表 3—21。

表 3—21　甜槠栲林径阶分布

径阶（cm）	<2cm 的幼树幼苗	2～6	8	10	12	14	16	18	20	22	24	26	28	36	46
株数	485	84	23	6	10	3	9	8	3	11	2	4	1	1	1

注：地点：湖南沅陵交木溪　　面积：400m²

林英在江西井冈山调查木荷、甜槠栲林型，样地面积 1 000m² 统计分析。有立木 23 种，其中薯豆、光叶石楠、硬叶石栎、五裂槭仅有一、二级苗木，属于新生种群；榕叶冬青、大叶含笑、大叶灰木有一、二级苗木和三、四级立木，属于旺盛种群；甜槠栲 1～5 个等级立木均有，属于成熟种群；木荷、福建柏、玉兰、鹅耳枥、树参、冬青、云山青冈、野漆树、齐敦果只有二级苗木和三、四、五级立木，缺乏一级苗木，为始衰种群；杉木、黄山松、虎皮楠、红润楠、小叶青冈、青冈、罗浮栲、羽叶泡花树、紫树只有四、五级老树，没有苗木和幼树，为衰老种群。从上述各种群年龄结构分析，此处原来为针叶林，以黄山松或杉木为主，后阔叶树侵入成为阔叶混交林，甜槠栲以其特有的生物学特性而成为稳定的优势种。

甜槠栲结实量较多，种子发芽率高，幼苗耐荫，幼树能在阴凉湿润环境中生长，根系发达，成年立木分枝多，树冠发达且叶常绿，所以在其分布范围内具有很强的竞争力，在郁闭的森林中能进行种子更新。甜槠栲更新方式有两种，即种子实生苗更新和伐根更新。甜槠栲采伐迹地若不火烧和开垦，则可从伐根萌芽成林，成林后又可利用种子延续后代。据在湖南大庸市调查，甜槠栲林皆伐封禁 10 年，300m² 样地有甜槠栲 122 株，占总数的 52.5%，次为杉木仅占 7.8%。虽然有落叶树种暂居上层，但终究将被甜槠栲等常绿树所代替（表 3—22）。

甜槠栲林采伐后将迹地严加封禁可以迅速恢复森林，若将迹地火烧或连年砍除灌木和萌芽条，则将成为灌草丛，此类林地欲自然恢复为常绿阔叶林，需经过百余年到几百年的时间。若对甜槠栲林进行择伐，郁闭度保持在 0.4 以上，这样就能正常进行种子或伐根萌芽更新，便能恢复森林。如在资兴烟坪海拔 1 200m 调查 400m² 择伐 4 年的甜槠栲林。原郁闭度为 0.4，有萌芽 163 根，平均高 2m，实生苗 83 株，平均高 1.4m，林地盖度达 100%。

表 3—22　甜槠栲采伐迹地幼树分布统计

种　类	株数	占百分比	平均树高(m)	平均胸径(cm)	平均冠幅(m)
甜槠栲	122	52.5	9.1	8.2	2.56
杉　木	18	7.8	6.9	7.4	2.40
头状四照花	15	6.5	7.1	7.0	2.92
野漆树	13	5.6	8.3	5.6	1.54
白辛树	13	5.6	10.6	8.4	1.62
枫　香	5	2.2	9.5	8.0	2.98
樱　桃	5	2.2	7.9	6.9	0.94
利川润楠	4	1.7	8.3	4.9	0.50
其他少于 3 株的树种	37	15.9			
合　计	232	100			

注：面积：300m^2

（五）评价与经营意见

甜槠栲林是中国亚热带常绿阔叶林的主要类型之一，其分布范围广，适应性强，现保存面积也较大。常绿阔叶甜槠栲林具有很高的生态效益。甜槠栲林郁闭度高，组成复杂，层次多，林地枯枝落叶层厚，所以林地无水土流失，湿度高，土壤肥沃，结构良好，是优良的水土保持和水源涵养林。据调查，甜槠栲林与灌草丛植被比较，在土壤结构、养分含量和保持水土上均优于灌草植被（表 3—23）。

表 3—23　甜槠栲林地与灌草丛的土壤养分比较

调查地点	海拔(m)	母岩	土壤类型	植被类型	土壤层次	pH值	有机质(%)	速效养分(mg/kg) 氮	磷	钾	全量养分(%) N	P_2O_5	K_2O	结构	侵蚀状况
湖南省城步县竹岔山	1 050	板岩	黄棕壤	杜鹃五节芒	A，A	5.4	8.76	409.4	4.8	205.1	0.401	0.156	0.399	粒状	15%面积片蚀
					B	5.4	2.43	118.7	0.9	44.5	0.161	0.104	0.427	小块状	
				甜槠栲林	A，A	4.6	11.46	382.0	6.4	116.7	0.492	0.13	0.485	团结	无侵蚀
					B	5.2	3.95	160.6	1.3	46.3	0.15	0.154	0.454	小块状	

湖南资兴市烟坪乡顶寮村保存有近千亩甜槠栲林，因此气候凉爽，溪水清澈长流，农田水旱无忧，同时林副产品丰富，如药材、香菇、木耳等，当地居民的经济比较活跃，生产潜力很大。

甜槠栲的经济价值也高，其木材浅栗色或浅褐色，有光泽，心边材区别不明显，纹理直，结构细至中等，硬度中等，略耐腐，但干燥慢，易开裂，易加工，刨切性能较好。可作门窗、造船、车辆、坑木、家具等用材。农民常用其作农具。种子可提取淀粉加工粉丝、酿酒、制饼干等。树干和壳斗可提取栲胶。所以甜槠栲全身是宝，是可以综合利用的优良树。

由于人为的采伐和开垦，现有甜槠栲林仍遭破坏，面积在减少。而保存的甜槠栲林均分布较偏远的山区。有的在海拔较高的山地，这些地区多为河流的源头，所以对现有甜槠栲林应当禁止采伐，加以封禁。在山区，特别是海拔 600～1 400m 的山地在发展其他森林的同时可适当发展甜槠栲林。其方法有二：一是在零星母树的山地进行封山育林，促进天然更新；二是营造新林，特别是水库周围、重要水系的源头，用甜槠栲苗木营造保安林是确保水源的重要措施。

2—3—3—3 栲树林①

栲树（*Castanopsis fargesii*）或称“丝栗栲”“红背锥栗”，是栲属中分布较广的树种。以栲树为建群种的栲树林也是中国湿润亚热带常绿阔叶林中较常见的类型之一。由于其分布广，面积大，代表性强，是常绿阔叶林生态系统的主要对象。栲树林分的生境多是地势陡峭区域，其保持水土、涵养水源的功能亦是非常重要的。栲树树干通直、材质优良，是中国南方重要用材树种之一。栲树种实营养成分丰富，据分析，含淀粉 61.74%，粗脂肪 2.96%，蛋白质 4.13%，可供食用。树皮含单宁 18%，壳斗的单宁含量丰富，是提炼优质栲胶的重要原料；同时江南一带多利用栲树木材培植香菇。可见，栲树林既具较高的科学研究价值，也有较大的经济价值和生态、社会效益。

（一）分布与生境

栲树林类型较多，适应性强，分布较为广泛，长江以南川黔以东各省皆有分布，尤以江西、贵州、湖南、福建、四川等省面积较大，是中亚热带常绿阔叶林较有代表性的类型。其垂直分布上限自北向南，自东向西逐步升高，湖南为 900m，福建 1 000m，贵州 1 300m，四川 2 000m，集中分布区约在 700～1 400m。各种地形如峡谷、山冲、坡地、台地、坡顶等皆有分布，由于地质构造和长期侵蚀的不断修饰，地形切割较深，坡度陡峻，相对高差较大。

分布区具有明显的季风气候特点，四季较分明，春秋稍短而夏冬略长，生长季节温暖湿润，冬季受寒潮影响较冷而干燥。在福建适生区的年平均气温 17～20℃，湖南为 14～18℃，贵州为 16～18℃，1 月平均气温 2～8℃，7 月平均气温 21～29℃，≥10℃年积温 5 000～6 500℃，无霜期 250～310d，年降水量 1 000～1 600mm，分配较均匀，生长季节降水量 60%～80%，月降水量多在 100mm 以上，年平均相对湿度 80%以上。较大山体上由于地形作用，雨量常更多，空气湿度大，且多云雾。如贵州梵净山局部地区的年降水量可达 2 600mm。

---

① 执笔人：朱守谦

栲树林的土壤母质多为花岗岩、砂页岩、板岩、千枚岩、砂岩，也有石灰岩风化的坡积残积母质上发育的山地红壤、黄红壤和山地黄壤。除山脊陡坡地之外，土层一般较深厚，多在1m左右，层次发育完整，腐殖质层10～30cm，有机质含量高，表层pH 4.2～4.8，心土pH5.0左右。由于水热条件及植被、母岩的综合影响，土壤质地中庸，通透性能适中，结构良好，自然肥力较高。

（二）组成结构

栲树林组成较复杂，伴生树种较多，乔木、灌木、草本层，层次分明，乔木层常分化为2～3个亚层。乔木层除栲树为优势种外，还伴有许多栲属其他树种，如甜槠栲（*C. eyrei*）、钩栲（*C. tibetana*）、小红栲（米槠）（*C. carlesii*）、罗浮栲（*C. fabri*）、鹿角栲（*C. lamontii*）、南岭栲（*C. fordii*）等，石栎属（*Lithocarpus*）、青冈属（*Cyclobalanopsis*）等。其中有的与栲树组成为共优势种。除壳斗树种外，木荷属（*Schima*）、樟属（*Cinnamomum*）、润楠属（*Machilus*）、桢楠属（*Phoebe*）、蕈树属（*Altingia*）、杜英属（*Elaeocarpus*）、猴欢喜属（*Sloanea*）、木莲属（*Manglietia*）、含笑属（*Michelia*）树种也常见。并混生有具扁平叶型的针叶树种，如杉木、罗汉松属（*Podocarpus*）、南方红豆杉（*Taxus mairei*）、三尖杉（*Cephalotaxus fortunei*）、福建柏等。黔东南地区由于人为有意识的砍阔留杉，促进杉木天然更新，有些栲树林中杉木所占比例较大，局部地段还有形成杉木占优势的小群聚。间或也有一些喜光落叶阔叶树种，如赤杨叶（*Alniphyllum fortunei*）、枫香（*Liquidambar formosana*）、山柳属（*Clethra*）、黄檀（*Dalbergia hupeana*）、南酸枣（*Choerospondias axillaris*）等。据贵州梵净山29个样地23 200m^{2}面积上的统计，共有维管束植物357种，参与构成立木层的有182种，下木层有61种，草本层49种，层外植物65种。各科树种重要值按29个样地平均为壳斗科104、樟科33、山茶科31、杜鹃花科21、金缕梅科14、山矾科11、茜草科10。据统计，贵州梵净山栲树林立木层的物种丰富度平均为31种/800m^2，最高为40种/800m^2。贵州雷公山栲树林立木层的物种丰富度平均为22种/800m^2，最高为35种/800m^2（朱守谦，1987）。栲树的优势度明显，有的样地其重要值达141，但除栲树外，其他树种的优势度常不高。栲树林立木第一亚层高可达20～25m，通常株数少而径级大，在少受破坏的林区胸径可达1m，但多数群落缺乏这样的大树。立木第三亚层株数多径级小，乔木第二亚层介于两者之间。立木层树木径级按株数的分配常呈现不连续分布的特点。在受人为破坏影响较大的地段更为突出。

栲树林的下木层常以立木层的幼小个体为主，真正的灌木树种不多，主要有杜茎山属（*Maesa*）、粗叶木属（*Lasianthus*）、绣球花属（*Hydrangea*）、柃木属（*Eurya*）、木姜子属（*Litsea*）、鼠刺属（*Itea*）、山茶属（*Camellia*）等。草本层不甚发达，以蕨类植物为主，如狗脊蕨属（*Woodwardia*）、蹄盖蕨属（*Athyrium*）、柳叶蕨属（*Cyrtogonellum*）、乌蕨属（金粉蕨属）（*Onychium*）、凤尾蕨属（*Pteris*）等，亦有沿阶草属（*Ophiopogon*）、淡竹叶属（*Lophantherum*）、苔草属（*Carex*）等植物。层间植物常见菝葜属（*Smilax*）、崖豆藤属（*Millettia*）、络石属（*Trachelospermum*）、藤黄檀（*Dalbergia hancei*）、木通属（*Akebia*）、

瓜馥木属（*Fissistigma*）等，个别地段亦有较粗大的木质大藤本攀缘至乔木第一层。

栲树林的外貌为全年常绿，呈暗绿色而稍微闪烁反光。上层树冠浑圆而林冠呈波状起伏。春夏之交，栲树米黄色的花序布满树冠表面，而使季相呈深绿色与米黄色相间。由于混有一定数量的落叶成分，春季发叶时呈现嫩绿色斑块而晚秋落叶前又有橙黄，橙红色镶嵌。

贵州梵净山栲树林的生活型谱组成中，高位芽植物近 90%，其中常绿高位芽植物占 66%以上，地面芽，地下芽和 1 年生植物较少，地上芽植物缺少。高位芽植物中以中、小高位芽为主，占 65%，大高位芽植物，矮高位芽植物次之。蕨类高位芽，棕榈型高位芽和芭蕉型高位芽缺乏。栲树林植物多具中、小型叶片，多数为单叶，呈椭圆形或长椭圆形，以革质为主。

栲树林的树种组合较多样，因而形成了较多的类型。如福建常见有米槠栲树林，楠木黄瑞木栲树林，次生林中常见木荷老鼠刺栲树林，杉木栲树林。湖南常见青冈栲树林，华杜英栲树林，冬青山矾栲树林，泡花楠栲树林。贵州常见少叶黄杞栲树林，贵州润楠栲树林，雷公山的栲树林混生树种多样而缺乏明显的共建种。现以贵州惠水县样摆的少叶黄杞栲树林为例说明栲树林的主要特点。

该类型分布于贵州高原水热条件较优的海拔 1 000m 以下，低山河谷两侧的中部和下部，地形起伏较小，切割较浅，是栲树林中生产力较高的一种类型。立木层第一层高 15～25m，个别树木达 28m，栲树占较大优势，重要值为 78.16～117.57，胸径 23～37.5cm，个别大树达 92.6cm，枝下高 8～15m，树冠直径 5.3～8m，密度为 88～338 株/hm^2。伴生树种有银木荷（*Schima argentea*）、少叶黄杞（*Engelhardtia fenzelii*）、光叶石楠（*Photinia glabra*）、硬斗石栎（*Lithocarpus hancei*）、基脉润楠（*Machilus decursinervis*）、杨桐（*Cleyera japonica*），薯豆（*Elaeocarpus japonicus*）、木荚红豆（*Ormosia xylocarpa*）、多穗柯（*Lithocarpus polystachyus*）等，第一亚层密度为 275～738 株/hm^2，平均胸径 24～32cm，盖度0.45～0.60，立木第二亚层高 8～15m，组成树种除上述外，还有多种杜鹃花（*Rhododedendron* sp.）、山鸡椒（*Litsea cubeba*）、杨梅（*Myrica rubra*）、柃木（*Eurya japonica*）、大果蜡瓣花（*Corylopsis multiflora*）、山茶（*Camellia japonica*）等，株数达375～550 株/hm^2，胸径8.4～10.9cm，盖度 0.1～0.30。立木第三亚层高 3～8m，组成树种与第一、二亚层相似，还有吊钟花（*Enkianthus quinqueflorus*）、山矾、新木姜子（*Neolitsea* sp.）、鹅掌柴（*Schefflera octophylla*）、老鼠矢、西南粗叶木（*Lasianthus henryi*）等，株数达 1 200～1 550 株/hm^2，胸径 3～4cm，盖度 0.25～0.30。下木层树种极少，有百两金（*Ardisia crispa*）、杜茎山（*Maesa japonica*）、荚蒾（*Viburnum* sp.）等。草本层以狗脊为多。木质藤本较多，为本类型的特点，有些藤本植物长达 30m，基径 10cm。组成本类型的乔木树种约 20～27 种（表 3—24）。

表 3—24　少叶黄杞、栲树立木层重要值

植物名称	层次 1	层次 2	层次 3	株数	相对多度（%）	胸高断面积（m²）	相对显著度（%）	频度（%）	相对频度（%）	重要值	重要值序
栲树	✓	✓	✓	60	22.06	1.527 8	48.73	90	13.43	84.22	1
少叶黄杞	✓	✓	✓	94	34.56	0.141 1	4.50	100	14.93	53.99	2
杜鹃		✓	✓	53	19.49	0.287 2	9.16	90	13.43	42.08	3
杨梅	✓	✓		10	3.68	0.445 8	14.22	50	7.46	25.36	4
银木荷	✓			3	1.10	0.491 6	15.68	10	1.49	18.27	5
光叶石楠		✓	✓	16	5.88	0.056 0	1.79	70	10.45	18.12	6
西南粗叶木		✓	✓	5	1.84	0.012 8	0.41	30	4.48	6.73	7
老鼠矢			✓	3	1.10	0.023 5	0.11	30	4.48	5.69	8
红皮树（*Styrax suberifolia*）			✓	5	1.84	0.004 6	0.15	20	2.99	4.98	9
大果蜡瓣花			✓	4	1.47	0.003 5	0.11	20	2.99	4.57	0
基脉润楠	✓		✓	3	1.10	0.047 6	1.52	10	1.49	4.11	11
蕈树（*Altingia chinensis*）	✓			1	0.37	0.067 4	2.15	10	1.49	4.01	12
马蹄荷（*Exbucklandia populnea*）		✓	✓	2	0.74	0.007 8	0.25	20	2.99	3.98	13
短柱柃（*Eurya brevistyla*）			✓	2	0.74	0.004 8	0.15	20	2.99	3.88	14
柃木			✓	2	0.74	0.001 5	0.05	20	2.99	3.78	15
小果冬青（*Ilex micrococca*）	✓			1	0.37	0.025 4	0.81	10	1.49	2.67	16
新木姜子			✓	2	0.74	0.001 4	0.04	10	1.49	2.27	17
光叶山矾			✓	1	0.37	0.002 0	0.06	10	1.49	1.92	18
冬青（*Ilex* sp.）			✓	1	0.37	0.001 6	0.05	10	1.49	1.91	19
木荚红豆			✓	1	0.37	0.001 1	0.03	10	1.49	1.89	20
多穗石栎			✓	1	0.37	0.000 5	0.02	10	1.49	1.88	21
假卫矛（*Microtropis* sp.）			✓	1	0.37	0.000 3	0.01	10	1.49	1.87	22
短尾越橘（*Vaccinium carlesii*）			✓	1	0.37	0.000 2	0.01	10	1.49	1.87	23

注：地点：贵州惠水　　海拔：100m　　样方面积：800m²

（三）生长发育

栲树生长尚迅速，在亚热带常绿阔叶林的硬阔叶树种中可谓较为速生。据调查，江西大茅山天然更新的栲树幼苗、幼树，1 年生苗高 4～9cm，平均 6cm，具叶片 2～ 4 片，叶长 2～5cm，宽 1～2cm，3 年生后开始分枝，在光照较弱的郁闭林冠下，幼苗生长较慢，常发生枯顶现象，继而从枯梢部位以下的休眠芽萌发生枝，有的发生 2～3 次枯梢并继而复发。4 年生开始生长加速，高可达 40cm，根颈粗 0.5～0.6cm，7 年生高 147.5cm，根颈粗 1.3cm。栲树幼苗幼树地下部分的生长具如下特点：1 年生苗不具侧根，2 年生前根系生长缓慢，3～5 年生主根长度生长较快，4 年以后侧根总长度和干重增加较快（表 3—25）。

随年龄增长侧根发育快于主根，干材林时期已形成庞大侧根系统，成熟林木常具有典型的侧根型根系。

表 3—25 栲树幼树生长过程

年龄	1	2	3	4	5	6	7
树 高（cm）	6.10	9.64	12.90	43.43	64.50	97.50	147.50
根颈粗（cm）	0.112	0.157	0.256	0.561	0.899	1.220	1.345
地上部分干重（g）	0.06	0.29	1.25	10.88	24.29	71.25	84.90
主根 重（g）	0.10	0.11	0.61	2.90	6.99	12.92	14.44
长度（cm）	9.66	13.39	29.48	51.41	61.25	67.00	76.50
侧根 重（g）	0.00	0.007	0.037	0.529	1.669	2.920	8.890
长度（cm）	0.0	2.59	19.92	134.27	154.10	310.00	511.45
须根重（g）	0.019	0.038	0.063	0.071	0.107	0.445	0.392
地下部分干重（g）	0.118	0.158	0.711	3.499	8.767	16 285	23.722

注：引自朱守谦，陈冬基. 栲树生态学特性初步研究. 1961（未刊稿）

调查地点：江西大茅山，1960 年

据树干解析材料，贵州梵净山的栲树在较好立地条件下，65 年生高达 25.4m，年平均生长量为 0.39m，尚无下降趋势，最高连年生长量为 0.64m，出现于 10～15 年，之后较长时期稳定在 0.4～0.5m，持续至 50 年。65 年生的去皮胸径为 31.1cm，年平均生长量为 0.48m，正值平均生长量的高峰时期；最高连年生长量为 0.72cm，出现在 45～ 50 年，从 10 年开始胸径连年生长量全在 0.5cm 左右，65 年前无明显下降趋势，可见栲树是寿命较长，速生期的生长量虽不很突出，但持续时间却较长，可望培育大树的优良树种。贵州雷公山的 58 年生栲树胸径 27.5cm，树高 14.5m，年平均生长量分别为 0.47cm 和 0.25m。据测定，栲树林中栲树的立木密度可达 525～750 株/hm^2，断面积 18.5～26m^2/hm^2，林分总蓄积量 332m^3/hm^2。江西大茅山的栲树生长较迅速，35 年生的树高达 21.72m，年平均生长量 0.77cm，材积 0.641 6m^3，年平均生长量 0.018 3m^3，其树高最大连年生长量出现在 10～15 年，达 0.91m。胸径最大连年生长量出现在 20～25 年，可达 1.2～1.9cm。材积最大连年生长量出现在 30～35 年，可达 0.041m^3。一些地区的栲树生长情况见表 3—26。

表 3—26 栲树树高、胸径、材积生长

地点	年龄	树高 (m)	胸径 (cm)	材积 (m^3)	枝下高 (m)	冠幅 (m)	冠长 (m)	总平均生长量		最大连年生长量		林分		
								树高 (m)	胸径 (cm)	树高 (m)	胸径 (cm)	密度 (株/hm^2)	断面积 (m^2/hm^2)	蓄积量 (m^3/hm^2)
贵州梵净山	65	25.4	32.3	0.982 2	11.2	11.5	14.0	0.39	0.48	0.64	0.72	525	26.02	257
贵州梵净山	46	18.2	16.9	0.237 5	7.7	4.3	11.0	0.40	0.37	0.60	0.58	225	22.36	295
贵州梵净山	40	20.4	22.7	0.450 0	11.9	6.8	8.5	0.51	0.54	0.70	1.07	963	20.75	230
江西大茅山	35	21.72	26.1	0.588 8				0.62	0.75	0.76	1.16			
江西大茅山	35	22.02	24.1	0.473 8				0.63	0.69	0.80	0.92			

立地条件的优劣对栲树的生长迅速影响较大，福建编制的各地位级栲树生长进程（表3—27）能很好说明之。

表 3—27　福建各地位级栲树生长进程

地位级	年龄	树高(m)			胸径(cm)			材积(m³)		
		总生长量	平均生长量	连年生长量	总生长量	平均生长量	连年生长量	总生长量	平均生长量	连年生长量
	5	4.2	0.84		2.7	0.54		0.014 0	0.002 8	
				0.77			0.88			0.005 4
	15	11.9	0.79		11.5	0.77		0.068 0	0.004 5	
				0.58			0.60			0.014 0
Ⅰ	25	17.7	0.71		17.5	0.70		0.208 0	0.008 3	
				0.36			0.37			0.017 1
	35	21.3	0.61		21.2	0.61		0.379 0	0.010 8	
				0.20			0.21			0.017 0
	45	23.3	0.52		23.3	0.52		0.549 0	0.012 2	
				0.12			0.14			0.016 6
	55	24.5	0.45		24.7	0.45		0.715 0	0.013 0	
	5	2.9	0.58		1.3	0.26		0.004 5	0.000 9	
				0.63			0.73			0.003 1
	15	9.2	0.61		8.6	0.57		0.035 0	0.002 3	
				0.52			0.52			0.008 5
Ⅱ	25	14.4	0.58		13.8	0.55		0.120 0	0.004 8	
				0.35			0.34			0.010 9
	35	17.9	0.51		17.2	0.49		0.229 0	0.006 5	
				0.21			0.21			0.011 1
	45	20.0	0.44		19.3	0.43		0.340 0	0.007 6	
				0.13			0.11			0.011 1
	55	21.3	0.39		20.4	0.37		0.451 0	0.008 2	
	5	1.6	0.32		1.0	0.20		0.001 0	0.000 2	
				0.55			0.51			0.001 7
	15	7.1	0.47		6.1	0.41		0.018 0	0.001 2	
				0.49			0.50			0.004 8
Ⅲ	25	12.0	0.48		11.1	0.44		0.066 0	0.002 6	
				0.31			0.35			0.007 9
	35	15.1	0.43		14.6	0.42		0.145 0	0.004 1	
				0.19			0.21			0.007 9
	45	17.0	0.38		16.7	0.37		0.224 0	0.005 0	
				0.11			0.12			0.007 9
	55	18.1	0.33		17.9	0.33		0.303 0	0.005 5	

（四）更新演替

栲树天然更新能力较强，12 年生的栲树已能产生发育正常的种子，盛实年龄每株可结实 10kg 左右，最高单株产量达 35kg。种子的千粒重约 610～630g，每千克 1 500～2 000 粒，室内发芽率 60%～70%，结实周期 2～3 年。丰富的结实量，较短的结实周期，较长的结实期，种子无明显的休眠期并具有高的发芽率，是天然更新的物质基础。啮齿动物在种子传播中起一定作用。栲树幼苗稍耐荫，在郁闭度 0.7 以上的林分都能成苗，且数量多，分布均匀，频度高。随苗龄增长，对光照要求渐增，光照不足常使顶芽枯死，林内幼树虽可高达 3～4m，但多数茎干纤细，枝叶稀少，弯垂被压，濒于死亡。而在稀疏的林冠下，林缘，林窗下则幼树生长健壮，密度亦大，这是有些地区在迹地上形成小片纯林的原因之一。据调查，江西大茅山各类栲树林下幼苗幼树数量多在 10 000～20 000 株/hm²，其中有 10%～25%是萌芽苗。天然更新幼苗的年龄组成与林分郁闭透光情况紧密相关，栲树、马尾松林下 4 年生以上幼树占 60%，而栲树纯林下 1 年生幼苗约占 60%。不同光照条件下天然更新幼树的数量与质量见表 3—28。

表 3—28　不同光照条件下栲树天然更新幼树的数量与质量　　江西大茅山

光照条件	幼树数量	1 年生幼树			2 年生幼树			3 年生幼树			4 年生幼树		
	（株/hm²）	（%）	*H*	*D*	（%）	*H*	*D*	（%）	*H*	*D*	（%）	*H*	*D*
直径 8m 的林窗下	21 200	0			5	28	0.43	8	62	0.64	14	101	1.01
郁闭度 0.6 的林下	40 400	31	7	0.09	21	12	0.14	5	25	0.29	11	92	0.72

光照条件	5 年生幼树			6 年生幼树			7 年生幼树			8 年生幼树			9 年生幼树			10 年生幼树		
	（%）	*H*	*D*	（%）	*H*	*D*	（%）	*H*	*D*	（%）	*H*	*D*	（%）	*H*	*D*	（%）	*H*	*D*
直径 8m 的林窗下	14	115	1.05	13	214	1.17	21	197	1.38	8	449	3.23	10	475	4.26	6	510	6.19
郁闭度 0.6 的林下	14	95	0.85	4	130	1.05	0			3	165	1.27	3	278	2.78	8	309	4.70

注：%为各年龄幼树数量比例，*H* 为平均高度 cm，*D* 为平均根颈粗 cm，本材料引自朱守谦，陈冬基. 栲树生态学特征初步研究. 1961（未刊稿）

栲树具有较强的萌芽更新能力，据在江西大茅山 1958～1959 年采伐迹地上的调查：伐根年龄 18～27 年，伐根直径 16～28cm，伐后未经抚育的情况下，1961 年时伐根高度 20cm 以下者，萌芽条平均有 26 条，2 年生萌条平均胸径 1.16cm，平均高 1.58m；伐根高 35～52cm 者，萌芽条平均 28 条，2 年生萌条平均胸径 0.84cm，平均高 1.11m；伐根高 73～94cm 者，萌条平均 56 条，2 年生萌条平均胸径 0.7cm，平均高 0.94m。只要降低伐根，及时抚育，萌芽更新是可以充分利用的。

原生性较强的栲树林是亚热带常绿阔叶林的典型类型之一，属于顶极群落。在群落发育过程中，树种组成比例会发生某些变化，但优势栲树能不断自行更新，从而保持群落的外貌、组成结构的相对稳定。如贵州梵净山，贵州润楠栲树林主要树种的种群结构表明：栲树、小红栲（米槠）、贵州润楠皆属正常种群。赤杨叶则属衰老种群，仅有成熟个体而无更新幼株，在演替过程中将被淘汰（表 3—29）。

表 3—29　贵州米槠栲树林主要树种的种群结构

树　种	更新层中不同高度的株数及频度				乔木层中株数			乔木层频度
	0.5m 以下	0.5～1m	1～3m	频度（%）	三亚层	二亚层	一亚层	
栲树	880	60	160	80	38	22	8	100
小红栲	120	0	80	10	12	6	1	80
狭叶润楠	220	0	40	20	6	3	0	40
赤杨叶	0	1	0	10	3	9	13	80

注：样地面积：800m²

贵州雷公山栲树林的组成虽复杂，但重要值较大的主要优势种为栲树，黔桂润楠（*Machilus chienkweiensis*），有较完整的种群年龄结构，属正常种群。而伴生的一些喜光落叶阔叶树种，如五裂槭（*Acer oliverianum*）、红翅槭（*Acer fabri*）、枫香、板栗（*Castanea mollissima*）、花楸（*Sorbus* sp.）都是无更新幼树的衰老种群。乔木第二亚层树种如西南山茶（*Camellia pitardii*），大果山香圆（*Turpinia nepalensis*）、大果蜡瓣花等也有相对稳定的种群年龄结构，成为立木第二亚层的稳定组成树种（表 3—30）。群落的发展将减少慢性落叶成分，增加常绿成分，进一步向典型常绿落叶阔叶林演替（朱守谦，1988）。

表 3—30　栲树林主要立木种群的年龄结构及频度

树　种	立木分级株数				分层频度（%）		
	Ⅴ级	Ⅳ级	Ⅲ级	Ⅱ、Ⅰ级	主林层	演替层	更新层
红翅槭	0	2	1	0	20	10	0
栲树	8	10	3	155	60	40	80
大果山香圆	0	0	1	35	0	10	30
黔桂润楠	2	3	3	55	20	50	40
五裂槭	0	7	5	0	30	40	0
西南山茶	0	2	3	70	0	30	40
板栗	2	0	0	15	20	0	10
花楸	0	0	1	0	0	10	0
枫香	0	1	0	0	0	110	0
大果蜡瓣花	0	0	5	90	0	40	50
头状四照花	1	2	1	20	30	10	10

注：贵州雷公山，样地面积：800m^2

综上所述，栲树进入成熟年龄后，不断结实下种，其幼小个体有一定耐荫性，在上层林木庇荫下可生活一段时期，虽生长缓慢却保持其生活力，待上层树木衰老死亡后，幼小个体将取而代之。众多的幼小个体在进入上层林冠前，通过种群的自动调节，优者生存而劣者淘汰，保持了种群的优势，对于种群整体来说带来一种进化上的利益。

栲树林在人为砍伐影响下，只要尚有种源存在，也能逐步恢复，特别是通过萌芽更新加速了自然恢复的进程。但反复多次破坏致使群落生境严重恶化，常逆向演替成灌丛草坡。

（五）经营利用

栲树林虽是中国亚热带常绿叶林中分布较广的一种类型。但由于长期不合理的开发利用，至今已残存不多，且多分布于深山峡谷，交通不便的地段，较少集中成片。因此，保护好现有栲树林是当务之急。对于较集中成片，林相较好，原生性较强的栲树林，应列为自然保护对象，作为亚热带常绿阔叶林生态系统研究的基地。

栲树林如何合理开发利用是重要的课题。过去，山区农民，特别是黔东南农民习惯砍伐栲树林用以营造杉木林，曾取得较好的生产效果，但连栽杉木常引起土壤肥力递减，性质恶化，杉木生产力也逐代降低。群众虽也有在连栽杉木林后任其自然演替成次生阔叶林而恢复地力的经验，但由于经营思想上片面强调杉木轻视阔叶林的偏见，致使群众的正确经验也被忽视。目前，基于栲树林面积日渐减少，应杜绝继续砍伐栲树林营造杉木林的做法。

栲树林开发利用中应该根据其群落学特点，树种的生物、生态学特性，以择伐为主，兼顾采育两方面的要求，以培育为基础，把利用和培育结合起来，在培育中进行利用，在利用中进行培育，使林相不被破坏，做到青山常在，永续利用。那种砍伐中上层全部优良个体，残存第二层小乔木为主的做法，貌似合理，实质上亦是轻培育重利用，与自然规律相悖而不可取。中国常绿阔叶林的开发利用尚无系统成熟的经验，应加强试验研究。栲树林利用中要注意资源的综合利用，如种实提取淀粉，壳斗、树皮提炼栲胶，枝桠、锯屑培育香菇以及边角碎料作纤维板、纸浆原料等。

栲树天然更新能力强，通过封山育林来恢复森林是有效途径之一。

栲树生长尚迅速，适应性较广，把它作为南方马尾松、杉木林的混交树种是颇有前途的。培育栲树人工林亦是可取的。江西大茅山栲树纯林有较高的生产力，贵州也有天然更新的小片栲树纯林，生长良好。为此，要进一步研究其生物生态学特性，采种、育苗、造林技术，以期充分利用栲树资源。

2—3—3—4 南岭栲林①

南岭栲（*Castanopsis fordii*）林是中国南亚热带和中亚热带典型的常绿阔叶林，林木高大，枝叶繁茂，生长快，适应性强，是中国南方主要用材树种之一，又是良好的水源林，对水土保持和环境保护具有重要的作用。

南岭栲林主要分布在浙江、湖南、江西、福建、广东、广西等地的山地丘陵。垂直分布于海拔 200～1 000m，而常出现于海拔 700m 以下的沟谷地带，在南岭山地坡面沟谷中，林下常孕育有亚热带沟谷雨林层片，表现在某些树种有明显的板状根和在区系组成上热带成分较多。

南岭栲林喜温暖湿润的环境，年平均气温 14～19℃，1 月份平均气温 3.5℃以上，极端最高气温 34℃，年平均降水量 1 500～2 000mm，相对湿度 75%以上的气候条件，特别是适于避风的沟谷山麓生长，对土壤要求不甚严格，一般以 pH 5～6 的山地红壤，山地黄红壤最为适宜，特别是疏松，深厚、排水良好，且较肥沃，沙质壤土对南岭栲的生长发育最为有利，土壤母质主要为砂岩和砂页岩，也有少量变质岩、千枚岩、砾岩和花岗岩，枯枝落叶层厚达 5.5cm，分解好。

南岭栲林是比较耐荫的森林类型。外貌深绿色，树皮片裂，杂有淡黄白色斑块，林冠稠

① 执笔人：吴文谱

密整齐，高 20m 以上，总郁闭度 0.90。

南岭栲林类型不多，纯林几乎没有发现，常与罗浮栲(*Castanopsis fabri*)、鹿角栲(*Castanopsis lamontii*)、栲树(*Castanopsis fargesii*)、钩栲(*Castanopsis tibetana*)、木莲(*Manglietia fordiana*) 等混交，组成为混交林。

根据江西南部安远龙布杨桥的崖脑崠海拔 450m 的丘陵沟谷中标准样地的调查统计，南岭栲林的组成结构复杂，在天然状态下，乔木层组成约 30 种以上，以南岭栲为建群种或以栲树、鱀蒴栲等组成为共建种林分。乔木层分为 3 个亚层，区系组成以壳斗科、樟科、山茶科、杜英科、木兰科、蝶形花科、胡桃科、冬青科、金缕梅科、山矾科、野茉莉科和桑科等为主。第一亚层主要有南岭栲、栲树、鱀蒴栲(*Castanopsis fissa*)、鹿角栲、木荷(*Schima superba*)、狭叶杜英 (*Elaeocarpus lanceaefolius*)、半枫荷 (*Semiliquidambar cathayensis*)、楠木、黄檀、厚壳桂、软荚红豆 (*Ormosia semicastrata*)、观光木 (*Tsoongiodendron odorum*) 等；第二亚层有矮冬青 (*Ilex lohfauensis*)、老鼠矢、刺毛杜鹃 (*Rhododendron championae*)、滇南杜鹃 (*Rhododendron hancockii*)、薯豆、华润楠 (*Machilus chinensis*)、白楠 (*Phoebe neurantha*)、长叶石栎 (*Lithocarpus elaeagnifolius*)、虎皮楠 (*Daphniphyllum oldhamii*)、大叶山矾 (*Symplocos grandis*) 等。第三亚层主要为第一、二亚层的小树，并有冬青属、杜鹃花属、山茶属、越橘属、石斑木、鼠刺、树参、大叶新木姜 (*Neolitsea levinei*) 等。

下木层种类约 20 种。以长花柏拉木 (*Blastus iongiflorus*) 及草珊瑚 (*Sarcandra glabra*) 为主，区系组成以野牡丹科、山茶科、金粟兰科、樟科、桃金娘科、茜草科、杜鹃花科、越橘科为多，如柃木、黄楠 (*Machilus grijsii*)、黄瑞木、轮叶蒲桃 (*Syzygium grijsii*)、灰白新木姜 (*Neolitsea pallens*)、水团花 (*Adina pilulifera*)、米饭花 (*Vaccinium sprengelii*) 、毛冬青 (*Ilex pubescens*)、皱柄冬青 (盘柱冬青) (*Ilex kengii*) 、柳叶山茶 (毛叶山茶) (*Camellia salicifolia*)、山木犀、山香圆 (*Turpinia montana*) 等。

草本层以蕨类为主，除狗脊(*Woodwardia japonica*)、苔草(*Carex* sp.)、凤尾蕨(*Pteris nervosa*) 之外，还有树蕨型的大蕨类植物，如金毛狗 (*Cibotium barometz*)、福建观音莲座蕨(*Angiopteris fokiensis*)、华南紫箕 (*Osmunda vachellii*) 以及巨型草本，如野芭蕉 (*Musa balbisiana*) 等。

层外植物多为木质藤本。如瓜馥木、酸藤子、光叶紫玉盘 (*Uvaria boniana*)、流苏子 (*Coptosapelta diffusum*) 、薯莨 (*Dioscorea cirrhosa*)、白木通 (*Akebia trifofiata* var. *australis*)、鱼藤 (*Derris trifoliata*)、香花崖豆藤 (*Millettia dielsiana*) 以及大丛的棕榈科植物。如华南省藤 (*Calamus rhabdocladus*) 等等。其中香花崖豆藤为大型木质藤本横贯于乔木层中为主要的绞杀植物之一。附生植物除有尖叶薄鳞苔(*Leptolejeunea subacuta*)，还有附生于枝椏上的细茎石槲(*Dendrobium moniliforme*)及石豆兰(*Bulbophyllum kwangtungense*) 等种类。

南岭栲为速生用材树种，据树干解析资料，40 年生，树高 17.1m，胸径 23.6cm，单株材积 0.375 2m³。平均树高生长量 0.43m，平均胸径年生长量 0.57cm。平均材积年生长量 0.009m³，40 年树高，胸径生长和材积生长均处在持续增长时期。

树高生长，10 年以前，生长即出现高峰期，连年生长量为 0.96m，10 年后减缓。30～40 年连年生长量 0.28m。树高 10 年年平均生长量 0.96m，此后随着年龄的增大，渐次下降，40 年年平均生长量 0.43m。

南岭栲属壳斗科常绿乔木，高达 30m，是一种生长较快的用材树种。果实较大，富含淀粉，味甜，可生食；木材深红或红褐色，纹理直，结构较粗，坚实有弹性。不反翘，具光泽，色纹美观，适于建筑、门窗、室内装修、乐器、家具及农具等用材。

南岭栲为中性喜光树种，但幼年尚可耐荫。适应性强，山区、丘陵均能生长，但以土层深厚、疏松、肥沃之处，生长更为良好。也可作为庭园绿化树种栽培。

2—3—3—5　青钩栲林①

青钩栲（*Cstanopsis kawakamii*）又名格氏栲、赤枝栲（福建）、吊皮锥（广东）、赤栲（台湾），是中国中亚热带南缘特有的常绿大乔木，高达 40m，胸径可达 1.5m，属于国家三级保护植物，系珍稀用材树种。木材坚硬、耐久，坚果可生吃，孤立木高耸挺拔，树姿甚美，可供四旁绿化之用。青钩栲林自然分布区较狭，青钩栲纯林或以青钩栲为共建种的混交林，主要发现于福建三明市莘口镇的小湖、瓦坑、楼源自然村一带，林分总面积约 3 333hm²。郑万钧于 1958 年建议成立“格氏栲天然林自然保护区”，当地于 1960 年划出青钩栲分布较集中连片的 670hm² 林分成立小湖天然林保护区。1980 年 2 月，福建省人民政府批准成立“福建省三明莘口格氏栲自然保护区管理站”。

青钩栲造林成活率低，60 年代曾经在福建省国营林场推广造林，但目前较成功的一片林分系于 1964 年在该保护区所营造的 0.7hm² 纯林。

（一）分布与生境

青钩栲林据现有资料，天然林主要见于福建三明市莘口镇西南部的小湖和瓦坑自然村（位于北纬 26°11′，东经 117°26′）封禁起来的青钩栲林，以及福建西部有小面积分布。莘口保护区外的青钩栲林已经采伐殆尽，包括其中一株最高大的青钩栲也被伐木场在 1959 年砍掉；从该处除运出原木 15m³ 外，留下伐根 1m 多高的直径为 1.7m，遗弃梢头木直径为 47cm（位于树高 21m 处），树龄达 200 多年。

青钩栲在国内其他地区都是混生于常绿阔叶林中，自然分布范围：福建、江西南部、广东、广西东部海拔 200～1 000m 的常绿阔叶林中；台湾则分布于中部及南部，如新竹、台中守城山、峦大山、鱼池、水社等地的常绿阔叶林中，在中央山脉分布于 2 400～2 900m 天然林内。

---

① 执笔人：章浩白

青钩栲林分布区的生境以三明莘口保护区作为其最适宜生态条件进行介绍。

（1）据三明市气象站资料，年平均气温19.4℃，极端最高气温40.6℃（1961年7月22日），极端最低气温－5.5℃（1963年1月27日），≥10℃的年积温6 215℃，年平均降水量1 500.7mm，最高月降水量293.8mm，约占全年的20%，最低月降水量51.6mm，≥0.1mm的年降水日数163.3d；年平均相对湿度79%；平均霜期为60d，无霜期最长可达106 d（1966～1967年），最短8d；结冰期一般从12月底到次年2月初；雪则偶见。年平均日照时数为1 840.0h，占可照时数的42%；全年平均雾日47d，以冬春季雾日较多，尤以11、12月最多；年平均风速为1.6m/s（表3—31）。

表3—31　福建省三明市历年各月气温、降水量、相对湿度（1961～1975年）

月　　份	1	2	3	4	5	6	7	8	9	10	11	12	年
气温(℃)	9.1	11.1	14.9	19.8	23.5	25.5	28.5	27.8	25.5	20.8	15.9	10.8	19.4
月平均最高气温(℃)	14.9	16.5	20.8	25.6	28.8	30.8	34.7	33.9	31.3	26.4	21.3	16.3	25.1
月平均最低气温(℃)	5.0	7.6	11.0	15.6	19.5	21.9	23.9	23.5	21.4	16.5	12.1	7.1	15.5
降水量(mm)	50.8	80.2	140.2	133.7	268.2	293.8	115.8	137.4	101.4	65.4	51.6	55.0	1500.7
相对湿度(%)	78	79	79	80	81	81	74	76	78	77	79	80	79

从表3—31可以看出，本地的气候特点是：春夏季温热多雨，降水多集中在5～6月；冬季稍干旱，但多雾；年、日温度变幅大，有一定干湿季之分，表现出温热湿润的亚热带气候的特色。这种气候条件既有利于常绿阔叶林的发育，也有利于岩石的风化、土壤的淋溶作用和富铝化作用的进行。故该地区土壤形成过程以红壤为主，形成红、黄壤类土壤。

（2）莘口自然保护区地处福建沙溪向斜北缘，海拔高度180～604m，保护区内相对高度均在430m以下。山峰重迭，沟谷交错，地形变化较为复杂，系武夷山向东延伸的支脉东端的低山山地。山谷底部宽度较小，一般10～30m，故多"V"形山谷；山的坡度较陡，多在25°～35°，较高山脊及谷缘两侧，坡度常达45°以上。由于山脉多南北走向，故东、西、东南、西南坡向较多。

本保护区主要分布于发育在晚古生代泥盆纪南靖系地层。岩性为砂岩、紫红色粉砂岩、灰紫色砂页岩和石英砾岩组成的浅海滨海相碎屑沉积，经吕梁运动发生大规模的区域变质部分地区，砂岩、粉砂岩常变为变质砂岩和千枚岩、石英砂岩，受动力及岩浆岩侵入等影响，有时可发现较纯的石英岩。在燕山运动中又有花岗岩浆入侵，因而造成本区忠山一带出现的花岗岩及其边缘的花岗片麻岩露头，岩性复杂。这种岩性的多样化，使本区的地貌也显得比较复杂。在青钩栲林分布区普遍分布的是砂岩、粉砂岩。此外还有石英砂岩、石英砾岩、千枚岩及千枚状的紫色页岩。

（3）保护区青钩栲林下的土壤80%以上属山地暗红壤亚类（以前也有称黄红壤），分布海拔比黄壤低，保护区内海拔350m以上有分布，但海拔350m以下的大部分山地均系山地暗红壤且与山地红壤、紫色土呈复区分布。暗红壤分布地段排水良好，但由于所处海拔较低，多位于山的中、下部，因此土壤更湿润一些，植物生长条件良好，主要为青钩栲天然林，杉木人工林，毛竹（*Phyllostachys pubescens*）林以及青钩栲与小红栲、木荷、杉木、栲树、毛竹、马尾松等的混交林。林下多为喜阴湿植物，如毛冬青、山姜（*Alpinia japonica*）、黄绒润楠、福建观音莲座蕨、台湾冬青（*Ilex formosana*）、百两金、草珊瑚、狗脊蕨等，并有大量苔藓。在少数稀疏的林分下，常有短尾乌饭、华南木姜子（*Litsea greenmaniana*）、芒萁等生长。由于大部分地段植被茂密，土层深厚，相应地使土壤长期保持湿润状态，土壤腐殖质积累较多，土壤颜色由暗褐至红棕色，形成肥力较高的暗红壤。

山地暗红壤的物理、化学性质分析见表 3—32、表 3—33。

表 3—32　物理性质分析结果

层次	深　度 (cm)	0.05mm 砂粒含量 (%)	0.01mm 物理性粘粒（%）	0.05mm 粘粒 (%)	质　地
A	0～35	15.2	62.3	49.6	轻粘土
AB	35～59	0.4	83.6	68.8	中粘土
B	59～88	0	84.8	77.6	中粘土
BC	88～135	0			中粘土

表 3—33　化学分析结果

层次	深度 (cm)	有机质 (%)	全氮 (%)	速效磷 (mg/kg)	速效钾 (mg/kg)	代换性盐基总量 (mmol/100g 土)	水解性酸度 (mmol/100g 土)	盐基饱和度 (%)	pH (H_2O)
A	0～35	5.11	0.230	12	60	4.96	9.48	34.35	3.7
AB	35～59	3.41	0.075	8	30	5.47	7.50	42.18	3.95
B	59～88	1.44	0.053	恒量	16	5.81	7.32	44.24	4.1
BC	88～135								

从剖面理化分析可以看出，暗红壤剖面呈棕红色，土层一般较厚，质地粘性较大，为中粘质，从机械组成来看，其粘粒有下移现象。表层为粒状，心土层为块状结构。腐殖质侵染较深，达 59cm 以下。有机质含量较高，表层 5.11%，心土层 1.44%。全氮含量较高，A 层为 0.230%、AB 层为 0.075%。速效钾略低，含量在 16～60mg/kg；速效磷含量尚高，表土层达 1.2mg/kg，土壤中代换性盐基总量为 4.96～5.81mmol/100g 土，土壤酸度为 pH 3～4.1，呈强酸性。

(4) 根据林鹏等（1986）对保护区内 3 块样地的 31 个样带共 3 100m^2调查面积的统计，共有维管束植物 139 种（另一未知种），分属于 52 科 88 属。其中蕨类植物 7 种，裸子植物 3 种，双子叶植物 116 种，单子叶植物 13 种，或按习性分，木本植物 99 种，草本 15 种，藤本 25 种，其中有单种属 68 属，含 2～4 种的寡种属 19 种，占总属数的 77.3%、21.6%。寡种属中含 4 种的有紫金牛、杜英与菝葜属；含 3 种的有石栎、五月茶、柃木与越橘属。含 4 种以上的仅冬青（9 种）、栲（7 种）与山矾（6 种）属。

调查区的植物区系成分，以包括泛热带分布与热带分布的热性成分为主，分别占科、属总数的 61.5%；其中，印度—马来西亚分布占热带分布属的 60.6%，体现了它对中国华南地区植物区域较深刻的影响。

（二）组成与结构

在天然林中构成主林层的青钩栲多是百年以上的大树，树干端直，树冠扩展而枝粗叶较稀，顶部较平，林冠略有起伏，外貌绿而略带黄色。树干基部有较明显隆起的根股，因此用基茎计算相对显著度比用胸径计算的要大。

青钩栲林乔木层高约 20m，总郁闭度 0.7～0.8，枝叶略稀、透光度较大，主要混生树种小红栲、栲树、甜槠栲（*Castanopsis eyrei*）、鹿角栲、木荷、刨花润楠（*Machilus pauhoi*）、鼠刺、虎皮楠等；在山坡中、上部或林缘常混生马尾松、枫香等；靠山谷的林分，下缘多混生拟赤杨等。第二亚层不明显，其中有一些是主林层的幼树，其余则是能在林下高达 10m 以上的大灌木，如狗骨柴（*Tricalysia dubia*）、乌饭树、山矾、黄润楠、黄瑞木、山黄皮（茜草树）（*Randia cochinchinensis*）、短梗幌伞枫（*Heteropanax brevipedicullatus*）等；在立地较差的林下，这些灌木高达 5m 左右，便退居灌木层了。构成灌木层的尚有酸味子（*Antidesma japonicum*）、杜茎山、百两金、细齿柃（*Eurya nitida*）、尖叶柃（*E. acuminatissma*）、毛鸡屎树（*Lasianthus fordii*）等，下木层的种类较多，层盖度约 30%，高度多数在 1m 上下，少数高达 4～5m。

林下草本层稀疏，层盖度仅 5%～10%，叶层高度多在 0.5m 以下，其中蕨类对立地条件颇有指示价值，狗脊蕨分布相当普遍，芒萁分布林缘或林中空地，而福建观音莲座蕨则分布于阴湿的青钩栲林下。此外，尚有铁线蕨（*Adiantum capillus-veneris*）、山姜、黑莎草（*Gahnia tristis*）、接骨金粟兰（*Chloranthus glaber*）、淡竹叶（*Lophatherum gracile*）、阔叶土麦冬（*Liriope platyphylla*）等。

层间植物有 10 种以上，多数生活于林冠之下，少数种类可达林冠层，如鸡血藤，分布较普遍的有酸藤果（*Embelia laeta*）、光叶菝葜（*Smilax glabra*）、鸡血藤，此外还有菝葜（*S. china*）、瓜馥木、玉叶金花（*Mussaenda pubescens*）、粤蛇葡萄（*Ampelopsis cantoniensis*）、藤黄檀等。

保护区最高山峰海拔 604m，因此青钩栲林的垂直分布变化并不明显，但以海拔 450m 以下山丘数量较多，米槠分布稍高一些，可到海拔 500m，这些分布现象约与山顶效应制约有关。

青钩栲人工林仅见保护区里一片约 $1hm^2$ 的纯林。1964 年造林，每公顷栽植 2 400 株，由于成活率不高，1974 年上半年调查时，平均每公顷只有 1 500 株。由于人工抚育，组成结构都很单一。

现将青钩栲林不同立地条件的林分组成、结构介绍如下。

1. 短尾乌饭狗骨柴青钩栲林

本林型在保护区中分布面积最大，最具代表性，前面描述的土壤和植物，主要系本林型的情况。乔木层以青钩栲占优势，混生其他常绿阔叶树种，分布范围多在海拔 180～450m，群落外貌绿色，林冠层略有起伏。中上坡生长较差，青钩栲优势下降。

林分总郁闭度多在 0.8 左右，由于乔木冠层高，有侧方光照；另一方面，本林型多分布于山坡中、下部，湿度条件较好，下木层比较茂盛，而草本层很不发达。

样地位于保护区海拔 220m 高的中坡，坡向东南，坡度 24°。土壤母质为砂岩风化的坡积残积母质，腐殖质浸染层厚，石质含量少，质地较为粘重。土层厚度 A+B 层 0 ～63cm，C 层 63～150cm 以下。乔木层的主要特征见表 3—34。

表 3—34 短尾乌饭狗骨柴青钩栲林乔木层分析

植物种名	层次	株数	基茎盖度（%）	高度（m）		胸径（cm）		冠幅（m）		枝下高（m）
				最高	平均	最高	平均	最大	平均	
青钩栲	Ⅰ	10	64.3	20	16	65	47	6×6	4×3.6	7
木荷	Ⅰ	5	30.9	22	19.5	54	46	4×6	5×3.5	12
华杜英	Ⅱ	3	1.5	6	5.7	12	12	3×3	3×2.5	5.7
树参	Ⅱ	1	0.2		6		7		2×2	4
未知名（sp.）	Ⅰ	1	2.2		19		23		4×2	14

注：样地面积：400m^2　　调查日期：1979-06

从上表可以看出，第二亚层的基茎盖度（Basal area）的百分率只占乔木层的 1.7%，实际上是微不足道的。青钩栲在乔木层的基茎盖度达到明显优势，占乔木层的 64.3%，这是青钩栲林的多数情况。林鹏等在保护区内瓦坑村调查的代表性群落（百两金狗脊厥山姜青钩栲林型）的乔木层中，青钩栲的相对显著度（即相对茎盖度）高达 84.0%。

本类型的下木层，在 100m^2 的样方中共有 22 种（不包括乔木的幼树），高者 5m 左右，平均高约 0.5m；层盖度约 40%，详见表 3—35。

从表 3—35 可以看出，灌木层中短尾乌饭与狗骨柴占明显的优势，其次为黄润楠与草珊瑚。

本类型的草本植物稀少，在 5m^2 的样方中，只有 3 种 16 株，层盖度仅 6%，4 株和 4%、2%，此外还有一株莎草。叶层高度以山姜 0.31m 为最高。层间植物有省藤（*Calamus platyacanthoides*）、牛尾菜（*Smilax riparia*）、酸藤果、野木瓜（*Stauntonia chinensis*）、瓜馥木、光叶菝葜、粤蛇葡萄。草本层和层间植物在这里都是作用不大的层片。

表 3—35　短尾乌饭狗骨柴青钩栲林下木层统计

植　物　种　名	株数	层盖度（%）	高度（最高）（m）	平均高度（m）
短尾乌饭	40	16	5	1.97
狗骨柴（*Tricalysia dubia*）	47	16	4.55	1.48
黄绒润楠	16	4	2.5	0.9
鼠刺	10		2.5	0.9
锈叶新木姜子（*Neolitsea cambodiana*）				
木姜子（*Litsea* sp.）	6		4.5	0.93
草珊瑚	15		0.8	0.2
细齿柃	13		0.5	0.11
石斑木	10		0.5	0.2
山矾	8		1.88	0.66
酸味子	6		1.5	1.0
小叶赤楠（*Syzygium grijsii*）	8		1.5	0.17
百两金	50		0.6	0.25
油茶（*Camellia oleifera*）	1			0.8
尖叶柃	2		0.2	0.2
黄牛奶树（*Symplocos laurina*）	6		2.0	0.7
短梗幌伞树	1			0.8
毛鸡屎树	3		0.3	0.13
柃木	4		2	1.1
黄瑞木	2		1.3	0.8
毛叶山矾	5		0.8	0.54
毛冬青	4		2	1.1

注：样地面积：100m²　　调查日期：1979-06

2. 山姜杜茎山赤杨叶青钩栲林

本林型多分布在山坡下部或山谷两侧的湿润林地上，有的靠近道路，曾受人为干扰，乔木层树种较复杂，既有喜湿树种，也有落叶树种混生，此林层明显。

土壤为暗红壤，厚度 A+B 层达 170cm 以下，粘重、石质极少。

乔木层青钩栲占优势，混生树种有赤杨叶、枫香、千年桐（*Vernicia montana*）均为落叶树种。乔木层特征见表 3—36。

下木层，在 100m² 的样方中共有 29 种，层盖度约 40%，优势种明显，杜茎山盖度占 20%、148 株，最高 4.5m、平均高 0.44m，其次为粗叶榕（*Ficus hirta*）和八瓣糙果茶（*Camellia octopetala*），盖度分别为 4% 和 3%。

表 3—36　山姜杜茎山赤杨叶青钩栲林乔木层分析

植物种名	层次	株数	基茎盖度（%）	高度（m）		胸径（cm）		冠幅（m）		枝下高（m）
				最大	平均	最大	平均	最大	平均	
青钩栲	Ⅰ	3	55.4	21	16.7	45	28.3	7×5	5×3.3	9
赤杨叶	Ⅰ	6	24.7	23	12.5	40	19.8	5×5	4×3	8.4
枫香	Ⅰ	1	1.8		18		45	4×2	4×2	13
米槠	Ⅱ	1	0.6		5		7		3×2	3
短梗幌伞枫	Ⅱ	4	2.2	7.5	6.8	10.5	8.6	2×2	2×2	6
华南木姜子	Ⅱ	2	0.6	7	6.5	5.5	5.3	3×2	3×2	3
木荷	Ⅱ	6	7.2	9	7.3	16	10	3×3	3×3	5
山杜英（*Elaeocarpus sylvestris*）	Ⅱ	1	1.0		7		11.5		3×2	3
香叶树（*Lindera communis*）	Ⅱ	1	1.2		10		11.5		3×2	3
泡花树（*Meliosma cuneifolia*）	Ⅱ	1	1.0		10		10.5		2×2	
青冈	Ⅱ	1	0.4		6		7		2×1	
千年桐	Ⅰ	1	3.8		17		21		4×3	

注：样地面积 400m²　　调查日期：1979-06

草本层，在 5m² 的样方内有 10 种 120 株，叶层高度均在 0.4m 以下，以山姜株数较多，其次为铁线厥、醉鱼草（*Buddleja lindleyana*）、金星蕨（*Parathelypteris glanduligera*）及福建莲座蕨。以上几种的种盖度均达 2%。层盖度约 15%。

3. 芒萁华鼠刺青钩栲林

本林型多分布于海拔约 300m 的山坡中上部，土壤为红壤，A+B 层达 120cm 以上，但石质含量较多，为多石质中壤土。坡度 20°～30°，林地枯枝落叶层较厚，但土壤各种养分含量偏低，草本层多为芒萁，其他喜湿植物很少。

据 400m² 样地调查材料，乔木层可分为两个亚层，主林层以青钩栲占优势，共 9 株，平均高 14.8m，最高 17m；平均胸径 17.2cm，最大 53cm，枝下高 5.7m；马尾松 1 株高 22m、胸径 60cm。亚林层有木荚红豆（*Ormosia xylocarpa*）5 株，平均高 10.4m，最高 13m，平均胸径 12.6cm，最大 15cm；栲树 1 株，高 6m，胸径 21cm，总株数 892 株。样地内各种乔木的幼苗繁多。

下木层有灌木 103 株，层盖度 35%，高度不等，最高 4.5m。主要为华鼠刺、百两金、狗骨柴、短尾乌饭等。

草本层植物种类稀少，5m² 的样方内仅有芒萁 16 株，高 0.4m；层间植物有菝葜、网脉酸藤果（*Embelia rudis*）、牛尾菜等。

4. 山姜黄绒润楠青钩栲林

本林型分布于下瓦坑村东南方的山坡中上部，海拔约 400m。土壤为暗红壤，腐殖质层很厚，土层总厚度稍薄，A+B 层为 96cm，为石质含量较多的重壤土。

据 $40m^2$ 调查材料，林分总郁闭度约 0.8，亚林层较明显。乔木总株数 30 株，主林层青钩栲 10 株，平均高 14.2m，最高 21m，平均胸径 28cm，最大 54cm；木荷 7 株，最高 21m，胸径 40cm，其次高 15m，胸径 21cm，其余 5 株高在 8m 以下成为亚林层；亚林层尚有华杜英（*Elaeocarpus chinensis*）、小红栲、茜草树、显脉冬青（*Ilex limii*）、细齿柃、石栎（*Lithocarpus glaber*）等，一般高度 8m 上下。

下木层种类较丰富，其中黄绒润楠不论从株数、盖度及高度均占优势。其他种类还有百两金、八瓣糙果茶、华鼠刺、细齿柃等，高度均在 1m 以上。在本林型中有的灌木高度可达亚林层，如黄瑞木，最高可达 10m 以上，短尾乌饭也可高达 8m。

草本层种类贫乏，数量也少。$5m^2$ 的样方内只有 3 种 16 株，其中山姜 13 株，狗脊两株，草珊瑚 1 株。层间植物仅牛尾菜 1 株。

（三）**生长发育**

青钩栲自然保护区于 1980 年进行建档及森林资源调查结果如下：

保护区面积为 $930hm^2$，有林地面积 $856hm^2$；以青钩栲为建群种的林分 $226hm^2$，平均每公顷蓄积量为 $270m^3$。青钩栲的年生长量为 5.758 $5m^3/hm^2$，由于未扣除自然枯损量，所以材积生长量非实际生长量。

1962 年管理站设立 6 块青钩栲永久样地，根据平均胸径和树高，砍伐中央木进行树干解析，样地地位级Ⅱ，解析木材料如表 3—37。

表 3—37　90 年生青钩栲解析木的总生长量

树　龄	10	20	30	40	50	60	70	80	90
树高（m）	4.4	9.7	14.3	17.4	20.4	22.9	25.1	26.9	28.7
胸径（cm）	2.9	7.5	12.1	16.6	21.3	25.6	29.8	33.6	36.4
材积（m^3）	0.002 2	0.046 0	0.078 8	0.189 3	0.366 7	0.595 1	0.859 5	1.122	1.380

注：调查日期：1962

1980 年根据中央木的解析木树龄为 110 年，为说明 90 年以后的生长情况，简要介绍其树高、胸径、材积总生长量依次为：90 年生分别为 22.8m、33.8cm、0.990 $8m^3$；100 年生为 23.4m、36.6cm、1.154 $6m^3$；110 年生为 23.9m、38.4cm、1.258 $1m^3$。这说明青钩栲生长持续时间长，可以长成大材，其树高生长最大值出现在 20 年前后，以后缓慢下降，到 90 年生时仍保持较高的生长量，平均生长量为 0.32m；胸径生长最大值出现在 50 年前后，以后下降极慢，到 90 年生时平均生长量为 0.4cm；材积生长在 20 年内较慢，20～70 年为材积生长旺盛时期，以后较缓慢，90 年生时材积平均生长量为 0.015 $3m^3$。

青钩栲人工林的生长情况：造林时间为 1964 年春季，栽植密度 2 400 株/hm^2。1974 年上半年调查时，由于青钩栲造林成活率不高，每公顷只剩下 1 500 株左右；林分平均树高

8.77m，最高11.8m，平均胸径12.25cm，最大胸径15cm。经中央树干解析表明：从4年生起到调查为止，树高生长与杉木生长速度相近。

人工林的青钩栲显然比天然的长得快，13年的生长量约等于30年生天然林木的生长量。

（四）更新演替

1. 青钩栲的坚果大小悬殊，去除总苞后的坚果，大者每千克约110粒，中等大小的千粒重为2 225g，地被物厚时坚果落地后不易接触土壤，致丧失发芽条件。据管理站育苗观察，苗根长至20cm时，地上部分仅高2cm，嫩芽易受日灼之害。

青钩栲林结实丰年为3～5年一次，1972年为果实丰年，管理站收集坚果1万千克以上，其余均被附近群众拾走。目前以青钩栲为主林层的林木结实能力下降，果实丰年间隔期越来越长，且虫、兽危害严重，仅种实象鼻虫危害率即达40%。

青钩栲天然更新，据1979年保护区天然更新调查结果：以郁闭度0.6的毛竹林下为最好，每公顷不同高度的幼树有4 680株，频度80%，生长良好；其次为郁闭0.8的杉木近成熟林下，幼树每公顷5 175株，频度100%，生长良好，在青钩栲林内的虽然种源条件较好，幼苗幼树较多，频度100%，但超过50cm高的幼树极少，且可见到稍大些的青钩栲枯立木。这表明青钩栲林内更新比较困难。林鹏等在保护区调查的材料所作的青钩栲种群的年龄结构亦表明其第三、四级个体明显减少（即胸径2.5～22cm的林木）。

2. 青钩栲林人工更新，从育苗开始就出现病害，致使苗梢、叶片焦枯而死亡。管理站1977年曾育苗0.08hm^2，结果全面受害；1979年育苗0.01hm^2也是如此。由于苗木主根发达，侧根很少，为了促进侧根发育可于幼苗长叶后进行切根，但仍难以解决造林成活率低的难题，因为切根对侧根的促进作用不大。

3. 保护区内的青钩栲林由于禁止砍伐，人为干扰不大，青钩栲群落的演替无疑是进展演替，演替方向将是由更耐荫的树种逐步代替不很耐荫的青钩栲，青钩栲将从建群种的地位逐渐降为共建种以至像中亚热带东部地区的，成为天然常绿阔叶林中的一个伴生成分的种群。因为在青钩栲林下，栲树、小红栲、刨花树的更新比青钩栲更好。

（五）评价及经营意见

青钩栲树干圆满通直，生长快，宜于培育大径材，其边材浅灰褐色，心材红褐色，材质坚硬，气干容重为0.74g/cm^3，富含单宁，很耐腐朽和水湿，是造船、桥梁、家具等优良用材。由于天然和人工更新都比较困难，国家已列为三级保护植物加以保护。

在福建三明市小湖、瓦坑一带青钩林的形成不仅有适宜的自然条件，而且还与特定的社会历史条件有关。三明市在本世纪40年代改县之前，原系沙县的一个乡（乡名三元），小湖、瓦坑是偏僻的山村，只有一条山间小道，无溪流水运之便。当地农民主要从事笋干和造纸。而这些均需木炭焙烤，农民有选留竹林中的硬杂木供烧炭用。青钩栲不仅烧炭好而且萌芽率很强，一个伐根留3～5株萌条均可成长为大树。青钩栲保留的另一原因是不宜于做香菇的段木。1949年前，大面积的毛竹林，由于当地瘟疫（长期流行麻疯病）之患而衰败。1949年后，当地只剩一户人家。由于人工毛竹林和杉木林的抛荒为青钩栲的兴起提供条件，从现存石碑碑文中可以看出，在清代乾隆60年（1795年）已开始衰败。目前青钩栲林的大树，有较明显的两个世代，多数在110年上下，少数在160年左右。目前青钩栲林已是成熟的群落，正处于树种更替时期，但利于青钩栲更新的条件已不复存在，因此为了保持青钩栲的优势种地位，除青钩栲天然更新较好的林分外，应采取人工促进天然更新。此外，在保护区内荒山荒地亦可用人工造林的方式营造一些青钩栲林以保存其优良的种质资源。

2—3—3—6　鹿角栲林[①]

鹿角栲（*Castanopsis lamontii*）又名红钩栲、粗刺栲、大刺栲、白橼、石椎，是中国南方特产的优良硬木树种，木材供建筑、家具等多种用途。在天然状态下纯林极少，多与硬斗石栎、华润楠、狭叶杜英、厚叶冬青混生，在人为因素影响的地段，渗入杉、松及喜光的落叶阔叶树赤杨叶、山合欢等。在丘陵、低山，常与栲树林、罗浮栲林、小红栲林以及南岭栲林相交错。随着海拔的升高，便为甜槠栲林、小叶青冈林以及青冈林所代替，在山脊地带有时呈苔藓林状态，对于维护山区的水源涵养、美化环境、调节气候均有重要意义。

鹿角栲林主要分布于贵州和湖南的南部、江西的南部至中部、福建的西南部、广东、广西以及云南东南部，垂直分布于海拔500～2 500m的丘陵、中山地，多见于避风的山坡或溪谷地带、局部地区森林沿山谷分布到达山脊。

鹿角栲林喜温暖湿润的气候，年平均气温在15～20℃，年降水量1 500～2 100mm，土壤为片岩、花岗岩、砂岩母质发育的红壤或山地黄壤。土层疏松湿润，枯枝落叶厚达5cm，分解良好，有机质含量丰富。山脊地带则土层较薄，且多岩石碎块，表土0～15cm，呈黑色，相当潮湿，15cm以下呈棕黄色，粘性较大，有机质含量中等。

林冠外貌呈深绿色、为稠密、浑圆、波状起伏的林冠，间以棕黄色块，高15～20m，总郁闭度0.75～0.90。

群落的种类组成和结构是每个森林类型的基本特征。根据江西调查资料的统计，鹿角栲林的组成较复杂，这是长期历史发展而形成和一种天然的多树种多层次的常绿阔叶树林，其中乔木层种类约40种，以鹿角栲为建群种。乔木可分为三个亚层，第一亚层以鹿角栲、硬斗石栎、华润楠、狭叶杜英、虎皮楠、红楠（*Machilus thunbergii*）、甜槠栲、罽蒴栲、杜英、栲树等为主；第二亚层有青冈栎、香港四照花（*Dendrobenthamia hongkongensis*）、罗浮柿（*Diospytos morrisiana*）、薯豆、黄瑞木、光叶石楠、猴欢喜（*Sloanea sinensis*）、大叶含笑、盘柱冬青、红皮树、香叶树等。在南岭北部还有天料木（*Homalium cochinchinense*）、观光木、白桂木（*Artocarpus hypargyraea*）、软荚红豆、黄杞（*Engelhardtia roxburghiana*）、茶梨（*Anneslea fargrans*）、钩栲、楠木等分布；第三亚层多为第一、二亚层的小树，以及滇

① 执笔人：吴文谱

南杜鹃、鹿角杜鹃（*Rhododendron latoucheae*）、短尾乌饭、山矾、冬青、粗叶木属等。落叶阔叶树赤杨叶、山合欢、薄叶润楠、紫树（*Nyssa sinensis*）、木蜡树（*Toxicodendron sylvestre*）、蜡瓣花（*Corylopsis sinensis*）等。从区系成分的分析上看，壳斗科有 6 种，樟科 8 种，主要以新木姜子属、樟属和桢楠属为主，山茶科 3 种，木兰科 3 种，蔷薇科 5 种，杜英科 2 种，冬青科 3 种，其他为槭树科、山矾科等。

下木层种类多达 20 余种，以杜茎山和草珊瑚为主，次为山茶、赤楠（*Syzygium buxlfolium*）、黄绒润楠、粗叶木、针齿铁子、山香圆、密花树（*Rapanea neriifolia*）、黄丹木姜子（*Litsea elongata*）、石斑木、米饭花、五月茶（*Antidesma bunius*）、构棘（*Cudrania cochinchinensis*）、毛冬青、荚蒾（*Viburnum dilatatum*）、大青（*Clerodendrum cyrtophyllum*）、老鸦糊（*Callicarpa bodinieri* var. *giraldii*）等。

草本层稀疏，以蕨类植物为主，如鳞毛蕨（*Dryopteris barbiera*）、狗脊、半边铁角蕨（*Asplenium unilaterale*）、深绿卷柏（*Selaginella doederleinii*）以及山姜、苔草、淡竹叶、蕙兰（*Cymbidium faberi*）等。在水湿处并有华南紫萁（*Osmunda vachellii*）分布。

层外植物较多，除有瓜馥木、薯莨、鄂羊蹄甲（*Bauhinia hupehana*）、野木瓜、络石、珍珠莲（*Ficus sarmentosa* var. *henryi*）、香花崖豆藤、石岩枫（*Mallotus repanduns*）、酸藤果之外，局部地区还有鹰爪花（*Artabotrys hexapetalus*）、玉叶金花、巴戟、华南省藤等分布。附生于枝干和岩石上的苔藓植物越到山顶越是发达，主要有蔓藓、悬藓（多疣悬藓）（*Barbella pendula*）、羽藓（*Thuidium rubiginosum*）等。此外，为常春藤（多枝常春藤）（*Hedera nepalensis*）、攀援星蕨（*Microsorium buergerianum*）、石槲（*Dendrobium nobile*）、石豆兰等，多附生于树干和枝桠上。

鹿角栲林的类型较多，仅江西井冈山就有 8 个林型，现举常见的两种以说明特点：

1. 狗脊榕叶冬青鹿角栲林

本林型分布于江西井冈山下横江，相对高度 200m 以下沟谷的溪边，密度大，组成林木多，为中龄林，样地海拔 470m，坡向 NW89°，坡度 30°，周围均为次生常绿阔叶林，立木总郁闭度大，达 0.80 左右，土壤为山地红壤，土表岩石露头及碎石块少，枯枝落叶层覆盖厚，覆盖达 85%，分解良好。

组成结构复杂，乔木层达 18 种，可以明显分为 3 个亚层，第一亚层 10～16m，除建群种鹿角栲外，尚有薯豆、红润楠、黄樟（*Cinnamomum porrectum*）、华鼠刺等；第二亚层高 6～10m，有鹿角栲、榕叶冬青、青冈、华鼠刺、黄樟、桃叶石楠等；第三亚层 6m 以下为一、二亚层的幼树，还有马银花、罗浮柿、山黄皮、深山含笑、满山红、黄瑞木等。下木层种类也很丰富主要有榕叶冬青、杜茎山等。其他尚有竹节茶、细枝柃、茶、柏拉木、箬竹、毛冬青、广东冬青、水团花、狗骨柴、山黄皮、粗叶木、长叶数珠根、酸味子等。高度在 1m 以下，盖度 30%草本层植物不多，盖度也很小，主要有狗脊和苔草，其次还有山姜、石苇、吉祥草、花苔草、虎舌红等。层外植物计有攀援星蕨、野木瓜、常春藤、薜荔（*Ficus pumila*）、流苏子、土茯苓、络石、藤黄檀等。苔藓地衣层发育良好。

2. 鳞毛蕨冷箭竹毛山矾粤桂柯鹿角栲林

本林型分布于南岭山地九连山暇公塘河谷避风地带，海拔 870m 开旷谷地的山坡，土壤为砂岩母质发育的山地黄壤，大小石块裸露，地面高低不平，坡度 23°左右，死地被物厚度为 2～3cm，其组成为常绿阔叶林的枝叶及果壳，盖度 70%左右，分解良好。

林型外貌稠密而深绿色。树高 15～20m，最高达 25m，参差不齐。立木种类计有 42 种，也渗入了一些落叶树，如南酸枣、野漆、紫树、檫木等，这是人为影响干扰的结果。建群种为鹿角栲，次为粤桂柯、红翅槭、深山含笑。从区系成分的分析上看，主要由壳斗科、樟科、山茶科组成，其次蔷薇科、杜英科、冬青科等。

下木不多，除毛山矾和冷箭竹为优势种外，其次还有野山茶，粗叶木、小叶女贞、草珊瑚、柏拉木、杜鹃（映山红）和东方古柯，其中大部分为常绿灌木。

草本地被物较为发达，以鳞毛蕨为主，次为长叶铁角蕨、麦冬、苔草、小三叶耳蕨。

层外植物有冷饭团、鸡血藤、光叶菝葜、攀缘星蕨、野木瓜等。苔藓植物覆盖树干基部紧密而厚，可达 2～3cm，同时林内裸露的岩石表面也铺满了苔藓植物，盖度达 30%以上。

鹿角栲林是亚热带气候顶极森林类型，其发生与发展与中亚热带优越的自然环境是密切相关的。在气候适宜，又没有人为干扰破坏的情况，它的演替规律总是从基本演替开始，通过旱生演替或水生演替，逐渐由草本植物阶段、灌木阶段而进到乔木阶段，最后发展成为常绿阔叶林的气候顶极阶段。现存的鹿角栲林正是向上演替的产物，如果加以人为干扰，对鹿角栲进行滥砍乱伐，那么就会产生向下（逆行）演替，成为常绿与落叶阔叶树混交林或喜光阔叶树林，甚至发展为强喜光的针叶树林，再反复干扰，就成为灌木草丛，直至次生裸地。最终由于林地暴露、水土流失，从而引起生态环境的基本变化，给森林的恢复带来困难。就是人为干扰停止，也要经过漫长的时间才能恢复到顶极阶段，有的还不可能恢复。

从历次调查材料表明，鹿角栲林中常混生有赤杨叶、南酸枣、山合欢、马尾松等老树，它们一般都处于林冠的最上层，成为极显著的现象，根本没有幼苗，说明鹿角栲林的前身是喜光的落叶阔叶树或喜光针叶树林。因此，为了保护鹿角栲林的森林生态系统，以防水土流失，必须对鹿角栲等常绿阔叶林进行保护与研究，严禁滥砍乱伐，做到在保护的前提下进行合理的开发和利用。

鹿角栲为壳斗科常绿乔木，高 18～25m，是一种生长迅速的用材树种，其木材的边材和心材区别明显，心材黄褐色，边材淡黄色，纹理斜、质略粗、耐水湿、供建筑、桥梁、桩柱、造船、枕木等用材；壳斗和树皮含鞣质，可提取栲胶。

鹿角栲林区系组成复杂，林中除建群种鹿角栲之外，尚有许多壳斗科、樟科、山茶科、杜英科的树种混生其中，它们均为良好的硬木用材。下木、草本层和层外植物中药用资源也较多，如鸡血藤、草珊瑚、山香圆、杜茎山、大青、瓜馥木、巴戟、麦冬等。还有油料植物、淀粉植物、纤维植物、化工原料、饮料、果品等多种林产资源和多种动物资源，其中软荚红豆、观光木、楠木、紫树（蓝果树）（*Nyssa sinensis*）、猴欢喜等都是中国的优良的珍贵树种。可见，鹿角栲林中蕴藏着丰富的自然资源，具有多方面的经营价值，宜在分布区的丘陵、中山地避风山坡和溪谷地带发展栽培。

2—3—3—7　罗浮栲林①

罗浮栲（*Castanopsis fabri*），又名白椽、白橼、白椎、罗浮椎，是中国东部湿润亚热带地区常绿阔叶林中常见的树种，适应性强，分布广、资源丰富，纯林较少，常与栲树、南岭栲、钩栲、苦槠栲、甜槠栲林相交错，木材用途多，是中国湿润亚热带地区难得的自然地理景观，又是调节气候、保持水土的绿色屏障。

（一）分布与生境

罗浮栲林分布很广泛，北起中国长江流域以南大多数省、自治区山地丘陵地带均有分布且南达越南和老挝，特别是华南各省更为集中。垂直分布通常为海拔 300～2 000m 的丘陵及中山地山坡及沟谷，常与青冈、红润楠、鹿角栲、木荷、大果马蹄荷等组成常绿阔叶林，以海拔 500～1 000m 分布较为普遍，均为天然林。

罗浮栲是深根性树种、主根发达，根系深，适应温暖湿润多雨的气候，不甚耐寒。分布区年平均气温 15～21℃，年降水量 1 400～2 300mm，无明显旱季，冬季虽有短期低温和霜冻，但不影响其生长。土壤多为花岗岩和流纹岩、砂岩等母岩发育而成的红壤，黄红壤和黄壤，pH 值 4.5～6.0，不耐盐碱土和积水土壤。在土层深厚肥沃湿润而排水良好的酸性土壤上，生长快，发育好，树干耸直，可成大树。

（二）组成结构

罗浮栲林外貌深绿色，林冠浑圆波状起伏，林内光照较弱，总郁闭度在 0.8 以上，立木层高度一般 12～25m，胸径 17cm 左右，枝下高 7m 左右。群落组成结构复杂，树种丰富，常与其他常绿阔叶林和针叶树种错杂分布。乔木树种约 25 种以上，罗浮栲为建群种。立木分布稍均匀，乔木层高度，胸径和郁闭度随立地条件和林龄的不同而有差异，一般可分为 3 个亚层。主要树种在福建有：罗浮栲、小红栲、甜槠栲，多穗石栎，细叶青冈、栲树、白栎、苦槠栲、绒毛润楠（*Machilus velutina*）、黄樟、赤杨叶、杨梅、福建山樱花、广东冬青（*Ilex kwantungensis*）、树参、檵木、石斑木、茶梨、虎皮楠、杉木等。在江西乔木层组成树种达 40 多种，乔木第一亚层高 20～30m，以罗浮栲、木荷、红润楠、华南石栎等为主。第二亚层高 10～19m，以栲树、甜槠、光叶石楠、大果马蹄荷（*Exbucklandia tonkinensis*）、石梓（*Gmelina chinensis*）、大叶含笑、木莲（*Manglietia fordiana*）等。第三亚层为 10m 以下的小树，以及越橘属、杜鹃花属、山茶属、石斑木、鼠刺（华鼠刺）（*Itea chinensis*）等种类。区系组成计壳斗科 5～9 种、樟科 3～5 种、山茶科 4～5 种、厚皮香科 3～4 种、次为枫香

① 执笔人：吴文谱，由陈国扬提供部分材料

科、金缕梅科、木兰科、杜英科、胡桃科、杜鹃花科、马鞭草科、石矾科、四照花科、蔷薇科、蝶形花科等。在湖南：第一亚层高10～15m，罗浮栲、栲树、枫香、栓皮栎、赤杨叶、槲栎、杉木等。第二亚层高6～10m，有华中山柳（*Clethra fargesii*）、山樱花（*Prunus serrulata* var. *spontanea*）、青冈、红淡比、石灰花楸（*Sorbus folgneri*）等。第三亚层，高6m以下，有细齿叶柃、红淡、长蕊杜鹃（*Rhododendron stamineum*）、薯豆、黄牛奶树、川钓樟（*Lindera pulcherrima* var. *hemsleyana*）、长毛红山茶（*Camellia villosa*）、光叶石楠、毛豹皮樟（*Litsea coreana* var. *lanuginosa*）等。

下木层约20多种，以山茶科、樟科、金粟兰科、杜鹃花科、茜草科、紫金牛科与竹科等为主，主要种类有箬竹（*Indocalamus tessellatus*）、草珊瑚、细齿柃、狗骨柴、赤楠、石斑木、朱砂根、米饭花、油茶、黄栀子、树参等。其中也常掺杂一些落叶灌木、如毛冬青、东方古柯、柃木等，但均不占主要地位。

草本层一般不发达，约有10多种，分布稀疏，覆盖度15%左右，主要是林冠郁闭度较大所致，组成以蕨类、苔草及囊荷科为主，如狗脊、瘤足蕨、山姜、花葶苔草（*Carex scaposa*）等。

层外植物常见有冷饭团、香花崖豆藤、野木瓜、念珠藤、粤蛇葡萄、南蛇藤等。

附生于叶上的尖叶薄鳞苔和附生于树干上的大麻羽藓（*Claopodidm assurgens*）等。

兹举两林型进一步说明罗浮栲林的组成特点：

1. 苔草冷箭竹罗浮栲林

本林型分布于江西南部九连山北麓虾公塘海拔500～1 000m的山坡上，周围为常绿阔叶树林，土壤为花岗岩母质发育的山地黄壤、土层深厚，有机质含量丰富，pH4.5～6.5。

群落外貌葱绿色，或杂有黄色斑块，林冠不整齐，高度多在15m左右，总郁闭度为0.5，林下地被物厚约2cm，多为阔叶树的枝叶和果壳，相对湿度40%～50%，立木层中绝大多数为常绿阔叶树种类，较复杂，多达50余种。建群种为罗浮栲，但缺5级大树，是旺盛种群。从区系成分的分析来看共有22个科，其中壳斗科10种，樟科9种，山茶科5种，蔷薇科3种，木兰科、冬青科、槭树科、柿树科、山矾科、五加科各有2种，其他科仅有1种而已，见表3—38。

下木以常绿灌木为主，优势种为冷箭竹，次为毛山矾、华绣球。从区系成分来看在40m^{2}样方中，共有9个科，其中山茶科、蔷薇科、茜草科各2种，其他6个科各有1种。

2. 中华里白细齿叶柃罗浮栲林

群落调查地点：福建屏南县路下乡岭头村附近，海拔950m，为较平缓的山坡中部，坡度25°，坡向东南，林地无岩石裸露，坡底是溪谷。年平均气温18℃以上，年降水量1 500～2 300mm，土壤为黄壤，土层厚100cm以上，质地为壤土，疏松湿润，排水良好，枯枝落叶层分解较好，死地被物厚3cm，淡暗褐色，主要成分是罗浮栲、小红栲、甜槠栲的残落物，土壤表面有苔藓植物。

表 3—38　苔草冷箭竹罗浮栲林立木分级分层分析

编号	植物名称	分级					分层			总株数	频度(%)	物候期	备注
		Ⅰ	Ⅱ	Ⅲ	Ⅳ	Ⅴ	3	2	1				
1	罗浮栲	7	10	19	16	0	12	23	0	52	100	－＋	分布均匀
2	木　莲	1	0	0	3	6	1	5	3	10	100	－	较匀
3	大花枇杷	3	3	6	5	0	3	8	0	17	100	－	分布均匀
4	粤桂石栎	0	0	0	0	15	0	1	14	15	100	－＋	分布均匀
5	毛山矾	1	0	7	3	0	5	5	0	11	50	－0	较匀
6	云山青冈	0	0	0	4	2	0	4	2	6	50	－	不匀
7	大果卫矛	0	0	4	1	0	4	1	0	5	50	－	不匀
8	曼青冈	0	0	0	6	0	1	5	0	6	50	＋	不匀
9	紫　树	0	0	0	2	6	0	0	8	8	100	－	较匀
10	榕叶冬青	0	4	3	3	0	3	3	0	10	100	－＋	分布均匀
11	新　樟	0	0	2	0	0	0	2	0	2	50	－	不匀
12	青　冈	0	0	3	1	0	1	3	0	4	50	－＋	不匀
13	野　柿	0	0	0	3	1	0	4	0	4	50	＋	不匀
14	天竺桂	1	0	3	0	0	1	2	0	4	50	－	不匀
15	念珠樱	0	0	0	1	2	0	1	2	3	50	－	不匀
16	黄丹木姜子	2	2	3	1	0	1	3		8	100	－	较匀
17	赤杨叶	0	0	0	0	2	0	0	2	2	50	－	不匀
18	薯　豆	0	0	1	2	0	2	1		3	50	－	不匀
19	小叶青冈	0	0	0	2	0	1	1	0	2	50	－	
20	大叶木姜子	0	4	4	0	0	3	1	0	8	100	－	较匀
21	五裂槭	0	0	1	0	1	1	1	0	2	100	－	不匀
22	深山含笑	0	2	6	0	0	4	2	0	8	100	－	较匀
23	四川红淡	0	0	1	1	0	1	1	0	2	50	－	不匀
24	多花泡花树	0	0	0	0	2	0	1	1	2	50	－	不匀
25	新木姜	2	0	2	2	0	2	2	0	6	100	－	不匀
26	土肉桂	2	7	4	0	0	4	0	0	13	100	－	较匀
27	柃　木	0	0	2		0	3	0	0	3	50	－	不匀
28	红翅槭	0	0	0	2	0	1	1	0	2	50	－	不匀
29	鹿角栲	0	0	1	0	0	1	0	0	1	50	－	不匀
30	红皮树	0	0	1	0	0	1	0	0	1	50	－	不匀
31	红润楠	5	2	0	0	3	0	3	0	10	100	－	分布均匀
32	五角枫	0	0	0	0	1	0	0	1	1	50	－	不匀
33	多穗石栎	0	0	1	0	0	1	0	0	1	50	－	不匀
34	八角枫	0	0	0	0	1	0	0	1	1	50	－	不匀
35	野　漆	0	0	0	1	0	0	1	0	1	50	－	不匀
36	贵州石栎	0	0	0	1	0	0	1	0	1	50	－	
37	鸦头梨	0	0	0	1	0	0	1	0	1	50	－	
38	鹅掌柴	0	0	1	0	0	1	0	0	1	50	－	
39	总状山矾	0	0	0	1	0	0	1	0	1	50	－	
40	树　参	0	0	0	1	0	0	1	0	1	50	－	
41	栎叶椆	0	0	0	1	0	0	1	0	1	50	－	
42	二列柃	0	0	0	1	0	0	1	0	1	50	－	
43	白　楠	1	0		0	0	0	0	0	1	50	－	
44	星毛鸭脚木	0	0	1	0	0	1	0	0	1	50	－	
45	凹叶冬青	0	0	1	0	0	1	0	0	1	50	－	
46	光叶石楠	0	0	1	1	0	1	1	0	2	50	－	
47	茶　梨	0	0	2	0	0	2	0	0	2	50	－	
48	薄叶桢楠	0	0	1	0	0	0	1	0	1	50	－	
49	罗浮柿	0	0	0	1	0	0	0	1	1	50	－	
50	酸　枣	0	0	0	0	1	0	0	1	1	50	－	
51	厚叶山矾	0	0	1	0	0	1	0	0	1	50	－	
52	猴欢喜	0	0	0	0	1	0	0	1	1	50	－	
53	木　荷	0	0	0	1	0	0	1	0	1	50	－	

注：地点：九连山虾公塘　海拔：500～1 000m　面积：1 500m^2

群落外貌深绿色，稍有闪烁反光，林冠呈半球形，波状起伏。立木分布均匀，长势良好，层次明显，树干通直，林内光照中度，样地内常见的高等植物共有 23 科 35 属 42 种，其中壳斗科 3 种，杜鹃花科 5 种，樟科、山茶科各 3 种，蔷薇科、大戟科、冬青科各 2 种，其余各科各 1 种，乔木层有 13 种，18 属 23 种，129 株，总郁闭度 0.8，一般高 15m 左右，胸径 18cm，以罗浮栲株数最多，是本群落的建群种。立木可以明显地分出 3 个亚层，第一亚层高 15m 以上，有罗浮栲，米槠，甜槠，栲树，红润楠，赤杨叶等；第二亚层高 9～14m，有多穗石栎、细叶青冈、白栎、拟赤杨、福建山樱花、油柿、杉木等；第三亚层高 5～8m，除第一亚层和第二亚层树种的幼树外还有杨梅、广东冬青、树参、檵木、石斑木、茶梨、虎皮楠、乌饭树、黄背越橘和钩栲等。

在样地周围，杉木、罗浮栲、小红栲等优良用材已开始被择伐，林相遭到不同程度的破坏，成为典型的常绿阔叶次生林。

灌木有 12 种 57 株，覆盖度 40%，以细齿叶柃和弯蒴杜鹃花为主，其次有密花树、胡枝子、变叶榕、山矾、短尾越橘、马银花、黄栀子、乌饭树、黄瑞木、毛冬青。

草本层较稀疏，覆盖度 30%，以蕨类为主，主要有胎生狗脊，中华里白 2 种，其中中华里白多度较大，是草本层的优势种。

层外植物种类较贫乏，都是木质藤本，常见的有南蛇藤、南五味子、假荔枝、绿花崖豆藤 4 种。

（三）更新演替

罗浮栲耐荫性强，喜温暖湿润和多雨气候，土层深厚肥沃，不见于高温干燥环境枯枝落叶在林地上分解较好，形成腐殖质层较厚，土壤团粒结构好，蓄水和保水能力较强。在中亚热带高温多雨条件下，在荫蔽的环境中，罗浮栲种子能正常发芽，茁壮生长，是该群落的发展种群，在与其他种群处于竞争过程中，能以它特有的生物学和生态学特性，经常居于优势的位置，并逐渐扩展，以至丛密郁闭，林冠下喜光的下木和幼苗幼树由于缺乏足够的阳光和水分，种子发芽受阻碍，幼苗、幼树不能茁壮生长，老树生活受影响，就会逐渐减少以至衰亡。群落在这种自然发展过程中，显然是以罗浮栲为主的相对稳定群落。

从以上材料分析，可以推知罗浮栲林的前身是赤杨叶、白栎、乌药、杜鹃、乌饭树等喜光性灌丛，罗浮栲的种子入侵之后，受喜光性灌丛保护，茁壮生长，以后便发育成罗浮栲林。若灌丛稀疏的情况下，便有松类种子入侵，而发育先成为松林，随后再形成罗浮栲林，如罗浮栲林再遭破坏，便形成松林或灌丛。群落的演替与退化，完全受环境的影响，其中主要是自然环境和人为因素。

（四）评价与经营意见

罗浮栲为壳斗科常绿乔木，树木高大，是优良的用材树种之一。木材纹理直，结构细，坚实耐用，加工容易，可供建筑、桥梁、车船、家具及旋制胶合板等用材。

罗浮栲林区系组成很丰富，林中混生了小红栲、甜槠栲、多穗石栎、小叶青冈、栲树、钩栲、青冈、黄樟等硬木用材，还有伴生树种杉木，也是优良的用材树种，其中壳斗科的栲类、青冈类、栎类植物的壳斗和树皮含鞣质可提取栲胶，坚果富含淀粉，可供食用。此外，灌木层、草本层和层外植物中供药用的资源也很多，如草珊瑚、黄栀子、乌药、柃木、南五味子、朱砂根等。还有油料植物油茶等。总之，本类型分布范围广生长快，森林类型多样，根据罗浮栲林的这些特性，可在丘陵红壤和中山地黄壤地区发展罗浮栲与松、杉混交的针阔叶混交林。这对提供森林资源，改善人民生活，涵养水源和保护环境均有重要意义。

2—3—3—8　黧蒴栲林①

黧蒴栲（*Castanopsis fissa*）别名闽粤栲、大叶栲、裂斗锥等，常绿乔木，适应性广，萌芽力强，生物量高，轮伐期短，是华南薪炭林和用材林的优良树种，又是水源涵养、保水改土的良好树种。

广东封开、英德、佛冈、增城等地历史上有经营黧蒴栲薪炭林的习惯，英德县连江口、黧溪、大洞、沙坝、西牛等地，是著名薪炭之乡。有黧蒴栲林 4 万 hm^2，为广东薪炭材生产基地，据统计，广州市每年从英德调进薪炭材占总销售量的 1/3。广东共有黧蒴栲薪炭林 10 万 hm^2 以上。

（一）分布与生境

黧蒴栲产于广东、海南、广西、福建、湖南、江西等省区，贵州南部、云南东南部。越南北部也有分布。

海南的昌江、东方、乐东、琼中、屯昌、保亭、三亚、陵水、万宁、琼海等地；广东的南雄、乐昌、连山、连南、乳源、翁源、广宁、怀集、封开、德庆、云浮、郁南、高要、英德、佛冈、增城、五华、兴宁、梅县、蕉岭、平远、电白、信宜、化州、高明、鹤山、新丰、龙门等县均有分布。

广西以桂东南的苍梧、藤县、昭平、容县、钦州、防城港、北流和博白等地最多，其他各地也有分布。福建以闽西北、闽中的永安、三明、尤溪、南平、建宁、建瓯等中亚热带地区以及闽东南的仙游、蒲田、福清、安溪等南亚热带地区较多，湖南产于江永、江华、道县、通道、宜章等地。

垂直分布多在海拔 200～600m 的低山丘陵，海南可达 800m，福建 850m，云南海拔 1 600m以下的山坡沟谷有生长。

喜湿热气候，适生于年平均气温 17～24℃，而以 20～22℃的地区较适宜；最冷月平均气温 7.3℃以上，最热月平均气温 22～28℃，极端最高气温 39℃，极端最低气温高于 −2.3～−7.8℃，≥10℃的活动积温 5 600～8 000℃，年降水量 1 300～2 000mm，相对湿度 80％以上。

① 执笔人：徐英宝

适宜于花岗岩、板岩、砂页岩和变质岩发育而成的深厚湿润的赤红壤、红壤和山地黄壤，pH4.5～5.0，在瘠薄干燥的山脊生长不良。由于立地条件不同，生长有明显差异（表3—39）。

表 3—39　不同立地条件对黧蒴栲生长的影响

地点	山坡部位	土壤 厚度（cm）	pH	容重（g/cm³）	自然含水量（%）	有机质含量（%）	林龄（年）	郁闭度	林分密度（株/hm²）	平均树高（m）	平均胸径（cm）	蓄积量（m³/hm²）
广东英德县连江口区初溪乡	上	0～7	4.6	1.22	22	2.23	6	0.85	29 100	6.85	3.38	100.93
		8～50	4.8	1.35	14	1.52						
	中	0～20	4.5	1.08	24	2.82	6	0.90	27 420	7.20	3.65	102.88
		21～50	4.4	1.12	23	1.77						
	下	0～20	4.2	1.21	22	2.58	6	0.95	27 120	7.30	3.80	120.48
		21～50	4.6	1.25	20	1.56						

注：引自徐英宝，1982

从表 3—31 可见，尽管林分起源、林龄、密度等相同。但由于山坡部位不同，导致中下坡土壤容重、自然含水量和有机质含量等水肥因子比上坡分别大 7.8%、21.7 %和 22.7%，而林分生长蓄积量大 19.8%。

土层厚度不同，对黧蒴栲根系生长有很大影响，据调查，6 年生的黧蒴栲林，在土层厚度 50cm，主根深 72cm，侧根 15 条，分布在 10cm 的表土层，根幅平均 1.8m，在土层厚度 100cm，主根深 115cm，侧根 18 条，分布在 25cm 的表土层，根幅平均 1.9m。因此，黧蒴栲适生于山坡中、下部或沟谷两旁的深厚土壤（徐英宝，1982）。

（二）林分组成

海南尚有黧蒴栲天然林，多分布在海拔 800m 以下的山坡上，常与密花梭罗木（*Reevesia pycnantha*）、白花含笑（吊鳞苦梓）（*Michelia mediocris*）、黄丹木姜子（*Litsea elongata*）、海南蕈树（*Altingia obovata*）、毛五桠果（*Dillenia turbinata*）、托盘青冈（盘壳青冈）（*Cyclobalanopsis patelliformis*）、五列木（*Pentaphyllax euryoides*）等混生。林下植物有鸡屎树（*Lasianthus cyanocarpus*）、钩枝藤（*Ancistrocladus tectorius*）、高良姜（*Alpinia officinarum*）、刺葵（针葵）（*Phoenix hanceana*）等。在云南低海拔的沟谷常绿阔叶林中，有赤杨叶、马蹄荷（白克木）、血桐（*Macaranga tanarius*）、南酸枣、杯状栲（*Castanopsis calathiformis*）、黄楣栲（*C. indica*）、马尾树等混交。黧蒴栲在天然次生林中，20 年生树高 10m，胸径 15cm。在荫蔽度大的立地上，生长较慢，如在海南岛吊罗山海拔 600m 的密林山坡，50 年生树高 17m，胸径 25cm。

黧蒴栲在广东的南亚热带的低山丘陵常与木荷、黄杞、桂林栲（*Castanopsis chinensis*）及厚壳桂（*Cryptocarya chinensis*）等组成优势群落；但在湘南的中亚热带黧蒴栲天然林，海拔 550m，花岗岩发育的酸性黄红壤，pH4.5～6.0。郁闭度 0.7，外貌较稀疏，树冠浑圆，连续状，第一层为乔木，高 12～14m，有罴蒴栲、木荷、甜槠栲、刺栲（*C. hystrix*）、栲树、石栎、黄樟、紫楠（*Phoebe sheareri*）、黄杞、基脉润楠，以及湖南稀见的烟斗石栎（*Lithocarpus corneus*）、饭甑青冈（*Cyclobalanopsis fleuryi*）；还有落叶树赤杨叶、光皮桦、樱桃（*Prunus pseudocrasus*）、翅荚木（*Zenia insignis*）。第二层高 5～8m，有山乌桕（*Sapium discolor*）、檀毛泡花树、尖萼毛柃（*Eurya acutisepala*）、密花树、粗毛石笔木（*Tutcheria hirta*）、桃叶石楠（*Photinia prunifolia*）等。灌木层有檵木、短尾越橘、网脉酸果藤（*Embelia rudis*）、了哥王（*Wikstroemia indica*）。草本层有芒、金茅（*Eulalia speciosa*）、淡竹叶等。

罴蒴栲人工林一般多形成短轮伐期的薪炭林，群落结构和类型简单，多为纯林，多伐萌芽更新，轮伐期 6 年（南亚热带）或 8～10 年（中亚热带），林层高 6～8m，胸径 6～10cm，林相较齐整，或密或稀，郁闭度 0.7～0.9，有时混生少量的木荷、黄杞、杜英（*Elaeocaousr decipieus*）、车轮梅（石斑木）、石栎等。林下有芒萁、狗脊、毛冬青、米碎花（*Eurya chinensis*）等。

（三）生长发育

从湖南通道县甘溪乡张里的次生林天然常绿阔叶林中采伐的罴蒴栲解析木，位于海拔 310m，山坡上部，东北坡，27°，酸性黄红壤，土层厚度 90cm，林分伴生树种有木荷、枫香、厚壳桂、甜槠栲、南酸枣等。27 年生，树高 19.3m，胸径 29.4cm，材积 0.576 0m^3（表 3—40）。

表 3—40　罴蒴栲树干生长过程表

龄阶	树高（m）				胸径（cm）				材积（m^3）				形数
	总生长量	连年生长	平均生长	生长率（%）	总生长量	连年生长	平均生长	生长率（%）	总生长量	连年生长	平均生长	生长率（%）	
5	4.6		0.92		4.7		0.94		0.005 56		0.001 11		0.70
		1.40				1.14		15.10		0.006 87		30.21	
10	11.6		1.16	17.26	10.4		1.04		0.039 89		0.003 99		0.41
		0.88				1.48		10.50		0.023 36		23.77	
15	16.0		1.07	6.38	17.8		1.19		0.156 70		0.010 45		0.39
		0.22				1.10		5.35		0.030 80		13.18	
20	17.1		0.86	1.33	23.3		1.17		0.310 69		0.015 54		0.43
		0.34				0.74		2.94		0.031 15		8.02	
25	18.8		0.75	1.86	27.0		1.08		0.466 46		0.018 66		0.43
		0.19				0.45		1.64		0.030 62		6.16	
27	19.3		0.72	1.31	27.9		1.03		0.527 69		0.019 54		0.44
(27)	(19.3)				(29.4)				0.572 69				

注：地点：湖南通道县甘溪乡张里（引自《湖南森林》，1986）

罴蒴栲速生，树高生长旺盛来得快，5～6 年生开始加快，5～15 年连年生长量为 0.88～1.40m，10 年生达到高峰，此后生长趋势于缓慢；胸径生长，以 5～18 年为连年生长期。18 年生两曲线相交，以后速度下降；材积生长曲线持续上升，20～25 年为高峰期，后速度下降，估计30年后曲线相交，达到数量成熟期。在南亚热带的广东中部地区，黧蒴栲实生人工林生长还要快些，20～22年就可达到数量成熟。

黧蒴栲萌生林生长过程不同于实生林，具有早期生长更速和林分密度大的特点。如广东英德县连江口初溪乡的薪炭林，3年生53 850株/hm^2，平均树高4.8m，胸径2.08cm；6年生27 400株/hm^2，平均树高6.9m，胸径3.65cm；9年生11 700株/hm^2，平均树高8.5m，胸径5.60cm。萌生林一般3年生已郁闭，进入群体生长阶段，林木与环境之间的矛盾转化为植株之间的矛盾，4年生林分分化剧烈，自然稀疏明显，被压木渐枯死，株数减少，6～7年生长势稳定，以后分化又趋剧烈，生长减慢，生产实践证明，在广东5～6年生萌生薪炭林产量最高，一般将此期定为轮伐期是最适宜的。

（四）更新演替

黧蒴栲为喜光树种，在疏林内仍有更新能力，特别是轮伐期6～10年生的林分，由于萌芽力强，可继续更新，常构成纯林或混交林，但在封山育林较久的次生常绿阔叶林中，林下有许多较耐荫的树种。如刺栲、木荷、丝栗栲、饭甑青冈（*Cyclobanopsis fleuryi*）等逐渐增多，当它们的高度超过黧蒴栲时，黧蒴栲便逐渐被淘汰，而成为以木荷、栲和青冈类为优势的林分。但是，集约经营的黧蒴栲薪炭林则很少被更替。

（五）评价及经营意见

黧蒴栲生长迅速，适应性广，萌芽力强，造林技术简易，天然下种更新良好，而且，轮伐期短，薪材产量高，为优良薪炭林树种，营造黧蒴栲薪炭林，对解决农村能源问题具有很大意义。营造黧蒴栲薪炭林，要与用材林和水源涵养林结合起来，以发挥多种效能。

黧蒴栲适宜与马尾松营造混交林，可改善生态环境和提高林木生长量，广东增城林场有这两个树种的混交林400hm^2，马尾松28年生，平均树高18.5m，胸径20.3cm，蓄积量178.85m^3/hm^2；黧蒴栲15年生，树高13.2m，胸径11.0cm，蓄积量78.28m^3/hm^2，林分总蓄积量为257.08m^3/hm^2。相同立地的马尾松，28年生，平均树高15.5m，胸径19.0cm，蓄积量163.52m^3/hm^2，混交林总蓄积量比纯林高57.22%。所以，营造马尾松黧蒴栲混交林，要采用中林作业，即马尾松施乔林作业，培育大、中径材，黧蒴栲用矮林作业，生产小径材和薪炭材，做到薪柴与用材兼备；在河流中、上游和水库周围营造马尾松黧蒴栲混交林，形成针阔复层林，以改善自然环境，涵养水源。

2—3—3—9　元江栲林①

以元江栲（*Castanopsis orthacautha*）为优势的森林，为滇中高原的特有森林类型，普遍分布于滇中高原各地，向南延伸至无量山和哀牢山；向西分布至苍山的西坡。约在北纬23°50′～25°35′，东经99°25′～102°50′的范围内。分布区海拔多在1 900～2 000m，个别高达

① 执笔人：汤家生

2 800m。由于长期遭受人为干扰破坏，大多数地区只剩下零乱的小片林分，或以元江栲为主的萌生灌丛或萌生幼林。目前，保留较好的森林仅见于云南武定、禄劝、嵩明、漾濞等地的偏僻山区，无量山和哀牢山中下部山地，还有较好的天然林，川西南、黔西和桂西也有零星分布。其气候因受西南季风控制，则具有冬暖夏凉，干湿季分明的特点，年平均温度约 11～15℃。最冷月（1 月）平均温度约 3～8℃，最热月（7 月）平均温度约 17～20℃，极端最低气温在－5℃以下。年降水量在 1 000mm 左右，降水主要集中在 5 月至 10 月，占全年降水量近 90%。

元江栲林是生长在山地缓坡、土层深厚湿润之处的常绿阔叶林，林下土壤多为黄壤或黄棕壤。它与其他常绿阔叶林相比，要求生境偏湿、偏冷，因此，在阴坡或沟箐附近或海拔较高处分布较多，生长也更旺盛。

元江栲林外貌常年葱绿，林冠整齐。林分结构简单，优势树种明显，元江栲常占绝对优势。多为单层林，但也有成复层林者。林分郁闭度一般在 0.8 左右。

元江栲林因分布地区广阔，气候多样，林分除元江栲占绝对优势外，其他组成树种常因地而异，在海拔较高偏湿生境下，多见与银木荷或白穗石栎（*Lithocarpus craibianus*）混生；海拔较低处多与滇青冈（*Cyclobalanopsis glaucoides*）或滇石栎（*Lithocarpus dealbatus*）混生。其中，以有滇青冈混生的森林最有代表性，如武定县狮子山上分布的元江栲林其森林植物种类比较丰富，计有种子植物约 214 种，分属于 86 科 165 属。其中主林层 21 种，除元江栲占绝对优势外，并有滇青冈、滇石栎、小果冬青（*Ilex micrococca*）；次林层 21 种，以掌叶梁王茶（*Nothopanax delavayi*）和云南泡花树（*Meliosma yunnanensis*）这些成分为典型。下木 34 种，以越橘科、樟科、茶科、小檗科、紫金牛科为常见。草本 67 种，由菊科、百合科、荨麻科、蕨类等种类组成，姜科的高大耐荫草本有时也占优势。还有 36 种藤本和 7 种附生植物。而其他地区的元江栲林其组成树种种类较少数量不多。如分布在昆明筇竹寺的元江栲林，除元江栲占绝对优势外，只有小量的旱冬瓜（*Alnus nepalensis*）、滇石栎、滇青冈、云南油杉（*Keteleeria evelyniana*）混生。分布在花枝街的元江栲单层林，主林层除优势树种元江栲占 9 成外，高山栲（*Castanopsis delavayi*）占 1 成，吴茱萸五加（*Acanthopanax evodiaefolius*）只占 3%。次林层以银木荷占优势，可占 6 成，其次为米饭花占 4 成，白穗石栎只占 2%以下。分布在大理州鸡足山华严寺和尚坟的元江栲单层林，优势树种元江栲占 9 成，粉背石栎（*Lithocarpus hypoglaucus*）只占 1 成，其他树种滇南山杨（*Populus rotundifolia* var. *bonati*）、槭树（*Acer* sp.）、干香柏（冲天柏）（*Cupressus duclouxiana*）、厚皮香、头状四照花（*Dendrobenthamia capitata*）、银木荷等均占 3%以下。

元江栲林下木比较稀疏，覆盖度约 30%，高 0.5～3m 不等。主要种类为米饭花、滇润楠（*Machilus yunnanensis*）、西山小檗（*Berberis wangii*）、爆仗花（*Rhodcdendron spinuliferum*）、云南野山茶（*Camellia pitardii* var. *yunnanensis*）、珍珠花、厚皮香、芒种花（*Hypericum patulum*）等。

林下草本植物高 40cm 左右，种类多而覆盖度不大，多为喜荫耐湿种类。常见的种类有密齿蝎子草（大钱麻）(*Giraldinia condensata*)、野姜（*Zingiber striolatum*)、草果药（*Hedychium spicatum*)、土牛膝（*Achyranthes aspera*)、刚莠竹（*Microstegium ciliatum*)、沿阶草(*Ophiopogon bodinieri*)、心叶兔儿风（*Ainsliaea bonatii*)、小冷水花（钩状冷水花）(*Pilea hamaoi*)、大叶繁缕（*Stellaria delavayi*)、板凳果（*Pachysandra axillaris*)、穗花兔儿风(*Ainsliaea spicata*)、柔毛楼梯草（*Elatostema sessile* var. *pubescens*)、吉祥草（*Reineckia carnea*)、细果苔草（*Carex baccans*)、象头花（*Arisaema franchetianum*)、栗柄金粉蕨（*Onychium lucidum*)、基生鳞毛蕨（*Dryopteris basisora*)、风尾蕨等。它们随着林下小生境的变化而有各种不同的聚生状况。

元江栲林一般生长较差，树干多少有些弯曲，分枝低，有的枝下高仅数米。老死而枯腐的大树时有所见，故出材率较低。一般林分平均高 17～25m，平均胸径 24～30cm，个别可达 80cm，每公顷蓄积量 300～400m^3。但不同地区，林分生长的差异较大。如分布在鸡足山华严寺和尚坟约 80 年生的元江栲单层林，林分平均高约 18m，平均胸径约 26cm，每公顷蓄积量达 340～350m^3。而分布在花枝街 200～300 年生的复层林，生长更为茂密（郁闭度0.8～0.9）高大，主林层平均高约 26～27m，平均胸径 80cm，最大者可达 100cm 以上。次林层平均高约 11m，平均胸径约 20cm。但这种林分现存面积很小，仅分布在个别地段。

元江栲种子常被鸟兽啄吃，且易霉烂，故林下天然更新不良，特别在风景区的元江栲林，由于人为活动频繁，林下几无天然更新幼苗，只有少量的萌生幼树，但元江栲具有强盛的萌生能力，森林一旦破坏后，能依靠萌生能力恢复森林。如经反复多次砍伐破坏，则成为以元江栲为优势的萌生灌丛，这样林地更趋于干燥。此时，在灌丛空旷处，较耐干旱的针叶树云南松、云南油杉等入侵，可演变成云南松、云南油杉和元江栲的针阔混交林。如在海拔较高，水湿条件较好的地段，旱冬瓜、华山松等也会入侵。当林分郁闭后，这些树种则自行衰退，或经人为砍伐，则又可形成元江栲林。

元江栲为上等栎木，材质坚硬，适作家具、农具、枕木和建筑用材。树皮含单宁 8.82%，纯度 63.43%。种仁含淀粉 66.76%，可供食用和酿酒。另外，元江栲为良好薪炭材树种，可利用萌发力每隔 3～4 年砍伐一次，用于烧炭或作小农具材。可在滇中地区因地制宜的发展元江栲林，借以绿化荒山，涵养水源，改良环境，并可综合利用。

2—3—3—10 刺栲印度栲林①

刺栲（*Castanopsis hystrix*）印度栲（*C. indica*）林是中国南亚热带地带性森林植被季风常绿阔叶林的主要森林类型之一，属南亚热带常绿阔叶林向热带雨林、季雨林过渡的类型。林内组成植物种类比较丰富，层次结构较复杂。目前此类森林已多作为用材林或薪炭林进行经营利用，有的地方把它改造成砂仁、草果药材的荫蔽林，或改造成樟、茶林。保

① 执笔人：刘中天

持较完整的原生林分已为数不多，仅在山脊或山顶的地区有较大面积分布。

（一）分布与生境

刺栲印度栲林主要分布在云南哀牢山以西受西南季风控制的思茅、普洱、临沧、双江、潞西、盈江一线以南地区，尤以思茅、西双版纳的山地分布为多。海拔范围800～1 500m，其下限至干热河谷或与热带森林相接，上限1 500m以上逐渐向中亚热带常绿阔叶林过渡。

分布区的气候主要受西南季风的控制，具有夏热冬暖，干湿季明显，干季有雾，湿季雨水集中等特点。年平均气温17～19℃，最冷月平均气温10～12℃，极端最低气温在0℃左右，霜期短而无冰冻；年降水量1 100～1 700mm，年蒸发量大于降水量，但因冬季有雾，弥补了干季的缺水，所以，使森林带有湿润的性质。

分布区大部属低山、丘陵或河谷地带，受地形和局部气候的影响，使林下土壤多发育形成砖红壤性红壤（赤红壤），土层较深厚湿润，有机质分解快。除石灰岩上发育的土壤外，大部分都为酸性土。

（二）组成结构

刺栲印度栲林的外貌葱郁幽暗，林冠波浪起伏，重叠密集。因干湿季的影响，雨季期间林冠呈浓绿而灰嫩绿，干季则呈现黄褐而淡的色彩，季相变化反映明显。

此类型的植物种类丰富，结构较复杂。林分多为复层混交林，一般可分为主林层和次林层。各层组成树种较多，但刺栲、印度栲均占有一定的优势。以勐海地区实测样地看，林分一般均由30多个树种组成，刺栲在主林层中占优势，但往往也只占2～3成，最多不超过4成，印度栲一般占1成左右，此外有蒺藜栲（*Castanopsis tribuloides*）、西南木荷（红木荷）（*Schima wallichii*）、云南黄杞（*Engelhardtia spicata*）、柄果木（*Mischocarpus fuscescens*）、绿毛润楠（*Machilus bombycina*）、全缘红淡（*Adinandra integerrma*）、岷江鹅耳枥（*Carpinus londoniana*）、合果木（合果含笑）（*Paramichelia baillonii*）、滇石栎、湄公栲（*Castanopsis mekongensis*）等，在组成中只占1%～5%。在次林层中，常以蒺藜栲占优势，次有刺栲、冬青、岷江鹅耳枥、厚皮香、粗丝木（海南粗丝木）（*Gomphandra hainanensis*）、云南黄杞、云南密花树（*Rapanea yunnanensis*）、降真香（*Acronychia pedunculata*）、罗浮柿（山柿）（*Diospyros morrisiana*）、老鼠刺（*Itea* sp.）、滇石栎、红木荷等。但刺栲印度栲林在不同地段，其组成树种不同，各树种在林分中所占的比重也随地段不同有所差异。

灌木层的组成种类也较复杂，常以紫金牛科、茜草科、芸香科、大戟科、山茶科的植物为多。常见的有山石榴（*Randia spinosa*）、草鞋木（*Macaranga henryi*）、三叉苦（*Evodia lepta*）、糙叶大沙叶（*Pavetta scabrifolia*）、单叶吴茱萸（*Evodia simplicifolia*）、滇冬青、多毛狗骨柴（*Tricalysia mollissima*）、紫金牛（*Ardisia japonica*）、伞形紫金牛（*A. corymbifera*）、圆果紫金牛（圆果罗伞）（*A. depressa*）、掌叶榕（*Ficus simplicissima* var. *hirta*）、分叉露兜（*Pandanus farcatus*）等。多呈小乔木状，平均高2～3m，多属热带阔叶林下的成分。

草本层中，分布的种类和数量均较少，主要有耐阴湿的蕨类植物以及姜科、禾本科、莎草科等单子叶植物，双子叶草本植物较少见。有球米草（*Oplismenus undulatifolius*）、山姜（*Alpinia* sp.）、淡竹叶、狗脊、金毛狗、长尾复叶耳蕨（稀羽复叶耳蕨）（*Arachniodes simplicior*）、似薄唇蕨（*Paraleptochilus decurrens*）、毛果珍珠茅（*Scleria laevis*）、山菅兰（*Dianella ensifolia*）、穿鞘花（*Amischotolype hispida*）等。

层外植物主要为藤本植物，其种类和数量较多，特别是林窗附近或近沟边的林缘。它们中有热带和亚热带成分。属热带成分的有长序红叶藤（*Rourea caudatum*）、断肠草（*Gelsemium elegans*）、酸角叶黄檀（*Dalbergia tamarindifolia*）、常春油麻藤（*Mucuna sempervirens*）、多苞瓜馥木（*Fissistigma bracteolatum*）、买麻藤（*Gnetum montanum*）、杜仲藤（*Parabarium micranthum*）等；属亚热带成分的有粉背菝葜（*Smilax hypoglauce*）、络石、独子藤（*Celastrus monospermus*）、北清香藤（*Jasminum lanceolarium*）、三叶崖爬藤（*Tetrastigma yunnanensis*）、弧尾葛（*Pueraria alopecuroides*）等。此外，尚有少量附生植物，常见有瓦韦（*Lepisorus thunbergianus*）、骨牌蕨（*Lepidogrammitis rostrata*）、崖姜蕨（*Pseudodrynaria coronans*）、石斛多种（*Dendrobium* spp.）以及其他兰科植物等。

（三）生长发育

刺栲印度栲林的林木生长良好，树干通直，枝下高多在10～15m。主林层平均树高23～29m，平均胸径28～52cm，林层郁闭度0.4～0.5，每公顷蓄积量150～300m^3；而次林层平均高为14～16m，平均胸径12～16cm，林层郁闭度0.3左右，每公顷蓄积量30～50m^3。其林分因子详见表3—41。

表3—41　刺栲印度栲林分因子统计

样地序号	样地面积(hm^2)	林层	平均年龄(a)	平均树高(m)	平均胸径(cm)	郁闭度	每公顷株数(株)	每公顷蓄积量(m^3)
21	0.50	主林层	70	23	40	0.5	258	222
		次林层	20	16	16	0.3	288	31
17	0.50	主林层	70	29	52	0.5	260	299
		次林层	40	16	16	0.3	348	43
16	0.50	主林层	50	23	28	0.4	190	151
		次林层	20	14	12	0.3	502	48
14	0.50	主林层	60	28	48	0.5	204	234
		次林层	20	15	14	0.3	336	350

在林分中，优势树种刺栲生长比较迅速，如37年生的刺栲，树高22.1m，胸径33.5cm，单株材积0.9191m^3。其生长过程见表3—42。

表 3—42　刺栲单株生长过程

年龄	树高 (m)			胸径 (cm)			材积 (m^3)			形数
	总生长量	连年生长量	平均生长量	总生长量	连年生长量	平均生长量	总生长量	连年生长量	平均生长量	
5	3.6		0.72	3.9		0.78	0.003 2		0.000 6	0.75
		0.80			0.90			0.003 4		
10	7.6		0.76	8.4		0.84	0.020 4		0.002 0	0.48
		0.80			1.08			0.011 4		
15	11.6		0.77	13.8		0.92	0.077 5		0.005 2	0.45
		0.48			1.06			0.019 4		
20	14.0		0.70	19.1		0.96	0.174 7		0.008 7	0.44
		0.42			0.88			0.028 1		
25	16.1		0.64	23.5		0.94	0.315 2		0.012 6	0.44
		0.50			0.88			0.036 1		
30	18.6		0.62	27.9		0.93	0.495 8		0.016 5	0.44
		0.50			0.94			0.044 7		
35	21.1		0.60	32.6		0.93	0.719 1		0.020 5	0.41
		0.50			0.95			0.057 6		
37	22.1		0.60	34.5		0.93	0.834 2		0.022 5	0.40
(37)	22.1			35.5			0.919 1			0.42

从表 3—42 中看出，刺栲在生长初期生长迅速，5 年生时树高就达 3.6m，年高生长为 0.72m，胸径达 3.9cm，年胸径生长 0.78cm。其树高和胸径的生长高峰来得较早，树高约在 10～15 年生之时，年生长量为 0.8m，15 年生以后有下降趋势，但连年生长量还保持在 0.5m 左右。胸径生长在 15～20 年进入高峰，年生长量在 1.1cm 左右，20 年生以后生长较稳定，连年生长和平均生长量均在 0.9cm 左右，而材积的生长随年龄的增加而增加，直到 37 年时，连年生长仍大大超过平均生长量。

林内除刺栲生长较快外，红木荷等生长也很迅速。如 36 年生的红木荷，树高 26.6m，胸径 28.3cm，单株材积为 0.759 38m^3，其生长过程见表 3—43。

表 3—43　刺栲印度栲林内红木荷的生长过程

年龄	树高 (m)			胸径 (cm)			材积 (m^3)			形数
	总生长量	连年生长量	平均生长量	总生长量	连年生长量	平均生长量	总生长量	连年生长量	平均生长量	
5	3.60		0.72	4.0		0.80	0.023 47		0.000 69	0.76
		0.67			1.16			0.004 59		
10	6.94		0.62	9.8		0.98	0.026 43		0.002 64	0.76
		0.67			0.54			0.006 43		
15	10.27		0.68	12.5		0.83	0.058 57		0.003 90	0.39
		1.07			0.66			0.013 37		
20	15.60		0.78	15.8		0.79	0.125 50		0.006 28	0.36
		0.90			0.44			0.019 93		
25	20.10		0.80	18.0		0.72	0.225 44		0.009 01	0.44
		0.70			0.80			0.029 00		
30	23.60		0.79	22.0		0.73	0.370 03		0.012 33	0.41
		0.55			0.46			0.036 35		
35	26.30		0.75	24.3		0.69	0.551 77		0.015 76	0.44
		0.25			0.50			0.034 20		
36	26.60		0.74	24.8		0.69	0.585 97		0.016 28	0.46
(36)	26.60			28.3			0.759 38			0.45

从上述刺栲、红木荷的生长过程可以看出，该类型中的林木生产力较高，可发展刺栲、红木荷等，作为速生丰产林，培育大径材。

（四）更新与演替

本类型林冠下天然更新较好，每公顷有幼树3 000～5 000株，平均年龄5～10年，平均高4m左右，而且生长良好。更新幼树以壳斗科的树种为主，常见的有刺栲、印度栲、湄栲、杯状栲幼树等。其次有山油柑（*Capparis bodinieri*）、合果木、茶梨、山龙眼（*Helicia* sp.）、密花树等。此外，林内壳斗科的树木还有极强的萌蘖能力，如刺栲被砍伐后，伐桩一般都有5～8条萌生条，生长尚好，5年生的萌芽植株，树高为4m左右，胸径3.8cm左右，因此，可依靠萌蘖更新成林。

刺栲印度栲林是南亚热带的地带性森林类型之一。遭到严重破坏后，迹地常被思茅松取代；或成为萌生状的稀树灌木草丛，即迹地往往形成以糙叶水锦（*Wendalandia scabra*）、云南银柴（*Aporusa yunnanensis*）、余甘子（*Phyllanthus emblica*）和类芦（*Neyraudia reynaudiana*）、棕叶芦（*Thysanolaena maxima*）、大菅（*Themeda gigantea*）等为主的稀树灌木草丛，生境变得旱化。如果停止对它破坏，让其自然演替，林地均能逐渐恢复其森林。

（五）评价及经营意见

本类型中有较多的树种，如刺栲、印度栲、红木荷等，它们都是良好的用材树种。如刺栲木材为半环孔材，心边材明显，心材褐红色，边材淡红色，纹理略斜，结构粗，极耐腐，干后开裂小，握钉力强，切削容易，刨面光滑，胶粘与油漆性能良好，是家具、造船、车辆、建筑和农具、工具等良材，此外种子可供食用和酿酒，树皮含单宁可提栲胶。林内其他壳斗科的种类，均具有刺栲用途。又如红木荷材质非常良好，木材黄褐色或红褐色，略硬重，结构细，纹理直或稍斜，干燥速度中等，变形小，切削容易，切面光滑，油漆及胶粘性能良好，木材可做纺纱工具的纱管和纱绽，同时也适用建筑、文娱用具、胶合板等用材，其树皮还含有单宁，亦可提取栲胶。

本类型由于人为干扰破坏，致使原生林分衰败以至消失。今后可对被破坏的林分进行封育、改造和人工造林，这样就能较快地恢复森林，这不仅可提供大量用材和薪材，而且对于水土保持、水源涵养，动植物资源保护，生态环境的改善等方面都将起到重要的作用。目前，该森林类型分布区内，还有改造次生林成为收益较高的樟茶林的经验，这也是荒山荒地改造利用的一条途径。此外，该类型中，还有许多生长迅速的树种，如刺栲、印度栲、红木荷等，可选作丰产林基地的造林树种。近几年来，在生产实践中已选用这些速生树种作造林树种。

2—3—3—11 高山栲林①

高山栲（*Castanopsis delavayi*）林为中亚热带西坡段的地带性森林植被类型。其分布范

① 执笔人：刘中天

围广泛，材质优良，用途广，为重要的用材树种。

（一）**分布与生境**

高山栲林主要分布在云南南盘江以北的滇中高原和四川大凉山以西的川西南山地，贵州、广西和境外的越南、泰国、缅甸也有分布，可见它的分布是很广泛的。其分布海拔因地而异，往往与当地基准面的高低有直接关系，在川西南山地，基准面低的，分布在海拔1 000～1 600m；基准面高的，上限可分布至2 700m左右。滇中高原均在1 700～2 500m，一般分布于海拔2 000m左右。

高山栲林分布区，一般属高原季风气候类型，气候温和，干湿季分明，其生态环境多为温暖湿润的阴坡、半阴坡或阳坡的沟谷地段。林下的土壤多为发育在玄武岩、石灰岩和各类砂岩上的山地黄棕壤、山地黄红壤，个别为山地黄壤。无论何种土壤，土层均较深厚、疏松肥沃，枯枝落叶覆盖较大，自然肥力较高。

（二）**组成结构**

由于人为因素的干扰，目前高山栲纯林已不多见，仅在庙宇附近或交通不便、人为破坏较少的偏僻山地有小面积的纯林存在。而在现实林分中，大部分都是以高山栲为优势的单层混交林。在尚存的森林中，其组成的植物种类较多，据21个400m^2样地材料统计，共有高等植物189种，其中乔木、灌木有60多种，各个样地的出现种数在44～85种，变动范围较大。高山栲林的组成种类虽多，但其结构较简单，一般可分乔木层、灌木层和草本层。

乔木层以高山栲占优势，约占组成的7～8成，其他混交树种占2～3成。常见的混交树种有云南松、云南油杉、黄毛青冈（*Cyclobalanopsis delavayi*）、元江栲、滇石栎、滇青冈等。但林内的混交树种常因地而异，如云南宾川鸡足山分布的高山栲林，其伴生树种有粉背石栎、黄毛青冈、滇青冈、小叶青冈（*Cyclobalanopsis myrsinaefolia*）、滇南油杉、光叶高山栎（*Quercus rehderiana*）、银木荷、旱冬瓜、头状四照花（鸡嗉子）等；又如在昆明西山分布的高山栲林，常见的伴生树种有滇石栎、华山松、云南松、栓皮栎、包果石栎（*Lithocorpus cleistocarpus*）、麻栎（*Quercus acutissima*）、滇山杨、吴茱萸叶五加等。

灌木层：组成的种类较多，但植株分散，覆盖度常为20%～40%，平均高0.5～1.5m。常见的种类有爆仗杜鹃、云南香茶菜（*Rabdosia yunnanensis*）、厚皮香、乌鸦果（*Vaccinium fragile*）、云南含笑（*Michelia yunnanensis*）、铁仔（*Myrsine africana*）、翠兰锈线菊（*Spiraea henryi*）、臭牡丹（*Clerodendron bungei*）、多花杭子梢（*Campylotropis polyantha*）等。

草本层的植物种类也较多，但不呈优势。常见的有矛叶荩草（*Arthraxon prionodes*）、粗齿冷水花（*Pilea fasciata*）、棒叶沿阶草（*Ophiopogon clavatus*）、土牛膝、商陆（*Phytolacca acinosa*）、锡金黄花草（*Anthoxanthum hookeri*）、糙野青茅（*Deyeuxia scabrescens*）、云南香青（*Anaphalis yunnanensis*）等，山姜等，此外尚有一些蕨类植物。这些草本植物每当冬旱季节，大部分都枯萎，而显得林内空旷，雨季后草本植物旺盛，覆盖剧增，一年之内出现了明显的季相变化。林下草本的总盖度30%～40%，平均高30～50cm。

层外植物也较常见，如葛藤（*Pueraria* sp.）、多花猕猴桃（*Actinidia latifolia*）、三裂叶

蛇葡萄（*Ampelopsis delavayana*）、云南鸡屎藤（*Paederia yunnanensis*）、菝葜等。

（三）生长发育

高山栲生长中等。一般近熟林分，平均高 17～19m，平均胸径 26～28cm，林分郁闭度多为 0.5～0.7，每公顷蓄积量在 140～250m³。在立地条件较好的地段，林木生长更好，如云南宾川鸡足山九重岩下分布的高山栲林，平均高为 26m 左右，平均胸径达 58～60cm，每公顷蓄积量高达 500m³ 左右。但生产力较高的林分已不多见，仅在局部立地条件优越的地段有小面积的分布。对于高山栲立木生长情况，见表 3—44。

表 3—44 高山栲林立木因子测算

地　　点	标准地面积（hm²）	林分优势种年龄（年）	组成树种	组成成数（成）	平均树高（m）	平均胸径（cm）	郁闭度	每公顷蓄积量（m³）
云南宾川鸡足山水月庵	0.1	90	高山栲	7	17.0	25.6	0.6	245.0
			粉背石栎	2	14.0	14.5		
			小叶青冈	1	10.0	21.0		
			滇青冈	+	12.0	16.4		
			头状四照花	+	11.5	14.1		
			银木荷	—	8.0	12.0		
			旱冬瓜	—	7.0	9.3		
云南宾川鸡足山九重岩下	0.1	150	高山栲	8	26.0	59.1	0.6	495.3
			粉背石栎	2	23.0	29.5		
			小叶青冈	—	18.0	28.7		
			头状四照花	—	11.0	13.2		
			光叶高山栎	—	9.5	17.5		
			云南油杉	—	8.0	26.0		
云南景东林业局		50	高山栲	7	18.07	28.0	0.4	140
			黄毛青冈	3				
			滇青冈	1				

（四）更新及演替

高山栲结实较丰富，果熟期为翌年 9～10 月，由于其种仁富含淀粉，果熟后易受鼠害；同时，其种子萌发快，在林内阴湿条件下易腐烂，所以，使其在林下天然更新不良。但它具有较强的萌芽能力，据调查，一般伐桩上平均有 4～5 根萌条，如经营管理好，萌条可以逐步恢复其林分。

高山栲林是亚热带常绿阔叶林中偏干性的一个森林类型。当它一旦被破坏，它以自身具有的萌蘖能力来恢复，首先形成以高山栲为优势的萌生灌丛，如对它继续破坏，则有利于云南松、黄毛青冈或旱冬瓜等的更新。在此基础上，往往演替成高山栲、云南松和其他树种组成的混交林。成林后喜光树种及云南松又将环境条件的改变，逐步被淘汰，进一步演替成以高山栲为优势的高山栲林。

（五）评价及经营意见

高山栲是人们喜欢的一个用材树种，其木材黄褐色或褐色，纹理较直，结构细，材质坚韧，硬度大，可供建筑、枕木、车辆、农具、薪炭等用材。其种子富含淀粉86.85%，单糖1.38%，双糖3.25%，鞣质0.26%，脂肪0.22%。种仁可食用，酿酒，树皮也含单宁10.23%，因此，树皮、壳斗又是提取单宁的原料。

对于现存的高山栲林应加强经营管理，一些高山栲为优势的萌生灌丛，应采取封山育林措施，在有条件的地区，可进行除蘖修枝，尽快恢复森林。同时在其适宜的地段，可人工造林恢复其林分。

2—3—3—12　细刺栲林[①]

细刺栲（*Castanopsis tonkinensis*）林属于南亚热带东部季风常绿阔叶林原生性的类型之一，系优良用材，经济价值高；但分布区窄，又经长期破坏，目前残存的森林已很少，濒于绝灭。

细刺栲别称东京栲，为北部湾植物地区成分，产中国广西、云南、广东。越南北部也有分布。向南延伸则出现于北热带东部垂直带谱中。目前仅发现于广西中部弧形山地南缘和东部云开大山海拔600m以下，西南部靖西石山山原海拔700～1 000m由酸性基岩构成的山地，而石灰岩石山上则无分布。

分布区气候温暖湿润，低平地方，年平均气温21℃以上，最冷1月为12 ℃或略高；山原上年平均值较低，为19℃，但冬温也较高，最冷月高于11℃，均没有气候学的冬季。累年极端最低气温平均值大于0℃，少数年份出现负值，极值－2～－3℃。年降水量1 500～1 700mm以上，水热系数在2.1以上，一般雨季长达6～7个月，旱季1～2（3）个月，干湿季交替并不鲜明；而靖西山原雨季及旱季各为5个月，但旱冷同期，且旱季相对湿度也在78%以上，仍有利于常绿阔叶树越冬。土壤为赤红壤及红壤，土层深厚，全剖面呈酸性反应，pH4.5～5.5。地表满布枯枝落叶，腐殖层达10～20cm，有机质含量5%以上，土壤肥力较高。

这类森林乔木层由壳斗科和樟科中喜暖湿的树种占据重要的地位，还出现一些热带成分，林木生长茂密，郁闭度可达0.9左右。上层乔木高20m左右，胸径30～50cm，覆盖度75%以上，细刺栲的株数最多，分布普遍，基面积最大，重要值指数名列第一，常超过这亚层重要值指数1/3；黄果厚壳桂（*Cryptocarya concinna*）的重要值指数也占1/3左右，成

---

① 执笔人：苏宗明，莫新礼

为共优势种；其他常见的有刺栲在局部地段参与建群，尚有桂林栲（*Castanopsis chinensis*）、黄枝润楠（*Machilus versicolora*）、粗壮润楠（*Machilus robusta*）和大叶杜英（*Elaeocarpus varunua*）等，还可见到橄榄（*Canarium album*）、紫荆木（*Madhuca pasquieri*）、黄桐（*Endospermum chinense*）和格木（*Erythrophleum fordii*）等热带树种零星分布。

中、下层乔木疏生，树冠不连接，覆盖度各为30%，但种类不少，除上层一些种类的中小乔木外，主要有刨花润楠、香花枇杷（山枇杷）（*Erioborya fragrans*）、中华杜英、黄丹木姜子（长叶木姜子）、柄果木（*Mischocarpus fuscescens*）、臀形果（臀果木）（*Pygeum topengii*）和白颜树（*Gironniera subaequalis*）等。

灌木层植物除了乔木层的幼树之外，主要有五角紫金牛（*Ardisia quinquegona*）、九节木（*Psychotria rubra*）、三叉苦、山槟榔（*Pinanga discolor*）、露兜勒（*Pandanus tectorius*）也常见。

草本层植物以金毛蕨和马毛蕨（*Bechnum orientale*）较多，山姜和楼梯草（*Elatostema* spp.）也很常见。藤本种类不少，主要有瓜馥木、红叶藤（*Rourea microphylla*）、华马钱（*Strychnos cathayensis*）、麒麟叶（*Epipremnum pinnatum*）和省藤（*Calamus* spp.）等。

作为优势种的细刺栲、黄果厚壳桂或刺栲等，在林冠下天然更新良好，幼树较多，分布普遍；一般在乔木层中都具备各等级的立木，反映出它们能适应密林的生境，将持续保持优势的地位；其他乔木较多数的种类也获得更新，在群落发展中不致消失，群落的树种组成变化不大，表明此类森林处在相对稳定阶段。如遭受滥伐，则为大叶栎（*Quercus griffithii*）、马尾松、木荷或红木荷、西桦（*Betula alnoides*）等所组成的次生林所更替，甚至沦为桃金娘（*Rhodomyrtus tomentosa*）、岗松（*Baeckea frutescens*）以及黄牛木（*Cratoxylon ligustrinum*）或水锦树（*Wendlandia uvariifolia*）、金叶子（*Craibiodendron stellatum*）等所组成的灌丛。

细刺栲林含多种优良用材树种，其中格木紫荆木还是珍贵硬材；榄类、山竹子提供果品；省藤是藤椅等藤制品原料，森林的经济价值高。但分布区窄，又经过长期滥伐，残留的森林面积很小，呈小片零星分布，面临绝迹的境地，应严禁采伐，并作为资源库保护。

2—3—3—13 小果栲截果石栎林[①]

小果栲（*Castanopsis fleuryi*）截果石栎（*Lithocarpus truncatus*）林是南亚热带常绿阔叶林分布偏北的一个森林类型。其中的小果栲属亚热带植物区系，仅见于老挝、越南至中国云南南部。而截果石栎则是印度—马来西亚的山地树种，越南、老挝、缅甸、泰国、印度均有分布，在中国南部，特别是在云南南部比较普遍。故此类森林是东南亚一带热带山地上的常绿阔叶林向云南延伸部分。它的分布面积虽然很小，但仍具有一定的代表性。从主要

① 执笔人：刘中天

树种组成所反映的性质来看，它属于南亚热带森林类型，且带有向中亚热带过渡的特点。

（一）分布与生境

小果栲截果石栎林主要分布在中国云南的中南部和南部边境山地，如无量山和哀牢山一带的云县、景东、镇沅、峨山、新平、墨江、绿春等地。海拔为1 300～1 900m。

分布区属南亚热带季风气候，水热条件较好。年平均气温在15～17℃，最冷月平均温度在10℃左右，年降水量在1 100mm以上。干湿季明显，干季有雾，可弥补干季的水分，年相对湿度76%左右。

林地土壤多为红壤和黄棕壤，在海拔较低处，可见赤红壤。各类土壤的土层均较厚，有一定的腐殖质层积累，自然肥力较高。

（二）组成结构

由于该类型地处农林交错地区，人为活动特别频繁，原生林分已很少见，多为次生的中龄林。因此，从现实林分看，层次结构较简单，一般可分为乔木层、灌木层和草本层，而乔木层也只有一层，属单层林。

乔木层的组成树种较多，以常绿栎类为主，但也混生有少量的落叶树种。林分组成中，以小果栲和截果石栎为主，个别地段截果石栎明显占优势。此外，组成林分的尚有红木荷、杯状栲、桂林栲（*Castanopsis chinensis*）、包果石栎、槲栎、栓皮栎、云南移㭴（*Docynia delavayi*）、茶梨、密花树、四棱蒲桃（*Syzygium tetragonum*）、短穗蒲桃（*S. brachythyrsum*）、滇润楠、赤杨叶、旱冬瓜、毛叶黄杞（*Engelhardtia colebrookiana*）等。但这些混交树种在各地都有差异。

灌木层不发达，覆盖度仅20%～30%，平均高1.0～1.5m。其组成种类因地而异，但常见的有柳叶卫矛（*Euonymus salicifolius*）、假桂钓樟（*Lindera tonkinensis*）、小花山茶（*Camellia forrestii*）、野牡丹（*Melastom candidum*）、围涎树（*Pithecellobium clypearia*）等。在灌木层中，有少量木质藤本植物掺杂其中，如平叶酸藤子（*Embelia undulata*）、当归藤（小花酸藤子）（*Embelia parviflora*）等。

草本层植物较少，很不发达，覆盖度仅10%～20%。组成种类多见蕨类植物及菊科、爵床科、姜科、蓼科和莎草科的植物。

（三）生长发育

由于该类型大部分为次生性的中龄林，林分郁闭度较大，但林木生长均较矮小，蓄积量不大，林地生产力不高。一般中龄林的林分平均高仅8m左右，平均胸径14cm上下，郁闭度0.9左右，每公顷蓄积量仅55～65m^3；就尚存的小面积成熟林来看，林分平均高也仅16m，平均胸径28cm左右，郁闭度0.8，每公顷蓄积量为230m^3左右。为了说明其生长情况，现将在云南绿春县境内收集的样地实测因子列表3—45。

表 3—45　小果栲截果石栎林实测因子

样地面积(hm²)	树种组成	优势树种 年龄	平均高(m)	平均胸径(cm)	每公顷株数	林分郁闭度	每公顷蓄积量(m³)
0.1	2 小果栲 2 毛石栎 1 截果石栎 1 刺栲 1 红木荷 1 杨栐 1 蜜花树 1 茶梨＋桂林栲	40	8.0	14.0	1 130	0.9	63.0
0.1	4 小果栲 2 截果石栎 1 红木荷 1 槲栎 1 杯状栲1 桂林栲＋栓皮栎－茶梨、旱冬瓜、老虎楝	0.4	8.0	14.0	1 010	0.9	55.3
0.1	6 截果石栎 2 红木荷 1 包果石栎 1 其他(桂林栲、杯状栲、茶梨等)	110	16.0	28.0	600	0.8	233.0

（四）更新与演替

该类型林下天然更新差，很少见到优势树种的幼苗幼树。这主要是因为优势树种及大部伴生树种是属壳斗科的种类，其种子富含淀粉，林内又很阴湿，种实易霉烂，发芽率低，所以天然更新幼苗幼树极为少见。但这些树种均具有较强的萌生能力，前面介绍的中幼龄林就是遭受破坏后，依靠强盛的萌生能力恢复起来的林分。这类林分虽有自然更新恢复能力，但经反复破坏砍烧，则将形成萌生灌丛，同时使许多喜光灌木侵入迹地。如对这类灌木林，采取封育措施或对目的树种进行强化抚育，它可向乔林演变。

（五）评价及经营意见

本类型目前大部分属中幼龄林，林木蓄积量小，若经人为改造，也可培育大中径材，在抚育改造中不仅可为当地提供部分民用材和薪材，而且对林地的水土保持，环境改造及促进农副业的发展，将起着积极的作用。因此，对这类森林应加强管理，尽量减少对它的破坏，以培育具有一定经济价值的用材林。

2—3—3—14　钩栲林①

钩栲（*Castanopsis tibetana*）俗称钩栗、鼓栗、猴栗、大叶锥、大叶锥栗、大叶钩栗、大叶槠、山板栗、大叶橡、大叶红橡等。常绿大乔木，为中国亚热带东部湿润地区常绿阔叶林的重要组成树种之一，能形成优势林分。木材淡红褐色，材质较优，称红锥材，是中国南方主要硬阔叶树的商品用材。坚果味甜可口，生吃熟吃均宜，是一种重要野生栗树资源。钩栲树冠宽展，枝叶茂密，郁闭度大，地面枯枝落叶层较厚，又是水土保持的优良树种。由于人们长期砍伐利用，不注意发展，资源遭到严重破坏，大面积天然钩栲林已保存不多，一

① 执笔人：张炳荣

般散生于湿润山地的阔叶疏林中，在深谷陡坡和沟谷山麓见有小块状钩栲占优势的林分。福建武夷山、江西南部和湖南长沙岳麓山尚保存有树高 30m 以上，胸径 100cm 以上的古树。

（一）分布与生境

除台湾和海南外，广布于福建、江西、浙江与安徽南部、湖南、湖北西南部、广东北部、贵州、云南东南部等省区。大致位于北纬 22°～30°，东经 105°～121°，即北至安徽祁门县，西止云南广南县。垂直分布与地形有关，江南丘陵山地常见于海拔高 300～900m 的湿润山谷；福建、广东山区，沿山坳沟谷上升到海拔高 1 100m，云南、贵州高原可分布到海拔高 1 000～1 550m 的山地，小地形多属溪谷、山谷、沟谷、山麓山坳等。

分布区年平均气温 13～21℃，最冷月（1 月）3.4～10℃，最热月（7 月）21.5～31℃，极端最低气温－10.5℃，年降水量 1 400～2 000mm，年平均相对湿度 75%～80%。其特点是温暖、湿润、不耐严寒。在云南、贵州属高原气候，冬无严寒，夏无酷热；江南丘陵雨量较高，冬季会受寒潮影响；闽浙和南岭山地，海洋气候明显，气温较高，霜雪不多。小气候多是阴蔽湿润。

母岩：除云南、贵州、广西有部分石灰岩外，常见的是石英岩、砂岩、页岩、紫色砂砾岩、千枚岩、板岩、流纹岩和花岗岩。江南丘陵山地多变质岩、花岗岩的红色岩系；闽浙丘陵都由酸性花岗岩和流纹岩所组成；南岭山地以花岗岩、变质岩系和石英砂岩分布最广。

土壤：为酸性红壤、黄壤。土层厚薄不一，一般厚度 50～100cm，疏松湿润，林地枯枝落叶层较明显，表土层有机质含量较丰富，剖面土壤理化特性如表 3—46。

表 3—46 小红栲钩栲林土壤剖面理化特征

剖面	沙粒含量%		有机质	全 氮	碱解氮	速效磷	速效钾	pH
层次	>0.01mm	<0.01mm	(%)	(%)	(mg/kg)	(mg/kg)	(mg/kg)	
A_1	49.04	50.96	8.3	0.130	42	2	127	4.6
A_2	36.33	63.67	2.2	0.036	24	0	65	4.6
B_1	38.13	61.87	1.2	0.024	36	0	33	4.9
B_2	45.50	55.50	0.2	0.019	33	0	27	4.9

注：引自《福建省上杭县林地土壤普查材料》，海拔 700m

（二）组成结构

钩栲为大乔木，树高冠大，枝下高较低，分枝平展，枝叶茂盛，林冠密接，林内比较阴暗。外貌浓绿浑圆，波状起伏。春季萌发新梢幼叶，棕锈斑斑。4～5 月花期，挂满米黄色花穗。秋季暗灰绿色，稍有反光闪烁。翌年秋果熟。树干基部常有板状根现象。

树种组成：立木层组成树种约为 30 多种，以钩栲为建群种，主要与喜温湿的常绿阔叶树和常绿针叶树混生。林冠高 15～20m 或更高，总郁闭度 0.75～0.90，可分为 3 个亚层，第一亚层高一般 10～20m，常见伴生树种有壳斗科的多种栲树（*Castanopsis* spp.）、青冈、石栎属，樟科的润楠属（*Machilus*），樟属（*Cinnamomum*），山茶科的木荷，杜英科的杜英属、猴欢喜属，金缕梅科的蕈树（阿丁枫）属、蔷薇科的石楠属（*Photinia*）、樱属，针叶树有红豆杉（*Taxus chinensis*）、三尖杉，有时还有毛竹等。第二亚层高 5～10m，主要树种有樟科的木姜子属、绒楠，杜鹃花科的杜鹃花属，冬青科的冬青属，山茶科的柃木属、杨桐属（*Adinandra*）、八角茴香科的莽草（*Illicium lanceolatum*），交让木科的虎皮楠，五加科的杞李参（*Dendropanax chevalieri*），鹅掌柴，桑科的榕属，越橘科越橘属（*Vaccinium*），虎耳草科的鼠刺，茜草科的茜草树（*Randia cochinchinensis*）等。第三亚层主要是一、二亚层的小树。

下木层树种约 20 种，典型的有柃木（*Eurya* spp.）、山茶属、冬青属、紫金牛属、杜茎山、赤楠（*Syzygium* sp.）、狗骨柴（*Tricalysia dubia*）、山胡椒属（*Lindera*）、五月茶属（*Antidesma*）等。

草本层较稀疏，常见种有：狗脊、金毛狗、鳞毛蕨（*Dryopteris* sp.）、铁线蕨、翠云卷柏（*Selaginella uncinata*）、里白（*Hicriopteris glauca*）、苔草、淡竹叶，沟谷边常有野芭蕉（*Musa* sp.）、海芋（*Alocasia macrorrhiza*）、省藤属等。

层外植物有鸡血藤、藤黄檀（*Dalbergia hancei*）、龙须藤（*Bauhinia championii*）、流苏子、木通、菝葜、千金藤（*Stephania japonica*）、瓜馥木、小叶买麻藤（*Gnetum parvifolium*）、珍珠莲等。

（三）主要类型

钩栲林类型，因分布区生态的差异，伴生树种成分比重有所变化，主要类型有：

1. 狗脊刺毛杜鹃小红栲钩栲林

常见于福建、浙江、江西的仙霞岭和武夷山脉的中低山地，南岭山脉也有。特点是伴生的栲属常含有小红栲、南岭栲、罴蓢栲、立木层组成树种以钩栲为建群种，混生小红栲、木荷、甜槠栲、栲树、青冈、南岭栲、罴蓢栲、山杜英、鸭公树（*Neolitsea chuii*）等。福建连城县梅花山（莒溪）的小红栲钩栲林，600m^2 样方内有 16 个乔木树种共 71 株，其中钩栲 21 株，平均 3.5 株/100m^2（表 3—47）。

表 3—47　狗脊刺毛杜鹃小红栲钩栲林树种统计

种　名	分层株数		总株数	高度（m）		胸径（cm）		胸高断面积合计	显著度
	Ⅰ	Ⅱ		平均	最大	平均	最大	（m^2）	（%）
钩栲	9	12	21	13	20	22	41	0.798 3	42.84
小红栲	3	4	7	11	18	18	32	0.178 1	9.56
木荷	3	3	6	11	18	16	34	0.120 6	6.47
甜槠栲	2	3	5	8	12	18	26	0.127 2	6.83
栲树	1	3	4	9	16	16	30	0.080 4	4.31
青冈栎	1	3	4	9	13	16	21	0.080 4	4.31
南岭栲	2	1	3	13	18	20	32	0.094 2	5.05
锥栗	1	2	3	11	13	16	26	0.060 3	3.24

（续）

种　　名	分层株数		总株数	高度（m）		胸径（cm）		胸高断面积合　计（m^2）	显著度（%）
	Ⅰ	Ⅱ		平均	最大	平均	最大		
樟树		3	3	8	14	8	24	0.015 1	0.81
山杜英		4	4	8	12	10	18	0.031 4	1.68
枫香	1		1		23		56	0.246 3	13.22
鸭公树	1	1	9			14		0.015 4	0.82
刺毛杜鹃		4	4	6		6		0.011 3	0.61
乌饭树		2	2	6		4		0.025	0.13
赤楠		1	1	6		5		0.002 0	0.12
毛竹	2		2	14		8			
合　　计	25	46	71					1.863 5	100

注：地点：福建连城县莒溪海拔高 700～1 100m，面积：600m^2

下木主要有刺毛杜鹃（*Rhododendron championae*）、乌饭树、赤楠、山矾、檵木（*Loropetalum chinense*）、绒毛润楠、黄瑞木、枸骨、水团花（*Adina globiflora*）、鼠刺、变叶树参（*Dendropanax proteus*）、杜茎山等。

草本层有狗脊、麦冬（*Ophiopogon japonicus*）、莎草（*Cyperus* sp.）、里白、铁线蕨等。

层外植物常见有鸡血藤、瓜馥木、牛尾菜（*Smilax riparia*）、网脉酸藤子等。

福建南平大洋乡分布的钩栲林，400m^2 样方内有 13 个乔木树种，共计立木 50 株，建群种钩栲 16 株，平均 4 株/100m^2（表 3—48）。

表 3—48　钩栲林样地乔木树种统计

种　　名	层次	高　度（m）		胸　径（cm）		相对多度（%）	相对频度（%）	相对显著度（%）	重要值
		平均	最高	平均	最高				
钩栲	Ⅰ	16.7	22	29.7	44	32.00	25.00	52.87	109.87
山乌桕	Ⅰ	18	22	21.2	26	42.00	6.25	46.41	94.66
观光木		10	11	11.0	12	4.00	6.25	0.11	10.36
赤杨叶		9.5	10	8.5	9.5	4.00	6.25	0.07	10.32
黧蒴栲	Ⅱ	15		29.0		2.00	6.25	0.20	8.45
冬青		12		18		2.00	6.25	0.08	8.33
小红栲		15		16		2.00	6.25	0.06	8.31
紫楠		13		15		2.00	6.25	0.05	8.30
猴欢喜		15		14		2.00	6.25	0.05	8.30
甜槠栲		8		13		2.00	6.25	0.04	8.29
少叶黄杞		10		11		2.00	6.25	0.03	8.28
栲树		5		10		2.00	6.25	0.02	8.27
南岭栲		6		8		2.00	6.25	0.01	8.26
合　　计						100.00	100.00	100.00	300.00

注：本表多度、频度和显著度的总绝对值分别为 50 株，400%和 33.53m^2

地点：南平市大洋乡上标村；海拔：540～560m

调查面积：400m^2；时间：1984 年 7 月

2. 狗脊箬竹栲树钩栲林

多见于江南丘陵山地，以钩栲为优势种或与栲树为共建种，伴生树种的栲属常含有苦槠栲，樟树成分较明显。以湖南浏阳大围山钩栲林为例，分三个亚层，第一层以钩栲为优势，混有栲树、小叶青冈、红润楠、紫楠、黑壳楠、赤杨叶、蓝果树等。第二层主要有椭圆叶卫矛、红果槭、大叶樱、腺叶野樱、云山青冈、红淡比、杨桐、红茴香等。下层木主要有箬竹、红枝柃、山香圆、百两金等。草本层植物有狗脊、半边旗凤尾蕨（*Pteris semipinnata*）、宽叶麦冬、淡竹叶等。常见藤本有三叶木通（*Akebia trifoliata*）、络石等。立木层树种统计见表 3—49。

表 3—49 钩栲林样地乔木层统计

种名	分层株数		总株数	高度（m）		胸径（cm）		胸高断面积总计（m²）	显著度（%）	物候期（%）
	Ⅰ	Ⅱ		平均	最高	平均	最高			
钩栲	4	1	5	16	20	35	48	0.481 05	25.55	fr
栲树	2	1	3	14	20	28	41	0.184 79	9.81	fr
小叶青冈	2	1	3	14	18	28	31	0.184 79	9.81	fr
红润楠	1	1	2	14	18	23	40	0.083 10	4.41	v
紫楠	1	1	2	15	18	26	30	0.106 18	5.64	fr
大叶桂樱（*Laurocerasus zippeliana*）	0	2	2	8	9	20	22	0.062 89	3.35	fr
腺叶桂樱（*L. phaeosticta*）	0	2	2	6.5	7.6	14	16	0.030 78	1.64	fr
云山青冈（*Cyclobalanopsis nubium*）	0	3	3	8	9	13	15	0.039 81	2.11	v
赤杨叶	1	0	1		21		42	0.138 54	7.36	fr
蓝果树（*Nyssa sinensis*）	1	0	1		19		38	0.113 41	6.02	fr
黑壳楠（*Lindera megaphylla*）	1	0	1		16		30	0.070 69	3.75	fr
矩圆叶卫矛（*Euonymus oblongifolius*）	0	3	3	8	9.5	15	20	0.053 01	2.81	fr
红翅槭（*Acer fabri*）	0	3	3	7	8.5	14	18	0.046 17	2.45	fr
黄瑞木	0	3	3	7	8.4	8	12	0.017 01	0.90	fr
红淡比	0	2	2	6.5	8	10	12	0.015 70	0.83	fr
红茴香（*Illicium henryi*）	0	2	2	6	8	12	15	0.022 62	1.20	fr
大果卫矛（*Euonymus myriantha*）	0	1	1		8		18	0.025 45	1.35	v
细枝柃	0	4	4	6.5	8	12	16.5	0.045 24	2.40	fr
紫槭（*Acer cortatum*）	0	4	4	6.5	7	16	18	0.061 56	3.27	fr
岭南槭（*Acer tutcheri*）	0	2	2	7	9	16	18	0.040 22	2.13	fr
野含笑（*Michelia skineriana*）	0	2	2	6.5	7	13	15	0.026 54	1.40	fr
湘楠（*Phoebe hunanensis*）	0	3	3	7	9	12	13	0.033 93	1.80	fr
总计			54					1.883 43	100	

注：地点：浏阳大围山　面积：800m²　海拔：550m、山谷　调查时间：1963-08

3. 狗脊柃木青冈钩栲林

主要分布于贵州、云南、广西石灰岩山地，海拔高 1 000～1 500m，小地形为崖谷山麓。在局部保存较好的情况下，钩栲占优势，青冈几乎占有同样的地位，壳斗科植物常见有小红栲、栲树、甜槠栲、绵石栎（*Lithocarpus henryi*）、滇石栎（*L. dealbatus*）、亮叶水青冈（*Fagus lucida*）等。樟科有红润楠、宜昌润楠（*M. ichangensis*）、川桂（*Cinnamomum wilsonii*）、四川山胡椒（*Lindra setchuenensis*）。山茶科有木荷、杨桐，其他树种有贵州猴欢喜（*Sloanea kweichowensis*），多种冬青等。下木层植物主要有多种柃木、羊角杜鹃（*Rhododendron cavaleriei*）、山矾、多种朱砂根（*Ardisia* spp.）等。草本层以耐荫蕨类为主，常见有狗脊、华里白、瘤足蕨（华东瘤足蕨）（*Plagiogyria japonica*）、多种苔草（*Carex* spp.）、沿阶草、淡竹叶等。层外植物常见有藤黄檀、三叶木通、猕猴桃（*Actinidia chinensis*）、多种菝葜、铁线莲（*Clematis* sp.）等。

（四）生长发育

钩栲为生长中速的用材树种，154 年生，树高 17.5m，胸径 45.4cm，带皮单株材积 1.369m^3。一般规律是 10 年生前生长缓慢，以后逐渐加快。40 年生左右达到高峰，90 年生树高生长趋于停滞，但 100 年后胸径生长仍然上升。下面是湖南莽山钩栲立木生长调查表 3—50。

表 3—50　湖南莽山钩栲立木生长调查

年龄	树高（m）	胸径（cm）	带皮材积（m^3）	去皮材积（m^3）	形　数
41	8.0	10.8	0.047	0.043	0.635
45	10.5	15.4	0.124	0.108	0.559
61	11.0	22.5	0.256	0.230	0.584
80	15.7	28.2	0.502	0.437	0.512
91	15.5	32.0	0.642	0.601	0.515
123	16.0	40.4	0.931	0.870	0.459
154	17.5	45.4	1.369	1.283	0.483

注：湖南省林业勘察设计院

根据湖南溆浦县两江乡钩栲解析木，其生长过程如表 3—51。

（1）**树高生长**　58 年树高 13.5m，10 年出现第一次高值，50 年出现第二次高值，连年生长与平均生长曲线相交在 42 年，后又于 58 年相交，生长旺期出现在 42～50 年或更晚。

（2）**胸径生长**　58 年总生长量为 31.8 cm，第 20 年和 50 年出现二次高值。连年与平均生长曲线相交，分别在 25 年、40 年、52 年左右。

（3）**材积生长**　58 年总生长量 0.544 7m^3，随着树龄增多而直线增长，至 58 年尚未相交。

表 3—51　钩栲生长过程

龄阶（年）	树高生长（m）			胸径生长（cm）			材积生长（m^3）			生长率（%）	形数
	总生长	连年	平均	总生长	连年	平均	总生长	连年	平均		
10	2.9		0.29	4.8		0.48	0.004 721		0.000 472		0.21
20	5.5	0.26	0.28	12.5	0.77	0.62	0.036 340	0.003 162	0.001 817	15.40	0.53
30	6.4	0.09	0.21	16.3	0.38	0.54	0.076 790	0.004 045	0.002 559	7.15	0.575
40	7.3	0.09	0.18	21.8	0.55	0.54	0.170 400	0.009 361	0.004 260	7.57	0.62
50	11.6	0.43	0.23	28.2	0.64	0.56	0.373 100	0.020 270	0.007 460	7.45	0.51
58	13.5	0.24	0.23	31.8	0.45	0.54	0.544 700	0.021 450	0.009 391	4.69	0.50

注：地点：溆浦两江乡，板岩，黄壤，海拔 380m（徐家祥解析）

（五）演替与更新

钩栲成年母树 4 年有一次结实丰年，果翌年成熟，有明显大小年。每株产坚果 5kg 多，每千克坚果 240～400 粒。种子味甜，山鼠喜食。落果滚散和老鼠搬运是传播的重要途径。但多数被鼠搬食。出土幼苗耐荫，大树周围幼苗、幼树较多，萌芽力强。林内各层均有钩栲的大小立木，能形成稳定的林分。立木等级是反映林分中各组成树种的发展进程。根据福建上杭县古田乡荣屋后山的米槠钩栲林 400m^2 标准地内的立木级调查，9 个组成树种的立木年龄结构如下表 3—52。

表 3—52　小红栲钩栲林立木年龄结构

树种名称	立木等级					总株数
	Ⅰ	Ⅱ	Ⅲ	Ⅳ	Ⅴ	
钩　栲	70	11	4	3	4	92
小红栲	50	3	2	1		56
木　荷	40	2	1		1	44
樟　树	20		2	1		23
栲　树		2	2	1		5
山杜英			2	2		4
朱氏木姜子	20		1			21
枫　香					1	1
刺毛杜鹃	100	25	4			129
合 计	300	43	18	8	6	375

注：立木年龄结构共分五级：Ⅰ级：高度小于 0.33m 的幼苗；Ⅱ级：高度大于 0.33m，胸径小于 2.5cm 的幼树；Ⅲ级：胸径 2.5～7.5cm 的立木；Ⅳ级：胸径 7.5～22.5cm 的立木；Ⅴ级：胸径 22.5cm 以上的立木

地点：福建上杭古田乡荣屋后山，面积：400m^2

从表 3—52 看出：钩栲株数占总株数 24％，5 个等级全有，为成熟种群，处于稳定阶段。小红栲占 15％，木荷占 12％，林内幼苗较多，较耐荫，能成上层大树，是林分的旺盛种群，成为主要的伴生树种。樟树、栲树、山杜英立木级不齐全，开始表现衰退。枫香只有大树，缺中龄、幼龄树，处于老衰阶段。朱氏木姜子和刺毛杜鹃为第二层小乔木。标准地外的马尾松和赤杨叶是常绿阔叶林破坏后出现的次生树种。如果钩栲被砍伐破坏，就会被次生树种所替代。

又据江西井冈山河西垄石壁背的鹿角栲、钩栲林 1 000m^2 标准地调查，乔木树种 20 种，各树种所处的林分发展阶段如下：

(1) 新生种群（Ⅰ、Ⅱ级）树种　鹅耳枥（*Carpinus turczaninowii*）、山黄皮。

(2) 旺盛种群（Ⅰ、Ⅱ、Ⅲ级）树种　缺。

(3) 成熟种群（Ⅰ、Ⅱ、Ⅲ、Ⅳ、Ⅴ级）树种　钩栲。

(4) 始衰种群（Ⅰ、Ⅱ、Ⅴ级）树种　罗浮栲、红润楠、青冈、薯豆、狭叶杜英、黄瑞木、虎皮楠。

(5) 中衰种群（Ⅲ、Ⅳ级）树种　乌饭树、石灰花楸。

(6) 老衰种群（Ⅳ、Ⅴ级）树种　杉木、鹿角栲、赤杨叶、福建柏、滇南杜鹃、马银花（*Rhododendron ovatum*）、老鼠矢、银木荷。

（六）评价与经营意见

钩栲林多生于山区溪谷、崖谷两侧，植物组成丰富，郁闭度高，林地枯枝落叶层厚，是水土保持的优良林分。木材紫红褐色或砖红色，色泽艳丽，纹理较直，材质坚重，硬度和强度中等，易干燥，少开裂，耐水腐，钉着和胶漆性能良好，供建筑、车船、家具、农具、文化用具等。种子含淀粉 25％～30％，供食用和酿酒。树皮和壳斗含单宁 6％～7.4％，是栲胶原料。林下常有莽草、草珊瑚、黄精等药用植物。钩栲林目前资源数量较缺，除择伐个别供特殊用途的立木外，一般应作为珍稀树种加以保护、封禁。搞好天然下种更新，扩大天然林面积。应将钩栲作为珍贵用材树种进行人工育种、造林，加速扩大资源。

第四节　石栎林[①]

石栎（*Lithocarpus*）是壳斗科中种类最多的一属，约 250 种。中国约有 90 种，其数量超过壳斗科的其他各类。分布也最为广泛，产于秦岭南坡以南各地，主产云南、广西、广东及海南。在长江流域虽然也广泛分布，但在这一地区，石栎林则不如苦槠栲（*Castanopsis sclerophylla*）林和青冈（*Cyclobalanopsis glauca*）林更为常见。

石栎类喜温暖湿润的生境，耐荫，分布范围遍及南部半个中国，石栎林是华南和西南最常见的常绿阔叶林，在不同海拔高度上都能见到，西南林区可分布到海拔 2 500m 的高

① 执笔人：周光裕

度。石栎常组成纯林或与其他常绿阔叶树混生，特别是与栲属（*Castanopsis*）和木荷属（*Schima*）树木形成常绿阔叶混交林，林地比较阴暗湿润。

石栎类树干有槽梭，心材和边材区别明显。红石栎类的木材褐红至暗红色，坚重致密，耐湿耐腐，材质优良，供车船、桥梁、桩柱、器械等用。白石栎类的木材淡黄或白色，不甚致密，不耐湿，材质不如红石栎类，可供农具、家具、文具等用。有些种类的木材颜色及材质居二者之间。由于石栎类材质各异，因而用途广泛，群众乐于采伐使用。经长期的人为破坏，目前各地除边远山区以外，已经很少能见到大面积发育良好的石栎林了。这一点应该引起人们的高度重视，应加强保护和发展石栎林。

2—3—4—1　石栎林[①]

石栎（*Lithocarpus glaber*）为中国亚热带常绿阔叶林中常见的树种之一，木材坚硬，心材红褐色或红褐色带紫，边材灰红褐色或浅红褐色，有光泽，纹理斜，结构中而匀，干燥困难，易开裂翘曲，切面光滑，油漆及胶粘性能好。供家具、车、船、建筑及胶合板用。种仁可食，也可制酱，供豆腐粉或酿酒。叶及壳斗可提取栲胶。

以石栎属（*Lithocarpus*）为优势种的森林，是中国亚热带地区常绿阔叶林主要组成树种之一。其中石栎主要分布于中国长江以南的湖北、湖南、江西、浙江、福建、广东、广西、贵州、云南以及江苏、安徽南部。日本也有分布。垂直分布一般在海拔 800m 以下的山地和丘陵；贵州境内分布达海拔 1 200m。石栎系喜温暖湿润的树种，其分布区年均气温 14.5～20℃，≥10℃年积温 5 000～6 500℃，一般冬季无严寒。年降水量 1 000～1 600mm，石栎对土壤要求不严，可在砂岩、花岗岩、板页岩发育的红壤和黄壤上生长，也能在第四纪红色粘土红壤上生长，土层较厚的红色石灰土上亦有生长。现以湖南沅江县龙虎山石栎林内土壤为例予以说明：土壤为红壤，林地枯枝落叶层厚 3cm，腐殖层厚 10～14cm，土层厚度超过 80cm；表土层有机质含量 1.93%～2.49%，全氮含量 0.119%～0.126%，全磷量 0.102%～0.108%，全钾量 2%，土壤中石块含量较少。据各地调查，石栎在常绿栲椆树种中属较耐旱的种类，在丘陵区和岗地区的坡地常见到石栎生长。

石栎多生长于灌丛或混生于其他林分中，纯林较少见，因其分布于海拔较低的地区，人口较多，活动干扰频繁，所以现在保存的较整齐的林分很少。以石栎和其他常绿或落叶树种所组成的混交林，一般可分为 3 层，乔木层除石栎外，常伴生有青冈、苦槠栲、樟、枫香、山槐等。下木层较常见的有冬青、檵木、乌饭树、柃木、黄栀子等。草本层有苔草、沿阶草、土麦冬、铁芒萁等。福建省海拔 400～1 000m 地带调查所见石栎林乔木层除石栎外，还生有交让木、猴欢喜、杜英、蕈树、石楠等。江西海拔 500m 以下常与苦槠栲、白栎、枹栎、木荷、枫香或马尾松等混生。湖南沅江县赤山石栎林乔木层可分为两个亚层，第一亚

① 执笔人：祁承经，曹铁如

层高10～14m，以石栎为优势，还有苦槠栲、合欢、君迁子、赛山梅(*Styrax confusus*)、樟、白栎等(表3—53)；第二亚层高6～10m，主要树种有冬青、白栎、黄檀、椤木石楠(*Photina davidsoniae*)、油柿、盐肤木、野鸦椿等。下木层高1～2m，主要有油茶、格药柃、檵木、乌饭树等。草本层高0.2～1m，有蕨、沿阶草，鳞毛蕨等。藤本有络石、鸡矢藤、忍冬等。

表3—53　石栎林立木统计表

树种名称	高度(m)		胸径(cm)		株数	占总株数的(%)	显著度(%)	材积(m^3)
	平均	最高	平均	最高				
石栎	14.0	16.0	9.3	17.0	110	79.1	82.1	4.764 6
苦槠	9.0	12.0	8.7	14.0	17	12.2	11.6	0.431 3
合欢	10.0	11.0	8.7	10.0	3	2.2	1.8	0.076 0
君迁子	7.0	8.0	7.7	8.0	3	2.2	1.4	0.040 9
赛山梅	8.0	8.5	5.7	7.0	3	2.2	0.8	0.026 5
樟树	10.0	0	13.0	0	1	0.7	1.3	0.055 9
白栎	10.0	0	9.0	0	1	0.7	0.7	0.026 9
椤木石楠	5.0	0	6.0	0	1	0.7	0.3	0.005 9
合计					139	100	100	5.428

注：地点：湖南沅江赤山　　面积：400m^2

石栎适应性较强，幼苗耐荫，生长较速，一般可天然更新，5年可郁闭，平均高1.5～2m，林分形成以后，能自然更新，形成稳定群落。石栎萌芽力强，采伐后保护伐根，可迅速萌芽更新。长江以南丘陵区部分村庄附近山坡常保存有小块的萌芽起源的石栎林。

石栎林郁闭度较高，形成复层林，种类组成丰富，林地枯枝落叶层厚，是改善气候，保持水土，涵养水源的优良林分。目前石栎林保存极少，由于频繁的樵采，许多萌芽更新的石栎林日渐减少，已造成生态环境的恶化。因此对现有石栎林应加以保护，长江以南丘陵和山区村庄附近应规划出一定面积人工促进天然更新，形成石栎等树种组成的森林，以改善和美化环境，保护村庄和农田。石栎可作为经济树种发展。造林时可与马尾松、杉木混交，也可营造小面积纯林。

2—3—4—2　包果石栎峨眉栲林①

包果石栎(*Lithocarpus cleistocarpus*)峨眉栲(*Castanopsis platyacantha*)林是中国东部亚热带常绿阔叶林的类型之一。与云南高原山地分布的亚热带常绿阔叶林有较大的差异，而与四川盆地中亚热带常绿阔叶林的山地森林植被类型基本相同。同时，它在分布区

① 执笔人：刘中天

的垂直带谱上有其重要地位。

（一）**分布与生境**

包果石栎峨眉栲林主要分布于云南东北部的永善、大关、彝良、镇雄等地一带。分布海拔 1 500～2 600m。

分布区的气候主要受四川盆地气候的影响，气候表现得湿润暖和，年平均气温 10～16℃，最冷月平均气温 3～6℃，年降水量 1 000～1 300mm，年平均相对湿度近 80%，故以冬凉夏暖、湿润为特点。在这种气候条件下，林下的土壤多为黄壤或黄棕壤，土壤湿而较粘重，土层一般均较厚，腐殖质积累也较多，有一定的自然肥力。

（二）**组成结构**

包果石栎峨眉栲林的组成具有典型的常绿阔叶林的科属种，但远不如季风常绿阔叶林中组成丰富，它的组成虽以常绿阔叶树为主，但落叶成分较多，是一种含有落叶成分的常绿阔叶林。在组成中除了壳斗科、樟科、茶科、木兰科、金缕梅科、冬青科等典型的科外，桦木科、槭树科、杜鹃花科的种类也有较多出现，这是它与中国西部亚热带常绿阔叶林的差异性。

该类型的层次结构比较明显，一般可分 4 层，即乔木层、灌木层、草本层和层外植物，其中乔木层也只有 1 层，系属单层林分。

乔木层外貌苍绿浓密，常因个别落叶树种的换叶而呈现不同的季相。其林木组成的优势种不明显，往往因地而异，一般说来，海拔高处或近山脊处常以包果石栎为优势，海拔低处或山腰平缓处以峨眉栲为优势，在海拔 2 000～2 200m，常出现包果石栎和峨眉栲共优的林分。此外，三脉水丝梨（*Sycopsis triplinervia*）等金缕梅科的常绿树种也占有一定的比例。在林分中还可见到五裂槭、圆齿木荷（*Schima crenata*）、冠萼花楸（副冠花楸）（*Sorbus coronata*）、红桦（*Betula albo-sinensis*）、粉背木瓜红（*Rehderodendron hypoglaucum*）、巴东栎、川尖叶杜鹃（*Rhododendron openshawianum*）、闽鄂山茶（*Camellia grijsii*）、毛叶吊钟花（小丁木）（*Enkianthus deflexus*）、短柱柃、无色茶条木（*Symplocos discolor*）、宜昌润楠、野八角（*Illicium simonsii*）、亨氏桂花（*Osmanthus henryi*）、华新木姜（*Neolitsea chinensis*）等，有时米心水青冈、山青木（*Meliosma kirkii*）、水青树（*Tetracentron sinense*）在局部也有分布。

灌木层较发达，覆盖度 50%左右，平均高 2～3m，分布较均匀。主要组成种类以筇竹（罗汉竹）（*Qiongzhuea tumidinoda*）占绝对优势。每平方米有秆 20～30 根之多，局部地段箭竹（*Sinarundinaria* sp.）也可形成优势。这是该类型与其他亚热带常绿阔叶林的主要差别之一。组成灌木层的还有峨眉桃叶珊瑚（*Aucuba omeiensis*）、冠盖绣球（*Hydrangea anomala*）、云南绣球（*Hy. yunnanensis*）、黄花杜鹃（*Rhododendron lutescens*）、薄叶山矾等。

草本层植物不发达，覆盖度 20%左右，分布也不均匀。组成草本层的种类，主要有鳞轴短肠蕨（*Allantodia hirtipes*）、丛生沿阶草（*Ophiopogon caespitosa*）、山酢浆草（*Oxaiis griffithii*）、心叶双蝴蝶（*Tripterospermum cordifolium*）、开口箭（*Tupistra chinensis*）、黄

水枝（*Tiarella polyphylla*）、窄瓣鹿药（*Smilacina paniculata*）、鳞毛蕨（*Dryopteris subinaegualis*）、小楼梯草（*Elatostema minutum*）、苔草（*Carex* sp.）等耐阴湿种类。

层外植物种类较丰富，即苔藓和附生植物较多，而藤本植物较少，常见的藤本植物有木莓、野葛（*Toxicodendron radicans* subsp. *hispidum*）、五月瓜藤（*Holboellia fargeesii*）、五味子藤（*Schisandra propingue* var. *intermedia*）、葡萄叶猕猴桃（*Actinidia vitifolia*）等。从整个层外植物看，种类虽然较丰富，但各种类个体数量较少，分布也较为分散，因此，本层次不甚明显。

（三）生长发育

由于长期人为活动，本类型大多经受破坏，尚存完整的林分已不多见。从现实林分看，林木生长一般，林分平均高18～22m，立地条件好的地段，平均高可达25m左右，林分平均胸径20～40cm，个别地段未受破坏的林分中，最粗可达100cm。林分郁闭度一般在0.7左右，最好的林分，郁闭度可达0.9。每公顷蓄积量200～300m^3。可见，本类型具有一定的生产力。

（四）更新与演替

该类型森林更新极差，在林下幼苗幼树甚少，其原因是林内阴湿，灌木盖度又较大，而且以竹类为主，林内人们采摘竹笋活动频繁等，致使富含淀粉、易腐烂的壳斗科种实难于萌发，即使萌发起来，人们的采笋、放牧、砍樵等活动有意无意地践踏，而使林内天然更新困难。不过，包果石栎、峨眉栲有较强的萌生能力，现有的次生林分，往往就是依其萌生能力形成的。

该林分严遭砍伐火烧后，林地将变成以栎类为主的萌生灌丛，如对它进一步破坏，将可能形成荒山；若对它进行封山育林或改造措施，萌生栎类灌丛是可以恢复森林的。

（五）评价及经营意见

本类型由于尚存面积不大，但它在当地起着重要的水土保持和水源涵养作用。在林分中虽然用材树种较多，如包果石栎、峨眉栲等材质优良，是建筑、枕木、农具、家具优良用材，它们的种实还富含淀粉，可供食用和酿酒，但现分布不多，用材有待以后发展，对它的果实可以利用。此外，林下的筇竹、方竹、箭竹等可充分利用，如筇竹既是笋用，又是工艺美术的用材，方竹、箭竹还可作编织，所以对竹类可开发利用。同时林下还分布有野葛、五味子藤、木莓、葡萄叶猕猴桃、开口箭、窄瓣鹿药等药用、野果类等植物资源，均有开发利用，所以，该类型生产力虽不大，但仍有较大的经济价值。

对现有林分应加强保护，在其分布区内有条件的地方，可发展包果石栎峨眉栲林。在次生灌木丛林中，可通过改造发展包果石栎峨眉栲林。另外，在开发利用林下药用、食用等资源时，应有计划进行，否则造成更大的破坏。

2—3—4—3　壶斗石栎银木荷林①

以壶斗石栎（*Lithocarpus echinophorus*）和银木荷（*Schima argentea*）占优势的常绿阔叶林，系属南亚热带季风常绿阔叶林分布区垂直带谱上的主要森林类型之一。在其集中分布地区，大部分已划入自然保护区；有的把它作为水源涵养林经营。

壶斗石栎银木荷林主要分布在云南的无量山和哀牢山一带，分布海拔为 2 000～2 500m。

分布区地处南亚热带山地，气候温凉湿润，年均温约在 12～18℃，≥10℃的活动积温为 3 000～5 000℃，年平均相对湿度 25%～85%，冬春节雾较多，故使林地土壤和大气湿度较大。在这种气候条件下，林内的土壤多为砂岩、千枚岩发育形成的黄壤或棕壤，其土壤厚度多为中层，腐殖质积累较多，土壤具有一定的自然肥力。

本类森林的外貌呈深绿色，树冠平整、茂密，随着小地形的变化，整个林冠波浪起伏，非常壮观。其结构较复杂，组成的树种也较多。从其整个森林结构看，一般可分 4 层，即乔木层、灌木层、草本层和层外植物，其中乔木层又可分为主林层和次林层。

乔木层主要以壶斗石栎和银木荷为优势，个别地段以壶斗石栎或银木荷为优势。在这些林分中，常见的组成树种如壶斗石栎、粗穗石栎（*Lithocarpus elegans*）、多穗石栎、小叶青冈、滇青冈等。还有银木荷、圆齿木荷、舟柄茶（*Hartia sinensis*）、厚皮香、红花木莲（*Manglietia insignis*）、绒毛含笑（*Michelia lanuginosa*）、团香果（*Lindera latifolia*）、黄肉楠（*Actinodaphne reticulata*）、海桐樟（*Cinnamomum pittosporoides*）等，以及野茉莉科、杜英科、杜鹃花科的多种树种。如分布在无量山一带的林分，它以银木荷为优势，约占六成，与其混交的有硬斗石栎、壶斗石栎、具苞润楠（*Machilus bracteata*）、圆齿木荷、舟柄茶、木莲、深灰槭（厚叶槭）（*Acer caesium*）、三花冬青（*Ilex triflora*）、滇藏杜英（鬼眼薯豆）（*Elaeocarpus braceanus*）、瑞丽野茉莉（*Styrax shweliensis*）、水青树（*Tetracentron sinense*）、八角枫（*Alangium chinense*）、腾冲枇杷（*Eriobotrya tengyuehensis*）、蒙自桦（*Betula alnoides*）、旱冬瓜、大白花杜鹃、米饭花、华南蓝果树（*Nyssa javanica*）、山青木（*Meliosma kirkii*）等 20 多种，这些树种的蓄积量均较少，各树种仅占组成的 5%以下。该林分的主林层和次林层的组成树种大体相同，只是个体数的差别，其具体的组成比例见表 3—54。

灌木层发育中等，覆盖度 30%～50%，平均高 0.5～1.0m。组成种类多为喜阴湿的植物，常见有紫金牛科、瑞香科、野牡丹科、杜鹃花科和小檗科的植物等。如高原瑞香（*Daphn feddei*）、针齿铁仔、瑞丽紫金牛（*Ardisia shweliensis*）、山肿药（药囊花）（*Cyphotheca montana*）等。

---

① 执笔人：刘中天

表 3—54　壶斗石栎、银木荷林的组成比例

林层	组成树种	组成百分数（%）	林层	组成树种	组成百分数（%）
	银木荷	58.8		银木荷	34.5
主	多穗石栎	7.0	次	大白花杜鹃	9.0
	具苞润楠	4.7		舟柄茶	8.3
	硬斗石栎	3.8		腾冲枇杷	5.8
	壶斗石栎	3.7		旱冬瓜	5.1
	旱冬瓜	2.8		珍珠花	5.1
	圆齿木荷	2.8		毛杨梅	5.1
	八角枫	2.0		八角枫	4.6
	瑞丽野茉莉	1.8		瑞丽野茉莉	3.7
林	水青树	1.8	林	岗柃	2.9
	山青木	1.8		团香果	2.9
	华南蓝果树	1.7		长叶楲	2.7
	大白花杜鹃	1.4		岷江鹅耳枥	2.4
	蒙自桦	1.2		木莲	1.7
	腾冲枇杷	1.1		柳叶润楠	1.7
	舟柄茶	0.9		滇藏杜英（鬼眼薯豆）	1.5
	三花冬青	0.9		深灰楲（厚叶楲）	1.0
层	木莲	0.9	层	全缘红淡	1.0
	滇藏杜英（鬼眼薯豆）	0.4		壶斗石栎	0.7
	米饭花	0.4		褐点野樱	0.3
	深灰楲（厚叶楲）	0.1			

草本层植物不发达，覆盖度仅10%左右，平均高20～50cm，组成种类以蕨类植物为常见，如鳞毛蕨（*Dryopteris* sp.）、耳蕨（*Pclystichum* sp.）等。

层外植物以苔藓、地衣等为主，附生植物也较多，如瓦苇（*Lepisorus* sp.）、书带蕨（*Vittaria* sp.）等，而藤本植物少见。

该类森林多为复层林，主林层平均树高22～26m，平均胸径28～44cm，每公顷蓄积量为270～460m^3；次林层平均树高10～16m，平均胸径10～14cm，每公顷蓄积量30～42m^3。可见，此林分具有一定的生产力。在林分中有较多生长迅速的树种、如旱冬瓜、蒙自桦、木莲、银木荷等。现就林分中占优势的银木荷为例，说明其生长情况。

据云南省林业科学研究院收集的银木荷解析木材料看，65年生的银木荷，树高25.6m，胸径30.2cm，单株材积0.897m^3。其生长进程详见表3—55。

表 3—55 银木荷生长进程表

年龄	树高（m）			胸径（cm）			材积（cm³）			生长率（%）	形数
	总生长量	连年生长量	平均生长量	总生长量	连年生长量	平均生长量	总生长量	连年生长量	平均生长量		
10	3.60		0.36	2.6		0.26	0.001 4		0.000 1	200	0.73
		0.40			0.44			0.001 0			
15	5.60		0.37	4.8		0.32	0.006 4		0.000 4	25.64	0.63
		0.53			0.44			0.002 0			
20	8.27		0.41	7.0		0.35	0.016 5		0.000 8	17.64	0.52
		0.67			0.60			0.005 0			
25	11.60		0.46	10.0		0.40	0.041 6		0.001 7	17.28	0.46
		0.40			0.82			0.009 6			
30	13.60		0.45	14.1		0.47	0.089 5		0.003 0	14.61	0.42
		0.56			0.44			0.010 3			
35	16.40		0.47	16.3		0.47	0.141 0		0.004 0	8.94	0.41
		0.51			0.42			0.012 9			
40	18.93		0.47	18.4		0.46	0.205 5		0.005 1	7.44	0.41
		0.45			0.42			0.018 6			
45	21.20		0.47	20.5		0.46	0.298 3		0.006 6	7.36	0.43
		0.40			0.34			0.017 9			
50	23.20		0.46	22.2		0.44	0.387 8		0.007 8	5.22	0.43
		0.24			0.38			0.021 6			
55	24.40		0.44	24.1		0.44	0.495 8		0.009 0	4.89	0.45
		0.13			0.30			0.022 4			
60	25.04		0.42	25.6		0.43	0.607 7		0.010 1	4.06	0.47
		0.11			0.60			0.031 8			
65	25.60		0.39	28.6		0.44	0.766 8		0.011 8	4.63	0.47
(65)	25.60			30.2			0.897 0				0.49

从表 3—55 中看出：银木荷的高生长前 5 年生长最慢，仅 0.36m。10 年生后生长逐渐加快，25 年时达到高峰，年生长量在 0.67m，50 年生以前生长较稳定，年生长量在 0.4～0.5m，50 年生以后，生长显著下降，到 65 年时下降 0.11m。而胸径生长高峰出现在 30 年，年生长达 0.82cm，总的生长量虽有起伏，但起伏不大，年生长多在 0.3～0.4cm。材积生长随树高、胸径的生长而增长，30 年生后材积增长速度加快，65 年生时仍未见明显下降趋势。从其生长过程看来，银木荷可以作大径材培育。

该类森林林下天然更新良好，每公顷有幼树 400～500 株，其中以银木荷幼树占优势，约占更新幼树总数的 24%左右。此外，尚有瑞丽安息香、硬斗石栎、舟柄茶、三花冬青、滇藏杜英（鬼眼薯豆）、深灰槭（厚叶槭）、米饭花、腾冲枇杷、木莲、岗柃、团香果、柳叶润楠、全缘红淡、褐点野樱、歪叶柃（云南柃木）(*Eurys obliquifolia*)、薄叶马银花（*Rhododendron leptothrium*）、滇青冈、森林榕（*Ficus neriifolia*）等树种的幼树，这些幼树虽然分布不多，但生长良好且较稳定，有成材希望。其林下更新情况，详见表 3—56。

壶斗石栎银木荷林是个较稳定的森林类型。从其林下天然更新可以看出，林分如遭破坏，林下的更新幼树也可以恢复成林，若反复砍伐火烧，林分将有可能形成次生性萌生林，甚至变成荒山灌丛。

壶斗石栎、银木荷林中，树种较丰富，且有不少优良的用材树种，如在林分中占优势的银木荷，其材质优良，木材浅黄褐色至浅红褐色，散孔材，结构细，纹理较直，不易开裂变形，切面光滑，油漆及粘胶性能良好。木材为纱管的良材，同时也是建筑、胶合板、家

表 3—56　壶斗石栎银木荷林林下更新情况

树　种	株数（株）		生长情况		树　种	株数（株）		生长情况	
	样地株数	每公顷株　数	平均树高（m）	平均胸径（cm）		样地株数	每公顷株　数	平均树高（m）	平均胸径（cm）
银木荷	21	105	5.1	3.2	木　　莲	2	10	1.5	2.5
岗　柃	10	50	7.5	6.2	柳叶润楠	2	10	8.0	10.5
深灰槭（厚叶槭）	9	45	5.7	4.2	薄叶马樱花	2	10	5.0	10.0
米饭花	9	45	6.7	6.5	瑞丽安息香	1	5	6.0	3.0
云南柃木	7	35	5.1	5.5	壶斗石栎	1	5	4.0	2.0
硬斗石栎	5	25	6.0	4.0	全缘红淡	1	5	8.0	10.0
团香果	5	25	5.7	5.2	褐点野樱	1	5	6.0	6.0
舟柄茶	4	20	4.7	3.0	滇青冈	1	5	6.0	9.0
滇藏杜英（鬼眼薯豆）	3	15	5.8	3.2	森林榕	1	5	7.0	6.0
三花冬青	2	10	6.0	4.0					
腾冲枇杷	2	10	6.0	6.5	合　　计	89	445		

具、纺织用走梭板、文艺用具、军工器材等优良用材。其树皮还含单宁 14.87%，纯度 56.86%，是栲胶的原料。

在林分内，尚有生长迅速的旱冬瓜、蒙自桦、木莲等，亦有属国家重点保护的树种存在，如水青树等。因此，对此林分需加保护。目前该林分分布较集中的地区已划入自然保护区。分布在山上部的林分，当地人们作为水源涵养林来经营。

2—3—4—4　多变石栎林①

多变石栎（*Lithocarpus variolosus*）林主要分布在云南的西部、西北部，如大理点苍山西坡山地、丽江、福贡、维西县境一带的高黎贡山、碧罗雪山和云岭山脉的中山山地。分布的海拔为 2 500～3 000m。其分布上限与云南铁杉衔接，下限与高山栲林交错分布。是其分布区的森林植被垂直带谱上的一个重要组成部分。

分布区的气候较温凉湿润，年均温约在 12～16℃，≥10℃的活动积温 3 500～5 000℃，相对湿度 76%～80%，干季有雾，全年气候都较温暖。林下的土壤多为黄棕壤、棕壤。各类土壤的厚薄不一，腐殖质积累较多，较肥沃。

多变石栎林的结构简单，一般可分乔木层、灌木层、草本层和层外植物。而乔木层仅有一层，为单层林分，林分的组成树种也较简单，优势种明显，伴生树种单纯。

从本类型的树种组成看，多变石栎为优势种，约占组成的 5～6 成。此外，尚有银木荷、

① 执笔人：刘中天

青冈、硬斗石栎，另有温带起源的落叶树种参入，但数量少，只在近箐沟溪旁处有少量分布。除落叶树种外，其他混生树种各占组成 1～2 成。

林下灌木层发达，平均高 3～4m，覆盖度 50%左右，常见的种类有箭竹（*Sinarundinaria*）、荚蒾（*Viburnum* sp.）、山矾、野扇花（*Sarcococea* sp.）、瑞香（*Daphne* sp.）、木姜子、冬青、八角（*Illicium* sp.）、泡花树（*Meliosma* sp.）、新木姜子、木莲（*Manglietia* sp.）等属的种类。

草本层植物不发达，覆盖度仅 10%～20%，平均高 50～80cm，组成种类主要以蕨类植物中的凤尾蕨、粉背瘤足蕨为常见，尚有莎草科、荨麻科、菊科的耐荫植物分布。

层外植物也不太发达，藤本植物很少，习见有菝葜（*Smilax* sp.）、悬钩子（*Rubus* sp.）等多种。树干上附生苔藓略丰富，厚约 1cm，此外还有一些附生的蕨类，如有鳞轴小膜盖蕨（*Araiostegia perdurans*）、瓦韦（*Lepisorus* spp.）等，在地表枯枝落叶层上可见有腐生植物假水晶兰（*Cheilotheca humile*）等。

多变石栎林具有较高的生产力，一般林分平均树高 20～25m，平均胸径 30～50cm，郁闭度 0.7 左右，每公顷蓄积量 400～550m^3。现以典型样地材料列表 3—57 示之。

表 3—57 多变石栎林林分因子表

组成树种	树高（m）		胸径（cm）		郁闭度	每公顷株数（株）	每公顷蓄积（m^3）	占全林分蓄积（%）
	平均	最高	平均	最大				
多变石栎	24	26	49	88	0.7	125	259.8	49.8
青冈栎	24	25	37	55		75	89.0	17.1
银木荷	26	27	43	50		75	120.5	23.1
硬斗石栎	25		48			25	52.0	10.0
合计					0.7	300	521.3	100.0

注：样地面积为 0.04hm^2，林分为成过熟林

由于该林分郁闭度较大，林内较阴湿。同时林木又多为壳斗科成分，其种子富含淀粉，在阴湿环境中易腐烂，所以影响林下种子的萌发更新。从调查结果看，林内天然更新较差，几未见到石栎、青冈的幼苗、幼树，只见个别的旱冬瓜、绿叶润楠（*Machilus viridis*）、桦木（*Betula* sp.）、白蜡（*Fraxinus* sp.）、花楸（*Sorbus* sp.）等幼树。每公顷有 50～75 株，平均树高 8～12m，胸径 8～10cm。

本类型长期在人们的经营活动下，目前已所剩不多，仅在偏僻的山区可见较完整的林分。从被破坏的迹地看来，该林分遭受严重火烧垦殖等反复破坏后，多成为以毛蕨菜（*Pteridium revolutum*）为主的草丛，其间有时可见散生的旱冬瓜萌生植株。如属砍伐破坏，一般多形成以多变石栎为主的萌生林，对这一类次生性栎类灌丛，进行封山育林或人为改造措施，它将会逐步恢复森林。

本类型地处横断山高山峡谷区，是该区森林植被垂直带上的一个森林类型，它的存在对森林的发生发展规律的研究具有重要的价值，同时处在金沙江、澜沧江、怒江上游地区的高大山体中上部，对水土保持和水源涵养均有重要作用。多变石栎的材质虽属良好用材，但因其分布面积仍是局部的，因此，对它尚未开发利用。

从它现有分布来看，对该林分不是利用问题，而是加强保护，发挥它的生态效能。分布在高黎贡山、大理点苍山、碧罗雪山的多变石栎林，已大部划入自然保护区内。对于被破坏后的迹地和形成的次生林，在有条件情况下，应着重研究它的采伐，育苗、造林技术，对现有的次生林可封山育林或进行有目的选择，使次生灌丛早日恢复成林。

2—3—4—5 刺斗石栎滇木荷林①

刺斗石栎（*Lithocarpus echinotholus*）滇木荷（*Schima noronhae*）林是南亚热带季风常绿阔叶林分布区的主要森林类型，为滇中高原的滇青冈元江栲（*Castanopsis orthacantha*）林和哀牢山、镇康大雪山的刺斗石栎林之间的混合类型。目前此类森林的分布集中地区，大部分已划为自然保护区，同时这类森林又多分布在农业区的上部，对涵养水源有着重要的意义。

（一）分布生境

本类型主要分布在云南的怒江及其主要支流南定河之间的镇康大雪山中部山地，分布于海拔 1 800～2 600m，其中以海拔 2 000～2 400m 为集中分布带。

分布区地处南亚热带山地，气候温暖湿润，年平均气温 12～18℃，≥10℃的活动积温为 3 000～5 500℃，年平均相对湿度 75%～85%。由于冬春季节雾气较大，虽在干季仍保持较大的湿度。林内的土壤多发育成黄棕壤，个别为黄壤。这些土壤结构良好，有机质含量丰富，对该类森林的生长发育极为有利。

（二）组成结构

本类森林的外貌呈暗绿色，林冠茂密略整齐，色调比较一致。其结构复杂，林内树种繁多，一般可分为 4 层，即乔木层、灌木层、草本层和层外植物，其中乔木层还可分为主林层和次林层。

乔木层的组成树种较多，以壳斗科、山茶科、木兰科、樟科的种类为主，次有槭树科、金缕梅科、海桐花科、冬青科和蔷薇科樱属的种类。主林层常以山茶科的滇木荷占优势，刺斗石栎次之，但在不同的地形条件下组成有所不同，如近山脊地段，以刺斗石栎为优势，伴生有红花木莲（*Manglietia insignis*）等；近山脊的山腰坡地，组成树种为川滇木莲（*Manglietia duclouxii*）、刺斗石栎、细齿锡金槭（*Acer sikkimense* var. *serrulatum*）、水青树等。同时在林分中还散生有樱属等落叶种类。上述各林分的主林层，林木生长高大，林层平均高

① 执笔人：刘中天

为 20～25m，而次林层林木组成种类主要有滇木荷、大头茶（*Gordonia axillaris*）、美脉杜英（*Elaeocarpus varunua*）、瑞丽润楠、马蹄荷等，平均高 14～15m。

灌木层组成种类较多，平均高 1～3m，总覆盖度 60%～80%。种类组成以苦竹（*Pleioblastus* sp.）、方竹（*Chimonobambusa quadrangularis*）占优势，还常见有虎刺（*Damnacanthus indicus*）、百两金、针齿铁仔、乌饭（*Vaccinium* sp.）、柃木（*Eurya* sp.）、杜鹃（*Rhododendron* spp.）等。

草本层植物较发达，总覆盖度 67%左右。以蕨类植物为优势，常见的蕨类植物有鱼鳞蕨（*Acrophorus stipellatus*）、短肠蕨（*Allantodia* sp.）、尖羽贯众（*Cyrtomium hookerianua*）、灰绿耳蕨（*Polystichum fibrillosum*）、滇一笼鸡（*Gutzlaffia yunnanensis*）等；此外，尚有爵床科、百合科、莎草科、兰科、荨麻科、秋海棠科等耐荫喜湿植物分布。

（三）生长发育

刺斗石栎滇木荷林常为复层混交林，一般林分的主林层平均高 20～25m，平均胸径 40～46cm，最大胸径有 100cm 以上，林分郁闭度 0.4 以上，每公顷蓄积量可达 200～240m³；而次林层平均树高 14～15m，平均胸径 20～24cm，郁闭度 0.4 左右，每公顷蓄积量 90～100m³。现以云南南部收集的该林分实测材料见表 3—58。

表 3—58 刺斗石栎滇木荷林立木因子

林 层	平均树高（m）	平均胸径（cm）	郁闭度	每公顷株数（株）	每公顷蓄积量（m³）
主林层	23.7	41.5	0.33	170	208
次林层	14.4	21.6	0.40	428	93

从表 3—58 中可看出，该类森林的林木生长尚好，具有一定的生产力。

（四）更新及演替

由于该类森林的林冠浓密、郁闭度大，透光少，所以林内较阴湿，天然下落的种子易霉烂，特别是壳斗科植物的果实富含淀粉，更易霉烂。因此，林冠下天然更新差，每公顷仅有幼树 400～500 株，这些幼树多呈散生状，且多见林内透光较多的地方。林内幼树见有壶斗石栎、滇青冈和新樟（*Neocinnamomam delavayi*）等，生长一般，平均高 6m 左右，平均胸径 6～8cm。从现实林分的天然更新情况看，虽然更新幼苗少，且幼树株数也不多。但林内光照适当增加，其更新状况将有改变，更新有一定的保证。

本类型是个较稳定的森林类型，但是如经反复破坏后，有可能演替成为次生灌丛。由于分布区的水热条件较优越，如对次生林进行封山育林，或加以改造，是可以恢复成林的。

（五）评价及经营意见

该类森林中，树种分布较多，有不少优良用材树种，如滇木荷、银木荷、壶斗石栎、刺斗石栎等。它们均是建筑、枕木、矿柱及运动器材的良好用材，林内的木莲、槭、樱等也是家具、箱盒、胶合板用材。同时，林内尚有一些珍稀树种，如水青树。因此，很有必要保护发展稀有树种，可作为种源基地。

此外，这类森林又多分布在农业区上部地段，当地人们长期作为水源涵养林经营。目前该类森林的分布区大部分已划入自然保护区，对它更应加强保护管理。

第五节 樟树林、润楠林、楠木林①

樟属（*Cinnamomum*）分布于亚洲东部的热带至亚热带地区及大洋洲和太平洋岛屿。中国 46 种，产西南至东南。成林的很少，常见的只有樟树（*C. camphora*）林，见于华东南部及台湾，其中以江西和台湾最为常见。樟树喜温暖而耐寒，因此有“樟树不过长江”的记载。在长江以北，只有大别山等地的水热条件较好的小地形上生长正常外，在广大平原上的樟树都会在冬季受冻而枯梢，所以在它的分布区北部，只适生于向阳避风的生境中。樟树林多见于南方的村落附近，为人工种植的小片林。但散生的巨大古樟则较常见，常被作为村庄和寺庙的风景树。

樟树木材光泽强，又有樟脑味，能驱虫防腐，是良好的建筑材，尤其是箱板用材。由于樟树木材和枝叶蒸馏而得的樟油及樟脑经济价值很高，所以砍伐过度，现存量很少。目前所见的樟树林多系人工营造，由于树木生长缓慢，所以成熟林很少见到。

润楠类（*Machilus*）分布于亚热带和热带，中国约 70 种，产于长江流域及其以南地区，常见于长江以南各地。其中较为耐寒的红润楠（*M. thunbergii*）是分布到中国最北的亚热带典型常绿阔叶树，见于青岛崂山南麓及近海岛屿上。而润楠林的主要分布区是中亚热带。

楠木类（*Phoebe*）主产于东南亚与热带或亚热带美洲。中国约 34 种，分布于长江流域及其以南地区。其中最常见的是紫楠（*Ph. sheareri*），又称紫金楠，紫楠林在长江流域及其以南地区均可见到。有人指出南京的紫金山即因该山古代遍布紫楠而得名，但现在只在某些生境较好的地段才见到其散生植株。

润楠林和楠木林的树木通称为“楠木”，不仅树形美观，而且材质坚硬且具香味，所以既可作为风景林见于各名胜古迹的保护林木，又是各大山区重要的用材林。中国古代的政治中心多在黄河流域，一些宫殿等巨大建筑物的用材，往往不远千里从云南、贵州、四川等地远道采伐楠木运来使用，现在如北京故宫、曲阜孔庙等大殿至今仍完好无损。由于历代不断采伐，所以现存的润楠林和楠木林只零星的存在于各名山和古刹所在地。而散生的大树则多见于南方的村落及坟茔等地。

① 执笔人：周光裕

2—3—5—1 樟树林[①]

樟树(*Cinnamomum camphora*)是中国南方珍贵用材和特用经济树种，因其寿命长、冠幅大，树姿雄伟、四季长青，自古以来就深受广大人民喜爱；早在2 000多年前，中国古代人民就有栽培樟树的记载：唐宋年代在寺庙、庭院、村落、溪畔广于种植。

樟树是中国亚热带常绿阔叶林中重要组成树种，由于其根深叶茂，生长旺盛，樟树材质优良，木材纹理致密，刨面光滑，不易翘裂，加工容易，并具有芳香、耐腐、防虫等特点，是名贵家具、木箱、雕刻、建筑、造船及美术装饰品的上等材料；樟树的根、枝、叶、种子均可提取樟脑及樟油，是医药卫生、化工、食品、香料的重要原料，其枝、叶还含有桉叶素、黄樟油、芳樟醇、松油醇、柠檬醛等重要成分，是外贸上重要出口物资。据有关资料：1920年中国出口樟脑达145万kg；而台湾所产樟脑数量和质量为全中国之冠，占世界市场首位；江西吉安樟脑厂是中国大陆唯一天然樟脑厂；樟脑、樟油也是江西的传统产品，据《江西年鉴》统计，20年代前，全省产樟脑5万kg、樟油8万kg。樟叶还可饲养樟蚕，其蚕丝可制工业纺织品、渔网及医疗手术缝线等。樟树树形高大，四季常绿，庇荫广阔，抗烟除尘，净化空气，又是美化城乡改善生态环境的优良树种。

由于近年来人口众多，对樟树砍得多，造的少，1958年又因大炼钢铁及“文化大革命时期”，中国樟树资源破坏严重，历史留下的天然樟树林，大多形成次生林，甚至村落，河畔附近的樟树，也被大量砍伐；目前剩下的大樟、古樟已为数不多，仅零星散生在村庄、古庙、祠堂等处。

1949年以来，南方各地营造了一定数量的人工林；如福建从50年代后期，在各国营林场营造了樟树林600多hm^2；广东在全省营造的樟树林面积也在670hm^2以上；江西四旁植树、庭园绿化栽种樟树20万余株，还在湖口、吉安及省林业科学研究所营造了小面积的樟树试验林。

福建浦城香料厂，建立了樟树矮林作业基地670hm^2；江西省林业厅和吉安地区，在永丰、安福、吉安等地计划建立樟脑、樟油原料基地1 500hm^2，目前已着手筹建。

(一) 分布与生境

樟树产亚洲东南部，主要分布于中国亚热带至热带，位于北纬18.5°～34°。越南、韩国及日本也有分布。中国主要产区有台湾、海南、福建、江西、广东、广西、四川、云南、贵州、湖南、湖北、浙江、江苏、安徽等地，多生于丘陵及低山，垂直分布一般在海拔300～600m以下，在西部可达1 000m。台湾中部樟树的天然林，其垂直分布可达1 800m，而以海拔1 600m以下生长最为旺盛。人工林大多营造在海拔200m以下的低丘、岗地、沙洲、平原、村落及四旁绿化等处。樟树为偏喜光树种，幼树宜适当庇荫，生长到2m以上则喜光，

① 执笔人：李鸿辉

适生于年平均温度16℃以上，极端最低温可达 −7℃，年降水量1 000mm以上。气温如达−9℃时，苗木及嫩枝易受冻害，成年樟树耐高温，气温在40℃时仍然不影响其生长。樟树喜生于酸性至中性土壤，在肥沃湿润的沙壤土、冲积土生长良好，粘性黄、红壤生长次之，在紫色页岩酸性较强的土壤中，生长不良。福建漳平县九龙江畔，有一片约 $2hm^2$ 樟树林，树龄百年，平均树高24m，平均胸径72cm，冠幅20余m，说明在冲积土上生长良好。广东乐昌林场在红壤山坡上部营造的樟树林，11年生平均高仅2.9m，平均胸径3cm，而同年在山坡下的红壤营造的樟树林，平均高达6.6m，平均胸径7.1cm。

樟树散生在低丘岗地，村落附近的孤立木，树冠发达，大者覆盖面积可达 $700m^2$，但主干分枝低，而成片或与其他树种混交的樟树，则可形成主干较高，侧枝较少的林相；江西安福县太平乡谷源山有块樟树林，树龄130年左右，面积 $2hm^2$ 多，平均树高达27.5m，胸径78cm，而在附近同样立地条件同龄孤立木树高仅20m，胸径达102cm，覆盖面积达300多 m^2；江西德安县聂桥乡敷阳山坡下1968年营造的樟树林，1987年调查，平均树高12.1m，平均胸径14.6cm，生长尚好，江西山区群众说："樟木不上山，梓木（檫木）不下岭"，指的是樟树不宜在高海拔山上造林，而檫树则生长在山区。

（二）组成与结构

樟树是亚热带常绿阔叶林的重要组成树种，常与壳斗科、樟科、山茶科、木兰科、杜英科、金缕梅科等树种混生，一般樟树所占的比例较少，现有天然林中，以樟树为建群种的很少发现；根据在江西调查资料，樟树在天然林中，以零星分布为常见，在丘陵、低山地区，其组成结构如下：

1. 乔木层　包括壳斗科的树种有苦槠、青冈、石栎、栲树、罗浮栲、鹿角栲、南岭栲（*Castanopsis fordii*）、钩栗；山茶科有木荷、厚皮香（*Ternstroemia* sp.）；樟科有红润楠、毛桂（*Cinnamomum appelianum*）、黄樟（*C. porrectum*）、湘楠、华润楠等。还有一些落叶阔叶树种，如南酸枣、枫香、青榨槭、山槐（*Albizzia kalkora*）、蓝果树（紫树）、黄檀（*Dalbergia hupehana*）等。此外尚有冬青（*Ilex* sp.）、杨梅、大叶含笑、杜英（*Elaeocarpus* sp.）、猴欢喜，以及少数针叶树如杉木、福建柏、红豆杉、罗汉松（*Podocarpus* sp.）等。

2. 下木层　常见树种有乌饭树、油茶、柃木、山矾（*Symplocos* sp.）、心叶毛蕊茶（*Camellia cordifolia*）、黄瑞木、狗骨柴、檵木、乌药、黄栀子等。

3. 草本层　大都以蕨类为主，如狗脊、瘤足蕨（*Plagiogyria* sp.）、金毛狗，并有苔草（*Carex* sp.）、山姜、天南星（*Arisaema consanguineum*）、淡竹叶等。

层外植物主要有：菝葜、瓜馥木、钩藤（*Uncaria rhynchophylla*）、木通、络石、海金沙等。

（三）生长发育

1949年以来，南方各省营造的樟树人工纯林及混交林有所发展，江西省林业科学研究所生态经营室，在江西万载县官元山林场调查，该场70年代初营造的樟树与杉木混交林，调查样地为海拔430m的山坡，坡向西南，土壤为山地黄壤，pH值为5.5，有机质A层为

4.6%，B层为1.5%，主要灌木、草本有檵木、山苍子、胡颓子、六月雪、山胡椒、败酱、狗脊、芒萁、竹叶草、莎草等，层外植物以菝葜为常见。1973年春先营造樟树林，第二年春在樟树行间营造杉木林，造林前大穴整地，形成樟树与杉木条状混交林，1984年10月取400m²样方调查，其生长情况如下：

表3—59　樟树杉木混交林生长情况

树种	年龄	株数	平均高 (m)	平均胸径 (cm)	平均冠幅 (m^2)	材积 (m^3)
樟树	11	35	10.4	7.7	3.4	1.155
杉木	10	47	10.3	7.1	2.55	3.653

注：造林后当年抚育以后未抚育

从调查材料看，樟树与杉木混交，造林后10年，高生长量年平均达1m，胸径生长达0.7cm以上，在400m²样方中，47株杉木材积为3.653m³，35株樟树材积为1.155m³，总材积达到4.808m³，折合每公顷为120.2m³，按10.5年计算，每公顷材积年生长量达到10.30m³，达到一般丰产林的标准，如集约经营，加强抚育管理，其生长可望更高。

另外，在江西宜丰县宫元山林场海拔315m处，东坡山坳调查一块樟树人工纯林，1974年春造林，现存每公顷945株，土壤为板岩形成的山地黄壤，林下灌木、草本主要有：檵木、长叶冻绿、芒萁、竹叶草、鱼腥草、马兰等1984年10月调查，生长情况如下：

表3—60　樟树人工林生长情况

树种	年龄	每公顷株数	平均树高 (m)	平均胸径 (cm)	单株材积 (m^3)	每公顷材积 (m^3)
樟树	10	945	10.2	13.5	0.072 3	68.418

注：连续抚育5年后未抚育

从上述樟树人工纯林生长情况看，立地条件与樟、杉混交林相近。但材积生长较混交林要小，因此，今后樟树造林应以营造混交林为好。

江西省林业科学研究所在山洼土壤肥沃的坡地营造樟树林，11年生平均高7.52m，胸径9.8cm，而在丘陵第四纪红壤上栽植的樟树，平均高仅2.8m，胸径3.1cm。通过调查表明，樟树造林后10～20年生长较快，30年后生长渐慢。从每年生长情况观测江西吉安地区的樟树，每年有两个生长期，3月下旬至5月中旬为第一个生长期，占生长总量60%以上。6月至9月上旬为第二个生长期。11月下旬即进入休眠期。

广东海康县房参乡1963年秋采用机耕全垦整地造林与不整地造林对比，1974年调查，前者树高平均 6m，胸径平均 13cm，后者平均树高 3.1m，胸径 4.4cm，但坡度超过 15°以上的山地造林，不宜全垦整地，以保持水土，避免冲刷，可采取条垦和大穴整地，并将表土还穴增加有机质，有利幼树生长。

樟树天然林生长情况：据调查在江西赣东北怀玉山海拔 360m 的西坡山地的山地黄壤的天然樟树混交林中一株，樟树解析木如下：

年龄 48 年，树高 18.1m，胸径 30.7cm，单株材积 0.567 5m^3。

树高生长：前期快，0～10 年为高峰期，连年生长为 0.85m，以后渐慢，40～48 年生长 0.31m。

胸径生长：从胸径整个生长过程来看，均表现为速生，连年生长量均在 4.9cm 以上，其中 20～30 年高峰期连年生长量 0.49cm。

材积生长：前期慢，10 年后上升，20～48 年为速生阶段，连年生长量均在 0.010m^3 以上，40～48 年连年生长量 0.028m^3，正处速生上升阶段。

从树干解析看，樟树是生长快的树种，树高生长 48 年都较快，胸径生长一直处于上升阶段；材积生长，20 年后逐步加速，40 年后开始大幅度上升，如营造人工林，加强经营管理，其生长量必将更加显著，因此，发展樟树，培育优良珍贵用材前景广阔。

（四）更新演替

中国天然樟树林，大多混生在常绿阔叶林中，目前原生林极少，多为被采伐后的次生林由于其萌蘖力强，随同天然阔叶林被砍伐后其伐蔸能迅速萌芽，从江西南部山区调查情况看樟树常与常绿阔叶林的木荷、小红栲、杜英、冬青、栲树、苦槠栲、石栎及落叶阔叶林枫香、蓝果树、赤杨叶、鹅掌楸、白檀（*Symplocos panliclata*）等混生，而樟树占的比例极少，在海拔 400m 以上分布更少，海拔 400m 以下，也仅占主要乔木树种的 1%以下，在江西的天然林中，以樟树为建群种的极少发现，大多混生在壳斗科、樟科、山茶科等其他阔叶树建群种之中，但樟树生长是健旺的。

（五）评价及经营意见

樟树是优良珍贵用材和重要的经济树种，中国南方各省（自治区）具有发展樟树的自然条件，其中台湾、福建、江西、湖南、云南、四川等分布较多，群众有栽培管理及加工利用的经验，因此，发展樟树林对繁荣社会经济、支援工农业建设及改善自然环境均有重要意义。

中国南方各地历史上都栽培过樟树，过去大多数在村落、庙宇、名胜古迹、溪畔等处零星种植，1949 年后，一些国营林场及科研单位有小面积造林，这些樟树林，有的选地适宜，管理得当，生长良好，有的选地不当，管理粗放生长较差，但是总的说来，仍未形成一定规模，列入大面积造林计划的甚少。

由于樟树木材优良，经济价值大，近年来，在天然林内及交通方便的地区大树、古树大量砍伐，有的地方山林权未很好解决，造成滥伐樟树，使资源日趋减少的局面，为了恢复发展中国樟树资源，必须：

1. 樟树的木材、樟脑、樟油均为国际走俏创汇产品，要发挥中国南方自然条件的优越性，应将樟树列入中国南方造林重要树种之一，各地应选择优良天然母树，逐步建立樟树母树林，作为采种基地，在下达育苗、造林计划时，应将樟树增加造林计划数字；造林时，也可与其他针阔树种营造混交林，这样不仅可长短结合，增加收益，又可改善林地生态环境。

2. 选择南方有条件的省、自治区，建立樟树林（包括矮林作业）基地，目前中国仅江西吉安市有一个天然樟脑厂，由于樟树资源不足，原料供应得不到保证，因此，大力发展樟树建立樟树林基地是非常必要的，建立基地之前，做好调查研究，有充分的论证资料，做到适地适树，选择良种壮苗，材质好生长快的可作为速生用材林经营，含樟脑、含油高的可进行矮林作业，作为特用经济林经营。

3. 加强对现有樟树天然次生林的抚育改造，樟树萌芽力强，又能天然下种更新，对现有林进行抚育管理，做到留优去劣，稀疏林地适当补植，在天然阔叶林中进行次生林改造，可收到事半功倍之效，萌芽的樟树林，促其很快恢复长势。

4. 提倡四旁植树，历年来中国南方农村村落都有不少大樟树、古樟树生长旺盛，由于其树冠大，庇荫广阔，成为夏季村民休息的理想场地，在水肥条件好的地方零星栽植樟树，搞四旁绿化潜力很大。1949 年后，中国南方城、乡绿化，在公园、工矿企业、机关庭院、公路河畔两侧栽植了不少樟树，大多数蔚然成荫，长势茂盛，有的地区把樟树列为省树、市树，因此利用樟树进行城乡绿化，大有可为。

2—3—6—1 红润楠林①

红润楠（*Machilus thunbergii*）林主要分布在中国亚热带和暖温带滨海（山东崂山）地区；日本与韩国东南部也有分布，是具有代表性的常绿阔叶林之一。是优良的用材林和环境保护林；在林业上，环境保护上，均具有重要的研究价值。

（一）分布与生境

红润楠又名红楠、小楠木，是欧亚大陆东南部的常绿阔叶树种。由红润楠所组成的常绿阔叶林主要分布于中国东南部亚热带至北回归线附近的丘陵低山湿润阴坡、山谷或溪边，以中亚热带的红楠林最为典型。越往南越具有向南亚热带季风常绿阔叶林过渡的性质，具体表现在热带植物区系成分增多。据调查，在亚热带各省中，以江西、福建、湖南、广东分布更为集中；垂直分布为海拔 200～1 500m 的丘陵、低山及中山地带都分布有红润楠林，但集中分布区在海拔 500～1 000m 的低山上。

红润楠林要求温暖、湿润、偏阴的环境，多在深山的溪边、悬崖陡坡、避风的沟谷地出现。分布区年平均气温 14～17℃，≥10℃年积温 4 500～5 000℃，可忍耐－4℃的极端最

① 执笔人：黄兆祥

低气温。分布区的年降水量 1 400～2 100mm，相对湿度 75%～85%。林内最适光照1 000～1 500Lx。土壤多为花岗岩、砂岩和板页岩发育的红黄壤和黄壤，土壤肥沃，较湿润，pH 值 5～7，偏酸性。

（二）组成与结构

红润楠林外貌四季常绿，呈深绿色，林冠浑圆，宽厚均匀，郁闭度大。树种组成复杂，以中亚热带的红润楠林最为典型，而靠南部有热带植物区系成分侵入，靠北部混生有少量落叶树如紫树、山桐子等。有的红润楠林林中还出现杉木，林缘有毛竹、马尾松等。

各种不同的红润楠林的立木组成树种相差悬殊，有的林分立木组成种类少，仅有 12 种。有的林分立木组成种类多，达 30 种以上。

在结构上，红润楠林都有乔灌草 3 个层次，层外植物的藤本以其攀缘和缠绕的方式，在林中自由伸展，动物、微生物也以其为栖息地。有些低等生物以其附生或腐生的形式参与森林生态系统的合成和分解过程。红润楠林的乔木层都有三个亚层，但越往南的红润楠林 3 亚层分层越明显，越往北的红润楠林 3 亚层分层越不明显（表 3—61、表 3—62、表 3—63、表 3—64）。

下木种类较多，优势种有小山橘（*Glycosmis citrifolia*）、虎舌红（*Ardisia mamillata*）、短柱柃、箬竹、赤竹（*Sasa* sp.）、赤楠、杜茎山等。其他下木有穿心柃（*Eurya amplexifolia*）、鱼骨木、刺叶桂樱（*Prunus spinulosa*）、崖花海桐（*Pittosporum illicioides*）、野鸦椿（*Euscaphis japonica*）等 15 种。

草本层是由有花植物和蕨类共同组成，主要优势有狗脊、土麦冬、狭叶沿阶草（*Ophiopogon stenophyllus*）、苔草、山姜、芒、鳞毛蕨、庐山楼梯草等。

层外植物有珍珠莲、薜荔、清风藤、扶芳藤、念珠藤、钻地风、蝴蝶草、南蛇藤、木通、流苏子、玉叶金花、信筒子、牛尾菜等。

此外还有附生的攀援星蕨和一些附生苔藓。如大灰藓、悬藓等。

对一个森林进行立木种群年龄结构分析，可以了解其林分的历史、现状以及今后发展趋势，现就江西井冈山大石界的红润楠林（表 3—61）的立木种群年龄进行分析：建群种红润楠五级齐全，在 $1hm^2$ 样地中，有Ⅰ级幼苗 83 500 株，Ⅱ级幼树 500 株，Ⅲ级小树 25 株，Ⅳ级壮树 30 株，Ⅴ级老树 20 株。尤其是更新苗多，后继有树，兴旺发达，是成熟种群。亚建群种青冈有 4 个等级，只缺Ⅴ级老树，属旺盛种群，也是该林的亚建群种。狭叶杜英、四照花只有Ⅰ、Ⅱ级苗木，缺少立木，为新生种群。以上都统称为正常种群。榕叶冬青，尽管有Ⅱ、Ⅲ、Ⅳ、Ⅴ级，但缺Ⅰ级幼苗，薯豆有Ⅱ、Ⅲ、Ⅳ级，缺Ⅰ级幼苗和Ⅴ级老树，都是后继无树，属初衰种群。交让木、云山青冈等 10 种，有的缺Ⅱ、Ⅲ、Ⅳ级；有的缺Ⅱ、Ⅲ、Ⅴ级；有的缺Ⅰ、Ⅳ、Ⅴ级，这些都是在生长、发展过程中出现衰退的现象，均称为中衰种群。赤杨叶、黄檀、山桐子（*Idesia polycarpa*）等都只有Ⅴ级老树，其他皆无，是最终都要被淘汰的树种，称为老衰种群。

表 3—61　土麦冬箬竹红润楠林立木分级分层分析

编号	植物名称	分级（株）					分层（株）			总株数
		Ⅰ	Ⅱ	Ⅲ	Ⅳ	Ⅴ	3	2	1	
1	红润楠	83 500	500	25	30	20	25	30	20	84 075
2	青冈	500	1 000	20	90	0	70	40	0	1 610
3	榕叶冬青	0	1 500	10	30	10	10	20	20	1 550
4	薯豆	0	500	10	40	0	40	10	0	500
5	交让木	1 500	0	0	20	0	10	10	0	1 520
6	云山青冈	500	0	0	0	10	0	0	10	510
7	黄瑞木	0	1 000	10	0	0	0	10	0	1 010
8	华润楠	0	1 000	0	10	0	10	0	0	1 010
9	红钩栲	0	1 000	0	0	0	0	0	0	1 000
10	甜槠栲	0	0	0	10	0	10	0	0	10
11	红淡比	0	0	0	70	0	40	30	0	70
12	杉木	0	0	0	0	10	0	10	0	10
13	钩栲	0	500	10	0	0	10	0	0	510
14	黄檀	0	0	0	0	10	0	0	10	10
15	山桐子	0	0	0	0	10	0	0	10	10
16	虎皮楠	0	0	0	10	0	0	10	0	10
17	赤杨叶	0	0	0	20	10	0	10	20	30
18	老鼠矢	0	0	0	10	0	0	10	0	10
19	漆树	0	0	10	10	0	20	0	0	20
20	南岭槭	0	0	10	0	0	10	0	0	10
21	罗浮栲	0	1 500	0	0	0	0	0	0	1 500
22	狭叶杜英	1 000	500	0	0	0	0	0	0	1 500
23	四照花	2 500	500	0	0	0	0	0	0	3 000
24	罗浮柿	0	500	0	0	0	0	0	0	500

注：分级标准：Ⅰ级幼苗　高 33cm 以下；Ⅱ级幼树　高 33cm 以上，胸径 2.5cm 以下；Ⅲ级小树　胸径 2.5～7.5cm；Ⅳ级壮树　胸径 7.5～22.5cm；Ⅴ级老树　胸径 22.5cm 以上

分层标准：第一层：10～15m 以上；第二层：6～9.9m；第三层：3～5.9m

地点：江西井冈山大石界　　海拔：700m　　面积：1hm²　　地理位置：北纬 26°

表 3—62　紫楠红润楠林立木统计

编号	植物名称	株数	高度（m）		胸径（cm）		基面积（m²）	显著度（%）	林分百分值（%）
			平均	最高	平均	最大			
1	红润楠	9	8.5	12	21	28	0.339 70	39.5	33.1
2	紫楠	9	7.5	8.5	11	15	0.110 89	12.9	19.7
3	毛豹皮樟	4	8	9	18	20	0.102 40	11.9	11.8
4	薄叶润楠	2	8	8	17	18	0.045 56	5.3	5.5
5	黑壳楠	1	5		12		0.011 31	1.3	2.1
6	西川朴 *Celtis vandervoetiana*	1	1		20		0.031 42	3.6	3.3

（续）

编号	植物名称	株数	高度（m）		胸径（cm）		基面积（m²）	显著度（%）	林分百分值（%）
			平均	最高	平均	最大			
7	江南山柳 *Clethra cavaleriei*	2	8.5	10	23	26	0.081 80	9.5	7.7
8	山合欢	2	8.5	12	17	26	0.550 0	6.4	6.2
9	头状四照花	1	7.0		16		0.020 11	2.3	2.6
10	黄檀	1	7.5		18		0.025 45	2.9	2.9
11	光叶榉 *Zelkova serrata*	1	9.0		18		0.025 45	2.9	2.9
12	尾叶樱 *Prunus dielsiana*	1	8.0		12		0.011 31	1.3	2.1

注：地点：湖南城步县间洞山　海拔：780m　面积：500m²　地理位置：北纬27°以南

表3—63　狭叶沿阶草赤竹蕟藜栲红润楠林立木统计

编号	植物名称	层次	株数	覆盖度（%）	高度（m）		冠幅（m×m）		胸径（cm）		平均基径（cm）	平均枝下高（m）	茂盛度	生活型
					平均	最高	平均	最高	平均	最高				
1	红润楠	I	2	15	26	28	14×12	16×12	45	60	60	15	盛	常绿乔木
2	蕟藜栲	I	1	13	25		15×15		76			14	盛	常绿乔木
3	绢毛木兰 *Magnolia albosericea*	I	1	6	25		8×10		48			15	盛	常绿乔木
4	苦梓含笑（苦梓）*Michelia balansae*	I	1	8	25		12×5		50			8	盛	常绿乔木
5	硬斗石栎	I	1	8	22		9×8		50		83	6	盛	常绿乔木
6	蕈树	Ⅱ	4	15	18	19.5	8×8		35		45	10	盛	常绿乔木
7	绿樟 *Meliosma squamulata*	Ⅱ	4	12	18	12	7×8	7×19	30	30	40	9	盛	常绿乔木
8	柿	Ⅱ	2	5	16	18	5×6		28		34	11	中	常绿乔木
9	建楠 *Machilus oreophila*	Ⅱ	1	4	16		5×6		28		40	10	中	常绿乔木
10	苦梓	Ⅱ	1	6	18		8×4		16		50	10	中	常绿乔木
11	保亭冬青 *Ilex liangii*	Ⅱ	1	5	17		9×8		28		38	6	中	常绿乔木
12	绿樟	Ⅲ	7	12	7.5	9	3×5		14		18	4	盛	常绿乔木
13	蕈树	Ⅲ	7	15	10	14	5×5		12		17	6.5	盛	常绿乔木
14	榕叶冬青	Ⅲ	2	3	7.5	8	8×5		12		14	6	盛	常绿乔木
15	红润楠	Ⅲ	6	8	8	10	4×3		8		12	4	盛	常绿乔木
16	鄂西茜草树 *Randia henryi*	Ⅲ	2	3	9	10	4×4		8		12	3	盛	常绿乔木
17	樟	Ⅲ	1	5	12		8×6		16		20	3.5	盛	常绿乔木
18	鼠刺	Ⅲ	1	2	7.5		5×4		8		14	4	中	常绿乔木
19	甜槠栲	Ⅲ	3	2	7.5	8.5	3×2		13		18	4	盛	常绿乔木
20	多花山竹子 *Garcinia multiflora*	Ⅲ	1		5		1×1		4		6	2.5	盛	常绿乔木
21	黄丹木姜子	Ⅲ	1	2	11		6×5		20		32	9	盛	常绿乔木
22	保亭冬青	Ⅲ	1	1	7.5		3×3		9		12	5.5	盛	常绿乔木
23	细叶三花冬青 *Ilex triflora* var. *viridis*	Ⅲ	1	1	7		2×3		5		8	3	盛	常绿乔木
24	黄瑞木	Ⅲ	1	1	9		3×3		10		12	7	中	常绿乔木
25	罗浮栲	Ⅲ	1	3	8.5		6×6		14		22	10	中	常绿乔木
26	虎皮楠	Ⅲ	1	小	6		3×2.5		5		8	3	中	常绿乔木
27	蚊母树	Ⅲ	1	2	7		4×4		8		11	4.5	中	常绿乔木

注：地点：广东大埔县西岩山　海拔：740m　面积：400m²　地理位置：北纬27°以南

表 3—64　小红栲红润楠林林型立木分级分层分析

编号	植物名称	分级（cm）					分层（m）			总株数	频度（%）
		Ⅰ	Ⅱ	Ⅲ	Ⅳ	Ⅴ	3	2	1		
1	红润楠	150	14	2	6	11	2	6	11	183	100
2	小红栲	60		12	5	3	12	4	4	80	100
3	栲树	60		1	1	1	1	1	1	63	50
4	刨花楠			2	3		2	3		5	25
5	山杜英		1	2	1	1	1	1	2	5	25
6	杉木	40		1	5			1	5	46	50
7	黄丹木姜子	40		3		1	3	1		44	75
8	光叶石楠	20	1	8	1		3	6		30	25
9	野桐 *Mallotus tenuifolius*		1							1	25
10	羊舌树 *Symplocos glauca*			3			3			3	25
11	冬青			4			4			4	50
12	黄杞	60	3	15			1	14		78	75
13	细叶青冈	20		2	4		2	4		26	50
14	岭南杜鹃	60	5	14			14			79	100
15	紫树					1			1	1	25
16	南酸枣					1			1	1	25
17	马尾松					1			1	1	25

注：地点：福建上杭梅花山　　海拔：900m　　面积：400m^2　　地理位置：北纬 25°左右

（三）生长发育

以中亚热带井冈山红润楠林中的红润楠标准木说明：

标准木地点：井冈山行洲香菇棚，生长在海拔 555m，东北坡，山腰，山地黄红壤。47 年生树高 14m，胸径 25.3cm，单株材积 0.363 5m^3，材积年平均生长量 0.007 7m^3。

树高生长：5 年前较慢，5～15 年为速生阶段，5～10 年为高峰期，连年生长量 0.56m，然后逐年下降，45～47 年连年生长量降至 0.20m。树高平均生长量，前期较小，10～20 年为 0.43m，是最大值，此后缓慢下降，47 年年平均生长量 0.3m。

胸径生长：前期较慢，10 年后上升较快，45～47 年年生长量 0.8cm，仍处在上升阶段，胸径平均生长量，15 年后渐次增加，47 年年平均生长量为 0.45cm，仍处在上升阶段。

材积生长：10 年前甚微，此后逐渐上升，45～47 年材积连年生长量 0.023 4m^3。仍处在上升阶段。材积平均生长量随着年龄的增加依次上升，47 年年平均生长量 0.007 7m^3。

（四）演替与更新

红润楠林树种组成复杂，从发生上看，原生林很少，大多是次生林，有的次生红润楠林还是萌芽丛生出来的（大的主干有 3～4 分叉，甚至有 8～9 个主干）。

从江西、福建、湖南、广东等地的红润楠林的树种结构和生态习性及生活型来看，红润楠林结构复杂，大多是常绿树种，但也混生有少量的落叶树成分，如枫香、赤杨叶、紫树、尖嘴林檎、紫茎、玉兰。在海拔较高的红润楠林中还混生有水青冈、光皮桦，但在南部的红润楠林中落叶树成分少，而北部的多些。此外，在红润楠林中还混生有少量针叶树的杉木，有些红润楠林林缘还有喜光先锋树种的马尾松。尽管如此，建群种红润楠仍占绝对优势，而且红润楠林下苗木甚多。因而是典型的亚热带稳定的常绿阔叶林。

（五）评价与经营意见

红润楠是常绿大乔木，高可达 30m，胸径 1m 以上，树冠发达匀称，树形美观，喜生于土层较厚的山地黄壤里，是优良的造林和绿化树种，树冠浓密优美，可栽培供观赏，在对保护环境、维护生态平衡、保持水土，都起着很大的作用，具有很高的生态效益，其心材棕红色边材淡黄色，纹理细致、硬度适中，加工容易，切面光滑美观，油漆和胶粘性质好，是优良用材，气干比重 0.62，绝对比重 0.55，可供上等家具、箱盒、橱及装饰、雕刻等用材。亦宜于建筑、造船、车轴、仪器、乐器、胶合板等用材。

种子含油率达 65%，榨油可供制肥皂及润滑油之用。叶可提取芳香油，树皮可入药，有舒筋活络之效。立木组成中的其他树种如木荷、栲树、南岭栲、紫楠、紫树、红豆杉、赤杨叶等都是很有价值的用材树种。林下的灌木、草本、藤本植物供药用、油料、淀粉用的也很多。

2—3—7—1 桢楠栲树林[①]

桢楠（*Phoebe zhennan*）栲树（*Castanopsis fargesii*）林是分布在岩溶地貌的亚热带常绿阔叶林。分布区岩溶地貌突出，是石灰岩地区常绿阔叶林的代表。目前仍保存有较完整的原始林分。

桢楠栲树林分布于中国云南的东南部和广西的石灰岩山地。在广西一般分布于海拔 700m 左右，在云南则分布于 1 200～1 500m 的山原谷地。分布区岩溶地貌很突出，诸如峰林、槽谷、石芽、溶沟、溶洞、漏斗等大面积发育。土壤积存于岩石裂隙中，为黑色石灰土。其气候夏秋主要受东南暖湿季风的控制，春冬兼受西风急流和北方寒潮的影响。年平均气温 16～18℃，最冷月平均气温 6～8℃；年降水量约 1 200mm，干季常有浓雾，全年平均相对湿度达 80%。如此暖湿生境，加之人烟稀少，交通不便，有利于此类森林的自然发展。

桢楠栲树林林冠整齐，呈现一片苍绿色调。林分中混生有部分落叶树种，故于秋末，冬初常出现黄、褐、紫等色的小斑点。其林分树种组成复杂，树种繁多，优势种不明显。林分层次结构亦不很明显，一般为复层林。

主林层组成主要有桢楠、栲树、蒙自猴欢喜（*Slaoanea sterculiacea*）、异叶鹅掌柴（*Schefflera diversifoliolata*）、曼青冈 、滇南鹅耳枥等。此外还见有长叶石栎（*Lithocarpus* sp.）、薯豆、圆叶乌桕、蒙自苹婆（狭叶苹婆）（*Sterculia henryi*）等，并夹杂着一些落叶树种。林层平均高 20～30m，平均胸径 30～50cm，大者可达 70～90cm，郁闭度常在 0.6～0.9，每

① 执笔人：汤家生

公顷蓄积量一般有 180～300m^3，在小面积中最高可达 769m^3。

次林层组成树种主要为苞花藤黄（*Garcinia bracteata*）、革叶铁榄、云南崖摩（*Amoora yunnanensis*）、网脉琼楠（*Beilschmiedia tsangii*）等。其次还有黄樟、黑毛四照花（*Dendrobenthamia melanotricha*）、野漆、越南含笑（*Michelia chapanensis*）、红毛丹（*Nephelium lappaceum*）等。林层平均高 10～19m，平均胸径 15～20cm，郁闭度 0.3～0.4，每公顷蓄积量 30～50m^3。

下木种类有垂密脉木（*Myrioneuron nutaus*）、九节木、嵩香（*Tarenna pallida*）、小芸木（*Micromelum integerrimum*）、红丝线（*Lycianthes pseudobigeminata*）、脊棱蛇根草（*Ophiorrhiza carinata*）、黄皮（*Clausena lansium*）、卷边紫金牛（*Ardisia replicata*）等。

草本植物茂盛，多为喜阴湿种类。夏季林下一片绿色，掩盖着崎岖的石灰地面。上层草本高 50～100cm，覆盖度 20%～30%，多见爵床科、荨麻科种类。下层草本高 20～30cm，覆盖度 50%～60%，以几种楼梯草（*Lacoscema* spp.）占绝对优势。其次为多种蕨类植物。

粗大的木质藤本也较常见，多垂悬于树冠上。其中主要为瘤枝微花藤（*Iodes sequinii*）、翼核果（*Ventilago lleiocarpa*）、多种崖爬藤（*Tetrastigma* sp.）等。附生植物也较多，除蕨类外，还有兰科、苦苣苔科、胡椒科中的附生种类。它们附生在树干、树枝及岩石表面。

桢楠栲树林是岩溶地貌上的原始森林，是自然长期选择和适应的产物。它的存在，不仅能指示生境现状，而且能反映植被的演变历史，有较大的科研价值。这类森林是石灰岩山地的主要森林类型，一旦遭受破坏，很难恢复成现有的森林。所以，为了保水保土和保护现有森林中的物种和资源，有必要将现存的森林划入自然保护区，进行严格的保护。

2—3—7—2　紫楠林①

楠属（*Phoebe*）分布于亚洲与南美洲热带、亚热带高大乔木，树干通直，生长较快，木材坚硬，不易变形和开裂，多为建筑、家具、船板良材。其中紫楠为散生于阔叶林中或成小片纯林，为江南重要用材树种。

（一）分布与生境

紫楠（*Phoebe sheareri*），又名黄心楠，属于樟科楠属的亚热带常绿阔叶树种，紫楠分布于中国中亚热带长江流域以南各省，东起江苏、浙江、西至四川、贵州，南达两广北部有呈带状或块状小面积分布于常绿阔叶林中。据华东各省调查，江苏分布于苏南的宜兴、溧阳、句容等地海拔 450m 以下，浙江杭州西湖山区灵隐、云栖一带海拔约 250m 以下，以及西天目山海拔 560m 处，安徽黄山海拔 600～700m，福建武夷山海拔 870m，以及江西庐山黄岩寺、报国寺、五乳寺、栖贡寺一带都有一定面积的紫楠林分布。

紫楠性喜阴湿环境，多见于山之阴坡或沿溪谷两侧，山地坡度为 10°～40°，林地较湿

---

① 执笔人：王景祥

润，生长有较多的苔藓和蕨类植物。基岩属于石灰岩、砂岩或板岩，土层浅薄一般为沙质壤土；由于林地位于沟谷地带，常伴有大量自上方似泻而下的石砾或石块，腐殖质含量少，无结构，pH 值为 5.2～6.0。紫楠甚至能在土壤极少的岩石缝内生长。紫楠是比较耐寒的一种，其在华东的分布北缘已达长江之滨，历史上南京紫金山曾有紫楠林的分布记载。

（二）组成结构

紫楠多混生于常绿阔叶林中或与常绿落叶树种混交，少见有纯林。杭州云栖的紫楠林是一片以紫楠为主的和其他一些常绿落叶树混交的阔叶林。乔木的第一层有紫楠、枫香、麻栎、七叶树（*Aesculus chinensis*）、苦槠栲、樟树、珊瑚朴（*Celtis julianae*）、大叶榉、糙叶树（*Aphananthe aspera*）等。第二层乔木除包含以上树种外，还有无患子（*Sapindus mukorossi*）、枳椇及豹皮樟等。

紫楠在浙江一带还常见有与毛竹混交组成的天然群落，紫楠与毛竹的组成结构比例约为 1∶3，此种群落在杭州云栖一带可见。

江苏宜兴朗阴的复叶耳蕨阔叶箬竹枳椇紫楠林，其群落外貌为深绿色，总郁闭度 0.6～0.8，有乔灌草 3 层结构，有时还有苔藓活地被物层，经调查，在 100m^2 样方内，有紫楠8～20 株，占优势地位；其他乔木树种有枳椇，檫木（*Sassafras tsumu*）均与紫楠同居一层，其次，尚有青榨槭，茶条槭（*Acer ginnala*），肉花卫矛（*Evonymus carnosus*）、山苍子、青冈、石楠及粗榧（*Cephalotaxus sinensis*）等。下木层以阔叶箬竹占优势，组成竹类层片，其他尚有白背叶（*Mallotus apelta*）、大青、葡蟠（小构树）（*Broussonetia kazinoki*）、八角枫（华瓜木）（*Alangium chinense*），再其次有胡颓子、刺榆（*Hemiptelea davidii*）、牛鼻栓（*Fortunearia sinensis*）、山胡椒、马银花、格药柃（*Eurya muricata*）、茶、崖花桐（海金子）等。

由于林地阴湿，草本层中蕨类植物生长茂密，常见有长尾复叶耳蕨、溧阳鳞毛蕨（*Dryopteris liyangensis*），其次有水龙骨（*Polypodium niponicum*），盾蕨（*Neolepisorus ovatus*）、边缘鳞盖蕨的变种（*Microlepia marginata* var. *bipinnata*），一般草本常见的有观音草（*Peristrophe bivalvis*）、虎耳草（*Saxifraga stolonifera*）、透骨草（*Phryma leptostachya* var. *asiatica*）、杜若（*Pollia japonica*）及万年青（*Rohdea japonica*）等耐荫植物。苔藓地被层生长也颇繁茂。

层外植物种类多，有爬山虎（*Parthenocissus tricuspidata*）、鸡矢藤、何首乌（*Polygonum multiflorum*）、海金沙；蝙蝠葛（*Menispermum dauricum*）、络石；黄独（*Dioscorea bulbifera*）、盘柱南五味子（*Kadsura peltigera*）、华中五味子、清风藤（*Sabia japonica*）、翼萼藤（飞蛾藤）（*Porana racemosa*）、钻地风（*Schizophragma integrifolium*）、猕猴桃等，有攀附的也有缠绕的，由于生长繁茂，对树木生长显然不利。

在江苏溧阳金刚的紫楠林内，还见有香果树、薄叶润楠（*Machilus leptophylla*）、铜钱树、天目木兰（*Magnolia amoena*）、毛花连蕊茶、紫枝瑞香（毛瑞香）（*Daphne odora* var. *atrocaulis*）及醉鱼草（*Buddleja lindleyana*）等树种。

（三）生长发育[①②]

紫楠分枝扩展，冠幅大，单位面积的立木数量不及其他天然常绿阔叶林。经过在杭州附近黄梅坞紫楠林内的测定，每公顷株数为 2 100 株，其中包括部分其他的伴生树种，紫楠占 54.96%。全林平均蓄积为 82.299 0m^3/hm^2，其中紫楠蓄积为 47.977 5m^3/hm^2，占 58.29%。西天目山里七湾的紫楠林更为稀疏，每公顷株数仅 885 株，其中紫楠占 58.29 %；全林蓄积为 57.381 0m^3/hm^2，紫楠为 2.848 5m^3/hm^2，占其中的 18.99%。由此看来，现存的紫楠林，单位面积的蓄积量都不高。

经选取杭州黄梅坞林区 34 年生的紫楠作树干解析，测定其树高和胸径的生长过程树高生长：1～15 年内生长的平均值为 0.273m，16～34 年内平均值为 0.358m。胸径生长：6～15 年内平均值为 0.395cm，16～34 年内平均值为 0.535cm。由此可以推测：紫楠在 15 年生以前材积生长缓慢，15 年生以后速度加快，至 30 年生以后，其树高和胸径生长又开始略有下降。

（四）更新演替

紫楠林的更新演替与其林分的组成结构关系最为密切。如果紫楠林中含有较多的喜光阔叶树种时，以江苏宜兴、溧阳一带所见的紫楠林为例，乔木层中伴生有枳椇、檫木、茶条槭以及灌木层中伴有白背叶、山胡椒、葡蟠等，这些原来是紫楠林经破坏后趁机侵入的喜光树种，在现阶段的群落组成中是占有一定的地位和比重，但是，目前紫楠林已日趋稳定，林地已显得十分阴湿，喜光落叶阔叶树的更新后代已受到抑制，这种紫楠林正朝着顺向的方向演替，一个比较稳定的紫楠林正在形成。另外一种情况，如西天目山里七湾的紫楠林，是紫楠与一些耐荫的常绿阔叶树混交，这些树种有褐叶青冈、小叶青冈、石楠、四川山矾（*Symplocos setchuensis*）、大叶冬青等，还有扁平叶型的杉木、榧树（*Torreya grandis*）等几种针叶树；林地的更新层中，据样方调查，紫楠的后代反而不多见，而是褐叶青冈、老鼠矢、青栲、绵石栎、鹅耳枥（*Carpinus* sp.）的更新苗居多数，这种森林今后演替的方向，仍旧维持为常绿阔叶林是无疑的，但是，是否仍保持为当前紫楠林的组成结构则难以预料，也可能日后将出现以褐叶青冈林代替了当前的紫楠林。

（五）评价及经营意见

紫楠木材结构细，纹理直，为优良的建筑、家具用材，其根、叶、果含芳香油；种子榨油，可供工业上应用；也可栽为园景绿化用。

目前，紫楠产区保存的天然林已很少，只有山区沿沟谷地段还可以发现呈带状或块状的小面积的紫楠林分布着。可以设想，山区的沟谷地段，环境比较阴湿，是适宜于紫楠的立足和生存的。同时，紫楠对土壤的适应性也比较广泛，既适宜于石灰岩山地又适应于酸性基岩的土壤生长，由于紫楠林能适应更广泛的生境条件，这是它能够延续保存下来的原

① 浙江林学院在天目山里七湾调查的紫楠林样方资料

② 杭州附近黄梅坞林区内紫楠林的实测资料

因。因此，只要排除人为的干扰紫楠林是可以得到发展的。

紫楠林按其天然林的林分结构分析，比较适宜于紫楠与一定数量的落叶阔叶树混交或者紫楠与毛竹混交都可以使紫楠林群落获得一定稳定性。因为，有一定数量的落叶树或者是毛竹与紫楠混交，就可以使林内产生一定的透光度，有利于紫楠的结实下种，天然更新，这是从天然林的林分结构中得到的启发，为此，今天进行紫楠的人工造林，就应考虑以营造混交林为宜，而混交林则应该选择紫楠与一定数量的落叶阔叶树混交为宜。

2—3—7—3 楠木林①

楠木（*Phoebe zhennan*）系楠属，又称桢楠或雅楠，经济价值很高，材质坚实，纹理致密，花纹美观，气味芬芳，耐腐性强，是家具、舟车、梁栋、器物的高级材料，是中国特有珍贵用材树种；故有天下名木之称，自古受到人们喜爱。又由于桢楠根深，寿命长，枝叶森秀，冬夏长青，姿态雅致，具有重要的观赏价值。

楠木是中国亚热带常绿阔林的重要组成树种。以楠木为主的森林，随着历代人口的增长和封建时代“皇木”的采伐而日益稀少。至今，只在庭院、庙堂、寺院附近以及风景林中常可见到人工栽植零星分布的楠木与小片的楠木林。

（一）**分布与生境**

楠木在中国历史初期本是一个分布范围颇为广泛的成林树种，由于人为干扰，现今已无大面积天然林存在。在四川邛崃山、小凉山、大娄山一带呈散生状态（林鸿荣，1987；管中天，1982）。1957年以后，由于种种原因，为数不多的楠木林再度受到摧残。如四川巴县新华乡过去有楠木大树数千株，现所剩无几。又如，1969年四川省林业学校实习林场的6.7hm^2 楠木幼株被砍伐，其中有6m以上幼树1 700多株（朱家骏，1984）。唯有屈指可数的寺庙中，尚有百年，甚至千年以上楠木大树。今所见者很少有成片的天然林，多系人工所栽，且多分布于各处陵园、庙宇附近，庭院四周以及风景区。

分布区为四川盆地西部、南部、东部，湖北、湖南、江西（《中国树木志》，1976），以及台湾的东部山地（《中国森林立地分类》，1989）。

在四川的乐山、成都平原、筠连、峨眉、洪雅、雅安、都江堰、巴县、珙县、江安、宜宾、黔江、荥经、天全、广元，以及重庆等地广有分布。

在湖北主要分布于恩施、宜昌、兴山、巴东、利川、咸丰、鹤峰、宣恩等地，集中分布于“V”和“U”形河谷两侧坡面，保存着断而不续的小片楠木林。

在江西的赣南和赣东北低山丘陵区的常绿阔叶林中，常有天然散生的楠木，也有以楠木为优势种的常绿阔叶林。遂川、崇义、上犹都有分布，常栽于房前屋后和河边台地。1950年以后，江西、四川、湖北的一些国营林场和林业研究单位开展了育苗、造林试验，但面积

① 执笔人：杨玉坡、周德彰

都不大。

在台湾的中部、东部山地亚热带阔叶林中也有分布（《中国森林立地分类》，1989）。

垂直分布，一般生长于海拔 300～900m，海拔 1 000m 以上则不宜生长，在台湾的玉山山地可分布到 2 000m 处。

楠木较耐荫蔽，喜暖热湿润、云雾多、日照少、积温高、霜雪少的气候条件，比同属的其他种类更不耐寒，由于根深，最适于湿润肥厚而排水良好的森林黄壤。寿命长，抗病虫害力强。

楠木林分布区的气候条件是冬暖、春旱，无霜期长，热量资源特别丰富。年平均气温在 14～18℃，1 月份平均气温为 6～8℃，7 月份平均气温 24～27℃，活动积温 4 300～5 700℃，年降水量 1 000～1 500mm。无霜期长达 300 天左右。年平均相对湿度在 80%以上。极端最高气温为 34～38℃，多出现于 7～8 月份，极端最低气温为－4.6～－6.0℃，常出现于 1 月份或 12 月份。土壤为冲积土，紫色土与黄壤、山地黄壤，一般呈中性至微酸性反应，多为壤土质地，腐殖质较厚，肥力中等，排水良好。

（二）组成结构

保护较好的楠木林，外貌深绿色。由于森林环境温暖阴湿，林内植物茂盛，树种组成丰富，层次结构复杂，藤本植物也较发达。受到人为干扰严重的楠木林，灌木层几乎缺乏，草本层则盖度甚大。由于楠木林所处地理与生态环境的差异，乔木层伴生树种的种类，数量与林下植被有明显的变化。在四川省峨眉山海拔 600～1 050m 的东北坡，坡度 30°～35°，4 个样方（1 800m^2）调查（《四川植被》，1980），乔木层有 20 种以上，樟科植物有 8 种，壳斗科 4 种，共 139 株。郁闭度 0.7～0.9。树干高大，可分为 3 层。第一亚层楠木占绝对优势，另有细叶桢楠（*Phoebe hui*）、润楠、栲树。树高 26～30m，最高可达 35m，胸径平均 40 ～56cm，粗者可达 70cm。第二、三亚层内多为小果润楠（*Machikus microarpa*）、黑壳楠、川滇钓樟（*Lindera supracostata* var. *pinnatinervus*）、赛楠（*Nothaphoebe cavaleriei*）、峨眉黄肉楠（*Actinodapphne omeiensis*）、仿栗（*Sloanea hemsleyana*）、异叶榕（*Ficus heteromorpha*）、喜树（*Camptotheca acuminata*）、尖叶榕（*Ficus henryi*）、灯台树（*Cornus controversa*）、野樱桃（*Prunus* sp.）、银杏、大果山香圆（*Turpinia nepalensis*）、冬青（*Ilex* sp.）和槭树（*Acer* sp.）等，平均高 15m 左右，最高 25m，平均胸径 12～15cm，最粗 30cm。林分每公顷蓄积量为 330～480m^3，疏密度 0.7～0.8。

灌木层含有大量乔木外，其他种类亦不少。林内阴暗，多为喜阴湿的植物，盖度30%～40%，高度多在 1m 左右。竹类一般为小径竹，1～3m，有方竹（*Chimonoambusa* sp.）、水竹（*Phyllostachys heteroclada*），盖度可达 20%以上。此外还有尾叶毛蕊茶（*Camellia caudata*）、峨眉桃叶珊瑚、短柱柃、短序荚蒾（*Viburnum brachybotryum*）、核子木（*Perrottetia racemosa*）、常山（*Dichroa febrifuga*）、硃砂根（*Ardisia crenata*）、中华青荚叶（*Helwingia chinensis*）、山地杜茎山（*Maesa montana*）、紫麻（*Oreocnide frutescens*）等。

草本层种类较多，一般生长稀疏，盖度在 10%～30%，高度几厘米到几十厘米，蕨类植物较多，主要有细裂复叶耳蕨、翅轴蹄盖蕨（*Athyriumm delavayi*）、溪边凤尾蕨（*Pteris excelsa*）、半边角铁蕨、盾蕨、圆叶线蕨（*Colysis henryi*）、大羽贯众（*Cyrtomium macrophyllum*）、宝铎草（*Disporum sessile*）、麦冬（*Liriope* sp.）、楼梯草（*Elatostema* sp.）、肉穗草（*Sarcopvramis delicata*）、卷柏（*Selaginella* sp.）、蕺叶秋海棠（*Begonia limprichtii*）。

层外植物较为突出，攀援或者缠绕达到树冠上层的有常春油麻藤（*Mucuma sempenirens*）、青棉花（*Pileostegia vibunoides*），径粗约 3～5cm。一般小型木质或草质的藤本有杠柳（*Periploca sepium*）、川山橙（*Melodinus hemsleyanus*）、铁线莲（*Clematis* spp.）、崖爬藤等。偶尔也出现附生的兰科植物。树生槲蕨（*Drynaria* sp.）比较普遍。

在四川青城山的楠木林下，却有另一些喜阴湿的草本植物生长。其主要组成种有：肋毛蕨（*Ctenitis* sp.）、莎草（*Carex* sp.）、翠云草、水蓼（*Polygonum hyolropiper*）、柳叶牛膝（*Achyranthes longifolia*）、淡竹叶等（《四川植被》，1980）。

在湖北的巴东、宜昌一带，在亚热带常绿阔叶林中，与楠木混交的组成树种还有宜昌楠（*Phoebe ichingensis*）、白楠（*Phoebe neurantha*）、黑壳楠、栲树、巴东栎，紫茎、樟树、甜槠栲、匙叶栎（*Quercus spathulata*）、天竺桂、鹅耳枥、化香树。在天然状态下，楠木林多属混交林。很少见到纯林，偶尔在利川、咸丰、鹤峰的局部谷底和谷两侧，能见到数亩以内呈小块状的楠木纯林。乔木层第一层以楠木为主，占 5～8 成。化香树、紫荆、鹅耳枥各占 1～2 成。林分年龄多为 40～50 年，高度为 15～16m。第二层主要由樟科及壳斗科的一些耐荫常绿阔叶树组成。主要有川桂、多脉青冈等，高度多在 10m 以下（《湖北森林》，1991）。

在江西赣州地区的崇义，楠木常与栎、栗、樟、南酸枣、椤木、白桂木、木荷、杉树、竹柏、毛竹等混生，组成以楠木为优势树种的混交林（《江西森林》，1986）。

楠木林林冠下天然更新的幼树以栲树较多，成团状分布。只有在局部或山洼地，空气湿度大，土壤深厚肥沃的壤土上，有少量的楠木天然幼苗生长。

1950 年以来，各地营造有小片的楠木林，多属单层纯林，林龄在 35 年以下，也有少量的楠木、檫木混交。林分郁闭度多达 0.8 以上，林下植物有箬竹、地芩、狗脊蕨、芒萁、菝葜、中华猕猴桃等植物；还有泡桐、檫木、紫树、山苍子、黄楠（黄绒润楠）（*Machilus grijsii*）、大叶章等幼树、幼苗。

（三）**生长发育**

1. 幼苗幼树的生长过程

楠木是不带子叶出土的植物，播种的当年，5～6 月出土并扎根，苗高可达 7cm，主根长可达 9cm 左右，7 月初苗木开始加速生长，生出侧枝侧根；10 月中旬生长开始下降并形成饱满顶芽。1 年生苗高可达 40cm 左右，地径可达 0.4～0.5cm。

楠木幼树每年抽新生梢 2～3 次，全年高生长最大可达 100cm 左右。当旬平均气温 12.8℃时，顶芽开始膨大；旬平均气温上升至 26.9℃时，生长最快；旬平均气温下降到

17.2℃时，则生长缓慢。因此在楠木生长期进行水肥管理，能够促进生长。

2. 楠木的个体生长

楠木寿命长，生命力旺盛，材积生长量大。如四川雅安合江乡有株楠木，树龄达千年以上，犹未衰退，树身完整，枝密叶茂，粗大壮观，荫地几及 0.07hm^2，乃远近闻名的最古老最粗大的楠木。高约 40 多 m，胸径 230cm，材积达 30m^3 以上。又如四川什邡蓥西乡白蜡庙旁边的潘家大院一棵古楠，独立于翠竹丛林之中。祖遗文书记有“此树乃大明嘉靖二十四年（1545 年）所栽，只宜护惜，不准砍伐，有关风脉”等语，可见该树树龄有 450 年，树高约 29m，胸径达 114cm（朱家骏，1992）。

楠木单株的生长过程，从西南林业试验场 1953 年在巴县新华乡所作解析木材料（表 3—65）来看，树高总生长 65 年可达 22.8m，年平均高生长在 10 年时最高，可达 0.63m，以后逐年下降。至 30～40 年或 55 年以后连年生长量稳定在 0.12m 左右。可认为幼年期处于高生长旺期。胸径总长量为 44.2cm；10 年前生长量缓慢，胸径年平均生长量在 50 年生达高峰为 0.7cm，而连年生长逐年上升，25 年左右进入高峰，约 1cm 左右，40 年以后缓慢下降，平均生长量与连年生长量约在 50 年左右相交；材积总生长量为 1.788 27m^3，无论连年生长量或平均生长量均处于上升阶段。

表 3—65 楠木生长进程

龄阶（年）	树高生长（cm）			胸径生长（cm）			材积生长（m^3）			生长率（%）
	总生长	连年生长	平均生长	总生长	连年生长	平均生长	总生长	连年生长	平均生长	
5	2.3		0.46	1.0		0.20	0.000 23		0.000 05	
		0.80			0.30			0.000 71		35.4
10	6.3		0.63	2.5		0.25	0.003 80		0.000 38	
		0.60			0.50			0.002 46		24.7
15	9.3		0.62	5.0		0.33	0.016 10		0.001 07	
		0.34			0.46			0.004 95		17.4
20	11.0		0.55	7.3		0.37	0.040 85		0.002 04	
		0.54			0.60			0.011 46		16.5
25	13.7		0.55	10.3		0.41	0.098 13		0.003 93	
		0.40			1.08			0.023 29		14.9
30	15.7		0.52	15.7		0.52	0.214 57		0.007 15	
		0.36			1.00			0.033 45		11.2
35	17.5		0.50	20.7		0.59	0.381 81		0.010 91	
		0.14			1.02			0.035 28		7.5
40	18.2		0.46	25.8		0.65	0.558 21		0.013 96	
		0.16			0.98			0.044 97		6.7
45	19.0		0.42	30.7		0.68	0.783 08		0.017 40	
		0.22			0.88			0.029 20		3.4
50	20.1		0.40	35.1		0.70	0.929 08		0.018 58	
		0.30			0.50			0.033 39		3.3
55	21.6		0.39	37.6		0.68	1.096 01		0.019 93	
		0.12			0.62			0.042 24		3.5
60	22.2		0.37	40.7		0.68	1.307 23		0.021 79	
		0.12			0.70			0.051 93		3.6
65	22.8		0.35	44.2		0.68	1.566 90		0.024 11	
(65)	22.8			45.5			1.788 27			

注：材料提供者：谢濑

楠木的生长过程，先出现树高生长的高峰，后出现胸径生长高峰，这是楠木与一般树木生长进程所共有的现象；所不同者，一般树木，100 年乃至 200～300 年定会出现长势衰颓，或材积年生长量下降，而楠木 400 年时始有枯梢现象，能经千年尚未衰亡。65 年生时，材积为 1.79m³，而千年以上者竟达 30m³ 左右。由是观之，楠木以培养大径材为宜。

一般认为，楠木生长十分缓慢。但根据调查，其生长速度并不慢。在四川都江堰地区，10 年生树高 5.8m，胸径 5.0cm；20 年生树高 11m，胸径 20cm；60 年生树高 24m；胸径 45cm；100 年生时树高 27m，胸径 58cm（朱家骏，1992）。在峨眉山伏虎寺旁的常绿阔叶混交林中，75 年生楠木树高 25.1m，胸径 44.1cm。在什邡，445 年生楠木，树高 27m，胸径 114cm（赵琡，1983）。在江西海拔 400m 天然混交林中，100 年生楠木，树高 26.4m，胸径 46.5cm。在崇义县水石人路侧 66 年生楠木平均树高 20m，胸径 47.8cm。

3. 不同生境下楠木的生长

（1）*楠木喜微酸性土壤*　紫色土上（pH6.5）9 年生楠木林最高可达 7m，一般 5.4m，基径最大 7.7cm，一般 5.8cm；而在酸性黄壤土上（pH4.0）11 年生幼林，最高 4m，一般 2.5m，基径最大 5.0cm，一般 4.2cm；由此明显看出前者大大超过后者。

（2）*散生木与林分中楠木生长状况差异甚大*　如表 3—66 所示，林分状态下的楠木，树高生长和枝下高均大于散生木，而胸径生长与冠幅均不如散生木大。散生木树冠大，枝下高低分枝多，在分叉处以上的树干尖削度大，影响经济用材出材率，大大降低了木材工艺价值，故以林分内立木生长较好。

表 3—66　四川都江堰楠木散生木与林木生长比较

树龄	立木状态	树高（m）	（%）	胸径（cm）	（%）	冠幅（m）	（%）	枝下高（m）	（%）
10	散生木	5.8	100.0	5.0	100.0	3.0	100.0	1.5	100.0
	林　木	6.2	106.8	5.8	116.0	1.5	50.0	2.0	133.3
20	散生木	11.0	100.0	20.0	100.0	4.6	100.0	3.5	100.0
	林　木	14.5	131.8	14.0	70.0	3.5	76.1	7.0	200.0
30	散生木	16.0	100.0	22.0	100.0	5.6	100.0	4.2	100.0
	林　木	18.5	115.6	19.5	88.6	3.5	62.5	10.5	250.0
40	散生木	20.5	100.0	23.5	100.0	6.0	100.0	8.4	100.0
	林　木	24.0	117.1	20.5	87.2	5.2	86.7	17.6	209.5
50	散生木	24.0	100.0	45.0	100.0	9.1	100.0	10.5	100.0
	林　木	28.0	116.7	34.0	75.6	5.7	62.6	21.5	204.8

（3）*合理栽植的人工楠木比天然生长的楠木生产力高*（表 3—67）。

4. 林分生长量

（1）江西上犹县犹江林场西垄分场，于 1967 年在海拔 386m，土层深厚肥沃，北向平缓山坡造楠木林 1.6hm²，林相整齐，长势旺盛。1980 年 10 月据赣州地区林业科学研究所调查，每公顷 2 145 株，郁闭度 0.9，平均树高 8.5m，平均胸径 9.9cm，平均每公顷蓄积量 75.42m^3。由于林分郁闭度大，故胸径较小。

表 3—67 天然楠木林与人工幼林生长情况

起源	树龄（年）	树高（m）		地径（cm）		枝下高（m）	
		平均树高	年平均生长量	平均地径	年平均生长量	平均高度	占树高（%）
天然林	17	3.27	0.19	3.0	0.18	1.80	55
人工林	5	2.86	0.57	3.1	0.62	0.31	11
	4	1.76	0.44	1.8	0.45	0.29	16

注：地点：江西崇义石罗林区　调查单位：江西省崇义县林业科学研究所　调查时间：1980-09

（2）在相近的立地条件下，楠檫混交林比楠木纯林好（表 3—68）。这主要是檫木为生长快的喜光落叶乔木，楠木为生长较慢的耐荫常绿乔木，两者混交不仅为楠木创造了适当的庇荫条件，而且有利于利用空间，提高光能利用率，并能改良土壤，提高土壤肥力，促进林木生长。

表 3—68 楠木纯林与楠檫混交林生长比较

林木组成	面积（hm^2）	海拔（m）	地点	坡向	坡度	坡位	土壤	密度（株/hm^2）	覆盖度（%）	树种	树高（m）	胸径（cm）
纯林	0.6	500	玄坑	N20W	30	山脚下部	肥沃深厚	2 505	80	楠木	2.35	2.40
楠木75%	0.97	505	地背坑	N40E	30	山腰	肥沃深厚	2 078	85	楠木 檫木	3.29 10.16	2.73 11.5

注：造林时间：1978　造林单位：江西省崇义县林业科学研究所　调查时间：1982

（四）更新演替

楠木结实情况，散生木与林木差异甚大，四川都江堰 30 年生的楠木林，至今尚未结实。该市青城山 60 年生楠木林也只有 3 次种子丰年，其他年份不结实，或结实量极少，星点分布；散生木则迥然不同，15 年以后即可开始结实，18 年以后渐趋丰盛，3～5 年有一个种子丰年，四川省林业学校的楠木行道树 18 年生时单株产种 8 510 粒，湿重 5.5kg，开始进入盛期。在结实母树树冠下，如土壤疏松，水分条件较好，有天然更新的幼苗产生。

在产楠木占优势的亚热带常绿阔叶林中，由于楠木结实间隔期长，林冠出现的楠木苗很少，天然更新的苗木多系伴生乔灌木树种。尽管如此，由于楠木寿命长，树体高大，在没有自然灾害和人为因素的影响下，楠木仍具有较大优势，继续处于稳定状态，不易为其他树种所更替。但楠木生态幅度较窄，多分布在海拔 1 000m 以下的温暖、湿润、土层深厚的浅低山，丘陵地带。而这些地方正是人口密集之处，难免不受到人为干扰。楠木林受到破坏后，群落中的植物种类也随之而改变，杉木，马尾松成分增加，形成针阔混交林，甚或演替为落叶阔叶林群落，楠木随之消失。故现今只有在交通不便的亚热带常绿阔叶林以及寺庙庭园风景林尚可见到混生的或成片的楠木。

（五）评价及经营意见

中国经营楠木有久远历史，对楠木有很高评价，西汉陆贾把它列居"天下名木之一"，宋代寇宗奭指出："楠材今江南造船多用之，其木性坚而善居水"；明朝李时珍在《本草纲目》中说："干甚端伟，高者十余丈，巨者数十围，气甚芬芳，纹理致密，为梁栋器物皆佳，盖良材也"。中国有许多楠木的建筑物，经久不腐，别具特色。如公元15世纪初明朝在北京用楠木修建十三陵中的长陵，有两人合抱的大楠木柱，历时500多年仍然完好，这对保存古代艺术起到了一定的作用；至今具有的纪念意义的建筑物，亦有用楠木者，如江西南昌兴建革命烈士纪念堂，也用了大批楠木。又如1979年美国纽约大都会艺术博物馆仿建南宋苏式园林也用了中国运去的楠木。楠木从古至今，都作为特殊用材，在精神文明和物质文明的建设方面，都具有一定的作用。

因为楠木十分珍贵，受到人们偏爱，从而天然的楠木林深受破坏，由于楠木姿态雅致，冬夏长青，受到人们的赞誉而被栽植在庭院、寺庙，风景胜地，供人欣赏。

人工栽植楠木，中国也有悠久历史。远在公元前4世纪《尸子》一书提到土壤深厚的地方适合楠木生长。距今900多年，宋代宋祁的《益都方物略记》就有"楠木…人多植之"的记载。明朝陆深的《蜀都杂抄》也说成都有不少的庭院种植了楠木。清代张宗法在《三农记》中写道：楠木"实熟收种，荫润土中即生，待苗木一二尺（33～66cm），春时移植"。人们经过长期实践而积累了栽植经验。

毕竟历代采伐楠木量大，而所栽楠木零星而分散，不能不使楠木资源日益枯竭。甚至有些地方几乎濒于绝迹。随着人们对林业认识的加深，楠木更加受到关注。1974年全国南方优质、速生、珍贵树种会议，对楠木进一步肯定，并组织协作，为扩大繁殖和栽培，开展了试验研究。1975年农林部发出《关于保护、发展和合理利用珍贵树种的通知》，正式把楠木定为珍贵树种，要求严格控制使用，认真保护资源和有计划的发展。为了保护和发展楠木资源，可采用以下措施：

1. 在亚热带常绿阔叶林中，开发利用时保护天然生的楠木母、幼树。对有结实能力的楠木母树挂牌登记，届时尽可能采集种子，以备育苗造林之需。

2. 选择土肥深厚肥沃的中性、微酸性土壤，在背风湿润的阴坡，营造人工楠木纯林或以楠木为优势的混交林，杉木、檫木成行状或块状混交。

必须指出，楠木要求清新环境，不耐污染。据调查，昔日在四川成都文化公园及青羊宫的两株高达30余m，粗达90cm，枝叶浓绿、树形美观的大树，以及市中区人民公园长势良好的一片楠木林，而今已不复存在。市中区楠木绝迹，在二环路以外的沙河铺成都试验林场以及西郊草堂公园所保存的楠木，长势很差，出叶少，叶稀疏，枯梢多，濒于死亡。据楠木熏气试验，二氧化硫浓度为 0.95mg/kg 时，熏 16h 后，有 4%叶片受害，抗二氧化硫能力弱；抗氟化氢能力也弱。因之在二氧化硫与氟化氢含量较高的城市和工矿区，不宜营造楠木林。

第六节　木兰林①

由木兰科乔木树种组成的森林，主要分布于热带和亚热带地区。木莲属（*Manglietia*）约 32 种，中国有 20 多种，是起源于古北陆的比较古老而原始的被子植物类群，从而认为是第三纪古热带植物区系的后裔。在华南、福建及其他等地均有分布的有海南木莲（绿楠）（*M. hainanensis*）林和木莲林。而醉香含笑（火力楠）（*Michelia macclurei*）也是木兰科分布于中国南方的主要森林。

2—3—8—1　海南木莲林②

海南木莲（*Manglietia hainanensis*）又名绿楠，属木兰科常绿大乔木，树高可达 30m，胸径 1m；木材物理性能优良，比柚木（*Tectona grandis*）轻，顺纹压力，顺纹拉力和端面硬度的质量系数均比柚木高，木材纹理通直，结构细致均匀，美丽雅致，木质轻软而强度大，心材占 60%以上，黄绿色，具有芳香气味，耐腐不虫蛀，不变形，容易加工，纵切面易刨光且具光泽，可用作高级家具、室内装饰、文具乐器、车船内部装饰、胶合板等，为海南的珍贵用材树种。

海南木莲生长于海南天然林中，为热带山地雨林、热带沟谷雨林的习见种，但数量不多，在有海南木莲组成的混交林中，其材积仅占林分蓄积的 0.2%～13.8%。60 年代初开始对海南木莲进行人工培育，目前海南较大林区都有海南木莲人工纯林或同其他阔叶树混交林。此外，海南木莲树形美观，树冠浓绿，花大色美，已被选作行道树和四旁绿化树种。

（一）分布与生境

海南木莲为中国特产，主要产于海南中部以南的山区，广东阳江和广西合浦有少量分布，引种于广州和广西南部的生长发育较好。

海南木莲天然分布于海拔 300～1 100m，海南东部吊罗山，雨水较多，湿度较大，海拔 200m 开始有海南木莲出现，其中心分布区在海拔 400～900m，多生长在山谷、溪沟两旁和背风的山坡中下部，温暖湿润，相对湿度变幅不大的地方。

分布区气候高温多雨，年平均气温 11～22℃，最热月平均气温 20～25℃，最冷月平均气温 13～17℃，极端最低气温 0℃，年降水量 1 600～2 200mm，空气相对湿度 80%以上，

① 执笔人：李承彪，周政贤
② 执笔人：郑德璋

海南木莲能耐短时间霜冻而不受寒害。

土壤主要是由花岗岩发育成的山地黄壤和赤红壤，土层深厚肥沃，表层腐殖质丰富，约占 10%，下层腐殖质减少，含沙量增多，土壤质地为中壤重壤土，呈酸性—弱酸性反应，pH 5.0～5.6。

（二）组成与结构

在天然林中海南木莲多为散生分布，一般占林分立木株数的 0.2%～5%，占林分蓄积的 0.2%～13.8%，只在极少数林分中，海南木莲可成为亚优势种。林分中其他优势种和亚优势种为：饭甑青冈（*Cyclobalanopsis fleuryi*）、竹叶青冈（*Cyclobalanopsis bambusifolia*）、柄果石栎（*Lithocarpus longipedicellatus*）、琼崖石栎（*L. fenzelianus*）、大叶石栎（*L. handelianus*）、木荷、小叶达里木（*Heritiera parvifolia*）、鸡毛松（*Podocarpus imbricatus*）、海南苹婆（*Sterculia hainanensis*）、多腺水翁（*Cleistocalyx conspersipunctatum*）。第二、三层乔木主要有：黄叶树（*Xanthophyllum hainanensis*）。子凌蒲桃（詹氏蒲桃）(*Syzygium championii*)、谷木叶冬青（*Ilex memecylifolia*）、大叶白颜树(*Gironniera subaequalis*)、尖叶白颜(*G. cuspidata*)、多石笔木（*Tutcheria multisepala*）、长序厚壳桂（*Cryptocarya metcalfiana*）、鱼骨木（*Canthium dicoceum*）、长柄梭罗（*Reevesia longipetiolata*）、油丹（*Alseodaphnehainanensis*）、海南柿（*Diospyros hainanensis*）、大花五桠果（*Dillenia turbinata*）、大叶紫金牛（*Ardisia densilepidotula*）。乔木一般可分为 3 层，但也有些林分的第 2、3 层不明显，第 1 层林冠郁闭度多在 0.3～0.7，每公顷蓄积量 220～320m^3，树干断面积 12～38m^2；第 2 层林冠郁闭度 0.2～0.5，每公顷木材蓄积量 50～70m^3，树干断面积 6～12m^2；第 3 层林冠郁闭度 0.1～0.3，每公顷树干断面积 2～5m^2。

下木总覆盖度 60%～80%，高 1～2.5m，活地被物总覆盖度 10%～20%，高 0.2～0.5m，主要下木除毛叶藤竹、唐竹、弹弓藤、印度藤竹、白藤、裂叶棕枚、宽刺黄藤、九节木、五月茶等外，还有鸡屎树（*Lasianthus* spp.）、裂苞省藤（*Calamus multispicatus*）、罗伞树（*Ardisia quinquegona*）、卷边罗伞（*Ardisia elegana*）、柏拉木（*Blastus cochinchinensis*）、山槟榔、短叶省藤（*Calamus egregius*）。主要活地被物有：黑莎草、卷柏（*Selaginella* spp.）、山姜、高良姜、细长齿露（*Pandanus tonkinensis*）、甘草蕨（*Pteris cretica*）、阔叶沿阶草(*Ophiopogon platyphyllus*)、香港崖角藤(*Rhaphidophora hongkongensis*)。附生和层间植物有：巢蕨（*Neottopteris nidus*）、崖姜蕨、书带蕨（*Vittaria* spp.），兰科植物多种。死地被物主要是上层乔木的枯枝落叶，厚约 5～10cm。表层枯枝落叶仍可辨认所属种类，下层已经破碎腐烂分解。

海南木莲人工林，组成结构以单层纯林为主。海南木莲单层纯林常有虫害，10 年生以后，生长量明显下降，近年来模拟海南木莲在天然林中多树种混生的习性，营造了少量混交林，混交树种有海南木莲与米老排（*Mytilaria laoensis*）或海南木莲与水翁（*Cleistocalyx operculatus*），混交结构为行状交互种植。一些林场利用人工栽植的海南木莲与天然更新的优良树种幼树混交获得多树种混交林。

人工林下的活地被物主要是棕叶芦（*Thysanolaena maxima*）、五节芒，少数林下生长有柏拉木、鸡屎树和野牡丹及一些蕨类植物。

（三）生长发育

海南木莲分布中心地带的林木较高大，蓄积量也较多；分布中心以外的树高或低海拔地带的林木比较矮小，蓄积量亦较低。

天然林中海南木莲幼树生长较慢，5 年生高才 1.5m，10 年后转快，在沟谷疏荫环境中，34 年生树高 14m，胸径 21.1cm；在山腹密林中生长较慢，65 年生树高 17.8m，胸径 28.4cm。树高生长 10～20 年最快，年平均生长量 0.5m，胸径生长 15～30 年最快，年平均生长量 0.7cm。

海南木莲人工林与天然林比较，前者在 10～15 年生长较快，而后转慢，后者是在 10～15 年生长缓慢，后加快。归因于天然海南木莲幼树在林冠缝隙中生长，受到林冠庇荫，光照微弱，生长缓慢；当它高于周围下木，光照增多，才加快生长。人工林在 10 年前在人工管理抚育下，光照、水肥相宜，幼树生长旺盛。若人工林不及时进行抚育间伐，植株间互相争夺光照和养分，生长便受到抑制。

（四）更新演替

海南木莲天然更新良好，在天然林和长满杂灌的采伐迹地上常见其幼苗幼树，生长表现它能耐荫的特性。海南木莲还有萌芽更新能力，大小伐桩常有萌芽条。海南木莲可更新已经进行人工造林，培育人工幼林，摸索了人工更新的成功经验。

由于海南木莲要求水湿条件较高，无论天然更新或人工更新均受到限制，但其幼苗幼树具耐荫特性，故在茂密的热带林中得以繁衍发展。

原始林被采伐或破坏之前，海南木莲的更新和演替只能在林窗和林缘进行，第 1 层乔木的喜光和中性树种须在较大的林窗才有更新幼树，第 1 层乔木的耐荫树种和第 2、3 层乔木树种在小林窗或林冠缝隙处也能更新，并能长至乔木层。现存的热带林就是这样处于相对稳定的状态中。

（五）评价及经营意见

海南木莲主要分布于海南省，近年来被引种到广东和广西南部。在海南热带林区，海拔 1 100m 以上山体多属大山脊和山峰，在这里的森林中缺乏海南木莲分布；在海拔 300m 以下的森林中也少见海南木莲生长，在有开发价值的海南木莲分布带，所采用的主伐更新方式对海南木莲林影响很大。1957 年以前，采用商品材择伐—天然更新方式，因海南木莲木材质优，被列为主要的择伐对象，伐后林地受反复破坏，逐渐变为残次林或荒地，海南木莲没有得到更新。1958～1963 年采用皆伐—人工更新方式，更新树种选用母生（*Homalium hainanense*）等，海南木莲也得不到发展。1964 年以后推行采育择伐—人工促更新方式，同时在平缓的山坡下部用人工更新海南木莲等多种优良乡土树种。在进行择伐作业时注意保留健壮的海南木莲母树，海南木莲便得到初步的发展。

根据海南木莲天然下种更新的幼树耐荫特性，只要严格执行采育择伐规程，适当保留海南木莲母树，依靠天然下种更新和在林中补植海南木莲幼树，能获得有海南木莲组成的更新层，通过抚育管理除去缠绕藤类植物，给予适当透光，这些幼树将能培育成大树。此外，海南木莲人工更新比较容易，只要选择土层深厚，水分适宜，空气相对湿度大且变幅小的谷地、河沟旁、山坡中下部，进行人工更新，培育海南木莲人工林，能否成林成材，关键在于适当抚育管理和及时间伐，注意病虫害防治。为了提高海南木莲人工林的水土保持效能和单位面积生物量，海南木莲人工更新，宜营造多树种的复层混交林。

2—3—8—2　木莲林[①]

（一）分布生境

木莲（*Manglietia fordiana*）在中国分布的范围最广，其界限基本与亚热带常绿阔叶林的分布相吻合。在藏东南、云南、四川、贵州、广东、海南、广西、浙江、福建、台湾、湖南、江西等地，最北达安徽黄山均可见其踪迹（《中国植被》编辑委员会，1980）。

在中国西南地区，木莲可在山地雨林、季雨林、亚热带常绿阔叶林、山顶苔藓矮林，甚至在垂直带上的常绿与落叶阔叶混交林中成为主要伴生种、次优势种，甚至为共建种之一；它不仅可以在乔木上层、第二亚层起作用，有时也退居于灌木层；它不仅可以分布于酸性土壤，而且也分布于石灰岩基质的土壤上。

木莲性喜温湿，土壤排水良好、肥沃湿润；木莲所在的群落大多是在自然条件下发育成熟的、相对稳定的地带性顶极群落。这些群落往往分布在人口稀少、交通不便或地形陡峻的边远山区。在那里多保留着其完整的森林生态系统，植物气候环境良好；相反，在森林砍伐严重的地区，在人工林或孤岛状分布小片次生常绿阔叶林的地区，次生性群落中可见壳斗科、樟科、山茶科、金缕梅科、山矾科、冬青科等亚热带森林的代表科植物分布，却唯独少见或不见有包括木莲在内的木兰科植物。

在中国西南地区，木莲常作为共建种之一而形成的各种森林类型。如滇东南海拔1 000～1 500m 山地分布的刺栲栲树木莲峨眉木荷林和滇东南文山、红河中山上部海拔1 500～2 500m 迎风坡面上的瓦山栲杯状栲木莲林等，均为亚热带西部山地垂直带系列中常见的森林类型。

在有木莲参加的森林群落中，局部的生境条件下可分化出以木莲为单优种的森林类型。以江西井冈山为例，该森林类型所在地年平均降水量 1 865.5mm，年平均气温 14.3℃。木莲林分布于井冈山湘州沟谷盆地海拔 350m 的避风向阳、三面环山的山坡面上。整个坡面系由寒武系长石英岩及板岩所组成，地表无岩石露头，坡度 15°，死地被层厚达 5cm，死地被物分解良好，土壤厚而湿润。周围有栲树林和鹿角栲林，一面靠村庄，现该村将木莲林作为风景林保留至今。

① 执笔人：叶居新

（二）组成与结构

据调查①，标准地内立木数量较少，多为大树林冠总郁闭度仅 0.4。木莲树皮白色，叶片深绿、有光泽、繁花洁白、芬芳，充满生机。乔木层内除木莲外尚有钩栲、亮叶含笑（*Michelia fulgens*）、栲树、华润楠、银木荷、榕叶冬青，上述乔木的立木显著度依次为 28.8%、26.3%、15.1%、12.2%、10.7%、7.0%、0.3%；下木层甚发育，覆盖度达 70%，植物种类较多，主要宜昌有荚蒾、杜茎山、黄栀子、盐肤木，其次有毛冬青、柃木（*Eurya* sp.）、楤木（*Aralia chinensis*）、虎刺、山黄皮、山莓、吴茱萸、异叶榕、中国绣球（*Hydrangea chinensis*）、小叶女贞、树参、粗叶木等；林地草本层也比较发育，高度达 30cm，以花葶苔草占优势，覆盖度达 20%～30%，其次为毛蕨（*Cyclosorus* sp.），覆盖度达 5%～10%。此外，尚有三褶脉紫菀（*Aster ageratoides*）、山姜（*Alpinia* sp.）及少量的缩箬（球米草）、堇菜（*Viola* sp.）、野茼蒿（*Gynura crepidioides*）和乌蕨；林中藤本植物较多，标志生境条件十分优越。主要有：显齿蛇葡萄、金银花（*Lonicera japonica*）、地五泡（*Rubus irenaeus*）、粗叶悬钩子（*R. alceaefolius*）、香花崖豆藤、络石、海金沙、酸果藤、北五味子（*Schisandra chinensis*）、流苏子、三叶崖爬藤（*Tetrastigma hemsleyanum*）等。林地中的更新苗木以木莲最多，其次为钩栲，此外尚有山杜英、青榨槭和少量深山含笑、虎皮楠、栲树、华润楠、桂樱（*Prunus* sp.）亮叶含笑、光叶石楠、赤杨叶、花楸（*Sorbus* sp.）以及榕叶冬青的幼苗。

另一标准地设在江西宜丰县②，地处北纬 28°20′左右，海拔 320m 的 60°阴坡上。该处有高大的木莲分布，说明森林的原生性较强。林地立木较多，郁闭度大，甚至下木的某些种类也伸入到立木层中。由于林下光照不足，下木不甚发育，几无草本植物，只能偶见狗脊 等极少阴生植物。林中乔木层除木莲外尚有黄樟、檵木、枫香、湘楠、钩栲、青钩栲、楠木，其立木显著度分别为 46.4%、10.8%、8.3%、6.7%、3.6%、3.5%、3.4%、2.1%。立木显著度小于 2% 的树种有黄皮树、豺皮樟、马银花、笔罗子（*Meliosma rigida*）、大叶润楠（*Machilus kusanoi*）、莽草、山杜英、槭（*Acer* sp.）、乌饭树、红叶树（*Helicia cochinchinensis*）、朴树、青榨槭、老鼠矢、狗骨柴、含笑（*Michelia figo*）、心叶毛蕊茶；下木层主要黄丹木姜子、杜茎山等；藤本植物数量较多。主要有瓜馥木、攀缘星蕨和流苏子等。林地上，木莲、野枇杷、钩栲、檵木、湘楠、泡花树、红润楠、大叶润楠、马银花等都有大量幼苗。

（三）更新演替

木莲林是成熟的、稳定的亚热带常绿阔叶林类型之一，是在亚热带气候条件下发育的气候顶极森林群落。一般说来，亚热带常绿阔叶林在受到破坏后经过相当长的时间又可顺向演替为常绿阔叶林，但该过程不等于“复原”，逆向演替和顺向演替的全过程也不是简单的“周而复始的循环”。次生性强的常绿阔叶林，其种类成分与层次结构，乃至林地生境往

① 调查时间：1983 年 4 月 23 日；地点：江西省井冈山湘洲高屋；样地面积：1 000m²

② 调查时间：1982 年 8 月 15 日；地点：官山自然保护区麻子山口；样地面积：1 000m²

往与原来的森林相差甚远。木莲和木兰科其他植物一样，属于原始的植物类群，野生立木仅仅被保留于热带、亚热带原生性较强的森林之中。在自然状况下以种子繁殖，繁殖周期长，繁殖力弱，对环境条件要求十分严格，适应能力差，对不良环境的忍耐力不强，故而木莲林受到破坏后，有可能恢复为其他常绿阔叶林类型，这也是至今少见木莲林林分，其面积又较小的原因。由此可见，对木莲林必须严格加以保护。

（四）评价与意见

木莲材质优良，强度中等，边材淡黄色，供家具建筑、板料、细木工及乐器等用，树皮可入药，为厚朴的代用品。树冠浓密，花果艳丽，为优美的绿化树种。包括木莲在内的木兰科植物在植物系统进化中占有举足轻重的位置，具有十分重要的科学研究价值；木莲，花单生、洁白、芳香、被俗称为“白花树”，为中国亚热带地区特有的观赏树种和珍稀濒危的保护树种。

凡有天然木莲林分布的地段，就必然具备这一珍贵稀有树种生长发育的良好生态条件。为壮大其种群，可在其相应的地段建立苗圃研究繁殖技术；应该研究包括木莲林在内的珍稀植物群落或林分的全部性质和特点，这将为珍稀树种的保护工作提供重要的依据。为此，在自然保护与森林保护工作中，除继续认真做好古木大树和珍稀树种的调查、登记工作外，还应该进行珍稀植物群落或林分的“建档”工作。

2—3—9—1　醉香含笑林①

醉香含笑（*Michelia macclurei*）别名火力楠，属木兰科常绿乔木，是南亚热带季风常绿阔叶林常见树种之一。木材结构细致，纹理通直，硬度中等，容重 0.624g/cm^3，耐腐性中至强，切面光滑美观，油漆性能好，是优良建筑材。常用作栋梁、桁条、门窗材料；板材有香味，易于加工，也是优良家具材；还可用作火车、轮船的厢板；萌条可用作脚手杆和各种农具柄。树形整齐美观，枝叶茂密，苍翠深浓，花有香味，是城乡绿化的好树种。

（一）分布与生境

醉香含笑原产广东、广西南部、中部，即北纬 18°～24°40′，东经 108°～117°30′。近年福建南靖有零散发现。越南北部有分布。垂直分布多在海拔 600m 以下低山丘陵，多散生于山坳谷地，间或有小片纯林。广东封开县七星区尚有数株 60～70 年生大树，平均树高 16m，最高 18m，平均胸径 67cm，最大 82cm，生势仍很旺盛。云开大山火力楠多分布于海拔 200m 以下低丘台地，生势较好。在海拔 800～900m 山地，虽偶然可见，但长势差，干弯曲，分枝低，尖削度大。

醉香含笑多为天然下种或萌芽更新林，很少人工栽植。从 50 年代开始广西博白林场、六万林场以及北流、浦北等地营造的人工林超过 6 600hm^2。60 年代以来，广东发展较快，

① 执笔人：谭绍满

1981 年止高州县已栽种 860 多 hm^2，是广东造林最多的一个县；造林较多的还有信宜、郁南、德庆、云浮、高要、高明、新会等地，总面积超过 3 300hm^2，其中有速生丰产林 630 多 hm^2。

醉香含笑为中等喜光树种，幼龄具有一定耐荫能力。适生于年平均气温 21℃，最热月平均气温 28℃，最冷月平均气温 10℃以上；在−6℃低温，未见受害，生长正常；≥10 ℃年积温 7 000～7 500℃；年降水量 1 500～2 000mm，干湿季明显，年相对湿度 >80%。其总的特点是在热量充足，雨水丰富的条件下，生长期长。

醉香含笑在花岗岩、砂岩、页岩和变质岩发育而成的酸性、微酸性，pH 4.5～6 的赤红壤、砖红壤土上，均能生长。在海拔 500m 以下的丘陵中下坡和谷地，土层深厚、疏松、肥沃、湿润的沙壤土至轻粘土，生长良好。在干旱贫瘠的丘顶、上坡则生长不良。醉香含笑人工林生长快慢与土壤水分关系密切，在根系活动层土壤含水率>15%，则林木生长较速；含水率低至 10%时，则生长缓慢；树高、胸径生长在北坡比南坡分别快 34%和 27%。

在山地上部种植马尾松，中下部种植醉香含笑，往往越接近马尾松林的醉香含笑生长越好。由于醉香含笑是浅根性树种，马尾松是深根性树种，后者在下层疏松土壤，改善通气条件和增加水分含量，有利于醉香含笑生长。同时马尾松树冠起庇荫作用，造成有利于醉香含笑生长的小气候环境。

（二）组成与结构

醉香含笑为南亚热带低山丘陵常绿阔叶林的常见树种。由于长期开发利用及人为干扰的影响，天然原生林已不存在。现常见的仅零散残存于村旁、沟谷、低丘的局部地方。以萌芽次生林为主，多与橄榄、刺栲、木荷、罗浮栲、樟树、格木、马尾松等混交，居于主林层。下木为银柴、黄牛木。见于立地条件较好的地段。如高州县顿梭区的甘子洼、石板区的实寿冲乡后山均有分布。林龄 20～30 年，组成第 1、第 2 林层，平均树高 10m，最高 12m；平均胸径 9.4cm，最大 15.5cm，树冠呈伞形，树皮光滑，树干多数挺直。

醉香含笑人工林与林下植物常形成两种不同的类型：乌毛蕨野牡丹醉香含笑林，代表肥沃湿润的立地类型；桃金娘芒萁醉香含笑林，代表中等立地类型。

（三）生长发育

醉香含笑在好的立地生长较快，15～20 年生，树高年平均生长量 0.50～0.64m；胸径年平均生长量 0.48～0.84cm；在中等的立地生长较慢，21 年生，树高年平均生长量 0.36～0.41m，胸径年平均生长量 0.39～0.43cm，多见于在中等的立地生长较慢，阳坡、山上部或山脊，土壤浅薄、粘重、紧实。

醉香含笑人工林栽植密度依立地条件、经营要求而异，如培育中径材，初植密度 1.6m×1.6m 或 2m×2m 较适宜。即每公顷 2 505 与 3 600 株。造林后 6～8 年郁闭，可第 1 次间伐，强度占株数 20%～30%；13～15 年第 2 次间伐，强度 20%～30%，每公顷留 1 800～2 000 株；20 年后第 3 次间伐，每公顷留 1 500～1 800 株。如培育大径材还可第 4、第 5 次间伐，最后每公顷留 900～1 200 株。间伐与否对醉香含笑生长影响很大，径级结构差异很大。根据对广西博白林场射广、三滩两分场21年生纯林所作的标准地调查，每公顷分别为1 590株、1 860株、2 130株，径级结构如下：＜8cm植株，按次序分别占26.4%、24.4%、41.2%；8～12cm的分别占70%、69.3%、50.6%；＞12cm的分别占7.6%、6.4%、8.2%。说明林分密度每公顷1 590～1 860株，中径级的株数最多，商品性用材数量最大。

（四）更新演替

醉香含笑人工林多采用实生苗造林或萌芽更新。幼树较耐荫，成林后需光中等，是营造针阔混交林的良好树种。35年生的醉香含笑与马尾松混交林，无论树高、胸径都优于纯林，提高了单位面积的产值，每公顷蓄积高达303.5m^3，分别为马尾松纯林、醉香含笑纯林的1.98倍和2.21倍。醉香含笑与杉木、桉类、木荷混交，也取得良好效果，既能提高林木产量，又能改良土壤，涵养水源，形成结构较稳定的人工林。

醉香含笑萌芽力强，5～10cm高的伐桩，可萌生出多株通直的萌条。广西博白凤山区苏木冲乡，3年生萌芽林每公顷有萌芽条420丛，共有2 325株，平均每丛5.3株，平均高5.3m，平均胸径3.9cm，已蔚然成林。一般10～20年生的萌芽林生长较实生林分快3～5倍，11年生萌芽林树高年平均生长量达1.1m，胸径1.9cm。广东高州石板区实寿冲屋后山，6年生萌芽林，萌条通直，平均树高10m，年平均生长量1.7m，胸径9.4cm，年平均生长量1.6cm，可利用这种萌芽特性，促进天然更新。

（五）评价及经营意见

中国木兰科植物有11属90种，像醉香含笑这样大量用于人工造林为数极少，同时生长迅速，干材通直，材质优良，萌生力强，亦为同科其他种类所罕见；除苗期偶有芽虫、潜叶蛾、卷叶螟危害树叶外，未发现对林分生长构成严重威胁的病虫害；它具较强的适生性与抗逆性，成年结实量大，持续期长，种子发芽率高，育苗造林容易，是有发展前途的用材和绿化造林树种。

醉香含笑能耐一定的低温，引种到中亚热带的湖南长沙（北纬28°15′），极端最低气温－11.5℃，未见受害，13年生平均树高4.9m，最大树高6.8m，平均胸径7.1cm，最大胸径10.2cm；引种至贵州林业科学研究所试验地（北纬26°38′），13年生平均树高6.3m，平均胸径10.9cm，长势良好。以上表明醉香含笑可扩大引种，向北推移。

醉香含笑果熟期迟早不一，每果种粒不同。种子异质性很大，依据假种皮颜色深浅，内部种粒数，分别进行种子品质鉴定，结果纯度、良种率、千粒重均有差异，成熟类良种率高达91.6%，千粒重103.1g，而未成熟类良种率占79.8%，千粒重90.3g，以每果内有1粒种子的纯度最高，千粒重最大。所以应分批采收果实，选择饱满种子育苗，是避免幼林分化，长势不均匀的有效措施。

广东高州醉香含笑有两个品种，糠楠和飘风楠。前者叶背面具灰白色粉末，初期生长较速，材质硬度较差；后者叶背面具棕红色茸毛，初期生长慢，材质较佳。宜按造林不同目的分别选用。

第七节　木荷林[①]

木荷属（*Schima*）约 30 种，分布于印度、马来西亚，中国有 19 种，产于西南部至东部地区。其中木荷林（*S. superba*）又名荷木最为常见，在亚热带和热带有大面积纯林，或与其他常绿阔叶树如栲类等组成常绿阔叶林。

1949 年以来，许多国营林场和集体所有制林场营造一定面积的木荷人工林。在广西用木荷林营造生物防火林带，防火效果较佳。在广东近年来将木荷作为主要造林树种，已建成一定面积的速生丰产林。

2—3—10—1　木荷林[②]

木荷（*Schima superba*）又名荷木，是常绿阔叶大乔木，珍贵用材树种，为中国东南部湿润亚热带常绿阔叶林的主要树种之一，其生长适应性强，中国南方各省有较丰富的资源。木荷天然林常与槠、栲、樟、楠类树种混生，也有成片的以木荷占优势的林分，次生残林和村旁保育林中均留存有不少大树，有高达 30m，胸径 1m 多者。1949 年后，许多国营农场和集体制林场都营造木荷人工林，特别是 50 年代以后有较大面积以木荷为主的人工混交林，近年来仅广东就营造木荷速生丰产林 1 236hm^2，成为广东阔叶树主要造林树种之一。由此可见，随着国家经济建设的发展，木荷林具有其广阔的发展远景。

（一）**分布与生境**

木荷在中国自然分布的范围，大致在北纬 32°以南，东经 96°以东，包括江苏的苏州地区，安徽南部、浙江、江西、福建、台湾、湖北、湖南、四川、云南、贵州、广东、海南、广西等地，即北线以安徽的大别山—湖北的神农架—四川的大巴山为界，西至四川的二郎山—云南的无量山，南延至广东、广西、台湾等地。垂直分布一般在海拔 1 500m 以下，其中浙江、江西、湖北、湖南、四川、广东、广西在海拔 200～1 200m，云贵高原分布上限上升，最高达海拔 2 000m（四川、广西）、江苏的苏州和安徽的南部均在海拔 400m 以下，台湾在海拔 500～1 500m。

木荷分布区的气候特点是：春夏多雨，温暖，冬无严寒，年降水量 1 200～2 000mm，分布比较均匀；年平均气温 16～22℃，但多分布在 18℃ 以上的地区，1 月平均气温 4℃以上，极端最低气温－11℃。年平均气温 17～21℃；降水量 1 400～2 000mm，是木荷生长的最适区，在天然林中木荷生长良好。

木荷对土壤的适应性较强。在分布区内，各种酸性红壤、黄红壤、粗骨紫色土、黄壤、

---

① 执笔人：李承彪，周政贤

② 执笔人：吴文谱，由祁承经，张炳荣，朱配演等提供资料

黄棕壤等均有木荷生长，pH 值 4.5～6.0，以 pH5.5 左右最适宜。在沟谷、山麓的木荷林分，土壤土层深厚，腐殖质多，比较疏松，林木生长最快。在人为破坏严重的木荷、马尾松次生林中，水土流失比较严重，土壤浅薄，夹杂石块，木荷尚能生长，由于木荷根系强，扎根深、能耐一定的干旱瘠薄土壤；但生长速度远不如土壤肥沃湿润的地区。

（二）组成结构

天然木荷林多属混交林，局部组成比重较大，成为木荷优势林分，一般林冠整齐高大，总郁闭度 0.80～0.95，层次结构比较复杂，乔木一般可划分为 3 个亚层，第 1 亚层高 20～25m，个别高达 30m，第 2 亚层高 8～12m，第 3 亚层是 8m 以下的小树，但由于生境的差异，木荷的层次结构有较大的差异，表现出乔木层的分异，不同下木和草本的组合，形成为多层次、多树种组成的森林类型（《江西森林》，1980；林英，1981；吴文谱，1982、1984a、1984b）。

在福建：乔木层的组成树种，主要是壳斗科的栲树、青冈、石栎，樟科的樟树、楠木，杜英科的杜英、金缕梅科的蕈树、木兰科的深山含笑等树种混生，遭受破坏较严重的次生林，木荷多与马尾松、杉木和毛竹混生，杂有枫香、山乌桕、泡桐等落叶树种。海拔 1 000m 以上的木荷林，主要与青冈，多脉青冈、槭树、赤杨叶等树种混交。从植物区系成分看，木荷和槠、栲、樟、楠属于典型的中国—日本区系的植物成分。林下灌木种类较多，常见的有柃木、冬青、黄瑞木、檵木、绒毛润楠、老鼠矢、山矾、杜鹃、树参、杜茎山、百两金、冻绿和小竹等。地势越高，杜鹃、柃木、冻绿等灌木频度越大。林下草本植物主要有狗脊、乌毛蕨、淡竹叶、卷柏、乌蕨、华里白、铁线蕨、珍珠菜、山姜、百合、紫菀等层外植物种类不多，常见种有山葡萄（*Vitis amurensis*）、木通、信筒子、鸡血藤、流苏子、南蛇藤、瓜馥木等。

在江西：根据调查资料统计，乔木层种类达 30 种以上，而以木荷为建群种，或与云山青冈、罗浮栲、红润楠等组成为共优势种林分。乔木可区分为 3 亚层：第 1 亚层高 15～20m，以木荷、云山青冈、青冈、罗浮栲、红润楠、薯豆、大果马蹄荷、树参、华南石栎等为主；第 2 亚层高 10～14m，种类较多，有肖柃木、甜槠栲、猴欢喜、光叶石楠、曼青冈、黄瑞木、滇南杜鹃、木莲、大叶含笑、厚皮香、天竺桂、冬青、润楠、亮叶水青冈、钩栲、龙头槭等；第 3 亚层为 10m 以下的小树及杜鹃、乌饭树、山茶属、石斑木、鼠刺等。从林木组成来看，壳斗科占优势，计有 6 种之多，次为山茶科和樟科各占 4 种，冬青科 2 种，其他仅每科 1 种。灌木种类，以箬竹、细齿柃木、粗叶木等为主，次为米饭花、石斑木、尾叶山茶、满山红、硃砂根等。草本层比较稀疏，主要是由于林下比较阴暗和枯枝落叶层厚，影响草本植物的生长发育，主要种类有淡竹叶、苔草、美丽复叶耳蕨（*Arachniodes amoena*）、瘤足蕨、鳞毛蕨等。但在林窗处则以光叶里白占优势。层外植物多为木质藤本，主要有扶芳藤（*Euonymus fortunei*）、野木瓜、菝葜、冷饭团（*Kadsura coccinea*）、蘡薁（*Vitis adstricta*）和韩氏悬钩子等。附生苔藓很多，以大凤尾藓（*Fissidens filicinus*）和多疣悬藓（*Barbella pendula*）为最常见（吴文谱，1982，1984a，1984b）。

在浙江：据调查乔木层为两个亚层，第1亚层高10～19m，总郁闭度0.40，以木荷居多，但优势不很明显，还有青钩栲、钩栲、山合欢、缺萼枫香（*Liquidambar acalycina*）、赤杨叶、玉兰、短柄枹栎、化香树、马醉木（*Pieris*）、甜槠栲、浙江柿、青钱柳、青冈、天目紫茎（*Stewartia gemmata*）、青皮木、珂楠树（*Meliosma beaeiana*）、豺皮樟等。第2亚层高6～9m，以小乔木为主，如木荷幼树、尾叶冬青、树三加、黄檀、四照花、尾叶樱等。下木层高0.5～3m，盖度60%～80%，以常绿成分为主，如毛花连蕊茶、马银花、硃砂根、细枝柃、柃木等，也有一些落叶灌木，如白木乌桕（*Sapium japonicum*）、粉绿蜡瓣花，但数量很少。草本层稀疏，多为耐荫性植物，如披针苔草、鳞毛蕨、春兰等，一般高5～50cm。

在安徽：据调查资料统计，乔木层一般9～16m，最高为20m，胸径14～20cm，最大达43cm，总郁闭度0.60左右，组成树种约20～30种，常绿树种占优势，常见的青冈、甜槠栲、罗浮栲、钩栲等，大多为南方区系树种。下木层一般高0.50～3m，盖度5%～35%，种类不多，以常绿的喜酸树种为主，常见的有米饭花、赤楠、石斑木、柃木、尖叶山茶、硃砂根等，也有落叶的檵木、满山红、杜鹃等。草本层植物不发达，主要有淡竹叶、鳞毛蕨、苔草等。层外植物有牛木瓜、鸡矢藤、菝葜等（吴文谱，1987）。

根据以上组成结构的分述，木荷分别组成常绿阔叶林、针阔叶混交林和常绿与落叶阔叶混交林，主要林型有：

（1）狗脊柃木甜槠栲木荷林（福建、江西、湖南、浙江）

（2）线蕨杜鹃青冈（或多脉青冈）木荷林（福建、江西）

（3）淡竹叶箬竹云山青冈木荷林（江西）

（4）芒萁檵木马尾松木荷林（江西、福建）

（5）披针苔草连蕊茶山合欢木荷林（浙江）

（6）狗脊鹿角杜鹃紫槭木荷林（江西武功山）

（三）生长发育

根据调查，生长在海拔1 200m立地条件中等的天然阔叶林中的木荷，78年生树高18.5m，胸径24.2cm，单株材积0.420 6m^3，树皮率13.4%。从生长过程来看，木荷前中期生长快，后期生长较慢。树高生长在20年时为最快，连年生长量达0.50m，平均生长量为0.48m，以后缓慢下降。到78年时，连年生长量为0.22m，平均生长量为0.23m。胸径生长在20年以后生长最快，连年生长量在20年时为0.45cm，平均生长量在30年时达0.36cm。材积生长前期缓慢，20年以后逐渐加快，大约在70年左右材积增长量最大，连年生长量达0.007m^3。由于该标准木所在地海拔较高，立地条件差，因此，生长较慢。但木荷多分布于丘陵地带，在立地条件较好的山坡，则生长较快，所以是丘陵、低山的优良用材树种（江西上饶地区林业科学研究所编，1979）。

（四）更新演替

木荷不耐荫，在稠密林冠下木荷难以生苗，在其自身林下更新困难，常为更耐荫的槠栲、楠木类所更替。其种子轻，易飞散，常在林缘、林中空地更新，或在马尾松、落叶阔叶疏林（以枫香、赤杨叶为主）下可下种生苗。故其更新顺序应为：马尾松或枫香林→马尾松木荷林或枫香木荷林→木荷枫香林→木荷栲（石栎）类林→栲（石栎）林或楠木类林。因此，木荷林是稍为耐荫的森林类型。它在森林更新位置上属于耐荫而偏喜光树种，可与先锋树种混生。

（五）评价与经营意见

木荷在中国南部分布广泛，资源丰富，对水土保护、涵养水源效能较大，同时木材结构细密，是纱管、走梭板（纺织用）和其他镟制品的优良用材，也是很好的农具、家具、胶合板、车船、建筑等用材。此外，树皮、树叶可提取栲胶；树皮晒干制成粉末又可毒鱼。树冠浓密，耐火，与马尾松混交，不但可控制松毛虫和山火蔓延，而且可以改善单纯松林生态上的弱点。

依照木荷生态要求，在发展木荷人工林时，营造混交林是一项关键性的经营技术措施。因为木荷的混交林一般比纯林效果好，特别是马尾松与木荷混交，对两个树种均有良好的互补作用，只是到后期，木荷有可能超过马尾松生长的趋势，这完全符合该树种的自然生长发展规律。

从广东开平东山林场的实践经验中看到，木荷与马尾松混交，无论树高、胸径和材积的生长都比纯林理想，这主要是种间互助起了主导作用，较好地解决了木荷纯林地上与地下的矛盾，从而创造了有利于木荷生长的森林环境。

木荷薪炭林经营不同于用材林，宜营造高度密植的单纯林，并实行短轮伐期，萌芽更新，矮林作业，造林密度视立地状况，一般每公顷约 7 500～10 000 株，造林后 10 年林分平均高 5～6m，胸径 5～6cm 时，即可皆伐，轮伐期 6～7 年。

总之，为了适应现代化林业经营的定向生产、立地和综合利用的要求，应有计划按比例发展木荷林或其他木荷混交林、结合林种经营的防护林、薪炭林以及特种用材林，以提高生产潜力，增加人工林的抗逆性和稳定性的多种效益。

2—3—10—2　银木荷林①

银木荷（*Schima argentea*）是中国南部特产的山茶科种类，由其所组成的银木荷林是亚热带常绿阔叶林上限的重要类型之一。一般多为混交林，常与甜槠栲、栲树、厚皮栲、多脉青冈、红润楠等混生。在江西和湖南也有相对集中而面积不大的银木荷纯林。

银木荷林分布于西南、广西、湖南、江西等地的山地。垂直分布 900～3 000m，以1 000～1 300m 较为普遍，但在不同的地区也有所差异。如江西一般分布于海拔 1 000～1 500m，而湖南即分布于海拔 700～1 800m 地带。分布区的气候特点是空气潮湿，年平均气温 13～16℃，年降水量 1 500～2 200mm，对中山地带的冰冻、日灼、强紫外线照射有一定的抗性。

① 执笔人：吴文谱．祁承经参加

银木荷的幼林耐荫、较耐寒，土壤母岩为板岩、砂岩、页岩、花岗岩等各类岩性发育而成的山地黄壤、黄棕壤，对土壤要求不严格，适宜于中厚土层、疏松潮湿、排水良好的酸性土，土壤剖面特征及其理化性状以湖南酃县罗霄山地海拔 950m，东北坡、坡度 42°，元古界板岩形成的剖面加以说明，剖面为：0～4cm 为枯枝落叶层，覆盖率 80%；0.4～9.5cm，暗红色，轻壤土，团状结构，潮，pH 值 4.4；34～90cm，黄棕色，中壤，潮，pH 值 4.6。银木荷树皮厚，对大风，日灼和山火有一定抗性，母树结实量大，萌芽性强。

根据调查资料统计，乔木层种类组成约 30 种，可分为 3 个明显的亚层，多以银木荷为建群种，或与甜槠栲、红润楠组成为共优势种林分。乔木第 1 亚层以银木荷、甜槠栲、细叶青冈、红润楠、石栎、水青冈、薯豆、硬斗石栎为主。第二亚层有光叶石楠、鹿角杜鹃、香港四照花、火灰树、红枝柴、毛桂等。第 3 亚层多为第 1 亚层的小树，以及山茶属、山矾属、杜鹃花属、石楠属、乌饭树属、冬青属的常绿小树或大灌木。此外，第 1、2 亚层中也常渗入一些山地针叶林的树种。如黄山松、长苞铁杉等，以及一些山地落叶阔叶树种，如紫树、槭树属、椴树属、大穗鹅耳枥及雷公鹅耳枥等。

下木层种类较多，主要有油茶、树参、硃砂根、鼠刺、石斑木、箬竹、乌药、山橿、东方古柯、米饭花、荚蒾、柃木、五加、大黄花远志（*Polygala fallax*）等。其中以油茶为优势种，覆盖度 25%。草本层以狗脊最多，生长也最好，是该层优势种。其他常见的还有苔草、球米草、淡竹叶等。层外植物不多，主要种类有三叶木通、鸡血藤、菝葜、薜荔、忍冬（金银花）等。由于林下环境潮湿、苔藓地被物发育良好。

根据立地条件，种类组成和层次结构的不同，主要林型有华东瘤足蕨柃木银木荷林和狗脊油茶银木荷林，现分述如下：

1. 华东瘤足蕨柃木银木荷林（江西井冈山）

本林型分布于井冈山的荆竹山至紫竹坝一带，中山地海拔 1 000～1 500m 的山脊和山顶浅谷的上坡。土壤为花岗岩母质发育的山地黄壤。山脊以上是针阔叶混交林，山脊以下有居民点，并有油茶林和松杉混交林分布。林型的外貌葱绿色，树高 15m 以下，而且高低参差不齐，立木总郁闭度 0.85。建群种为银木荷，生长发育良好，立木 5 个等级齐全。次为甜槠栲和红润楠，但是都发育不正常，缺少第Ⅲ级立木。从区系成分的分析上可以看出，壳斗科竟达 7 种之多，次为樟科有 3 种，越橘科有 2 种。山茶科和其他各科均仅有 1 种。针叶树仅有黄山松侵入林内，但也仅有Ⅴ级大树，并没有更新苗木，说明是几十年前侵入的历史标志。同样的也还有喜光的落叶阔叶树，如枫香也是几十年前入侵，现仅有Ⅴ级老树存在，也并没有更新苗木。从生活型的分布上，落叶阔叶树有 5 种，半常绿乔木仅长柄水青冈 1 种，其余全为常绿阔叶树。

灌木层约有 20 多种，以柃木为主，次为油茶、薄叶山矾、宜昌荚蒾、小叶石楠、鼠刺、东方古柯、老鼠矢、粗叶木、石斑木、马银花、杜鹃、岭南杜鹃、南岭杜鹃、荚蒾、硃砂根等。

草本层种类不多，稀疏，以华东瘤足蕨（*Plagiogyria japonica*）为主，次为蛇足石松

（*Lycopodium serratum*）、苔草、黑紫黎芦（*Veratrum atroviolaceum*）等。

层外植物不甚发达，仅有野木瓜、白木通、土茯苓、木通、肖菝葜（*Heterosmilax japonica*）等。附生植物最为显著，有近似山地常绿阔叶苔藓林状态，树干、树枝和岩石上都布满兰科和苔藓附生植物，有细茎、石槲、流苏贝母兰（石仙桃）（*Coelogyne fimbriata*、瓦韦以及多疣悬藓、丝带藓（*Foribundaria floribunda*）等。

2. 狗脊油茶银木荷林（湖南酃县）

银木荷常与甜槠栲（变种）、包果石栎、多脉青冈、红润楠、水青冈等混生，特别是与甜槠栲特性接近，常组成银木荷、甜槠栲混交林。样地林分高10～15m，总郁闭度0.6，林相整齐，较稀疏，面积1 000m^2，有立木82株，材积25.620 14m^3。乔木第1亚层为银木荷、杉木、甜槠栲等；第2亚层为包果石栎、冬青。更新层中杉木、红润楠、包果石栎、小叶青冈苗木较多（见表3—69）。灌木层根据20m^2样地统计：总盖度70%，高1.0～1.5m，有马银花12株，频度60%，鹿角杜鹃9株，频度60%，油茶26株，频度100%，柃叶连蕊茶（*Camellia euryoides*）7株，频度40%，华鼠刺7株，频度40%，乌饭树6株，频度40%，其他5株以下的有柃木、石楠、微毛柃、红紫珠（*Callicarpa rubella*）、山橿、白花龙（*Styrax confusa*）、荚蒾、狗脊、光叶里白、苔草、五节芒、大斑叶兰（*Goodyera schlechtendaliana*）等。

表3—69　银木荷甜槠栲林立木统计

名称	分层	株数	多度（%）	高度（m）		胸径（cm）		冠幅（m）		枝下高（m）	优势年龄	材积（m^3）
				平均	最高	平均	最高	平均	最高			
银木荷	Ⅰ	28	34.1	11.8	15.0	27.9	46.0	6×5	6×7	9.0	70	15.043 0
甜槠栲	Ⅰ	13	15.8	9.8	14.0	21.2	38.0	7×6	8×8	8.0	85	3.733 31
杉木	Ⅰ	14	17.0	1.0	14.0	16.6	30.0	3×4	4×4	7.0	30	1.544 10
小叶青冈	Ⅰ	2	2.4	10.0	14.0	36.0	58.0	5×6	7×6	6.0	90	2.232 98
锥栗	Ⅰ	2	2.5	9.5	14.0	18.0	28.0	4×5	5×5	6.0	45	0.462 06
枫香	Ⅰ	1	1.3	17.0	—	38.0	—	5×6	—	12.0	50	0.963 99
包果石栎	Ⅱ	18	21.9	4.9	11.0	8.1	30.0	4×4	5×6	4.0	85	0.783 894
冬青	Ⅱ	3	3.7	6.7	8.0	9.3	14.0	3×3	4×2	5.0	40	0.107 995
蓝果树	Ⅱ	1	1.3	8.0	—	12.0	—	5×6	—	6.0	40	0.077 698

注：1. 地点：湖南酃县　　面积：1 000m^2

2. 廖衡松调查

银木荷比较喜光，在林下幼苗很少，而耐荫的红润楠、小叶青冈、包果石栎苗木较多，发展下去可能演替为以小叶青冈、红润楠、包果石栎为主的林分。如要保持银木荷更新，应采取适当择伐，使之透光，则有利于银木荷及甜槠栲的更新，银木荷林前期群落可能是黄山松马尾松林或光皮桦鹅耳枥枫香锥栗等混交林。

银木荷树高大，干直，是一种生长快的用材树种，其木材直至斜，结构细，质重，容易切削，刨面光滑，油漆和胶粘性质良好，硬度中等，有弹性，耐久，可为建筑板料，家具、农具、工业纱锭用材，树皮、树叶含鞣质。此外，种源丰富，萌芽率强，易于繁殖成株，可列为造林树种，通过人工栽培或天然更新途径促使成林。银木荷适应性强，耐山火，耐中山山脊大风、强日照、立地干燥等不利因素，可作为杉木林及其他中山针叶林防火林带树种，用以调节针叶林生态缺陷。对中山山脊、危坡、陡石出现幸存的银木荷、甜槠栲是良好的水土保持林和水源林，应列为禁伐林，并加强保护。

银木荷多生长在1 000～1 500m的山脊和山顶浅谷上坡，又是良好的水源林，因此，在发展银木荷时必须根据其生态特性，选择宜林地造林。

第八节　细柄蕈树林

2—3—11—1　细柄蕈树林[①]

蕈树属（*Altingia*）是热带亚洲爪哇、中南半岛、印度、中国东喜马拉雅和西南至华南星散分布的区系成分，共有12种；中国产8种。其中细柄蕈树（*Altingia gracilipes*）是南岭山地东部、仙霞岭及武夷山地所特有的树种，浙江南部、福建以及江西东南部和广东韩江流域有相对集中的纯林分布，常与甜槠栲、红润楠、木荷、栲树、青冈、钩栲、山杜英等混生，组成为多层次多树种的亚热带常绿阔叶林，木材及树脂均有用，它对于保持水土，涵养水源，美化环境，科学研究均有重要意义。

（一）分布与生境

细柄蕈树林在国内分布局限，仅在浙、闽、赣至粤东有成片次生林残存。垂直分布于海拔300～800m的丘陵山地，有时在海拔200～1 000m处也可见到，以海拔500～800m处分布最为集中。在海拔800～1 000m地带山区村落附近之山坡常与甜槠栲林相交错。但它的分布范围较甜槠栲为狭，多生于海拔300～800m的沟谷山坡上，对温湿的要求较甜槠栲为严格，以在阴湿的沟谷生长较好，对土壤要求并不十分严格，只要湿度相宜，即使在岩石裸露，土壤较浅薄的山坡，生长也很正常，能扎根于石隙中，但以深厚的山地红壤缓坡生长优良。土壤主要为花岗岩、页岩、凝灰岩、流纹岩发育的山地红壤和山地黄红壤。土层厚100cm以上，全剖面湿润，表层为沙壤土，pH值4.3；心土为轻粘壤土，枯枝落叶层厚约3cm，多呈半分解状态，pH值4.75，有机质含量丰富。

（二）组成结构

本类型常处于土壤深厚平缓的山坡、山谷，立地条件较优越的地段，形成林相完整的

① 执笔人：吴文谱．姜顺兴、汤兆成等提供资料

细柄蕈树林，乔木层次不多，常以细柄蕈树为绝对优势。在海拔 500m 处与木荷、米槠、栲树、苦槠栲分别组成优势种的群落。而在海拔 800m 处也常与甜槠栲、红润楠组成优势种群落。林冠浓密，外貌呈深暗色，总郁闭度 0.70～0.90。

根据福建建阳李家坡和浙江松阳黄南村标准地调查资料统计，细柄蕈树林在组成结构上较为复杂，树种丰富，层次明显可以分成乔木层、下木层和草本层等 3 个层次，乔木分布均匀，V 级大树占优势，层次不明显，常与其他常绿阔叶树和少量的针叶树混生。乔木层中以细柄蕈树为建群种，其他常有甜槠栲（*Castanopsis eyrei*）、米槠（*Castanopsis carlesii*）、木荷（*Schima superba*）、树参（*Dendropanax chevalieri*）、光叶石楠（*Photinia glabra*）、钩栲（*Castanopsis tibetana*）、栲树（*C. fargesii*）、南岭栲（*C. fordii*）、青钩栲（*C. kawakamii*）、青冈（*Cyclobalanopsis glauca*）、红润楠（*Machilus thunbergii*）、山杜英（*Elaeocarpus sylvestris*）、闽楠（*Phoebe bournei*）、少叶黄杞（*Engelhardtia fenzelii*）和扁平叶型的针叶树杉木。随着海拔的升高，也会混生有落叶阔叶树如山合欢、油柿（野柿树）（*Diospyros kaki* var. *sylvestris*）等。

下木层组成种类随立木郁闭度的大小而不同，当郁闭度不大的情况下，下木的种类比较复杂，据统计在 200m^2 样地内有 40 种，分属于 15 科，常见的有乌药（*Lindera aggregata*）、山橿（*L. reflexa*）、山苍子（山鸡椒）（*Litsea cubeba*）、油茶（*Camellia oleifera*）、尖叶山茶（*C. cuspidata*）、细齿叶柃（*Eurya nitida*）、黄瑞木、鹿角杜鹃（*Rhododendron latoucheae*）、杜鹃（映山红）（*Rh. simsii*）、檵木、接骨木、赤楠（*Syzygium. buxifolium*）、轮叶蒲桃（*Sy. grijsii*）、虎皮楠、毛冬青、伏牛花、老鼠矢等。但生长矮小而稀疏，高度一般在 0.5m 左右，多数是砍伐后的萌芽幼树。相反，在郁闭度大的情况下种类明显减少。

草本植物较稀疏，分布不均，常见有狗脊（*Woodwardia japonica*）、芒萁（*Dicranopteris dichotoma*）以及禾本科，莎草科的矮小草本。层外植物多数是细弱的细藤，如菝葜（*Smilax china*）、流苏子（*Coptosapelta diffusa*）、广东蛇葡萄（*Ampelopsis brevipedunculata*）、日本薯蓣（*Dioscorea japonica*）、鸡血藤（*Millettia reticulata*）等，蔓延在地上或攀缘在树干的基部。

根据细柄蕈树林的立地条件，种类组成和层次结构的不同，其主要林型现分述如下。

1. 狗脊乌药细柄蕈树林

本林型主要分布于福建的南平宝珠等地，海拔 860m，坡向南东，坡度 25°，位置在村庄后山坡，其下是农田。土壤为红壤，土层厚达 100cm 以上，腐殖质层厚达 40cm，pH 值 5.0。

主林层几乎全部是细柄蕈树，高度都在 25m 以上，林相整齐，总郁闭度 0.98，混生树种仅有青冈、赤楠、罗浮栲、油柿，高度均在 10m 以下。

下木层生长着稠密的灌木，竹类和乔木树种的小树，有乌药、苦竹、黄竹、赤楠、鼠刺（*Itea chinensis*）、少叶黄杞、粗叶木（*Lasianthus chinensis*）、栀子（*Gardenia jasminoides*）、薯豆（*Elaeocarpus japonicus*）、杨梅叶蚊母树（*Distylium myricoides*）、波罗

树、红润楠、石斑木（*Rhaphiolepis indica*）、东方古柯（*Erythroxylum kunthianum*）等。

草本层稀疏，夹杂在灌丛中，仅有狗脊（*Woodwardia japonica*）和芒萁，层外植物在样方内未见，样方外仅有细小的南蛇藤（*Celastrus articulatus*）、光叶菝葜（*Smilax thunbergiana*）、羊角藤（*Morinda umbellata*）。

2. 芒萁百两金甜槠栲细柄蕈树林

本林型主要分布在福建的邵武，浙江的龙泉、靖居、庆元、泰顺、松阳、乌岩岭，江西的九连山等地。现例举浙江松阳黄南村的调查资料，加以说明。本林型分布在海拔 270m，土壤为红壤，质地粘重，乔木层高 20m 以上，以细柄蕈树和甜槠栲为共建种，其他尚有栲树、钩栲、南岭栲、青冈、青钩栲、红润楠、闽楠、刨花润楠、少花黄杞、山合欢等。下木层一般高 0.5～2.0m，盖度达 50%～70%。主要有百两金、绒毛润楠、乌药、密花树、毛冬青、饭汤子、赤楠、鼠矢、长圆叶鼠刺、郁香野茉莉等；草本层一般高 30～150cm，覆盖度 80%以上，主要有芒萁、里白、狗脊、鳞毛蕨，此外常见的还有芒、淡竹叶、苔草等；层外植物主要是木质藤本，有瓜馥木，钩状崔梅藤，网脉叶酸藤果、香花崖豆藤、鹰爪花、光叶菝葜、络石、紫花络石等。

3. 芒萁乌饭树米槠细柄蕈树林

本林型主要分布在福建的邵武、建阳，海拔 590m 的山谷坡地，坡向西南 75°，坡度 25°，地表枯枝落叶层覆盖率 95%，厚约 2～6cm，但未完全分解。土壤为红壤，土层深约 90cm，pH 值 5.35。

乔木层由细柄蕈树与米槠占优势。分层现象不太明显，从各树种不同高度来看，仍可分为 2 亚层。第 1 亚层高约 20～21m，郁闭度 0.6，第 2 亚层高度 8m 左右，郁闭度约 0.5，在 225m^2 范围内，米槠有 18 株，占林木组成的 44%，细柄蕈树 9 株，占林木组成的 22%。组成第 1 层的林木主要是这两个树种，米槠各级立木俱全，细柄蕈树只有Ⅳ级立木，在第 1 层中也杂有少数的马尾松和石栎等。在整个群落中不居显著地位。总的来说，本群落中Ⅳ级立木占多数，约为全林木的一半，Ⅲ级的立木占 1/3，Ⅴ级立木占 1/6。这可以说明它正处于旺盛生长的发展阶段，至于更新情况，在 25m^2 的范围内，米槠有 12 株，细柄蕈树仅有 1 株，此外，尚有青冈 4 株，树参 1 株。

（三）生长发育

细柄蕈树是一种生长较快的用材树种，树干粗壮高大，立地条件优良的林地平均树高可达 25m 以上。根据江西上饶地区林业科学研究所在武夷山西麓中段海拔 300m 山区，东北坡中下部，土质适中的山地红壤，天然常绿阔叶林中的细柄蕈树解析木材料分析 68 年生，树高 17.1m，胸径 22.8cm，单株材积 0.327 8m^3，材积平均生长量 0.004 8m^3，树形高大，主干通直，圆满。

树高生长：前期较快，10～45 年生为速生阶段，连年生长量在 0.25m 以上；10～15 年生为高峰期，生长量达 0.34m；此后缓慢下降，35～40 年生减小到 0.26m，65～68 年生继续减小到 0.17m。平均生长量，20 年生前上升较快，20 年生达 0.25m，35 年生达到高峰，生长量为 0.27m，此后均基本保持这种长势，无明显下降。

胸径生长：10 年生前生长甚微，中后期较快，15～40 年生为速生阶段，连年生长量均在 0.36cm。25～30 年生为高峰期，生长量达 0.60cm。此后，波动下降，65～68 年生减小到 0.20cm。平均生长量，45 年生达到高峰，生长量为 0.37cm，此后无明显下降。至 60 年生仍保持为 0.34cm。

材积生长：前期缓慢，中后期较快，35 年生以后为速生阶段，连年生长量均在 0.006 3m^3以上；60～65 年生为高峰期，生长量达 0.013 0m^3 以上；65～68 年生开始下降，减小到 0.009 5m^3。平均生长量，随着树龄的增大，不断上升，25 年生达 0.000 5m^3，68 年生达 0.004 8m^3，正处在上升阶段。

综上所述，细柄蕈树生长速度为中速偏慢，68 年生材积生长，仍处在上升阶段，平均生长量为 0.004 8m^3。树高生长，速生期较早，持续年限长，前期生长量较大，后期下降不多。胸径生长，高峰期虽然较迟，但速生期仍较早，年限长，生长量前期一般，后期也较高。材积生长，除 15 年生前较慢，生长量较小外，以后均较快，生长量较高，速生期也来得早，持续年限长。为此，该树种，在立地条件适宜的情况下，可试作中径级用材为目标来经营。

（四）更新演替

细柄蕈树林是亚热带气候演替的顶极森林类型，其发生和发展是与亚热带自然环境条件密切相关的。根据福建姜顺兴的调查，现存的细柄蕈树林及其组成成分，总的特点是优势种中，Ⅴ级立木占多数，Ⅳ级立木较少，Ⅰ、Ⅱ级苗木也较多，仅缺Ⅲ级立木，除此以外，尚有数量不多而分布不均匀的甜槠、木荷、光叶石楠、树参等幼苗以及青冈、山杜英、杨梅、红润楠、大叶润楠的大量苗木。由此可见该类型还是一个成熟而稳定的类型。

当细柄蕈树遭到人为破坏时，林中出现林窗，在郁闭度不大的情况下，灌木大量繁殖，林中湿润的环境条件变干，这时所出现的植物除木荷、青冈、石栎、黄楠等苗木及一些林下常见的灌木，如乌饭树、乌药、赤楠、黄瑞木、老鼠矢、细齿柃木、硃砂根外，多数为喜光树种，如檵木、小果南烛、山苍子、野鸦椿、山柳、杜鹃（映山红）、盐肤木、山姜等，或杂以五节芒、芒萁、黄毛耳草等草本植物。由于环境变干，阳光充足，为马尾松创造了立足之地，而在山坡较高地方，已发展成为马尾松幼林。可以推断，如马尾松再加以砍伐焚烧，终于将成为灌丛、荒山草地，甚至次生裸地，这是逆向演替的必然趋势。相反，如停止人为干扰，让马尾松任其发展，随着马尾松的不断生长，郁闭度越来越大，反而抑制了马尾松的生长。从而为常绿阔叶树创造了荫蔽条件，萌生的细柄蕈树、甜槠栲、木荷、树参等将逐渐发育，最后形成为常绿阔叶林，达到气候演替顶极，这也就是细柄蕈树林顺向演替的必然结果。

（五）评价及经营意见

细柄蕈树俗称“檀树”“香兰”，细柄蕈树林大都形成乔木林，植株都长成大乔木，主干粗壮高大，木材赤褐色，坚硬；干燥后不容易发生翘曲和收缩，耐腐性中等；钉着力强，不劈裂，木材供枕木、桥梁、茶叶箱盒等用材。木材也可供培养香菇、树脂及树叶含有芳香油，100kg 鲜叶可出油约 400mg，供工业用、药用以及作香料的定香剂等。

现存的细柄蕈树大多是古老的风景林、墓道树。除保存好现有林分外，宜积极采取人工繁殖造林，特别应指出的是福建南平宝珠大队细柄蕈树林中存有 1 株树龄 300 年，胸径 155cm，树高 25～30m 的古老母树，这是十分珍贵的古树，应当加以保护，此外，本类型的主要组成种类，如甜槠栲、米槠、木荷、红润楠等都是重要用材树种。

第九节　虎皮楠林

2—3—12—1　虎皮楠林①

虎皮楠（*Daphniphyllum oldhamii*）是中国亚热带的常绿阔叶树种，一般多与栲树、鹿角栲、罗浮栲、青冈栎等共同组成为亚热带常绿阔叶林。虎皮楠林主要分布于浙江、福建、江西、湖南、湖北、四川、贵州、广东、广西、台湾等地，垂直分布海拔 200～2 300m 以下的丘陵和中山，性喜温暖潮湿的气候，分布区年平均气温 14～18℃，1 月份平均气温 1～12℃，7 月份平均气温 28℃，土壤母岩为板岩、变质岩、砂页岩、砂岩等形成的红壤、黄红壤及黄壤，土层深厚，肥沃，富含腐殖质，pH4.5～6.0。枯枝落叶层厚约 3～5cm，覆盖率 80%，按层分解较好。

根据井冈山的调查材料统计，虎皮楠林外貌淡绿色，有闪烁光泽，林冠稠密，较整齐，高 15～16m，总郁闭度 0.80，组成与结构均较复杂。乔木层组成树种在 30 种以上（见表 3—70），分层不明显。其特别显著的是虎皮楠，为比较大的立木。一般胸径 13～18cm，最粗的有 20cm 以上，而且密度大，分布又均匀，为林分的优势种。此外，尚有壳斗科、樟科、山茶科、木兰科、杜英科、冬青科、蔷薇科、杜鹃花科等树种，如栲树、甜槠栲、青冈、多穗石栎、香桂（*Cinnamomum subavenium*）、楠木、黄丹木姜子、红润楠、黄瑞木、深山含笑（*Michelia maudiae*）、山杜英、薯豆、广东冬青、厚叶冬青、石斑木、刺叶桂樱（*Prunus spinulosa*）、桃叶石楠、马银花等。从生活型来分析，常绿树种占绝对优势，说明本林系中树种配置是比较稳定的（见表 3—69）。

下木层种类多，约有 15 种以上，高约 40～60cm，最高 180 cm，盖度 30%，以檵木、黄润楠、杜茎山、细枝柃为主，次为油茶、黄丹木姜子、铁冬青（*Ilex rotunda*）、广东冬青、矩圆叶鼠刺、沿海紫金牛（*Ardisia punctata*）、鹿角杜鹃、米饭花、光叶石楠、黄瑞木、五月茶等。

草本层种类很少，生长稀疏，仅见有苔草（*Carex* sp.）、淡竹叶、狗脊、山姜等。其中苔草较多，为草本层的优势种。平均高度 30cm，盖度 8%。

---

① 执笔人：吴文谱

表 3—70　狗脊短尾柃山杜英虎皮楠林乔木分级分层统计

编号	植物名称	分级					分层			频度	总株数
		Ⅰ	Ⅱ	Ⅲ	Ⅳ	Ⅴ	1	2	3	(%)	
1	虎皮楠	0	0	12	65	1	61	15	2	100	78
2	山杜英	20	20	2	3	0	3	1	41	100	45
3	黄瑞木	0	0	9	2	0	2	1	8	50	11
4	红润楠	40	40	1	0	1	1	0	81	50	82
5	栲树	90	90	0	1	1	2	0	100	80	182
6	多穗柯	0	20	1	0	0	0	1	20	50	21
7	薯豆	0	20	0	1	0	0	1	20	50	21
8	杉木	0	120	3	0	0	0	2	121	50	123
9	广东冬青	0	0	4	0	0	0	2	2	50	4
10	厚叶冬青	0	0	2	1	0	0	2	1	50	3
11	乌饭树	0	0	4	0	0	1	3	0	50	4
12	黄丹木姜子	0	0	2	0	0	0	0	2	30	2
13	桃叶石楠	0	0	1	0	0	0	1	0	30	1
14	华鼠刺	0	0	3	0	0	0	0	3	30	3
15	山乌桕	0	0	0	1	0	1	0	0	30	1
16	赤杨叶	0	0	0	4	0	4	0	0	30	4
17	赤楠	0	0	1	0	0	0	1	0	30	1
18	檵木	0	0	3	0	0	0	1	2	30	3
19	常绿樱	0	0	1	0	0	0	0	1	30	1
20	深山含笑	0	0	1	0	0	0	0	1	30	1
21	细叶肉桂	0	0	1	0	0	0	1	0	30	1
22	多穗石栎	0	20	1	0	0	0	0	1	30	1
23	石斑木	0	0	1	0	0	0	0	1	30	1
24	黄檀	0	0	0	1	0	1	0	0	30	1
25	杨梅	0	0	0	0	1	1	0	0	30	1
26	红叶树	20	20	0	0	0	0	0	40	30	40
27	甜槠栲	60	0	0	0	0	0	0	60	30	60
28	罗浮柿	20	20	0	0	0	0	0	40	30	40
29	楠木	0	20	0	0	0	0	0	20	30	20
30	青冈栎	0	20	0	0	0	0	0	20	30	20

注：地点：井冈山湘洲　海拔：570m　面积：400m²　调查日期：1982-12

层外植物不多，常见有流苏子、网脉叶酸果藤、羊角藤、野木瓜等，其中流苏子生长较旺盛。

根据江西上饶地区林业科学研究所在江西贵溪县茶山林区海拔 540m，东北坡中下部，肥力适中的山地红壤，天然常绿落叶阔叶混交林中的虎皮楠解析木资料，55 年生，树高 15.7m，胸径 21.1cm，单株材积 0.299 5m³。干形通直，圆满，树皮率 6.5%。

树高生长　前期较快，0～5 年为 0.26m，15～40 年为速生阶段，连年生长量个别龄级外，其余均在 0.36m 以上；20～25 年为高峰期，生长量达 0.52m，此后迅速下降，在 25～

30 年减少到 0.28m，30～40 年有所回升，但到 40～45 年又再次迅速下降，最后在 50～55 年减小到 0.12m。平均生长量前后期变化不大，5 年为 0.26m，25 年达到最高峰，生长量 0.38m，此后逐年缓慢下降，至 55 年减小到 0.32m。

胸径生长　10 年前生长较慢，15 年后急速上升，15～40 年为速生阶段，连年生长量均在 0.38cm 以上；25～30 年为高峰期，生长量达 0.80cm，此后迅速下降，在 50～ 55 年，减小到 0.22cm。平均生长量，初期生长较慢，15 年后上升很快，20 年达 0.26cm，30 年达到高峰期，生长量为 0.45cm；此后缓慢下降，在 55 年减小到 0.38cm。

材积生长　前期慢，15 年后急速上升；25～55 年均为速生阶段，连年生长量均在 0.008 6m^3 以上；35～40 年为高峰期，生长量达 0.009 9m^3；此后缓慢下降，在 50～55 年减小到 0.009 2m^3，平均生长量，15 年前生长甚微，此后随着树龄的增大，不断上升，尤以 25 年后，上升更为显著，均在 0.001 3m^3 以上，55 年达 0.005 5m^3，仍处在上升阶段。

综上所述，虎皮楠生长为中速水平。其树高、胸径及材积生长，虽然高峰期较迟，但速生期较早，年限较长，生长量较大；如立地条件较适应，加以人工经营，在较短期内培育中径级材是可行的。

虎皮楠是一种生长中速的用材树种。木材横断面生长轮不甚明显，但可见。心材与边材无多大差别，材色为黄白色或淡红棕色。纹理直，结构细致，重量中等，抗腐性弱，加工容易，刨面光滑。可供做板材，家具与室内装修等用。

种子可榨油，用于制皂，种仁含油率 34.1%。碘值 98.07；棕酸和硬脂酸 10.2%，油酸 67.1%，亚油酸 22.7%。

`虎皮楠幼年耐荫，成年喜光，根据天然林的分布，多散生于溪流两旁山坡的阔叶林中，故造林地选择，宜于土层深厚，土壤比较肥沃，润潮的黄红壤山地，规划营造小片状林分，也可作为混交树种，供混交林营造。此外，虎皮楠树姿雄伟，优美雅致，也可用作庭院绿化的树种栽培。

第十节　厚皮香林

2—3—13—1　厚皮香林①

厚皮香（*Ternstroemia gymnanthera*）产中国西南至东南部，分布较广，如江西、湖北、湖南、贵州、云南、广东、广西、福建、台湾等地，在垂直分布上主要分布于海拔 700～1 500m 的山坡。分布区的气候特点是温暖湿润，年平均气温 13～23℃，1 月份平均气温 4℃以上，极端最低气温－8℃，降水量 1 500～1 800mm，主要土壤类型为沙页岩母质发育的山地红壤、山地黄红壤、山地棕壤等，pH4.5～6，在沟谷坡麓的厚皮香林分，土层深厚，疏松湿润，

① 执笔人：吴文谱

枯枝落叶厚达3cm以上，覆盖度达90%，按层分解良好，土壤富含有机质，林木生长最快，但在山脊陡坡土层浅薄，生长速度远不如土壤肥沃的地段。

厚皮香林多以混交林出现，外貌淡绿色，间有黄色斑块，林冠浑圆，波状起伏，林木茂密，总郁闭度0.90。层次结构的组成比较复杂，局部林分组成中厚皮香的比重较大，成为厚皮香优势林分，但由于立地条件的不同，厚皮香的层次结构有较大的变异，表现在乔木层区系组成的多寡和灌木层、草本层种类组合的不同，从而形成多树种，多层次的森林类型。现列出江西井冈山苔草连蕊茶厚皮香林的组成结构，说明其特点。

表3—71　苔草连蕊茶厚皮香林乔木分层统计

编号	植物名称	分级					分层			频度（%）	总株数
		Ⅰ	Ⅱ	Ⅲ	Ⅳ	Ⅴ	1	2	3		
1	厚皮香	20	40	3	7	1	6	3	62	100	71
2	甜槠栲	0	40	7	10	1	11	5	42	100	58
3	蚊母树	20	40	5	1	0	1	4	61	80	66
4	红叶树	0	20	2	1	0	0	1	22	50	23
5	木荚红豆	60	40	0	0	2	2	0	100	50	102
6	黄瑞木	0	20	2	1	0	3	0	20	50	23
7	山杜英	20	0	5	6	0	6	4	21	50	31
8	杜英	20	0	0	3	0	1	2	20	50	23
9	薯豆	0	0	2	0	0	2	0	0	50	2
10	猴欢喜	0	0	3	0	0	2	1	0	50	3
11	山黄皮	0	0	3	0	0	2	1	0	50	3
12	虎皮楠	0	0	0	3	0	3	0	0	50	3
13	黄丹木姜子	0	0	6	0	0	6	0	0	50	6
14	密花树	0	0	0	2	0	1	1	0	50	2
15	鼠刺	0	0	3	2	0	2	1	2	50	5
16	马银花	0	0	22	4	0	0	24	2	50	26
17	小叶石楠	0	0	1	0	0	0	0	1	30	1
18	满山红	0	0	5	1	0	3	3	0	30	6
19	水团花	0	20	1	1	1	1	2	20	50	23
20	赤楠	0	0	6	0	0	0	4	2	30	6
21	腺叶野樱	0	0	0	0	1	1	0	0	20	1
22	油茶	0	0	2	0	0	0	1	1	20	2
23	黄绒润楠	0	0	2	0	0	0	2	0	20	2
24	青冈	0	0	0	1	0	1	0	0	20	1
25	米饭花	0	0	0	5	0	2	3	0	20	5
26	薄叶山矾	0	0	1	1	0	0	2	0	20	2
27	木荷	0	0	0	1	0	1	0	0	20	1

注：地点：井冈山拱桥对面　海拔：450m　面积：400m²　调查日期：1982-12-04

本林型分布于井冈山拱桥对面，海拔500m的低山中坡地段，立地条件较好，乔木层树种达 30 种以上（见表 3—71），而以厚皮香为优势种，也常与甜槠栲、虎皮楠（*Daphniphyllum oldhamii*）等组成为优势种林系。乔木一般可分为 3 个亚层：第 1 亚层高 11～16m，除优势种厚皮香外，常有甜槠栲、山杜英、杜英、猴欢喜、虎皮楠、杨梅叶蚊母树、鼠刺、密花树、青冈、木荚红豆（*Ormcsia xylocarpa*）、青钩栲、木荷、野漆树（*Toxicodendron succedaneum*）等；第 2 亚层高 6～10m，树种较多，除第 1 亚层的小树外，还有山黄皮、黄丹木姜子、马银花、越南山龙眼（红叶树）、薄叶山矾、钩栲、豺皮樟等；第 3 亚层为高度 6m 以下的小树和较高的灌木和油茶、赤楠、满山红、观音茶、桃叶石楠等。

灌木层约有 10 种，以毛花连蕊茶、沿海紫金牛较多，次为观音茶、赤楠、鼠刺、光叶铁仔（*Myrsine stolonifera*）、黄绒润楠、疏花卫矛、老鼠矢、毛冬青等。

草本层比较贫乏，生长稀疏，以苔草为主，次为狗脊、春兰，在林窗处还有里白分布。

层间植物不多，有流苏子、木通、薯莨、羊角藤，但蔓藓（*Meteorium helminthocladum*）附生在树干上。

厚皮香生长较慢，木材坚硬致密，是图板、体育运动器材、工艺制品等用材，又是桩柱、车辆柄等良好用材，其种子油供工业用，树皮可提取栲胶，在日本有用为棉布染料者，同时厚皮香枝稠叶茂，树姿美观，可作为庭园绿化观赏树种栽培。

第十一节　黄瑞木林

2—3—14—1　黄瑞木林①

黄瑞木（*Adinandra millettii*）又名杨桐，是中国亚热带地区常绿阔叶林中常见树种。

（一）分布与生境

黄瑞木林主要分布于福建、浙江、安徽、江西、湖南、广东、广西等地，在海拔 30～1 250m 的丘陵山地常绿阔叶林中，典型的纯林不多，大多数的情况是与其他的常绿树混生，组成为多树种，层次不明显的亚热带常绿阔叶林。性喜温暖湿润的气候，分布区的年平均气温 14～20℃，年降水量 1 400～1 850mm，土壤为花岗岩、砂页岩母质发育的山地黄红壤，山地黄壤，土层深厚达 70mm 以上，死地被物厚约 2.5mm，覆盖率 90%，各层分解较好，但土质粘重，pH 4.5～5.0。

（二）组成结构

林分外貌淡绿色，间有褐色斑块，林冠较整齐，高 10～16m，区系组成较丰富，以常绿树占绝对优势。乔木层树种组成约 30 种左右（见表 3—72），分层不明显，以黄瑞木为优势种，其他有栲树、甜槠栲、鹿角栲、罗浮栲、南岭栲、木荷、多穗石栎、华润楠、冬青、黄樟、虎皮楠、乌楣栲（*Castanopsis jucunda*）、笔罗子、米饭花、红润楠、鸭公树、石栎等。

① 执笔人：吴文谱

表 3—72　狗脊油茶栲树黄瑞木林立木分级分析

编号	植物名称	分级					分层			总株数	频度(%)
		Ⅰ	Ⅱ	Ⅲ	Ⅳ	Ⅴ	1	2	3		
1	黄瑞木	80	80	5	53	3	1	50	10	221	100
2	栲树	0	360	1	3	3				372	100
3	甜槠栲	120	320	0	2	2				444	100
4	虎皮楠	40	0	1	4	2				47	100
5	小红栲	80	40	7	2	0				129	100
6	赤杨叶	0	0	0	11	6				17	66.7
7	少叶黄杞	0	0	3	6	3				12	33.3
8	木荷	0	40	0	1	3				44	100
9	罗浮栲	80	0	1	5	0				86	100
10	杜英	40	0	1	2	0				43	66.7
11	青冈	40	80	0	3	0				123	100
12	石栎	0	0	0	5	7				12	100
13	中华杜英	0	0	0	1	3				4	66.7
14	马尾松	0	0	0	5	1				6	66.7
15	酸枣	40	0	0	0	4				44	66.7
16	柿树	0	0	0	1	1				2	33.3
17	猴欢喜	0	0	2	0	1				3	33.3
18	铁冬青	0	0	4	12	0				16	66.7
19	笔罗子	0	0	1	4	0				5	33.3
20	黄丹木姜子	120	40	0	0	0				160	33.3
21	千年桐	40	80	0	0	0				120	66.7
22	厚皮香	0	0	0	10	0				10	100
23	福建四照花	0	0	0	5	0				5	33.3
24	椤木石楠	0	0	0	5	0				5	33.3
25	杨梅	0	0	0	4	0				4	66.7
26	杨梅叶蚊母树	0	0	0	4	0				4	33.3
27	乌冈栎	0	0	0	0	0				1	33.3
28	紫弹树	0	0	0	2	0				2	33.3
29	冬青	0	0	0	2	0				2	66.7
30	羽叶泡花树	0	0	0	2	0				2	66.6
31	黄檀	0	0	0	1	0				1	33.3
32	山槐	0	0	0	1	0				1	33.3
33	浙江柿	0	0	0	1	0				1	33.3
34	山桐子	0	0	0	1	0				1	33.3
35	野茉莉	0	0	0	1	0				1	33.3
36	马银花	0	0	1	0	0				1	33.3
37	细叶香桂	0	0	1	0	0				1	33.3
38	苦枥木	0	0	1	0	0				1	33.3
39	薯豆	0	80	0	0	0				80	33.3
40	杉木	0	80	0	0	0				80	33.3
41	山乌桕	0	40	0	0	0				40	33.3
42	石楠	160	0	0	0	0				160	33.3
43	光叶厚皮香	40	0	0	0	0				40	33.3
44	刺斗石栎	40	0	0	0	0				40	33.3

注：紫弹树（*Celtis biondii*），山桐子（*Idesia polycarpa*）

地点：大茅山双溪林区　海拔：320m　总郁闭度：0.8　面积：2 400m²　调查日期：1986-06

此外，还有针叶树马尾松、杉木和落叶阔叶树枫香、野漆等也渗入到林中，高耸于林冠之上，成为极显著的现象。

下木层种类较多，以油茶为主，次为杜茎山、赤楠、石斑木、沿海紫金牛（山血丹）、毛冬青、盖度20%，平均高度在150cm。

草本层生长稀疏，高度约30cm，盖度10%，以狗脊为主，次为美丽复叶耳蕨、淡竹叶苔草等。

层外植物不多，仅见有香花崖豆藤、网脉酸果藤、藤黄檀等木质藤本，但苔藓和蕨类较多，附生于树干和枯枝上，有时还有桑寄生（*Loranthum parasiticus*）寄生在树椏上。

（三）生长发育

根据江西德兴绕二林场，海拔250m的北坡中下部，丘陵红壤，105年黄瑞木解析资料，树高13.6m，胸径22cm，前期生长较快，此后缓慢下降。

树高生长：前期生长快，0～30年为速生阶段，10～30年为高峰期，连年生长量0.33m，30年以后迅速下降，60～70年有所回升，连年生长量0.16m，100～105年连年生长量0.038 5m。树高平均生长量30年2.20m为最大值，随后随着年龄的增长渐次下降，105年平均生长量为0.022m。

胸径生长：0～80年为速生阶段，连年生长量0.33cm以上；70～80年为高峰期连年生长量为1.3cm，此后渐次下降，100～105年连年生长量0.038 5cm。胸径平均生长量前期随着年龄的增长，渐次上升，80年0.248cm为最大值，此后缓慢下降，105年平均生长量0.43cm。

材积生长：初期缓慢，20年后逐渐上升加快，30～80年为速生阶段，连年生长量在0.006 5m^3以上，100～105年连年生长量0.002 5m^3，处于下降阶段。材积平均生长量，随着年龄的增长逐渐增加，105年平均生长量为0.000 8m^3。

（四）评价与经营意见

黄瑞木为山茶科常绿小乔木，生长慢，木材结构细、纹理直，供建筑、枕木、车船、家具、细木工等用材；它枝叶繁茂，树形雅致，适应性强，宜在亚热带地区低山丘陵栽培。

第十二节　马蹄荷林

2—3—15—1　大果马蹄荷林[①]

（一）分布与生境

大果马蹄荷（*Exbucklandia tonkinensis*）又名白克木，产中国南部和西南部，大果马蹄荷林主要分布于中国亚热带和热带山地，福建、江西、湖南、广东、广西、海南、云南等地，

① 执笔人：谢正卓

此外，越南北部也有分布。其地理位置大致是北纬 18° 50′～27°30′，东经 103°～118°。从福建戴云山、南岭山地至云贵高原的东南部以及海南岛五指山一带的常绿阔叶林及山地雨林中均有分布。大果马蹄荷的垂直分布高度，云南可达海拔 1 700m，海南在海拔 1 500m，一般多分布在海拔 500～1 200m，大果马蹄荷多与其他常绿阔叶树种混生，常呈零星分布，但也有成片集中成林的。据在湖南莽山 1957 年调查，有大果马蹄荷近、成、过熟林蓄积量 25 516m^3，但至今变化较大，保存的蓄积量已不太多。1983 年湖南省林业厅种源调查，江华县麻江源（萌渚岭北坡）有大果马蹄荷 11 万株（树龄 40～100 年，树高 13～18m，胸径13～20cm）。

大果马蹄荷喜温暖湿润气候，幼年稍耐荫，多聚生在山坡中、下部或沟谷地段。产区年平均气温 17～20℃，7 月平均气温 27～30℃，极端最高气温 35℃，1 月平均气温 6～11℃，当北方强大的冷空气南侵时，极端最低气温可达－10℃（莽山）。年降水量 1 500～2 200mm，年相对湿度在 85％以上。产地山体高大，多由板岩、砂岩、页岩或花岗岩组成。土壤为黄红壤、黄壤及红壤。土层厚度因坡度而异，陡坡处土层较薄，但在凹陷处腐殖质层厚可达 30cm，在缓坡或谷地，有较厚的坡积层，土壤深厚肥沃，有机质含量高，据湖南莽山测定，表土层含氮 0.184％，磷 0.123％，钾 1.02％，pH 值 4.5～5.0。

（二）组成与结构

大果马蹄荷林分层明显，一般有乔木层、下木层和草本层，因分布地点生境不同，林分组成结构有所差异，现分别叙述如下。

1. 金毛狗细枝柃赤杨叶大果马蹄荷林

分布在湖南莽山枞树坝，海拔 550m，林冠稠密、暗绿、阴森，在 1 000m^2样地内有各级立木 36 种，群落总郁闭度 0.9，分层明显，乔木第一亚层高 15～20m，有大果马蹄荷、赤杨叶、钩栲、刨花润楠（*Machilus pauhoi*）、长花厚壳树（*Ehretia longiflora*）、雷公鹅耳枥（*Carpinus viminea*）、香港四照花、大花枇杷（山枇杷）（*Eriobotrya cavalerieri*）、毛桃木莲（*Manglietia moto*）、腺毛泡花树（*Meliosma glandulosa*）、红润楠、南酸枣、甜槠栲、黄樟、薄叶润楠、湖南椴（*Tilia endochrysea*）、美叶石栎（*Lithocarpus calophyllus*）、中华杜英（*Elaeocarpus chinensis*）、黄丹木姜子、深山含笑、山柳、尖叶水丝梨（*Sycopsis dunnii*）、密花山矾（*Symplocos congesta*）、金叶含笑（*Michelia foveolata*）、华南桂（*Cinnamomum austro-sinense*）。大果马蹄荷株数最多，每公顷 540 株，占乔木第一亚层总株数的 21.8％，重要值指数为 78.8，赤杨叶次之，80 株/hm^2，重要值 21.5，钩栲 10 株/hm^2，重要值 9.8，刨花润楠 50 株/hm^2，重要值 8.1，其他均在 50 株/hm^2 以下。乔木第二亚层高 6～8m，有细枝柃 380 株/hm^2，重要值 24.6，台湾黄瑞木（*Adinandra formosana*）190 株/hm^2，重要值 12.8，尖萼柃 50 株/hm^2，重要值 10.2，刺毛杜鹃（*Rhododendron championae*）80 株/hm^2，重要值 9.9，以及尖叶川黄瑞木（*Adinandra bockiana* var. *acutifolia*）、丝线吊芙蓉、厚皮香、显脉新木姜（*Neolitsea phanerophlebia*）、毛冬青、绿樟（樟叶泡花树）、云和新木姜（*Neolitsea aurata* var. *paraciculata*）（表 3—73）。林下阴暗，灌木稀少，有少量草珊瑚、福建假卫矛

(*Microtropis fokienensis*)、血党(*Ardisia brevicaulis*)、虎舌红。草本层为耐荫的金毛狗、稀子蕨(*Monachrosorum henryi*)、戟叶圣蕨(*Dictyocline sagittifolia*)、芒齿耳蕨(*Polystichum hecatopterom*)、对马耳蕨、山姜、竹叶草、日本蛇根草(*Ophiorrhiza japonica*)。

表 3—73 金毛狗细枝柃赤杨叶大果马蹄荷林立木统计

植物名称	立木分级(株)			株数总计	多度(%)	频度(%)	显著度	重要值指数
	Ⅲ	Ⅳ	Ⅴ					
大果马蹄荷	9	24	19	52	21.8	9.9	47.1	78.8
赤杨叶	0	6	2	8	5.4	7.9	8.2	21.5
钩栲	0	0	1	1	0.4	1.0	8.4	9.8
刨花润楠	0	2	3	5	0.5	5.0	2.6	8.1
长花厚壳	0	4	0	4	1.7	4.0	1.3	7.0
大穗鹅耳枥	0	4	0	4	1.7	3.0	1.7	6.4
香港四照花	2	3	0	5	2.1	3.0	0.8	5.9
大花枇杷	4	0	0	4	1.7	4.0	0.1	5.8
毛桃木莲	0	3	1	4	1.7	3.0	0.4	5.1
腺毛泡花树	3	0	0	3	1.3	3.0	0.3	4.6
红润楠	3	0	0	3	1.3	3.0	0.2	4.0
南酸枣	0	1	1	2	0.8	2.0	1.6	4.4
甜槠栲	0	2	1	3	1.3	1.0	1.9	4.2
黄樟	0	1	1	2	0.8	1.0	2.4	4.2
薄叶润楠	0	1	1	2	0.8	1.0	1.7	3.5
湖南椴	0	0	1	1	0.4	1.0	1.6	3.0
美叶石栎	0	0	1	1	0.4	1.0	2.3	3.7
中华杜英	3	0	0	1	1.3	2.0	0.1	3.4
黄丹木姜子	2	0	0	2	0.8	2.0	0.1	2.9
深山含笑	0	2	0	2	0.8	1.0	0.7	2.5
山柳	0	1	0	1	0.4	1.0	0.6	2.0
尖叶水丝梨	1	0	0	1	1.0	0.1	0.1	1.2
密花山矾	1	0	0	1	0.4	1.0	0.1	1.5
金叶白兰	1	0	0	1	0.4	1.0	0.1	1.5
华南桂	1	0	0	1	0.4	1.0	0.1	1.5
细枝柃	38	0	0	38	15.9	7.9	0.8	24.6
红淡比	19	0	0	19	8.0	4.0	0.8	12.8
尖萼毛铃	5	0	0	5	2.1	7.9	0.2	10.2
刺毛杜鹃	8	0	0	3	3.4	5.9	0.6	9.9
四川杨桐	6	0	0	6	2.5	5.0	0.3	7.3
丝线吊芙蓉	4	0	0	4	1.7	4.0	0.1	5.8
厚皮香	3	0	0	3	1.3	3.0	0.2	4.5
显脉新木姜	2	0	0	2	0.8	2.0	0.2	3.0
毛冬青	1	0	0	1	0.4	1.0	0.1	1.5
绿樟(樟叶泡花树)	1	0	0	1	0.4	1.0	0.1	1.5
云和新木姜	1	0	0	1	0.4	1.0	0.1	1.5

注:地点:莽山枞树坝 海拔:550m 面积:1 000m 调查日期:1965-09

2. 狗脊钟萼木大果马蹄荷林

分布在江西井冈山行洲海拔 460m 的山坡中部、北坡。坡度 35°，土壤为砂、页岩母质发育的山地红壤，土层深厚，有机质含量丰富，枯枝落叶层厚 2cm，表层分解良好，pH 0.5～5.0。

群落外貌翠绿，林相整齐，总郁闭度 0.7，乔木层树种组成在 20 种以上，立木高 13～18m，分层不明显，唯大果马蹄荷均为高大立木，一般胸径 30～40cm，最大 52cm，而且数量最多，分布均匀，为优势树种。次为虎皮楠、栲树、黄瑞木、鹿角栲、甜槠栲、小果冬青和杉木。下木层平均高 0.5m，盖度 15%，种类有 10 种左右，优势种为柏拉木（钟萼木）（*Blastus cochinchinensis*），次为柃木、粗叶木、广东冬青、毛冬青、马银花、疏花卫矛以及深山含笑、豺皮樟、黄绒润楠、桃叶石楠、山杜英、薯豆、密花树、青冈、黄丹木姜子、杨梅等幼树及幼苗。草本层贫乏，生长稀疏，平均高 0.3m，盖度小，在阴湿处以狗脊和镰叶瘤足蕨（*Plagiogyria distinctissima*）、卷柏较多，林窗阳光充足处有芒萁和光叶里白分布。层外植物稀少，仅见有流苏子和菝葜，而且分布稀疏，树干基部附生少量苔藓。

3. 乌毛蕨光叶海桐半枫荷大果马蹄荷林

分布在湖南江华县，据湘江乡庙子源村郑家西岔河坝 0.1hm² 样地实测，海拔 1 100m，南坡，坡度 48°，花岗岩发育的黄壤。乔木层郁闭度 0.75，共有大小立木共 169 株，乔木第 1 亚层高 12～21m，第 2 亚层高 8m 以下。主要树种有大果马蹄荷、半枫荷、青冈、厚皮香、甜槠栲、青榨槭、杨梅、福建柏、杜英、马尾松等。下木层盖度 80%，主要有光叶海桐、绒毛杜鹃（*Rhododendron pachytrichum*）、中华杜英、华南毛柃（*Eurya ciliata*）。草本层盖度 10%，主要种有乌毛厥、狗脊、铁芒萁，大果马蹄荷生长良好，各径阶立木均有，胸径为6～58cm，每公顷均有各种立木 1 690 株，蓄积 185.656m³。平均年龄 60 年，树高 13.1m，胸径 26.3cm。

（三）生长发育

据湖南省林业勘察设计院收集的 10 株大果马蹄荷解析木的资料分析（表 3—74），树高生长中等，年平均生长量为 0.15～0.21m，10 年前后为速生期，最高连年生长量为 0.16～0.52m，20 年后缓慢下降；胸径生长较快，年平均生长量为 0.22～0.42cm，最高连年生长量为 0.37～0.64cm，速生期出现在 20～30 年，20 年后胸径生长一直保持较高的生长速度，50～70 年才开始下降；材积年平均生长量为 0.006 52～0.017 42m³，速生期一般在 30 年生以后，但连年生长量在 110 年左右才出现最大值，直至 200 年仍无明显下降。再从湖南莽山 88 号解析木具体分析（表 3—75），大果马蹄荷树龄 145 年，树高 24.7m，胸径 51.6cm，单株材积 2.163 1m³。树高生长在 10 年生时已达到最高值，平均生长量为 0.42m，一直至 30 年后，才有较明显下降。胸径生长 30 年生才开始加速，一直延续至 90 年才开始减慢，但直至 145 年初仍无明显下降。材积增长在 50 年以后加快，一直稳步上升，110 年稍有下降后至 140 年又有回升，至 145 年连年生长量仍大大超过平均生长量。

表 3—74 湖南莽山大果马蹄荷（解析木）生长情况

编号	地形 地势	海拔（m）	疏密度	树龄（年）	树高（m）总生长	年平均生长	最高连年生长 生长量	出现时间（年）	胸径（cm）总生长	年平均生长	最高连年生长 生长量	出现时间	材积（cm）总生长	年平均生长	最高连年生长 生长量	出现时间（年）
93	山谷溪边	600	0.9	102	21.3	0.21	0.35	10	40.1	0.39	0.54	60	1.073 4	0.010 52	0.026 25	100
85	山谷溪边	680	0.8	126	21.6	0.17	0.52	20	49.7	0.38	0.62	10	1.632 2	0.012 95	0.020 33	110
87	北 坡 15°	700	0.9	113	21.7	0.19	0.31	10	43.5	0.37	0.51	20	1.268 2	0.011 22	0.027 38	100
88	东 坡 7°	760	0.9	145	24.7	0.17	0.42	10	51.6	0.34	0.43	50	2.163 1	0.014 92	0.027 70	140
90	山谷平地	1 200	0.9	124	24.5	0.20	0.40	30	54.0	0.42	0.64	20	2.159 9	0.017 42	0.030 70	110
89	北坡山腰	1 210	0.8	215	18.0	0.08	0.16	10	49.5	0.22	0.38	120	1.698 4	0.007 90	0.020 52	200
86	北坡山腰	1 260	0.9	112	21.8	0.19	0.35	10	41.3	0.34	0.58	50	0.916 7	0.008 19	0.013 94	90
91	西北坡 20°	1 390	0.8	148	22.9	0.15	0.32	20	39.6	0.25	0.37	30	1.225 0	0.008 28	0.017 55	110
92			0.9	112	17.0	0.20	0.26	10	31.6	0.27	0.38	30	0.730 7	0.006 52	0.017 55	110
84				112		0.15	0.35	10	40.5	0.35	0.42	20	0.837 4	0.007 47	0.034 00	110

表 3—75 湖南莽山大果马蹄荷（88 号解析木）生长过程

树龄	树高（m）总生长	平均生长	连年生长	胸径（cm）总生长	平均生长	连年生长	材积（m^3）总生长	平均生长	连年生长	生长率（%）	形数（%）
10	4.2	0.42		2.4	0.24		0.001 4	0.000 14			0.741
			0.35			0.28			0.000 76	14.61	
20	7.7	0.39		5.2	0.26		0.009 0	0.000 45			0.487
			0.28			0.22			0.021 10	8.38	
30	10.5	0.35		7.4	0.25		0.220 0	0.007 33			0.487
			0.19			0.30			0.003 19	8.40	
40	12.4	0.31		10.4	0.26		0.251 9	0.013 48			0.512
			0.17			0.43			0.006 97	7.85	
50	14.1	0.28		14.7	0.29		0.123 6	0.002 47			0.517
			0.17			0.41			0.010 69	6.02	
60	15.8	0.26		18.8	0.31		0.235 0	0.003 92			0.526
			0.17			0.44			0.013 97	4.65	
70	17.5	0.25		23.2	0.33		0.370 2	0.005 29			0.500
			0.13			0.44			0.016 78	3.69	
80	18.8	0.24		27.6	0.35		0.538 0	0.006 73			0.478
			0.04			0.43			0.021 01	3.26	
90	19.2	0.21		31.9	0.35		0.748 1	0.008 31			0.487
			0.03			0.43			0.023 92	2.75	
100	19.5	0.20		36.2	0.36		0.987 3	0.009 88			0.477
			0.04			0.31			0.025 76	2.31	
110	19.9	0.18		39.3	0.36		1.244 9	0.011 32			0.516
			0.11			0.31			0.025 76	2.31	
120	21.0	0.18		42.4	0.35		1.502 5	0.011 32			0.516
			0.10			0.30			0.025 55	1.57	
130	22.0	0.17		45.4	0.35		1.756 3	0.013 51			0.493
			0.19			0.26			0.026 83	1.42	
140	23.9	0.17		48.0	0.34		2.024 6	0.014 46			0.468
			0.16			0.32			0.027 70	1.18	
145	24.7	0.17		49.6	0.34		2.163 1	0.014 92			0.453

注：地形：山地北坡　土壤：黄壤　坡向：E　树龄：145 年
海拔：760m　郁闭度：0.9　坡度：7°　树高：24.7m　胸径：51.6cm
调查者：剪敦佑　计算者：肖镇中　喻许春　调查日期：1958-03-02

从湖南江永县高泽源大远Ⅰ区 2 林班 342 号调查材料也可看出，树龄 55 年，树高年平均生长量 0.25m，速生期为 10～20 年，最大年高生长 0.32m，胸径年平均生长量 0.49cm，速生期 20～30 年，最大胸径生长量为 0.67cm，材积生长量为 0.007 07m^3，40～50 年的连年生长量为 0.015 87m^3，55 年生的大果马蹄荷仍属生长旺盛期，未达数量成熟龄。总的说大果马蹄荷生长速度中等，但生长旺盛期延续时间长，因此，一般在立地条件适宜的地方，均能长成高大乔木。近年开始进行人工栽培试验，生长速度可大幅度提高（江西资料报道5）7 年生平均树高 7m，平均胸径 15cm，已超过了一般速生丰产林的要求。

（四）更新演替

大果马蹄荷能耐荫，在林下阴湿的生境中，可见到天然下种的幼苗，并常能借风倒木或朽木倒后带来的透光，正常生长为幼树。通常大果马蹄荷林内，能见到各径级立木，幼树及幼苗并存，可见通过天然更新仍能恢复原有林相，成为一个较为稳定的森林群落。只有在人为干预下，采取皆伐、炼山等作业方式，才会破坏天然更新，导致大果马蹄荷林的毁灭。但皆伐后采取人工植苗或保留母树采取人工促进天然更新的办法，则仍可恢复大果马蹄荷林。

（五）评价及经营意见

大果马蹄荷干形高大，通直圆满，树冠窄，天然整枝良好，枝下高较长，适于林业经营。材质优良，木材红褐色，色泽美丽，结构细致，木材气干容重 0.648g/cm^3，硬度及强度适中，加工容易，切面光滑，经久耐用。适于制作家具、农具、车辆、仪器箱、盒，胶合板和纸浆等，房屋建筑用作房架、门框、墙板等室内装修。同时，木材车旋性能好，是车工雕刻的良好用材，加之生长迅速，因此，经营大果马蹄荷林具有较好的经济效益。大果马蹄荷林也是很好的水源涵养林，对保护生态环境有重要作用。由于其叶片和托叶别致，树冠翠绿，也是很好的庭院绿化树种。近些年由于人为过量砍伐，天然大果马蹄荷林资源已很稀少，因此，今后对现有的天然林要严加保护，需要采伐时，也应注意采伐方式，保留母树、幼苗，以利天然更新。大果马蹄荷可作为南方优良造林树种，逐步探索其人工栽培经验，开展人工育苗造林。造林时应选择立地较优的山坡中、下部及谷地缓坡，忌低地积水、排水不良的地方。造纯林或混交林，混交树种可选择含笑类、楠木类或杉木等树种。

第十三节　杜英林①

杜英属（*Elaeocarpus*）约 200 种，分布于热带和亚热带地区。中国有 30 种，分布于东部和西南部地区。薯豆（*E. japonicus*）又名薯豆杜英，是中国亚热带地区常绿阔叶林中常见的树种，通常较少组成纯林，多与壳斗科的青冈属、栲属、樟科的楠木属，木兰科的含笑属、木莲属和金缕梅科的马蹄荷属等树种混生，组成亚热带典型的常绿阔叶林森林类型，对保持水土、涵养水源有良好的作用。

① 执笔人：李承彪，周政贤

2—3—16—1　薯豆林[①]

薯豆（*Elaeocarpus japonicus*）主要分布于云南、四川、贵州、广东、广西、湖南、江西、福建、浙江等地的丘陵或山谷中。垂直分布于海拔 300～1 000m。分布区的气候特点是温暖湿润而多雨，年平均气温 15～21℃，极端最低气温在 0～－3℃，年降水量 1 500～2 000mm，无明显旱季，可耐冬季短期低温和霜冻，土壤母岩多为花岗岩、砂页岩发育形成的山地红壤和山地黄壤，土层除山脊较薄之外，一般厚度为 70～100 cm，土体疏松湿润，枯枝落叶层厚度为 4cm，覆盖率为 90%，多数呈半分解状态，而以下层分解较好，腐殖质层厚约 6～10cm，pH 4.5～5.5。

林分外貌深绿色，或间有杂色小斑块，林冠呈半球形波状起伏，高 16m 以上，总郁闭度 0.85。

根据江西井冈山河西垅的狗脊柃木薯豆林型 1 000m^2 标准地调查资料的统计，乔木层组成树种约 40 种左右，以薯豆为建群种，一般可分为 3 个亚层。第 1 亚层，高 11～16m，除薯豆外，常见有青冈、红润楠、冬青、楠木、杨桐（*Cleyera japonica*）、大果马蹄荷、云山青冈等。还有扁平叶型的针叶树杉木和落叶树赤杨叶、南酸枣、伯乐树（*Bretschneidera sinensis*）和各种槭树、罗浮柿、油柿等。第 2 亚层，高 6～10m，除第 1 亚层的小树外，还有大叶含笑（*Michelia fallax*）、厚皮香、猴欢喜、杜英、鸦头梨、四照花、丝线吊芙蓉、黄檀、青榨槭等；第 3 亚层，高 6m 以下，主要是第 1、2 亚层的小树，还有光叶石楠、粗糠柴（*Mallotus philippinensis*）、五月茶等（表 3—76 乔木分层分级统计）。下木层种类较多，约为 15 种，盖度 20%，以柃木、柏拉木、杜茎山较多，次为冬青、短尾乌饭树、山香圆（*Turpinia montana*）、丝棉木（白杜）（*Euonymus bungeanus*）、长叶虎刺（黄鸡脚）（*Damnacanthus indicus* var. *giganteus*）、长叶木姜等。草本层种类约有 10 种，生长稀疏，盖度 8%～10%，以狗脊为优势种，卷丹（*Lilium lancifolium*）为次优势树种，除此外，还有楼梯草、鳞毛蕨、东北天南星（异叶天南星）（虎掌）（*Arisaema amurense*）、半边铁角蕨、宽叶苔草、斑叶兰和虎耳草等，在林窗处还有光里白分布。层外植物不多，以木质藤本为主，如瓜馥木、藤黄檀、木通、野木瓜、三叶木通、香花崖豆藤、盘柱南五味子（*Kadsura longipedunculata*）等。

薯豆是一种生长中速的用材树种。根据树干解析木资料，46 年生树高 16.9m，胸径 28.1cm，单株材积 0.456 2m^3。树高生长前期迅速，到 20 年时，连年生长量和平均生长量均为 0.6m，20 年后逐渐下降。胸径生长前期较快，最大生长量出现在 20 年，其连年生长量为 0.77cm。到 40 年时下降到 0.5 cm。平均生长量前期较小，20 年为 0.75cm，此后缓慢下降。材积生长前期缓慢，最大生长量出现在 40 年。其连年生长量达 0.016m^3。

---

① 执笔人：吴文谱

表 3—76　狗脊杜茎山薯豆林乔木分级分层统计

编号	植物名称	分级 Ⅰ	Ⅱ	Ⅲ	Ⅳ	Ⅴ	分层 1	2	3	频度（%）	总株数	材积（m³）
1	薯　豆	1 667	1 667	0	127	107	87	127	3 364	100	3 568	69.080
2	青　冈	667	0	13	14	0	7	0	687	66	694	1.144
3	红润楠	21 667	0	0	7	33	20	20	21 667	66	21 707	16.080
4	大叶含笑	334	0	7	20	0	0	13	348	100	361	1.034
5	厚皮香	0	0	667	23	0	0	20	670	66	690	0.780
6	猴欢喜	334	0	0	0	7	0	7	334	33	341	2.064
7	罗浮柿	667	0	0	7	0	7	0	667	33	674	1.176
8	拟山苍子	0	1 333	0	27	7	34	0	1 333	66	1 367	3.380
9	冬　青	0	1 000	0	27	0	7	7	1 013	66	1 027	2.380
10	杜　英	334	0	0	7	0	0	7	334	33	341	0.456
11	鸦头梨	0	667	0	0	13	0	7	673	33	680	5.060
12	楠　木	0	0	0	0	27	27	0	0	66	27	
13	杉　木	0	0	0	27	0	7	20	0	100	27	
14	黄瑞木	0	0	7	120	0	7	73	47	100	127	9.500
15	乌饭树	0	0	0	27	0	0	7	20	66	27	
16	四照花	0	0	0	13	7	0	7	13	66	20	3.120
17	马银花	0	0	0	20	0	0	0	20	66	20	0.680
18	丝线吊芙蓉	0	0	0	33	0	0	7	26	66	33	
19	黄　檀	0	0	0	7	7	7	7	0	66	14	3.318
20	茜草树	0	0	27	33	0	0	0	60	66	60	15.000
21	大果马蹄荷	0	0	0	7	0	7	0	0	33	7	0.888
22	山龙眼	334	0	0	0	0	0	0	334	33	334	
23	青榨槭	0	0	0	7	0	0	7	0	33	7	
24	木蜡树	0	0	0	7	7	7	7	0	33	14	1.980
25	五裂槭	0	0	0	7	0	7	0	0	33	7	
26	南酸枣	0	0	0	0	7	7	0	0	33	7	
27	柃　木	0	0	7	20	0	0	7	20	33	14	
28	柿　木	0	0	0	7	7	7	0	7	33	14	
29	水团花	0	0	7	7	0	0	0	14	33	14	0.439
30	檵木	0	0	0	7	0	0	7	0	33	7	
31	高山石栎	0	0	0	13	7	7	0	13	33	20	
32	伯乐树	0	0	0	0	7	7	0	0	33	7	
33	五月茶	0	0	0	7	0	0	0	7	33	7	
34	钩　栲	0	667	0	0	0	0	0	667	33	667	
35	光叶石楠	1 000	0	0	0	0	0	0	1 000	33	1 000	
36	江西飞蛾	0	16 000	0	0	0	0	0	16 000	33	16 000	
37	蚊母树槭	6 667	0	0	0	0	0	0	6 667	33	6 667	
38	粗糠柴	0	667	0	0	0	0	0	667	33	667	

注：地点井冈山河西垅　海拔 630～680m　面积 10 000m²　调查日期：1966-05

薯豆材质良好，可供制各种器具。薯豆常与其他常绿阔叶林混生，林内蕴藏着丰富的植物资源，如中草药草珊瑚、斑叶兰、山香圆、木通、瓜馥木、南五味子等；纤维植物丝棉木和各种香料植物。

第十四节　红花荷林

2—3—17—1　石栎红花荷瑞丽润楠林[①]

红花荷（*Rhodoleia parvipetala*）瑞丽润楠（*Machilus shweliensis*）石栎（*Lithocarpus* spp.）林属中国亚热带和热带地区，山地垂直带上的山地常绿阔叶苔藓林的一个代表类型。

（一）分布和生境

以红花荷、瑞丽润楠、石栎为优势组成的常绿阔叶林，主要分布在云南金平县的分水老岭、文山麻栗坡的老君山以及屏边的大围山，分布海拔均在2 000m以上的地段。江西的武夷山顶峰、台湾玉山顶峰、海南岛的五指山上部和青藏高原东南部东喜马拉雅南翼海拔1 300～2 200m均有类似类型的踪迹。

分布区的气候为暖湿，全年常处于雨雾迷蒙之中，如金平分水老岭年降水量在2 000mm以上，年平均温度约11.1℃，相对湿度不低于85%，在海拔1 800m以上地区，几十年偶见下雪一次，几乎每年1～2月可见到冰霰，树枝树干上挂有冰柱，往往把树枝压断。此外，分布地段常年风大，林木干枝大部分向常风方向倾斜。在这样的气候条件下，整个森林内苔藓和蕨类等附生植物十分丰富，形成了一类非常潮湿的山地常绿阔叶林。林下土壤多为在花岗岩上发育的山地黄棕壤，枯枝落叶较厚、腐殖质层一般10cm以上，地表裸岩乱石也较多。总之，其生境条件较恶劣。

（二）组成和结构

该森林类型的林分组成树种多而复杂，一般都没有明显的优势种。但在林分中，个体数量较多或较显著的树种多见红花荷、瑞丽润楠、桢楠、柔毛楠（*Alseodaphne mollis*）、毛果黄肉楠（*Actinodaphne trichocarpa*）、多果木姜子、大叶新木姜（*Neolitea levinei*）、付氏木莲（*Manglietia forrestii*）、红花木莲、长蕊木兰（*Alcimandra cathcardii*）、厚鳞石栎（*Lithocarpus pachylepis*）、硬斗石栎、扁果青冈（*Cyclobalalanopsis chapaensis*）、银木荷、红淡（*Adinandra formosana*）、毛果猴欢喜（*Sloanea dasycarpa*）、桃叶杜英、尖叶木瓜红（*Rehderodendron fengii*）、蒙自木瓜红（*R. tsiangii*）等。此外还有山茱萸科、冬青科、五加科、清风藤科、蔷薇科的一些喜阴湿的树种。以上列举的种类一般在林分中居于上层（即主林层），而次林层的优势树种较主林层略明显，特别是山茶属的若干种类，如文山茶（*Camellia wenshanensis*）、滇南连蕊茶（*C. tsaii*）、红野山茶（*C. rosaefolia*）、亨氏山茶（*C. henryana*）等以及柃属的种类。

从该类型的现实林分看，其层次结构较复杂，一般为复层林，即可划分主林层和次林层，各层林冠互相衔接，就同一林层的各树冠也上下重叠，浓密暗绿，呈波浪起伏，显得

① 执笔人：刘中天

十分壮观。

林下下木较发达，常以竹类为优势，常见的有苦竹（*Pleioblastus* sp.），尚有亨氏偏瓣花（*Plagiopetalum henryi*）、蒙自柃木（*Eurya distichophylla* var. *henryi*）、纽子果（*Ardisia virens*）、西南三角瓣花（*Prismatomeris henryi*）、茵芋（*Skimmia reevesiana*）、剑叶木姜子（*Litsea lancifolia*）等，盖度约50%～60%，平均高2～3m。

林下的草本植物不发达，多为喜阴湿的蕨类植物，如大叶稀子蕨（*Monachosorum davallioides*）、锡金鳞毛蕨（*Dryopteis sikimensis*）、凤丫蕨（*Coniogramme proceera*）、尖羽贯众等，以及喀西福王草（*Prenanthes khasyana*）、阔叶楼梯草（*Elatostema platyphyllum*）、棒叶沿阶草（*Ophiopogon clavatus*）、刺瓣秋海棠（*Begonia labordei*）等喜阴湿的种类成分。其覆盖度一般为20%～30%，平均高为40～60cm。

本类型的附生植物十分丰富，这是其重要的特征之一。附生的苔藓植物中，常见有大羽苔（*Plagiochila*）、大羽藓（*Thuidium*）、绢藓（*Entodon*）、锦藓（*Sematophyllum*）、扭叶藓（*Trachypus*）、树平藓（*Homaliodendron*）、垂藓（*Chrysocladium*）、硬枝藓（*Porotrichum*）、青藓（*Brachythecium*）、线锯藓（*Duthiella*）、光萼藓（苔）（*Porella*）等属的许多种类。附生的蕨类植物也较多，常见有蕗蕨（*Mecodium*）、水龙骨、铁角蕨、假脉蕨（*Crepidomanes*）、凤丫蕨、膜蕨（*Hymenophyllum*）、节肢蕨、瓦韦、剑蕨（*Ioxogphoglossum*）、书带蕨、小膜盖蕨等属的种类。种子植物的附生现象也常见，如树萝卜（*Agapete* sp.）、杜鹃、灯笼花（*Enkianthus* sp.）、酸脚杆（*Medinlla* sp.）、鹅掌柴、五加等属的一些种类，这些均附生在树椏及腐木上。

按林分组成树种不同，本类型可划分两个既有联系而又有差别的亚类型。

1. 红花荷付氏木莲红野山茶林

主要分布在海拔2 300m左右的迎风坡，生境较冷湿。森林外貌暗绿、茂密，林冠稍有参差，常有一些球状伞形的树冠稍高出于林冠线上，随地形起伏绵延，成为一片林海。其树种组成复杂，优势树种不明显，一般为复层林，主林层18～22m。胸径30～40cm，主要由红花荷、付氏木莲、滇润楠、槭树（*Acer* sp.）等组成；次林层平均高10m左右，胸径14～24cm，组成该层的主要树种有红野山茶、长序虎皮楠（*Daphniphyllum longeracemosum*）、滇青冈及五加科的树种。

林内下木以苦竹为常见，此外尚有茵芋、刺柄偏瓣花（*Plagiopetalum blinii*）、剑叶木姜子等。草本植物不发展，以喜阴湿的蕨类植物为主，如火叶稀子蕨、尖羽贯众、凤丫蕨等。此外，层外植物除多种附生的苔藓植物外，尚有藤本植物穿梭在林内，常见者有密状花鱼藤（*Derris thyrsiflora*）、金平藤（*Baissea acuminata*）、风藤（*Kadsura heteroclita*）等。

2. 毛果猴欢喜红花荷尖叶木瓜红林

主要分布于海拔2 150m以上的地方，其生境特点是气候稍温凉，雾大而潮湿。土壤为发育在花岗岩上的黄棕壤。其林分外貌苍苍郁郁，林木分枝多而粗壮，树冠呈圆形。林内附生植物十分丰富，树干、树枝几乎全被苔藓覆盖。

该林分的组成结构复杂，树种繁多，优势种不明显。但组成中主要还是壳斗科的栲属、石栎属和青冈属的种类，以及更具有代表性的树种如毛果猴欢喜、红花荷、尖叶木瓜红、红花木莲等。从现实林分看，该林分为复层混交林，一般可分两层，主林层平均高 16～22m，平均胸径 26～40cm。次林层平均高 10m 左右，平均胸径 12～14cm，本层的树种主要有黄丹木姜子、扁果青冈、绿樟（*Meliosma sguamulata*）、大叶杜英、腺叶野樱等。

其林下灌木发达，覆盖度达 60%左右，灌木种多，但以苦竹为优，尚有亨氏偏瓣花、蒙自柃木、纽子果等。草本植物不发达，以蕨类植物为主，如常见有红线蕨、长顶耳蕨等。层外植物丰富，除有多种苔藓植物附生外，尚有较多的藤本植物，如多种菝葜（*Smilax* spp.）、小花鹰爪枫（*Holboellia parviflora*）、粉叶轮环藤（*Cyclea hypoglauca*）、风藤等。

（三）更新演替

由于该类森林的主要树种，因多为耐荫性树种，其林内潮湿的环境，有利于它们的种子萌发，因此，林下天然更新尚好，但落叶树种林冠下天然更新较差。据调查，林下更新树种主要有付氏木莲、桢楠、红花荷、毛果猴欢喜、文山茶等，每公顷更新幼树有 700 株左右，生长良好，树高可达 5～10m，胸径 4～8cm，这些幼树的生长反映了该林分林下天然更新是较稳定的。但当环境遭到严重破坏，如反复砍伐，该林分也将演替为疏林，甚至会变为矮曲林或灌丛地，到那时，要使其恢复森林就更困难了。

（四）经营及评价

该类森林由于地处热带、亚热带山地顶部和脊部，生境条件较恶劣。它在恶劣的环境中经长期自然历史演变，保存下来的原始林分，其林木虽然高大，但多弯曲，交通又不便，所以没有多大的开发利用价值，但在林内蕴藏有较多的珍贵树种，保水性能又良好，有“天然水库”之称，所以可把它作为水源涵养林，目前，对这类森林，在云南已大部分划入自然保护区内，保护它将对该森林的起源和演变历史的研究、教学以及种源基地均具有其重要的现实意义。

第十五节　金合欢林

2—3—18—1　大叶相思林[①]

大叶相思（耳叶相思）（*Acacia auriculaeformis*）属含羞草科常绿乔木，适应性强，生长迅速，结实丰富，繁殖容易，根瘤固氮，是用材林、薪炭林、绿肥林、防护林和四旁绿化优良树种。

木材坚韧，纹理致密，比重 0.6～0.75，较台湾相思轻，气干好，加工易，极耐腐，可

① 执笔人：徐燕千

供建筑、家具、农具等用材。木材燃烧力强，热值 20 288～203 065kJ/kg。在燃烧时，烟少，火旺，灰少，无不良气味，是优良薪炭材。木材纤维长度平均 0.845mm，纤维宽度平均 0.018 0mm，长宽比 46.9，单壁厚 0.003 15mm，直径 0.006 7mm，柔性系数 37，是良好的造纸材。叶状（叶）柄和嫩枝养分丰富，按干物质重量计，叶含有机碳 53.28%，氮 2.100%，磷 0.179%；嫩叶含氮 2.937%，磷 0.738%，钾 0.963%，是优良的绿肥。树皮光滑，树液富于营养，可放养紫胶虫，树皮提取单宁，木材培养菌类，花供蜜源，是一个用途广泛的树种。

（一）**分布与生境**

大叶相思自然分布区在南纬 7°～20°，海拔 0～500m，属热带低地树种。由于它能生长在恶劣的立地条件下，且表现良好，60 年代以来，印度尼西亚、印度、孟加拉、缅甸、泰国、尼日利亚和坦桑尼亚等国竞相引种，成为重要造林树种。

中国栽培历史尚短，1961 年，中国科学院华南植物研究所从东南亚引种在该所植物园。1964 年，广东省林业科学研究所和肇庆地区林业科学研究所等单位相继试种，生长令人满意，其后，广东、广西、福建、云南等地亦有引种。70 年代，广东全省各地先后栽植发展最快，其中以湛江、汕头两市造林面积最大，到 1986 年，全省有大叶相思林 46 000hm^2，可以预期，在中国南亚热带以南，大叶相思具有很大发展前景。

大叶相思是喜光树种，在全光照下生长最好，能耐高温干旱气候，原产地平均气温 24～29℃，最热月平均气温 28～34℃，最冷月平均气温 20～24℃。年降水量 1 300～1 700mm，为夏雨型，干旱季节长达 6 个月，但在年平均气温 26～30℃或更高，年降水量 1 500～1 800mm，高温湿润条件下生长最好。能耐 60℃高温，但耐寒性较差，易罹冻害，中国南亚热带以南年平均气温在 21℃以上。年降水量在 1 500mm 左右，亦能生长良好，说明南亚热带以南适于栽植。据广东电白县小良水土保持站观测，高温多雨的 5～9 月是其生长最迅速的季节。

中国亚热带发展大叶相思的主要限制因子是耐寒力较差。各地引种表明，苗木出土 40d 内，如遇 6℃低温，导致死亡。植株的叶状柄和未木质化的嫩梢，如遇 0～5℃低温，就会部分以至全部枯黄。大叶相思在北回归线以北，每年在低温季节都有不同程度的寒害，树干在 0℃以下时，造成树皮开裂，木质部裸露，严重者随即死亡。因此，在这一地区造林，必须考虑到冻害。

大叶相思对土壤适应性广是一个显著优点，适生于玄武岩、云母片岩、石灰岩、花岗岩等发育的砖红壤和赤红壤、粘质黑土、潜育灰化土、钙质土、盐碱土、石砾土和滨海沙土。土层从浅薄至深厚，质地从流动沙地至重粘土，pH 从强酸至强碱都能正常生长。在中国南亚热带以南只要气候条件适宜，各种土壤均能栽培。但育苗必须接种根瘤菌，造林应为根瘤菌创造生长发育的必要条件。

大叶相思是浅根性树种，侧根很发达，主根发育较弱，尤其是在比较粘重紧实的土壤中，一般没有明显的主根，只有在比较疏松的土壤中，才可能形成主根，但还是以侧根起主要支持作用。大叶相思虽有一定抗风能力，但难以抵抗强台风。据海南省林业局在琼山林木良种场调查，在11级台风袭击下，2 191株就有1 386株受害，占63.2%，其中小枝折断303株占20.0%，中大枝折断400株，占29.0%，主干折断601株，占43.1%，倾斜35株，占2.5%，倒伏47株，占3.4%。

（二）组成与结构

大叶相思原产地在四齿桉（*Eucalyptus tetrodonta*）和朱药桉（*E. miniata*）占优势的低矮稀疏森林可呈小块状出现，在滨海沙地可与桉树和木麻黄构成混交林。这可供中国南亚热带以南丘陵低山和滨海沙地造林提供依据。大叶相思幼年生长迅速，枝叶繁茂。能很快覆盖地面，压倒茅草和其他杂草，改良地力和改善生态环境。幼年阶段能耐一定的庇荫，故可作为混交树种。由于松、桉非改良地力树种，木麻黄到了第3代出现衰退，难以成林。因而中国南亚热带以南许多地方用松、桉、木麻黄等树种与大叶相思混交，形成多树种多层次的混交林，如广东海康县林业科学研究所湿地松、加勒比松与大叶相思、窿缘桉与大叶相思行间混交；徐闻县林业科学研究所木麻黄与大叶相思行间混交，樟树与大叶相思株间混交，在一定时期起作用，而不能形成稳定的混交林。因此，都表现出有发展前景。但喜光树种之间的混交，只能营造混交林应掌握先后顺序、间隔时间、混交比例、混交方法、采伐年龄等，否则容易招致失败。如窿缘桉与大叶相思都是速生树种，应同时定植混交或窿缘桉栽植的时间不超过4年，如果窿缘桉已长大方栽植大叶相思，后者就会受到抑制。松类在3年以前生长缓慢，应先行栽植3～4年，然后定植大叶相思，否则前者就会受到抑制。中国南亚热带以南有不少郁闭度在0.4以下的松林，林下栽植大叶相思与之混交，形成复层林，对改良地力和改善生态环境，促进林木生长，均能起到良好作用。

（三）生长发育规律

根据调查，广东引种的大叶相思，种内个体分化，形态性差异很大，而生长速度亦有所不同，初步划分为两个自然类型。

1. 光皮直干型

树皮光滑，一般呈淡灰白色，开裂少，纵横裂纹或限于树干基部，主干分枝高而较通直，侧枝下垂与主干分枝夹角多数大于60°，主梢较粗壮而直立，叶状柄较大，宽约3～5cm，长15～25cm。荚果扭曲，多旋卷2环以上。在海康县观察到一片大叶相思林，1978年6月造林，1982年3月调查，平均树高9.5m，胸径10.3cm，枝下高3.5m以上，冠幅3.4～4.4m，干型和生长速度都较理想。

2. 粗皮曲干型

树皮粗糙而厚，一般呈黄褐色，开裂多，纵横裂纹遍及整个树干，主干分枝低而较弯曲，侧枝向上，与主干分枝夹角多数少于45°，主梢较柔软而弯曲，叶状柄较小，宽一般少于2cm，长10～15cm。荚果扭曲，多旋卷1环或不定。在海康县林业科学研究所观察到一片粗皮曲干型大叶相思林，1977年造林，1982年3月调查，平均树高7.6m，胸径9.4cm，枝下高0.5m以下，平均冠幅4.1m，干型和生长较光皮直干型差。

但是这两种类型之间有很多过渡性类型，非常复杂，当大叶相思生长在比较肥沃的立地上，往往表现出光皮直干型某些特征，尤以叶状柄特征为然；而在比较贫瘠的立地上，则多呈粗皮曲干型的某些特征，尤以树干分枝较多，因此，这两种类型属遗传型抑或表现型，还有待进一步研究，值得注意的是在巴布亚新几内亚发现大叶相思直干自然类型，并已划定专门采种区来发展。

根据广东省林业科学研究所的大叶相思标准株树干解析，测定树高、胸径和材积生长过程，并与西孟加拉半干旱气候生境一般生长水平的大叶相思进行比较，虽然前者生长较慢，但在5年生以后则能达到并能超过后者的水平。说明华南南亚热带以南发展大叶相思都有一定前景。在广州市13年生时单株材积为0.031 25m^3，按2m×2m保存立木50%计算，约为100m^3/hm^2，年平均材积生长量为7.78m^3/hm^2，而在西孟加拉年约为5～6m^3/hm^2。

但是同一些气候条件较好的热带国家相比，则差距还比较大。马来西亚3年生的大叶相思树高生长，在粘土上为9～12m，在贫瘠沙土上则为6m。在巴布亚新几内亚的贫瘠撂荒地上，2年生树高为6m，3年生为17m。在印度尼西亚中等的生境上，表现为中等的生长率，采取10～12年轮伐期，平均材积年生长量为17～20m^3/hm^2，而在贫瘠的土层厚度只有25～50cm的侵蚀赤红壤上，在造林前每年冲刷的深度超过3cm，许多树种都不能在此立地生长，而大叶相思的平均材积年生长量仍能获得10m^3/hm^2，根据热带林业研究所杨民权调查，在华南地区大叶相思生长情况如表3—77。

表3—77 华南地区大叶相思生长情况

地　　点	林龄	平均树高(m)	平均胸径(cm)	土壤类型
海南文昌	2	4.5	4.5	低丘砖红壤
广东徐闻	3	5.8	5.7	滨海沙土
广西钦州	5	10.2	11.5	砖红壤性红壤
海南尖峰岭	7	12.5	16.9	台地砖红壤土
广东陆丰	8	9.5	11.2	砖红壤性红壤
广东电白	10	10.0	18.7	干旱性砖红壤
广东肇庆	10	8.9	10.8	砖红壤性红壤
广西合浦	10	12.6	13.2	砖红壤性红壤
广西南宁	10	12.2	16.8	赤红壤
福建厦门	10	8.6	9.2	赤红壤

（四）更新演替

大叶相思耐寒力差，冬季低温是其主要限制因子，如1983年冬至1984年春，广西南宁、钦州地区，一次强平流型寒潮，月平均气温在11～13℃的低温阴雨天气持续2个月之久，短期最低气温在2.5～1℃，导致2～3年生大叶相思全株死亡的5%，植株地上部枯萎的13%。大叶相思在南宁一般情况下能够顺利过冬，但已处于北界的边缘了。这就是说从云南的思茅经过广西的南宁、广东的广州、汕头直至漳州、厦门一线以南为大叶相思适应范围。

大叶相思苗期主根长侧根少，裸根苗种植成活率低，容器育苗是保证大叶相思提高造林成活率的关键措施，也是林木速生丰产的必要条件。因此，必须坚持容器育苗造林，为了培育壮苗，还须注意接种根瘤菌。

宜选择来自不同产地的大叶相思优良地理种源，如生长量、干型、抗逆性均表现良好，有条件的地方可用组织培养方法繁殖苗。广东省林业科学研究所1980年，用大叶相思当年茎尖和茎段及幼叶（叶状柄）进行组织培养，用外植体育苗，获得成功，并于1982年定植，4年生树高7.03m，胸径6.17cm，主干通直，生长正常，如果能够进一步选择优树，利用组织培养法繁殖无性系苗木造林，将会培育出抗性更强，速生丰产和经济价值更高的苗木用于造林。

大叶相思侧根发达，生长快慢与土壤松实程度有很大关系。在不引起土壤流失的情况下，全垦整地有利于幼林速生，广东电白县大衙区采取全垦机耕整地，深40cm，于1981年5月造林，8月调查，平均树高90.70cm，地径1.95cm，冠幅79.90cm，根长110cm，而穴垦40cm×40cm的对照区，分别为67.50cm、1.35cm、70cm和35cm。两者定植的苗木大小基本相同，而调查时前者的树高、地径、冠幅和根系比后者分别大37.4%、44%、13.8%和214.3%。且枝多叶茂、叶色青绿，可见大叶相思在疏松土壤上生长良好。大叶相思虽能耐贫瘠土壤，但营造速生丰产林仍需施肥。试验表明，影响树高生长的关键因子为钾，其次为氮，而磷效果并不显著，但合理施肥仍有待试验研究。

大叶相思是速生树种，通常以经营用材林为主要目的，在南亚热带轮伐期可以定为15年左右，在热带为10～12年，但还应结合立地条件来考虑。如果以经营薪炭林或生产小径材为目的，轮伐期可短于10年，应根据需要来确定；绿肥林每年都可进行台刈，为了保持地力，每次刈绿肥后，宜松土施肥。中国大叶相思只有人工更新，未见自然演替。

（五）评价及经营意见

大叶相思从60年代初引进中国，表现出很强的适应性，生长迅速，用途广泛，是南亚热带以南地区丘陵、台地和滨海沙地的用材、薪炭、肥料林以及水土保持林、防护林有发展前景的重要树种。实践证明，大叶相思在混农林业、改良土壤、固氮等方面都能起到良好作用。

大叶相思天然分布广，种源复杂，有些种源的重要性状的遗传特性表现较差，如干形弯曲，影响用材价值和出材量。因此，应重视良种选育，选育出干形通直，生物量高的类型，以期能够成为制材树种。

热带相思不乏优良用材树种，不同树种之间的生态特性差异很大。为了适应华南热带、南亚热带多种立地条件的需要，除引种大叶相思外，宜引种肯氏相思（*Acacia cunninghamii*)、马占相思(*A. mangium*)、纹荚相思(*A. aulacocarpa*)、卷毛相思(*A. cininnata*)、厚荚相思(*A. crassicarpa*)等。这些树种干形通直，生长迅速，如马占相思、纹荚相思能生长在沙地上，肯氏相思在密林中干形良好，厚荚相思耐高盐渍土壤，这些树种宜进行生物学特性和营林技术的研究。

大叶相思树冠浓密，宜在热带雨林和季雨林采伐后难于更新的迹地上，作为先锋树种，进行森林更新。

大叶相思引种时间较晚，其价值多不为人们所了解，因此，要它迅速发展起来，必须有计划地建立引种网点，形成试验、示范、推广体系，科研单位与生产单位、需材企业进行联营，科学单位负责技术指导，生产单位负责试验场地，使科研生产衔接，加快发展步伐。

大叶相思除作木料、燃料、肥料、饲料和浆粕外，还可放养紫胶虫，栽培木耳和菌类，也是蜜源植物。它将会在农林牧结合，多种经营，治山治水，改善生态环境中起重大作用，宜进行综合性多科性研究，以提高其多种效益。

2—3—18—2 台湾相思林①

台湾相思(*Acacia confusa*)别名相思树、相思子、台湾柳(福建沿海)，属含羞草科常绿乔木。根系发达，适应性较强，具根瘤，能固氮，落叶量多，是改良土壤的优良树种，又是营造用材林、水土保持林、防风林和防火林的树种，并且是松、桉、樟等混交造林的较理想树种；冠形美观，枝叶浓密，又是庭园、行道和茶园庇荫树种。1949 年以来，华南沿海栽有较大面积的人工林。

木材坚硬致密，花纹美观，具光泽，有弹性，干后少裂，气干容重 860kg/cm^3，是造船、桨橹、车轴、家具和农具等良材。燃烧热值高(19 422.244kJ/kg)，火力旺盛，耐烧，少烟，无异味，易劈，运输方便，是上等薪炭材。树皮含鞣质 23%～25%，可提制栲胶，花含芳香油，可作调香原料。嫩枝叶还是良好的绿肥。

(一) 分布与生境

台湾相思原产中国台湾恒春，现台湾平原丘陵普遍栽培；华南各地引种广泛，福建东南沿海各地及宁德地区部分县栽培较多，广西南部多人工林，桂林地区也有栽培；广东全省各地均有栽种，以南部普遍；海南省亦有栽种；云南、四川、江西、浙江等地均有少量引种。菲律宾、印度尼西亚亦产。

广东东部沿海和潮汕平原经营台湾相思薪炭林的历史较长，经验丰富，如潮阳县原严重少林缺柴，1950～1980 年共营造台湾相思薪炭林 1.37 万 hm^2，占该县森林面积的 28.5%，基本上解决了农村的烧柴问题。德庆、五华两县，1956～1964 年营造的台湾相思水土保持林，初见成效。70 年代，广东中部近海的丘陵山地台湾相思飞播造林成功。40 多

① 执笔人：徐英宝

年以来广东共营造台湾相思人工林 13.6 万 hm^2。

台湾相思分布在北纬 25°～26°以南的热带、亚热带地区，沿海分布更北，如福建沿海的福州、宁德超过了北纬 26°，仍生长正常，但内陆同纬度的南平，甚至 26 °以南的永安，却易受冻害。分布海拔因纬度而异，海南热带地区可栽种至 800m 以上，较高纬度地区，一般栽种在 200～300m 以下的低丘陵平原。喜光、喜温暖，适生于夏雨型、干湿季节明显的热带和亚热带；在年平均气温 18～26℃，极端最高气温 39℃，极端最低气温－8℃，月平均气温低于 16～18℃地带生长停滞，高于 25～27℃地带生长最快；适宜生长的降水量为年平均 1 300～3 000mm，相对湿度 70%～80%。性畏寒，在桂林、赣州、福州一线，如遇较强的寒潮，部分枝叶受寒。小叶退化为叶柄状叶，是旱生形态构造。在冲刷严重的酸性粗骨土、沙质土、粘土以及海岸碱性沙地均能生长，在石灰岩山地则生长不良；对土壤水分状况的适应性较广，不怕河岸间歇性的水淹或浸渍。但在贫瘠的立地，生长缓慢，树干弯曲；在土层深厚、湿润肥沃的立地生长迅速，生物产量高，干形较通直（见表 3—78）；根深材韧，抗风力强，受 12 级强台风袭击，受害很少。

表 3—78　台湾相思薪炭林年生物量（地上部分）与土壤因子的关系

调查地点			年生物量（干重，t/hm^2）	土层厚度（cm）	容重（g/cm^3）	pH	N（%）	K（mg/kg）	P（mg/kg）	有机质（%）	可溶性盐含量（%）
广东省潮阳市	三保林场	魷　鱼	11.45	＞100	1.34	4.2	0.084	19.57	0	1.020	0.136
		瓜　仔	6.91	80	1.42	4.1	0.108	9.23	0.160	1.886	0.272
		芽江头	4.45	45	1.46	4.4	0.055	14.40	0.217	1.272	0.191
		红面石	3.61	40	1.50	4.5	0.062	28.27	0	0.990	0.109
	白竹林场	横龙山	7.39	＞100	1.33	4.2	0.100	41.83	0	1.316	0.436
		客谷山	8.54	75	1.39	4.3	0.054	20.67	0.053	1.143	0.109
	简朴林场	猫股山	8.66	＞100	1.32	4.3	0.102	71.73	0	1.556	0.299
		虎沟尾	8.32	40	1.53	4.4	0.062	19.03	0	0.760	0.436
	东门林场	龟　坪	4.28	25	1.36	5.0	0.030	25.53	0.097	0.871	0.245

（二）组成与结构

华南沿海丘陵平原地区，台湾相思一般为纯林或混交林，纯林多为矮林作业的薪炭林，林龄 10 年生以下，林分高度因经营目的不同而有 3～4m，6～8m，胸径 2～4cm 或 6～10cm，为多代萌生林，郁闭度 0.6～0.8，林下常见灌木有桃金娘、岗松、山芝麻（*Helicteres angustifolia*）、黄牛木（*Cratoxylum ligustrinum*）、毛冬青、龙船花（*Ixora chinensis*）等，草本有芒萁、鹧鸪草（*Eriachne pallescens*）、画眉草（*Eragrostis pilcsa*）、毛穗鸭嘴草（*Ischaemum aristatum*）等。

台湾相思常与马尾松、湿地松、杉木、窿缘桉、木麻黄、刺栲、樟树、木荷、粉单竹（*Bambusa ebungii*）和黄竹（*B. textilis* var. *glabra*）等组成混交林，据不完全统计，广东的台湾相思混交林占其他人工林总面积的 50%。广东潮阳南门林场 1956 年在台湾相思、马尾松混交林中试种杉木 3 000 株，面积 1.3hm²，生长很好，9 年生杉木即可砍伐利用；21 年生，杉木平均高 13m，胸径 19cm，单株材积 0.178 0m³。1969 年进行杉木台湾相思混交造林和杉木纯林对比试验，1978 年 4 月调查结果如表 3—79。

表 3—79　杉木台湾相思混交林和杉木纯林的生长对比（广东潮阳）

林分组成	树种	林龄	地点	株/hm²	胸径(cm)	树高(m)	单株材积(m³)	蓄积量(m³/hm²)
杉相思混交	杉木	9	林楼前	2 400	9.2	6.8	0.026 0	62.40
杉木纯林	杉木	9	温土堆	3 600	5.5	3.6	0.006 0	21.60

从表 3—79 可以看出，在杉木台湾相思混交林中，杉木高生长比纯杉木快 1 倍，胸径生长约大 70%，每公顷蓄积量约大 3 倍，混交林所以取得较好效果，是由于台湾相思能适应高温干旱环境，庇荫能为杉木创造适生的微气候环境。据广东汕头地区林业科学研究所在南门林场的观测，在 1978 年 4 月 19 日下午 1 时，雨后初晴时，台湾相思林内与林外相比较，气温降低 1℃，地表温度降低 5.5℃，地下 20cm 的土温降低 4℃，空气相对湿度增加 12%，还由于台湾相思主根发达，分布深度在杉木之下，又有根瘤固氮，据分析，台湾相思的叶，含氮量 1.75%、磷 0.34%、钾 0.12%，能改良土壤。

当杉木、台湾相思出现竞争时，后者应适当打枝或分批进行截顶使其成为丛生矮林，亦可比杉木先栽种 2～3 年。

广东普宁县在土壤肥力中等的立地，台湾相思与粉单竹、黄竹混交造林，比例为 1∶1 或 1∶3，台湾相思居上层，粉单竹、黄竹居下层，能促进竹林生长，提高单位面积产量，枯落物增加了土壤养分含量。

（三）生长发育

台湾相思树高可达 15～18m，胸径＞60cm，台湾有胸径达 100cm 的大树，生长比较快，3～4 年前稍慢，树高年生长量 0.6～0.7m，胸径 0.8～1.0cm；5～6 年以后逐渐加快，树高年生长量 0.8m 以上，胸径 1.4cm 以上；15～20 年进入生长旺期，树高年生长量仍保持 0.8m 左右，胸径 1.5～2.0cm，在水、肥条件好的立地，生长更快，8 年生树高 7.6m，年生长量 0.95m，胸径 20～25cm，年生长量 2.5～3.1cm，初植密度较大，未经间伐或间伐强度较小的林分，树高和胸径生长受到抑制，15 年生树高＞15m，胸径＜20cm。

（四）更新演替

台湾相思林有性更新（包括人工造林和天然下种更新）和萌芽更新（包括砍伐更新和挖头更新），不同更新方式对台湾相思薪炭林的生长和产量有着明显的影响（表 3—80）。由表 3—80 可以看出在相同的立地条件下，更新方式不同，树高差异不显著，而胸径生长和生物量迥然不同，萌芽更新 6 年和 8 年生的标准木生物量比种子更新的分别大 65.5%和 40.4%，后者甚至比 10 年实生林木大 17.5%。

表 3—80 不同更新方式对台湾相思生长与生物量的影响

调查地点	更新方式	立地状况	林龄（年）	树高（m）	胸径（cm）	平均标准木的生物产量（鲜重，kg）				
						干	枝	叶	根	共计
广东潮阳	种子	好	6	7.2	9.2	26.5	13.5	11.5	12.5	64.0
简朴林场	萌芽	好	6	7.5	11.0	46.0	12.0	20.5	22.5	101.0
广东潮阳	种子	好	8	7.9	9.7	73.5	36.5	34.5	26.0	170.5
简朴林场	萌芽	好	8	7.4	14.7	87.5	61.5	40.0	50.0	239.5
广东潮阳简朴林场	种子	好	10	6.8	15.2	75.5	41.5	47.5	40.0	204.5

台湾相思萌芽力强，无论砍伐或挖头，其萌生率均达 95%以上，且能多代萌蘖生长。一般 1～2 年生的萌芽株，平均每桩萌条 15～20 条，3～4 年生的 4～7 条，8～ 10 年生的 2～3 条，砍伐更新时，伐根离地不超过 3～6cm，或保留 1～3 根生长良好的萌芽条；挖头更新时，应注意挖头后留在土壤中的侧根一般粗 4cm 以下，并让其裸露地表，不覆满土，以利根部的隐芽萌生；当树皮粗糙，树皮由灰色变褐色，萌芽力衰弱时，不宜继续砍伐更新；宜采用挖头更新，否则更新效果不良。

（五）评价及经营意见

台湾相思生长较快，根系发达，适应性较强，根具根瘤，能固氮和改良土壤，是华南绿化荒山的先锋树种，又是用材、薪炭和防护林树种。

应根据营林目的、生态特性和立地条件来确定营林措施。用材林株行距一般以 1.5m×1.5m 或 2m×2m 为宜；有条件的平缓地区，用机耕全垦，可节省劳力，提高造林成活率和促进林木生长。在坡度较陡或冲刷严重的地方，株行距以 1m×1.5m 或 1m×1m 为宜，用块状整地，注意水土保持；在土壤疏松湿润的立地可直播造林，但在高温多雨地区不易成功。用小苗或容器苗造林较好，大苗宜用低切干造林。适当施磷肥和有机肥，可促进根瘤及根系生长发育，加速幼林生长。

华南广大丘陵台地及沿海平原营造台湾相思薪炭林，可进行萌芽更新，营林成本低，只要经营得法，一次造林成功，便可永续利用。营造台湾相思薪炭林，在广东、福建东南沿海地区已形成一套作业方式和更新技术，可分为薪柴作业、薪炭作业和综合作业。薪柴作业可分为“平茬”作业，轮伐期 1～2 年，主要经营瓦窑燃料；薪柴作业，轮伐期 3～4 年主要经营薪柴。薪炭作业，轮伐期 8～10 年，采用挖头更新，树干和树头用于烧炭，枝椏用于烧柴，也有少数树干作用材。综合作业法即在同一林内，薪柴和薪炭作业兼用。在中等立地

3 000～4 500 株/hm^2，平茬作业年平均可产燃料 10t/hm^2；薪柴作业平均年产烧柴 11～13t/hm^2；薪炭作业平均年产薪炭材 13～17t/hm^2。这一套经营措施是行之的作业法。

台湾相思是良好的伴生树种，宜与杉木、马尾松、窿缘桉、刺栲、火力楠、樟树等营造混交林，以改善林分结构和生态条件。

第十六节　鱼骨木林

2—3—19—1　鱼骨木黄梨木林[①]

鱼骨木（*Canthium dicoccum*）黄梨木（*Boniodendron minus*）林分布于广东、广西、云南，种的分布较广，但以它们为共优势种的混交林主要见于广西东北部湘漓峰林谷地区，当地位于中国东部中亚热带南缘，气候温暖、湿润以至潮湿，干湿季交替不明显。年平均气温 19℃，最冷月（1 月）平均气温 7.9～8.6℃，最热月（7 月）一般在 28℃以上，夏季 5 个月（5～9 月），冬季 2 个月（1～2 月），累年极端最低气温极值在－4～－6℃，累年日平均气温≥10℃积温为 5 941～6 056℃。年降水量在 1 600～1 900mm，雨季 6 个月（3～8 月），最低月雨量也在 50mm 以上，旱季不明显。分布区的水热条件是比较优越的，但是这类混交林生长在峰林石山的中上部，岩石裸露，土壤覆盖率低，土层浅薄，植物的给水条件也差，因此群落的成分特别是上层乔木多属于耐旱力强的树种。立地的土壤为棕色淋溶石灰土，呈中性至微酸性反应，pH6.0～7.0。

由于立地条件差，林木比较矮小，乔木层一般只有两个亚层[②]。

上层林木中常绿阔叶树以鱼骨木为主，其他零星分布的种类常见有虾公木（*Bridelia fordii*）、桂林石楠（*Photinia chihsiniana*）、铁榄（*Sinosideroxylon wightianum*）和柞木（*Xylosma racemosum*）等。落叶阔叶树种以黄梨木为多，约占 30%左右，其他常见种类主要有青檀（*Pteroceltis tatarinowii*）、榔榆（*Ulmus parrifolia*）、圆叶乌桕、朴树、黄连木、铜钱树（*Paliurus hemsleyanus*）和小化香（*Platycarya glandulosa*）等。

下层林木常见有香叶树（*Lindera communis*）、密花树（*Rapanea nerifolia*）、紫荚木（*Decaspermum fruticosum*）、广西巴豆（*Croton kwongsis*）、九里香（*Murraya paniculata*）、齿叶山黄皮（*Clausena dentata*）以及刺叶冬青（*Ilex hylonoma* var. *glabra*）等。

灌木层植物除乔木层的幼树之外，其他常见火棘、纤序鼠李（*Rhamnus nlpalensis*）、凹叶女贞和青篱柴（*Tirpitzia sinensis*）等。

草本层植物阔叶麦冬为常见，其他有车辐状凤尾蕨、鞭叶铁线蕨和蜈蚣草（*Pteris ciliaris*）等。

---

① 执笔人：苏宗明，莫新礼

② 群落调查材料由广西植被协作组提供

层间植物不多，常见有龙须藤、钩状雀梅藤（*Sageretia hamosa*）、贵州素馨（西氏素馨）和鸡血藤（*Millettia reticulata*）等。

鱼骨木黄梨木混交林是在恶劣的立地条件下产生的，也是比较稳定的类型。由于遭受反复滥伐，大面积的石山植被已退化为由火棘、龙须藤、小果蔷薇等为优势的藤刺灌丛。此类森林只在一些村后山作为风景防护林残留下来。虽然蕴藏优良的用材树种不少，但面积已很少，分布又零星，应注意保护，作为石山绿化的种子库进行管理。

第十七节 黄杨林

2—3—20—1 黄杨林①

黄杨林（*Buxus sinica*）分布于中国中亚热带贵州和江西中山地的山顶矮林中。天然生长的黄杨林，仅出现在中国中亚热带地区，如江西东北部的怀玉山、武夷山，贵州梵净山和雷公山都有黄杨林分布，其中以梵净山和武夷山的黄杨林保存较好，面积也较大。

现存的黄杨林均生于亚热带高中山的山脊和山坡上部，海拔 1 500～2 000m，随分布区不同而有较大的变化，如梵净山的黄杨林最高可分布于该林区内凤凰山南坡海拔 2 300m 处，而在怀玉山脉的大茅山海拔 1 500m 左右的山顶也有黄杨林的生长。但总的来说，黄杨林的生长地段基本都是亚热带山顶苔藓矮林的分布范围，黄杨林以成片的群聚镶嵌于矮林中。黄杨林分布区的气候特点为凉湿，多雾，多雨，冬季多冰冻。如梵净山黄杨林分布区，≥10℃年积温仅 1 460～2 180℃，在该区域内的山脊或突出部分，常见有高山柏群落的生长。而在梵净山同一海拔高度的烂茶坪距黄杨林分布区仅 5km，已有梵净山冷杉（*Abies fanjingshanensis*）出现，更进一步说明该海拔高度的气候已具备温带气候的特征。和典型温带气候不同的是，该地最冷月平均气温大于－1.5℃，最热月平均气温小于 17.4℃，年较差较小。无明显旱季。黄杨林下土壤为黄棕壤或棕壤，母岩为变质岩，砂板岩和花岗岩，局部土层厚处可在 80cm 以上，酸性较强，pH 值一般在 5.0 左右。

黄杨林的组成和结构比较简单，其林分外貌和林内结构随黄杨在林内所占比重的变化，大致可分为两种情况，即黄杨纯林和黄杨与其他阔叶树组成的复层林。

黄杨纯林，分布在梵净山林区凤凰山南坡，其林木分布均匀，密度极大，400m² 的样方中立木层可有林木 320 株，其中黄杨可达 290 株。该林分外貌浓绿，林相整齐，林冠相镶嵌形成平顶该林分虽镶嵌于矮林之中，其外貌和周围的矮林接近，高度亦和周围的矮林一致，约 5m 左右，但林内和周围矮林截然不同，林内黄杨能保持良好的干形，主干明显，枝下高一般在 2m 左右，不形成低分枝，扭曲，丛生，偏斜的矮林状态。黄杨纯林的组成和结构简

① 执笔人：杨业勤

单，一般可分为两个层次，即立木层和地被物层，立木层高约5m，黄杨的平均胸径16cm，最大胸径30cm，仅一个林冠层，覆盖度多在80%～90%，参于组成的少量其他立木树种有中华槭、华西花楸、杜鹃（*Rhododendron* sp.）、石楠（*Photinia* sp.）、猫儿刺（*Ilex pernyi*）、茶条果（*Symplocos ernestii*）等。林下较空旷，但阴暗潮湿，灌木和草本的种类和数量均较少，一般不能构成层片，常见的有十大功劳（*Mahonia fortunei*）、云南冬青（*Ilex yunnanensis*）、山矾（*Symplocos* sp.）、箭竹（*Sinarundinaria* sp.）等和苔草（*Carex* sp.）、堇菜（*Viola* sp.）、重楼等。灌木生长极度不良，多属濒死状态，地被层主要是苔藓，发育旺盛，盖度可达80%，并密布于树枝、树干上，厚度可达3～5cm，常使胸径仅10cm以上的树干看上去好像20cm多粗。黄杨纯林内发达的苔藓层和分解不良的枯枝落叶层形成厚达10cm以上的毯状覆盖，再加上林内环境，阻挠了林木的更新，因此，林内极少见到树木幼苗。

黄杨混交林，分布较为广泛，在梵净山、怀玉山、武夷山、雷公山等地均有其存在，组成较为复杂，黄杨林内常与另外几种阔叶树形成共优势种。林分特征与周围矮林的特征十分相似，主干扭曲，偏斜和丛生十分普遍，树枝、树干甚至树叶上均有大量苔藓附生，一般可分为3个层次：

立木层高达5～7m，具单一的林冠，组成树种较黄杨纯林多，常见的有褐叶青冈（黔椆）、小叶女贞、红果树（*Stranvaesia davidiana*）、野樱（*Cerasus* sp.）、花楸（*Sorbus* sp.）、茶条果、几种槭树（*Acer* spp.）、吊钟花（*Enkianthus quinqueflorus*）、冬青（*Ilex* sp.）和杜鹃，有时还能见到粗榧和玉兰（*Magnolia* sp.）。立木层覆盖度约80%，林下灌木层较为发育，盖度可达30%～50%，高度1～2m，常见的有水马桑（*Weigela japonica* var. *sinica*）、黄丹木姜子、云南冬青、山矾（*Symplocos* sp.）、十大功劳，蠔猪刺（*Berberis julianae*）、短柄忍冬（*Lonicera pampaninii*）、卫矛和荚蒾（*Viburnum* sp.）。草本层发育较差，常见的种有落新妇（*Astilbe chinensis*）、紫菀（*Aster tataricus*）、报花春（*Primula* sp.）、斑叶兰、苔草、重楼、石苇（*Pyrrosia lingua*）和膜蕨（*Hymenophyllum* sp.）等。地被物以苔藓占绝对优势，盖度达80%～90%，厚度在5cm左右。

黄杨生长极为缓慢，在人工栽培的情况下，往往形成灌丛，很少形成乔木，俗称“千年矮”，可见其生长速度慢。取梵净山林区凤凰山南坡黄杨林内的植株作年龄测定，高4.25m，基径13.6cm的黄杨，树龄87年，每年高生长仅4.9cm，基部直径年平均生长仅1.56mm。按此分析，现有的黄杨林，大部分植株的树龄当在200～300年。

黄杨林是一种较为珍贵的森林类型，镶嵌于亚热带山顶苔藓矮林内，可以认为是这类矮林的组成成分。其分布面狭窄而星散，资源有限，仅在保存较好的原生性森林内存在，属于一种残存的森林类型。其特性和古老性使其具有较重要的研究价值和保存价值。从黄杨林所处的位置和对该类型的分析可看出，黄杨林应属于原生的森林类型，由于对黄杨林的专题研究甚少，这种森林类型在森林演替的过程中最终将如何变化，尚难预料。但以其为优势种形成的森林类型，虽其林下黄杨的更新苗甚少，但其他乔木树种的更新苗亦极少，其他组成矮林的树种要侵入也十分困难，由于黄杨有寿命长的特点，并能以萌条的形式更新，因而可以预料，现有的黄杨林亦能长期存在，保持一种稳定的状态。但黄杨林毕竟是一种孑遗的群落，现已从过去的广泛分布退到一些特殊的生境条件下才能得以保存，它既不像亚高山的矮林，是由于生境的严酷，使立木发育受阻而形成，也不像高寒针叶灌丛，是所谓“地形顶极”群落，仅是一种特殊条件下保留下来的种群。这类森林一经破坏往往是难以恢复，更难以重新发生，现中国的黄杨林均处于亚热带山地边远山区残留下来的原始苔藓林内，作为山上部的一种自然景观和大自然遗留下来的一种特殊的天然的水源林；木材优良，又可供观赏和全株供药用，应加以妥善的保护，也应开展必要的研究，对其起源和存留原因的分析，将提供大量的植物变迁的信息。

第十八节 木麻黄林①

木麻黄属（*Casuarina*）约 65 种，大多数种类产于大洋洲，其余分布在亚洲东南部及非洲热带等地。中国引入栽培的有木麻黄（*C. equisetifolia.*）、粗枝木麻黄（*C. glauca*）和细枝木麻黄（*C. cunninghamiana*）3 种，主要分布于华南地区，是优良的行道树和防风林，绿色小枝可作牲畜饲料，木材坚硬耐腐，系优良用材。

木麻黄引入中国广东、海南、台湾、福建等沿海地区已有 80 多年历史，直到 1956 年以后，才开始大规模造林。目前西至广西沿海，东至广东、福建，直至浙江温州湾以北的玉环县沿海岸线及沿海大、小岛屿都有大片人工林和绵亘数千里的防护林带，这是中国造林绿化的一项显著成就。

2—3—21—1 木麻黄林②

木麻黄（*Casuarina equisetifolia*）别名短枝木麻黄，属木麻黄科，常绿乔木。喜钙镁，耐干旱、瘠瘦、盐碱，是华南滨海防风固沙林和农田防护林优良树种。树冠塔形，姿态优雅，也是优良的庭园和行道树种。

木材红褐色，心材边材区别不明显、质坚重，纹理斜，结构中，均匀，比重 0.88～0.95，供电杆、枕木、桩木、渔船底板等用材，需经处理，否则不耐久，木材着火容易，热力持久，热值高达 20 724.66kJ/kg，是优良的薪炭材，树皮含单宁 11%～18%，纯度 80%～85%，为栲胶工业原料，鲜嫩枝叶可作家畜饲料，种子可作鸡饲料，嫩枝叶还是良好的水田绿肥。

（一）分布与生境

木麻黄原产澳大利亚北部、东北部，太平洋诸岛，马来群岛和半岛等地靠近海滩和沙

---

① 执笔人：李承彪，周政贤

② 执笔人：徐燕千

丘上。19 世纪亚洲印度、泰国，非洲埃及、肯尼亚，美洲阿根廷、美国等热带、亚热带国家都引种，现广泛分布于各地。

木麻黄引进中国广东、海南、台湾、福建沿海地区已有 80 多年历史，直至中华人民共和国成立后的 1956 年，才开始大规模造林，现西自广西沿海、向东经广东、福建，直到浙江温州湾以北的玉环县（北纬 28°10′），沿海岸线及沿海大小岛屿都有大面积的片林纵横交织，绵亘数千公里的防护林带，普遍长势喜人，这是中国造林绿化的一项显著成就。

木麻黄是喜光树种，除幼苗初期阶段具有耐荫能力外，整个生长发育过程都需要充足的阳光。在浓密的林冠下，不能天然更新。

木麻黄喜炎热气候，在华南的适生范围，北限基本上与 20℃相吻合，局部地区可以伸至 18℃，≥10℃的年积温 7 000℃左右，从南海诸岛、海南岛和广东内陆直到广西、福建、台湾和浙江南部，都属于热带、亚热带南部地区，随着各地总热量的变化，木麻黄生长水平也不相同，一般南部高于北部。木麻黄能耐 40℃以上高温和－3℃短暂低温；月平均气温高于 25～28℃时生长最快，月平均气温低于 16～18℃时生长停滞。

木麻黄是耐干旱树种，叶退化呈小鳞片状，其叶状枝表皮气孔凹陷于沟槽内，这些是旱生形态构造的表现，说明木麻黄具有很强的耐旱性，在澳大利亚天然分布区年降水量为 700～2 000mm，甚至大陆中部荒漠区年降水低到 250～500mm，仍有木麻黄生长，然而这些干旱性状并不等于木麻黄不需要充足的水分，生产实践证明，水分条件正是决定它能否速生丰产的一个重要因子。

木麻黄是低海拔树种，适生于滨海沙地，不同土壤条件，其生长量亦不相同，在滨海潮积沙土区、流动或半流动沙区，潜水位 1～3m，冲积或沉积年代较近，盐基饱和度高，钙镁含量也较高；由于盐基离子和贝壳细片存在，使土壤呈碱性反应，木麻黄生长良好，年生长量可达 $15m^3/hm^2$ 左右，滨海细、中沙土，冲积或沉积年代较近，地表植被较好，N 素营养可能比细沙土稍高，但矿物质营养物和代替性钙含量都较低，木麻黄生长中等，年生长量约为 $9.5 \sim 14m^3/hm^2$，近海台地或较新沙堤，其相对高度 5～10m，地下水位低于 3m，木麻黄生长较差，年生长量约为 $4.5 \sim 7m^3/hm^2$，木麻黄适生于 pH6～8 的沙土，但也能适应其他土类的酸性土。距离海岸较远的台地或丘陵地，由玄武岩、花岗岩发育而成的红壤、赤红壤和砖红壤，土壤不大粘重，也非经严重冲刷而变成硬骨土地区，年生长量可达 $7.5m^3/hm^2$ 左右，在平原水网地区的冲积土，土层深厚，疏松肥沃 ，呈中性、碱性或微酸性反应，木麻黄生长良好，年生长量可与滨海潮积土相媲美。

木麻黄是抗风固沙树种，由于树干树皮均有形成不定根的能力，只要顶梢不被沙埋没，仍然生长良好。主根较深，常深入到地下水位以上，侧根发达，水平分布常为树冠幅的数倍，须根多集中在 40cm 以上的土层；树冠均匀，透风良好，皮韧材坚，因而具有抗风固沙能力。一般 10 级以下台风仍然挺立，12 级台风能将其主干和枝桠吹断。

木麻黄根系与放线菌——法兰克菌属（*Frankia*）共生，形成具有固定空气中游离 N 素的根瘤。不同的土壤和水分条件，对根瘤和林木的生长发育有很大影响，在疏松湿润的沙土上生长发育良好，在粘重板结的红壤上则生长不良，据田间测定，木麻黄根瘤年可增加N素58kg/hm²。

根据国外报道，木麻黄根系与其他3种微生物也有共生关系。一种是外生菌根，这些真菌的菌丝依附在根的表面，从根细胞中间穿过，外生菌包括无孢菌属（*Cenococcum*）、豆马勃菌属（*Pisolithus*）、腹菌属（*Hymenocaster*）、革菌属（*Thelephora*）、须腹菌属（*Rhizopogon*）和鹅膏菌属（*Amanita*），另一种是内生菌根，最常见的是内囊属（*Glomus*），这些真菌的菌丝侵入到根的皮层内，即穿过根的细胞。两者都在木麻黄根系中繁殖形成菌根，促使矿物元素（特别是磷）和其他微量元素容易吸收，此外，尚有一种未命名的微生物与木麻黄根系相互作用而产生的“类蛋白根”（Proteoid roots）丛，表面积大，也能帮助吸收磷和其他所需的矿物元素。

木麻黄根系与根瘤菌和菌根菌共生结合在一起，有助于增进矿物营养，增加抗干旱能力，改良土壤结构，这就是木麻黄能够在滨海瘠瘦的沙土上茁壮生长的一个重要因素。

（二）组成与结构

原产地的木麻黄天然林，由于生境不同而形成不同的森林类型，在热带草原森林、硬叶常绿林及密灌丛中木麻黄常与其他树种混生，如与桉树属、金合欢属及柏科、山龙眼科、檀香科的一些树种混生。在热带滨海沙滩上，木麻黄能够依靠风力传播果实繁殖，由密集的单优种群丛构成典型的单纯林，成林后，由于林内阴暗而不能天然更新，逐渐为血桐属和榕属等耐荫的树种所代替，故木麻黄林不是一种稳定的类型。

人工木麻黄林多是同龄的纯林，可营造混交林。华南地区曾经试用苦楝（*Melia azadarach*）、台湾相思及几种桉树与木麻黄营造混交林，木麻黄与窿缘桉（*Eucalyptus exserta*）混交已经取得了较好的效果；木麻黄与大叶相思混交亦有发展前途。

华南地区滨海沙地的木麻黄林，由于人为的干扰，林相极为单调，下层灌木主要有小叶羊角藤（*Morinda parvifolia*）、酒饼簕（*Atalantia buxifolia*）、了哥王（*Wickstroemia indica*）、老鼠耳（*Brechemiamia lineata*）等；草本植物常见的有结缕草（*Zoisia japonica*）、马唐（*Digitaria* spp.）、白茅（*Imperata cylindrica* var. *major*）等，海南岛木麻黄林下植物较多，除上述外，常见灌木有黄花稔（*Sida acuta*）、蛇婆子（*Waltheria americana*）、白背荆（*Vitex trifolia* var. *ovata*）等。草本有飞机草（*Eupatorium odoratum*）、飞扬草（*Euphorbia hirta*）、磨盘草（*Abutilon indicum*）等。

这种人工林的立木结构，根据广东湛江市南三岛的标准地数据分析，可以分为3个阶段：林分平均树高5m和胸径2～3cm的阶段，树高和胸径的变动系数分别达到40%～50%和50%～60%以上，林内以小径木占比例大，株数按径阶分配出现偏态；平均树高10m和胸径6cm左右时，林分已经郁闭，立木株数按径级逐步趋向正态，树高和胸径的变动系数分别为20%～30%和30%～40%；平均树高达15m和胸径10cm以上时，群体结构相对稳定，立木株数按径阶呈正态分布，变动系数通常保持在20%左右。

（三）生长发育

木麻黄为常绿乔木，树高可达 30m 以上，胸径 70cm 以上，寿命较短，根据国外材料，在适生立地上的寿命很少超过 50 年，如果立地条件差，25 年左右常常出现腐朽等早衰现象。木麻黄是一种速生的高大乔木。广东廉江安铺镇有 1 株庭园树 31 年生胸径 68.38cm，海南东方北黎苗圃有 1 株 26 年生植株胸径达 67cm。

木麻黄从种子发芽开始，主茎的顶端优势就很明显，生势正常的植株一般保持直立的茎干，侧枝相对比较纤细，同时斜向上举，构成锥形树冠。

华南地区天气条件，受北方冷气团的影响和海洋湿润季风的控制，一年当中的季节性变化比较明显。木麻黄生长过程存在着相应的年周期现象，低温季节恰与旱期一致，对木麻黄生长有一定的抑制作用，生长速度减慢，甚至暂时停顿；当温度适宜和雨量充沛的时候，则会连续出现速生高峰。据广东电白博贺镇的定位观测数据，可见当地气候与木麻黄生长曲线之间密切相关性。木麻黄的这种年周期现象不仅受温度的制约，水分因子可能更重要，所以在地下水位高的滨海沙地上其生长曲线的振幅较小，相反，内陆地区尤其是地下水位低的立地则相差很大。

木麻黄在整个生命过程中，幼龄阶段高生长占优势，生长曲线几乎接近直线上升；一般 2～4 年生时接近高峰，5～6 年生树高达 10～15m 后速度减慢；中国东南沿海一带，由于受台风的影响，木麻黄的极限树高通常不低于 18～20m，木麻黄胸径生长高峰出现稍迟；人工林还受造林密度的影响，疏林和孤立木生长可持续 10～20 年之久，密植的林分提前下降。中华人民共和国成立后，华南地区营造的大面积人工林，尤其是在滨海潮积沙土上表现出极高的速生水平。据广东电白博贺镇的数据分析，造林后 5 年的总生长量，树高可达 12～15m，胸径 8～12cm，蓄积量 150m^3/hm^2 左右，年平均树高生长 2.5～3.0m，胸径 1.6～2.6cm，蓄积量 27～33m^3/hm^2；5～10 年年平均生长量逐渐降低，树高约保持 1～1.5m，胸径 1～2cm。从过去栽培的一些地方老龄行道树和孤立木的数据推算，10～20 年生植株年平均树高生长 1.2～1.4m，胸径 2～2.6cm，20～30 年年平均树高生长 0.6～0.8m，胸径 1～1.2cm。

（四）更新演替

70 年代以来，华南地区开展了木麻黄良种选育工作，以提高抗病虫害和抗风能力缩短成林时间，提高木材产量和质量。

华南木麻黄人工林，过去由于种子混杂和种间容易自然杂交，存在着比较明显的林木分化和变异现象，个别优良单株表现极为明显。据海南省岛东林场报道，该场 7 年生人工林，保留 1 065 株/hm^2，林分平均高 10.4m，胸径 10.0cm，蓄积量 51.157 5m^3/hm^2，其中最优单株树高达 19m，胸径 20.7cm，立木材积 0.252 0m^3，相当于群体平均水平的 183%、207%及 525%。

广东电白博贺镇在木麻黄的优良林分中观察到一种密节细枝类型具有相当突出的速生性状。1966 年，选择密节细枝类型的单株优势木，用其种子混合造林，6 年生林分平均树高达 16m，胸径 10.3cm，胸高断面积 16.623 0m^2/hm^2，年生长量 19.933 5m^3/hm^2。而当地用一般种子育苗造林 7 年生林分，平均树高 15m，胸径 9.2cm，胸高断面积 14.154 0m^2，年生长量 14.557 5m^3/hm^2。1972 年，又从这个密节细枝类型群体中选择表型最好的第 2 代单株优势木，同样用其种子进行混合造林评比试验，结果比其他单株家系更为速生。

70 年代中期，广东湛江市林业科学研究所进行良种选育，早期引种有 3 种，即木麻黄、细枝木麻黄、粗枝木麻黄。其中以木麻黄栽培最广，优点是生长快，干形好，不足的是抗青枯病、抗涝渍、抗寒力弱；粗枝木麻黄的优点正与木麻黄相反。他们利用自然优良类型和人工杂交选育出 6、12、35、105、A_1、A_3—A_6、A_8、A_{13}等优良类型，实行“有性创造，无性利用”。1980 年开始与对照进行不同立地造林试验，先后投入 4 个造林系号，到 1988 年，造林面积已超过 66hm^2，已显示出应用杂交优良类型培育无性系造林的优势。在青枯病高发区，优良系号的保存率明显高于对照，蓄积量超过对照 3 倍以上；在轻感染区和无病区优良系号的生长也明显地优于对照。

80 年代以来，华南农业大学梁子超等对木麻黄抗青枯病品系进行了筛选和对木麻黄无性繁殖进行了研究，筛选出来的品系具有较稳定的抗性。

通过木麻黄速生抗青枯病试验，适生于海南省岛东林场的有 503、501、509、502、415、409 等 13 个品系，显示出速生和抗青枯病力强；木麻黄品系 301、503、601、501、504、在广东湛江南三林场，501、503、601、607 在陆丰县东海岸林场试验，同样表现良好。

培育壮苗是营造木麻黄速生丰产林的基础。50 年代，通常用裸根大苗造林，从 60 年代开始采取容器育苗，成功地应用营养杯、营养竹篮、营养草包等营造滨海防护林，由于容器育苗时间短、苗木壮、成本低、造林成活率高和保存率高，林木生长迅速，效果良好，在滨海沙地造林得到广泛应用。

接种根瘤菌有助于木麻黄耐高温、干旱、瘠瘦和促进生长、广东陆丰县湖东林场实践证明，接种根瘤菌的苗木，3 个月后，苗高、基径分别比对照增长 100%和 50%。海南马岭林场报道，采用人工接种根瘤菌，不仅苗木，而且对幼树也有作用，同时发现根瘤菌的瘤状的数量与造林成活率存在密切关系。

适当施肥是促进木麻黄幼林生长的重要措施。华南滨海地区可就地取材，施用海泥、海藻、牡蛎壳质等；内陆酸性土可施用石灰、过磷酸钙等。灌溉海水有助于木麻黄生长，强风激起海潮浸淹木麻黄，反而生长更旺盛。

枯落物是形成土壤腐殖质的源泉，保留枯落物对滨海沙地尤为重要。据湛江市南三林场测定，4～8 年生木麻黄的枝叶重量，平均每株鲜重分别从 12.4kg 递增至 88.5kg，若按每年换叶 1 次，有落叶 3 250～6 000kg/hm^2。保留枯落物显然对改良土壤和提高林分生产水平具有重要作用。中国木麻黄只有人工更新，未见天然演替。

（五）评价及经营意见

华南滨海地区营造防风固沙林和平原水网地区营造农田防护林，木麻黄都起到了重要作用，不仅使滨海地区减免台风袭击，保护了村庄、耕地，而且使平原水网地区农田减免台风、寒露风、倒春寒危害。改善了生态环境，增加了森林资源，为木材短缺地区提供了用材和薪材等。木麻黄已成为华南地区重要造林树种，必须进一步发展。

华南引种木麻黄属主要有木麻黄、细枝木麻黄和粗枝木麻黄，现在世界各国用于造林的还有荣氏木麻黄（*C. junghuhniana*）、疏齿木麻黄（*C. oligodon*）等。木麻黄属不同树种之间的生态特性差异很大，为了适应多种立地类型的需要，宜引进更多树种，以配合适地造林发展木麻黄人工林。

木麻黄根系与法兰克氏放线菌形成根瘤，对其生长发育和改良土壤有很大关系，宜开展该菌种品系的分离和培养，接种及形成根瘤的最有效方法的研究，以提高固氮比率。

木麻黄根系与菌根真菌形成菌根，能促进吸收磷和其他微量元素。应进行菌根真菌的鉴定，除提高接种方法外，还要分析木麻黄所需要的磷和微量元素。

营造木麻黄混交林对改善环境条件，提高森林的稳定性具有很大作用。长期以来，很少发现木麻黄纯林有益鸟，故期望混交树种招引鸟类栖息繁衍，以减免虫害。木麻黄虽然能改良土壤肥力和微生物活动，但据调查它缺乏一种氮素循环中的细菌，会使土壤矿物质化作用发生障碍。为了减免病虫害的传递和蔓延，也需要营造混交林。

木麻黄产品利用，宜进行木材性质、耐久性、用途、防腐处理等研究。树皮进行提取单宁和利用试验。利用木麻黄枝条和木材加工活性炭，以及研究木麻黄薪炭林和烧制木炭等技术，以提高木麻黄的利用价值。

第四章

硬叶林[①]

硬叶林与一定的气候条件有密切联系，可以从它们的外貌来判断气候的极大干燥性，因为这些群落的植物呈现旱生植物的特征。叶子是典型的旱生叶，质地坚硬，通常不大，具有良好的机械组织，颜色是常绿的，常常覆盖着茸毛，从而减少叶片的发热，叶通常不与太阳光线垂直，而是与之交成锐角，因此光线仅仅沿着叶面滑过。

与常绿阔叶林相反，硬叶林的叶子不具光泽，而是暗淡的或是灰绿色的，常常由于其特殊腺体的分泌物而显得毫无光泽。在叶中有很多机械组织，以适应旱季时叶不致脱落。气孔通常沉入叶面以下，能够减少气孔蒸腾。

硬叶林的典型发育地点是地中海区，也就是在地中海北岸和南岸的比里牛斯半岛和亚平宁半岛的大部分、巴尔干半岛的小部分等处。硬叶林非常发达的第二个区域是北美加利福尼亚。这类群落也在大洋洲占据了大片的土地。除了这三个基本区域以外，硬叶林也在非洲南部的好望角和南美洲智利的南部区域也有发展。这样看来，硬叶林在五大洲都或多或少的存在。

硬叶林区域的气候条件非常典型。在地中海周围，夏季很干燥和炎热，最热月平均温度是22～28℃，7月的雨量是2～23mm。冬季不寒冷，1月的平均温度是5～12℃，雨量很多，全年雨量是500～750mm，其中大部分在冬季降落。在夏季的月份内，天空无云，太阳不断的照射。冬季虽然雨量很多，但是晴朗的天气也不少。北美加利福尼亚和大洋洲有硬叶林分布的那些区域，其气候条件与地中海区非常相似。在这种气候条件下，炎热的夏季时期内，硬叶林植物似乎处于休眠的状态，同化作用进行得很微弱。

中国硬叶林的天然类型分布于青藏高原的东部，而人工引种的硬叶林则见于华南和西

---

① 执笔人：周光裕

南南部的平原上。所在地的气候条件和地中海区并无相同之处。在青藏高原区，冬季严寒但不干燥，夏季并不炎热，且雨量充沛。而在华南和西南南部平原区，则属于季雨林和雨林分布区的气候条件。

青藏高原在地史上曾为古地中海所在，其周围地区分布着硬叶林。主要在川西、滇北的高海拔山地以及西藏东面的部分河谷、金沙江河谷两侧的高山中部是本类型分布的中心。大致在北纬 26°～32°，东经 103°向西一直伸入东喜马拉雅山一带。当第三纪时，由于喜马拉雅山的升起和古地中海的西退，从而改变了自然条件，气候的特点也和以前不同，但都保留了原有的硬叶林，经过长期的适应，其生态习性已和地中海区典型的硬叶林有所差别，但其一些基本的形态和生态特征却依然保留下来。

在平原地区引种的硬叶林，由于都是经过人工栽培驯化的种类，因此在中国与地中海区气候有所差异的环境下，只要有足够的水热条件就可以发展。

中国的硬叶林有两类，一类是分布在青藏高原东部高山上的高山栎林，由栎属（*Quercus*）高山栎组（Sect. *Suber*）的一些种类组成，形成高大的森林，生长繁茂，其外形与结构和常绿阔叶林极为相似。也有一些高山栎较低矮，呈小乔木甚至灌木状，但由这些树木构成的森林，仍旧保持着硬叶林的若干基本特征。

另一类是人工引种的硬叶林，主要是来自澳大利亚的桉属（*Eucalyptus*）各种树木营造成森林。由于地史的变迁，原产于中国的桉树已不复存在，而见于澳大利亚。目前在海南、广东、广西和云南各地都普遍用桉树造林，生长迅速，但在冬季遇到寒流时，往往会受冻而枯梢。

桉树（*Eucalyptus*）植物区系是澳大利亚的主要植物区系。在地史上新生代第三纪渐新世（距今约 4 000 万年前）澳大利亚板块脱离了南极大陆而向北漂移，再度与亚洲南部（东南亚东部）古热带区系相接触，造成古热带植物区系再度向南侵入澳大利亚大陆，同时澳大利亚植物区系也向北侵入亚洲南部。所以在中国西藏高原曾发现过大量的白垩纪桉树化石以及江西井冈山双马石和花果山的第四纪上更新统（Q_3）残坡积层中也有桉树的花粉残存。[①][②]

第一节　高山栎林[③]

高山栎林由栎属高山栎组各个种组成不同的森林类型，它是中国主要的一种乡土硬叶林，主要分布在青藏高原东南边缘及其邻近地区。分布地的生境极为特殊，说明它是一种非

---

① 江西省林业厅. 井冈山自然保护区考察研究. P. 9，(199).

② 林英. 南岭山地北部岗松马尾松林的生态特性及岗松植物区系起源. 江西大学学报（自然科学版），1988 第 3 期

③ 执笔人：周光裕

常独特的森林，与近代地中海沿岸的硬叶林在生态群落特征方面具有一定的相似处。

本林系组主要分布在 2 000～3 400m 以上的中山上部至亚高山地带。分布区气候温凉至寒冷，一般年平均气温小于 10℃，最热月平均气温不超过 20℃，而且海拔越高，气温越低。年降水量 700～900mm。冬季多霜雪，生长季短。这种森林具有耐寒的适应能力。

分布在土层厚而排水良好处的高山栎林发育良好，高可达 20～25m。在山地针叶林分布地段的阴坡或陡坡均有小斑块状高山栎林地，林内混生少量云杉、冷杉等树种。它们大多是原云杉、冷杉林经砍伐破坏后所形成的，反过来又为恢复云杉、冷杉林创造了良好生境条件，常常会被云杉、冷杉林所更替。也有些林系则呈灌木状。

这类森林也是西南地区自然资源之一，其木材质硬坚重，纹理直而具光泽，且耐腐耐磨，经久耐用，有多种用途。而且林地多处于大、小江河源头，对水源涵养、水土保持也起着巨大的作用。

2—4—1—1　黄背栎林[①]

黄背栎（*Quercus pannosa*）林是一种古老的残遗树种，在中国植被中有其独特性。黄背栎林是亚高山硬叶栎类中的一种森林类型，由于它的分布地区较狭窄，现有林地面积有限，又因长期遭受人为活动影响，现有林地中萌生林的面积远远大于实生乔木林面积。

黄背栎林主要分布于中国西南地区，金沙江中上游两岸的高山峡谷地带。集中分布于云南西北部、北部的中甸、宁蒗、丽江、永胜等地，以及向东延伸至武定、禄劝一带；四川西南部的凉山彝族自治州地区，其地理位置约为东经 99°～103°、北纬 25°以北。垂直分布一般在海拔高 2 500～3 500m，个别高达 3 700m，常出现在亚高山地带或中山地区的阳坡、半阳坡以及河谷两侧的地段上。

黄背栎喜温凉湿润的生境，能耐寒耐旱，生态适应幅度较大，在干燥瘠薄的土壤条件下也能生长发育。黄背栎林集中分布地区的雨量较充沛，年降水量 700～900mm，气温特点是夏凉冬寒，一般年平均气温小于 10℃，最热月平均气温不超过 20℃，冬季多霜雪。相对湿度在 75%以上。林下土壤主要是在石灰岩上发育而成的棕壤，成土基岩为玄武岩、砂岩、页岩和泥岩等。在低海拔地区的土壤常为黄壤或红壤类型。分布在石灰岩山地的黄背栎林，林下土壤呈碳酸盐反应。其表土 pH 值呈微酸至中性反应，底土呈弱碱性反应。但分布在紫色泥岩上的黄背栎林、其林下土壤一般土层深厚，从禄劝所作的土壤调查材料看，土层厚 100cm，A 层厚 14cm，结构较疏松，土壤湿润，pH 值 5.6～6.0。说明呈酸性反应的土壤上，黄背栎林仍能生长发育。

黄背栎林主要分布地区内，由于气候寒冷、林木组成单纯，林分结构简单，生长期较短，林木生长缓慢。在集中分布区的黄背栎林，一般多为复层林，其外貌常呈暗绿色与黄

① 执笔人：李本德

褐色相间。主林层以黄背栎占绝对优势，黄背栎树冠小，呈球形，一般树干通直不扭，分枝较高。常混生有丽江云杉（*Picea likiangensis*）、川滇冷杉（*Abies forrestii*）、黄果冷杉（*Abies ernestii*）、大果红杉（*Larix potaninii* var. *macrocarpa*）、华山松（*Pinus armandii*）和高山松（*Pinus densata*）等针叶树。林内还混生有山杨（*Populus davidiana*）、糙皮桦（*Betula utilis*）等，从而在一年内其季相变化显著。林分郁闭度为0.6～0.7，林层平均高25～28m，平均胸径40～50cm，最大可达60cm。每公顷蓄积量340～450m^3。

次林层多由川滇冷杉、黄果冷杉、红毛花楸（*Sorbus rufopilosa*）、丽江槭（*Acer forrestii*）、吴茱萸五加、毛野樱（*Prunus serrulata*）等组成，郁闭度在0.3左右，平均高12～16m，各树种的平均胸径不一，而在某些地段上却常达不到分层要求。

黄背栎林林冠下的下木、草本植物因受上层乔木的荫蔽，故不发达，且多为耐荫的种类。下木覆盖度10%～15%，高1～3m，但种类不多，常见的有柳叶忍冬（*Lonicera lanceolata*）、高山冬青（*Ilex delavayi* var. *exalta*）、峨眉蔷薇（*Rosa omeiensis*）、齿叶忍冬（*Lonicera setifera*）、冰川茶藨（*Ribes glaciale*）、长蕊杜鹃等。此外还有箭竹、绣线菊、小檗（*Berberis*）等属的种类。木质小藤本如防己叶菝葜（*Smilax menispermoides*）、绣球藤（*Clematis montana*）也有分布。

草本植物不发达，覆盖度10%～30%，平均高10～30cm。常见种类有贴地匍匐蔓生的舌瓣悬钩子（*Rubus loropetalus*）、云生兔儿风（*Ainsliaea reflexa* var. *nimborum*）、发叶鳞毛蕨（*Dryopteris fibrillasa*）、窄瓣鹿药、长柄蹄盖蕨（*Athyrium longipes*）、双参（*Triplotegia grandulifers*）、宽穗兔儿风（*Ainsliaea triflora*）、滇假银莲花（*Anemone narcissifloroides* var. *yunnanensis*）、鞭打绣球（*Hemiphragma heterophyllum*）、抱茎蓼（*Polygonum ampiexicaule*）等。地面岩隙及树干上还有少量附生植物如扭瓦韦、宿枝小膜盖藤（*Araiostegia hookeri*）等。

由于空气湿度大，林冠上悬垂着细长的长枝松萝（*Usnes longissima*）。地面上的苔藓植物不多。

黄背栎林常因立地条件和人为干扰程度不同，其森林外貌、结构、组成、生长发育等方面的差异亦较大。在立地条件差和人为干扰较多的地段上，黄背栎林多为单层纯林，林相单一，树冠整齐，外貌呈暗绿色，林分郁闭度在0.5左右，平均高为10～15m，或成灌丛，平均直径20cm左右，每公顷蓄积量约100m^3，林分生产力低。在立地条件较好，即土地肥沃、湿润的环境地段，黄背栎林内常混生有云杉、冷杉或华山松。林分结构一般为复层林，林冠也常参差不齐，这类森林茂密、林木高大、树干通直。林分郁闭度在0.7以上。平均高为28m左右，平均直径在40cm以上，每公顷蓄积量400～500m^3，林分的生产力很高。黄背栎在硬叶栎类中要求较为温湿条件，分布在高海拔3 200m以上的黄背栎林，由于气候寒冷、林木生长差，其树干多弯曲，分枝较低，一般在胸高处分成2～3个分枝，或者2～3株黄背栎簇生在一起成丛状，老树一般折顶，树干空心及枯腐现象严重。在低海拔的中山区，具备了温凉湿润，阳光充足，土壤深厚肥沃的条件，黄背栎林生长良好。如在云南的中部乌蒙山区北坡，禄劝县封过乡后山，在海拔高约 2 700m 处的山上部和平缓的山脊，分布着分散小片状的黄背栎单层混交林。这种林分从实测材料看，林分生产力很高，黄背栎的立木干形圆满，枝下高为 16～18m，树冠为伞形，冠幅 8m 左右。混生树种白穗石栎（*Lithocarpus craibianus*）占 4 成，以及少量的元江栲。林分郁闭度为 0.8，每公顷蓄积量 511m^3，其中黄背栎平均高 25m，平均胸径 34cm，每公顷蓄积量 297m^3（见表 4—1）。

表 4—1　黄背栎林林分因子实测

地点	标准地面积 (hm²)	树种组成	郁闭度	树高（cm）平均	树高（cm）最高	胸径（cm）平均	胸径（cm）最大	年龄	株数（株/hm²）	每公顷断面积（m²/hm²）	蓄积量（m³/hm²）	蓄积量（%）
禄劝封过乡	0.1	6 黄背栎	0.8	25.0	28.0	34.6	56.0	140	260	24.5	297	58.1
		4 包斗栎		23.5	27.0	37.3	64.0	120	170	18.6	212	41.5
		＋元江栲		13.0	13.0	20.0	20.0	40	10	0.3	2	0.4
		小　计							440	43.4	511	100

在人为活动较频繁的地段上，则多为分散片状萌生黄背栎林，根据在永胜县四角山大熊箐的调查材料看，其样地设在海拔高 2 600m 中山上部的平缓山脊，为石灰岩裸露达 50%的山地，土壤是中等厚度潮润的山地森林，土壤是中等厚度潮润的山地森林黄红壤，其林分是萌生的黄背栎中龄纯林，郁闭度为 0.5，平均高 11m，平均胸径 14.5cm，最大胸径 28cm，每公顷株数达 1 700 株，每公顷蓄积量 184m^3（见表 4—2）。

表 4—2　萌生黄背栎林林分因子实测

地点	标准地面积 (hm²)	树种组成	郁闭度	树高（m）平均	树高（m）最高	胸径（cm）平均	胸径（cm）最大	年龄	株数（株/hm²）	每公顷断面积（m²/hm²）	蓄积量（m³/hm²）	蓄积量（%）
永胜县		10 黄背栎		11	12	14.5	28.0	45	1 700	28.0	184	97.4
四角山	0.09	一青冈栎	0.5	11		14.5			44	0.7	5	2.6
大熊箐		小　计							1 744	28.7	189	100

这种林分结构简单，为单层纯林，林木是在原有的黄背栎林分受到人为的多次砍伐和火烧后从伐根（丛）上萌生起来，每一个伐根（丛）上有萌生植株 3～4 株，最少 2 株，最多达 5 株。干形个别通直，多数分枝多而弯曲，冠形疏散，冠幅 2～3m，林木生长，比实生林分差。特别是在立地条件差、又经多次反复砍烧破坏，林木则矮化成灌木林，平均高仅 2～3m，混生的灌木有腋花杜鹃（*Rhododendron racemosum*）、金露梅（*Potentilla fruticosa*）、少齿花楸（*Sorbus oligodonta*）等。

黄背栎林林冠下的天然更新较差，特别是分布在侵蚀严重，土壤瘠薄地段上的纯林，林下几乎见不到更新幼苗。在立地条件较好的地段上的黄背栎混交林，林下的更新稍好，一般每公顷约有幼苗千余株，但其中黄背栎幼苗所占的比重极少。大部分为混生的云杉、冷杉、槭树等树种的幼苗。因为黄背栎为喜光树种，种子粒大，在林冠荫蔽潮湿的条件下，促使落在林地上的种子多数霉烂，同时一些动物对黄背栎种子的啃食，故造成黄背栎的实生幼苗极少。

黄背栎林是较稳定的森林类型，因具有很强的萌生能力，当森林一旦被砍烧破坏后，均能以旺盛的萌蘖能力很快形成不同高度的萌生林。在集中分布区内，黄背栎林的生态适应幅度很大，不论在干燥瘠薄的石质土或湿润肥厚的棕壤都能发育生长。特别是在立地条件差的地段上的黄背栎纯林，很难被其他树种更替，当人为砍烧破坏，多退化为萌生黄背栎灌丛林，使生境进一步旱化，其他树种更难于入侵。而分布在阴坡和半阴坡，土壤湿润、深厚肥沃立地条件下的黄背栎林，又为云、冷杉幼苗的生长创造了庇荫条件，可以形成黄背栎为优势的针阔混交林，最终有些林分可能被云、冷杉或华山松林所更替。

黄背栎是一种良好的用材树种，材质坚硬、耐磨、耐腐。适于制造船舶、车辆、矿柱、农具和建筑用材等。其壳斗、树皮还可提制栲胶；果实含淀粉。因此，黄背栎是综合利用的好原料。而分布在山上部陡坡，江河上游的林分，起着水土保持、水源涵养等防护作用。应根据黄背栎林演替与分布上的规律性，考虑因地制宜地发展黄背栎林，提倡营造人工林，在其成林的不同阶段进行必要的抚育改造和管理，在居民点附近，还可以作薪炭林经营。

2—4—1—2 锥连栎林①

锥连栎（*Quercus franchetii*），是一种耐干热的硬叶常绿树种，能在干热瘠薄的河谷地带生长发育，因此，在干热河谷陡坡、土壤侵蚀较严重和干旱瘠薄的地段，可发展锥连栎林作为水土保持林或薪炭林。

（一）分布与生境

本类型主要分布在四川西部和云南北部的金沙江及其主要支流峡谷两侧的中山下部河谷陡坡地段上。云南昆明以及滇中地区干燥瘠薄的山地上，也有小面积的分布。分布海拔1 600～2 000m，个别地段可上升至海拔2 200m左右。

分布地区的气候干热，地面蒸发量大大地超过降水量，全年无雪少霜，具有冬无严寒，夏季炎热的特点。特别是在金沙江及其主要支流两侧山地，由于焚风效应明显，气候更为干热，在此环境条件下，锥连栎林下的土壤多为燥红土。随着海拔的变化，河谷坡地的上部及其他山地，气候较河谷地区凉爽，因此，林下的土壤亦与河谷谷地的土壤不同，多见山地粗骨性红壤或薄层红壤，亦见有紫色土。无论何种土壤，都较干燥瘠薄，地表常有轻至中度的侵蚀。在此恶劣的生境中，锥连栎能正常生长发育和长期繁衍，表明锥连栎林对干热河谷的干热环境有较强的适应性，并有其一定的指示意义。

① 执笔人：刘中天

（二）组成结构

锥连栎林常因人为干扰破坏，所处的立地条件又差，因而保存的林分不多，且多成间断不连续的小块状分布。

锥连栎林的林相单一，林冠略整齐，树冠球形呈黄绿色，树干多弯曲，林木较稀疏。林分结构简单，为单层林分。在海拔较高的地段，温湿条件有所改善，锥连栎林内可见到黄毛青冈、云南松、云南油杉等伴生，但锥连栎仍占优势，在组成上占 7～8 成，其他伴生树种占 2～3 成。林内各组成树种的树冠几乎居于同一林冠层中。

林下的灌木不发达，组成种类多为耐干热的种类，如常见的有坡柳（*Dodonaea viscosa*）、清香木（*Pistacia weinmannifolia*）、余甘子、二色胡枝子、华西小石积（*Osteomeles schwerinae*）、毛叶黄杞（*Engelhardtia colebrookiana*）等，覆盖度 10%～20%，平均高 1～1.5m。

草本植物发育中等，覆盖度 30%～60%。常见的草本主要有扭黄茅（*Heteropogon contortus*）、黄背草（*Themeda triandra* var. *japonica*）、小菅草（*Th. hookeri*）、细柄草、箭叶大油芒（*Spondiopogon sagitiifolia*）、滇须芒草（*Andropogon yunnanensis*）等耐干旱的禾本科草类，其他草本植物甚少，这充分反映了林地干旱燥热的生境。

（三）生长发育

锥连栎属慢生树种，立木生长低矮，林分生产力不高。如分布在云南禄劝境的锥连栎中龄林，林分平均高仅 6～8m，平均胸径 10～14cm，最大为 24～28cm，林分郁闭度 0.4～0.6，每公顷蓄积量仅为 30～40m³。在以锥连栎为优势的混交林中，锥连栎约占全林分蓄积的 70%左右。其林分生长情况详见表 4—3。

表 4—3　锥连栎林林分因子

地点	标准地面积（hm^2）	树种组成	郁闭度	平均树高（m）	胸径（cm） 平均	胸径（cm） 最大	年龄	每公顷株数（株）	每公顷断面积（m^2）	每公顷蓄积量（m^3）	占全林分蓄积百分数（%）
云南禄劝	0.12	7 锥连栎	0.4	8.0	14.0	28.0	40	422	7.01	27.0	67.5
		3 黄毛青冈		11.0	18.0	30.0	40	83	2.51	13.0	32.5
		一云南油杉		3.0	6.0			8	0.02		
		小　计						533	9.54	40.0	100.0
云南禄劝	0.09	10 锥连栎	0.6	6.0		24.0	35	1 544	12.23	36.0	100.0
		一云南油杉						11	0.03		
		小　计						1 555	12.26	36.0	100.0

从其分布较普遍的萌生幼林的生长情况看，锥连栎在幼龄期生长略快，如云南禄劝的平和峡岩中村生长的萌生幼林，5～6 年生平均高 2.5～4.0m，平均年生长量 0.5～0.67m；平均胸径 3.0～4.0cm，平均年生长量 0.5～0.8cm。在这种林分，如果不再受人为破坏，加

强管理，是完全可以恢复成林的。

（四）更新与演替

锥连栎林林下天然更新尚好，据云南禄劝分布的锥连栎林下调查，每公顷共有更新幼苗 2 500～3 500 株，其中锥连栎幼苗占 95%左右，绝大部分幼苗为 1～3 年生，但由于它是喜光树种，如在林分郁闭度较大的情况下，林内光照较弱，幼苗常因缺乏光照而夭折，在林内较空旷的地方，可见到 4 年生以上的幼树分布。

锥连栎不仅林下天然更新良好，而且它还具有强盛的萌蘖能力，现实分布的幼林，大部分是破坏后萌蘖形成的，同时生长也较好。可见，锥连栎以其萌蘖能力来恢复森林，是完全可能的。

由于它具有天然更新能力和萌生能力，所以锥连栎林具有一定的稳定性。特别是它所处的立地条件较恶劣，其分布又多在缺林少柴地区，人们常把它作为樵采对象，但它能长期经受破坏繁衍下来，正说明锥连栎林的稳定性。可见对它无节制的樵采破坏，也将必然会使其退化成灌木林，甚至沦为疏灌草地。

（五）评价及经营意见

锥连栎是金沙江干热河谷陡坡地和滇中高原面上干燥瘠薄的山地上分布的一个森林类型，虽然尚存的林分干形弯曲，林木低矮，利用价值不高，但它在这些环境中，对水土保持却有其存在的现实意义。锥连栎的木材质地坚硬，色黄而纹理美观，是制作细巧家具、工艺用品和木工工具的良好用材，同时，也是一种很好的薪炭材。因此，在其分布区内，特别是农村缺柴和水土流失较严重的地区，可发展锥连栎林，以保持水土和增加薪炭。

2—4—1—3　乌冈栎林①

乌冈栎林（*Quercus phillyraeoides*）又名石楠柴，属于壳斗科栎属硬叶栎类阔叶树，中国的硬叶栎类林主要分布在川西、滇北、藏东南一带海拔 2 600～4 000m 高山河谷的两侧，在此范围以东的中、低海拔山地则广泛分布有乌冈栎林。硬叶常绿栎类林是代表地中海气候的典型植被，自古地中海在中国西南方消失后，乌冈栎可能是当时地中海沿岸广泛分布的冬青栎（*Quercus ilex*）在东亚经遗留下来演变而成的一个替代种。因此，乌冈栎林是第三纪以来残遗的古老植被类型，研究乌冈栎林不仅对当前森林的经营、生态效益的对比观测方面很有需要，而且，对其分布范围内的古生物、古地理、古气候等方面的研究同样具有重要的价值。

（一）分布与生境

乌冈栎林的分布西自云南、四川，经长江流域各省，南达广东、广西，北迄陕西南部，东至浙江、江西东北部、福建沿海，东渡至日本九州、四国、本州中部以南海岸丘陵均有

---

① 执笔人：王景祥

分布。其垂直分布在中国西部为海拔 1 000～1 500m，东部为海拔 300～800m。分布区气候属于中亚热带温暖湿润的季风气候区，雨热同期，有时出现秋冬或冬春干旱。

乌冈栎林立地环境多位于山之阳坡或沿山脊线或孤立突起的山丘上，一般均为峻峭陡坡基岩裸露之处，其他树种难以立足，而乌冈栎却能占据地盘，蔚然成林。

乌冈栎既适应酸性基岩，也能在石灰岩山地成林生长，如分布于贵州中部、广西东北部以及湖北西部神农架、武当山一带的乌冈栎林，均属于石灰岩地带，土壤呈微碱性反应；分布于浙江、江西东部、福建一带的乌冈栎林，成土母质多为花岗岩、流纹岩、凝灰岩等，属酸性基岩，土壤呈酸性反应。由于乌冈栎多分布于山地在陡坡峻峭，雨水淋洗严重，土层极浅薄，只有在岩缝或洼积之处能有一些土壤和腐殖质的堆积，林地显得干燥而贫瘠，持水性差，这种特殊的生态环境，使乌冈栎的根系扩展而发达，它能沿岩石缝向侧方或向下延伸至能接触土壤而后止；同时，也使乌冈栎产生了一些适应旱生的形态特征，如树干低矮，冠幅大，枝叶繁密，叶稍厚，革质，边缘具齿，叶下面、叶柄具毛等。

（二）组成结构

乌冈栎林外貌呈暗绿色，无明显季相变化；树冠密集平整，通常为单层结构，林分高4～6m，总郁闭度 0.5～0.8，浙江的乌冈栎林多属此种类型。乌冈栎富萌芽性，萌株发自根蔸，丛干抽出，各干之粗度和高度几乎相等；林分中乌冈栎占绝对优势，伴生有青冈、檵木、杨梅叶蚊母树（*Distylium myricoides*）、杜鹃、赤楠等。分布于贵州中部石灰岩山地的乌冈栎林，林龄较古老，乔木可分两个亚层：第一亚层高 8～12m，个别高达 11m，平均冠幅 4.5～6.5m，树龄已达 150 年以上；第二亚层高 4 ～6m，层郁闭度 0.4，与乌冈栎伴生的主要有冬青、女贞（*Ligustrum lucidum*）、石楠、梭罗树（*Reevesia pubescens*）、疏花卫矛（*Euonymus laxiflorus*）、云贵鹅耳枥（*Carpinus pubescens*）。广西阳朔一带的乌冈栎林呈零星、小片分布于孤立突兀的石灰岩山顶部位，可分乌冈栎林和乌冈栎鱼骨木混交林两个类型。其中乌冈栎林的乔木层组成，除乌冈栎为主要建群种外，尚有临桂石楠、鱼骨木、山桂花、铁榄、小叶石楠、香合欢（*Albizzia odoratissima*），以上几种经样地调查重要值指数均达 10 以上，乌冈栎的重要值指数达 98.65。鄂西一带的乌冈栎林，乔木层的主要伴生树种有鹅耳枥、化香树、多脉青冈、黄连木等。

下木层的组成：浙江的乌冈栎林常见有石斑木、矩圆叶鼠刺（*Itea chinensis* var. *oblonga*）、金樱子（*Rosa laevigata*）、栀子花（*Gardenia jasminoides*）、毛花连蕊茶（*Camellia fraterna*）和一些乔木树种的幼苗、幼树。贵州中部一带乌冈栎林下有狭叶念珠藤（*Alyxia schlechteri*）、野花椒（*Zanthoxyllum simulans*）、铁仔、火棘（*Pyracantha fortuneana*）、南天竹（*Nandina domestica*）、乌饭树、漆树、小叶女贞等灌木，其中以狭叶念珠藤占优势，另还有化香树、朴树及乌冈栎的幼树盖度达 0.75。广西阳朔的乌冈栎林下灌木层高 1～2m，盖度达 0.4～0.5，常见的是一些乔木树种的幼树，占总种数的 80%，真正的灌木种反而不多，仅有白瑞香（*Daphne papyracea*）、龙州棕竹、冻绿、箬竹、尖凹叶女贞（*Ligustrum retusum*）、胡枝子（*Lespedeza bicolor*）、杜虹花（*Callicarpa pedunculata*）、小蜡（*Ligustrum sinense*）等数种。分布于鄂西一带乌冈栎林下有箭竹、黄栌（*Cotinus coggygria*）、中华绣线菊（*Spiraea chinensis*）、美丽胡枝子（*Lespedeza formosa*）、荚蒾杜鹃、满山红（*Rhododendron mariesii*）、小果南烛（*Lyonia ovalifolia* var. *elliptica*）等灌木。

草本层在浙江省乌冈栎林下常见有几种蕨类如细裂复叶耳蕨（*Arachniodes festina*）、黑足鳞毛蕨（*Dryopteris fuscipes*）、阔鳞鳞毛蕨（*D. championii*）以及短尖苔草（败种苔草）（*Carex brevicuspis*）、穿孔苔草（*C. foraminata*）等，盖度0.05。贵州中部乌冈栎林下的草本层有莎草和春兰（*Cymbidium goeringii*），呈零星分布，盖度不及0.1。广西阳朔乌冈栎林下草本地被层植物高0.5m左右，生长比较稀疏，于林冠密度处盖度为0.01～0.02，于林冠疏处，盖度可达0.15～0.20，以麦冬为常见，墨兰、百叶卷柏也较普遍，总的来说，以蕨类、兰科和沙草种类为多。

层外植物见于浙江的乌冈栎林中有羊角藤（*Morinda umbellata*）、土茯苓、鸡血藤、络石等数种。分布于广西阳朔乌冈栎林中藤本植物却不少，一般攀缠于灌木层的高度，未见有伸延至乔木层。常见种类有龙须藤、山木通、毛柱铁线莲（*Clematis meyeniana*）、小花青藤、亮叶茉莉（*Jasminum seguinii*）、雀梅藤、石岩枫（*Mallotus repandus*）、鸡矢藤、羽叶金合欢、昆明鸡血、华四粉块藤以及附生的槲藤（*Drymaria fortunei*）等。分布于贵州中部石灰岩山地的乌冈栎林层外植物则稀见。

（三）生长发育

乌冈栎生长缓慢，据《贵州森林》，其1年生实生苗高为15～20cm，158年生的乌冈栎树高10.5m，胸径42cm；经树干解析，30年以内，高生长比胸径生长快，树高连年生长量11cm，15～25年时为高生长的高峰期；胸径平均生长量为0.28cm，25～ 50年时为速生期；材积生长则在50年生以内较快，往后减缓，总的趋势，乌冈栎的各种生长量均能延续较长时期内无停滞现象，可见，乌冈栎是一种生命力较强的长寿树种。据浙江建德县泷江林区调查林龄为25年的乌冈栎林时，该林属于萌芽起源，平均树高5m，总郁闭度0.8，各种立木株数包括丛生立木在内。计14 370株/hm^2（或958株/亩），乌冈栎占其中的62.25%，折算该林分地上部位的生物量为86.685t/hm^2，下木层2.525t/hm^2，草本层0.613t/hm^2，平均每年地上部分生物量为310kg/hm^2，低于一般常绿阔叶林的生物产量，这是因为乌冈栎生长缓慢之故。

（四）更新演替

乌冈栎林立足于一种特殊的生态地理环境，分布于陡坡峭壁之上，人为干扰少；又位于山之阳坡，基岩裸露，土层浅薄，林地相当干燥，其他树种很难适应在这种恶劣的立地中生长，而乌冈栎却能盘根错综，蔚然成林，这说明乌冈栎具有较强的抗逆性能。乌冈栎具有发达的根系，萌芽力强，虽屡遭采伐，又能萌芽再生。乌冈栎对土壤适应性广泛，据样方调查浙江建德县的乌冈栎林是位于酸性基岩上，发现林内有幼树（高1m以上）915株/hm^2，幼苗（高1m以下）1 695株/hm^2；贵州分布于石灰岩山地的乌冈栎林内，据调查，发现幼苗、幼树也比较多，具有完备的种群世代结构，这说明，乌冈栎林无论分布在酸性基岩或石灰岩山地，其更新后代都能占据优势。或者，由于人为的干扰破坏，局部地段出现了林窗，一些喜光植物能趁隙侵入，如针叶树马尾松，灌木类如山莓（*Rubus corcherifolius*）、掌叶悬钩子（*Rubus chingii*），草本如刺芒野古草（*Arundinella setosa*）、芒等，一旦乌冈栎恢复林相后，这些植物仍然会被挤压而淘汰。所以，一般说来，乌冈栎始终是一个较稳定的森林群落。不过，人为的干扰破坏若接踵而至，则森林有向逆向演替的可能，到那时情况就十分严重，先是林地沦为荒草、灌丛，继而出现光山秃岭，水土流失，所造成的恶果将不堪设想。

（五）评价及经营意见

乌冈栎干形歪曲，材用价值不高，但材质坚重。据试验，木材密度高达 2.5kg/m^3，发热量大，为 19 878kJ/kg，因此，可以烧制出优质的木炭，这种木炭，击之铿锵有声，俗称"铁炭"。由于乌冈栎林多分布于陡坡峭壁或山脊部位，基岩裸露，土层十分浅薄，森林的覆盖能起着十分重要的水土保持作用，这种森林应视为水源涵养林和水土保持林，严加管护，不能随意采伐。如果为解决薪材急需，也只能进行择伐，一般以采伐 30 年生以上成年树为佳，此时林地上积聚的枯枝落叶已较丰厚，土壤已得到营养补充，根蔸的生命力旺盛，已有较强的萌芽力，林下乌冈栎的幼苗、幼树也较多出现，即使暂时伐去部分干枝，过 3～5 年后，乌冈栎的幼苗、幼树又能继续成长，达到郁闭，这样，对乌冈栎林所起的破坏影响是不大的，另外，乌冈栎林是硬叶常绿栎类林中分布较广泛的一种，硬叶常绿阔叶林是地中海地区以及其他具有类似地中海型气候条件的地区特有的植被类型，在中国，主要见于亚热带西部地区，而且目前乌冈栎林却能在中国亚热带东部湿润地区广泛地分布着，从大气候条件来说，乌冈栎的分布区是与典型的硬叶常绿阔叶林分布区地中海冬雨区气候是完全不同的。乌冈栎是一种古老树种，从植被而言，是一个古老的残遗植被，起源于古地中海沿岸，因此，研究乌冈栎林，无论对于植物区系学、植物生态学和古植物学的研究，也同样具有重要的科学价值。

附：含有鱼骨木的乌冈栎林①

含有鱼骨木（*Canthium dicoccum*）的乌冈栎林分布区狭窄，出现在广西桂林至阳朔一带的漓江谷地峰林石山区，偶见于海拔高 200～400m 的山顶上。当地位于中亚热带南缘，气候暖和，年平均气温为 19℃左右；最冷月（1 月）平均气温 8℃上下，最热月（7 月），28℃以上；极端最低气温为－4～－5℃，极端最高气温在 38～39℃。年降水量 1 600～1 900mm，雨季出现在 3～8 月共 6 个月，冬季降水量最少的月份也在 50mm 以上，干季不太明显。虽然水热系数在 2.3 以上，属于湿润气候区；但是乌冈栎林生长在峰林的顶部，露石突兀，遍地是高 1～2m 的石牙，土壤覆被率极低，散存于岩缝中，降水沿着岩面而流失或从岩缝渗

---

① 执笔人：王献溥

漏到深层，林地蓄水不易，再加上光照和岩石辐射强的影响，即使在雨季，林地也是比较干旱的，特别是在连续无雨日较长时尤为严重，植物的给水条件恶劣。立地的土壤为黑色石灰土，有机质含量丰富，团粒结构，pH 7.0左右，虽较肥沃；但此种石隙生境，土壤稀少，养分的供给也存在着很大的局限性。总的说来，林地的肥力是低的。

此类乌冈栎林定居在恶劣的地形条件，林木生长矮小，干弯枝多，主干不明，呈矮林状。群落的外貌是由革质特别是硬革质、单叶、小型和中型叶为主的常绿阔叶中高位芽植物所决定的。林冠基本上终年常绿，郁闭度在0.7以上。在400m^2的样地内，林木层共有25种113株（即2 825株/hm^2），分为两个亚层。第一亚层林木一般高6～9m，覆盖度约70%，组成较简单，数量也较少，仅有6种30株，其中乌冈栎20株，生长较大，分布均匀，以重要值指数为指标计算，达167.98，占该层重要值指数一半以上，成为明显的建群成分；鱼骨木居第二位，共5株，重要值指数为47.39，这两种构成该亚层的常绿阔叶层片，共占总株数的83.3%，重要值指数的71.8%。其余种类有香合欢（*Albizia odoratissima*）、圆叶乌桕（*Sapium rotundifolium*）、黄梨木（*Boniodendron minus*）和小叶石楠（*Photinia parvifolia*）等4种构成落叶阔叶层片，多为单株分布，共有5株，占总株数16.7%，重要值指数合计为84.63，只占亚层的28.2%。可见常绿阔叶树占据明显的优势地位。

第二亚层高3～5m，组成较复杂，株数也显著增多，共有24种84株；但树冠小，不相连接，覆盖度仅20%～30%。仍以常绿阔叶层片占优势，虽然仅有11种，较落叶层片的种类稍少；但数量多，共60株，占该亚层总株数的71.4%，重要值指数为216.78，占亚层总指数的72.3%。由于树种较多，重要值指数分配相应地分散，其中乌冈栎为72.38，仍占第一；其次为桂林石楠（*Photinia chihsiniana*）占40.21；山桂花（*Bennetiodendron leprosipes*）和铁榄（*Sinosideroxylon wightianum*）分别为26.63和24.54，也占有较重要地位。其他常见种类有小叶石楠、光叶海桐、香合欢、黄梨木、打铁树（*Rapanea linearis*）、化香树（*Platycarya strobilacea*）、紫菱木（*Decaspermum fruticosum*）、亮叶槭（*Acer lucidum*）、黄连木和铜钱树（*Paliurus hemsleyanus*）等。

灌木层植物高1～2m，随着林冠郁闭不匀，覆盖度变动于10%～50%，多为林木的幼树，真正的灌木种类不多，常见的有龙州棕竹（*Rhapis robusta*）、冻绿（*Rhamnus utilis*）、箬叶竹（*Indocalamus longiauritus*）、尖凹叶女贞（*Ligustrum retusum*）等。

草本层植物高0.5m左右，生长稀疏，覆盖度可达15%～20%，在林冠密闭的地方，低至1%～2%。种类却不少，共有22种，以麦冬（*Liriope spicata*）较多，也较均匀。其余多属蕨类和兰科植物如江南星蕨（*Microsorium forunei*）、槲蕨（*Drynaria fortunei*）、鞭叶铁线蕨（*Adiantum caudatum*）、华中铁角蕨（*Aspienium sarelii*）、百叶卷柏（*Selaginella moellendorffii*）和墨兰（*Cymbidium sinense*）、建兰（*C. ensifolium*）、粉花石槲（*Dendrobium loddigesii*）、绿花羊耳兰（*Liparis chloroxantha*）等。

藤本植物种类也不少，在样地内见有11种，主要攀绕在灌木层的高度，未见有伸到林木层的。常见种有龙须藤（*Bauhinia championii*）、山木通、小花青藤（*Illigera parviflora*)、雀梅藤(*Sagertia theezans*)、羽叶金合欢(*Acacia pennata*)、四粉块藤(*Secamone sinica*) 等。

第二节 高山石栎林[①]

石栎属 (*Lithocarpus*) 分布东南亚等地，中国约百余种产于秦岭以南各地，为中国主要的用材树种。石栎属主要为常绿阔叶林的组成成分，仅有少数种类分布于高山，其形态及生态特征均发生变异。如白穗石栎 (*L. craibianus*) 就属于这一种类，分布于四川西南部，云南中部以北及西南部。生长在海拔 1 500～3 200m 的山地，可形成平均树高可达 20m 以上的纯林，或与其他树种组成混交林。但白穗石栎林出现的频率远远不及高山栎林，而且林地面积和森林资源也不大。

2—4—2—1 白穗石栎林[②]

白穗石栎 (*Lithocarpus craibianus*) 林为滇中高原北部和东北部的主要森林类型，它是这一区域山地森林植被垂直带谱中常绿阔叶林的代表。从植被构成的特征来看，又是中国亚热带西部地区典型的山地湿性常绿阔叶林。因为它含有中国东部亚热带山地所没有的硬叶常绿栎类树种和其他特征植物，这反映了西部地区气候干湿分明的生境条件。

(一) 分布与生境

白穗石栎林分布颇广，它主要分布在云南、贵州的中山山地海拔 2 500～2 900m，除此之外，两广北部、秦岭以南、四川与湖北交界的大巴山地等。其垂直分布常受纬度影响，如在川西南山地分布于海拔 1 800～2 400m，至大巴山南坡为 1 000～1 600m，滇中高原为 2 500m以上。

其分布区的气候温凉湿润，年平均温度为 10～15℃，最冷月平均气温约 5℃左右，年降水量 900～1 100mm，年相对湿度 74%～76%。林下的土壤多为砂页岩和石灰岩发育而成的山地黄棕壤和山地黄壤，个别地段的土壤则有时还具有灰化层。土壤厚度以中层土为多见，腐殖质层较厚，多在 10cm 以上。

(二) 组成结构

白穗石栎林的林木组成较单纯，除白穗石栎为优势树种外，尚混生有硬叶常绿的高山栎类和一些亚高山落叶阔叶树种，在滇中高原一带，本森林分布上限还出现有云南铁杉 (*Tsuga dumosa*) 伴生。在林木组成上，混交的树种属硬叶栎类的有灰背栎 (*Quercus senescens*)、川西栎等，混交的落叶树种有槭、桦、樱、桤木属的种类等。从组成树种和林内

① 执笔人：李承彪

② 执笔人：刘中天

或多或少的带有山地苔藓林的状态看来，显示了本类型有向亚高山森林类型逐渐过渡的性质。

白穗石栎林林分外貌浓郁密闭，终年常绿，在夏秋之间常有斑块镶嵌，而显得季相有比较明显的变化。由于地形的变化，林冠随地形起伏，远望十分壮观。其林分组成树种以白穗石栎为优势，滇青冈居第二位。此外，混生在林中的还有元江栲、银木荷、杈叶槭（*Acer-robustum*）、光皮桦、贵州野樱（*Prunus vaniotii*）、冬青、长毛楠（*Phoebe forrestii*）、穗序鹅掌柴（*Schefflera delavayi*）、云南泡花树、云南木犀榄（*Olea yunnanensis*）、云南樟、思茅玉兰（*Magnolia henryi*）等。也有一些落叶成分如野樱（*Prunus conradinae*）、大果省沽油（*Staphylea forrestii*）、疏花槭（*Acer laxiflorum*）等。这些树种常组成一个以白穗石栎为优势的单层混交林。其林下灌木、草本、层外植物各自构成层次。

灌木层以箭竹（*Sinarundinaria* sp.）为常见，甚至局部地区出现优势。此外，常见的还有滇八角（*Illicium yunnanensis*）、蠔猪刺、山矾、滇野山茶（*Camellia pitardii* var. *yunnanensis*）、白簕（三叶五加）（*Acanthopanax trifoliataus*）、锈叶杜鹃（*Rhododendron siderophyllum*）、直角荚蒾（*Viburnum foetidum* var. *rectangulatum*）、川滇蜡树（*Ligustrum delavayanum*）、细齿叶柃（*Eurya nitida*）、管花木犀（*Osmanthus delavayi*）、瑞香（*Daphne feddei*）、长叶十大功劳（*Mahonia lamariifolia*）、圆锥山蚂蝗（*Desmodium esquirolii*）、大白花杜鹃、马缨花（*Rhododendron delavayi*）等，其总覆盖度各林分所在地段不同而有差别，一般多在30%～50%，平均高1.5～2.0m。

草本植物层不甚发达，但组成种类较多，个体数量较少，分布也不很均匀，多为散生，覆盖度约20%左右。常见的有较高大的蕨类植物，如黑鳞耳蕨（*Polystichum makinoi*）、凤尾蕨、大叶假冷蕨（*Pseudocystopteris atkinsonii*）、密鳞耳蕨（*Polystichum squarrosum*）、四回毛枝蕨（*Loptoruhmora quadripinnata*）等。也有较矮小的喜荫耐湿的草本植物，如沿阶草、黄金凤（*Impatiens siculifer*）、小冷水花、高山露珠草（*Circaea alpina*）、袋果草（*Peracarpa cornosa*）、吉祥草（*Reineckea carnea*）、纯叶楼梯草（*Elatostema obtusum*）、阔瓣重楼（*Paris polyphylla* var. *yunnanensis*）、滇黄精（*Polygonatum kingianum*）、心叶兔儿风等。

林内的层外植物如藤本也较多，且为木质小藤本，散生长灌木和草本层中。常见的有多种菝葜（*Similax* spp.）和崖爬藤（*Tetrastigma* spp.），有时亦见有较大的藤本，如哥兰叶（*Celastrus gemmatus*）盘旋于林内，枝叶悬垂于林冠。附生的植物以苔藓为多，也有一些蕨类附生在树干树枝上。

（三）生长发育

白穗石栎林的生长发育尚好，一般林分平均高都在22～26m，平均胸径40～60cm，最粗可达100～200cm。由于其树冠伞形，密集，各树冠之间几乎在一个平面上，呈现镶嵌状态，所以林分郁闭大，一般在0.8～0.9。每公顷蓄积量可达300～400m^3，与相同地段分布的其他常绿阔叶林相比，其林分生产力算是较高的，并具有一定的开发利用价值。

（四）更新演替

白穗石栎林下天然更新能力差，在原始林分中很少见到其幼苗幼树。造成更新差的原因主要是林内较阴湿，地表枯枝落叶较厚，种子成熟跌落后，除受虫、鼠危害外，林内温度偏低，种子不易萌发，时间长了，种子因湿度过大而腐烂。它虽然天然更新能力较差，但它有较强的萌蘖能力，局部破坏严重地区，可见到以其萌蘖起来形成的幼林，生长尚好。

白穗石栎林也是一个比较稳定的森林类型。但经反复严重破坏，它将变成以白穗石栎为优势的萌生栎类灌丛。若进一步破坏，如火烧等，萌生的栎类灌丛就很快成为毛蕨菜为主的草丛。但草丛附近如有云南松或旱冬瓜等母树分布，它们将逐步侵入迹地成为云南松或旱冬瓜纯林或以其两者组成的混交林。它们的出现又将为常绿阔叶林的更新创造条件，逐渐可演变为以白穗石栎、滇青冈为主的常绿阔叶林。

（五）评价及经营意见

白穗石栎林在其分布范围内，大部分地处山地上部和顶部，它的保水性能良好，当地人们常视之为水源涵养林。同时，白穗石栎的材质较好、质硬，是建筑、矿柱、农具等良好用材；其种子含淀粉可吃，因此可用于酿酒和饲料。

目前，现存的白穗石栎林面积已为数不多，大部分已沦为荒山、灌丛，仅在交通不便的山顶或上部以及寺庙附近有大小不等林分存在，因此，有条件的地区，应发展该类森林。对被破坏后形成的灌丛，应封山育林、加强管理，让其恢复成林。为了发展该类森 林，对其育苗、造林等技术问题也应着手研究解决，以利于发展保护该森林。

第三节 桉树林[①]

桉树（*Eucayptus*）是桉树属的统称。中国广东、海南、广西、云南等地，自 19 世纪末就开始从国外引进桉树，作为“四旁绿化”树种，多栽于公路、铁路、水库及屋旁。直到 20 世纪 30 年代，才作为造林树种进行造林。从 50 年代开始，发展较为迅速。目前国内已先后引进 100 余种桉树，其造林面积和范围均不断扩大。

桉树一般需要年平均温度 15℃以上，最冷不低于 7～8℃的气候，大多数桉树不耐 0℃以下低温和霜冻，有些种类能稍耐低温。桉树虽耐干旱，但一般需要充足的雨量，在年降水量 500mm 的地区可以生长，但达到 1 000mm 时生长较好。适生于酸性的红壤、黄壤、砖红壤性红黄色土和冲积土，大多数桉树宜栽在肥力中等、质地与结构良好的深厚土壤上。

引种的桉树林多为纯林，结构比较简单。一般均为喜光树种，造林 3～5 年后即可郁闭成林。由于林内干燥和放牧等人为活动，致使林下灌木、草本植物稀少。

桉树用途十分广泛，其木材坚韧耐腐，宜作材用。加之它生长快，萌蘖力强，可做纸

① 执笔人：周光裕

浆专用林经营。桉树小枝和叶的油腺丰富，可蒸馏提取桉油。但蓄积量很低，其成过熟林只占阔叶林的 0.03%。

2—4—3　桉树林[①]

桉树（*Eucalyptus*）属桃金娘科。生长迅速，适应性广，繁殖力强，成林成材快，经济价值高，既是优良用材树种，也是优良的防护林、道路和庭园树种，中国发展桉树人工林具有重大意义。

桉树材质坚硬耐久，纤维较长，木材多种多样，用途广泛。主要用作建筑、家具、车船、枕木、矿柱、电杆、纺织、浆粕、人造板等。多种桉树的叶子蒸馏的精油，是医药、香料和工业的原料。某些桉树的叶子可浸提医药用的芦丁和植物生长促进剂粗黄酮。木材、树皮、树叶含单宁，可浸提栲胶，供选矿和石油钻井的凝剂，也可鞣制皮革、木材燃烧热值高，着火容易，是优良的薪炭材。桉树是蜜源植物，放养蜜蜂，可提高蜜糖产量。

（一）分布与生境

1. 分布及引种

桉树自然分布于北纬 7°至南纬 43°39′，几全部原产于澳大利亚和塔斯马尼亚岛，只有 5 或 6 个种分布于菲律宾、印度尼西亚、帝汶、巴布亚新几内亚、新不列颠和新爱尔兰诸岛，仅剥桉（棉芝老桉）（*Eucalyptus deglupta*）和尾叶桉（*E. urophylla*）澳大利亚没有记载。

世界各国引种桉树早在 19 世纪初叶。最先在南欧作为公园及庭园绿化树种。看到桉树生长迅速，经济价值高，才受到重视，用于造林。1893 年引种到印度栽培，1856 年引种到美洲种植。此后在世界温暖地区广为栽植，到 1979 年在桉树自然分布之外，96 个国家中造林面积至少有 400 万 hm^2。1988 年世界桉树人工林面积已发展约 700 万 hm^2，占人工林总面积的 1/3 以上。

中国引种桉树始于 1890 年，一是自意大利引种赤桉（*E. camaldulensis*）、蓝桉（*E. globulus*）等多种桉树到广州、香港、澳门等地；同年自法国引种细叶桉（*E. tereticornis*）到广西龙州。广东、广西是全国最早引种桉树的地区。1894 年，福建福州引种野桉（沙漠桉）（*E. rudis*），1896 年云南昆明引种蓝桉，1897～1900 年台湾引种大叶桉（*E. robusta*）、柠檬桉（*E. citriodora*）、赤桉等，1910 年四川西昌、遂宁分别引种蓝桉和赤桉，1912 年福建厦门和鼓浪屿引种赤桉等多种桉树，1917 年福建福州引种柠檬桉。中国栽培桉树遍及 17 省（自治区），但主要是广东、广西、福建、台湾、江西、四川、云南 7 省（自治区）。1977 年，中国桉树人工林面积 20 万 hm^2，1987 年发展到 60 万 hm^2。其中广东、海南 40hm^2，广西 10 万 hm^2，其余 10 万 hm^2 分布于云南、四川、福建、江西、湖南、湖北、贵州等地。

---

① 执笔人：徐燕千

2. 生态环境

桉树是极喜光树种，枝叶稀疏，有强烈的趋光性，除在苗期幼态叶嗜荫外，不耐庇荫，在全光照下，才能生长良好。

桉树一般需要年平均气温15℃，最冷月不低于7～8℃，大多数桉树不耐0℃以下低温和霜冻。但有些桉树能耐低温，能耐－2℃的桉树有窿缘桉（*E. exserta*）、柠檬桉、斑皮桉（*E. maculata*）等；能耐－4℃的有大叶桉、斑叶桉（*E. punctata*）、葡萄桉（*E. botryoides*）、斜脉胶桉（*E. kirtonana*）等；能耐－6℃的有王桉（*E. regnans*）、柳桉（*E. saligna*）、灰桉（*E. ceneria*）等；能耐－8℃的有赤桉、蓝桉、蜜味桉（*E. melliodora*）等；能耐－10℃的有多枝桉（*E. viminalis*）、斜叶桉（*E. obliqua*）、树脂桉（*E. resinifera*）等；能耐－12℃的有巨桉（大桉）（*E. grandis*）、心叶桉（*E. cordata*）、卵叶桉（*E. ovata*）等；能耐－14℃的有聚果桉（*E. coccifera*）、山桉（*E. dalrympleana*）、小花桉（*E. micrantha*）等。由此可见，中国热带、亚热带地区均宜于栽培桉树。

桉树虽耐干旱，一般需要有充足的雨量。年平均降水500mm的地区可以生长，但年平均降水量达到1 000mm的地区生长较好。根据测定，桉树生产$1m^3$木材，需水300～500kg。所以有充足的水分供应，才能保证速生丰产。一般来说，宽叶形的桉树较喜欢湿润，狭叶形的较耐干旱。耐水湿的有大叶桉、赤桉、巨桉等；耐干旱的有窿缘桉、柠檬桉、斑皮桉、斜脉桉、圆锥花桉（*E. paniculata*）、伞房花桉（*E. corymbosa*）、树胶桉（*E. gummifera*）。中国热带、亚热带地区，一般年降水量都在1 000mm以上，从降水条件来看，适于许多桉树生长。

桉树适生于酸性的红壤、黄壤。赤红壤和冲积土。大多数桉树宜栽在肥力中等，质地与结构良好的深厚土壤。桉树对土壤肥力需要较低，但比许多松类要高。在土层浅薄，土质坚硬的地方，则生长不良。常见窿缘桉、柠檬桉、圆锥花桉能生长在瘠瘦的土壤上；大叶桉、柳桉等适生于深厚的粘土、壤土或冲积土。能耐盐碱土的有窿缘桉、大叶桉、赤桉、葡萄桉等。能耐石灰性土壤的有野桉、细叶桉等。桉树生长发育因立地条件不同而有差异，但也有共同之处。在平原、台地、低丘陵地区生长良好，在高丘、山地生长较差。山地一般在山麓、山谷才能生长良好。

桉树一般有较强的萌芽力，不仅树干具有大量休眠芽，而且根颈常有木瘤，也可以萌芽。木瘤实质上是树干的结构，由大量的营养芽和相联的维管组织构成，并贮存有营养物质，立地条件好的幼龄萌芽力强，可萌芽更新多代，如窿缘桉第2～3代萌芽林生长量往往超过同龄的实生林。许多桉树的木瘤有助于萌芽更新。但葡萄桉萌芽力弱，而王桉则无萌芽更新能力。

（二）组成与结构

澳大利亚桉树天然林，不同的生境构成不同的森林类型。从群落外貌和生物学特性出发，桉树可分为如下类型。

1. 湿润硬叶乔木型

年平均气温 14～21℃，最热月与最冷月相差不大。年平均降水量约 1 500mm，分布均匀，干旱季节短。分布在新南威尔士州和维多利亚州东部海洋地区，土壤深厚肥沃。林下植物灌丛及草木繁茂，有多种桉树树高可达 60～80m 或更高。在西澳大利亚州西南部有高 50～60m 的异色桉，林下有五腺荆（*Acacia pentadenia*），在维多利亚和塔斯马尼亚有高达 90m 或更高的王桉，林下有黑木荆（*A. melanoxylon*）、黑荆（*A. mernsii*）和高大的桫椤属（*Alsophylla*）树蕨。

2. 干旱硬叶乔木型

年平均气温 15℃，极端最高气温可达 42℃，极端最低气温－3℃，年平均降水量 600～1 200mm，干旱季较长，森林植物稀疏，均属旱生形态。大多数桉树都属此类型，许多为重要用材树种，如葡萄桉、赤桉、柠檬桉、窿缘桉、斑皮桉、斑叶桉、细叶桉等，树高可达30～50m，由于树冠稀疏，阳光下达，林下生长很多小乔木，主要为木麻黄科、山龙眼科、豆科植物。金合欢属有金荆（*Acaoia cyanophylla*）、圆眼相思（*A. cyclops*）等。林下植物的盖度稀疏，有桃金娘科和山龙眼科小灌木，草本极少，另有数种藤本。

3. 干旱硬叶灌木型

年平均气温 18～21℃，极端最高气温可达 48.9℃，极端最低气温可达－6.1℃。年平均降水量 250～500mm。分布于新南威尔士州的西南部和维多利亚州的西北部的干燥沙土上。灌木型桉树当地叫马里（Wallee）、树高 6～8m，生长极密，没有明显的主茎，所具根瘤，萌芽力很强。马里灌丛的许多树种，当栽培在比原来生长湿润的地方时，可以发展成为小乔木。如蓝马里桉（*E. ftruticetorum*）、贯陆桉（*E. transcontinantalis*）等。本类型林下混生有其他小灌木和草本植物。这种桉树灌木林主要供提炼精油，提取单宁，也供作薪炭材。

4. 稀树草原型

年平均气温 16℃，最热月气温可超过 25℃，蒸发量大，干旱季节有 2～3 个月植物生长几乎停止。年降水量 500～750mm。林木散生，乔木高可达 25～30m，林下光线强烈，有禾本科草类生长。在昆士兰州和新南威尔士州两地放牧平原常见有小果桉（*E. microcarpa*）、大花桉（*E. largiflorens*），在维多利亚州分水岭高原有蜜味桉，而在高山地带则有小星芒桉（*E. stellulata*）、雪桉（*E. niphophila*）形成稀树高山草原。

5. 高山草甸型

分布在澳大利亚东南部海拔 1 600m 的山地，最高可达海拔 2 000m，但树形矮化。山上半年降雪，年平均霜日达 157.5d，最低气温－21℃，聚果桉分布于塔斯马尼亚的威灵顿山，海拔 1 200m，林木生长不超过 10m，此地带最低气温达－18℃。

中国桉树人工林多属纯林，结构比较简单。柠檬桉、窿缘桉等人工林，在没有人为干扰的地方，林下也有灌木和草本生长。如灌木有黄牛木、坡柳、桃金娘等。草本有鸭嘴草（*Ischaemum crassipes*）、蜈蚣草、鹧鸪草等。桉树不是改良地力树种，实践证明，长期经营纯林，导致土壤衰退。澳大利亚原产地，由于桉树林下有许多植物伴生，尤其是金合欢属为其下木，是林地不致衰退的重要原因。为了使桉树林分结构合理，应注意引进林下植物或用乡土肥料树种与之混交，这是一个值得研究的问题。

（三）生长发育

桉树生长发育，因树种不同而有差异，但有许多共同之处，桉树一般具有早期高生长快于胸径生长的特点。多数桉数在10年生以前，树高生长最快，年平均生长1.2～2.7m，10年生以后，树高生长能力逐渐下降，但蓝桉则在10～15年生，树高生长最快，以后逐渐缓慢；胸径生长一般在4年生以前较慢，6年生以后渐快，10年生左右达到高峰，16年生以后开始下降，但柠檬桉到10年生以后，胸径生长才逐渐加快，15～25年达到高峰。为了说明桉树的生长发育规律，现以栽培最广泛和面积最大的窿缘桉人工林为例，树高生长，2～6年生最快，年平均生长1.0～1.5m；胸径生长6～10年生最快，年平均生长1.0cm以上；材积生长，一般8年生，年平均8～12m^3/hm^2，最好的年平均15～21m^3/hm^2，数量成熟期16～20年。广西东门林场7年生窿缘桉速生丰产林，年平均材积生长量48～63m^3/hm^2。

桉树地上部分生长发育与地下根系生长发育是一致的。桉树为深根性树种，主根深扎，根幅常为树冠幅的2.5～3.0倍。在土层深厚的立地上，根系深度往往超过幼林阶段的树高。柠檬桉的幼苗具有5～6片真叶时，其主根长度常为苗茎的3～4倍，2年生时深入地下3.2m，10年时主根可达11m。窿缘桉6年生时主根深入地下可达7m以上。桉树根系可塑性很大，立地条件不同，根系的生长发育也不一样，粘土比疏松土的根少而且短。桉树根系生长发育良好与否，与其速生性和耐旱性密切相关。因此，深耕整地，有利于桉树生长发育，从而加速林分生长。

（四）更新演替

巴西发展桉树主要经验是以纬度、海拔高度、年平均温度、年降水量等因子作为生态相似区，与桉树原产地的生态类型进行比较研究，以确定选择最有潜力的桉树树种和最适合的地理种源，其效果是很显著的。例如阿拉克鲁兹纸浆公司在澳大利亚的生态相似区，从最佳种源中选出巨桉优良母树，进行采种造林，通过选优和无性系鉴定，建立起无性系繁殖区，采用无性系造林。从1975年开始，又进行桉树扦插育苗试验，并取得突破性的进展。1979年用100万株扦插苗所营造的6年生林分，年生长量达45m^3/hm^2，以后又用扦插苗营造的林分，年生长量提高到50～55m^3/hm^2，而试验林则高达70m^3/hm^2。巴西的相似生态区和选择优树、扦插育苗造林的理论与实践值得注意。

中国引种桉树遍及南方17省（自治区）。按照自然地理区域有南部、中部、西南、北缘地区，在长期引种栽培过程中，各区都有不少适应生长发育并成为主要造林树种的桉树。

（1）南部地区　包括海南、广东、广西、台湾和福建南部。本区热量丰富，雨量充沛。极端最低气温在0℃以下，但有寒流侵袭，有时可降到0℃以下，无霜或几天有霜。本区适宜需热量较高的桉树生长，是中国桉树的主要产区。本区生长良好的桉树有窿缘桉、柠檬桉、斑皮桉、雷林1号桉、巨桉、柳桉、赤桉、细叶桉、小果灰桉（*E. propinqua*）、尾叶桉、尾巨桉、刚果12号桉、粗皮桉（*E. pellita*）等。

(2) 中部地区 包括江西、湖南、浙江和福建北部。本区夏热冬凉，春夏多雨。极端最低气温在 -6℃左右，霜期数十日，有小雪。本区适宜既耐热又耐寒的桉树生长。是有发展前途的产区。本区生长良好的桉树有赤桉、渐尖赤桉（*E. camaldulensis* var. *acuminata*）、细叶桉、窿缘桉、葡萄桉等。

(3) 西南地区 包括四川、云南、贵州。本区地势高，地形复杂，冬暖夏凉，雨量分布均匀，极端最低气温-4℃（-6℃）左右，霜期数十日，有小雪。本区适于冬雨型桉树生长，是很有发展前途的产区。本区生长良好的桉树有蓝桉、直杆蓝桉、葡萄桉、大叶桉、赤桉、二棱桉（*E. bicostata*）、亮果桉（*E. nitens*）、多枝桉、山桉、大桉（*E. delegatensis*）等。

(4) 北缘地区 包括江苏、安徽、湖北、陕西。本区冬季气温低，霜期较长而下雪，只能引种耐寒性强树种，不宜作为桉树发展区。本区能越冬桉树，江苏、上海（北纬31°20′）、湖北兴山（北纬31°34′）、安徽蚌埠（北纬32°57′）有灰桉、异心叶桉（*E. cordata* f. *lanceolata*）等生长正常，陕西阳平关（北纬32°56′）葡萄桉生长尚好。

中国经营桉树，宜就上述各区以地理位置、海拔高度、植被、温度、雨量等因子为依据，按照各区的自然环境划分出若干个生态相似区，以便当地的生态类型与桉树原产地生态类型进行比较研究，以确定选择最有潜力的桉树造林树种。

桉树种间易于杂交，群体的变异很大，在同一种群内遗传组成相当复杂。近20多年来，有关桉树的自然变异，人们进行了不少研究。据报道，来自西帝汶岛弗洛雷斯勒沃托山尾叶桉在刚果卢迪马进行种源测验，表现为良好的种源，1年生树高平均7.18m。桉树人工杂交正受到重视。世界上已有不少成功事例，如巴西的尾叶桉×大巨桉（尾巨桉），刚果的细叶桉×柳桉（刚果12号桉），印度的迈索尔桉（细叶桉杂种），都成为高产的造林树种。中国也重视杂交育种，广东雷州林业局选育出雷林1号桉（窿缘桉×大叶桉）。广西林业科学研究所选育出柳窿桉（柳桉×窿缘桉）。四川林业科学研究所选育出蓝大桉（蓝桉×大叶桉）。这些杂种桉不但速生丰产，而且有时在单个体中表现出两个亲本的优良特性。中国有必要沿着这一途径选出当地优树来建立种子园，为营造桉树林提供良种。

桉树可塑性虽然很大，但不同树种对环境条件的需要也不一样。中国桉树栽培区广阔，自然地理气候复杂。因此，在造林之前必须进行宜林地调查，做到适地适树。影响桉树栽培的主要因素，一是气候因子，二是土壤因子，三是生物因子。广东雷州半岛年降水量虽在1 400mm左右，但气候炎热，干旱季节长，耐热、耐旱、耐瘠的窿缘桉在此环境条件下生长良好，梅县地区年降水量虽与湛江地区相差不多，但气候暖和，雨量分布较为均匀，土壤亦较湿润肥沃，薄皮大叶桉（*E. crawfordi*）在此环境条件下生长颇佳，而在雷州半岛栽培则生长不良。在广西南宁的气候条件下，茅桥11年生的斑叶桉树高23m，胸径27.8cm，同一地区11年生的大叶桉，树高不到12m，胸径不到14cm。广东、广西、福建沿海一带栽培耐旱、耐瘠、耐夏季炎热的柠檬桉生长良好，但在湖南北部、江西上饶、浙江金华多次栽培柠檬桉都罹寒害冻死，而引种耐寒桉树如赤桉、细叶桉、灰桉、多枝桉等则能正常生长。西南地区海拔高度是影响栽培桉树的主要因子。蓝桉适生于海拔 1 500～2 000m，超过高度容易冻害；直干蓝桉适生范围在海拔 1 000～1 900m，而以海拔 1 500m 的中亚热带地区生长为好。云南昆明属高海拔地区，极端最低气温不低于－7℃，夏季气温不高，而喜气候温和、忌夏季炎热的蓝桉在此生长极佳。四川在典型的金沙江河谷地区，引种耐热、耐旱、耐瘠性强的赤桉，在热量条件好，终年不停止生长的条件下，早期树高年平均生长一般可达 3m，胸径达 4cm；盐边县在较好的立地条件，栽培喜潮湿深肥土壤的大叶桉，8 年生树高达 20m，胸径达 28cm，由此可见。按照树种的生物学特性，掌握其适生环境，是一个极其重要的问题。

桉树生长习性基本上不适于裸根苗培育，它的自然生根习性是主根长须根发育不良；苗木容易长出新的嫩枝叶，这些嫩枝叶强烈蒸腾，不利于桉树成活和恢复生长，这是为什么大多数国家愿意采用营养容器育苗的原因。中国桉树造林的经验证明，营养容器苗好处多，育苗时间短，60～90d，苗高 15～20cm 即可出圃；单位面积产苗量高，较裸根大苗成本低；造林不受严格天气限制，只要土壤湿润，晴天亦可造林；造林成活率高，一般达 90%以上；苗木不伤根，不剪叶，定植后生长迅速，较裸根苗快很多。因而营养容器育苗造林被认为是桉树速生丰产关键措施之一。

桉树虽然能耐瘠瘦，但需要深松土壤。深耕整地，有利于根系深扎，加速生长，因此，桉树生长速度很大程度决定于整地。广东雷州林业局 60 年代用不同整地方法栽植窿缘桉，幼林生长和根系生长表明，机耕全垦深度 20～25cm 生长最好，人工穴垦 40cm×40cm×33cm～60cm×60cm×50cm 次之，牛犁带垦深度 10cm 最差。高径生长机耕全垦比牛犁带垦高 20%～50%，根系发育也以机耕全垦为好。根据不同的宜林地采用不同的整地方式，在5°以下的平台地，在不引起水土流失的原则下，采用机耕全垦，深度 20～25cm，再用林业开沟犁在种植行带状开深沟 30～45cm；在坡度 5°～15°以下的丘陵山地，采用等高带垦，深耕20～25cm，栽植点再挖大穴，规格为 60cm×60cm×50cm；在坡度 15°以上的丘陵山地，一般采用穴垦，规格同带垦。实践证明，采用大工程量的深耕整地，是桉树速生丰产的基础。

桉树造林密度适当与否，对其生长发育有密切关系。确定造林密度要看生态条件和营林的目的而定。最适宜的造林密度应以树种、立地条件、栽培技术等因素来考虑。广东雷州林业局窿缘桉、雷林 1 号桉用材林试验表明，初植密度以 3 000～4 750 株/hm^2 为宜，经过 2 次疏伐保留 1 800～2 500 株/hm^2（需大径材的柠檬桉经 3 次间伐，保留 900 株/hm^2）；营造浆粕林，初植密度以 4 500～6 000 株/hm^2 为宜，经过间伐保留 2 250～3 000 株/hm^2。这样的造林密度，既可充分利用地力，减少台风危害，又可间伐获得中间收入，提高立木均匀度和单位面积产量。近年来国内外广泛采用宽行窄株配置造林，如 1.5m×4m，2m×3m 等，可使植株充分利用营养空间，更好地接受侧方阳光和便于机械化抚育。选用良种、容器育苗、深耕栽植、下足基肥，适时抚育，是营造桉树速生丰产林的有效措施。

桉树采伐更新是按照经营目的，生物学特性和数量成熟期，确定采伐年龄和径级。一般生产浆粕材 5～7 年，平均径级 5～10cm，生产矿柱建筑材 15 年左右，平均胸径 14～16cm；生产锯材 25 年以上，平均胸径 30cm。采伐方式有块状皆伐和单株择伐两种。萌芽更新是桉树营林特点之一，绝大部分桉属树种具有萌芽能力，最好在 6～10 年时期。因此，世界各国桉树人工林大多采取短轮伐期和萌芽更新来培育浆粕材、矿柱材和薪炭材。广东雷州林业局窿缘桉采取短轮伐期，伐后萌芽率达 80%～95%，1 年生平均树高 3.5～4.0m，胸径 2.5～2.8cm；8～10 年生平均树高 11～12m，胸径 8～10cm。林木蓄积量 9.75～12.30m^3/hm^2。当采伐立木达不到 1 000～1 500 株/hm^2 时，则应挖除树根，重新造林。中国桉树只有人工更新未见天然演替。

（五）评价及经营意见

中国自然条件适于发展桉树，1977 年桉树人工林面积 20 万 hm^2，1987 年已发展到 60 万 hm^2，10 年增加两倍，桉树栽培面积仅次于巴西，跃居世界第二位。桉树已成为中国最重要造林树种之一。桉树适应性广，繁殖力强，生长迅速，成林成材快，用途广泛，经济价值高，短期经营，能提供浆粕材、矿柱材、锯材、人造板材等，还可以提供精油、单宁等和美化环境。中国发展桉树具有很大潜力，在林业建设和国家经济建设占有重要的作用和地位。

桉树主要造林树种地理种源试验具有重大意义。宜按照适应性、抗性和材性等为选择目标，选择最佳地理种源，繁殖示范推广。巴西阿拉克鲁兹纸浆公司用澳大利亚科斯港的巨桉种源造林，年平均生长量 23m^3/hm^2，而用澳大利亚昆士兰州北部的巨桉种源造林，年平均生长量达 50m^3/hm^2，像赤桉之类分布很广的树种，对某一立地条件来讲，最适宜的种源和最不适宜的种源的材积收获量介于 3∶1～8∶1。

桉树主要造林树种进行杂交育种很有发展前途。广西林业科学研究所为克服桉树林分分化大，提高木材产量，缩短轮伐周期，分别以柳桉和窿缘桉为父母本，进行人工反交育种试验，所得种子，于翌年春播种造林，结果是柳桉和窿缘桉 170 这个组合最好，3 年生平均树高 16.4m，胸径 11.3cm，平均单株材积 0.066 3m^3，比母本（柳桉）大 33%，比父本（窿缘桉）大 85.9%，比对照（窿缘桉优树子代）大 253.5%，杂交优势显著，特命名为广西柳窿桉。巴西以巨桉为母本（生长快，造纸质量好），以尾叶桉为父本（生长快，抗性强）进行人工杂交，所培育出的巨尾桉杂种第 1 代，1 年生树高达 12m，取得了很大的成功。由此可见，利用桉树杂种优势进行造林，是今后发展的途径。

桉树良种工作与造林紧密结合，这是苗木良种化的基础。因而各个省（自治区）应建立一整套从种子园、采穗圃到苗圃的完整体系，生产遗传种质优良的苗木，以满足造林需要。为了减少远途运输，建立中心苗圃，规模不宜过大，应有计划地就地育苗，便于运输。

从林木育种的观点来看，桉树用无性繁殖大规模生产优良材料是社会生产发展的需要。巴西培育速生丰产林的做法，已走向用优树无性系扦插育苗造林，他们在树种改良中，不是利用优树后代优势（种子园的种子），而是利用优树的当代优势（优树无性系扦插苗）。采用无性系扦插造林，可以全部保持母树的优势，不会产生变异，不仅植株分化很少，林分生长整齐，而且木材结构与性能也相同。由于重视树种改良和提高育苗技术，巴西用无性系营造的巨桉林，1974～1978 年年生长量提到 $36m^3/hm^2$，1979～1980 年年生长量达 $60m^3/hm^2$，少数高产林分，年生长量竟高达 $90m^3/hm^2$。在巴西树种改良中，用优树扦插育苗造林，已有代替种子育苗的趋势，很值得我们借鉴。

为了提高桉树生产力和扩大桉树栽培面积，实现速生丰产，应着重低产林分改造，丘陵低山造林技术和合理经营的研究课题。为了防止桉树连栽造成土壤肥力衰退，桉树与豆科和肥料树种可以采用宽带状或块状混交，实行桉树与豆科或肥料树种轮栽，以提高土壤肥力，改善环境条件，实现稳产高产。

桉树有一个很大特点，就是“边缘优势”，在“四旁”种植，生长迅速，产量很高。广州中山大学（原岭南大学）校园柠檬桉 60 年生，树高 30m，胸径 80cm；斑皮桉 60 年生，树高 30m，胸径 68cm、华南农业大学（原中山大学农学院）55 年生柳桉树高 30m，胸径 68cm；细叶桉 56 年生，树高 35m，胸径 78cm；窿缘桉 40 年生树高 30m，胸径 80cm。云南“四旁”植树，弥勒县蓝桉 65 年生树高 38m，胸径 140cm；四川绵阳大叶桉 10 年生树高 18～19m，胸径 25～26cm，彭县蒙阳火车站葡萄桉 16 年生树高 22m，胸径 43cm。广西南宁友谊公路约 30km，两侧各混植 3 行柠檬桉和台湾相思，19 年生时测定，1km 有柠檬桉、台湾相思各 1 560 株，其中柠檬桉平均树高 25m，胸径 27cm，立木蓄积 $668m^3/hm^2$，台湾相思平均树高 9m，胸径 12cm，立木蓄积 $74m^3/hm^2$，合计 $762m^3/hm^2$，相当于成片造林 $10hm^2$。由此可见，桉树用于“四旁”植树，大有可为，亟宜加以重视。

桉树和许多树种一样，在根系与真菌之间形成共生菌根群落（*Mycorrhizal association*）。形成正确的菌根关系常常是寄主树木健康生长成林的必要条件，大多数松树也是这样，通常只有在土壤用正确的菌根真菌接种之后，才能在新区引种成功。以色列用彩色豆马勃（*Pisolithus tinctorius*）接种赤桉对苗木生长有利。澳大利亚也是这样，丰桉、少花桉和大嘴桉用灰疣硬皮马勃（*Secleroderma verrucosum*）接种有益。如不接种，幼树退色，缺乏活力。世界各国这方面的研究工作还做得很少，看来桉树接种菌根菌值得我们重视研究。

研究不同桉树的材性、用途和防腐问题尤其是研究制造纸浆材树种和生产纤维板、胶合板、刨花板的材性，为选择推广重要工业用材树种和木材综合利用具有重大意义。开展桉树的花粉、桉叶、树皮和树根等利用研究，包括生产桉叶精油，提制栲胶，黄酮类化合物以及花粉收集和加工利用等，以提高经济效益。

第五章

季雨林[①]

季雨林几乎完全分布在热带范围内，是热带具有大陆性气候或周期性发生季风的那些区域的典型森林，它们是过渡到雨林的一类居间类型。但具有一个特点，即在干旱时期内落叶，在雨季来临时又重新发叶。

在地球上，季雨林是不连续分布在亚洲、非洲和美洲的热带地区的森林类型。其中以亚洲部分的面积最大，尤其在东南亚地区最为发达，分布于印度的德干高原、缅甸、老挝和越南等地的干热河谷和盆地中，以及很多东方岛屿中受干燥季风影响的地方。在非洲和美洲也有零星分布。

中国的季雨林分布在华南和西南南部，位于热带和亚热带交接的地理位置上，是这一地区的地带性森林。

由于气候上的特点，中国的季雨林不像典型季雨林那样在每年6～10月的旱季内落叶。分布区内年降水量一般在1 000～1 800mm，但降水的分配不均匀，秋雨多于春雨，冬季较干旱，一年中有明显的干、湿季之分。夏秋季的5～10月多台风雨和热雷雨，降水总量约占年降水量的80%以上。由于湿季雨量集中又多暴雨，干季雨量少而降雨的变率又大，因此对森林的形成和发展都有很大的制约作用，而树木的落叶则在干旱的冬季，而不同于亚洲东南部季雨林在夏季落叶的情况。

分布区内水湿条件较好，大部分是属于常绿性的季雨林。林内乔木大约有70%以上的种类和80%以上的植株都是常绿的，其余则为落叶或半常绿种类，因此群落的外貌基本上是终年常绿。群落的结构也具有雨林的特点。而在局部比较干旱的地区，季雨林的季节变化则比较显著，成为落叶性的季雨林类型，在干季期间，群落中大约有30%～60%或更多

① 执笔人：周光裕

的乔木植株落叶或半常绿，因此在干季时，就呈现出大部分树木落叶的景观。

季雨林的组成植物中，有 80%以上的种类为泛热带成分。构成森林乔木层的以无患子科和楝科的种类为多。组成雨林的龙脑香科种类虽然很少，但其中的青梅（*Vatica astratricha*）则常构成纯林或与其他树木构成混交林。季雨林组成成分的另一个特点是特有种比较丰富，这些特有种大多数都是常绿木本植物，并且常成为森林第一层的主要成分。这些常绿树种更多的与越南和老挝北部的相同，最突出的例子是青梅。季雨林的落叶种类也不少，它们或零星的分布于林中，或构成单优势种群落，它们多是印度洋季风区的热带成分。

由于季雨林各个类型中的落叶植物数量不同，因此它们的季相变化也不一样。落叶季雨林中的落叶植物和半常绿植物较多，因此，它们的季相变化很明显，干季里第一层乔木多数落叶，林冠稀疏。湿季里林冠浓密，颜色由黄褐色而转为绿色。常绿季雨林中的落叶和半常绿植物较少，因此季相变化不明显，干季里只有少数植物落叶，整个森林几乎终年都是常绿的。

季雨林中树木开花的习性也是各种各样的，在林中虽然能见到一年多次开花和结果的种类，但毕竟是以一年开花结果一次的植物占多数，而且花、果期具有明显的季节性，大约有 2/3 的植物集中在 2～3 月间开花。因此，季雨林有两个比较集中的果熟期，一个在8～9 月间，一个在 11～3 月间。植物的落叶、开花和结果有明显的季节性，这是对环境条件适应的结果。

季雨林在单位面积中的组成种类比雨林少，但植株的密度则较大。在不同类型的季雨林中，组成种类的数量和植株的密度都不相同。

乔木叶子的面积比雨林的小，属于中型叶的乔木种类占 80%以上。此外，也有属于羽状复叶的种类。

分层方面，乔木可分为 2～3 层。第一层乔木的高度在 25m 以下，个别突出于第一层之上的高大乔木也不超过 35m。树冠宽大而稀疏，彼此不相连续。树干稍直而分枝低，枝桠大都短而弯曲，树皮厚而粗糙。除少数种类外，一般板状根不很发达。干旱季节因落叶树种落叶，因此树冠层覆盖度减少，而雨季时则比较浓密。第二层乔木的种类数量和植株密度都比第一层大，高度为 10～15m。树冠多呈圆锥形，相互构成连续的冠盖层。树干稍直而分枝低，树皮比第一层光滑，板状根不显著。树木的叶子多为中型叶，厚而革质。大型藤本的叶子和附生藤本植物常集中在这一层的树冠层内。第三层乔木在有的季雨林类型中发育较好，而在另一些类型中则常不存在，或有时和第二层乔木相连而难于区分。这一层的组成成分多为耐荫性的种类，植株的密度也比上两层大得多，因而形成了群落上疏下密的结构。这一层中多为上两层乔木的幼树，叶子多为中型叶。

灌木层的高度在 0.5～1m，但真正属于灌木的种类不多，而多为乔木的幼树。草本植物层比较稀疏，真正的草本植物，除在林缘或林窗下局部比较密集之外，一般覆盖度只有5%左右。而乔木、灌木、藤本植物幼小的个体较多。

2—5—1—1　木棉楹树林①

木棉（*Bombax malabaricum*）、楹树（*Albizzia chinensis*）林是由热带落叶树种并混有少量常绿树种所组成的一类热带森林。它是在干季长而明显，有焚风作用，土壤十分干燥，并有江面水汽调节的情况下发育起来的。在中国热带北部有广泛分布。因分布区多为农业中心区，人为干扰破坏很大。如今保存有林的地段，不仅数量少，而且面积不大，分布零散，多沿河两岸呈不连续的小块状分布。该类森林虽面积不大，但林内尚有一些经济价值较高，且生长迅速的用材树种，如木棉、楹树、香须树（*Albizzia odoratissima*）等。

木棉楹树林是热带边缘的一个热带森林类型。不但具有一定的经济价值，亦是良好的种源基地。它的存在对于研究中国热带森林的发生发展和分布规律有较大的意义。

（一）分布与生境

木棉楹树林适应性强，分布广，是分布纬度最北的一类热带森林。在印度和中南半岛等地有类似的森林。在中国热带北部有广泛分布。在云南比较典型成片者，多分布在红河、把边江、澜沧江、怒江等水系中下游的低海拔河谷地区。云南东部的富宁、马关、麻栗坡、西畴等县南部河谷地带，南盘江、金沙江河谷亦有分布。一般分布在江河面以上100～150m左右的山坡和河谷阶地上。其分布海拔高度随河床抬升而有不同，海拔1 000m以下为集中分布区。单株生长可分布到1 700m。分布区年平均气温17～24.1℃，最冷月平均气温11～16.9℃，极端最低气温－2℃，年降水量725～1 500mm，雨量多集中在5～10月，年蒸发量大大超过降水量，相对湿度65%～80%，干热气候的特征甚为明显。在这样的气候条件下，林下的土壤以燥红土为主。

（二）组成结构

木棉楹树林林分结构简单，优势树种明显，多为单层林。组成树种多为落叶性。且具有树冠大，树皮粗糙开裂，叶片多毛或厚革质等旱生特点。林分组成树种在云南各地差异较大。林分中除高大的木棉、楹树各地均有分布外，混生树种有朴叶扁担杆（*Grewia celtidifolia*）、香须树、粗糠柴（*Mallotus philippinensis*）、山黄麻（*Trema orientalis*）、云南银柴（*Aporusa yunnanensis*）、云南黄杞（*Engelhardtia spicata*）、翅果麻（*Kydia calycina*）等。在滇东南的文山壮族苗族自治州境内，无忧花（*Saraca griffithiana*）、西南猫尾木（*Dolichandrone stipulata*）、垂枝榕（垂叶榕）（*Ficus benjamina*）、重阳木（*Bischofia javanica*）也较常见。在较湿润地段，八宝树（*Duabunga grandiflora*）、毛麻楝（*Chukrasia tabularis* var. *velutina*）、绒毛苹婆（*Sterculia villosa*）、红椿（*Toona ciliata*）也有生长。在更干旱的红河流域的曼耗等地，海拔200～600m山坡，有以厚皮树（*Lannea coromandelica*）、心叶水团花（*Adina cordifolia*）、掌叶九层皮（*Sterculia pexa*）、火烧花

① 执笔人：汤家生

(*Mayodendron igneum*)、多花白头树(*Garuga floribunda*)、高土连翘(*Hymenodictyon excelsum*)、薄叶滇榄仁(*Terminalia franchetii* var. *membranifolia*)等。林分一般平均高10～15m，最高达25m，平均胸径40～50cm，郁闭度0.6～0.7，每公顷蓄积量200m^{3}左右。而在金沙江河谷，受焚风影响，树种组成贫乏。

林下下木种类不多，以喜光耐干旱种类为主。常见种有虾子花(*Woodfordia fruticosa*)、余甘子(*Phyllanthus emblica*)、糙叶水锦树(*Wendlandia scabra*)、长序山芝麻(*Helicteres elongata*)、刺天茄(*Solanum indicum*)、佛掌榕(*Ficus simplicissima* var. *hirta*)以及展毛野牡丹(*Melastoma normale*)等。高低不一，覆盖度10%～20%。

林下草本植物覆盖度50%左右。以高2～3m的禾本科高草为主，如类芦(*Neyraudia reynaudiana*)、斑茅(*Saccharum arundinaceum*)、菅草(*Themeda gigantea* var. *villosa*)等。此外，大白茅(*Imperata cylindrica* var. *major*)、野古草也很突出。附生植物很少。藤本植物有羊蹄甲(*Bauhinia* spp.)、大油麻藤(*Mucuna pruriens*)、山牵牛(*Thunbergia grandiflora*)、蛇藤(*Acacia pennata*)、多毛瓜馥木(*Fissistigma lanuginosum*)、买麻藤(*Gnetum montanum*)、油渣果(*Hodgsonia macrocarpa*)等。

(三) 生长发育

木棉榅树林的优势种木棉，生长迅速，树体高大，干形通直，是一速生用材树种。具有耐干热的生态习性。但林分生长受生境影响较大。在海拔较高，旱季长，降雨少的干热河谷地区，林分较为稀疏而低矮；在海拔较低，土层深厚，土壤水分稍好的地区，林木生长比较繁茂，形成小片纯林。如分布在云南新平县的戛洒乡，地处元江上游海拔1 600m左右的宽阔阶地上，土壤为冲积沙壤。木棉为中龄林，林分平均高21.5m，平均胸径43.3cm，郁闭度0.5的林分，每公顷蓄积量达96m^3。成熟纯林，林分平均高28.3m，平均胸径52.6cm，郁闭度0.6的林分，每公顷蓄积量达203m^3。在良好的立地条件下，25～30年即可砍伐利用(见表5—1)。

表5—1　林分测树因子统计

标准地面积(m^2)	树种组成	林龄	郁闭度	平均树高(m)	平均胸径(cm)	每公顷株数	每公顷断面积(m^2)	每公顷蓄积量(m^3)
2 500	10木棉	25	0.5	21.5	43.3	76	11.168 36	95.116 40
2 500	10木棉	30～40	0.6	28.3	52.6	76	17.984 72	203.587 04

又如，从新平县的水塘乡小河边，海拔600m的峡谷山腹，壤土干燥、板结的燥红土上的解析木看出，木棉生长较差，21年生的林木树高15.2m，胸径40.0cm，单株材积0.8m^3。

另一株伐自新平县戛洒乡东茂，海拔570m的河边阶地，而土壤疏松、肥沃的冲积沙壤土上，木棉生长较好，30年生的林木树高21.6m，胸径48.1cm，单株材积1.6m^3。

上述两株木棉由于生境不同，年龄只相差9年，而材积相差一倍之多。木棉的速生性从幼龄阶段就表现出来，3 年生树高分别为 1.3 和 1.8m。

本类型中除木棉外，常见的还有楹树和香须树。均为速生树种，如分布在云南瑞丽的楹树，13 年生的树高 22.3m，胸径 34.5～37cm，单株材积 1.0～1.3m³，形数 0.49；18 年生的树高 25m，胸径 40cm，单株材积 1.5m³，形数 0.49；42 年生树高达 32.2m，胸径 60cm，单株材积 3.6m³，形数 0.40，比木棉生长快一倍以上。香须树较木棉、楹树生长缓慢，但在水湿条件较好，土壤深厚肥沃，光照充足的地方 45 年生树高可达 22m，胸径 50cm，单株材积 1.73m³。一般 16 年生树高 12.5m，胸径 23cm，单株材积 0.21m³。30 年生树高 18.9m，胸径 26.5cm，单株材积 0.48m³。

（四）更新演替

分布在云南的木棉一般 1～2 月开花，4～5 月果熟，木棉种子具棉毛，可随风或流水飘落到较远的地方繁殖。根据在新平戛洒乡两块标准地，2m×2m 的 60 个样方调查，林下天然更新能力较强，每公顷有幼苗 3 000～17 333 株，有苗样方频度 67%～96.7%，但均为 10cm 以下的 1 年生苗，2 年生以上幼树不见。原因是木棉为强喜光树种，在全光照条件下才能正常生长发育，如在荫蔽的林下，由于缺乏光照而会逐渐死亡。木棉具有较强的萌发力，可利用其萌发能力更新。

香须树亦为强喜光树种，在云南 5～6 月开花，12 月至次年 1 月果实成熟，其根系发达，萌生力较强。既可萌条生长成材，又可育苗繁殖，并能耐 42℃高温，亦能抵抗－2℃的低温，是干热河谷地区的优良造林树种。

（五）评价及经营意见

木棉楹树林现存面积虽小，但林内尚有一些经济价值较高的速生用材树种。如木棉木材为散孔材，浅黄白色，心边材无明显区别，纹理直、结构粗糙，材质轻软，易加工，抗虫，耐磨力较差。但经用污水浸泡处理后可作床板、横条、椽子、门窗、大板、家具、模型板、箱盒等用材。不经处理的，可作甑子、火柴杆、造纸等。并可用大原木挖空作舟。棉毛耐水力强，浮力大，是作救生器材和航空衣等较好的填充材料，也可作枕头、垫褥等填充材料。楹树木材为散孔材，边材黄灰色，轻软而易遭虫蛀，不耐腐。心材紫褐色，比较抗虫耐腐。结构中至略细，易加工，干燥后变形小，胶粘性能好。可用作普通家具、箱盒、纸浆用材等。树皮含单宁 18.86%，纯度 65.21%。

香须树木材为散孔材，边材黄白色，易遭虫蛀，一般不用。心材暗红褐色或黑色，色泽美观，加工性能良好，抗虫耐腐，木材硬而重，冲击强度高，干缩较小，材质颇似进口红木，是珍贵用材之一。是乐器制造、家具和装修用材，亦可作造船、桥梁、电杆、建筑、镟工等用材。树皮含单宁 12.46%，纯度 66.1%，可提栲胶。林内分布的树种大多能适应干热地区生长，可作为干热地区造林树种种源基地，同时又可作为研究热带森林发生发展和分布规律的依据。因此，应加强保护，合理的经营利用。

2—5—2—1　鸡尖林①

海南岛西部滨海的丘陵和平原，是历史上开发较早，原生植被较早受到破坏的地区；背风面少雨而高温地区，发育的落叶季雨林是当地主要森林植被类型；其中最主要的是鸡尖林。

鸡尖（*Terminalia hainanensis*）是使君子科的落叶乔木树种，又称海南榄仁。因幼树树干具有鸡距形的硬刺而得名。鸡尖是海南的特有树种，集中分布在干热的西部，是榄仁树属树种中最能适应高温干旱气候的树种，其适应的特性是干旱季节落叶，鸡尖还能适应多种不同母质的土壤和立地，具有一定的抗茅草能力。

海南岛落叶半落叶的单优季雨林，除鸡尖林外，还有麻栎和枫香林等。麻栎林分布于开阔的盆地及山麓；枫香林喜温度稍高而风力较小的环境，它们是次生植被，在大陆有广泛分布。

（一）分布与生境

鸡尖林主要分布在海南儋州雅星、昌江霸王岭至乐东尖峰岭主峰一线以西的干热盆地（如东方盆地），河谷阶地或海滨丘陵，其散生植株，则遍及海南岛的西部，即从儋州那大（东经 109°35′）至三亚的藤桥（109°45′）联成一线，把海南分成东西部，东部几乎没有鸡尖分布；西部北起儋州天角潭林场，稍南白沙盆地，中部至琼中什运，到南部的通什以至三亚的甘什岭和抱龙岭均有分布。

在地史时期，海南岛覆盖着茂密的森林，当时的地带性森林是热带雨林（包括山地雨林）。随着雨林的破坏，立地条件逐渐变成干热，遂逐渐演变为热带季雨林，随着人类生产活动（主要是刀耕火种）的影响，鸡尖林得以形成，成为落叶或半落叶季雨林。

鸡尖分布区的气候高温干旱，自海南八所镇至东方沿海一带，年降水量不及 1 000mm，旱季长达 7 个月，年蒸发量超过年降水量且有西南风危害。鸡尖中心产地附近的昌江石碌镇年平均气温 24.3℃，7 月平均气温 28.5℃，极端最高气温 39.7℃，1 月平均气温 18.4℃，极端最低气温 4.2℃；年降水量 1 480mm 左右，多集中于 6～10 月，其余时间为旱季，夏秋或遭台风袭击，冬春常受干旱威胁。

分布区立地主要为丘陵台地，也有低山和海滨沙地。土壤为花岗岩、砂页岩以至石灰岩和滨海沉积物发育的砖红壤，通常较干燥瘠薄，如昌江霸王岭的鸡尖林分布于海拔 300～500m 地带，坡度 10°～20°，立地为花岗岩风化的灰棕色的原积沙壤土，土层薄，10cm 以下有石块，15cm 以下为半风化层；枯枝落叶层一般为 1cm 左右，地表间有岩石裸露。根据三个土壤剖面记录的综合整理如下：

0～8cm：灰棕色，沙壤土，小粒状结构，疏松，植根成网状密集分布，干燥，pH4.8。

① 执笔人：林仰三

8～15cm：棕黄色，沙壤土，中粒和粗粒状结构，疏松，植根分布极少，有石块侵入，干燥，pH 4.7。

15cm 以下为半风化层，淡红棕色，无植根分布。

（二）组成与结构

鸡尖林立地的保水保肥力较差，群落比较低矮（在东方盆地，平均胸径 27cm，平均高 15.5m），结构比较简单，乔木一般 1～2 层，主要由鸡尖以及含羞草科、漆树科、大戟科、番荔枝科等的树木组成，优势种比较明显，乔木层中的落叶和半落叶的种类及植株数均占该层总数的半数以上，组成群落的树木，多具有耐旱、耐热和耐烧的特征：树皮粗厚（粗、或厚，或既粗又厚），树冠阔大，根系深广，萌生力强；下木层中具刺的种类较多。草本及苗木层中，除一部分为飞机草（*Eupatorium odoratum*）占优势外，多为禾本科植物，本群落缺乏茎花和附生植物等特征，木质藤本也不常见。

在东方盆地，鸡尖林的外貌四季不同，通常是春季（2～4 月）光秃无叶，夏季（5～7 月）繁茂青翠，秋季（8～10 月）生长继续，冬季（11～1 月）叶色黄，开始脱落。

从区系成分看，与鸡尖伴生的树种多数是落叶和半落叶树种。

落叶树种有厚皮树（*Lannea coromandelica*）、香须树、黄豆树（*Albizzia procera*）、余甘子、黄牛木（*Cratoxylon ligustrinum*）、木棉（*Gossampinus malabarica*）、小花五桠果（*Dillenia pentagyna*）、倒吊笔（*Wrightia pubescens*）、槟榔青（*Spondias pinnata*）、莺哥木（*Vitex pierreana*）、降香黄檀（花梨）（*Dalbergia odorifera*）和毛萼紫薇（*Lageratroemia balansae*）等，最后 3 种，仅见于西南部。半常绿树有细基丸（老人皮）（*Polyalthia cerasoides*）、鹧鸪麻（*Kleinhovia hospita*）、翻白叶树（*Pterospermum heterophyllum*）、土檀树（*Alangium salviifolium*）、猫尾木（*Dolichandrone cauda-felina*）和毛果扁担杆（*Grewia eriocarpa*）等。常绿树种有海南蒲桃（*Syzygium cumini*）、小叶山檨子（小马耳、山马耳）（*Buchanania microphylla*）、银柴（*Aporosa chinensis*）、鹊肾树（*Streblus asper*）、鱼骨木（*Canthium dicoccum*）、龙眼（*Dimocarpus longan*）、台湾栲（*Castanopsis formosana*）、海南栲（*C. hainanensis*）、米碎冬青（*Ilex godajam*）、裸花紫珠（*Callicarpa nudiflora*）和叶被木（*Phyllochlamys taxoides*）。

据霸王岭林区的鸡尖林，301、302、303 三个 500m^2（20m×25m）标准地的统计，其乔木层树种的情况是：鸡尖 47 株，厚皮树 31 株，香须树、海南藤春（*Alphonsea hainanensis*）各 7 株，小叶山檨子 6 株，海南蒲桃 5 株，银柴、槟榔青、叶被木各 4 株，余甘子 3 株，毛果扁担杆 2 株，海岛棉、黄豆树（白格）、黄牛木、裸花紫珠、刺桐和米碎冬青各 1 株。

乔木层的层次，视遭受破坏的程度而异。一般保存得较完整的都属单层结构，如 302、303 标准地，但破坏严重的却成两层，如 301 标准地，相应的林冠郁闭度和蓄积量也有显著的差别。见下表 5—2。

表 5—2　鸡尖林各标准地的林分因子

林分因子	林　层	301	302	303
组　成	第一林层	6鸡尖2海南蒲桃2其他	6鸡尖1厚皮树3其他	6鸡尖1香须树3其他+厚皮树
	第二林层	8厚皮树2其他		
郁闭度		0.3	0.4	0.7
平均胸径(cm)	第一林层	21.6		
	鸡　尖	22.2	15.8	15.2
	第二林层	10.8	鸡　尖 19.5	鸡　尖 17.4
	厚皮树	16.3	厚皮树 11.5	香须树 20.0
平均高(m)	第一林层	10.3		
	鸡　尖	10.6	9.5	11.1
	第二林层	7.6	鸡　尖 11.8	鸡　尖 12.7
	厚皮树	8.7	厚皮树 9.3	香须树 13.5
蓄积量(m^3/hm^2)	第一林层	20.45	80.99	103.56
	第二林层	12.82		
出材率(%)	第一林层	50	67	54
	第二林层	50		

下木层植物共41种，多为旱生灌木和小乔木，一般高0.5～1.5m，总郁闭度0.35～0.50，其中以无患子科的赤才（*Erioglossum rubiginosum*）为最优势，其次为鸡尖的幼树，第三是光叶巴豆（*Croton laevigatus*），以下是香须树、海南藤春（*Alphonsea hainanensis*）和银柴3种乔木的幼树，数量较多的还有牛筋果（*Harrisonia perforata*）、山石榴（*Randia spinosa*）、毛排钱（*Desmodium blandum*）、火索麻（*Helicteres isora*）、刺篱木（*Flacourtia indica*）、叶被木、潺槁木姜（*Litsea glutinosa*）、布渣叶（*Microcos paniculata*）、粗糠柴（*Mallotus philippinensis*）、毛柿（*Diospyros strigosa*）、鹊肾树、谷木（*Memecylon ligustrifelium*）、假黄皮（*Clausena excavata*）和黑面神（*Breynia fruticosa*）等。

草本层植物有16种，总盖度40%～80%，一般高30～150cm，最高达250cm，与下木层混在一起，无明显的分层，其中以菊科的飞机草占绝对优势，其次为竹叶草（*Oplismenus compositus*）、毛俭草（*Mnesithea mollicoma*）和毛果珍珠茅（*Scleria levis*）等。在另一些立地，则以石芒草（*Arundinella nepalensis*）、白茅（*Imperata cylindrica* var. *major*）为主。

层间植物共16种，生活习性多为缠绕，其中海金沙（*Lygodium japonicum*）占优势，对乔木危害不大，此外还有樟叶素馨（*Jasminum cinnamomifolium*）、玉叶金花（*Mussaenda pubescens*）、山橙（*Melodinus suaveolens*）、海南马钱（*Strychnos hainanensis*）、毛粪箕笃（*Stephania longa*）、羽叶金合欢（*Acacia pennata*）和长柄瓜馥木（*Fissistigma oldham* var. *longistipatum*）等。

在更加旱瘠的立地上（有时是在石头裸露的地方），与鸡尖混生的种类多为具刺的小乔木以至灌木，其中具刺的种类，除上面已提到的黄牛木、刺篱木、叶被木、山石榴和牛筋外，还有冬青叶刺桑（*Taxotrophis ilicifolius*）、圆叶刺桑（*T. aquifolioides*）、酒饼簕（*Atalantia buxifolia*）、广东刺冬（*Scolopia saeva*）和猪肝果（*Canthium horridum*）等，加上幼龄的鸡尖，也都是树干长满枝刺，走进这类多刺的丛林，要格外留神。

尖峰岭低海拔（300m）阳坡，以及三亚南山岭海边，与鸡尖混生的树种中，还有龙舌兰科的一种龙血树（*Dracaena draco*）。

（三）生长发育

1. 植株阶段性变化

鸡尖因幼年期干上的尖刺而得名，但成年树木已不见尖刺，其尖刺的存缺因树龄不同而变化。

（1）幼树前期　植株高 2m 以下时，主干斜举，无枝刺，枝条排成两列，叶子近对生亦排成 2 列，全部枝叶似排列在一平面上，宛若多回羽状复叶。

（2）幼树期　随着植株的成长，主干下部（约 2m 以下）的枝基部逐渐膨大，呈长圆锥形，随后在距干基处的枝段慢慢干缩，逐渐形成状似公鸡脚距的刺；胸径 3～ 5cm 时，枝刺多而长，有的长达 8cm，并有分叉；随着树干不断增大，尖刺逐渐短缩，最后全部消失，此时枝条开始朝四周伸展，树干也逐渐直立起来。

（3）林木期　当胸径达 16（20）cm 以上时，树皮较平滑，干上的尖刺已消失，枝叶四散伸展，树干更加挺拔。

2. 物候期

鸡尖落叶是对干热环境的适应；开花期及果熟期参差不齐。

开花期 5～8 月；在气温较高的尖峰岭 5 月份开花，气温较低的屯昌枫木海南树木园 8 月才开花，果熟期约 4 个月。采种期自 10 月开始，1 月份为最适期。翅果可较长期挂在树上，直到 3 月底。

落叶期因地而异，东方盆地最长达 3～4 个月（1～4 月）；尖峰岭在气温回升的 2 月下旬才开始大量落叶，3 月底或 4 月初落光，并即萌发新叶；屯昌枫木冬季常有寒潮雨，落叶期在 1 月底 2 月初，真正无叶期才 10d 以上，且也因树而异；1986 年 1 月上旬观察，26 年生的 5 株：其中基本上落光了叶的 4 株，另 1 株未大量落叶。

3. 生长情况

鸡尖在自然情况下生长较慢，幼苗阶段便反映其喜光耐旱瘠的特性：在荫蔽的环境幼苗生长柔弱；种子萌发后主根很快便深扎土层，为深根性树种；干旱时落叶；萌芽力强。

在霸王岭海拔 400m 陡坡土壤瘠薄的疏林中，鸡尖 57 年生树高 19.2m，胸径 24.1cm ；

而在海拔 295m、山腰下部缓坡土壤深肥的疏林中，46 年生树高 15.8m，胸径 26.8cm。据树干解析，其树高生长早期快，10 年生高达 4.5m，20 年生 8.5m，20 年生以前年平均生长量 40cm 以上；胸径生长在 10 年生以前稍慢，年平均生长 0.3cm，以后加快，一般年平均生长 0.5～0.6cm，最快在 31～40 年，年平均生长量 0.7cm。

鸡尖人工幼林生长较快，在霸王岭海拔 250m 沙质壤土上，12 年生平均树高 7.4m，平均胸径 7.8cm；在尖峰岭的干旱贫瘠缓坡地上，10 年生平均树高 7.2m，平均胸径 5.6cm；在较好的立地上，10 年生平均树高 8.7m，胸径 9cm；引种于广州的 13 年生，一般树高 8m，胸径 11cm；广西南宁 10 年生树高 5.1～9.5m，胸径 10～16cm；福建厦门 8 年生树高 7m，胸径 7.3cm。海南省林业科学研究所树木园 20 年生，树高 12m，胸径 18.8cm（即年均树高生长 0.60m，胸径 0.94cm）。

（四）更新演替

鸡尖根系深广、发达，旱季落叶休眠；萌芽力强，能适应干旱瘠薄的立地条件；幼龄期叶子易受草食动物危害，幼树具锐利的枝刺，起保护作用。

鸡尖林天然更新良好，据霸王岭的鸡尖林调查资料，可见鸡尖在林下更新良好，平均有高 30cm 以上的苗木 13 830 株/hm^2，而香须树和厚皮树的更新苗木分别为 5 000 株/hm^2 和 500 株/hm^2，可见鸡尖林尚较稳定。

在原为热带常绿季雨林立地上的鸡尖林，若能禁止砍伐破坏，进行封山育林，则可使它朝着常绿季雨林的方向进展；如继续遭到不断破坏和干扰，如刀耕火种，过度樵采和火灾等，将会使它逆行演替，变成灌丛草地。

（五）评价及经营意见

鸡尖的材质优良，一向为木船名材，鸡尖的伴生树种也多良材，如黄豆树、香须树心材为名贵家具木料，海南蒲桃、台湾榜和海南榜的边心材均好用，基建、农具等用途广泛，加工容易，而降香黄檀（花梨）、莺哥木、海南石梓等名贵树种也混生此类林中。但因长期的滥伐，已难以找到。

鸡尖分布地区，立地干燥而少受台风危害，除宜发展本岛特有的降香黄檀（花梨）等外，发展柚木也是适宜的，但对于石头裸露的鸡尖林，还是以封禁为好，一旦遭到破坏就难以恢复。

2—5—3—1 高山榕毛麻楝林①

高山榕（*Ficus altissima*）毛麻楝（*Chukrasia tabularis* var. *velutina*）林是由热带常绿树种并混有小量落叶树种组成的一类热带森林。它是在干季较长而明显，又无湿润的土壤配合或有焚风影响的干热气候条件下，长期适应形成的，在中国几乎遍布整个云南南部的

① 执笔人：汤家生

热带地区。分布区因人为长期破坏，原始林分几乎不见存在，目前只有零散残存的小面积分布。但林内尚有一些速生珍贵用材树种，如毛麻楝、八宝树（*Duabunga grandiflora*）、红椿等。

这类森林虽面积不大，确实为良好的种源基地，同时它和印度半岛、中南半岛一带同类森林极为相似，故对研究和邻国的植被关系亦有较大的价值。

（一）分布与生境

高山榕毛麻楝林在中国普遍分布在北纬 24°以南云南南部海拔 1 000m 以下的热带地区，在西双版纳最高可达 1 200m。以滇西南的沧源、耿马，滇西的腾冲、龙陵、施甸、昌宁一线以南开阔的河谷盆地，向阳山坡较为集中而典型。向北沿江河延伸至新平的嘎洒，景东、景谷以及潞西坝、芒宽等河谷一带。在枯柯河伸展到净甸、斯太坝、柯街一带，沿河成不连续分布。滇东南的文山壮族苗族自治州、红河哈尼族彝族自治州南部，仅沿某些干热河谷呈走廊状零星分布。分布区气候以干热，年降水量小于蒸发量为特点。林下土壤多为砖红壤或赤红壤，在酸性土，石灰土上均能适应。由于气候干燥，林内常有落叶树种出现。

（二）组成结构

高山榕毛麻楝林树种组成较单纯，往往以常绿树种为主，也混生落叶树种，形成全年常绿平整的郁闭林冠。特别是高山榕，分枝低，板根、气生根、支柱根特别发达，常形成独木成林状况。主要常绿树种有高山榕、毛麻楝、西南木荷（红木荷）（*Schima wallichii*）、樟叶朴（*Celtis cinnamomifolia*）、八宝树、窄叶半枫荷（*Pterospermum lanceaefolium*），在比较湿润的沟谷尚有水筒木（*Ficus harlandii*）、滇龙眼（*Dimocarpus yunnanensis*）、重阳木（*Bischofia javanica*）、翅子树（*Pterospermum acerifolium*）等。滇东南还有华无忧花（*Saraca chinensis*）、龙眼（*Dimocarpus longan*）、仪花（麻糿木）（*Lysidice rhodostegia*）等。落叶成分有楹树、木棉、菩提树（*Ficus religiosa*）、云南黄杞（*Engelhardtia spicata*）、千张纸（*Oroxylum indicum*）、挪挪果（*Flacourtia ramontchii*）、川桑（*Morus notabilis*）等。在某些水湿条件稍好的沟边，红椿、多花白头树（*Garuga floribunda*）也有出现。该类森林层次结构简单，一般为单层林。林分平均高 20m 左右，最高不超过 25m。平均胸径 32～40cm，单株木的胸径常在 100cm 以上。树冠宽大，宽圆球形。林分单位面积株数不多，树冠大体相接，郁闭度较大，一般在 0.6 左右，但单位面积蓄积量不高，每公顷蓄积量约有 200m^3 左右。

林冠下不散生有高 7～10m 的林木，主要树种有粗糠柴（*Mallotus phllippinensis*）、云南银柴（*Aporosa yunnanensis*）、糙叶水锦树（*Wendlandia scabra*）、羊蹄甲（*Bauhinia variegata*）、滇刺枣（*Ziziphus mauritiana*）、对叶榕（*Ficus hispida*）、偏叶榕（*F. semicordata*）、海南蒲桃（*Syzygium cumini*）、云树（云南山竹子）（*Garcinia cowa*）、千张纸等树种。东南部尚有冠毛榕（*Ficus comata*）、云南胡桐（*Calophyllum smilesianum*）等分布。

下木数量稀少。草本植物发达，平均高 1.5～3.0m，覆盖度 70%～80%。常见的有丈野古草（*Arundinella decempedalis*）、类芦（*Neyraudia reynaudiana*）、四脉金茅（*Eulalia quadrinervis*)、菅草、小菅草(*T. hookeri*)、棕叶芦(*Thysanolaena maxima*)等。在沟边湿润处分布有蔓生莠竹(*Microstegium gratum*)。藤本较为纤细,以藤状灌木牛奶子(*Elaeagnus umbellata*)、小花酸藤子(*Embelia parviflora*)、光钩藤(*Uncaria laevigata*)、蛇藤等常见。滇东南地区环境较湿润,有崖豆藤一种、油麻藤一种、瓜馥木一种等分布。

(三)生长发育

以高山榕、毛麻楝为标志的热带森林,生长较为迅速。其中毛麻楝、八宝树等就是其中的代表。

毛麻楝是喜光树种,不耐荫蔽,为本类型中主要成分之一,树体高大挺拔,高者可达45m,胸径150cm,干形通直、圆满,生长快。天然的毛麻楝,1～2年生野生苗,高30～90cm,地径0.5～1.0cm;4～5年生高2～2.5m,地径1.5～3.0cm,根长50cm,侧根5～8条,多分布于40cm以内的土层中;87年生的树高34.4m,胸径41.5cm,单株材积2.567 92m^3;55年生的树高26.3m,胸径39.0cm,单株材积1.251 08m^3。

毛麻楝的生长过程从单株解析木看出:树高、胸径的生长起伏较大,但两者的高峰均出现较早。胸径在15～30年,年生长量达0.8～1.0cm;树高在15年生时,年生长量在0.8m,初期生长较快。胸径在45年生以后,树高在30年生以后均有回升趋向。胸径连年生长量达0.6～0.7cm,树高连年生长量达0.7～0.8m,直到55年生时无明显衰退现象。材积的生长直到55年生时,连年生长量还远远高于平均生长量,说明数量成熟期来得较迟,而且后期生长量还比较大,是一个适宜培育大径材的树种。

毛麻楝在人工栽培下生长更快,年平均树高生长1m以上,胸径生长1.5cm以上。详见表5—3。

表5—3　毛麻楝人工栽培的生长量

地　点	海拔(m)	地形	土壤	年龄	胸(地)径(cm)		树　高(m)		备　注
					最大	平均	最大	平均	
景洪勐仑热带植物所	624	平地	沙壤土	12	41.4	—	15.5	—	单株材积1.04m^3
景洪热带林场	600	平地	沙壤土	2	2.0	1.48	1.40	1.2	5株地径
景洪热带林场1队	600	平地	沙壤土	2	3.0	3.1	3.0	2.0	5株地径

八宝树常分布在湿润的沟谷地段。它生长迅速,树体高大,主干通直圆满。在高温高湿,终年无霜冻,土壤深厚肥沃的热带地区生长更为迅速。在这种生境下,天然的八宝树9～10年生,胸径可达30cm以上,树高20m左右,生长好的单株材积可达1m^3(表5—4)。

表 5—4　八宝树生长情况

编号	地　点	海拔（m）	年龄	树高（m）	胸径（cm）	单株材积（m^3）		枝下高（m）	形数
						去 皮	带 皮		
1	勐腊	720	9	20.3	31.3	0.615 9	0.725 4	13.9	0.46
2	勐腊	720	9	21.9	35.5	0.720 3	0.862 1	13.0	0.40
3	勐腊	720	9	16.7	30.0	0.482 7	0.565 5	3.6	0.48
4	勐腊	720	10	18.1	33.1	0.633 9	0.747 8	7.0	0.48
5	景洪勐仑	720	10	21.0	39.5	0.859 3	1.011 6	14.0	0.39
6	勐腊、曼芬	720	11	20.2	38.5	0.816 6	0.998 1	10.4	0.42
7	景洪勐仑	810	63	39.6	101.5	10.378 7	12.157 4	22.9	0.38

八宝树和当地几种速生用材树种比较，它的生长速度与团花相近（表 5—5）。

表 5—5　八宝树与当地速生树种生长量比较

树　种	树龄	树高（m）		胸径（cm）		单株材积（m^2）		备　　注
		高度	年平均生长量	胸径	年平均生长量	材积	年平均生长量	
八宝树	10	20.10	2.1	39.5	3.9（去皮）	1.011 6	0.085 9	表列各解
团　花	10	24.1	2.4	37.8	3.58（去皮）	1.437 0	0.122 8	析木所在
千里榄仁	13	20.3	1.56	37.8	2.77（去皮）	0.847 9	0.057 9	地均在勐
川　楝	11	29.4	2.67	41.0	3.62（去皮）	1.448 1	0.122 87	腊县境内
红　椿	10	9.6	0.96	8.6	0.86	0.039 9	0.004 0	海拔 650～750m

根据八宝树的生长速度，一般 8～10 年即可利用，真可谓是“最速生”树种之一。

（四）更新演替

高山榕毛麻楝林，林下天然更新较好，但各树种差异较大。如毛麻楝结实量大，在适宜的条件下，林下天然更新能力强。据 4 块标准地 89m^2 的样地统计，每公顷幼苗数达 2 500～142 571 株，最多达 237 333 株。有苗样方频度除 75～3 号标地只有 33%外，均为 100%，但多为 5cm 以下，1～2 年生的幼苗。这些幼苗很不稳定，在郁闭的林冠下难于成长，故林下幼树极少（表 5—6）。

八宝树更新幼苗仅见于开阔地或林窗、林缘等地，林冠下不见更新幼苗。但八宝树具有很强的萌生能力，萌条年生长量高达 4～5m，干形一样通直，亦可长大成材，是一个很有价值和发展前途的热带速生树种。

表 5—6　毛麻楝林下更新统计

林地号	样方数/面积(m²)	地点	海拔(m)	坡向	地形地势	土壤类型	林冠郁闭度	下木盖度(%)	死地被		每公顷株数							
									盖度(%)	厚度(cm)	总株数	有苗频度(%)	不同高度株数（cm）				
													<5	5.1～20	21～50	51～100	>100
75—1	15—15	勐腊勐仑曼峨龙山	640	ES	坝边残丘	赤红壤	0.6	40	50	1	71 600	100	71 600	0	0	0	0
75—2	15—15	勐腊勐仑曼峨龙山	640	ES	坝边残丘	赤红壤	0.65	60	70	2	237 333	100	228 000	0	7 333	2 000	0
75—3	6—24	勐腊小腊公路 53km	750	NW	公路边	赤红壤		90			2 500	33	0	0	0	833	1 667
75—4	35—35	勐腊龙林保护区	1 030	W	低山中部	赤红壤	0.7		70	2	142 571	100	141 714	857	0	0	0

高山榕毛麻楝林破坏后，灌木较为发达，草本种类也有变化。如余甘子、柳叶水锦树（*Wendlandia salicifolia*）、大叶紫珠（*Callicarpa macrophylla*）、灰毛浆果楝（*Cipadessa cinerascens*）、虾子花（*Woodfodia fruticosa*）等出现较多。草本以禾本科草类为主，如小菅草、密穗野古草（*Arundinella bengalensis*）、白茅、芸香草（*Cymbopogon distans*）等，并组成群落。

（五）评价及经营意见

高山榕毛麻楝林，人为干扰较大，目前保存面积不多，但林内的毛麻楝、八宝树、红椿为速生珍贵用材树种，材质优良，用途广。如毛麻楝边材黄白色，心材黄褐色或褐色。径面有光泽，具花纹，木材略重，结构细致，纹理略交错，加工性能优良，翘曲开裂小，有耐腐、抗虫等特点。适用建筑、室内装修、地板、家具、造船、车厢、乐器、胶合板等。

9 年生的八宝树，木材强度低，结构粗，材性差。而心材材质好，黑褐色或稍黄，硬重，加工性能良好。边材力学指标虽低，但仍有多种用途，经试验可作为胶合板材，也可用做一般的板材和火柴杆等。

红椿材质优良，为高级家具、胶合板板面及各种贴面板的用材。

对于这种林分应加强保护管理，可作为科研和种源基地，在适宜的立地条件下，可发展毛麻楝、八宝树、红椿等速生珍贵用材树种。

2—5—4—1 铁力木林①

铁力木（*Mesua ferrea*）又称铁栗木、铁棱，是热带常绿乔木，为稀有珍贵树种之一，也是举世著名的热带硬木。分布于亚洲热带，在中国仅在云南省的耿马县，勐定四方井村附近有成片天然林分布。1960年还有20hm^{2}以上，由于人为破坏，到1973年只剩下5hm^2。这数量极微的铁力木林，对研究热带森林的发生发展及分布规律，作为提供种源，均有重要的意义。

铁力木原产亚洲热带地区，分布中心在印度阿萨姆、孟加拉及缅甸一带。云南南部是铁力木分布区的北部边缘。在云南省西双版纳州的勐海、勐腊，德宏州的瑞丽、陇川，临沧地区的沧源、耿马等地，尚有单株散生或群状分布。其分布的北界为北纬24°，垂直分布于海拔550～1 200m，成林的仅见于云南省耿马傣族佤族自治县勐定乡四方井村附近，当地海拔约550m左右。

四方井的铁力木林位于萨尔温江上游，南汀河宽谷（勐定坝子）东北部的低山中部，系古生代厚层石灰岩沉积地区。土壤为发育在石灰岩上厚层潮润的山地黄红壤。气候为典型的热带季风气候。根据距铁力木林约5km的勐定气象站的记载，年平均气温为21.5℃，最冷月（1月）平均气温为14.3℃，≥10℃的积温为7 858.8℃，全年干湿季明显，年降水量1 480mm，雨季集中在5～10月，降水量为1 322.3mm，占全年降水量的90%。每年2～3月为干旱季节，月降水不足15mm。虽然是干旱季节，但正是当地的多雾季节，全年雾日有82d，都集中在11月至翌年2月，每天重雾如细雨，常延至午后方散，这对植物生长是一个重要的水分补偿因素。全年平均相对湿度80%，无寒潮和台风影响。是一个静风、温热、多雨地区，适合于铁力木生长的良好环境。四方井铁力木林附近，原来是大面积茂密的热带森林，由于垦殖种橡胶，现几乎已被包围在人工橡胶林地之中。

铁力木林，林分结构简单，树种单纯，为以铁力木占绝对优势的单层林。1973年在5hm^{2}面积上经全林实测，其林木组成除铁力木占8成外，主要的还有蒙自朴（*Celtis amphibola*）、印度栲（黄榍栲）（*Castanopsis indica*）、高山榕（*Ficus altissima*）、西南猫尾木（*Markhamia stipulata*）、番龙眼（*Pometia tomentosa*）、勒麻木（*Knema* sp.）、围涎树（*Pithecellobium clypearia*）等13个树种。林木胸径在12cm以上共有434株，总蓄积量373m^3。其中铁力木有403株，占总株数的93%，蓄积量294m^3，占总蓄积的78.8%；林分平均胸径为34cm（最大胸径为86cm），林分平均高22m（最高29.5m），平均年龄约150年（最大200年以上），平均每公顷蓄积量只有58m^3。林内几经择伐，出现了大小不等的林窗，故使疏密度低而分布不均，也使林分的单位蓄积量大为降低，失去了原始状态。林木的板根发育率较低，铁力木约有30%的株数有初级板根。

---

① 执笔人：汤家生

由于遭受砍伐，林内透光度大，有利于喜光性植物生长，因此下木比较复杂，高达217种30科，总覆盖度达10%左右。主要有山乌桕（*Sapium discolor*）、中平树（*Macaranga denticulata*）、三叉苦（*Evodia lepta*）、火筒树（*Leea indica*）、狭叶巴戟（*Morinda angustefolia*）、凸状山柑（*Capparis cuspidata*）、银叶巴豆（*Croton cascarilloces*）等。

草本植物覆盖度不大，约40%左右。计有14个科20余种，以姜科的植物占优势。主要种类有山姜（*Alpinia* sp.）、缩砂密（砂仁）（*Amomum villosum*）、珍珠莎（*Scleria hebecarpa*）、闭鞘姜（*Costus speciosus*）、冰片艾（*Blumea balsamifera*）、飞机草等。其中砂仁为人工种植，但经营粗放。

层外藤本植物有买麻藤（*Gnetum montanum*）、钩藤（*Uncaria sessilifruotus*）、酸角叶黄檀（*Dalbergia tamarindifolia*）、葛藤（*Pueraria lobata*）、飞龙掌血（*Toddalia asiatica*）等。藤本植物于透光处大量发生，对铁力木林的天然更新有一定的影响。

铁力木生长缓慢，从在勐定四方井所伐的解析木看，70年生，树高18.2m，胸径33.3cm，单株材积0.711 4m^3。其生长过程为：胸径生长在10年生以前特别缓慢，年生长量仅有0.21cm左右，15年生以后逐渐加快，但年生长量在0.5cm左右。峰值出现在15～20年，年生长量为0.56cm，60年生以后生长有下降趋势。树高生长比较稳定，一般保持在0.2m左右，峰值出现在60年，年生长量为0.46m。材积随树高和胸径的增大而逐步增加，到70年生时连年生长量仍大于平均生长量，数量成熟龄仍未到来，说明是长寿树种。

分布在临沧班老，北纬23°15′，45年生单株铁力木，树高9m，胸径25cm，已进入盛果期。栽于西双版纳勐旺的铁力木，13年生平均高6.5m，平均胸径8.7cm。

铁力木5～6月开花，10～11月果熟。10年生左右开始开花结实。铁力木种子的气干千粒重为1 167g。铁力木有着良好的更新能力，林下天然更新较好。

但在不同的生境条件下，有着显著的差别。以林窗下的天然更新最好，每公顷有幼苗幼树14 375株；林缘次之，每公顷有幼树10 625株；郁闭较好（0.7）的林下天然更新最差，每公顷幼树仅1 250株。原因是铁力木为喜光性的树种，幼苗在成长过程中，在较湿润的气候条件下，需要一定的光照。在郁闭的林下，由于缺乏光照，幼苗难于成长。铁力木林下天然更新调查情况见表5—7。

铁力木为散孔材，心边材明显，边材黄白色，心材深红褐色，纹理略斜，结构略粗，均匀，材质极重，坚硬强韧，不易锯刨，干后变形小，抗虫、耐腐性特强。色泽及花纹美观。木材用途广，是很有价值的特种工业用材。可用作工艺美术、乐器、高级家具、运动器械、机轴、远洋海轮等。种仁含油率高达78.99%，为良好的工业用油。

铁力木为中国稀有珍贵树种之一。中国铁力木林极少。当前对这一珍贵的森林资源尚未引起足够的重视，面积急剧缩小，残留的小面积森林，还不断遭受滥伐。更有甚者，因铁力木坚硬难砍，竟用炸药在树根处炸毁，有的树干受伤后，成为病虫滋生场所，造成对森林的危害。为保护好自然资源，除组织有关部门做好铁力木的引种栽培及造林外，对四方井铁力木林，应划为自然保护点，严加保护，作为种源基地。

样方面积 16m³

表 5—7　铁力木林下天然更新调查

样方位置	树种	高度组(cm)							折合株数/hm²	(%)
		10 以下	11～30	31～50	51～100	101～200	200 以上	合计		
林下	铁力木	—	—	—	2	—	—	2	1 250	13
	其他	—	—	—	2	11	—	13	8 125	87
	小计	—	—	—	4	11	—	15	9 375	100
林缘	铁力木	—	—	2	2	9	4	17	10 625	65
	其他	—	—	2	3	2	2	9	5 625	35
	小计	—	—	4	5	11	6	26	16 250	100
林窗	铁力木	1	8	3	3	8	—	23	14 375	72
	其他	—	1	1	3	1	3	9	5 625	28
	小计	1	9	4	6	9	3	32	20 000	100
合计	铁力木	1	8	5	7	17	4	42	8 750	58
	其他	—	1	3	8	14	5	31	6 458	42
	总计	1	9	8	15	31	9	73	15 208	100

注：林下其他树种为勒麻木、思茅黄檀（*Dalbergia szemaoensis*）、竹叶楠等 8 种。林缘其他树种为银背栲（*Castonopsis* sp.）、粗糠柴等 6 种。林窗其他树种为山乌桕、围涎树、竹叶楠（*Phoebe faberi*）等 7 种

2—5—5—1　铁刀木林①

铁刀木（*Cassia siamea*）性喜湿热的气候条件，但亦能耐干旱。在年平均气温 19℃以上，极端最低气温－1℃，≥10℃的积温在 6 300℃以上，年降水量 560～1 700mm，空气相对湿度 65%～85%都可以生长。但以年平均气温 21～24℃，极端最低气温 2℃以上，≥10 ℃的积温 7 500℃以上生长最佳。海拔分布最高 1 300m，但以 1 000m 以下生长最好。它要求土壤深厚、肥沃、排水良好的砖红壤和赤红壤，故多在平坝、丘陵、峪凹地、山腹，特别在村寨附近与路旁集中栽培。由于林地靠近村寨，林内人畜活动频繁。

铁刀木林在中国均为人工栽培的单层纯林，林内常混生有少量树种，云南常见的有布渣叶（*Microcos paniculata*）、粗糠柴、绒毛紫薇（*Lagerstroemia tomntosa*）、鹊肾树（*Streblus asper*）、多花白头树（*Garuga floribunda*）、滇石梓（*Gmelina arborea*）、重阳木（*Bischofia javanica*）等树种。

下木也较为发达，覆盖度可达 50%，一般高度 2～4m。组成种类较多，在 100m² 内约 30 余种，主要有雷公橘（*Capparis membranifolia*）、灰毛浆果楝（*Cipadessa cinerascens*）、大黄皮（粗枝黄皮）（*Clausena dunniana* var. *robusta*）、毛银柴（*Aporosa villosa*）、滇银柴（*A. yunnanensis*）等。

---

①　执笔人：汤家生

草本种类较少，但覆盖度较大。在透光处，常见有飞机草出现，潮湿低凹地段有耐践踏的禾本科低草密生。藤本植物种类虽不少，但均较纤细。

铁刀木生长迅速，萌生力强。在发育较好的情况下，人工单纯林，林分平均高达7～9m，平均胸径12～20cm，郁闭度0.7左右，每公顷蓄积量100～250m^3。但在不同的生境，生长差异较大。在云南的西双版纳，以用材为目的的铁刀木，5年生前，树高生长每年可达2m，胸径生长每年可达2cm左右。5～10年生树高和胸径生长略有下降，每年高生长1.5m左右，胸径1.5cm左右，一般10～15年可利用。而在云南的元谋，因气候干热，单株铁刀木，5～10年生，树高为6～8m，胸径10～15cm，显然较西双版纳生长差。各地生长情况见表5—8。

表5—8　铁刀木生长情况

地　点	海拔(m)	地　形	土　　壤	林地面积(m²)	株行距(m)	株数	年龄	平均树高(m)	平均胸径(cm)	蓄积量(m³)	
										单株	每公顷
勐腊曼庄	650	冲积台地	厚层冲积沙壤	100	2×2	25	1	2.0	2.0	0.000 31	0.155 00
勐腊曼嘎那	640	冲积台地	厚层冲积沙壤	37	2×2	10	3	6.0	6.0	0.008 76	23.675 68
勐腊曼庄	650	冲积台地	厚层冲积沙壤	165	1.5×1.5	72	3	7.5	6.5	0.012 45	54.327 27
勐腊曼戛那	680	冲积台地	厚层冲积沙壤	172	1.5×1.5	46	5	9.4	11.8	0.051 42	137.518 60
勐腊曼戛那	640	冲积台地	厚层冲积沙壤	37	2×2	9	6	11.0	9.4	0.038 17	92.845 95
勐腊曼戛那	640	冲积台地	厚层冲积沙壤	18	1×1.5	12	7	16.5	11.9	0.091 74	611.60
勐腊下农印	700	公路边	赤红壤		2×3	18	8	12.2	17.8	0.151 77	
元　谋	1 100	苗　圃	紫色沙壤	单株			10	8.0	15.0	0.070 56	
元　谋	1 100	四　旁	紫色沙壤	单株			5	6.0	10.0	0.023 55	

铁刀木萌生能力极强，以薪炭林为经营目的的头木林，生长更为迅速。如在云南勐腊县的曼嘎那，海拔650m，冲积的沙壤土上，株距4m×4m～5m×5m的头木林，在树龄40年左右，直径50～60cm的伐桩上，3.5年生的萌条有11～12枝不等，萌条高11～13m，地径9～10cm，单株萌条材积有0.025～0.033m^3，每一伐桩上可出材0.332～0.577m^3，平均出材0.437m^3。

铁刀木6～10月开花，12月至次年4月果实成熟。种子千粒重25.6～29.5g，发芽率30%～50%。铁刀木为喜光树种，故林冠下天然更新极差，加之人为干扰，牲畜践踏，林内很难见到天然更新幼苗幼树。但在干扰少的林分，林窗或林缘能够天然更新。根据1m×1m的15块样方调查，每公顷有幼苗达10 000株，如不破坏可长大成林。

铁刀木是优良珍贵树种，木材为散孔材，边材为黄白色，心材深褐色至黑色，结构略粗，纹理直，径面具花纹。木材耐腐抗虫，材质坚硬，故有“铁刀木”之称。木材用途广，在印度、马来西亚早就作为名贵的室内装修和高级家具，美术工艺材。按材性可供建筑、电杆、矿柱等用材，亦为优良的美术工艺、乐器材和车厢板材。木材易燃，火力强，又是优良的薪炭材。树皮含单宁 4%～9%，果实含 6%，可提制栲胶。枝叶茂密，花期长，抗风性强，可作行道树及重要防护林树种。

云南的铁刀木林，绝大多数是以薪炭林为营造目的，当地傣族群众普遍利用它萌生力极强这一特性进行头木林作业。其作法：一般将播种后 5 年生的幼树，在 0.5～1.5m 处砍断，当年可萌生 2～3 枝，以后每隔 3～5 年重新砍光一次，萌枝也随砍伐次数而增加，所得之薪炭材积也逐次增加，待砍伐 10 次以上，伐桩 30～50 年时，萌枝可多达 10～20 枝，最多 38 枝。生长至 60～70 年后，生活力逐渐减弱，萌枝减少，产材量也下降。

此外，铁刀木也有作为公路两旁、城市绿化树种栽植的。

铁刀木特别在热带少林坝区，是一良好的薪炭林树种。对于现有的林分应进一步加强经营管理，并总结其营造经验，在适宜铁刀木生长的地区，亦应大力发展用材林。过去傣族聚居地区林木较多而交通又极其不便，故对铁刀木这一优良用材树种均做薪炭林经营，今后应以用材林为主，结合采伐再改做薪炭林经营为宜。

2—5—6—1　四数木多花白头树林①

以四数木（*Tetrameles nudiflora*）多花白头树（*Garuga floribunda*）为特征种的林分是分布石灰岩裸露山地的一种特殊热带森林类型。分布地段裸露岩石常达 80%左右，地表岩石林立，常高出地面 0.5～2.0m，形成一种森林内又见“石林”的独特景观。上层散生的落叶林木板根发达，板根可高达 5～10m，自树干基部向下伸延并向四周扩展而呈板根状，常多达数条，直立如屏。地表根群沿石隙穿越，或紧贴大石块成为网状紧包石块。该类森林对于涵养水源，保持水土，维护生态环境作用甚大，是热带石灰岩山地特有的一种森林类型，在科研上具有较大的价值。

四数木多花白头树林，在中国分布在北纬 24°以南，云南南部的石灰岩裸露山地。特别是在云南天保、河口、金平、屏边、勐腊、耿马的勐定等地均有成片生长。其中以勐腊的勐仑、勐兴一带，沿罗梭江及其支流的沿岸，尚有集中成片保存较完整的原始林。其分布海拔范围为 500～800m，局部可沿河谷上升到 1 000m。土壤分布在岩隙之间，富含腐殖质，呈暗褐色的石灰土。林木着生于石隙之间，根系盘结于岩石上或穿透于石隙之中，以吸取水分和养料。分布区气候以高温、高湿、终年无霜、雨量集中，干湿季分明为特点。由于土壤少，土层薄和多孔的过度排水，每到干季林内特别干燥，林木相应有不少旱生特征。分布地段的水、热状况，常随不同地势、部位差异较大。在沟谷和坡脚，终年水分较为均匀一致，山坡水分较差，山顶更为干燥。因而在同一坡面上，从山脚到山顶，有明显的以水湿因子为转移的生态系列，反应在林木组成、生态特点、季相变化方面，都有显著差异。

---

①　执笔人：汤家生

四数木多花白头树林，层次结构不明显，树冠上下连接，达不到分层条件，但在郁闭的林冠之上，常散生有高大落叶的树木，构成参差的林冠，季相变化明显的外貌。散生树木平均高在30～40m，胸径50～100cm，个别巨树粗达370cm。树冠大，呈伞形，多数树冠直径在10m左右。主要种类，各地稍有差别。在勐仑地区常以四数木多花白头树、掌叶九层皮（*Sterculia pexa*）、常绿榆（*Uimus lanceaefolia*）、朴树（*Celtis* sp.）、槟榔青（*Spondias pinnata*）、绒毛紫薇（*Lagerstroemia tomentosa*）为主。

在散生林木之下，形成一层郁闭度在0.7以上的林层，该层平均高在15～20m，平均胸径30cm左右，绝大多数为常绿树种。其较优势的树种，随不同地势差异明显。一般在山下部，水湿条件较好，多以闭花木（*Cleistanthus saichikii*）或肋巴木（*Epiprinus siletianus*）占优势。山上部或顶部，水湿条件较差，而以高度常在10m左右的云南白颜树（*Gironiera yunnanensis*）为主。混生树种有缅桐（*Sumbaviopsis albicans*）、油朴（*Celtis wightii*）、翅子树（*Pterospermum acerifolium*）、碧绿米仔兰（*Aglaia perviridis*）、粗壮琼楠（*Beilschmiedia robusta*）、四角蒲桃（*Syzygium tetragonum*）、水筒木（*Ficus harlandii*）、云树（云南山竹子）（*Garcinia cowa*）等。而在金平、河口地区又以细子龙（*Amesiodendron chinensis*）、番龙眼（*Pometia tomentosa*）、水筒木、槟榔青、鹧鸪花（老虎楝）（*Trichilia connaroides*）等混生为主。

此林分根据在河口县石灰岩裸露山地实测，全林分大约每公顷共有300余株，蓄积量165m^3。

下木稀疏，覆盖度常不超过30%。常见种有铁屎木（*Canthium parviflorum*）、粗毛野桐（*Mallotus hookerianus*）、九里香（*Murraya paniculata*）、假黄皮（*Clsuscna excavata*）等。在稍湿润处，多见尖叶楠木（沼楠）（*Phoebe angustifolia*）、顶花艾麻（*Laportea terminalis*）、棒柄花、光叶山柑子（*Glycosmis craibii* var. *glabra*）等。

草本植物不多，常出现在石隙中或石块上。常见种类有鞭叶铁线蕨（*Adiantum caudatum*）、石筋草（*Pilea platanifolia*）、喜花草（*Eranthemum morsei*）和山苧麻（*Boehmeria zollingeriana*）等。

林内藤本植物较为发达，粗达10cm的藤本，有沙拉藤（*Salacia polysperma*）、长序红叶藤（*Santaloides caudutum*）、薇花藤（*Iodes cirrhosa*）、细齿崖爬藤（*Tetrastigma serrulatum*）。在南汀河一带刺桑（*Taxotrophis macrophylla*）更为突出。附生植物为了适应干旱生境特点，常常生长低矮，数量较少，特别是到达山顶部分，只见耐旱特强的瓜子金（*Polygala japonica*）、赤车、多种石斛（*Dendrobium* spp.）等在岩石表面或石隙中出现。真正树干上附生的植物极少。

四数木多花白头树林天然更新差。当破坏之后，常形成以羊蹄甲（*Bauhinia variegata*）、一担柴（*Colona floribunda*）等落叶树为主的森林，草本植物以蔓生莠竹（*Microstegium gratum*）为优势。其他混生树种有木紫珠（*Callicarpa arborea*）、朴叶扁担杆（*Grewia celtidifolia*）、黄牛木（*Cratoxylum cochinchinense*）等；潮湿地段野芭蕉（*Musa wilsonii*）和柊叶（*Phrynium capitatum*）则成片出现，从而呈现出与土山地区的次生类型极为相似的特点。但是一般在土壤稀少的山坡，由于反复破坏成为岩石裸地情况更多，这对恢复森林极为困难。

四数木多花白头树林，现存面积不多，且分布零散，这种分布在石灰岩裸露山地的热带森林较为罕见，破坏后极难恢复森林。对现存的森林，应加强保护。有的已划入自然保护区进行保护，但对一些未划入自然保护区的林分仍应加强保护。

2—5—7—1　海南石梓林①

海南石梓（*Gmelina hainanensis*）又名石枳，属马鞭草科半落叶乔木，为海南的特有树种，成年树高 20m 以上，胸径 40～50cm，在热带季雨林区分布较广。木材抗虫耐腐，干燥后少开裂，不变形，耐水湿；心材比例大，约占 80%，淡蓝灰带黄色，纹理通直，结构细致，材质韧而稍硬，易加工；材色鲜淡一致，切面具光泽，生长轮呈花纹，较美观，适作造船、车辆、家具、桥梁、桩木等用材。

（一）分布与生境

海南石梓主要分布于海南的儋州、屯昌、琼中、保亭、东方、乐东、三亚、陵水、万宁、琼山等地。散生于海拔 750m 以下低山，丘陵的各类热带季雨林中，吊罗山的边缘山地，以及尖峰岭和黎母岭等山腰地带，常呈小块群状分布，人工幼林多分布在低山、丘陵地区。1949 年以来，北移试种于广西的南宁、夏石、合浦，广东的广州、湛江，江西的赣州，福建的漳州及浙江的平阳等地，生长尚好，干形比原产地的还要通直。

海南石梓系热带季雨林的喜光树种，幼苗期不耐荫，密林中少见幼树，仅有上层优势木，更新苗木在疏林间隙地、林缘外围较为常见，性喜温暖，风小的环境，天然分布区年平均气温为 22.4～25.4℃，最冷月均温 16.2～20.8℃，极端最低温度－1.4～6.2℃，≥10℃年积温为 8 183～9 255℃；年降水量 1 012～2 463mm，多集中在雨季；年平均风速 1.2～4.3m/s。海南石梓虽比云南石梓（*Gmelina arborea*）较耐寒，但在大陆引种试种区仍有冻害。例如江西赣州 5 年生幼树，1969 年 1 月出现－6℃低温时，树干被冻枯至基部，春暖后能重新萌芽。在引种试种区的寒害较轻，如江西赣州 2 年生大苗虽经过－3～－4℃的暂短低温，25d 霜冻，3d 降雪，1d 结冰，仍未见寒害；广东清远银盏地区，北纬 23°32′，海拔 100m，极端最低温度－1.7℃，也不见寒害，幼苗耐寒力为 0～1 级，幼树耐寒力为 0 级。

海南石梓要求深厚、疏松、湿润的沙质壤土和缓坡立地，天然分布区，土壤主要为砖红壤土；人工林分布区，主要属山地赤红壤红色土，低山、丘陵赤红壤。天然林的土层厚度 ＞100cm，表土层 ＞10cm，腐殖质含量 3%～5%，含氮量 0.12%～0.27%，速效磷 0.6～1.3mg/100g，速效钾 25～40mg/100g，pH6.0 左右。在人工林生长良好，如海南岛尖

① 执笔人：李炎香

峰岭林区 9 年生幼林，平均树高 9.5m，平均胸径 9.6cm。

（二）**组成与结构**

海南石梓在热带季雨林中，常为散生或小块群状混生，枝下高 6～7m，树冠广伞形，侧枝伸展，幼年期干形稍弯曲。现存林分多为次生混交林，海南石梓占比例较小，群落的层次结构较复杂，原生林可分为 2～3 层，次生林多 3～4 层，其中乔木 1～2 层，灌木和草本植物各 1 层。海南石梓在群落内可成为上层优势木，其伴生树种主要有海南菜豆树（*Radermachera hainanensis*）、青果榕（*Ficus chlorocarpa*）、异叶翅子木（翻白叶树）（*Pterospermum hetrophyllum*）、岭南山竹子（*Garcinia oblongifolia*）、大叶山楝（*Aphanamixis grandifolia*）、海南红豆（*Ormosia pinnata*）、降香黄檀（花梨）（*Dalbergia odorifera*）等；草本植物有华南毛蕨（*Cyclosorus parasiticus*）、蔓生莠竹、山姜（*Alpinia* sp.）等；藤本有鸡血藤（*Millettia* spp.）、藤檀（*Dalbergia hancei*）、锡叶藤（*Tetracera asiatica*）等。

人工林为片状同龄纯林，树干较弯曲，林木分枝低，一般枝下高在 3m 左右，引种于华南其他地区的林木干形较通直。人工林分，由于砍杂抚育，林下植物主要为较耐荫的灌木和草本植物，如皱叶山麻杆（*Alchornea rugosa*）、九节（*Psychotria rubra*）、掌叶榕（*Ficus hirta*）、布渣叶、假益智（*Alpinia maclurei*）、假蒟（*Piper sarmentosum*）、荩草（*Arthraxon* sp.）、乌毛蕨（*Blechnum orientale*）等。13 年生林分胸径 4～22cm，4～5 年生林木开始分化，6 年生后林分内小径木比例增大，个体间竞争加强，林木分化加剧，枝下高增大，树冠变小，少数被压木生势衰弱。

（三）**生长发育**

海南石梓天然林生长较快，如海南吊罗山的疏林，27 年生树高 12.6m，胸径 17.2cm，一般初期由于光照不足，生长较慢，5 年生以后生长加快，胸径连年生长量可达 1cm 以上；人工林幼林生长较快，如海南尖峰岭大凯林场，用低切干苗造林（株行距 2m×2m），13 年生平均树高 10.8m，胸径 13cm；树高连年生长量最大达 2.0m；胸径最大达 29cm，5～6 年后逐渐下降。中国林业科学研究院热带林业研究所，1966 年低切干定植幼林，头一年生长较慢，树高仅有 0.8m，第 2～3 年树高生长迅速，年平均生长量达 2.1～2.4m，4～5 年高生长仍达 1.0m，尔后生长大大下降，树高年生长量 0.5～0.7m，胸径不及 1cm。这是由于 4～5 年后幼林郁闭，密度过大，又没有及时抚育间伐所致。引种试种于华南各地的幼林，也表现出生长迅速，如广州 10 年生树高 8.0m，胸径 24.2cm；广东清远银盏地区 2 年生幼林即郁闭，4 年生平均树高 4.1m，平均胸径 5.9cm，干形良好；广西合浦 13 年生树高 9.3m，胸径 11.4cm，优势木树高 11.0m，胸径 15.8cm；广西大青山实验局树木园幼龄期树高年平均生长量在 1.0m 以上，胸径 2.0cm 左右；江西赣州经冻害萌生的 5 年生幼林，平均树高达 4.0m，平均胸径 4.4cm；福建漳州、浙江平阳地区引种的幼林也生长良好，干形优于海南岛的。

海南石梓 5～6 年生后，开始开花结实，花果期较长，多数春季开花，果期 5～10 月，有些到翌年 2 月份还有果熟，7～8 月为大量果熟期；引种于华南各地的海南石梓，也于 5～6

月后开花结实。

（四）更新演替

海南石梓散生于热带季雨林中，由于地处交通方便，森林破坏较严重，现有的季雨林为经过多次采伐及游耕后恢复起来的次生林，有的已演变为多刺灌丛或草地。海南石梓在分布地区，适应性广，萌芽力强，是可以人工造林和萌芽更新恢复森林的良好树种。为了扩展海南石梓林资源，宜有计划地发展人工林和促进萌芽更新。

（五）评价及经营意见

海南石梓是海南特有的珍优用材树种，其木材结构和力学性质可与世界著名的商品材柚木相媲美，是很有价值的树种。

海南海拔 750m 以下的山地及外围丘陵、台地，排水良好、水肥条件中等以上的立地适宜发展海南石梓林；南亚热带的山谷、山凹、山沟及山坡下部亦可种植。

海南石梓宜用低切干苗造林，留干高 3～5cm，株行距可用 1.5m×1.5m～2m×2m。

栽植后 3 个月左右萌条高达 50cm，即可选留萌条，每株留粗壮的 1～2 条，至翌年底选留 1 条。造林后头两年必须加强管理，年割草、松土扩穴两次，结合进行修枝整形，砍除过多的萌条。对过于弯曲、径小于 3～5cm 的植株，可平茬重萌，使萌条通直。幼林郁闭后，割草松土抚育次数可适当减少，郁闭后 1～2 年内应适当调整密度，以利幼林生长。培育良好干形，除用低切干苗，适当密植，加强抚育外，在选定萌条后 1～2 年内要坚持及时抹芽，以形成高直树干。有条件的地方，造林初期间种玉米、花生、黄豆等，最好选择豆科树种营造混交林。

2—5—8—1　小花龙血树林①

小花龙血树（*Dracaena cambodiana*）是提取名贵中药“血竭”的树种。在中国血竭是传统药材，古时称“麒麟竭”。据记载，应用已有 1 500 多年历史，被称为是“活血圣药”，有“夺命之功”的内外科要药。血竭过去一直依靠进口。1972 年云南热带植物研究所，发现孟连县是中国龙血树保存较完好，也是最多和最集中的地方。所提取的血竭，在临床应用证明，与进口产品有相同的治疗效果。

小花龙血树不仅能提取血竭，也是很好的庭园绿化观赏树种，其经济价值较高。它的发现和存在，为国内提供了提取血竭的资源，对引种、栽培和进一步研究其地理分布、生态环境、生长发育规律，都具有一定的科研和生产意义，是一不可多得的科研和种源基地。

小花龙血树在中国主要分布在云南省孟连县城附近，南垒河两岸的石灰岩山地，其地理位置在东经 99°09′～99°46′，北纬 22°05′～22°32′。较集中的林地面积只有 9.2hm²。此外，云南南部的孟定、沧源、勐腊、景谷、普洱、镇康、耿马等地，也有散生林木。据统计，全

① 执笔人：汤家生

省约有小花龙血树万株左右。

孟连的小花龙血树，多分布在丘陵的顶部和中部，海拔约 950～1 100m 之间的石灰岩山地，地势险峻，坡度极大，石灰岩裸露约 50%以上。土壤分布于岩隙中，为黑色石灰土，盐基物质含量较高，pH 值 6.5～7.5。由于土壤透水性强，故土壤较干燥。

分布区气候，根据孟连县气象站资料记载，热量丰富，全年光照时数在 2 097.9 小时，年平均温度 19.7℃。最冷月（1 月）平均气温在 13.2℃，极端最低气温为 −0.6℃，最热月（6 月）23.7℃，≥10℃的活动积温为 7 153℃。全年干湿季明显，5～10 月为雨季，降水量大 1 206.6mm，占全年降水量的 88.5%；11 月到翌年 4 月为干季，降水量为 157.0mm，占全年降水量的 11.5%，但在干季雾日多达 108.7d，占全年雾日的 84.1%，这在一定程度上补充了干季水分不足。全年平均相对湿度达 83%。

小花龙血树林树种组成单纯，林分层次结构简单，为单层纯林。树种组成除小花龙血树占绝对优势外，还混生有少量的油朴（*Celtis giganticarpa*）、清香木（*Pistacia weinmannifolia*）、多种榕树（*Ficus* spp.）、常绿榆（*Ulmus lanceaefolia*）、黄连木（*Pistacia chinensis*）等。林分郁闭度一般在 0.7 左右。小花龙血树平均高 14m 左右，最高可达 24m，平均胸径约 50cm，最大可达 108cm。每公顷约 170 株，蓄积量约 160m³。

由于林地岩石裸露，土壤干燥，人为干扰破坏较大，所以，下木和草本植物种类和个体数量极少，且多为一些耐旱喜光种类。林下主要为清香木、榕等乔木树种破坏后而形成灌木状种类，高 2～3m，覆盖度 30%左右。草本植物主要有紫茎泽兰（*Eupatorium adenophorum*）、飞机草、禾本科草类及一些蕨类植物，高约 0.8～1.5m，覆盖度 30%左右。

小花龙血树为喜光树种，花期 2～3 月，果熟期 6～7 月，根系发达，能扎入石缝中。林冠下天然更新能力和效果较差，每公顷株数一般在 20～250 株之间，局部地段最多 1 560 多株，这主要由于林内缺乏光照，幼苗难以生长发育，加之人为活动频繁，故更新较差。但是，小花龙血树可采用野生苗移植，成活率可达 70%，亦可插条和播种繁殖。

小花龙血树为稀有单子叶植物树种，经济价值较高，现已在南垒河两岸划出 54hm² 的面积作为自然保护区。全保护区内经每木实测，小花龙血树仅有 2 833 株，蓄积量 1 369m³。其中胸径在 6cm 以下的有 1 437 株，占小花龙血树总株数的 51%；胸径在 11.0～12.9cm 的有 25 株，占总株数的 1%；胸径在 13.0～24.9cm 的有 265 株，占总株数的 10%；胸径在 25.0～36.9cm 的有 405 株，占总株数的 14%。对目前仅存的小花龙血树应加强经营管理，在适宜的环境条件下，应大力发展。

2—5—9—1 刺桐千果榄仁林①

刺桐（*Erythrina lithocarpa*）千果榄仁（*Terminalia myriocarpa*）林，林分组成具有一

① 执笔人：汤家生

些落叶树种成分，每到干旱季节，树叶大量脱落，有明显的落叶期。另外，板根、藤本及附生植物都极为发达，不少大树的板根高达1～3m，宽2～4m。落叶大树多为浅根性树种，直径生长极不均匀，一般靠近水沟方向树干的一面生长较慢，相反方向生长快，约一倍以上，因此年轮在横断面上极不对称。

刺桐千果榄仁林在北纬24°以南的热带低海拔地区都有分布，大体分布在海拔500～1 500m，以1 000m以下更为普遍，在云南勐腊县的一些原始林区的沟谷底部尚有分布。分布区气候以气温高湿度大为主要特点。年平均气温在20℃以上，最冷月平均气温15～16℃，极端最低温度1.1℃以上，年降水量超过1 400mm，相对湿度约84%～87%。适生于砂页岩、花岗岩、片麻岩等发育而成的砖红壤或赤红壤上，一般土层深厚、肥沃，地下水位较高。

刺桐千果榄仁林，组成树种复杂，树木高大，林冠不齐，层次结构不甚明显，树冠上下连接。在保存较好的森林中，有林木高达30～45m，胸径100cm左右的落叶树种，散生于林冠层之上，郁闭度在0.3以下，常达不到分层条件。组成树种主要有石果刺桐（*Erythrina lithocarpa*）、千果榄仁、木棉、美脉杜英（*Elaeocarpus varunua*）、八宝树（*Duabanga grandiflora*）、四数木等，有时番龙眼、红椿也有生长，都是一些板根很发达的种类。在靠近石灰山地的森林，还有楹树、西南紫薇（*Lagerstroemia intermedia*）、常绿榆、川桑、槟榔青（*Spondias pinnata*）、长序乌桕（*Sapium insigne*）等生长。林分一般平均树高25m左右，平均胸径30～40cm，郁闭度0.6～0.7，每公顷蓄积量250～300m^3。

下木种类较多，但各地种类很不一样，茜草科、灰木科、番荔枝科、大戟科等许多植物都有出现。草本植物一般比较茂盛，多属于喜潮湿生境的丰肉质植物，如荨麻科、秋海棠科和某些蕨类植物。

刺桐千果榄仁林，分布零散，现存面积不多。林内的千果榄仁是材质较好的速生树种。是一良好的热带地区造林树种之一。故对该林分应加强经营管理和保护。可作为采种和科研基地。

2—5—10—1　蚬木林①

蚬木林是指石灰岩季雨林中，以蚬木（*Excentrodendron hsienmu*）为共优势种的各类混合林的总称。

（一）分布与生境

蚬木林为中越边境特有的类型。在中国主产于云南广西西南右江谷地以南，向北延伸至广西弧形山地西翼外缘低峰林石山区北缘；滇东南也有分布。分布区约位于北纬22°05′～23°53′，东经104°13′～108°06′，幅员狭小，却跨两个植被地带，即北热带季雨林、雨林地

① 执笔人：李治基，资料主要来自广西农学院林学系等．蚬木生态与营林问题．

带和南亚热带季风常绿阔叶林地带。桂西南石山山原外围西南部的低峰丛石山区是它现代分布的中心，为当地原生性森林的优势类型；自此以北，由于长期滥伐，残存的蚬木林变得零星小片，仍较常见，任何坡位坡向，都可出现，反映出曾经广泛分布的历史痕迹。在此范围内，只要不是对蚬木过度选伐，它在次生林中仍占优势地位；如经过强烈的破坏，消退为藤刺灌丛，只要有它的母树下种，经过封山，也易迅速恢复为蚬木林。这些现象表现出它很适应桂西南低峰丛石山区的石隙生境，生活力强，成为当地溶蚀地貌最适生的树种之一。蚬木林以产珍贵硬材称著于世，乱砍滥伐，使它濒临绝灭的险境，目前只在交通险阻的地方，才残留有较大片的原生林。越过右江谷地，属于季雨常绿阔叶林地带，蚬木林分布的频率显然降低，仅出现于屏障良好的地段，随着纬度北移，蚬木在森林中逐渐失去优势地位，以偶见种止于都阳山地的前缘。垂直分布的高程随水平地带而不同，在桂西南山原，蚬木林可上升至海拔高 850～900m，但自 700m 以上，进入石灰岩山地常绿落叶阔叶混交林地带，对地形的适应幅变得窄狭，一般生长在开阔的南坡以及盆地、宽谷中的峰林残丘等光照充足的较暖小环境，逐渐成为少见类型而终至消失；至于分布区的北缘，上界低至海拔 350～400m，由于平流强辐射降温，逆温现象频繁，蚬木林一般离开坡底相对高约 20m 左右，超过霜线才出现。

分布区内的温度记录，以位于垂直分布上部的靖西站最低，南缘低平的龙州站最高，年平均气温 19.1～22.1℃，≥10℃年积温 6 290～7 900℃；最冷月平均气温 11～14℃，最热月 25～28℃；极端最低气温一般在 0℃以上，只个别年份在强冷空气入侵后又经过强辐射，才出现短暂的 0℃以下寒潮，极值也在－2℃以上，但此时发生逆温现象，坡地上仍高于 0℃。蚬木林水平分布的北界大致在年平均气温 21℃，最冷月 12℃，≥10℃积温 7 500℃的等值线以南；而垂直分布上部的数值却低得多，但极端最低气温较高，极值为－1.9℃，北界的形成本质上是由于极端最低气温太低，有害低温的频繁导致的，如北界外附近的巴马站虽多项温度指标比靖西高得多，但极端最低气温多年平均值为－0.4℃，极值－3.3℃，12～2 月均可出现负值。而蚬木耐寒性较弱，对 0℃左右的低温较敏感，幼苗在 1℃的气温下，可能出现寒害，叶凋枯；幼树在－1℃以下，可发生梢枯，－3 ℃以下大部分植株受梢枯以上的伤害，部分植株死亡，－4～－5℃的气温可使茎枯以至全枯。

分布区年降水量 1 100～1 630mm，以背风区的左江和右江谷地最少，水热系数在 1.5 以内，属于半干燥气候，虽未成为蚬木林生存的限制因素，但却少有分布。山原本部的靖西、那坡一带降水量最多，水热系数 2.1 以上，属于湿润区，但海拔较高，温度较低，如前所述，蚬木林的出现也存在着颇大的局限性。分布区绝大部分地方年降水量 1 340～1 450mm，水热系数在 1.6～2.0，属于半湿润级，分布中心的龙州即位于此气候区内，当地兼具优越的热量条件。降水量的季节分配不匀，集中在 5（4）～9 月，雨季 5（6）个月；11～3 月的月降水量在 50mm 以下，旱季 5 个月，干湿季交替鲜明；但少雨与低温同期，此时的相对湿度也较高，在 75%～79%，且峰丛石山区，群峰相掩，冬春又多雾露，可以缓和旱象，为常绿树种的越冬提供有利条件，原生性蚬木林即以此类树种占绝对优势。

蚬木林对地质土壤条件有严格选择，它是碳酸盐岩溶蚀地貌的特有类型，以纯厚的泥盆系中统、融县灰岩以及石灰系黄龙灰岩等构成的强烈喀斯特化层上尤多分布，少见于夹杂砂页岩的二叠系及三叠系不纯灰岩构成的微弱喀斯特化层；而绝迹于非喀斯特化层构成的常态侵蚀地貌，因此，在分布区内，蚬木林的分布常为此类地层所间断，分布区界线的形成，在许多地段也是由于毗连着广漠的非喀斯特化层，阻碍了蚬木林的迁移。

立地的土壤常为淋溶石灰土，土层浅薄，重壤或轻粘土，屑粒状至小块状结构，微酸性至中性，一般无石灰反应，碳氮比值窄，有机质丰富，氮、磷、钾含量较高（表 5—9），钙含量特别多，达 3 000～5 400mg/kg。石峰上岩石裸露，多裂缝，漏水性强；土壤覆被率低且随着坡位向上而急剧减少，植物给水条件恶化也随坡位向上更为突出。而圆洼地底部，雨季又可能发生内涝。蚬木林主要分布于中、下坡，较少见于上坡且不能长成大材，而消失于内涝的圆洼地底部。生态序列反映出蚬木是耐旱性强的中性植物，对水涝敏感，实践证明，同一地段凡植点位于大雨后出现积水的蚬木都陆续死去，而排水良好的微地形上的植株则正常生长。蚬木林中不少树种具有盘旋于岩面石隙间深长广展的根系，以适应水肥分散的石隙生境；叶子的旱生结构也较发达。

表 5—9　蚬木林下土壤化学分析

采集地点	土类	层次（cm）	pH 值	有机碳（%）	全氮（%）	C/N	有机质	速性养分（mg/kg）		
								氮	磷	钾
龙州武德乡	淋溶	1～3	7.2	7.32	0.79	9.27	13.12	100.0	50.0	225.0
新联村	石灰	3～9	7.0	4.67	0.56	8.34	8.38	62.5	15.0	175.0
弄九金	土	9～30	6.5	2.18	0.30	7.27	3.91	50.0	30.0	112.5
靖西湖润乡	淋溶	2～8	6.6	4.06	0.51	8.01	7.28	160.0	7.4	125.0
达爱村附近	石灰	8～35	6.2	2.26	0.29	7.82	4.05	6.25	6.2	62.0
	土	35～	6.2	2.07	0.24	8.48	3.72	50.0	10.2	87.5

蚬木年换叶量大，对土壤物质的生物小循环较为强烈。从叶子的化学成分分析（表 5—10）可知灰分含量较高，为中量级，属于无硫、无锰、低铝、低铁、低硅、低钾、中磷、高钙植物；含氮量属中等，为 2%左右。与酸性土植物有明显区别，属于 Ca>N>K 型，和热带石灰岩季雨林类型是一致的。广西农学院林学系在第四纪红土台地贫瘠的砖红壤性土栽培的蚬木，生长停滞，终至死亡；但经过重施基肥并掺石灰改土的，长势旺盛，比天然林上层木生长最快的树木还快得多。在蚬木纯林下，土表常聚积较厚的枯枝落叶层，对于涵养水分，提高土壤肥力具有良好的作用。

表 5—10 蚬木叶子的矿质成分

采集地点	占干物质%										
	灰分	SiO_2	Fe	Al	Mn	P	K	Na	Ca	S	Mg
田阳洞靖附近	5.58	0.13	0.009	0.040	0	0.160	0.744	0.145	2.068	0	—
龙州新联附近	10.10	0.19	0.000 7	0.003	0	0.032	0.322	0.037	3.272	—	0.611
靖西达爱附近	10.42	0.60	0.015	0	0	0.095	—	—	—	—	—

（二）组成结构

森林外貌基本上终年常绿，林冠波状起伏，时而个别大树高耸其上，愈显得参差不齐；板根较普遍，在低部位湿热的生境尤为明显；茎花现象也可遇见，种类不多，如木奶果（*Baccaurea ramiflora*）、枝花李榄（*Linociera ramiflora*）以及一些榕类。蚬木以带深绿色而成层的塔状树冠出露上层，成为此类森林的标志，远望林冠便可鉴别。

组成复杂，多属石灰岩土特有种，在 400～600m^2 的样地内有 83～137 种，分属于 28～52 科，主要为古热带植物的种类，以具有中越边境特有及其与南海地区共有的成分为特点；而泛北极植物区的成分稀少，但在垂直带的上部可占 25%，主要属于中国—日本以及中国特有的亚热带种类。

森林郁闭度 0.9 左右，分为乔木层、灌木层、草本层。乔木层每公顷一般有 110～2 215 株，最多达 4 050 株，建群种不明显，但通过重要值指数计算，可看出一些种类占有较大的比重，由于树种多，指数分配较分散，常常由 3 种以上，甚至多达 6 种合计，才超过总指数（300）的一半；组成共建种，蚬木常位列前矛，主要共建种在低峰丛石山中下坡有金丝李（*Garcinia paucinervis*）、闭花木（*Cleistanthus saichikii*）、密花核果木（*Drypetes confertiflora*）、肥牛木（*Cephalomappa sinensis*），后者往往局限于夹有白云岩或白云质灰岩地层上；在上坡则有黄梨木（*Boniodendron minus*）、鱼骨木（铁屎米）（*Canthium dicoccum*），这两种对水热条件适应幅较广，但只有在此种严峻的生境，才占据重要地位；在山原有跨带分布的岩樟（*Cinnamomum saxatile*），甚至是亚热带成分的青冈（*Cyclobalanopsis glauca*）等。乔木上层一般覆盖度约 80%，成为主导层，高 20～25m，在低部位湿热地方，常出现少数 30m 以上的巨树高耸其上，类似常绿季节林（季节性雨林）；而在上坡，则常绿阔叶树与落叶阔叶树的数量大体相当，类似半常绿季节林的性质；虽然蚬木在这亚层的数量不一定是最多的，但频度高、基面积大，重要值指数常居第一，在相对稳定的群落里尤其如此；主要共优势种往往也是上列的共建种。中层林木的高度主要集中在 10～15m，覆盖度 50% 左右，多数上层优势种的中年木仍占据重要地位，而这亚层的代表种处于共优势地位的有割舌树（*Walsura robusta*）、海南大风子（*Hydnocarpus hainancnsis*），以及主要分布在干燥上坡的盆状谷木（*Memecylon scutellatum*），在山原则有山蕉（*Mitrephora maingayi*）、白桂木（*Artocarpus hypargyreus*）、粗糠柴等跨亚热带分布的种类。下层乔木高一般 4～6m，覆盖度30%～40%，以上层特别是中层耐荫性较强树种的小乔木为主，真正属于这亚层的种类是不多的，且只有个别种在有的地段间或可占优势，如低峰丛石山的三角车（*Rinorea bengalensis*）、山原上的铜钱树（*Paliurus hemsleyanus*），较常见的有铁榄（*Sinosideroxylon wightianum*）、密花树（*Rapanea* spp.）、鳞尾木（*Lepionurus latisquamus*）、九里香（*Murraya paniculata*）、乌材（*Diospyros eriantha*）等。

灌木层高约2m，覆盖度一般30%～40%；草本层高1m以下，覆盖度20%左右，均以常绿阔叶树更新层片占优势。真正灌木不多，每样地不过10种左右，稀落生长，分布较普遍的为驳骨九节（*Psychotria siamica*）以及具有荨麻毒的艾麻（*Laportea crenulata*），在低峰丛石山中下部还常见广西紫麻（*Oreocnide kwangsiensis*）、白雪花（*Plumbago zeylanica*）、银叶巴豆（*Croton cascarilloides*），在上坡浦竹仔（*Indosasa hispide*）、绿竹（*Sinocalamus oldhami*）较多，并有酒饼簕（*Atalantia buxifolia*）、越南枝实（*Cladogynos orientalis* var. *tonkinensis*）；在山原以浆果楝（*Cipadessa cinerescens*）、红背山麻杆（*Alchornea trewioides*）较常见，并出现柘树（*Cudrania tricuspidata*）、樟叶荚蒾（*Viburnum cinnamomifolium*）、梨叶悬钩子（*Rubus pirifolius*）等亚热带常见种类。

草本生长零星而种类复杂，每样地在20～30种以上，多蕨类，分布普遍的有斩龙剑（*Neottopteris anthrophyoides*）、槲蕨（*Drynaria fortunei*）、圆羊齿（*Nephrolepis cordifolia*），以及铁角蕨（*Asplenium*）、石韦（*Pyrrosia*）、瓦韦（*Lepisorus*）、伏石蕨（*Lemmaphyllum*）等属植物。在低峰丛低部位，天南星科占有较重要地位，如广东万年青（*Aglaonema modestum*）、海芋（*Alocasia odora*）、麒麟尾（*Rhaphidophora pinnata*）等大型叶种类，姜科长序砂仁（*Amomum thyrsoideum*）也常见；在高坡位则以喜荫而较耐旱的沿阶草（*Ophiopogon* spp.）最普遍，极少大型叶植物。在山原还出现一些亚热带种类，如香秋海棠（*Begonia handelii*）、十字苔草（*Carex cruciata*）、毛柄珍珠花（*Lysimachia capillipes*）、庐山石韦（*Pyrrosia shearei*）等。

层间植物在每块样地内总在20种以上，低峰丛石山中下部时可见到直径10～15cm、长40～50m的木质藤本悬挂的藤环，以豆类较多，如白花油麻藤（*Mucuna birdwoodiana*）、羽叶金合欢（*Acacia pennata*）、红毛羊蹄甲（*Bauhinia pyrrhoclada*）、绸缎藤（*Bauhinia kerrii*）、多种崖豆藤（*Millittia* spp.），萝藦科的球兰（*Hoya* spp.）、瓜子金（*Dischidia* spp.）、马兰藤（*Dischidanthus urceolatus*）等多浆液植物也不少，天南星科的爬墙蜈蚣（*Rhaphidophora hongkongensis*）、麒麟尾等大型叶种类也相当普遍，常见的还有二籽扁蒴藤（*Pristimer arborea*）、茎花崖爬藤（*Tetrastigma cauliflorum*）、香港鹰爪（*Artabotrys hongkongensis*）、买麻藤（*Gnetum montanum*），附生植物以巢蕨（*Neottopteris nidus*）较常见，此外还有硬叶吊兰（*Cymbidium pendulum*）、石槲（*Dendrobium* spp.）、圆叶槲蕨（*Drynaria baronii*）；而在上坡，藤本小得多，很少大木质藤本，主要攀援在第2、3层树冠上，常见的有香港鹰爪、茎花崖爬藤、爬山虎（*Parthenocissus* spp.）、念珠藤（*Alyxia sinensis*）、副萼翼核果（*Ventilago calyculata*）、红毛羊蹄甲。在山原上，随着海拔的增高，

热带种类逐渐减少，特别是到达蚬木林分布的上界，上列的萝藦科、天南星科以及豆类多已消失，而出现不少亚热带常见种，如小果蔷薇（*Rosa cymosa*）、龙须藤（*Bauhinia championii*）、金银花（*Lonicera* spp.）、络石（*Trachelospermum jasminoides*）等。

由于生境的差异或人为干预，蚬木林可分6个类型，现专就乔木层分别概述如下。

1. 肥牛树密花核实蚬木林

主要分布于中心区海拔550m以下，由石炭系黄龙灰岩夹白云岩、白云质灰岩构成的低峰丛石山中下部，1 000m² 样地有乔木21种126株。森林郁闭度0.9以上，乔木上层覆盖度80%，蚬木大树多，分布普遍，重要值指数平均接近该亚层的1/3，较明显大于位列第2的肥牛树，反映对森林环境的控制起着重大的作用；虽然在整个乔木层重要值指数，它亚于肥牛树，后者却大量出现在中层；分布较普遍的有密花核实、闭花木、越南槭（*Acer tonkinenses*）；具有大型羽状复叶的大叶山楝（*Aphanamixis grandifolia*）、岭南酸枣（*Allospondias lakonensis*），特别是板状根很发达的白头树（嘉榄）（*Garuga pinnata*）常挺拔于主林冠之上，树高超过30m，十分夺目，其分布是零星的；偶见的还有木奶果、厚叶琼楠（*Beilschmiedia percoriacea*）等。中层林木密度最大，占乔木总株数53%，覆盖度50%，肥牛树重要值指数达到亚层的一半左右，占据明显的优势；而密花核果木、闭花木以及此亚层的代表种割舌树、海南大风子等的株数也较多，成为次优势成分，重要值指数分别达到20～35以上；至于蚬木株数少，分布也不普遍，处于从属的地位；偶见的还有斜叶橙广花（*Orophea anceps*）、鳞尾木、广西密花树（*Rapanea kwangsiensis*）。在上、中层林冠密闭下，特别是经肥牛树稠密的树冠过滤的光照，更为暗弱，不利于下层的发育，出现以此亚层密度最小的反常现象，仅占乔木总株数18%，覆盖度不过30%，多为中层树种的小径木，但就是耐荫性强的肥牛树、割舌树、海南大风子等也不过几株；真正属于此亚层的只有三角车和九里香，后者在局部地方较多。

2. 黄梨木肥牛树蚬木林

分布区与前一类型大体相同，但占据石峰的上部，光照强，露石特多，环境干燥。1 000m² 有乔木44种405株，森林郁闭度0.8。上层乔木一般高16～18m，胸径25～30cm，密度低，占乔木总数17%，树冠不联接，覆盖度30%～40%，落叶阔叶树株数和重要值指数与常绿阔叶树相当，大体各占一半；落叶阔叶树以黄梨木为主，占该层重要值指数1/3强，零星分布的有越南槭、八角枫（华瓜木）（*Alangium chinense*）、截裂翅子树（*Pterospermum truncatolobatum*）等；常绿阔叶树以蚬木、铁屎米占优势，重要值指数合计，也超过1/3，常见的还有山榄叶柿（*Diospyros siderophyllus*）、齿叶黄皮（*Clausena dentata*）、粉苹婆（*Sterculia euosma*）等。中层林木高8～15m，胸径10～20cm，共33种，密度最大，占乔木总数53%，树冠基本连续，覆盖度70%～80%，重要值指数分配较均匀，其中肥牛树虽不能发展为上层木，却在此亚层占据重要地位，但重要值指数也不过45；其次为蚬木，齿叶黄皮、铁屎米和盆状谷木，重要值指数在20～30之间，山榄叶柿、越南槭、斜叶榕（*Ficus gibbosa*）、大叶野樱（*Prunus macrophylla*）、小叶黄皮（*Clausena emarginata*）也可达到20以上，但分布不匀，在各地段时有时无，成为局部次优势种；其余许多树种如圆叶乌桕（金丝李）（*Sapium rotundifolium*）、海南大风子、小盘木（*Microdesmis caseari folia*）等都很少。下层高 4～6m，胸径 10cm 以内，密度也较大，占乔木层总数 30%，覆盖度约 40%，共由 29 种组成，与中层颇多类似，蚬木、肥牛树、海南大风子较多，金丝李也较常见；限于本层除乌材、鳞尾木较多外，铁榄、枝花李榄、毛阿芳（*Alphonsea mollis*）柳叶密花树（*Rapanea linearis*）等，均呈零星分布。从整个乔木层看来，在严峻的生境里，林木生长变得矮小，其中许多原为大乔木树种甚至不能伸展到上层，森林的主要作用面转向中层。重要值指数分配较均匀，最大为黄梨木，但不超过 41，仅占全林的 13%强；其余依次为蚬木、肥牛树、铁屎米、齿叶山黄皮、山榄叶柿、越南槭、海南大风子，8 种合计仅占乔木层 60%。由于森林绝大多数为小径木，连中径木也极少，材用价值低，但对石山环境保护却起了重要作用。

3. 金丝李闭花木蚬木林

主要分布于中心产区，由泥盆系灰岩构成的石山中下部，海拔 500m 以下。林分郁闭度 0.9～1.0，2 000m^2 样地内有乔木 34 种 259 株。作为前两类共建种的肥牛树，却在此群落内完全消失，就是在这种石灰岩地层上，也极少遇到；虽然水热条件和 1 类型是相似的。上层乔木 11 种 31 株，多为老熟大树；树冠广展，覆盖面多在 100m^2 以上，有的可超过 300m^2；林冠密接，覆盖度 90%左右。蚬木、金丝李的株数较多，胸径常在 50～60cm，有的可达 1.2m，高 20～25m，个别在 30m 以上，它们的重要值指数合计超过该层的 1/2，占据明显优势；海南韶子、闭花木也较多，但分布不均匀，为局部次优势种；零星生长的有密花核实、海南厚壳桂（*Cryptocarya hainanensis*）、高山榕（大叶榕）（*Ficus altissima*）、紫荆木（*Madhuca subquincuncialis*）等常绿阔叶树以及个别落叶阔叶树黄梨木，截裂翅子树。中层有 25 种 74 株。覆盖度约 50%，优势种依次为闭花木、蚬木、割舌树；金丝李、海南大风子、野独活（*Miliusa chunii*）、米仔兰（*Aglaia odorata*）也较常见；其余种类数量稀少，如斜叶榕、菲律宾朴（大叶朴）（*Celtis philippinensis*）、火麻树（*Laportea chingiana*）等。下层有 29 种 156 株，覆盖度 40%，以中上层较耐荫树种的小乔木为主，其中蚬木、割舌树、闭花木、山榄叶柿株数较多；仅见于本亚层的有乌材、长叶玉兰（*Magnolia paenetalauma*）、广东大沙叶（茜木）（*Pavetta honkongensis*）等，均属偶见种；而堇菜科稀有的乔木种三角车却在这亚层占据优势的地位，为群落的热带性润色。

4. 岩樟蚬木林

主要分布于桂西南山原中部海拔 500～700m。并可伸至蚬木林分布区北部。1 200m^2 样地共有乔木 35 种，121 株。郁闭度 0.9 左右，乔木上层覆盖度 70%～80%，株数中乔木层 28%，以蚬木、岩樟占明显优势，重要值指数大体相当，各在 90%以上；较重要的还有算盘子密榴木（*Miliusa glochidioides*）、斜叶榕，在有的地段重要指数达 50 左右，属局部次优势种；此外，零星生长的有海南栲（*Castanopsis hainanensis*）、长梗铜钱树（*Paliurus hirsutus*）、菜豆树（牛尾木）（*Radermachera sinica*）等。中层有 18 种，株数占 36%，覆盖度40%～50%，蚬木、山蕉的重要指数较大，分别在 40 左右，并不突出；其次岩樟、算盘子密榴木、白桂木的指数在有的地段也较高，而在另一地段却很少出现；其余斜叶橙广花、米仔兰、倒吊笔（*Wrightia pubescens*）、柄果木（*Mischocarpus oppositifolius*）等多种的数量都很少。下层有25种，密度也占36%，覆盖度约40%，蚬木算盘子密榴木多，其次为金丝李、米仔兰、单果阿芳等，其他种类多呈单株分布，局限于此亚层的有铁榄、打铁树、小叶山柿（*Diospyros dumetorum*）、假黄皮（*Clausena excavata*）等。从整个乔木层重要值指数排序，依次为蚬木、岩樟以及算盘子密榴木、山蕉、斜叶榕，5种合计才超过总指数的一半。由于所处地理位置偏北，地势较高，一些较严格的热带种如海南大风子、割舌树、海南韶子等已不复见或极少见；而出现尖果栾树（*Koelreuteria bipinnata* var. *apiculata*）、大叶野樱、长梗铜钱树、尾叶山胡椒（*Lindera pulcherrima* var. *attenuata*）等亚热带成分，虽然它们在林中的重要性还是微不足道的。

5. 青冈蚬木林

散布于桂西南石灰岩山原海拔700～900m，为蚬木混合林垂直分布上部的类型，不常见，一般限于较暖的小环境。400m² 样地有乔木27种87株，郁闭度约0.9。上层林木高20m左右，胸径25～35cm，密度低，占乔木层14%，覆盖度70%～80%；重要值指数较集中，蚬木接近这亚层的一半；其次为青冈，指数占1/5强；散生的有岩樟、白桂木、越南桂木。中层高8～15m，胸径10～20cm，共11种，占总株数29%，覆盖度50%；仍以蚬木为多，重要值指数为76；其次是此亚层代表种的粗糠柴和山蕉，分别为58、41，成为共优势种；其余除九里香较多外，均单株分布，如菜豆树（牛尾木）、铁屎米、华南皂荚（*Gleditsia fera*）、大叶朴、金丝李等。下层种类最多，共22种，密度占57%，盖度50%，一般高4～6m，胸径10cm以内，以粗糠柴重要值指数最高，也只有48；其次是此亚层的代表种铜钱树36；再次为山蕉、蚬木，分别为30、20；株数稍多的还有青冈、岩樟、白桂木、广西密花树、厚壳树（*Ehretia thyrsiflora*）等；而半数以上是局限于此亚层的种类如铁冬青（*Ilex rotunda*）、大叶野樱、山合欢、肖异木患（*Allophylus racemosus*）、黄丹木姜子（*Litsea elongata*）、乌口树（*Tarenna mollissima*）都是偶见种。整个乔木层重要值指数序列依次为蚬木、粗糠柴、青冈、山蕉，4种共占总指数1/2强。从树种组成看，古热带成分仍占优势，但已大为减少，剩下的多属跨带的广幅分布种；而泛北极植物有所增多，有的成为共优势成分如铜钱树，而青冈从亚热带南迁，只在海拔较高的山原才较大量出现，参与建群，区系成分表现群落的热带色彩减弱，有向石灰岩常绿、落叶阔叶混交林过渡的性质。

6. 蚬木单优林

零星小片分布于蚬木林分布区的村后山，是人们有意识的保存发展蚬木、将蚬木混合林作为固石防护林经营，伐掉其他林木，或进行皆伐保留蚬木母树更新，并经除伐而形成纯林。但停止抚育后，其他树种通过萌芽或下种又逐渐发展起来。就桂西南石山山原中部调查，800m² 内有乔木51种283株，郁闭度约0.8，乔木上层为稀疏老大母树，高20～25m，共11种47株，绝大多数是蚬木，重要值指数占亚层的1/2强，占绝对优势，其他稍多的有水冬瓜（*Adina racemosa*）、逼迫子（*Bridelia monoica*），还偶见岩樟、单果阿芳、铁屎米等。下层高 4～6m，覆盖度 60%～70%，共 48 种 229 株，重要值指数相当分散，在 10～40 的，依次为岩樟、蚬木、水冬瓜、山蕉、米仔兰、长叶柞木（*Xylosma longifolia*）合计也只有 133；此外，白桂木、红花木（*Casearia membranacea*）、小叶女贞、菜豆树（牛尾木）、肖异无患、浆果楝（*Cipadessa cinerescens*）的株数也较多；其余多呈零星或单株分布如铁屎米、铁榄、九里香、乌材、小叶山柿、大叶野樱等，不少是岩樟、蚬木林的成分。由于上面林层覆盖不均，使下层可兼容并包耐荫性不同的树种，甚至出现强喜光的香椿、千张纸（*Oroxylon indicum*），成为蚬木林组成最复杂的类型。从下层特别是优势种的组合看来，已呈现岩樟、蚬木林的雏形，因为所调查的单优林源出于此类混合林经过人为干预派生的类型。

（三）生长发育

从龙州低峰丛石山不同坡位伐取的天然林上层木，查定蚬木生长进程。

蚬木幼年高生长缓慢，年生长量一般为 0.3m 左右，个别样木近 0.6m。5 龄后连年生长大部迅速加快，生长高峰一般在第二或第三龄阶来临，这期间生长量 1m 以上，下坡样木尤为突出，并在高峰前后 3 个龄阶里以 1m 左右的速度生长；中坡样木紧接高峰后陡然猛跌，从此时起时伏，进程曲折；而上坡样木的高峰出现较迟，在第 5 龄阶时，以后便急剧下降，连续 3 个龄阶几趋于停滞，反映出主梢顶芽长势明显衰退。中上坡样木的平均生长进入高峰虽有迟早，但都与连年生长高峰同期来临，这和连年生长在高峰后急剧下降有关；下坡样木在连年生长高峰后仍持续较高水平，徐徐下降，相隔 10 年，平均生长高峰才到来；高峰期，生长快的样木的生长量接近 1m，慢的也达到 0.7m；高峰后，各样木的生长量未出现急降现象。样木之间总生长量差距颇大，下坡样木 32 年为 26.89m，上坡样木 39 年仅 19.53m（表 5—11）。

表 5—11　蚬木树高生长过程　　单位：m

年龄	样木 1 号（下坡，32 年）			2 号（中坡，45 年）			3 号（中坡，40 年）			4 号（上坡，39 年）		
	总生长量	平均生长	连年生长	总生长量	平均生长	连年生长	总生长量	平均生长	连年生长	总生长量	平均生长	连年生长
5	1.60	0.32		2.95	0.59		1.30	0.26		1.30	0.26	
			1.03			0.78			1.25			0.76
10	6.75	0.68		6.85	0.69		7.55	0.76		5.10	0.51	
			1.34			1.24			0.36			0.90
15	13.45	0.90		13.03	0.87		9.35	0.62		9.60	0.64	
			1.02			0.32			0.63			0.50
20	18.55	0.93		14.65	0.73		12.50	0.63		12.10	0.61	
			1.04			0.44			1.00			1.10
25	23.74	0.94		16.87	0.68		17.50	0.70		17.60	0.70	
			0.57			0.31			0.19			0.20
30	26.57	0.89		18.40	0.61		18.47	0.62		18.60	0.62	
			(0.06)			0.87			0.78			0.10
35	(26.89)	(0.77)		22.75	0.65		22.35	0.64		19.12	0.55	
						0.44			0.21			0.08
40				24.93	0.62		23.40	0.59		19.53	0.49	
						0.15						
45				25.60	0.57							

胸径连年生长高峰出现在第 5 或第 6 龄阶，多在树高连年生长高峰之后，相隔为 2～3 个龄阶；但上坡样木较为特殊，两峰同期并举；高峰期各样木的生长量都达到或超过 1cm，此后直到 30～45 年时，尚维持较高的生长量，看来形成层活动能力并未明显减弱，各样木平均生长量上升都较慢，但持续时间长到 32～45 年时，为 0.56～0.77cm，高峰未明。样木间总生长量的差异情况，和树高相类似，以下坡样木最快，32 年为 24.9cm；而 39 年的上坡样木仅 22.0cm（表 5—12）。

表 5—12　蚬木胸径生长过程　　单位：cm

年龄	样木 1 号（下坡，32 年）			2 号（中坡，45 年）			3 号（中坡，40 年）			4 号（上坡，39 年）		
	总生长量	平均生长	连年生长	总生长量	平均生长	连年生长	总生长量	平均生长	连年生长	总生长量	平均生长	连年生长
5	0.6	0.12		1.2	0.24		0.5	0.10		0.3	0.06	
			0.52			0.48			0.54			0.24
10	3.2	0.32		3.6	0.36		3.2	0.32		1.5	0.15	
			0.64			0.50			0.98			0.22
15	6.4	0.43		6.1	0.41		8.1	0.54		2.6	0.17	
			0.90			0.64			0.90			0.32
20	10.9	0.55		9.3	0.47		12.6	0.63		4.2	0.21	
			1.46			0.46			1.00			1.04
25	18.2	0.73		11.6	0.46		17.6	0.70		9.4	0.37	
			0.90			0.12			0.90			0.98
30	22.7	0.76		17.6	0.59		22.1	0.74		14.3	0.48	
			(0.44)			0.88			0.88			1.04
35	(24.9)	(0.71)		22.0	0.63		26.5	0.76		19.5	0.56	
						0.74			0.82			0.50
40				25.7	0.64		30.6	0.77		22.0	0.55	
						0.70						
45				29.2	0.65							

材积连年生长在继续上升中，未到高峰，虽然 3 号样木在第 8 龄阶微跌，还不足以判明处于下降过程。伴随着平均生长也在不断增加，但和连年生长值的差距还很大，看来远未达到数量成熟期。早期年生长的绝对值是微小的，到了 10 年甚至 20 年以后才以大幅度上升。速生的下坡样木 32 年的总生长量为 0.6m^3，慢生的上坡样木 39 年还不到 0.4m^3，中坡样木 45 年接近 1m^3（表 5—13）。

样木少，或然率大，要分别不同生境作出生长快慢的论断实嫌论据不足；而测定结果表明是符合林木生长随坡位向上而变慢的一般情况的。从中下坡样木表明蚬木各项生长都不算慢，速度中等。广西农学院在贫瘠酸性的第四纪红土栽种的蚬木不能成长，但经过施基肥和石灰改土，17 年的平均木胸径为 13.5cm，从 8 年起年生长量多在 1cm 以上，风调雨顺的年份竟达 2.1cm；优势木为 19.3cm，最快的年份为 2.7cm，均胜过上列任何样木的生长速度。

（四）更新演替

天然下种更新，以蚬木金丝李闭花木的效果特好（表 5—14），平均每平方米有幼苗 2 株，幼树 4 株以上。标准地所在，溶蚀作用强烈，聚积土壤的优越微地形较发达，有利于幼苗的形成与发展。黄梨木肥牛树蚬木林位于石峰上坡，立地条件恶劣，更新层的发育最差，每平方米幼苗0.3株，幼树0.2株。

表5—13　蚬木材积生长过程　　单位：m³

年龄	样木1号(下坡,32年) 总生长量	平均生长	连年生长	样木2号(中坡,45年) 总生长量	平均生长	连年生长	样木3号(中坡,40年) 总生长量	平均生长	连年生长	样木4号(上坡,30年) 总生长量	平均生长	连年生长
5	0.000 2	0.000 04		0.000 3	0.000 06		0.000 3	0.000 06		—	—	
			0.000 70			0.000 86			0.000 76			
10	0.003 7	0.000 37		0.004 6	0.000 46		0.004 1	0.000 41		0.000 7	0.000 7	
			0.002 96			0.004 10			0.004 08			0.000 42
15	0.018 5	0.001 23		0.025 1	0.001 67		0.024 5	0.001 63		0.002 8	0.000 19	
			0.011 08			0.009 12			0.010 90			0.001 22
20	0.073 9	0.003 69		0.070 7	0.003 54		0.079 0	0.003 95		0.008 9	0.000 45	
			0.031 42			0.015 10			0.020 24			0.006 08
25	0.231 0	0.009 24		0.146 2	0.005 85		0.180 2	0.007 21		0.039 3	0.001 57	
			0.048 74			0.031 78			0.027 40			0.012 42
30	0.474 7	0.015 82		0.305 1	0.010 17		0.317 2	0.010 57		0.101 4	0.003 38	
			0.024 65			0.033 78			0.035 64			0.027 38
35	0.597 2	0.017 06		0.474 0	0.013 54		0.495 4	0.014 15		0.238 3	0.006 81	
						0.041 06			0.035 24			0.024 04
40				0.679 3	0.016 98		0.671 6	0.016 79		0.358 5	0.008 96	
						0.047 28						
45				0.915 7	0.020 34							

表5—14　蚬木林更新调查统计　　（株数/1 000m²）

森林类别	树种	幼苗 株数	幼苗 (%)	幼树 株数	幼树 (%)	森林类别	树种	幼苗 株数	幼苗 (%)	幼树 株数	幼树 (%)
金丝李闭花木蚬木林	蚬木	788	38	750	16	岩樟蚬木林	蚬木	229	93	120	39
	闭花木	1 200	58	1 725	36		岩樟	8	3	23	7
	金丝李	0	0	163	3		算盘子密榴木	0	0	3	1
	海南韶子	0	0	300	6		山蕉	2	1	19	6
	其他	63	3	1 841	39		其他	7	3	146	47
	合计	2 064	100	4 779	100		合计	246	100	311	100
肥牛树密花核实蚬木林	蚬木	207	43	37	13	青冈蚬木林	蚬林	43	37	120	27
	肥牛树	260	55	81	30		青冈	18	16	78	18
	密花核实	10	2	30	11		粗糠柴	0	0	35	8
	闭花木	0	0	73	27		山蕉	0	0	28	6
	其他	0	0	53	19		其他	57	47	185	41
	合计	477	100	274	100		合计	115	100	446	100
肥牛树蚬木林	蚬木	99	35	99	47	蚬木单优林	蚬木	71	54	270	48
	黄梨木	100	35	0	0		岩樟	15	11	33	5
	肥牛树	21	8	18	9		山蕉	6	5	5	1
	铁屎米	36	13	3	1		其他	40	30	260	46
	其他	26	9	89	43		合计	132	100	568	100
	合计	282	100	209	100						

蚬木更新成熟龄一般在进入25～30年以后。分布区南缘下种期为6～7月上旬，北缘约迟一个月。均当湿热季节，种子发芽迅速整齐，据试验4d开始，起止期约8d。种子较小，可落入狭窄的岩缝石隙，成苗机遇也多。蚬木是耐荫偏喜光树种，幼年耐庇荫，且在阴蔽

下生长快得多，增长率比全光照下大 3～4 倍，类似偏耐荫植物；约 10 年后，虽还能耐一定蔽荫，但以在全光照下生势较好；约 20 年后，至少要在上方无庇荫条件下，才能生长发育正常，否则便呈被压以至死亡，出现喜光的特性。耐荫性随年龄而分异，使它能适应不同林层光照条件的变化，在群落各层及亚层均有分布，具备幼年、青年、成年、老年各个发育阶段的种群；且由于更新层的数量优势，在群落发展中仍将持续其建群地位。另一方面，在保留母树的皆伐迹地上，也能获得良好的更新，10 年后调查，$10m^2$ 有 68 株，形成密茂丛林。

各群落的其余共建种或优势种中，大多数在更新层中的数量较多或最多，后继有树；也具备各发育阶段的完整种群。表现出在群落中的稳定性。并仍可保持重要的或较重要的地位；但黄梨木虽幼苗相对的多，却缺乏幼树以及下层木，可能由于这一喜光树种，庇荫阶段短促，郁闭的森林环境不利于幼苗的成长，种群结构不完整，稳定性较差。算盘子密榴木虽具有完整种群，但野生苗数量少，有可能失去局部优势地位。至于常见种及偶见种，在多数群落中，只有少数的种缺乏野生苗；但黄梨木肥牛树蚬木林却不同，44 种乔木中过半的种类（25 种）得不到更新，属于消退型的种，而仅见于更新层的种类也较多（19 种），其中耐荫的闭花木、割舌树等可能定居下来。

归纳各群落树种更新及种群结构状况，蚬木林多数类型已达到相对稳定阶段。但黄梨木肥牛树蚬木林在群落发展中，黄梨木最少将失去共建种的地位；再则森林组成将发生较大的变化，其中多种落叶树缺乏年青一代继承，使群落有向常绿季雨林演替的趋势。蚬木纯林在停止人为干预后，多种杂木不断侵入，目前岩樟在乔木下层已占优势，野生苗也较多，表明纯林将向岩樟蚬木林发展，这和调查点位于后一群落的分布区有关。换言之，纯林是很不稳定的，将为当地相应的蚬木混交林所更替。

（五）评价及经营意见

蚬木林蕴藏着丰富多采的热带植物资源，是宝贵的种子库、基因库，蚬木、金丝李产珍稀硬材，已列为国家二级保护植物，木材质量系数分别为 3 291、3 159，强度性质为 3 360、3 048，材性非常优越，极少树种能和它们媲美；优良材用树种还有岩樟、闭花木、铁屎米、海南韶子、肖韶子等；肥牛树产著名的优质饲料；果用的有野黄皮、割舌树；药用的有长序砂仁、山榄叶柿、海南大风子、石山槲等；九里香、米仔兰是有名的赏花植物，用途之多不尽列。如前所述，蚬木林对改善石山区生境有良好的作用。还值得注意的是，蚬木混合林是北热带石灰岩地层特有的富有代表性的原生性森林，也是产区广阔的荒芜石山绿化的样板，在科学研究上有着重要的地位。

由于长期滥伐，蚬木林残存无多，属于渐危的森林类型，80 年代初已在中心产区建立保护区；其余各地的蚬木林也应加强管护，严格控制采伐量，保证更新。在允许采伐的地段，以采用经营式择伐为好，使众多的种质资源仍可保存，以就近提供当地绿化所需种源；也可进行小面积皆伐，适当保留母树是易于恢复森林的，待幼林郁闭，通过除伐，可形成高质量的蚬木纯林。至于肥牛树蚬木林集中分布的地段，有条件的可建立牧场，进行中林作业，对蚬木等材用树种采用乔林作业，对萌芽力强的肥牛采用矮林作业以提供饲料。

2—5—11—1　任木林①

任木（*Zenia insignis*）（翅荚木）为苏木科单种属植物，目前仅见于中国，分布于广西、广东、云南、贵州和湖南等地，幅员较广，但是以其为优势的森林，主要见于广西的西南部北热带地区，向北可伸延至南亚热带的南缘局部温暖的小环境，均呈零星小片出现。垂直分布的上界可达海拔 800m 或更高。主产区低平地方年平均气温 22℃左右，最冷月（1月）平均气温 13～14℃，最热月（7 月）平均气温 28℃以上，日平均气温稳定通过 10℃积温 7 600～8 000℃，一般年份极端最低气温在 0℃以上；分布上界的气温低得多，平均气温为 19℃左右，1 月平均气温约 11℃，多数年份可出现 0℃以下低温，极值达－4.4℃。年降水量 1 200～1 500mm，干湿季交替较为分明，11～3 月的月雨量低于 50mm。任木林通常生长在石灰岩山中下部，立地土壤为石灰岩土；偶尔也出现在土山局部间杂有灰岩出露的沟谷地段或溪旁微酸性的冲积土上。

任木杂木林属于采伐迹地初恢复起来的次生季雨林之一，组成结构较简单，根据在广西龙州西北部峰林石山样地调查，上层乔木高达 15m，几尽是落叶阔叶树，任木占绝对优势，偶而伴生个别的猫尾木（*Dolichandrone cauda-felina*）、白头树（*Garuga pinnata*）、海南菜豆树（*Radermachera hainanensis*）等；下层林木高 4～8m，绝大多数为常绿阔叶树，优势种不明显，以猫尾木、海南蒲桃（*Syzygium cumini*）、毛倒吊笔（*Wrightia tomentosa*）稍多，零星生长的有苹婆（*Sterculia nobilis*）、仪花（*Lysidice rhodostegia*），却极少见任木，而在土壤湿润的坡底，则普遍分布着桄榔（*Arenga pinnata*）、鱼尾葵，其他还有秋枫（*Bischofia javanica*）、木棉（*Bombax malabaricum*）等。

灌木层主要有假鹰爪（*Desmos cochinchinensis*）、假木豆（野蚂蝗）（*Dendrolobium triangulare*），常见的有毛竹叶椒（*Zanthoxylum planispinum* f. *ferrugineum*）、红背山麻杆（*Alchornea trewioides*）、灰毛浆果楝（*Cipadessa cinerascens*）等。草本植物常见肾蕨（*Nephrolepis cordifolia*）、鞭叶铁线蕨（*Adiantum caudatum*）、荩草（*Arthraxon hispidus*）、落地生根（*Kalanchose* sp.）、坡底阴湿处还有瘤果砂仁（*Amomum muricarpum*）、粤万年青（*Aglaonema modestum*）。

层间植物主要为小型藤本，种类不多，左钩藤.（*Cryptolepis buchanani*）随处可见，还有华鲫鱼藤（*Secamone sinica*）、咀签（*Gouanea leptostachya*）、雀梅藤（*Sageretia theezans*）、海金砂（*Lygodium* spp.）。

任木为速生树种，据测定天然林中 7 年生立木树高可达 14.0m，年平均 2.0m；胸径 32.0cm，年平均 4.57cm。在人工栽培下，生长更快，当年生苗木平均高 1.86～2.28m，最

① 执笔人：莫新礼

高 4.05m；平均基径 1.28～1.80cm，最大 2.05cm。4 年生植株高 11m，年平均 2.75m；胸径 21.2cm，年平均 5.27cm。栽种在桂林雁山的 17 年植株，高 17m，最大胸径达 43cm，当地处在中亚热带南部，热量较低，生长期较短，累年日平均气温稳定≥10℃的日数只有 263d，积温为 5 941℃，任木仍能维持较快的生长速度。

任木为强喜光树种，在光照条件良好的迹地上天然更新良好。在采取人工促进措施并适当除伐的管护下，可培育成高质量的纯林，如广西靖西县安德附近原来仅保留有几株任木母树的石山荒坡，实行封山育林，经 16 年时间已发展成为一片面积约 1.1hm^2 的任木纯林，林木平均高 10.4m，平均胸径 20.8cm。萌芽力强，主伐时，注意保护伐桩，即可迅速恢复森林。但是在林冠下更新效果很差，往往缺乏野生苗，因此这类次生林是很不稳定的，易为其他树种所更替。

任木为优良的石山绿化造林先锋树种。它具有多种经济利用价值，木材为制造家具的良好用材，植株为紫胶虫寄主树，树叶为牛、羊、猪饲料。由于它的萌芽更新能力强，可进行矮林作业，生产薪炭材。

2—5—12—1 花梨（降香黄檀）林①

花梨（*Dalbergia odorifera*）又称降香黄檀，属蝶形花科落叶乔木。由于遭受破坏严重，目前胸径 20cm 以上的残存植株甚少，只存经过多次砍伐的萌芽幼林或混生于半落叶季雨林中，每伐桩 3～5 萌条的中龄树，海南有小面积造林，广东、广西和福建南部有零星引种；广州引种历史 40～50 年，有胸径＞40cm 的大树。

（一）分布与生境

花梨分布于海南西南部海拔 600m 以下的低山丘陵及部分台地，位于北纬 18°68′～19°40′，东经 108°76′～109°30′成片次生林集中在海南东方的广坝、江边、热水，昌江的七差和乐东县境，包括三亚西南部，乐东盆地、东方盆地、昌江至白沙盆地一线以西，直至部分滨海 3 级台地平原。

分布区属华夏陆台南部。中生代陆台复活时，由花岗岩侵入形成东北西南走向呈穹窿断裂构造的块状山体，地势由中山、低山、丘陵逐渐降至滨海。区内山岭有猴猕岭（1 670m）、尖峰岭（1 335m），岭前为 500～600m 的低山，丘陵向台地平原过渡区有一些小山间盆地（如白沙、东方、乐东）。由花岗岩地层和由内向外逐渐降低的地势，构成了海南花梨分布区地貌的主要特征。地质、地形虽为花梨提供了适生条件，但温度对花梨的分布起着主导作用，气候为干湿季节十分明显的热带岛屿气候，年平均气温 23～25℃，最冷月（1 月）平均气温 18～21℃，最热月（6 月）平均气温 27～28℃，极端最低温度 1.4～5.1℃，极端最高温度 30～39℃，≥10℃年积温 8 718～9 255℃，3～11 月月平均气温高于 22℃，夏季长

① 执笔人：王德祯

达 9 个月，最冷月均在 18～20℃，因此这里长夏无冬。年降水量 1 200～1 600mm，蒸发量 1 600～2 300mm，但降水分配不均，集中在 5～10 月，月雨量 213.3mm 以上，占年降水量 80%；11～4 月为旱季，月雨量 16～29mm，长达半年，干湿季交替明显。但雨热同期，有利于花梨生长，旱凉同期，花梨则以落叶来渡过不利生境。

林下土壤为花岗岩风化物上发育的褐色砖红壤，平原区为浅薄的红壤，风化壳及土层厚薄差异很大，低山丘陵区土层薄，甚至呈 AC 层剖面，土体多石质粗沙，表层呈褐红色，表土层腐殖质含量及养分含量丰富，核粒状结构，松散，呈微酸性反应，代换性低，盐基饱和度 70%～90%（表 5—15）。土壤水分随降雨季节不同而有很大差异，3～4 月最干旱月份，表土含水量仅 2%，雨季因土质沙，坡度大（25°～30°），排水良好，这些自然要素正与花梨生态习性相应，不仅影响了花梨的分布，也影响了花梨生长发育。

表 5—15　花梨林地土壤性状

地理位置	土壤剖面	土层 (cm)	腐殖质	N (%)	P (mg/100g)	K (mg/100g)	pH H_2O	pH KCl	盐基总量 (mmol/100g 土)	盐基饱和度 (%)	沙粒 (%)	粉粒 (%)
海南乐东尖峰低山坡面	尖 70509	A_0—13	12.32	0.81	0.48	23.99	6.2	6.0	37.94	9 189	57.7	31.8
海南东方广坝昌化江谷地	广 7501	A_0—8	1.66	0.11	4.10	9.79	6.0	5.7	5.39	6 814	70.0	23.6
		AB—8～15	0.85	0.07	3.97	6.89	5.9	5.3	2.89	5 283	67.3	24.6
		B—15～55	0.44	0.06	3.55	4.68	5.9	5.3	2.92	6 261	70.8	19.6
		BC—55～80	0.48	0.06	3.84	6.06	5.9	5.3	3.44	6 265	74.2	16.3

（二）组成与结构

在中心分布区花梨为群落的建群种或共建种，但因各地环境条件的差异，及人为影响的方式和程度不同，形成了各种各样的群落类型。

1. 香须树鸡尖厚皮树花梨林

这类比较纯的花梨林，见于其分布中心区海拔 500m 以下的丘陵盆地及部分台地平原。目前均为次生的幼林，以东方的广坝、马垅，昌江的七差最集中。林下土层厚薄相差很大，但林木生长仍很繁茂。林冠郁闭度 0.4 以上，林木生长良好，混生树种以喜干热的种类为主，种子植物有 46 种，分属于 33 科 46 属，均为单属单种植物，其中双子叶植物 43 种，单子叶植物 2 种，蕨类植物 1 种。立木层 23 种，下木层 12 种，草本层 4 种，层间植物 7 种，立木层 23 种，占总数的 54%，以蝶形花科、大戟科、桑科、含羞草科的种类为主。在 33 科中，属热带成分的占 46%，亚热带成分的占 27.3%，其余是世界和东亚广布的科属。林木层中花梨、香须树（香合欢）（*Albizzia odoratissima*）、鸡尖（*Terminalia hainanensis*）、厚皮树（*Lannea grandis*）的重要值最大，频度均为 100%，是本群落的共建种。其中林木组成花梨占 90%，占优势。

乔木分为两层。第一层花梨占优势，其次为香须树、鸡尖、厚皮树和土檀树（*Alangium salviifolium*）。第二亚层由光叶巴豆（*Croton laevigatus*）、鹊肾树（*Streblus asper*）、毛果扁担杆（*Grewia eriocarpa*）、潺槁木姜子（*Litsea glutinosa*）、细基丸（*Polyalthia cerasoides*）、粗糠柴、龙眼（*Dimocarpus longan*）、黑柿子（*Diospyros nitida*）、毛萼紫薇（*Lagerstroemia balansae*）、余甘子等组成。乔木层郁闭度 0.4，其中花梨占 0.3。

下木层因乔木层郁闭度小，分布密集，盖度 65%～70%，高 4 ～ 5m 。以闭花木（*Cleistanthus saichikii*）、黄荆（*Vitex negundo*）为优势，赤才（*Erioglossum rubiginosum*）、刺篱木（*Flacourtia indica*）、基及木（*Carmona microphylla*）、猪肚簕（*Canthium horridum*）等略次。

草本植物以飞机草、竹叶草（*Oplismenus compositus*）为主，分布不均，数量稀少。

层间植物主要有小叶海金沙（*Lygodium scandens*）、粗柄铁线莲（*Clematis crassipes*）、香花藤（*Aganosma acuminata*）和桑寄生（*Loranthus*）。

2. 麻楝鸡尖白茶花梨林

这类花梨林主要见于分布区南部的尖峰岭西坡、低山上部的陡坡（25°以上）面，在海拔 500～650m 的半落叶季雨林与常绿季雨林交错分布地带的东南坡，林地表面岩块露头多（50%），土层薄，剖面为 AC 层结构，化学性状优越，排水良好，地表枯落物叶层厚，呈半分解状态。林木高大，郁闭度 0.9。在 $600m^2$ 样地内有高等植物 14 种，蕨类植物 2 种，乔木分化明显，可分为 2 层：

第一层 9 树种组成，树高 22m，胸径 40～50cm，郁闭度 0.4，林冠除南部有林窗外，基本上连续，花梨、麻楝（*Chukrasia tabularis*）、鸡尖、垂枝榕（垂叶榕）（*Ficus benjamina*）各占 10%，其他有厚皮树、幌伞枫（*Heteropanax fragrans*）、莿柊（*Scolopia* sp.）、皱萼蒲桃（*Syzygium rysopodum*）和洛罗（*Aglaia roxburghiana*）等，数量少。

第二层林木高 8m，以白茶（*Coelodepas hainanensis*）为主，占林木组成 60%，人为影响小，郁闭度 0.5，坡度陡（36°），侧面受光度大，林下植物生长发育正常。

下木种类少，以圆叶刺桑（*Taxotrophis aquifolioides*）为优势，分布不匀，喜光花（*Actephila merriliana*）与锈毛野桐（*Mallctus anomalus*）数量少，盖度 30%，平均高度 3.5m。

草本植物星散，仅有肾蕨和半边旗（*Pteris semipinnata*）两种蕨类植物。

层间植物中，个别眼镜藤（*Entada phaseoloides*）攀援于大树上，蔓茎长达 20 多 m。

花梨人工林，集中营造于海南低山丘陵区，目前仅为单种幼林，呈小块状零散种植，林龄不超过 30 年，立地条件较差的造林，最适宜密度为每公顷 6 000～7 500 株；反之可 4 500～6 000 株。株行距 1m×2m 或 1.5m×2m 的林分生长显著地优于 2m×2m 林分。因花梨生长较慢，旱季落叶期长，幼龄植冠小，加之林地土壤比较干燥。花梨造林，宜根据立地类型适当密植。

（三）生长发育

花梨天然林生长缓慢，人工林生长较快，发育也早。从乐东和东方两地的天然花梨林，树干解析可知，花梨生长过程因立地条件的差异有很大不同，样木Ⅰ取自乐东尖峰海拔320m南西坡的陡坡上，森林环境较好，土壤为褐色砖红壤，土层浅薄，剖面为AC型结构，粗骨质含量高，化学性状优异，同花梨伴生的主要树种有鸡尖、麻楝、白茶、圆叶刺桑；样木Ⅱ取自东方马垅乡的昌化江谷地，23年生，高10.9m，胸径12.6cm，属同龄级的较纯萌芽林，这里气候炎热极干燥（月降水量<50mm，约半年），土壤同类，土层深厚，但理化性状差。与花梨伴生的树种，主要有香须树、鸡尖、割罗、厚皮树、海南巴豆、海南蒲桃（*Syzygium cumini*）、龙眼、粗糠柴等。

人工林样木取自海拔350m以下的低山丘陵平原台地的幼龄林。

上列样木处于壮幼龄期，最大树龄32年，虽不能反映花梨生长的全过程，但也可看出花梨生长与立地条件的关系。

1. 天然花梨生长过程

（1）树高生长　在立地条件优越的山坡上，天然更新的实生苗木，一般幼年生长缓慢，5年后生长急速上升，22～25年生又出现次峰；取自干热河谷，土壤理化性较差的萌芽林木，幼期借助母体提供养分，初期生长急速上升，但进入高峰后，生长骤然猛降，并趋向于停滞，17～20年又出现次峰，而后急剧下降。

（2）胸径生长　5～6年后生长较快，直至30年后，才开始出现下降的趋势。

（3）材积生长　12～14年后迅速增长，30年后仍在增长，年生长量0.001 7～0.008 3m^3。

2. 人工花梨林生长过程

据12块样地，6 000m^2以上，1 000多株花梨立木生长调查和18株树干解析资料，按年平均生长量计，海南花梨人工林由于立地条件的差异，其林分生长也不相同。

（1）地处低山山麓，海拔100～350m，坡度10°～20°，土壤为花岗岩坡积母质和洪积物上发育的砖红壤性红壤（红色砖红壤）及褐色砖红壤，土壤深1m以上，排水性能良好，壤土或石质土，表土及亚表土厚度大于30cm，有机质含量4%～5%，微酸性反应，水提液与盐提液的pH值差值小于0.4。原生植被为季雨林型，林木分杈较高，树高年生长量大于0.8m，胸径大于0.8cm，材积增长大于0.003m^3。

（2）在丘陵山坡及外缘坡麓洪积堆压，海拔50～350m，坡度5°～25°，土壤系花岗闪长岩及花岗岩残积母质上发育的褐色砖红壤及砖红壤性红壤。处于洪积区的，为巨砾洪积母质上发育的砖红壤型沙壤土。剖面形态及理化性状变化较大，排水性能良好，微酸性。原生植被为半落叶季雨林及稀树灌丛。现有林地植物，由刺灌丛及旱中生矮草组成。林木分杈略低，树冠小而稀，年平均高生长0.5～0.8m，胸径生长0.5～0.8cm，材积0.001～0.003m^3。

（3）位于海南中部、东部低山丘陵及西部丘陵和三级台（阶）地上，海拔40～300m，坡度 15°～25°，或小于 5°，气候特点是中、东部多雨而湿凉；西部台（阶）地或谷地极度干热。土壤为黄色砖红壤（中、东部）及燥红土与褐色砖红壤，性状变异极大，剖面结构的排水和保水性差。原生植被类型多样，有山地雨林、常绿季雨林、稀树矮灌丛和草原。林木年平均高生长小于 0.5m，胸径生长小于 0.5cm，材积小于 $0.001m^3$。

综合上述 3 种生长过程，其差异非常明显，同一径级的高生长，不同类型之间大的相差 0.5～1.5m，10 径级以前，(1)（2）类之间的差值大，以后有缩小的趋势；(2)（3）类恰好与此相反，随径级增大，类型（3）树高增长愈慢，以径、高作度量，3 个类型的顺序即为 94、100、110 左右。略同于优良林分径、高值，接近 100 的一般规律。材积生长各类差值，随年龄增加而加大，即（1）、(2) 类处于旺盛期，(3) 类的生长始下降，与天然分布的花梨相比，(1)、(2) 类的径、高和材积生长均大于同龄天然林的生长，(3) 类则低于天然林，并随年龄增加而略有扩大。

总之，土壤剖面结构、A 或 AB 层的厚度、有机质含量、土壤酸度及气候类型和小地形等，是限制花梨生长的主要因子。

花梨北移引种至中国南亚热带的南缘，冬寒时，幼梢有不同程度的轻寒害，植于厦门 8 年生幼树，平均胸径 5.7cm，最大 8.1cm，广州 40～50 年生的园林植株，树高达 16m，胸径 46.5cm，生长发育正常。

植后约 5 年开花，自然林木 8～10 年生才开花结果，且产果量低。

（四）更新演替

花梨自然结实力强，种源丰富，荚果外缘为薄翅状，种子在自然状态下生命力可保持 6～8 个月，伐椿和根颈萌芽力强，有飞籽和萌芽更新的特点，在疏林或灌木林地，距母树周 5～30m 内，幼苗较多。据在东方县马垅乡面积约 $20hm^2$ 一片萌芽林中调查：①更新幼苗呈团状分布的，于 $0.25m^2$ 内有幼苗 42 株，平均高 10cm，最高 75cm；②于林下呈散生状的，在 $4m^2$ 样地内有高 8～14cm 的幼苗幼树 18 株；③于 25m 半径范围内，有高约 10m，胸径 14～18cm 的散生幼树 7 株。由此可见，花梨更新苗木的自然淘汰很严重，值得进一步研究。林下其他阔叶树更新苗木有鸡尖、香合欢（香须树）、厚皮树、细基丸等，数量不多。从更新个体数量看，花梨约占 70%，苗木各高度级都有分布；一些已达灌木层或形成幼树，说明在此更新良好，只是幼苗的分化度太高，一般只要林地环境适中，花梨有良好的更新能力。特别在疏林地，因幼苗能在全光照下正常生长，更新苗木密集，在林冠郁闭度大的林内，因光照不足，更新苗木保存率差，长势也衰弱，广坝的实验证明，采用人工辅助更新，除去一部分灌木，适当控制林木密度，均有利于花梨更新和幼林生长。

花梨林是中国干热生境下的一个森林类型，在动态发展过程中，除受生境自然因素制约外，还受人为频繁地砍伐所左右。现有各种以花梨为优势的群落处于不稳定的演替阶段，从进程看，花梨更新虽有连续性，但其发生和消长程度取决于人为的影响、林分密度和土壤条件；花梨更新苗木密度大，后期分化也大，在密林中幼苗、幼树更少。这种自然现象，在花梨林遭受破坏后，在次生演替系列中最终演替恢复为原来的类型，是困难的。

（五）评价及经营意见

花梨是中国海南特有的珍贵用材树种，属国家三级重点保护植物，而花梨林则是海南西部特定地理条件下形成的森林类型，具有独自的群落特征。目前分布范围仅限于海南西南山前丘陵台地的干热地区，并具有其特殊的经济地位，因此，对其经营利用不同于其他季雨林。现存林分是中国唯一的种源基地和种质基因库，保护和保存这种林分；无论在科研、教学、防护和保护上，都具有很大意义。因此，宜于中心分布区划留花梨林自然保护区。在经营区内，应保留母树，禁止乱砍滥伐、挖树根和掘树头。同时依花梨的适生条件扩大种植面积，并继续向中国南亚热带干热地区引种。

利用花梨有飞籽更新和萌芽的特点，进行人工促进更新，继续进行不同林分下的天然更新试验，掌握和利用森林更新演替规律，摸清迹地植被变化情况，而后制定一套合理的营林措施，是提高花梨林经营水平的关键。

2—5—13—1 毛叶铁榄小叶楷木林[①]

毛叶铁榄（*Sinosideroxylon pedunculatum* var. *pubifolium*）小叶楷木（*Pistacia weinmannifolia*）林是在亚热带、热带常态侵蚀地貌上，风大雾多、日照少、冷凉潮湿的中山山顶出现的特殊的森林类型。

这类森林主要分布于广西的西南部靖西石山山原外围以及左江低峰丛、峰林石山区的顶部，垂直分布不超越季雨林带的上界，一般在海拔 400～500m。根据山原海拔 400m 以上的记录，年平均气温 20.5℃，最热 7 月为 27℃，最冷 1 月为 12.1℃，历年极端最低气温平均值 1.2℃，极值－1.0℃。产地年降水量约 1 200～1 400mm，5～9 月为雨季；12～3 月为旱季，月降水量在 30～50mm 以下，干湿季交替明显。山顶地形开朗，日照长，光强，地表几尽是露石，反热强，日温差大，空气较干燥。立地土壤为石灰土，中性到微碱性，虽较肥沃，但覆盖率极低，散存于岩石缝隙中，伴随着林地的蓄积量也就很少，植物生存的立地条件是严峻的。恶劣的生境强烈地抑制着林木的生长，一些原为大中乔木树种，已大为矮化，近似灌木。植物区系以旱生性较强的成分占优势，它们或具有较发达的旱生形态，或旱季落叶，或为多浆液植物。

这类森林的组成与结构都较简单，林木仅 1 层，高度一般只有 4～6m，覆盖度 40%～60%，常绿树种较多，毛叶铁榄和小叶楷木共占优势，细叶谷木（*Memecylon scutellatum*）和鱼骨木等也常见，其他还有密花树、斜叶榕（*Ficus gibbosa*）、细子龙（*Amesiodendron chinense*）等，有时可见到短叶黄杉（*Pseudotsuga brevifolia*）。落叶树种以小化香（*Platycarya glandulosa*）为多，其次为黄梨木、圆叶乌桕，此外还有粉苹婆（*Sterculia euosma*）、厚叶八角枫（*Alangium handelii* var. *coriaceifolium*）等。

① 执笔人：苏宗明，莫新礼

灌木层植物的种类不多，以实心竹（*Indocalamus*）和崖棕（*Guihaia arryrata*）为主，其他还有剑叶龙血树、豆腐柴（*Premna confinis*）、越南枝实（*Cladogynos orientalis* var. *tonkinensis*）和崖柿以及米念巴（*Tirpitzia ovoidea*）等。

草本稀少，分布零星，多为肉质种类，如石油菜（*Pilea cavaleriei*）、粗茎石凤仙、岗唇柱苣苔（*Chirita longgangensis*）等，常见还有肾蕨。

藤本植物不多。藤茎也较少，攀援不高，多在石面上盘旋蔓延，常见羽叶金合欢（*Acacia pennata*）和毛枝雀梅藤等，还有瓜子金（*Dischidia chinensis*）和球兰（*Hoya* spp.）等多乳液植物。

这类森林，林木矮小且多弯曲，经济利用价值不高，而对石山区环境保护却有较好的作用；同时，这类群落在科研上具有一定的意义。由于山顶生境恶劣，森林一旦被破坏后极难恢复而沦为石荒。因此，应加以保护，严禁砍伐破坏。

2—5—14—1　红木荷林①

红木荷（*Schima wallichii*）又称西南木荷，是热带树种，从苏门答腊经中南半岛分布至中国西南部。在中国，十万大山至大明山、都阳山一线是它分布的东界，此线以东，则为木荷（*Schima superba*）所替代。垂直分布一般在海拔 200～900m，在云南可上达 1 600m；但以它为主要优势种的天然林，分布区窄得多，目前所见，主产于桂西南亚热带地方，上界海拔高约为 600～700m，向北可越过右江，延伸到都阳山地西侧局部地段，呈零星分布。

红木荷季雨林主产区低平地方年平均气温 22℃左右，最热月平均气温 28℃以上，最冷月 13～14℃，多年日平均气温稳定≥10℃积温达 7 900℃以上，在强平流辐射寒害的年份，极端最低气温可达－1～－2℃；而上界各项平均气温低得多，相应为 19.5℃、25.7℃、11℃，但极端最低气温极值仍在－2.5℃左右。红木荷对低温较敏感，据观察广西来宾县维都林场引种的人工林，在冷气沉积的谷地，持续 7d 霜冻，林木受冻枯梢；地处中亚热带的广西融水苗族自治县贝江林场，试种的红木荷防火林带，因寒害年年发生枯梢以至枯干，不能成林，可见耐寒性较差，引种必须注意寒害问题。主产区年降水量为 1 100～1 400mm，属于半干燥至半湿润的气候类型，雨量多集中在 5～9 月，干湿季交替明显。

红木荷季雨林只出现在酸性基岩所构成的低山丘陵或第四纪红土堆积的台地上，从不见于碳酸盐岩构成的石山。立地土壤为赤红壤，据前人采自广西龙州的土样分析结果如表 5—16，土层富含铝，除表土外，植物的营养成分是贫乏的；又据测定红木荷叶子的灰分含量占干物质的百分比为 5.71，磷占 0.074，钾 0.547，均属于低量级，反映出该树种能耐贫瘠的土壤。红木荷虽属常绿阔叶树，但叶子寿命短，在树上维持 1 年左右，2 月下旬至 3 月中有一个短暂的换叶期，落叶量大，纸质，易于腐解，较强烈的生物小循环，有利于提高地

① 执笔人：林栋材，李治基

力，对土壤改良有较好的作用。

表 5—16　龙州红木荷季雨林的土壤化学性质

采样地点	土层深度(cm)	pH	有机质(%)	醋酸钠溶液提取的成分(mg/kg)							
				Al	Mn	NO_3-N	P	K	SO_4	Mg	Ca
蚂蝗山	0～11	4.7	6.59	240.0	0.0	7.5	6.0	140.0	150.0	110.0	0.0
N60°E	11～22	4.8	3.13	330.0	0.0	6.5	3.0	135.0	0.0	15.0	0.0
山　坡	22～37	4.5	1.66	450.0	0.0	5.0	3.5	65.0	0.0	0.0	0.0
	37～102	4.5	0.62	360.0	0.0	2.5	2.5	30.0	0.0	0.0	0.0
蚂蝗山	0～10	4.7	5.58	300.0	0.0	6.2	2.7	135.0	200.0	20.0	0.0
S10°E	10～26	4.5	2.26	420.0	0.0	3.7	2.2	85.0	0.0	0.0	0.0
山　坡	26～50	4.5	1.53	420.0	0.0	0.0	2.5	30.0	0.0	0.0	0.0
	50～117	4.6	1.02	370.0	0.0	0.0	1.7	40.0	0.0	0.0	0.0

在迹地上初恢复起来的红木荷林为单层林，以后随着其他树种的逐渐侵入，形成复层林，在保持较好的林分中，郁闭度达 0.7，乔木分为 2 亚层，上层立木高可达 20m 以上，较集中于 15～18m，均由喜光速生的阔叶树组成，以常绿的红木荷占优势，其余多为落叶树，次优势种以枫香较为普遍，在右江上游丘陵还有常绿的毛叶青冈（*Cyclobalanopsis kerrii*），较常见的伴生树种为楹树、香合欢（*Albizia odoratissima*）、西桦（*Betula alnoides*）等；下层林木高 10m 以内，树种较多，多为较耐荫的常绿阔叶树，常见海南蒲桃、粗糠柴、假苹婆，其他还有高山榕、山地五月茶（*Antidesma montanum*）、全叶核实（*Drypetes integrifolia*）、水锦树，至于红木荷、枫香很少出现，仅见于上层林冠间隙阳光较充足之处。

灌草层常见大砂叶（*Aporosa chinensis*）、九节木（*Psychotria rubra*）、方叶五月茶（*Antidesma ghaesembilla*）以及乌毛蕨（*Blechnum orientale*）、金狗毛（*Cibotium barometz*）、林蕨（*Lindsaea* spp.），林窗下则多桃金娘（*Rhodomyrtus tomentosa*）、余甘子、五节芒、铁芒萁等。

藤本的种类和数量不多，常见酸藤子（*Embelia laeta*）、蔓斑鸠菊（*Vernonia scandens*）、红叶藤（*Santaloides microphyllum*）、锡叶藤（*Tetracera asiatica*）、菝葜、马连鞍（*Streplocaulon griffithii*）、厚果鸡血藤（*Millettia pachycarpa*）等，一般出现在下木及灌木中。

人工林主要为纯林，间与马尾松混交，均为单层林，据来宾维都林场调查，群落分乔木层与草本层。草本层组成较复杂，以禾草为主，蕨类次之，在丘陵上随着坡位不同，优势成分发生明显的变化，下坡土壤深厚，水肥条件较优越，主要为五节芒、乌毛蕨占优势，还常见菅草、蔓生莠竹（*Microstegium vagans*）、水蔗草（*Apluda mudica*）、狗脊；自此以上土壤逐渐瘠薄干燥，则过渡为中草以至矮草为主，野古草（*Arundinella* spp.）、金茅（*Eulalia speciosa*）、野香茅、芒萁等占优势，纤毛鸭嘴草（*Ischaemam ciliare*）、白茅（*Imperata cylindrica* var. *major*）、扭黄茅也很常见，在上坡后一种与蜈蚣草可占优势。

红木荷的生长受立地条件影响很显著，虽然它能适应较干瘠环境，但对水肥条件的反应仍较敏感，据调查维都林场防火林带红荷木的生长情况，随着坡位的升高，高、径、材积生长均成直线递减，山腰以上，生长显著下降（表5—17），底坡立木的材积相当于山脊的4倍。

表5—17　不同坡位红木荷生长情况

坡　位	林龄	平均树高 (m)	平均胸径 (cm)	单株材积 (m^3)	年平均生长量	
					树高（m）	胸径（cm）
坡　底	17	20	16.9	0.255 7	1.17	0.99
山　腰	17	15	12.9	0.111 7	0.88	0.76
山　脊	17	11	11.3	0.062 8	0.65	0.66

混交林与纯林在相似立地条件下生长情况如表5—18，看来红木荷与马尾松混交林的生长较纯林好，但两类森林密度悬殊，纯林生长差，未必不是密度过大也起了一定作用。在混交林中，红荷木是后来居上；而喜光强的马尾松生长落后，处在林冠下部，前途如何，尚难评价。所有这些，有待进一步试验研究。

表5—18　松荷混交林与木荷纯林生长情况

林　　种	树　种	林龄	株数	平均树高 (m)	平均胸径 (cm)	单株材积 (m^3)	每公顷蓄积 (m^3)
红木荷＋马尾松	红木荷	16	1 335	12.3	12.8	0.085 6	114.375
	马尾松	17	450	9.3	10.3	0.042 2	18.990
	小　计		1 785				133.365
红木荷林	红木荷	16	2 880	10.8	9.1	0.039 4	113.595

红木荷属喜光强的树种，单株所需的营养面积较大。立地条件大致相同的10年生红木荷林，由于种植密度不同，生长量相差很大。据调查维都林场每公顷种植株数从1 485株倍增至2 940株，单株材积则几乎降低50%（表5—19）。

表5—19　单株材积生长情况

样地号	林龄	株/公顷	树　高（m）		胸　径（cm）		单株材积 (m^3)
			平均	平均生长量	平均	平均生长量	
雅江三号	10	1 485	11.3	1.13	9.7	0.97	0.053 3
雅江三号	10	2 940	8.4	0.84	9.0	0.90	0.029 3

根据维都林场样木树干解析，如表 5—20，红木荷高生长，头 3 年较慢，旺盛期一般从第 4 年开始，持续 4～5 年，这个时期的年高生长为 1.5～2.0m，第 8 年是连年生长量与平均生长量相交期，连年生长开始下降。胸径生长在造林后 5～6 年进入速生期，连年生长量多在 7～9 年达高峰，最高达 1.3cm；连年生长与平均生长多在 10～11 年相交。由于样木的年龄小，材积连年生长量明显大于平均生长，两条曲线相交，为期尚远。

另测定天然林样木如表 5—21，20 年生红木荷树高 15.5m，胸径 16.8cm，材积 0.151 7m^3。树高连年生长徐徐上升，第 3 龄阶达到高峰，此时年生长量 0.88m，并不突出，第 4 龄阶稍为下降，并与平均生长相接。胸径连年生长在第 2 龄阶时急速上升，进入高峰，年生长量为 1.2cm，第 3 龄阶即与平均生长相交，但直至第 4 龄阶仍维持较高的生长水平。材积连年与平均生长在继续上升中，高峰尚未来临。

表 5—20　人工林红木荷生长进程

年龄	树高生长（m）			胸径生长（cm）			材积生长（m^3）		
	总生长量	连年生长量	平均生长量	总生长量	连年生长量	平均生长量	总生长量	连年生长量	平均生长量
1	0.5								
		0.7							
2	1.2		0.6						
		1.0							
3	2.2		0.73	0.5		0.17	0.000 1		
		1.9			0.5			0.000 1	
4	4.1		1.02	1.0		0.25	0.000 2		
		1.9			0.7			0.000 8	
5	6.0		1.20	1.7		0.34	0.001 0		0.000 20
		2.0			0.6			0.001 1	
6	8.0		1.33	2.3		0.38	0.002 1		0.000 35
		1.9			1.3			0.004 0	
7	9.9		1.41	3.6		0.51	0.006 1		0.000 87
		1.0			1.2			0.004 1	
8	10.9		1.36	4.8		0.60	0.010 2		0.001 28
		1.0			1.5			0.005 6	
9	11.9		1.32	6.3		0.70	0.015 8		0.001 76
		0.8			0.8			0.006 8	
10	12.7		1.27	7.1		0.71	0.022 6		0.002 26
		0.7			0.7			0.007 7	
11	13.4		1.22	7.8		0.71	0.030 3		0.002 75
		0.5			0.8			0.008 2	
12	13.9		1.16	8.6		0.72	0.038 5		0.003 21
		0.4			0.6			0.006 2	
13	14.3		1.10	9.2		0.71	0.044 7		0.003 44

表 5—21　天然林红木荷生长进程

年龄	树高生长（m）			胸径生长（cm）			材积生长（m^3）		
	总生长量	连年生长量	平均生长量	总生长量	连年生长量	平均生长量	总生长量	连年生长量	平均生长量
5	3.4		0.68	2.8		0.56	0.001 64		0.000 33
		0.76			1.22			0.004 18	
10	7.2		0.72	8.9		0.89	0.022 56		0.002 26
		0.88			0.86			0.008 77	
15	11.6		0.77	13.2		0.88	0.066 41		0.004 43
		0.78			0.72			0.017 06	
20	15.5		0.78	16.8		0.84	0.151 69		0.007 58

红木荷是先锋树种，种子易随风飘扬，旷地上天然下种更新良好，常可与枫香等喜光树种首先侵入迹地形成单层林。从上述的季雨林结构组成可知，它所建造的森林环境，有利于较耐荫的树种迁入定居，逐渐发展为复层林，该林分乔木下层的种类，不少属于大高位芽生活型。将继续向上伸展为上层的成分；而另一方面却不利于红木荷、枫香等喜光树年轻一代的生活。虽然红木荷种子发芽率偏低，为25%～40%，但母树多，高居上层，能正常结实，结实量大，天然下种的种源是充足的，但灌草层中却缺乏它的幼树，幼苗也稀少，反映出森林环境妨碍了它的更新；在乔木下层，它的个体也是贫乏的，偶尔出现在上层林冠空隙处，随时间的推移，它的上层木衰老死亡，却缺乏年青一代的补充，必将失去它在林中的优势地位以致被淘汰，可见红木荷季雨林是很不稳定的，如无人为干预，行将发生更替。红木荷萌芽力强，当地群众有将红木荷林作为薪炭林经营的习惯，采用矮林作业，采伐时注意保存伐根，任其发生萌条，此时林地也有利于天然下种更新，形成比较稳定的群落。

天然红木荷林，很少出现病虫害成灾现象，人工林主要有叶斑病、金龟子、天社蛾、尺蠖、天牛、卷叶蛾等。其中以天社蛾危害最为严重，大发生时，将全部叶子吃光，对林木生长影响很大。应采取综合防治的办法，贯彻适地适树，营造混交林，适当加大造林密度，加强幼林抚育，提高郁闭、保护天敌，施放白僵菌。如局部地区天社蛾成灾时可用杀虫净喷杀。

红木荷季雨林生产用材，该树种材质较优，为家具、胶合板、纱锭良材，也可供建筑用，然而残留的森林已少，零星小片分布，目前主要是禁止滥伐，促进天然更新及人工造林，扩大资源利用。根据生态特性及生产实践证明，宜于荒山造林，也是很好的防火林带树种，在农区及其他木材紧缺地方，用矮林作业，可反复提供薪炭及民用建筑小径材。但该树种以在产区内低山丘陵发展为主，栽培上需因地而异；引种应注意避开寒害地方，根据过去引种情况，东部南亚热带北部以北，一般不宜推广。大面积造林时，宜选用当地适应的树种进行带状、块状、单株混交，如群落中提及的西桦、楹树、海南蒲桃等，不宜营造连片纯林，以预防或减少虫害的蔓延。

2—5—15—1　小叶红光树林①

小叶红光树（*Knema globularia*）季雨林，目前仅见于桂西南大青山林区，地理位置处于北纬21°57′～22°19′，东经106°40′～106°59′，分布区极狭，垂直分布也有很大的局限性，约在海拔300～400m。当地属北热带季风区，太阳辐射强烈，热量丰富，年平均气温20.5～21.7℃，最冷月(1月)平均气温为12.5～13.5℃，最热月(7月)平均气温为26.8～28.1℃，一般年份极端最低气温都在0℃以上，只在大寒潮南侵而又产生强烈辐射降温的影响下，

① 执笔人：莫新礼，苏宗明

才出现 0℃以下的低温，但持续时间短暂。日平均温度≥10℃年积温达 7 500～7 700℃。分布区位于广西十万大山背风面，年降水量较少，只有 1 400mm 左右，干湿季交替较分明，但小叶红光树林只出现于低山丘陵的沟谷地带，小环境湿润以至潮湿。立地的土壤为赤红壤，结构疏松，pH5.0～5.8，有机质含量为 5.17%左右。至于在石灰岩山地尚未见有其分布。

由于人为干扰频繁，破坏严重，目前此类森林残存的面积已很小。群落组成仍复杂，茎花和板根现象时有所见，郁闭度在 0.8 以上，乔木层可分为 3 个亚层。

第 1 亚层林木一般高 20m 左右，最高达 30m 以上，胸径 20～30cm，最大达 90cm，覆盖度 80%左右，树冠连续，以小叶红光树为主，共优势种为乌榄（*Canarium pimela*）、橄榄（白榄）（*C. album*）、风吹楠（*Horsfieldia glabra*），树干通直圆满，枝下高在 8～15m，其他较重要的还有细刺栲、突脉榕（*Ficus vasculosa*）、钝叶桂（*Cinnamomum bejolghota*）、紫荆木（*Madhuca pasquieri*）和假荔枝（*Xerospermum borii*）等。

第 2 亚层林木高一般 12～15m，胸径 10～18cm，覆盖度 70%左右，树冠基本连续，以细刺栲为主，其次为小叶红光树和白颜树，还常见黄果厚壳桂、小叶胭脂木（*Artocarpus styracifolius*）、海南蒲桃和风吹楠等。

第 3 亚层不发达，林木稀少，种类不多，分布零星，常见有小盘木（*Microdesmis caseari-folia*）、黄果厚壳桂、白颜树、小叶红光树和茎花柿（龙州柿）（*Diospyros longchouensis*）等。

灌木层较发达，覆盖度达 60%左右，主要为乔木层的幼树，常见灌木以大节竹（*In-dosasa* sp.）较多，分布亦较均匀，此外还有露兜（*Pandanus tectorius*）、五角紫金牛（*Ardisia quinquegona*）、黄毛五月茶（*Antidesma fordii*）、盾叶木（*Macaranga adenantha*）、泡叶龙船花（*Ixora nienkui*）和薄叶红厚壳（*Calophyllum membranaceum*）等。

草本、地被物层植物稀少，覆盖度 30%以下，分布零星，常见为山姜、山菅兰（*Dianella ensifollia*）、扇叶铁线蕨（*Adiantum flabellulatum*）等。

层间植物种较多，以木质藤本为主，常见有香港鹰爪（*Artabotrys hongkongensis*）、紫玉盘（*Uvaria macrophylla* var. *microcarpa*）、海南丁公藤（*Erycibe hainanensis*）、买麻藤、中华马钱（*Strychnos cathayensis*）和锡叶藤（*Tetracera asiatica*）等。

小叶红光树为稍喜光树种，幼龄期能忍耐一定的荫蔽环境，成长后逐渐喜光。在森林中，具有各等级林木，林地上幼苗、幼树亦较多，从而表明它在群落发展中将继续保持重要地位。

由于人为破坏严重，现存较好的森林面积已极小，而群落中不少经济价值高的树种，如珍贵用材有紫荆木、其他优良速生树种有细刺栲、假荔枝、风吹楠、钝叶桂、海南蒲桃和黄果厚壳桂等；小叶红光树和风吹楠的种子榨油供工业原料用，榄类产果品。但这类森林资源已很少，不应采伐利用。而如前所述，它在科学研究上具有较特殊的意义，更应加以保护。

小叶红光树天然更新性能良好，在遭受破坏的疏残林中，所遗留下来的母树，应进行保护，可望较快地逐渐恢复为以它为主的杂木林，如有目的地加以定向抚育，还可发展成为纯林。

2—5—16—1　肥牛木林①

肥牛木（*Cephalomappa sinensis*）产广西西南部，向北延伸至桂西北山原田林县浪平谷地，北纬 24°25′，但以它为优势种或共优势种的杂木林则局限于左江与右江之间的低峰丛、峰林石山区，约位于北纬 22°10′～22° 50′，东经 106°35′～107°30′的范围，垂直分布高程一般在海拔高 300～500m 以下，特别是以纯厚的泥盆纪及石炭纪灰岩构成的强喀斯特在地层上分布最多，至于砂页岩等构成的酸性土山地无分布。分布区属北热带季风区，年平均气温在 21.3～22.1℃，最冷月（1 月）年平均气温为 12.9～13.9℃，极端最低温多年平均为 2.6～3.1℃，日平均气温≥10℃年积温 7 487～7 902℃。肥牛木较能耐寒，引种证明，能忍受－4～－5℃的极限低温。年降水量约 1 400mm，水热系数 1.7 左右，属于半湿润气候；左江及右江谷地年降水量约 1 200mm 的地方，属于半干燥区，虽热量丰富，但未见有肥牛木林的天然分布；而在靖西石灰山原上，年降水量达 1 500mm 以上，但地势较高，年平均温度只有 19.1～19.5℃，虽紧接分布区，也未发现肥牛木林。

在低峰丛峰林石山坡地的原生性蚬木林中，曾提及肥牛木时可参与建群，占据较重要地位，此处从略。而在深狭的圆洼地和坡底部位，日照短促的荫蔽地形上，耐荫性强的肥牛木更为蓬勃发展，形成单优杂木林，而蚬木肥牛木林中的其他树种均在不同程度上受到排挤，包括蚬木在内，处于从属或极为从属的地位。林木繁茂，生长较高，郁闭度 0.9 以上，树种组成较为简单，600m^2 的样地仅 9～15 种，而在 3 块样地共 1 800m^2 内，有 24 种 215 株，分为 3 个亚层。

第 1 亚层林木一般高 25m 左右，个别落叶大乔木超过 30m 以上，林冠起伏不平，覆盖度 75%，树冠连续，胸径一般 30cm，少数达 50～60cm，林木枝下高高，削度小，在样地内，共有林木 13 种 87 株，肥牛木分布普遍，频度 100%，相对密度 75%，相对基面积 70%，重要值指数在 180 以上，远超过其他树种的总和，在群落中占绝对优势地位，而在局部地段几乎全部为肥牛木；零星生长的有蚬木、网脉核果木（*Drypetes perreticulata*）、假肥牛木（*Cleistanthus petelatii*）以及截裂翅子树（*Pterospermum truncatolobatum*）它们的重要值指数在 10%～20%；其他树种如细子龙、四瓣崖摩（*Amoora tetrapetala*）、菲律宾朴（*Celtis philippinensis*）、上思厚壳树（*Ehretia tsangii*）、海南菜豆树（*Radermachera hainanensis*）、石山嘉榄（*Garuga floribunda* var. *gamblei*）等单株出现。

第 2 亚层林木一般高 12～15m，胸径 10～18cm，覆盖度 40%左右，树冠不连续，树干细长，共有 12 种 86 株，仍以肥牛木占绝对优势，相对密度为 60%，重要值指数占半数左右，其次较多的为假肥牛木，但相对密度为 16%，重要指数值占 42.6，其他较常见的还有

① 执笔人：苏宗明，李治基

米扬噎（霜降胶木）（*Teonongia tonkinensis*）、海南大风子（*Hydnocarpus hainanensis*）和三角车（*Rinorea bengalensis*）等；偶见有割舌树（*Walsura robusta*）和棒柄花（*Cleidion brevipetiolatum*）等。

第3亚层林木10m以下，分布稀疏，覆盖度不到30%，多是第2亚层的种类，数量较多的依次为肥牛木、海南大风子、假肥牛木，有的地段出现桄榔（*Arenga pinnata*）占优势，其他还有斜叶澄广花（*Orophea anceps pierre*）、割舌树和网脉核果木等。

肥牛木树冠浓密，实际覆盖度大，在它的立木重叠阴蔽下，林冠下光照暗弱，抑制以下各层的发展。林下空旷，行走方便。灌木层植物高3m以下，覆盖度只15%～20%，多为上层乔木的幼树，真正的灌木很少，只有驳骨九节（*Psychotria siamica*）。

草本层植物也稀少，分布不均，覆盖度5%～20%，多为耐荫的种类，如粤万年青（*Aglaonema modestum*）、海芋（*Alocasia odora*）、穿鞘花（*Forrestia chinensis*）、越南冷水花（*Pilea alongesii*）、平滑楼梯草（*Elatostema laevigatum*）和多种沿阶草（*Ophiopogon* spp.）。

层间植物种类不少，多为木质大藤本，常见扁担藤（*Tetrastigma* sp.）、副萼翼核藤（*Ventilago calyculata*）、赤苍藤（*Erythropalum scandens*）、大翼萼藤（*Porana spectabilis*）、盾翅藤（*Aspidopterys concava*）、大叶藤（*Tinomiscium tonkinensis*）、大叶崖角藤（*Rhaphidophora hookeri*）、麒麟尾（*Epipremnum pinnatum*）等。

根据广西经济林木研究协作组① 苏甲薰对两株解析木的测定，1号木55年生树高20.50m，胸径20.7cm，材积0.250 8m^3；2号木48年生分别为20.68m，18.10cm，0.194 8m^3。

树高生长在10年以前很慢，年生长量只0.13m及0.10m，以后徐徐上升，连年生长分别在35年（第7龄阶），40年（第8龄阶）时陡然进入高峰，年生长量为0.83m及0.9m，此后1号木逐渐下降，在50～55年生时，生长量仍在0.3m以上；2号木急剧下跌至0.14m，第10龄阶时又复上升为0.6m，平均生长更为缓慢，高峰均出现在40年生时，和连年生长高峰同期或迟1个龄阶来临，此时的生长量为0.38cm及0.45cm，此后直到样木采伐时基本上维持这一生长水平。

由于树高早期生长很慢，胸径在10年以后才加快，连年生长高峰较高生长高峰出现早1～3个龄阶，即在30年及25年时，生长量分别为0.64cm及0.94cm，然后逐渐下降，至采伐时的年生长量仍在0.4cm左右。平均生长在15年生时分别为0.22cm及0.07cm，上升十分缓慢，但高峰尚未明显，1号木在50～55年时为0.38cm；2号木在40年以后连续3个龄阶里均稳定在0.37cm。

由于树高及胸径生长进程的情况如此，材积生长也就很慢，连年生长在5年生以前均为0.000 02m^3，1号木在50年时达到高峰，但也只有0.013 1m^3，此后微跌；而2号木高峰

① 由广西植物研究所主持，广西农学院林学系参加

尚不明显，在 48 年时为 0.010 7m^3。平均生长在继续上升中，两株样木最高生长时分别为 0.004 56m^3 及 0.004 6m^3，均比连年生长量小得多，远未达到数量成熟。肥牛木是在庇荫下更新发展起来的，各项生长都缓慢，高峰期均比喜光树种来临迟得多，它是偏耐荫的慢生树种。

肥牛木在更新层中分布很普遍，数量也较多；而在乔木各亚层中如上所述都有它的立木，数量也是最多的，可见由它创造的密林环境，仍很有利于它通过不同的发育阶段而继续生存繁衍，将仍保持绝对优势的地位。其余 23 种乔木，绝大多数都获得更新，特别是海南大风子、假肥牛木、山榄叶柿（*Diospyros siderophyllus*）、割舌树、三角车、米扬噎（霜降胶木）和斜叶澄广花等在林中的发育阶段也是完整的或比较完整的，是群落中稳定的种，它们或者在更新层中数量不多，或者属于中、小乔木的生活型，不可能取代肥牛木建群地位，其他树种的野生苗分布零星，可能以偶见种或常见种保留下来。此外，少数的种类很少或没有幼树，如海南菜豆树、石山嘉榄和秋枫（*Bischofia javanica*）等均为上层高大的喜光树种，它们在群落中是很不稳定的。

另外，在样地内也有少数的种类只有一些幼树，如金丝李、仪花（*Lysidice brevicalyx*）和假苹婆等可能定居下来，看来森林的组成变动是不多的。总之，肥牛木单优林是处在相对稳定的阶段。

肥牛木单优林实际上是由相同立地条件的东京桐林演进而来。在后一类型中，肥牛木已侵入定居下来，在乔木中，下层及更新层的数量不少，较阴蔽的森林中，很适于它的生长繁殖，随着时间的推移，在各亚层的数量不断增加，逐渐占据优势。而在它的浓荫下却不利于东京桐等优势种的更新，补充率低于衰退率，数量逐渐减少；许多树种也受到排斥。在这过程中曾出现肥牛木和东京桐为共优势的过渡类型，此时的东京桐主要是残留的上层大树，因此重要值指数仍排在第 2 位，但缺下层木及幼树，也只有个别中层木，已表现出衰退种的特征，终而演替为肥牛木单优林。在东京桐林中将提及逆行演替出现由任豆（*Zenia insignis*）等喜光落叶树组成的落叶林，其实上列各类型如遭受彻底破坏，均可直接退化为这类森林。根据 1 800m^2 的样地统计，东京桐林乔木层兼容耐荫性不同的树种，种数最多（50 种），随着喜光树种逐渐被淘汰，依次为肥牛木东京桐林（31 种），肥牛木单优林（24 种）；而任豆林是迹地上首先发展起来的次生林，种类最少（一般不超过 10 种），即在进展演替中，森林树种组成出现由简单到复杂又复简化的趋向；森林外貌出现从落叶林经由半常绿林到常绿林的变化。

作为建群种的肥牛木，木材结构细，材质坚硬，容重为 0.945，其极限强度：顺压为 822kg/cm^2，顺剪为 282kg/cm^2，弯曲（弦面）为 1 808kg/cm^2，端面硬度为 1 626kg/cm^2，为优良珍贵硬材，可供制造家具、农具、机械、细木工艺等用。种子榨油供工业用。更值得重视的是它的叶片与嫩枝营养价值很高，牛羊喜吃，根据产区群众的经验，用来喂养瘦牛，增重很快，是一种优质的木本饲料植物。产珍贵优良用材的还有蚬木、秋枫以及截裂翅子树、任豆和海南菜豆树等速生树种，割舌树产美味果品，海南大风子种子油治麻风、癣疥。

桄榔产淀粉和糖料。此外，还有白头叶猴（*Presbytis leucocephalus*）、黑叶猴（*Presbytis francoisi*）和冠斑犀鸟（*Anthracoceros coronatus albirostris*）等珍稀动物。森林的经济价值高。近年已在广西宁明及龙州两地分别设置自然保护区，进行管护，其他各地此类森林分布集中的地方，宜经营小型牧场。肥牛木萌芽力强，可维持百年以上，适于矮林作业，进行切干切枝萌芽更新。产区内还有大面积的荒石山，可选择下坡造林，植后4～5年，即可切枝，每公顷年产鲜叶15 000～22 500kg，此后切口和枝条与年剧增，产量将会大大增多，通过人工扩大肥牛木资源以发展畜牧业，对石山区脱贫致富，是大有作为的。

2—5—17—1　闭花木三角车林[①]

闭花木（*Cleistanthus saichikii*）三角车（*Rinorea bengalensis*）林为石灰岩次生季雨林，只见于广西西南部左江上游低峰丛、峰林石山区海拔600m以下，尤以弄岗和陇瑞两自然保护区有较多的分布。分布区约处在北纬22°14′～22°33′，东经106°40′～107°的范围，属北热带季风区，气候炎热，年平均气温在22℃以上，最冷月（1月）平均气温13℃以上，最热月（7月）平均气温28℃以上，极端最高气温38℃以上，极端最低气温多年平均在0℃以上，≥10 ℃年积温达7 800℃以上；年降水量在1 200～1 500mm，但大多数集中于5～9月份，其余月份都很少，形成干湿季节明显。立地土壤为棕色石灰土，表土有机质含量较高，pH7.0～7.5。而在酸性土地区，未见有这一类型的分布。

这类森林是原生性森林受滥伐后形成的。林木比较矮小，组成种类单纯，结构简单，郁闭度一般为0.7左右。乔木层只有1层，林木高度一般为8～12m，胸径6～12cm，以常绿阔叶树占绝对优势，主要由闭花木和三角车组成共优势种，一般可占乔木层总株数的80%～90%以上，有的地段则以闭花木占优势。零星出现的其他常绿树种常见有山榄叶柿（*Diospyros siderophyllus*）、网脉核果木（*Drypetes perreticulata*）、棒柄花（*Cleidion brevipetiolatum*）、割舌树（*Walsura robusta*）、网脉守宫木（*Sauropus reticulatus*）和鳞尾木等，有时偶见到蚬木等干形很差的个别大树残留其间。落叶阔叶树种常见有石山嘉榄（*Garuga floribunda* var. *gamblei*）、海南椴（*Hainania trichos perma*）、截裂翅子树（*Pterospermum truncatolobatum*）、鸡仔木（*Adina racemosa*），以及越南山牡荆（*Vitex annamensis*）等。

灌木层植物种类一般不多，主要是上层林木中常绿树种的幼树，常以闭花木和三角车占优势，甚至占绝对优势，其他树种有假苹婆、齿叶黄皮（*Clausena dunniana*）、黄梨木、博沙坦马（*Prosartema stellaris*）以及鸡尾木和崖柿等。

草本、地被物层植物稀少，不成层，常见有鞭叶铁线蕨（*Adiantum caudatum*）、凤尾蕨（*Pteris multifida*）、大叶球子草（*Peliosanthes macrophylla*）、求米草（*Oplismenus undulatifolius*）和石上铁角蕨（*Asplenium saxicola*）等。

---

① 执笔人：苏宗明

层间植物种类和数量一般都不多，常见有龙须藤（*Bauhinia championi*）、副萼翼核藤（*Ventilago calyculata*）、东京紫玉盘（*Uraria tonkinensis*）和短柱络石（*Trachelospermum brevistylum*）等小茎藤本。

这类杂木林虽有一些优良用材树种如海南椴、截裂翅子树以及鸡仔木等，而作为优势种的闭花木还属硬材类，但林木矮小，事实上还处在丛林期，价值并不高，目前宜以保护为主，待成长后再考虑利用。由于林地生境条件不佳，皆伐后难以恢复森林，应采用择伐或渐伐，以保证更新，在保护区内应划出一定地段，以用于为森林演替等科学研究。

2—5—18—1 顶果木林①

顶果木（*Acrocarpus fraxinifolius*）林为本世纪 70 年代中期以后才在中国发现的次生季雨林。主要分布于广西西南部，向北零星分布至都阳山地南缘及南盘江谷地。在石灰岩地区一般出现于圆洼地及其边缘 400～500m 以下，而在山地沿着沟谷上升到 800m。分布区低平地方年平均气温 20～22℃，最冷月（1 月）平均气温 11～14℃，最热月（7 月）平均气温一般为 27～28℃，日平均气温≥10℃年积温 7 000～8 000℃。大部地区一般年份极端最低气温都在 0℃以上，年降水量在 1 200～1 500mm。土壤类型，在石灰土山地为淋溶石灰土；常态侵蚀地貌上，虽出现在红褐土或褐红壤的分布范围，但只出现在三叠纪，百朋组夹杂有泥灰岩，或含钙砂页岩出露的局部地方，土壤发生性变，类似钙土性质，为微酸性到中性反应。

处于演替阶段中后期的顶果木保存较好的林分，郁闭度达 0.8 左右，乔木层可为 3 个亚层，人为干扰频繁的林分，林相不大完整，乔木层只有 2 个亚层，郁闭度 0.6～ 0.7。

上层林木高一般 20～25m，最高达 30m 以上，胸径 20～35cm，最大胸径达 100～150cm，树干通直圆满，枝下高可达 15～25m。中下层林木高在 6～15m，胸径 8～20cm。在石灰岩山地常见的伴生树种有任豆、海南菜豆树（*Radermachera hginanensis*）、蚬木、东京桐和截裂翅子树等。在土山地区，则常见毛麻楝、蝴蝶果（*Cleidiocarpon cavaleriei*）等，其他还有光叶海南樫木（*Dysoxylum hainanensis* var. *glaberrimum*）、假柿木姜子（*Litsea monopetala*）和细子龙等。

灌木层植物高度一般在 3.5m 以下，覆盖度 40%左右，多为乔木层幼树，其他常见为八角枫、驳骨九节（*Psychotria siamica*）、火筒树（*Leea indica*）和东京密脉木等。

草本层植物种类种多，高度在 1m 以下，少数可达 1.5m，常见为东京闭鞘姜（*Costus tonkinensis*）、阔叶沿阶草（*Ophiopogon platyphyllus*）、粤万年青（*Aglaonema modestum*）、团叶槲蕨（*Drynaria baronii*）和大野芋（*Colocasia gigantea*）等。

层间植物相当丰富，以木质大藤本为主，常见有阔叶瓜馥藤（*Fissistigma*

① 执笔人：苏宗明，莫新礼

chloroneurum)、东京紫玉盘 (*Uvaria tonkinensis*)、大翼萼藤 (*Porana spectabilis*) 和蝉翼藤 (*Securidaca inappendiculata*) 等。

根据树干解析结果，22 年生的顶果木树高为 25.6m，年平均高生长为 1.16m；胸径为 35.8cm，年平均为 1.63cm，材积为 1.189 5m³。树高生长最快时，年平均高达 1.7～1.8m，一般为 1.2～1.4m；胸径生长最快时，年平均为 2cm 以上，一般为 1.6～1.9cm，在 3～15 年生时，其胸径连年生长量达 1.5～2.6cm。又根据栽培试验，3～5 个月的苗木，高 100cm 以上，定植后 3 年生的小树，树高 4m 左右，胸径最大达 9cm，由此可见其生长是迅速的。

顶果木为热带树种，它适应性较强，生长快，繁殖易，材质好等优点。同时树干通直圆满，出材量高，木材轻韧，干后少开裂，可供制造家具、建筑等用；其木纤维细长而壁薄，是很好的浆粕原料，经济价值高。现存的森林不多，宜选作桂西南石山绿化树种，进行造林，以扩大资源供利用。

2—5—19—1　东京桐林①

东京桐 (*Deutzianthus tonkinensis*) 林分布于越南和中国广西西南部和云南东南部。在中国，分布区约处在北纬 22°10′～22°30′，东经 104°～107°15′的狭小范围，南北相跨不到 1°，东西相距也仅为 3°左右。而东京桐林目前只发现于广西左江上游的龙州、宁明和崇左等 3 个县的局部地方，石灰岩地层发育而成的低峰丛、峰林石山的圆洼地、沟谷，海拔高 300m 以下。至于由砂页岩等构成的土山，尚未见有这类森林。分布区属北热带季风区，气候炎热，低平地方年平均气温 22℃左右，最冷月 (1 月) 平均气温 13.8℃左右，最热月 (7 月) 平均气温 28.1～28.7℃；日平均气温≥10℃的年积温 7 800℃以上。分布区位于十万大山的背风面，年降水量在 1 200～1 400mm，但东京桐林生长在深狭的圆洼地、沟谷及其边缘的下坡，局部环境湿度大，能满足多种喜热植物的要求。具备这种环境的地方，不论岩石出露多少，东京桐林都可分布。至于一般坡地上，却没有这类森林。林地土壤的淋溶石灰土，枯枝落叶层一般厚 2～3cm，分解较迅速，肥力较高。

东京桐林是原生林破坏后恢复较好的次生林，组成和结构都较复杂，在 2 400m² 的样地内共有 181 种植物。茎花和板根现象颇常见，附生植物不少，绞杀植物时有所见。林木生长较繁茂，郁闭度在 0.8 以上。乔木层以常绿种类为主，但也含有一定的落叶成分，可分为 3 个亚层。

第 1 亚层林木的高度多集中在 25～30m，胸径 30～50cm，最大达 90cm 左右。树干通直圆满，枝下高 8～15m，冠幅庞大，覆盖度在 70%以上，共有 22 种，常绿及落叶阔叶树各占半数，但前者的相对密度为 77%，其中东京桐株数最多，分布均匀，基径面积也较大，重要值指数最高，为 62.4；其次为秋枫重要值指数占 23.0；零星分布的有肥牛木、假肥牛木

① 执笔人：苏宗明，莫新礼

和蚬木、人面子（*Dracontomelon duperreanum*）等。落叶树种不少，但相对密度仅23%，以任豆较为常见，它的相对密度仅次于东京桐，而基面积最大，重要值指数为42.9；较重要的还有岭南酸枣、石山嘉榄，这两种的重要值指数分别为16.30和17.2；此外偶见的有广西顶果木（*Acrocarpus fraxinifolius* var. *guangxiensis*）、海红豆（*Adenanthera pavonina*）和刺桐（*Erythrina variegata* var. *orientalis*）等。由于树种较多，重要值指数的分配又较分散，上面列有重要值指数的5个种合计，才超过这亚层总指数的1/2，成为森林的共建种。

第二亚层林木高10～16m，胸径12～22cm，覆盖度35%～50%，树冠不连续，种类较多，共30种，重要指数值的分配相当分散，优势种不大明显，绝大多种为常绿阔叶树，其中部分种类与第一亚层的相同，以东京桐较多，其次为秋枫、肥牛木、假肥牛木以及榕类，在这亚层新出现的有平顶紫金牛（*Ardisia depressa*）、掌叶树（*Brassaiopsis glomerulata*）、幌伞枫（*Heteropanax fragrans*）、千张纸（木蝴蝶）（*Oroxylum indicum*）等多种，但都是偶见种。落叶阔叶树多已绝迹，仅见个别的刺桐、广西顶果木。

第3亚层林木高4～8m，胸径10cm以下，仅有18种，数量也较少，覆盖度30%左右，多为中上层乔木的小树，以东京桐、秋枫、肥牛木、平顶紫金牛稍多；仅见于这亚层的有单穗鱼尾葵（*Caryota monostachya*）、黄牛木、海南大风子、鸭脚木（*Schefflera octophylla*）等，均零星分布。

灌木层植物一般高3m以下，覆盖度40%左右，种类较多，多为乔木的幼树，灌木以喜湿的桄榔（*Arenga pinnata*）占据重要地位。其他还有驳骨九节、火筒树、长叶龙吐珠（*Clerodendron wallichii*）、东京密脉木（*Myrioneuron tonkinensis*）、弄岗金花茶（*Camellia longgangensis*）等。

草本层植物种类较多，40～50种左右，覆盖度50%以上，大多是喜阴湿的植物，以蕨类、百合科、天南星科的种类较多，而常见的为多花可爱花（*Eranthemum polyanthum*）、越南冷水花（*Pilea alongengsis*）、粤万年青、东京闭鞘姜和多种沿阶草。其他还有海芋、魔芋（*Amorphophallus rivieri*）等。

层间植物发达，种类较多，以木质大藤本为主，常见为阔叶瓜馥藤、东京紫玉盘、大翼萼藤、蝉翼藤等，有时还可见到油瓜（*Hodysonia macrocarpa*）、香港崖角藤和大叶崖角藤等。附生植物主要为鸟巢蕨（*Neottopteris nidus*）。

东京桐为速生树种，根据树干解析研究表明，其生长进程为：树高速生长量在5～8年时，一般为0.8～1.0m，最高峰出现9年生时，达1.4m，10～26年期间生长变幅颇大，胸径生长在幼龄期缓慢，年生长量只有0.6～0.7cm，10年生后转快，15年生时达高峰，年生长量达1.0cm，27年生后逐渐下降；材积生长要到15年生后才转快，最快出现于23年生，以后并保持稳定增长。

另据测定，东京桐杂木林，立木密度每公顷有825株左右，最少也有420株，每公顷林木蓄积量为150m^3，最多可达471m^3。

更新层组成颇为复杂，共51种；但仅有19种属于样地内乔木的后裔，占乔木层总种数

（50种）的38%，其中东京桐的幼树较多，分布普遍，森林环境仍适于该种的生存，然而它在乔木各亚层的株数自上至下而递减，看来从更新层向乔木层发展并不理想，未必能继续保持优势；蚬木、肥牛木、榕树和海南大风子等的幼树也不少，分布较普遍，它们立木的数量将有可能增加；其他多数种类的幼树少，频度也较低，仍将持续偶见种的地位；而乔木层中大部分的种类却得不到更新，作为共优势的秋枫和任豆，特别是后者仅有上层的老大乔木，在群落中是很不稳定的种；其他上层落叶树除海红豆外，也出现类似情况，属于衰退种。另一方面，在样地内仅有幼树的树种较多，共32种，如割舌树、四瓣米仔兰（*Aglaia tetrapetala*）、米扬噎（霜降胶木）等较多的种类，从它们生长表现以及生态特性判断，可以成长为乔木层的成分。总之，随着群落的发展，目前的共优种的地位不是那么稳定的或很不稳定的，而且森林组成也将发生较大的变化。从更新情况及立地条件推断，此类次生林将向肥牛木为代表的相对稳定的杂木林逐渐演进。如受破坏，则为任豆、岭南酸枣、石山嘉榄等生长迅速的落叶树种组成的次生林所更新。如再反复破坏，将沦为山石榴、鸡爪簕（*Randia sinensis*）和多种羊蹄甲（*Bauhinia* spp.）等组成的藤刺灌丛。

东京桐季节性雨林的树种很多，资源植物丰富，经济利用价值较高。其中东京桐，任豆、秋枫等优势种和岭南酸枣、广西顶果木、海南风吹楠等均为优良速生用材树种，后者种子榨油供工业原料；珍贵的树种有蚬木、金丝李、肥牛木等；其他林下经济植物主要有桄榔，产砂糖及有名的桄榔粉，还有珍贵的弄岗金花茶。此类森林在调节石山区的气候和保持水土都具有良好的作用。且森林面积不大，应以保护为主，即令在保护核心区以外的森林，也只宜进行择伐，保证天然更新。前述的速生优良树种，宜进行驯化，作为石山相应的立地条件的绿化树种。

2—5—20—1　滇木花生云南蕈树林[①]

滇木花生（*Madhuca pasquieri*）云南蕈树（*Altingia yunnanensis*）林是受东南亚季风影响发育起来的一种森林类型，是分布在热带山地垂直带上的过渡类型。林分组成除具有较多的热带成分外，并混有壳斗科、樟科、山茶科等亚热带常绿阔叶树种，这些树种为热带山地所特有。在某些地段，林下还生长有福建柏及热带针叶树种鸡毛松（*Podocarpus imbricatus*）等，以及古老孑遗植物树蕨（*Cyathea brunoniana*）等。此外，林内还常有较多的珍贵经济树种，是一经济价值较高的森林类型，亦是一良好的水源涵养林。

滇木花生云南蕈树林在中国云南的文山壮族苗族自治州、红河哈尼族彝族自治州有较广泛分布。其垂直分布范围在800～1 300m，局部开阔地段可下延到海拔600m，常随不同的地区而有差异。如金平的小平河、茨通坝600～1 000m，绿春的三楞、弄地、月朱1 100～1 300m，元阳的哈播、阿土寨800～1 100m，屏边大围山区1 100～1 300m均有分布。在各

① 执笔人：汤家生

山地均占有一定宽度的垂直范围，成为滇东南热带山地垂直带谱中具有代表性的一种过渡类型。其分布区气候特点是终年温暖潮湿，多雾，年平均气温 16.5～17.5℃，年降水量 1 100～1 600mm，春季干旱，仍然有 180～250mm 的降雨，年蒸发量接近降水量，年平均相对湿度 86%。土壤为千枚岩等变质岩系及砂页岩、页岩等母质上发育的山地黄壤和山地黄棕壤。土层一般较深厚，质地较粘重，保水性能好。而在海拔 1 000m 以下地区，多为砖红壤和赤红壤。

滇木花生云南蕈树林，树种繁多，种类成分复杂，具较多热带成分。林分组成树种常以滇木花生、云南蕈树、阿丁枫（*Altingia excelsa*）、肉托果（*Semecarpus reticulata*）、毛叶黄杞（*Engelhardtia colebrookiana*）、榄果琼楠（*Beilschmiedia* sp.）、刺栲、红木荷、截果石栎、金叶含笑（*Michelia foveolata*）等为主，林分层次连续，结构不明显，林分平均高30～35m，平均胸径 50～60cm，郁闭度 0.7 左右，每公顷蓄积量达 400m^3 以上。在此林冠下还分布有福建柏、鸡毛松、秋枫（*Bischofia javanica*）、小花红花荷（*Rhodoleia parvipetala*）、滇赫德木（云南折柄茶）（*Hartia yunnanensis*）、樟树（*Cinnamomum* sp.）、思茅黄肉楠（*Actinodaphne henry*）、山韶子（*Nephelium chryseum*）、美脉杜英（*Elaeocarpus varunua*）、苹婆（*Sterculia nobilis*）等。

下木不发达，但种类较多。常见的有露篼树、苏铁蕨（*Brainea insignis*）、树蕨、鱼尾葵（*Caryota ochlandra*）。

草本植物较发达，种类亦多，并有柊叶（*Phrynium capitatum*）、山姜和较大的蕨类植物出现。大型木质藤本较少见，林内显得较为空旷，附生植物和半附生植物除天南星科和兰科植物外，大树枝干上长满苔藓和膜蕨类植物，表现出向亚热带常绿阔叶林过渡的特征。

滇木花生云南蕈树林，各树种的生长特性不同，其生长速度随地域而不同。现以滇木花生和云南蕈树的解析木为例说明之。伐自屏边大围山海拔 1 300m 林中的滇木花生，树龄 121 年，胸径 41.3cm，树高 29.5m，单株材积 1.559 2m^3。又如 78 年生的云南蕈树，胸径 46.5cm，树高 29m，形数 0.43，单株材积为 2.149 8m^3。

滇木花生的生长速度较慢，胸径生长的峰值出现在 70 年，70～80 年间连年生长与平均生长相交，以后胸径生长即是下降趋势。树高生长的峰值也于 70 年出现，100 年生后，平均生长量已超过连年生长量，这时高已达到 26m 以上。从材积生长看，至 121 年生还处于旺盛期，这说明它的生长衰退较迟，是 1 个长寿树种。但其幼苗幼树期生长较缓慢。如 30 年生的树高才 5m，胸径 6.0cm；6 年生的树高只 1.3m；1 年生苗高仅 0.2～0.4m。

云南蕈树生长稍快，树高生长旺盛期约在 30～50 年，连年生长量约 0.5～0.6m，胸径生长的旺盛期则在 50 年以后，连年生长量约 0.6～0.8cm。从整个生长过程来看，其生长速度不慢。幼树生长也反应这一状况，如 3 年生的云南蕈树，树高达 5.2m，胸径 8cm。但随海拔升高，气温降低，或者在水湿条件较差的情况下，生长则逐渐减慢。

该类森林林冠下天然更新情况，因树种不同而异。滇木花生天然更新良好，如分布在海拔 1 420m 的林分，郁闭度 0.7～0.8 的林下，每公顷约有更新幼树幼苗 15 000 株，其中高 1m 以上者有 470 株，高 30～100cm 的有 5 780 株。而云南蕈树在林冠下天然更新不良，而在林缘和次生林地上更新良好，这表明它是 1 种喜湿的喜光树种。

滇木花生云南蕈树林现存面积不大，但林内蕴藏的植物资源丰富，除药用、淀粉、油脂等植物外，林木资源也较丰富，优良珍贵树种不少，如福建柏、鸡毛松、树蕨等。

由于此林分大部分出现在海拔较高，坡度陡峻的地区，具有保持水土，涵养水源作用，当地群众多作为水源林来保护。但也有不少地段的林分受到不同程度的破坏，许多经济价值高珍贵用材树种被砍伐，因此应注意保护管理。

2—5—21—1　格木林①

格木（*Erythrophleum fordii*）林为季雨林，珍贵用材，经过长期滥伐，原生性天然林已无遗，目前所见大都是村旁后山作为“风水林”保护下来的零星小片的次生林。

格木林分布于中国广西东南部北热带季雨林、雨林地带海拔 700m 以下的低山，丘陵和台地，偶可北上至南亚热带季风常绿阔叶林地带，广西弧形山地前缘个别地段。分布区年平均气温 21.5～22.5℃，最冷月（1 月）平均气温 12.5～14.5℃以上，最热月（7 月）平均气温在 28℃左右，日平均气温≥10℃年积温约 7 500～8 000℃，年降水量多在 1 600～2 000mm以上，属于湿润气候区。格木林立地的土壤为由花岗岩、砂页岩等风化发育而成的砖红壤，pH5.0～5.5，土层深厚、疏松、湿润，地表有薄层的枯枝落叶，厚 1～3cm；在滨海地段，土壤上层为细沙土，pH 5.5～6.5。

这类村旁林常受到人为的干预干扰，群落组成比较简单，特别是乔木上层由于丛林期曾经除伐，有意保存格木及其他经济价值高的树种，因此全部由格木组成，或有乌榄（*Canarium pimela*）、橄榄或紫荆木（*Madhuca pasquieri*）等混生共占优势；在南亚热带则由细刺栲参与建群，此外尚有血胶树（*Eberhardtia aurat*）、鱼尾葵等，林木高度一般在 15～25m，最高达 30m。中、下层林木种类较多，高一般在 6～10m，仍以格木或与其他上层优势种占多数；在沿海地方，铁线仔（*Manilkara hexandra*）也占有重要地位；其次为刺栲，其他还有水石梓、白颜树、岭南山竹子（*Garcinia oblongifolia*）、亮叶猴耳环（*Pithecellobium lucidum*）、红蒲桃、竹节树、打铁树、金莲木（*Ochna integerrima*）等。

灌木层以乔木层的幼树为多，常见灌木有酒饼叶（假鹰爪）、银柴（大沙叶）（*Aporosa chinensis*）、细叶谷木、九节木、罗伞树（五角紫金牛）（*Ardisia quinquegona*）和轮叶木姜等。

草本植物很少，不成层，常见乌毛蕨（*Blechnum orientale*）、山菅兰（桔梗兰）（*Dianella ensifolia*）和黑莎草（*Gahnia tristis*）等，有的地方还可见到露兜。

藤本植物常见红叶藤、白花酸藤子（*Embelia ribes*）、锡叶藤（*Tetracera asiatica*）和买

① 执笔人：苏宗明，莫新礼

麻藤（倪藤）等。

格木在一般硬材类树种中，生长是较快的。据树干解析，27 年生树高 14.4m，胸径 22.9cm。年平均高 0.53m，年平均胸径 0.85cm。树高连年生长在前 5 年为 0.5m，6～10 年间进入高峰期，年生长量达 0.82m，11～20 年间稍缓慢，生长量稳定在 0.60～0.66m，后 7 年生长速度明显下降，只有 0.15～0.24m；胸径连年生长在 5 年生以后转快，6～10 年间，生长量为 0.64cm，此后的 10 年进入旺盛阶段，生长量一直维持在 1.0cm 以上，而以 16～20 年间为生长高峰期，生长量达 1.18cm，此后则稍下降，仍保持 0.7cm 的生长速度。

格木的木材耐腐性很强，容重为 0.67，极限强度：顺压为 734kg/cm²，横压（弦向）为 86kg/cm²，径向为 82kg/cm²，端面硬度为 742kg/cm²；心材大，褐色至黑褐色，为高级家具、造船、车辆、桥梁，建筑以及军工、器械等优质用材。群落中还有不少经济利用价值较大的种类，如紫荆木也产贵重硬材，它和格木属于国家二级保护的珍稀植物；细刺枵、红车（红蒲桃）、铁线仔和血胶木等可供材用；乌榄、橄榄则是经济价值较大的果树，枝花木奶果和长叶山竹子为别具风味的野生果类。但是残存的格木林已很少，应加以保护，研究和发展。对于格木人工林的营造，可以北热带地区为重点；在南亚热带地区南缘也可选择特暖的小环境宜林地栽植。

2—5—22—1　壳菜果（米老排）林①

壳菜果（*Mytilaria laosensis*）为中越边境特有种，在中国天然分布区约位于北纬20°31′～23°51′，东经 105°45′～112°00′，包括广东西部的封开、信宜、阳春，广西的防城、上思、龙州、宁明、那坡、德保、靖西，以及云南东南部。垂直分布多在海拔 250～800m 的丘陵、低山，可见种的分布有很大的局限性，一般不超越北热带季雨林地带及其基带的范围，且消失于喀斯特地貌上。由于长期的破坏，以它为优势种的杂木林很少残留，呈小片状星散分布于广西十万大山、大青山、六韶山等地。

分布区年平均温度 20～22℃，最冷月均温 10.7～14℃；年降水量 1 300～1 600mm，局部地方如十万大山东南麓可多达 2 800mm，雨热同期，干湿季节明显，雨季多集中在 5～9 月。土壤为砂岩、砂页岩、花岗岩、流纹岩等发育成的红壤系列，以赤红壤为主。土壤厚达 60～100cm 以上，pH 值 4～6.5。在适生区，低山、丘陵中、下部和沟谷，生境暖热、湿润、避风，土壤深厚疏松，富含有机质，呈酸性的阴坡或半阴坡生长最好。石灰岩土地未发现有分布。

天然壳菜果林为复层林，在广西大青山林区海拔 500～700m 的地方，设置的两个 600m² 样地上，共计有植物 67 种，其中乔木层 27 种，郁闭度 0.5～0.6，上层有 13 种 26 株，壳菜果分布普遍，株数最多，相对密度为 39%，占据较明显优势；其次为观光木（*Tsoongio-*

---

① 执笔人：席海珍，王克建

dendron odorum）相对密度 15%；其余常绿树种有苦梓、红木荷、白榄（*Canarium album*）等 5 种。落叶树有西桦、麻楝、酸枣、青山安息香（*Styrax macrothyrsus*）等 6 种，绝大多数为单株分布，虽然这两类种数相当，但前 1 类相对密度为 73%，明显大于后 1 类，林冠基本上终年常绿。中下层组成较复杂，共 20 种 32 株，仍以壳菜果稍占优势；其余树种仅 1～2 株，如观光木、血胶树、红锥、山杜英、大叶山楝（*Aphanamixis grandifolia*）、水锦树等多种常绿树；此外，还有少数的落叶树如西桦、山合欢、山乌桕等。灌木 11 种，主要有大节竹、九节木、粗叶木、五月茶等；草本 12 种，多属耐荫植物；如野砂仁、淡竹叶、露莞勒等；藤本 7 种，如白花鱼藤（*Derris alborubra*）、多花猪菜藤（*Merremia boisiana*）、山白藤（*Calamus rhabdocladus*）等，数量很少，零星分布。

壳菜果人工林，大多数属纯林，也有与杉木刺楞等营造的混交林。立地条件的不同，对壳菜果的生长，及其林下植物仍有明显的差异。如大青山林区现有壳菜果人工林 400hm^2 以上，分布于海拔 250～800m 的低山、丘陵，根据不同的立地条件，大体可分为 3 种类型：

1. 山坡蔓生莠竹壳菜果林

主要在海拔 350～800m 的低山、高丘的中下坡，如平原河谷，土壤主要为赤红壤，富铝作用明显，粘粒的硅铝率 2 左右，土层深厚，土壤剖面常有红、黄、白相间的网纹层，pH 5～5.6，有机质含量大于 2%，全氮 0.2%左右，全磷稀少，全钾含量 1.5%～2.5%，表土层 10cm 以上，透水性能良好。热量丰富，日照尚足，雨量充沛，霜冻少见。林下草灌层主要有蔓生莠竹、水冬哥（*Saurauia tristyla*）、乌毛蕨、野芭蕉（*Musa balbisiana*）等。覆盖度 10%～30%，本类型壳菜果年均生长量：树高 1.34m 以上，胸径 1.55cm 左右，活立木蓄积 9 年生以下 1m^3/hm^2 以上。9～18 年生的中龄林 18m^3/hm^2 以上。

2. 山脊五节芒壳菜果林

多见于海拔 200～800m 的山坡上部，属红壤与赤红壤，富铝化作用较强，粘粒的硅铝率 1.7%～2%，剖面发生层明显，土体中有大小和数量不等的铁锰结核，pH4.5～6，有机质含量 1%～2%，全氮 0.1%左右，全磷含量极低，全钾含量变异大，土层较厚，表土层 8～12cm，保水能力较差，热量丰富，日照充足，林下草灌层主要有五节芒、铁线蕨、柃木、野牡丹（*Melastoma candidum*）等，覆盖率 31%～50%，本类型壳菜果年均生长量：树高 1～1.12m，胸径 1～1.1cm，活立木蓄积量幼龄林 3.75～6m^3/hm^2，中龄林 12～16.5m^3/hm^2。

3. 低丘桃金娘壳菜果林

分布于海拔 200～350m 的丘陵，土壤为赤红壤或紫色土，pH5～6，有机质 1%左右，全氮含量小，全磷量也极低，全钾含量 1%～2%。土层较薄。热量丰富，日照充足，雨量略少，春旱常见，属半干热或干热生境，林下草灌层有白茅、桃金娘、余甘子、茜木（*Pavetta hongkongensis*）、铁芒箕、山芝麻（*Helicteres angustifolia*）等，覆盖度约 50%，本类型的壳菜果林生长较差，有的成林不成材，产量很低，年生长量：树高 0.4～0.7m，胸径 0.4～0.65cm，活立木蓄积量幼龄林 3.75m^3/hm^2 以下，中龄林 12m^3/hm^2 以下。

天然壳菜果林，5 年生前生长缓慢，树高连年长量 0.3～0.4m，胸径年生长量 0.1～0.18cm。树高连年生长高峰期出现在第 2 或第 3 龄阶段，生长量 0.82～0.87m，30 年生以后显著下降；胸径连年生长高峰来临稍迟，约晚 1 个龄阶，生长量 0.84～1.0cm，速生期较长，大约可维持至 40～50 年，虽然其间时有起伏；材积生长相应地在 15～20 年生以后加快，36～45 年生，连年生长量 0.03～0.04m³，维持时间较长。2 号样木在 50 年生时，生长量急剧减少，但 53 年生时又陡然上升，而平均生长分别为 0.012 59m³ 及 0.014 75m³，低于连年生长量，可见尚未达到数量成熟。生长过程详见下列广西大青山敢门林区在 1 个暖温静风山谷天然林中 2 株壳菜果解析木（表 5—22）。

表 5—22　壳菜果天然林立木生长过程

年龄	胸径（cm）				树高（cm）				材积（m³）			
	总生长量		连年生长量		总生长量		连年生长量		总生长量		连年生长量	
	1号解析木	2号解析木	1号解析木	2号解析木	1号解析木	2号解析木	1号解析木	2号解析木	1号解析木	2号解析木	1号解析木	2号解析木
5	0.8	0.9			1.7	2.1			0.000 2	0.000 016		
			0.68	0.30			0.82	0.28			0.000 71	0.000 16
10	4.2	2.4			5.8	3.5			0.003 81	0.000 96		
			0.89	0.42			0.64	0.87			0.004 05	0.000 95
15	8.65	4.5			9.0	7.85			0.025 4	0.006 45		
			1.0	0.84			0.54	0.40			0.012 08	0.003 86
20	13.6	8.7			1.17	9.8			0.085 8	0.025 75		
			0.9	0.62			0.62	0.51			0.020 08	0.005 68
25	18.5	11.8			14.8	12.35			0.190 5	0.054 15		
			0.86	0.54			0.43	0.86			0.020 8	0.013 09
30	22.8	14.5			16.95	16.0			0.295 3	0.128 64		
			0.53	0.62			0.086	0.38			0.021 32	0.019 25
35	25.48	17.6			17.38	17.95			0.401 9	0.229 31		
			0.74				0.01				0.030 4	
37	27.5				17.45				0.462 7			
				0.56				0.30				0.018 02
40		20.4				19.45				0.324 4		
				0.61				0.15				0.047 19
45		24.3				20.3				0.566 5		
				0.86				0.08				0.012 60
50		28.6				20.77				0.629 49		
				0.58				0.06				0.050 79
53		31.5				20.95				0.781 85		

在壳菜果分布地区营造的人工林，立地条件适宜，幼林 3～4 年郁闭，12～16 年树高年平均生长量 0.95～1.32m，胸径速生期，年平均生长量 0.8～1.24cm，第 6 年开始进入材积速生期，平均生长量 0.68～0.91m³，见下列壳菜果幼、中林生长调查表和生长进程（表 5—23、表 5—24）。

壳菜果人工林生长比天然林快得多，胸径速生期提早 5～10 年，材积速生期可提早 9～14 年。

10 年生左右的林分，开始开花结实，同时干材也已形成，应进行间伐，使郁闭度达到 60%左右，以利于增长材积，根据在大青山的测定，经过抚育采伐的 20 年生林分蓄积量，每公顷可达 150～378m³。

自然分布的壳菜果林，天然下种更新良好，野生苗较多，分布普遍，1m² 可多达 3～5 株，可见能忍受林冠的庇荫；从前述天然林标准地调查说明，和一般喜光种树不同，在乔木各亚层中都出现壳菜果的立木且数量也较其他树种多，具备各发育年龄的种群，在群落自然发展中，可预见在一定阶段内，它仍可保持在林中的优势地位，不致为其他树种所更替。

表 5—23 壳菜果人工林立木生长过程

年龄	胸径（cm）				树高（m）				材积（m^3）			
	总生长量		平均生长量		总生长量		平均生长量		总生长量		平均生长量	
	1号解析木	2号解析木	1号解析木	2号解析木	1号解析木	2号解析木	1号解析木	2号解析木	1号解析木	2号解析木	1号解析木	2号解析木
2					1.10		0.55					
3	1.4	1.0	0.47	0.33	2.55	2.2	0.81	0.73	0.000 39	0.000 7	0.000 13	0.000 2
4	3.1	3.0	0.78	0.75	4.6	4.3	1.15	1.07	0.002 31	0.002 5	0.000 58	0.000 6
5	4.2	4.2	0.84	0.84	5.25	5.65	1.05	1.13	0.004 31	0.005 5	0.000 86	0.001 1
6	5.6	5.4	0.93	0.90	7.20	6.2	1.20	1.03	0.009 74	0.003 6	0.001 62	0.001 4
7	7.2	6.3	1.03	0.90	8.7	7.75	1.24	1.11	0.020 06	0.014 3	0.002 87	0.002 4
8	8.5	7.2	1.06	0.90	10.25	8.54	1.28	1.06	0.031 48	0.018 2	0.003 93	0.002 3
9	9.5	7.9	1.04	0.87	11.4	10.1	1.26	1.22	0.044 29	0.025 5	0.004 92	0.002 8
10	10.4	8.6	1.04	0.86	12.4	11.3	1.24	1.13	0.055 3	0.033 7	0.005 55	0.003 3
11	11.1	9.6	1.01	0.83	13.25	11.4	1.20	1.04	0.068 41	0.040 3	0.006 22	0.003 6
12	11.6		0.97		14.15		1.18		0.078 31		0.006 52	
13	12.1		0.93		14.35		1.10		0.086 99		0.006 68	

表 5—24 壳菜果幼、中龄林分生长量

造林地点	生长类别	林龄	每公顷株数	胸径（cm）		树高（m）		材积（m^3）	
				平均单株	年平均	平均单株	年平均	总生长量	年平均
大青山	较好	16	1 140	19.8	1.24	21.1	1.32	246.3	1.026
圆岭站	中等	16	1 350	18.5	1.18	18.25	1.14	218.4	0.91
大青山	较好	13	1 275	14.35	1.10	13.6	1.05	114.45	0.587
山顶站	中等	13	1 590	11.1	0.85	12.4	0.95	133.245	0.683
夏石站	较好	12	1 590	13.2	1.10	15.4	1.28	167.505	0.931
	中等	12	2 430	9.8	0.817	11.75	0.98	145.92	0.811

壳菜果林萌芽更新能力也很强。一个伐根常发生 2～5 萌条，依赖原有的庞大根系，成长迅速，1 年生的萌芽可高达 2m 以上，如选留 1、2 株，更易成林成材，并可长成大树。

目前，成长的壳菜果林很少，大径材更少。原因在于滥砍和火烧，在反复遭受破坏条件下，则逆向演替为灌丛草地。

壳菜果在适生地区为速生用材树种之一，成材早，干形通直，出材量大，木材结构细致，色泽美观，材质略重，加工容易，干燥后不翘不裂，不受虫蛀，经久耐用，是家具、建筑、胶合板的良好用材。其枯枝落叶较多，易于腐烂，对改良土壤和涵养水源的作用较大。

人工林自然整枝较好，主干更为通直，15 年生的林分，胸径在 10cm 以上符合规格材的植株占 90%以上，有效经济出材量以主干计达 80%左右，经济价值较大，但其适应范围较窄。对光、热、水、土等生态条件要求较高，所以引种必须先经试种，而在自然分布区内，可选作主要造林树种。然而也要妥善选地，和采用较为集约的营林措施，尤其要加强幼林期的抚育管理，这是壳菜果林速生丰产的重要技术措施之一，可间种经济作物或绿肥，或与其他针阔叶树种营造多层混交林，以增加经济效益和提高生态效益。

2—5—23—1　柚木林①

柚木（*Tectona grandis*）别名胭脂木，属马鞭草科，落叶或半落叶大乔木，为热带地区著名珍贵用材树种。中国热带、南亚热带引种栽培有发展前景。

材质致密，边材心材明显，心材比例大，呈黄褐色至暗褐色，密度 0.6～0.7，纹理色泽美观，坚韧耐磨，富有弹性，不翘不裂，含油质，耐水渍，不遭虫蛀，耐腐力强，不受铁锈腐蚀，不易着火，强度和硬度适中，易加工，为船舶、营建海港、桥梁工程、建筑、车辆、家具、地板、雕刻、贴面板和镶贴板等的优良用材。

（一）分布与生境

柚木天然分布于印度次大陆，缅甸、泰国和老挝及印度尼西亚，位于东经 73°～103°，南自南纬 8°45′的爪哇岛，北至北纬 25°30′的缅甸北部，多见于海拔 700～800m 以下的低山丘陵，但有时也见于冲积平原。印度最南部可达海拔 1 500m，一般在 1 000m 以上的山地生长不良，在缅甸的极限约为海拔 950m。

中国引种柚木以毗邻原产地缅甸的中国云南南部为最早，在西双版纳的大勐龙还保存 100 年以上的大树，胸径 1.2m。1900 年，在台湾高雄等地引种造林面积达 5 487hm²。广东、广西引种柚木约在 1910 年，福建约在 1920 年，海南约在 1930 年，但各地仅有零星栽培。20 世纪 50 年代后，在云南西南部和海南柚木造林有了一定规模的发展。60 年代以来，海南在尖峰岭进行了较大面积的柚木造林，面积超过 1 000hm²，现大部已成林成材。

柚木为极喜光树种，除幼苗出土初期需短时侧方庇荫外，其他生长发育阶段都需要充足的光照。它属热带季雨林树种，耐干热气候，在雨量充沛，没有明显干湿季的地区，反而不见生长。原产地年平均气温 20～27℃，≥10℃年积温 8 000～9 000℃，能耐 43～48℃的极端最高气温和 2℃的极端最低气温。但在缅甸北部超出热带范围的微霜地区仍有天然柚木林。

中国热带和南亚热带，年平均气温 21～25℃，≥10℃年积温 7 500～9 000℃的地区，基本适应柚木的要求。寒潮对海南、台湾、云南和福建的栽培区影响不大；广东、广西局部地区和个别年份，大寒潮气温降至－1～－2℃时，才会出现受寒害的情况。

① 执笔人：徐燕千

柚木需要雨量充沛而干湿季明显的季风气候。原产地年降水量多在 1 160～3 810mm，个别地区达到 5 000mm，都有 3～5 个月或稍长一些的旱季。最适宜的年降水量为 1 300～2 900mm。年降水量仅有 560mm 的印度半岛东南端，仍有天然林分布，但生长不良。

中国热带、亚热带同属季风气候，降水多集中在夏秋季，有明显的旱季，除少数地区年降水量低于 1 000mm 外，一般在 1 200～2 000mm，个别地区可达 2 500～3 000mm，与原产地相近似，宜于柚木生长。

柚木能生长在砂页岩、花岗岩、砂岩、片岩、片麻岩等母岩发育形成的土壤和石灰性土壤，喜深厚、肥沃、湿润和排水、透气性良好的土壤。最适宜生于 pH 6.5～7.5，低于 pH 5.6，则生长不良，在原产地位于山坡下部，河流两岸和冲积平原等土壤较好的天然林中，柚木成为优势种，生长旺盛，在土壤板结和积水地则生长不良。

中国热带、南亚热带主要成土母质与柚木原产地相似，广泛分布着赤红壤和砖红壤，其中以赤红壤的面积最广，也是柚木的主要分布区。

柚木生长要求较静风的条件，中国热带、南亚热带地区，除云南基本不受台风影响外，其他各地都有热带风暴和台风出现。

（二）组成与结构

柚木天然林，由于生境不同而构成不同的森林类型，仅在河流两岸和干旱山脊可以形成纯林，在干旱地区柚木常与牡竹（*Dendrocalamus strictus*）、马甲竹（坭竹）（*Bambusa tulda*）混生；在湿润地区柚木常与斧形木荚豆（*Xylia dolabriformis*）、毛榄仁树（*Terminalia tomentosa*）、诃子（*T. chebula*）等混生。

柚木人工林多属同龄纯林，海南柚木林可分为 3 个类型。Ⅰ类型：林木生长旺盛，树干通直，分枝高，尖削度小，换叶迟，林相整齐，风害少。林下植物多为荩草（*Arthraxon hispidus*）、假蒟（*Piper sarmentosum*）、赤才（*Erioglossum rubiginosum*）等为优势的草类灌木群丛。树高年平均生长 1.0～1.5m，胸径 1.0～1.6cm。Ⅱ类型：林木生长中等，常有风害和缺株，换叶较早，林下植物为刺桑（*Taxotrop hisilicifolius*）、弓果黍（*Cyrtococcum patens*）等为优势的矮草刺灌群丛。年平均生长量，树高 0.5～1.1m，胸径 0.5～1.0cm。Ⅲ类型：林木生长缓慢，分枝低，萌条多，尖削度大，风害严重，缺株多，林相破碎。林下植物为香茅（*Cymbopogon citratus*）、白茅（*Imperata cylindrica* var. *major*）、鹧鸪草（*Eriachne pallescens*）等，年平均生长量，树高 0.3～0.6m，胸径 0.4～0.6cm。

（三）生长发育

柚木树高可达 40～50m，胸径 2～3m，树干圆满通直。柚木的生长，是其生物学特性与生态条件统一的综合表现，在柚木适生范围，水热状况和土壤类型的差异，密切关系着柚木的生长，云南较热湿的西双版纳树高年平均生长 0.89～1.22m，胸径 1.27～1.42cm；比较干热的元江树高年平均生长 0.8～1.4m，胸径 0.89～1.02cm。海南半干热气候，树高年平均生长 0.60m，胸径 0.74cm；在微湿热气候，树高年平均生长 1.10m，胸径 1.3cm，海南岛、云南的柚木生长水平，15 年生以前，大多数接近原产地的标准；台湾的气温平均值虽然一般都低于海南，但有效积温相当高，而且雨量充沛，生长期长，20 年生柚木，树高年平均生长可达 1m 以上，胸径 1.2～1.6cm，与海南岛近似；引种在广东、广西以及福建南部一带的柚木，生长中等，在较好的立地条件下，树高年平均生长可达 0.80m，胸径 0.80～1.10cm。在北缘引种柚木较成功的福州，栽植在树木园的 14 年生植株，平均树高为 8.0m，胸径 14.1cm。

（四）更新演替

柚木群体的变异很大，对宜林地的要求较高。选择最优种源和最适宜林地，做到适地适树适种源是取得好的栽培成果的关键。

柚木喜静风环境，忌强台风袭击。宜选择背风的中、小地形，有寒流侵袭的地方则不宜选择封闭的山坳立地。营造柚木林以大地形分散，小地形集中，不要强求连片，宜柚木则栽植柚木，不宜柚木则栽植其他适生树种。

柚木宜用低切干苗造林，成活率高，不枯梢，生长快，容器苗优于低切干裸根苗造林。中国柚木只有人工更新，未见天然演替。

（五）评价及经营意见

柚木为世界著名珍贵优质用材树种，并为东南亚国家重要出口商品之一。随着工业的发展和资源日趋减少，供需矛盾日益尖锐，现国际市场每立方米价格高达 1 700 美元。中国每年需要耗费大量外汇进口柚木，据不完全统计，仅广州 1 地就需 1 000m^3 方能满足要求，因此，中国热带、亚热带扩大柚木栽培，生产自给，可以节省大量外汇。

柚木分布区生态幅度宽广，自然条件复杂。从叶型大小、分枝高低和材质不同而分柚木品种多种多样。必须根据柚木基因资源的特点与立地条件相结合，制定出系统的遗传改良计划，在地理种源试验的基础上进行选育，培育出速生高产，材质优良，适应性强和抗风、抗病虫害的新品种。

中国南亚热带以南宜栽培柚木，生产潜力很大，但需要具备 3 个自然条件：① 柚木速生丰产的良好立地条件；② 年降水量超过 1 500mm；③年有 3～5 个月的旱季（月降水量＜50mm）。

林农间作，以耕代抚，是国内外行之有效的幼林抚育管理措施。海南尖峰岭林业局，在立地条件相似的情况下，造林当年进行间种花生与不间种的对比，历时 7 年，间种花生的柚木林，树高年平均生长 1.28m，胸径 1.53cm；不间种的树高年平均生长 0.71m，胸径 0.91cm。

营造柚木混交林，可以改善环境条件，提高森林稳定性和产量，宜进行多树种混交试验，取得成果，逐步推广。

第六章

雨　林[1]

雨林是热带乔木森林，它是在地球上最有利于植被生存的条件下形成的，即热量和水分都很充分，并且全年都或多或少均匀分配。这种森林是由某些常绿树木构成的，这些树木具有大型的、大部分是有光泽的叶，具有无芽鳞的芽，并且有大量的附生植物和藤本植物。

雨林在赤道的南北方占据了很大的面积，但都没有超出热带的界线。这种森林分布在非洲的刚果河区域、大湖区域、马达加斯加东岸以及很多岛屿，美洲的亚马孙河流域、圭亚那、中美洲东岸、小安的列斯群岛的大部分，大洋洲的新几内亚、太平洋各岛屿、澳大利亚本地的一些小区域，亚洲的菲律宾群岛、摩鹿加群岛，除爪哇东部外的巽他群岛、马六甲半岛南部。中国的雨林主要分布在台湾南部、海南、广西十万大山、云南南部及西藏南部。

雨林分布区的降水量通常每年都超过 2 000mm，可达 4 000mm 或更高些。空气湿度很高，达到 90%。年平均气温在 25～30℃范围内变动，最热月份和最冷月份的温度较差仅1～6℃，最高温度很少超过 35～36℃。光照强度并不十分高，其原因是大气的特殊情况，首先是大气中含有大量的水蒸气。与之相比，中国雨林分布地区的温度较低，且振幅较大，年平均温度为 22～26℃，最冷月温度低至 15～18℃，年降水量为 2 000～3 000mm。

中国雨林的植物种类，绝大多数均属热带成分，在区系上与亚洲东南部的雨林有一定的亲缘关系，但也有许多独特的地方。组成上以樟科、大戟科、桑科、桃金娘科、夹竹桃科、梧桐科、山榄科、棕榈科、茜草科和紫金牛科等的种、属最丰富，其次为苏木科、蝶形花科、含羞草科、龙脑香科、楝科、无患子科和天料木科等。但组成乔木上层的种类则

---

① 执笔人：周光裕

以龙脑香科和梧桐科为主，它们在群落中最为高大，而且个体数目也最多。龙脑香科是亚洲雨林的特征种，在中国常见的有青梅（*Vatica astratricha*）和坡垒（*Hapea hainanensis*），其中青梅的分布较普遍，并常占一定的数量；坡垒的分布范围较狭窄。

组成种类丰富是雨林的一个显著特征，有人形容过，几乎很难找到两棵属于同一个种的相邻树木。在巴西，曾经在 1sq. mi（2.59km^2）的面积上发现有 400 种的乔木。而在海南六连岭的雨林中，150m^2 的样方中就有木本植物约 90 种。中国雨林的优势种并不突出，例如青梅的个体虽然比较多，但还是没有达到优势的地位，因此只能作为标志种来看待。

雨林的种类成分虽复杂，但在群落的外貌和结构上都具有共同的特征。

首先是群落中的乔木十分高大，第一层的高度通常在 30m 以上，一些巨树则达 45～50m，胸径一般为 50～60cm，最大的可达 180cm。大多数乔木的枝下高约占树高的 1/2～3/5。

其次乔木的树皮通常薄而光滑，一般厚度只有 5～10mm，树皮上常附有壳状地衣，多呈浅淡色或浅灰褐色，但有时也可看到粗糙或呈半鳞片状的。

雨林各层乔木都普遍具板状根，尤其以上层乔木最显著。板状根的形态结构是多式多样的，并与一定的种有关。

中国雨林树木的叶子和典型雨林的以大型叶为主不同，而多为中型叶，大型叶和小型叶所占比例很小。林中偶尔可见“滴水叶尖”。此外，复叶的种类也不少。在不同的层中，叶子的形态也有所区别。下层乔木的叶尖几乎都是长尖的，中层乔木则叶尖较短，而上层乔木的叶尖却多数没有尖端，而甚至向内凹陷。

群落的层次结构复杂是雨林的特点。乔木一般可以划分为 3 层，个别的可有 4 层。群落的高度差异较大，随水湿条件的不同而变化。在特别湿润地区，第 1 层乔木平均高度在 30m 以上，而一般的仅有 25～30m。第 1 层乔木的树冠都是不连续的，第 2 层不很连续，而第 3 层则是连续的。在垂直方向上，各层的划分不很明显。而各层乔木的树冠具有或多或少不同的形状。第 1 层是不规则的，宽度大于深度；第 3 层一般为圆锥形或不规则，宽度小于深度；而第 2 层则介于第 1、第 3 两层之间，一般宽与深度大致相等。此外，乔木层之下有灌木层和草本层，它们之间的界限不很明显。灌木层主要是由乔木的幼树和一些其他灌木种类组成。草本层是由草本植物如蕨类等组成。

雨林的藤本植物丰富多样。从分布习性来看，一般林缘多草质藤本，林内则多木质藤本，有的茎粗可达 20～30cm。它们有时成螺旋状从地面向上缠绕着树干，有时形成套索状或绞绳状而直挂在大树的顶部，有时则从树冠高处回伸至地面。藤本植物的茎具有各色各样的形态，有扁带状的，具棱的，带尖刺的等等。这些形态特征与一定的种类有关。木质藤本大部分属于双子叶植物的种类，其中以苏木科、蝶形花科、含羞草科的较多。有些则属于单子叶植物和裸子植物。有些攀缘的藤本植物，同时又是附生植物，它们大多数是属于天南星科的种类。

雨林中的附生植物丰富。附生植物的适应性较广，它们不仅生于乔木、灌木和藤本的枝干上，有些甚至生长在这些植物的叶面上。附生植物的种类、数量以及在林中分布的层次等，与群落的结构有密切关系。

绞杀植物在雨林中较为常见，有些植物开始借鸟类把种子传播到被绞杀者的树桠或树干的凹陷处，然后萌发生长，营寄生生活，到一定的时候，就生出气生根垂直吊着或沿着附主的树干直至地面生根、长枝。当气生根的数量增加到一定程度，就把附主的树干包围起来，并自己形成树干，最后把它的附主杀死。

此外，老茎开花现象常见。这种现象在乔木、灌木和藤本植物中都有，但在第1层乔木中则很少见到。

2—6—1—1　版纳青梅林①

版纳青梅(*Vatica shishuangbanaensis*)林，是在中国云南西双版纳新近发现的热带森林类型。它局限分布于云南省勐腊县的南沙河中段。面积约 80hm²。版纳青梅林内优良的用材树种较多，是一经济价值较高的热带森林类型。

版纳青梅林面积虽小，但它具有重要的科研价值，也是一个丰富的生物物种基因库。在中国也是一个不可多得的热带森林类型。

版纳青梅林只分布于中国云南西双版纳勐腊县境内，其地理位置约北纬 21°35′，东经 101°43′。地处沟谷两侧，海拔高约在 750～1 000m。其气候条件和望天树林分布区一致，具有气温高、湿度大，雨量多而集中，干湿交替明显，全年基本无霜等特点。林下土壤为发育在紫色砂岩上的暗色砖红壤，土壤湿润、深肥，有机质含量高，为砖红壤中较肥沃的一个亚类。

版纳青梅林，具有较典型热带森林特征。林冠常绿而茂密，组成树种繁多，林分层次结构复杂，为复层混交林。

版纳青梅林林分一般可分两层。主林层以版纳青梅占绝对优势，林层平均高达 41m，最高达 48m，平均胸径 50～60cm，最大达 66cm，郁闭度 0.5 左右，每公顷蓄积量达 270～300m³。次林层的立木树冠多连续，优势树种不甚明显，主要由滇南溪桫 (*Chisocheton siamensis*)、藤黄(*Garcinai* sp.)、梭果金刀木 (*Barringtonia fascicarpa*)、云南肉豆蔻(*Myristica yunnanensis*)、华南石栎 (*Lithocarpus fenestratus*) 等 30 余种组成，林层平均高 20～26m，最高达 33m，平均胸径约 26～30cm，最大达 42cm，郁闭度 0.4 左右，每公顷蓄积量 80～120m³ (表 6—1)。

版纳青梅林的组成树种，热带树种约占 70%～80%，但分布区的上限，因地势的变化，海拔的升高，水热条件偏低，而壳斗科、樟科的树种明显增多，并混生有少量针叶树种鸡毛松，有向亚热带常绿阔叶林过渡趋势。

① 执笔人：汤家生

表 6—1　版纳青梅林林分实测因子

林层	主要组成树种	郁闭度	树高（m）		胸径（cm）		株数		蓄积量（m³）	
			平均	最高	平均	最大	样地	每公顷	样地	每公顷
主林层	版纳青梅、榆科1种、樟科1种、藤黄1种、华南石栎等	0.5	40.9	48.0	52.0	66.0	10	67	41.47	276.5
次林层	栲属1种、滇南溪桫、藤黄1种、樟科1种、云南肉豆蔻、石栎、小叶藤黄、毛荔枝、苹婆1种、蒲桃1种、华南石栎、梭果金刀木、清香桂、番荔枝科1种、大叶白颜树、假海桐、印度血桐、红果葱臭木、木奶果等39种	0.4	21.8	33.0	26.6	42.0	84	560	23.63	157.5

由于林内阴暗潮湿，下木、草本植物，多为一些耐荫湿种类，且个体数量少，覆盖度小。下木高2～3m，分布均匀，覆盖度约30%。主要种有直立黄藤（*Calamus erectus*）、长叶竹柏（*Podocarpus fleuryi*）、藤黄、分叉露兜（*Pandanus farcatus*）、显脉紫金牛（*Ardisia alutacea*）、木姜子（*Litsea pungens*）、腺萼木（*Mycetia glandulosa*）、苦竹（*Pleioblastus* sp.）等。草本植物高0.5m，分布均匀，覆盖度约10%。主要有穿鞘花（*Amischotolype hispida*）、山姜（*Alpinia* sp.）、黑顶卷柏（*Selaginella picta*）、海芋（*Alocasia macrorrhiza*）、蔓生莠竹（*Microstegium gratum*）等。

林内藤本、附生、茎花植物较多，增添了热带森林色彩。藤本植物攀援于林层之间，长可达30余m，主要种类有买麻藤（*Gnetum montanum*）、扁担藤（*Tetrastigma planicaule*）、蛇藤（*Acacia pennata*）。附生植物主要有巢蕨（*Neottopteris nidus*）、麒麟叶（*Epipremnum pinnatum*）、天南星多种（*Arisaema* spp.），以及多种兰科植物。茎花植物主要有木奶果（*Baccaurea sapida*）及多种榕树（*Ficus* spp.）。

该类型中的优势树种版纳青梅生长中庸，根据65年生解析木，树高总生长量28.0m，平均生长量0.43m。胸径总生长量36.4cm，平均生长量0.66cm。材积总生长量1.490 2m³，平均生长量0.022 9m³。

版纳青梅林林下天然更新能力较强，每公顷各种苗木株数可达万株以上，其中3～5年生幼树达7 188株，占总株数的63.9%。幼树高多在31cm以上，生长较为稳定。但在更新的幼苗幼树中，版纳青梅几乎不见，而只在样方外林冠开扩处有少量幼树出现，表明它在幼树阶段仍需适当的光照条件（表6—2）。

表 6—2　版纳青梅林林冠下天然更新统计

树　种	年龄	每公顷不同高度（cm）实生幼树株数							合计
		10 以下	11～30	31～50	51～100	101～150	151～200	201 以上	
米仔兰	1～2							1 250	1 250
假海桐	1～2					625			625
毛阿芳	1～2		313	625		625			1 563
	3～5							625	625
番龙眼	1～2		625						625
	3～5								625
肋巴木	3～5	625		938	625			1 250	3 438
多瓣蒲桃	3～5				625	625			1 250
红果葱臭木	3～5					625			625
小叶藤黄	3～5						625		625
小　　计	1～2		938	625		1 250		1 250	4 063
	3～5	625		938	1 250	1 250	625	1 875	6 563
总　　计		625	938	1 563	1 250	2 500	625	3 125	10 626

版纳青梅林为一稀有珍贵的热带森林类型，林内的版纳青梅，树干高大圆满通直，木材纹理较直，加工性能良好，切面光滑，变形较小，为优良的工业用材树种，适用于胶合板、造船、车厢、桥梁、建筑等用材。

版纳青梅林分布面积较小，应加强保护管理，现已划入西双版纳自然保护区，列为重点保护对象。

2—6—1—2　青皮林①

（一）分布与生境

青皮林以青皮（*Vatica hainanensis*）为特征种，分布于海南岛的低山，是亚洲热带雨林型的龙脑香林。它分布上限在海拔 600～800m，往上是以壳斗科及木兰科等为代表的山地雨林。青皮具有强大的适应性和更新能力。它能在既瘦瘠又干燥的石山生境继续更新，也能在海滩沙岸上扎根成林。据历史记载，青皮林过去曾遍布于整个海南岛，到了近代青皮林只限于中部和南部山区。从东向西由海南万宁的六连岭经中部的黎母岭至西部的霸王岭一线以南的低山。青皮林散见于海南东方的猕猴岭、马鞍岭和西方山，昌江的霸王岭，乐东的尖峰岭包括昂叶、抱界、中沙及大凯等外围的低山，通什的尖岭，三亚的抱龙岭，保亭的石头岭，陵水的吊罗山、三角山和白水岭，万宁的牛上岭、熬盆岭、兴隆及乌石的杨梅港；青皮林通常分布于海拔 600m 以下的低山，但在通什的尖岭，霸王岭的峨沟大岭，青皮林沿着山谷上升到 870m。另一方面，在万宁的杨梅港，青皮林单优林一直分布到离高潮

① 执笔人：张宏达

线只有几米的沙滩上，沿着海岸延伸成长达20km，宽约1km的天然防护林带。

在青皮林里，除了青皮、坡垒（*Hopea hainanensis*）、无翅坡垒（*Hopea exalata*）3种龙脑香科植物之外，上层的大乔木还有野生的荔枝、细子龙（*Amesiodendron chinense*）、大叶山楝（*Aphanamixis grandifolia*），多穗山楝（*A. polystachya*）、樫木（*Dysoxylum* spp.）、母生（红花天料木）（*Homalium hainanense*）、蝴蝶树（*Heritiera parvifolia*）、油楠（*Sindora glabra*）、盆架树（*Winchia calophylla*）、黄桐（*Endospermum chinense*）、白榄（*Canarium album*）、鸭脚木（*Schefflera octophylla*）、多种榕树、多种栎树和石栎。

青皮林是热带龙脑香林在中国热带地区的主要代表。在海南岛，除了热带地区，也分布有青皮属、柳安属（*Parashorea*）、龙脑香属（*Dipterocarpus*）的植物，它们都不越过北回归线，而且仅呈散生状态，或局部小区占有优势，并不形成单优林或者在雨林里占支配地位。

在海南的自然条件下，任何生境都适于青皮生长，降水量从东到西递减，相应地旱季随之增长，但西部的青皮林同样发育良好。青皮林的土壤多种多样，有肥沃的红壤，也有瘦瘠的石山，有排水良好的壤土及沙壤，也有积水的沙滩。地貌和坡向对青皮林不起限制作用。甚至人为干扰，诸如滥伐和焚烧，由于青皮的萌芽力极强，也阻挡不了它的更新。然而，青皮林位于亚洲热带北缘，海南岛是它分布区的极限，生态环境因素中，温度变化成为青皮林生长和分布的限制因子。其次是光照条件。

青皮在海南岛西南部的尖峰岭低地，每年有1～3个月的气温低于22℃，极端最低气温在5℃左右，这样的冬季低温并不影响青皮林的生长。随着海拔升高，气温相应下降，在昌江霸王岭650m处，12月份的月平均气温为16℃，平均最低气温为12℃，仍未使青皮林受冻害。在尖峰岭海拔860m处，月均温降到13℃，这里已不再出现青皮林，但在760m处，1月平均气温为14.9℃，仍有零星的坡垒出现。因此海南岛的龙脑香林的垂直分布上限，是在1月平均温度15℃。这可能不是龙脑香林分布的最低温度极限，因为在尼泊尔和印度的娑罗双（*Shorea robusta*）一直分布到北纬27°30′，海拔1 100m，冬季凝霜的地带，在那里的娑罗双林为了适应冬季的低温而出现落叶或半落叶现象。

混交青皮林与单优青皮林的郁闭度是不一样的，混交青皮林具有明显的3层乔木，上层树冠的郁闭度较大，再加上灌木层，使林下显得阴暗，除了上层乔木枯死后遗下的林间空隙之外，阳光很难直接投射到林下，因此地表也比较湿润。反过来，在单优青皮林，树冠比较疏朗，以东方的猕猴岭为例，生长得最好的单优青皮林的覆盖度只有85%，阳光的光束可以直接投射到林下，使地表显得比较干燥，落叶层因分解较慢而变得较厚。地表层缺乏草本层，实际上只有上层乔木的幼苗。在郁闭度较大，湿度较高的混交青皮林下，幼苗的数量较少，而在湿度较小，郁闭度亦较小的青皮林下，幼苗的数量反而较多，这现象说明幼苗的发育主要是与光照强度成正比，而湿度的大小不是决定的因素。特别是青皮的幼苗，在比较干燥的单优林下为数更多，说明了青皮的幼苗在生长和发育过程要求较多的光照。

青皮林对土壤及母岩没有什么选择性。在吊罗山及通什的尖岭，青皮林既生长在由花岗岩发育的土层深厚、肥力较高的红黄壤上；而在霸王岭，青皮林分布在伟晶花岗岩发育的沙质红黄壤上；在西方山和马鞍岭，青皮林生长在花岗岩风化的砾质浅薄红壤上；在东海岸的杨梅港，青皮林甚至生长在地下水位很高的海滩上。

不同的土壤类型对青皮林的影响也像气候条件那样，主要表现在森林结构和伴生区系方面。位于杨梅港沙滩上的青皮林，土壤完全缺乏团粒结构，地面覆盖着厚约 2cm 的死地被物。从表土往下 25cm 为灰白色细沙及渗杂着黑褐色腐殖质的沙土，湿度很大，缺乏粘聚性，根系在这 1 层沙土里非常发达，密集，25～81cm 为白色细沙，湿度更大，根系仍然发达。再往下为黄色细沙层。这里的青皮林一般高 10～13m，胸径达 50cm，枝下高极低，树冠宽阔，树形呈侏儒状，乔木只有 1 层，林下只有少数灌木，别无其他树种。

生长在石山的青皮林，以西方山为例，青皮生长在花岗岩风化的浅薄红黄壤，地被物厚 2cm，C 层为碎石屑，再下为未完全风化的碎石块，根系扎进石缝，乔木高 15m，分 2 层，以青皮占绝对优势，林下多有刺灌木。

在东方的猕猴岭，青皮林生长在砂岩发育的低山红黄壤，土层薄，多岩石露头，地被物厚 1.5cm，土壤 A_0 层为 1cm，A 层为 4cm，暗褐色，B 层 5cm，灰色，pH 5，多粗根系，C 层 16cm，灰黄色，pH 4.7，多粗石砾，再往下为碎石层，粗大根系扎进碎石的缝隙，青皮生长良好，高 20m，胸径 20～80cm。

在土层较深厚的通什尖岭及保亭的吊罗山，花岗岩露头仍很普遍，但在那里的混交青皮林的青皮树高达 28～32m，胸径达 70～80cm，这种混交青皮林是海南龙脑香林的稳定群落。

海南岛降水量从东部到西部有明显递减的梯度变化，东部万宁降水量超过 2 000mm，西部为 1 500～1 300mm，东部旱季为 4 个月，中部 5 个月，西南部 6 个月，霸王岭的旱季长达 7 个月。雨量的变化虽不影响青皮林的分布，但影响到青皮林的结构和成分。东部青皮林为混交龙脑香林，乔木高 32m；西部的混交青皮林高 25～28m，单优青皮林一般高 20m。东部及南部的混交青皮林，每 1 000m^2 有乔木 64～72 种，西部的仅有 41 种。混交林的成分亦表现出差异，西部的多耐旱种类。

（二）组成与结构

混交青皮林的上层乔木，除了青皮之外，还有坡垒、蝴蝶树、细子龙、荔枝、高山榕、斜叶榕、大叶榕、盆架树、油楠和青冈栎属许多热带种类。只在生境恶劣条件下，青皮林的早期发育才出现单优。混交青皮林有 3 层乔木。第 1 层乔木高 30m 左右，树冠较连续，缺乏耸起的特高乔木，这和典型的热带雨林有所区别。第 2 层乔木高 16～24m，树冠层不很连续。第 3 层高 6～15m，树冠层较第 2 层为连续。林中大藤本常见，以省藤最多。附生植物比山地雨林稍为逊色；绞杀现象较常见，以榕属植物为主。板根现象以荔枝、细子龙、榕树及栎树等为主，另一些如青皮、坡垒、母生（红花天料木）、油楠及盆架树则没有明显的板根。

根蘖现象可能是热带雨林的常见现象。青皮林里的母生树，是指母树根蘖的统称，常见于天料木科的天料木属（*Homalium*）及嘉赐树属（*Casearia*）、壳斗科的栎属（*Quercus*）、金缕梅科的山铜材属（*Chunia*）以及桑科的榕属都具有这种特性，常见1株母树茎基抽出多条的根蘖小树，它对于热带雨林的天然更新具有一定的作用和意义。茎花植物在青皮林里并不常见，只有大戟科的木奶果（*Baccaurea ramiflora*），榕属及山龙眼属（*Helicia*）偶然出现茎花现象。

（三）主要类型

混交青皮林的优势种不明显，似乎生境条件对于任一乔木都同样适合，任何一个树种都排斥不了另一些树种，而且在不同地段，生境条件并不完全相同，但青皮林的成分都很相似，似乎共处在一个平衡状态。另一方面局限于青皮林里的各种上层乔木与生境有密切的关系，它们并不逸出青皮林而分布在它上限的山地雨林或次生林。与此相反，第2层乔木则表现出跨带现象，属于这类的成分有白颜树、琼楠、厚壳桂、蒲桃、红豆、李榄、山矾、暗罗、五桠果和一些藤本。第3层乔木也同样出现跨带现象。

在不同的地段和生境，青皮林的组成乔木表现为未分化的混交群落，整个海南岛的青皮林都不能靠优势种类划分不同的群落，海南东部与西部的生境差异主要表现在青皮林的结构和外貌方面，区系成分居于次要地位。此外，在恶劣的生境或天然更新的前期出现单优现象，这只是演替系列前期的产物，最终它仍然朝着混交青皮林的方向发展。为此，根据生境条件可以把青皮林划分为湿润性青皮林，季节性青皮林及单优青皮林。总之，海南岛的青皮林和亚洲热带各种龙脑香林一样，都是未分化的龙脑香林。换句话说，气候未起分化，植物群落保持混合状态，只有气候分化和分带，才促使植物群落起分化。

1. 湿润性青皮林

湿润青皮林分布于海南岛东部、南部和中部，这里的旱季虽然长达5个月，但在冬季早期林里保持较大的湿度，因此这种混交青皮林的外貌和结构仍然发育得比较好。

(1)吊罗山南坡的青皮林是发育成熟的混交青皮林，尽管生境多花岗岩露头，并不断蒙受人为干扰，但青皮林在结构和外貌上还是较完整的，以七星岭及剪冬转两地为例，青皮林分布在600m以下，坡度25°～30°，个别地段40°，土层浅薄，花岗岩露头普遍，青皮及伴生乔木扎根于石缝。这里的气候条件比较好，年降水量为1 800～2 000mm，海拔450m处，最低月平均温度为16.4℃，极端最低气温为4℃。在干旱的冬季，林下比较干燥，第1层乔木高30m。由于人为干扰严重，在3 000m^{2}的面积里，只有9种大乔木，共37株，以青皮、蝴蝶树、细子龙最常见。此外还有油楠、白榄、荔枝、山楝、高山榕及木荷。当海拔升高或生境条件较差的山脊，第1层乔木降低为25m。第1层树冠因人为干扰变得不连续，藤单竹（*Bambusa scandens*）大量侵入。第2层乔木比第1层的种类多，但株数较少，因此第2层树冠是很不连续的。主要种类有五桠果、刘氏暗罗、海南柿、尖尾蒲桃及木奶果。第3层小乔木超过100种，其中只有白茶树（*Koilodepas hainanensis*）和虎氏野桐的数量较多，3 000m^{2}达50余株。下木层十分贫乏，以扇棕（刺轴榈）（*Licuala spinosa*）最多，1 000m^{2}有60～90株，余为三叉苦、酒饼叶、白花丹、粗叶木、粤山柑、硃砂根、黄枝子。草本层更为贫乏，只有林蕨、铁线蕨、竹叶蕨（*Taenitis*）、圆羊齿、半边旗、毛蕨、翠云草；还有少数的艳山姜、野芋头和簇生耳草。

藤本植物占有较大的比例，在 3 000m² 内，除了 660 株各级乔木外，有藤本 210 株，大藤本有买麻藤、崖爬藤、大节藤竹、鸡血藤、羊蹄甲、瓜馥木等，还有油椎、勾枝藤、包氏豆、藤黄檀、藤合欢、锡叶藤、鱼藤、刺果藤、菝葜、青藤、马兜铃、麦撇藤、海南胡椒、石蒲藤、掌叶海金沙等中、小藤本。

附生种类及数量均较贫乏，仅有鸟巢蕨、崖姜、伏树蕨及兰科的硬叶吊兰和红珊瑚等。林下缺乏草本，下木层多为上层乔木的幼树。在比较干旱或人为干扰较严重的地段，林下出现较多的偏旱生或较耐旱的白茶和光叶巴豆；在较湿润或土层较厚，人为干扰较轻微的林段，林下多棕榈植物，除黄藤及省藤之外，还有扇棕及砂糖椰子；耐旱的白茶及巴豆相应地减少。

（2）通什尖岭青皮林，生境更为湿润，分布于 450～800m 的南坡，400m 以下的青皮林已遭破坏，在沟谷处多野芭蕉、黑桫椤、野芋及麒麟尾等。在 3 000m² 有各级乔木 142 种。第 1 层的青皮高 32m 以上，是海南青皮林中发育最好的龙脑香林，其他乔木有细子龙、蝴蝶树、荔枝、山楝、斜叶榕、黄桐等。本来荔枝与山楝是西部青皮林的主要成分，在东部则偶尔出现，另一方面蝴蝶树则是东部青皮林的主要成分，它在西部则罕见。而尖岭青皮林似乎是东部与西部青皮林的交错点，这里兼具有荔枝、山楝及蝴蝶树。

第 2 层乔木种类不多，除了毛白颜、五桠果、海南酒饼叶是东、西部青皮林共同的树种之外，海南大风子、赛木患是东部青皮林的成分，而海南倒吊笔及越南山牡荆（*Vitex annamensis*）则为西部青皮林的代表，因此第 2 层乔木也表现东部与西部过渡和交错的现象。第 3 层乔木的种类最多，但株数很少。它们当中有一部分是东部和西部青皮林共有的，如刘氏暗罗、毛布渣叶、白木香、长苞柿、虎氏野桐、木奶果、角木等；另一部分则是西部青皮林特有的成分，如阔叶肖榄（*Platea latifolia*）、海南韶子、尖尾蒲桃、桃榄（*Pouteria annamensis*）、狗牙花、钟氏木（*Tsoongia*）、腺叶桂樱（*Prunus phaeosticta*）。下木层种类非常少，多数是上层乔木的幼树，棕榈植物也不多。草本层只有翠云草和叉蕨以群集状呈块状分布。藤本比较普遍，在 3 000m² 有藤本 115 株，以山骨罗竹（*Schizostachyum hainanensis*）、省藤、小石蒲藤，薜荔、野胡椒及光叶藤蕨（*Stenochlaena palustris*）最常见。附生植物有鸟巢蕨及崖姜等。

这个混交林在南坡与北坡无论生境条件或种类成分都有一定差异。南坡土层厚，土壤湿度较大；北坡土层较薄，它直接发育于流纹岩上，湿度较小，岩石露头亦较多。在 142 种各级乔木当中，有 38 种是南、北坡共有的，它们有较多的个体，那些非共有的种类虽多，但个体数目少。草本层也有差别，南坡湿度大，多翠云草，北坡则多叉蕨。这种南北坡的差异也出现于吊罗山及猴猕岭，是生境小气候所造成的结果。

（3）万宁六连岭的混交青皮林，生境比较恶劣，土层浅薄，花岗岩露头普遍，长期以来蒙受人为干扰破坏，保存下来的青皮林面积不大，残存的青皮林亦不断地遭受砍伐，生境条件日趋恶化，林间小气候及土壤湿度均较干燥，仅在沟谷处保持着雨林结构。覆盖度为60%，乔木只有2层，上层高20m，以青皮及蝴蝶树最普遍，此外有肉实（*Sarcosperma* sp.）及荔枝。下层乔木以白茶树、龙角（大风子）（*Hydnocarpus* sp.）、虎氏野桐、海南阿芳（*Alphonsea* sp.）、闭花木（*Cleistanthus* sp.）较常见。它们当中有为西部青皮林常见的种类，代表耐旱的成分有白茶树、三角瓣花，另一部分为东部青皮林的成分，如长苞柿、金莲木、阔叶肖榄。还有一些是这个青皮林特有的成分，如榔色木（*Lansium* sp.）、龙角、单室茱萸，还有由于人为干扰后而入侵的土坛树（*Alangium salviifolium*）。

下木层种类很少，多为侵入的喜光成分，如九节、五角杜茎山、黑面神、大青、毒鼠子及白星花等。乔木的幼苗则较多，有青皮、蝴蝶树、荔枝、长苞柿、山竹子、单果阿芳、刺毒木、柄果木、大叶暗罗、龙角、虎氏野桐、白茶树、闭花木、山楝、白榄、华厚壳桂、秦氏厚壳桂、海南倒吊笔、仔榄树（*Hunteria* sp.）、亮叶猴耳环、降真香、榔色木等的幼苗；草本层只有山姜和铁线蕨。

小藤本比较多。在400m² 的105株各级乔木有77株附有各种藤19种96株，以小石蒲藤占比例最大（61%），余为蔓九节、络石、樟叶素馨、刺果藤、山蒟、鱼藤、扭肚藤、窄叶槌果藤、勾枝藤、翼核果、山橙、山柑、腰骨藤、菝葜等。

由于人为破坏，严重破坏了雨林气候，林中变干燥，许多雨林的成分逐渐消失，青皮母树残存无几，使青皮的更新发生困难，另一些次生林成分则相继入侵，如黄杞、单竹、白茶树、木犀榄及李榄占有较大的比例，而青皮、荔枝、蝴蝶树等雨林成分则日趋衰落，减少。

（4）与上述成分不同的混交青皮林，是由青皮与木荷、栎树（*Quercus* spp.）及石栎树（*Lithocarpus* spp.）组成的混交青皮林。它位于吊罗山西坡的白水岭及其西北角的三角山一带。母岩为粗斑花岗岩，土层较厚，多含粗砂砾，岩石露头常见。在白水岭，青皮是和木荷、两广梭罗（*Reevesia thyrsoidea*）、托盘青冈、吊罗青冈（*Cyclobalanopsis tiaoloshanica*）、瘤果石栎（*Lithocarpua handelianus*）、海南栲（*Castanopsis hainanensis*）及油楠在一起，蝴蝶树在这里数量较多，细子龙及荔枝则极罕见。第1层乔木高27m，种类不多，在1 250m² 只有4种乔木共96株，最大的托盘青冈胸径120cm，已达到成熟状态，除了蝴蝶树及梭罗树具有明显板根外，栎树与石栎树只有不大发达的板根，榕树和母生（红花天料木）也占有一定的比例，尤以瘤果柯和海南栲最常见，后二者一般分布于林缘，多少反映为喜光树种，这说明过去曾经过破坏，使喜光的瘤果柯得以侵入。此外，这里还有山地雨林常见的海南紫荆木（*Madhuca hainanensis*）和山铜材（*Chunia bucklandicides*），它具有强大的根蘖作用，在1株被砍倒的母树的根颈萌发出数十条幼树，成为这个类型青皮林的表征种。第3层乔木在1 000m² 有70多种，以柿树、蒲桃属、黄樟、厚壳桂、桢楠、琼楠、新木姜、暗罗、哥纳香、阿芳、皂帽花、肉实树、李榄、山竹子、白木香、多瓣核果茶（*Pyrenocarpa*）为常见。下木层稀疏，仅见扇棕、粗叶木、九节、酒饼叶、硃砂根、角木、小金莲木（*Ochna*）。藤本以省藤属最普遍，3种省藤在1 250m² 有53丛，其余为锡叶藤、勾枝藤、瓜馥木、包氏豆、野木瓜、菝葜、胡椒、藤单竹、羊蹄甲等。林下幼苗不多，特别是第1、第2层乔木的幼苗尤为稀少。这种现象可能是青皮林经受破坏，小环境和小气候起了变化，不适于耐荫的雨林乔木幼苗发育，无法和喜光的乔木相竞争。

在万宁熬盆岭的青皮林也属于这个类型，那里具有较厚的土层，但经常遭受砍伐，上层乔木高不及25m，在800m²有各级乔木95种253株。成林乔木与吊罗山七星岭地段基本相同，只有21种是特有的，包括入侵的喜光树种黎朔栲、陈氏山矾等。林里的藤本较多，在253株乔木中，有98株附着藤本19种129株。

2. 季节性青皮林

这个类型的青皮林分布于西部昌江的霸王岭及东方的猕猴岭。组成森林的乔木和湿润青皮林基本上一致，只是由于西部的降水量较少，湿度较小，影响到森林的结构和外貌，诸如乔木高度较小，藤本较小，林下多一些偏中旱生下木。

（1）霸王岭季节性青皮林分布于海拔700m以下的山地，土壤由伟晶花岗岩发育成的低山红黄壤，土层较深厚，多含粗砂砾，岩石露头仍很普遍。由于旱季较长（5～6月），外貌和结构与东部湿润青皮林有所差别，单位面积的种类较少，上层乔木高度较小，第1层和第2层的乔木种类明显减少，相应地上层乔木的优势度稍为明显。以霸王岭峨沟大岭北坡的青皮林为例，在海拔600m处，1 000m²样地有胸径3cm以上的乔木48种105株，这个数字和东部青皮林同样面积为80种240株比较起来，仅为前者的50%。第1层乔木在样方里只有3种，以荔枝和青皮占优势，高度为28m，荔枝的胸径为160cm，青皮为110cm，样方附近的面盆架（鸡骨常山）（*Alstonia*）胸径为140cm，此外还有榕树。各级胸径的青皮和荔枝均具备，森林处于过熟状态，湿润青皮林占优势的蝴蝶树及梭罗在这里几乎绝迹，油楠也较罕见；细子龙相应地减少，山楝则有所增多，面盆架在这里比较普遍。从这些不完整的资料看，季风青皮林里具乳汁的大乔木（面盆架、山楝等），这可能和西部较干旱有关，而不能归因于植物区系的分布。

第2层乔木比湿润青皮林更贫乏；除了第1层的中龄乔木外，只有臀形果（*Pygeum topengii*）、岭南桂木（*Artocarpus*）及毛白颜等。第3层小乔木包括上面两层的幼树在内共37种，真正属于第3层的只有20种46株。这些各级乔木基本上和东部湿润青皮林的相同，仅臀形果、德哈樟、海南韶子、海南梧桐、龙胆木（*Richeriella gracilis*）罕见于东部。

下木层与东部的也基本相同，它们是粗叶木、九节、薄叶胡桐、粗叶榕、扇棕、各种省藤。只有三角瓣花（*Prismatomeris* sp.）可能是西部的表征种。藤本数量不多，除了上述省藤之外，在105株各级乔木上，只有37株附有藤本13种46株，这个数字仅为东部湿润青皮林的65%，草本层有山姜和华南实蕨（*Bolbitis subcordata*）、凤尾蕨。

林下幼苗，在250m²有65种665株，属于上层乔木的有29种486株，其中青皮占438株，属于藤本幼苗为18种117株。这类混交青皮林在霸王岭占有广大的面积，青皮发育良好，直径级比东部大，单位面积的青皮密度亦较大，分布海拔较高，在480m处青皮仍占一定优势，只是在海拔极限处青皮明显地变矮，约为24m。林下青皮幼苗也比东部多，这就说明西部较干旱仍适合于青皮林发育。

（2）位于霸王岭西南的东方猕猴岭，气候变得更干燥，旱季长达7个月，但青皮仍然发育很正常。青皮分布于250～500m的山地，土层较厚，A+B层为28cm，C层为18cm，湿度较大，乔木树种较复杂，1 000m^{2}样地有3cm以上的乔木43种229株。青皮胸径70～80cm，已达成熟阶段。第1层乔木高30m，有青皮、高山榕、荔枝、山楝、油楠、白榄等。第2层有白颜、海南倒吊笔、乌柿、科氏黄杞及麻栎等。第3层以白茶及刘氏暗罗数量最多。藤本普遍，直径为2～12cm的大藤本在1 000m^{2}有31株，还有灌木状的省藤13株。附生植物极少，显然和林内小气候比较干燥有关。下木层简单，以棕竹、扇棕为常见，还有朱砂根和粗叶榕等，草本有少数掌叶蕨、轴脉蕨（*Ctenitopsis*）、山姜和弓果黍等。

林下幼苗不多，400m^{2}有各种乔木幼苗479株，其中属于第1层乔木的幼苗最多。

那些分布于海拔440m以上山坡，红黄壤由砂页岩发育而成，土层厚只有20cm，多石砾，岩石露头普遍，土壤湿度较小，青皮林成分大为减少，藤本及附生植物也较少，板根不明显，乔木高只有26m，因此群落优势度较明显，在1 000m^{2}有胸径3cm以上各级乔木34种257株。第1层及第2层乔木以青皮占有较大的比例。胸径20cm以上的50株乔木中，青皮占30株，其余为细子龙、荔枝、乌柿、刘氏暗罗、石栎等。第3层成分较简单，在250株小乔木中，除了第1层的青皮幼树22株，细子龙6株，荔枝1株外，真正属于第3层成分的有白茶40株，细花短蕊茶（*Camellia parviflora*）29株，刘氏暗罗25株，毛柿12株，下木种类非常稀少，1 000m^{2}只有胸径1～3cm的灌木10种56株。林下幼苗密度较大，在1 000m^{2}有乔木幼苗23种779株，青皮最多，649株，细花短蕊茶23株，五角杜茎山22株，九节20株，三角瓣花21株，白茶7株，虎氏野桐6株，皱叶山麻杆8株。

由此可见，坡底与坡顶的青皮林是有明显差别的。坡底的生境条件较好，树较高，种类复杂，板根显著，藤本较多，上层乔木的优势稍差，林下以白茶占优势。坡顶的生境，其成分、结构则相反。

3. 单优青皮林

单优青皮林广泛分布于海南岛西部的昌江、东方和乐东等地的低海拔石山，同时也见于东部万宁及陵水的海岸沙滩上。单优的青皮林可能是混交青皮林演替阶段前期的产物，由于青皮的种子和幼苗能在生境恶劣的石山及沙地上扎根成长，逐渐改变了生境条件，有利于其他雨林乔木的侵入，使单优林最后转化为混交青皮林。

（1）东方马鞍岭的单优青皮林位于东方镇西北25km，坐落于昌化江西岸，分布在海拔250～550m的陡坡上。花岗岩露头极普遍，土层浅薄，青皮高20～22m，胸径40～50cm，最大70cm，常见散生的荔枝、高山榕和斜叶榕相混生，在沟谷处有黄枝木和厚壳桂。乔木分2层，第1层乔木郁闭度大，林下灌木层比较稀疏，以丛生的省藤为主，其他藤本及附生植物不常见，藤单竹在个别地段占优势。这片青皮林是在1940年前后，经过日伪时期的砍伐，残存的青皮林发展起来的。600m^{2}有乔木20种108株，青皮占各级立木的52%强，胸径在31cm以上的大乔木12株，全部是青皮。下层92株中，青皮44株，野桐11株、毛柿

10 株、皱叶山麻杆及麦氏厚壳桂各 4 株，狭叶山矾、细子龙、五角杜茎山、山黄皮各 2 株，坡垒 1 株。下木层缺乏真正灌木，甚至上层乔木的幼树亦不多，只有省藤及宽刺省藤 24 丛散生于下木层。此外在林下还有各种省藤幼苗 52 株。

林下的幼苗以青皮最突出，400m^2 有各种木本幼苗 28 种 759 株，其中青皮占 620 株，三角瓣花 31 株，细子龙 6 株，荔枝 3 株。

从林下幼苗看，侵入的树种不多，而且以上层乔木的幼苗为主，可以断言，这个单优林继续发展下去，有可能成为混交青皮林。至于青皮幼苗为数虽多，但它们多是 1～2 年生的，高不及 10cm，只带 2～3 片真叶，在干旱的季节里，绝大多数幼苗将遭到淘汰。

(2) 西方山的单优青皮林位于东方镇东 5km，山脉为南北走向，海拔约 500m，低坡的青皮已被砍伐，代之以次生落叶树，如麻栎、楹树、木棉和槟榔青（*Spondias pinnata*）。残存的青皮林分布于 250m，一直到山顶。这里的生境非常恶劣，到处都是花岗岩露头，土层极浅薄，整个土壤剖面只有 20cm 厚，含有大量石砾，粗大的根系直接扎进石隙，土层极干燥，残落层厚约 2cm，乔木只有 2 层，一般高 12～14m，最高的 17m。由于林冠郁闭度不大，投到林下的阳光较强，下木层及藤本的数量较多，并呈多刺现象，青皮的树皮多破裂或剥落，树干流脂现象较常见。在山脊处的青皮，由于风吹和缺水，常有枯顶及断顶现象。因为树龄不大，反映出这片单优林是处在更新前期的过程。

600m^2 样方内有各级立木 25 种 313 株，青皮占 44%强，胸径在 20cm 以上的 16 株，上层乔木全为青皮。下层小乔木 297 株，青皮占 122 株，约 40%强。其余为轮叶水柳、九节、毛花柿、科氏黄杞、光叶巴豆、细花短蕊茶等耐旱树种，和一些具刺的猪肚木、毒刺木等。下木层以省藤为主。由于干旱，藤本及附生植物均罕见，只在各级立木树干上，常见附生的地衣。样方外有南蛇簕、羊蹄甲、穿心莪薁。下木层缺乏草本，仅为上层乔木的幼苗。样方内有各级立木的幼苗 27 种 604 株，青皮占 217 株，九节 107 株，光叶巴豆 79 株，细花短蕊茶 60 株，轮叶水柳 51 株、科氏黄杞及皱叶山麻杆各 39 株、毛花柿 22 株、猪肚木 14 株、三角瓣花 11 株、细子龙 10 株。藤本幼苗 54 株，勾枝藤占 50%。

这个单优林生境条件特别恶劣，土壤浅薄而干燥，乔木矮小，成分简单，幼苗中缺乏混交林上层乔木的成分。反映出这个单优林仍处于演替系列的前期，未达到成熟的单优林，即使停止了各种人为干扰，这种单优林仍然需要经过较长的时间，才达到成熟，然后有可能转变为混交林。

(3) 杨梅港海岸单优青皮林位于海南岛东部，北起万宁的东澳，南抵陵水的杨梅港，绵延 20km，形成一条狭长的天然海岸防护林带，内侧与台地的青皮林相接，外侧离高潮线不过数米。林带宽度从数百米到 1.5km，表层沙土杂以腐殖质呈黑褐色，下层为白色细沙层，在靠近海岸的沙土下层常有较厚的泥炭土层。根系密集于 20cm 以下的沙土层，粗大根系深入到 1m 以下的沙土层。由于沙土肥力低，青皮发育不正常，高 10～12m，最高为 15m，最大胸径达 50cm，枝下高很低，树形呈侏儒状，树冠较宽，乔木层全为青皮，偶尔有大叶榕。林带外侧与红树林相接，有榄仁树、桐花树、露兜相混生。在 200m^2 内有胸径 20cm 以上的青皮 18 株，林下光照较强，显得干燥，但林下的幼树不多，其中一部分是具刺的灌木。附生植物几乎绝迹，小藤本较常见。

在杨梅港这个地段，400m² 样方内有胸径 3cm 以上的各级立木 24 种 86 株，青皮占 49 株，而胸径 21cm 以上的上层乔木全部是青皮，余为黄牛木、硬核木、刘氏暗罗、九节、黄枝木、山竹子、皱叶山麻杆。具刺的成分有鹊肾树、柞木，琼刺榄（*Xantolis longispinosa*）、猪肚木等 23 种小乔木。灌木有金莲木、酒饼叶、全缘硃砂根、大叶硃砂根等。

林下幼苗的种类和数量均较多。100m² 样方内有木本幼苗 34 种 427 株。其中青皮 187 株，光叶山小橘（*Glycosmis craibii* var. *glabra*）83 株。

在乌石村另一段，单位面积的种数及株数更少。在 300m² 有胸径 2cm 以上的木本 10 种 71 株，青皮占 52 株。20cm 胸径以上的立木 9 株，全部是青皮。林下幼苗幼树 36 种 279 株，青皮 44 株，滨木患 8 株，九节 91 株，其他具刺的有猪肚木、毒刺木、山石榴、鸡爪簕、变叶裸实（*Maytenus diversifolius*）等。

这个海岸单优林是个真正的单优林。青皮能在沙滩上发育和更新，充分说明青皮的适应性远远超过别的树种，目前它不断遭破坏，森林的出现年代不可考，清朝同治年间就曾立碑禁伐，可见一直受到人为破坏，从海南东海岸台风频繁的多发程度看，对这一天然海岸防护林有必要严加保护。

（四）更新演替

青皮林是海南低海拔最主要的森林植被，也是唯一的原生性龙脑香林。在生境条件良好，土层深厚的低山常形成混交青皮林。在生境恶劣，土壤浅薄而瘦瘠的地区，则出现单优青皮林。在混交青皮林里，唯有青皮比其他混生乔木具有较多的各级立木，林下幼苗也以青皮占多数。在天然更新过程中，很难有别的雨林乔木能代替青皮，这是由青皮的广幅生态适应性所决定的。混交青皮林是稳定的雨林型龙脑香林。单优青皮林是年轻的、不稳定的龙脑香林，东部海岸的单优青皮林是随着海岸的发育而发展起来的，属于原生演替系列的森林群落，估计至少有 500 年历史，如果没有人为干扰，将在一个相当长的时间内保持单优状态，只有当青皮林改变了生境条件，使土壤肥力不断提高之后才有可能转变为混交青皮林。迄今，在东部海岸的单优青皮林下，还找不到别的上层乔木。诸如荔枝、蝴蝶树、细子龙等的幼苗。

在东方的西方山、马鞍岭以及乐东尖峰岭西坡（第 3 分区）的单优青皮林，是经过人为破坏之后再次更新的幼龄林，它们是处在不同的发育阶段。尖峰岭西坡的单优青皮林可能是经过严重破坏后更新起来的，一般胸径只有 20cm 左右。西方山的单优林蒙受破坏的程度可能比较轻微，或者更新的时间长一些，树龄也较大。马鞍岭的单优林已接近成熟阶段，胸径达 70cm。在这些不同阶段的单优林里，仍然看不出别的上层乔木表现出随着时间延续而出现侵入数量逐渐增大的趋势。假定胸径 80cm 的青皮林已达成熟，而在时间上要经过 200～250 年的话，则第 2 代或第 3 代也许才可能有其他上层乔木树种侵入，那么从单优林到混交青皮林可能要经过比较长的时间。

由于青皮有天然更新的特性，常从组成单优林开始，因此被认为青皮是喜光树种，是先锋树种。其实，无论是原生演替系列的海滩单优林，或者是次生演替性质的石山单优青皮林，都是取决于青皮大幅度的生态适应性。它的耐旱、耐瘦瘠的适应力，在林下幼苗数量众多和强大的生活力，以及上层大乔木能经历数百年而不衰败，都说明青皮不是喜光的先锋树种。在印度北部和尼泊尔，粗娑罗双生长在北纬27°以上，已达到龙脑香林区系分布的最北边缘，天然更新仍然非常旺盛，组成单优森林，林下的幼苗也占绝对优势，同样地反映出以龙脑香植物为代表的亚洲热带雨林是稳定的或者是顶极的森林，而不是短命的先锋林。

单优青皮林经过长期的发展，至少是经过几百年的过程，必然促使生境发生变化，使土层变得更深厚而肥沃，水分的含量随着提高，必然导致其他的乔木树种入侵，使单优林在成分、结构和种间关系等方面发生变化，这时青皮林顺向发展成混交青皮林。而由混交青皮林向着单优林的逆向演替现象，只有在人为破坏混交青皮林，才可能出现次生性的单优林。亚洲热带的单优林，按理查斯的意见，认为是“与不良的土壤相联的”。实际上是单优树种的广幅生态适应性的结果，而且可能还有土壤微生物参与作用。证明诸混交青皮林下，青皮的幼苗远比其他上层乔木的幼苗多，只能用生态适应性来解释，而不能说土壤偏爱于青皮，却排斥了其他上层乔木。

关于混交林与单优林的关系，理查斯提到白劳恩(Braun)的群丛分化与隔离的理论。他认为南美圭亚那及小安的列斯混交雨林周围的单优林，是从混交雨林分化出来的，我们认为热带雨林本身是在无季节变化的热带气候形成的，气候不出现分化就不可能促使雨林起分化。海南的单优林是前期的产物，而混交雨林则是单优青皮林继续发展的稳定阶段的产物，单优青皮林不可能是从混交雨林分化出来。费多洛夫认为海南的龙脑香林只限于沟谷地段，因而断言龙脑香林形成受到土壤条件的限制，而不受气候条件的影响。实际上，费多洛夫未认识到龙脑香林在海南分布的广泛性，海南青皮林和亚洲热带各地的龙脑香林一样是气候顶极群落，决不是什么土壤条件的作用超过了气候条件的作用，更不是什么土壤顶极。

（五）生长和生产力

在自然条件下，青皮1年生幼苗死亡率达87%，2年生苗的死亡率为49%，3年生苗为47%，5年生苗为28%，6～11年生苗的死亡率最低，为11%。幼苗的存活曲线呈Deevey Ⅰ型。属于高数量的幼龄数，和低的成活数。幼苗的生长量与降水及温度密切相关。在高温高湿的季节，树高的生长量为1.7～2.6cm，而在低温而干旱的季节，树高生长量仅为0.2～0.7cm。幼苗的生长与光照的关系很密切。在自然群落中，森林覆盖度为10%时，1年生幼苗的存活率为28.5%，当覆盖度为40%时，1年生幼苗的存活率提高到42.5%。

青皮种群在混交青皮林里具有不同的年龄级，以霸王岭的青皮林为例，幼龄群（1～10年生）的个体最多，占总个体数的94.11%，并由中龄向老龄群渐次逐减。按立木级计算，1～5级立木的比例分别为78.6%、15.2%、1.3%、3.7%、1.3%。

青皮各年龄的高度、胸径、材积及生长量，在一定年龄范围内大体上随着种群年龄的增长而呈指数函数方式增大。根据霸王岭混交青皮林内29株不同龄级的青皮的解析木研究表明，在10～20年生之前，其高度、胸径、材积及生物量的增长极缓慢，树高平均连年增长24cm，胸径平均连年增长0.12cm，材积平均连年增长0.000 49m^3，生物量这一时期个体平均连年增长量0.376 2kg干重。10或20年生以后，它们的增长量逐渐加快，但增加规律各异。种群的高度增长的高峰期在20～30年生，平均连年增长量达35cm，以后逐渐下降，至60年生以后急剧下降，平均连年增长量仅为17cm；种群胸径的增长高峰在40～60年生，平均连年增长量达0.32cm；种群材积在40年生以后才开始以较大幅度增长，到80年生仍未见稳定，个体平均连年增长达0.013 05m^3；同样，种群的生物量增长在30年生以后才以较大的幅度增长，这时期个体的平均连年增长量为2.789kg干重。到50年生仍未见稳定。这个时期个体平均连年增长量高达6.363kg干重。根据以上材料推断，青皮种群的动态期在1～20年生。在这个时期内，种群增长缓慢，木纤维长度最短，平均长度为1.1～1.6mm；在生长旺盛的21～80年生，种群各方面的生长逐渐达到鼎盛，木纤维的长度最长，平均为1.7～1.8mm；生长稳定期在80年生以后。此后，生长率逐渐降低，木纤维重新变短，平均长度在1.7mm以下。青皮种群生长衰退和死亡阶段，据菲律宾的初步资料，可能在300年以后。

分析研究还表明，同一生境同一龄级（10年）的5种不同密度的人工青皮林各个体材积增长，种群的密度越高，种群个体材积就越小。在密度为625株/hm^{2}时，平均单株材积为0.013m^3；密度为2 000株/hm^{2}时，平均单株材积为0.003 5～0.006 0m^3；密度为2 600株/hm^{2}时，平均单株材积为0.004 4～0.005 5m^3；当密度为10 000株/hm^{2}时，平均单株材积为0.000 7～0.001 7m^3。进一步研究还表明，密度对青皮种群材积的影响，主要是通过密度对种群个体的胸径增长的阻滞来实现。在不同密度的情况下，种群个体的胸径分布频率随种群密度产生"偏离"，而且偏离的峰值也不相同。密度大的种群个体总是向小的胸径级偏离，偏离的峰值也较低；反之，密度较小的种群个体总是向大胸径级偏离，偏离峰值也较高。如密度10 000/hm^{2}时，种群个体胸径级局限于＜4cm径级偏离，偏离峰顶是2cm径级，该径级分布频率55%；密度为2 000株/hm^{2}时，种群个体胸径级趋向于4～8cm径级偏离，偏离峰值是5cm径级，分布频率35%；而密度625株/hm^{2}时，种群趋向于6～12cm径级偏离，偏离峰值是9cm径级，分布频率为30%。这种偏离现象说明，种群材积的大小，一开始就受到密度的制约。种群中的弱者始终是弱的，强者则始终是强的。除非密度变更，密度制约消失。否则，这种状态是不容易改变的。

2—6—2—1　华南坡垒林①

华南坡垒（*Hopea chinensis*）林属于中国为数不多的龙脑香林，特产广西。该树种属中国二级珍稀濒危保护植物，以它为标志的雨林也是中国珍贵的热带森林资源，故无论在科

① 执笔人：苏宗明，莫新礼

学研究和生产上都具有重大意义。

华南坡垒林，仅分布于广西南部十万大山海拔600m以下沟谷、溪边。分布区的地理位置处于北纬21°30′～22°00′，东经107°30′～108°25′的狭小范围。十万大山为断裂单斜中山，华夏走向，最高峰脊线1 200～1 400m，此类雨林，主要分布在迎风的东南坡，稀见于背风面。由于濒临北部湾，深受热带海洋季风的影响，低平地方的气温可以广西东兴的记录为代表，年平均气温22.4℃，最冷月(1月)平均气温14.7℃，最热月(7月)平均气温27.9℃，年较差仅13.2℃，多年极端最低气温平均值5℃，多年日平均气温≥10℃的积温8 158℃，热量相当丰富。年降水量在迎风面可多达2 800mm以上，气候潮湿；背风坡也在1 700mm左右，属湿润级；但1年中分配不匀，4～10月为雨季，长达半年；12～2月为旱季，旱冷同期，且沟谷中空气和土壤的水湿条件优越，不易受干旱的威胁，有利于雨林的发展。十万大山地质条件较复杂，而华南坡垒林主要分布在晚三叠纪紫红色砂岩、砂泥岩以及印支期花岗岩类构成的地层上。立地土壤为赤红壤，地表枯枝落叶层厚2～5cm，土层最深，壤土，有机质含量比较丰富。

群落组成复杂，据前人调查在400～600m^{2}内约有150～200种植物，优势种不明显，华南坡垒为本类型的一个标志种。由于人为干扰破坏严重，现在较好的成片林分已罕见，且大径木多被选伐，在这类次生林中，基本上还保存原来的组成，林木生长仍很茂密，郁闭度0.9左右，外貌终年常绿，分为3个亚层。

目前上层林木多处在中年期，高15～20m，而残留的少数巨树高耸于此林层之上，达30m以上。覆盖度70%～80%，树冠连续，常见的主要有血胶木、壳菜果（米老排）(*Mytilaria laosensis*)、紫荆木（*Madhuca pasquieri*)、大果马蹄荷（*Exbucklandia tonkinensis*)、东京双翼豆（*Peltophorum tonkinensis*)、海南风吹楠、乌榄(*Canarium pimela*)、橄榄(*Canarium album*)和辛果漆（*Drimycarpus racemosus*）等。华南坡垒在群落中分布普遍，频度为100%，但只有个别立木达到上层。

中、下层林木高4～15m，树冠不连续或部分连续。华南坡垒和这两亚层出现较多，特别是在下层占有较重要地位，株数可达这亚层总株数35%，生长良好，其他树种常见大花第伦桃（*Dillenia turbinata*)、竹叶木荷（*Schima bambusifolia*)、秋枫（*Bischofia javanica*)、亮毛红豆（*Ormosia sericeolucida*)、亮叶杜英（*Elaeocarpus nitentifolius*)、假山龙眼（*Heliciopsis henryi*)、倒卵叶山龙眼(*Helicia obovatifolia*)、木奶果(*Baccaurea ramiflora*）等，其他还有黄叶树（*Xanthophllum hainanense*)、尾叶香楠（*Randia merrillii*)、药乌檀（*Nauclea officinalis*)、黄梁木（*Anthocephalus chinensis*）和溪杪（*Chisocheton paniculatus*）等。

灌木层植物种类不少，主要为乔木层的幼树，其他常见有海南山龙眼（*Helicia hainanensis*)、假鹊肾树（*Pseudostreblus indica*）、篦叶竹节树（*Carallia pectinifolia*)、五角紫金牛（*Ardisia quinquegona*)、广东拟黄叶木（*Xanthophytopsis kwangtungensis*)、桄榔（*Arenga pinnata*）和单穗鱼尾葵（*Caryota monostachya*）等。

草本层以喜阴湿环境，植株高大的种类为多，常见有金毛蕨（*Cibotium barometz*）、黑桫椤（*Cyathea podophylla*）、红色新月蕨（*Abacopteris rubra*）、广西山姜（*Alpinia kwangsiensis*）、华山姜（*Alpinia chinensis*）、露兜簕（*Pandanus tectorius*）和野芭蕉（*Musa balbisiana*），局部地方还可见到呈小片分布的柊叶（*Phrynium capitatum*）。

层间植物常见有刺果藤（*Buettneria aspera*）、香港鹰爪（*Artabotrys honkongensis*）、白叶瓜馥藤（*Fissistigma glaucescens*）、金果瓜馥藤（*F. cupreonitena*）、华马钱（*Strychnos cathayensis*）、锡叶藤（*Tetracera asiatica*）、光滑丁公藤（*Erycibe laevigata*）、买麻藤（*Gnetum parvifolium*）和多种省藤属植物（*Calamus* spp.）、麒麟叶（*Epipremnum pinnatum*）、香港崖角藤（*Rhaphidophora hongkongensis*）等木质藤本，局部地段还多藤竹攀援，附生植物主要有鸟巢蕨（*Neottopteris nidus*），苔藓繁茂，树干、树皮及叶面均可有分布。

原生性的华南坡垒雨林为达到相对稳定的类型。作为群落标志种的华南坡垒，属于耐荫（中生）树，庇荫阶段可长达 15 年生以上，在密林下的更新层中得到较好的发展，幼树数量可居于各树种的首位，分布普遍且较均匀，年轻的林木较少呈被压状态。据标准地调查，在 1 000m^2 有幼树 83 株，下层、中层及上层林木分别有 63、18、3 株，种群的发育阶段是完整的，且补充率大于衰亡率，反映出森林环境适于种的继续存在与发展。至于上层林木稀少，主要由于此种珍贵树种为群众着重选伐的对象，在停止选伐后，随着时间的推移，将有可能逐渐增多，属于群落中稳定性较大的种，所调查的林分正处在向原生性森林恢复的过程。

经济价值高，华南坡垒为稀有珍贵树种，木材坚重，极耐腐，埋入土中近百年而不腐，故有“万年木”之称。其容重平均为 0.95g/m^3，顺压及静曲极限强度分别为 579kg/cm^2 及 1 742kg/cm^2，属于高强度、高质量系数的材种，为高级家具、车船、建筑、水工、军工、机械等优质用材。

其他珍贵优良树种还有紫荆木、黄叶树、小叶红豆、米老排、东京马蹄荷、东京双翼豆、血胶木、药乌檀、风吹楠、海南风吹楠和黄梁木等，林下经济植物主要有多种白藤、野砂仁、巴戟和桄榔等。由于这类森林残存已极少，濒临绝灭的险境，因此，应严格保护，列为禁伐林；在有华南坡垒幼苗、幼树的疏残林，宜实行全封育林；另一方面还要对林中许多珍贵优良树种和经济植物引种驯化，进行造林，不断扩大资源，以供利用。

2—6—3—1　望天树林①

望天树（*Parashorea chinensis*）是 1975 年在云南西双版纳发现的新种，也是中国的特有种。望天树林仅在云南的西双版纳有分布，面积约 1 045hm^2。望天树林的发现，对研究中国热带森林的发生发展和经营利用是有一定的价值，也是中国不可多得的一种热带森林

① 执笔人：汤家生

类型。

以望天树为优势的森林，仅局限分布于中国云南西双版纳的勐腊县境内，即补蚌—广纳里一带的白沙河、老大地、菠萝箐和南坑河河谷两侧山地上，海拔700～1 100m。其地理位置约东经101°45′，北纬21°35′。

分布区的地势属东北高，西南低的中山地貌，境内大小溪流众多，沟谷发育，多斜坡、陡谷，山体相对高差100～600m。其气候特点为高温高湿，空气湿度大，冬季多雾，越冬条件尚好。根据勐腊县气象站资料记载：年平均气温21.1℃，最冷月（1月）平均气温为15.3℃，极端最低气温0.5℃，最热月（6月）24.7℃，≥10℃的活动积温为7 653.1℃。年降水量为1 527.1mm，但雨季多集中在4～10月，降水量为1 357.8mm，占全年降水量的88.9%，而6、7、8三个月为降水量最多的月份，降水量可达846.4mm，占雨季降水量的62.3%。全年平均相对湿度86%。林下土壤为发育在紫色砂岩上的厚层或中层褐色砖红壤，具有粘重、肥沃、有机质含量高的特点。在这优越的自然环境条件下，极有利于望天树林的生长。

望天树林，组成树种繁多，林内植物种类复杂多样。林分层次结构明显，多为复层林。望天树生长高大，占有上层显著优势。主林层几乎全由望天树组成，林层高度在45～60m。高出于次林层之上20m左右。林木树冠互不连接，郁闭度0.3左右。平均胸径在70～80cm，个别为44cm，林分内最大胸径达130cm。每公顷蓄积量450～660m^3。次林层很少有望天树出现，但林木组成树种较多。常见有番龙眼（*Pometia tomentosa*）、云南肉豆蔻（*Myristica yunnanensis*）、红光树（*Knema furfuracea*）、中华紫玉盘（*Pseuduvaria indochinensis*）、梭果金刀木（*Barringtonia fascicarpa*）、长柄金刀木（*B. longipes*）、胭脂（*Artocarpus tonkinensis*）、云树（*Garcinia cowa*）、肉托果（*Semecarpus reticulata*）、大果人面子（*Dracontomelon macrocarpum*）、山韶子（*Nephelium chryseum*）、滑桃树（*Trewia nudiflora*）、王氏银钩花（*Mitrephora wangii*）、降真香（*Acronychia pedunculata*）、木奶果（*Baccaurea sapida*）、窄序崖豆藤（*Millettia leptobotrya*）、多种银柴（*Aporosa* spp.）、披针叶楠（*Phoebe lanceolata*）、楔叶密榴木（*Miliusa cuneata*）、假海桐（*Pittosporopsis kerrii*）等树种。在高海拔地段还有假鹊肾树（*Pseudostreblus indica*）、樟科等树种出现，这类林分表现出向亚热带常绿阔叶林过渡的特征。林层平均高25～27m，平均胸径22～34cm，郁闭度0.5左右，每公顷蓄积量160～300m^3。

下木平均高5m以下，种类较多。常见的有二室棒柄花（*Cleidion spiciflorum*）、多种山矾（*Symplocos* spp.）、银叶巴豆（*Croton cascarilloides*）、小苦竹（*Pleioblastus* sp.）等多种。草本植物以柊叶（*Phrynium capitatum*）、黄腺羽蕨（*Peocnemia winitii*）、长叶实蕨（*Bolbitis heteroclita*）、黑顶卷柏（*Selaginella picta*）、云南观音莲座蕨（*Angiopteris yunnanensis*）等较为高大粗壮，湿性种类多见。木质藤本有崖爬藤一种（*Tetrastigma* sp.）、沙拉藤（*Salacia polysperma*）等。附生与半附生植物有爬树龙（*Rhaphidophora decursiva*）、麒麟叶（*Epipremnum pinnatum*）、螳螂跌打（*Pothos scandens*）、鸟巢蕨（*Neottopteris nidus*）、崖

姜蕨（*Pseudodrynaria coronans*）等。

菌类植物中有黑肉假芝（*Amauroderma niger*）、黄多孔菌（*Polyporus elegens*）、轮纹硬蕈（*Stereum facciatum*）、灵芝（*Ganoderma lucidum*）等均属热带成分。苔藓植物以短肋羽藓（*Thuidium kanedae*）、钝叶树平藓（*Homaliodendron microdendron*）等常见。

望天树具有生长快，寿命长的特点。但在林冠下幼苗期高生长较慢，1 年生天然苗高仅 20～30cm，10 年生一般不超过 4m，以后生长逐渐加快，后期生长量很大。从 123 年生单株解析木看出，树高 55.4m，胸径 75cm，单株材积 10.485m^3，平均年生长量 0.085m^3，约为当地常见树种毛麻楝（*Chukrasia tabularis* var. *velutina*）、番龙眼的 2～5 倍，为同龄云南松的 4～6 倍，其生长过程在 10 年生以前生长缓慢，20 年生以后逐渐加快，直到 123 年生时无衰退现象。胸径在 30 年生以后较稳定，连年生长量一般在 0.57～0.70cm，个别年份（50 年生时）达 0.83cm，平均生长量在 0.42～0.59cm。但树高连年生长量起伏较大，平均生长量较为稳定，两者高峰均在 30 年生时出现，连年生长量为 0.57m，平均生长量为 0.48m。而材积生长到 123 年生时，其连年生长量还远远大于平均生长量，即数量成熟期还未到来。说明是一长寿树种，可培养大径材。

望天树 5 月换叶同时开花，花朵繁茂，果实丰盛，7 月便成熟。成熟果实大而具 5 翅，能随风传播。落地后恰为雨季，水分充足，故易萌发，粗壮根很易穿透枯枝落叶层伸入土壤，故天然更新能力强，效果好。据 80 个 2m×2m 小样方调查统计，每公顷有幼苗9 000～34 000 株，且生长良好。望天树大树生长茂盛，幼苗生长良好，是一种比较能持续生存的地带性植物种类。望天树林是比较稳定的地区代表类型。

望天树林是一珍贵的热带森林类型。林内其他经济植物较多，珍贵用材树种也不少，特别是望天树具有生长快、寿命长的特点，为一速生珍贵用材树种。望天树干形圆满通直、径级大、节少、出材率高、纹理直、硬度中等、力学强度较高、加工性能较好，是一种优良工业用材树种。用途广泛，适宜作胶合板、造船、建筑、家具、车厢、地板及房屋装修，箱盒及各种细木工件等。望天树是一很有发展前途的优良树种，而望天树林更是稀有珍贵，应加强保护管理，现已划入西双版纳自然保护区，今后应尽快研究其保护发展利用措施。在适宜的环境条件下可大力营造人工林。

2—6—3—2　擎天树林①

擎天树（*Parashorea chinensis* var. *kwangsiensis*）林是中国珍稀的热带林，也是古热带龙脑香林分布北缘特有的类型，在科学上有着重要地位。群落组成复杂，植物资源多样，以产珍贵优良用材为主，是宝贵的种子库、基因库，也是山溪沟谷的护岸护坡水源涵养林。

（一）分布与生境

① 执笔人：李治基

擎天树林为中越边境特有的类型，目前只发现于中国受东南季风影响的滇东南及桂西南，大体上西起河口、马关两县的南溪河地方，东至左江以北的龙州县西境。云南境内地势向北急剧升高，擎天树林限于北热带季节雨林、半常绿季雨林地带，北界不超过北纬23°；广西境内，间可伸入南亚热带季风常绿阔叶林地带的南部，广西弧形山地西翼外缘，如都安县西南缘以及田阳县北的个别地点，这些分布点地势低，有重山屏障，削弱寒潮入侵，较暖的小环境成为它们向北分布的余波。分布区约位于北纬22°30′～24°00′，东经105°55～107°35′。虽然作为一个种，擎天树还可北上至广西巴马瑶族自治县北都阳山地前缘，北纬24°16′，但已成为群落的偶见种。此外，根据地理条件及植物区系的特点推测，越南北部高地谅山当有分布。滇东南更为湿热的气候，虽在溶蚀地貌上，它的分布高程可达海拔800m。桂西南降水量较少，在北回归线附近的那坡，沿着山溪仍可上升到海拔700m以上；而在龙州低峰丛石山，位于分布区的南缘，热量丰富，但只出现在水分条件优越的深狭圆洼地，海拔不超过500m；到了分布的北界，限于山前丘陵谷地，海拔400m以内，垂直分布随着纬度北移而降低并因水分状况而不同。但总的说来，上界偏低，以致在水平分布上往往受中山所间阻，滇桂边界连绵高峻山地山原的存在，使擎天树在地理分布上留下大片的空白，从而被分割为两个分布区。擎天树林不仅在三向地带的分布有着颇大的局限性，且在分布区内也很星散，即使在南缘也是少见的类型，面积小，呈斑点状镶嵌于其他阔叶林中。

虽然在植物分类学上，擎天树和望天树是种内孪生关系，亲缘密切，后者属于滇缅泰地区成分，见于受西南季风影响的滇南西双版纳。它们各自参与建群，成为地理分布上替代种。

分布区年平均气温21.5～22.5℃，多年日平均气温稳定通过10℃的积温7 487～8 249℃，月平均气温≥22℃的夏季有7个月，最热7月为27.5～28.1℃，最冷1月为13～15℃，没有冬季，多年极端最低气温平均值1～5℃，东部受寒潮影响较强，个别年份极值可低至－1～－2℃，那是在强平流—强辐射作用下所出现的短暂寒潮。

地区之间水分条件差异颇大，西部的河口位于沿红河直上的东南季风迎风面，兼受西南季风影响，年降水量1 777mm，水热系数2.1强，属于湿润的气候，当地擎天树林较富雨林特征，虽在石灰岩地层上，上层的巨树密度较大。在广西境内，分布区处在十万大山及弧形山的背风面，年降水量1 100～1 400mm，干湿季交替较分明，水热系数1.4～2.0，属于半干燥至半湿润气候，实际上擎天树林在半干燥地方是没有分布的，只出现在半湿润区，局限于深切割的沟谷，在瀑布或跌水使水沫飞溅的溪涧边尤多擎天树的生长；或见于峰丛石山深狭圆洼地的坡底，日照短促，静风、多雾露，从林下生长着不少的大型及巨型叶植物，指示着局部小环境是潮湿的。

在灰岩构成的溶蚀地貌，擎天树林下的土壤为淋溶石灰岩土，位于坡积物或溶沟发达的坡底部位，有较大的土壤覆盖率；但土层浅，在40cm以内，并多石块，通体潮湿，无石灰反应，中性至微碱性。在常态侵蚀地貌一般无分布，却出现于三叠纪百蓬砂页岩夹有泥灰岩并出露的沟谷地段，土层较厚，在50cm以上，心土有铁锈斑和铁结核，与典型的红壤系列不同，由于受泥灰岩风化母质的影响，使土壤发生性变，含钙量大，微酸性反应，近似钙质土，可称为钙土化赤红壤。其中生长着一定的钙土植物如千张纸、无忧花、三角榄等，但未见要求结构、通气、排水良好的石灰岩土众多的树种如蚬木、黄梨木（*Boniodendron minus*）、网脉核果木（*Drypetes perreticulata*），也缺乏酸性土指示植物，而较多的是对两类土壤不敏感的种类如四瓣米仔兰、海南蒲桃、乌榄、龙眼等。但由于所在坡位，常镶嵌着零星小片的来自上方酸性母岩风化的坡积母质，又杂居一些酸性土植物如中平树、野桐、红木荷等，后者在紧邻上方的赤红壤上成为优势种，而在此处却零星出现，以致在这类地层上的擎天树林组成错综复杂多样，骤然看来，不无令人扑朔迷离。

从两类地层上的土壤分析（表 6—3），擎天树林立地的土壤，表土层有机质含量较高，全氮量较多，碳氮比值小，在 10 以内，磷酸及有效钾含量都比当地一般红壤高或稍高，氧化钙特别多。根据 6 个点的剖面观察，土层厚度一般在 30～60cm。擎天树根系较浅，侧根和须根很发达，较浅的土层可以满足它生长的需求。擎天树的叶片灰分含量中等，多在 11%～14%，比酸性土植物高得多；钙含量为 1.3%～3.5%，属于中量至高量级。

表 6—3　擎天树林下土壤化学性质

土　类	层　次 (cm)	pH	有机碳 (%)	全氮 (%)	C/N	有机质 (%)	全磷 (%)	有效钾 (mg/kg)	氧化钙 (%)
淋　溶	0～9	7.6	4.62	0.620	7.5	7.96	0.323	110	1.53
石灰土	9～35	6.8	1.65	0.270	6.1	2.84	0.274	—	2.97
赤红壤	1～10	6.1	1.57	0.189	8.3	2.70	0.093	104	2.32
（砂页岩	10～25	6.0	1.11	0.141	7.9	1.91	0.065	—	3.14
夹泥灰岩）	25～51	6.0	0.41	0.077	5.3	0.70	0.049	—	1.64

总之，擎天树林主要生存在北热带地形隐蔽的沟谷、岸地，且局限于特殊的基质以及空气和土壤都潮湿的小环境，表现出擎天树微生态幅的多面性，致使以它为建群种的森林成为稀见的类型，呈星散分布。

（二）组成结构

群落外貌基本上终年常绿。作为标志种的擎天树以枝下很高的白色树干，挺拔于一般林冠之上，十分雄伟，春夏之交有短暂换叶期，新叶使树冠呈淡紫红色，接着为花果期，从仲夏持续至初秋，其间黄白色的花，紫红色的幼果和绿黄色的熟果镶嵌于深绿叶中，斑斓多彩。上层乔木不少具有发达的板状根，中下层出现一些茎花树种。叶以单叶种类为主，复叶的也不少，占总种数约 30%；大多数为中型叶，其次为大型叶，个别为小型叶及巨型叶。林相为复层混交林，在保持良好的原生性林中，以常绿阔叶树占绝对优势，组成垂直郁闭的林冠，而层间植物发达，使林层更为零乱，大体上分三个亚层；上层树高达 20～30m，林冠波状起伏，参差不齐，时而出现 40～60m 的少数巨树，高居于上方，当它们的数量较多时，形成最上的另一亚层。各亚层的相对密度，种数往往自上至下而递增，盖度则相反，森林主要作用面为上层，而特殊情况下则转移至中下层。组成复杂，在400～600m^{2}样地有90～120种植物，属于古热带植物区系成分，而以具中越边境特有及其与南海植物地区共有种为特征，在分布区西部还掺杂滇缅泰植物地区的成分，在北部则兼有一些泛北极植物区亚热带种类。群落的组成每因经度、纬度地带以及地质土壤而发生变化，就建群种及优势种来看，擎天树均为主要的共建种，在南部参与建群的有中国无忧花（*Saraca dives*）、喙核桃（*Annamocarya sinensis*）、海南风吹楠（*Horsfieldia hainanensis*），在西部为番龙眼（*Pometia tomentosa*）、心叶蚬木（*Burretiodendron esquirolii*），北部有四瓣米仔兰（*Aglaia tetrapetala*）。这些种类也就是上、中层的共优势种，有的在下层也占据重要地位，如擎天树、中国无忧花、四瓣米仔兰；中下层的其他共优势种在南部还有华润楠（*Machilus chinensis*）、棒柄花（*Cleidion brevipetiolatum*），西部有桄榔（*Arenga pinnata*）在下木层占据绝对优势，北部有小盘木（*Microdesmis casearifolia*）、水锦树（*Wendlandia uvariifolia*）、余甘子（*Phyllanthus emblica*），后两种仅见于受过强烈干扰，林冠曾经破裂的次生林中。

灌木层高达4m，草本层高约1m，在林冠的密闭下，很不发达，且主要为常绿阔叶乔木的更新层片；真正的灌木草本不多，较重要的种类，在南部有平顶紫金牛（*Ardisia depressa*）、野独活（*Miliusa chunii*），单穗鱼尾葵（*Caryota monostachya*）以及草本的瘤果砂仁（*Amomum muricarpum*）海芋（*Alocasia odora*）、多花野白芋（*Colocasia indica*），西部有露兜（*Pandanus farcatus*）以及柊叶（*Phrynium capitatum*）、莲座蕨（*Angiopteris*）和秋海棠、苦苣苔等小型彩叶植物，北部有九节木（*Psychotria rubra*）、平顶紫金牛、酒饼叶（*Desmos cochinchinensis*）以及红色新月蕨（*Abacopteris rubra*）、山菅兰（*Dianella ensifolia*）。

层间植物繁多，多大型木质藤本，普遍分布的有几种瓜馥木（*Fissistigma* spp.）、鸡血藤（*Millettia* spp.）、越南牛栓藤（*Connarus tonkinensis*）、副萼翼核果（*Ventilago calyculata*）、买麻藤（*Gnetum montanum*），南部还有多刺果藤（*Buettneria aspera*）、二籽扁蒴藤（*Pristimera arborea*）、油渣果（*Hodgsonia macrocarpa*）、巢蕨（*Neottopteris nidus*）、硬叶吊兰（*Cymbidium pendulum*）和麒麟尾（*Rhaphidophora pinnata* Schott）、崖角藤（*Rhaphidophora hongkongensis*）等附生和半附生植物，北部还多菝葜（*Smilax china*）、龙须藤（*Bauhinia championii*）等亚热带常见种类，在滇东南叶附生及苔藓植物相当发达。

根据其建群种的不同，擎天树林可分为如下类型。

1. 中国无忧花擎天树林

分布于北热带东部，桂西南山原那坡县南部一带，由三叠系中统百蓬组砂页岩夹泥灰岩构成的深割切的沟谷，往往局限于泥灰岩或钙质砂岩出露风化发育而成的钙化赤红壤上，海拔高可达700m。林木生长茂密，郁闭度0.9以上。在800m^{2}样地内共有乔木31种107株（相当于1 338株/hm^2）。擎天树分布普遍，密度也最大，重要值指数为61，占乔木层总指数1/5强，名列第1；其余依次为喙核桃、中国无忧花、海南风吹楠，指数分别在20～40，其中喙核桃株数并不多，但树大，优势度格外突出而名列第 2；海南风吹楠也有类似之处，但在有的地段无分布，相对频度较低而排列第 4。以上 4 种合计相当于乔木层总指数一半，成为共建种。上层乔木有 11 种 20 株，盖度 80%，树高 20～30m，个别擎天树可达 40～60m；胸径一般 40～80cm，喙核桃间可达 100cm；各树种重要值指数差距不大，变动于 11～45，上列建群种均位列前矛，而以喙核桃最高；此外，毛叶黄杞（短翅黄杞）(*Engelhardtia colebrookiana*) 的指数也在 30 以上，5 种合计共为 191，接近于亚层总指数 2/3，组成共优势种；香港樫木 (*Dysoxylum hongkongense*)、三角榄 (*Canarium bengalense*) 也较重要，指数在 25 以上；其他还有乌榄 (*C. pimela*)、四瓣米仔兰、五桠果叶木姜子 (*Litsea dilleniifolia*)、厚叶琼楠 (*Beilschmiedia percoriacea*)。以上树种，多为羽状复叶，7 种合计重要值指数为 195；单叶的 4 种，大型叶与中型叶参半。如连同复叶计，则叶级谱以大型叶占绝对优势。第 2 亚层林木高度主要集中于 11～16m，有 14 种 25 株，盖度约 50%，擎天树、云南无忧花的重要值指数基本相等均为 105，喙核桃、四瓣米仔兰各为 24，共优势的还有这亚层代表种华润楠为 28，其他树种均零星生长，如辛果漆 (*Drimycarpus racemosus*)、海南山竹子 (*Garcinia oblongifolia*)、鱼尾葵 (*Caryota ochlandra*)、菲律宾朴（大叶朴）(*Celtis philippinensis*)、耳榕 (*Ficus cunia*)、禾串树 (*Bridelia balansae*) 等。第 3 亚层高 10m 以内，有 15 种 16 株，盖度约 45%，擎天树最多，相对密度达 50%强，重要值指数大体上相当于这亚层的 1/3，共优势的有云南无忧花和局限于这亚层的棒柄花，各为 50 左右；株数较多的还有厚叶琼楠，也占据较重要地位；其他树种如蝴蝶果 (*Cleidiocarpon cavaleriei*)、假苹婆 (*Sterculia lanceolata*)、对叶榕 (*Ficus hispida*)、石栎 (*Lithocarpus* spp.)、海南山竹子、五桠果木姜子、辛果漆等呈单株分布；此外，在上方林冠裂隙下，偶然出现秋枫 (*Bischofia javanica*)、红木荷 (*Schima wallichii*)、树紫珠 (*Callicarpa arborea*) 等，生势很弱，濒于死亡，看来短暂的上方直射光，已不能满足它们的要求，难以继续生存。

2. 水锦树擎天树林

稀见于广西都阳山地以南的南亚热带地方，海拔 400m 以下的溪谷，地层与前一类型相同。过去曾对其他材用杂树强度择伐，保留的擎天树得以大量滋长；另一方面由于林冠曾破裂，众多喜光树种侵入发展起来，有的甚至成为中下层的次优势种。目前森林郁闭度 0.9 左右。600m^2 内有乔木 28 种 177 株，擎天树相对密度 59%，重要值指数 109，达到总指数 1/3 强，占据重要地位；其他树种指数相当分散，且远不及擎天树，如最高有水锦树为 30，粗糠柴 (*Mallotus philippinensis*) 和余甘子在 15 左右，它们都不能长成上层大乔木。数据表明，实际上这是擎天树单优林正向混交林恢复过程。上层林木仅 4 种 15 株，盖度约 50%，分配不均，个别地段却缺乏这亚层的立木，一般高 20m 左右，擎天树 1 株，少数立木高 40m 以上，重要值指数 213，占绝对优势；此外，间杂有个别残留的乌榄、狭叶杜英 (*Elaeocarpus lanceaefolius*)、糙叶树 (*Aphananthe aspera*)。第 2 亚层林木 15 种 40 株，盖度 70%～80%，树冠基本连接，成为主要层，擎天树重要值指数 68，名列第 1，其余依次有水锦树 (44)、余甘子(34),为次优势种,3种指数合计接近亚层总指数的一半;较常见的还有华润楠、粗糠柴、野漆(*Toxicodendron succedaneum*)、禾串树;此外,海南蒲桃(*Syzygium cumini*)、中平树(*Macaranga denticulata*)、厚壳树(*Ehretia thyrsiflora*)、红木荷、斜叶榕(*Ficus gibbosa*)、大叶朴等的数量都稀少。第3亚层高10m以内,共23种122株,盖度60%,绝大多数是中上层树种的小径木,擎天树密度最大,占亚层65%,重要值指数105,优势明显;水锦树45,为次优势,但和秋枫、千张纸(*Oroxylum indicum*)、中平树等多种喜光树种生长不良,呈现被压,以至出现枯立木;较多的还有山枇杷(*Eriobotrya cavaleriei*)、华润楠、禾串树、狭叶杜英;偶见的有乌榄、海南蒲桃、菲律宾朴(大叶朴)以及仅见于这亚层的水东哥(*Saurauia tristyla*)、假苹婆、龙眼(*Dimocarpus longan*)、鸭脚木(*Schefflera octophylla*)等。

另外,在当地局部保存较好的小片地段出现擎天树、四瓣米仔兰混交林,它们在各亚层均占优势。林木组成除中下层缺乏水锦树、余甘子等前述的多种喜光树种外,和上列的单优林颇多类似,却在下层生长较多的耐荫的小盘木,成为共优势种。而单优林虽未见四瓣米仔兰,但更新层中却有不少它的幼树,高达2~3m,生长健壮,可望定居下来,可以设想,前述单优林是此类混交林退化而来。

从南亚热带擎天树林的组成看来,绝大多数为跨带广幅分布的热带成分;而较严格的热带种如海南风吹楠、火焰花、三角榄、辛果漆均已消失,却出现山枇杷、糙叶树等亚热带种类,热带色彩显然削弱。

3. 番龙眼擎天树林

据王达明的调查材料,此类擎天树林分布于滇东南河口,马关两县的南溪河地区,海拔300~800m的丘陵低山,多生长在石林状的强烈喀斯特化层上。据安家河样地调查,群落剖面结构的乔木上层仅有擎天树,树冠不连续,盖度30%,高40~50m,平均胸径70m。第二亚层盖度40%,高20~32cm,平均胸径33.1cm,番龙眼相对密度为45%,成为次优势种,其他6种均呈单株分布;而样地周围还有很多种类,具特征的如白榄(*Canarium album*)、云南龙脑香(*Dipterocarpus retusus*)、任豆(*Zenia insignis*)、人面子(*Dracontomelon dupereanum*)、大叶山楝(*Aphanamixis grandifolia*)及番荔枝科多种(有的调查点上,这亚层以心叶蚬木(*Burretiodendron esquirolii*)为优势,还有四数木(*Tetrameles nudiflora*)、越南石梓(*Gmelina lecontei*)等。第3亚层盖度50%,树高8~19m,平均胸径17.2cm,树种仍很复杂,有野荔枝(*Litchi chinensis* var. *spontarius*)、丛花厚壳桂(*Cryptocarya densiflora*)、木奶果(*Baccaurea ramiflora*)、棒柄花(*Cleidion* sp.)、葱臭木(*Dysoxylum* sp.)、多花山竹子(*Garcinia multiflora*)及丛生的篦筹竹(*Schizostachyum chinensis*)。下木层几乎尽是茂密的桄榔,盖度达70%,高4~10m,巨型羽状复叶可长达15m,颇为壮观。层间植物、叶附生及苔藓植物相当发达。板根常见,番荔枝、人面子和擎天树的板根有时高达7~8m。当地水热条件较优越,群落的特征反映出这是擎天树林热带色彩最浓的类型。

另外,在桂西南左江上游低峰丛石山区,曾是擎天树林分布比较集中的地方,生长在深狭圆洼地底部及其边缘坡麓。据50年代初普查记录,主要伴生树种为网脉紫薇(*Lager-*

stroemia suprareticulata)、中国无忧花、金丝李（*Garcinia paucinervis*），常见的有人面子、大叶山楝，有的地段还有肥牛木（*Cephalomappa sinensis*）、蚬木（*Excentrodendron hsienmu*）；中下层较多鱼尾葵、桄榔、叶轮木（*Ostodes paniculata*）、掌叶树（广叶参）（*Trevesia palmata*）等。70年代后期调查，此类原生林已被滥伐，荡然无存；偶见残次林，也因过度择伐，擎天树仅遗留少数下层小径木，濒于绝灭。

（三）生长过程

从3株样木的解析，可知作为建群种擎天树一些生长情况；虽然样木产地不同，但株数太少，尚不足以论断不同生境下生长速度的差异。各样木生长表现颇为参差，1号样木在10年以前树高连年生长相当缓慢，还不到0.3m，15年后才大幅度增长，紧接着两个龄阶稍有下跌又复回升，36～40年时达到高峰，年生长量1m以上；此后随着年龄的增加而递减，但直到55年生前后仍维持0.5m左右，这样的速度在其他树种的高龄林木是少见的。其余2株样木5年内生长量达0.7m，此后起伏情况各别，均在第4龄阶时连年生长上升为1m以上，尚不足判断高峰已来临。平均生长量在前期随着龄阶的推进而增加，只有1号样木在第10龄阶时高峰期已到来，比连年生长高峰推迟两个龄阶；而60年时生长量仍在0.6m以上。总生长量在20年时为8.1～18.8m，相去悬殊，生长最慢的1号木积累到60年时为37.7m，这是颇不寻常的高度（表6—4、表6—5）。

表6—4 擎天树1号样木生长进程

年龄	树高（m）			胸径（cm）			材积（m^3）		
	总生长量	连年生长量	平均生长量	总生长量	连年生长量	平均生长量	总生长量	连年生长量	平均生长量
5	1.15								
		0.25							
10	2.40		0.24	5.1		0.51	0.003 6		0.000 36
		0.32			1.20			0.003 82	
15	4.00		0.27	11.1		0.74	0.022 7		0.001 51
		0.82			0.80			0.006 56	
20	8.10		0.41	15.1		0.76	0.055 5		0.002 78
		0.71			0.62			0.012 78	
25	11.65		0.47	18.2		0.73	0.119 4		0.004 78
		0.69			0.56			0.019 30	
30	15.10		0.50	21.0		0.70	0.215 9		0.007 20
		0.99			0.64			0.026 60	
35	20.05		0.57	24.2		0.69	0.348 9		0.009 97
		1.02			0.50			0.032 72	
40	25.15		0.63	26.7		0.67	0.512 5		0.012 81
		0.78			0.48			0.041 20	
45	29.05		0.65	29.1		0.65	0.718 5		0.015 97
		0.75			0.46			0.049 36	
50	32.80		0.66	31.4		0.63	0.965 3		0.019 31
		0.51			0.42			0.057 88	
55	35.35		0.64	33.5		0.61	1.254 7		0.022 81
		0.47			0.38			0.065 74	
60	37.70		0.63	35.4		0.59	1.583 4		0.026 39

注：地点：田阳

表 6—5 擎天树 2 号样木生长进程

年龄	树高（m）			胸径（cm）			材积（m^3）		
	总生长量	连年生长量	平均生长量	总生长量	连年生长量	平均生长量	总生长量	连年生长量	平均生长量
5	3.5		0.70	1.2		0.24	0.000 3		0.000 06
		0.58			0.48			0.000 76	
10	6.4		0.64	3.6		0.36	0.004 1		0.000 41
		0.46			1.48			0.006 62	
15	8.7		0.58	11.0		0.73	0.037 2		0.002 48
		1.00			0.96			0.016 02	
20	13.7		0.69	15.8		0.79	0.117 3		0.005 87

注：地点：都安

胸径在 5 年前年生长在 0.3cm 以内，相当缓慢（表 6—5，表 6—6），而 1 号样木这时还未出现胸径生长；但以后都加快生长，连年生长高峰均在第 3 龄阶时，较树高连年生长高峰来得早，此时的生长量为 1.1～1.5cm；1 号样木在高峰后基本上随着龄阶的后延而逐渐下跌，偶尔出现小峰，50 年以后年生长量 0.4cm 左右，不算太低。平均生长高峰在年轻的两株样木未见分晓；1 号木则出现在第 4 龄阶时，比连年生长高峰推迟 1 个龄阶，此后速度缓慢下降，阶间差一般只 2cm，50 年以后还保持 0.6cm 左右的水平。总生长量在 20 年时，各样木为 15.1～16.5cm，相差不明显；1 号木在 60 年时为 35.4cm。

各样木材积的连年生长或平均生长在继续上升中，两者之间差距随着龄阶的增加愈来愈大，1 号木 60 年时连年生长量高于平均生长约 1.5 倍，看来两条曲线相交历程方长，远未达到数量成熟期，这对培养大材是很有利的。20 年时各样木的总生长量为 0.055 5～0.182 5m^3，生长慢的 1 号木 50 年时接近 1m^3，60 年时超过 1.5m^3，后 10 年的绝对值增长很大，胜过 40 年生的材积。另据测定实际胸径 1.5m（扣除板根）、树高 61.9m 的老年巨树为 44.85m^3，单株材积之高是惊人的。

表 6—6 擎天树 3 号样木生长进程

年龄	树高（m）			胸径（cm）			材积（m^3）		
	总生长量	连年生长量	平均生长量	总生长量	连年生长量	平均生长量	总生长量	连年生长量	平均生长量
5	3.5		0.70	1.3		0.26	0.000 3		0.000 06
		1.00			0.92			0.002 26	
10	8.5		0.85	5.9		0.59	0.011 6		0.001 16
		1.00			1.16			0.009 38	
15	13.5		0.90	11.7		0.78	0.058 5		0.003 90
		1.00			0.96			0.024 80	
20	18.5		0.93	16.5		0.83	0.182 5		0.009 13

注：地点：龙州

关于林分的蓄积，根据滇东南石灰岩擎天树林的统计，每公顷达 496m^3，这是一个很高的生产水平，其中擎天树占 68.29%，番龙眼占 15.5%，材积比反映擎天树优势度非常突出。

（四）更新演替

擎天树林木更新成熟龄来临较迟，一般在 45 年以后，结实间隔期 2～5 年。种子无休眠期，落地后 1～4d 即发芽，有的果实在下落前胚根即已伸出；下种期，正当湿热季节，林地发芽条件是优越的。擎天树早年耐荫且要求庇荫，因此在更新层得到蓬勃发展。根据低山丘陵 3 类群落的调查统计（表 6—7），它的野生苗居于绝对优势或共优势地位，其中水锦树擎天树林原为单优林，有大量母树下种，尤为突出。此外，滇东南灰岩上的擎天树林，它的幼树也相当多，达 1 125 株/hm²；在桂西南灰岩上的残次林，擎天树却完全得不到更新，是由于缺乏母树下种，并非石隙生境不宜于它的后代繁殖；而在残留母树的次生裸地的皆伐迹地上，也没有它的野生苗，旷地生境不利于它的幼芽成长。其余共建种中，番龙眼和四瓣米仔兰也多野生苗，胜过同群落的擎天树；无忧花、海南风吹楠、喙核桃在林荫下也能进行更新，虽然后两种的效果不理想，毕竟具有后续力量。至于中下层的共优势种如棒柄花、小盘木等耐荫树种在更新层也获得较好的发展；但水锦树和余甘子却完全缺乏幼苗幼树，如前所述，这些喜光树种是在过去林冠破坏时发展起来的，郁闭恢复后，直射光缺少，不利于它们的生长发育更新。常见种中多数也能完成发育周期下种更新，不逐一列举。偶见种的情况比较复杂，如假苹婆、狭叶杜英在某些群落中幼苗幼树之多，仅次于建群种；而树紫珠、中平树、千张纸、秋枫、野桐等多种喜光树种往往在更新层中消失；其余较多种类的野生苗有也不多，呈零星分布，在群落中仍持续其偶见种的地位。另外有些种类只见于更新层，如细子龙（*Amesiodendron chinense*）、越南桂木（*Artocarpus tonkinensis*）、米仔兰（*Aglaia odorata*）等生长良好。根据它们的生态特性判断，可定居下来，其实这些都是

表 6—7　擎天树林更新调查统计　　　　单位：株数/hm²

森林类别	树　种	幼苗		幼树	
		株	（%）	株	（%）
无忧花擎天树林	擎天树	250	77	1 950	52
	云南无忧花	0	0	300	8
	喙核桃	0	0	25	1
	海南风吹楠	0	0	25	2
	华润楠	0	0	125	3
	棒柄花	0	0	625	17
	其　他	75	23	625	17
	合　计	325	100	3 725	100
四瓣米仔兰擎天树林	擎天树				
	四瓣米仔兰	0	0	800	24
	小盘木	0	0	320	10
	假苹婆	0	0	320	10
	其　他	200	100	1 140	35
	合　计	200	100	3 320	100
水锦树擎天树林	擎天树	418	60	7 100	74
	水锦树	0	0	0	0
	余甘子	0	0	0	0
	四瓣米仔兰	0	0	87	1
	狭叶杜英	83	12	451	5
	细子龙	0	0	367	4
	假苹婆	66	10	567	6
	其　他	125	18	958	16
	合　计	692	100	9 529	100

擎天树林的成分，只是在有限的调查样地内未出现它们的立木，或者像擎天树水锦树林那样，曾经强度采伐，致使它们的林木消失。四瓣米仔兰在此群落中也有类似情况，而假柿木姜子（*Litsea monopetala*）、八角枫（*Alangium chinense*）等喜光树种则难望成长起来。

归纳各类擎天树林重要树种的发育年龄结构看来，不论在原生及次生林中，作为主要共建种及标志种的擎天树都具备老年、中年、青年、幼年等阶段的种群，且后备力量大，表现在相应的立地条件和森林环境中，它的生活力强，在群落发展中擎天树林的稳定性大，在没有人为破坏的情况下，不致为其他树种所更替。就每类擎天树林来看，番龙眼擎天树林属于原生性森林，已达到相对稳定阶段，虽然番龙眼的幼树无论在数量及频度均超过擎天树，但它不可能长成像擎天树那样的高耸巨树，也不可能取代后者在林中的首要地位。云南无忧花擎天树林中，4 个共建种在群落内的发育阶段是完整或比较完整的；虽然喙核桃、海南风吹楠在更新层中的数量并不理想，但毕竟后继有树，不致被淘汰；其实这两树种在乔木层的株数本来不多，但属于大乔木的生活型，优势度突出而成为共建种，在群落发展中可能仍将持续此种现象；至于各亚层的共优势种，除喜光的短翅黄杞仅残留上层老树，而缺乏自此以下的个体，表现它在群落中很不稳定外；其他中下层的共优势种仍可保持较重要地位，看来此类擎天树林也基本上进入相对稳定阶段。四瓣米仔兰擎天树林，不论从立木的年龄结构完整性以及更新效果，还看不出有任何树种可以取代这两个建群种以及下层共优势种小盘木的地位，也是达到相对稳定的类型，虽然假苹婆可能发展为下层的共优势种。水锦树擎天树林属于很不稳定的次生林，中下层的共优势种水锦树和余甘子，完全缺乏幼苗幼树以补充不断衰亡的林木，属于衰退型的种，它们的重要地位首先或将被狭叶杜英、细子龙、假苹婆所更替，以后逐渐向四瓣米仔兰擎天树林靠拢也是可能的。此外，桂西南低峰丛圆洼地的擎天树也是原生林，但经过长期的人为摧残，现已消亡，偶尔遗下残次林，擎天树也已沦为下层的偶见种，必须加以保护并采取促进更新措施，才能恢复它的建群地位。

（五）评价及经营意见

原生擎天树林单位面积的蓄积量很高，主要是由擎天树的巨树决定的。据广西农学院木材研究室测定，擎天树的计算强度，顺压为 170kg/cm^2，弯曲 186kg/cm^2，顺剪—弦向 48kg/cm^2、径向 43kg/cm^2，比优质的杉木高得多，且枝下高很高，树干通直，是建筑工程理想良材。其他珍贵优良用材树种还不少，如蚬木、金丝李、番龙眼、云南龙脑香、四瓣米仔兰等；果用的有乌榄、人面子、山竹子等；蝴蝶果、油瓜、海南霍而飞、鱼尾葵等为木本粮油植物；桄榔产糖及淀粉；药用的有瘤果砂仁，海南大风子等。总之，擎天树林蕴藏着丰富的林副种质资源，不胜枚举。但是由于从无管护，长期滥伐使此类本来稀少的森林日益减少，沦于濒危状态。云南东南擎天树林保存较好，宜建立保护区，其他地方的擎天树林也应严禁采伐。按擎天树及其同生的四数木、蚬木属于国家二级保护植物，蝴蝶果、番龙眼、五桠果、假柿木姜子等 10 种属于三级保护植物，尤应认真管护。70 年代后期，广西那坡及都安对擎天树已试行人工栽培，其他产地也宜试种，取得经验再行推广，逐步扩大资源以供利用。

2—6—4—1 云南龙脑香毛坡垒林①

云南龙脑香（*Dipterocarpus tonkinensis*）毛坡垒（*Hopea mollissima*）林在中国局限分布于云南的河口、屏边、金平一带，且面积小分布零散。它很接近于东南亚一带的热带雨林，是东南亚赤道雨林分布至北方边缘的一个地理变型。它的存在为研究热带植被，以及和邻国的植被提供依据，是中国不可多得的一个珍贵热带森林类型。

云南龙脑香毛坡垒林主要分布在云南河口的蚂蝗堡。在屏边的鸡窝，金平的勐拉，李仙江的坝溜和江城的阿波河等处亦有分布。其地理位置东经101°52′～103°58′，北纬22°23′～23°02′。多分布在海拔500m以下深切沟谷陡坡上，常呈小片零星分布，有时可沿河谷成走廊状上升到海拔700m。主要分布在东南季风迎风面的山前坡地。分布区常年高温多雨，极有利于该类森林的生长发育。根据河口县气象站资料：年平均气温达22.6℃，最冷月（1月）15.2℃，最热月（7月）27.7℃，极端最低温1.9℃，≥10℃的活动积温8 246.2℃，全年降水达1 777.7mm，但多集中在4～10月，降水量达1 563.9mm，占全年降水量的88%，降水量最小的为1月22.8mm，年蒸发量为1 260.2mm，小于降水量，全年相对湿度85%。林下土壤多为黄色砖红壤，pH值4.5～5.5，自然肥力较高，林木生长高大茂密，林内阴暗潮湿。

云南龙脑香毛坡垒林林分结构复杂，组成树种繁多，优势树种不明显，常以热带树种云南龙脑香、毛坡垒为标志。层次结构不明显，树冠上下连接，一般可划为复层林。主林层中除上述树种外，尚有大叶山楝（*Aphanamixis grandifolia*）、麻楝（*Chukrasia tabularis*）、葱臭木（*Dysoxylum gobara*）、仪花（麻礼木）（*Lysidice rhodostegia*）、无忧花（*Saraca griffithiana*）、细子龙（*Amesiodendron chinense*）、番龙眼（*Pometia tomentosa*）、鱼尾葵一种（*Caryota* sp.）、人面子（*Dracontomelon dupereanum*）、八宝树（*Duabanga grandiflora*）、糖胶树（*Alstonia scholaris*）、长柄金刀木（*Barringtonia longipes*）等。在主林层下常形成有第二林层，第二林层树种更多，如白颜树（*Gironniera subaequalis*）、王氏银钩花（*Mitrephora wangii*）、多种红光树（*Knema* spp.）、滇南风吹楠（*Horsfieldia tetratepala*）、野树菠萝（*Artocarpus chaplasha*）、钝叶桂（*Cinnamomum bejolghota*）、东京梭子果（*Eberhardtia tonkinensis*）、云树（*Garcinia cowa*）及多种榕树等。这类森林由于人为干扰，在其标志种的出现和各树种在组成比重上，以及层次结构上，常因地而异。不同林分，各树种所占比重常不一致。有的林分层次结构不明显，常达不到分层条件。如分布在河口大茗龙冬附近的林分，由于所受干扰较大，树种相对简单，层次结构也不明显，为单层混交林。林分组成树种，除云南龙脑香、毛坡垒外，混生树种主要有麻楝、野树菠萝、大叶山楝、东

① 执笔人：汤家生

京梭子果、大叶白颜树、橄榄（*Canarium album*）等10余种。林分平均高在21m左右，平均胸径26cm左右。标志种毛坡垒平均高21m，最高达26m，平均胸径28cm，最大达42cm，郁闭度0.5～0.6。这种林分生产力不高，每公顷蓄积量只有150m^3（表6—8）。

表6—8 林分测树因子统计

树种	树高（m）		胸径（cm）		每公顷	每公顷断面积	每公顷蓄积
	平均	最大	平均	最高	株数	（m^2）	（m^3）
云南龙脑香	17.0	18.0	15.0	16.0	20	0.176 7	1.35
毛坡垒	21.0	26.0	28.0	42.0	70	4.290 6	40.55
麻楝	22.0	25.0	29.3	46.0	60	4.045 8	40.05
野树菠萝	23.0	30.0	29.5	60.0	40	2.734 0	28.80
大叶山楝	19.0	23.0	19.5	26.0	80	2.388 8	20.42
东京梭子果	23.0	23.0	30.0	30.0	10	0.706 9	7.32
大叶白颜树	16.0	18.0	17.5	26.0	40	0.962 0	6.92
橄榄	17.0	19.0	17.0	20.0	30	0.681 0	5.20
其他科	14.3	20.0	13.7	20.0	90	0.147 4	0.95
合计						16.133 2	151.56

下木种类繁多，常见的种类有多种紫金牛（*Ardisia* spp.）、多种九节（*Psychotria* spp.）、云南龙船花（*Ixora yunnanensis*）、矮棕（*Didymosperma nanum*）、火筒树（*Leea indica*）等。

草本植物发达，种类复杂，植株高大，常见有马蹄蕨（*Anchangiopteris benryi*）、莲座蕨（*Angiopteris* sp.）、大叶仙茅（*Curculigo capitellata*）、高良姜（*Alpinia officinarum*）、分叉露篼（*Pandanus farcatus*）、柊叶（*Phrynium capitatum*）、海芋（*Alocasia macrorrhiza*）等。尚有较低矮的彩叶植物，如秋海棠（*Begonia sinensis*）和多种兰科植物等。

此外，林内大型木质藤本和附生植物十分丰富。常见有岩爬藤（*Tetrastigma* sp.）、黄藤（*Calamus* spp.）、买麻藤（*Gnetum montanum*）等。林内透光处可见藤竹（*Dinochloa* sp.）、爬树蕨（*Arthropteris obliterata*）、藤蕨（*Lomariopsis* sp.），这是一般热带森林中所少见的。附生植物除蕨类植物中的鸟巢蕨（*Neottopteris nidus*）、书带蕨（*Vittaria flexuosa*）、崖姜蕨（*Pseudodrynaria coronans*）、瓦韦（*Lepisorus thunbergianus*）等以外，还有兰科植物和麒麟叶（*Epipremnum pinnatum*）、石柑子（*Pothos* spp.）。

云南龙脑香、毛坡垒林的林木一般生长较快，但各树种的生长仍有差异。在郁闭的林冠下，由于光照不足，林木生长初期均较缓慢。如生长在林下的云南龙脑香幼树，3年生高0.63m，地径0.9cm；4年生高1.0m，地径1.5cm。而毛坡垒更为缓慢，1年生高仅数厘米，3年生高仅10cm以上。据解析木和标准木材料分析：伐于屏边大山海拔560m林中的云南龙脑香解析木，39年生树高36.6m，胸径40.5cm，形数0.37，单株材积达1.749 9m^3。从整个生长过程分析，5年以前生长最为缓慢，以后逐渐加快；到25年以后，生长加快，胸径的连年生长量多在1.3cm以上，树高的连年生长量在0.42～2.00m。树高生长的高峰出现在25年左右，胸径直到39年时长势仍未减退。材积的连年生长量和平均生长量到39年时仍持续上升，材积的数量成熟龄预期到来较晚，是长寿树种的特征。

而毛坡垒较云南龙脑香生长缓慢，伐自海拔980m沟谷密林中的一株标准木，70年生树高22.6m，胸径32.0cm，单株材积0.759 2m^3。

云南龙脑香毛坡垒林，林下天然更新尚好，但由于各树种的生态习性不同，其更新能力及幼树生长均有差异。如云南龙脑香是喜光深根性树种，幼树能耐一定的阴蔽，由于林内大树结果少，林下幼苗出现也就较少。但在向阳的孤立木四周，有一定数量更新幼苗、幼树，生长亦较好。根据707m^2的样地调查材料统计，折合每公顷有幼树254株。其中50cm以下14株，51～100cm57株，101～200cm141株，201～400cm42株。其中4年生幼树高生长达1m，根径1.7cm。毛坡垒在林下更新较云南龙脑香好。据在岩石裸露的陡坡林分中调查，每公顷有幼树、幼苗1 363株，其中30cm以下88株，31～100cm 575株，100cm以上700株。但生长慢，1年生幼苗高仅数厘米，3年生幼树高不超过20cm。毛坡垒除天然下种更新外，还具有萌芽更新的特点，林木遭受破坏后，可以萌芽再生，成为藤冠的支柱。

云南龙脑香毛坡垒林分布地区因水热条件优越，在坡度平缓、土层深厚的地方，目前已大部分被垦殖种橡胶，尚存森林面积不多，且分布零散，因此对现存森林应加强保护，供科研、教学之用。同时该类型的物种极为丰富，珍贵树种较多。在适生地段应积极发展。

2—6—5—1　千果榄仁番龙眼林①

千果榄仁（*Terminalia myriocarpa*）番龙眼（*Pometia tomentosa*）林在中国分布于云南南部各地，是分布面积较大的热带森林类型之一。林分组成树种多为一些东南亚的科属，这对研究中国和东南亚热带森林的联系提供依据。此外，该类型中有不少热带特有珍贵用材树种和速生树种，如较有价值的红椿（*Toona ciliata*）、千果榄仁、番龙眼等就是其中的代表。这些树种具有树体高大，干形通直，生长迅速，材性优良等特点。木材可用于建筑、家具、胶合板板面及各种贴面板等。该类森林还可作为对热带森林的采伐利用、经营管理、引种栽培的试验地，是价值较高的热带森林类型之一。

（一）分布与生境

千果榄仁番龙眼林在中国广泛分布于云南南部各地，东起文山壮族苗族自治州，向西经红河的金平、河口、屏边，西双版纳州的勐腊、景洪，直到临沧的班洪、勐定和德宏的南部。该类森林分布区地形狭窄，山坡较陡。常沿河谷集中分布在海拔500～900m的山坡下部水湿条件较好的沟谷之中。特别是勐腊县境内，在海拔600～700m的沟谷尚有成片森

① 执笔人：汤家生

林，多随地形蜿蜒曲折成带状分布。分布区气温高，湿度大，降水集中，全年无霜，有利于该森林的生长发育。根据勐腊县气象站资料：年平均温度21.1℃，最冷月（1月）平均气温为15.3℃，极端最低气温0.5℃，最热月（6月）24.7℃，≥10℃的活动积温为7 653.1℃。年降水量为1 527.1mm，雨季多集中在4～10月，降水量为1 357.8mm，占全年降水量的88.9%，且蒸发量小于降水量。全年平均相对湿度86%。林下土壤多为砖红壤，土壤水湿条件优越。因此在此生境条件下，该类森林具有更多的热带森林特色。

（二）**组成结构**

千果榄仁番龙眼林，树种组成繁多，层次结构复杂，多为复层林。组成主林层树种主要有千果榄仁、番龙眼、窄叶翅子树（*Pterospermum lanceaefolium*）、老挝天料木（*Homalium laoticum*）、红椿、大叶合欢（*Albizia meyerii*）、榕树等。林层平均高30～35m，个别高达40m以上，枝下高常在20m左右，平均胸径36～44cm，该层林木树冠互不连接，郁闭度只有0.3～0.4，但蓄积量较高，每公顷达300～400m^3。林木干基板根很发达，一株树常有板根7～8片，高达2～4m，反映了热带森林的特征。在主林层下常形成次林层，该层树冠浓密，形态多样，树冠多呈锥形、椭圆形。组成树种常见有大叶红光树（*Knema linifolia*）、大叶藤黄（*Garcinia tinctoria*）。有的地段（勐仑等地）肋巴木（*Epiprinus siletianus*）可占优势，此外，尚有数量不少的其他树种，如假海桐（*Pittosporopsis kerrii*）、二室棒柄花（*Cleidion spiciflorum*）、绿米仔兰（*Aglaia viridis*）。林层平均高20m左右，平均胸径24～28cm，郁闭度0.4以上，每公顷蓄积量150～180m^3。

由于林分郁闭度大，林内透光少，因此下木不太发达，平均覆盖度在20%左右，但种类丰富，且多属喜阴湿植物。常见有小功劳（毛九节）（*Psychotria siamica*）、大黄皮（*Clausena dunniana* var. *robusta*）、老虎楝（*Trichilia connaroides*）、纤腺萼木（*Mycetia gracilis*）等。

草本植物常有大型而耐阴湿的种类出现，反映林内环境阴暗潮湿的特点。常见有柊叶（*Phrynium capitatum*）、多种山姜（*Alpinia* spp.），以及高大蕨类植物等，且常以某种单独成优势，分别占据不同的小生境。藤本、附生半附生物种类也较多，特别是在林缘或林窗，分布有滇中栓藤（*Connarus yunnanensis*）、沙拉藤（*Salacia polysperma*）、风车藤（*Combretum yunnanense*）等。附生植物如麒麟叶（*Epipremnum pinnatum*）、狮子尾（*Rhaphidophora hongkongensis*）、石柑子（*Pothos chinensis*）等在大树上出现。这些种类的分布和个体数量的增加，也反映出生境潮湿的特点。

（三）**生长发育**

该类型林木高大，干形较通直，生长迅速，单位面积上的蓄积量较大，每公顷的平均蓄积量可高达500m^3。但林木的生长，随立地条件不同相差较大。根据解析木分析，如番龙眼在立地条件较好之处，57年生的树高达36.5m，胸径44.5cm，单株材积2.26m^3，树高的平均生长量在0.5～0.8m，胸径的平均生长量在0.3～0.8cm。在立地条件较差之处树高27.9m，胸径32.4cm，单株材积只有0.95m^3，树高平均生长量在0.4～0.6m，胸径平均生长量在0.3～0.6cm。从整个生长过程分析，树高、胸径均未出现下降趋势，故材积仍在上升，到 57 年时其材积连年生长量和平均生长量仍未相交，说明数量成熟龄还未到来。

而人工栽培的番龙眼，2 年生平均高 1.32m，平均根径 2.04cm，最大者高 1.59m，根径 2.5cm；8 年生树高为 8.9m，胸径 15cm。由此可见，番龙眼在各种环境条件下，生长均较迅速。

该类型中天然分布的千果榄仁生长也较迅速。幼苗期侧根发达，1、2 年生高 0.25～1.60m，主根长都在 10～30cm，具侧根 6～10 条，根幅超过冠幅。根据所伐的 13 年生解析木分析，树高 20.3m，胸径 37.8cm，材积 0.849m^3。从生长过程分析：树高生长从 4～6 年时进入高峰，平均生长量为 1.9m，个别年份达 2.0m；胸径生长 4～8 年后进入高峰，最大生长量 3.7cm，连年生长量为 4.75cm；材积生长在 10～12 年生时最大，尚未达到数量成熟龄，以后随年龄增大，材积生长必然还会继续上升。

而人工栽培的千果榄仁生长也较迅速，11 年生树高可达 17.7m，胸径 24.9cm，单株材积为 0.335m^3。

千果榄仁是一速生树种，与当地速生树种相比，仅次于团花（*Anthocephalus chinensis*）、八宝树（*Duabanga grandiflora*）。但从 10 年生左右的单株材积生长看，千果榄仁的生长速度却为红椿、柚木（*Tectona grandis*）、合果含笑（*Paramichelia baillonii*）的6～7 倍，为铁刀木（*Cassia siamea*）、顶果木（*Acrocarpus fraxinifolius*）的 2.6 倍（表 6—9）。

表 6—9　千果榄仁与当地速生树种生长情况比较

树种名称	年龄	树高（m）		胸径（cm）		单株材积（m^3）	
		总生长量	平均生长量	总生长量	平均生长量	总生长量	平均生长量
千果榄仁	10	17.6	1.76	31.5	3.15	0.486	0.048 6
团　花	10	24.1	2.41	35.8	3.58	1.288	0.123
八宝树	10	21.0	2.10	36.0	3.60	0.859	0.086
顶果木	10	19.6	1.96	11.2	1.12	0.105	0.100
铁刀木	8	17.8	2.23	12.2	1.53	0.152	0.019
红　椿	10	9.6	0.96	8.6	0.86	0.040	0.004
合果含笑	9	9.6	1.07	14.2	1.58	0.067	0.008
云南石梓	10	4.0	0.40	10.9	1.09	0.026	0.003
柚　木	11	12.5	11.40	13.3	1.21	0.070	0.007

在此林分中，红椿的生长也十分迅速，17 年生的红椿树高可达 20.6m，胸径 24.2cm，单株材积 0.416 3m^3。同龄的杉木，树高为 17.0m，胸径 18.5cm。两者相比，红椿无论在树高、胸径等方面均比杉木生长快，可见红椿也是比较速生的树种之一。

（四）更新演替

该类森林的林下天然更新，视各树种不同而有差异。总的来看，林下天然更新是良好的。如肋巴木林下更新幼苗、幼树较多，有的地段（如勐仑等地）可占优势；番龙眼每公顷有幼苗 1 000 株以上，个别林分更新幼苗幼树可达 20 000 株以上。千果榄仁在林下天然更新较差，而在林缘、林窗和河滩地更新良好，计每公顷有幼树 1 000 余株。这是因为千果榄仁是喜光树种，种子细小具翅，能随风传播。林内郁闭度大，光照较弱，枯枝落叶又较厚（3cm），种子难于着土生根，所以林下天然更新不如林缘、林窗处。

（五）评价及经营意见

千果榄仁番龙眼林，在中国的热带森林中，虽分布面积较大，但分布较局限。这种林分不仅具有科研价值，并有生产实际意义。因此，对现存的森林，应加强保护和经营管理，目前大多数已划入自然保护区，作为保护对象。对于林内的红椿、千果榄仁、番龙眼及其他速生树种，在适生的立地条件地段，可大力发展。

2—6—6—1 大药树龙果林①

大药树（见血封喉）（*Antiaris toxicaria*）龙果（*Pouteria grandifolia*）林在中国仅分布于云南南部，是一种地带性热带森林类型。由于长期遭受垦殖破坏，现在面积极少，较完整的原生林分，仅在一些村寨附近的“龙山”和陡坡地段尚有小片残存。该类森林植物种类繁多，林分结构复杂。林内珍贵用材树种较多，是一丰富的热带植物物种基因库和热带森林的研究基地。

大药树龙果林在中国主要分布于云南西双版纳海拔 800m 以下的低山、丘陵、山麓。另外在红河南部李仙江流域海拔 600～1 000m 的中山腹部，以及临沧地区南部的南汀河下游等地亦有分布，其地理位置大体是北纬 23°30′以南，东经 99°30′～104°30′的范围内，其共同的生境特点是地形较为平缓开阔，光照充足，水热条件优越，土壤为深厚湿润的砖红壤。分布区气候根据景洪气象站资料，年日照达 2 228.9h，年平均气温 21.9℃，最冷月（1 月）15.1℃，最热月（7 月）为 25.1℃，极端最低气温 2.1℃，≥10℃的年活动积温 7 749.9℃，全年降水量 1 196.0mm，降水多集中在 5～10 月，达 1 011.8mm，占全年降水量的 85%，全年蒸发量为 1 535.1mm，小于降水量，空气相对湿度为 83%。此种生境条件，极有利该类森林的生长发育。

大药树龙果林树种组成复杂，优势树种不明显，树冠上下不连续，林分层次结构亦不甚明显，形成各层相互连接的复层林。

第 1 林层为分布疏密度不均的高大乔木树种所组成，常见的有大药树、龙果、高山榕（*Ficus altissima*）、西南紫薇、窄叶翅子树（*Pterospermum lanceaefolium*）、橄榄（*Canarium album*）等 20 余种。上层乔木树种多具有板根，树冠庞大呈伞形，互不连接，平均郁闭度在 0.2 以上。林层高在 30～45m，平均胸径 100cm 左右，个别可达 200cm，每公顷蓄积量 200～250m^3。

① 执笔人：汤家生

第2林层组成树种更为丰富，常以常绿树种为主，如白颜树（*Gironniera subaequalis*）、云南白颜树（*G. yunnanensis*）、王氏银钩花（*Mitrephora wangii*）、暗罗一种（*Polyalthia* sp.）、云树（*Garcinia cowa*）、大叶藤黄（*G. cinctoria*）、红光树（*Knema furfuracea*）、小叶红光树（*K. globularia*）、狭叶红光树（*K. cinera*）、暹罗黄叶树（*Xanthophyllum siamense*）、降真香（*Acronychia pedunculata*）、桃叶杜英（*Elaeocarpus prunifolioides*）、杧果（*Mangifera indica*）、肉托果（*Semecarpus reticulata*）、梭果金刀木（*Barringtonia fuscicarpa*）、长柄金刀木（*B. longipes*）等几十种组成。同时林内有大量木质藤本攀缘或缠绕在林冠之中，使该层林冠更加浓密，郁闭度通常为0.1～0.8。林层平均高20m左右，平均胸径36～48cm，每公顷蓄积量400～500m^3。

在林冠下，还散生有高度仅在10m左右的立木和老茎生花的树种，如木奶果（*Baccaurca sapida*）、毛银柴（*Aporusa villosa*）、云南银柴（*A. yunnanensis*）、滇叶轮木（*Ostodes katharinae*）、滨木患（*Arytera litoralis*）、窄序崖豆藤（*Millettia leptobotrya*）等。

下木种类较多，但个体较少，覆盖度不超过30%，平均高2.5m左右。常见的有大叶黄皮（*Clausena dentata* var. *robusta*）、假黄皮（*C. excavata*）、三叉苦（*Evodia lepta*）、银叶巴豆（*Croton cascarilloides*）、滇南九节（*Psychotria henryi*）、美果九节（*P. calocarpa*）、南山花（*Prismatomeris tetrandra*）、单瓣狗牙花（*Ervatamia divaricata*）、海南谷木（*Memecylon hainanense*）、谷木（*M. ligustrifolium*）等几十种。此外还有山槟榔（*Pinanga discolor*）、双籽棕（*Didymosperma caudatum*）、林刺葵（*Phoenix sylvestris*）和分叉露兜（*Pandanus farcatus*）等。

草本植物主要由一些蕨类和双子叶植物组成，在阴湿处，常见的有黄腺羽蕨（*Pleocnemia winitii*）、复叶耳蕨（*Rumohra henryi*）和多种三叉蕨（*Tectaria* spp.）等。在较干燥的山坡或顶部，矮草较为发达，常见有爱地草（*Geophila herbacea*）、杯苋（*Cyatrula prostrata*）、竹叶草（*Oplismenus compositus*）、黑顶卷柏（*Selaginella picta*）等。在个别阴湿地段尚见柊叶（*Phrynium capitatum*）、山姜（*Alpinia* sp.）等。

林内木质藤本发达，常见的有风车藤（*Combretum yunnanense*）、副萼翼核果（*Ventilago calyculata*）、光钩藤（*Uncaria laevigata*）、黄檀藤（*Dalbergia stipulacea*）、长序红叶藤（*Santaloides caudatum*）、云南醉魂藤（*Heterostemma wallichii*）、多种岩爬藤、丽翅豆藤（*Spatholobus pulcher*）、见血飞（*Mezoneuron cucuilatum*）、杜仲藤（*Parabarium micranthum*）、车里马钱藤（*Strychnos cheliensis*）、牛眼马钱（*S. angustifloria*）、微花藤（*Iodes cirrhosa*）、多苞瓜馥木（*Fissistigma bracteolatum*）等。此外，榼藤子（*Entada phaseoloides*）、多种油麻藤（*Mucuna* spp.）等大型藤本也有分布。在层外植物中，附生植物比较贫乏，仅在树干分叉处见有鸟巢蕨（*Neottopteris nidus*）、崖姜蕨（*Pseudodrynaria coronans*）、星蕨（*Microsorium punctatum*）等；在树干上还见有数量不多的苔藓、地衣；在林内还可见绞杀植物，如斜叶榕（*Ficus gibbosa*）和钝叶榕（*F. obtusifolia*）等。

该森林的分布地区，由于热量丰富，水温条件优越，林木一般生长迅速而茂盛，如云南石梓和西南紫薇。云南石梓在立地条件良好地段生长十分迅速，一般树高的年生长量平均在 1～2m，胸径年生长量在 1.5cm 以上，大体 20～30 年生的树木，可长成 30cm 以上的大径材。如在西双版纳的勐仑，35 年生的林木，树高 25m，胸径 100cm，单株材积 10.977 3m^3。人工栽培的云南石梓，其生长更为迅速，如在西双版纳肥沃的河岸冲积土上营造的云南石梓，1 年生树高达 1.78m，地径 6.0cm；2 年生树高可达 3.8m，胸径 7.0cm。种植在热带植物研究所 8 年生的云南石梓高达 11.64m，胸径 20.8cm。而西南紫薇较云南石梓生长缓慢。据对 48 年生的解析木分析，5 年生时树高 1.76m，胸径 2.2cm；到 48 年时，树高 29.1m，胸径 34.9cm，形数为 0.5，单株材积 1.42m^3，平均年生长量 0.026 9m^3。从整个生长过程来看，10 年生以后生长较稳定，树高平均生长量为 0.5～0.6m，胸径平均生长量 0.6～0.7cm。

大药树龙果林林下天然更新较差，据调查。在 80m^2 的样地内，仅见西南紫薇幼苗 14 株，折合每公顷 1 750 株。云南石梓为喜光树种，只在路旁或次生林地见其天然更新幼苗幼树。但云南石梓和西南紫薇均具有很强的萌生能力。在今后的营林工作中可利用这一特性发展云南石梓和西南紫薇。

目前，此类森林保存面积不大，若从林业生产角度来看价值不高，且林中有的如高山榕，干形弯曲，材质不良，利用价值低。但林内仍有一些速生珍贵用材树种和丰富的动植物资源，可为今后营林和多种经营提供种质资源。如云南石梓（*Gmelina arborea*）、西南紫薇（*Lagerstroemia intermedia*）为速生珍贵用材树种。云南石梓木材结构细致，纹理美观，能耐腐，耐水湿，变形小，不开裂，木材具有特殊的酸臭气味，能抗白蚁及虫蛀，是热带优良的用材树种。西南紫薇木质中等，木工性能优良，也能抗虫耐腐，耐水湿。上述两树种可提供建筑、家具、室内装修、造船、胶合板等用材。故对此林分仍有保护价值。对于破坏的林地，则应积极营造云南石梓和西南紫薇等速生树种来恢复森林。

2—6—7—1　云南娑罗双林①

云南娑罗双（*Shorea assamica*）林是以云南娑罗双占优势的热带森林类型，该类森林由于人们长期刀耕火种，现仅在局部地段有小片残存。

（一）分布与生境

以龙脑香科树种为主的热带森林，在热带东南亚分布普遍。据记载，在中国喜马拉雅南翼，海拔 600m 以下的干旱山坡上，有以云南娑罗双、娑罗双（*Shorea robusta*）为优势的森林。最近在云南盈江县西缘（缅甸交界处）海拔 600m 以下的羯羊河谷地区和南奔河流域低海拔地段也见有分布，其地理位置在东经 95°15′～97°38′，北纬 24°35′～29°30′。由于人们长期刀耕火种，目前仅在河谷两侧陡坡地段有残存小片保留，且面积极小。

① 执笔人：汤家生

云南娑罗双分布地区，气温高、雨量大而集中，干湿交替十分明显。根据盈江县那邦坝甘蔗试验站1977～1979年气象资料：年平均气温22.7℃，最低月平均气温15.5℃，极端最低气温2℃；年降水量2 856mm，而且90%集中在5～9月。干季占年雨量的10%，年平均相对湿度82%。土壤为发育在花岗岩上的厚层砖红壤，土层深达1m以上，腐殖质层较薄，有机质含量不高，但生物循环强烈，能量转化迅速，供肥力较好，植物生长量较高。

（二）组成结构

云南娑罗双林的林冠常绿而茂密，优势树种较突出，层次结构较明显，林分一般分两层。

主林层优势树种云南娑罗双树一般占4成左右，混生树种有榕树（*Ficus* spp.）、红椿（*Toona ciliata*）、高大含笑（*Michelia excelsa*）。有的地段有大药树（见血封喉）（*Antiaris toxicaria*）、羯布罗香（*Dipterocarpus turbinatus*）等。在靠近水沟更为湿润的地方，常绿臭椿（*Ailanthus fordii*）也很常见。而在山的上部，由于水湿条件较差，则出现刺栲（*Castanopsis hystrix*）、印度栲（*Castanopsis indica*）等壳斗科树种混生。主林层树高约30～36m，胸径40～50cm，最粗达100cm，郁闭度0.5～0.6，每公顷蓄积量500m^3左右。次林层高约11～19m，胸径18～24cm，此层林木分枝较低，树冠不连续，与发达的各种藤本相互缠绕，使郁闭度达到0.7左右，每公顷蓄积量100m^3左右（表6—10）。

表6—10　云南娑罗双林测树因子统计

林层	树种	树高(m)		胸径(cm)		年龄	每公顷株数		每公顷断面积(m^2)	每公顷蓄积量		烧死木	
		平均	最大	平均	最大		株数	(%)		蓄积量(m^3)	(%)	株数	蓄积量(m^3)
主	云南娑罗双	32	33	38	48	45～50	130	72.1	15.014 0	187.14	35.1	10	19.14
	榕树一种	33		100			10	5.6	0.785 4	114.54	21.5		
林	红椿	30		80			10	5.6	0.502 7	69.21	13.0		
	高大含笑	26		38			10	5.6	0.113 4	13.53	2.5		
层	其他	30	36	68	100		20	11.1	0.898 8	148.60	27.9		
	小计						180	100.0	17.314 3	533.02	100.0	10	19.14
次	云南娑罗双	19	21	24	34		80	18.6	3.704 0	33.43	35.2	80	10.59
林	其他	11	21	18	32		350	81.4	9.234 0	61.45	64.8	80	13.85
层	小计						430	100.0	12.938 0	94.88	100.0	160	24.44
全	云南娑罗双						210	34.4	18.718 0	220.57	35.1	90	29.73
林	其他						100	65.6	11.534 3	407.33	64.9	80	13.85
分	合计						610	100.0	30.252 3	627.90	100.0	170	43.58

注：样地面积：0.1hm^2

云南娑罗双林，林下还有小乔木散生，以棕榈科的桄榔（*Arenga pinnata*）占绝对优势，生长茂密。其他还有红光树（*Knema furfuracea*）、木奶果（*Baccaurea sapida*）、野桐（*Mallotus leveillanus*）、王氏银钩花（*Mitrephora wangii*）、假荔枝（*Nephelium hypoglaucum*）、小

乔木紫金牛（*Ardisia japonica*）等。其中假荔枝、乔木的木奶果、无忧花、榕树等为老茎生花植物。

该类型林下下木、草本种类较多，但个体数量少，多为一些喜阴湿种类。下木主要有灌木买麻藤、山槟榔（*Pinanga discolor*）、越密脉木（*Myrioneuron tonkinensis*）、火筒树（*Leea indica*）、九节2种、绒毛算盘子（*Glochidion velutinum*）、狗芽花（*Ervatamia* sp.）、腺萼木（*Mycetia* sp.）、盘叶柏纳参（*Brassaiopsis fatsioides*）、直立省藤（*Calamus erectus*）、蛇皮果（*Zalacca secunda*）等。高1～3m，分布均匀，覆盖度20%左右。在开阔处并有野芭蕉（*Musa wilsonii*）。

草本植物主要有蕨类多种，如长叶实蕨（*Bolbitis heteroclita*），此外有柊叶（*Phrynium capitatum*）、蒟蒻薯（*Tacca chantrieri*）、线柱苣苔（*Rhynchotechum obovatum*）、刺茎老鼠簕（*Acanthus leucostachyus*）、蔓生莠竹（*Microstegium gratum*）、莎草（*Cyperus* sp.）、野姜（*Zingiber striolatum*）等。高0.5～1.5m，分布均匀，覆盖度40%左右。

藤本植物发达，特别是木质大藤本，种类多，数量大。据不完全统计，在0.38hm^{2}面积上，共有30多种。其中2cm以上直径的大藤本就有24种90余株。这些藤本往往伸展到20～30m高的林冠中，粗大藤子来回穿梭于林层，使人难于分辨，同时还加大了林内郁闭度。常见种类有绒苞藤（*Congea tomentosa*）、楔翅藤（*Sphenodesme pentandra* var. *wallichiana*）、土密藤（*Bridelia stipularis*）、马钱子（*Strychnos* sp.）、长柄钩藤（*Uncaria longipediculata*）、翼核果（*Ventilago leioarpa*）、毛蒟（*Piper puberulum*）、大叶酸藤子（*Embelia subcoriacea*）、窄序崖豆藤（*Millettia leptobotrya*）等。

附生和半附生植物很少见，仅在局部见到少量的鸟巢蕨（*Neottopteris nidus*），以及稀有、新记录的鹿角蕨（*Platycerium* sp.）、多种石柑子和几种兰科植物。

（三）生长发育

云南娑罗双对热量要求较高，对土壤及水湿条件要求不太严格，就是在岩石裸露的林地上其生长亦很茂密。在土层深厚肥沃的地段生长良好。如分布在那邦坝海拔310m，坡度31°，半阳坡，土壤深厚肥沃的沟谷侧坡，云南娑罗双生长较好，林分蓄积量高，总蓄积量除桄榔外，每公顷可达630m^3。在主林层中45～50年生的云南娑罗双，平均高32m，平均胸径38cm，蓄积量达187m^3。全林分的云南娑罗双每公顷共210株，蓄积量220m^3。详见表6—10。

云南娑罗双的生长，根据伐自那邦坝的解析木：85年生树高达42.2m，胸径48.6cm，单株材积达3.4m^3。其生长过程为：树高生长在5年生前比较缓慢，10年生后生长加快，生长高峰出现在65年，生长量为0.7m，65年后有下降趋势，到85年时下降至0.32m。胸径生长在35年前较为缓慢，40～45年进入高峰，生长量达0.9～0.92cm，50年以后较为稳定，生长量保持在0.50～0.60cm，直到85年时无明显下降趋势。材积生长随着树高和胸径的增长，生长量不断加大，直到85年时，连年生长量（0.093 8m^3）仍远高于平均生长量（0.037 0 m^3），还未相交，而总生长量直线上升。说明数量成熟龄到来较晚，为一长寿树种，可培养大径材。但云南娑罗双由于树皮较薄，抗火能力差，根据那邦坝样地调查，该林分由于1978年（或1979年）该地引起火灾，云南娑罗双100%的植株下部树干被烧伤，部位高达2.0m以上，胸径34cm的大树被烧死。共烧死大小株数每公顷达90株。

（四）更新演替

云南娑罗双林下天然更新能力极差，几乎无更新幼苗，原因是该树种喜光，在阴蔽的林冠下难于成长。

（五）评价及经营意见

云南娑罗双林，在中国是一珍贵稀有的热带森林类型，具有重要的科研价值和生产实际意义。其中云南娑罗双生长迅速，干形圆满通直，分枝高，径级大，节少。木材为散孔材，木材比重和硬度中等，干缩差异大，木材纹理直，结构中至略粗，加工性能良好，可供镟切工业，以及建筑、装修、胶合板等多种用途，是热带优良速生用材树种之一，也是热带地区值得重视推广的优良速生造林树种。对现有的云南娑罗双林，因分布地区局限，面积极小，应严格保护，使这类珍贵稀有的森林不再遭到破坏，在适宜的环境条件下可大力发展。目前该林分已划入铜壁关自然保护区，列为重点保护对象。

2—6—8—1　肉托果滇楠林①

肉托果（*Semecarpus reticulata*）滇楠（*Phoebe nanmu*）林是一热带森林向亚热带常绿阔叶林过渡的类型。其中有不少经济价值较高的树种，是一经济价值较高的森林类型。

（一）分布与生境

肉托果滇楠林，在中国分布在云南南部热带盆地边缘的低山、丘陵，海拔约800～1 000m，在澜沧江下游某些中山上，由于逆温影响，在局部迎风山坡分布海拔达1 200～1 800m。其生境特点为年平均温度偏低，冬季温度偏高，湿度较大。林下土壤多为砖红壤和赤红壤。

（二）组成结构

肉托果滇南林林冠郁闭度大，四季常绿，组成树种繁多，无明显优势种。林木高大茂密，树冠上下连接，层次结构不明显，为单层混交林。林内木质藤本发达，附生和半附生植物常见。该类森林组成树种在不同地区常出现较大的差异。在西双版纳北部的普文地区，分布在盆地周围低山上的森林，多由肉托果、暹罗黄叶树（*Xanthophyllum siamense*）、山木患（*Harpullia cupanioides*）、滇楠、刺栲（*Castanopsis hystrix*）、西南木荷（*Schima wallichii*）等组成。在澜沧江下游两岸山地上，如小勐养的困满、井伞等地，则以云南胡桐（*Calophyllum smilesianum*）、肉托果、龙果（*Pouteria grandifolia*）、滇楠、琼楠（*Beilschmiedia* sp.）、梭罗树（*Reevesia pubescens*）、野橡胶（*Alstonia pachycarpa*）等为主要组成树种。分

① 执笔人：汤家生

布在勐海南糯山上部沟谷中者，主要由大蒜树（*Dysoxylum spicatum*）、南酸枣（*Choerospondias axillaris*）、羽叶楸（*Stereospermum tetragonum*）、滇楠、红木荷、琼楠、付氏木莲（*Manglietia forrestii*）等组成。上述各种林分，无论树种组成关系如何变化，肉托果、大蒜树、滇楠在各林分中均有出现，所以把它们作为识别本类森林的标志种。该类森林林分平均高25～29m，平均胸径32～36cm，郁闭度0.7左右，每公顷蓄积量150～180m^3。

在林冠层下，还有树种繁多、高低不一、大小不等的林木，但达不到分层要求。常见种类有小叶红光树（*Knema globularia*）、云树（*Garcinia cowa*）、木奶果（*Baccaurea sapida*）、四角蒲桃（*Syzygium tetragonum*）、绿米仔兰（*Aglaia viridis*）、大果山香圆（*Turpinia pomifera*）、山韶子（*Nephelium chryseum*）、倒卵叶紫麻（*Oreocnide obovata*）、假海桐（*Pittosporopsis kerrii*）、南山花（*Prismatomeris tetrandra*）等。

林下下木种类较多，常见有毛九节（*Psychotria pilifera*）、硃砂根（*Ardisia crenata*）、紫绿蛇根草（*Ophiorrhiza lucida*）等。平均高2～3m。

在多数地段，特别是比较潮湿处，草本植物较发达。常见假蒟（*Piper sarmentosum*）、长叶实蕨（*Bolbitis heteroclita*）、金果鳞盖蕨（*Microlepia chrysocarpa*）、薄唇蕨（*Leptochilus axillaris*）等，分别在不同的地段上占优势。在下木比较密集或干燥的山坡，草本很少，林下显得比较空旷。

藤本植物种类不多，但木质藤本个体数量不少，且径级较大。如在困满见到1株油麻藤（*Mucuna sempervirens*），径粗50cm；1株岩爬藤（*Tetrastigma* sp.），径粗35cm，还有飞龙掌血（*Toddalia asiatica*）、买麻藤（*Gnetum montanum*）、酸角叶黄檀（*Dalbergia tamarindifolia*）等都是大型藤本，常伸到上层林冠，从而增大了林分的郁闭度。加之其他藤本植物，使林内结构比较复杂。

林内附生植物以鸟巢蕨（*Neottopteris nidus*）、崖姜蕨（*Pseudodrynaria coronans*）和某些兰科植物常见，有时苔藓和膜蕨科植物也较多。

（三）生长发育

肉托果滇楠林林分的生产力不高，各树种的生长速度中庸或稍快，现以付氏木莲和山韶子为例。

如伐自绿春巴东海拔1 800m处30年生的付氏木莲，胸径达24.8cm，树高23.2m。其生长过程为：5年生以前生长缓慢，10年生后明显加快，直到30年仍不减退。胸径平均生长量为0.77cm。树高平均生长量为0.77m。胸径、树高生长峰值到来较早，胸径在10年生左右，年生长达1.3cm，树高在20年左右，年生长达1.40m。由此看出付氏木莲是一速生树种。

又如伐自云南景洪普文勐旺林场，海拔920m，68年的山韶子胸径31.5cm，树高25.7m。其生长过程为：10年生以前生长缓慢，15年生后生长明显加快。胸径生长在40年以后较快，一直延续到68年生时仍未衰退，连年生长量达0.67cm。树高生长峰值到来较早，在15年生左右，此时年生长量达0.74m，但以后有下降趋势，到68年时生长下降至

0.20m，看来后期生长缓慢。而材积生长随年龄的增长而加大，呈直线上升。现将林分中几个主要树种生长情况列于表6—11。

表6—11　肉托果滇楠林中主要林木生长情况

解析木树种名称	年龄	树高总生长量(m)	胸径总生长量(cm)	材积总生长量(m^3)	形数	地　点
滇　楠	54	26.5	35.0	1.273	0.50	勐海，海拔1 240m
滇　楠	61	29.4	38.3	1.766	0.53	景洪普文，海拔830m
付氏木莲	30	23.2	24.8	0.551 9	0.49	绿春巴东，海拔1 800m
山韶子	33	22.1	35.0	0.897 74	0.42	勐海曼搞，海拔1 200m
山韶子	68	25.7	31.5	1.113 46	0.56	景洪普文，海拔920m
南酸枣	27	25.0	31.0	0.960 1	0.51	西双版纳勐旺，海拔850m

（四）更新演替

肉托果滇楠林，林下天然更新因树种不同而有差异。山韶子在林下天然更新尚好，幼苗常见，平均高约20～100cm，其中1年生的苗高13～21cm，地径0.2～0.3cm；2年生的苗高平均17cm，平均地径0.3cm左右。付氏木莲在林内虽结果较多，但天然下种后发芽率低，故林下幼苗较少。南酸枣又为喜湿的喜光树种，故林下更新幼苗亦少。肉托果滇楠林个别地段遭受破坏后，迹地上会较快出现蒙自桦（*Betula alnoides*）、樱桃（*Prunus* sp.）、羊蹄甲（*Bauhinia variegata*）等喜光速生树种及以蔓生莠竹为优势的草本，形成一种结构简单的次生稀树草地。同时在迹地上，一些萌生力强的树种可萌蘖更新。如付氏木莲、山韶子等。

（五）评价及经营意见

肉托果滇楠林，林内有不少经济价值较高的树种，如滇楠、付氏木莲、大蒜树、琼楠、樟树、山韶子、南酸枣等，它们在林中多为零星分布。有些树种生长高大，圆满通直，木材美观，纹理直，其品质系数较高，具多种用途。如山韶子，适用于建筑、造船工业用材；南酸枣适用于家具、车辆、箱盒、农具、火柴杆等；付氏木莲用于文具、家具、箱盒、胶合板等。

此类型面积不大，目前尚未主伐利用，但当地群众在林内择优选材，故应加强经营管理。在此类林分的迹地上，可利用各树种的萌蘖更新能力，在人工促进条件下恢复森林。在本类型分布区的荒山荒地，可选用材质优良的速生树种进行人工造林，尽快将荒山荒地绿化起来。

2—6—9—1 厚果糖胶假含笑林[①]

厚果糖胶（*Alstonia pachycarpa*）假含笑（*Paramichelia baillonii*）林是分布在热带山地垂直带上的森林类型。这类热带森林。因分布区气温稍低，故在森林外貌和结构上均不如典型的热带森林。在树种组成中，常混生有亚热带的樟科、壳斗科、山茶科等常绿阔叶树种，而这些树种常随海拔的升高而增加。为一热带森林向南亚热带常绿阔叶林过渡的类型。该类森林一般保存较好，但也有不同程度破坏。在其分布区内，人们常利用选优择伐后形成的林地，作为茶叶、咖啡（*Coffea arabica*）的天然阴蔽环境，来发展茶叶、咖啡等作物。该类森林作为研究热带山地垂直带上的森林分布规律有一定价值。林中的代表种假含笑生长迅速，为一优良的珍贵用材树种，亦是良好的造林树种。糖胶树生长快，材质一般但易锯板加工，产区群众较为喜爱并广为利用。

厚果糖胶、假含笑林，在中国分布在云南南部热带山地腹部。从滇东南的文山、红河向南到思茅、西双版纳、临沧、德宏等地区南部，在一些潮湿沟谷两侧的半山坡都有分布。但以红河、西双版纳等地较为集中而典型。其分布的海拔范围随不同地区而异。在西双版纳多出现在700～1 000m，在红河境内分布在600～1 800m。分布区气候，年平均气温17～21.6℃，最冷月平均气温11～16.2℃，极端最低温－3.4℃，≥10℃的积温6 000～7 900℃，相对湿度74%～87%，年降水量1 100～1 800mm。林下土壤多为砖红壤和赤红壤。

厚果糖胶、假含笑林，林相平整，树冠较大，但多呈圆球形，多数植物的叶片厚而光亮。林分组成种类复杂，常无明显的优势种，林内藤本植物和附生植物较发达，增加了林分郁闭度，使整个林分结构复杂，构成一种较为特殊的过渡类型。

主林层组成树种常见的有假含笑、厚果糖胶、刺栲（*Castanopsis hystrix*）、思茅黄肉楠（*Actinodaphne henryi*）、红木荷（*Schima wallichii*）、浆果乌桕（*Sapium baccatum*）、肉托果（*Semecarpus reticulata*）、南酸枣（*Choerospondias axillaris*）、毛叶黄杞（*Engelhardtia colebrookiana*）、翅子树（*Pterospermum acerifolium*）、云南胡桐（*Calophyllum smilesianum*）、薄姜木（*Vitex quinata*）、截果石栎（*Lithocarpus truncatus*）、蒺藜栲（*Castanopsis tribuloides*）、银叶栲（*C. argyrophylla*）、印度栲（*C. indica*）、杯状栲（*C. calathiformis*）、思茅栲（*C. ferox*）、付氏木莲（*Manglietia forrestii*）等。其中假含笑和厚果糖胶是该类型的代表。林分平均高30m左右，平均胸径30～70cm，林分郁闭度0.5左右，每公顷蓄积量230m^3左右。

次林层树木种类也很丰富，组成树种复杂，无明显优势种。植株较密集，树干通直，分枝纤细，林分平均高15～20m，郁闭度约0.6左右。常见的树种基本上是热带森林中的种类，如红光树（*Knema furfuracea*）、云树（*Garcinia cowa*）、橄榄（*Canarium album*）、暹

---

① 执笔人：汤家生

罗黄叶树（*Xanthophyllum siamense*）、降真香（*Acronychia pedunculata*）、窄序崖豆藤（*Millettia leptobotrya*）、长柄金刀木（*Barringtonia longipes*）、琼南子楝树（*Decaspermum fruticosum*）、榕树一种（*Ficus* sp.）、尖叶楠木（*Phoebe angustifolia*）等。

下木种类较多，常见有多种九节（*Psychotria* spp.）、三叉苦（*Evodia lepta*）、假海桐（*Pittosporopsis kerrii*）、银叶巴豆（*Croton cascarilloides*）、省藤一种（*Calamus* sp.）等。草本植物以大型喜湿性种类为主，覆盖度各地有所不同，一般在干燥的山地常不超过10%，在潮湿的低凹处可达10%。常见的种类有柊叶（*Phrynium capitatum*）、长叶实蕨（*Bolbitis heteroclita*）等。层外植物也较丰富，如大型木质藤本，径粗10cm以上的有沙拉藤（*Salacia polysperma*）、蕉檀藤、多种瓜馥木（*Fissistigma* spp.）、微花藤（*Iodes cirrhosa*）等，常攀援到林冠上，使林冠郁闭度增大。除此以外，还有苔藓和膜蕨科附生和半附生植物常满布树干，显示出林内阴湿的生境。

本类森林，林木生长中等，但代表种假含笑生长迅速。据所伐解析木：20年生树高可达20.8m、胸径37.7cm、单株材积0.844 12m^3，其生长过程，树高生长在9年生以前年平均生长量最大为1.09m，个别年份可达1.67m，9年生以后逐渐缓慢。胸径生长最快是6年生以前，6年生以后缓慢，最大年平均生长量达1.73cm，个别年份达2.5cm。材积生长未达到数量成熟。总的看来，体现了前期生长快，后期缓慢的特点。

假含笑不仅野生状态下生长良好，在人工栽培下生长更为迅速，只是苗期到定植后的2、3年内生长较为缓慢，平均每年高生长分别为20cm和50cm，根基直径生长0.4cm和0.8cm，以后生长逐渐加快。到5年和9年生时，树高平均每年生长分别为1.4m和1.6m，胸径生长1.7cm和3.0cm，详见表6—12。

表6—12 假含笑人工栽培生长情况

栽培地点	海拔(m)	立地条件	年龄	树高(m)		胸(地)径(cm)		材积(m^3)	
				平均	每年平均生长量	平均	每年平均生长量	单株材积	每年平均材积
景洪热带林场	600	平坝	3	1.47	0.49	2.52	0.84	—	—
勐仑	624	植物园	5	7.9	1.58	15.6	3.12	0.075 49	0.015 10
勐旺	820	苗圃地	9	12.5	1.39	15.5	1.72	0.103 79	0.011 53
勐旺	940	山腹缓坡	2	0.477	0.239	0.87	0.44	—	—

由于林分郁闭度大，林内光线微弱，大部分树种林下天然更新不良。但林内有些树种萌生力极强，森林一旦破坏，能依靠萌生力萌蘖更新成林。如厚果糖胶耐火和萌生能力极强，在火烧开垦的耕地上常有残留植株，又如杯状栲常散生在原始林分中，而在次生林分中个体数量的增加，可形成杯状栲占优势的次生林分。

厚果糖胶假含笑林，虽在云南分布较多，但现存面积不大，且有破坏现象。对现存的原始林分，应加强管理，严禁滥砍乱伐，作为科研和种源基地。对分布区内的荒山荒地或次生林地，应采取人为措施进行封山育林和造林，发展速生优质树种，如假含笑、厚果糖胶等。

2—6—10—1　母生林[①]

母生（*Homalium hainanense*）又名红花天料木，属天料木科常绿乔木。是海南特产珍贵用材，中国热带雨林的代表树种之一。

（一）**分布与生境**

母生天然分布于中国海南中部和南部的低山、丘陵，位于北纬 15°15′～19°55′，东经 108°40′～110°15′。越南北部，也有分布。垂直分布在海拔 100～1 100m，岛西比岛东高，霸王岭可达 1 100m，尖峰岭西侧见于 850m，吊罗山不超过 800m。天然林中常 3～5 株成小群生长，或在山涧、小溪、河旁呈星散分布。人工栽培遍及海南岛并向北扩展至广东、广西、福建、云南南部。

分布区属热带季风气候，年平均气温 15.5～24℃，最冷月（1 月）平均气温 15℃以上；最热月（7 月）平均气温 30℃，极端最低气温 0℃，海拔 750m 以上有轻霜，全年基本无霜，≥10℃年积温 8 200℃以上；年降水量 1 300～2 600mm，雨季 5～9 月占年降水量的 80%，台风雨占 32%～47%。相对湿度 75%～88%。母岩有花岗岩、变质岩、砂页岩、红岩、喷出岩、岩溶等。地貌呈多级环形层状，中部山区成穹窿山体向四周逐级递降，庞大的山体由于长期侵蚀、切割而破碎，沟谷纵横。山脉多东北至西南和东至西走向，阻挡冬季寒流及东南和西南季风，形成山体东西南北的不同生态气候区：

（1）半干热丘陵气候区　海南岛西部海拔 300m 以下，受西南季风影响，气候较干热，植被属落叶季雨林（次生林类型）。年平均气温 20.9～ 25℃，年降水量 1 300～ 1 600mm，旱季（月低于 50mm）4～5 个月。褐色砖红壤，壤土—粘壤土，核状或块状结构，盐基含量多，饱和度高，代换酸量低，近中性，肥力中等。

（2）半湿暖山地气候区　海南岛东、西部海拔 300～700m 低山区。热带沟谷雨林。年平均气温 19.4～21.5℃，年降水量 1 600～2 400mm，无明显旱季。山地砖红壤。土层深＞130cm，中壤土，核状结构，淋溶作用较弱，肥力较高。

（3）湿暖山地气候区　海南岛东、中部海拔 600m 以下，属热带沟谷雨林，受东南季风影响。年平均气温 19.4～21.5℃，年降水量 2 000～2 600mm，月降水量高于 100mm 有 8 个月以上，11 月至翌年 3 月多雾，无明显旱季。地形多深沟狭谷，风静雾大，湿度高、光照弱。山地黄色砖红壤，土层深 1～2m 以上，粒状—块状结构，有机质及粘粒下移明显，盐基淋溶不明显，但不饱和，代换酸含量低。

---

① 执笔人：邝炳朝

（4）湿凉山地气候区 海南岛中部海拔 700（东部 600）m 以上，为母生垂直分布的边缘区。属山地雨林或沟谷雨林。年平均气温 15.5～16.4℃（尖峰岭天池 19.6℃），冬有轻霜。年降水量 1 000～2 600mm，月降水＞100mm，有 8 个月以上，无降水＜50mm 的月份约 4 个月。多浓雾，全年相对湿度 88%。山地黄壤，剖面鲜黄色，轻壤—中壤土，粒状—碎块状结构。

海南的母生人工林，以造林前的植被类型、土壤主要性状和立木生长情况划分 3 种立地类型：其中Ⅰ类多集中于半湿暖山地气候区，为山地雨林的采伐迹地，土层深厚、肥力较高；Ⅱ类多集中于半干热丘陵气候区或半湿暖山地气候区，为次生季雨林采伐迹地；Ⅲ类处于干热、半干热丘陵气候区，原植被破坏较早，已演替为有刺灌丛、稀树灌丛和茅草荒山；土层厚薄不一，肥力较低，不适宜母生的生长。

（二）组成与结构

1. 天然林

中心分布区的热带沟谷雨林，种类繁多，结构复杂，层次不清，无明显优势种，乔木可分 3 层，平均树高 20～30m。母生常高达 40m，处于林冠之上，多与鸡毛松（*Podocarpus imbricatus*）、海南粗榧（*Cephalotaxus hainanensis*）、海南木莲（绿楠）（*Manglietia hainanensis*）、苦梓含笑（*Michelia balansae*）、油丹（*Alseodaphne hainanensis*）等组成共建种。上层乔木尚有倒卵阿丁枫、三脉木（海南玫瑰木）（*Rhodamnia dumetorum* var. *hainanensis*）、黄桐（*Endospermum chinense*）等。第 2、3 层的树种很多，常见有海南苹婆（*Sterculia hainanensis*）、鸭脚木（鹅掌柴）（*Schefflera octophylla*）、台湾枇杷（*Eriobotrya deflexa*）、大花第伦桃（*Dillenia turbinata*）、狭叶泡花树（*Meliosma angustifolia*）等；层间、附生、林下植物繁茂，常有倪藤、钩枝藤（*Ancistrocladus tectorius*）、黄藤（*Calamus* spp.）、羊蹄甲藤（*Bauhinia* spp.）、鱼尾葵（*Caryota ochlandra*）、鸟巢蕨（*Neottopteris* spp.）、麒麟尾（*Rhaphidophora* sp.）、海芋（*Alocasia macrorrhiza*）等。

在湿暖山地气候区，除上述种类外，在建群种中常见有蝴蝶树（*Heritiera parvifolia*）、红罗（*Aglaia dasyclada*）等喜湿树种；林下亦多见芭蕉（*Musa balbisiana*）、麒麟叶（*Epipremnum pinnatum*）等喜湿种类。在湿凉山地气候区，林分组成和结构与前述基本相同，惟高海拔的成分与数量增多，如托盘青冈（*Cyclobalanopsis patelliformis*）、百日青（竹叶松）（*Podocarpus neriifolius*）、五列木（*Pentaphylax euryoides*）、高山蒲葵（*Livistona saribus*）等；乔木的平均高也较前者为低，为 15～25m。

在半干热丘陵气候区，为落叶季雨林（次生类型）。成分与结构较简单，乔木一般 2 层，平均高 7～10m，胸径 10～25cm。母生多是萌芽更新，常与海南菜豆树（*Radermachera hainanensis*）、岭南山竹子（*Garcinia oblongifolia*）、秋枫（*Bischofia javanica*）、千张纸（*Oroxylum indicum*）、鸡尖（*Terminalia hainanensis*）等组成上层乔木；中层常见布渣叶（*Microcos paniculata*）、青果榕（*Ficus auriculata*）、乌果（海南大风子）（*Hydnocarpus hainanensis*）、异叶翅子木（翻白叶树）（*Pterospermum heteropyllum*）等。层间与林下植物有榼

藤子（*Entada phaseoloides*）、鸡血藤（*Millettia* spp.）、刺桑（*Taxotrophis ilicifolius*）、石蒲藤（*Pothos repens*）等。

2. 人工林

混交林占人工林面积的很少部分，有双行、单行和行间等多种混交，一般用 2 个、也有用 3 个乔木树种组成多层次结构，母生为上层乔木，第 2、3 层分别有降香黄檀（花梨）（*Dalbergia odorifera*）、坡垒（*Hopea hainanensis*）、东京双翼豆（*Peltophorum tonkinense*）、海红豆（*Adenanthera pavonina*）、格木（*Erythrophloeum fordii*）、相思（*Acacia* spp.）等。在橡胶园防护林，有母生、桉树（*Eucalyptus* spp.）、相思、火力楠、油茶等组成行状混交林带，母生成为第 2 层乔木。

纯林约占母生人工林面积的 99%。组成和结构单一，一般 5～8 年生达最大郁闭度，林冠浓密整齐，林下植物种类较少，如假蒟（*Piper sarmentosum*）、银柴（大沙叶）（*Aporosa chinensis*）、火索麻（*Helicteres isora*）、布渣叶等。8～12 年生后，随着林木生势衰退林冠疏开，禾本科草逐步侵入。

（三）生长发育

1. 开花结实

母生属高位芽、裸芽植物，腋生总状花序，4～6 年生开始结实，少数植株不到 1 年生即开花结实，开花节律性不强，四季有花，正常花期 5～6 月，干旱可使正常花期延迟 1 个多月。有些植株 1 年开花 3～4 次，多数 1～2 次，开谢期单花 3～4d，花序 5～6d，单株20～25d，群体之间，群体内各个体之间花期多不同步，相隔可达 60～70d，可造成遗传隔离，使遗传结构趋于复杂，从开花至种实成熟约需 25～40d，熟后易脱落。

2. 生长过程

（1）天然林　树高达 40m，胸径 1m 以上，最大 2m，吊罗山（海拔 680m）1 株 36 年生解析木高 24.6m，胸径 21.8cm；树高与胸径的年平均生长量 10 年生前分别为 0.36m，0.22cm，10～30 年生分别达 1.0m 和 1.0cm，40 年生以上的尚缺，如早期生长慢是幼树在林冠下长期得不到所需的养分与光照所致。

（2）人工林　生长可分为 3 个阶段：

① 苗期　1～5 月为慢生期，6～12 月进入速生期，以苗高、地径月平均生长量比较，前者分别为 2.4cm、0.06cm，后者为 13.4cm 和 0.16cm。1 年中有两个峰期，苗高分别在 6～8 个月；地径在 7～8 个月和 10 个月。

② 幼龄林　栽植密度与生长密切相关。栽植密度分别为 1 665 株/hm^2、2 505 株/hm^2、10 000株/hm^2，其连年生长高峰期，树高分别在第 3、5、2 年；胸径在第 5、4、10 年；材积在第 8、10 年；平均生长高峰期树高分别为 4、7、3 年，胸径 10、9、11 年，材积 10、11 年，除材积的后两个密度外，两种生长曲线均已相交。

③ 林木生长　海南尖峰岭有 1 林分 21 年生，树高平均生长量 0.73m，胸径 0.64cm；屯昌乌坡乡四旁有 1 株 35 年生树高 25m，胸径 36cm。

综上所述，天然林初期生长慢，10 年后加快，人工纯林 5 年前为树高速生期，年生长最多达 1.0m 以上，10 年后降至 0.5m 以下；8～10 年胸径速生期；材积平均生长 10 年后渐慢，渐趋数量成熟；四旁栽植的立木，35 年前保持相当高的生长速度。

（四）更新演替

1972 年对母生天然更新调查发现：① 天然林中的母生绝大部分被砍伐，每伐根能萌出萌条 2 株以上的；② 未见天然林与人工林分中有天然下种更新的幼树、幼苗。可见，母生只以萌芽更新来维持其在自然界的存在。长此下去，除人工栽培外，将在天然林分中消失。归因于大面积砍伐热带森林，使生态环境条件恶化到危及该树种的生存，具体反映为生长势衰退和难以天然下种更新。后一表现为母生能大量结实（1 株 5～10 年生树，1 年可结 25 万～50 万粒种子）。

由母生组成的热带沟谷雨林，是海南具有代表性的热带顶极群落之一，20 世纪以来，以逆行演替为主，即从热带沟谷雨林朝次生落叶或半落叶季雨林、灌丛和有刺灌丛的方向发展。目前在母生天然分布区海拔 200m 以下的植被，以灌丛或有刺灌丛为主；300～500m 多为次生半落叶季雨林，此两类林中残存的母生已萌芽更新多代，并从 60 年代开始向草本植被方向演替；500～800m 的沟谷雨林也遭严重破坏，朝次生林方向演替。

（五）评价与经营意见

母生为珍贵用材，广泛用于造船、车辆、高级家具、水工及细木工等，经济价值高，历来为热带森林砍伐的主要对象之一。它所组成的森林，对于维持海南岛的生态平衡起重要作用，尤其是分布于半湿暖、湿暖山地气候区的热带沟谷雨林，处于海南庞大山体的中心位置，立木最高大，生产力高，生态作用和社会经济意义巨大，天然林等级评价 Ⅰ 级（评价积分＞30）。

母生与其分布区环境的对立统一，形成不同的生态——形态类型，在多雾、潮湿、光照弱的沟谷雨林中，形成树皮薄、树皮栓内层深绿的“薄皮母生”，在开阔地的人工林中，此类母生绝大多数生长较慢并不能正常开花结实。在半干热、开阔的次生季雨林中，多形成“厚皮母生”，特点是树皮厚、栓内层棕黄色。木栓层和叶片的栅栏组织、海绵组织均发达，比较耐旱。生长较快。

由于天然资源遭严重破坏，生态环境恶化以致无法用天然下种更新，人工纯林生势衰退，是母生林当前经营管理的两大问题，应采取如下措施予以解决：

1. 封山育林　在该树种天然分布区内划出禁伐区，在一个较长时期内禁绝砍伐、樵采，使森林朝进展方向演替。

2. 人工补植更新　在已遭严重破坏的次生林分中，依照母生随水流分布的特点，在其天然分布生长的特殊生境中，选用“厚皮母生”大苗进行人工补植，并配置一些如海南木莲绿楠、苦梓含笑、海南粗榧、鸡毛松、油楠（*Sindora glabra*）等伴生树种，以形成多层结构混交林。

3. 人工纯林改造　伐去 Ⅲ 类立地的林分，重新营造母生林；对 Ⅰ 、Ⅱ 类立地的林分采取强度疏伐，每公顷留 150～300 株，再栽能起生物培肥与固氮作用的伴生树种和灌木，改造成为多层结构的混交林。

4. 营造混交林　除适地、适树（包括伴生树种）适种源（或类型）外，还要着重于生态垂直结构；即选Ⅰ、Ⅱ类宜林地，用"厚皮母生"苗木，进行多种树混交，以形成以母生为主的复层混交林。

5. 推广四旁栽植　母生高大、挺拔，枝叶浓密、树冠塔形、萌芽性强，是热带、南亚热带优良的四旁与庭园绿化树种，宜推广，尤以"垂枝类型"树形更美，若嫁接繁殖，可形成蘑菇状树冠。

2—6—11—1　火焰花林①

火焰花（*Saraca chinensis*）（又名中国无忧花）林主产中国广西的南部和西南部热带地区，分布于海拔 600m 以下的山谷，偶可沿着红水河上游零星分布到贵州南缘和云南与广西接壤的南亚热带沟谷地段。分布区约位于北纬 21°30′～25°，东经 104°～108°40′。无论在石灰岩构成的峰丛石山和酸性基岩构成的土山均可出现。但常局限于湿热的沟谷和溪边；且经过长期的破坏，此类森林已很少残存。分布区气候炎热，年平均气温 21～ 22℃，最冷月（1 月）平均气温约 12～14℃，最热月（7 月）平均气温多在 28℃以上，一般年份极端最低气温都在 0 ℃以上。年降水量各地差异悬殊，十万大山地区可多达 2 800mm 以上，而红水河谷可低至于 1 100mm 以下，但沟谷中水湿条件还是较优越的。

火焰花林的立地土壤有机质含量丰富，或为淋溶石灰土，微酸性至中性反应，土层浅薄或为砖红壤性土和赤红壤，酸性至强酸性反应，土层深厚，表明它对土壤的适应性较广。

火焰花林终年常绿，多由喜湿热的成分组成，林木的树皮一般光滑色浅，不少大型羽状复叶的种类，板根和茎花现象时有出现，层间植物发达。由于立地土壤不同，群落组成有明显的差异，大体上可分为两个林分。

1. 苹婆火焰花林

这种类型，分布于广西西南部海拔 400m 以下的石灰岩低峰丛石山狭谷的坡脚，日照很短，环境较阴湿，林木生长高大，结构较复杂，据在弄岗自然保护区的调查，森林郁闭在 0.8 以上，乔木层分 3 个亚层：第 1 亚层林木高 18～27m，胸径 20～60cm，覆盖度约 75%，以火焰花占绝对优势，此外还有海南风吹楠、金丝李（*Garcinia paucinervis*）。第 2 亚层林木高度 10～18m，胸径 18～25cm，以火焰花、苹婆（*Sterculia nobilis*）为主，假肥牛树也常见，其他还有金丝李、假苹婆（*S. lanceolata*）等；第 3 亚层林木高度在 8m 以下，主要有假肥牛树、假苹婆和海南大风子（*Hydnocarnpus hainanensis*）等，平顶紫金牛（*Ardisia depressa*）也普遍，而火焰花则较少见。灌木层一般高 2m 以上，覆盖度 50%，大多数为乔木

① 执笔人：苏宗明，莫新礼

的幼树，而以平顶紫金牛和马蓝（*Strobilanthes* sp.）占明显优势，真正的灌木以单穗鱼尾葵（*Caryota monostachya*）较多，常见还有弄岗金花茶（*Camellia longgangensis*）和柠檬黄金花茶（*C. limonia*）等。

草本层种类不多，都是喜阴湿的种类，高度在 1m 以下，覆盖度 30%，以多花可爱花（*Eranthemum polyanthum*）占优势，此外，还有两广沿阶草（*Ophiopogon chingii*）、阔叶沿阶草（*O. platyphyllus*）、粤万年青（*Aglaonema modestum*）和海芋（*Alocasia odora*）等。

藤本植物种类和数量较多，纵横交错，最突出的为扁担藤（*Tetrastigma planicaule*），长达数十甚至数百米，石柑子（*Pothos*）和麒麟叶（*Epipremnum pinnatum*）到处可见，有时甚至布满整株树的枝干上，附生的植物多为鸟巢蕨（*Neottopteris nidus*）和团叶槲蕨（*Drynaria baronii*）。

2. 红果樫木血胶木火焰花林

此种类型主要分布在广西南部和西南部低山海拔 600m 以下的山谷，向北偶可见于滇、黔、桂边界南盘江一带土山的沟谷。乔木可分两亚层，第 1 亚层 15～20m，最高达 25m，胸径 25～45cm，最大达 120cm，覆盖度 70%～80%。第 2 亚层林木一般高 12～15m，覆盖度 20%～40%。树种组成主要有火焰花、红果樫木（*Dysoxylum binectariferum*）、血胶木、大花第伦桃（*Dillenia turbinata*）、大叶山楝（*Aphanamixis grandifolia*）、毛麻楝（*Chukrasia tabularis* var. *vetutina*）、大果山竹子（*Garcinia tinctoria*）、壳菜果（米老排）（*Mytilaria laosensis*）、海南蒲桃（*Syzygium cumini*）、肉实树（*Sarcosperma arboreum*）、麻粑木（*Lysidice brevicalyx*）、东京波罗蜜（*Artocarpus tonkinensis*）、八宝树（*Duabanga grandiflora*）和鱼尾葵（*Caryota ochlamdra*）以及桄榔（*Arenga pinnata*）等。

灌木层高 2～5m，覆盖度 20%～40%，多为乔木层的幼树，真正的灌木有三叉苦（*Evodia lepta*）、广西棕竹（*Rhapis filiformis*），其他常见的种类还有棒柄花（*Cleidion brevipetiolatum*）和露兜簕（*Pandanus tectorius*）等。

草本层一般高 0.5～3m，覆盖度 30%～60%，以野芭蕉（*Musa balbisiana*）较多，常见的有海芋、五膜草（*Pentaphragma sinense*）、山姜（*Alpinia chinensis*）、楼梯草（*Elatostema*）和苔草（*Carex*）以及一些大型蕨类植物。

藤本的种类和数量也较多，常见的有买麻藤（*Gnetum parvifolium*）、刺果藤（*Buettneria aspera*）、榼藤子（*Entada phaseoloides*）、假鹰爪（*Desmos chinensis*）、瓜馥藤（*Fissistigma* sp.）、麒麟叶和香港崖角藤（*Rhaphidophora honkongensis*）以及棕榈科的省藤（*Calamus platyacanthoides*）和黄藤（*C. tetradactylus*）。

火焰花林是北热带为数不多的沟谷雨林之一，在科研上具有重要的意义。经济利用价值高，如蚬木、金丝李为珍贵用材；海南风吹楠、八宝树、壳菜果（米老排）、血胶木为速生优良树种；火焰花除供材用外，花大而密集，橙红色，艳丽夺目，观赏价值高，其他经济植物也较丰富，如桄榔、鱼葵尾、苹婆和多种白藤。此外还有多种名贵的金花茶。但此类森林残存已很少，应加以保护，在自然保护区内，还要对上列资源植物进行驯化，以便推广造林。

2—6—12—1 海南风吹楠林①

海南风吹楠（*Horsfieldia hainanensis*）林见于中国广西的南部。分布区的地理位置属于北热带季风区，约处北纬 21°40′～23°10′，东经 105°55′～107°50′的范围。虽然作为一个种还可越过北回归线北上至都阳山地前缘，达北纬 24°15′，但在林中极罕见，海南风吹楠林无论在砂页岩、花岗岩等酸性基岩所构成的土山以及由石灰岩构成的石山均可生长，但垂直分布的高程低，仅见于海拔 400m 以下的沟谷。分布区年平均气温 21.5～ 22.4℃，最冷月年平均气温在 13～14.7℃，最热月平均气温 28℃，一般年份极端最低气温在 0℃以上。年降水量 1 400～2 800mm，虽然不少地方干湿季分明，但旱冷同期；冬多雾露，谷地的水分条件也较优越，无碍于此类雨林的生存。海南风吹楠林下的土壤为淋溶石灰土或为砖红壤性土、赤红壤，有机质含量高。

海南风吹楠林的组成因立地条件而不同，可分为两个类型。

1. 广西樗树（*Ailanthus guangxiensis*）**桄榔**（*Arenga pinnata*）**海南风吹楠林**

这类森林，主要分布于广西南部弄岗和陇瑞自然保护区等地的低峰丛石山，见于深窄的圆洼地边缘，海拔 300m 以下，尽管岩石裸露达 85%以上，但小环境较潮湿，林木生长仍相当繁茂而高大，热带雨林色彩较浓厚，郁闭度 0.8 以上。据调查在 1 200m^2 样地内乔木层有 33 种，分为 3 个亚层。

第 1 亚层林木 17 种 29 株，高 20m 以上，较多集中在 30～40m，最高达 50m，树干通直呈圆柱状，树冠集中在树干顶部，覆盖度 75%，树冠基本连续，重要值指数分配较分散，共优种较多，有海南风吹楠、广西樗树、光榕（*Ficus glaberrima*）、人面树等，较重要的有丛花厚壳桂（*Cryptocarya densiflora*）和假肥牛树（*Cleistanthus petetii*），其余金丝李（*Garcinia paucinervis*）、石山嘉榄（*Garuga floribunda* var. *gamblei*）、海南樫木（*Dysoxylum hainanensis*）和肖韶子（*Dimocarpus fumatus*）等 11 种均呈单株分布。

第 2 亚层林木 22 种 73 株，覆盖度 35%左右，树冠不连续，以假肥牛树最多，其次为棒柄花（*Cleidion brevipetiolatum*）、肖韶子和网脉核果木（*Drypetes perreticulata*），其他种类如金丝李、鱼木（*Crateva religiosa*）、棱翅蒲桃（*Syzygium nienkui*）、梨果崖摩（*Amoora roxburghiana*）和菩黍树（*Prosartema stellaris*）等也只出现单株。

第 3 亚层林木一般高 6～8m，种类稀少，仅 8 种共 37 株，以巨型羽状复叶的桄榔占绝对优势，甚为醒目，其余多属中、上层树种的小乔木，如海南风吹楠、金丝李、棒柄花等。

灌木层生长稀疏，一般高度 1～2m，多为乔木的幼树，如海南风吹楠、金丝李、丛花厚壳桂等，但数量少，真正的灌木种类不多，有平顶紫金牛（*Ardisia depressa*）、白花龙船花

---

① 执笔人：苏宗明，莫新礼

(*Ixora henryi*)、驳骨九节(*Psychotria simica*)、柠檬黄金花茶(*Camellia limonia*)和弄岗金花茶(*Camellia longgangensis*)等。

草本层种类也不多，分布不均，覆盖度30%左右，以多花可爱花(*Eranthemum polyanthum*)占优势，次为越南冷水花(*Pilea alongensis*)，其他还有两广沿阶草(*Ophiopogon chingii*)和毛叶轴脉蕨(*Ctenitopsis devexa*)和大野芋(*Colocasia gigantea*)等。

层间植物和附生植物主要为东京紫玉盘(*Uvaria tonkinensis*)、扁担藤(*Tetrastigma planicaule*)和赤苍藤(*Erythropalum scandens*)、麒麟叶(*Epipremnum pinnatum*)、藤桔(*Pothos chinensis*)和巢蕨(*Neottopteris nidus*)等。

2. 血胶木(*Eberhardtia aurata*)木奶果(*Baccaurea ramiflora*)海南风吹楠林

这一类型主要分布于桂西南地区的十万大山、大青山和靖西、那坡等地的土山地区海拔400m以下沟谷地带。乔木层可明显分为3个亚层。第1亚层林木高25～40m，胸径30～90cm，树冠连续，覆盖度80%左右，以海南风吹楠为主，血胶木常可成为次优势种，火焰花、厚叶琼楠也较常见，有的地方还可见到黄梁木(*Anthocephalus chinensis*)和八宝树(*Duabanga grandiflora*)等。

中、下层林木一般高4～15m，胸径10～25cm，常见为厚叶琼楠(*Beilschmiedia percoriacea*)、大花第伦桃(大花五桠果)(*Dillenia turbinata*)、仪花(*Lysidice brevicalyx*)、木奶果和辛果漆(*Drimycarpus racemosus*)等。

灌木层高度一般在2～3.5m，主要为上层林木的幼树，有的地方以单穗鱼尾葵(*Caryota monostachya*)占优势，其他常见还有五角紫金牛(*Ardisia quinquegona*)、桄榔等，有的地方还可见到金花茶(*Camellia chrysantha*)、显脉金花茶(*C. euphlebia*)等。

草本层以穿鞘花(*Forrestia chinensis*)、新月蕨(*Abacopteris aspera*)、大叶水罗白(蒟蒻薯)(*Tacca chantrieri*)等为常见，局部地段以瘤果砂仁(*Amomum muricarpum*)占绝对优势。

层间植物主要有茎花崖爬藤(*Tetrastigma cauliflorum*)、蝉翅藤(*Securidaca inappendiculata*)和白藤(*Calamus* spp.)、麒麟叶和巢蕨等，有时还可见油渣果(*Hodgsonia macrocarpa*)。

据33年生的海南风吹楠林分的测定得知：林分平均高22.7m，平均胸径23.9cm。乔木第1亚层林木平均高30.7m，平均胸径38.1cm；第2亚层林木平均高14.3m，平均胸径13.6cm；每公顷立木750株，蓄积285m^3。

据33年生的海南风吹楠树干解析，树高为23.2m，胸径40cm，材积(带皮)1.278 9m^3。树高连年生长量在5年与11年生出现两次高峰，均达2.0m，12～33年呈微波浪式下降；胸径5～8年间，年生长量在0.9～1.1cm，9～15年转快，年生长量达1.5～1.6cm，20年生时达到高峰，年生长量1.8cm，21～27年生呈直线下降；材积生长自15年生开始加快，年平均生长量0.012～0.029m^3；而到30年后更为迅速，年平均生长达0.034 8～0.036 2m^3，可见它是较理想的速生树种。

海南风吹楠林在石灰岩石山和土山都有分布，林分树种繁多，资源植物相当丰富，经济价值和科学意义都较大。广西槵树、海南椤木、人面树、黄梁木、八宝树、海南风吹楠和血胶木为珍贵或速生优良树种，后两种的种子榨油供工业原料用。其他经济植物主要还有野砂仁、油瓜、桄榔和多种白藤。这类森林是中国北热带典型的沟谷雨林之一，在科研上具有重大的价值。但现在残存的森林已极少，应认真保护、研究，对其中经济价值高的植物，宜进行栽培，以供利用。

2—6—13—1 鸡毛松林①

鸡毛松（*Podocarpus imbricatus*）又称爪哇罗汉松、岭南罗汉松，属罗汉松科常绿大乔木，为热带山地珍贵用材造林树种。

鸡毛松的木材淡黄至黄色，结构细致，纹理通直，材质软而稍重，比重 0.45～0.57，加工容易，旋刨性良好，花纹清晰美观，油漆性能良好，为上等家具、高级建筑，尤其适作箱、框、门、细木工、文化用具和枪托、手榴弹柄等用材，为中国热带优良名贵用材之一。已被国家划为三级重点保护植物。

（一）**分布与生境**

鸡毛松分布于中国南部，越南、缅甸、菲律宾、印度尼西亚、新加坡、加里曼丹、苏门答腊、巴布亚新几内亚等国和地区。中国云南东南部、南部；广西大瑶山和海南岛均有发现，广东信宜有栽培。海南岛五指山、尖峰岭、霸王岭、吊罗山等林区有天然植株，其中霸王岭白晶林场通天河伐区 1 棵最大，胸径 270cm，树高超过 30m，树高 16m 处的直径达 150cm，全树材积 60 多 m^3。从资源数量看，尖峰岭林区居首位。

鸡毛松一般生长在海拔 650～1 000m 的河岸阶地、沟谷、山坡下部或三面环山的坡下小盆地中。喜气候凉爽、大气潮湿、土壤水分充足、肥力较高的静风环境。尖峰岭天池热带林自然保护站（海拔 760m）的气象资料：年平均气温 19.7℃，极端最低气温 1℃，≥10℃年积温 7 142.5℃，年降水量 2 652.0mm，年蒸发量 1 303.7mm，平均相对湿度 88%。

鸡毛松生长立地位于山体腹部，中—轻度切割，相对高度差 150～250m，土壤为山地砖红壤性黄壤。其剖面形态特征：枯枝落叶层厚 1～2cm；表土 20～30cm，呈暗褐色；心土在坡下部呈黄棕色，在坡上部则为黄色壤土；底土偶尔残存古代红色土，土层厚达 1.8m 以上，疏松；母质为花岗岩风化层。肥力特点：风化层与土层深厚且疏松，腐殖质与氮素含量丰富，强酸性，为盐基极不饱和的湿润壤土。

在适宜的立地，鸡毛松立木圆满通直，高耸挺秀，枝叶繁茂，分枝高，削度小，出材率高；在干湿季较明显，土壤水分较差的立地条件，偶尔见之，且生长不良，树干削度大，分枝低，矮小，枝叶稀疏。在旱期长达 5～6 月，大气干热，土壤缺水的立地条件，则不能

① 执笔人：黄全

天然更新，即使是人工引种栽培，如不调控环境因子，也不易成活。

（二）**组成与结构**

鸡毛松是海南岛热带山地雨林的特征种。热带山地雨林是植物种类最多的植被类型，据海南尖峰岭调查：占植物种类总数的64.9%，其组成以樟科9属17种，茜草科（12属16种）、壳斗科（3属13种）、桃金娘科（3属6种）、夹竹桃科（5属5种）、兰科（5属5种）、棕榈科（5属5种）、冬青科（1属5种）等为主，样地外尚有坡垒属（*Hopea*）、鹅耳枥属（*Carpinus*）、荚蒾属（*Viburnum*）、桦木属（*Betula*）、槭树属（*Acer*）等，以热带植物科属为主，并渗有温带成分，优势种不明，每公顷常达100多种，最多者高达161种；结构复杂，层次不清。乔木按树高可分为3层，第1层平均高20～24m，平均胸径30～50cm，以芬氏石栎（琼崖石栎）（*Lithocarpus fenzelianus*）、竹叶栎（竹叶青冈）（*Cyclobalanopsis bambusaefolia*）、托盘青冈（*C. patelliformis*）、海南紫荆木（*Madhuca hainanensis*）、木荷（*Schima superba*）、海南蕈树（*Altingia obovata*）、海南木莲（绿楠）（*Manglietia hainanensis*）等数十多种。第2、3层林木种类众多，平均树高13～16m及8～10m，平均胸径14～16cm和10cm左右，常见种类有厚壳桂（*Cryptocarya chinensis*）、纤枝蒲桃（*Syzygium araiocladum*）、詹氏蒲桃（子凌蒲桃）（*Syzygium championii*）、海南韶子（*Nephelium lappaceum* var. *topengii*）、白颜树（*Gironniera subaequalis*）、多种冬青（*Ilex* spp.）、灰木（*Symplocos* spp.）、粗毛野桐（*Mallotus hookerianus*）、莫氏五月茶（*Antidesma maclurei*）等。板根及萌蘖现象常见，叶多具滴落尖。树种的多度小，据中山大学植物研究室材料，绝大多数乔木种群的多度仅有0.126%～3%，最大亦不超过8%。在一定程度上反映了种类成分的复杂性和多样性。

层间植物丰富，常见的木质藤本有倪藤（小叶买麻藤）（*Gnetum parvifolium*）、冷饭团（*Kadsura coccinea*）、杜仲藤（*Parabarium* spp.）、瓜馥木（*Fissistigma* spp.）等数十种。附生植物以崖姜蕨（*Pseudodrynaria coronans*）、鸟巢蕨（*Neottopteris nidus*）等和气生兰，如石仙桃（*Pholidota chinensis*）、密花石槲（*Dendrobium densiflorum*）等为主，有时还有姜科、杜鹃花科的种类出现。

下木、活地被物的种类相对简单。下坡阴湿的林下以棕榈科、茜草科、紫金牛科的耐荫植物为主，尤以省藤（*Calamus* spp.）、黄藤（*Daemonorops margaritae*）、刺轴榈（*Licuala spinosa*）、燕尾葵（*Pinanga discolor*）等最为茂盛。活地被物以黑莎草（*Gahnia tristis*）、露兜（*Pandanus* spp.）、卷柏（*Selaginella* spp.）、单叶新月蕨（*Abacopteris simplex*）等为主。在山坡上部或山脊林下常为射毛悬竹（*Ampelocalamus actinotrichus*）等几种竹类植物取代，局部地段占绝对优势，而活地被物的种类与数量显著减少。

（三）**生长发育**

鸡毛松散生于热带山地原始密林中，初期生长缓慢，能耐荫蔽，鲜有被压现象。20～30年树高生长才逐渐加快，40～50年树高生长最快，60年以后又减缓，直至148年时仍在缓慢增长。胸径与材积的生长，初期极缓慢，50年以后，树高已冲出下木层，得到较充足的阳光，逐步扩大冠幅，光合作用增强，胸径和材积生长才逐渐加快，130～140年生时才达到高峰。

鸡毛松在林冠下天然更新，初期生长极缓慢。在采伐迹地上人工更新造林，初期生长并不慢，一般比天然更新快10倍以上。在立地条件优越的地段，生长更快。1969年营造的幼林表明：随着立地条件由好到差的变化，生长量依次下降；1974年造林注意选择立地条件，做到适地适树，结果幼林生长比1969年种植的还快。

鸡毛松为常绿针叶树，在海南岛通常3～4月开花，11～12月种子成熟。因立地环境不同，种子成熟期不一致；种子成熟时，种托肥大呈乳头状突起，鲜红色、种子紫红色，球形。

（四）更新演替

鸡毛松天然更新，在沟谷两旁，有时种子虽然很多，但多数掉入水中而未能发芽成苗；在河岸阶地上，更新较好，由于鸡毛松种子细小，地表枯枝落叶层厚，透光度和水热条件适合，林下幼苗虽极常见，但能长成各级的幼树却不多见。因此，靠天然更新来发展这一珍贵树种，还远不能满足经济建设发展的需要。近20年来，海南岛各林区，发展当地的珍贵用材树种，尖峰岭林区已进行人工更新，营造了130多 hm^2 的块状鸡毛松纯林，生长健旺。一般在海拔700～900m的采伐迹地上进行人工造林。

（五）评价及经营意见

鸡毛松木材为中国南方的珍贵、优良用材，供制作上等家具、高级建筑、文化用具等。近20多年来，还用作军工用材；使鸡毛松木材价值倍增。同时把鸡毛松划为国家三类重点保护树种。为此，建立鸡毛松用材林基地，发展这一珍贵树种对中国经济建设和科学研究均有重要意义。可是热带天然林的经营利用基础较差，50年代中、后期才开始调查研究和探讨经营方式方法。当时对热带珍贵树种的生态学特性认识不足，不掌握适地适树的原则，在高海拔的采伐迹地上人工种植了一些树种（如竹柏、海南石梓等）生长不理想，而转为引种杉木，生长虽较迅速，但从长远观点看，多数人认为在海南岛发展杉木，还不如发展岛上的珍贵树种为佳，60年代中、后期，这一想法才逐步为生产单位所采纳而开始种植鸡毛松。至目前为止，这些鸡毛松幼林生长良好。为了提高地力、生态效益和经济效益，可在开展多种经营，以短养长，长短结合，以建立多层的人工混交林生态系统。这样，宜先在优良的立地条件营造鸡毛松与黄杞或鸡毛松与木荷的混交林。据陈祥炘调查表明，黄杞、木荷均有菌根。这样的混交林树种间可以互相取长补短，互相促进，以利生长健壮。同时林下可以种植巴戟天（*Morinda officinalis*）、黄藤（*Daemonorops margaritae*）、省藤（*Calamus* spp.）及兰花等经济植物，还可以培养木耳和食用菌等，以提高经济效益，真正做到以短养长、长短结合、综合经营。

第七章

珊瑚岛常绿林[①]

珊瑚岛热带森林分布于中国西沙群岛及南沙群岛的珊瑚岛上。这些珊瑚岛是建立在深海的花岗岩及变质岩之上，由珊瑚群落的石灰质骨骼从第三纪以来，以每10年上升1cm的厚度堆积而升出海面，成陆过程经历着暗礁、环礁，最后完全露出海面。珊瑚岛的地貌一般圆盘形，边缘稍高，形成沙堤，中央部分稍凹陷，通常高出海面不过几米，只有与永光岛相邻的石岛岩块高举，高出海面约12m，可能具有成岛时间较老，这中间经历过轻微的地壳上升运动，使珊瑚岛不呈圆盘形。

成土的基质是富含钙质的珊瑚骨骼遗物，贝壳碎片、砂砾、鸟粪及森林腐殖质等。pH 8～9。土壤表层以腐殖质为主，呈灰褐色，质地松软，有核粒状结构，下层是由淋溶的腐殖酸，珊瑚骨碎片与钙镁结合而成鸟粪层，呈块状结构，质地坚硬，厚度40～90cm，底层为黄褐色的珊瑚沙层，无结构。有机质的含量因植被类型而异，在森林下为12%，在灌丛下为2%～3%。土壤含磷量在森林下为12%，在灌丛下为3%～5%。

在岛的外围海滩是由海浪冲击堆积而成的冲积沙和贝壳的碎片，缺乏有机质，含盐量较高，加上沙滩流动性大，植被极稀疏，只有沙岸匍匐植物如厚藤（*Ipomoea pescaprae*）才能存在。

南海诸岛的年平均气温超过26℃，1月平均气温约为23℃。极端最低气温为15℃，北方的冬季寒流冷空气对这里的森林植被影响不大。干湿季明显，12月至第2年5月为旱季，以5月份温度最高。6～11月为雨季，年降水量约在1 400mm以上，主要是台风雨，在台风频繁的年份，日降水量可达300～600mm，年降水量超过2 000mm。

雨季的蒸发量小于降水量，但旱季的蒸发量常5～6倍于降水量，2～3月的蒸发量尤

---

① 执笔人：张宏达

其大，可10倍于降水量，因此土壤的含盐量较大，加上大气中的盐雾，使生长在珊瑚岛上的植物，具有明显盐生和旱生的适应结构。

南海诸岛处在亚洲季风控制下，冬季盛行东北季风，夏秋为西南季风，常风速度在3～4m/s，对岛上植物的生理生态方面，包括蒸腾、保水、传播等方面都起着影响，特别是南海是亚洲热带台风的发源地，每年都有1～3次台风掠过南海，对岛上的森林植被起着摧毁性的破坏作用。

海流对南海珊瑚岛的植被起着决定的作用，岛上大部分植物及其群落是通过海流传播的，只有一部分是风力、海鸟及人为影响引进的。海流因季节而变化，夏季的海流从爪哇海向北流入南海，再北上经巴士海峡流入太平洋，或经台湾海峡流入东海。冬季则相反，太平洋及东海的海流自北向南流入南海，再转到爪哇海。季风和海流的季节性变换，给当地的气候带来显著的影响。引起夏湿冬旱的交替现象。

珊瑚岛上的动物以海鸟为主，是岛上原生性动物区系的成分，其他蜂、蚁、蚊、蝇、蛾、蝶等，部分与人为活动有关。常见的鸟类有鲣鸟、燕鸟、金鸻和绣眼等，以红脚鲣鸟最常见，对改变环境的作用最大，长期的鸟粪层的矿化过程，对植物的入侵与发展起着决定性的作用。

南海珊瑚岛的植物有如下特点：① 热带性。地处热带，又缺乏高山植物成分，都是热带分布的广布种。② 年轻性。由于成岛的年代短暂，面积狭小，岛上的植物不过210种，分隶于154个属，反映出种系贫乏，成分简单。③ 外来性。在200余种植物中全部是外来的，没有当地发展起来的特有种，它们是由风、海流、鸟类及人的活动携带和传播来的。

由于珊瑚岛的特殊生境，即沙质土含盐分，土壤无机元素稀少，仅有来自珊瑚骨骼的石灰质，和海水的某些元素等，植物表现为旱生结构，如海岸常见的厚藤、卤蕨等多少呈肉质；由于珊瑚岛离海面不过数米，地下水均含不同程度的盐分，使植物呈肉质，便于贮水，减少蒸腾作用；珊瑚岛面积小，地形平坦，年代短暂，缺乏淤泥，常风强，海浪大，这里未发现红树林植物；由于珊瑚岛年轻，植物区系成分简单，无论群落类型、结构与外貌，都表现简单而年轻，目前南海珊瑚岛上的森林只有白避霜花林和海岸桐林两个林系组，它们都是单优森林，是森林树种入侵后发展起来的前期产物。

以上两种单优林都是珊瑚岛森林发展前期的产物，根据西沙群岛珊瑚岛发育的年龄推算，它们露出海面的时间并不太长，可能是近代（数万年前）的事情，从荒芜的珊瑚岛发展成为目前的单优林时间就更短。由于这里的森林树种都是太平洋热带海岛的常见种，借海流、海鸟或风力的传播而到达这些珊瑚岛。从珊瑚岛成岛过程及珊瑚结构的特点，这里的森林发育，不经过苔原、草地的阶段。最先侵入珊瑚岛的除少数能适应流动沙滩的厚藤、双花蟛蜞菊（*Wedelia biflora*）、铺地刺蒴麻（*Triumfetta procumbens*）之外，一些常见的热带海岛及海岸灌丛的种类，最先侵入这里，分布珊瑚岛的中央及环岛（礁）的沙岸上，形成密集灌丛，在它们的作用下，逐渐改变了无结构的沙岸，并为海鸟的栖息提供了条件。由于鸟粪的积累，加快了森林的出现，一些上述的森林树种，只能在有一定结构的，以鸟粪为主要成分的土壤上扎根，从而出现了前面所提到的各种单优森林。这些单优林的出现必然把各种海岸灌丛从海岛中央向边缘的环礁沙岸退却，从而在海岛中央部分森林的外围，出现了各种灌丛。这些灌丛一般位于沙滩内侧，中央单优林的外侧，形成单优的带状灌丛，常见并占优势的灌丛，它们的旱生结构比乔木林尤其明显。

2—7—1—1　白避霜花林[①]

白避霜花（*Pisonia alba*）林是西沙群岛的主要森林类型，在永兴岛和东岛，白避霜花林分布甚为普遍。乔木层白避霜花占绝对优势，除有个别海岸桐外，几乎为单纯林。乔木只有一层，高 10～14m，在长期不受台风破坏的情况下，林冠基本上郁闭，而且非常整齐。然而近几十年来，台风在西沙群岛出现频繁，白避霜花林受到严重的摧折，林冠层几乎全部被破坏，由树干或老枝上出现萌蘖枝，林冠层已颇不完整。但是南沙群岛的则不受台风的破坏，乔木层郁闭度大，且较为高些。

在不受台风破坏的白避霜花林下，灌木层不明显。但在被台风破坏后，由于树冠被打开，就会出现丛生的灌木层。草本层在密闭的白避霜花林下，基本上不存在，只偶有散生的少数种类。但在树冠层被破坏，灌木层未出现之前，草本植物可首先侵入而出现草本层。

由于白避霜花林是珊瑚岛上最老和最大的森林，它成为鲣鸟栖息的场所，林下堆积的鸟粪层经过长期的成土过程，达到 1～2m 的厚度，已完全矿化成磷粪土。

白避霜花属紫茉莉科，分布于太平洋热带岛屿，亦称麻疯桐，是西沙及南沙群岛最主要而常见的森林树木，分布于西沙的永兴岛、东岛、琛航岛和金银岛，南沙的太平岛。白避霜花在林中占绝对优势，林下偶见散生海岸桐（*Guettarda speciosa*）。林相简单，乔木高不过 15m，只有 1 层，覆盖度 85%，林下灌木及草本较稀少，只在林缘海岸桐侵入时才出现 2 层结构。由于盐生和缺水，木材结构松脆，木质组织不发达，树干脆弱易折，加之台风频繁，不仅树冠层受到破坏，连巨大的侧枝或主干（胸径 60cm）亦遭摧折，促进了萌芽枝的出现，原来宽广的树冠和较郁闭的树冠层变得稀疏而开朗，逐渐被灌木和草本侵入，繁殖迅速，出现大量幼苗，但种类不多。灌木层以海巴戟天（*Morinda citrifolid*）为主，在林缘有海岩桐及蓖麻。草本层以土牛膝（*Achyranthes aspera*）为主，覆盖度约 20%，最大可达 40%。伴生的草本有锥穗钝叶草（*Stenotaphrum subulatum*）及马唐，在湿润洼地有羽穗砖子苗（*Mariscus javanicus*）。

乔木群落里，未发现苔藓、地衣、蕨类或有花的附生植物，寄生植物亦罕见，仅在乔木主干上有气生绿藻，林里偶有木质或草质藤本，热带常见的茎花和板根在这里绝对不存在，这反映出白避霜花林的年龄不大，是处在演替的前期。

白避霜花木材轻脆，缺乏木质结构，髓部和茎干的薄壁组织很发达，干燥显著收缩不

---

① 执笔：张宏达

能作为材用，不能抗强风，也不适于作烧柴，除了作海鸟栖息之外，目前未发现它的经济价值。

2—7—2—1 海岸桐林①

以海岸桐（*Guettarda speciosa*）为主要成分的森林，其发展过程比白避霜花林为年轻，占有的面积也比较小，主要分布在西沙群岛的金银岛及甘泉岛上。此外，在东岛的西南部也有分布。海岸桐林的年龄较短，成林的时间并不长，林下缺乏深厚的鸟粪层。海岸桐直接生长于环堤带堆积的沙土上。

在海岸桐林组成的树木中，以海岸桐占绝对优势，树高一般6～8m。由于受台风的袭击，主干常从根茎以上被摧折，并在老树桩上萌蘖出丛生的萌条。乔木层还偶见白避霜花等树木。灌木以草海桐为主，但密度不大。林下的草本不多，在树冠层较完整的林下，常缺乏草本层。

在珊瑚岛上还有大面积的灌木林，由于生境的特殊性，它们和乔木群落有许多相类似的地方：种类组成单纯，富肉质或者含有大量贮水薄壁组织，缺乏机械组织，木质脆弱以及体表具有毛被，表现出旱生结构。虽然它们属于灌木，但基于群落特征的特殊性，所以列在珊瑚岛常绿林的范畴中。

海岸桐林是西沙和南沙群岛另一个主要森林类型，分布于环岛沙堤上。沙堤高3～6m，是在环礁的基础上经浪积珊瑚骨块、细沙及鸟粪所组成，由于海岸桐是沿着环状沙堤分布，具有天然防风林带的作用。海岸桐林下，土层浅薄，从1～15cm是植物残落物和沙粒与鸟粪，有机质含量为13%，pH 8；15～25cm为质地疏松的鸟粪层，有机质为2.3%，pH 8.7，25cm以下为黄白色珊瑚细沙，有机质为0.5%，pH 9。

海岸桐林基本上也是单纯林，偶有白避霜花、红厚壳（*Calophyllum inopyllum*）伴生。乔木仅1层，高6～8m，胸径不超过30cm，树冠层整齐，分枝低矮，木材结构虽比白避霜花稍为坚实，也常受台风摧坏，林里出现萌生植株，并使树冠层变得开朗。

林下灌木种类不多，以草海桐（*Scaevola sericea*）最常见，呈分散状，不成层片。

草本层亦不明显，以锥穗钝叶草、牛鞭草（*Hemarthria* sp.）、马唐等为主。

海岸桐种子萌发力强，且萌蘖及再生力也强，每平方米样方有幼苗7～8株，在甘泉岛多达15～30株。但林下小苗不多，只在被台风摧毁了的树冠层下，幼苗才获得发展的机会。

2—7—3—1 草海桐灌丛②

以草海桐（*Scaevola hainanesis*）为单优种，分布于全岛、琛航岛、晋卿岛、珊瑚岛、北

①② 执笔：张宏达

岛和南岛等，占有广大面积。生境条件多样化，从沙堤一直到高潮线，都生长得很茂盛。

灌丛外貌整齐，高1～2m，分枝多，萌生力强，树干交织，覆盖度较大，每平方米有5～6丛，30余株。除了草海桐之外，还有银毛树（*Messerschmidia argentea*）、海岸桐、海巴戟天、白避霜花、滨樗（*Suriana maritina*），偶见露兜簕（*Pandanus ptectorius*）和蓖麻。

灌丛里常有藤本植物，如长管牵牛（*Ipomoea tuba*）、密生牵牛（*I. congesta*）、紫心牵牛（*I. obscura*）、虎脚牵牛（*I. pestigridis*）、海豇豆（*Vigna marina*）。无根藤（*Cassytha filifprrmis*），在局部树冠层也很常见。

灌木下的草本，除锥穗钝叶草，牛鞭草，珠子草（*Phyllanthus niruri*）外，还有马齿苋（*Portulaca oleracea*），铺地刺蒴麻（*Triumfetta procumbens*）。

草海桐的茎及叶片有发达的贮水组织，是适应盐生性的旱生结构。

2—7—4—1　银毛树（*Messerschmidia argentea*）灌丛[①]

这种紫草科的灌木林分布于西沙及南沙群岛海岸沙堤外沿的沙滩上，位于草海桐灌丛的外侧，二者常互相交错，但这个灌丛的宽度远较草海桐灌丛狭窄。土层由珊瑚碎硝及海沙堆成，鸟粪不多，有机质亦稀少，缺乏分层结构，pH7.5～8.5。土层保水力差，加上海风和盐雾强大，灌丛的旱生特点表现在肉质组织及茎叶上的毛被特别发达。

灌丛的成分简单，以银毛树占绝对优势，基本上是单优群落。伴生的灌木有草海桐、海巴戟天、海岸桐等，草本有华细心（*Boerhaavia chinensis*）、锥穗钝叶草、多毛马齿苋（*Portulaca pilosa*）、珠子草及寄生的无根藤，偶见有盐地鼠尾粟（*Sporobolus virginicus*）及沟叶结缕草（*Zoysia matrella*）散生到高潮线附近。

银毛树一般高在2m左右，覆盖度约为50%，植株在近地面处即行分枝，常呈偃卧丛生状态，茎及叶片的贮水组织发达，体外被厚层银色毛被，有显著的抗风及盐生的结构特征。

2—7—5—1　水芫花（*Pemphis acidula*）灌丛[②]

由千屈菜科的水芫花组成的灌丛，仅分布于东岛北岸及金银岛北岸，直接生长在强盐碱性珊瑚骨灰岩上。呈单优灌丛，植株高1m，最高1.5m，分枝低，呈丛生状，覆盖度90%。水芫花的茎及细小叶片呈肉质构造，茎枝被灰色木栓层，具有强大的保水能力。其根系纤细多分枝成网状，侵入基岩缝隙，以其广大的吸收面积从缝隙中吸取水分。由于生境的水分、矿质、基质结构等比较苛刻，只适于水芫花生长，罕见其他种类相伴生，使灌丛成分十分单纯。

---

①②　执笔：张宏达

2—7—6—1　许树（*Clerodendron inerme*）灌丛①

以马鞭草科许树占优势的灌丛分布于珊瑚岛及其毗邻的甘泉岛，面积不大，生长在环状沙堤内侧的鸟粪层上。许树是亚洲热带海岸红树林的伴生种，常生长在高潮线前后。但在西沙群岛的珊瑚岛，都位于深海的珊瑚礁，在这里全是沙岸，缺乏淤泥的滩涂，许树无法在沙滩上扎根，因而侵入到沙堤内侧的鸟粪层上，林相外貌整齐，高 1～1.5m，分枝披散，覆盖度最大达 90%，以许树占优势。在灌丛里偶见草海桐及海岸桐，林下还有双花蟛蜞菊（*Wedelia biflora*），直立黄心，锥穗钝叶草，龙爪茅（*Dactyloctenium aegyptium*），纤毛画眉草（*Eragrostis ciliata*）、羽芒菊（*Tridax procumbens*）、马齿苋及马唐等。

2—7—7—1　南蛇簕（*Caesalpinia minax*）灌丛②

分布于金银岛及琛航岛的中部礁盆的鸟粪层上，生境条件无论水分或矿质都比较优越，灌丛的覆盖度达 90%，加上植株为披散灌木，枝桠交织，别的乔木及灌木的种类不易侵入，几为单优灌丛，林冠只有长管牵牛、无根藤，林下只有直立黄心、华黄细心、锥穗钝叶草、珠子草、羽芒菊等。

这类灌丛为演替前期的产物，显然是比海岸桐林或白避霜花林要年轻，换句话说，它是先于海岸桐等乔木林侵入岛上，处于灌丛阶段。

2—7—8—1　伞序臭黄荆（*Premna corymbosa*）灌丛③

本灌丛于东岛的环礁沙堤上，它的内侧为鸟粪层，外侧为砂砾层，灌丛生境表土为珊瑚沙，鸟粪与残落腐殖草混合组成，厚度在 15cm 以内，再往下为黄白色珊瑚沙。灌丛以马鞭草科的伞序臭黄荆占优势，高 2～3.5m，覆盖度约为 70%～80%，植株多分枝，呈丛生状，有多种乔木及灌木种类侵入，它们是海岸桐，白避霜花，海巴戟天，银毛树及蓖麻等。

上述各类灌丛有如下的特点：根系浅，耐瘦瘠，适合在沙地扎根；具肉质或贮水组织发达，茎叶兼有毛被，耐旱力强；分枝低矮，常呈丛生状，适应于抗风及抗海浪的冲击；多在环礁沙堤上分布，能积累腐殖质，为海鸟提供栖息场所，使林下有机质不断累积，为珊瑚岛成土过程的先锋植被，并为白避霜花、海岸桐等乔木林的发展创造条件。

---

①②③　执笔：张宏达

第八章

红树林[①]

红树林是热带海岸的海滩上主要由红树科植物组成的一种特殊森林类型，适生于淤泥深厚的海湾或河口高潮线以下的盐渍土壤上。它的分布与气候、土壤以及海水盐度有密切的关系。一般分布于南、北纬度32°之间的沿海地区，但以赤道两侧的海岸为分布中心，尤其以马来半岛及其邻近的海岸上，生长繁茂而且组成种类丰富。根据组成种类和生境条件的特点，全世界的红树林可以划分为两大类群，即印度、太平洋西海岸的东方类群和美洲、西印度群岛及西非海岸的西方类群。这两个类群在外貌和生态关系上都是相似的，但前者组成种类丰富，是红树林最发达的地区。

中国红树林分布范围很广，从北纬18°9′的海南南端至北纬28°的浙江平阳均有分布，但以广东尤其是海南为多，面积大而且组成种类丰富。其次为广西、台湾和福建。浙江南部沿海有人工栽培的小面积林分。由于中国的红树林分布于南亚热带和热带的北部地区，因而组成种类、外貌和结构方面与赤道地区相比，已显得比较简单。在组成种类中有70%以上的属与马来半岛相似，几乎与越南、菲律宾等地相同。所以在植物区系上和亚洲东南部的关系密切。在组成种类、外貌和结构方面，和马来半岛的近似，所以中国红树林也属于东方类群的森林。

由于红树林的种类分布与海水的含盐度关系密切，因此相应的出现不同的生态系列。生长在海水浸淹的盐渍土壤上，形成一种与环境相适应的形态结构，如叶子通常表现厚，革质或肉质，有光泽，有贮水组织和分泌腺体，可以排出多量的盐和具有盐生和适应生理干旱的特征。它终年常绿，而且林冠比较整齐。在热带地区的红树林是由高大乔木组成的森林，层次结构复杂。中国的红树林由于分布在热带的北缘，加以人类经济活动干扰大，成

① 执笔人：周光裕

熟的红树林面积很小，而且多为次生林，多呈小乔木林或灌木林。在海南和广东、广西大陆的沿岸局部地段，有保存较好的红树林。

红树林的群落结构比较简单，发育良好时可以分为乔木、灌木和草本植物3层，还常见有藤本和附生植物。支柱根、呼吸根和板状根都很发达，密集而盘根交错，形成一种特殊的生态学性状。在防浪、护堤和淤积等生态效益上产生重要的作用。

红树林植物还有一种特殊的繁殖方式，称为植物的“胎生”现象。它的种子在没有离开母树的果实时就开始发芽，生长成为绿色棒状或纺锤形的胚轴，到一定时间后就与果实一起落下而坠入淤泥中，迅速生长为幼树，这是红树林与特殊环境相适应的一种特有现象。

2—8—1—1　长柱红树林①

长柱红树或称红海榄（*Rhizophora stylosa*）属红树科，是东方红树林的重要树种，广布于亚洲、大洋洲及东非热带海岸，多生长于淤泥深厚的中、内滩地带，间或生长于含沙量较多的外滩地带，常与其他红树植物混生或单优成林。

长柱红树林在中国分布广，面积亦较大，其中尤以海南儋州的面积最大，占海南红树林总面积的60%，琼山的东寨港、文昌的清澜港，广东从徐闻到阳江的平岗和海陵岛，广西合浦英罗湾等沿海地方均有分布，长柱红树林通常分布在经常受海水浸淹的泥滩。土层深厚，富有机质，含盐量极高，土质较软而粘烂，灰黑色。pH7.1～7.4，含盐达4.20%。

长柱红树林通常呈密灌丛林或小乔木林，结构稠密，深绿色，一般高3～4m。海南文昌烟墩海岸的长柱红树林，林相完整，郁闭度0.85～0.95，25m^2内有长柱红树立木20株左右，占立木总数的80%以上，高可达5～6m，少数植株高可及9m。支柱根发达，为数众多，分不清主干，致使植株相互交织在一起形成一道浓密的“林墙”，难以通行，林内散生有尖红树（*Rhizophora apiculata*）、白骨壤、角果木等其他红树植物，林下可见有少数红树幼苗，但在林冠稀疏的局部小环境内角果木的幼苗数量颇多。广西合浦英罗湾的长柱红树林生长良好，高达7～8m。广东沿海各地的长柱红树林，由于人为干扰频繁，一般高不及2m。

长柱红树的叶片细胞渗透压，高达3.95MPa，显然是与基质的高含盐量密切相关。长柱红树林是红树林演替系列中期阶段的代表类群。但也常分布于淤泥深厚的海湾前缘，或分布于低潮线附近的海滩。在海南，长柱红树常与尖红树构成衍生类群，并逐渐过渡为尖红树林。在广东，长柱红树则常在红树林前缘与桐花树混生而构成衍生类群，或在内缘与木榄（*Bruguiera gymnorrhiza*）构成衍生类群。

长柱红树林具有强大的抗风浪功能。长柱红树树皮的单宁含量为16%～24%，是良好的鞣料植物，木材虽不甚耐用，但却是最好的薪柴，并可供房屋建筑、铁路枕木、板材和农机具的把手等用。胚轴含单宁较多，涩味太重，需经多次漂洗去除后方可食用，多食易引

① 执笔人：王伯荪

起泌血。

2—8—1—2　红树林①

红树或称尖红树（*Rhizophora apiculata*）属红树科，分布于亚洲和大洋洲热带海岸，是东方红树林的重要组成成分。通常生长于富含腐殖质的深厚淤泥海滩地段，常与红树植物混生或成单优林。

红树林在中国仅分布于海南，其中以文昌清澜港及铺前港分布面积最大，此外，文昌的烟墩、琼山的东寨港以及三亚、新村港等地也有分布。尖红树林所在地多为平缓的淤泥海滩地，土壤多为深厚的淤泥或泥化的沙壤土，表层稀烂，富有机质。局部地段低洼积水，中潮即可淹及，内缘则常有隆起的较干实的小土墩，pH7.0～8.0，含盐量达2.30%～2.80%。

红树林为深绿色或杂以黄绿色斑块的灌丛或小乔木林，林相完整，树冠波浪起伏，密集，众多的支柱根纵横交错，难以区别主干和株间，通常为单层结构，文昌烟墩海岸一带的红树林，高可达5～6m，$100m^2$内共有立木16株，郁闭度0.9，最大冠幅可达8m×8m，夏秋间树冠已悬挂着为数众多的胚轴。种类组成简单，林内仅有少数木榄混生，木果楝等少数幼苗，局部地段林下尚可见有由老鼠簕、卤蕨等组成的稀疏草本层。

红树林叶片细胞液渗透压高达3.95MPa左右，由它构成单优林或衍生类群是海南岛红树林演替系列中期阶段的代表类群，通常与角果木(*Ceriops tagal*)、长柱红树等混生构成红树长柱红树林衍生类群，尤其后者分布较为普遍，在红树林外缘，尤其是河口地段则常与桐花树混生构成桐花树为亚层的桐花树红树林。此外，在这些衍生类群中，海桑、海莲、木榄等红树植物亦常散生其间。

2—8—2—1　木榄林②

木榄（*Bruguiera gymnorrhiza*）属红树科，广布于亚洲、大洋洲及东非热带亚热带海岸，是东方红树林的重要组成成分。多生长在海滩的中、内缘的淤泥深厚地带，表土较为坚实的盐土上，混生于红树林中或成单优林。

木榄林在中国广东、广西、福建、海南、台湾等省（自治区）普遍分布，大多生长在海湾或河口的内缘高潮线附近。高潮时可淹及20～30cm深，土壤多为沙壤土，土层深厚，灰蓝色，富有机质，粘烂，或近内缘较坚实，pH 7.0，含盐1.27%。

木榄林为深绿色小乔木林，林相整齐，通常高3～4m，单层结构，种类组成简单。海南文昌的木榄林，高达5～6m，郁闭度达0.95，$100m^2$内有各级立木11～14株，部分立木的

①②　执笔人：王伯荪

主干间或已枯空折断，尚有海莲 3 株散生。林下仅有木榄、海莲（*Bruguiera sexangula*）、木果楝的幼苗各 2～3 株，地面则密布着发达的膝状呼吸根。此外，尚见腊兰、榕树（*Ficus microcarpa*）附生于树干之上，广西防域马兰基湾的木榄林面积达 677hm²，高 4m，最高达 7.5m，胸径 14～15cm。广东徐闻马溜港的木榄林高 3～4m，最高达 6m，福建的木榄林通常高 3～4m，云霄县少数木榄最高可达 8m，胸径 40cm，由此可见，木榄林在中国分布区内的各地均较良好。木榄林内其他常见红树植物，在海南岛以海莲、木果楝等，其他地区则以秋茄、桐花树等为多，内缘则常有海漆、黄槿等散生。

木榄通常分布于红树林带的内缘，叶片细胞液渗透压较低，约在 2.33MPa 左右，木榄林是红树林演替系列后期阶段的类群，在不同地段常与海莲、长柱红树、秋茄、桐花树等混生而构成不同的衍生类群。其中海莲木榄林常见于海南，而桐花树木榄林，秋茄木榄林则常见于广东、广西等大陆沿岸。

木榄与海莲等木榄属植物，其木材不甚耐用，但均可作房屋建筑、铁路枕木、板材和农具手柄等用。果实可作腹泻收敛剂，或治疟疾。胚胎含淀粉，经漂洗去单宁后可磨碎与米粉混合制作糕点或加糖后作点心馅。胚轴亦是猪的良好饲料，海南文昌常用来催育肥猪。树皮含单宁 20%左右，是良好的鞣料植物。

2—8—2—2　海莲林①

海莲（*Bruguiera sexangula*）属红树科。仅分布于亚洲热带，生长于海湾、河口的半泥沙滩地上，是亚洲热带红树林的重要树种，常混生于红树林中或成单优林。

海莲林在中国仅分布于海南文昌的烟墩、会文、清澜港、铺前港、头苑和霞场，琼山的曲口、演州等地均有较大面积的海莲纯林，海莲林所在地段，大多是高潮线附近的平缓滩内缘，地表凹凸不平，低洼处常有积水，土壤多为沙壤土，棕灰—灰黑色，稍粘。略坚实，富有机质，pH 4.5～7.0，含盐 1.0%左右。

海莲林为黄绿色或杂以浅绿色的乔木林，林相完整，高 8～10m，乔木可分为两层，郁闭度 0.8～0.95，优势植物明显，两层均以海莲占绝对优势，100m² 内平均有 6～7 株，最高植株可达 15m，最大胸径达 60cm，部分大树主干常已枯空，但枝叶仍茂盛，并在第 1 级主枝上生出粗约 2～6cm 的不定根，穿过枯空的主干而延伸扎根土中，种类组成较复杂，上层乔木有木榄、海漆等散生。次层乔木则常见木果楝、角果木、红树属、瓶花木（*Scyphiphora hydrophyllacea*）、桐花树、榄李（*Lumnitzera racemosa*）等散生，或占有局部优势而分别构成不同的衍生类群。海莲的变种尖瓣海莲（*Bruguiera sexangula* var. *rhynchopetala*）在高潮线上常与海莲混生成林，构成尖瓣海莲海莲林，并在东寨港占有局部优势形成一片高 14m 的尖瓣海莲单优林，海莲的林下层则以海莲和木果楝等的幼苗为主，局部空隙地段，

① 执笔人：王伯荪

$4m^2$ 内的幼苗株数可达140株或更多，此外林下尚可见卤蕨、老鼠簕等少数植株散生，地表枯枝落叶层较厚，并遍布膝状呼吸根，$4m^2$ 内可达70余条。层间植物较丰富，尤以腊兰（*Hoya* spp.）为普遍，三叶鱼藤（*Derris trifoliata*）、藤黄檀（*Dalbergia hancei*），以及大型的腐生多孔菌也常见。

海莲叶片细胞液渗透压达2.33MPa左右。它的单纯林或衍生类群是红树林演替系列的后期阶段类群，内缘常与海漆林相连接，或可向海漆、木果楝林等半红树林演替。

2—8—3—1 海漆林①

海漆（*Excoecaria agallocha*）属大戟科，分布于亚洲和大洋洲的热带亚热带海岸，是东方红树林的半红树植物。多生长于高潮线附近的泥滩上，或混生于红树林的内缘，但常构成单优的半红树林。

海漆林在中国广东、广西、福建、海南、台湾等地均有分布。通常生长于高潮线上的浅滩，或河口堤岸边，大潮或特大潮时才能淹及。土壤多为沙壤土。灰黑色，富有机质，土表较干实，pH 7.1～7.6，含盐量达1.2%～1.65%。

海漆林通常为小乔木林，青绿或深绿色，但具有明显的季相变化，一般在夏季5～6月，海漆的叶色由绿转黄，变红，乃至全部脱落，7月间始渐发新叶，林相整齐，一般高8～10m，最高达15m，单层或两层乔木，均以海漆占有绝对优势，$50m^2$ 约有立木12～16株，胸径最大可达70cm。海漆林的种类组成较复杂，除优势植物海漆外，在海南岛常有木果楝、瓶花木、银叶树等散生，而木果楝又常在不同地段占有局部优势。构成木果楝海漆林等衍生类群。在其他地区则常有木榄、秋茄等散生，或混生而构成木榄海漆林或秋茄海漆林。此外，桐花树、榄李等灌木也常在海漆林下占有局部优势，或分别构成桐花树海漆林，榄李海漆林等多层的不同衍生类群，海漆林下草本植物则以卤蕨、草海桐、老鼠簕等较为常见。层间植物丰富。附生植物腊兰为数众多。藤本植物三叶鱼藤缠绕覆盖树冠层上，基径粗可达8cm，多孔菌多出现于立木主干上。此外，桑寄生、藤黄檀等亦较常见，而内缘则常伴生有黄槿、海杧果、玉蕊等海岸植物。

海漆林通常位于红树林生态序列的最内缘，属半红树林类群，是红树林演替系列最后阶段向海岸林过渡的一个类群。海漆叶片细胞液渗透压相对较低，在2.74MPa左右。

海漆的木材虽不耐用，但可供作火柴盒及小工艺雕刻用，其病腐木曾用作香料商品，故又名为土沉香，但2～3年后即失去香味。木材亦供作硫酸纸浆，具优质拉力的特性，或可培育木耳。树皮含单宁6.8%～9.3%，亦可作为鞣料植物资源。叶则可作饲料，尤为羊群所喜爱。

① 执笔人：王伯荪

2—8—4—1　银叶树林①

银叶树（*Heritiera littoralis*）属梧桐科，分布于亚洲、大洋洲及东非热带亚热带海岸，为东方红树林的重要成分，多生长于海滩河口岸边泥滩，高潮可以淹及的地段，常混生于红树林的最内缘，或可单优成林。

银叶树在中国分布于广东、海南、台湾等地，银叶树林则局限分布于海南，以及广东宝安等地，多生长于高潮线附近的海滩内缘，大潮或特大潮才能淹及。或生长于潮水线以上的地段，土壤多为沙壤土，富有机质，灰黑色，稍坚实，pH7.0 左右，含盐量不及 1.0%。

银叶树林为乔木林，林相整齐。广东宝安盐灶一带的银叶树林，高达 15m，最高可达 17m，100m^2 内约有立木 25～30 株，胸径 70～80cm，最大可达 115cm，具发达的板根，高可及 2m，蜿蜒外伸达 2～3m，第 1 亚层高 15m 左右，树冠连续，郁闭度 0.3 以上，第 2 亚层高 10m 左右，第 3 亚层高 5m 左右，均不连续。种类组成较复杂，除银叶树在各亚层占绝对优势外，黄桐（*Endospermum chinense*）、海杧果（*Cerbera manghas*）等高 14～18m，散生于第 1 亚层，假苹婆（*Sterculia lanceolata*）、厚壳桂（*Cryptocarya chinensis*）等高 8～10m，散生于第 2 亚层，两广梭罗（*Reevesia thyrsoidea*）、红枝蒲桃（红车）（*Syzygium rehderianum*）等散生于第 3 亚层。灌木层除上层乔木的幼株外，则以九节（*Psychotria rubra*）、鲫鱼胆（*Maesa perlarius*）等为常见。林下草本植物贫乏。偶见有半边旗（*Pteris semipinnata*）、耳草（*Hedyotis auricularia*）等少数植株，但乔灌木的幼苗为数众多，银叶树幼苗 2～3 株/m^2，枯枝落叶厚达 5～10cm，尤以银叶树的落果颇多，达 120 个/m^2。

银叶树叶片细胞渗透压较低，一般约在 1.82MPa 左右，通常分布于红树林带的最内缘，对陆生生境适应性较强，银叶树林是红树林演替系列最后阶段的类群，间或单优成林，或与海漆、海杧果等混生而构成衍生类群。而银叶树、黄桐、海杧果林实质上已是海岸林类群。

银叶树具有较强的抗风浪作用，木材是较好的薪柴，是良好的造船、建筑、桥梁等用材，果实可作腹泻和赤痢药，种子仁可用作滋补品。

2—8—5—1　白骨壤林②

白骨壤（*Avicennia marina*）又名海榄雌，属马鞭草科。它是东方红树林最常见的树种。广布于亚洲、大洋洲和东非的热带亚热带海岸。形成密灌丛或疏林。白骨壤林通常分布于近海或近陆地段的沙土或粘土上。在近海地段它是红树林最前缘的先锋群落。在近陆地段则是含盐量高的地段的红树林内缘的类群。

①②　执笔人：王伯荪

白骨壤林在中国广布于广东、广西、福建、海南、台湾等地，在不同的滩位和潮带均有分布。但通常是红树林的先锋群落，多位于红树林的前缘或高潮线以下的平缓滩地上，高潮时常被淹没，或仅树冠稍露出海面，少数亦可分布在近海半闭塞泻湖的高潮线以上地段。或近陆含盐量高的地段。土壤多为沙土或半泥沙的沙壤土，具较厚的淤泥。pH7.0～8.0，含盐量达0.85%左右或更高。

白骨壤林的外貌结构简单，通常为灰绿色的矮灌丛，优势植物白骨壤多呈侏儒状。高0.5～3m，胸径5～10cm，分枝多，树冠伞形或广伞形，冠幅宽于树高，平均25m^{2}内约有立木20株左右，郁闭度0.3～0.85，个别发育较好的林段，白骨壤高可达3～4m，少数或可高达6m，胸径可达30cm。海南文昌宝峙附近的白骨壤林，是目前中国保存较好的林段，位于红树林内缘的高潮线附近，林相完整，郁闭度达0.9，明显地可分为两层结构，第1层白骨壤高达8～10m，胸径达50cm以上。100m^{2}内平均有立木3～5株，树冠连续，第2层白骨壤高达4～6m。树冠不大连续。白骨壤林的种类组成单纯，除白骨壤外，偶见有桐花树（*Aegiceras corniculatum*）、秋茄（*Kandelia candel*）、长柱红树（*Rhizophora stylosa*）、海桑（*Sonneratia caseolaris*）及木榄（*Bruguiera gymnorrhiza*）等红树植物散生，近内缘高潮线上可见有沟叶结缕草（*Zoysia matrella*）、盐地鼠尾粟（*Sporobolus virginicus*）、南方碱蓬（*Suaeda australis*）等伴生植物散生于林下。

白骨壤的叶子具有较强的泌盐作用，叶片细胞渗透压高达3.24～3.34MPa，种子亦具胎萌现象，虽属隐胎生并不发育形成长长的胚轴，但种子在果实内萌发，并由两片宽而圆的子叶摺叠保护着，一旦果实落地即能很快地生根固着，而发达的指状呼吸根，密布植株附近，平均达20～30条/m^2，突出地面高可高达30～40cm，这都赋于白骨壤林独特的生态适应特性。

白骨壤林通常分布于红树林的最前缘，是红树林演替系列的先锋类群，在海滩的前缘地带常可与桐花树等相混生而构成衍生类群，如桐花树白骨壤林。白骨壤林间或可分布于红树林的内缘，或高潮线附近含盐量高的地段，并常与木果楝（*Xylocarpus granatum*）、木榄、海漆（*Excoecaria agallocha*）等分别构成不同的衍生类群，如木果楝白骨壤林等。

白骨壤林具有强大的抗御风浪和积聚淤泥的作用，白骨壤的叶子和幼枝具有较高的肥效，是东南沿海农家所喜欢的绿肥植物，尤适用于甘薯栽培。白骨壤除作薪柴外，其木材可作硫酸纸浆，具优质强拉力特性。白骨壤的种子浸水去涩后可以煮食。或盐渍后作佐菜。或作酿酒原料和饲料。此外，白骨壤的叶子尚可药用。外敷治脓肿。并对金龟子幼虫具有毒杀的药效，树皮胶则可用作避孕用器。

2—8—6—1 桐花树林①

桐花树（*Aegiceras corniculatum*）属紫金牛科，广布于亚洲至大洋洲热带亚热带海岸，

① 执笔人：王伯荪

虽广泛分布，但以海滩前缘或河口海岸交汇处的滩地分布最多，通常形成矮灌丛林或衍生类群，或为其他红树林类群的下层灌木而构成多层群落。

桐花树林普遍分布于中国广东、广西、福建、海南、台湾等地的漫长海岸线上，但多分布于海滩前缘，或碱淡水汇合的河口地段。土壤表层比较松软，含沙量较多，淤泥堆积较薄，一般仅及5～10cm，最厚亦不超过30～40cm，蓝灰色，pH0.5～8.0，含盐量1.7%左右。

桐花树林通常为黄绿色的矮灌丛林，优势植物桐花树通常高1～2m，最高也不超过3m，基部常具有短而密集的支柱根，或低矮不甚明显的板根，或基部多分枝而形成密丛，树冠平整，幅冠较小，一般在1m×1m左右，桐花树林结构简单，通常仅1层，郁闭度达0.3～0.8，平均$25m^2$内约有立木18～20株，种类组成简单，通常在红树林前缘滩地构成单优群落，或与白骨壤混生构成衍生类群。在红树林内缘则常作为红树林的亚层成分而与秋茄（*Kandelia candel*）、长柱红树、木榄（*Bruguiera gymnorrhiza*）、海莲（*Bruguiera sexangula*）、海桑（*Sonneratia* spp.）等构成不同衍生群落。在桐花树林树冠稀疏处，间或有老鼠簕（*Aeanthus* spp.）等散生，在内缘地势较高处则可见草海桐（*Scaevola sericea*）、苦郎树（*Clerodendron inerme*）等伴生植物散生。

桐花树林通常是红树林演替系列的前期类群，它与白骨壤林均是红树林的先锋群落。但桐花树林一般不像白骨壤林那样普遍分布。似更喜欢生长河流出口处，在碱淡水汇合的地段生长发育最佳，在淤泥较深厚的海湾地段，则逐渐演变为秋茄林或长柱红树林等类群。

桐花树林的防护作用较差，但桐花树的叶子具有较强的泌盐作用，叶片细胞渗透压可达3.04MPa左右，并具有潜育胎萌等特性，生态适应性较强。

桐花树的叶子是良好的饲料，尤是为羊所喜食，广东东部等地沿海常利用桐花树林为天然牧场，放牧羊群。因而，桐花树林常因放牧过度，枝叶被啃食精光，有碍于桐花树的正常生长发育。桐花树可作薪柴，树皮单宁含量达19.58%，花蜜又适于养蜂，是较好的鞣料和蜜源植物。

2—8—7—1　海桑林①

海桑（*Sonneratia caseolaris*）属海桑科（Sonneratiaceae），分布于东半球热带海岸，是东方红树林常见的红树植物。适应性较强，可在高潮带或中潮带，或盐度高的外滩至盐度极低的内湾河口生长；多分布于滨海沙滩外缘，或岩岸、泥滩亦有分布，常单独成林或混生于红树林中。

海桑林在中国仅分布于海南文昌的清栏港、铺前港及烟墩海岸一带。海桑林多生长在略含砂砾、碎贝壳的平缓海湾滩地，或略具有机质的沙质河滩。间或分布于淤泥滩地。土

① 执笔人：王伯荪

壤多为细沙土，分层不明显，无结构，pH 7.7 左右，含盐 1.0%。

海桑林通常为矮灌丛林，林相整齐，郁闭度达 0.5 以上，优势植物海桑通常呈侏儒状，高约 2～3m，枝下高 40～50cm，基径 30～50cm，平均每 $25m^2$ 内约有 6～8 株，树冠呈半球形或伞形，宽大于树高，指状呼吸根发达，突出地面 10～40cm，延伸幅度远达 16m，在碱淡水相汇合的河口地段，海桑林生长良好，通常高可及 5m，间或有高达 15～20m 的少数植株，海桑林种类组成单纯，林内仅有少数红树、桐花树及白骨壤等散生，在河湾淤泥含盐量较低的地段，可见杯萼海桑（*Sonneratia alba*）散生或局部占优势，或形成杯萼海桑林。

海桑叶片细胞渗透压约 2.94MPa，通常位于海滩的最前缘，形成一道高度整齐的绿色灌丛林带，是红树林演替系列的前期类群，但海桑的适应性较强，在近岸边和河口地段亦是红树林演替系列的后期阶段类群。并常与桐花树混生而构成桐花树海桑林等衍生类群。

海桑萌发力极强，具有较强的抗风浪作用。海桑的呼吸根可制作软木塞或浮标。木材可供造船，制作硫酸纸浆，具优质强拉力特性。果、叶、花均可入药，果具酸味，可生食。

2—8—8—1　秋茄林①

秋茄（*Kandelia candel*）属红树科（Rhizophoraceae），广布于亚洲热带亚热带，是东方红树林的重要树种，对温度和潮带的适应性都较广，通常生长于海滩的淤泥地，自然分布于北纬 32°的日本九洲，是北半球最抗寒的红树植物。

秋茄林是中国从南到北，从外海到河口地段适应性最广的红树林类群，不仅在广东、广西、福建、海南、台湾等地均广泛分布，而且在较北的浙江也引种栽培成林，是中国分布最广和最为耐寒的红树林类群，秋茄林通常分布于平缓的海滩，或海潮能淹没的河漫滩上，土壤多为深厚的重粘壤，浅蓝灰色到灰黑色，pH7.5～8.0，含盐量 1.7%～1.8%或更高。

秋茄林通常为青绿色的矮灌丛或小乔木林，林相完整，郁闭度达 0.6～0.8，优势植物秋茄一般高 2～3m，或高及 5～6m，每 $25m^2$ 内约有立木 15～18 株。福建龙海寮东村附近的秋茄林，高达 10m，胸径 10～30cm，是目前中国最好的秋茄林，秋茄林结构简单，通常呈密集或稀疏的单层纯林，但秋茄具有密集而粗壮的支柱根，为数众多的胎萌发育的胚轴悬挂在树冠层，却赋予秋茄林以特殊景观。此外，尚见桐花树、白骨壤等散生，或混生而构成多层群落，如在外海滩常见的秋茄、白骨壤林，内海湾或河口地段常见的桐花树秋茄林，而在河漫滩地的秋茄林下则常见老鼠簕占优势而构成老鼠簕秋茄林等不同的衍生类群。其中尤以桐花树秋茄林分布最广，是秋茄林的代表类群。

秋茄树叶片细胞液渗压达 3.14～3.24MPa，通常位于红树林生态序列的中间地段。但在广东东部、福建等地，秋茄林常位于红树林的前缘。属演替系列前期类群。尤其是在福建莆田兴化湾以北，红树植物仅此 1 种。因此，秋茄林则既是红树林演替系列的前、中期

① 执笔人：王伯荪

阶段的类群。也是红树林演替系列后期阶段的类群。或者说秋茄林是高纬度地区唯一的红树林类群，或稳定的顶极群落。

秋茄林具有强大的抗风浪作用，同时抗寒性强，适应性广，结果率高，下胚轴直播成活率高，是易于推广的优良的红树林造林树种。秋茄树可作薪柴。树皮含单宁 17.79%～30.76%，是良好的鞣料植物。花期长，是较好的蜜源植物，胚轴含淀粉量高，经浸漂除去单宁后，可磨碎与米粉混合制成糕点，或加糖后供作点心馅料等用。

2—8—9—1　角果木林①

角果木（*Ceriops tagal*）属红树科是东方红树林的重要树种。广布于亚洲、大洋洲及东非等地的热带海岸，通常生长于淡水河口，受海水浸淹的土层深厚的泥滩上。常混生于红树林内而较少以单优林分布。

角果木在中国虽广布于广东、广西、海南和台湾等地，但角果木林的分布则仅局限于广东徐闻朱屯西和海南等海岸，其中尤以海南岛分布较广，而文昌的清澜港、琼山的东寨港分布最多，常常是数公顷至数十公顷大面积分布，角果木林地大多为海湾内滩中部稍高的地段，中潮或高潮时可淹及，土壤多为沙壤土，灰黑色，稍粘。富含有机质，土表多枯枝落叶并较坚实，pH5.7 左右，含盐量 1.5%左右。

角果木林通常为黄绿色或间杂以深绿色的密灌丛，高 1.5～2m。郁闭度 0.70～0.85。海南文昌的角果木林高达 4.2m 或更高。$25m^2$ 内约有立木 11～14 株，立木胸径最大可达 12cm 以上。林内尚可见木榄、海莲、木果楝、红树属等植物散生，林下较单纯，多为角果木的幼苗，$25m^2$ 内多达 122 株。层间植物寥寥无几，仅见三叶鱼藤。

角果木的叶片细胞液渗透压为 3.45MPa 左右。支柱根发达，通常处于红树林生态序列的中间带。角果木林是红树林演替系列的中期阶段类群，并常与红树属植物混生而构成不同的衍生类群。其内缘则常与海莲林、木榄林等相接。

角果木具强大的抗风浪的能力，木材是红树林中最好的薪柴，也是最耐用的木材。可作房屋建筑、枕木、板材、农具及农机具手柄等用，海南岛则常砍伐用作棚的支柱，角果木树皮含单宁 28%～29%。是优良的鞣料植物资源。树皮捣碎可用于止血，也可作通便剂和治疗恶疮等。种子油涂擦皮肤可治疥癣及冻疮。叶煎汁可作奎宁代用品。

2—8—10—1　水椰林②

水椰（*Nypa fruticans*）属棕榈科，分布于亚洲和大洋洲热带海岸。生长于海湾和河口海潮可以到达的滩地，是东方红树林的重要的半红树植物，常单纯成林。

①② 执笔人：王伯荪

水椰林在中国仅见于海南，间断分布于海南万宁的港北港、牛上岭港、杨梅港、乌石港，文昌的烟墩港、加摄港，以及三亚附近的龙江塘等地，但一般均为小面积局部分布。水椰林所在地大多为淤泥高堆的海滩，或咸、淡水交汇的河漫滩地，或河口冲积沙洲。地势一般较高，大潮时海水才可淹及，土壤大多为沙壤，表土多为腐泥，底土多为灰蓝色潜育性明显的沙土。pH 7.0左右，含盐量0.3%左右。

水椰林为深绿色的密集丛林或小乔木林，且多为纯林。水椰一般高4～7m，最高可达9m，常丛生，植株粗壮，25m^{2}内约有10株，郁闭度0.3～0.4，水椰林下灌木层高约1m，除水椰幼苗外，常见水黄皮（*Pongamia pinnata*）、海莲、黄槿、海桑等的幼苗，以及榄李、苦郎树、露兜簕（*Pandanus tectorius*）等灌木。草本层较繁茂，覆盖度达70%～80%，以卤蕨、老鼠簕、牛毛毡（*Heleocharis yokoscensis*）等为多。此外尚见有光叶藤蕨（*Stenochlaena palustrisa*）等蕨类植物攀附于水椰树干上。

水椰分布于红树林带的最内缘，叶片细胞液渗透压较低，一般仅有1.52MPa左右。水椰对环境的适应性较强，它可散生于红树林内，但以半咸淡生境为宜，且多成单优林，是红树林演替系列最后阶段的一个类群，一个半红树林的类群。

水椰的花序轴切断后，流出的汁液含有糖分，可制作糖浆、酿酒和制醋。幼果盐渍后可食用，或可生食。叶子通常是搭建屋顶的材料，树干可作支柱，或楼板等用。

参 考 文 献

第一章

[1] 中国植被编委会. 1980. 中国植被. 北京：科学出版社

[2] 中国科学院黑龙江流域综合考察队. 1961. 黑龙江流域及其毗邻地区的自然条件. 北京：科学出版社

[3] 李克志. 1958. 柞树萌芽林的研究. 林业科学，(3)

[4] 陈炳浩等. 1962. 小兴安岭南坡的柞林. 中国科学院林业土壤研究所《林业集刊》

[5] 陈伯贤. 1964. 黑龙江省东部地区蒙古栎林. 东北林学院学报

[6] 陈大珂. 1980. 中国东北与内蒙古植被的研究（德意志民主共和国考察团）. 东北林学院《科技译丛》

[7] 陈大珂等. 1982. 天然次生林四个类型的结构、功能和演替. 东北林学院学报

[8] 陈大珂等. 1984. 黑龙江省天然次生林研究. 东北林学院学报

[9] 蒋伊尹. 1986. 蒙古栎林地位指数的研究. 东北林业大学学报

[10] 北京地质学院古生物研究室. 1964. 古植物学附孢粉分析. 北京：科学出版社

[11] 中国科学院北京植物研究所等《中国新生代植物》编写组. 1978. 中国植物化石（第三册）. 中国新生代植物，北京：科学出版社

[12] 中国科学院北京植物研究所等. 1964. 陕西蓝田地区新生代古植物研究，蓝田会议论文集. 北京：科学出版社

[13] 郭双兴. 1983. 我国晚白垩世和第三纪植物地理区与生态环境的探讨，中国古生物地理区系. 北京：科学出版社

[14] 徐仁. 1974. 第四纪古气候与第四纪古植物群的演变，第四纪冰川地质学习资料. 地质科学院地质力学研究所

[15] 周昆叔等. 1963. 对北京附近两个埋藏泥炭沼泽的调查及其孢粉分析. 中国第四纪研究，4（1）

[16] E. B. 吴鲁夫. 1964. 历史植物地理学. 北京：科学出版社

[17] 张敦论等. 1984. 白榆. 北京：中国林业出版社

[18] 吉林省林业厅. 1985. 三北地区第二期工程调查统计表

[19] 内蒙古自治区林业局. 1988. 内蒙古自治区森林资源连续清查（复查）报告

[20]《河北森林》编辑委员会. 1988. 河北森林. 北京：中国林业出版社

[21] 河南省林业厅. 1988. 河南省一类森林资源清查报告

[22] 周陛勋等. 1982. 黑龙江省苏打盐土地区造林的研究. 东北林学院学报增刊

[23] 中国科学院内蒙古宁夏综合考察队. 1981. 内蒙古自治区及东西部地区林业. 北京：科学出版社

[24]《新疆森林》编辑委员会. 1990. 新疆森林. 乌鲁木齐，北京：新疆人民出版社，中国林业出版社

[25] 张斌等. 1980. 关于乌盟后山白榆小老树成因和改造措施的探讨. 内蒙古林业科技，(2)

[26] 四子王旗林学会. 1981. 乌盟后山地区榆树死亡调查与分析. 内蒙古林业科技，(3、4)

[27] 肖龙山等. 1981. 干旱草原与半荒漠毗邻地带的造林. 林业科学，17（2）

[28]《内蒙古森林》编辑委员会. 1989. 内蒙古森林. 北京：中国林业出版社

[29] 全国白榆研究协作组. 1987. 白榆种源研究报告汇编第一集.

[30] 国家标准局. 1988. 中华人民共和国国家标准，中国林木种子区白榆种子区
[31] 应俊生等. 1979. 植物分类学报. 17 (3) 40～59
[32] 吴征镒等. 1984. 云南种子植物名录. 昆明：云南人民出版社
[33] 郑万钧等. 1985. 中国树木志. 北京：中国林业出版社
[34] 钟章成等. 1984. 四川卧龙地区珙桐群落特征的初步研究. 植物生态学与地植物学丛刊，8 (4)
[35] 杨业勤等. 1986. 贵州珙桐生态特性的初步研究. 林业科学，22 (4)
[36] 竺可桢等. 1985. 中国自然地理（植物地理）. 北京：科学出版社
[37] 杨业勤等. 1982. 珙桐的种子育苗. 林业科技通讯，(9)
[38] 山东省林业科学研究所，山东农学院园林系. 1974. 刺槐. 北京：农业出版社
[39] 穆可培等. 1985. 渭北黄土高原数量化立地指数表的编制. 西北林业调查规划，(1)
[40] 刘秉正等. 1984. 刺槐林地土壤抗冲性试验研究. 西北林学院学报 (1)
[41] 许慕农. 1980. 林分密度表的研究. 山东农学院学报，(1)
[42] 干铎. 1964. 中国林业技术史料的研究. 北京：农业出版社
[43] 陈嵘. 1984. 中国森林史料. 北京：中国林业出版社
[44] 郝祖渊. 1978. 河北漳河林场刺槐林地位级曲线. 林业勘察设计，(3)
[45] 陕西省永寿县槐平林场. 1978. 刺槐人工林生长规律及抚育采伐技术的探讨. 陕西林业科技，(2)
[46] 王金元等. 1983. 刺槐柳树混交林调查报告. 河北林业科技，(3)
[47] 张克敬等. 1983. 山地刺槐人工林的经营. 河北林业科技，(1)
[48] Rehdr, A., Manual of cultivated trees and shrubs, New York 1956.
[49] 杨钦周，刘崇义等. 1992. 四川水青冈林，四川森林. 北京：中国林业出版社
[50] 冯祖祥. 1991. 湖北落叶常绿阔叶林，湖北森林. 武汉，北京：中国林业出版社，湖北科技出版社，187～188
[51] 朱守谦. 1992. 贵州水青冈林，贵州森林. 贵阳，北京：中国林业出版社，贵州科技出版社，291～292
[52] 杨业勤，孙敦渊. 1990. 梵净山水青冈林，梵净山研究. 贵阳：贵州人民出版社，172～174
[53] 黄威廉，屠玉麟. 1988. 贵州水青冈群系，贵州植被. 贵阳：贵州人民出版社，197～200
[54] 祁承经，曹铁如. 1991. 湖北甜槠水青冈林，湖南森林. 长沙，北京：中国林业出版社，湖南科技出版社，248～249
[55] 杨一光. 1960. 湖南衡山的植被. 植物生态学与地植物学资料丛刊，4：165～169，191～205
[56] 赖书绅. 1986. 江西水青冈林系，江西森林. 南昌，北京：中国林业出版社，江西科技出版社，258～260
[57] 姜恕等. 1958. 江西武功山植被调查报告. 植物生态学与地植物学资料丛刊，2：131～144
[58] 姜顺兴，张炳荣. 1993. 福建水青冈林，福建森林. 北京：中国林业出版社. 193～194
[59] 曾天勋. 1990. 广东山地常绿落叶阔叶混交林，广东森林. 广州，北京：中国林业出版社，广东科技出版社，90～92
[60] 徐祥浩，钟章成等. 1958. 广东英德滑水山的植物群落. 植物生态学与地植物学资料丛刊，2：21～25
[61] 吴征镒. 1991. 中国种子植物属的分布区类型. 云南植物研究，增刊Ⅳ：1～138
[62] 云南省植物研究所，云南大学生态地植物研究室. 1973. 云南省文山壮族苗族自治州西畴县草果山常绿阔叶林植物群落的初步研究. 云南省植物研究所科技工作选编（植物专辑），1～37

[63] H. H 斯嘉特著（李承彪，杨钦周等译）. 1990. 森林动态理论—森林演替模型的生态学原理，贵阳：贵州科技出版社，140～164
[64] H. J 欧斯汀著（吴中伦译）. 1962. 植物群落的研究. 北京：科学出版社. 215～217
[54] 杨钦周. 1988. 四川森林的地域分异特点. 山地研究，6（4）：210～218

第二章

[1] 刘昉勋，黄致远. 1980. 江苏丘陵山地植被的基本特征与地理分布. 南京中山植物园研究论文集，南京：江苏人民出版社，27～31
[2] 刘昉勋，黄致远. 1982. 江苏植被分类的研究. 32～40
[3] 刘昉勋，黄致远. 1982. 江苏地带性植被的基本特点与分布规律. 植物生态与地植物学丛刊，6（3）

第三章

[1] 南京林业学校主编. 1984. 树木学. 北京：中国林业出版社，164
[2] 云南植物研究所编著. 云南植物志二卷. 北京：科学出版社，251
[3] 吴征镒主编. 1980. 中国植被. 北京：科学出版社，314
[4] 林业部中南林业调查规划大队. 1983. 都庞岭东坡福建柏天然林综合考察资料汇编. 27
[5] 中国科学院自然区划工作委员会. 1960. 中国植被区划（初稿）. 科学出版社，65～99
[6] 赵德铭. 1986. 安徽省牯牛降自然保护区树种资源及其群落类型调查报告. 徽州林业科技
[7] 江西森林编委会. 1986. 江西森林. 南昌，北京：中国林业出版社，江西科学技术出版社
[8] 广西农林植被调查队. 1965. 关于广西阳朔县各自然小区的农林牧副渔业发展方向和途径. 植物生态学与地植物学丛刊，(3)：143～172
[9] 王献溥. 1956. 广西临桂雁山附近的植物群落，植物生态学与地植物学资料丛刊，第 7 号. 北京：科学出版社
[10] 王献溥. 1987. 阿尔巴尼亚的植被概况. 植物学集刊，3：35～62，北京：科学出版社
[11] 王献溥等. 1981. 广西石灰岩地区常绿落叶阔叶混交林的群落学特点. 东北林学院学报，3：30～45
[12] 吴征镒. 1965. 中国植物区系的热带亲缘. 科学通报，1：25～34
[13] 邱莲卿等. 1957. 丽江玉龙山植物群落概况. 云南大学学报（自然科学），4：19～130
[14] 金振洲. 1981. 硬叶常绿阔叶林中的苔藓林—黄背栎、云山兔儿风群落. 云南植物研究，3：75～88
[15] 林裕松. 1963. 关于川西滇北地区硬叶常绿阔叶林分类的一些意见. 植物生态学与地植物学丛刊，1：151～152
[16] 洪兴等. 1988. 浙江乌冈栎林的主要类型、生长特性及其合理利用. 植物生态学与地植物学学报，4：58～72
[17] 胡舜士. 1979. 广西常绿阔叶林的群落学特点. 植物学报，3：128～132
[18] 胡舜士等. 1982. 广西阳朔石灰岩山地乌冈栎林的群落学特点及其在植被分类中的位置. 植物学报，3：262～272
[19] 胡舜士等. 1980. 广西石灰岩地区季节性雨林的群落学特点. 东北林学院学报，4：11～26
[20] 胡炳声. 1965. 从黄山的植物地理资料看华东植物区系的亲缘. 黄山植物的研究，上海科技出版社，267～305

[21] 张玉良. 1959. 四川木里沙鲁里山脉南端高山地区的植物. 植物生态学与地植物学 资料丛刊（第三辑），北京：科学出版社，47～92

[22] 周政贤等. 1992. 乌冈栎林，贵州森林. 贵阳，北京：贵州科技出版社，中国林业出版社

[23] 王景祥等. 1993. 乌冈栎林，浙江森林. 北京：中国林业出版社

[24] 方建初等. 1991. 乌冈栎林，湖北森林. 武汉. 北京：湖北科学技术出版社，中国林业出版社

[25] 胡舜士，王献溥. 1982. 广西阳朔石灰岩山地乌冈栎林的群落学特点及其在植被分类中的地位. 植物学报，24（3）：264～272

[26] 胡舜士，王献溥. 1983. 广西阳朔石灰岩山地乌冈栎林的主要类型及合理利用的方向. 植物研究，3（3）：131～147

[27] 邹晓明，阮宏华等. 1983. 福建将石地区森林植被类型考察. 南京林业大学学报，3：44～65

[28] 中国树木志编委会主编. 1978. 中国主要造林树种技术. 北京：农业出版社，719～725

[29] 徐燕千，劳家骐. 1984. 木麻黄栽培. 北京：中国林业出版社

[30] 徐燕千，龙文彬. 1983. 珠江三角洲农田防护林主要树种的适生特性与树种选择研究. 林业科学，19（3）：226～234

[31] Cain S. A. etc 1959，Manual of Vegetation analysis，211～216，New York

[32] Campbell B.，1980，Some mixed Hardwood forest communities of the Coastal range of Southern California，Phytocoenologia 8（3～4）297～320

[33] Cooper W. S. 1971，The Broad－Sclerophyll vegetation of California，In World Vegetation Types，Columbia University Press 149～156，New York

[34] Harant H. etc.，1971，The thickets and woods of the Mediterranean region，In World Vegetation Types，174～185，Columbia Vniversity，Press，New York

[35] Miyawaki A. 1975，Outline of Japanese Vegetation，JIBP Synthesis，Studies in Conservation of natural Terrestrial Ecosystem in Japan，Part Ⅰ：Vegetation and its Conservation vol. 8 19～28

[36] Namata M.，1974，The Flora and Vegetation of Japan，98～101，104～105

[37] Parsons D. J. 1976，Vegetation structure in the Miditerranean Scrub. communities of California and Chile，J. of Ecology 64：435～449

[38] Suzuki T.，1975，Warm－temperate forest，JIBP Synthesis，Studies in Conservation of Natural Terrestrial Ecosystems in Japan，Part Ⅰ：Vegetation and its Conservation vol. 8 34～37

[39] Walter H.，1971，Ecology of Tropical and Subtropical Vegetation，508～ 515

[40] Walter H.，1979，Vegetation of the Earth and Ecological Systems of the Geo－biosphere second edition 133～153

[41] Report of an Ad Hoc Dcnel of the Advisory Committe on Technology Innovation ect，1984，Casuarina Nitrogen Fexing For Adverse Sites，35～39，55～65，National Academy Press Washington DC.

第四章

[1] 广东省雷州林业局. 1978. 桉树栽培与利用. 北京：农业出版社

[2] 广东省桉树编写组. 1977. 桉树在我国的栽培. 桉树参考资料汇编，54～68

[3] 王宏志. 1984. 巴西桉树速生丰产林的营造技术. 热带林业科技，（3）：36～41

[4] 吴中伦等. 1983. 国外树种引种概论. 北京：科学出版社. 346～408
[5] 李万年. 1987. 巴西桉树栽培的考察. 广东林业科技，(5)：25～28
[6] 苏茂森. 1988. 巴西新型的桉树林. 广东林业科技，(5)：6～8
[7] 欧阳权. 1988. 引种栽培桉树的主要经验. 澳大利亚树种在中国的栽培和利用国际研讨会材料，1～8
[8] Jacobs M. R.，1979. 桉树栽培. 1：237～238，271，413～422

第五章

[1] 徐燕千等. 1958. 霸王岭森林综合调查. 华南农业科学，(3)：73～78
[2] 广东省植物研究所. 1976. 广东植被. 北京：科学出版社，86～97
[3] 朱志淞等. 1964. 海南主要经济树木. 北京：农业出版社，345～351
[4] 中国树木志编委会. 1978. 中国主要树种造林技术. 北京：农业出版社，829
[5] 广西农学院林学系等. 1978. 蚬木生态与营林问题，植物生态学研究报告集第一集. 科学出版社，1～95
[6] 中国植被编辑委员会. 1980. 中国植被. 北京：科学出版社，759
[7] 李治基等. 1964. 从植被地理分布的规律略谈划分广西热带和亚热带的依据及其特征. 植物生态学与地植物学丛刊，2 (2)：253～256
[8] 李治基等. 1965. 关于广西经济林木的生态地理分布及其布局问题. 植物生态学与地植物学丛刊，3 (1)：1～2、42
[9] 李世英等. 1956. 广西龙津西南部及其邻近地区的植物群落. 植物生态学与地植物学资料丛刊（第8号）
[10] 吴征镒. 1979. 论中国植物区系的分区问题. 云南植物研究，1 (1)：1～19
[11] 胡舜士等. 1980. 广西石灰岩地区季节性雨林的群落学特点. 东北林学院学报，(4)：11～12
[12] 侯学煜. 1982. 中国植被地理及优势化学植物成分. 北京：科学出版社，316～321
[13] 杨裕华. 1958. 蚬木的造林特性及扩大栽培的商榷. 林业科学，(2)：149～156
[14] 张宏达等. 1978. 椴树科蚬木亚科的系统分类. 中山大学学报（自然科学版)，(3)：19～24
[15] Cain S. A. and G. M. de O. Castro，1957 Manual of vegetation analysis
[16] Curtis J. T. and R. P. Mclntosh，1951 Anupland forest continuum in the prairie－forest borderregion of wisconsin ，Ecology，32 476～496

第六章

[1] 擎天树协作组. 1977. 广西珍贵树种擎天树. 植物分类学报，15 (2)：22～30
[2] 王达明等. 1985. 云南的龙脑香林. 植物生态学与地植物学丛刊，9 (1)：32～45
[3] 中国植被编辑委员会. 1980. 中国植被. 北京：科学出版社，868～869，906
[4] 吴征镒. 1979. 论中国植物区系的分区问题. 云南植物研究，1 (1)：1～22
[5] 侯学煜. 1982. 中国植被地理及优势植物化学成分. 北京：科学出版社，316～321
[6] 黄吉荣. 1979. 擎天树的土壤条件. 土壤通报，辽宁人民出版社，37～39
[7] 李治基等. 1964. 从植被地理分布的规律略谈划分广西热带和亚热带的依据及其特征. 植物生态学与地植物学丛刊，2 (2)：253～256

[8] 中国科学院《中国自然地理》编辑委员会. 1981. 中国自然地理，土壤地理. 北京：科学出版社，41～49

[9] 广西农学院林学系等. 1978. 蚬木生态与营林问题，植物生态学研究报告集（第1集）. 北京：科学出版社，8

[10] 中国科学院中国植物志编委会. 1987. 中国植物志. 北京：科学出版社 Vol. Ⅶ. 401～403

[11] 朱志淞等. 1964. 海南经济树木. 北京：农业出版社，27～30

[12] 黄全. 1985. 海南岛尖峰岭热带林自然保护区森林类型及其科学研究价值. 自然资源，(1)：67～73

[13] 杨继镐，卢俊培. 1983. 海南岛尖峰岭热带森林土壤的调查研究. 林业科学，19 (1)：88～90

[14] 黄全等. 1986. 海南岛尖峰岭地区热带植被生态系列的研究. 植物生态学与地植物学学报，10 (2)：90～105

[15] 郑德璋等. 1986. 鸡毛松人工更新的研究. 海南林业科技，(2)：1～10

[16] 曾庆波，丁美华. 1985. 海南岛尖峰岭热带植被类型垂直分布与水热状况. 植物生态学与地植物学丛刊，(4)：297～305

第八章

[1] 广东植物研究所. 1976. 广东植被. 北京：科学出版社

[2] 中国植被编写组. 1980. 中国植被. 北京：科学出版社

[3] 王伯荪等. 1986. 深圳宝安盐灶的银叶树林. 生态科学，(1)

[4] 张宏达等. 1957. 雷州半岛红树植物群落. 中山大学学报（自然科学版)，(1)：122～145

[5] 林鹏. 1984. 红树林. 海洋出版社

[6] 林鹏等. 1983. 广西的红树植物群落. 植物学报，25 (1)：95～97

[7] 林来官等. 1962. 福建红树植物群落. 福建师范学院学报，(4)：87～103